内蒙古植物志

（第三版）

第二卷

赵一之　赵利清　曹　瑞　主编

内蒙古人民出版社

2019·呼和浩特

图书在版编目（CIP）数据

内蒙古植物志 . 1-6 卷 / 赵一之，赵利清，曹瑞主编 . —3 版 . —呼和浩特：内蒙古人民出版社，2019.8（2020.5 重印）

ISBN 978-7-204-15321-3

Ⅰ . ①内… Ⅱ . ①赵… ②赵… ③曹… Ⅲ . ①植物志－内蒙古 Ⅳ . ① Q948.522.6

中国版本图书馆 CIP 数据核字（2018）第 060214 号

内蒙古植物志（1—6卷）

NEIMENGGU ZHIWUZHI（1—6 JUAN）

丛书策划 吉日木图　郭　刚
策划编辑 田建群　刘智聪
主　　编 赵一之　赵利清　曹　瑞
责任编辑 贾睿茹　孙　超　蔺小英
责任监印 王丽燕
封面设计 南　丁
版式设计 朝克泰　南　丁
出版发行 内蒙古人民出版社
地　　址 呼和浩特市新城区中山东路 8 号波士名人国际 B 座 5 楼
网　　址 http://www.impph.cn
印　　刷 内蒙古爱信达教育印务有限责任公司
开　　本 889mm×1194mm　1/16
印　　张 37
字　　数 950 千
版　　次 2019 年 8 月第 1 版
印　　次 2020 年 5 月第 2 次印刷
印　　数 501—3500 册
书　　号 ISBN 978-7-204-15321-3
定　　价 1080.00 元（1—6 卷）

图书营销部联系电话：（0471）3946267 3946269
如发现印装质量问题，请与我社联系。联系电话：（0471）3946120 3946124

FLORA INTRAMONGOLICA

EDITIO TERTIA

Tomus 2

Redactore Principali:Zhao Yi-Zhi   Zhao Li-Qing   Cao Rui

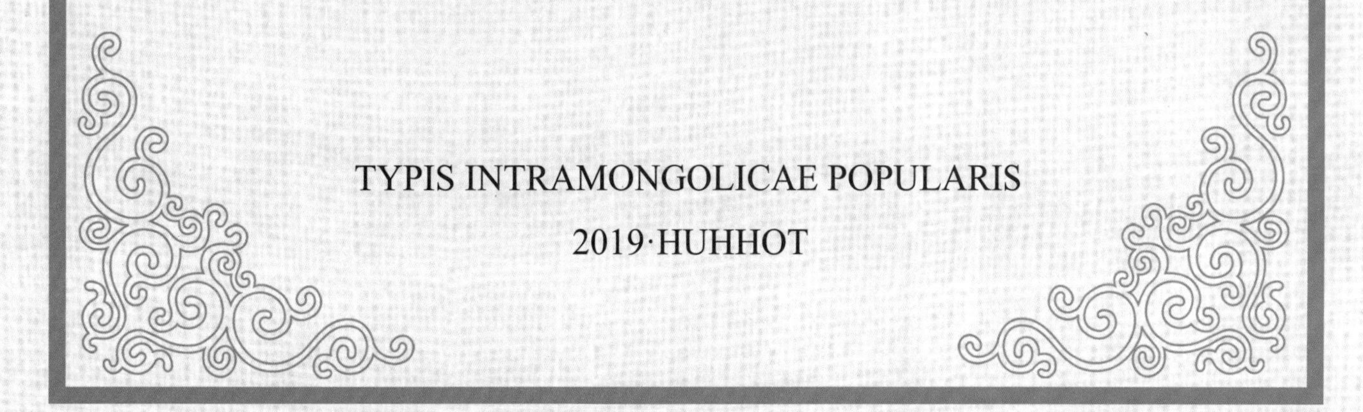

TYPIS INTRAMONGOLICAE POPULARIS

2019·HUHHOT

《内蒙古植物志》（第三版）编辑委员会

《内蒙古植物志》（第三版）专家委员会

《内蒙古植物志》（第一版）编辑委员会

《内蒙古植物志》（第二版）编辑委员会

说明

本书是在内蒙古大学和内蒙古人民出版社的主持下，由国家出版基金资助完成的。在研究过程中，得到国家自然科学基金项目“中国锦鸡儿属植物分子系统学研究”（项目号：30260010）、“蒙古高原维管植物多样性编目”（项目号：31670532)、“黄土丘陵沟壑区沟谷植被特性与沟谷稳定性关系研究”（项目号：30960067）、“脓疮草复合体的物种生物学研究”（项目号：39460007）、“绵刺属的系统位置研究”（项目号：39860008）等的资助。

全书共分六卷，第一卷包括序言、内蒙古植物区系研究历史、内蒙古植物区系概述、蕨类植物、裸子植物和被子植物的金粟兰科至马齿苋科，第二卷包括石竹科至蔷薇科，第三卷包括豆科至山茱萸科，第四卷包括鹿蹄草科至葫芦科，第五卷包括桔梗科至菊科，第六卷包括香蒲科至兰科。

本卷记载了内蒙古自治区被子植物的石竹科至蔷薇科，计 15 科（其中包括：毛茛科、小檗科、罂粟科、十字花科等）、137 属、494 种，另有 3 栽培属、27 栽培种。内容有科、属、种的各级检索表及科、属特征；每个种有中文名、别名、拉丁文名、蒙古文名、主要文献引证、特征记述、生活型、水分生态类群、生境、重要种的群落成员型及其群落学作用、产地（参考内蒙古植物分区图）、分布、区系地理分布类型、经济用途、彩色照片和黑白线条图等。在卷末附有植物的蒙古文名、中文名、拉丁文名对照名录及中文名索引和拉丁文名索引。

本卷由内蒙古大学赵一之、赵利清、曹瑞修订、主编，内蒙古师范大学哈斯巴根、乌吉斯古楞编写蒙古文名。

书中彩色照片除署名者外，其他均为赵利清在野外实地拍摄；黑白线条图主要引自第一、二版《内蒙古植物志》，此外还引用了《中国高等植物图鉴》《中国高等植物》《东北草本植物志》及 *Flora of China* 等有关植物志书和文献中的图片。

本书如有不妥之处，敬请读者指正。

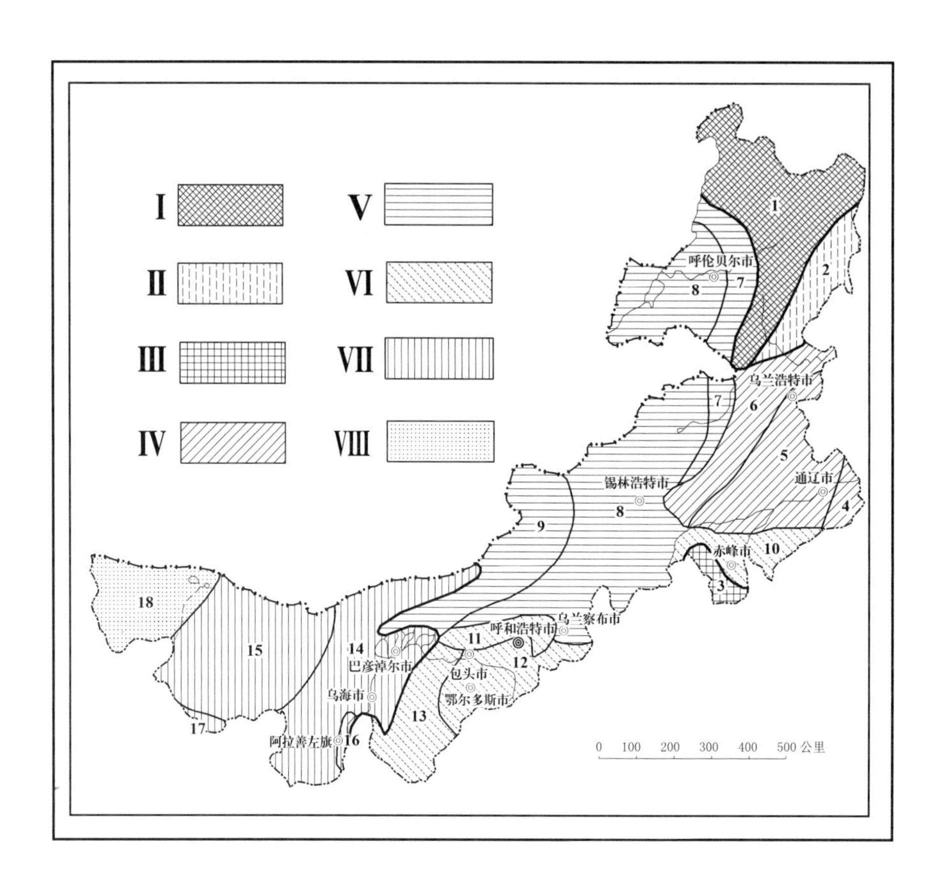

内蒙古植物分区图

Ⅰ. 兴安北部省
　1. 兴安北部州
Ⅱ. 岭东省
　2. 岭东州
Ⅲ. 燕山北部省
　3. 燕山北部州
Ⅳ. 科尔沁省
　4. 辽河平原州
　5. 科尔沁州
　6. 兴安南部州
Ⅴ. 蒙古高原东部省
　7. 岭西州
　8. 呼锡高原州
　9. 乌兰察布州
Ⅵ. 黄土丘陵省
　10. 赤峰丘陵州
　11. 阴山州
　12. 阴南丘陵州
　13. 鄂尔多斯州
Ⅶ. 阿拉善省
　14. 东阿拉善州
　15. 西阿拉善州
　16. 贺兰山州
　17. 龙首山州
Ⅷ. 中央戈壁省
　18. 额济纳州

目 录

38. 石竹科 Caryophyllaceae……1
1. 牛漆姑草属 Spergularia (Pers.) J. et C. Presl……2
2. 裸果木属 Gymnocarpos Forsk.……4
3. 孩儿参属 Pseudostellaria Pax……5
4. 蚤缀属（无心菜属）Arenaria L.……10
5. 种阜草属 Moehringia L.……15
6. 繁缕属 Stellaria L.……16
7. 鹅肠菜属 Myosoton Moench……36
8. 卷耳属 Cerastium L.……37
9. 漆姑草属 Sagina L.……41
10. 薄蒴草属 Lepyrodiclis Fenzl……43
11. 高山漆姑草属（米努草属）Minuartia L.……44
12. 狗筋蔓属 Cucubalus L.……45
13. 麦毒草属（麦仙翁属）Agrostemma L.……46
14. 剪秋罗属 Lychnis L.……47
15. 女娄菜属 Melandrium Rochl.……50
16. 麦瓶草属 Silene L.……60
17. 丝石竹属(石头花属)Gypsophila L.……70
18. 石竹属 Dianthus L.……74
19. 王不留行属 Vaccaria Medic.……79

39. 睡莲科 Nymphaeaceae……80
1. 芡属 Euryale Salisb.……80
2. 睡莲属 Nymphaea L.……81
3. 萍蓬草属 Nuphar Smith……83

40. 金鱼藻科 Ceratophyllaceae……84
1. 金鱼藻属 Ceratophyllum L.……84

41. 芍药科 Paeoniaceae……86
1. 芍药属 Paeonia L.……86

42. 毛茛科 Ranunculaceae……91
1. 驴蹄草属 Caltha L.……92
2. 金莲花属 Trollius L.……94

3. 升麻属 Cimicifuga L. ……97
4. 类叶升麻属 Actaea L. ……100
5. 耧斗菜属 Aquilegia L. ……101
6. 拟耧斗菜属 Paraquilegia Drumm. et Hutch. ……109
7. 蓝堇草属 Leptopyrum Reichb. ……110
8. 唐松草属 Thalictrum L. ……112
9. 银莲花属 Anemone L. ……125
10. 白头翁属 Pulsatilla Mill. ……132
11. 侧金盏花属 Adonis L. ……140
12. 水毛茛属 Batrachium (DC.) Gray ……142
13. 水葫芦苗属（碱毛茛属）Halerpestes E. L. Greene ……146
14. 毛茛属 Ranunculus L. ……149
15. 铁线莲属 Clematis L. ……169
16. 翠雀属 Delphinium L. ……186
17. 乌头属 Aconitum L. ……195

43. 小檗科 Berberidaceae ……213
1. 小檗属 Berberis L. ……213
2. 类叶牡丹属 Caulophyllum Michaux ……218

44. 防己科 Menispermaceae ……219
1. 蝙蝠葛属 Menispermum L. ……219

45. 五味子科 Schisandraceae ……221
1. 五味子属 Schisandra Michaux ……221

46. 罂粟科 Papaveraceae ……223
1. 白屈菜属 Chelidonium L. ……223
2. 罂粟属 Papaver L. ……224
3. 角茴香属 Hypecoum L. ……226

47. 紫堇科 Fumariaceae ……229
1. 紫堇属 Corydalis Vent. ……229

48. 十字花科 Cruciferae ……239
1. 菘蓝属 Isatis L. ……245
2. 舟果荠属 Tauscheria Fisch. ex DC. ……248
3. 沙芥属 Pugionium Gaertn. ……249
4. 团扇荠属 Berteroa DC. ……252

5. 翅籽荠属 Galitzkya V. V. Botsch.······253
6. 群心菜属 Cardaria Desv.······254
7. 球果荠属 Neslia Desv.······255
8. 匙荠属 Bunias L.······256
9. 双棱荠属（小柱荠属、小柱芥属）Microstigma Trautv.······257
10. 四棱荠属 Goldbachia DC.······259
11. 蔊菜属 Rorippa Scop.······260
12. 菥蓂属（遏蓝菜属）Thlaspi L.······263
13. 独行菜属 Lepidium L.······265
14. 阴山荠属 Yinshania Y. C. Ma et Y. Z. Zhao······270
15. 荠属 Capsella Medik.······271
16. 亚麻荠属 Camelina Crantz.······272
17. 庭荠属 Alyssum L.······274
18. 燥原荠属 Ptilotrichum C. A. Mey.······276
19. 葶苈属 Draba L.······278
20. 爪花芥属 Oreoloma Botsch.······282
21. 连蕊芥属 Synstemon Botsch.······284
22. 花旗杆属 Dontostemon Andrz. ex C. A. Mey.······286
23. 异果芥属 Diptychocarpus Trautv.······292
24. 离子芥属 Chorispora R. Br. ex DC.······293
25. 萝卜属 Raphanus L.······294
26. 芝麻菜属 Eruca Adans.······295
27. 芸苔属 Brassica L.······296
28. 白芥属 Sinapis L.······302
29. 诸葛菜属 Orychophragmus Bunge······303
30. 山芥属 Barbarea R. Br.······304
31. 大蒜芥属 Sisymbrium L.······306
32. 碎米荠属 Cardamine L.······309
33. 异蕊芥属 Dimorphostemon Kitag.······315
34. 针喙芥属 Acirostrum Y. Z. Zhao······317
35. 盐芥属 Thellungiella O. E. Schulz.······318
36. 香花芥属（香花草属）Hesperis L.······319
37. 香芥属 Clausia Korn.-Tr.······320
38. 芹叶芥属（裂叶芥属）Smelowskia C. A. Mey.······321
39. 播娘蒿属 Descurainia Webb et Berth.······322
40. 糖芥属 Erysimum L.······323
41. 念珠芥属 Neotorularia Hedge et J. Leonard······327
42. 涩芥属（离蕊芥属）Malcolmia R. Br.······329
43. 曙南芥属 Stevenia Adams et Fisch.······331

44. 南芥属 Arabis L.······332

49. 茅膏菜科 Droseraceae······334
1. 貉藻属 Aldrovanda L.······334

50. 景天科 Crassulaceae······335
1. 东爪草属 Tillaea L.······335
2. 瓦松属 Orostachys Fisch.······336
3. 八宝属 Hylotelephium H. Ohba······340
4. 红景天属 Rhodiola L.······345
5. 景天属 Sedum L.······348
6. 费菜属 Phedimus Rafin.······350

51. 虎耳草科 Saxifragaceae······353
1. 红升麻属（落新妇属）Astilbe Buch.-Ham.······353
2. 扯根菜属 Penthorum L.······354
3. 梅花草属 Parnassia L.······355
4. 唢呐草属 Mitella L.······357
5. 虎耳草属 Saxifraga L.······358
6. 金腰属 Chrysosplenium L.······363
7. 茶藨子属 Ribes L.······365
8. 八仙花属（绣球属）Hydrangea L.······375
9. 山梅花属 Philadelphus L.······376
10 溲疏属 Deutzia Thunb.······377

52. 蔷薇科 Rosaceae······379
1. 绣线菊亚科 Spiraeoideae······381
1. 假升麻属 Aruncus Adans.······381
2. 绣线菊属 Spiraea L.······382
3. 鲜卑花属 Sibiraea Maxim.······400
4. 珍珠梅属 Sorbaria (Ser.)A. Br. ex Asch.······401
2. 苹果亚科 Maloideae······403
5. 栒子属 Cotoneaster Medikus······403
6. 山楂属 Crataegus L.······411
7. 花楸属 Sorbus L.······415
8. 梨属 Pyrus L.······418
9. 苹果属 Malus Mill.······423
3. 蔷薇亚科 Rosoideae······430
10. 仙女木属 Dryas L.······430

11. 蔷薇属 Rosa L.······431
12. 地榆属 Sanguisorba L.······438
13. 羽衣草属 Alchemilla L.······443
14. 悬钩子属 Rubus L.······444
15. 水杨梅属 Geum L.······450
16. 龙牙草属 Agrimonia L.······451
17. 蚊子草属 Filipendula Mill.······452
18. 草莓属 Fragaria L.······456
19. 绵刺属 Potaninia Maxim.······458
20. 金露梅属 Pentaphylloides Ducham.······459
21. 委陵菜属 Potentilla L.······463
22. 沼委陵菜属 Comarum L.······489
23. 山莓草属 Sibbaldia L.······491
24. 地蔷薇属 Chamaerhodos Bunge······493
4. 李亚科 Prunoideae······498
25. 扁核木属 Prinsepia Royle······498
26. 桃属 Amygdalus L. ······500
27. 杏属 Armeniaca Mill. ······504
28. 李属 Prunus L.······507
29. 樱属 Cerasus Mill.······508
30. 稠李属 Padus Mill.······512

植物蒙古文名、中文名、拉丁文名对照名录······514
中文名索引······543
拉丁文名索引······562

38. 石竹科 Caryophyllaceae

草本，少半灌木或小灌木，茎节部常膨大。单叶对生，全缘，基部常连接，无托叶，极少有膜质托叶。花常两性，稀单性，辐射对称，集成聚伞花序，很少单生或头状，有时具闭锁受精的花；萼片 4 ～ 5，宿存，离生或合生；花瓣 4 ～ 5，稀无花瓣；雄蕊 4 ～ 10，有时更少；雌蕊由 2 ～ 5 心皮合生，子房上位，1 室，少基部为不完整的 2 ～ 5 室，特立中央胎座，少基生胎座，花柱 2 ～ 5，胚珠 1 至多数。蒴果顶部瓣裂或齿裂，裂齿数与花柱同数或倍数，很少为瘦果或浆果；种子常有坚硬的胚乳，胚常弯曲，围在胚乳外。

内蒙古有 19 属、87 种。

分属检索表

1a. 叶有膜质托叶。

2a. 一、二年生小草本，花瓣 5，蒴果……………………………………………**1. 牛漆姑草属 Spergularia**

2b. 灌木，无花瓣，瘦果…………………………………………………………**2. 裸果木属 Gymnocarpos**

1b. 叶无托叶。

3a. 萼片离生，稀基部合生；花瓣近无爪，稀无花瓣；雄蕊常周位生，稀下位生。

4a. 花二型，茎上部的花受精后不结实，茎下部的闭锁花无花瓣能结实；植株具块根……………………………………………………………………………………**3. 孩儿参属 Pseudostellaria**

4b. 花不为二型，植株无块根。

5a. 蒴果瓣先端 2 裂。

6a. 花瓣先端全缘或近于全缘。

7a. 种子周边有小瘤状突起，种脐旁无种阜……………………**4. 蚤缀属 Arenaria**

7b. 种子平滑，有光泽，种脐旁有种阜…………………………**5. 种阜草属 Moehringia**

6b. 花瓣先端深 2 裂至浅 2 裂，稀多裂，有时无花瓣。

8a. 花柱 3，稀 2；蒴果 4 ～ 6 瓣裂…………………………………………**6. 繁缕属 Stellaria**

8b. 花柱 5，稀 3 ～ 4；蒴果 10 齿裂。

9a. 蒴果卵圆形，5 瓣裂至中部，裂瓣先端 2 齿状，向外弯曲；花瓣几乎裂至基部……………………………………………………………………**7. 鹅肠菜属 Myosoton**

9b. 蒴果圆筒形或矩圆状圆筒形，10 齿裂大小相同；花瓣裂至 1/2 或凹缺………………………………………………………………………………**8. 卷耳属 Cerastium**

5b. 蒴果瓣先端不再 2 裂。

10a. 花柱 4 ～ 5，花瓣通常比萼片短或无花瓣……………………………**9. 漆姑草属 Sagina**

10b. 花柱 2 ～ 3，花瓣比萼片长。

11a. 蒴果有种子 1 ～ 2 粒；花柱通常 2，稀 3…………**10. 薄蒴草属 Lepyrodiclis**

11b. 蒴果有种子多数，花柱 3……………………………**11. 高山漆姑草属 Minuartia**

3b. 萼片合生，花瓣常有爪，雄蕊下位生。

12a. 蒴果浆果状，成熟后质脆，不规则开裂；花萼裂片果期增大，宿存，且完全反折…………………………………………………………………………**12. 狗筋蔓属 Cucubalus**

12b. 蒴果与花萼不为上述情况。

13a. 花柱 3 ～ 5。

14a. 花萼 5 深裂；萼裂片条形，叶状，比花瓣长；花瓣无附属物；萼和花瓣间无雌雄蕊柄……………………………………………………………………**13. 麦毒草属 Agrostemma**

14b. 花萼 5 齿裂，花瓣具鳞片状附属物，萼和花瓣间具雌雄蕊柄。

15a. 蒴果 5 齿裂或 5 瓣裂，齿数与花柱同数……………………………**14. 剪秋罗属 Lychnis**

15b. 蒴果 6 齿裂或 10 瓣裂，齿数 2 倍于花柱。

16a. 子房或蒴果 1 室；雌雄蕊柄极短，长不过 1mm；花萼革质或草质……………………………………………………………………**15. 女娄菜属 Melandrium**

16b. 子房或蒴果基部 3 室，上部 1 室；雌雄蕊柄较长，长 1mm 以上；花萼薄膜质或纸质……………………………………………………………**16. 麦瓶草属 Silene**

13b. 花柱 2。

17a. 花萼脉与脉间呈膜质，下面无苞片……………………………**17. 丝石竹属 Gypsophila**

17b. 花萼全部草质。

18a. 花萼管状或钟状，无棱角；花萼下有苞片……………………**18. 石竹属 Dianthus**

18b. 花萼基部膨大，先端狭窄，具 5 条角棱；花萼下无苞片……**19. 王不留行属 Vaccaria**

1. 牛漆姑草属 Spergularia (Pers.) J. et C. Presl

矮小草本。叶条形，常簇生于叶腋而似轮生；托叶干膜质。花白色或粉红色，腋生或单歧聚伞花序（外形如总状）；萼片 5；花瓣 5，全缘，稀无花瓣；雄蕊 10 较少；雌蕊 3，心皮合生，子房 1 室，含多数胚珠，花柱 3。蒴果 3 瓣裂；种子肾状球形或扁形，具翅或无翅。

内蒙古有 2 种。

分种检索表

1a. 一年生草本；种子多数无翅，部分具翅；花萼长约 3.5mm，雄蕊 2 ～ 5…………**1. 牛漆姑草 S. marina**

1b. 多年生草本；种子全部具翅；花萼长 5 ～ 7mm，雄蕊 10，稀 5………………**2. 缘翅牛漆姑草 S. media**

1. 牛漆姑草（拟漆姑）

Spergularia marina (L.) Bess. in Enum. Pl. 97. 1822; Fl. China 6:5. 2001.——*Arenaria rubra* L. var. *marina* L., Sp. Pl. 1:423. 1753.——*S.marina*(L.) Griseb. in Spic. Fl.Rumel. 1:213. 1843;Fl. China 6:5.2001.——*S. salina* J. Presl et C. Presl in Fl. Cech. 95. 1819; Fl. Intramongol. ed. 2, 2:332. t.134B. f.6-10. 1991.

一年生草本。主根粗壮，侧根多数，呈须状，淡褐黄色。茎铺散，多分枝，具节，下部平卧，无毛，上部稍直立，被腺毛，长 5 ～ 20cm。叶稍肉质，条形，长 5 ～ 25mm，宽 1 ～ 1.5mm，先端钝，带凸尖，基部渐狭，全缘，近无毛，有时顶部叶稍被腺毛；托叶膜质，三角状卵形，长 1.5 ～ 2mm，基部合生。蝎尾状聚伞花序生枝顶端；花梗长 1 ～ 2mm，被腺毛；萼片卵状披针

形，长约3.5mm，宽约1.6mm，先端钝，背部被腺毛，具白色宽膜质边缘；花瓣淡粉紫色或白色，椭圆形，长1～2mm；雄蕊5或2～3；子房卵形，稍扁；花柱3。蒴果卵形，长约4mm，先端锐尖，3瓣裂。种子近卵形，长0.5～0.7mm，褐色，稍扁，多数无翅，只基部少数周边具宽膜质翅。花期6～7月，果期7～9月。

耐盐中生草本。生于盐化草甸及沙质轻度盐碱地。产呼伦贝尔（新巴尔虎左旗、新巴尔虎右旗）、科尔沁（科尔沁左翼中旗、巴林右旗、克什克腾旗）、辽河平原（科尔沁左翼后旗）、锡林郭勒（东乌珠穆沁旗、锡林浩特市、苏尼特左旗）、乌兰察布（达尔罕茂明安联合旗、乌拉特前旗）、阴山（大青山、蛮汗山、乌拉山）、阴南平原（九原区）、鄂尔多斯（乌审旗、鄂托克旗）、东阿拉善（狼山、临河区、磴口县、阿拉善左旗）、西阿拉善（阿拉善右旗）、贺兰山、额济纳。分布于我国黑龙江西南部、吉林西南部、辽宁中部、河北中部、山西中部、河南西北部、江苏西北部、浙江、陕西、宁夏、甘肃中部和东部、青海东北部、四川西北部、云南西北部、新疆，日本、朝鲜、蒙古国西部和南部、俄罗斯、阿富汗、巴基斯坦、哈萨克斯坦，北非，欧洲、北美洲。为泛北极分布种。

2. 缘翅牛漆姑草

Spergularia media (L.) C. Presl ex Griseb. in Spic. Fl. Rumel. 1:213. 1843; Fl. China 6:5. 2001.——*Arenaria media* L., Sp. Pl. ed. 2, 1:606. 1762.

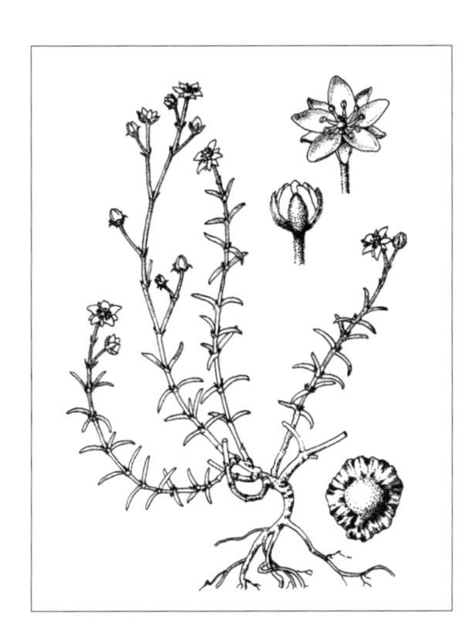

多年生草本，高15～30cm。茎直立或稍外倾，分枝，上部被腺柔毛。叶片线形，呈半圆柱状，肉质，长1～2cm，宽约1mm，顶端渐尖；托叶披针形，先端长渐尖，基部连合。聚伞花序；花梗长于花萼2～3倍；萼片披针形或长圆状卵状形，长5～7mm，宽1.5～2mm，边缘膜质；花瓣红色，稀白色，长圆形，与萼等长或稍长；雄蕊10，稀5。蒴果卵圆形，比宿存萼长1.5～2倍；种子圆形，直径约1mm，平滑或微具疣状凸起，边缘具白色膜质宽翅。花期5～8月，果期8～10月。

耐盐中生草本。生于荒漠河岸含有盐分的土壤中或河滩上。产额济纳。分布于我国新疆，俄罗斯、巴基斯坦、哈萨克斯坦、阿富汗，西南亚、北非，欧洲。为古地中海分布种。

2. 裸果木属 **Gymnocarpos** Forsk.

半灌木或灌木。具粗壮的主茎和具关节的分枝。单叶对生，无柄，条形或条状匙形，稍肉质；托叶膜质，鳞片状。花小，组成短的聚伞花序；苞片膜质，较花大；萼片 5；无花瓣。雄蕊 2 轮：外轮 5，无花药，钻状；内轮 5，与萼片对生。子房上位，1 室，1 胚珠，花柱细长。瘦果具单种子。

内蒙古有 1 种。

1. 裸果木

Gymnocarpos przewalskii Bunge ex Maxim. in Bull. Acad. Imp. Sci. St.-Petersb. Ser. 3, 26:502. 1880; Fl. Intramongol. ed. 2, 2:332. t.134B. f.1-5. 1991.

灌木，高 50 ～ 80（～ 100）cm。株丛直径可达 2m，多分枝而曲折。树皮灰黄色，具不规则纵沟裂。嫩枝红赭色。叶狭条状扁圆柱形，长 5 ～ 10mm，宽 1 ～ 1.5mm，肉质，稍带红色，顶端锐尖具短尖头，基部稍收缩。腋生聚伞花序；苞片膜质，白色透明，宽椭圆形，长 6 ～ 8mm，宽 3 ～ 4mm；花托钟状漏斗形，长约 1.5mm，其内部具肉质花盘；萼片 5，倒披针形，长约 1.5mm，先端具尖头，外面被短柔毛；无花瓣。雄蕊 2 轮：外轮 5，无花药；内轮 5，与

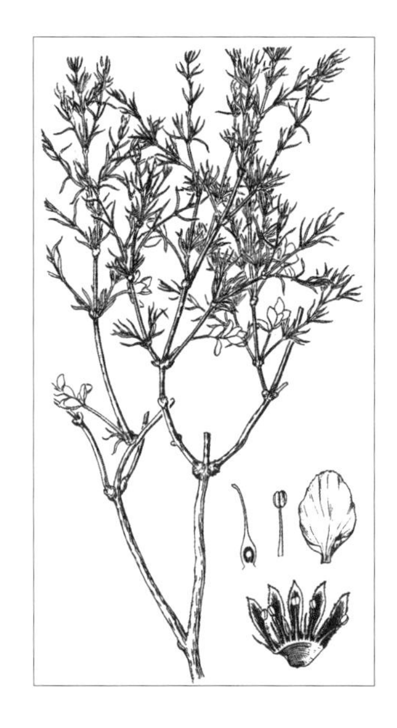

萼片对生，具花药。子房上位，近球形，内含基生胚珠 1；花柱单一，丝状。瘦果包藏在宿存萼内。花期 5 ～ 6 月，果期 6 ～ 7 月。

超旱生灌木。稀疏生长于荒漠区的干河床、戈壁滩、丘间低地，一般不形成郁闭群落，为亚洲中部荒漠区的特征植物，是起源于地中海旱生植物区系的第三纪古老残遗成分。产东阿拉善（杭锦旗、乌拉特后旗西部、阿拉善左旗）、贺兰山、西阿拉善、额济纳。分布于我国宁夏西北部、甘肃（河西走廊）、新疆东南部和西北部，蒙古国南部和西南部。为戈壁分布种。是国家二级重点保护植物。

3. 孩儿参属 Pseudostellaria Pax

多年生草本。具纺锤形或球形块根。茎直立或斜升，有时匍匐。叶对生，卵状披针形至条状披针形，具明显中脉。花两型：茎顶端的花较大，常不结实；萼片 4 ～ 5；花瓣 4 ～ 5，比萼片大，先端全缘或凹缺；雄蕊 8 ～ 10；子房 1 室，花柱 2 ～ 3。茎下部的花是闭锁花，小型，结实；萼片 4 ～ 5；花瓣无或小；雄蕊 2 或无；花柱 2，子房含多数胚珠。蒴果稍肉质，2 ～ 3 瓣裂；种子具瘤状突起或平滑，或被锚状刚毛，瘤状突起顶端有时具细刚毛。

内蒙古有 6 种。

分种检索表

1a. 种子表面乳头状突起，先端具细刚毛或被锚状刚毛。

2a. 种子表面乳头状突起，先端具细刚毛。

3a. 叶片两面（除背面中脉外）通常无毛，叶缘及背面中脉被开展的长毛，中上部叶基部圆形，无或具极短柄；花基数通常 5，花柱通 3……………………………………**1. 毛孩儿参 P. japonica**

3b. 叶片两面被毛或近无毛，叶缘无毛，中上部叶基部楔形或宽楔形，具长柄，柄长 3 ～ 10mm；花基数通常 4，花柱通常 2……………………………………**2. 贺兰山孩儿参 P. helanshanensis**

2b. 种子表面被锚状刚毛；中上部叶披针形、倒披针形或狭长圆形，叶片两面无毛，叶缘通常无毛……………………………………………………………………………………**3. 石生孩儿参 P. rupestris**

1b. 种子表面乳头状突起，先端无刚毛；叶通常无毛，稀下部边缘少有毛，基部多少渐狭。

4a. 茎俯卧或上升，常叉状分枝，花后茎先端逐渐延伸为细长的鞭状匍枝；叶卵形、长卵形或卵状披针形……………………………………………………………………**4. 蔓孩儿参 P. davidii**

4b. 茎直立或上升，先端不形成鞭状匍枝。

5a. 植株高 15 ～ 20cm；果期茎顶两对叶接近呈轮生状，叶片增大，长 2 ～ 4cm，宽 1 ～ 1.5cm……………………………………………………………………………………**5. 孩儿参 P. heterophylla**

5b. 植株高 5 ～ 10cm；果期茎顶两对叶远离不呈轮生状，叶片不增大，长 6 ～ 20mm，宽 4 ～ 7mm……………………………………………………………………………**6. 异花孩儿参 P. heterantha**

1. 毛孩儿参（毛假繁缕）

Pseudostellaria japonica (Korsh.) Pax in Nat. Pflanzenfam., ed. 2, 16c:318. 1934; Fl. Intramongol. ed. 2, 2:333. t.135. f.1-3. 1991.——*Krascheninikovia japonica* Korsh. in Bull. Acad. Imp. Sci. St.-Petersb. Ser. 5, 9:40. 1898.

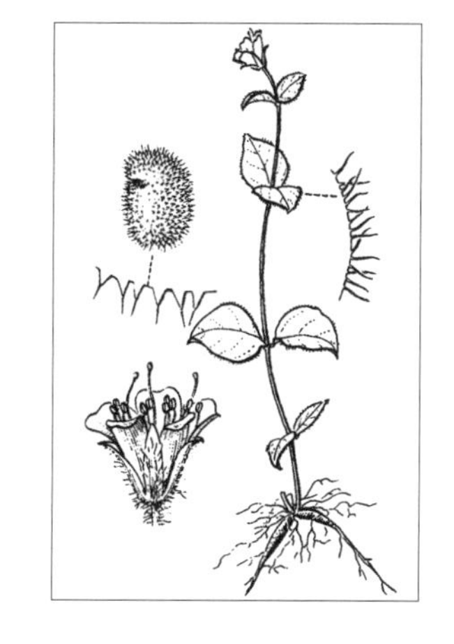

多年生草本，高 10 ～ 20cm。块根短纺锤形，单生或数个簇生，长约 1cm。茎单一或分枝，直立或上升，被 1 列毛。下部叶狭倒披针形或矩圆状披针形，基部渐狭成柄；中部和上部叶卵圆形、卵形或狭卵形，长 8 ～ 20mm，宽 4 ～ 15mm，基部圆形，具短柄，先端急尖，边缘具开展的白色长睫毛，表面疏被毛或近无毛，背面中脉被开展的长毛。开花受精的花单生于茎顶或分枝的顶端；花梗细，常被 2 列毛；

萼片矩圆状披针形，长 3 ～ 4mm，背面中脉上和边缘疏生长毛，具膜质狭边；花瓣白色，椭圆状倒卵形，长约 5mm，先端微缺；雄蕊与花瓣近等长，花丝基部加宽；花柱 2 ～ 3。闭锁花生于下部叶腋或短枝上。蒴果广卵球形，比萼片长，3 瓣裂；种子数粒，肾形，长约 1mm，棕褐色，表面具乳头突起，小突起先端具长刚毛。花期 5 ～ 6 月，果期 6 ～ 7 月。

耐阴中生草本。生于草原带的山地林下、林缘、灌丛、山顶峭壁下。产兴安南部(阿鲁科尔沁旗、巴林右旗）、阴山（大青山、卓资山、五当召）。分布于我国黑龙江南部、吉林中部、辽宁东部、河北西北部，日本、朝鲜、俄罗斯（远东地区）。为东亚北部分布种。

块根可入药，功效同孩儿参。

2. 贺兰山孩儿参

Pseudostellaria helanshanensis W. Z. Di et Y. Ren in Act. Phytotax. Sin. 25(6):478. f.1. 1987; Fl. Intramongol. ed. 2, 2:335. t.135. f.4-6. 1991.

多年生草本，高 5 ～ 10cm。块根单生或数个簇生，纺锤形或狭纺锤形，长约 1cm。茎纤细，近四棱形，被 2 列柔毛，分枝。下部叶狭椭圆形，长 15 ～ 25mm，宽 4 ～ 6mm，先端锐尖，基部渐狭成柄，两面被毛或近无毛；中上部叶卵形或宽卵形，长 1 ～ 2.5cm，宽 6 ～ 15mm，顶端 4 枚近轮生，先端急尖，基部楔形或宽楔形，两面被毛或近无毛，边缘粗糙，无纤毛；叶柄长 3 ～ 10mm，疏被柔毛。开花受精花单生枝端，可育；花梗细长，疏被柔毛；萼片 4，狭椭圆形，长约 3mm，宽约 1.5mm，背面中脉疏被柔毛，边缘狭膜质，有时疏被毛；花瓣 4，白色；雄蕊 8；子房卵形，花柱 2。闭花受精花单生叶腋，可育；花梗纤细，长 5 ～ 20mm，疏被柔毛；萼片 4，狭椭圆形，长约 2mm，宽约 1mm，背面疏被柔毛，边缘狭膜质，有时疏生柔毛；无花瓣；雄蕊 2。蒴果近球形，长约 4mm，直径约 3mm，4 瓣裂，具数粒种子；种子近肾圆形，长约 1.5mm，深棕色，表面具乳头状突起，突起顶端具短细刚毛。花期 6 ～ 7 月，果期 7 ～ 8 月。

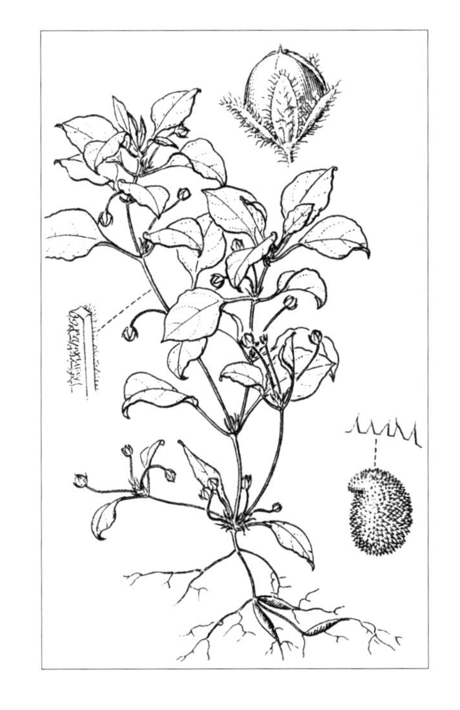

耐荫中生草本。生于荒漠带海拔 2800 ～ 3000m 的山地云杉林下湿地及山谷水沟旁潮湿处。产贺兰山。分布于我国河南（罗浮山）、陕西（太白山）。为贺兰山—秦岭分布种。

块根可入药，功效同孩儿参。

3. 石生孩儿参（石假繁缕）

Pseudostellaria rupestris (Turcz.) Pax in Nat. Pflanzenfam. ed. 2, 16c:318. 1934; Fl. Intramongol. ed. 2, 2:335. t.135. f.7-8. 1991.——*Krascheninikovia rupestris* Turcz. in Fl. Baical-Dahur. 1:238. 1842.

多年生草本，高 5 ～ 18cm。地下茎横走，节部生块根；块根纺锤形，单生或 2 ～ 3 个簇生，

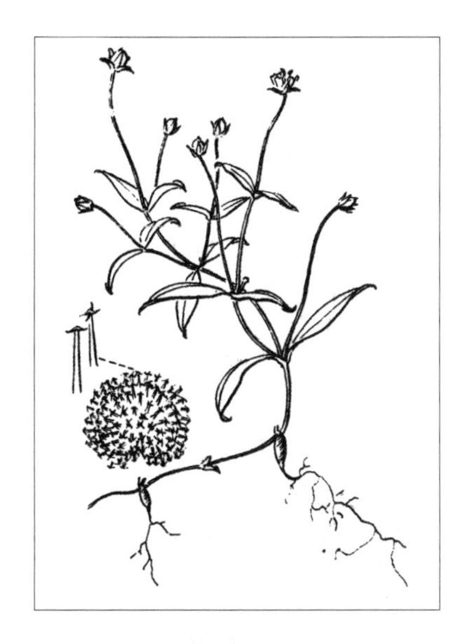

长 5 ～ 10mm。茎斜升，细弱，单一或分枝，无毛或被 1 列短毛。叶披针形、倒披针形或狭矩圆形至卵形，长 0.5 ～ 3cm，宽 2 ～ 6mm，两面无毛，边缘通常无毛，先端锐尖，基部渐狭成柄。开放花单生茎顶，可育；花梗纤细，长 1.5 ～ 2.5cm，被 1 列短毛；萼片 4 ～ 5，狭三角状披针形，长约 4mm，宽约 1mm，边缘狭膜质，无毛；花瓣 4 ～ 5，白色，椭圆形，比萼片长 1/3 左右，先端全缘或微凹，基部渐狭成爪；雄蕊 8 ～ 10，与花瓣近等长；子房卵形，花柱 2 ～ 3。闭锁花生于腋生分枝的顶端，可育；萼片 4，狭卵形，长约 2mm，宽约 1mm；无花瓣；雄蕊 2；子房卵形，花柱 2。蒴果椭圆球形，长约 4mm，直径约 3mm，2 或 3 瓣裂；种子卵圆形，长约 1.5mm，表面被锚状刚毛，锚状钩刺 1 ～ 4 个。花期 6 ～ 7 月，果期 7 ～ 8 月。

耐荫中生草本。生于荒漠带海拔 2700 ～ 3400m 的山地云杉林下、林缘及高山草甸。产贺兰山。分布于我国吉林（长白山）、青海，蒙古国北部、俄罗斯。为东古北极分布种。

块根可入药，功效同孩儿参。

4. 蔓孩儿参（蔓假繁缕）

Pseudostellaria davidii (Franch.) Pax in Nat. Pflanzenfam., ed. 2, 16c:318.1934; Fl. Intramongol. ed. 2, 2:336. t.136. f.1-2.1991.——*Kraschenìnikovia davidii* Franch. in Pl. David. 1:51.1884.

多年生草本。块根纺锤形，单一，长约 1cm，直径 2 ～ 3mm，具须根。茎纤细，高 8 ～ 20cm，被一列毛，开花前直立，多分枝，开花后分枝先端伸长成鞭状匍枝，匍匐地面，在匍枝上具小叶或无叶，有叶生不定根。叶卵形或圆卵形，长 1 ～ 2cm，宽 7 ～ 15mm，先端锐尖，基部近圆形，全缘，边缘稍有毛，上面疏被毛或近无毛，下面无毛；

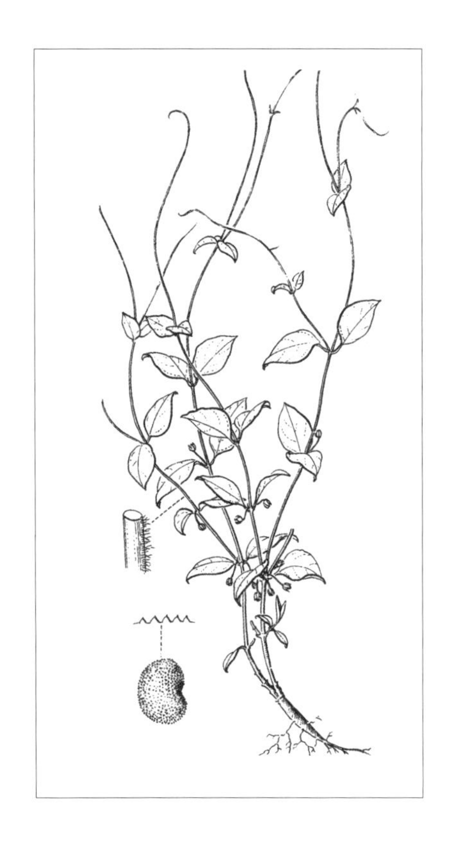

叶柄长 2 ～ 5mm，被长柔毛。开花受精花单生枝顶，具花梗，长 0.8 ～ 1.6cm，被 1 列毛；萼片 5，披针形，长约 3mm，先端渐尖，边缘膜质，背面被柔毛；花瓣白色，倒卵形或倒披针形，长 5 ～ 6mm，先端全缘，基部渐狭；雄蕊 10，长 3 ～ 4mm，花药紫色；子房卵形，花柱 3，稀 2。闭锁花生于茎基部附近，萼片 4，无花瓣；雄蕊多退化，子房宽卵形。蒴果宽卵形，长宽约 4mm，3 瓣裂，含数粒种子；种子近圆肾形，直径约 1.5mm，稍扁，被尖瘤状突起，褐色。花期 5 ～ 6 月，果期 6 ～ 7 月。

耐荫中生草本。生于阔叶林带的山地林下及沟谷。产兴安南部（巴林右旗）、燕山北部（喀喇沁旗、宁城县、敖汉旗）、阴山。分布于我国黑龙江、吉林北部、辽宁东部、河北、河南西部、山西、山东、陕西南部、甘肃、青海东北部和东南部、新疆中部、浙江西北部、安徽南部、广西北部、四川西南部、西藏、云南西北部，朝鲜、俄罗斯（远东地区）。为东亚分布种。

块根可入药，功效同孩儿参。

5. 孩儿参

Pseudostellaria heterophylla (Miquel) Pax in Nat. Pflanzenfam. ed. 2, 16c:318. 1934; Fl. Intramongol. ed. 2, 2:338. t.136. f.3-4. 1991.——*Krascheninikovia heterophylla* Miquel in Ann. Mus. Bot. Lugduno-Batavi 3:187. 1867.

多年生草本，高 15 ～ 20cm。块根纺锤形，具须根，淡灰黄色。茎纤细，柔弱，直立，通常单生，有 2 行纵向短柔毛。叶形多变化，茎中下部的叶条状倒披针形，长 2 ～ 3cm，宽 2 ～ 6mm，茎顶端常 4 叶相集，花期披针形，花后渐增大成卵形或宽卵形，呈轮状平展，长 2 ～ 4cm，宽 1 ～ 1.5cm，先端渐尖，基部宽楔形或渐狭成柄，全缘，两面无毛；叶柄长 1 ～ 10mm。花二型：普通花顶生或腋生单花，花梗纤细，被柔毛；萼片 5，狭披针形，长约

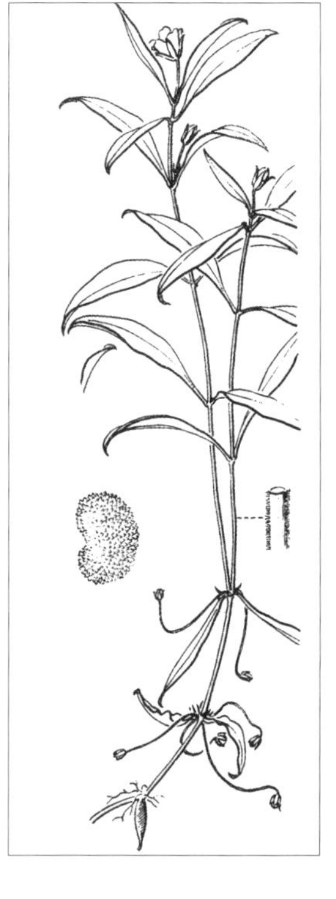

5mm，先端渐尖，背面被短柔毛，边缘宽膜质；花瓣 5，狭矩圆形或倒披针形，长约 6mm，顶端 2 ～ 3 齿裂或微缺乃至全缘，基部渐狭成短爪；雄蕊 10，长 5 ～ 6mm；子房卵形，花柱 3。闭锁花生茎下部叶腋，花梗纤细，弯曲；萼片 4，无花瓣。蒴果近球形，直径 2.5 ～ 3mm，含几个种子；种子肾形，长约 1.5mm，宽约 1mm，黑褐色，有乳头状突起。花期 6 ～ 7 月，果期 7 ～ 8 月。

耐荫中生草本。生于阔叶林带海拔 1700 ～ 2500m 的山地草甸、林下阴湿处。产兴安南部（巴林右旗）、燕山北部（兴和县苏木山）、阴山（大青山东九峰山）、贺兰山。分布于我国辽宁东部、河北东北部、河南、山东西部、陕西西南部、青海东部、四川东南部、江苏西南部、安徽东南部、浙江、江西北部、湖北中部、湖南西北部，日本、朝鲜。为东亚分布种。

块根入药（药材名：太子参），能益气生津、健脾，主治肺虚咳嗽、心悸、口渴、脾虚泄泻、食欲不振、肝炎、神经衰弱、小儿病后体弱无力、自汗、盗汗。本种可引种推广。

6. 异花孩儿参（矮小孩儿参、假繁缕）

Pseudostellaria heterantha (Maxim.) Pax in Nat. Pflanzenfam. ed. 2, 16c:318. 1934; Fl. China 6:9. 2001.——*Krascheninikovia heterantha* Maxim. in Bull. Acad. Imp. Sci. St.-Petersb. 18:376. 1873.——*P. maximowicziana* (Franch. et Sav.) Pax in Nat. Pflanzenfam. ed. 2, 16c:318. 1934; Fl. Intramongol. ed. 2, 2:338. t.136. f.5-6. 1991.——*Krascheninikovia maximowicziana* Franch. et Sav. in Enum. Pl. Jap. 2:297. 1878.

多年生草本，高 5 ～ 10cm。块根纺锤形，单生，有多数分枝细根。茎单一，直立，具 2 列毛，中部有分枝。叶无柄或具短柄，披针形或卵状披针形，长 6 ～ 20mm，宽 4 ～ 7mm，两面无毛，先端渐尖，基部渐狭成柄，柄上被长柔毛。开花受精花单生，顶生或腋生；花梗细长，被 1 列毛；花萼披针形，长 3 ～ 4mm，边缘膜质，背面被柔毛；花瓣白色，椭圆状披针形，长 5 ～ 6mm，全缘，先端钝或截形；雄蕊 10，比花瓣稍短，花药紫色；子房卵形，花柱 2，稀 3。闭锁花生于茎下部叶腋，稍小；花梗有毛，萼片 4。蒴果略长于萼；种子肾形，表面具乳头状突起。花期 5 ～ 6 月，果期 6 ～ 7 月。

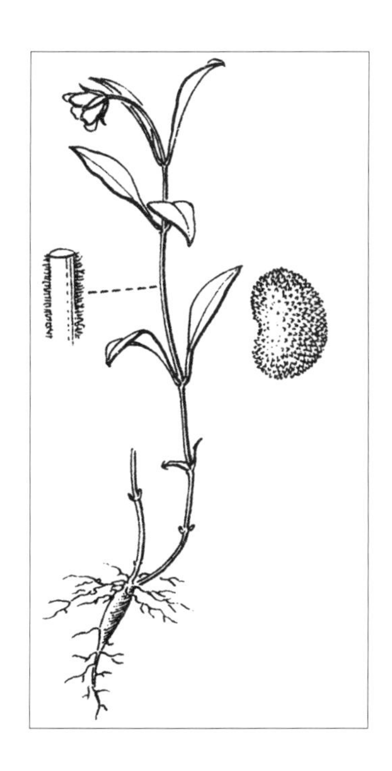

耐荫中生草本。生于海拔 1500 ～ 2250m 的山地林下。产兴安南部（巴林右旗）、贺兰山。分布于我国河北北部、山西南部、河南西部、安徽西部、陕西南部、宁夏西北部、甘肃东南部、青海东北部和东部及南部、四川西部、贵州东北部、西藏东部，日本、俄罗斯（远东地区）。为东亚分布种。

块根可入药，功效同孩儿参。

4. 蚤缀属（无心菜属）Arenaria L.

一年生或多年生草本。茎常多数丛生，直立或斜升。单叶对生，全缘；无托叶。花白色，顶生聚伞花序；萼片 5，稀 4；花瓣 5，全缘或微凹；雄蕊 10 或 8，稀较少，着生于环状花盘上；子房 1 室，具多数胚珠，花柱通常 3，少 2 或 4 ～ 5。蒴果卵状球形或短矩圆形，裂瓣数为花柱 2 倍或同数；种子肾形或近卵形，侧扁，具瘤状突起，无种阜。

内蒙古有 6 种。

分种检索表

1a. 一年生草本，不形成密丛；无基生叶丛，叶片卵形，长 3 ～ 4mm，两面疏生腺点；花瓣比萼片短……
……………………………………………………………………………**1. 卵叶蚤缀 A. serpyllifolia**

1b. 多年生草本，形成密丛；具基生叶丛，叶片狭线形或狭线状锥形；花瓣比萼片长。

  2a. 植株高 20 ～ 50cm，基部无木质枝；枝丛生，但不呈垫状；基生叶较长，长 7 ～ 25cm。

    3a. 植株茎上部、花梗、苞片、萼片背面被腺毛；花较大，花萼长 4 ～ 5mm，花瓣长 7 ～ 10mm……
    ……………………………………………………………**2a. 灯心草蚤缀 A. juncea var. juncea**

    3b. 植株无毛；花较小，花萼长 2.5 ～ 4mm，花瓣长 5 ～ 7mm……**2b. 光轴蚤缀 A. juncea var. glabra**

  2b. 植株高 4 ～ 20cm，基部具多数木质枝，呈垫状或密丛生；基生叶较短，长 1 ～ 6cm。

    4a. 茎生叶长 3 ～ 5mm，基生叶长 5 ～ 15mm；萼片长约 3.5mm；茎纤细，发状，无毛……………
    ……………………………………………………………………**3. 点地梅蚤缀 A. androsacea**

    4b. 茎生叶长 5 ～ 20mm，萼片长 4 ～ 6mm，茎较粗。

      5a. 茎高 10 ～ 20cm；基生叶丝状钻形，长 2 ～ 6cm。

        6a. 植株无毛……………………………………………………………**4. 毛叶蚤缀 A. capillaris**

        6b. 植株茎上部、花梗、苞片、萼片背面被腺毛……………………**5. 美丽蚤缀 A. formosa**

      5b. 茎高 2 ～ 10cm；基生叶钻状线形，长 1 ～ 2cm；植株被腺毛………**6. 高山蚤缀 A. meyeri**

1. 卵叶蚤缀（无心菜、鹅不食草、蚤缀）

Arenaria serpyllifolia L., Sp. Pl. 1:423. 1753; Fl. Intramongol. ed. 2, 2:339. t.137. f.1-4. 1991.

一年生矮小草本，高 8 ～ 15cm。茎数条，直立，密被下弯的短毛和短腺毛。叶片卵形，长 3 ～ 4mm，宽 2 ～ 3mm，先端尖，基部广楔形，边缘具睫毛，两面疏生腺点和疏被短腺毛，通常具 5 ～ 7 条弧形叶脉，无柄。聚伞花序顶生；苞片叶状，小型；花梗纤细，长 6 ～ 9mm，被下弯的短毛；萼片 5，卵状披针形，长 3 ～ 4mm，先端渐尖，边缘白色宽膜质，有时疏生睫毛，具 3 脉，背面疏生腺毛和被短毛；花瓣 5，白色，倒卵形，比萼片短 1/3 或几乎一半；雄蕊 10，短于萼片；子房卵形，花柱 3。蒴果卵形，与萼片近等长，3 瓣裂，裂瓣再 2 裂；种子多数，肾形，黑色，长约 0.5mm，表面被条状微凸起。花期 5 ～ 6 月，果期 6 ～ 7 月。

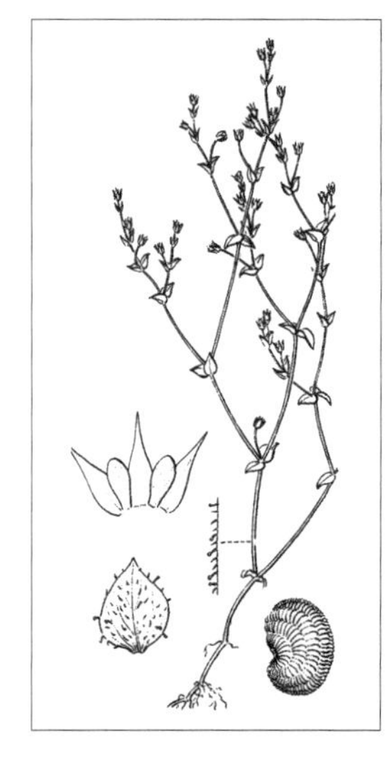

中生杂草。生于森林带的石质山坡、路旁荒地及田野中。产兴安北部（大兴安岭）。分布于我国各省区，日本、朝鲜、印度、尼泊尔、哈萨克斯坦、俄罗斯，北非，欧洲、北美洲、大洋洲。为世界分布种。

全草入药，能清热、解毒、明目、止咳，主治目赤、咳嗽、齿龈炎、咽喉痛。

2. 灯心草蚤缀（毛轴鹅不食、毛轴蚤缀、老牛筋）

Arenaria juncea M. Bieb. in Fl. Taur.-Cauc. 3:309. 1819; Fl. Intramongol. ed. 2, 2:343. t.138. f.1-5. 1991.

2a. 灯心草蚤缀（老牛筋）

Arenaria juncea M. Bieb. var. **juncea**

多年生草本，高 20 ～ 50cm。主根圆柱形，粗而伸长，褐色，顶端多头，丛生茎与叶簇。茎直立，多数，丛生，基部包被多数褐黄色老叶残余物，中部和下部无毛，上部被腺毛。基生叶狭条形，如丝状，长 7 ～ 25cm，宽 0.5 ～ 1mm，坚硬，先端渐细尖，基部增宽呈鞘状，边缘狭软骨质，具微细尖齿状毛；茎生叶与基生叶同形而较短，向上逐渐变短，基部合生而抱茎。二歧聚伞花序顶生；苞片披针形至卵形，先端锐尖，边缘宽膜质，密被腺毛；花梗直立，长 1 ～ 3cm，密被腺毛；萼片卵状披针形，长 4 ～ 5mm，先端渐尖，边缘宽膜质，背面被腺毛；花瓣白色，矩圆状倒卵形，长 7 ～ 10mm，宽 4 ～ 5mm，先端圆形；雄蕊 2 轮，每轮 5，外轮雄蕊基部增宽且具腺体；子房近球形，花柱 3。蒴果卵形，与萼片近等长，6 瓣裂；种子矩圆状卵形，长约 2mm，黑褐色，稍扁，被小瘤状突起。花果期 6 ～ 9 月。

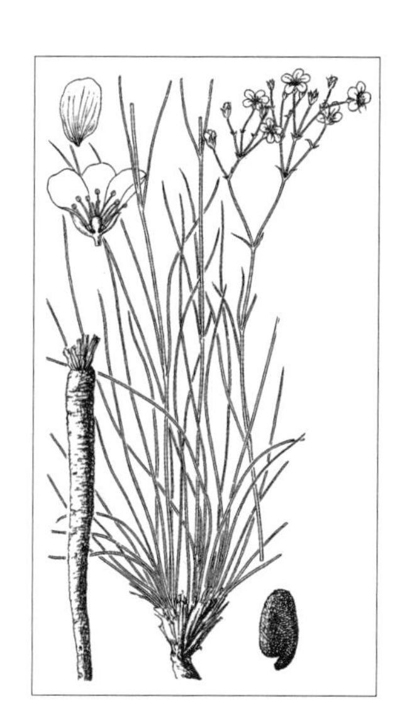

旱生草本。生于森林带和草原带的石质山坡、平坦草原。产兴安北部及岭东和岭西（额尔古纳市、根河市、鄂伦春自治旗、牙克石市、陈巴尔虎旗、海拉尔区、鄂温克族自治旗）、兴安南部和科尔沁（科尔沁右翼前旗、扎赉特旗、扎鲁特旗、巴林左旗、巴林右旗、翁牛特旗）、燕山北部（喀喇沁旗、宁城县、兴和县苏木山）、锡林郭勒（东乌珠穆沁旗、西乌珠穆沁旗、多伦县、太仆寺旗、镶黄旗、集宁区）、乌兰察布（达尔罕茂明安联合旗）、阴山（大青山、蛮汗山）、阴南丘陵。分布于我国黑龙江、吉林东部、辽宁北部、河北、山西、山东东部和南部、陕西、宁夏、甘肃，朝鲜、蒙古国东部（大兴安岭）、俄罗斯（东西伯利亚地区）。为东古北极（东西伯利亚—满洲—华北）分布种。

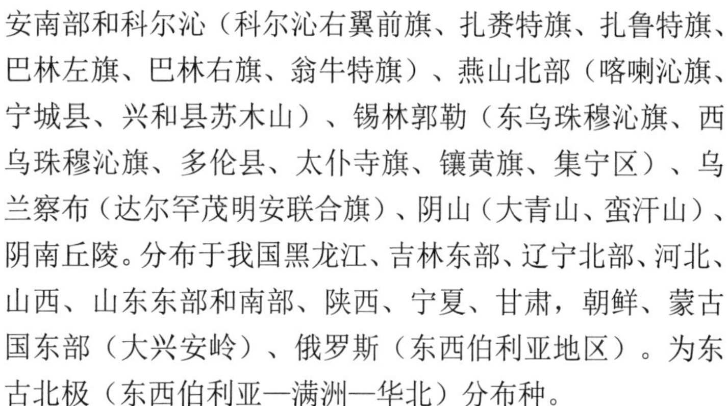

根曾做“山银柴胡”入药，能清热凉血。根也入蒙药（蒙药名：查干－得伯和日格纳），能清肺、破痞，主治外痞、肺热咳嗽。

2b. 光轴蚤缀（无毛老牛筋）

Arenaria juncea M. Bieb. var. **glabra** Regel in Bull. Soc. Imp. Nat. Mosc. 35(1):246. 1862; Fl. Intramongol. ed. 2, 2:343. 1991.

本变种与正种的区别：茎上部、花序、苞片及萼片均无毛；花较小，萼片长 2.5 ～ 4mm，花瓣长 5 ～ 7mm。

多年生旱生草本。生于草原带的山顶石缝或沙坨地。产兴安南部（扎赉特旗、巴林右旗）、辽河平原（大青沟）、赤峰丘陵（红山区）。分布于我国吉林、辽宁、河北北部，俄罗斯（远东地区）。为满洲分布变种。

3. 点地梅蚤缀

Arenaria androsacea Grub. in Bot. Mater. Gerb. Bot. Inst. Kom. Akad. Nauk S.S.S.R. 17:12. 1955; Fl. China 6:48. 2001.

多年生垫状草本，高 5 ～ 10cm。根粗，具多头，支根极多。茎多分枝，枝细，径约 1mm，无毛。叶片线状钻形，长 5 ～ 15mm，宽不足 1mm，顶端具刺尖，边缘稍内卷。花 1 ～ 3，呈聚伞状；苞片卵状披针形，长 2 ～ 3mm，顶端尖，边缘具宽白色干膜质；花序与花梗密被腺柔毛；萼片 5，卵状披针形，长 3 ～ 5mm，宽 1 ～ 2mm，基部较宽，边缘狭膜质，顶端尖，外面被腺柔毛，具 1 脉；花瓣 5，白色，长圆状倒卵形，长于萼片，顶端稍呈波状；花盘具 5 枚腺体；雄蕊 10，花丝与萼片近等长；子房卵圆形，花柱 3，长约 2mm。蒴果卵圆形，稍长于宿存萼，3 瓣裂，裂瓣顶端再 2 裂。花果期 7 ～ 9 月。

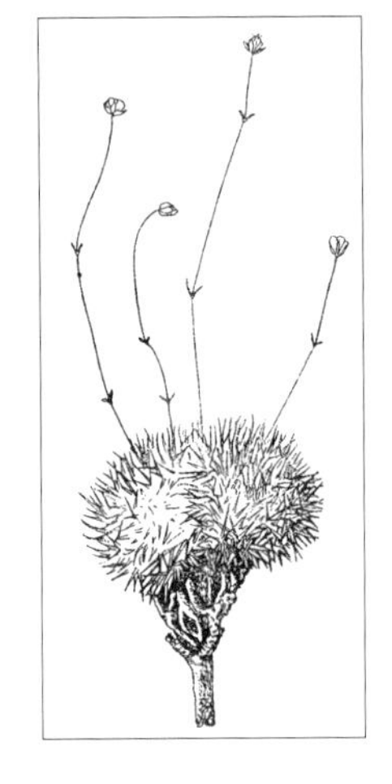

垫状中生草本。生于荒漠带的海拔 2700 ～ 3200m 的碎石山坡。产贺兰山。分布于我国宁夏（贺兰山）、青海（柴达木当金山）、甘肃（阿克塞阿尔金山）、新疆，蒙古国南部（戈壁—阿尔泰地区）、俄罗斯，阿尔泰山。为亚洲中部高山分布种。

4. 毛叶蚤缀（兴安鹅不食、毛梗蚤缀、毛叶老牛筋）

Arenaria capillaris Poir. in Encycl. 6;380. 1804;Fl. Intramongol. ed. 2, 2:341. t.138. f.6-9. 1991.

多年生密丛生草本，高 8 ～ 15cm。全株无毛。主根圆柱状，黑褐色，顶部多头。植株基部具多数木质化多分枝的老茎，由此丛生多数直立茎和叶簇，茎基部包被枯黄色的老叶残余。基生叶簇生，丝状钻形，长 2 ～ 6cm，宽 0.3 ～ 0.5mm，顶端短尖，边缘狭软骨质，具微细尖齿状毛，基部膨大成鞘状；茎生叶 2 ～ 4 对，与基生叶同形而较短，长 5 ～ 20mm，基部合生而抱茎。二歧聚伞花序顶生，苞片披针形至卵形，先端具短尖，边缘宽膜质；花梗纤细，直立，长 5 ～ 15mm；萼片狭卵形或椭圆形状卵形，长 4 ～ 5mm，宽 2 ～ 2.5mm，先端锐尖，边缘宽膜

质；花瓣白色，倒卵形，长7～8mm，宽4～5mm，先端圆形或微凹；雄蕊2轮，每轮5，外轮雄蕊基部增宽且具腺体；子房近球形，花柱3。蒴果椭圆状卵形，长4～5mm，6齿裂；种子近卵形，长1.2～1.5mm，黑褐色，稍扁，被小瘤状突起。花期6～7月，果期8～9月。

密丛生旱生草本。生于森林带和草原带的石质干山坡、山顶石缝间。产兴安北部和岭西（额尔古纳市、根河市、牙克石市）、呼伦贝尔（鄂温克族自治旗、新巴尔虎左旗、满洲里市）、兴安南部（科尔沁右翼前旗、扎赉特旗、扎鲁特旗、阿鲁科尔沁旗、巴林右旗、林西县、克什克腾旗）、辽河平原（大青沟）、锡林郭勒（锡林浩特市、苏尼特左旗、太仆寺旗、镶黄旗）、乌兰察布（达尔罕茂明安联合旗）、阴山（大青山）、鄂尔多斯（东胜区）。分布于我国黑龙江、吉林、辽宁、河北北部，蒙古国、俄罗斯（东西伯利亚地区、远东地区），北美洲。为亚洲—北美分布种。

根入蒙药（蒙药名：得伯和日格纳），功能、主治同灯心草蚤缀。

5. 美丽蚤缀（腺毛蚤缀、美丽老牛筋）

Arenaria formosa Fisch. ex Ser. in Prodr. 1:402. 1824; Fl. China 6:47. 2001.——*A. capillaris* Poir. var. *glandulifera* (Ser.) Schinschk. et Knorr. in Fl. U.R.S.S. 6:531. 1936; Fl. Intramongol. ed. 2, 2:343. 1991.——*A. subulata* Ser. var. *glandulifera* Ser. in Prodr. 1:403. 1824.

多年生草本，密丛生，高4～10cm。主根较硬，木质化，支根纤细。茎直立，基部密集枯萎的褐色老叶残基，中、上部被白色腺柔毛，近花序处尤密。叶片线形或线状钻形，长1.5～4cm，宽约1mm，基部较宽，连合成短鞘，边缘平展不卷，顶端渐尖。花1～3，呈聚伞状；苞片卵状披针形，长2～3mm，宽1～1.5mm，基部较宽，边缘狭膜质，顶端渐尖，多少被腺柔毛；花梗长0.5～1cm，被腺柔毛；萼片5，卵状披针形或卵形，长5～6mm，宽2～3mm，基部较宽，顶端急尖，外面中脉凸起，多少被腺柔毛；花瓣5，白色，倒卵形或倒卵状长圆形，长8～12mm；花盘具5个腺体，生于与萼片对

生的花丝基部，圆形，淡褐色；雄蕊 10，5 长，5 短，花丝中间具 1 脉，花药椭圆形，淡黄色；子房倒卵形，长约 2mm，花柱 3，长约 6mm，柱头棒状。花期 7 ～ 8 月。

密丛生旱生草本。生于森林带和草原带的石质山坡、山顶石缝。产兴安北部（额尔古纳市阿不大克）、锡林郭勒（东乌珠穆沁旗、苏尼特左旗、化德县）、乌兰察布（达尔罕茂明安联合旗南部）、阴山（大青山）。分布于我国河北北部、山西北部、宁夏、甘肃（阿克塞阿尔金山）、新疆（巴里坤哈萨克自治县）、四川，蒙古国北部和西部、俄罗斯（西伯利亚地区）、哈萨克斯坦。为东古北极分布种。

6. 高山蚤缀（华北蚤缀、华北老牛筋、麦氏蚤缀）

Arenaria meyeri Fenzl in Fl. Ross. 1:368. 1842; Fl. Intramongol. ed. 2, 2:341. t.137. f.5-6. 1991.——*A. grueningiana* Pax et K. Hoffm. in Repert. Spec. Nov. Regni Veg. Beih. 12:366. 1922; Fl. China 6:47. 2001.

多年生草本，高 3 ～ 7cm，垫状。直根，粗壮，径达 1cm，黄褐色，顶端具多数木质枝。茎多数，直立，不分枝或花序分枝，上部被腺毛。基生叶丛生，长 1 ～ 2cm，钻状线形，先端渐尖，顶端具刺尖，上面扁平，下面中央凸起，叶的横断面为三角形，两面无毛；茎生叶与基生叶相似而较小，长 3 ～ 9mm，明显短于节间。花单生或 2 ～ 7 朵组成聚伞花序；苞片狭披针形，长 3 ～ 4mm，边缘宽膜质或全部膜质，被腺毛；花梗长 2 ～ 9mm，密被腺毛；萼片 5，卵状披针形，长 4 ～ 6mm，先端锐尖，背面被腺毛，中央绿色，边缘膜质；花瓣 5，矩圆状倒卵形，顶端微缺，长于萼片约 1.5 倍；雄蕊 10，与萼片近等长；子房 1 室，花柱 3。蒴果卵球形，与萼片近等长，3 瓣裂，裂瓣再 2 裂；种子多数，近卵形，具疣状凸起。花果期 7 ～ 8 月。

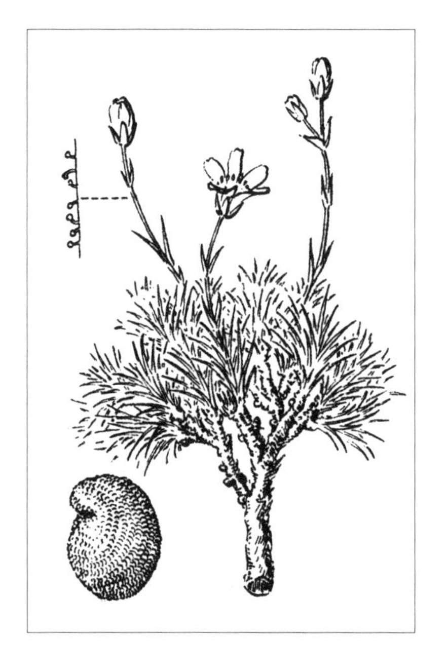

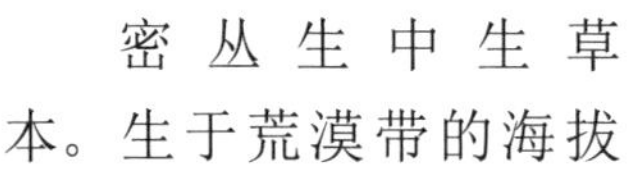

密丛生中生草本。生于荒漠带的海拔 2800 ～ 3400m 的高山草甸。产贺兰山。分布于我国河北（小五台山、张家口炮台营）、山西（忻州市五寨县）、宁夏（贺兰山）、新疆（天山），蒙古国西部。为亚洲中部高山分布种。

5. 种阜草属 Moehringia L.

一年生或多年生草本。茎纤细。叶质薄，无柄或有短柄。花小型，单生或数朵成聚伞花序；萼片 5；花瓣 5，白色，全缘；雄蕊常 10；子房 1 室，含多数胚珠，花柱 3。蒴果椭圆球形或卵球形，6 瓣裂；种子有光泽，平滑，在种脐旁有白色膜质种阜。

内蒙古有 1 种。

1. 种阜草

Moehringia lateriflora (L.) Fenzl in Vers. Darstell. Alsin. 38. 1833; Fl. Intramongol. ed. 2, 2:344. t.137. f.7-9. 1991.

多年生草本，高 5 ～ 20cm。具细长白色的根茎。茎纤细，下部斜倚，上部直立，单一或分枝，密被短毛。叶椭圆形或矩圆状披针形，长 1 ～ 2cm，宽 0.5 ～ 1cm，先端钝或稍尖，基部宽楔形，全缘具睫毛，两面被细微的颗粒状小凸起，上面淡绿色，下面灰绿色，沿脉有短毛；叶柄极短，长约 1mm。聚伞花序，具 1 ～ 3 朵花，顶生或腋生；花梗纤细，长 1 ～ 4cm，被短毛，中部有 1 对披针形膜质小苞片；萼片卵形或椭圆形，长约 2mm，先端钝，背面中脉常被短毛，边缘宽膜质；花瓣白色，矩圆状倒卵形，长约 4mm，全缘；雄蕊 10，花丝下部有细毛；子房卵形，花柱 3。蒴果长卵球形，长 3 ～ 3.5mm，6 瓣裂；种子亮黑色，肾状扁球形，长约 1.1mm，宽约 0.8mm，平滑，种脐旁有种阜。花果期 6 ～ 8 月。

中生草本。生于森林带和草原带的山地林下、灌丛、沟谷溪边。产兴安北部及岭西和岭东（额尔古纳市、根河市、牙克石市、鄂伦春自治旗、扎兰屯市、东乌珠穆沁旗宝格达山）、呼伦贝尔（海拉尔区、鄂温克族自治旗）、兴安南部（科尔沁右翼前旗、扎赉特旗、阿鲁科尔沁旗、巴林左旗、巴林右旗、克什克腾旗）、辽河平原（大青沟）、燕山北部（喀喇沁旗、宁城县、兴和县苏木山）、锡林郭勒（西乌珠穆沁旗、锡林浩特市、正蓝旗）、阴山（大青山）。分布于我国黑龙江、吉林东部、辽宁、河北北部、山西、宁夏南部、甘肃东部、新疆北部，日本、朝鲜、蒙古国东部和北部、俄罗斯、哈萨克斯坦，西南亚，欧洲。为古北极分布种。

6. 繁缕属 Stellaria L.

一、二年生或多年生草本。茎铺散、簇生或斜升。叶对生，卵形、披针形或条形，常全缘。顶生聚伞花序，稀单生叶腋；萼片 5，稀 4，宿存；花瓣 5，稀 4，白色，先端 2 深裂，很少齿裂或微凹，有时无花瓣；雄蕊 10，有时较少；子房 1 室，花柱 3，很少 2 或 4。蒴果常 3 ～ 6 瓣裂，含多数或 1 ～ 2 种子；种子两侧稍压扁，表面被瘤状突起、细刺或近于平滑。

内蒙古有 27 种。

分种检索表

1a. 花柱 2，植株被腺毛，茎圆柱形，叶矩圆状披针形……………………………………………**1. 二柱繁缕 S. bistyla**

1b. 花柱 3。

2a. 花瓣 5 ～ 7 中裂，全株伏生绢毛，叶宽披针形或矩圆状披针形………………**2. 垂梗繁缕 S. radians**

2b. 花瓣 2 裂或无花瓣，植株被其他种类的毛或无毛。

3a. 茎下部叶具长柄，上部叶无柄或近无柄。

4a. 茎及花梗均被腺毛，花瓣比萼片长 1.5 倍；多年生草本……………………………………………………………………………………………………**3. 林繁缕 S. bungeana** var. **stubendorfii**

4b. 茎及花梗侧生 1 列短柔毛，无腺毛；花瓣长不超过萼片或无花瓣；一、二年生草本。

5a. 花瓣存在而显著，比萼片短或近等长；种子直径约 1mm。

6a. 植株鲜绿色，雄蕊通常 3 ～ 5，种子边缘具半球形瘤状突起………**4. 繁缕 S. media**

6b. 植株淡绿色，雄蕊通常 8 ～ 10，种子边缘具圆锥状凸起………**5. 赛繁缕 S. neglecta**

5b. 花瓣无或很小，种子直径 0.7 ～ 0.8mm…………………………**6. 无瓣繁缕 S. pallida**

3b. 叶全部无柄或近无柄。

7a. 伞形花序；伞辐基部具膜质苞片；花梗纤细，长短不一；无花瓣。

8a. 每花梗近基部具 2 枚白色膜质卵形小苞片，蒴果与宿存花萼近等长或稍长……………………………………………………………………………………**7. 小伞花繁缕 S. parviumbellata**

8b. 花梗通常无苞片，有时在近中部具 1 对膜质披针形小苞片；蒴果长为宿存花萼的 2 倍……………………………………………………………………………**8. 伞花繁缕 S. umbellata**

7b. 聚伞花序或单花腋生，具花瓣。

9a. 植株被星状毛；叶灰绿色，披针形，长 1.5 ～ 5cm，宽 3 ～ 9mm……**9. 内弯繁缕 S. infracta**

9b. 植株无星状毛。

10a. 一、二年生草本，叶缘多少皱波状，花柱极短………………**10. 雀舌草 S. alsine**

10b. 多年生草本；叶缘平展，非皱波状；花柱较长。

11a. 直根，粗壮；蒴果长约为萼片的 1/2。

12a. 花瓣 2 裂片不再分裂，裂片全缘。

13a. 植株被腺毛或腺质柔毛；茎由基部二歧式分枝，全株呈球形。

14a. 萼片矩圆形或卵形，先端钝圆；茎四棱形；叶条状披针形至条形………………………**11. 钝萼繁缕 S. amblyosepala**

14b. 萼片披针形或矩圆状披针形，先端锐尖或稍钝；茎圆柱形；叶卵形或条形。

15a. 萼片矩圆状披针形，长约 3mm，先端稍钝；苞片短小，

卵形，长 1 ~ 3mm；聚伞状圆锥花序大型，多花……**12. 沙地繁缕 S. gypsophyloides**

15b. 萼片披针形，长 4 ~ 5mm，先端锐尖；苞片较长，卵状披针形至条形，长 3 ~ 10mm；聚伞状圆锥花序较小型。

16a. 叶卵形或卵状披针形，长 4 ~ 15mm，宽 3 ~ 7mm；花瓣比萼片稍短……………………………………………………………………………………**13. 叉歧繁缕 S. dichotoma**

16b. 叶披针形至条形，长达 3cm，宽 1 ~ 4mm；花瓣比萼片稍长……………………………………………………………………………………**14. 银柴胡 S. lanceolata**

13b. 植株被卷曲短柔毛；茎不为二歧式分枝，丛生或为垫状。

17a. 植株高 10 ~ 25cm，形成稀疏的植丛；叶长 10 ~ 25mm；聚伞花序多花……………………………………………………………………………………**15. 兴安繁缕 S. cherleriae**

17b. 植株高 2 ~ 7cm，形成垫状植丛；叶长 4 ~ 10mm；花朵单生于茎顶，稍有聚伞花序 2 ~ 5 朵花……………………………………………………………**16. 岩生繁缕 S. petraea**

12b. 花瓣 2 裂片再 2 浅裂，小裂片先端具小齿；萼片卵状披针形，先端锐尖；花瓣与萼片近等长或稍长；植株被短的多细胞柔毛……………………………**17. 阴山繁缕 S. yinshanensis**

11b. 根状茎细长，蒴果比萼片长或近等长。

18a. 花瓣长为萼片的 1/2 ~ 2/3。

19a. 茎及叶缘光滑无毛；萼片长 5 ~ 8mm；茎直立；植株稀疏丛生，高 10 ~ 30cm……………………………………………………………………………………**18. 短瓣繁缕 S. brachypetala**

19b. 茎及叶缘被倒生柔毛；萼片长约 3mm；茎弯曲；植株密集丛生，高 5 ~ 15cm……………………………………………………………………………………**19. 贺兰山繁缕 S. alaschanica**

18b. 花瓣与萼片近等长或稍长，或长出 1/3。

20a. 植株被长柔毛；花萼长 5 ~ 8mm；蒴果黑褐色；花常单生，稀二歧聚伞花序……………………………………………………………………………………**20. 巴彦繁缕 S. bayanensis**

20b. 植株光滑或疏被短柔毛，花萼长 2.5 ~ 5mm。

21a. 苞片叶状，茎光滑，花常单生。

22a. 萼片卵状披针形，长 3 ~ 3.5mm，中脉不明显；叶披针状椭圆形至条状披针形，长 0.5 ~ 2.5cm，宽 1.5 ~ 6mm，先端急尖或锐尖；植株低矮，高 7 ~ 20cm……………………………………………………………………………**21. 叶苞繁缕 S. crassifolia**

22b. 萼片披针形，长约 5mm，中脉明显；叶条形，长 2 ~ 4cm，宽 0.5 ~ 1.5mm，先端长渐尖；植株较高，高 15 ~ 30cm………………………**22. 细叶繁缕 S. filicaulis**

21b. 苞片膜质，花通常为二歧聚伞花序。

23a. 萼片卵状披针形，长 2.5 ~ 3mm，先端钝尖或锐尖，脉不明显；茎棱粗糙……………………………………………………………………………**23. 长叶繁缕 S. longifolia**

23b. 萼片披针形或三角状披针形，长 3mm 以上，先端渐尖，脉明显；茎光滑。

24a. 萼片披针形，种子表面具皱缩状凸起。

25a. 苞片披针形，仅边缘膜质；叶条形或狭条形，宽 0.5 ~ 1.5mm……………………………………………………………**24. 鸭绿繁缕 S. jaluana**

25b. 苞片卵状披针形，全部或除中脉外全部膜质；叶矩圆状披针形、披针形或条状披针形，宽约 1.5mm 以上。

26a. 叶矩圆状披针形或披针形，宽 4 ～ 10mm，基部近圆形或圆楔形………**25. 翻白繁缕 S. discolor**

26b. 叶条状披针形或近条形，宽 1.5 ～ 3mm，基部稍狭…………………………**26. 沼繁缕 S. palustris**

24b. 萼片狭三角状披针形；种子表面具颗粒状凸起；叶条形或披针状条形，宽 1 ～ 3mm，先端渐尖，基部渐狭……………………………………………………………………………**27. 禾叶繁缕 S. graminea**

1. 二柱繁缕

Stellaria bistyla Y. Z. Zhao in Bull. Bot. Res., Harbin 5(4):142. f.1. 1985;Fl. Intramongol. ed. 2, 2:346. t.139. f.1-4. 1991.

多年生草本，高 10 ～ 30cm。直根，圆柱形，直径 5 ～ 8mm，顶端具多数地下茎。茎叉状分枝，密集丛生，圆柱形，有时带紫色，密被腺毛。叶狭矩圆状披针形、矩圆状披针形或宽矩圆状披针形，长 1 ～ 2cm，宽 2 ～ 10mm，先端锐尖，基部渐狭，全缘，中脉 1 条，表面下陷，背面隆起，两面被腺毛，无柄。聚伞花序顶生，稀疏；苞片叶状，披针形，长约 5mm，两面被腺毛；花梗密被腺毛，长 3 ～ 20mm；萼片 5，矩圆状披针形，长 4 ～ 5mm，宽约 1mm，先端尖，边缘膜质，被腺毛；花瓣 5，白色，倒卵形，长约 3mm，宽约 2mm，比萼片短，先端 2 浅裂，基部楔形；雄蕊 10，长约 3mm；子房球形，花柱 2。蒴果倒卵形，长约 2.5mm，顶端 4 齿裂，含 1 种子；种子卵形，长约 1.5mm，黑褐色，表面具小疣状凸起。花期 7 ～ 8 月，果期 8 ～ 9 月。

旱中生草本。生于荒漠带海拔 2000 ～ 2600m 的山地林下、山坡石缝处。产东阿拉善（桌子山）、贺兰山、西阿拉善（雅布赖山）、龙首山。分布于我国宁夏（贺兰山）。为南阿拉善山地（桌子山—贺兰山—龙首山）分布种。

2. 垂梗繁缕（遂瓣繁缕）

Stellaria radians L., Sp. Pl. 1:422. 1753; Fl. Intramongol. ed. 2, 2:348. t.139. f.5-7. 1991.

多年生草本，高 40 ～ 60cm。全株伏生柔毛，呈灰绿色。根状茎匍匐，分枝。茎直立或斜升，四棱形，上部有分枝。叶宽披针形或矩圆状披针形，长 3 ～ 9cm，宽 1 ～ 2.5cm，先端渐尖或长渐尖，基部楔形，全缘，背面毛较密，中脉特别明显，无柄。二歧聚伞花序顶生；苞片叶状，较小；花梗1～3cm，花后下垂；萼片长卵形，长6～7mm，先端稍钝，背面密被绢毛，内侧者边缘膜质；花瓣白色，宽倒卵形，长8～10mm，掌状5～7中裂，裂片条形；雄蕊10，比花瓣短，花丝基部稍连生；子房卵形，花柱3。蒴果卵形，有光泽，比萼片稍长；种子肾形，呈褐色，

长约2mm，表面具蜂巢状小穴。花期6～8月，果期7～9月。

湿中生草本。生于森林带和草原带的沼泽草甸、河边、沟谷草甸、林下。产兴安北部及岭东和岭西（额尔古纳市、根河市、牙克石市、鄂伦春自治旗、莫力达瓦达斡尔族自治旗、扎兰屯市）、呼伦贝尔（陈巴尔虎旗、海拉尔区、新巴尔虎左旗）、兴安南部（科尔沁右翼前旗、扎鲁特旗）。分布于我国黑龙江、吉林东部、辽宁东北部、河北，日本、朝鲜、蒙古国（大兴安岭）、俄罗斯（东西伯利亚地区、远东地区）。为东西伯利亚—东亚北部（满洲—日本）分布种。

3. 林繁缕

Stellaria bungeana Fenzl var. **stubendorfii** (Regel) Y. C. Chu in Fl. Pl. Herb. Chin. Bor-Orient. 3:29. t.11. f.1-4. 1975; Fl. China 6:14. 2001.——*S. nemorum* L. var. *stubendorfii* Regel in Bull. Soc. Imp. Nat. Mosc. 35(1):270. 1862.——*S. bungeana* auct. non Fenzl.: Fl. Intramongol. ed. 2, 2:348. t.140. f.1-5. 1991.

多年生草本，高20～50cm。根状茎细，匍匐。茎较柔弱，上升，单一或稍分枝，被腺毛。下部叶具长柄，柄具狭翼，被腺毛和柔毛；叶片卵形，长1.5～4cm，宽1～2.5cm，先端渐尖，基部圆形或浅心形，边缘全缘，疏生短睫毛，两面近无毛，或沿中脉疏生短柔毛。上部叶较小，无柄或近无柄。聚伞花序顶生；苞片小，叶状，边缘具腺毛；花梗长1～3cm，被腺毛，花后下垂；萼片卵形至卵

状披针形，先端钝尖，长 4 ～ 5mm，边缘狭膜质，背面被腺毛；花瓣白色，较萼长，二叉状深裂达基部，裂片条形；雄蕊 10；花柱 3。蒴果卵球形，与萼片等长或稍长；种子多数，表面具小凸起。花期 6 ～ 7 月，果期 7 ～ 8 月。

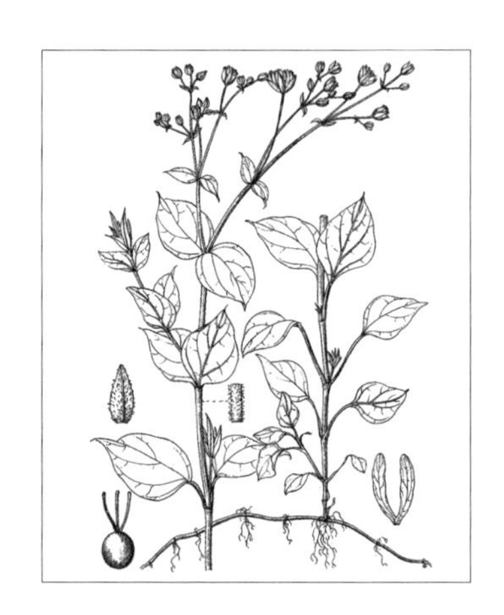

中生草本。生于夏绿阔叶林带的林下、林缘及灌丛间。产燕山北部（喀喇沁旗、宁城县）。分布于我国吉林，日本、朝鲜、蒙古国东部和北部及西部、俄罗斯（西伯利亚地区），欧洲。为古北极分布变种。

4. 繁缕

Stellaria media (L.) Villars in Hist. Pl. Dauphine 3:615. 1789; Fl. China 6:15. 2001; Fl. Intramongol. ed. 2, 2:350. t.141. f.6-8. 1991.——*Alsine media* L., Sp. Pl. 1:272. 1753.

一、二年生草本，高 10 ～ 20cm。全株鲜绿色。茎纤弱，多分枝，直立或斜升，被 1 行纵向的短柔毛，下部节上生不定根。叶卵形或宽卵形，长 1 ～ 2cm，宽 8 ～ 15mm，先端锐尖，基部近圆形或近心形，全缘，两面无毛；下部和中部叶有长柄，上部叶具短柄或无柄。二歧聚伞花序顶生；花梗纤细，长 5 ～ 20mm，被 1 行短柔毛；萼片 5，披针形，长约 4mm，先端钝，边缘宽膜质，背面被腺毛；花瓣 5，白色，比萼片短，二深裂，裂片近条形；雄蕊 5，比花瓣短；花柱 3。蒴果宽卵形，比萼片稍长，6 瓣裂，包在宿存花萼内，具多数种子；种子近球形，直径约 1mm，稍扁，褐色，表面具瘤状突起，边缘凸起半球形。花果期 7 ～ 9 月。

中生杂草。生于村舍附近杂草地、农田中。产兴安北部及岭东（额尔古纳市、鄂伦春自治旗、阿尔山市白狼镇和伊尔施林场、东乌珠穆沁旗宝格达山）、燕山北部（喀喇沁旗、宁城县）、阴南平原（呼和浩特市）。分布于吉林东南部、辽宁、河北西北部、河南、山西、陕西南部、山东、安徽、江西、江苏、浙江、福建、湖北、湖南、广东、广西、贵州、宁夏、甘肃东部、青海、四川、云南、西藏，日本、朝鲜、蒙古国北部、俄罗斯、印度、不丹、巴基斯坦、阿富汗，欧洲。为古北极分布种。

茎叶和种子供药用，能凉血、消炎，主治积年恶疮、分娩后子宫收缩痛、盲肠周围炎，又能促进乳汁的分泌。嫩苗可做蔬菜食用，也可做饲料。

5. 赛繁缕（鸡肠繁缕）

Stellaria neglecta Weihe in Comp. Fl. German. 1:560. 1825; Fl. Intramongol. ed. 2, 2:350. t.141. f.9-10. 1991.

一、二年生小草本，高 15 ～ 20cm。全株淡绿色。茎较柔弱，上升，稍分枝，被 1 列毛。最下部叶有柄，柄长 3 ～ 5mm，两侧疏被睫毛。叶片卵形或卵状披针形，长 7 ～ 10mm，宽 4 ～ 7mm，

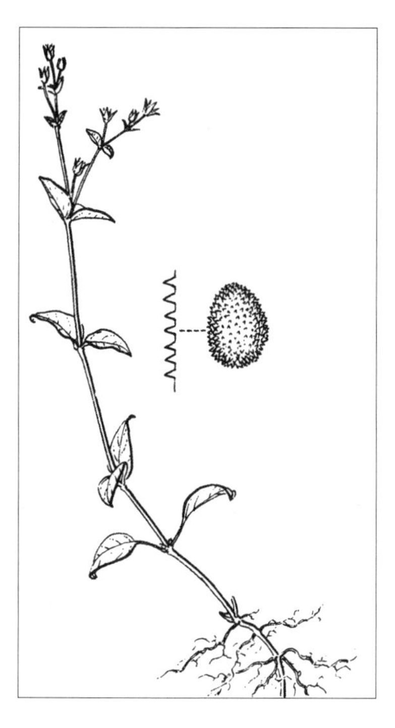

先端急尖，基部圆形，两面无毛，中脉较明显。通常无柄或近无柄，二歧聚伞花序顶生，花序分枝较长，被1列毛；苞似叶状而较小；花梗长4～15mm，被1列毛；萼片卵状披针形，长3～4mm，先端较钝，边缘膜质，背面多少被软毛；花瓣白色，比萼片稍短，又深裂达基部，裂片近条形，先端渐尖，基部渐狭；雄蕊通常8～10，花丝基部渐加宽；花柱3。蒴果卵形，比萼片稍长，6瓣裂，具多数种子；种子近圆形，两侧稍扁，褐色，径约1mm，表面具瘤状突起，边缘突起尖圆锥形。花期6～7月，果期7～8月。

中生小草本。生于森林带的林下。产兴安北部（大兴安岭）。分布于我国黑龙江西北部、陕西南部、甘肃南部、青海东部和南部、新疆、江苏西部、浙江、台湾北部、湖北、湖南、四川、云南西部、贵州北部，日本、俄罗斯、尼泊尔、哈萨克斯坦、阿富汗，西南亚、欧洲南部、北非。为古北极分布种。

全草有抗菌消炎作用，主治牙痛、疖肿、乳腺炎、尿路感染等。

6. 无瓣繁缕

Stellaria pallida (Dumort.) Crep. in Man. Fl. Belgique ed. 2:19. 1866; Fl. China 6:16. 2001.——*Alsine pallida* Dumort. in Fl. Belg. 109. 1827.

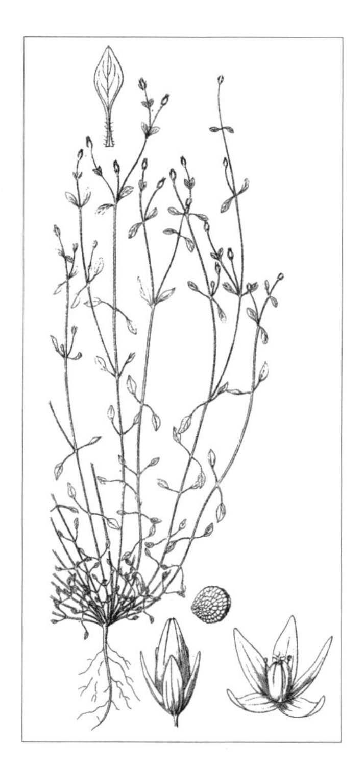

茎通常铺散，有时上升，基部分枝有1列长柔毛，但绝不被腺柔毛。叶小，叶片近卵形，长5～8mm，有时达1.5cm，顶端急尖，基部楔形，两面无毛，上部及中部者无柄，下部者具长柄。二歧聚伞花序；花梗细长；萼片披针形，长3～4mm，顶端急尖，稀卵圆状披针形而近钝，多少被密柔毛，稀无毛；花瓣无或小，近于退化；雄蕊（0～）3～5（～10）；花柱极短。种子小，淡红褐色，直径0.7～0.8mm，具不显著的小瘤突，边缘多少锯齿状或近平滑。

中生杂草。生于房舍附近。产阴南平原（呼和浩特市）。分布于我国山东、福建、云南、新疆，亚洲、欧洲、北美洲。为泛北极分布种。

7. 小伞花繁缕

Stellaria parviumbellata Y. Z. Zhao in Act. Sci. Nat. Univ. Intramongol. 20(2):226. f.1. 1989; Fl. Intramongol. ed. 2, 2:352. t.141. f.1-5. 1991.

多年生草本，高 5 ～ 8cm。根状茎具密集的宽卵形的鳞片，须根密，纤细。茎单一，被柔毛。叶片卵状披针形或卵形，长 5 ～ 11mm，宽 2 ～ 4mm，先端锐尖，基部连合，抱茎，下部边缘具纤毛，两面无毛，中脉于下面隆起，无柄。聚伞花序伞形，顶生，伞幅基部具数枚膜质卵形苞片；花梗纤细，长短不一，长 3 ～ 25mm，无毛，每花梗近基部有 2 枚白色膜质卵状椭圆形小苞片；萼片 5，卵状披针形，长 2.5 ～ 3mm，先端锐尖，边缘膜质，背面具 3 脉，无毛；无花瓣；雄蕊 10，短于萼片；子房卵形，花柱 3。蒴果矩圆状卵形，长约 3.5mm，稍长于宿存花萼，先端 6 瓣裂；种子椭圆形，棕褐色，长约 0.7mm，宽约 0.3mm，扁，表面无凸起，具皱纹。花果期 6 ～ 7 月。

湿中生草本。生于高山带海拔 2900m 左右的山沟水边。产贺兰山。分布于我国宁夏、陕西、甘肃、青海、西藏。为横断山脉分布种。

8. 伞花繁缕

Stellaria umbellata Turcz. ex Karelin et Kirilov in Bull. Soc. Imp. Nat. Mosc. 15:173. 1842; Fl. China 6:26. 2001.

多年生草本，高 5 ～ 15cm。根密而细。茎无毛或疏被毛，多单一，花期后常在叶腋生出分枝。叶片椭圆状披针形至椭圆形，长 1.5 ～ 2cm，宽 4 ～ 5mm，顶端急尖，基部渐狭，有短柄。聚伞花序伞形；伞幅基部具苞片 3 ～ 5，卵形，膜质；花梗通常无苞片，有时近中部具 2 枚披针形的膜质小苞片；花梗长 5 ～ 20mm，在果时常下垂；萼片 5，披针形，长 2 ～ 3mm；无花瓣；雄蕊 10，比萼片短；子房矩圆状卵形，花柱 3，丝形。蒴果长为宿存花萼的近 2 倍，顶端 6 裂；种子肾形，略扁，表面有皱纹，但无凸起。花果期 6 ～ 9 月。

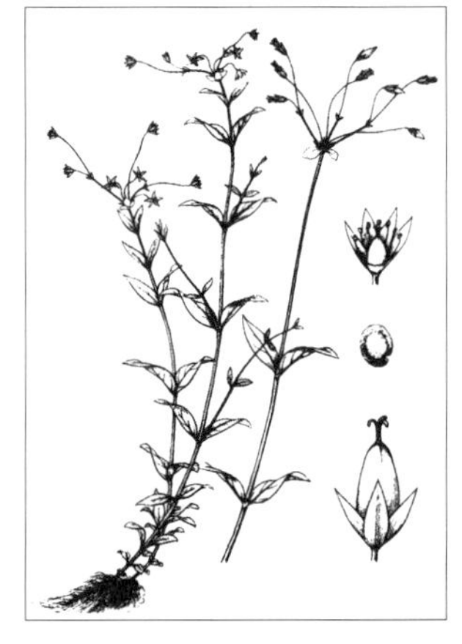

中生草本。生于山地沟谷

潮湿石缝或溪边潮湿处。产贺兰山、龙首山。分布于河北、山西、陕西、四川、甘肃、青海、新疆、西藏，俄罗斯、哈萨克斯坦，北美洲。为亚洲—北美分布种。

9. 内弯繁缕

Stellaria infracta Maxim. in Trudy Imp. St.-Petersb. Bot. Sada 11:72. 1889; Fl. Intramongol. ed. 2, 2:352. t.142. f.1-3. 1991.

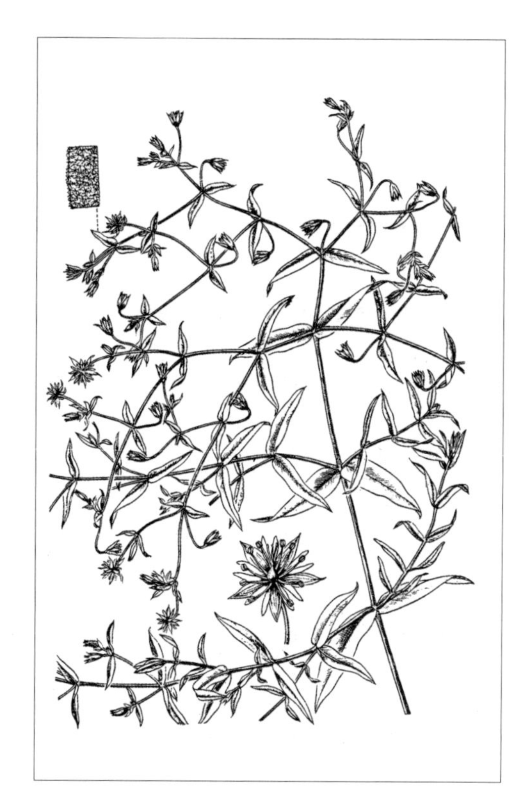

多年生草本。茎斜倚，主茎平卧地面，长达30cm，分枝直立，高10～15cm，被星状茸毛，茎基部节上生不定根。叶披针形、矩圆状披针形或条形，长1.5～5cm，宽3～9mm，先端锐尖，基部近圆形或近心形，全缘，两面被星状茸毛，灰绿色，下面中脉明显凸起。二歧聚伞花序顶生，具多花；花梗长5～15mm，花后下弯；萼片5，条状披针形，长约5mm，宽约1.5mm，先端锐尖，被星状茸毛，具膜质边缘，背部具3条凸起的脉；花瓣白色，略短于萼片，2深裂几达基部，裂片近条形；雄蕊10，等长，与花瓣近等长；子房宽卵形，花柱3。蒴果包藏在宿存花萼内，卵形，长约4mm，6瓣裂；种子近卵形，长约0.8mm，棕色。花果期7～9月。

中生草本。生于夏绿阔叶林带海拔1800～2000m的石质山坡及沟谷地埂石缝。产燕山北部（兴和县苏木山）。分布于我国河北西部、河南西部和北部、山西、陕西、甘肃、青海东南部、四川西部。为华北—横断山脉分布种。

10. 雀舌草

Stellaria alsine Grimm in Nov. Actorum Acad. Caes. Leop.-Carol. Nat. Cur. 3. App. 313. 1767; Fl. China 6:21. 2001.——*S. uliginosa* Murr. in. Prod. Stirp. Gotting. 55. 1770; Fl. Intramongol. ed. 2, 2:352. t.143. f.1-3. 1991.

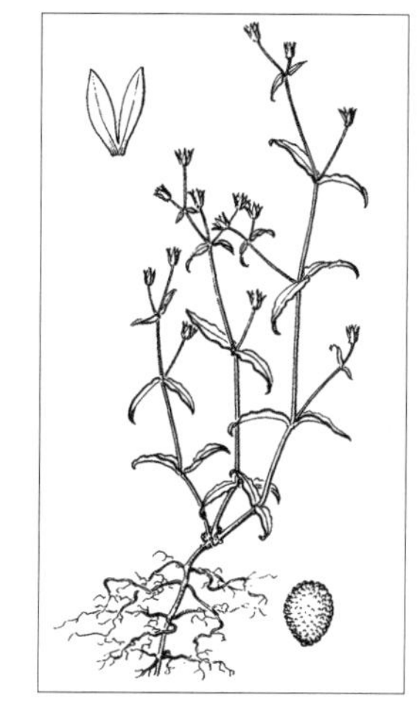

一、二年生草本，高5～15cm。全株无毛。茎细弱，丛生，四棱形，斜升，由基部开始分枝。叶片矩圆形至卵状披针形，长5～15mm，宽2～4mm，先端急尖，基部楔形或狭楔形，边缘多少皱波状，有时基部边缘具缘毛，下面具1条明显的中脉，无柄。二歧聚伞花序顶生及腋生，具少数花；花梗丝状，长5～15mm，果时下倾，有时基部具2枚披针形膜质苞片；萼片披针形，长约3mm，宽约1mm，先端尖锐，边缘白膜质，背面具1条脉，脉在花期不显，于果期较明显；花瓣白色，稍短于萼片或近等长，2深裂达基部，裂片条状矩圆形，后期的花有时无花瓣；雄蕊5，稍短于花瓣；子房卵形，花柱3，极短。蒴果卵圆形，比萼片稍长或近等长，6瓣裂，具多数种子；种子小，倒卵形，褐色，长约0.5mm，表面具疣状凸起。花期 5 ～ 6 月，果期 6 ～ 7 月。

湿中生杂草。生于森林草原带的河滩湿草地、农田湿地等处。产岭西（额尔古纳市）、兴安南部（科尔沁右翼前旗索伦镇）、赤峰丘陵（翁牛特旗）、锡林郭勒（苏尼特左旗）。分布于我国吉林东部、辽宁北部、河北、河南、山东、陕西、甘肃、青海、安徽、江西、江苏、浙江、福建、台湾、湖北、湖南、广东、广西、四川、云南、贵州、西藏南部，日本、朝鲜、印度、不丹、尼泊尔、越南、巴基斯坦，克什米尔地区，欧洲。为古北极分布种。

11. 钝萼繁缕

Stellaria amblyosepala Schrank. in Enum. Pl. Nov. 2:54. 1842; Fl. Intramongol. ed. 2, 2:354. t.143. f.4-7. 1991.

多年生草本，高 15 ～ 30cm。直根粗壮，圆柱形，直径达 1cm，灰褐色。茎多数，四棱形，

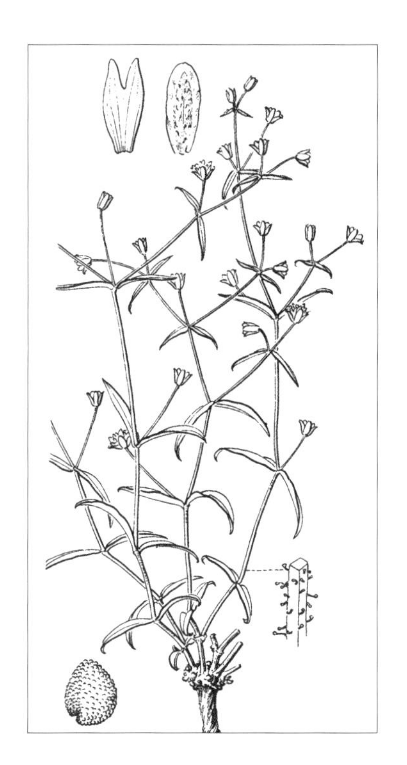

由基部多次二歧式分枝，密集丛生，被腺毛或腺质柔毛。叶条状披针形至条形，长 5 ～ 35mm，宽 1 ～ 3mm，先端渐尖，基部渐狭，全缘，两面被腺毛或腺质柔毛，中脉 1 条，上面凹陷，下表隆起，无柄。二歧聚伞花序顶生，具多数花；苞片与叶同形而较小；花梗纤细，10 ～ 40mm，被腺毛或腺质柔毛；萼片 5，矩圆形或卵形，先端钝圆，长约 4mm，宽约 1.4mm，边缘宽膜质，背面被腺毛或腺质柔毛；花瓣白色，椭圆形，长 4 ～ 5mm，宽 1.3 ～ 2mm，先端 2 浅裂；雄蕊 10；子房卵球形，花柱 3。蒴果卵形，长约 2mm，包藏在宿存的花萼内，通常含种子 1，果梗下垂；种子宽卵形，长约 1.8mm，黑褐色，表面具小疣状凸起。花果期 6 ～ 9 月。

旱生草本。生于荒漠带和荒漠草原带的石质山坡、阴坡林下及沟谷。产阴山（大青山、乌拉山）、东阿拉善（狼山、桌子山）、西阿拉善（雅布赖山）、龙首山、额济纳（马鬃山）。分布于我国甘肃、新疆，蒙古西部和南部、哈萨克斯坦、俄罗斯（西伯利亚地区）。为亚洲中部山地分布种。

本种花柱通常 3，偶有 2。*Flora of China*（6:29. 2001）和《中国植物志》（26:158. 1996）中记载：内蒙古，赛音淖尔，色拉那林乌拉（狼山之意）山脚有一种圆萼繁缕 *S. strongylosepala* Hand.-Mazz.，其原描述与本种基本一致，唯花柱 4 不同，仅记于此，有待研究。

12. 沙地繁缕（霞草状繁缕）

Stellaria gypsophyloides Fenzl in Fl. Ross. 1:380. 1842; Fl. Intramongol. ed. 2, 2:356. t.144. f.1-2. 1991.

多年生草本，高30～60cm，全株被腺毛或腺质柔毛。直根粗长，圆柱形，直径达1.5cm，黄褐色。茎多数，丛生，从基部多次二歧式分枝，枝缠结交错，形成球形草丛。叶片条形、条状披针形

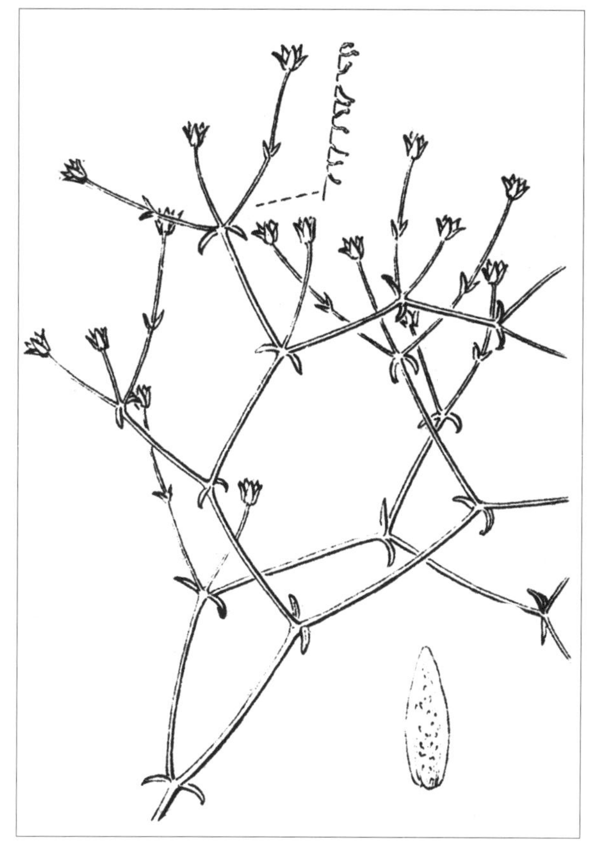

或椭圆形，长4～15mm，宽2～5mm，先端锐尖，中脉明显，无柄。聚伞花序分枝繁多，开张，多花，呈大型圆锥状；苞片卵形，小，长1～3mm，宽1～1.5mm；花梗细，直伸；萼片矩圆状披针形，长约3mm，先端稍钝，边缘膜质；花瓣白色，与萼片近等长，2深裂，裂片条形。蒴果椭圆形，与宿存萼片等长，6瓣裂，具种子1～3；种子卵状肾形，长约2.5mm，黑色，表面具明显疣状凸起。花果期7～9月。

旱生草本。生于草原带的流动或半流动沙丘、沙地及荒漠草原。产锡林郭勒（正蓝旗）、乌兰察布（二连浩特市、达尔罕茂明安联合旗）、阴南平原（九原区）、阴南丘陵（准格尔旗）、鄂尔多斯（乌审旗、鄂托克旗、伊金霍洛旗）、东阿拉善。分布于我国宁夏、陕西，蒙古国东部和南部及西部。为蒙古高原沙地分布种。

根也可做“银柴胡”入药。

本种在《内蒙古植物志》(2:169.1979.) 被并入 *S. dichotoma* L. var. *lanceolata* Bunge。但本种萼片较小，矩圆状披针形，长约3mm，先端销钝；苞片小，卵形，长1～3mm；聚伞圆锥花序大型，多花等特征与之有明显差别，故应分别立种。

13. 叉歧繁缕（叉繁缕）

Stellaria dichotoma L., Sp. Pl. 1:421. 1753; Fl. Intramongol. ed. 2, 2:356. t.144. f.3-4. 1991.

多年生草本，全株呈扁球形，高 15 ～ 30cm。主根粗长，圆柱形，直径约 1cm，灰黄褐色，深入地下。茎多数丛生，由基部开始多次二歧式分枝，被腺毛或腺质柔毛，节部膨大。叶片卵形、卵状矩圆形或卵状披针形，长 4 ～ 15mm，宽 3 ～ 7mm，先端锐尖或渐尖，基部圆形或近心形，稍抱茎，全缘，两面被腺毛或腺质柔毛，有时近无毛，下面主脉隆起，无柄。二歧聚伞花序顶生，具多数花；苞片和叶同形而较小；花梗纤细，长 8 ～ 16mm；萼片披针形，长 4 ～ 5mm，宽约 1.5mm，先端锐尖，膜质边缘稍内卷，背面多少被腺毛或腺质柔毛，有时近无毛；花瓣白色，近椭圆形，长约 4mm，宽约 2mm，二叉状分裂至中部，具爪；雄蕊 5 长，5 短，基部稍合生，长雄蕊基部增粗且有黄色蜜腺；子房宽倒卵形，花柱 3。蒴果宽椭圆形，长约 3mm，直径约 2mm，全部包藏在宿存花萼内，含种子 1 ～ 3，稀 4 或 5；果梗下垂，长可达 25mm；种子宽卵形，长 1.8 ～ 2mm，褐黑色，表面有小瘤状突起。花果期 6 ～ 8 月。

旱生草本。生于森林带和草原带的向阳石质山坡、山顶石缝间、固定沙丘。产兴安北部（额尔古纳市、根河市、牙克石市）、岭东（阿荣旗、扎兰屯市）、呼伦贝尔（陈巴尔虎旗、满洲里市）、兴安南部（科尔沁右翼前旗、科尔沁右翼中旗、扎赉特旗、突泉县、扎鲁特旗、阿鲁科尔沁旗、巴林左旗、巴林右旗、克什克腾旗）、锡林郭勒（锡林浩特市、阿巴嘎旗、苏尼特左旗、镶黄旗）、乌兰察布（达尔罕茂明安联合旗南部）、阴山（察哈尔右翼中旗辉腾梁）。分布于我国黑龙江、辽宁、河北西北部、甘肃中部、青海、新疆中部和北部，蒙古国东部和南部及西部、俄罗斯（西伯利亚地区）、哈萨克斯坦。为东古北极分布种。

根入蒙药（蒙药名：特门－章给拉嘎），能清肺、止咳、锁脉、止血，主治肺热咳嗽、慢性气管炎、肺脓肿。

14. 银柴胡（披针叶叉繁缕、狭叶歧繁缕）

Stellaria lanceolata (Bunge) Y. S. Lian in Fl. Gansu. 2:391. t.75. f.6-10. 2005.——*S. dichotoma* L. var. *lanceolata* Bunge in Verz. Alt. Pfl. 34. 1836; Fl. Intramongol. ed. 2, 2:358. t.144. f.5. 1991.——*S. dichotoma* L. var. *linealis* Fenzl in Fl. Ross. 1:38. 1842; Fl. Intramongol. ed. 2, 2:359. t.144. f.6. 1991.

多年生草本，高 15 ～ 40cm。主根粗长，圆柱状，直径达 1 ～ 2cm，外皮灰褐色，里面甘草黄色。茎丛生，圆柱形，多次二歧分枝，密被短糙毛。叶片披针形或条状披针形，长 13 ～ 40mm，宽 3 ～ 7mm，先端渐尖，基部稍狭，边缘密生短糙毛，上面无毛或疏被微毛，下面特别是中脉上密被短柔毛。聚伞花序顶生，二歧状，具多数花；花梗长短不等，长 1 ～ 5cm，密被短腺毛；苞片和小苞片叶状，较小；萼片 5，长圆状披针形，长 5 ～ 6mm，先端渐尖，边缘狭膜质，外面多

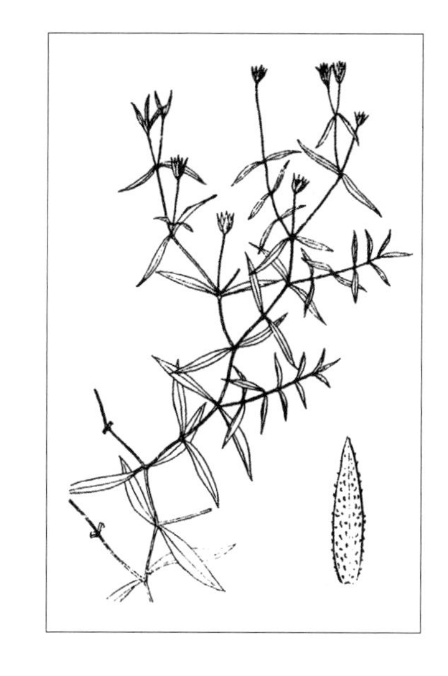

少被腺毛或短柔毛，稀近无毛；花瓣 5，白色，长 6 ～ 7mm，比萼片稍长，二裂至 1/3 处或中部，裂片长圆形；雄蕊 10，长仅花瓣的 1/3 ～ 1/2，花丝向基部变扁，花药长圆形，褐色或褐黑色；子房宽卵形或宽椭圆状倒卵形，花柱 3，线状。蒴果宽卵形，长约 3mm，比宿存萼短，六齿裂，常含 1 ～ 3 粒种子；种子卵圆形，褐黑色，微扁，径约 1.5mm，表面具不明显的瘤状突起。花期 6 ～ 7 月，果期 7 ～ 8 月。

旱生草本。生于森林草原带和草原带的固定或半固定沙丘、向阳石质山坡、山顶石缝间、沙质草原。产兴安北部及岭东（额尔古纳市、牙克石市、鄂伦春自治旗）、呼伦贝尔（新巴尔虎左旗、新巴尔虎右旗、满洲里市、鄂温克族自治旗）、兴安南部和科尔沁（科尔沁右翼前旗、阿鲁科尔沁旗、奈曼旗青龙山、巴林右旗、翁牛特旗、克什克腾旗）、赤峰丘陵（红山区）、锡林郭勒（西乌珠穆沁旗、锡林浩特市、阿巴嘎旗、苏尼特左旗、苏尼特右旗）、乌兰察布（二连浩特市、四子王旗、达尔罕茂明安联合旗）、阴山（大青山、蛮汗山、乌拉山）、阴南丘陵（准格尔旗）、鄂尔多斯（乌审旗、鄂托克旗、杭锦旗）。分布于我国辽宁、陕西、宁夏、甘肃，蒙古国、俄罗斯（西伯利亚地区）。为黄土—蒙古高原分布种。

根供药用，为中药“银柴胡”的正品，能清热凉血，主治阴虚潮热、久疟、小儿疳热。

15. 兴安繁缕（东北繁缕）

Stellaria cherleriae (Fisch. ex Ser.) F. N. Williams in Bull. Herb. Boiss. Ser. 2, 7:830. 1907; Fl. Intramongol. ed. 2, 2:359. t.145. f.1-4. 1991.——*Arenaria cherleriae* Fisch. ex Ser. in Prodr. 1:409. 1824.

多年生草本，高 10 ～ 25cm。主根常粗壮，有分枝。茎多数成密丛，直立或斜升，被卷曲柔毛，基部常木质化。叶条形或披针状条形，长 10 ～ 25mm，宽 1 ～ 2mm，稍肉质，先端锐尖，基部渐狭，全缘，下半部边缘有时具睫毛，两面无毛，下面中脉隆起。二歧状聚伞花序，顶生或腋生，花序分枝较长，呈伞房状；苞片条状披针形，长约 3mm，叶状，边缘膜质；花梗 3 ～ 14mm，被短柔毛；萼片矩圆状披针形，长 4 ～ 5mm，先端急尖，边缘宽膜质，中脉凸起；花瓣白色，长为萼片的 1/3 ～ 1/2，叉状 2 深裂，裂片条形；雄蕊 5 长，5 短，长者基部膨大；子房近球形，花柱 3。蒴果卵形，包藏在宿存花萼内，长比萼片短一半，6 瓣裂，常含 2 粒种子；种子黑褐色，椭圆状倒卵形，长 1 ～ 1.5mm，表面有小瘤状瘦状突起。花果期 6 ～ 8 月。

旱生草本。生于森林草原带的向阳石质山坡、山顶石缝间。产兴安北部和岭西（额尔古纳市、牙克石市、东乌珠穆沁旗宝格达山、西乌珠穆沁旗迪彦林场）、呼伦贝尔（新巴尔虎右旗、满洲里市）、兴安南部（科尔沁右翼前旗、突泉县、扎鲁特旗、阿鲁科尔沁旗、巴林右旗、克什克腾旗）。分布于我国河北西北部、山西东北部、陕西，蒙古国东部和北部、俄罗斯（东西伯利亚地区）。为达乌里—蒙古分布种。

16. 岩生繁缕（绿花繁缕）

Stellaria petraea Bunge in Fl. Alt. 2:160. 1830; Fl. Intramongol. ed. 2, 2:359. t.145. f.5. 1991.

多年生垫状小草本，高 2 ～ 7cm。根粗壮，有分枝，顶端生多数向上斜升的木质化的地下茎。地上茎多数，直立或斜升，被卷曲柔毛。叶条形或条状披针形，长 4 ～ 10mm，宽约 1mm，先端锐尖，全缘，下部边缘有时具睫毛，两面无毛，下面中脉隆起。花多单生于茎顶，也有少数聚伞花序，2 ～ 5 朵花；苞片条形，长约 3mm，叶状，边缘膜质；花梗 2 ～ 10mm，被短柔毛；萼片披针形，长 4 ～ 5mm，先端锐尖，边缘宽膜质，中脉凸起；花瓣白色，长约为萼片 1/3 ～ 1/2，2 深裂，裂片条形；雄蕊 10，5 长，5 短，长者基部膨大；子房近球形，花柱 3。蒴果倒卵球形，藏于宿存花萼内，长为萼之半，6 瓣裂；种子倒卵形，长约 1.2mm，表面具小疣状凸起。花果期 5 ～ 8 月。

垫状旱生小草本。生于草原区的石质丘陵顶部或石质山坡。产兴安南部（阿鲁科尔沁旗、巴林右旗、克什克腾旗）、锡林郭勒（锡林浩特市、多伦县、镶黄旗）、阴山（大青山）。分布于我国新疆北部，蒙古国北部和西部、俄罗斯（西伯利亚地区）、哈萨克斯坦。为亚洲中部山地分布种。

17. 阴山繁缕

Stellaria yinshanensis L. Q. Zhao et Y. Z. Zhao sp. nov.

多年生草本，高 8 ～ 15cm。直根粗壮，圆柱形，灰褐色。茎多数，扁四棱形，由基部分枝，密丛生有时较稀疏，茎中下部红褐色，仅一侧被短的多细胞柔毛。叶条状披针形至条形，长 3 ～ 15mm，宽 1 ～ 2mm，先端渐尖，基部渐狭，全缘，两面无毛或仅上部叶及苞片被具短毛。二歧聚伞花序顶生，具多数花；苞片与叶同形而较小；花梗纤细，10 ～ 25mm，被具节的短毛；萼片 5，矩圆形或卵形，先端钝圆，长约 4mm，宽约 1.5mm，边缘膜质，背面被具节的短毛；花瓣白色，椭圆形，长 4.5 ～ 5mm，先端 2 浅裂，裂片不等大，每裂片上具 1 ～ 2 小齿；雄蕊 10；子房卵球形，花柱 3。花果期 6 ～ 9 月。

多年生中生草本。生于草原带的石质山坡。产阴山（大青山）。为大青山分布种。

Herb perennial, roots robust. Stems tufted, ascending, 8-15cm tall, middle-lower parts reddish-brown, with a retrorse or spread line of jointed short hairs from one side of quadrangular stems. Leaves opposite, sessile, linear to linear-lanceolate, slightly speculate, 3-15 mm×1-2 mm, both surfaces glabrous, base narrowed, apex acute; Upper leaves and bracts with short hairs. Flowers terminal in few branched dichotomous cymes. Pedicel 1-2.5 cm, slender, jointed short hairs. Sepals 5, oblong or ovate, ca. 4mm long, ca. 1.5mm wide, outside sparse short hairs, margin membranous, apex obtuse. Petals 5, slightly longer than sepals, 2-lobed; lobes unequal, apex 2-lobed or toothed. Stamens 10, slightly shorter than petals. Ovary ovoid. Styles 3, linear. Fl. May-Jul.

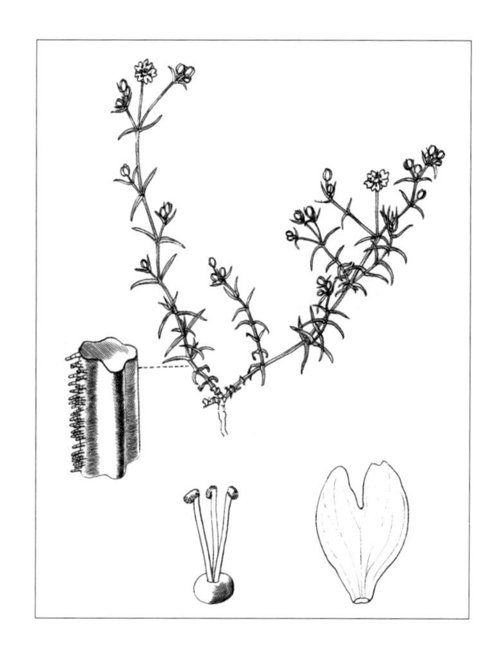

Species affinis S. amblyosepalae Schrenk, sed plantis multicellularibus brevibus pilis; caulibus in medio et inferno multicellularibus brevibus pilis vix unilateribus; petalis longioribus quam calycibus; lobis petalarum apice bilobis vel denticulatis differt.

Holotype: China (中国), Inner Mongolia (内蒙古), Huhhot (呼和浩特市), Mt. Daqingshan (大青山), Hongshankou (红山口), On the grassland of the valley. 28 May 2006, Li-Qing Zhao (赵利清) 06-1008 (HIMC).

18. 短瓣繁缕

Stellaria brachypetala Bunge in Fl. Alt. 2:161. 1830; Fl. China 6:22. 2001.

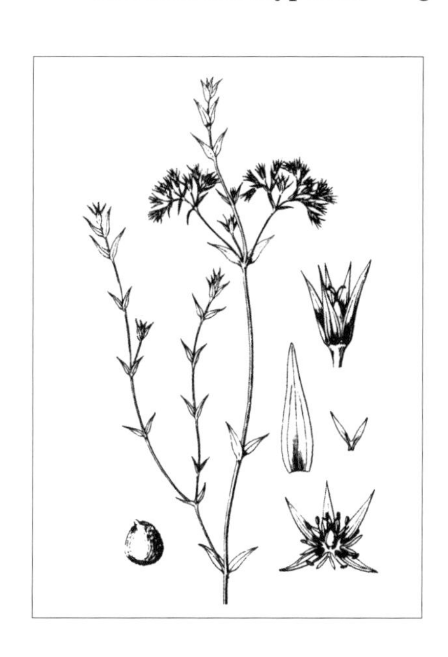

多年生草本，高 10 ～ 30cm。全株近无毛。茎直立，有时铺散，基部分枝。叶片卵状披针形至披针形，长 1 ～ 2cm，宽 1.5 ～ 4mm，顶端渐尖，基部楔形，两面无毛，有时叶腋生出不育短枝，无柄。聚伞花序具花 1 ～ 3，有时 6 ～ 10；苞片草质，边缘膜质；花梗长约 1cm；萼片 5，卵状披针形，长 5 ～ 8mm，宽 1 ～ 2mm，顶端渐尖，边缘膜质；花瓣 5，短于萼片，白色，2 深裂，裂片线形；雄蕊 10，花丝短；子房卵形，具 3 花柱。蒴果卵圆形，长 5 ～ 7mm；种子圆卵形，表面具皱纹状凸起。花期 6 ～ 8 月，果期 8 月。

中生草本。生于荒漠带海拔 1700 ～ 2900m 的山地。产贺兰山、龙首山。分布于我国甘肃南部、青海东部、新疆北部，蒙古国西部、俄罗斯、哈萨克斯坦。为亚洲中部山地分布种。

19. 贺兰山繁缕

Stellaria alaschanica Y. Z. Zhao in Act. Sci. Nat. Univ. Intramongol. 13(3):283. f.1. 1982; Fl. Intramongol. ed. 2, 2:364. t.146. f.7-8. 1991.

多年生草本，高 5 ～ 15cm。茎细弱，多分枝，弯曲，密集丛生，四棱形，被倒生柔毛。通常叶腋生带叶的短枝。叶条形或披针状条形，长 20 ～ 50mm，宽 1 ～ 2.5mm，先端渐尖，基部渐狭，全缘，边缘具倒生柔毛，中脉 1 条，表面下陷，背面隆起。花顶生，通常有花 1 ～ 2；苞

片卵状披针形，长 1.5 ～ 3mm，具宽膜质边缘，中部绿色；花梗纤细，无毛，长 7 ～ 15mm；萼片卵状披针形，长约 3mm，宽约 1.2mm，先端锐尖，边缘膜质，无毛，脉不明显；花瓣白色，长约 2mm，比萼片短约 1/3，2 深裂达基部，裂片矩圆状条形，先端稍钝，基部渐狭；雄蕊 10，略长于花瓣，花丝基部稍加宽；花柱 3，长约 1mm。蒴果矩圆状卵形，长约 4mm，比萼片长，成熟时黄绿色；种子多数，宽卵形或近圆形，稍扁平，长 0.5 ～ 0.8mm，棕褐色，表面近平滑。花期 7 月，果期 8 月。

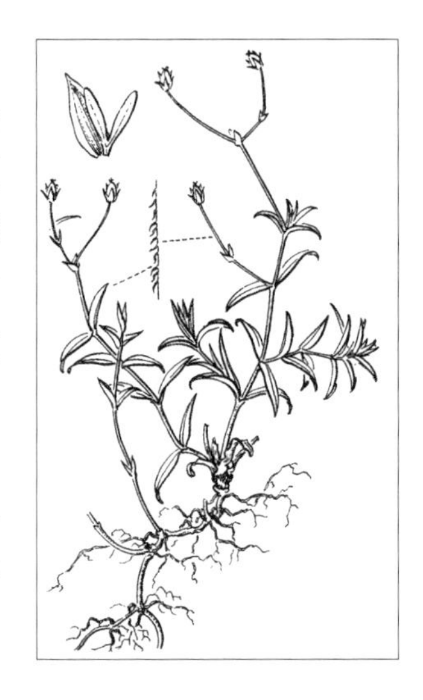

旱中生草本。生于荒漠带海拔 2050 ～ 2800m 的云杉林下及林缘岩石缝处。产贺兰山。分布于我国宁夏西北部、甘肃东部、青海。为唐古特分布种。

20. 巴彦繁缕

Stellaria bayanensis L. Q. Zhao et Y. Z. Zhao in Key Vasc. Pl. Inn. Mongol. 61. 2014.

多年生草本。茎丛生，直立或斜升，四棱柱形，高 15 ～ 30cm，纤细，多分支，被具节的长柔毛。叶线形，长 1 ～ 5cm，宽 1 ～ 1.5mm，疏被具节的长柔毛，上半部分后渐变光滑，中脉下面凸出，上部凹陷，顶端锐尖。花常单生于叶腋，稀为二歧聚伞花序；苞片披针形，长 3 ～ 6mm，边缘膜质，先端锐尖；花梗长 3.5 ～ 6cm；萼片 5，狭披针形，长 5 ～ 8mm，具 3 条脉，边缘膜质；花瓣 5，与萼片近等长，2 深裂达基部，裂片狭椭圆形；雄蕊 10，与花萼近等长或稍短，花丝下部稍加宽，花药淡紫红色；子房椭圆形，花柱 3。蒴果椭圆形，较宿存的花萼长，黑褐色，先端 6 瓣裂；种子多数，黄褐色，椭圆形，长约 0.8mm，表面具皱纹状凸起。花果期 7 ～ 9 月。

中生草本。生于草原带的沙地白桦林下。产锡林郭勒（锡林浩特市巴彦呼热牧场东南部）。为锡林郭勒分布种。

本种与细叶繁缕 *Stellaria filicaulis* Makino 相似，但植株被长柔毛（而非光滑），花萼长 5 ～ 8mm（而非 4 ～ 5mm），花瓣与萼片近等长（而非为花萼的 1.5 倍），花瓣裂片狭椭圆形（而非线形），蒴果黑褐色（而非黄色），两者明显不同。

Herbs perennial, Stems tufted, quadrangular, 15-30 cm tall, slender, branched, sparsely pubescent with joined long hairs. Leaves opposite linear, 1-5cm×1-1.5mm, sparsely pubescent with joined long hairs, upper part of the leaves glabrescent, midvein abaxially raised, adaxially retuse, apex acuminate. Flowers solitary or rare in axillary cymes; bracts lanceolate, 3-6mm, margin membranous, apex acuminate. Pedicel filiform, 3.5-6cm. Sepals 5, narrowly lanceolate, 5-8 mm, with 3 veins, midvein conspicuous, margin membranous. Petals 5, subequaling sepals, 2-cleft nearly to base; lobes narrowly oblong. Stamens 10, slightly shorter than or subequaling sepals, filament widened at base, anthers fuchsia. Ovary ellipsoid, styles 3. Capsule black brown, ellipsoid, longer than persistent sepals, 6-valved. Seeds numerous, black-brown, ellipsoid, ca. 0.8mm, regularly rugulose. Fl.-fr. May-Aug.

Species affinis S. filicauli Makino, sed plantis multicellularibus villosis; calyce 5-8mm longo, petalo subaequaliore calyce; lobis petalarum anguste ellipticis; capsulis atrofuscis differ.

Holotype: China（中国）, Inner Mongolia（内蒙古）, Xilinguole（锡林郭勒盟）, Xilinhaote（锡林浩特市）, Bayankulun（巴彦库伦）, 43°12′58.4″N, 116°25′28.5″E, on sandy slopes, alt. 1300m, 8 August 2013 Li-Qing Zhao, Shuai Qin et Long Chen N13-001(HIMC).

Paratype (all HIMC): China（中国）, Inner Mongolia（内蒙古）, same location as holotype, 8 August 2013 Li-Qing Zhao, Shuai Qin et Long Chen N13-002,N13-003,N13-004.

21. 叶苞繁缕（厚叶繁缕）

Stellaria crassifolia Ehrh. in Hannov. Mag. 8:116. 1784; Fl. Intramongol. ed. 2, 2:361. t.145. f.6-9. 1991.——*S. crassifolia* Ehrh. var. *linearis* Fenzl in Fl. Ross. 1:383. 1842; Fl. China 6:20. 2001. syn. nov.

多年生草本，高 5 ～ 14cm。全株无毛。根状茎细长，节上生极细的不定根。茎纤细，斜倚或斜升，四棱形，有分枝。叶片披针状椭圆形或条状披针形，长 5 ～ 15（～ 20）mm，宽 2 ～ 6mm，先端锐尖或急尖，基部近圆形或渐狭，全缘，下面中脉明显凸起，无柄。花单生于叶腋或顶生；苞片叶状，无膜质边缘；花梗细长，长约 1cm，果期延长达 2cm，常下弯；萼片披针形，长 3 ～ 4mm，宽约 2mm，先端锐尖，边缘宽膜质，脉不明显；花瓣白色，比萼片稍长或近等长，2 深裂几达基部，裂片矩圆状条形；雄蕊 10，比花瓣短；子房近卵形，花柱 3。蒴果椭圆状卵形，长 4 ～ 5mm，6 瓣裂；种子扁球形，直径约 0.8mm，棕褐色，表面被细皱纹状凸起。

湿中生草本。生于草原区的河岸沼泽、草甸、山地溪边、水渠旁。产兴安南部（克什克腾旗）、锡林郭勒（锡林浩特市白音锡勒牧场、西乌珠穆沁旗迪彦林场）、乌兰察布（四子王旗南部）、阴山（大青山、乌拉山、察哈尔右翼中旗辉腾梁）。分布于我国新疆，日本、朝鲜、蒙古国东部和北部及西部、哈萨克斯坦、俄罗斯，欧洲、北美洲。为泛北极分布种。

22. 细叶繁缕

Stellaria filicaulis Makino in Bot. Mag. Tokyo 15:113. 1901; Fl. Intramongol. ed. 2, 2:362. t.146. f.1-3. 1991.

多年生草本，高 15 ～ 30cm。全株光滑无毛。根状茎细长。茎直立，较细，上部分枝，具四棱。叶条形或狭条形，长 2 ～ 4cm，宽 0.5 ～ 1.5mm，先端长渐尖，中脉 1 条，上面凹陷，下面隆起。花单生于茎顶或上部叶腋；苞片叶状，草质，无膜质边缘；花梗细长，丝状，长达 5cm，向上斜伸；萼片披针形，长约 5mm，先端渐尖，边缘宽膜质，中脉明显；花瓣白色，比萼片稍长，2 深裂达基部，裂片条形；雄蕊 10，花丝下部稍加宽；子房椭圆形，花柱 3。蒴果卵状矩圆形，成熟时比萼片稍长，麦秆黄色，具多数种子；种子椭圆形，稍扁平，长约 0.7mm，深褐色，表面具规整的皱纹状凸起。花果期 6 ～ 8 月。

湿中生草本。生于森林带和草原带的河滩草甸。产呼伦贝尔（鄂温克族自治旗辉河林场）、兴安南部和科尔沁（扎赉特旗、扎鲁特旗、科尔沁左翼中旗、西乌珠穆沁旗迪彦林场）。分布于我国黑龙江、吉林、辽宁，日本、朝鲜、俄罗斯（远东地区）。为东亚北部（满洲—日本）分布种。

23. 长叶繁缕 （铺散繁缕、伞繁缕、睫伞繁缕）

Stellaria longifolia Muehl. ex Willd. in Enum. Pl. 479. 1809; Fl. Intramongol. ed. 2, 2:362. t.146. f.4-6. 1991.——*S. longifolia* Muehl ex Willd. f. *ciliolata* (Kitag.) Y. C. Chu in Fl. Pl. Herb. Chin. Bor.-Orient. 3:37. 1975; Fl. Intramongol. ed. 2, 2:364. 1991.——*S. diffusa* Willd. ex Schlecht. f. *ciliolata* Kitag. in J. Jap. Bot. 24:167. 1954.

多年生草本，高 10 ～ 25cm。根状茎细长，节部具鳞叶与须根。茎自基部丛生、斜升或直立，多分枝，四棱形，有时沿棱具细齿状小凸起，有时平滑无毛。叶片条形，长 1 ～ 4cm，宽 0.5 ～ 2mm，先端渐尖，基部渐狭，常具少数短睫毛，全缘，有时边缘具细齿小凸起或疏睫毛，上面具中脉1条，下陷，下面隆起，无柄。聚伞花序顶生或腋生；苞片膜质，披针形，长2～3mm，先端长渐尖，边缘有时有睫毛；花梗纤细，长1～2cm，花后长达2.5cm，开展；萼片卵状披针形或披针形，长2～3（～3.5）mm，先端锐尖或渐尖，边缘膜质，具3脉；花瓣白色，比萼片稍长或长1/3，2深裂几达基部，裂片矩圆状条形，先端钝；雄蕊10，花丝向基部变宽；子房近椭圆形，花柱3。蒴果卵形或椭圆形，比萼片长半倍至1倍，成熟时通常变紫黑色，有光泽，很少为麦秆黄色，含多数种子；种子椭圆形或宽卵形，稍扁平，长约1mm，棕褐色，表面被极细皱纹状凸起。花期6～7月，果期7～8月。

湿中生草本。生于森林带和草原带的沼泽、河滩湿草甸、沟谷湿草甸及沙丘林缘等处。产兴安北部及岭东（额尔古纳市、根河市、鄂伦春自治旗、牙克石市、东乌珠穆沁旗宝格达山）、呼伦贝尔（鄂温克族自治旗）、兴安南部及科尔沁（科尔沁右翼前旗、科尔沁右翼中旗、巴林右旗）、燕山北部（喀喇沁旗旺业甸）、锡林郭勒（锡林浩特市白音锡勒牧场、正蓝旗、苏尼特左旗）。分布于我国黑龙江、吉林东部、辽宁东北部、河北、陕西西南部、宁夏、甘肃东部、新疆中部和北部，日本、朝鲜、蒙古国东部和北部、俄罗斯（西伯利亚地区、远东地区），欧洲、北美洲。为泛北极分布种。

24. 鸭绿繁缕

Stellaria jaluana Nakai in Fedde. Repert. Spec. Nov. Regni Veg. 13:269. 1914; Fl. Intramongol. ed. 2, 2:364. t.147. f.1-3. 1991.

多年生草本，高20～30cm。全株光滑无毛。根状茎细长。茎直立，纤细，分枝，具四棱，形成较密集的草丛。叶条形或狭条形，长1～2.5cm，宽0.5～1.5mm，先端长渐尖，中脉1条，上面凹形，下面隆起。花集成二歧聚伞花序，花序稀疏分枝；苞片披针形，先端渐尖，边缘宽膜质；花梗纤细，丝状，长达4cm，向下弯曲；萼片披针形，长约4.5mm，先端渐尖，边缘宽膜质，中脉明显；花瓣白色，比萼片长，2深裂达基部，裂片条形；雄蕊10，花丝下部稍加宽；子房椭圆形，花柱 3。蒴果卵状矩圆形，成熟时比萼片稍长，麦秆黄色，具多数种子；种子椭圆形，稍扁平，长约 0.8mm，深褐色，表面具规整的皱纹状凸起。花果期 6 ～ 8 月。

湿中生草本。生于森林带和草原带的河滩草甸。产兴安北部及岭西和岭东（额尔古纳市、鄂伦春自治旗、扎兰屯市）、呼伦贝尔（新巴尔虎左旗）、兴安南部和科尔沁（科尔沁右翼前旗、扎赉特旗、扎鲁特旗、阿鲁科尔沁旗、巴林右旗）、辽河平原（大青沟）、燕山北部（喀喇沁旗、宁城县）、锡林郭勒（东乌珠穆沁旗、西乌珠穆沁旗、锡林浩特市、苏尼特左旗）。分布于我国黑龙江、吉林、辽宁、河北东北部，日本、朝鲜、俄罗斯（远东地区）。为东亚北部（满洲—日本）分布种。

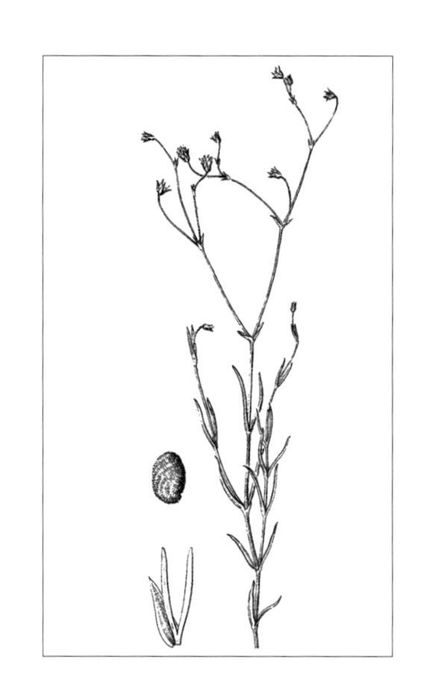

25. 翻白繁缕

Stellaria discolor Turcz. in Bull. Soc. Imp. Nat. Mosc. 15:601. 1842; Fl. Intramongol. ed. 2, 2:366. t.147. f.4-6. 1991.

多年生草本，高 10 ～ 20cm。全株无毛。根状茎细长，淡黄白色，节部具鳞叶和须根。茎纤细，斜倚，多分枝，四棱形，有光泽。叶片披针形，长 2 ～ 4.5cm，宽 3 ～ 10mm，先端渐尖，基部近圆形或宽楔形，全缘，上面绿色，中脉下凹，下面淡灰绿色，中脉明显凸起，无柄。聚伞花序顶生或腋生；总花梗细长，有光泽；苞片披针形，长 3 ～ 5mm，先端长渐尖，边缘宽膜质；花梗纤细，长 1 ～ 2cm，常下弯；萼片披针形，长约 5mm，先端长渐尖，边缘宽膜质，具 3 脉；花瓣白色，与萼片等长、稍长或稍短，二叉状深裂，裂片近条形；雄蕊 10，比花瓣短；子房宽卵形，花柱 3。蒴果宽卵形，稍短于萼片，6 瓣裂，具多数种子；种子肾圆形，稍扁，长约 1mm，表面被皱纹状凸起。花果期 6 ～ 8 月。

湿中生草本。生于森林带和草原带的沟谷溪边、河岸林下。产兴安北部及岭东（额尔古纳市、牙克石市、鄂伦春自治旗）、兴安南部及科尔沁（科尔沁右翼前旗、科尔沁右翼中旗、扎赉特旗、扎鲁特旗、阿鲁科尔沁旗）、辽河平原（大青沟）、燕山北部（喀喇沁旗旺业甸、宁城县、敖汉旗）、锡林郭勒（多伦县）、阴山（大青山、乌拉山）。分布于我国黑龙江、吉林东南部、辽宁中北部、河北、陕西南部，日本、俄罗斯（东西伯利亚地区、远东地区）。为东西伯利亚—东亚北部分布种。

26. 沼繁缕（沼生繁缕）

Stellaria palustris Retzius in Fl. Scand. Prodr. ed. 2, 106. 1795: Fl. Intramongol. ed. 2, 2:366. t.148. f.1-3. 1991.

多年生草本，高15～30cm。通常无毛。根茎细。茎直立或斜升，四棱形，分枝，有时疏被柔毛。叶片条状披针形或近条形，长2～4cm，宽1.5～3mm，先端渐尖，基部稍狭，边缘有时具睫毛，中脉1条，上面凹陷，下面隆起，无柄。二歧聚伞花序顶生或腋生；苞片小，卵状披针形，白膜质；花梗长达4cm；萼片5，披针形，长4～6mm，先端渐尖，边缘膜质，具3或1条明显的脉；花瓣白色，与萼片近等长或稍长；雄蕊10；子房卵形，花柱3。蒴果卵状矩圆形，比萼片稍长，具多数种子；种子近圆形，稍扁，黑褐色，径约0.8mm，表面具皱纹状凸起。花果期6～8月。

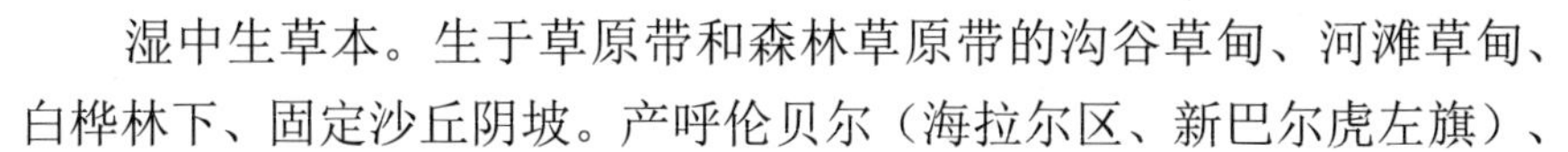

湿中生草本。生于草原带和森林草原带的沟谷草甸、河滩草甸、白桦林下、固定沙丘阴坡。产呼伦贝尔（海拉尔区、新巴尔虎左旗）、兴安南部（扎赉特旗、克什克腾旗）、燕山北部（喀喇沁旗、宁城县）、锡林郭勒（锡林浩特市、多伦县）。分布于我国黑龙江、辽宁北部、河北北部、山西西部、河南、山东西部、陕西中部和南部、甘肃东南部、青海东北部、四川西南部、云南西北部，日本、蒙古国东部和北部及西部、俄罗斯、哈萨克斯坦、阿富汗，西南亚，欧洲。为古北极分布种。

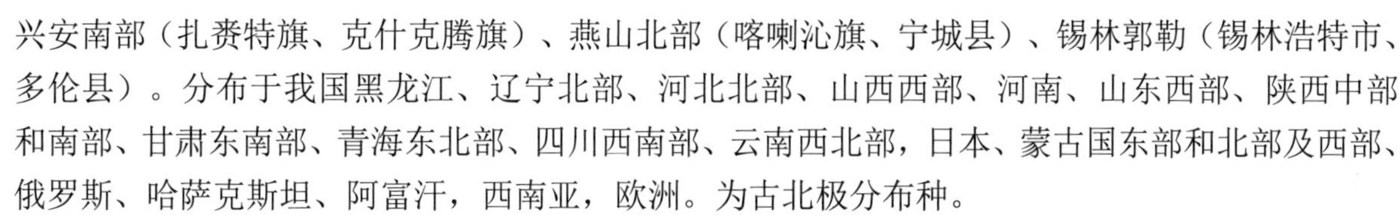

27. 禾叶繁缕

Stellaria graminea L., Sp. Pl. 1:422. 1753; Fl. Intramongol. ed. 2, 2:368. t.148. f.4-6. 1991.

多年生草本，高10～30cm。无毛。茎细弱，簇生，近直立，具4棱。叶片条形或披针状条形，长1.5～3cm，宽1～3mm，先端渐尖，基部渐狭，中脉1条，下面隆起，边缘近基部有时具缘毛，有时边缘波状，无柄。聚伞花序顶生，分枝，有时具少数花；苞片长圆状披针形，膜质；花梗纤细，长1.2～2.5cm；萼片狭三角状披针形，长约4mm，具3脉，绿色，有光泽，先端渐尖；花瓣白色，稍短于萼片；雄蕊10；子房卵状长圆形，花柱3。蒴果卵状长圆形，较萼片稍短，6瓣裂；种子扁圆形，棕褐色，具粒状凸起。花期5～6月，果期8～9月。

中生草本。生于荒漠带的海拔2400m左右的山坡草地或林下。产贺兰山。分布于我国河北中北部、山西东北部、陕西西南部、宁夏西北部、甘肃东部、青海东部和南部、四川、安徽、湖北西南部、云南西北部、西藏东部和南部，新疆北部，蒙古国北部和西部、俄罗斯（西伯利亚地区）、印度、不丹、尼泊尔、巴基斯坦、哈萨克斯坦、阿富汗，克什米尔地区，欧洲、北美洲。为泛北极分布种。

7. 鹅肠菜属 **Myosoton** Moench

二年生或多年生草本。茎下部匍匐，无毛，上部直立，被腺毛。叶对生。花两性，白色，排列成顶生二歧聚伞花序；萼片5；花瓣5，比萼片短，2深裂至基部；雄蕊10；子房1室，花柱5。蒴果卵形，比萼片稍长，5瓣裂至中部，裂瓣顶端再2齿裂；种子肾状圆形，种脊具疣状凸起。

内蒙古有1种。

1. 鹅肠菜

Myosoton aquaticum (L.) Moench in Meth. Pl. 225. 1794; Y. Z. Zhao et al. in Act. Sci. Nat. Univ. Intramongol. 36(1):75. 2005.——*Cerastium aquaticum* L., Sp. Pl. 439. 1753.

二年生或多年生草本，具须根。茎上升，多分枝，长50～80cm，上部被腺毛。叶片卵形或宽卵形，长2.5～5.5cm，宽1～3cm，顶端急尖，基部稍心形，有时边缘具毛；叶柄长5～15mm，上部叶常无柄或具短柄，疏生柔毛。二歧聚伞花序顶生；苞片叶状，边缘具腺毛；花梗细，长1～2cm，花后伸长并向下弯，密被腺毛；萼片卵状披针形或长卵形，长4～5mm，果期长达7mm，顶端较钝，边缘狭膜质，外面被腺柔毛，脉纹不明显；花瓣白色，2深裂至基部，裂片线形或披针状线形，长3～3.5mm，宽约1mm；雄蕊10，稍短于花瓣；子房长圆形，花柱短，线形。蒴果卵圆形，稍长于宿存萼；种子近肾形，直径约1mm，稍扁，褐色，具小疣。花期5～8月，果期6～9月。

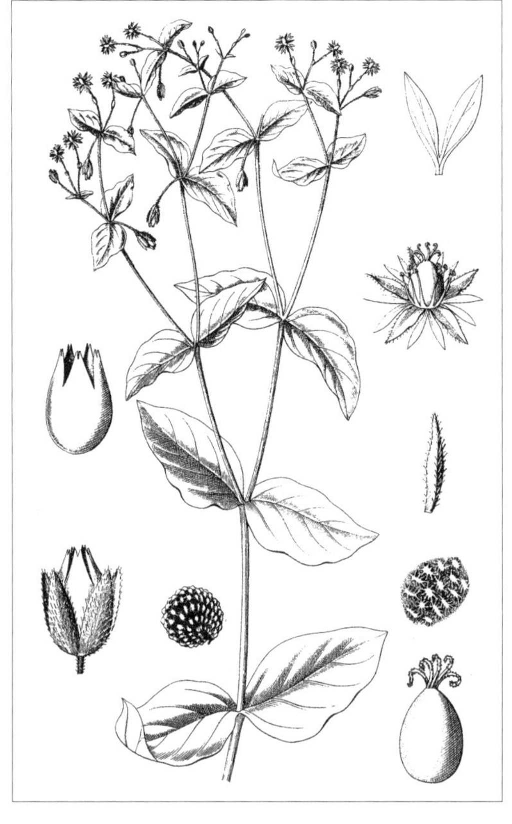

湿中生草本。生于潮湿灌丛中。产兴安南部、阴南平原（呼和浩特市）。分布于我国各省区，北半球温带和亚热带及北非也有。为泛北极分布种。

全草供药用，祛风解毒，外敷治疖疮。幼苗可做野菜和饲料。

8. 卷耳属 Cerastium L.

一年生或多年生草本，被柔毛或腺毛，稀无毛。二歧聚伞花序顶生；萼片 5，稀 4；花瓣 5，稀 4，白色，顶端 2 裂，稀全缘或凹缺；雄蕊 10，稀 5；子房 1 室，具多数胚珠，花柱 5，与萼片对生，稀 3 或 4。蒴果圆筒形，伸出宿存花萼外，顶端齿裂数为花柱的 2 倍，通常 10 齿裂；种子稍扁，常有瘤状突起。

内蒙古有 5 种。

分种检索表

1a. 花柱 3，蒴果顶端 6 齿裂……………………………………………………**1. 六齿卷耳 C. cerastoides**

1b. 花柱 5，蒴果顶端 10 齿裂。

2a. 花瓣比萼片稍短，萼片长 5 ～ 7mm；茎上部至萼片被腺毛……**2. 簇生卷耳 C. fontanum** subsp. **vulgale**

2b. 花瓣比萼片稍长或长达 1 倍以上。

3a. 植株矮小，高 5 ～ 12cm，密丛生；具纤细须根；无根状茎………………**3. 山卷耳 C. pusillum**

3b. 植株较高，高 10 ～ 40cm，疏丛生；具细长匍匐根状茎。

4a. 花瓣长圆形，先端 2 中裂，裂片条形；花梗长 2.5 ～ 3cm………**4. 披针叶卷耳 C. falcatum**

4b. 花瓣倒卵形，先端 2 浅裂，裂片长圆形或近圆形；花梗长 0.6 ～ 1.5cm……………………………………………………………………………**5. 卷耳 C. arvense** subsp. **strictum**

1. 六齿卷耳

Cerastium cerastoides (L.) Britton in Mem. Torrey Bot. Club 5:150. 1894; Fl. Intramongol. ed. 2, 2:369. t.149. f.1-3. 1991.——*Stellaria cerastoides* L., Sp. Pl. 1:442. 1753.

多年生草本，高 5 ～ 20cm。茎基部伏卧，节上生根，分枝，然后上升而直立，下部通常无毛，上部被腺毛，往往节间一侧较多。叶长圆形、披针形或条形，长 1 ～ 2cm，宽 1 ～ 2.5（～ 4）mm，先端稍钝，无毛或上部叶被腺毛，下部叶腋通常具不育枝。花序顶生，呈三叉状；花梗长达 2.5cm，被腺毛，花后下倾；萼片长圆形，顶端钝，长 4 ～ 5.5mm，背面被腺毛；花瓣白色，比萼片长半倍至一倍半，顶端分裂达 1/4 ～ 1/3；花柱 3，极稀 4。蒴果长圆形，比萼片长半倍至一倍，6 齿裂，齿片向外弯；种子小，直径约 0.5mm。花果期 6 ～ 8 月。

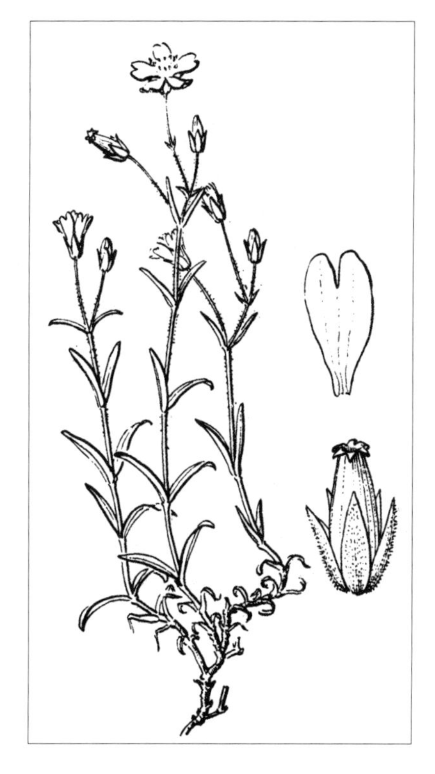

中生草本。生于森林带落叶松林中或林缘。产兴安北部（大兴安岭）。分布于我国吉林东部、辽宁中部、新疆北部和西部、青海、西藏，蒙古国北部和西部、印度、尼泊尔、巴基斯坦、阿富汗、哈萨克斯坦、俄罗斯（西西伯利亚地区），克什米尔地区，西南亚、北非，欧洲、北美洲。为泛北极分布种。

本种未见标本，仅据《中国高等植物图鉴》补编第一册记载而录，Key Vasc. Pl. Mongol.（《蒙古维管植物检索表》）中记载大兴安岭也有分布。

2. 簇生卷耳

Cerastium fontanum Baumg. subsp. **vulgare** (Hartman) Greuter et Burdet in Willdenowia 12:37. 1982; Fl. China 6:35. 2001.——*C. vulgare* Hartman in Handb. Skand. Fl. 182. 1820.——*C. caespitosum* Gilib. var. *glandulosum* auct. non Wirtgen: Fl. Intramongol. ed. 2, 2:369. t.149. f.4-7. 1991.

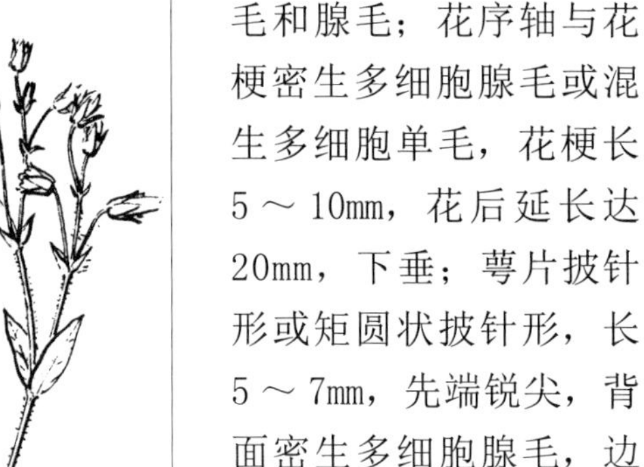

多年生草本，有时为一年生或二年生草本，高 15 ～ 30cm。茎斜升，单一或簇生，具纵向沟棱，密被多细胞的单毛，上部常混生多细胞腺毛。叶片卵状披针形或矩圆状披针形，长 1 ～ 3cm，宽 3 ～ 10mm，先端锐尖，基部渐狭，全缘，两面密被多细胞单毛，下面中脉稍凸起，无柄。二歧聚伞花序生枝顶；苞片叶状，卵状披针形，密生多细胞单毛和腺毛；花序轴与花梗密生多细胞腺毛或混生多细胞单毛，花梗长 5 ～ 10mm，花后延长达 20mm，下垂；萼片披针形或矩圆状披针形，长 5 ～ 7mm，先端锐尖，背面密生多细胞腺毛，边缘宽膜质；花瓣白色，倒卵状矩圆形，比萼片稍短，先端 2 浅裂；雄蕊 10；子房宽卵形，花柱 5。蒴果圆筒形，长 12 ～ 14mm，直径 3 ～ 4mm，上部稍偏斜且稍细，膜质，有光泽，10 齿裂，裂齿直立或稍外倾；种子卵状扁球形，长约 0.8mm，棕色，表面被小瘤状突起。花期 6 ～ 7 月，果期 7 ～ 8 月。

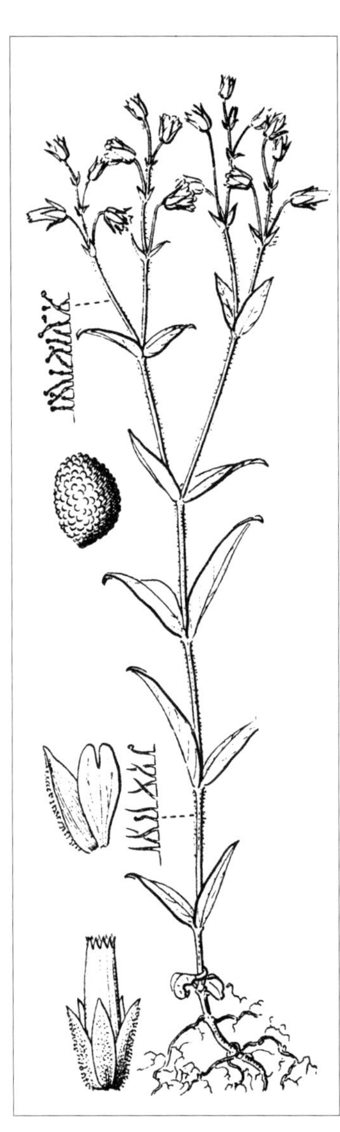

中生草本。生于森林带和草原带的林缘、草甸。产兴安北部及岭东（牙克石市、鄂伦春自治旗、东乌珠穆沁旗宝格达山）、兴安南部（科尔沁右翼前旗、巴林右旗、克什克腾旗、西乌珠穆沁旗北大山）、燕山北部（喀喇沁旗、宁城县、兴和县苏木山）、阴山（大青山、乌拉山）、贺兰山。分布于我国黑龙江东南部、吉林东北部、辽宁中北部、河北北部、山西、河南西北部、陕西中部和南部、宁夏南部、青海、甘肃、新疆、江苏、浙江、江西、安徽、福建、台湾、广东中部、贵州、湖北、湖南西北部、四川、西藏东北部和南部、云南，世界各地均有分布。为世界分布亚种。

3. 山卷耳（小卷耳）

Cerastium pusillum Ser. in Prodr. 1:418. 1828; Fl. Intramongol. ed. 2, 2:373. t.150. f.6-8. 1991; Fl. China 6:33. 2001.

多年生草本，高 5 ～ 20cm。全株被柔毛，上部混生腺毛。直根细长，长达 12cm，直径达 1.5mm，顶端长出多数上升的茎。茎丛生。花期基部叶枯萎，初生叶矩圆状匙形，先端钝尖，基部渐狭，后期叶矩圆状椭圆形，长 5 ～ 20mm，宽 2 ～ 6mm，先端锐尖，基部渐狭或稍狭，抱茎，具 1 条

中脉，上面凹陷，下面凸出。花数朵集成顶生聚伞花序或单生；苞片披针形，叶状；萼片卵状披针形或矩圆状披针形，长 4 ～ 6mm，边缘狭膜质；花瓣稍长于萼片或为萼片长的 1.5 倍，倒卵状三角形，顶端 2 浅裂至瓣片的 1/4；雄蕊 10，比花瓣短，花丝无毛；子房球形，花柱 5。蒴果圆筒形，长约 10mm，先端 10 齿裂，裂齿直立；种子多数，圆肾形，表面具小瘤状突起。花期 6 ～ 7 月，果期 7 ～ 8 月。

中生草本。生于荒漠带海拔 2800 ～ 3200m 的高山草甸或沟谷中。产贺兰山、龙首山。分布于我国宁夏西北部、甘肃、青海东部和东北部、云南西北部、新疆北部和西部，蒙古国北部和西部、俄罗斯（西伯利亚地区）、哈萨克斯坦、阿富汗。为中亚—亚洲中部山地分布种。

4. 披针叶卷耳

Cerastium falcatum Bunge ex Fenzl in Fl. Ross. 1:398. 1842; Fl. China 6:36. 2001.

多年生草本，高 10 ～ 55cm。茎单生或丛生，近直立，被稀疏或较密长柔毛，上部混生腺毛。基生叶叶片匙形；茎生叶叶片卵状披针形至椭圆形，长 1 ～ 3cm，宽 4 ～ 11mm，顶端钝或急尖，基部近圆形或楔形，多少被柔毛。聚伞花序，具 5 ～ 11 朵花；苞片草质；花梗细，长 2.5 ～ 3cm，密被柔毛和腺毛，果期弯垂；萼片 5，长圆状披针形，长约 5mm，顶端尖或钝，被柔毛；花瓣 5，白色，长圆形，比花萼长 0.5 ～ 1 倍，顶端 2 中裂，基部被缘毛；雄蕊 10，花丝扁线形，中下部被疏长柔毛；花柱 5，线形，有时被毛。蒴果长圆形，比宿存萼长 1 倍；种子扁圆形，褐色，具细条形疣状凸起。花期 5 ～ 8 月，果期 8 ～ 9 月。

中生草本。生于草原带山地林缘草甸。产阴山（大青山）。分布于我国河北西北部、山西、甘肃东部、新疆，俄罗斯、巴基斯坦、哈萨克斯坦、阿富汗。为中亚—亚洲中部山地分布种。

5. 卷耳

Cerastium arvense L. subsp. **strictum** Gaudin in Fl. Helv. 3:245. 1828; Fl. China 6:37. 2001.——*C. arvense* L. var. *angustifolium* Fenzl in Fl. Ross. 1:413. 1842; Fl. Intramongol. ed. 2, 2:373. t.150. f.4. 1991.——*C. arvense* L. var. *glabellum* Fenzl in Fl. Ross. 1:452. 1842; Fl. Intramongol. ed. 2, 2:373. t.150. f.5. 1991.——*C. arvense* auct. non L.: Fl. Intramongol. ed. 2, 2:371. t.150. f.1-3. 1991.

多年生草本，高 10 ～ 30cm。根状茎细长，淡黄白色，节部有鳞叶与须根。茎直立，疏丛

生，密生短柔毛，上部混生腺毛。叶披针形、矩圆状披针形或条状披针形，长1～2.5cm，宽3～5mm，先端锐尖，基部近圆形或渐狭，两面被柔毛，有时混生腺毛。二歧聚伞花序顶生；总花轴和花梗密被腺毛，花梗长6～15mm，花后延长达20mm，上部常下垂；苞片叶状，卵状披针形，密被腺毛；萼片矩圆状披针形，长5～6mm，先端稍尖，边缘宽膜质，背面密被腺毛；花瓣白色，倒卵形，比萼片长1～1.5倍，顶端2浅裂；雄蕊10，比花瓣短；子房宽卵形，花柱5。蒴果圆筒形，长约1cm，上部稍偏斜，10齿裂，裂片三角形，麦秆黄色，有光泽；种子圆肾形，稍扁，长约0.8mm，表面被小瘤状突起。花期5～7月，果期7～8月。

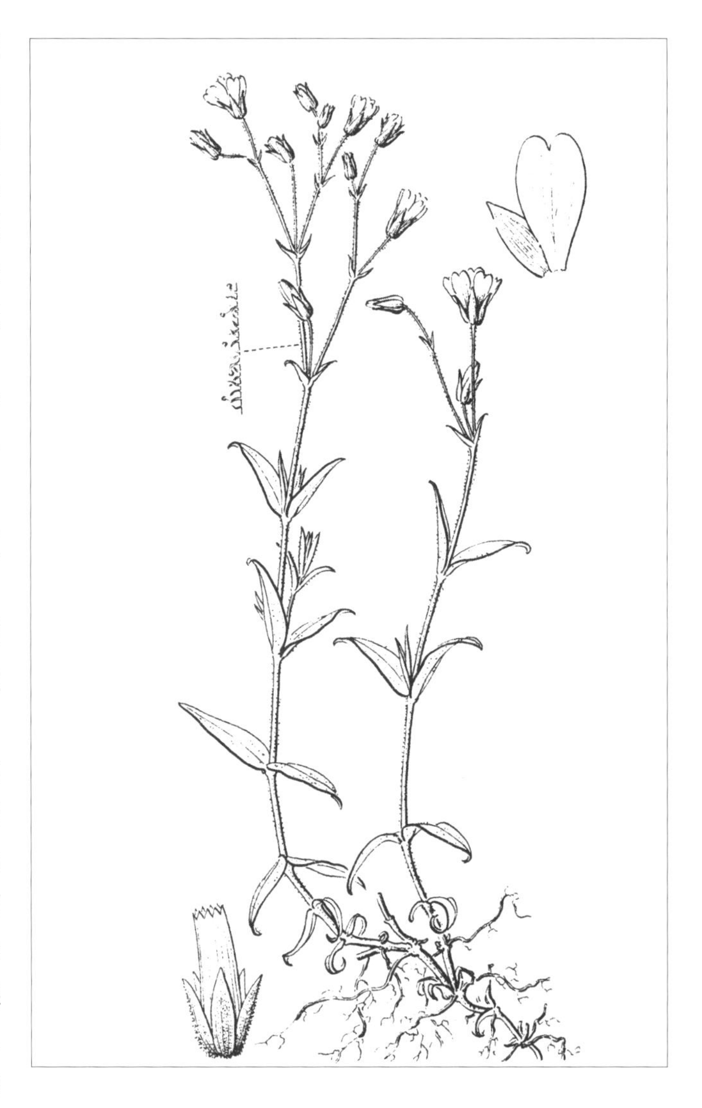

中生草本。生于森林带和草原带的山地林缘、草甸、山沟溪边。产兴安北部及岭东（根河市、牙克石市、鄂伦春自治旗）、呼伦贝尔（海拉尔区）、兴安南部（科尔沁右翼前旗、扎鲁特旗、阿鲁科尔沁旗、巴林右旗、克什克腾旗、西乌珠穆沁旗哈尔根太山）、赤峰丘陵（翁牛特旗）、燕山北部（兴和县苏木山）、锡林郭勒（东乌珠穆沁旗、锡林浩特市、正镶白旗）、阴山（大青山、察哈尔右翼中旗辉腾梁）、贺兰山。分布于我国吉林东部、河北西北部、河南、山西、陕西东南部、宁夏南部、甘肃东部、青海东北部、新疆北部和西部、四川西部、云南中部、江西，日本、朝鲜、蒙古国北部和西部、俄罗斯、哈萨克斯坦，欧洲、北美洲、南美洲。为泛北极分布亚种。

9. 漆姑草属 Sagina L.

一年生或多年生小草本，常丛生。叶条形或条状锥形，基部合生成短鞘状。花小，白色，单生于叶腋或茎顶，稀排成聚伞状，常具长梗；萼片 4 ～ 5；花瓣 4 ～ 5 或缺无，比萼片短或等长，全缘或微缺；雄蕊 4 ～ 5 或 8 ～ 10；子房 1 室，花柱 4 ～ 5。蒴果 4 ～ 5 瓣裂；种子肾形，多数，表面被小凸起或近于平滑。

内蒙古有 2 种。

分种检索表

1a. 多年生矮小草本；全株无毛；种子肾状三角形，背部具沟槽，表面有微小凸起；花瓣比萼片短一半或更短……………………………………………………………………………**1. 无毛漆姑草 S. saginoides**

1b. 一年生草本；茎、花梗、花萼被短毛；种子圆肾形，背部无沟槽，表面被成排的明显高起的小凸起；花瓣为萼片长的 2/3 左右………………………………………………………………**2. 漆姑草 S. japonica**

1. 无毛漆姑草

Sagina saginoides (L.) H. Karsten in Deutsche Fl. 539. 1882; Fl. Intramongol. ed. 2, 2:374. t.151. f.4. 1991.——*Spergula saginoides* L., Sp. Pl. 1:441. 1753.

多年生小草本，高达 6cm。全株无毛。茎多数，上升或直立，丛生。叶狭条形，长达 15mm，宽约 1mm，具 1 条中脉。花单生于茎顶叶腋；花梗长 6 ～ 23mm；萼片 5，椭圆形，长约

2mm，先端钝圆，背面具3脉，边缘白膜质；花瓣5，稀4，白色，倒卵状长圆形，顶端圆，约比萼片短一半或更短，于果期宿存；雄蕊5～10；花柱5。蒴果椭圆状卵形，与萼片等长，5瓣裂；种子肾状三角形，长0.3～0.4mm，淡褐色，背部具浅槽，表面被微小凸起。花期5～6月，果期6～7月。

湿中生矮小草本。生于夏绿阔叶林带的河岸粘泥质湿地。产辽河平原（大青沟）。分布于我国陕西、青海西南部、四川中南部、新疆北部、云南、西藏东部和南部，日本、朝鲜、俄罗斯、印度、尼泊尔、不丹、越南、巴基斯坦、哈萨克斯坦，西南亚，欧洲、北美洲。为泛北极分布种。

2. 漆姑草（日本漆姑草）

Sagina japonica (Sw.) Ohwi in J. Jap. Bot. 13:438. 1937; Fl. Intramongol. ed. 2, 2:374. t.151. f.1-3. 1991.——*Spergula japonica* Sw. in Ges. Nat. Freunde Berlin Neue Schrift. 3:164. t.1. f.2. 1801.

一年生小草本，高10～15cm。茎自基部多分枝，丛生，铺散状，疏被短毛。叶狭条形，长5～20mm，宽约1mm，具1条中脉，先端渐尖，无毛。花小，腋生于茎顶；花梗细长，直立，长1～2cm，疏被短毛；萼片5，卵形，长约2mm，背面疏被短毛，边缘膜质；花瓣5，白色，卵形，全缘，长约为萼片的2/3；雄蕊5，短于花瓣；子房卵圆形，花柱5。蒴果卵圆形，微长于宿存花萼，5瓣裂，有多数种子；种子小，褐色，圆肾形，长0.4～0.5mm，背部圆，表面被成排的明显高起的小凸起。花期5～6月，果期6～8月。

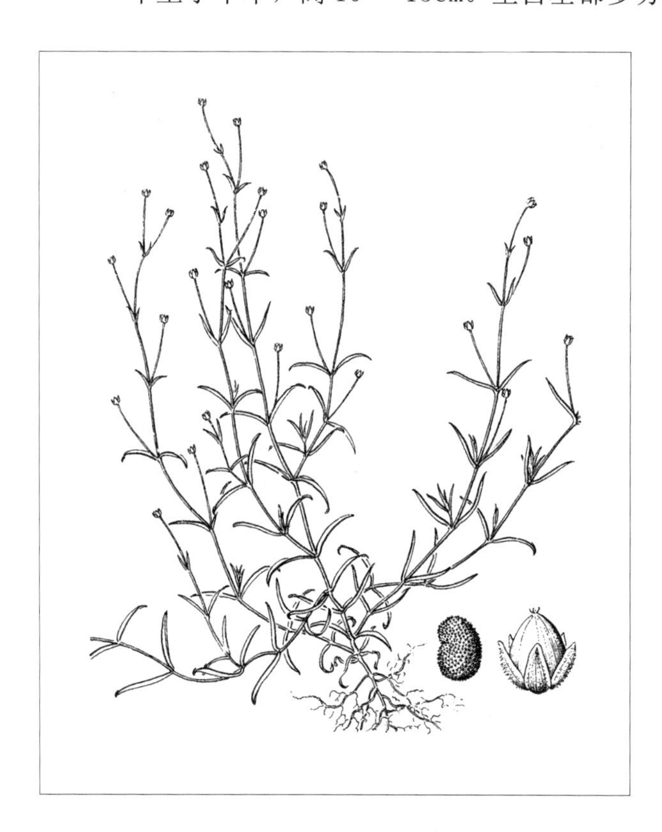

中生小草本。生于森林带山地沟谷。产兴安北部（大兴安岭、牙克石市乌尔其汉镇）、燕山北部（宁城县）。分布于我国黑龙江、辽宁、河北中西部、山西东北部、河南、山东、安徽、江苏、浙江、福建、台湾、江西、湖北、湖南、广东、广西北部、贵州、云南、四川东部和南部、西藏、陕西、甘肃东部、青海西北部，日本、朝鲜、俄罗斯（远东地区）、印度、尼泊尔、不丹。为东亚分布种。

全草入药，能清热解毒。

10. 薄蒴草属 Lepyrodiclis Fenzl

一年生草本。茎铺散。叶对生，条形或披针形，具 1 条中脉，无托叶。聚伞花序圆锥状，疏松；花萼 5；花瓣 5，先端深凹或全缘；雄蕊 10，稀 12 ～ 14；花柱 2 ～ 3；胚珠通常 4 ～ 6。蒴果球形，2 ～ 3 裂几达基部；种子 1 ～ 2，表面具凸起。

内蒙古有 1 种。

1. 薄蒴草

Lepyrodiclis holosteoides (C. A. Mey.) Fenzl ex Fisch. et C. A. Mey. in Enum. Pl. Nov. 1:93,110. 1841; Fl. Intramongol. ed. 2, 2:376. t.152. f.1-4. 1991.——*Gouffeia holosteoides* C. A. Mey. in Verz. Pfl. Cauc. 217. 1831.

一年生草本，高 30 ～ 100cm。全株被腺毛。茎多分枝，具纵条棱。叶条形、条状披针形或披针形，长 1 ～ 7cm，宽 3 ～ 14mm，先端渐尖，基部稍抱茎，具 1 条中脉且于下面凸起。聚伞花序顶生或腋生；花梗细长，密被腺毛；萼片条状披针形或矩圆状披针形，长 3 ～ 5mm，宽约 1mm，先端钝或稍尖，边缘狭膜质，背面被长腺毛；花瓣白色或粉红色，倒卵形，长约 5mm，花期花瓣比花萼长，果期花萼延长与花瓣近等长，先端全缘或微凹，基部楔形；雄蕊 10，花丝基部加宽；子房卵形，花柱 2，线形。蒴果球形，径约 3mm，比宿存萼片短，薄膜质，2 瓣裂；种子扁，肾圆形，常 2 粒，红褐色，表面具凸起。花期 6 ～ 7 月，果期 7 ～ 8 月。

中生草本。生于荒漠带海拔 2000m 左右的水沟边、荒地。产贺兰山、龙首山。分布于我国河南、陕西、宁夏、甘肃、青海、新疆、四川北部、西藏，蒙古国西部、印度西北部、尼泊尔、巴基斯坦、阿富汗，克什米尔地区，中亚、西南亚。为古地中海分布种。

全草入药，可利肺、托疮，治肺病及疽疔疮。

11. 高山漆姑草属（米努草属）Minuartia L.

一年生或多年生草本。茎丛生。叶丝形、线形或线状锥形，具 1 或 3 脉。花于茎顶单生或数朵组成聚伞花序；萼片 5；花瓣 5，全缘，白色，稀淡红色；雄蕊 10；子房 1 室，胚珠多数，花柱 3。蒴果矩圆形，顶端 3 瓣裂，裂瓣全缘；种子多数。

内蒙古有 1 种。

1. 高山漆姑草（石米努草）

Minuartia laricina (L.) Mattf. in Bot. Jahrb. Syst. 57(Beibl. 126):33 1921; Fl. Intramongol. ed. 2, 2:376. t.152. f.5-8. 1991.——*Spergula laricina* L., Sp. Pl. 1:441. 1753.

多年生草本，高 10 ～ 30cm。茎丛生，单一，上升，被细短毛。叶线状锥形，长 5 ～ 15mm，宽 0.5 ～ 1mm，具 1 条脉，先端渐尖，两面无毛，基部边缘疏生长睫毛，上部多少被短刺毛，叶腋内具叶簇，基部叶腋有时具短缩的分枝，无柄。花单生或数朵组成聚伞花序；花梗长 5 ～ 20mm，被细短毛；萼片矩圆状披针形，长 4 ～ 5mm，先端钝或稍钝，背面无毛，具 3 条脉，边缘膜质；花瓣白色，倒卵状矩圆形，长 6 ～ 10mm，宽 3 ～ 3.5mm，先端圆钝；雄蕊 10，花丝下部加宽；花柱 3。蒴果矩圆状锥形，长 7 ～ 10mm；种子近卵形，边缘具流苏状篦齿，呈盘状，成熟时黑褐色，表面微具条状凸起。花期 6 ～ 8 月，果期 7 ～ 9 月。

中生草本。生于森林带的山坡、林缘、林下、河岸柳林下。产兴安北部及岭东（额尔古纳市、根河市、牙克石市、鄂伦春自治旗、阿尔山市、莫力达瓦达斡尔族自治旗）。分布于我国黑龙江西北部、吉林东部，朝鲜、俄罗斯（东西伯利亚地区、远东地区）。为东西伯利亚—满洲分布种。

12. 狗筋蔓属 Cucubalus L.

单种属，属的特征见种。

1. 狗筋蔓

Cucubalus baccifer L., Sp. Pl. 1:414. 1753; Fl. Intramongol. ed. 2, 2:378. t.153. f.1-2. 1991.——*Silene baccifer* (L.) Roth. in Tent. Fl. Germ. 2(1):491. 1789; Fl. China 6:79. 2001.

多年生草本，高 50 ～ 80cm。全株疏被向下开展的短绵毛。根多条，呈纺锤形；根状茎斜上，从生数茎。茎上升或平卧，极多分枝，分枝对生。叶卵形，卵状披针形或卵状矩圆形，长 1.5 ～ 7cm，宽 0.7 ～ 2.8cm，基部楔形，渐狭成短柄，柄长 2 ～ 6mm，先端急尖或渐尖，全缘，边缘具短睫毛。花单生于茎及分枝顶端，具 1 对叶状苞；花梗长 4 ～ 12mm；萼草质，绿色，宽钟状，长 9 ～ 11mm，具 10 脉，先端 5 中裂，裂片卵状三角形，开花后期萼膨大呈半球形，裂片增大，呈黄绿色，果期宿存而完全反折；雌雄蕊柄长约 1.5mm；花瓣 5，白色，狭倒披针形，长约 1.4cm，宽约 2.5mm，基部渐狭成长爪，先端 2 浅裂，喉部有 2 枚鳞片；雄蕊 10，两轮，比花瓣稍短，外轮雄蕊基部与花瓣连合呈短筒状；子房 1 室，基部有隔膜 3，花柱 3。浆果球形，稍肉质，成熟干燥后变紫黑色，有光泽，不规则开裂；种子多数，圆肾形，黑色，长约 1.5mm，有光泽，近平滑。花期 6 ～ 8 月，果期 7 ～ 9 月。

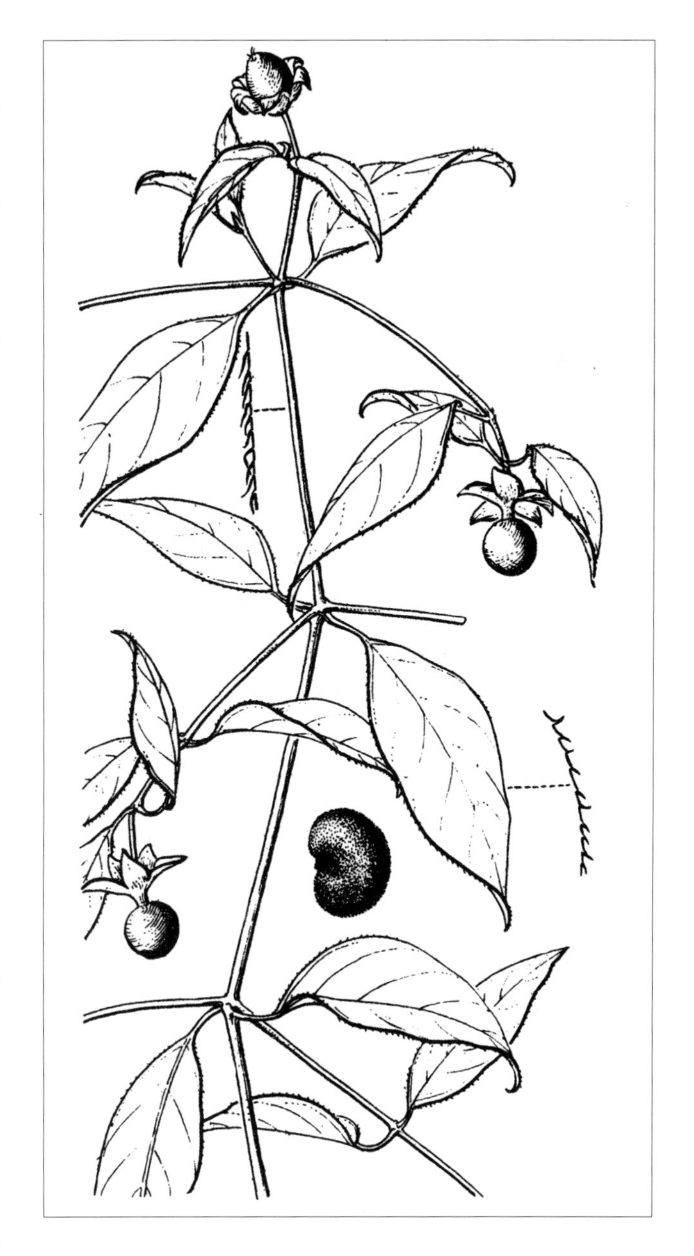

中生草本。生于阔叶林带的沟谷溪边林下。产辽河平原（大青沟）。分布于我国黑龙江南部、吉林东部、辽宁、河北、河南、山东、山西、陕西、宁夏、甘肃东部、新疆北部、江苏西南部、安徽南部、浙江西北部、福建北部、台湾中部、湖北西部、湖南西部、广西、贵州、四川、云南、西藏东南部，日本、朝鲜、俄罗斯（远东地区）、印度（锡金）、不丹、尼泊尔、哈萨克斯坦，克什米尔地区，欧洲。为古北极分布种。

13. 麦毒草属（麦仙翁属）**Agrostemma** L.

一年生或多年生草本。全株密被白色长硬毛。叶条形或条状披针形。花紫红色，单生于茎顶或分枝顶端；花萼 5 深裂，萼筒具 10 条隆起的脉，萼裂片条形，叶状，比花瓣长；花瓣 5，倒卵形或楔形，基部渐狭成爪，无附属物；雄蕊 10；心皮 5，合生，子房 1 室，花柱 5；无雌雄蕊柄。蒴果卵形，5 齿裂；种子肾状，多数，黑色。

内蒙古有 1 种。

1. 麦毒草（麦仙翁）

Agrostemma githago L., Sp. Pl. 1:435. 1753; Fl. Intramongol. ed. 2, 2:380. t.153. f.3-5. 1991.

一年生草本，高 30 ～ 90cm。全株密被白色长硬毛。茎直立，单一，有时上部分枝。叶条形或条状披针形，长 3 ～ 12cm，宽 2 ～ 12mm，基部合生或稍连合，先端渐尖，背面中脉凸起。花单生于茎顶或分枝顶端；花萼 5 深裂，萼筒圆筒形，长 10 ～ 14mm，具 10 条隆起的脉，顶部稍狭细，花后萼筒加粗，萼裂片条形，叶状，比萼筒长，长可达 3.5cm，具 1 条脉；花瓣 5，紫红色，比萼裂片短许多或稍短，倒卵形至楔形，基部渐狭成爪，爪部白色，顶端微缺；雄蕊 10，两轮，外轮雄蕊的基部与花瓣连合；子房 1 室，花柱 5，细长，直立，被长硬毛，与雄蕊近等长。蒴果卵形，比萼筒稍长，5 齿裂，齿片向外反卷；种子肾状，成熟时黑色，长 2.5 ～ 3mm，表面密被较长的疣状凸起。花期 7 ～ 8 月，果期 8 ～ 9 月。

中生杂草。生于森林带和草原带的麦田内、田间路旁、沟谷草地，产兴安北部和岭东（鄂伦春自治旗、莫力达瓦达斡尔族自治旗）、呼伦贝尔（新巴尔虎左旗）、燕山北部（宁城县）。外来入侵种，原产地中海地区，经欧洲、中亚传播至我国新疆、黑龙江、吉林，蒙古国东北部，现亚洲、欧洲、北美洲、北非均有分布。

全草入药，治百日咳、妇女出血症。种子、茎叶均有毒，牲畜误食后能中毒。

14. 剪秋罗属 Lychnis L.

多年生草本。被毛或无毛。茎直立。聚伞花序顶生，花常大型；花萼圆筒形、棍棒形、卵形或钟形，具 10 纵脉，于果期膨大，萼齿 5；花瓣 5，白色或红色，先端 2 裂或撕裂状，稀全缘，基部具长爪，瓣片与爪间有 2 鳞片；雄蕊 10；子房 1 室，花柱 5，稀 4 或 3，具多数胚珠。蒴果通常 5 齿裂或瓣裂；种子稍扁，表面有小瘤状突起。

内蒙古有 3 种。

分种检索表

1a. 花较小，径 8 ～ 10mm，花萼被短腺毛，花瓣通常白色；茎丛生；直根………**1. 狭叶剪秋罗 L. sibirica**

1b. 花较大，径 2.5 ～ 4cm，花萼被绵毛或无毛，花瓣不为白色；茎不丛生；须根，多少呈纺锤状。

  2a. 花橙红色或淡红色，瓣片二叉状浅裂，花萼无毛或稍被毛…………………**2. 浅裂剪秋罗 L. cognata**

  2b. 花深红色，瓣片二叉状深裂，花萼密被绵毛…………………………………**3. 大花剪秋罗 L. fulgens**

1. 狭叶剪秋罗

Lychnis sibirica L., Sp. Pl. 1:437. 1753; Fl. Intramongol. ed. 2, 2:381. t.154. f.1-4. 1991.——*Silene linnaeana* Voroschilov in Florist. Issl. V. Razn. Raionakh S.S.S.R. 167. 1985; Fl. China 6:71. 2001.

多年生草本，高 7 ～ 20cm。全株被短柔毛。直根，木质，根状茎多头。茎多数，纤细，直立或斜升。基生叶莲座状，倒披针形或矩圆状倒披针形，基部渐狭成柄，先端渐尖，早枯；茎生叶条状披针形或条形，长 1 ～ 4cm，宽 2 ～ 4mm，先端渐尖，基部稍抱茎。花小，1 ～ 7 朵或更多集生于茎顶组成二歧聚伞花序；花梗长 2 ～ 30mm；苞片叶状；花萼钟状棍棒形，长 5 ～ 7mm，被短腺毛，主脉 10，萼片三角状，钝头，边缘白膜质；雌雄蕊柄短，长约 1mm；花瓣白色或粉红色，比花萼长 0.5 ～ 1 倍，楔形，先端二叉状浅裂，裂达瓣片的 1/4 ～ 1/3，瓣片基部有 2 个广椭圆形的鳞片状附属物；雄蕊 10，2 轮；子房棍棒状，花柱 5。蒴果卵形，5 齿裂；种子肾形，褐色，长约 0.8mm，表面具短条形疣状凸起。花期 6 ～ 7 月，果期 7 ～ 8 月。

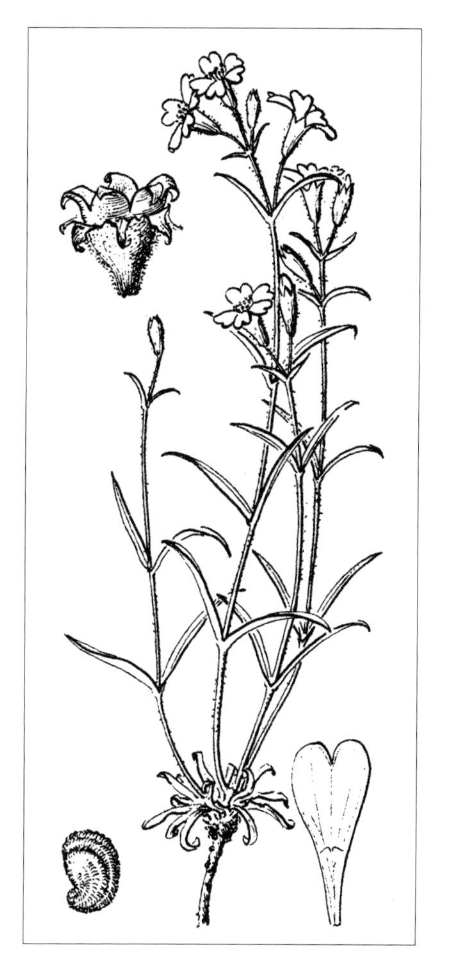

中生草本。生于森林带和森林草原带的樟子松林下、丘

顶、盐生草甸、山坡。产兴安北部和岭西（额尔古纳市、根河市、牙克石市）、呼伦贝尔（鄂温克族自治旗、海拉尔区）。分布于蒙古国东部和北部、俄罗斯（西伯利亚地区、远东地区）。为西伯利亚—远东分布种。

2. 浅裂剪秋罗（毛缘剪秋罗）

Lychnis cognata Maxim. in Prim. Fl. Amur. 55. 1859; Fl. Intramongol. ed. 2, 2:381. t.154. f.9. 1991.

多年生草本，高 30 ～ 90cm。须根多数，肉质，纺锤形。茎直立，单一或稍分枝，被柔毛。叶矩圆状披针形，长 4 ～ 10cm，宽 1.5 ～ 4cm，先端渐尖，基部宽楔形，全缘而具短硬的睫毛，两面疏生短硬毛，叶柄短或近无柄。聚伞花序顶生，通常有 3 ～ 7 朵大花；花梗长约 5mm，被短柔毛；花萼筒棍棒形，长 2 ～ 2.5cm，具 10 纵脉，疏生长柔毛，萼齿三角形，先端锐尖，花后花萼膨大；花瓣浅紫红色，瓣片倒心形，长 2 ～ 2.5cm，2 浅裂，两侧基部各有 1 丝状小裂片，爪部比花萼稍长，爪与瓣片之间有 2 鳞片；雄蕊 10；子房棍棒形，花柱 5；雌雄蕊柄长约 3.5mm。蒴果长卵形，顶端 5 齿裂；种子近圆肾形，长 1.5 ～ 1.8mm，黑褐色，表面有瘤状突起。花果期 7 ～ 9 月。

中生草本。生于夏绿阔叶林带和草原带的山地林下、林缘、灌丛中。产兴安南部（克什克腾旗）、燕山北部（喀喇沁旗、宁城县、敖汉旗）、阴山（蛮汗山）。分布于我国黑龙江、吉林东部、辽宁东部、河北、山东、山西、河南西部和北部、陕西东南部，朝鲜、俄罗斯（远东地区）。为华北—满洲分布种。

观赏植物。

3. 大花剪秋罗（剪秋罗）

Lychnis fulgens Fisch. ex Sprengel in Nov. Prevent. 26. 1818; Fl. Intramongol. ed. 2, 2:383. t.154. f.5-8. 1991.

多年生草本，高 50 ～ 80cm。全株被长柔毛。须根多数，肥厚呈纺锤形。茎直立，单一，下部圆形，上部具棱，中空。叶卵形、卵状矩圆形或卵状针形，长 4 ～ 10cm，宽 1.5 ～ 4cm，先端渐尖，基部圆形，两面及边缘被较硬的毛，无柄。花通常 2 ～ 3 朵或更多，顶生，密集，呈头状伞房花序；苞片叶状；花梗长 3 ～ 12mm，密被长柔毛；花萼筒状棍棒形，长 1.5 ～ 2cm，具 10 脉，密被蛛丝状绵毛，有时只在脉上疏被

陈宝瑞 / 摄

毛，萼片三角形，尖锐；雌雄蕊柄长约 3mm；花径 3.5 ～ 5cm，瓣片鲜深红色，二叉状深裂，顶端有微齿，裂片两侧基部各有 1 丝状小裂片，爪部与萼片等长，瓣片与爪之间具 1 对鳞片状附属物，暗红色，矩圆形，稍肉质；雄蕊 10，2 轮；子房棍棒形，花柱 5。蒴果长卵形，5 齿裂，齿片反卷；种子肾圆形，长约 1.2mm，黑褐色，表面具疣状凸起。花期 7 ～ 8 月，果期 8 ～ 9 月。

中生草本。生于森林带的山地草甸、林下、林缘灌丛 。产兴安北部及岭东（额尔古纳市、牙克石市、鄂伦春自治旗、扎兰屯市、莫力达瓦达斡尔族自治旗）、燕山北部（宁城县、敖汉旗）。分布于我国黑龙江、吉林东北部、辽宁东北部、河北北部、山西、河南、湖北东部、四川南部、贵州北部、云南东北部，日本、朝鲜、俄罗斯（东西伯利亚地区、远东地区）。为东西伯利亚—东亚分布种。

花艳丽，可供观赏。

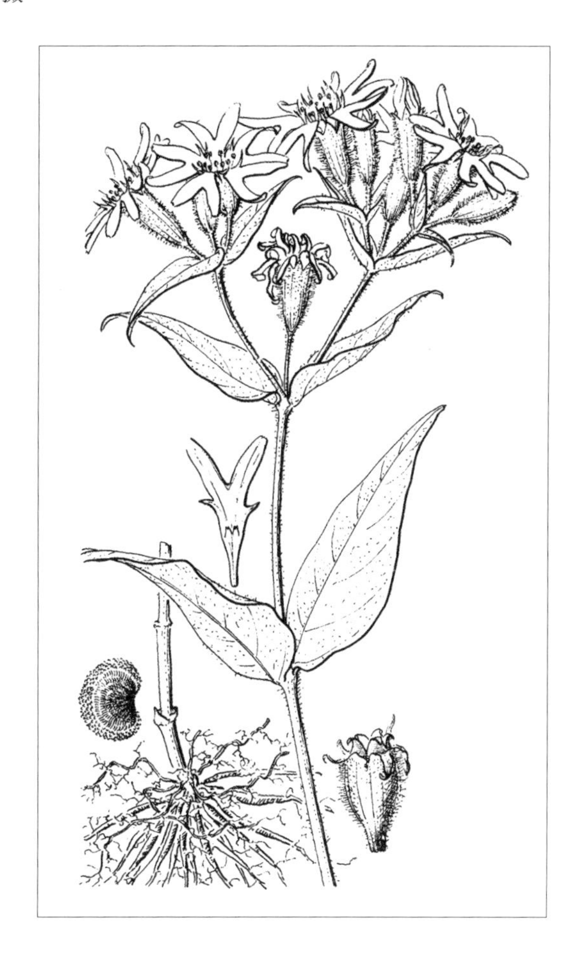

15. 女娄菜属 **Melandrium** Rochl.

一年生或多年生草本。常被柔毛或腺毛。花序聚伞状，有时单生；花两性或单性，同株，稀异株；花萼具 5 齿，具 10 或 20 脉，筒状钟形，革质或草质，花后常膨大；花瓣具 2 至多裂的瓣片，具长爪，瓣片与爪间具 2 鳞片；雄蕊 10；子房 1 室，花柱 3 ～ 5；雄蕊柄极短，长不过 1mm。蒴果 1 室，具多数种子，10 或 6 齿裂；种子肾形或圆肾形，表面有小瘤状突起或具翅。

内蒙古有 10 种。

分种检索表

1a. 花瓣 2 裂。

2a. 果与花萼近等长或稍短或稍长。

3a. 花瓣比花萼短，内藏；萼脉黑紫色；种子表面近平滑，脊具翅；植株被倒生短柔毛。

4a. 植株高 5 ～ 20cm；具基生叶，茎生叶 1 ～ 2 对；花萼呈囊状钟形；萼脉粗，具分枝，呈网状；瓣爪和花丝的下部疏生缘毛或无；花瓣的耳卵形，向两侧突出；种翅平滑………………………………………………………………………**1. 耳瓣女娄菜 M. auritipetalum**

4b. 植株高 20 ～ 40cm；无基生叶，茎生叶 3 ～ 4 对；花萼钟形，萼脉细，非网状；瓣爪和花丝的基部密被柔毛；花瓣的耳椭圆形，向前方突出；种翅具瘤状突起……………………………………………………………………………………**2. 瘤翅女娄菜 M. verrucoso-alatum**

3b. 花瓣与花萼近等长或长出花萼 1/3 至 1 倍；萼脉暗绿色；种子表面具瘤状突起，无翅。

5a. 花两性，花瓣与花萼近等长或长出花萼 1/3。

6a. 花序假轮伞状；茎生叶卵状披针形或椭圆状披针形，宽 8 ～ 30mm；植株单生，不分枝，稀分枝。

7a. 花萼无毛，茎、叶疏被柔毛或近无毛…**3a. 光萼女娄菜 M. firmum** var. **firmum**

7b. 花萼、茎、叶均被短曲柔毛……………**3b. 毛萼女娄菜 M. firmum** var. **pubescens**

6b. 聚伞花序；茎生叶披针形或条状披针形，宽 4 ～ 8mm；植株分枝，稀不分枝。

8a. 花瓣片 2 中裂，植株密被倒向短柔毛。

9a. 花瓣与花萼近等长或稍长。

10a. 一、二年生草本；花萼长 6 ～ 8mm；茎生叶披针形，宽 4 ～ 6mm…………………………………………………………**4a. 女娄菜 M. apricum** var. **apricum**

10b. 多年生草本；花萼长 11 ～ 13mm；茎生叶条形，宽 1 ～ 2mm…………………………………………………………**5. 龙首山女娄菜 M. longshoushanicum**

9b. 花瓣比花萼长约 1/3，一、二年生草本……………………………………………………………**4b. 长冠女娄菜 M. apricum** var. **oldhamianum**

8b. 花瓣片 2 浅裂，植株密有腺质柔毛或腺毛。

11a. 一、二年生草本；花瓣比花萼长约 1/3，花瓣爪和花丝无毛，花萼 6 ～ 8mm；茎和叶密被短柔毛；花梗和花萼被腺毛；茎生叶条形，宽 1.5 ～ 2mm………………………………………………………**6. 内蒙古女娄菜 M. orientalimongolicum**

11b. 多年生草本；花瓣与花萼近等长或稍长，花瓣爪和花丝下部有长柔毛，花萼长 13 ～ 15 mm；茎和花萼密被腺质柔毛或腺毛；叶被短柔毛，茎生叶披针形，宽 4 ～ 10mm……………………………**7. 兴安女娄菜 M. brachypetalum**

5b. 花单性，雌雄异株；花瓣比花萼长出 1 倍；一、二年生草本；叶矩圆状披针形或披针形……
……………………………………………………………………**8. 异株女娄菜 M. album**

2b. 果比花萼长 1.5 ～ 2 倍；花瓣皱缩，内藏，无副花冠；萼齿长为萼筒的 2/3；叶线形 ………………
……………………………………………………………………**9. 长果女娄菜 M. longicarpum**

1b. 花瓣 4 裂，每裂片再 2 裂或不裂；花萼筒状，长约 10mm；植株密被腺毛…………………………
……………………………………………………………………**10. 贺兰山女娄菜 M. alaschanicum**

1. 耳瓣女娄菜

Melandrium auritipetalum Y. Z. Zhao et P. Ma in Act. Phytotax. Sin. 27(3):225. 1989; Fl. Intramongol. ed. 2, 2:385. t.155. f.1-3. 1991.——*Silene songarica* auct. non (Fisch., C.A.Mey. et Ave-Lall.) Bocq.: Fl. China 6:88. 2001. p.p.

多年生草本，高 5 ～ 20cm。直根粗壮。茎直立，不分枝，数个丛生，密被倒生的白色短柔毛。基生叶矩圆状披针形或匙形，长 2 ～ 4cm，宽 4 ～ 7mm，先端钝尖，基部渐狭，上面近无毛或疏被短柔毛，下面中脉被短柔毛，边缘具短缘毛，具长柄；茎生叶 1 ～ 2 对，条状披针形，长 2 ～ 6cm，宽 2 ～ 5mm，无柄。花单生茎顶，俯垂；苞片叶状，较小，条状披针形；花梗长 3 ～ 25mm，密被倒生的白色短柔毛；花萼膨大成囊状钟形，长 12 ～ 15mm，直径 8 ～ 10mm，外面具 10 条深紫褐色粗脉，有分枝，呈网状，沿脉被倒生短柔毛，先端 5 钝裂，萼齿三角状宽卵形，边缘具纤毛；花瓣 5，瓣片紫色，先端 2 中裂，喉部具 2 鳞片，瓣爪白色，上部加宽，顶端两侧具明显向外突出的卵形耳，下部具稀疏缘毛或无毛；子房矩圆形，花柱 5。蒴果矩圆状卵形，长约 15mm，比萼稍长，顶端 10 齿裂；种子圆肾形，红棕色，表面近平滑，边缘具宽或窄翅。花期 7 月，果期 7 ～ 8 月。

中生草本。生于 2400 ～ 3400m 的高山草甸和灌丛、山脊石缝等处。产贺兰山。为贺兰山分布种。

本种具基生莲座叶，茎生叶少数，1 ～ 2 对，花单生下垂，种子具翅等性状，与 *Silene songarica* (Fisch., C.A.Mey. et Ave-Lall.) Bocq. 明显不同。本种与 *S. gonosperma* (Rup.) Bocq. 相近，但本种花瓣瓣耳向外突出、植株无腺毛，又与后者不同。

2. 瘤翅女娄菜

Melandrium verrucoso-alatum Y. Z. Zhao et P. Ma in Act. Phytotax. Sin. 27(3):227. 1989; Fl. Intramongol. ed. 2, 2:386. t.155. f.4-6. 1991.

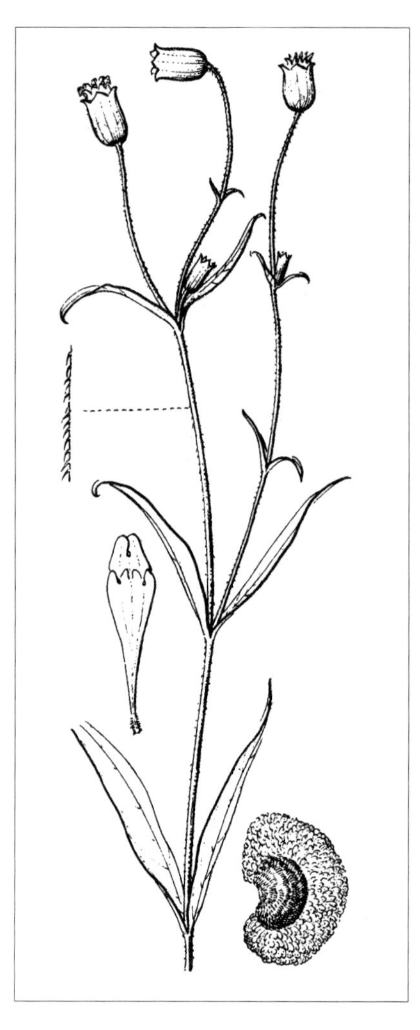

多年生草本，高 20 ～ 40cm。直根粗壮。茎直立，密被倒生的白色短柔毛。茎生叶 3 ～ 4 对，矩圆状披针形或条状披针形，长 3 ～ 6cm，宽 5 ～ 10mm，先端尖，基部渐狭，上面近无毛或疏被短柔毛，下面中脉上被短柔毛，边缘具短缘毛，上部叶无柄，下部叶具长柄。花 2 ～ 4 朵或单生，着生于茎顶或分枝顶端；花梗长 1 ～ 6cm，密被倒生的白色短柔毛；花萼钟形，长 9 ～ 11mm，直径 5 ～ 7mm，外面具 10 条紫褐色细脉，沿脉被倒生短柔毛，先端 5 钝裂；花瓣 5，瓣片紫色，先端 2 中裂，瓣爪白色，上部加宽，顶端两侧的耳椭圆形，向前方突出，爪基部密被柔毛，喉部具 2 鳞片；雄蕊 10，花丝基部密被柔毛；子房矩圆形，花柱 5。蒴果矩圆形，比萼稍长，长约 13mm，顶端 10 齿裂；种子肾形，褐色，表面有条纹状凸起，微细，边缘具宽翅，翅上具瘤状突起。花期 7 月，果期 7 ～ 8 月。

中生草本。生于荒漠带海拔 2600m 左右的山地云杉林缘。产贺兰山。为贺兰山分布种。

3. 光萼女娄菜

Melandrium firmum （Sieb. et Zucc.）Rohrb. in Monog. Silene 232. 1868; Fl. Intramongol. ed. 2, 2:386. t.156. f.1-3. 1991.——*Silene firma* Sieb. et Zucc. in Abh. Math.-Phys. Cl. Konigl. Bayer. Akad. Wiss. 4(2):166. 1843.

3a. 光萼女娄菜（粗壮女娄菜、坚硬女娄菜）

Melandrium firmum （Sieb. et Zucc.）Rohrb. var. **firmum**

一、二年生草本，高 40 ～ 100cm。茎直立，单一或分枝，无毛或疏被柔毛。叶卵状披针形至矩圆形，长 3 ～ 11cm，宽 8 ～ 30mm，基部渐狭成柄状，先端急尖或渐尖，缘毛显著。花集生于茎顶及上部叶腋，形似轮生状；苞片狭披针形，长渐尖；花梗长短不一，直立，疏被柔毛或无毛。萼筒状，长 7 ～ 13mm，无毛，具 10 条脉；萼齿 5，三角形，渐尖，边缘膜质，具

睫毛。雌雄蕊柄长约 0.5mm；花瓣白色，稍长于萼，倒披针形，顶端 2 浅裂；子房矩圆形，花柱 3。蒴果狭卵形，稍短于萼或近等长，6 齿裂；种子圆肾形，黑灰褐色，长约 1mm，表面具尖疣状凸起。花期 7～8 月，果期 8～9 月。

中生草本。生于夏绿阔叶林带的林缘草甸、山地草甸及灌丛间。产兴安北部及岭东（额尔古纳市、鄂伦春自治旗、科尔沁右翼前旗）、兴安南部（阿鲁科尔沁旗）、辽河平原（大青沟）、燕山北部（喀喇沁旗、宁城县、敖汉旗）、阴山（大青山）。分布于我国黑龙江、吉林、辽宁、河北、山西、陕西、甘肃东南部、青海东部、西藏西南部、山东、江苏西南部、安徽、浙江西北部、福建、江西、湖北西部、湖南西部、四川、云南西部、贵州，日本、朝鲜、俄罗斯（远东地区）。为东亚分布种。

3b. 毛萼女娄菜（疏毛女娄菜）

Melandrium firmum (Sieb. et Zucc.) Rohrb. var. **pubescens** (Makino) Y. Z. Zhao in Act. Sci. Nat. Univ. Intramongol. 13(3):283. f.1. 1982; Fl. Intramongol. ed. 2, 2:388. 1991.——*M. firmum* (Sieb. et Zucc.) Rohrb. f. *pubescens* Makino in Nippon-Syokubutsu-Dukan 530. f.1035. 1925. p.p.

本变种与正种的区别：花萼被短毛，正种花萼光滑无毛。

中生草本。生于夏绿阔叶林带和草原带的山地杂类草草甸。产兴安南部、燕山北部（喀喇沁旗、宁城县、敖汉旗）、阴山（大青山）。分布同正种。为东亚分布变种。

4. 女娄菜

Melandrium apricum (Turcz. ex Fisch. et C. A. Mey.) Rohrb. in Monogr. Silene 231. 1868; Fl. Intramongol. ed. 2, 2:388. t.156. f.4-5. 1991.——*Silene aprica* Turcz. ex Fisch. et C. A. Mey. in Ind. Sem. Hort. Petrop. 1:38. 1835.

4a. 女娄菜（桃色女娄菜）

Melandrium apricum (Turcz. ex C. A. Fisch. et Mey.) Rohrb. var. **apricum**

一、二年生草本。全株密被倒生短柔毛。茎直立，高10～40cm，基部多分枝。叶条状披针形或披针形，长2～5cm，宽2～8mm，先端锐尖，基部渐狭，全缘，中脉在下面明显凸起，下部叶具柄，上部叶无柄。聚伞花序顶生和腋生；苞片披针形或条形，先端长渐尖，紧贴花梗；花梗近直立，长短不一；萼片椭圆形，长6～8mm，密被短柔毛，具10条纵脉，果期膨大成卵形，顶端5裂，裂片近披针形或三角形，边缘膜质；花瓣白色或粉红色，与萼近等长或销长，瓣片倒卵形，先端浅2裂，基部渐狭成长爪，瓣片与爪间有2鳞片；花丝基部被毛；子房长椭圆形，花柱3。蒴果卵形或椭圆状卵形，长8～9mm，具短柄，顶端6齿裂，包藏在宿存花萼内；种子圆肾形，黑褐色，表面被钝的瘤状突起。花期5～7月，果期7～9月。

中旱生草本。生于石砾质坡地、固定沙地、疏林及草原中。产兴安北部和南部、岭东和岭西、科尔沁、辽河平原、呼伦贝尔、燕山北部、赤峰丘陵、锡林郭勒、乌兰察布、阴山、阴南部平原、阴南丘陵、鄂尔多斯、贺兰山、龙首山。分布于我国除广西、台湾、海南外的各省区，日本、朝鲜、蒙古国北部和东部、俄罗斯（西伯利亚地区、远东地区）。为东古北极分布种。

全草入药，能下乳、利尿、清热、凉血。全草也入蒙药。

4b. 长冠女娄菜

Melandrium apricum (Turcz. ex Fisch. et C. A. Mey.) Rohrb. var. **oldhamianum** (Miq.) Y. C. Chu in Fl. Pl. Herb. Chin. Bor.-Orient. 3:60. t.24. f.1-7. 1975; Fl. Intramongol. ed. 2, 2:389. 1991.——*Silene oldhamiana* Miq. in Ann. Mus. Bot. Luyd.-Batav. 3:187. 1867.

本变种与正种的区别：花瓣较长，长约11mm，比萼超出1/3左右。

一、二年生中旱生草本。生于山地草甸、林下、林缘。产兴安南部（科尔沁右翼前旗）。分布于我国东北、华北、华东地区及西藏，朝鲜。为东亚分布变种。

5. 龙首山女娄菜

Melandrium longshoushanicum L. Q. Zhao et Y. Z. Zhao sp. nov.

多年生草本，高40～50cm。主根粗壮，基部具多头。茎丛生，稀单生，直立，密被倒生

短柔毛。基生叶和茎下部的叶片狭倒披针形，长 4 ～ 7cm，宽 3 ～ 5mm，叶两面被短柔毛，有时会逐渐变光滑，下面沿凸起的脉较密，基部渐狭成柄，先端锐尖；茎上部的叶近无柄，条状披针形。花序总状，具（1 ～）3 ～ 6 花；花梗果期长 0.3 ～ 3cm，密被倒生的短柔毛；苞片条状披针形，长 0.3 ～ 2cm，密被短柔毛，下部边缘具长纤毛，基部合生，顶端锐尖。花萼圆筒状钟形，长 12 ～ 14mm，宽 3 ～ 5mm，密被倒向短柔毛；萼齿 5，椭圆形，顶端钝圆，边缘宽膜质，具缘毛。雌雄蕊柄长约 1mm，光滑无毛。花瓣不露或微露出花萼，长 10 ～ 11mm；瓣片紫红色，长约 2mm，先端 2 裂，裂片全缘；爪狭倒披针形，无耳，光滑无毛；副花冠片小。雄蕊 10，内藏；花丝光滑无毛。花柱 5。蒴果狭卵状椭圆形，近等长于宿存的花萼，先端 10 齿裂；种子灰褐色，肾形，长约 0.8mm，具瘤状突起。花期 7 ～ 8 月，果期 8 ～ 10 月。

中旱生草本。生于荒漠区山地青海云杉林下部的林缘灌丛、草地。产龙首山。为龙首山分布种。

Herb perennial, 40-50 cm tall. Roots robust, multicrowned. Stems caespitose, rare simple, erect, simple, densely retrorse short pubescent. Basal leaves and lower cauline leaves narrowly oblanceolate, 4-7cm×3-5mm, short pubescent, densely along the prominent midvein abaxially, sometimes glabrescent, base attenuate into petiole, apex acuminate; distal leaves sessile, linear-lanceolate. Flowers, in a racemiform-like thyrsi, cymes alternate or opposite, 1-2-flowered; Pedicel 0.3-3cm in fruit, densely retrorse short pubescent; bracts linear-lanceolate, 0.3-2cm, densely short pubescent, connate at base, apex acuminate, lower margin villose. Calyx cylindric-campanulate, 12-14mm× 3-5mm, densely retrorse short pubescent; open at apex; calyx teeth 5, oblong, obtuse at apex, margin broad membranous, villose. Androgynophore to 1 mm, glabrous. Petals included or subequaling calyx, 10-11mm, petal blade violet, ca. 2mm, bifid at apex, lobes entire; claws narrowly oblanceolate, glabrous non-auriculate; coronal scales small. Stamens 10, included; filaments glabrous. Styles 5, included. Capsule narrowly ovoid-ellipsoid, subequaling persistent sepals,

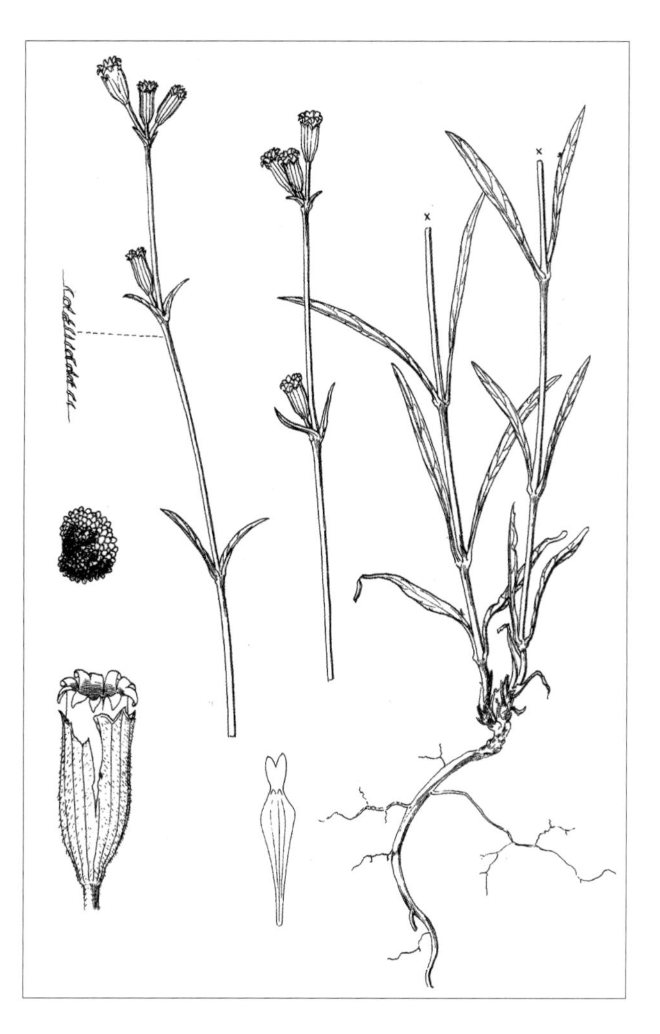

10-toothed. Seeds grayish brown, reniform, ca. 0.8 mm, tuberculate. Fl. Jul-Aug, fr. Aug-Oct.

Species affinis Melandrium multicaule (Wall. ex Benth.) Walp. (=*Silene nepalensis* Majumdar), sed calyce 12-14mm longo, petalo subaequaliore calyce, ungue nullo auriculato; androgynophoro glabro; filo glabro differ.

Holotype: China（中国）. Gansu（甘肃）, Zhangye（张掖）, Mt. Longshoushan（龙首山）, 39°03′10.00″N, 100°46′39.03″E, on moutain slopes, alt. 2887m, 2 September 2014 Li-Qing Zhao, Shuai Qin et Long Chen N14-8010(HIMC).

Paratype: China（中国）. Gansu（甘肃）, same location as holotype, 8 October 2010 Li-Qing Zhao N10-001 (HIMC).

6. 内蒙古女娄菜

Melandrium orientalimongolicum (Kozhevn.) Y. Z. Zhao in Act. Sci. Nat. Univ. Intramongol. 16(4):586. 1985; Fl. Intramongol. ed. 2, 2:389. t.157. f.1-2. 1991.——*Silene orientalimongolica* Kozhevn. in Nov. Syst. Pl. Vasc. 21:68. f.2. 1984.

一、二年生草本。植株密被短曲柔毛。茎直立，高15～30cm，单一或数条丛生。基生叶莲座状，匙形或条状倒披针形，长2～8cm，宽3～10cm，先端急尖，基部渐狭成柄状；茎生叶条状披针形，长2～4cm，宽1.5～2mm，无柄。聚伞花序顶生和腋生；苞片条形；花梗直立，长短不一，密被腺毛；花萼筒状，长6～8mm，密被腺毛，具10条纵脉，果期膨大成卵形，顶端5裂，裂片三角形，边缘膜质；花瓣白色或粉红色，比萼长，长约10mm，先端2浅裂，基部渐狭长爪，瓣片与爪间有2鳞片状附属物；子房矩圆形，花柱3～5。蒴果卵形，具短柄，顶端6～10齿裂，包藏在宿存花萼内；种子圆肾形，表面被疣状凸起。花期6～7月，果期7～8月。

中生草本。生于草原区的低湿草甸或撂荒地。产兴安北部（牙克石市、阿尔山市）、呼伦贝尔（新巴尔虎左旗莫达木吉）、锡林郭勒（锡林浩特市）。为东蒙古分布种。

7. 兴安女娄菜

Melandrium brachypetalum (Horn.) Fenzl in Fl. Ross. 1:326. 1824; Fl. Intramongol. ed. 2, 2:389. t.157. f.3-5. 1991.——*Lychnis brachypetala* Horn. in Hort. Hafn. Suppl. 51. 1819.——*Silene songarica* auct. non (Fisch., C.A.Mey. et Ave-Lall.) Bocq.: Fl. China 6:88. 2001. p.p.

多年生草本，高20～50cm。茎丛生，直立，密被腺质柔毛，下部常稍带紫色。基生叶条状倒披针形，长2～4cm，宽4～10mm，先端锐尖，基部渐狭，全缘，两面密被短柔毛，下面中脉明显凸起，具长柄；茎生叶，披针形或条状披针形，长4～8cm，宽4～14mm，顶端渐尖，基部渐狭，稍抱茎，两面密生短柔毛，无柄。聚伞状圆锥花序，具少数花，顶生或腋生，极少单花；花梗长 4 ～ 10mm，密被腺毛，花后伸长；苞片叶状，披针状条形，长 6 ～ 15mm，密被腺毛。花萼圆筒形，长 10 ～ 13mm，密被腺毛，具 10 纵脉，脉间白膜质；萼齿 5，三角形，边缘宽膜质，果期萼膨大。花瓣粉红色至紫红色，与萼近等长或稍长，瓣片倒宽卵形，先端 2 浅裂，爪倒披针形，瓣片与爪间有 2 鳞片；花丝基部或下部疏生长睫毛；子房矩圆状圆筒形，花柱 5；雌雄蕊柄长约 1mm。蒴果椭圆状圆筒形，长 10 ～ 13mm，10 齿裂，

深黄色，有光泽；种子圆肾形，长约 0.9mm，稍扁，棕褐色，被较尖的小瘤状突起。花期 6 ～ 7 月，果期 7 ～ 8 月。

中生草本。生于森林带和草原带的山地林缘、草甸。产兴安北部及岭东（牙克石市、阿尔山市、东乌珠穆沁旗宝格达山、阿荣旗）、兴安南部（科尔沁右翼中旗、扎鲁特旗、阿鲁科尔沁旗、巴林左旗、巴林右旗、克什克腾旗、西乌珠穆沁旗哈尔干太山）、燕山北部（喀喇沁旗、宁城县、敖汉旗）、锡林郭勒（锡林浩特市嘎松山）、阴山（大青山、察哈尔右翼中旗辉腾梁）。分布于我国西北地区，俄罗斯（西伯利亚地区、远东地区）。为东古北极分布种。

本种花瓣两侧无瓣耳，茎、花梗、花萼密被腺毛，种子表面具尖的瘤状凸起与 *Silene songarica* (Fisch., C. A. Mey. et Ave-Lall.) Bocq. 明显不同。

8. 异株女娄菜（白花蝇子草）

Melandrium album (Mill.) Garche in Fl. Deutschl. 4:55. 1858; Fl. Intramongol. ed. 2, 2:392. t.158. f.1-3. 1991.——*Lychnis alba* Mill. in Gard. Dict. ed. 8, 4. 1768.

一、二年生草本，高 50 ～ 90cm。茎直立，分枝，下部被短柔毛，上部被腺毛。下部叶椭圆形，基部渐狭成柄状；上部叶长圆状披针形或披针形，无柄，长 2 ～ 5cm，宽 5 ～ 12mm，先端渐尖，两面及边缘密被短柔毛。花单性，雌雄异株，顶生或腋生，在茎顶形成分枝多的大花序，初较密，后渐稀疏；花萼密被腺毛及开展的柔毛，萼片三角状披针形，雄花萼筒状钟形，长 13 ～ 15mm，

具 10 条脉，雌花萼宽卵形，具 20 条脉，在果期中部膨大，上部狭窄，长 15 ～ 20mm；花瓣白色，约比萼片长出 1 倍或不足 1 倍，平展，瓣片倒卵形，顶端 2 深裂；雄花具 10 枚雄蕊，花丝下部密被柔毛；花柱 5。蒴果卵球形，长约 1.5cm，径约 1cm，10 齿裂；种子肾形，长 1 ～ 1.3mm，灰黑色，表面密被呈同心圆排列的疣状凸起。花期 6 ～ 7 月，果期 7 ～ 8 月。

中生草本。生于森林带的湿草甸。产兴安北部（额尔古纳市室韦镇）。分布于我国辽宁，蒙古国、俄罗斯（西伯利亚地区、远东地区），欧洲、北美洲。为泛北极分布种。

9. 长果女娄菜

Melandrium longicarpum Y. Z. Zhao et Z. Y. Chu in Class. Fl. Ecol. Geogr. Distr. Vasc. Pl. Inn. Mongol. 142. t.1. 2012.

植株暗紫色。茎直立，高约 30cm，分枝，下部被短柔毛，中部以上光滑无毛。茎生叶线形，长 15 ～ 50mm，宽 0.5 ～ 1.5mm，内卷，两面无毛，基部边缘具缘毛。总状圆锥花序，花对生；苞片条状披针形，基部加宽且具缘毛；花梗直立，长 10 ～ 25mm；花萼筒状钟形，长 5 ～ 6mm，草质，无毛，具 10 条纵脉；萼齿钻形，长 2 ～ 2.5mm；雌雄蕊柄极短；花瓣淡绿色，匙形，长 4 ～ 5mm，内藏，皱缩，先端 2 浅裂，无副花冠；雄蕊 10，外轮者长约 3.5mm，内轮者长约 2mm；花丝线形，无毛，花药矩圆形，黄色；花柱 3，长 0.5 ～ 1mm。蒴果圆筒状，无毛，长 8 ～ 10mm，长为花萼的 1.5 ～ 2 倍；种子未见。花期 8 月，果期 9 月。

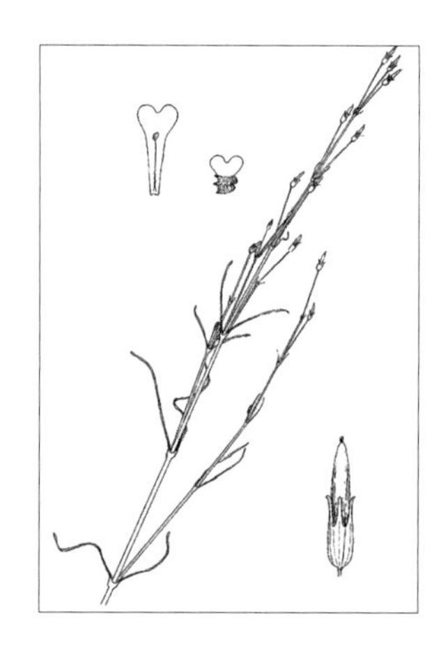

中生草本。生于荒漠带海拔 3000m 以上的高山草甸。产贺兰山。分布于我国宁夏。为贺兰山分布种。

本种与女娄菜*M. apricum* (Turcz. ex Fisch. et Mey.) Rohrb.相近，但本种果比花萼长1.5～2倍，花瓣内藏、皱缩，无副花冠，而与后者明显不同。

10. 贺兰山女娄菜（贺兰山蝇子草）

Melandrium alaschanicum (Maxim.) Y. Z. Zhao in Act. Sci. Nat. Univ. Intramongol. 16(4):588. 1985; Fl. Intramongol. ed. 2, 2:392. t.158. f.4-6. 1991.——*Lychnis alaschannica* Maxim in Bull. Acad. Imp. Sci. St. -Petersb. 26:427. 1880.

多年生草本。全株密被短腺毛。茎直立，单一，数枝丛生，高 30 ～ 50cm。基生叶和下部茎生叶匙形或卵状披针形，长 2 ～ 7cm，宽 8 ～ 20mm，先端钝尖，下部渐狭成短柄；中部及上部茎生叶矩圆状披针形或披针形，长 1 ～ 7cm，宽 2 ～ 25mm，全缘，先端尖，无柄。花于茎上部腋生，呈稀疏的聚伞状花序，花梗长。花萼筒状或钟形，长约 10mm，宽 4 ～ 8mm，密被短腺毛；萼齿 5，裂片卵圆形，先端钝圆，边缘宽膜质，稍带紫色。花淡紫色，长 1.5 ～ 1.8cm，花瓣 4 裂，每裂片 2 裂或不裂；瓣爪与雄蕊基部具短柔毛。花柱 3 或 4；雌雄蕊柄极短；花萼果期膨大。蒴果卵球形，3 或 4 瓣裂，裂瓣顶端又 2 裂，径约 10mm；种子肾形，长约 1.5mm，宽约 1mm，表面具成行的疣状凸起。花期 7 月，果期 8 月。

中生草本。生于荒漠带海拔 2000 ～ 2300m 的山脚石缝或沟边湿地。产贺兰山。分布于我国宁夏（贺兰山）。为贺兰山分布种。

16. 麦瓶草属 Silene L.

一、二年生或多年生草本。花单生或排成聚伞花序，两性，稀为单性，雌雄同株或异株；花萼筒状钟形、短圆筒状或筒状棍棒形，稀为囊泡状，膜质或纸质，具 10 ～ 30 条纵脉，通常脉间连结成网，顶端 5 齿裂；雌雄蕊柄较长，长超过 1mm；花瓣 5，瓣片常 2 裂，稀多裂或不裂，有时微缺，下部具长爪，喉部通常具 2 枚鳞片状的副花冠，稀缺；雄蕊 10，2 轮；子房基部 3 ～ 5 室，花柱 3，胚珠多数。蒴果基部 3 ～ 5 室，上部 1 室，顶端 6 齿裂；种子肾形或圆肾形，通常表面具钝或尖的疣状凸起，稀带膜质边缘。

内蒙古有 10 种。

分种检索表

1a. 萼筒膨大呈囊泡状，具 20 条纵脉，无毛；叶披针形至卵状披针形……………**1. 狗筋麦瓶草 S. venosa**

1b. 萼筒不膨大，具 10 条纵脉。

2a. 花瓣瓣片 2 裂，具副花冠。

3a. 花萼被毛。

4a. 须根多数，圆柱状，肉质；茎平卧或上升，分枝开展；叶具 3 条弧脉；花瓣瓣片 2 中裂，两侧各具 1 狭长齿………………………………………………………**2. 石生麦瓶草 S. tatarinowii**

4b. 根状茎细长，分枝；茎通常直立，分枝不开展；叶具 1 条明显的中脉；花瓣瓣片二叉状浅或中裂，两侧无裂片………………………………**3a. 毛萼麦瓶草 S. repens** var. **repens**

3b. 花萼无毛。

5a. 花萼筒状棍棒形，长 10mm 以上；雌雄蕊柄长 4mm 以上。

6a. 根状茎细长；无丛生基生叶，茎生叶腋生短小枝叶；萼筒长 11 ～ 12mm；花瓣瓣片 2 浅裂，爪上部加宽明显呈耳状…………………**3b. 锡林麦瓶草 S. repens** var. **xilingensis**

6b. 直根，粗壮；基生叶丛生，茎生叶腋无短小枝叶；萼筒长 13 ～ 16mm；花瓣瓣片 2 深裂，爪上部无耳……………………………………………………**4. 宁夏麦瓶草 S. ningxiaensis**

5b. 花萼钟形或短圆筒状，长 10mm 以下；雌雄蕊柄长不超过 3mm。

7a. 基生叶多数，丛生，花期不枯萎；花瓣爪上部加宽。

8a. 聚伞状圆锥花序，花聚伞状或对生；花萼短筒状。

9a. 花瓣白色，雄蕊外露。

10a. 基生叶狭倒披针状条形或条形，宽 0.5 ～ 3mm，基部通常无柄……………………………………………**5a. 旱麦瓶草 S. jenisseensis** var. **jenisseensis**

10b. 基生叶狭倒披针形，宽 4 ～ 11mm，基部渐狭成长柄……………………………………………**5b. 宽叶旱麦瓶草 S. jenisseensis** var. **latifolia**

9b. 花瓣紫红色；雄蕊内藏，长为花萼的 1/3……**6. 紫红花麦瓶草 S. jiningensis**

8b. 总状花序，花对生。

11a. 花瓣爪边缘具纤毛，花萼短圆筒形…………**7. 禾叶麦瓶草 S. graminifolia**

11b. 花瓣爪边缘无毛，花萼钟形或筒状钟形…………**8. 细麦瓶草 S. gracilicaulis**

7b. 基生叶花期枯萎；总状圆锥花序，花对生，花瓣爪狭细…………**9. 叶麦瓶草 S. foliosa**

2b. 花瓣瓣片不裂，全缘，无副花冠，雌雄蕊柄被短毛；基生叶倒披针形，两面密被短毛……………………………………………………………………**10. 狼山麦瓶草 S. langshanensis**

1. 狗筋麦瓶草（白玉草）

Silene venosa (Gilib.) Aschers. in Fl. Brandenb. 2:23. 1864; Fl. Intramongol. ed. 2, 2:394. t.159. f.1-4. 1991.——*Cucubalus venosus* Gilib. in Fl. Lit. Inch. 2:165. 1782.——*S. vulgaris* (Moench) Garcke in Fl. Nord-Mittel-Deutschl. ed. 9, 46. 1869; Fl. China 6:79. 2001.

多年生草本，高 40 ～ 100cm。全株无毛，呈灰绿色。根数条，圆柱状，具纵条棱。茎直立，丛生，上部分枝。叶披针形至卵状披针形，长 3 ～ 8cm，宽 5 ～ 25mm；茎下部叶渐狭成短柄，先端急尖或渐尖，全缘或边缘具刺状微齿，中脉明显；茎上部叶无柄，基部抱茎，全缘。聚伞花序大型，花较稀疏；花梗长短不等，长 5 ～ 25mm。萼筒宽卵形，膜质，膨大呈囊泡状，无毛，长 14 ～ 16mm，宽 7 ～ 10mm，具 20 条纵脉，脉间由多数网状细脉相连，常带紫堇色；萼齿宽三角形，边缘具白色短毛。雌雄蕊柄长约 2mm，无毛。花瓣白色，长 15 ～ 17mm，瓣片 2 深裂；爪上部加宽，基部渐狭；喉部无附属物。雄蕊超出花冠；子房卵形，长约 3mm，花柱 3，伸出花冠。蒴果球形，直径约 8mm，平滑而有光泽，6 齿裂；种子肾形，黑褐色，长约 1.5mm，宽约 1.2mm，表面被乳头状突起。花期 6 ～ 8 月，果期 7 ～ 9 月。

中生草本。生于森林带的沟谷草甸。产兴安北部及岭东和岭西（额尔古纳市、根河市、牙克石市、鄂伦春自治旗、鄂温克族自治旗、阿尔山市、扎赉特旗西北部）。分布于我国黑龙江西北部、西藏、新疆，俄罗斯（西伯利亚地区、远东地区）、尼泊尔、印度，中亚、西南亚、北非，欧洲。为古北极分布种。

全草入药，能治妇女病、丹毒和祛痰。幼嫩植株可做野菜食用。根富含皂甙，可代肥皂用。

2. 石生麦瓶草（石生蝇子草、山女娄菜）

Silene tatarinowii Regel in Bull. Soc. Imp. Nat. Mosc. 34(2):562. 1861; Fl. Intramongol. ed. 2, 2:394. t.159. f.5-8. 1991.

多年生草本。须根数条，肉质，圆柱状。茎疏散，斜倚或斜升，长 30 ～ 60cm，密被倒向短柔毛，多分枝。叶卵状披针形或披针形，长 2 ～ 5cm，宽 4 ～ 16mm，先端长渐尖，基部近圆

形或渐狭成短柄，全缘，掌状三出脉，两面被疏短柔毛，沿脉较密。二歧聚伞花序顶生或腋生；苞片叶状，小型，披针状条形或披针形，被疏柔毛；花梗长 1 ～ 3（～ 4）cm，被短柔毛。花萼筒状，长 12 ～ 14mm，基部近截形，顶部 5 齿裂；裂齿三角形，边缘膜质，具 10 脉，沿脉被短柔毛；萼上部在果期膨大。花瓣淡红色或白色，长 16 ～ 18mm；瓣片平展，倒卵状矩圆形，顶端 2 浅裂，两侧各具 1 细裂；侧增宽，呈倒卵状长楔形，瓣片与爪间具 2 椭圆形鳞片。雄蕊 10，花丝细长，伸出花冠外；子房狭卵形，花柱 3，伸出花冠外；雌雄蕊柄长约 4mm。蒴果卵形至长卵形，包藏在宿存花萼内，6 齿裂，基部 1 室；种子圆肾形，稍扁，长约 1mm，表面被小瘤状突起。花期 7 ～ 9 月，果期 9 ～ 10 月。

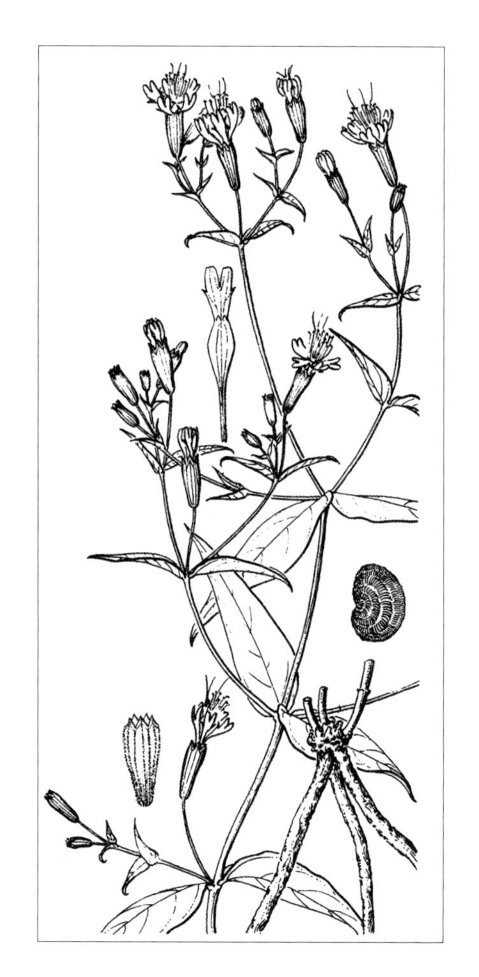

中生草本。生于阔叶林带的山地草原、林缘及沟谷草甸。产兴安南部（阿鲁科尔沁旗、克什克腾旗）、辽河平原（大青沟）、燕山北部（宁城县、敖汉旗、兴和县苏木山）。分布于我国辽宁、河北、河南西部、山西、陕西南部、宁夏、甘肃东部、湖北西部、湖南西北部、四川北部和东部、贵州北部。为东亚中部（华北—华中）分布种。

3. 毛萼麦瓶草（蔓麦瓶草、匍生蝇子草）

Silene repens Patr. in Syn. Pl. 1:500. 1805; Fl. Intramongol. ed. 2, 2:396. t.160. f.1-4. 1991.——*S. repens* Patr. var. *angustifolia* Turcz. ex Regel in Bull. Soc. Imp. Nat. Mosc. 11:208. 1838. nom. nud. et 15:579. 1842; Fl. Intramongol. ed. 2, 2:397. t.160. f.5. 1991.——*S. repens* Patr. var. *latifolia* Turcz. in Bull. Soc. Imp. Nat. Mosc. 15:579. 1842; Fl. Intramongol. ed. 2, 2:397. t.160. f.6. 1991.

3a. 毛萼麦瓶草

Silene repens Patr. var. **repens**

多年生草本，高 15 ～ 50cm。根状茎细长，匍匐地面。茎直立或斜升，有分枝，被短柔毛。叶条状披针形、条形或条状倒披针形，长 1.5 ～ 4.5cm，宽（1 ～）2 ～ 8mm，先端锐尖，基部渐狭，全缘，两面被短柔毛或近无毛。聚伞状狭圆锥花序生于茎顶；苞片叶状，披针形，常被短柔毛；花梗长3～6mm，被短柔毛。萼筒棍棒形，长12～14mm，直径3～5mm，具10条纵脉，密被短柔毛；萼齿宽卵形，先端钝，边缘宽膜质。花瓣白色、淡黄白色或淡绿白色，瓣片开展，顶端2浅或中裂，瓣片与爪之间有2鳞片，基部具长爪；雄蕊10；子房矩圆柱形，无毛，花柱3；雌雄蕊柄长4～8mm，被短柔毛。蒴果卵状矩圆形，长5～7mm；种子圆肾形，长约1mm，黑褐色，表面被短条形的细微凸起。花果期6～9月。

旱中生—中生草本。生于森林带和草原带的山坡草地、固定沙丘、山沟溪边、林下、林缘草甸、沟谷草甸、河滩草甸灌丛、泉水边及撂荒地。产兴安北部及岭东（额尔古纳市、根河市、牙克石市、鄂伦春自治旗、扎兰屯市）、呼伦贝尔（海拉尔区、鄂温克族自治旗、新巴尔虎左旗、新巴尔虎右旗、满洲里市）、兴安南部和科尔沁（科尔

沁右翼前旗、科尔沁右翼中旗、扎赉特旗、扎鲁特旗、科尔沁左翼中旗、科尔沁左翼后旗、阿鲁科尔沁旗、巴林左旗、巴林右旗、克什克腾旗、奈曼旗、翁牛特旗）、燕山北部（喀喇沁旗、宁城县、兴和县苏木山）、锡林郭勒（东乌珠穆沁旗、西乌珠穆沁旗、锡林浩特市、正蓝旗、镶黄旗、苏尼特左旗、察哈尔右翼中旗南部）、乌兰察布（四子王旗南部、达尔罕茂明安联合旗南部、乌拉特中旗南部）、阴山（大青山、蛮汗山、乌拉山）、阴南丘陵（清水河县、准格尔旗）、鄂尔多斯（乌审旗、伊金霍洛旗、鄂托克旗、达拉特旗）、东阿拉善（狼山、桌子山）、贺兰山、龙首山。分布于我国黑龙江、吉林、河北北部、山西、陕西西南部、宁夏、甘肃、青海、四川、西藏，日本、朝鲜、蒙古国东部和北部及西部、俄罗斯（西伯利亚地区、远东地区），中亚，欧洲、北美洲。为泛北极分布种。

3b. 锡林麦瓶草

Silene repens Patr. var. **xilingensis** Y. Z. Zhao in Acta Sci. Nat. Univ. Intramongol. 16(4):595. 1985; Fl. Intramongol. ed. 2, 2:397. 1991.

本变种与正种的区别：植株、花萼、雌雄花柄全部无毛。

旱生草本。生于草原坡地顶部。产锡林郭勒（东乌珠穆沁旗农乃庙）。为乌珠穆沁分布变种。

4. 宁夏麦瓶草（宁夏蝇子草）

Silene ningxiaensis C. L. Tang in Act. Bot. Yunnan. 2(4):431. f.3. 1980; Fl. Intramongol. ed. 2, 2:399. t.160. f.7-10. 1991.

多年生草本，高（5～）20～45cm。直根，粗壮，稍木质。茎数条，疏丛生，直立，纤细，不分枝或下部分枝，上部和中部无毛，下部和基部密被粗短毛。基生叶簇生，条形或倒披针状条形，长3～9cm，宽1～3mm，基部渐狭成柄状，先端渐尖，两面无毛，基部边缘具缘毛；茎生叶与基生叶同形而较小。花序总状，具1～5（～10）花；花梗不等长，比花萼短或近等长，无毛；苞片卵状披针形，先端长渐尖，下部边缘具白色缘毛。花萼筒状棍棒形，长14～17cm，宽3～5mm，无毛，开花后上部膨大，果时紧贴果实，具10条纵脉；萼齿三角形，顶端急尖或钝，边缘膜质，具短缘毛。雌雄蕊柄被短毛或无毛，长5～6mm。花瓣淡黄绿色或淡紫色；瓣爪稍外露，狭楔形，无耳；瓣片外露，长约2cm，2深裂达2/3，裂片矩圆形；喉部具2枚鳞片状附属物，

或附属物呈乳头状。雄蕊外露，花丝无毛；花柱3，外露。蒴果卵形，长约8mm，顶端6齿裂；种子三角状肾形，长约1mm，灰褐色，表面具条形低凸起，脊部具浅槽。花果期7～8月。

旱生草本。生于荒漠带海拔2200～3000m的林缘、沟谷草甸、高山灌丛中。产东阿拉善（桌子山）、贺兰山。分布于我国宁夏西北部、甘肃（祁连山）。为贺兰山—祁连山分布种。

5. 旱麦瓶草（麦瓶草、山蚂蚱草）

Silene jenisseensis Willd. in Enum. Pl. 1:473. 1809; Fl. Intramongol. ed. 2, 2:401. t.162. f.1-4. 1991.——*S. jenisseensis* Willd. f. *dasyphylla* (Turcz.) Schischk. in Fl. U.R.S.S. 6:628. 1936; Fl. Intramongol. ed. 2, 2:401. t.162. f.5. 1991.——*S. dasyphylla* Turcz. in Bull. Soc. Imp. Nat. Mosc.

15:577. 1842.——*S. jenisseensis* Willd. f. *parvifolia* (Turcz.) Schischk. in Fl. U.R.S.S. 6:628. 1936; Fl. Intramongol. ed. 2, 2:403. 1991.——*S. jenissea* Steph. ex Benge var. *parvifolia* Turcz. in Bull. Soc. Imp. Nat. Mosc. 15:575. 1842.——*S. jenisseensis* Willd. f. *setifolia* (Turcz.) Schischk. in Fl. U.R.S.S. 6:628. 1936; Fl. Intramongol. ed. 2, 2:403. t.162. f.6. 1991.——*S. jenissea* Steph. ex Benge var. *setifolia* Turcz. in Bull. Soc. Imp. Nat. Mosc. 15:576. 1842.

5a. 旱麦瓶草

Silene jenisseensis Willd. var. **jenisseensis**

多年生草本，高 20 ～ 50cm。直根粗长，直径 6 ～ 12mm，黄褐色或黑褐色，顶部具多头。茎几个至 10 余个丛生，直立或斜升，无毛或基部被短糙毛，基部常包被枯黄色残叶。基生叶簇生，多数，具长柄，柄长 1 ～ 3cm；叶片披针状条形或条形，长 3 ～ 5cm，宽 1 ～ 3mm，先端长渐尖，基部渐狭，全缘或有微齿状凸起，两面无毛或稍被疏短毛。茎生叶 3 ～ 5 对，与基生叶相似但较小。聚伞状圆锥花序顶生或腋生，具花 10 余朵；苞片卵形，先端长尾状，边缘宽膜质，具睫毛，基部合生；花梗长 3 ～ 6mm，果期延长。花萼筒状，长 8 ～ 9mm，无毛，具 10 纵脉，先端脉网结，脉间白色膜质，果期膨大呈管状钟形；萼齿三角状卵形，边缘宽膜质，具短睫毛。花瓣白色，长约 12mm；瓣片 4 ～ 5mm，开展，2 中裂，裂片矩圆形；爪倒披针形，瓣片与爪间有 2 小鳞片。雄蕊 10，5 长，5 短；子房矩圆状圆柱形，花柱 3；雌雄蕊柄长约 3mm，被短柔毛。蒴果宽卵形，长约 6mm，包藏在花萼内，6 齿裂；种子圆肾形，长约 1mm，黄褐色，被条状细微凸起。花期 6 ～ 8 月，果期 7 ～ 8 月。

旱生草本。生于森林草原带和草原带的砾石质山地、草原、固定沙地。产兴安北部及岭东（额尔古纳市、根河市、鄂伦春自治旗、牙克石市）、呼伦贝尔（海拉尔区、陈巴尔虎旗、鄂温克族自治旗、新巴尔虎左旗、新巴尔虎右旗）、兴安南部和科尔沁（科尔沁右翼前旗、科尔沁右翼中旗、扎鲁特旗、阿鲁科尔沁旗、巴林右旗、克什克腾旗、翁牛特旗）、赤峰丘陵（红山区）、燕山北部（喀喇沁旗、宁城县、敖汉旗、兴和县苏木山）、锡林郭勒（东乌珠穆沁旗、西乌珠

穆沁旗、锡林浩特市、苏尼特左旗、正蓝旗、多伦县）、乌兰察布（达尔罕茂明安联合旗、白云鄂博矿区、乌拉特中旗巴音哈太山）、阴山（大青山、蛮汗山、乌拉山、察哈尔右翼中旗辉腾梁）、阴南丘陵（清水河县、准格尔旗）、鄂尔多斯（达拉特旗）、东阿拉善（桌子山）、贺兰山。分布于我国黑龙江、吉林、辽宁、河北、山东、山西，朝鲜、蒙古国东部和北部及西部、俄罗斯（西伯利亚地区、远东地区）。为东古北极分布种。

5b. 宽叶旱麦瓶草

Silene jenisseensis Willd. var. **latifolia** (Turcz.) Y. Z. Zhao in Act. Sci. Nat. Univ. Intramongol. 16(4):597. 1985; Fl. Intramongol. ed. 2, 2:403. t.162. f.7. 1991.——*S. jenisseensis* Willd. f. *latifolia* (Turcz.) Schinschk. in Fl. U.R.S.S. 6:628. 1936.

本变种与正种的区别：茎生叶狭倒披针形，宽 4 ～ 11mm，基部渐狭成长柄。

中生草本。生于森林带的五花草甸、河岸草甸。产兴安北部及岭东（根河市、鄂伦春自治旗、莫力达瓦达斡尔族自治旗、扎兰屯市）、兴安南部（巴林右旗）。分布于俄罗斯（东西伯利亚地区）。为东西伯利亚分布变种。

6. 紫红花麦瓶草

Silene jiningensis Y. Z. Zhao et Z. Y. Chu in Class. Fl. Ecol. Geogr. Distr. Vasc. Pl. Inn. Mongol. 145. 2012.

多年生草本，高 30 ～ 40cm。直根粗壮，木质。茎丛生，直立或近直立，单一，无毛。基生叶簇生，多数，条形，长 3 ～ 5cm，宽约 1mm，两面无毛，先端渐尖；茎生叶对生，条形，比基生叶细小，长 1 ～ 3.5cm，宽 0.5 ～ 1mm，先端渐尖，基部抱茎，具缘毛。花呈总状聚伞花序；小聚伞花序对生或单花对生；花梗长 5 ～ 8mm，无毛；苞片卵状披针形或卵形，边缘膜质，具缘毛，基部合生，先端渐尖。花萼狭钟状，长 7 ～ 8mm，宽 3 ～ 4mm，膜质，无毛，具绿色纵脉，顶端汇合；萼齿卵形，先端钝，边缘白色膜质，具短缘毛。雌雄蕊柄长约 2mm，被短毛。花瓣瓣爪狭倒披针形，长约 8mm，无毛，无耳；瓣片紫红色，长约 2.5mm，2 裂至中部或更深，裂片狭矩圆形；副花冠鳞片小。雄蕊内藏，长为花萼的 1/3，花丝无毛；花柱 3，伸出。蒴果卵形，长约 6mm；种子圆肾形，长约 0.7mm。花期 7 ～ 8 月，果期 8 ～ 9 月。

旱生草本。生于草原带山地的河岸陡壁石缝。产锡林郭勒（集宁区霸王河）。为阴山东部分布种。

本种与旱麦瓶草 *S. jenisseensis* Willd. 相近，但本种花紫红色，雄蕊内藏且长为花萼的 1/3，瓣爪狭倒披针形，与后者明显不同。

7. 禾叶麦瓶草（禾叶蝇子草、兴安旱麦瓶草）

Silene graminifolia Otth in Prodr. 1:368. 1824; Fl. Intramongol. ed. 2, 2:403. t.161. f.6-9. 1991.——*S. jenisseensis* Willd. var. *viscifera* Y. C. Chu in Fl. Pl. Herb. Chin. Bor.-Orient. 3:71,227. pl. 28. f.11. 1975.

多年生草本，高 10 ～ 30cm，全株无毛或茎下部被短糙毛。直根粗，灰黄褐色。茎直立，单一或数条。基生叶披针状条形，长 2 ～ 8cm，宽 1 ～ 2mm，先端渐尖，基部渐狭成柄状；茎生叶 1 ～ 2（～ 3）对，向上渐短小。花序有花 3 ～ 7；花梗长 1 ～ 1.5cm；苞片卵形，长约 5mm，先端尖，边缘具缘毛。花萼钟状，长 8 ～ 10mm，宽 3 ～ 4mm；萼齿 5，钝状三角形。花瓣白色，瓣片二叉状中裂，裂片矩圆形；瓣爪下部具缘毛，上部变宽，无耳，喉部具微小鳞片状附属物或无。雌雄蕊柄长约 2mm，被短毛。蒴果矩圆状卵形，包藏于稍膨大的萼筒内，6 齿裂；种子肾形，灰褐色，长约 1mm，表面具条形疣状凸起，背面具槽。花期 7 月，果期 7 ～ 8 月。

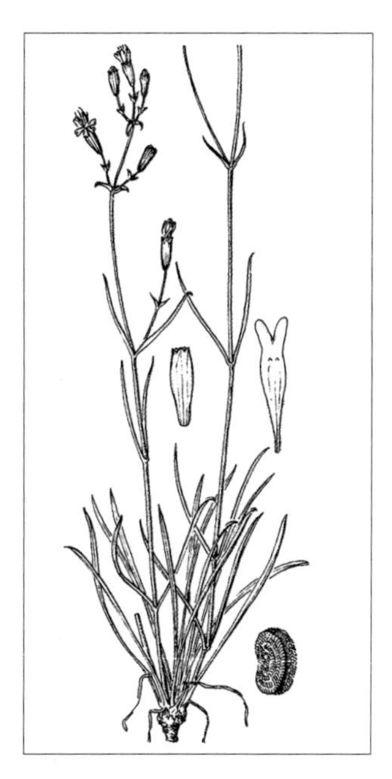

中生草本。生于森林带的火山岩兴安桧灌丛间或阴坡。产兴安北部（阿尔山市）、锡林郭勒（锡林浩特市白银库伦）。分布于我国新疆北部和西部、西藏西部（札达县），哈萨克斯坦、俄罗斯（西伯利亚地区）。为东古北极分布种。

8. 细麦瓶草（细蝇子草）

Silene gracilicaulis C. L. Tang in Act. Bot. Yunnan. 2(4):434. f.5. 1980; Fl. Intramongol. ed. 2, 2:399. t.161. f.1-5. 1991.——*S. gracilicaulis* C. L. Tang var. *longipedicellata* C. L. Tang in Acta Bot. Yunnan. 2(4):437. f.6. 1980; Fl. Intramongol. ed. 2, 2:399. 1991.

多年生草本，高 15 ～ 30cm。直根，粗壮。茎数条，丛生，直立或上升，不分枝，无毛。基生叶簇生，条形或倒披针状条形，长 4 ～ 8cm，宽 1 ～ 4mm，基部渐狭成柄状，先端渐尖，基部边缘具缘毛，两面无毛；茎生叶与基生叶同形而较小。花序总状，顶生；花对生，稀为轮生状；花梗细，无毛，与花萼近等长；苞片卵状披针形，长 4 ～ 12mm，先端长渐尖，边缘具缘毛。花萼筒状钟形，长 8 ～ 10mm，宽 5 ～ 6mm，膜质，无毛，花后期稍膨大；萼齿卵形，顶端圆钝，边缘膜质，具短缘毛。雌雄蕊柄长约 2mm，密被短柔毛。花瓣白色；瓣片 2 深裂；爪部无缘毛，上部加宽，楔形；喉部有 2 枚小的鳞片状附属物。雄蕊外露，花丝无毛；花柱 3，外露。蒴果矩圆状卵形，长 6 ～ 8mm，顶端 6

齿裂；种子圆肾形，长约 1mm，表面具条形低凸起，背部具槽。花期 7 月，果期 8 月。

中生草本。生于高山草甸、林缘、灌丛、砾石质山坡。产龙首山。分布于我国陕西、甘肃中部、青海、四川西部、云南北部、西藏东部。为横断山脉分布种。

9. 叶麦瓶草（石缝蝇子草）

Silene foliosa Maxim. in Prim. Fl. Amur. 53. 1859; Fl. China 6:74. 2001.——*S. foliosa* Maxim. var. *mongolica* Maxim. in Enum. Pl. Mongol. 1:91. 1889; Fl. China 6:74. 2001.

多年生草本，高 25 ～ 40cm。根粗壮，木质，顶部具多头。茎丛生，直立，纤细，下部被逆向毛。基生叶花期枯萎；茎生叶叶片线状倒披针形或披针状线形，长 2 ～ 4cm，宽 3 ～ 6mm，基部渐狭，顶端渐尖，下面沿中脉被短柔毛，边缘具短缘毛。花序圆锥状，花梗长 4 ～ 6mm，具黏液缎；

苞片披针状线形，边缘基部膜质，具缘毛。花萼卵状钟形，长 6 ～ 8mm，无毛；萼齿宽三角状卵形，顶端钝，边缘膜质，具缘毛。雌雄蕊柄长 2 ～ 2.5mm，被微柔毛。花瓣白色，露出花萼长约 1 倍；爪倒披针形，无毛；瓣片狭倒卵形，深 2 裂达瓣片的 1/2 或更深，裂片线形，顶端钝；副花冠片乳头状。雄蕊明显外露，花丝无毛；花柱明显外露。蒴果长圆状卵形，长 5 ～ 7mm，直径 2.5 ～ 3mm；种子肾形，灰褐色，长约 1mm。花期 7 ～ 8 月，果期 8 月。

旱中生草本。生于黄土丘陵山坡草地。产阴南丘陵（准格尔旗）。分布于我国黑龙江、河北、山西、陕西北部、宁夏、甘肃东部，日本（北海道）、朝鲜北部、俄罗斯（远东地区）。为东亚北部分布种。

10. 狼山麦瓶草

Silene langshanensis L. Q. Zhao , Y. Z. Zhao et Z. M. Xin in Ann. Bot. Fenn. 53(1-2):37. 2016.

多年生草本，高 20 ～ 50cm。根粗壮。茎直立，数个丛生，基部木质化，单一或分枝，密被短毛，上部渐变光滑；叶腋常具短缩枝叶。叶对生，基生叶及茎下部叶倒披针形，长 2 ～ 6cm，

宽 2 ～ 6mm，先端锐尖，基部渐狭成柄，两面密被短毛；茎生叶狭倒披针形或狭条形，长 1.5 ～ 4cm，宽 1 ～ 4mm，先端锐尖。花序总状，顶生；小聚伞花序互生或对生，具单花，稀 2 朵；花序梗短；花梗长 2 ～ 6cm，逐渐变得光滑无毛；苞片卵状披针形，边缘具纤毛，基部合生，顶端锐尖。花萼窄钟形，长 10 ～ 13mm，宽 4 ～ 5mm，光滑无毛，有时变紫；萼齿宽三角状卵形，顶端钝圆或锐尖，边缘膜质，具缘毛。雌雄蕊柄长 2 ～ 3mm，被短柔毛。花瓣黄绿色，长约 15mm；瓣片狭倒卵形，全缘或顶端微凹，无副花冠；爪楔形，无毛，上部呈耳状加宽，有时耳不明显。雄蕊和花柱外露，花丝光滑无毛；花柱 3，子房卵状矩圆形，长约 5mm。蒴果 6 裂。花果期 6 ～ 10 月。

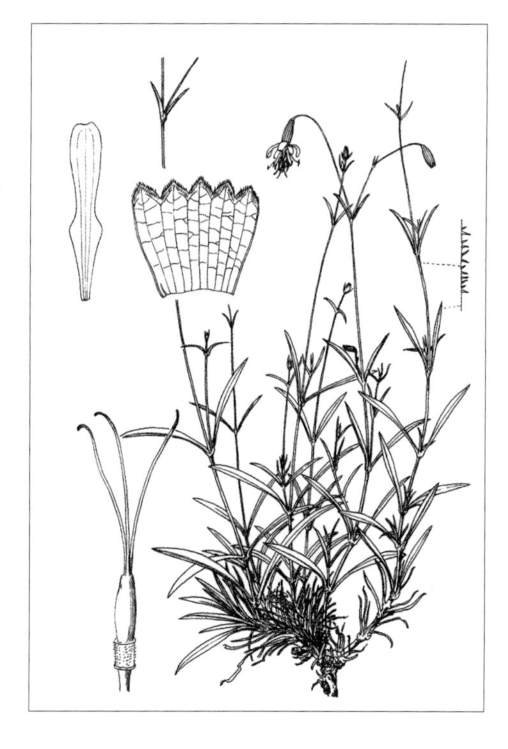

旱生草本。生于荒漠带的砾石质山坡。产东阿拉善（狼山）。为狼山分布种。

17. 丝石竹属（石头花属）Gypsophila L.

一年生或多年生草本。直根，粗大，茎常丛生，多分枝，灰绿色。叶对生，条形、披针形或矩圆形。花白色或粉红色，小型，多数组成松散或密集的聚伞花序；花萼通常钟形，具 5 齿裂，有 5 条纵脉，脉间膜质，萼下无苞片；花瓣 5，全缘或顶端微凹，基部渐狭，有时具短爪；雄蕊 10；子房 1 室，有多数胚珠，花柱 2，稀 3。蒴果球形或宽卵形，4 或 6 瓣裂，裂达中部或中部以下；种子圆肾形，两侧压扁，表面有小凸起。

内蒙古有 4 种。

分种检索表

1a. 植株被腺毛，叶条状钻形 ……………………………………………………**1. 荒漠丝石竹 G. desertorum**

1b. 植株光滑无毛，叶扁平或三棱形。

  2a. 花密集，呈紧密的头状聚伞花序；花梗长 1 ～ 3mm。

    3a. 植株垫状，基部具致密的叶丛；叶近三棱状条形，宽 0.5 ～ 1mm……**2. 头花丝石竹 G. capituliflora**

    3b. 植株非垫状，基部通常无叶丛；叶扁平，条形或条状披针形，宽 1 ～ 4mm……………………………………………………………………………………**3. 尖叶丝石竹 G. licentiana**

  2b. 花不密集，呈疏松的聚伞状圆锥花序；花梗长 4 ～ 10mm……………………**4. 草原丝石竹 G. davurica**

1. 荒漠丝石竹（荒漠石头花、荒漠霞草）

Gypsophila desertorum (Bunge) Fenzl in Fl. Ross. 1:292. 1842; Fl. Intramongol. ed. 2, 2:404. t.163. f.1-2. 1991.——*Heterochroa desertorum* Bunge in Verz. Altai Pfl. 29. 1836.

多年生草本，高 6 ～ 10cm。全体被腺毛。根粗长，木质化，圆柱形，直径 6 ～ 12mm，棕褐色。根茎多分枝，木质化。茎多数，密丛生，不分枝或上部稍分枝，直立或斜升，密被腺状短柔毛。叶坚硬，钻形，长 4 ～ 9mm，宽 0.5 ～ 1mm，先端锐尖，基部渐狭，全缘，两面被腺状短柔毛，中脉在下面明显凸起，叶腋内常生 2 ～ 4 叶，对生叶呈假轮生状。二歧聚伞花序顶生，具 2 ～ 5 花；苞片卵状披针形或披针形，长 2 ～ 4mm，先端锐尖，密被腺毛；花梗长 6 ～ 14mm，直立，密被腺毛。花萼钟形，长约 4mm，外面密被腺毛；萼齿宽卵形，长约 1.5mm，先端钝圆，边缘膜质。花瓣白色带淡紫纹，倒披针形或倒卵形，长约 7mm，先端微凹或截形，基部楔形；雄蕊比花瓣短；子房椭圆状卵形，花柱 2。蒴果椭圆形，长 4 ～ 5mm，4 瓣裂；种子圆肾形，直径约 1mm，两侧压扁，表面具短条形瘤状突起。花期 5 月下旬至 7 月。

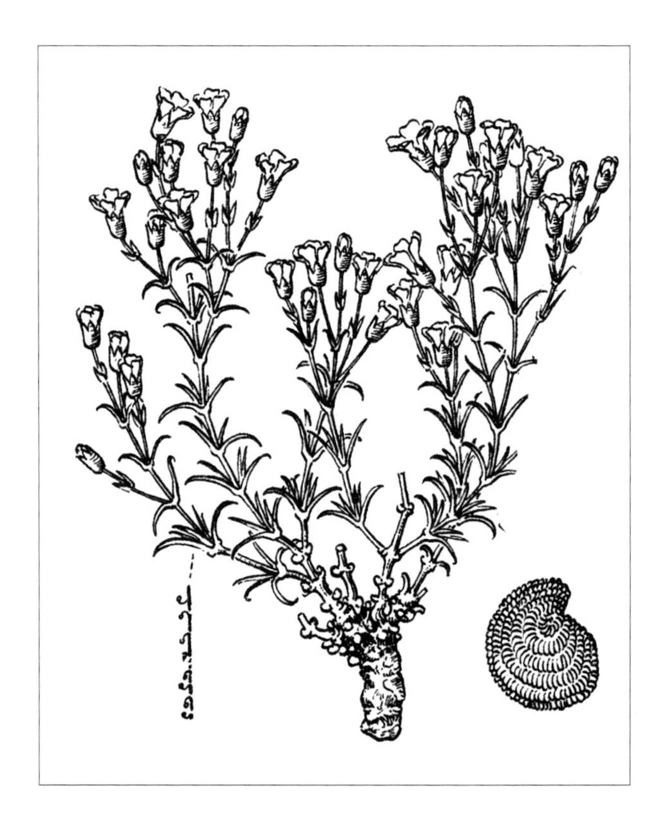

旱生草本。生于荒漠草原、砾质与沙质干草原，常为伴生种，也为荒漠化草原的生

态指示特征种。产乌兰察布（苏尼特左旗北部、苏尼特右旗、四子王旗、达尔罕茂明安联合旗、白云鄂博矿区、固阳县、乌拉特中旗、乌拉特后旗）。分布于我国新疆北部，蒙古国西部和南部、俄罗斯（阿尔泰地区）。为戈壁—蒙古分布种。

2. 头花丝石竹（准格尔丝石竹、头状石头花）

Gypsophila capituliflora Rupr. in Sert. Tianschan. 40. 1869; Fl. Intramongol. ed. 2, 2:406. t.164. f.1-2. 1991.

多年生草本。植株垫状，基部具致密的叶丛，全株光滑无毛，高 10 ～ 30cm。直根，粗壮。茎多数，不分枝、少分枝至多分枝。叶近三棱状条形，宽 0.5 ～ 1mm，长 1 ～ 3cm，具 1 条中脉且于背面凸起，先端尖。花多数，密集成紧密的头状聚伞花序；苞片膜质，卵状披针形，先端渐尖；花梗长 1 ～ 3mm。花萼钟形，长 3 ～ 3.5mm，5 浅裂至中裂；裂片卵状三角形，长 1 ～ 1.5mm，先端尖，边缘宽膜质。花瓣淡紫色或淡粉色，长约 7mm，倒披针形，先端圆形，基部楔形；雄蕊稍短于花瓣；花柱 2。蒴果矩圆形，与花萼近等长。花期 7 ～ 9 月，果期 9 月。

旱生草本。生于荒漠草原带和荒漠带的石质山坡、山顶石缝。产乌兰察布（四子王旗、达尔罕茂明安联合旗、白云鄂博矿区、固阳县）、阴山（大青山、乌拉山）、东阿拉善（狼山）、贺兰山、龙首山、额济纳（马鬃山）。分布于我国宁夏西北部，甘肃中部、新疆北部和西北部，蒙古国西部、哈萨克斯坦、吉尔吉斯斯坦。为中亚—亚洲中部山地分布种。

本种和尖叶丝石竹 *G. licentiana* Hand.-Mazz，在《内蒙古植物志》第一版第二卷中均被误定为草原石头花 *G. davurica* Turcz. ex Fenzl var. *angustifolia* Fenzl，但它们是有区别的，本种和尖叶丝石竹的花梗短，聚伞花序密，呈头状；而草原石头花的花梗长，聚伞花序疏散，不呈头状。

3. 尖叶丝石竹（细叶丝石竹、石头花）

Gypsophila licentiana Hand.-Mazz. in Oesterr. Bot. Zeit. 82:245. 1933; Fl. Intramongol. ed. 2, 2:406. t.164. f.3-5. 1991.

多年生草本，高 25 ～ 50cm。全株光滑无毛。直根，粗壮。茎多数，上部多分枝。叶条形或披针状条形，长 1 ～ 5cm，宽 1 ～ 4mm，先端尖，基部渐狭，具 1 条中脉且于下面凸起。花多数，密集成紧密的头状聚伞花序；苞片卵状披针形，膜质，先端渐尖；花梗长 1 ～ 3（～ 4）mm。花萼钟形，长 3 ～ 4mm，5 中裂；萼齿卵状三角形，先端尖，边缘宽膜质。花瓣白色或淡粉色，长约 8mm，倒披针形，先端微凹，基部楔形；雄蕊

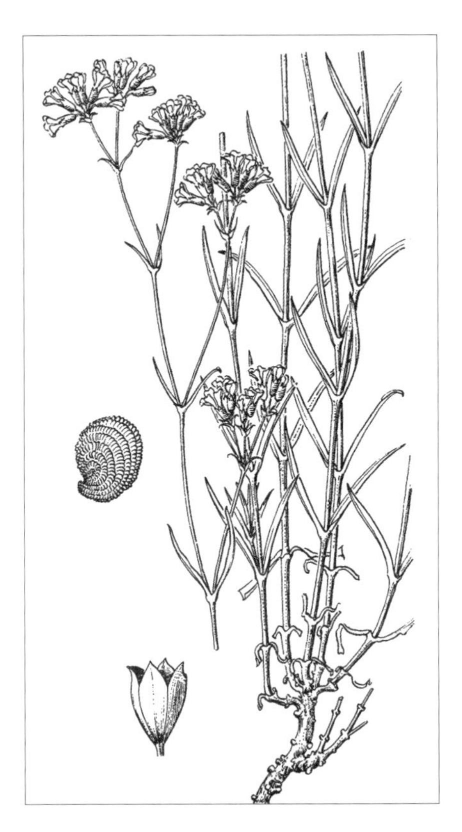

稍短于花瓣；花柱 2。蒴果卵形，长与花萼近相等，4 瓣裂；种子黑色，圆肾形，表面具疣状凸起。花期 7 ～ 9 月，果期 9 月。

旱生草本。生于草原带的石质山坡。产锡林郭勒（镶黄旗黄花山）、乌兰察布（四子王旗、达尔罕茂明安联合旗、乌拉特中旗）、阴山（大青山、蛮汗山、乌拉山）、阴南丘陵（准格尔旗）、鄂尔多斯（东胜区、伊金霍洛旗、乌审旗）、东阿拉善（桌子山、阿拉善左旗巴彦浩特镇）、贺兰山。分布于我国河北、山西北部、陕西中部和北部、宁夏、甘肃、青海北部和东部。为华北分布种。

本种在我国常被误定为 *G. acutifolia* Fisch. ex Spreng., 但后者的植株上部及花梗被腺毛，叶具 3 ～ 5 脉，与本种全株光滑无毛、叶具 1 脉明显不同。而且，*G. acutifolia* 只分布于欧洲及高加索地区，而本种则是我国华北地区分布的一个种。因此，这两个种不应该混淆。

4. 草原丝石竹（草原石头花、北丝石竹、狭叶草原丝石竹、狭叶草原霞草）

Gypsophila davurica Turcz. ex Fenzl in Fl. Ross. 1:294. 1842; Fl. Intramongol. ed. 2, 2:408. t.163. f.3-5. 1991.——*G. davurica* Turcz. ex Fenzl var. *angustifolia* Fenzl in Fl. Ross. 1:294. 1842; Fl. Intramongol. ed. 2, 2:409. t.163. f.6. 1991; Fl. China. 6:111. 2001. syn. nov.

多年生草本，高 30 ～ 70cm。全株无毛。直根粗长，圆柱形，灰黄褐色。根茎分歧，灰黄褐色，木质化，有多数不定芽。茎多数丛生，直立或稍斜升，二歧式分枝。叶条状披针形，长 2.5 ～ 5cm，宽 2.5 ～ 8mm，先端锐尖，基部渐狭，全缘，灰绿色，中脉在下面明显凸起。聚伞

状圆锥花序顶生或腋生，具多数小花；苞片卵状披针形，长 2 ～ 4mm，膜质，有时带紫色，先端尾尖；花梗长 4 ～ 10mm。花萼管状钟形，果期呈钟形，长 2.5 ～ 3.5mm，具 5 条纵脉，脉有时带紫绿色，脉间白膜质，先端具 5 萼齿；齿卵状三角形，先端锐尖，边缘膜质。花瓣白色或粉红色，倒卵状披针形，长 6 ～ 7mm，先端微凹；雄蕊比花瓣稍短；子房椭圆形，花柱 2。蒴果卵状球形，长约 4mm，4 瓣裂；种子圆肾形，两侧压扁，直径约 1.2mm，黑褐色，两侧被矩圆状小凸起，背部被小瘤状突起。花期 7 ～ 8 月，果期 8 ～ 9 月。

旱生草本。生于草原区东部的典型草原、草甸草原。产岭西（额尔古纳市）、岭东（扎兰屯市）、呼伦贝尔（海拉尔区、陈巴尔虎旗、满洲里市、新巴尔虎左旗、新巴尔虎右旗）、兴安南部和科尔沁（扎赉特旗、科尔沁右翼前旗、科尔沁右翼中旗、扎鲁特旗、翁牛特旗、巴林右旗、克什克腾旗）、燕山北部（敖汉旗）、锡林浩特（东乌珠穆沁旗、西乌珠穆沁旗、锡林浩特市、多伦县、太仆寺旗）。分布于我国黑龙江西部、吉林西部、辽宁、河北北部、山西东北部，蒙古国东部和北部、俄罗斯（东西伯利亚地区、远东地区）。为达乌里—蒙古分布种。

根含皂甙，用于纺织、染料、香料、食品等工业。根入药，能逐水、利尿，主治水肿胀满、胸胁满闷、小便不利。此外根可做肥皂代用品，可洗濯羊毛和毛织品。

18. 石竹属 Dianthus L.

多年生草本，稀一年生。叶条形或披针形。花淡红色、红色、紫色或白色，单生、聚伞花序或圆锥花序；萼下苞片 1 ～ 4 对，鳞片状或叶状；萼圆筒形，5 齿裂，具多条纵脉；花瓣 5，具长爪，瓣片上缘具牙齿或细裂成流苏状，稀全缘，爪与瓣片间无鳞片；雄蕊 10，比花瓣短；子房 1 室，花柱 2；雌雄蕊具长柄。蒴果矩圆状圆柱形或卵形，顶端 4 齿裂或瓣裂；种子多数，近扁圆形，黑色，表面被细凸起。

内蒙古有 4 种。

分种检索表

1a. 花瓣上缘细裂成流苏状。

2a. 萼下苞片 2 ～ 3 对；萼筒较粗短；苞片长为萼筒的 1/4，先端具长凸尖………**1. 瞿麦 D. superbus**

2b. 萼下苞片 3 ～ 4 对；萼筒较细长；苞片长为萼筒的 1/5，先端微缺或近全缘，具短凸尖……………………………………………………………………………………………**2. 长萼瞿麦 D. longicalyx**

1b. 花瓣上缘有不规则牙齿。

3a. 萼下苞片 1 ～ 2 对，苞片与萼近等长。

4a. 茎光滑无毛………………………………………………………**3a. 簇茎石竹 D. repens** var. **repens**

4b. 茎粗糙或被短糙毛………………………………**3b. 毛簇茎石竹 D. repens** var. **scabripilosus**

3b. 萼下苞片 2 ～ 3 对，苞片长约为萼的 1/2。

5a. 茎光滑无毛………………………………………………………**4a. 石竹 D. chinensis** var. **chinensis**

5b. 茎粗糙或被短糙毛 ………………………………………**4b. 兴安石竹 D. chinensis** var. **versicolor**

1. 瞿麦（洛阳花）

Dianthus superbus L., Fl. Suec. ed. 2, 146. 1755; Fl. Intramongol. ed. 2, 2:410. t.165. f.1-2. 1991.——*D. superbus* L. subsp. *alpestris* Kablikova ex Celakovsky in Prodr. Fl. Bohmen 3:508. 1875; Fl. China 6:106. 2001.

多年生草本，高 30 ～ 50cm。根茎横走。茎丛生，直立，无毛，上部稍分枝。叶条状披针形或条形，长 3 ～ 8cm，宽 3 ～ 6mm，先端渐尖，基部呈短鞘状围抱节上，全缘，中脉在下面凸起。聚伞花序顶生，有时呈圆锥状，稀单生；苞片 4 ～ 6，倒卵形，长 6 ～ 10mm，宽 4 ～ 5mm，先端骤凸。萼筒圆筒形，长 2.5 ～ 3.5cm，直径约 4mm，常带紫色，具多数纵脉；萼齿 5，直立，披针形，长 4 ～ 5mm，先端渐尖。花瓣 5，淡紫红色，稀白色，长 4 ～ 5cm；瓣片边缘细裂成流苏状，基部有须毛；爪与萼近等长。蒴果狭圆筒形，包于宿存萼内，与萼近等长；种子扁宽卵形，长约 2mm，边缘具翅。花果期 7 ～ 9 月。

中生草本。生于夏绿阔叶林带的林缘、疏林下、草甸、沟谷溪边。产岭东（扎兰屯市）、呼伦贝尔（鄂温克族自治旗、陈巴

尔虎旗）、兴安南部和科尔沁（科尔沁右翼前旗、扎鲁特旗、阿鲁科尔沁旗、巴林左旗、巴林右旗、克什克腾旗）、辽河平原（科尔沁左翼后旗）、燕山北部（喀喇沁旗、宁城县、兴和县苏木山）、锡林郭勒（东乌珠穆沁旗、西乌珠穆沁旗、锡林浩特市）、阴山（大青山、蛮汗山、察哈尔右翼中旗辉腾梁）、贺兰山。分布于除广东、海南、西藏、台湾、福建外全国各地，日本、朝鲜、蒙古国东部和北部及西部、哈萨克斯坦、俄罗斯（西伯利亚地区、远东地区），欧洲。为古北极分布种。

地上部分入药（药材名：瞿麦），能清湿热、利小便、活血通经，主治膀胱炎、尿道炎、泌尿系统结石、妇女经闭、外阴糜烂、皮肤湿疮。地上部分也入蒙药（蒙药名：高要-巴沙嘎），能凉血、止刺痛、解毒，主治血热、血刺痛、肝热、痧症、产褥热。

观赏植物。

2. 长萼瞿麦（长筒瞿麦、长萼石竹）

Dianthus longicalyx Miq. in J. Bot. Neerl. 1:127. 1861; Fl. Intramongol. ed. 2, 2:410. t.165. f.3. 1991.

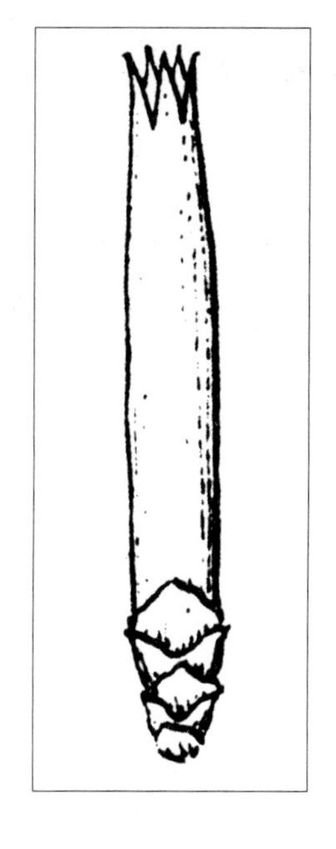

多年生草本，高 40 ～ 80cm。茎直立，无毛。叶条状披针形，长 4 ～ 7cm，宽 5 ～ 10mm，先端渐尖，边缘粗糙，具 3 ～ 5 脉，无毛。聚伞花序顶生；萼下苞片 3 ～ 4 对，倒卵形，边缘宽膜质，具短糙毛，上缘微缺或近全缘，顶端具短凸尖，长约为萼的 1/5。萼圆筒形，长 3 ～ 3.8cm，直径约 3.5mm，绿色，具多数细纵脉；萼齿 5，直立，披针形，长 4 ～ 5mm，先端渐尖。花瓣 5，淡紫红色，长 4 ～ 5cm，瓣片先端细裂成流苏状，爪与萼近等长。蒴果狭圆筒形，短于萼。花期 7 ～ 8 月。

中生草本。生于夏绿阔叶林带的林缘草甸、杂木林下、固定沙丘。产辽河平原（大青沟）、赤峰丘陵（红山区）、燕山北部（兴和县苏木山）。分布于我国辽宁南部和中部、河北西南部、河南西部、山东东北部、山西西部、陕西南部、宁夏南部、甘肃东南部、安徽南部、江苏南部、浙江北部、福建、台湾、江西东部、湖北、湖南西南部、广东北部、广西北部、海南北部、贵州、四川东部，日本、朝鲜。为东亚分布种。

用途同瞿麦。

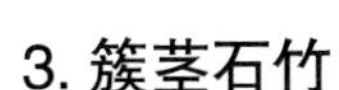

3. 簇茎石竹

Dianthus repens Willd. in Sp. Pl. 2:681. 1799; Fl. Intramongol. ed. 2, 2:412. t.165. f.4-5. 1991.

3a. 簇茎石竹

Dianthus repens Willd. var. **repens**

多年生草本，高达 30cm，全株光滑无毛。直根粗壮。根茎多分枝。茎多数，密丛生，直立或上升。叶条形或条状披针形，长 3 ～ 5cm，宽 2 ～ 3mm，先端渐尖，基部渐狭，叶脉 1 或 3 条，中脉明显。花顶生，单一或有时 2 朵。萼下苞片 1 ～ 2 对：外面 1 对条形，叶状，比萼长或近等长；内面 1 对卵状披针形，比萼短，先端具长凸尖，边缘膜质。萼筒长 12 ～ 16mm，粗 4 ～ 5mm，有时带紫色；萼齿直立，披针形，具凸尖，长 3 ～ 4mm，边缘膜质，具微细睫毛。雌雄蕊柄长

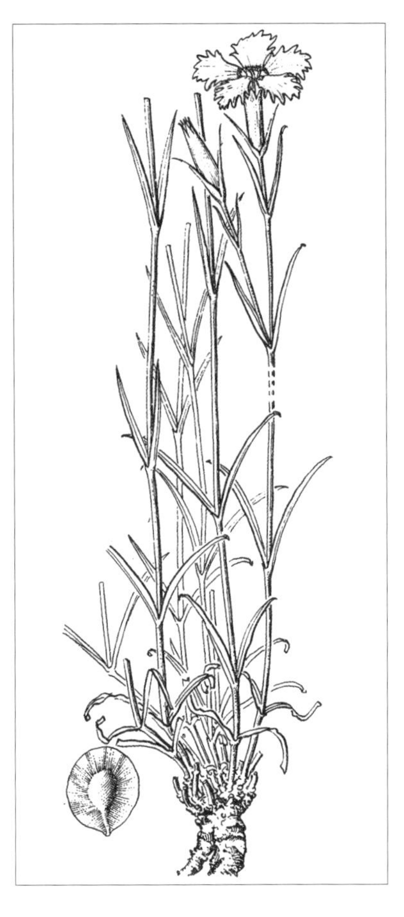

约 1mm；花瓣倒卵状楔形，紫红色，长 22 ～ 30mm，上部宽 8 ～ 10mm，上缘具不规则的细长牙齿，喉部表面具暗紫色彩圈并簇生长软毛，爪长 14 ～ 15mm。蒴果狭圆筒形，包于宿存萼内，比萼短；种子圆盘状，中央凸起，径约 1.5mm，边缘具翅。花期 6 ～ 8 月，果期 8 ～ 9 月。

中生草本。生于森林带的山地草甸。产兴安北部（额尔古纳市四大了克）、兴安南部（扎赉特旗）。分布于俄罗斯（西伯利亚地区、远东地区），北美洲。为亚洲—北美分布种。

3b. 毛簇茎石竹

Dianthus repens Willd. var. **scabripilosus** Y. Z. Zhao in Act. Sci. Nat. Univ. Intramongol. 20(1):108. 1989; Fl. Intramongol. ed. 2, 2:412. 1991.

本变种与正种的区别：茎被短糙毛或粗糙。

多年生旱中生草本。生于森林带和森林草原带的林缘草甸、山地草原、草甸草原。产兴安北部及岭东（鄂伦春自治旗、东乌珠穆沁旗宝格达山、扎兰屯市）、岭西和呼伦贝尔（陈巴尔虎旗、海拉尔区、鄂温克族自治旗、西乌珠穆沁旗迪彦林场）、兴安南部和科尔沁（科尔沁右翼前旗、突泉县、巴林右旗、克什克腾旗）、燕山北部（宁城县、敖汉旗）。为兴安分布变种。

4. 石竹（洛阳花）

Dianthus chinensis L., Sp. Pl. 1:411. 1753; Fl. Intramongol. ed. 2, 2:412. t.166. f.1-4. 1991.

4a. 石竹

Dianthus chinensis L. var. **chinensis**

多年生草本，高 20 ～ 40cm。全株带粉绿色。茎常自基部簇生，直立，无毛，上部分枝。叶披针状条形或条形，长 3 ～ 7cm，宽 3 ～ 6mm，先端渐尖，基部渐狭合生抱茎，全缘，两面

平滑无毛，粉绿色，下面中脉明显凸起。花顶生，单一或 2 ～ 3 朵组成聚伞花序；花下有苞片 2 ～ 3 对，苞片卵形，长约为萼的一半，先端尾尖，边缘膜质，有睫毛。花萼圆筒形，长 15 ～ 18mm，直径 4 ～ 5mm，具多数纵脉；萼齿披针形，长约 5mm，先端锐尖，边缘膜质，具细睫毛。花瓣瓣片平展，卵状三角形，长 13 ～ 15mm，边缘有不整齐齿裂，通常红紫色、粉红色或白色，具长爪，爪长 16 ～ 18mm，瓣片与爪间有斑纹与须毛；雄蕊 10；子房矩圆形，花柱 2。蒴果矩圆状圆筒形，与萼近等长，4 齿裂；种子宽卵形，稍扁，灰黑色，边缘有狭翅，表面有短条状细凸起。花果期 6 ～ 9 月。

旱中生草本。生于森林带和草原带的山地草甸、草甸草原。产兴安北部及岭东（额尔古纳市、鄂伦春自治旗、阿荣旗）、岭西和呼伦贝尔（陈巴尔虎旗）、兴安南部和科尔沁（科尔沁右翼前旗、科尔沁右翼中旗）、赤峰丘陵（红山区）、燕山北部（宁城县、敖汉旗、兴和县苏木山）、阴山（大青山）、阴南丘陵（准格尔旗）。分布于我国黑龙江南部、吉林中部和东部、辽宁东北部、河北、山东东北部、江苏南部、浙江西北部、安徽东部、江西东部、湖北、河南、山西、陕西、宁夏南部、甘肃东部、青海东部和西北部、新疆北部、云南西北部，朝鲜、蒙古国、哈萨克斯坦、俄罗斯（西伯利亚地区、远东地区），欧洲。为古北极分布种。

用途与瞿麦相同。

4b. 兴安石竹（蒙古石竹）

Dianthus chinensis L. var. **versicolor** (Fisch. ex Link) Y. C. Ma in Fl. Intramongol. 2:191. t.101. f.1-3. 1978; Fl. Intramongol. ed. 2, 2:413. 1991.——*D. verscolor* Fisch. ex Link. in Enum. Pl. Hort. Bot.

Berol. 1:420. 1821.——*D. chinensis* L. var. *subulifolius* (Kitag.) Y. C. Ma in Fl. Intramongol. 2:191. t.101. f.4. 1978; Fl. Intramongol. ed. 2, 2:413. t.166. f.5. 1991.——*D. subulifolius* Kitag. in Rep. First Sci. Exped. Manch. Sect. 4(2):16. t.5. 1935.

本变种与正种的区别：茎多少被短糙毛或近无毛而粗糙，叶通常粗糙，植株多少密丛生。

多年生旱中生草本。生于森林草原带和草原带的山地草原、典型草原、草甸草原，为常见

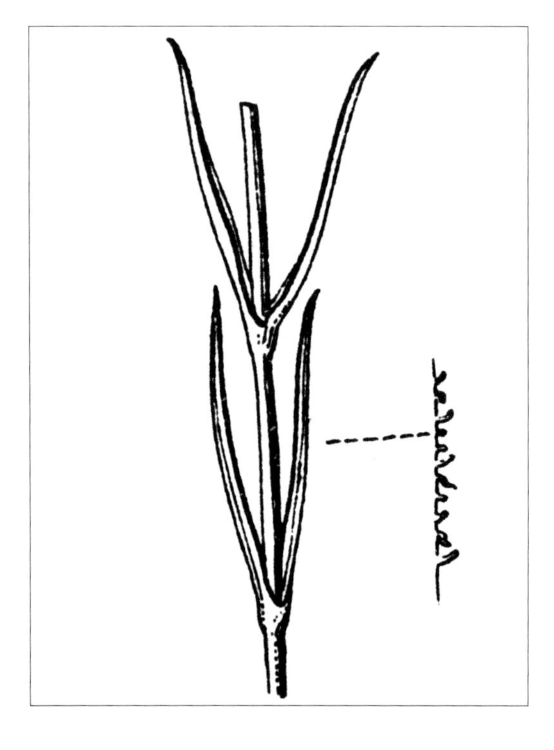

的伴生植物。产兴安北部及岭东（额尔古纳市、根河市、牙克石市、鄂伦春自治旗、阿尔山市、扎兰屯市、阿荣旗）、呼伦贝尔（海拉尔区、满洲里市、鄂温克族自治旗、陈巴尔虎左旗、陈巴尔虎右旗）、兴安南部和科尔沁（科尔沁右翼前旗、扎赉特旗、阿鲁科尔沁旗、扎鲁特旗、巴林左旗、巴林右旗、翁牛特旗、库伦旗、克什克腾旗）、赤峰丘陵（红山区）、燕山北部（喀喇沁旗、宁城县、敖汉旗）、锡林郭勒（东乌珠穆沁旗、西乌珠穆沁旗、锡林浩特市、正蓝旗、镶黄旗、太仆寺旗、集宁区）、乌兰察布（达尔罕茂明安联合旗）、阴山（大青山、乌拉山、察哈尔右翼中旗辉腾梁）。分布于我国东北、西北地区及河北北部，蒙古国东部和北部及西部、俄罗斯。为东古北极分布变种。

用途同正种。

19. 王不留行属 **Vaccaria** Medic.

一年生草本，全株无毛。茎直立，上部分枝。叶卵状披针形。花具长梗，常排成伞房状或圆锥状的聚伞花序；花萼卵状圆筒形，5 齿裂，外面有 5 棱，结果时棱变为翅；花瓣 5，浅红色，具长爪，瓣片与爪间无鳞片；雄蕊 10；子房 1 室，含多数胚珠，花柱 2。蒴果卵形，顶端 4 齿裂；种子近球形。

内蒙古有 1 种。

1. 王不留行（麦蓝菜）

Vaccaria hispanica (Mill.) Rausch. in Wiss. Z. Martin-Luther-Univ. Halle-Wittenberg, Math.-Naturwiss. Reihe 14:496. 1965; Fl. China 6:102. 2001.——*Saponaria hispanica* Mill. in Gard. Dict. ed. 8. *Saponaria* no. 4(in errat.). 1768.——*V. segetalis* (Neck.) Garckeex Asch. in Fl. Prov. Brandenb. 1:84. 1860; Fl. Intramongol. ed. 2, 2:415. t.167. f.1-3. 1991.

一年生草本，高 25 ～ 50cm。全株平滑无毛，稍被白粉，呈灰绿色。茎直立，圆筒形，中空，上部二叉状分枝。叶卵状披针形或披针形，长 3 ～ 7cm，宽 1 ～ 2cm，先端锐尖，基部圆形或近心形，稍抱茎，全缘，中脉在下面明显凸起；无叶柄。聚伞花序顶生，呈伞房状，具多数花；花梗细长，长 1 ～ 4cm；苞片叶状，较小，边缘膜质。萼筒卵状圆筒形，长 1 ～ 1.3cm，直径 3 ～ 4mm，具 5 条翅状凸起的脉棱，棱间绿白色，膜质，花后萼筒中下部膨大而先端狭，呈卵球形；萼齿 5，三角形，先端锐尖，边缘膜质。花瓣淡红色，长 14 ～ 17mm；瓣片倒卵形，顶端有不整齐牙齿，下部渐狭成长爪。雄蕊 10，隐于萼筒内；子房椭圆形，花柱 2。蒴果卵形，顶端 4 裂，包藏在宿存花萼内；种子球形，黑色，直径约 2mm，表面密被小瘤状突起。花期 6 ～ 7 月，果期 7 ～ 8 月。

中生草本。原产欧洲，内蒙古有少量栽培，有时逸出，野生于田边或混生于麦田间。产岭东（鄂伦春自治旗大杨树）、兴安南部和科尔沁（扎赉特旗、巴林左旗、通辽市）、赤峰丘陵（红山区）、燕山北部（喀喇沁旗、敖汉旗）、阴南平原（呼和浩特市）、鄂尔多斯（达拉特旗、乌审旗、鄂托克旗）、东阿拉善（杭锦旗）、西阿拉善（阿拉善右旗雅布赖山）、贺兰山（黄土梁）。分布于我国河北、山东西部、山西、江苏中部、安徽、江西、湖北、湖南、河南、陕西、宁夏、甘肃、青海东部、新疆、西藏东南部、云南、贵州中部，亚洲、欧洲。为古北极分布种。

种子入药（药材名：王不留行），能活血通经、消肿止痛、催生下乳，主治月经不调、乳汁缺乏、难产、痈肿疔毒等。又可做兽药，能利尿、消炎、止血。种子含淀粉，可酿酒和制醋。此外，种子可榨油，做机器润滑油。

39. 睡莲科 Nymphaeaceae

一年生或多年生水生或沼生草本；根状茎沉水生。叶常二型：漂浮叶或出水叶，心形、盾形或马蹄形，芽时内卷，具长叶柄及托叶；沉水叶细弱，有时细裂。花两性，单生，萼片 3 ～ 6；花瓣 3 至多数；雄蕊 6 至多数，花药纵裂；心皮 3 至多数，离生或愈合，子房上位、半下位或下位，柱头明显，往往呈盘状或愈合呈环状，胚珠 1 至多数。坚果或浆果，不裂或由于种子外面胶质的膨胀成不规则的开裂；种子有时有假种皮。

内蒙古有 3 属、3 种。

分属检索表

1a. 萼片 4，绿色，不呈花瓣状。

 2a. 子房下位，花瓣 3 ～ 5 轮，花丝条形；一年生草本；叶柄、叶脉和果实有刺，叶片基部多无弯缺……………………………………………………………………………………**1. 芡属 Euryale**

 2b. 子房半下位，花瓣多轮，有时内轮渐变成雄蕊，花丝花瓣状；多年生草本；叶柄、叶脉和果实无刺，叶片基部有弯缺 ……………………………………………………………**2. 睡莲属 Nymphaea**

1b. 萼片常 5 ～ 6（～ 12），黄色或橘黄色，花瓣状，花瓣多数；叶片基部有弯缺……**3. 萍蓬草属 Nuphar**

1. 芡属 **Euryale** Salisb.

一年生大型水生草本。全株被皮刺。须根白色，绳索状。茎不明显。叶基生，有沉水叶及浮水叶之别，沉水叶小，箭头状乃至椭圆状肾形，浮水叶圆状盾形，表面具皱缩，背面具显著隆起的网状脉。花梗基生，顶生 1 花；花紫色；萼片 4，直立，着生在花托的边缘和子房之上；花瓣多数，3 ～ 5 轮，比萼片短小，着生于萼片的基部；雄蕊多数，排列成多轮，着生于花瓣内侧，花丝短，花药长圆形，药隔截头；子房 8 室，嵌入花托宽大的顶端，柱头圆盘状，凹入，边缘与萼筒合生，胚珠少数，侧膜胎座。浆果海绵质，被皮刺，顶端具直立的宿存萼片；种子黑色，种皮坚硬，假种皮浆质，胚乳白色，粉质，胚小。

单种属。

1. 芡实

Euryale ferox Salisb. in Ann. Bot. 2:74. 1805; Fl. China 6:118. 2001.

一年生大型水生草本。具白色须根及不明显的茎。初生叶沉水，小型，箭头状，膜质，渐呈椭圆状肾形，一边有缺口，以后生出的叶渐大，缺口渐小，浮水后则为大型圆盾状，有长柄。浮水叶革质，圆状盾形，大型者径达 130cm；叶表面深绿色，有蜡被，具多数隆起，在隆起下集生气囊以保持叶浮于水面，叶脉下陷致使叶表皱缩，叶脉分歧处有尖刺，刺先端倾向叶缘；叶背面深紫色，叶脉显著隆起，高达 2.5 ～ 3cm，宽 7 ～ 10mm，被茸毛，叶脉分歧处被尖刺；叶柄长，圆柱状，中空，多刺。夏季由叶间抽生 5 ～ 11 个花梗，花梗粗长，多刺，伸出水面，顶生 1 花；花白昼开放，夜间闭合，自花授粉，通常生于浅水处者开花露出水面，受粉后即沉入水中，生于深水处者不开放，在水中自行受粉；萼片 4，直立，披针形，肉质，下部合生，外面绿色，密被皮刺，内面带紫色；花瓣多数（约 20），分 3 ～ 5 轮排列，带紫色，短于萼片，向内逐渐过渡成雄蕊；雄蕊多数，通常 60。子房卵状球形，无花柱；柱头红色，10，呈放射状。

浆果球形，海绵质，污紫红色，上有宿存萼片，状似鸡头，密被皮刺，内含种子 20 ～ 100，通常 70；种子球形，径约 10mm，黑色，种皮坚硬，假种皮富有黏性。花期 7 ～ 8 月，果期 8 ～ 9 月。

大型水生草本。生于池塘、湖沼中。产内蒙古东南部。分布于我国黑龙江南部、吉林中北部、辽宁、河北、山东西南部、山西、河南西南部、陕西南部、江西、安徽、湖北西部、湖南北部、江苏、浙江、福建、台湾、广东、广西、海南、贵州、四川、云南，日本、朝鲜、俄罗斯（远东地区）、印度，克什米尔地区。为东亚分布种。

种子为滋补强壮药，治遗精带下、小便失禁、痛风、腰腿关节痛、泻肚日久不止，有镇痛收敛、利脾益肾的作用。种子还可食用，为良好滋补品。叶和根也可食。种皮可制活性炭。做兽药，可利尿、止泻、滋养，并治关节痛、慢性肠炎等。

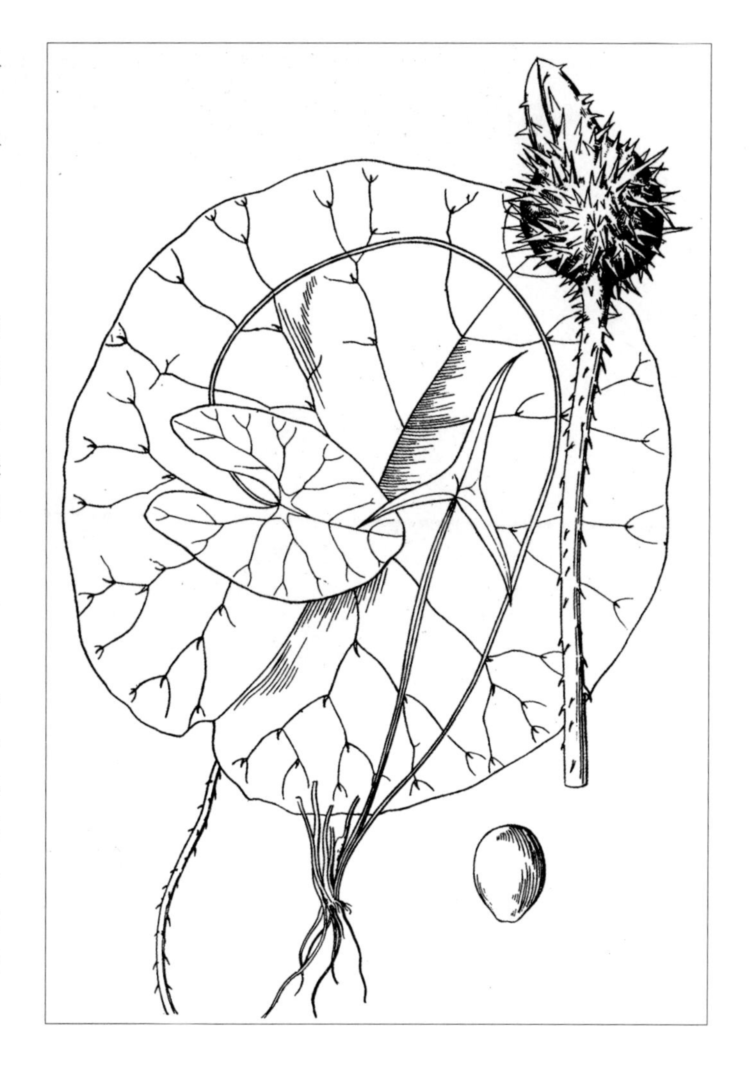

2. 睡莲属 Nymphaea L.

多年生水生草本。根状茎肥厚。叶二型。花大型，单一，顶生；萼片 4，近离生；花瓣白色、黄色或粉红色，多数，几轮排列，有时内轮渐变成雄蕊；雄蕊多数，外轮雄蕊的花丝呈花瓣状；子房半下位，心皮多数，嵌入肉质的花托中，花柱离生，短，柱头具多数辐射状裂瓣。浆果海绵质，不整齐开裂；种子坚硬，有肉质杯状假种皮，有胚乳。

内蒙古有 1 种。

1. 睡莲

Nymphaea tetragona Georgi in Bemerk. Reise Russ. Reich. 1:220. 1775; Fl. Intramongol. ed. 2, 2:417. t.168. f.1-3. 1991.

多年生水生草本。根状茎短，肥厚，横卧或直立，生多数须根，须根绳索状，细长。叶浮于水面，叶片卵圆形或肾圆形，近似马蹄状，长 5 ～ 14cm，宽 4 ～ 11cm，先端圆钝，全缘，基部具深弯缺，占叶片全长的 1/3 ～ 1/2，裂片急尖，分离或彼此稍遮盖，上面绿色，有光泽，下面通常带紫色，两面皆无毛；叶柄细长，圆柱形。花梗基生，细长，顶生 1 花；花径 3 ～ 6cm，漂浮水面；萼片 4，绿色，草质，长卵形或卵状披针形，长 2 ～ 3.5cm，宿存；花托四方形；花

瓣 8 ～ 12，白色或淡黄色，矩圆形、宽披针形或长卵形，先端钝，比萼片稍短，内轮花瓣不变成雄蕊；雄蕊多数，3 ～ 4 层，花丝扁平，外层花丝宽披针形，内层渐狭；子房短圆锥状，柱头盘状，具 5 ～ 8 辐射线。浆果球形，包于宿存萼片内；种子椭圆形，黑色。花期 7 ～ 8 月，果期 9 月。

水生草本。生于池沼、河湾内。产兴安北部（鄂伦春自治旗）、兴安南部（科尔沁右翼前旗、扎赉特旗）、辽河平原（大青沟）。分布于我国黑龙江、吉林东部、辽宁北部、河北、山西、河南、陕西、新疆、山东、江苏、江西、安徽、浙江、福建、台湾、湖北、湖南北部、广东、海南、广西、贵州、云南西北部、四川、西藏，日本、朝鲜、蒙古国北部和西部、俄罗斯、越南、印度、尼泊尔、哈萨克斯坦，克什米尔地区，欧洲、北美洲。为泛北极分布种。

根状茎含淀粉，供食用或酿酒。全草可做绿肥。花入药，能消暑、解酒、祛风，主治中暑、酒醉、烦渴、小儿惊风。花也供观赏。

3. 萍蓬草属 Nuphar Smith

多年生水生草本。根状茎肥厚，横生。叶基生，漂浮或伸出水面；叶柄细长。花单生于花梗顶端，漂浮于水面；萼片4～7，常为5，革质，黄色或橘黄色，花瓣状，宿存；花瓣多数，短小，呈雄蕊状；雄蕊多数，花丝扁平；子房上位，多心皮合生，多室，柱头辐射状，形成柱头盘。浆果卵形至圆柱形；种子多数，假种皮肉质，胚乳丰富。

内蒙古有1种。

1. 萍蓬草

Nuphar pumila (Timm.) DC. in Syst. Nat. 2:61. 1821；Fl. Intramongol. ed. 2, 2:419. t.168. f.4-7. 1991.——*Nymphaea lutea* L. var. *pumila* Timm. in Mag. Naturk. Oeken. Mecklenb. 2:250. 1795.

多年生水生草本。根状茎横生，肥厚肉质，径达2～3cm，略呈扁柱形。叶生于根状茎先端，飘浮水面，叶片椭圆形或卵形，质厚，长6～17cm，宽6～10cm，先端圆钝，基部具弯缺，深心形，裂片彼此远离，先端钝，上面绿色，光亮无毛，下面密生柔毛，主脉较明显，侧脉羽状，不明显；叶柄细长，扁柱形，疏被柔毛。花直径2.5～4cm；花梗长，扁圆柱形，疏被柔毛，顶生1花；萼片5，矩圆形或椭圆形，长1～2cm，顶端钝圆，黄色，背部中央绿色，呈花瓣状；花瓣多数，短小，倒卵状楔形，长5～7mm，有时微凹；雄蕊多数，花丝扁平；子房宽卵形，柱头盘状，通常10浅裂。浆果卵形，具宿存的柱头及萼片，长约3cm；种子多数，矩圆形，长约5mm，褐色。花期7～8月，果期8～9月。

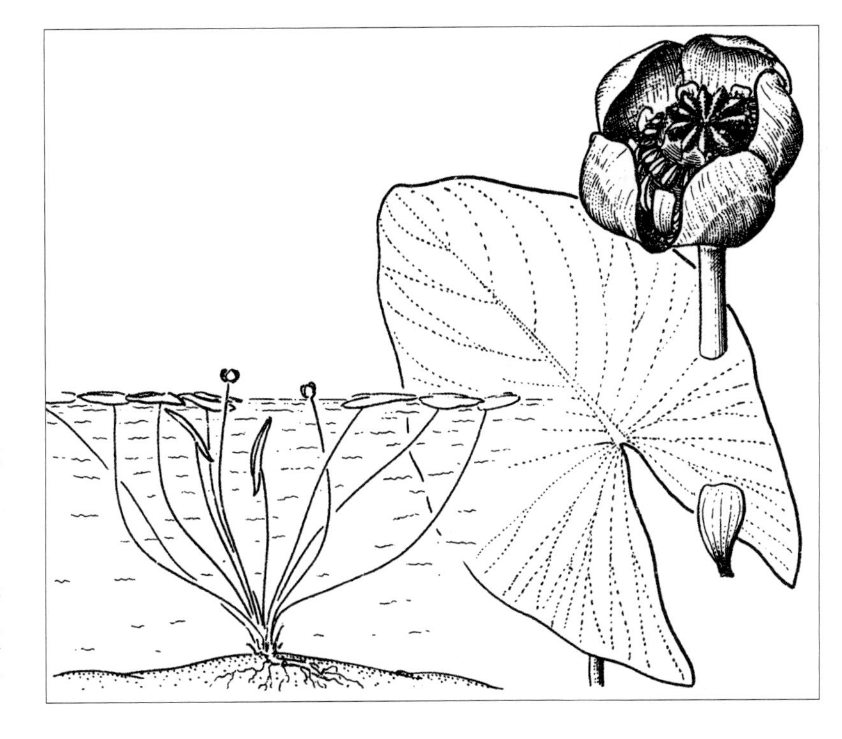

水生草本。生于池沼中。产兴安北部及岭东（鄂伦春自治旗）。分布于我国黑龙江、吉林东部、河北、河南北部、江苏、浙江、江西、安徽南部、湖北中部、贵州、新疆，日本、朝鲜、蒙古国北部和西部、俄罗斯，欧洲。为古北极分布种。

根状茎食用。花供观赏。种子和根入药，能滋补、健胃、调经，主治体虚衰弱、消化不良、月经不调。

40. 金鱼藻科 Ceratophyllaceae

多年生沉水草本。茎细长，具分枝。叶轮生，无柄，二歧式细裂，无托叶。花单性，雌雄同株，微小，单生于叶腋；花被片 8 ～ 12，基部稍合生；雄花有雄蕊 10 ～ 20，螺旋状着生于平坦或凸出的花托上，花丝极短，花药条状短圆形，雌花只有 1 雌蕊，子房上位，1 室，含 1 胚珠，花柱细长。坚果小，革质，具刺，花柱宿存；种子无胚乳。

内蒙古有 1 属、2 种。

1. 金鱼藻属 Ceratophyllum L.

属特征与科相同。

内蒙古有 2 种。

分种检索表

1a. 叶一至二回二叉状分歧，裂片条形或丝状条形；果实边缘无翼，表面无小瘤状突起……………………………………………………………………………………………………**1. 金鱼藻 C. demersum**

1b. 叶三至四回二叉状分歧，裂片细丝状；果实边缘稍具翼，表面有小瘤状突起……………………………………………………………………………**2. 粗糙金鱼藻 C. muricatum** subsp. **kossinskyi**

1. 金鱼藻（五刺金鱼草、松藻）

Ceratophyllum demersum L., Sp. Pl. 2:992. 1753; Fl. Intramongol. ed. 2, 2:420. t.167. f.4-6. 1991.——*C. oryzetorum* Kom. in Izv. Bot. Sada Acad. Nauk S.S.S.R. 30:200. 1932; Fl. Intramongol. ed. 2, 2:422. t.169. f.1-3. 1991.

多年生沉水草本。茎细长，多分枝。叶 4 ～ 10 枚轮生，一至二回二歧分叉，裂片条形或丝状条形，长 10 ～ 15mm，宽 0.1 ～ 0.4mm，边缘仅一侧有疏细锯齿，齿尖常软骨质。花微小，直径约 2mm，具短花梗；花被片 8 ～ 12，矩圆形或条状矩圆形，长 1.5 ～ 2mm，顶端有 2 ～ 3 尖齿；雄花有雄蕊 10 ～ 16；雌花有雌蕊 1，子房宽卵形，花柱钻形。坚果扁椭圆形，

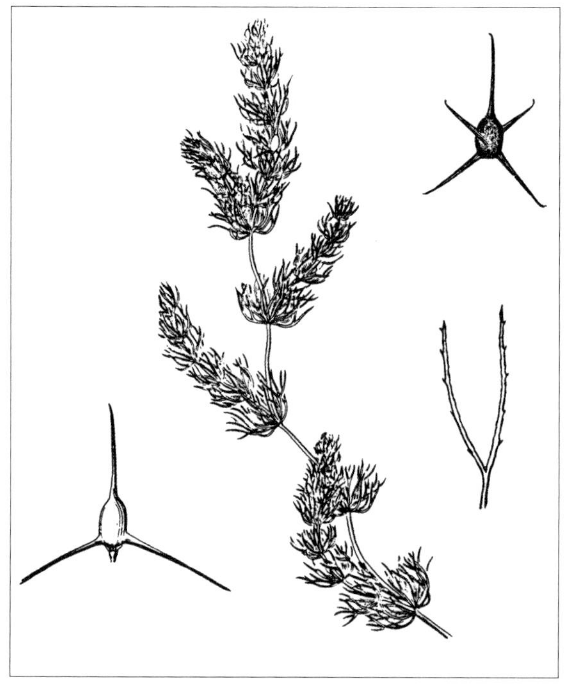

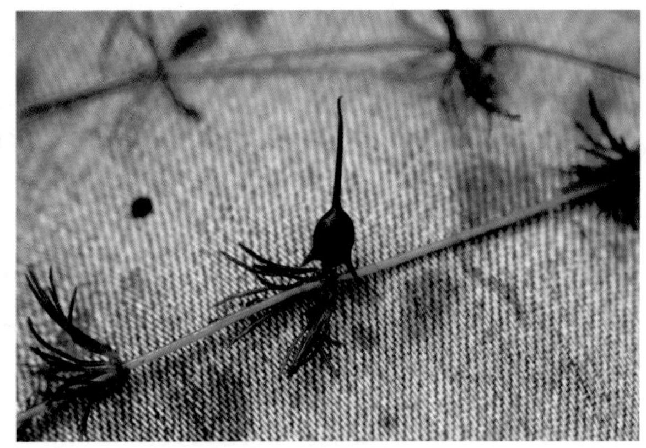

长4～5mm，宽约2mm，黑色，有3刺或5刺，顶端刺长8～10mm，基部两侧有2刺，刺长4～7mm。花果期6～9月。

沉水水生草本。生于落叶阔叶林带和草原带的湖沼、湖泡、池塘、河流中。产兴安北部及岭东（鄂伦春自治旗）、兴安南部（扎赉特旗）、辽河平原（大青沟）、科尔沁（科尔沁右翼中旗、翁牛特旗）、鄂尔多斯。广布于我国各地及世界各地。为世界分布种。

全草为鱼的饲料，也可做猪的饲料。全草入药，治内伤吐血。

2. 粗糙金鱼藻（东北金鱼藻）

Ceratophyllum muricatum Cham. subsp. **kossinskyi** (Kuzeneva-Prochorova) Les in Syst. Bot. 13:85. 1988; Fl. China 6:121. 2001.——*C. kossinskyi* Kuzeneva-Prochorova in Fl. U.R.S.S. 7:721. 1937.——*C. manschuricum* (Miki) Kitag. in Lineam. Fl. Mansh. 207. 1939; Fl. Intramongol. ed. 2, 2:422. t.169. f.4-6. 1991.——*C. submersum* L. var. *manschuricum* Miki in Bot. Mag. Tokyo 49:778. f.9. 1935.

多年生沉水草本。茎细长，多分枝，节间长1～2.5cm，枝顶端者较短。叶常10枚轮生，二回二歧分叉，裂片狭条形或丝状条形，长1～2cm，宽0.3～0.5mm，边缘有疏细锯齿。花单性，单生叶腋，微小；花被片8～12；雌花具多数雄蕊；雄花具1雌蕊。坚果扁椭圆形，长4～5mm，宽1～1.5mm，黑褐色，平滑，边缘无翅，有5针刺，1个顶生刺，长7～10mm，2个侧生刺，长2～4mm，2个基生刺，长6～8mm。花果期7～9月。

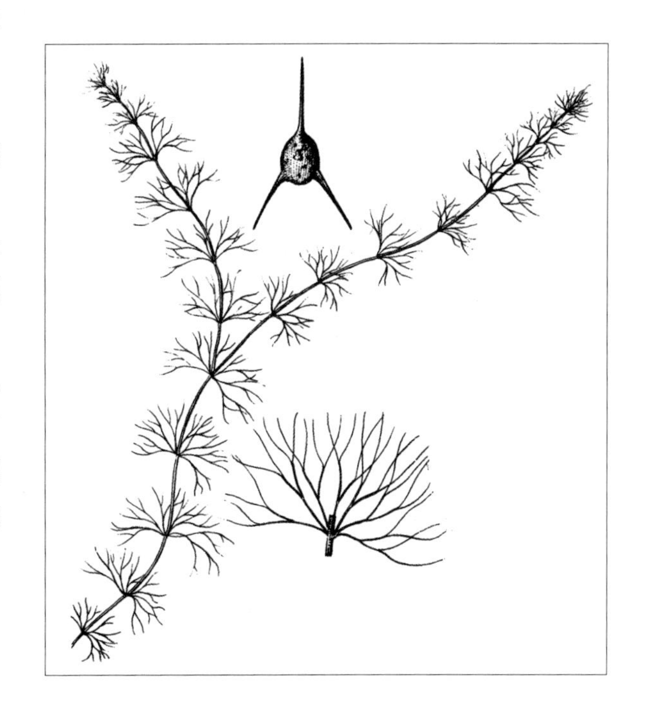

沉水水生草本。生于草原带的湖沼、池塘、水库中。产科尔沁（乌兰浩特市、科尔沁右翼中旗、科尔沁左翼中旗）。分布于我国黑龙江西南部、吉林西部、辽宁中北部、河北东部、宁夏北部、江苏、福建、台湾、湖北、云南，俄罗斯（西伯利亚地区）、哈萨克斯坦，欧洲东部。为古北极分布种。

用途同金鱼藻。

41. 芍药科 Paeoniaceae

灌木或多年生草本。根圆柱形或具纺锤形的块根。叶互生，常为一至三回三出复叶。单花顶生或数朵生枝顶或数朵生茎顶和茎上部叶腋，大型，直径 4cm 以上；苞片 2 ～ 6，叶状，大小不等，宿存；萼片 3 ～ 5，大小不等；花瓣 5 ～ 13（栽培种常为重瓣），倒卵形；雄蕊多数，离心发育；花盘杯状或盘状，革质或肉质，完全包裹或半包裹或仅基部包裹心皮；心皮通常 2 ～ 5，离生；胚珠多数，沿心皮腹缝线排成 2 裂。蓇葖果，果皮革质；种子大，数颗，有假种皮，光滑。

芍药属有发达的花盘；种子有假种皮，萌发时子叶留土；维管束几乎为周韧型，木质部不分叉，导管是梯纹的，纹孔为具缘纹孔；花大，雄蕊离心发育；花粉粒外壁具网状雕纹，3 孔沟；染色体大，基数为 5；胚在发育初期似裸子植物的银杏，有一个游离核的阶段；体内不含有毛茛甙和木兰花碱等一系列外部和内部的特征与毛茛科其他属有着明显的区别。因此，近代一些分类学家主张单独成科，我们也同意这种观点。

内蒙古有 1 属、2 种，另有 1 栽培种。

1. 芍药属 Paeonia L.

属的特征同科。

内蒙古有 2 种，另有 1 栽培种。

分种检索表

1a. 灌木；花盘发达，革质，杯状，完全包住心皮。栽培……………………………………**1. 牡丹 P. suffruticosa**

1b. 多年生草本；花盘不发达，肉质，仅包住心皮下部。

  2a. 小叶椭圆形至披针形，边缘密生白色骨质小齿；每茎着生 1 至数朵花；种子紫黑色或暗褐色……………………………………………………………………………………………………**2. 芍药 P. lactiflora**

  2b. 小叶倒卵形至宽卵形，边缘无骨质小齿；每茎单生 1 花；种子蓝紫色，干后变黑色，具红色假种皮………………………………………………………………………………………………… **3. 卵叶芍药 P. obovata**

1. 牡丹

Paeonia suffruticosa Andr. in Bot. Ropos. 6:t.373. 1804; Fl. China 6:128. 2001.

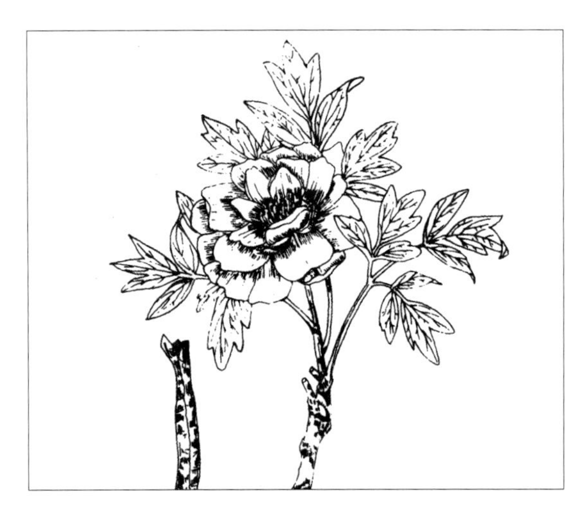

朝克泰 / 摄

落叶小灌木，高 100 ～ 200cm。分枝多，粗壮。二回三出复叶；叶柄长 10 ～ 25cm；小叶宽卵形至卵状长椭圆形，长 4 ～ 5.5cm，宽 3.5cm；顶生小叶 3 裂至中部，稀全缘，中央深裂片有时再 3 浅裂或 3 ～ 5 裂，小叶柄长 1cm；侧生小叶近无柄，叶下面带白色，平滑无毛，或少有短柔毛。花大，单生枝顶，径 10 ～ 20cm，单瓣或重瓣，红色或白色；雄蕊长约 1cm，花盘革质，红色；心皮 5，密生短褐色毛。果圆柱形，顶端具喙，密被黄褐色粗硬毛。花期 4 ～ 5 月，果期 5 ～ 6 月。

中生灌木。内蒙古呼和浩特市、包头市、赤峰市等地有栽培。原产我国安徽（巢湖市）、河南（洛阳市嵩县）等地，为华中分布种。现国内外广泛栽培，品种繁多。

其根皮名“丹皮”，有清热凉血、活血化瘀或行瘀的功效。

2. 芍药

Paeonia lactiflora Pall. in Reise Russ. Reich. 3:286. 1776; Fl. Intramongol. ed. 2, 2:574. t.234. f.1-5. 1991.——*P. lactiflora* Pall.var. *trichocarpa* (Bunge) Stern in J. Roy. Hort. Soc. 68:129. 1943; Fl. Intramongol. ed. 2, 2:576. t.234. f.6. 1991; Fl. China 6:131. 2001.——*P. albiflora* Pall. var. *trichocarpa* Bunge in Mem. Sav. Etrang. Acad. Sci. St.-Petersb. 2:77. 1833.

多年生草本，高 50 ～ 70cm，稀达 100cm。根圆柱形，长达 50cm，粗达 3cm，外皮紫褐色或棕褐色。茎圆柱形，上部略分枝，淡绿色，常略带红色，无毛。茎下部的叶为二回三出复叶，长达 25cm；小叶狭卵形、椭圆状披针形或狭椭圆形，长 7 ～ 12cm，宽 2 ～ 4cm，先端急尖或渐尖，基部楔形，边缘密生乳白色的骨质小齿，以手触之，有粗糙感，上面绿色，下面灰绿色；下部叶脉稍隆起，

被稀疏短柔毛，侧脉 5 ～ 7 对；叶柄长 6 ～ 10cm，圆柱形，淡绿色，略带红色，无毛。花顶生并腋生，直径 7 ～ 12cm，稀达 19cm；苞片 3 ～ 5，披针形，绿色，长 3 ～ 6cm；萼片 3 ～ 4，宽卵形，直径 1.5 ～ 2cm，绿色，边缘带红色，背面被极疏毛或无毛，顶端圆形或长尾状骤尖，骤尖长约 1cm；花瓣 9 ～ 13，倒卵形，长 3 ～ 5cm，宽 1 ～ 2.5cm，白色、粉红色或紫红色；雄蕊多数，长 1 ～ 1.5cm，花药黄色；花盘高约 2mm，顶部边缘不整齐，带淡红色；心皮 3 ～ 5，无毛或被毛，柱头淡紫红色。蓇葖果卵状圆锥形，长 3 ～ 3.5cm，宽约 1.3mm，先端变狭而成喙状；种子近球形，直径约 6mm，紫黑色或暗褐色，有光泽。花期 5 ～ 7 月，果期 7 ～ 8 月。

旱中生草本。生于森林带和草原带的山地和石质丘陵的灌丛、林缘、山地草甸、草甸草原群落中。产兴安北部及岭东（额尔古纳市、根河市、牙克石市、鄂伦春自治旗、阿尔山市、阿荣旗、扎兰屯市）、岭西和呼伦贝尔（海拉尔区、陈巴尔虎旗、鄂温克族自治旗、新巴尔虎左旗）、兴安南部和科尔沁（科尔沁右翼前旗、科尔沁右翼中旗、扎赉特旗、阿鲁科尔沁旗、巴林左旗、巴林右旗、翁牛特旗、克什克腾旗）、辽河平原（大青沟）、赤峰丘陵（红山区）、燕山北部（喀喇沁旗、宁城县、敖汉旗、兴和县苏木山）、锡林郭勒（东乌珠穆沁旗、西乌珠穆沁旗、锡林浩特市、多伦县、太仆寺旗）、阴山（大青山、蛮汗山、乌拉山）。分布于我国黑龙江北部和西北部、吉林西北部、辽宁中部和西部、河北、山西、宁夏南部、陕西西南部、甘肃东南部，日本、朝鲜、蒙古国东部和北部、俄罗斯（西伯利亚地区、远东地区）。为东古北极分布种。

根入药（药材名：赤芍），能清热凉血、活血散瘀，主治血热吐衄、肝火目赤、血瘀痛经、月经闭止、疮疡肿毒、跌打损伤。根

也入蒙药（蒙药名：乌兰－察那），能活血、凉血、散瘀，主治血热、血淤痛经。花大而美，可供观赏。根和叶含鞣质，可提制栲胶。

3. 卵叶芍药（草芍药）

Paeonia obovata Maxim. in Prim. Fl. Amur. 29. 1859; Fl. Intramongol. ed. 2, 2:576. t.235. 1991.

多年生草本，高 40 ～ 60cm。根圆柱形，多分枝，下部较细，长达 15cm，粗达 1cm，外皮棕褐色。茎圆柱形，淡绿色或带紫色，无毛，基部生数枚鞘状鳞片。叶 2 ～ 3，最下部的为二回三出复叶，长达 25cm，具长柄，上部为三出复叶或单叶；顶生小叶倒卵形或宽椭圆形，长 11 ～ 18cm，宽 6 ～ 10cm，先端急尖，基部楔形渐狭成短柄，全缘，上面深绿色，下面淡绿色，常沿脉疏生柔毛，有时无毛；侧生小叶略小，具短柄或几无柄，通常宽椭圆形；叶柄长 7 ～ 13cm，圆柱形，中间小叶的小叶柄长 2 ～ 4cm，侧生的小叶柄长 3 ～ 5mm。花单生于茎顶，直径 5 ～ 9cm；萼片 3 ～ 5，淡绿色，宽卵形或狭卵形，长 1.2 ～ 1.5cm，宽 6 ～ 9mm，顶端圆形，稀尾状渐尖，花谢后稍增大；花瓣 6，紫红色、白色或淡红色，倒卵形，长 2.5 ～ 4cm，宽 2 ～ 2.5cm，

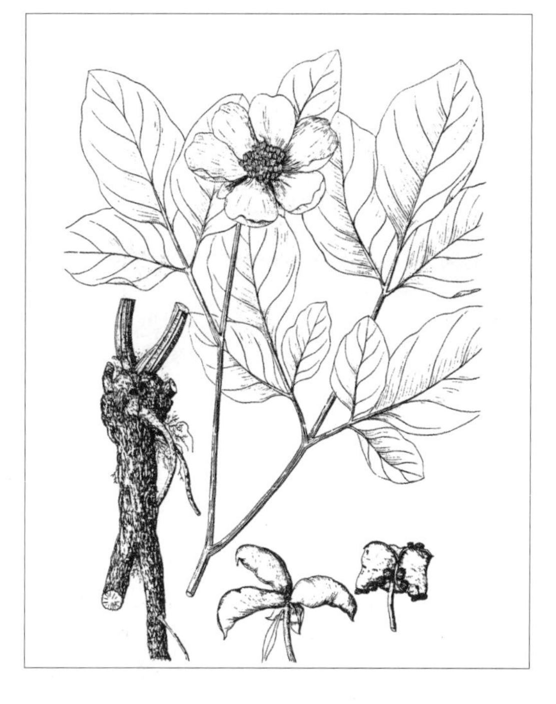

顶端圆形；雄蕊多数，长达 1.5cm，花药黄色；心皮 2 ～ 4，无毛。果宽卵形，长 2 ～ 3cm，宽约 1cm，顶部变狭，柱头拳卷，具宿存花萼，成熟时腹缝裂开，心皮反卷，内果皮鲜紫红色；种子倒卵形或近球形，长 5 ～ 7mm，蓝紫色，干后变黑色，有红色假种皮。花期 5 ～ 6 月，果期 7 ～ 9 月。

中生草本。生于落叶阔叶林带的山地林缘草甸、林下。产兴安南部和岭西（阿鲁科尔沁旗、巴林右旗、克什克腾旗、西乌珠穆沁旗东部）、燕山北部（喀喇沁旗、宁城县、兴和县苏木山）、阴山（大青山）。分布于我国黑龙江东部和南部、吉林东部、辽宁东部、河北西部、山西东北部、河南东南部和西部、陕西南部、宁夏南部、甘肃东南部、青海东部、安徽南部、江西北部、浙江西北部、湖南西北部、四川南部、贵州北部，日本、朝鲜、俄罗斯（远东地区）。为东亚分布种。

根入药，功能、主治同芍药。

42. 毛茛科 Ranunculaceae

一年生或多年生草本，稀为灌木或藤本。叶基生或互生，稀对生，单叶或复叶，掌状分裂或羽状分裂，稀全缘，通常无托叶，稀具膜质托叶。花单生或组成聚伞花序、总状花序、圆锥花序或伞形花序，两性，稀单性，辐射对称或两侧对称；萼片通常 4 ～ 5，或较多，或较少，有时呈花瓣状，覆瓦状排列或镊合状排列，离生；花瓣与萼片同数或较多，稀较少，有时无花瓣，离生，有些具距，基部常具蜜腺；雄蕊多数，稀少数，离生，螺旋状排列，花药 2 室，基底着生，纵裂，退化雄蕊有时存在；心皮 1 至多数，离生，稀合生，螺旋状排列，每心皮的胚珠 1 至多数，胚珠倒生，花柱和柱头通常单一。果实为蓇葖果或瘦果，稀为浆果，常具宿存的花柱；种子具丰富的胚乳和很小的胚。

内蒙古有 17 属、124 种。

分属检索表

1a. 花辐射对称。

2a. 叶互生或基生；直立草本，稀半灌木；果实为蓇突果、瘦果或浆果，瘦果成熟时除白头翁属外不具伸长的羽毛状花柱。

3a. 子房具数颗或多数胚珠，果实为蓇突果或浆果。

4a. 单叶。

5a. 无花瓣；叶不分裂，基部心形；花黄色或白色……………………………**1. 驴蹄草属 Caltha**

5b. 有花瓣，叶掌状分裂，花金黄色或橙黄色 ……………………………**2. 金莲花属 Trollius**

4b. 一至二回三出复叶或羽状复叶。

6a. 花多数组成圆锥花序或总状花序。

7a. 蓇突果；心皮 1 ～ 8，无花瓣；基生叶正常发育………………**3. 升麻属 Cimicifuga**

7b. 浆果；心皮 1，有花瓣；基生叶鳞片状 ………………………**4. 类叶升麻属 Actaea**

6b. 花单独顶生或少数组成单歧聚伞花序。

8a. 退化雄蕊存在，白色，膜质；花瓣基部有长距， 1 朵花有 5 个长距……………………………………………………………………………………………**5. 耧斗菜属 Aquilegia**

8b. 退化雄蕊不存在，花瓣无距。

9a. 心皮 5（～ 8）；花瓣倒卵形，顶端 2 裂，基部呈囊状，无柄；花单生；基生叶干枯后的叶柄紧密排列成丛；多年生草本…………**6. 拟耧斗草属 Paraquilegia**

9b. 心皮多数；花瓣漏斗状，二唇形，具短柄；花少数形组成单歧聚伞花序；枯叶柄不排列成密丛；一年生草本………………………**7. 蓝堇草属 Leptopyrum**

3b. 子房具 1 颗胚珠，果实为瘦果。

10a. 无花瓣；萼片花瓣状，通常紫红色或白色。

11a. 花下无总苞；多数小花组成圆锥状或聚伞状花序，稀总状花序………………………………………………………………………………………**8. 唐松草属 Thalictrum**

11b. 花下有总苞。

12a. 果实成熟时花柱不伸长成羽毛状；花单生或为聚伞花序，总苞片基部离生……………………………………………………………………………**9. 银莲花属 Anemone**

12b. 果实成熟时花柱伸长成羽毛状；花单生，总苞片基部合生………………………

……………………………………………………………………………………**10. 白头翁属 Pulsatilla**

10b. 有花瓣，萼片绿色。

13a. 花瓣无蜜槽……………………………………………………………**11. 侧金盏花属 Adonis**

13b. 花瓣有蜜槽。

14a. 水生植物；叶沉水中，丝状细裂；花白色，少黄色；果有横皱褶……………………

……………………………………………………………………**12. 水毛茛属 Batrachium**

14b. 陆生植物，叶不细裂，花黄色，果无横皱褶。

15a. 果有纵肋，植株具匍匐茎，单叶……………………**13. 水葫芦苗属 Halerpestes**

15b. 果平滑或有瘤状突起，植株通常无匍匐茎，单叶或三出复叶……………………

…………………………………………………………………**14. 毛茛属 Ranunculus**

2b. 叶对生；攀援藤本或草本，稀小灌木；果实为瘦果，成熟时具伸长的羽毛状花柱……………………

……………………………………………………………………………………**15. 铁线莲属 Clematis**

1b. 花两侧对称。

16a. 花有距，上萼片基部伸长成距……………………………………………**16. 翠雀属 Delphinium**

16b. 花无距，上萼片盔形、圆筒形或船形 ………………………………………… **17. 乌头属 Aconitum**

1. 驴蹄草属 Caltha L.

多年生草本。单叶，肾形或心形。花单生于茎顶或组成单歧聚伞花序；花两性，无花瓣；萼片 5 ～ 9，花瓣状，黄色，稀白色或红色；雄蕊多数；心皮 5 ～ 12 或更多，无柄或具短柄。蓇葖果开裂，种子多数。

内蒙古有 2 种。

分种检索表

1a. 花白色，小型，径约 6mm；茎匍匐，沉于水中；叶片浮于水面，边缘全缘或微波状；聚合果球形，蓇突果 20 ～ 30 …………………………………………………………………… **1. 白花驴蹄草 C. natans**

1b. 花黄色，大型，径约 2cm；茎直立或上升，陆生；叶片边缘全部具齿或至少在下部有齿；聚合果非球形，蓇突果 5 ～ 15。

2a. 叶多为圆肾形或近圆形，边缘全部具齿。

3a. 叶质较厚，草质 ……………………………………………**2a. 驴蹄草 C. palustris** var. **palustris**

3b. 叶质薄，近膜质 ……………………………**2b. 薄叶驴蹄草 C. palustris** var. **membranacea**

2b. 叶多为宽三角状肾形，边缘只在下部具齿，其他部分微波状或近全缘……………………

……………………………………………………………**2c. 三角叶驴蹄草 C. palustris** var. **sibirica**

1. 白花驴蹄草

Caltha natans Pall. in Reise Russ. Reich. 3:284. 1776; Fl. Intramongol. ed. 2, 2:424. t.170. f.1-13. 1991.

多年生草本。全株无毛。茎沉水中，匍匐，长 20 ～ 50cm 或更长，粗 2 ～ 3mm，分枝，节上生不定根。叶浮于水面，有长柄，柄长达 10cm，基部具膜质鞘；叶片圆肾形或心形，长 1 ～ 2cm，宽 1.5 ～ 3cm，先端钝圆，基部深心形，全缘或微波状缘。单歧聚伞花序生于茎顶或分枝顶端；

花小型，径约 6mm；萼片 5，白色或微带粉红色，倒卵形，长约 2.5mm，宽约 2mm。蓇葖果 20 ～ 30，长约 5mm，聚成球状，果喙短而直；种子小，近卵形，长约 0.6mm，两端尖，黑褐色。花期 6 ～ 7 月，果期 7 ～ 8 月。

湿生草本。生于森林带和森林草原带的沼泽草甸及沼泽中。产兴安北部（额尔古纳市、根河市、牙克石市）、岭东（鄂伦春自治旗大杨树镇）、岭西（西乌珠穆沁旗迪彦林场）、兴安南部（科尔沁右翼前旗、扎赉特旗、克什克腾旗）、锡林郭勒（锡林浩特市白音锡勒牧场）。分布于我国黑龙江，蒙古国东部和北部、俄罗斯（西伯利亚地区、远东地区），北美洲。为亚洲—北美分布种。

2. 驴蹄草

Caltha palustris L., Sp. Pl. 1:558. 1753; Fl. Intramongol. ed. 2, 2:426. t.171. f.1 1991.

2a. 驴蹄草

Caltha palustris L. var. **palustris**

多年生草本，高 20 ～ 50cm。全株无毛。根茎缩短，具多数粗壮的须根。茎直立或上升，单一或上部分歧。基生叶丛生，叶片圆形或圆肾形，长 2 ～ 5cm，宽 3 ～ 7cm，顶端圆形，基部深心形，边缘全部具齿；具长柄，柄长可达 30cm。茎生叶向上渐小，叶柄短或近无柄。单歧聚伞花序，花 2 朵；花梗长 2 ～ 10cm；萼片 5，黄色，倒卵形或倒卵状椭圆形，长 1 ～ 1.8cm，宽 0.6 ～ 1.2cm，先端钝圆，脉纹明显；雄蕊长 5 ～ 7mm；心皮 5 ～ 15，无柄，有短花柱。蓇葖果长 1 ～ 1.5cm；种子多数，卵状矩圆形，长 1.5 ～ 2mm，黑褐色。花期 6 ～ 7 月，果期 7 月。

湿中生草本。生于森林草原带的沼泽草甸、河岸、溪边。产兴安南部、科尔沁、阴山（四子王旗笔架山）。分布于我国河北北部、山西、河南西部、浙江、湖北西部、四川、云南西北部、贵州西部、西藏东南部、陕西、甘肃东部、新疆北部，北半球温带和寒温带广布。为泛北极分布种。

用途同三角叶驴蹄草。

2b. 薄叶驴蹄草（膜叶驴蹄草）

Caltha palustris L. var. **membranacea** Turcz. in Bull. Soc. Imp. Nat. Mosc. 15:62. 1842; Fl. Intramongol. ed. 2, 2:426. 1991.

本变种与正种的区别：叶质薄、近膜质。

湿中生草本。生于森林带的溪边、沼泽草甸或林中。产兴安北部（根河市、牙克石市、阿尔山市白狼镇）。分布于我国黑龙江、吉林、辽宁，日本、朝鲜、蒙古国东部和北部、俄罗斯（东西伯利亚地区）。为东西伯利亚—东亚北部分布变种。

2c. 三角叶驴蹄草（西伯利亚驴蹄草）

Caltha palustris L. var. **sibirica** Regel in Bull. Soc. Imp. Nat. Mosc. 34:53. 1861; Fl. Intramongol. ed. 2, 2:426. t.171. f.2-3. 1991.

本变种与正种的区别：叶多为三角状肾形，边缘只在下部有齿，其他部分微波状或近全缘。

轻度耐盐的湿中生草本。生于森林带和草原带的沼泽草甸、盐化草甸、河岸。产兴安北部（额尔古纳市、根河市、牙克石市、东乌珠穆沁旗宝格达山）、呼伦贝尔（海拉尔区、鄂温克族自治旗）、兴安南部、科尔沁（科尔沁右翼前旗和科尔沁右翼中旗、扎赉特旗、阿鲁科尔沁旗、克什克腾旗、翁牛特旗）、辽河平原（大青沟）、燕山北部（喀喇沁旗）、锡林郭勒（锡林浩特市白音锡勒牧场、苏尼特左旗）、东阿拉善（磴口县）。分布于我国黑龙江、吉林、辽宁、山东，日本、朝鲜、俄罗斯（远东地区）。为东亚北部分布变种。

全草有毒，在放牧场上于饲料缺乏季节，牲畜误食，可引起中毒，但干草中毒素减少。全草入药，能祛风、散寒，主治头昏目眩、周身疼痛；外用治烧伤、化脓性创伤或皮肤病。

2. 金莲花属 **Trollius** L.

多年生草本。叶基生或茎生。单叶，掌状分裂。花单生于茎顶或分枝顶端，大型，金黄色、橙黄色，稀淡紫色；萼片 5 至多数，花瓣状；花瓣 5 至多数，条形或匙形，较萼片短、等长或较长，基部具蜜槽；雄蕊多数。蓇葖果多数，集成头状，1 室，具多数种子；种子椭圆形至宽椭圆形，黑色，光滑。

内蒙古有 3 种。

分种检索表

1a. 花瓣比雄蕊长，花柱黄色。

　　2a. 花瓣与萼片近等长……………………………………………………………**1. 金莲花 T. chinensis**

　　2b. 花瓣比萼片短…………………………………………………………**2. 短瓣金莲花 T. ledebourii**

1b. 花瓣与雄蕊近等长，花柱紫色 ………………………………………………**3. 阿尔泰金莲花 T. altaicus**

1. 金莲花

Trollius chinensis Bunge in Mem. Acad. Imp. Sci. St.-Petersb. Ser.6, Sci. Math. 2:77. 1835; Fl. Intramongol. ed. 2, 2:428. t.172. f.1-3. 1991.

多年生草本，高 40 ～ 70cm。全株无毛。茎直立，单一或上部稍分枝，有纵棱。基生叶叶片近五角形，长 4 ～ 7cm，宽 6 ～ 15cm，3 全裂，中央裂片菱形，3 裂至中部，侧裂片 2 深裂至基部，裂片近菱形或歪倒卵形，2 ～ 3 中裂，小裂片具缺刻状尖牙齿；具长柄，柄长可达 20cm。茎生叶似基生叶，叶柄向上渐短，茎顶部者无柄，叶片向上渐小，裂片较窄。花 1 ～ 2 朵，生于茎顶或分枝顶端，花梗长达 17cm；萼片（6 ～）10 ～ 15（～ 19），金黄色，干时不变绿色，椭圆状倒卵形或倒卵形，长 1.5 ～ 2.3cm，宽 1 ～ 1.8cm，先端钝圆，全缘或顶端具不整齐的小牙齿；花瓣与萼片近等长，狭条形，长 1.5 ～ 2.5cm，宽约 1.5mm，蜜槽生于基部；雄蕊多数，长 0.5 ～ 1.1cm；心皮 20 ～ 30。蓇葖果长约 1cm；果喙短，长约 1mm。花期 6 ～ 7 月，果期 8 ～ 9 月。

湿中生草本。生于森林带的山地林下、林缘草甸、沟谷草甸及其他低湿地草甸，是常见的草甸伴生种。产兴安北部（东乌珠穆沁旗宝格达山）、

兴安南部（阿鲁科尔沁旗、巴林右旗、克什克腾旗）、赤峰丘陵（红山区、翁牛特旗）、燕山北部（喀喇沁旗、宁城县、兴和县苏木山）、锡林郭勒（锡林浩特市）、阴山（大青山、蛮汗山、乌拉山）。分布于我国吉林西部、辽宁西部和东北部、河北、山西、河南西部。为华北—兴安分布种。

花入药，能清热解毒，主治上呼吸道感染、急慢性扁桃体炎、肠炎、痢疾、疮疖脓肿、外伤感染、急性中耳炎、急性鼓膜炎、急性结膜炎、急性淋巴管炎。花也入蒙药（蒙药名：阿拉坦花－其其格），能止血消炎，愈创解毒，主治疮疖痈疽及外伤等。花大而鲜艳，可供观赏。

2. 短瓣金莲花

Trollius ledebourii Rchb. in Ic. Pl. Crit. 3:63. 1825; Fl. Intramongol. ed. 2, 2:429. t.172. f.4-5. 1991.

多年生草本，高达 110cm。全株无毛。根状茎短粗，着生多数须根。茎直立，单一或上部稍分枝。基生叶 2 ～ 3，叶片五角形，长 4 ～ 7cm，宽 8 ～ 13cm，基部心形，3 全裂，中央全裂片菱形，3 中裂，边缘有小裂片及三角形小牙齿，侧全裂片斜扇形，不等 2 深裂近基部；具长柄，叶柄长 10 ～ 30cm，叶柄基部加宽，抱茎，边缘膜质。茎生叶与基生叶相似，上部的较小而柄变短。花单生或 2 ～ 3 朵生于茎顶或分枝顶端，橙黄色，开展，直径 3 ～ 5cm；苞片无柄，3 裂；花梗长 5 ～ 15cm；萼片 5 ～ 10，花瓣状，黄色，椭圆状卵形、倒卵形或椭圆形，顶端圆形，有不明显的浅齿，长 1.2 ～ 3cm，宽 1 ～ 1.5cm；花瓣 10 ～ 22，比雄蕊长，但比萼片短，条形，长 1 ～ 1.5cm，宽约 1mm；雄蕊长达 9mm，花药长 3.5mm。蓇葖果 20 ～ 30，长约 8mm，喙长约 1mm；种子多数，黑褐色，近椭圆形，长 1.2 ～ 1.5mm。花期 6 ～ 7 月，果期 7 ～ 8 月。

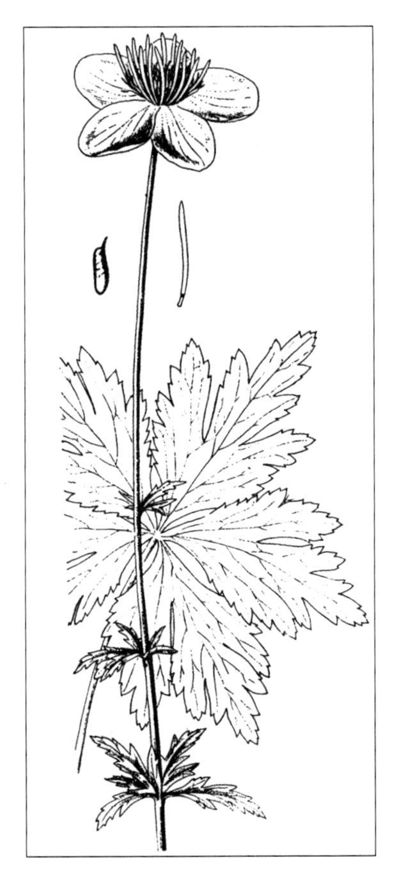

湿中生草本。生于森林带的林缘草甸、沟谷湿草甸及河滩湿草甸，是常见的草甸伴生种。产兴安北部及岭东和岭西（额尔古纳市、根河市、鄂伦春自治旗、牙克石市、阿尔山市、鄂温克族自治旗、东乌珠穆沁旗宝格达山、科尔沁右翼前旗、扎赉特旗）。分布于我国黑龙江、吉林东部、辽宁东北部，蒙古国东部和北部、俄罗斯（东西伯利亚地区、远东地区）。为东西伯利亚—满洲分布种。

用途同金莲花。

3. 阿尔泰金莲花

Trollius altaicus C. A. Mey. in Verz. Pflanz. Caucs. 200. 1831; Fl. Intramongol. ed. 2, 2:429. 1991.

多年生草本，高 30 ～ 70cm。全株无毛。基生叶叶片五角形，长 3.5 ～ 6cm，宽 6.5 ～ 11cm，基部心形，3 全裂，中央全裂片菱形，又 3 中裂，裂片有小裂片和锐牙齿，侧全裂片 2 深裂，上侧裂片与中全裂片相似并近等大；具长柄，柄长 7 ～ 36cm，基部具狭鞘。茎生叶与基生叶相似，柄向上渐短。花单生于茎顶，直径 3 ～ 5cm；萼片 10 ～ 18，橙黄色，倒卵形或宽倒卵形，长 1.6 ～ 2.5cm，宽 0.9 ～ 2cm，顶端圆形，常疏生浅齿，有时全缘；花瓣比雄蕊短或与雄蕊等长，狭条形，顶端渐变狭，长 6 ～ 13mm，宽约 1mm；雄蕊长 7 ～ 13mm，花药长 3 ～ 4mm；心皮约 16，花柱紫色。蓇葖果长约 1cm，喙长约 1mm；种子长约 1.2mm，椭圆球形，黑色，有不明显纵棱。花期 5 ～ 7 月，果期 8 月。

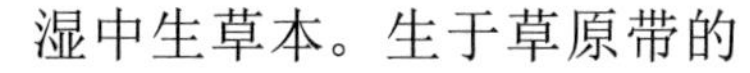

湿中生草本。生于草原带的山地草甸、沟谷林下。产阴山（乌拉山）。分布于我国新疆（塔城地区、阿尔泰地区），蒙古国西部、俄罗斯（西伯利亚地区），中亚。为中亚—亚洲中部山地分布种。

用途同金莲花。

3. 升麻属 Cimicifuga L.

多年生草本。根茎粗大，生多数须根。茎直立，单一，叶基生和茎生，一至三回三出或近羽状复叶。总状花序，常集成圆锥花序，花两性或单性（雌雄异株），小型，白色；萼片 2 ～ 5，花瓣状，早落；花瓣不存在；退化雄蕊 1 ～ 8，稀缺，先端膜质，近全缘或微裂至二叉状深裂，具空花药或无；雄蕊多数；心皮 1 ～ 8，有短柄或无柄，胚珠多数。蓇葖果椭圆形至倒卵状椭圆形，顶端具喙状宿存花柱；种子少数，椭圆形至狭椭圆形，黄褐色，通常四周具不等长的膜质鳞片。

内蒙古有 2 种。

分种检索表

1a. 复总状花序，多分枝；花单性，雌雄异株；退化雄蕊先端二叉状中裂至深裂，有 2 枚乳白色的空花药……………………………………………………………………………**1. 兴安升麻 C. dahurica**

1b. 总状花序单一或仅基部稍分枝；花两性；退化雄蕊先端近全缘或 2 浅裂，无空花药……………………………………………………………………………………………**2. 单穗升麻 C. simplex**

1. **兴安升麻**（升麻、窟窿牙根）

Cimicifuga dahurica (Turcz. ex Fisch. et C. A. Mey.) Maxim. in Prim. Fl. Amur. 28. 1859; Fl. Intramongol. ed. 2, 2:431. t.173. f.1-7. 1991.——*Actinospora dahurica* Turcz. ex Fisch. et C. A. Mey. in Ind. Sem. Hort. Bot. Petrop. 1:21. 1835.

多年生草本，高 100 ～ 200cm。根状茎粗大，黑褐色，有数个明显的洞状茎痕及多数须根。茎直立，单一，粗壮，无毛或疏被柔毛。下部茎生叶为二至三回三出或三出羽状复叶；小叶宽菱形或狭卵形，长 5 ～ 12cm，宽 3 ～ 12cm；中央小叶有柄；两侧小叶通常无柄；顶生小叶较大，3 浅裂至深裂，基部近截形、近圆形、宽楔形或微心形，先端渐尖，边缘具不规则的锯齿，上面深绿色，无毛，下面灰绿色，沿脉疏被短柔毛。雌雄异株，复总状花序，多分枝，雄花序长达 30cm，雌花序稍短；花序轴和花梗密生短柔毛和腺毛；苞片狭条形，长约 3mm，渐尖；萼片 5，花瓣状，宽椭圆形或宽倒卵形，长约 3mm，早落；退化雄蕊 2 ～ 4，上部二叉状中裂至深裂，先端各具 1 枚圆形乳白色空花药；雄蕊多数，通常比花的其他部分长；心皮 3 ～ 7，被短柔毛或近无毛，无柄或具短柄。蓇葖果卵状椭圆形或椭圆形，长 7 ～ 10mm，宽 3 ～ 5mm，被短柔毛或无毛，具短柄；种子棕褐色，椭圆形，长约 3mm，宽约 2mm，周围具膜质鳞片，两侧者宽而长。花期 7 ～ 8 月，果期 8 ～ 9 月。

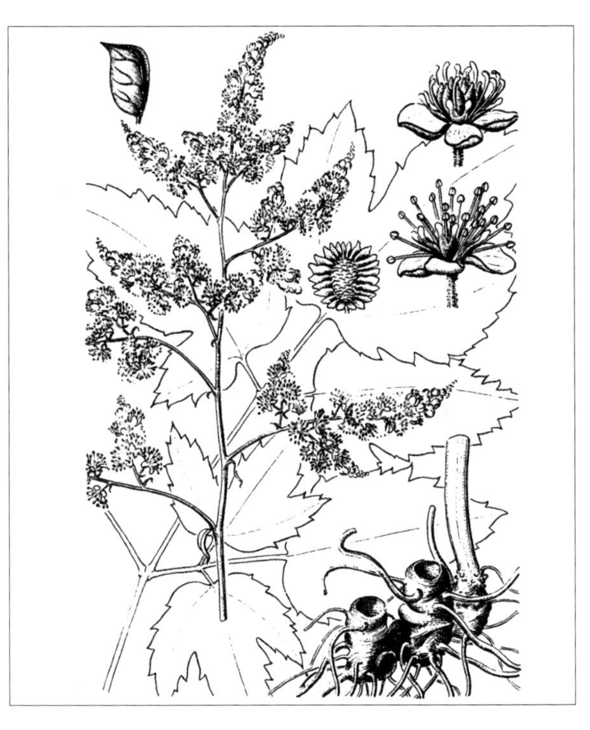

中生草本。生于森林带和草原带的山地林下、灌丛或草甸中。产兴安北部及岭东和岭西（额尔古纳市、根河市、鄂伦春自治旗、牙克石市、东乌珠穆沁旗宝格达山、阿荣旗、西乌珠穆沁旗迪彦林场）、兴安南部（科尔沁右翼前旗、科尔沁右翼中旗、扎赉特旗、阿鲁科尔沁旗、巴林左旗、巴林右旗、克什克腾旗）、燕山北部（喀喇沁旗、宁城县、兴和县苏木山、敖汉旗）、阴山（大青山、蛮汗山、察哈尔右翼中旗辉腾梁）。分布于我国黑龙江、吉林东部、辽宁、河北、河南、山东、山西、陕西，朝鲜、蒙古国（大兴安岭）、俄罗斯（东西伯利亚地区、远东地区）。为东古北极（东西伯利亚—满洲—华北）分布种。

根状茎入药（药材名：升麻），能散风清热、升阳透疹，主治风热头痛、麻疹、斑疹不透、胃火牙痛、火泻脱肛、胃下垂、子宫脱垂。根状茎也入蒙药（蒙药名：兴安乃－扎白），能解表、解毒，主治胃热、咽喉肿痛、口腔炎、扁桃腺炎。

2. 单穗升麻

Cimicifuga simplex (DC.) Wormsk. ex Turcz. in Bull. Soc. Imp. Nat. Mosc. 15(1):87. 1842; Fl. Intramongol. ed. 2, 2:433. t.174. f.1-3. 1991.——*Actaea cimicifuga* L. var. *simplex* DC. in Prodr. 1:64. 1824.

多年生草本，高超过 100cm。根状茎粗大，黑褐色，具多数须根。茎直立，单一，在花序以下无毛。叶大型，二至三回三出羽状复叶，具长柄，柄长约 26cm；小叶狭卵形或菱形，长 3 ～ 7cm，宽 1.5 ～ 4cm，分裂或不裂，边缘有缺刻状牙齿，上面绿色，无毛，下面灰绿色，沿脉疏被毛。总状花序不分枝或仅基部稍分枝，长达 35cm；花序轴和花梗密生腺毛和短柔毛；苞片楔形或卵形，极短，长约 1mm；花两性，萼片 4 ～ 5，白色，宽卵形，长约 5mm，宽约 3.5mm，花瓣状，早落；退化雄蕊 2，椭圆形或卵形，基部具短柄，顶端膜质，微波状缘或 2 浅裂；雄蕊多数，比花的其他部分长；心皮 2 ～ 7，密被灰白色短柔毛，具短梗，果期伸长。蓇葖果具长梗，梗长约 4mm，果长椭圆形或椭圆形，长 6 ～ 9mm，宽 4 ～ 5mm，果喙弯曲呈小钩状；种子椭圆形，长约 3.5mm，四周被膜质鳞片。花期 7 ～ 8 月，果期 8 ～ 9 月。

中生草本。生于森林带和草原带的山地灌丛、林缘草甸及林下。产兴安北部（额尔古纳市、根河市、鄂伦春自治旗、东乌珠穆沁旗宝格达山）、兴安南部（科尔沁右翼前旗、扎鲁特旗、克什克腾旗）、燕山北部（喀喇沁旗、兴和县苏木山）、阴山（蛮汗山）。分布于我国黑龙江、吉林东部、辽

宁东部、河北、山西、陕西南部、甘肃东南部、四川、浙江西北部、台湾、广东北部，日本、朝鲜、蒙古国（大兴安岭）、俄罗斯（东西伯利亚地区、远东地区）。为东西伯利亚—东亚分布种。

药用同兴安升麻。茎、叶可提取芳香油。

4. 类叶升麻属 Actaea L.

多年生草本。根状茎粗壮，生多数须根。茎单一，直立。叶互生，二至三回三出羽状复叶。总状花序，花辐射对称，白色，小型；萼片通常 4，花瓣状；花瓣 1 ～ 6，稀无，小型，匙状，有长爪；雄蕊多数，花药卵圆形，黄白色；心皮 1，子房 1 室。果为浆果，黑色或红色，多汁；种子多数，卵形，具 3 棱，干后表面稍粗糙。

内蒙古有 2 种。

分种检索表

1a. 花梗在果期增粗，直径约 1mm；果黑色 ……………………………………………………**1. 类叶升麻 A. asiatica**

1b. 花梗在果期不增粗，直径约 0.6mm；果红色………………………………**2. 红果类叶升麻 A. erythrocarpa**

1. 类叶升麻

Actaea asiatica Hara in J. Lap. Bot. 15:313. 1939; Fl. Intramongol. ed. 2, 2:436. t.175. f.1-5. 1991.

多年生草本，高 60 ～ 80cm。根状茎粗壮，暗褐色。茎下部无毛，上部被白色短柔毛。叶大型，二至三回三出羽状复叶；中央小叶倒卵型，长 4 ～ 7cm，宽 2.5 ～ 5cm，基部宽楔形至楔形，先端 3 浅裂，边缘具不整齐的尖牙齿；侧生小叶矩圆形或卵状披针形，长 2 ～ 7cm，宽 1.5 ～ 2.5cm，基部歪楔形，先端渐尖，边缘具不整齐的尖牙齿，上面绿色，无毛，下面灰绿色，沿脉疏被毛；叶柄长 10 ～ 16cm。总状花序长约 4cm；花序轴与花梗被短柔毛；花梗长 5 ～ 8mm，粗约 1mm，果期开展或稍向上弯曲；花小，白色；萼片 4，倒卵状椭圆形，长约 3.5mm，宽约 2.5mm，早落；花瓣 6，匙形，长 1.5 ～ 2.5mm，宽约 0.7mm，脱落；雄蕊多数，花丝丝状；雌蕊 1，柱头膨大成圆盘状。浆果近球形，径 4 ～ 6mm，黑色；种子约 6 粒，卵形，具 3 棱，长约 3mm，宽约 2mm，深褐色。花期 6 月，果期 7 ～ 9 月。

耐阴中生草本。生于草原带的山地阔叶林下。产燕山北部（宁城县黑里河林场）、阴山（大青山）、贺兰山。分布于我国黑龙江、吉林、辽宁、河北、山东、山西、陕西、湖北西部、四川、甘肃东部、青海东部、西藏东部、云南西北部，日本、朝鲜、俄罗斯（远东地区）。为东亚分布种。

根状茎入药，有清热解毒的效用。国外民间也药用，治气喘、甲状腺肿、疟疾等。

2. 红果类叶升麻

Actaea erythrocarpa Fisch. in Fisch. et C. A. Mey. in Ind. Sem. Hort. Petrop. 1:20. 1835; Fl. Intramongol. ed. 2, 2:436. t.175. f.6. 1991.

多年生草本，高 50 ～ 60cm。根状茎粗壮，生多数须根，黑褐色，茎疏被短柔毛，上部近花序处渐密。叶二至三回三出羽状复叶，具长柄；中央小叶倒卵形，长达 9cm，宽达 8cm，先端 3 浅裂，边缘具不整齐的尖牙齿；侧小叶卵状披针形或椭圆形，长 2 ～ 8cm，宽 1.5 ～ 3.5cm，基部歪楔形，先端渐尖，边缘具不整齐的尖牙齿，叶上面绿色，无毛，下面灰绿色，沿脉疏被短柔毛。总状花序长 5 ～ 9cm；花序轴与花梗被短柔毛；花梗细，径约 0.6mm，果期开展；花小，白色；萼片 4，倒卵状椭圆形，长约 3.5mm，宽约 2.5mm，早落；花瓣 6，匙形，长 15 ～ 2.5mm，宽约 0.7mm，脱落；雄蕊多数，花丝丝状；雌蕊 1，柱头膨大成圆盘状。浆果近球形，径 4 ～ 5mm，红色；种子约 8 粒，长约 3mm，宽约 2mm，近黑色，干后表面稍粗糙。花期 6 月，果期 7 ～ 9 月。

耐阴中生草本。生于森林带的山地阔叶林下，也出现于荒漠带的山地云杉林下。产兴安北部（额尔古纳市、根河市）、兴安南部（巴林右旗、克什克腾旗）、贺兰山（哈拉乌北沟）。分布于我国黑龙江、吉林、辽宁、河北、山西，日本、蒙古国北部、俄罗斯（西伯利亚地区、远东地区），欧洲。为古北极分布种。

5. 耧斗菜属 Aquilegia L.

多年生草本。基生叶为二至三回三出复叶，具长柄，叶柄基部具鞘；茎生叶似基生叶，较小，互生，有短柄或近无柄。单歧或二歧聚伞花序；花辐射对称；萼片 5，花瓣状，紫色、蓝紫色、淡紫色、黄绿色或白色；花瓣 5，与萼片同色或异色，瓣片基部延长成距，位于萼片间；雄蕊多数，内轮者常为退化雄蕊，白色，膜质，无花药；心皮 3 ～ 15，通常 5，分离，有胚珠多数，花柱宿存，稀脱落。蓇葖果通常直立，顶端具细喙，表面有明显的网脉；种子多数，细小，有光泽，常为黑色。

内蒙古有 6 种。

分种检索表

1a. 花瓣的距与瓣片近等长，长 3 ～ 5mm；退化雄蕊边缘皱波状；雄蕊和花柱比萼片短；具茎生叶……**1. 小花耧斗菜 A. parviflora**

1b. 花瓣的距比瓣片长。

  2a. 距直伸或末端向内弯曲；雄蕊和花柱比萼片长，明显超出。

    3a. 萼片较开展，比花瓣瓣片长；花梗近无毛；花浅紫蓝色……………**2. 细距耧斗菜 A. leptoceras**

    3b. 萼片贴近花瓣，与花瓣瓣片近等长；花梗被腺毛。

      4a. 花较大，黄绿色………………………………………**3a. 耧斗菜 A. viridiflora** var. **viridiflora**

      4b. 花较小，萼片灰绿色带紫色，花瓣暗紫色…**3b. 紫花耧斗菜 A. viridiflora** var. **atropurpurea**

  2b. 距末端向内弯曲呈钩状；雄蕊和花柱比萼片短，不超出。

    5a. 茎生叶明显；萼片卵状披针形，先端渐尖；植株高达 50 ～ 90cm。

      6a. 花瓣瓣片、萼片和距均为紫色，花药黄色，退化雄蕊边缘皱波状；叶下面被白色短柔毛，稀近无毛………………………………………………………………**4. 华北耧斗菜 A. yabeana**

      6b. 花瓣瓣片黄白色，萼片和距均为紫色，或花瓣瓣片和萼片均为黄白色，花药黑色，退化雄蕊边缘非皱波状；叶下面无毛…………………………………**5. 尖萼耧斗菜 A. oxysepala**

    5b. 茎生叶不存在或极为退化；萼片卵形，先端钝或钝尖，蓝紫色；花瓣上部黄白色，下部和距均为蓝紫色；植株高约 40cm………………………………………**6. 阿穆尔耧斗菜 A. amurensis**

1. 小花耧斗菜

Aquilegia parviflora Ledeb. in Mem. Acad. Imp. Sci. St.-Petersb. Hist. Acad. 5:544. 1815; Fl. Intramongol. ed. 2, 2:439. t.176. f.1-2. 1991.

多年生草本，高 30 ～ 60cm。垂直根状茎圆柱形，长 4 ～ 6cm，粗 3 ～ 8mm，其下着生粗大肉质的圆锥状直根，长约 10cm，粗达 1.5cm，灰黄褐色。茎单一或数个，上部近花序处分枝，无

毛或近无毛。基生叶数个，二回三出复叶，有长达 20cm 的柄；小叶通常无柄，或有 1 ～ 3mm 长的短柄，小叶片倒卵形或椭圆形，长 1.5 ～ 3.5cm，宽 0.5 ～ 2.5cm，基部圆状楔形或楔形，顶端具 2 ～ 3 粗圆齿或无齿，近革质，上面绿色，无毛，下面灰绿色或灰白色，疏被白色短柔毛，边缘稍向下面反卷；茎生叶少数，下部通常无叶，中部叶一至二回三出，与基生叶近同形，但叶柄短，叶片较小，上部叶一回三出或单叶 3 深裂，小叶椭圆状披针形至条状披针形，全缘。单歧聚伞花序，有花 3 ～ 6 朵至 10 余朵；苞片 3 深裂或不裂，条状披针形；花梗长 2 ～ 6cm，无毛；萼片蓝紫色，稀白色，卵形，长 1 ～ 2cm，宽 0.6 ～ 1.2cm，基部骤狭，先端钝；花瓣瓣片钝圆形，近白色，长 3 ～ 5mm，距短，长 3 ～ 5mm，淡蓝紫色，末端直或微弯；雄蕊比萼片短，花药黄色；退化雄蕊条状长圆形，白色，膜质，长 5 ～ 6mm，边缘皱波状；心皮 5，被腺状柔毛，花柱细长。蓇葖果长 1.2 ～ 2.3cm，疏被长柔毛；种子狭卵形，长约 2mm，宽约 1mm，黑色，具光泽。花期 6 ～ 7 月，果期 7 ～ 8 月。

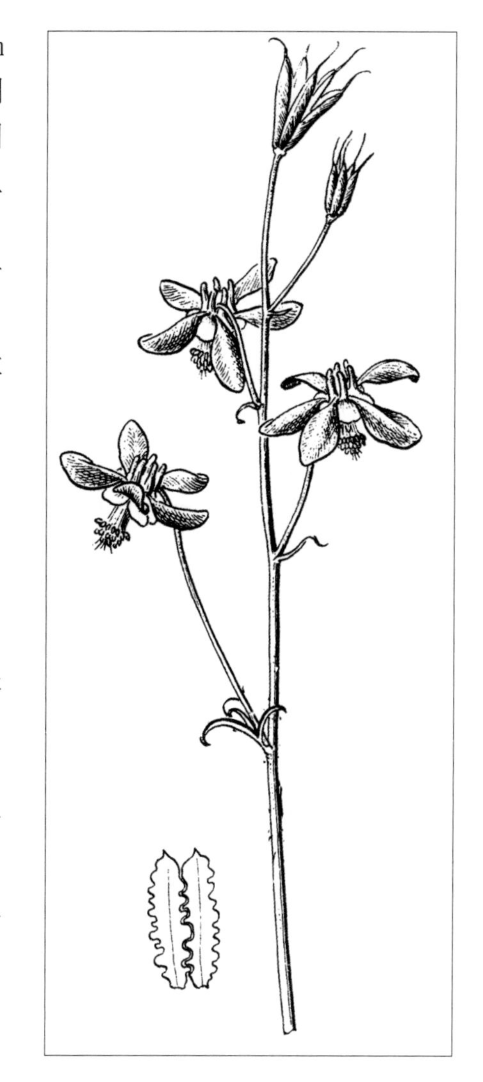

中生草本。生于森林带的山地林下、林缘草甸。产兴安北部及岭东和岭西（额尔古纳市、根河市、鄂伦春自治旗、牙克石市、陈巴尔虎旗、扎兰屯市）。分布于我国黑龙江西北部（呼玛县、漠河市），俄罗斯（东西伯利亚地区）。为东西伯利亚分布种。

全草入蒙药，功能、主治同耧斗菜。

2. 细距耧斗菜

Aquilegia leptoceras Fisch. et Mey. in Ind. Sem. Hort. Petrop. 4:33. 1837; Fl. Intramongol. ed. 2, 2:439. 1991.

多年生草本，高 20 ～ 30cm。茎无毛或疏被毛。基生叶为三出复叶，小叶基部圆状楔形，先端浅裂，上面绿色，下面蓝灰色，被短柔毛；具长柄，叶柄被腺毛。茎生叶 1 至数枚，三出复叶，裂片狭窄。花梗无毛或疏被毛；花径 3 ～ 5cm，浅紫蓝色；萼片椭圆形或矩圆形，开展，长 1.8 ～ 2.5cm，宽约 1.2cm；瓣片带蓝色或近白色，边缘黄色，长 1 ～ 1.2cm，距细长，直伸或先端稍弯，与萼片近等长；雄蕊比瓣片稍长，比心皮短。蓇葖果长约 2cm，近无毛或疏被腺毛；种子黑色，稍具光泽。

中生草本。生于森林带的山地林下、林缘草

甸。产兴安北部（大兴安岭）。分布于俄罗斯（东西伯利亚地区）。为东西伯利亚分布种。

标本未见，根据《东北草本植物志》第三卷收载。

3. 耧斗菜（血见愁）

Aquilegia viridiflora Pall. in Act. Acad. Sci. Imp. Petrop. 3(2):260. t.11. f.1. 1779; Fl. Intramongol. ed. 2, 2:439. t.176. f.3-5. 1991.

3a. 耧斗菜

Aquilegia viridiflora Pall. var. **viridiflora**

多年生草本，高 20 ～ 40cm。直根粗大，圆柱形，粗达 1.5cm，黑褐色。茎直立，上部稍分枝，被短柔毛和腺毛。基生叶多数，二回三出复叶，具长柄，长达 15cm，被短柔毛和腺毛，柄基部加宽；中央小叶楔状倒卵形，长 1.5 ～ 3.5cm，宽 1 ～ 3.5cm，具短柄，柄长 1 ～ 5mm；侧生小叶歪倒卵形，无柄，小叶 3 浅裂至中裂，小裂片具 2 ～ 3 个圆齿，上面绿色，无毛，下面灰绿色带黄色，被短柔毛。茎生叶少数，与基生叶同形而较小，或一回三出，具柄或无柄。单歧聚伞花序；花梗长 2 ～ 5cm，被腺毛和短柔毛；花黄绿色；萼片卵形至卵状披针形，长 1.2 ～ 1.5cm，宽 5 ～ 8mm，与花瓣瓣片近等长，先端渐尖，里面无毛，外面疏被毛；花瓣瓣片长约 1.4cm，上部宽达 1.5cm，先端圆状截形，两面无毛，距细长，长约 1.8cm，直伸或稍弯；雄蕊多数，比花瓣长，伸出花外，花丝丝状，花药黄色；退化雄蕊白色膜质，条状披针形，长 7 ～ 8mm；心皮 4 ～ 6，通常 5，密被腺毛和柔毛，花柱细丝状，显著超出花的其他部分。蓇葖果直立，被毛，长约 2cm，相互靠近，宿存花柱细长，与果近等长，稍弯曲；种子狭卵形，长约 2mm，宽约 0.7mm，黑色，有光泽，三棱状，其中有 1 棱较宽，种皮密布点状皱纹。花期 5 ～ 6 月，果期 7 月。

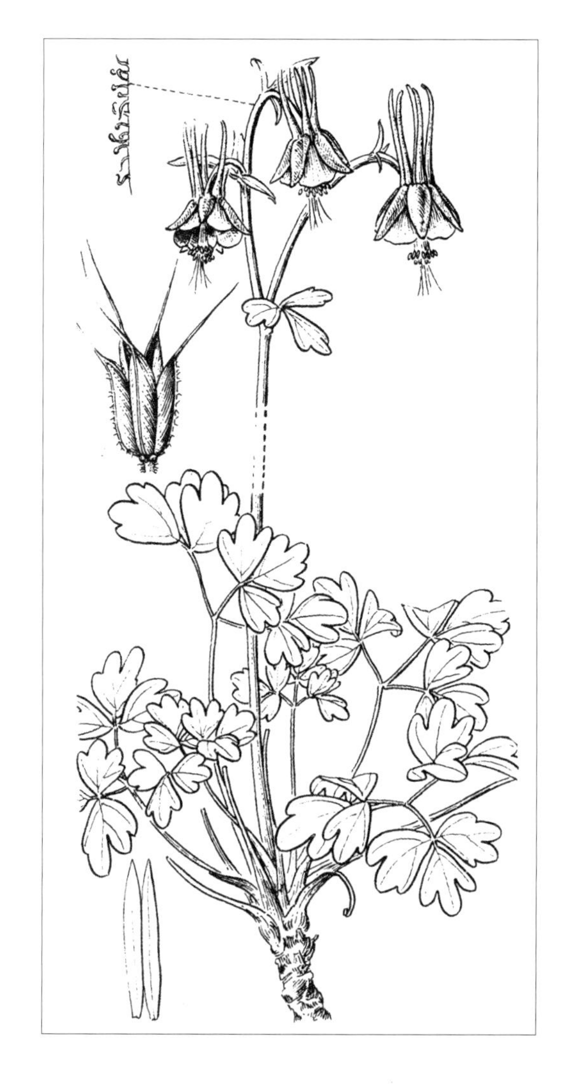

旱中生草本。生于森林带、草原带和荒漠带的石质山坡的灌丛间与基岩露头上及沟谷中。产兴安北部（根河市、牙克石市）、呼伦贝尔（海拉尔区、满洲里市）、兴安南部（科尔沁右翼前旗、扎赉特旗、阿鲁科尔沁旗、巴林左旗、巴林右旗、克什克腾旗）、赤峰丘陵（翁牛特旗、红山区、喀喇沁旗）、锡林郭勒（东乌珠穆沁旗、西乌珠穆沁旗、镶黄旗）、乌兰察布（达尔罕茂明安联合旗吉穆斯泰山、固阳县）、阴山（大青山、察哈尔右翼中旗辉腾梁、乌拉山）、东阿拉善（桌子山、狼山）、贺兰山、龙首山。分布于我国黑龙江、吉林东部、辽宁南部、河北、山西中部、山东西部、江苏、湖北、陕西北部、甘肃东部、宁夏西北部、青海东部，日本、蒙古国

东部和北部及西部、俄罗斯（东西伯利亚地区、远东地区）。为东古北极分布种。

全草入药，能调经止血、清热解毒，主治月经不调、功能性子宫出血、痢疾、腹痛。全草也入蒙药（蒙药名：乌日乐其－额布斯），能调经、治伤、燥“协日乌素”、止痛，主治阴道疾病、死胎、胎衣不下、金伤、骨折。

3b. 紫花耧斗菜（铁山耧斗菜）

Aquilegia viridiflora Pall. var. **atropurpurea** (Willd.) Finet et Gagnep. in Bull. Soc. Bot. France 51:413. 1904; Fl. China 6:279. 2001.——*A. viridiflora* Pall. f. *atropurpurea* (Willd.) Kitag. in J. Jap. Bot. 34:6. 1959; Fl. Intramongol. ed. 2, 2:440. 1991.——*A. atropurpurea* Willd. in Enum. Bot. 577. 1809.

本变种与正种的区别：花较小，萼片灰绿色带紫色，花瓣暗紫色。

旱中生草本。生于石质丘陵和山地岩石缝中。产岭东（阿荣旗）、锡林郭勒（苏尼特左旗）、贺兰山、龙首山。分布于我国辽宁南部、河北、山东东部、山西、青海东部，蒙古国、俄罗斯（西伯利亚地区）。为东古北极分布变种。

4. 华北耧斗菜（紫霞耧斗菜）

Aquilegia yabeana Kitag. in Rep. Exped. Manch. Sect. 4, 4:81. t.1. 1936; Fl. Intramongol. ed. 2, 2:442. t.177. f.1-4. 1991.

多年生草本，高达 60cm。根粗壮，暗褐色。茎直立，具肋棱，下部疏被柔毛，上部被柔毛和腺毛，基部有枯叶柄纤维。基生叶具长柄，为一至二回三出复叶，叶基部加宽呈鞘状；小叶

菱状倒卵形或宽卵形，长 2 ～ 5cm，宽 1.4 ～ 4cm，先端 3 裂，最终裂片具圆齿，上面绿色，近无毛，下面灰白绿色，被短柔毛。茎生叶与基生叶相似，下部者具长柄，上部者近无柄，三出复叶或单叶 3 裂。花数朵，下垂，组成聚伞花序；花梗长，密被腺毛；萼片紫堇色或紫色，卵状披针形，长约 2cm，宽约 7mm，先端渐尖，外面和边缘稍被毛，里面无毛；花瓣与萼片同色，比萼

片短，长约 1.2cm，顶端圆状截形，外面和边缘稍被毛，里面无毛，距末端变狭，向内钩状弯曲，长约 1.5cm；雄蕊多数，不超出花瓣，花丝基部渐加宽，花药黄色，椭圆形；退化雄蕊白色，膜质，长约 5mm，边缘皱波状；心皮 5，与雄蕊近等长，密被短腺毛。蓇葖果长约 1.7cm，被柔毛，有明显脉纹，具宿存花柱；种子小，狭卵球形，长约 2mm，黑色，有光泽，种皮上具点状皱纹。花期 6 ～ 7 月，果期 7 ～ 9 月。

中生草本。生于夏绿阔叶林带的山地灌丛、林缘、草甸。产兴安南部、赤峰丘陵（红山区、翁牛特旗）、燕山北部（宁城县、喀喇沁旗、兴和县苏木山）。分布于我国辽宁西部、河北、山东、山西、河南西部、陕西、湖北。为华北分布种。

花美丽，可供观赏。

5. 尖萼耧斗菜

Aquilegia oxysepala Trautv. et C. A. Mey. in Fl. Ochot. 10. f.15. 1856; Fl. Intramongol. ed. 2, 2:442. t.177. f.5-6. 1991.——*A. oxysepala* Trautv. et C. A. Mey. f. *pallidiflora* (Nakai ex Mori) Kitag. in Lineam. Fl. Mansh. 214. 1939; Fl. Intramongol. ed. 2, 2:443. 1991.——*A. oxysepala* Trautv. et C. A. Mey. var. *pallidiflora* Nakai ex Mori in Enum. Pl. Cor. 153. 1922.

多年生草本，高 3 ～ 60cm。根粗壮，圆柱形，外皮黑褐色。茎直立，单一，上部分枝，近无毛或被稀疏柔毛。基生叶数枚，二回三出复叶，具长柄，柄长达 15cm，被柔毛或近无毛；中央小叶具 1 ～ 2mm 的短柄，楔状倒卵形，长 2 ～ 4cm，宽 1.5 ～ 3cm，3 浅裂或 3 深裂，裂片顶端圆形，常具 2 ～ 3 粗圆齿，上面绿色，无毛，下面淡绿色，无毛或近无毛；茎生叶与基生叶相似，但具短柄，一至二回三出复叶或 3 全裂至 3 裂。花 3 ～ 5，较大而下垂，组聚伞花序；花梗细长，密生腺毛；萼片紫色，卵状披针形，长 2 ～ 3cm，宽 7 ～ 10mm，基部近圆形，先端渐尖。花瓣瓣片黄白色，长约 1cm，宽约 8mm，先端圆状截形；基部具长 1.5 ～ 2cm 的距，紫色，末端明显内弯呈钩状。雄蕊与瓣片近等长，花药黑色，花丝白色，下部加宽；退化雄蕊矩圆状披针形，长约 7mm，宽约 1.5mm，先端渐尖；心皮 5，被白色短柔毛。蓇葖果长 2 ～ 3cm，宿存花柱长约 6mm，果皮脉纹明显，疏被毛；种子小，狭卵形，长约 2mm，黑色，种皮密布点状皱纹。花期 5 ～ 6 月，果期 7 月。

中生草本。生于森林带的山地林缘及湿草甸。产兴安北部（额尔古纳市、牙克石市、鄂伦春自治旗）。分布于我国黑龙江、吉林东部、辽宁东部、河北东北部，朝鲜、俄罗斯（远东地区）。为满洲分布种。

全草入药，主治月经不调、子宫功能性出血。

6. 阿穆尔耧斗菜

Aquilegia amurensis Kom. in Bot. Mater. Gerb. Glavn. Bot. Sada S.S.S.R. 6:8. 1926; Fl. Intramongol. ed. 2, 2:443. t.178. f.1-2. 1991.

多年生草本，高 20 ～ 40cm。茎直立，单一或上部分枝，疏被白色柔毛。叶基生，具长柄，柄长达 10cm，疏被白色柔毛，二回三出复叶；小叶倒卵形或歪倒卵形，具短柄或无柄，3 浅裂至中裂，裂片具 2 ～ 3 圆齿，上面无毛，绿色，下面被贴伏的白色短柔毛，灰绿色；无茎生叶。花序有花 1 ～ 3，下垂；苞片 3 深裂或不裂，条形，长 4 ～ 10mm；花梗细长，疏被白色柔毛或近无毛；萼片蓝紫色，卵形，长 2 ～ 2.5cm，宽约 1.1cm，基部近圆形，先端钝或钝尖；花瓣瓣片上部黄白色，下部和距蓝紫色，瓣片长约 1cm，先端圆状截形，距长约 1.5cm，距末端明显内弯呈钩状；雄蕊比瓣片稍长，伸出，花药黄色；退化雄蕊条状披针形，长约 7mm，宽约 1.5mm；心皮通常 5，疏被短毛，花柱细长，伸出花瓣外。种子黑色，稍有光泽。花期 6 月。

中生草本。生于森林带海拔 1400m 左右的山顶石缝。产兴安北部（根河市大黑山）。分布于朝鲜、俄罗斯（东西伯利亚地区、远东地区）。为东西伯利亚—远东分布种。

6. 拟耧斗菜属 **Paraquilegia** Drumm. et Hutch.

多年生草本。根状茎粗壮。叶全部基生，为二至三回三出复叶，具长柄，枯叶柄残基密集呈丛状，质较坚硬。花单生于花葶顶端，直立；苞片对生或偶互生；萼片 5，花瓣状，淡紫色或白色；花瓣 5，小，顶端凹，基部呈囊状；雄蕊多数；心皮 5 ～ 8，胚珠多数。蓇葖果直立或稍展开，顶端具细喙；种子一侧生狭翼，光滑或具小凸起。

内蒙古有 1 种。

1. 乳突拟耧斗菜（宿萼假耧斗菜）

Paraquilegia anemonoides (Willd.) Ulbr. in Repert. Spec. Nov. Regni Veg. Beih. 12:369. 1922; Fl. Intramongol. ed. 2, 2:443. t.179. f.1-5. 1991.——*Aquilegia anemonoides* Willd. in Ges. Naturf. Freunde Berl. Mag. 5:401. t.9. f.6. 1811.

多年生草本，高 5 ～ 10cm。根状茎粗壮，上部分枝，生出数丛枝叶，宿存多数枯叶柄残基。叶全部基生，为二回三出复叶；小叶楔状宽倒卵形，长 3 ～ 5mm，宽 3 ～ 5mm，顶端 3 浅裂或具 3 个粗圆齿，上面绿色，下面淡绿色，两面无毛；叶柄长 1.5 ～ 6cm，无毛。花葶一至数条，高出叶；苞片 2，生于花下，披针形，长 5 ～ 9mm，基部扩展成白色膜质鞘，抱葶；萼片 5，浅蓝色或浅堇色，宽椭圆形至倒卵形，长 13 ～ 18mm，宽 8 ～ 12mm，顶端钝；花瓣 5，倒卵形，长约 5mm，宽约 3mm，基部呈囊状，顶端 2 浅裂；花药椭圆形，长约 1mm，花丝长 3 ～ 8mm；心皮通常 5，无毛。蓇葖果直立，长 7 ～ 9mm，宽约 3mm，具长约 2mm 的向外稍弯曲的细喙，表面具凸起的横脉；种子卵状长椭圆形，长 1.5 ～ 2mm，表面密被乳突状小疣状突起或呈乳头状毛。花期 7 ～ 8 月。

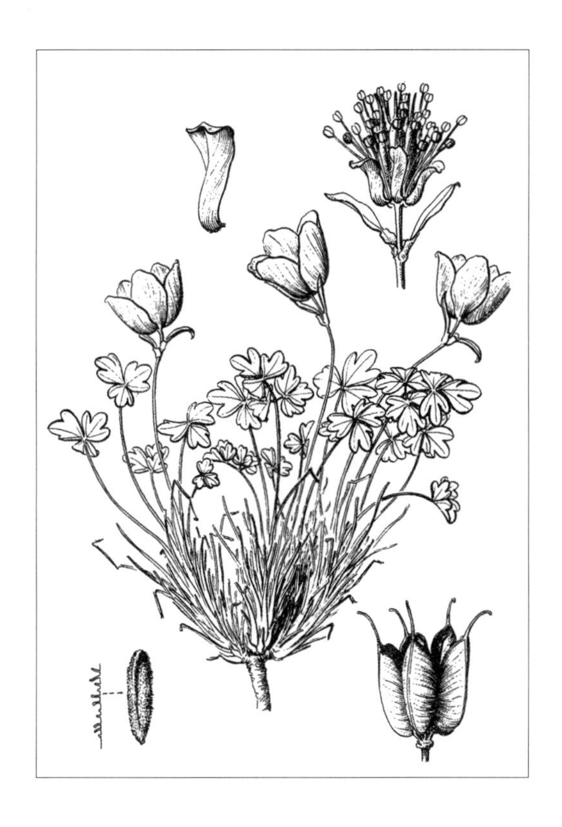

旱中生草本。生于荒漠带海拔 2600 ～ 3400m 的山地岩石缝处。产贺兰山。分布于我国宁夏、甘肃、青海北部、新疆、西藏西部，俄罗斯（西伯利亚地区）、不丹、巴基斯坦、哈萨克斯坦、阿富汗，克什米尔地区。为中亚—亚洲中部山地分布种。

7. 蓝堇草属 **Leptopyrum** Reichb.

一年生草本。直根。叶互生，一至二回三出复叶或羽状分裂。单歧聚伞花序，花小型；萼片 5，花瓣状，淡黄色；花瓣 4 ～ 5，漏斗状，二唇形；雄蕊多数；心皮多数。蓇葖果条状矩圆形，表面具凸起的网纹；种子 4 ～ 14 粒，表面具小瘤状突起。

单种属。

1. 蓝堇草

Leptopyrum fumarioides (L.) Reichb. in Hist. Nat. Veg. 7:328. 1839; Fl. Intramongol. ed. 2, 2:446. t.180. f.1-4. 1991.——*Isopyrum fumarioides* L., Sp. Pl. 557. 1753.

一年生小草本，高 5 ～ 30cm。全株无毛，呈灰绿色。根直，细长，黄褐色。茎直立或上升，通常从基部分枝。基生叶多数，丛生，通常为二回三出复叶，具长柄，叶片卵形或三角形，长 2 ～ 4cm，宽 1.5 ～ 3cm。中央小叶柄较长，约 1.5cm；侧生小叶柄较短，约 5 ～ 7mm；小叶 3 全裂，裂片又 2 ～ 3 浅裂，小裂片狭倒卵形，宽 1 ～ 3mm，先端钝圆。茎下部叶通常互生，具柄，叶柄基部加宽成鞘，叶鞘上侧具 2 个条形叶耳；茎上部叶对生至轮生，具短柄，几乎全部加宽成鞘，叶片二至三回三出复叶；叶灰蓝绿色，两面无毛。单歧聚伞花序具 2 至数花；苞片叶状；花梗近丝状，长 1 ～ 4cm；萼片 5，淡黄色，椭圆形，长约 4mm，宽 1.5 ～ 2mm，先端尖；花瓣 4 ～ 5，漏斗状，长约 1mm，与萼片互生，比萼片显著短，二唇形，下唇比上唇显著短，微缺，上唇全缘；雄蕊 10 ～ 15，花丝丝状，长约 2.5mm，花药近球形；心皮 5 ～ 20，无毛。蓇葖果条状矩圆形，长达 1cm，宽约 2mm，内含种子多数，果喙直伸；种子暗褐色，近椭圆形或卵形，长 0.6 ～ 0.8mm，宽 0.4 ～ 0.6mm，两端稍尖，表面密被小瘤状突起。花期 6 月，果期 6 ～ 7 月。

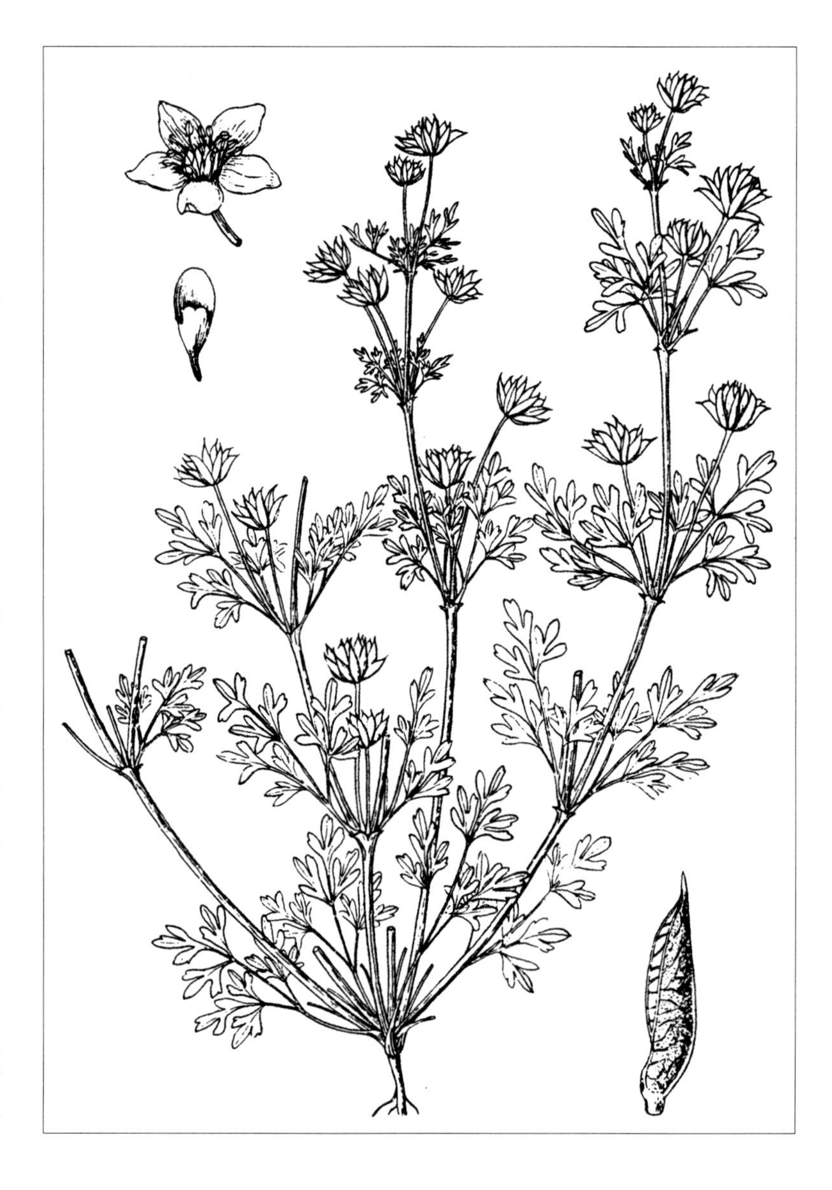

中生草本。生于田间、路边、向阳山坡。产兴安北部（额尔古纳市、根河市）、岭东（扎

兰屯市）、呼伦贝尔（海拉尔区、陈巴尔虎旗）、兴安南部（科尔沁右翼前旗、阿鲁科尔沁旗、巴林右旗、克什克腾旗）、燕山北部（喀喇沁旗、敖汉旗）、锡林郭勒（西乌珠穆沁旗、锡林浩特市）、乌兰察布、阴山（大青山、乌拉山）、阴南平原（呼和浩特市、包头市）、鄂尔多斯（东胜区、乌审旗）、贺兰山、龙首山。分布于我国黑龙江南部、吉林北部、辽宁中部、河北北部、山西北部、陕西中部、宁夏西北部、甘肃中部、青海东部、新疆北部和东北部，朝鲜、蒙古国东部和北部、哈萨克斯坦、俄罗斯（西伯利亚地区），欧洲。为古北极分布种。

全草入药，可治心血管疾病，有时用于治疗胃肠道疾病和伤寒。

根据内蒙古的标本，本种花瓣（密叶）为 4 ～ 5，与一般文献中记载为 2 ～ 3 有所不同，仅此说明。

8. 唐松草属 Thalictrum L.

多年生草本。叶互生或对生，三出复叶或三出多回羽状复叶。花两性或单性，排列成圆锥花序或总状花序；萼片 4 ～ 5，花瓣状；无花瓣；雄蕊多数，通常比萼片长，稀较短；心皮数个至多数，离生，1 室，每室具 1 粒胚珠。瘦果有梗或无梗，常具宿存花柱，有时膨大或有翼，果皮通常具纵肋或脉纹，稀不明显或无。

内蒙古有 10 种。

分种检索表

1a. 总状花序；叶均基生，为二回羽状三出复叶；苞片小，卵形；花梗向下弯曲；心皮无柄……………………………………………………………………………………………**1. 高山唐松草 T. alpinum**

1b. 聚伞花序或圆锥花序。

2a. 瘦果具棱翼，倒卵形或倒卵状椭圆形，长 5 ～ 8mm，具长梗，下垂；花丝上部加粗；叶为三至四回三出复叶，大型，小叶倒卵形或近圆形，托叶明显………**2. 翼果唐松草 T. aquilegiifolium** var. **sibiricum**

2b. 瘦果无棱翼。

3a. 花丝上部逐渐加粗呈棒状，比花药粗；瘦果具心皮柄或无柄。

4a. 瘦果具心皮柄，卵球形或歪倒卵形；小叶较大。

5a. 瘦果膨大，卵球形，长约 3mm，果皮具凸起的网状肋；心皮柄极短，长 0.5 ～ 1mm；小叶柄和叶片两面均无毛…………………………………………**3. 球果唐松草 T. baicalense**

5b. 瘦果不膨大，稍扁，歪倒卵形，长约 5mm，果皮具明显的弓形肋；心皮柄较长，长 1.5 ～ 3mm；小叶柄密被柔毛，小叶上面近无毛，下面疏被柔毛……………………………………………………………………………**4. 直梗唐松草 T. przewalskii**

4b. 瘦果无柄，卵状椭圆形；小叶柄和叶片两面均无毛。

6a. 小叶近圆形、肾状圆形或宽倒卵形，先端 3 浅裂至深裂，边缘不反卷……………………………………………………**5a. 瓣蕊唐松草 T. petaloideum** var. **petaloideum**

6b. 小叶不裂或 2 ～ 3 全裂或深裂，不裂小叶和裂片卵状披针形、披针形至条状披针形，边缘全部反卷…………………**5b. 卷叶唐松草 T. petaloideum** var. **supradecompositum**

3b. 花丝上部不加粗，比花药细；瘦果无柄。

7a. 小叶不分裂，全缘，脉不明显……………………………………………**6. 细唐松草 T. tenue**

7b. 小叶先端通常 2 ～ 3 浅裂，脉在下面隆起。

8a. 植株具短腺毛；小叶卵形、宽倒卵形或近圆形，长 2 ～ 10mm，背面密被短腺毛……………………………………………………………………………**7. 香唐松草 T. foetidum**

8b. 植株平滑无毛。

9a. 圆锥花序稍呈伞房状，近二叉状分枝，花梗长 1.5 ～ 3cm；茎呈“之”字形曲折；瘦果新月形或纺锤形，长 5 ～ 8mm ……………………**8. 展枝唐松草 T. squarrosum**

9b. 圆锥花序塔形，不呈二叉状分枝；茎直立；瘦果长在 4mm 以下。

10a. 茎生叶向上直展，与茎紧贴；花序狭塔形，分枝向上直展；瘦果椭圆形或狭卵形，长约 2mm。

11a. 果梗比瘦果长 3 倍以上。

12a. 小叶倒卵形至楔形，其裂片的顶端钝或圆，基部圆形、宽楔形或楔形……………………………………………9a. **箭头唐松草 T. simplex** var. **simplex**

12b. 小叶楔形或狭楔形，其裂片的顶端尖锐，基部狭楔形……………………………………………………9b. **锐裂箭头唐松草 T. simplex** var. **affine**

11b. 果梗与瘦果近等长，小叶和其裂片的顶端尖锐……9c. **短梗箭头唐松草 T. simplex** var. **brevipes**

10b. 茎生叶和花序分枝都斜展；花序塔形；瘦果狭椭圆状球形，长 2 ～ 3mm。

13a. 花梗短，长 3 ～ 8mm。

14a. 小叶较小，长 0.5 ～ 1.2cm，宽 0.3 ～ 1cm，背面无白粉，脉不明显隆起，脉网不明显……………………………………………………10a. **欧亚唐松草 T. minus** var. **minus**

14b. 小叶较大，长、宽 1.5 ～ 4cm，背面有白粉，脉隆起，脉网明显……………………………………………………10b. **东亚唐松草 T. minus** var. **hypoleucum**

13b. 花梗长，长 1 ～ 2cm……………………………10c. **长梗欧亚唐松草 T. minus** var. **kemese**

1. 高山唐松草

Thalictrum alpinum L., Sp. Pl. 1:545. 1753; Fl. Intramongol. ed. 2, 2:449. t.181. f.1-3. 1991.

多年生小草本。全株无毛。须根多数，簇生。叶基生，为二回羽状三出复叶；小叶薄革质，具短柄或无柄，圆状倒卵形或倒卵形，长和宽均为 2 ～ 3mm，基部圆形或宽楔形，3 浅裂，浅裂片全缘，上面脉凹陷，下面脉凸出；叶柄长 1 ～ 2cm。花葶 1 ～ 2，高 5 ～ 8cm，不分枝；花序总状，长 2 ～ 4cm；苞片狭卵形，长 2 ～ 3mm，基部抱茎；花梗向下弯曲，长 3 ～ 4mm；萼片 4，脱落，椭圆形，长约 2mm。雄蕊 7 ～ 10，长约 4mm；花药狭矩圆形，长约 1.5mm，顶端具短尖头；花丝丝状。心皮 3 ～ 5；柱头箭头状，约与子房等长。瘦果无柄，歪椭圆形，稍扁，具 8 条纵肋，长约 2mm。花果期 7 ～ 8 月。

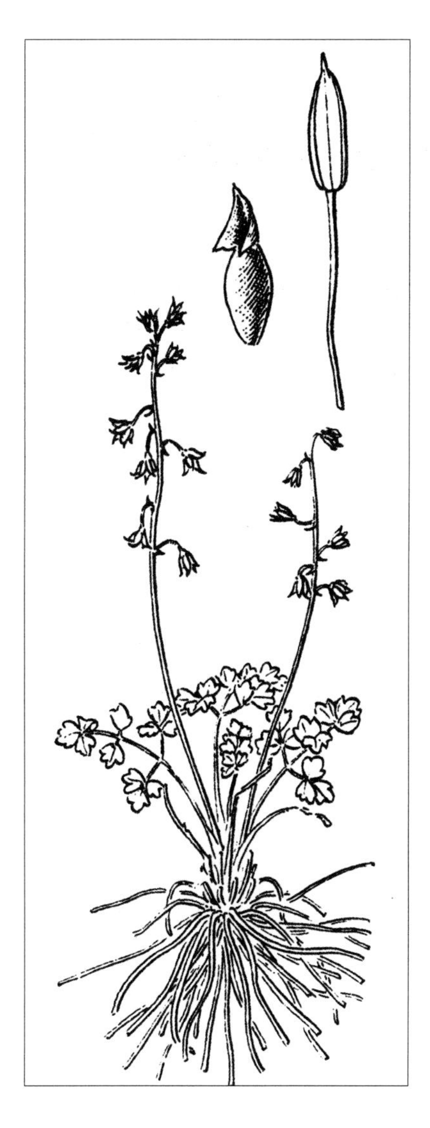

中生草本。生于荒漠带海拔 3000m 以上的高山草甸。产贺兰山。分布于我国宁夏西北部、青海、新疆、西藏，蒙古国北部和西部、俄罗斯（西伯利亚地区）、越南、不丹、尼泊尔、印度、巴基斯坦、哈萨克斯坦、阿富汗，欧洲、北美洲。为泛北极分布种。

2. 翼果唐松草（唐松草、土黄连）

Thalictrum aquilegiifolium L. var. **sibiricum** Regel et Tiling in Fl. Ajan. 23. 1858; Fl. Intramongol. ed. 2, 2:451. t.181. f.4-6. 1991.

多年生草本，高 50 ～ 100cm。根茎短粗，须根发达。茎圆筒形，光滑，具条纹，稍带紫色。基生叶为二至三回三出复叶，通常具长柄，柄长约 12cm；茎生叶三至四回三出复叶，叶片三角

状宽卵形，大型，长约 30cm，下部叶有柄，上部叶几无柄；托叶近膜质，每 3 个小叶柄基部具 1 膜质小托叶；小叶倒卵形或近圆形，长 1.5 ～ 3cm，宽 1.2 ～ 2.8cm，基部圆形或微心形，上部通常 3 浅裂，稀全缘，裂片全缘或具圆齿，脉微隆起，上面绿色，下面淡绿色，两面无毛。复聚伞花序，多花；小花梗长约 1cm；花直径约 1cm；萼片 4，白色或带紫色，宽椭圆形，长 3 ～ 4mm，无毛，早落；无花瓣。雄蕊多数；花丝白色，长 5 ～ 8mm，中上部渐粗，呈狭倒披针形；花药长矩圆形，长约 1mm，黄白色。心皮 5 ～ 10，稀较多。果梗细长，长约 5mm，基部细弱；瘦果下垂，倒卵形或倒卵状椭圆形，长 5 ～ 8mm，宽 3 ～ 5mm，具 3 ～ 4 条纵棱翼，基部渐狭，先端钝，顶端具斜生的短喙，喙长约 0.5mm。花期 6 ～ 7 月，果期 7 ～ 8 月。

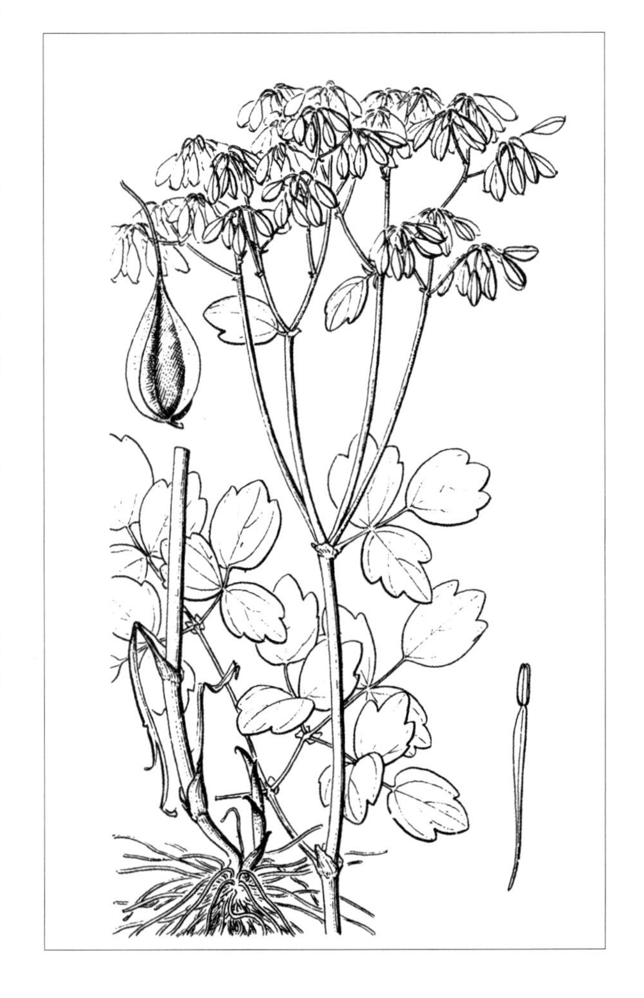

中生草本。生于森林带和草原带的山地林下及林缘。产兴安北部及岭东和岭西（额尔古纳市、根河市、牙克石市、鄂伦春自治旗、鄂温克族自治旗、扎兰屯市）、兴安南部（科尔沁右翼前旗、扎赉特旗、阿鲁科尔沁旗、巴林右旗、克什克腾旗、东乌珠穆沁旗宝格达山、西乌珠穆沁旗迪彦林场）、燕山北部（喀喇沁旗、宁城县、敖汉旗）、阴山（大青山、蛮汗山）。分布于我国黑龙江、吉林东部、辽宁东部和北部、河北、山东东部、山西、河南、安徽东南部、浙江西北部、湖北东北部、湖南东北部，日本、朝鲜、蒙古国、俄罗斯（西伯利亚地区、远东地区）。为东古极分布种。

根入药，能清热解毒，主治目赤肿痛。根也入蒙药。

3. 球果唐松草（贝加尔唐松草）

Thalictrum baicalense Turcz. in Bull. Soc. Imp. Nat. Mosc. 11:85. 1838; Fl. Intramongol. ed. 2, 2:451. t.182. f.4-6. 1991.

多年生草本，高 40 ～ 80cm。全株无毛。根状茎粗短，具多数纤维状根。茎具条棱。叶互生，为二至三回三出复叶，质薄。下部茎生叶具柄，上部茎生叶近无柄，叶柄基部加宽成鞘，膜质，抱茎，边缘呈流苏状；中小叶有柄，近圆形至倒卵形，长 1.5 ～ 5cm，宽 1.5 ～ 6cm，基部宽楔形或近圆形，先端 3 浅裂，裂片有圆齿，脉在背面稍隆起；侧小叶无柄或有短柄，外形与中小叶相同，通常较小，基部稍歪偏。聚伞状圆锥花序顶生；花梗细，长 4 ～ 10mm；萼片 4，绿白色，早落，椭圆形，长约 2mm；雄蕊多数，花丝白色，上部膨大，呈棒槌状，花药黄色，矩圆形，长约 0.8mm；心皮 3 ～ 7，柱头椭圆形，长 0.2 ～ 0.3mm。瘦果下垂，具短梗，卵球形，长约 3mm，有 8 条纵肋和横肋，呈网状，喙长约 0.5mm。花期 5 ～ 6 月，果期 7 月。

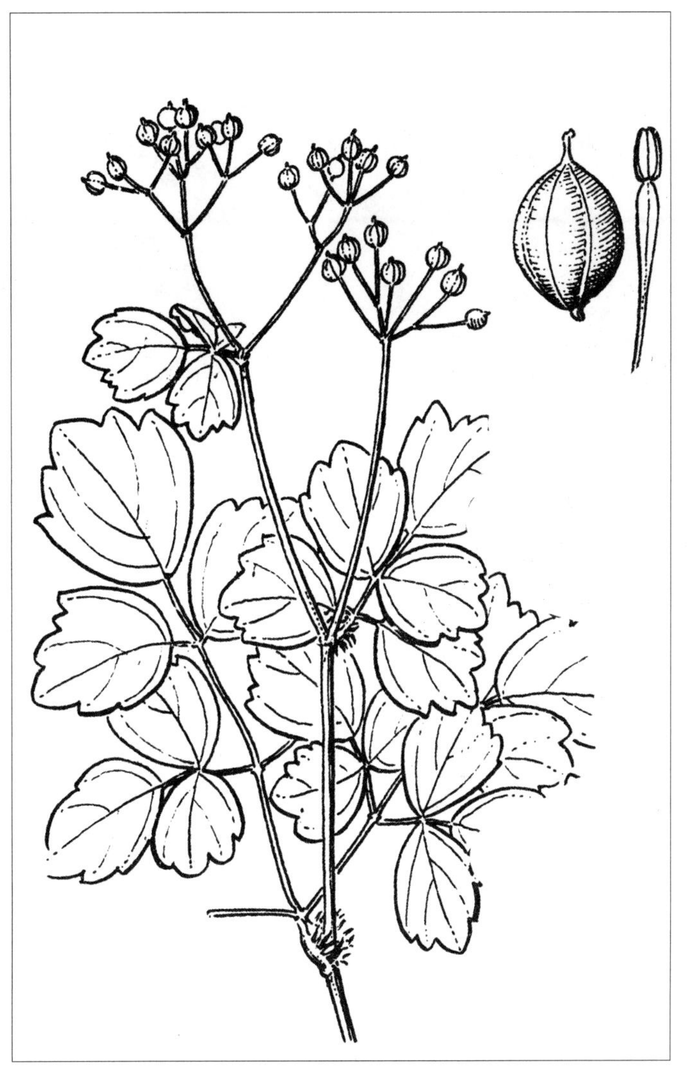

中生草本。生于森林带和草原带的山地林下及林缘。产兴安北部及岭东和岭西（额尔古纳市、根河市、牙克石市、鄂伦春自治旗、科尔沁右翼前旗、扎赉特旗、东乌珠穆沁旗宝格达山）、兴安南部（巴林右旗）、燕山北部（敖汉旗）、阴山（大青山、乌拉山）、贺兰山。分布于我国黑龙江、吉林东部、辽宁东部、河北、山西、河南西部、湖北西部、陕西南部、甘肃东部、青海东部、西藏东南部，朝鲜、蒙古国东部和北部、俄罗斯（西伯利亚地区、远东地区）。为东古极分布种。

根含小檗碱，可代做“黄连”用。

4. 直梗唐松草（长柄唐松草、拟散花唐松草）

Thalictrum przewalskii Maxim. in Bull. Acad. Imp. Sci. St.-Petersb. Ser.3, 23:305. 1877; Fl. Intramongol. ed. 2, 2:453. t.182. f.1-3. 1991.

多年生草本，高 50 ～ 120cm。茎直立，粗壮，具纵条纹，光滑无毛。茎下部叶为二至三回三出羽状复叶，具长柄；顶部叶具短柄或近无柄，叶柄基部加宽成叶鞘，抱茎，膜质，淡褐色。小叶卵形、倒卵形，楔状圆形或近圆形，长 0.7 ～ 1.6（～ 2.2）cm，宽 0.5 ～ 1.5（～ 2.1）cm，基部近圆形、微心形或歪形，上部 3 浅裂，全缘或具疏牙齿，上面绿色，近无毛，下面灰绿色，

疏生柔毛和腺点；叶柄略弯曲，密被短柔毛。圆锥花序，分枝多，花多数，较紧密；萼片 4，白色或稍带黄色，狭卵形，长 2.5 ～ 5mm；无花瓣；雄蕊多数，比萼片长，长 4.5 ～ 10mm，花丝上部狭倒披针形，花药矩圆形；心皮 4 ～ 9，子房具细柄，花柱短。果梗长约 1cm，直立。瘦果达 9 个，散生，歪倒卵形，长 5 ～ 7mm，宽 3 ～ 4mm，两面扁，中部稍凸起，具 3 ～ 4 条明显的纵脉纹，基部楔形，先端具细长的直立或稍弯的喙，喙长约 2mm；具细而弯曲的小果梗，梗长约 3mm。花期 7 ～ 8 月，果期 8 ～ 9 月。

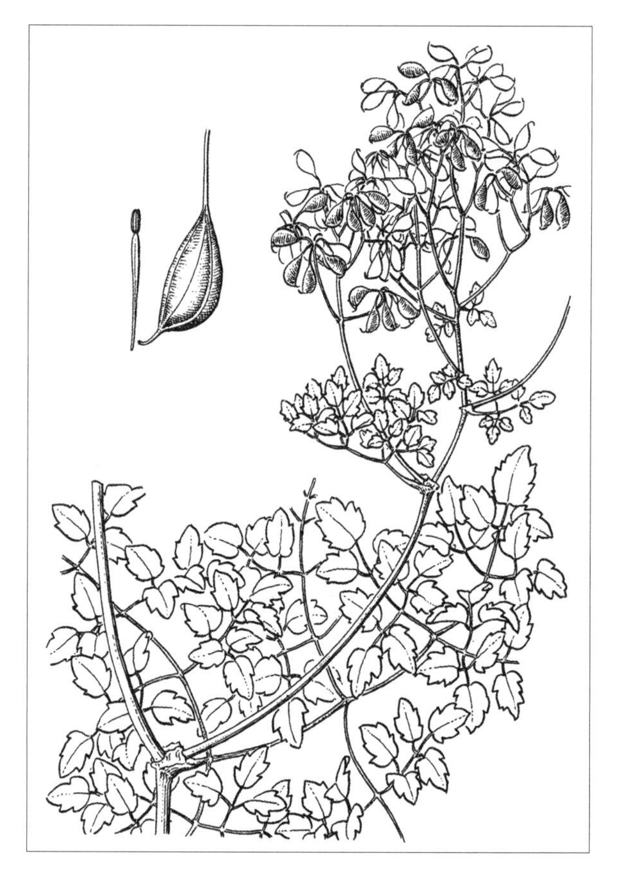

旱中生草本。生于夏绿阔叶林带和草原带的山地林缘、灌丛及山地草原。产燕山北部（喀喇沁旗、宁城县）、阴山（蛮汗山）。分布于我国河北、山西、河南西部、湖北西部、陕西南部、甘肃东部、青海东部和东南部、四川西北部、西藏东北部。为华北—横断山脉分布种。

花和果入药，可治肝炎、肝肿大等症；根有祛风之效。

5. 瓣蕊唐松草（肾叶唐松草、花唐松草、马尾黄连）

Thalictrum petaloideum L., Sp. Pl. ed. 2, 1:771. 1762; Fl. Intramongol. ed. 2, 2:453. t.183. f.1-6. 1991.

5a. 瓣蕊唐松草

Thalictrum petaloideum L. var. **petaloideum**

多年生草本，高 20 ～ 60cm。全株无毛。根茎细直，外面被多数枯叶柄纤维，下端生多数

须根，细长，暗褐色。茎直立，具纵细沟。基生叶通常 2 ～ 4，三至四回三出羽状复叶，有柄，柄长约 5cm；小叶近圆形、宽倒卵形或肾状圆形，长 3 ～ 12mm，宽 2 ～ 15mm，基部微心形、圆形或楔形，先端 2 ～ 3 圆齿状浅裂或 3 中裂至深裂，不裂小叶为卵形或倒卵形，边缘不反卷或有时稍反卷。茎生叶通常 2 ～ 4，上部者具短柄至近无柄，叶柄两侧加宽成翼状鞘；小叶片形状与基生叶同形，但较小。花多数，较密集，生于茎顶部，呈伞房状聚伞花序；萼片 4，白色，卵形，长 3 ～ 5mm，先端圆，早落；无花瓣；雄蕊多数，长 5 ～ 12mm，花丝中上部呈棍棒状狭倒披针形，花药黄色、椭圆形；心皮 4 ～ 13，无柄，花柱短，柱头狭椭圆形、稍外弯。瘦果无梗，卵状椭圆形，长 4 ～ 6mm，宽 2 ～ 3mm，先端尖，呈喙状，稍弯曲，具 8 条纵肋棱。花期 6 ～ 7 月，果期 8 月。

旱中生杂类草。生于森林带和草原带的草甸、草甸草原及山地沟谷中。分布于兴安北部和南部及岭东和岭西（额尔古纳市、根河市、牙克石市、扎兰屯市、科尔沁右翼前旗、科尔沁右翼中旗、巴林右旗、克什克腾旗）、燕山北部（宁城县）、锡林郭勒（东乌珠穆沁旗、西乌珠穆沁旗、锡林浩特市）、乌兰察布（达尔罕茂明安联合旗南部、固阳县、乌拉特中旗巴音哈太山）、阴山（大青山、蛮汗山、乌拉山）、贺兰山（三关口）。分布于我国黑龙江南部、吉林中部、辽宁中部和东部、河北、山东、山西、河南西部、湖北西北部、安徽东部、浙江、陕西、甘肃东部、宁夏南部、青海东部、四川西北部，朝鲜、蒙古国东部和北部、俄罗斯（西伯利亚地区）。为东古北极分布种。

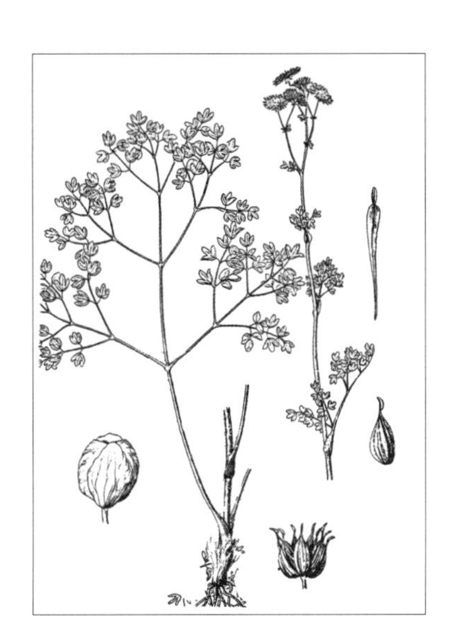

根入药，能清热燥湿、泻火解毒，主治肠炎、痢疾、黄疸、目赤肿痛。根也入蒙药。种子入蒙药（蒙药名：查存 - 其其格），能消食、开胃，主治肺热咳嗽、咯血、失眠、肺脓肿、消化不良、恶心。

5b. 卷叶唐松草（蒙古唐松草、狭裂瓣蕊唐松草）

Thalictrum petaloideum L. var. **supradecompositum** (Nakai) Kitag. in Lineam. Fl. Mansh. 227. 1939; Fl. Intramongol. ed. 2, 2:455. t.183. f.7. 1991.——*T. supradecompositum* Nakai in Bot. Mag. Tokyo 46:54. 1932.

本变种与正种的区别：小叶全缘或 2 ～ 3 全裂或深裂，全缘小叶和裂片为条状披针形、披针形或卵状披针形，边缘全部反卷。

中旱生杂类草。生于草原带的干燥草原和沙丘上。产呼伦贝尔（新巴尔虎左旗、新巴尔虎右旗）、兴安南部和科尔沁（科尔沁右翼前旗、扎赉特旗、阿鲁科尔沁旗、巴林左旗、巴林右旗、

翁牛特旗、克什克腾旗）、辽河平原（科尔沁左翼后旗）、燕山北部（喀喇沁旗、宁城县、敖汉旗）、锡林郭勒（东乌珠穆沁旗、西乌珠穆沁旗、锡林浩特市、多伦县、镶黄旗）、乌兰察布（四子王旗南部、达尔罕茂明安联合旗南部）。分布于我国黑龙江、吉林、辽宁、河北。为华北—满洲分布变种。

药用同正种。

6. 细唐松草

Thalictrum tenue Franch. in Nouv. Arch. Mus. Hist. Nat. Ser. 2, 5:168. 1883; Fl. Intramongol. ed. 2, 2:455. t.184. f.5-6. 1991.

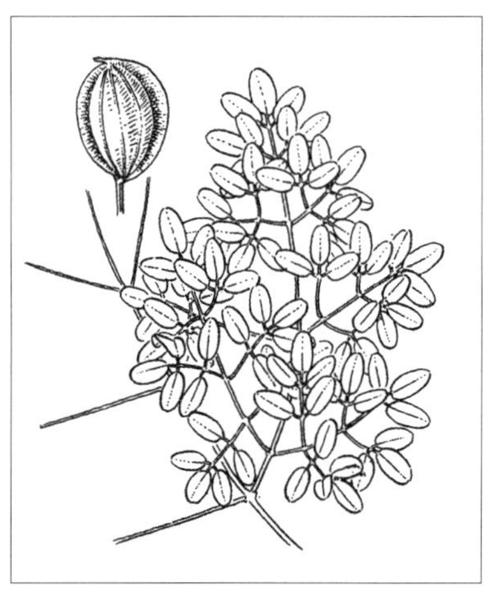

多年生草本，高 25 ～ 70cm。无毛，被白粉。茎直立，多分枝。茎下部叶及中部叶为三至四回羽状复叶，具长柄，柄长 1.5 ～ 6cm。小叶卵形、椭圆形或倒卵形，长 3 ～ 14mm，宽 2 ～ 9mm，全缘，基部圆形或楔形，有时歪形，先端圆钝，具短尖或无，上面蓝绿色，下面灰白绿色，脉不明显；具短柄，柄长 1 ～ 3mm。圆锥花序，多花，花直径约 8mm；萼片 4，黄绿色，椭圆形、卵形或宽卵形，

长 2 ～ 3mm，宽 1.5 ～ 2mm，先端全缘或具细齿；无花瓣。雄蕊多数，长约 7mm；花丝丝形；花药黄色，条形，长约 3mm。心皮 4 ～ 6；柱头狭三角形，具翅。瘦果扁，斜倒卵形，长约 6mm，宽约 3mm，沿腹缝和背缝各生狭翅，两侧各生 3 条纵棱。花期 8 月，果期 9 月。

旱生草本。生于干草原到半荒漠地带的石质山地。产乌兰察布（达尔罕茂明安联合旗吉穆斯泰山）、阴山（大青山）、东阿拉善（乌拉特后旗、狼山、桌子山）、贺兰山。分布于我国河北、山西、宁夏、甘肃、陕西北部、青海东部。为华北分布种。

7. 香唐松草（腺毛唐松草）

Thalictrum foetidum L., Sp. Pl. 1:545. 1753; Fl. Intramongol. ed. 2, 2:457. t.184. f.3-4. 1991.

多年生草本，高 20 ～ 50cm。根茎较粗，具多数须根。茎具纵槽，基部近无毛，上部被短腺毛。茎生叶三至四回三出羽状复叶；基部叶具较长的柄，柄长达 4cm；上部叶柄较短，密被短腺毛或短柔毛，叶柄基部两侧加宽，呈膜质鞘状。复叶宽三角形，长约 10cm。小叶片卵形、宽倒卵形或近圆形，长 2 ～ 10mm，宽 2 ～ 9mm，基部微心形或圆状楔形，先端 3 浅裂，裂片全缘或具 2 ～ 3 个钝牙齿，上面绿色，下面灰绿色，两面均被短腺毛或短柔毛，下面较密，叶脉上面凹陷，下面明显隆起；具短柄，密被短腺毛或短柔毛。圆锥花序疏松，被短腺毛；花小，直径 5 ～ 7mm，通常下垂；花梗长 0.5 ～ 1.2cm；萼片 5，淡黄绿色，稍带暗紫色，卵形，长约 3mm，宽约 1.5mm；无花瓣。雄蕊多数，比萼片长 1.5 ～ 2 倍；花丝丝状，长 3 ～ 5mm；花药黄色，条形，长 1.5 ～ 3mm，比花丝粗，具短尖。心皮 4 ～ 9 或更多；子房无柄；柱头具翅，长三角形。瘦果扁，卵形或倒卵形，长 2 ～ 5mm，具 8 条纵肋，被短腺毛；果喙长约 1mm，微弯。花期 8 月，果期 9 月。

中旱生草本。生于山地草原及灌丛中。产兴安北部（额尔古纳市、根河市、牙克石市）、岭东（扎兰屯市）、呼伦贝尔（满洲里市、新巴尔虎左旗）、兴安南部（科尔沁右翼前旗、突泉县、巴林右旗）、燕山北部（敖汉旗）、锡林郭勒（东乌珠穆沁旗）、乌兰察布（辉腾梁）、乌拉特中旗、阴山（大青山、乌拉山）、阴南丘陵（准格尔旗）、鄂尔多斯（鄂托克旗）、东阿拉善（狼山、桌子山）、贺兰山、龙首山。分布于我国河北、山西、陕西南部、青海、四川西部、西藏、新疆，亚洲和欧洲广布。为古北极分布种。

种子油可供工业用。全草可供药用。

8. **展枝唐松草**（叉枝唐松草、歧序唐松草、坚唐松草）

Thalictrum squarrosum Steph. ex Willd. in Sp. Pl. 2:1299. 1799; Fl. Intramongol. ed. 2, 2:457. t.184. f.1-2. 1991.

多年生草本，高达 100cm。须根发达，灰褐色。茎呈“之”字形曲折，常自中部二叉状分枝，分枝多，通常无毛。叶集生于茎下部和中部，近向上直展，为三至四回三出羽状复叶；具短柄，基部加宽呈膜质鞘状。小叶卵形、倒卵形或宽倒卵形，长 6 ～ 20mm，宽 3 ～ 15mm，基部圆形或楔形，顶端通常具 3 个大牙齿或全缘，有时上部 3 浅裂，中裂片具 3 个牙齿，上面绿色，下面色淡，两面无毛，脉在下面稍隆起；具短柄或近无柄，顶生小叶柄较长。圆锥花序近二叉状分枝，呈伞房状；花梗长 1.5 ～ 3cm，基部具披针形小苞；花直径 5 ～ 7mm；萼片 4，淡黄绿色，稍带紫色，狭卵形，长 3 ～ 5mm，宽 1.2 ～ 2mm；无花瓣。雄蕊 7 ～ 10；花丝细，长 2 ～ 5mm；花药条形，长约 3mm，比花丝粗，先端渐尖。心皮 1 ～ 3，无柄；柱头三角形，有翼。瘦果新月形或纺锤形，一面直，另一面呈弓形弯曲，长 5 ～ 8mm，宽 1.2 ～ 2mm，两面稍扁，具 8 ～ 12 条凸起的弓形纵肋；果喙微弯，长约 1.5mm。花期 7 ～ 8 月，果期 8 ～ 9 月。

中旱生草本。生于典型草原、沙质草原群落中，为常见的伴生种。产兴安北部（额尔古纳市、牙克石市）、岭西及呼伦贝尔（海拉尔区、满洲里市、陈巴尔虎旗、新巴尔虎左旗）、兴安南部（科尔沁右翼前旗、科尔沁右翼中旗、阿鲁科尔沁旗、巴林右旗、克什克腾旗）、赤峰丘陵（红山区）、燕山北部（喀喇沁旗、敖汉旗）、锡林郭勒（东乌珠穆沁旗、锡林浩特市、苏尼特左旗、多伦县、正蓝旗、太仆寺旗、镶黄旗）、乌兰察布（达尔罕茂明安联合旗南部、固阳县）、阴山（大青山、蛮汗山、乌拉山）、阴南平原（九原区）、阴南丘陵（准格尔旗）、鄂尔多斯（伊金霍洛旗、乌审旗、鄂托克旗）、东阿拉善（桌子山）。分布于我国黑龙江西南部、吉林西部、辽宁东部和西北部、河北、山西、陕西北部、甘肃东部、青海东北部和西北部、四川西北部，蒙古国东部和东北部、俄罗斯（西伯利亚地区、远东地区）。为东古北极分布种。

全草入药，有毒，能清热解毒、健胃、制酸、发汗，主治夏季头痛头晕、吐酸水、烧心。全草也入蒙药。种子含油，供工业用。叶含鞣质，可提制栲胶。秋季山羊、绵羊稍采食。

9. 箭头唐松草（水黄连、黄唐松草）

Thalictrum simplex L. in Fl. Suec. ed.2, 191. 1755; Fl. Intramongol. ed. 2, 2:458. t.185. f.1. 1991.

9a. 箭头唐松草

Thalictrum simplex L. var. **simplex**

多年生草本，高 50 ～ 100cm。全株无毛。茎直立，通常不分枝，具纵条棱。基生叶为二至三回三出羽状复叶；叶柄长 3 ～ 7cm，基部加宽，半抱茎。小叶宽倒卵状楔形、椭圆状楔形或矩圆形，长 1 ～ 2cm，宽 0.7 ～ 2cm，具短柄或无柄，基部楔形至近圆形，先端通常 3 浅裂或全缘，小裂片先端钝或圆。下部茎生叶为二回三出羽状复叶，柄长 2 ～ 5cm；小叶倒卵状楔形、椭圆状楔形或矩圆形，长 1.5 ～ 2.5cm，宽 0.8 ～ 2cm，基部楔形，稀近圆形，先端通常 2 ～ 3 浅裂，小裂片先端钝、圆或锐尖。中部茎生叶为二回三出羽状复叶；无柄或具短柄，叶柄两侧加宽呈棕褐色的膜质鞘，上部边缘有细齿。小叶椭圆状楔形或宽披针形，长 2 ～ 3cm，宽 0.5 ～ 1.5cm，基部楔形或近圆形，先端通常有 2 ～ 3 个大牙齿，牙齿先端锐尖。上部茎生叶为一回三出羽状复叶；叶披针形至条状披针形，基部楔形，全缘或先端具 2 ～ 3 个大牙齿，牙齿尖锐，叶质厚，边缘稍反卷，上面深绿色，下面灰绿色，叶脉隆起。圆锥花序生于茎顶，分枝向上直展；花多数，花梗长 2 ～ 3mm，花直径约 6mm；萼片 4，淡黄绿色，卵形或椭圆形，长 2 ～ 3mm，边缘膜质；无花瓣。雄蕊多数；花丝丝状，长 2 ～ 3mm；花药黄色，长约 2mm，比花丝粗，先端具短尖。心皮 4 ～ 12，柱头箭头状，宿存。瘦果椭圆形或狭卵形，长约 2mm，宽约 1.5mm，具 3 ～ 9 条明显的纵棱；心皮梗长约 1cm。花期 7 ～ 8 月，果期 8 ～ 9 月。

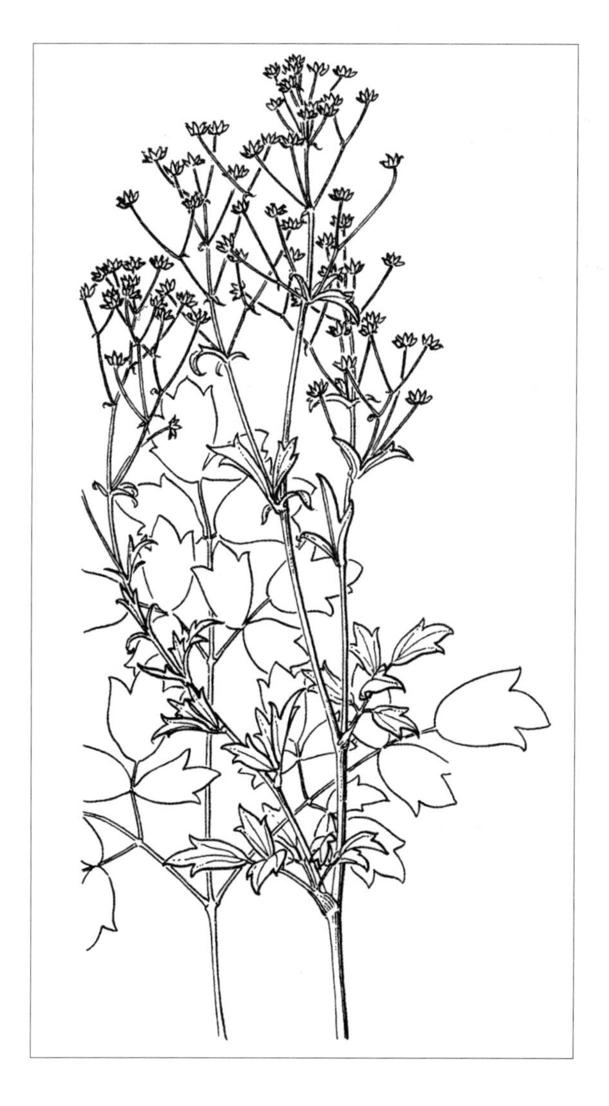

中生杂类草。生于森林带和草原带的河滩草甸、山地灌丛、林缘草甸。产兴安北部（额尔古纳市、东乌珠穆沁旗宝格达山）、呼伦贝尔（鄂温克族自治旗、新巴尔虎左旗）、兴安南部及科尔沁（科尔沁右翼前旗、科尔沁右翼中旗、阿鲁科尔沁旗、巴林左旗、巴林右旗、林西县、克什克腾旗）、辽河平原（大青沟）、燕山北部（喀喇沁旗、宁城县、敖汉旗）、锡林郭勒（苏尼特左旗）、乌兰察布（达尔罕茂明安联合旗吉穆斯泰山）、阴山（大青山、乌拉山）、鄂尔多斯（乌审旗）、贺兰山。分布于我国青海东部、新疆，亚洲、欧洲。为古北极分布种。

全草入药，能清热解毒、消肿、祛湿，主治黄疸、腹痛、泻痢、目赤红肿、咳嗽、气喘；外用治热毒疮。全草也入蒙药。种子油可供制油漆用。

9b. 锐裂箭头唐松草

Thalictrum simplex L. var. **affine** (Ledeb.) Regel in Bull. Soc. Imp. Nat. Mosc. 34:44. 1861; Fl. Intramongol. ed. 2, 2:460. t.185. f.5. 1991.——*T. affine* Ledeb. in Fl. Ross. 1:10. 1842.

本变种与正种的区别：小叶楔形或狭楔形，基部狭楔形，小裂片狭三角形，顶端锐尖；花梗长4～7㎜。

中生草本。生于森林带的河岸草甸、山地草甸。产兴安北部（根河市、牙克石市、鄂伦春自治旗）、兴安南部（巴林左旗、巴林右旗）、锡林郭勒（西乌珠穆沁旗）。分布于我国黑龙江、吉林，俄罗斯（西伯利亚地区）。为西伯利亚—满洲分布变种。

9c. 短梗箭头唐松草（水黄连）

Thalictrum simplex L. var. **brevipes** H. Hara in J. Fac. Sci. Univ. Tokyo Sect.3, Bot. 6:56. 1952; Fl. Intramongol. ed. 2, 2:460. t.185. f.2-4. 1991.

本变种与正种的区别：果梗短，与瘦果近等长或较长；小叶多为楔形，小裂片狭三角形，顶端锐尖。

中生草本。生于森林带和草原带的沟谷或丘间草甸、山地林缘及灌丛。产兴安北部及岭东和岭西（额尔古纳市、鄂伦春自治旗、东乌珠穆沁旗宝格达山）、呼伦贝尔（海拉尔区、鄂温

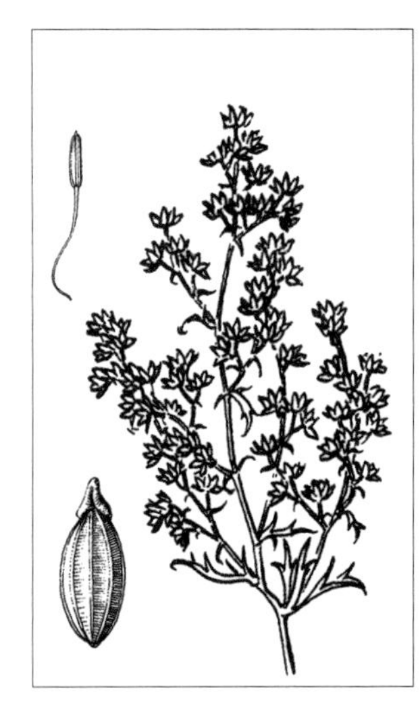

克族自治旗、新巴尔虎左旗）、兴安南部（科尔沁右翼前旗、克什克腾旗）、燕山北部（喀喇沁旗）、锡林郭勒（锡林浩特市、正蓝旗）、阴山（大青山、乌拉山）、鄂尔多斯（伊金霍洛旗、乌审旗、鄂托克旗、达拉特旗）、东阿拉善（桌子山）、贺兰山。分布于我国黑龙江西北部、吉林东北部、辽宁中部、河北、河南西部、山东东部、山西、陕西北部和南部、甘肃东部、青海东部、江苏东部、湖北西南部、四川中部和东南部，日本、朝鲜。为东亚分布变种。

全草入药，能清热、利尿，主治黄疸、腹水、小便不利；外用治眼结膜炎。

10. 欧亚唐松草（小唐松草）

Thalictrum minus L., Sp. Pl. 1:546. 1753; Fl. Intramongol. ed. 2, 2:460. t.186. f.1-2. 1991.

10a. 欧亚唐松草

Thalictrum minus L. var. **minus**

多年生草本，高 60 ～ 120cm。全株无毛。茎直立，具纵棱。下部叶为三至四回三出羽状复叶，长达 20cm；有柄，柄长达 4cm，基部有狭鞘。上部叶为二至三回三出羽状复叶，有短柄或无柄；小叶纸质或薄革质，楔状倒卵形、宽倒卵形或狭菱形，长 0.5 ～ 1.2cm，宽 0.3 ～ 1cm，基部楔形至圆形，先端 3 浅裂或有疏牙齿，上面绿色，下面淡绿色，脉不明显隆起，脉网不明显。圆锥花序长达 30cm；花梗长 3 ～ 8mm；萼片 4，淡黄绿色，外面带紫色，狭椭圆形，长约 3.5mm，宽约 1.5mm，边缘膜质；无花瓣。雄蕊多数，长约 7mm；花药条形，长约 3mm，顶端具短尖头；花丝丝状。心皮 3 ～ 5，无柄，柱头正三角状箭头形。瘦果狭椭圆球形，稍扁，长约 3mm，有 8 条纵棱。花期 7 ～ 8 月，果期 8 ～ 9 月。

中生草本。生于森林带的山地林下、林缘、灌丛、草甸。产兴安北部及岭东和岭西（额尔古纳市、根河市、鄂伦春自治旗、鄂温克族自治旗）、兴安南部及科尔沁（科尔沁右翼前旗、科尔沁右翼中旗、阿鲁科尔沁旗、巴林左旗、巴林右旗、克什克腾旗、翁牛特旗）、燕山北部（喀喇沁旗、宁城县、敖汉旗）、锡林郭勒（锡林浩特市、西乌珠穆沁旗）、阴山（大青山、蛮汗山）、阴南丘陵（准格尔旗阿贵庙）、贺兰山。分布于我国山西、甘肃、青海、四川、新疆，亚洲、欧洲温带广布。为古北极分布种。

根入药，能清热燥湿、凉血解毒，主治渗出性皮炎、痢疾、肠炎、口舌生疮、结膜炎、扁桃体炎。根也入蒙药。

10b. 东亚唐松草（腾唐松草、小金花）

Thalictrum minus L. var. **hypoleucum** (Sieb. et Zucc.) Miq. in Ann. Mus. Bot. Lugd.-Bat. 3:3. 1867; Fl. Intramongol. ed. 2, 2:462. t.186. f.3-5. 1991; Fl. China 6:294. 2001.——*T. hypoleucum* Sieb. et Zucc. in Abh. Math.-Phys. Cl. Konigl. Bayer. Akad. Wiss. 4(2):178. 1846.

本变种与正种的区别：小叶较大，长、宽均为1.5～4cm，背面有白粉，粉绿色，脉隆起，脉网明显。

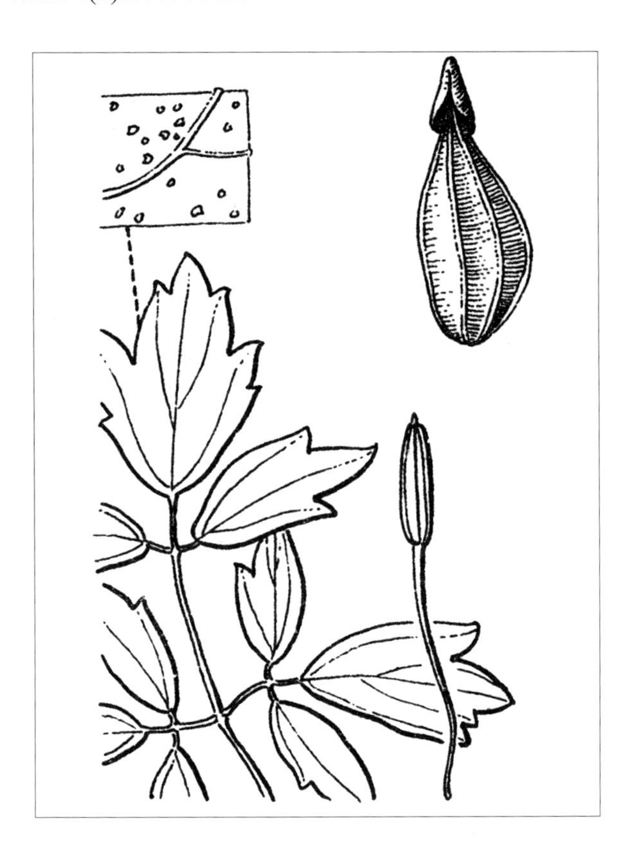

中生草本。生于森林带和草原带的山地林下、林缘、灌丛、沟谷草甸。产兴安北部（根河市）、呼伦贝尔（满洲里市）、兴安南部（科尔沁右翼前旗、扎赉特旗、阿鲁科尔沁旗、巴林右旗、林西县、克什克腾旗）、燕山北部（喀喇沁旗、宁城县、敖汉旗、兴和县苏木山）、锡林郭勒（西乌珠穆沁旗、锡林浩特市、多伦县）、阴山（大青山、蛮汗山、乌拉山）、贺兰山、龙首山。分布于我国黑龙江、吉林东部、辽宁、河北、河南西部、山东西部、山西、江苏、安徽、湖北、湖南西北部、广东北部、贵州、四川中北部、陕西南部、甘肃东南部、青海东部和北部，日本、朝鲜。为东亚分布变种。

药用同正种。干后家畜采食一些，幼嫩时植物含氢氰酸，家畜采食过多可引起中毒。

10c. 长梗欧亚唐松草

Thalictrum minus L. var. **kemese** (Fries) Trelease in Proc. Boston Soc. Nat. Hist. 23:300. 1888; Fl. China 6:294. 2001.——*T. kemese* Fries in Fl. Hall. 95. 1817.——*T. minus* L. var. *stipellatum* (C. A. Mey.) Tamura in Act. Phytotax. Geobot. 15:87. 1953; Fl. Intramongol. ed. 2, 2:462. t.186. f.6-7. 1991.——*T. kemese* Fries var. *stipellatum* C. A. Mey. ex Maxim. in Prim. Fl. Amur. 16. 1859.

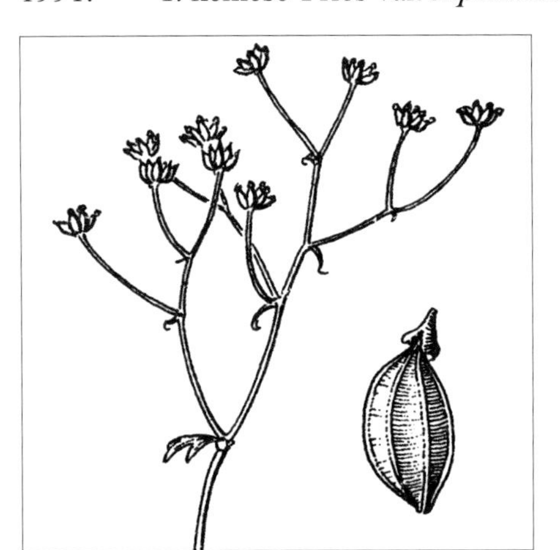

本变种与正种的区别：花梗较长，长1～2cm；小叶较大，长、宽为1～3cm。

中生草本。生于森林带和草原带的山地草甸、桦树林下、沟谷草甸。产兴安北部（额尔古纳市、根河市）、兴安南部（克什克腾旗）、燕山北部（兴和县苏木山）、阴山（大青山）。分布于我国新疆，日本，亚洲北部、欧洲北部。为古北极分布变种。

药用同正种。

9. 银莲花属 Anemone L.

多年生草本。叶基生，掌状 3 分裂或为三出复叶，具长柄，柄基宽展。花葶直立；总苞似基生叶；花单生或为聚伞花序、伞形花序；无花瓣；萼片 4 ～ 6，稀至 20，花瓣状；雄蕊多数，花丝丝形或条形；心皮数个至多数，每心皮有 1 粒胚珠。瘦果卵球形或近球形，少两侧扁，果成熟时花柱不延长，直立或呈钩状。

内蒙古有 8 种。

分种检索表

1a. 花序叉状分枝；基生叶早枯；总苞苞片 2，对生，无柄；花单生于花序分枝顶端；心皮无毛，成熟时扁平……………………………………………………………………**1. 二歧银莲花 A. dichotoma**

1b. 花序不叉状分枝；具基生叶，单一或多数，呈莲座状；总苞苞片 3。

2a. 苞片具柄，花丝丝形。

3a. 聚合果密集成棉团状，瘦果密被长绵毛，宿存花柱不弯曲；花单一，大型，径 3.5 ～ 5cm；苞片的柄不为鞘状……………………………………………………**2. 大花银莲花 A. sylvestris**

3b. 聚合果近球形，瘦果无毛，宿存花柱钩状弯曲；聚伞花序一至三回分枝；花小型，径约 1.5cm；苞片的柄为鞘状……………………………………………………**3. 小花草玉梅 A. flore-minore**

2b. 苞片无柄，花丝条形。

4a. 瘦果卵球形，密被白色柔毛；叶的侧全裂片比中全裂片小得多，两面通常多少被短柔毛；花序只有 1 花……………………………………………**4. 疏齿银莲花 A. geum** subsp. **ovalifolia**

4b. 瘦果扁平，具宽棱边，无毛；伞形花序。

5a. 叶片卵形或宽卵形，中央全裂片具柄，末回裂片先端锐尖，两面被长柔毛……………………………………………………………………………**5. 展毛银莲花 A. demissa**

5b. 叶片圆形或宽卵形，中央全裂片无柄或近无柄。

6a. 全裂片细裂，末回裂片披针形或条形，先端渐尖，中央全裂片无柄……………………………………………………………………………**6. 长毛银莲花 A. crinita**

6b. 全裂片 3 浅裂至中裂。

7a. 裂片互不重叠，末回裂片矩圆状卵形，先端钝圆或钝尖，上面无毛或近无毛，下面被长柔毛，中央全裂片无柄……………………………**7. 卵裂银莲花 A. sibirica**

7b. 裂片相互重叠，末回裂片卵圆形，先端圆钝，中央全裂片近无柄，两面密被长柔毛……………………………………………………**8. 阿拉善银莲花 A. alaschanica**

1. 二歧银莲花（草玉梅）

Anemone dichotoma L., Sp. Pl. 1:540. 1753; Fl. Intramongol. ed. 2, 2:463. t.187. f.1-2. 1991.

多年生草本，高 20 ～ 70cm。根状茎横走，细长，暗褐色。基生叶 1，早脱落。花葶直立，被贴伏柔毛，基部有数枚膜质鳞片。总苞苞片 2，位于茎上部分枝处，对生，无柄；苞片 3 深裂，裂片狭楔形、矩圆形至矩圆状披针形，长 4 ～ 10cm，宽 1 ～ 3cm，中下部全缘，上部具少数缺刻状尖牙齿，上面疏被毛或近无毛，下面及边缘被短柔毛。花序二至三回二歧分枝；花单生于分枝顶端，自总苞间抽出花梗；花梗长达 9cm，密被贴伏短柔毛；萼片通常 5 ～ 6，白色或外面稍带淡紫红色，不等大，倒卵形或椭圆形，长 0.7 ～ 1.2cm，外面被短柔毛，里面无毛；无花瓣；

雄蕊多数，花丝条形，长约4mm；心皮约30，无毛。聚合果近球形，径约1.2cm；瘦果狭卵形，两侧扁，长5～7mm，宽2～2.5mm。花期6月，果期7月。

中生草本。生于森林带的林下、林缘草甸及沟谷、河岸草甸。产兴安北部及岭东和岭西（额尔古纳市、根河市、牙克石市、海拉尔区、鄂温克族自治旗、鄂伦春自治旗、扎兰屯市、扎赉特旗、东乌珠穆沁旗宝格达山）。分布于我国黑龙江、吉林东部，朝鲜、蒙古国东部和北部、俄罗斯（西伯利亚地区、远东地区），欧洲。为古北极分布种。

2. 大花银莲花（林生银莲花）

Anemone sylvestris L., Sp. Pl. 1:540. 1753; Fl. Intramongol. ed. 2, 2:465. t.187. f.3-5. 1991.

多年生草本，高20～60cm。根状茎横走或直生，生多数须根，暗褐色。基生叶2～5，叶片近五角形，长1～5.5cm，宽2～8cm，3全裂，中央全裂片菱形或倒卵状菱形，又3中裂，侧全裂片不等2深裂，裂片不裂或浅裂，有疏牙齿，上面近无毛或疏被毛，下面疏被毛；叶柄长3～10cm，被长柔毛。总苞片3，具柄，柄长1～2cm，被柔毛，与叶同形；花单生于顶端；花梗长达20cm，被柔毛；花大型，径3.5～5cm；萼片5，椭圆形或倒卵形，长1.5～2.5cm，宽1～1.7cm，里面白色，无毛，外面白色微带紫色，

被曲柔毛或仅中部被毛；无花瓣；雄蕊多数，长约 4mm，花丝丝形，花药近球形；心皮多数（180 ～ 240），长约 1mm，子房密被短柔毛，柱头球形、无柄。聚合果直径约 1cm，密集呈棉团状；瘦果长约 2mm，密被白色长绵毛。花期 6 ～ 7 月，果期 7 ～ 8 月。

中生草本。生于森林带和草原带的山地林下、林缘、灌丛及沟谷草甸。产兴安北部和岭西（额尔古纳市、牙克石市、阿尔山市、陈巴尔虎旗、海拉尔区、鄂温克族自治旗）、兴安南部（科尔沁右翼前旗、阿鲁科尔沁旗、巴林右旗、克什克腾旗）、燕山北部（宁城县黑里河镇、喀喇沁旗）、锡林郭勒（西乌珠穆沁旗、正镶白旗、正蓝旗）、阴山（大青山、乌拉山）。分布于我国黑龙江西北部、吉林西部、辽宁西部、河北北部、山西中部、新疆北部，蒙古国东部和北部及西部、俄罗斯，欧洲。为古北极分布种。

3. 小花草玉梅

Anemone flore-minore (Maxim.) Y. Z. Zhao in Class. Fl. Ecol. Geogr. Distr. Vasc. Pl. Inn. Mongol. 162. 2012.——*A. rivularis* Buch.-Ham. ex DC. var. *flore-minore* Maxim. in Fl. Tangut. 6. 1889; Fl. Intramongol. ed. 2, 2:465. t.188. f.3-4. 1991; Fl. China 6:316. 2001.

多年生草本，高 20 ～ 80cm。直根，粗壮，暗褐色。茎直立，无毛，基部具枯叶柄纤维。基生叶 3 ～ 5；具长柄，柄长 5 ～ 24cm，基部和上部被长柔毛，中部无毛。叶片肾状五角形，

长 2 ～ 7cm，宽 3.5 ～ 11cm，基部心形，3 全裂；中央全裂片菱形，基部楔形；上部 3 浅裂至中裂，具小裂片或牙齿；两侧全裂片较宽，歪倒卵形，不等 2 深裂，裂片再 2 ～ 3 深裂或浅裂，叶两面被柔毛。聚伞花序一至三回分枝；花梗长 5 ～ 20cm，疏被长柔毛；苞片通常 3，具鞘状柄，宽菱形，长 4 ～ 8cm，3 深裂，深裂片披针形，通常不分裂或 2 ～ 3 浅裂至中裂，两面被柔毛；花径约 1.5cm；萼片通常 5，矩圆形或倒卵状矩圆形，长 6 ～ 8mm，宽 2 ～ 3mm，里面白色无毛，外面带紫色且沿中部及顶部密被柔毛，先端钝圆；无花瓣；雄蕊多数，花丝丝形；心

皮多数（30～60），顶端具拳卷的花柱。聚合果近球形，直径约1.8cm；瘦果狭卵球形，长约8mm，宽约2mm，无毛，宿存花柱钩状弯曲，背腹稍扁。花期6～7月，果期7～8月。

中生草本。生于森林草原带的山地林缘及沟谷草甸。产兴安南部（克什克腾旗）、燕山北部（宁城县、喀喇沁旗、兴和县苏木山）、阴山（大青山、蛮汗山、乌拉山）。分布于我国辽宁西部、河北北部和西部、山西、陕西、河南东北部、宁夏、甘肃、四川北部、青海东部。为华北分布种。

本种的萼片有时变异很大，有狭倒卵形的，有圆形的，长达4cm；边缘有的全缘，有的具锯齿；有时花萼多数，而且颜色由白色变为绿色。变异很不稳定，有待进一步研究。

根入药，治肝炎、筋骨疼痛等。

4. 疏齿银莲花

Anemone geum H. Leveille subsp. **ovalifolia** (Bruhl) R. P. Chaudhary in Bot. Zhurn. 73:1190. 1988; Fl. China 6:328. 2001.——*A. obtusiloba* D. Don subsp. *ovalifolia* Bruhl in Ann. Roy. Bot. Gard. Calc. 5:78. t.106B. f.23, 27-30. 1896; Fl. Intramongol. ed. 2, 2:467. t.188. f.1-2. 1991.

多年生草本，高3.5～15cm，稀高达30cm。基生叶具长柄；叶片卵形，长1～2cm，3全裂；侧全裂片较小，比中全裂片短1倍左右，又3浅裂，裂片全缘或有1～2齿，两面通常多少被短柔毛。花葶被开展的柔毛；花序有1花。苞片3，倒卵形，3浅裂；或卵状矩圆形，不分裂，全缘或有1～3齿。萼片5，白色、蓝色或黄色；心皮20～30，子房密被白色柔毛，稀无毛。花期5～7月。

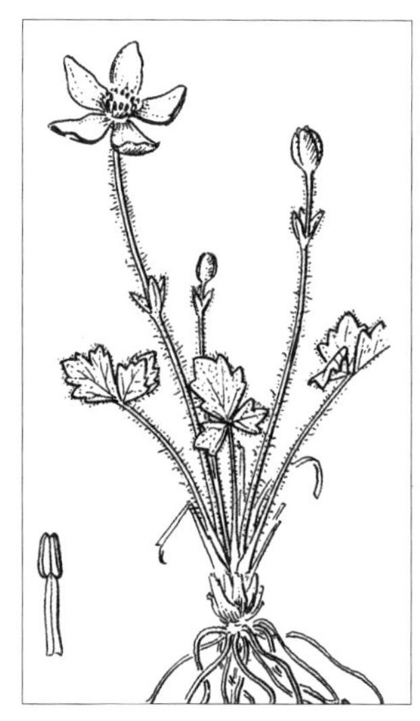

中生草本。生于荒漠带的高山草甸及灌丛。产贺兰山。分布于我国河北西部、山西、陕西西南部、宁夏西北部、甘肃东部、青海、四川西部、云南北部、西藏、新疆（天山、昆仑山），印度北部、尼泊尔。为华北—横断山脉—喜马拉雅分布种。

地下部分、叶、花和果实入药，治病愈后体温不足、关节积黄水、淋病、黄水疮、慢性气管炎等。全草入药，有止血的功效。

5. 展毛银莲花

Anemone demissa J. D. Hook. et Thoms. in Fl. Ind. 23. 1855; Fl. Intramongol. ed. 2, 2:468. t.189. f.1-3. 1991.

多年生草本，高 13 ～ 20cm。全株被或疏或密的长柔毛，植株基部具枯叶柄纤维。基生叶 5 ～ 10，具长柄，长达 10cm。叶片卵形，长 2.5 ～ 4cm，宽 3 ～ 5cm，基部心形，3 全裂；中全裂片菱状宽卵形，基部宽楔形，突然缩成短柄，柄长 3 ～ 5mm，3 深裂；侧全裂片较小，近无柄，卵形，不等 3 深裂；各回裂片互相多少覆压，末回裂片卵形，先端锐尖。苞片 3，无柄，长 1 ～ 2cm，3 深裂，裂片椭圆状披针形；伞辐 1 ～ 5，长 1 ～ 5cm；萼片 5 ～ 6，白色或萼紫色，倒卵形或椭圆状倒卵形，长 1 ～ 1.8cm，宽 0.5 ～ 1.2cm，外面疏被长柔毛；雄蕊长 2.5 ～ 5mm，花丝条形；心皮无毛。瘦果椭圆形或倒卵形，长 5 ～ 7mm，宽约 5mm。花期 6 ～ 7 月。

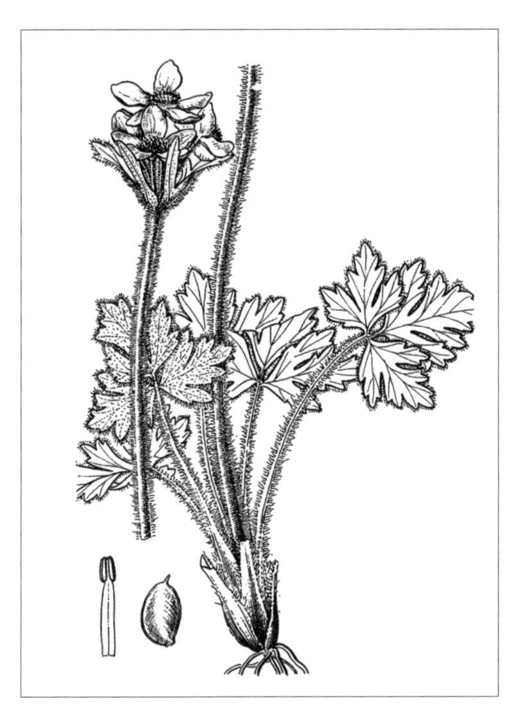

中生草本。生于荒漠带海拔 3100 ～ 3400m 的高山石缝中。产贺兰山。分布于我国甘肃西南部、青海东南部和南部、四川西部、西藏东部和南部，不丹、印度、尼泊尔、巴基斯坦。为横断山脉—喜马拉雅分布种。

6. 长毛银莲花

Anemone crinita Juz. in Fl. U.R.S.S. 7:274, 739. 1937; Fl. Intramongol. ed. 2, 2:468. t.189. f.6-8. 1991.

多年生草本，高 30 ～ 60cm。植株基部密被枯叶柄纤维。根状茎粗壮，黑褐色，生多数须根。基生叶多数，叶片圆状肾形，长 3 ～ 5.5cm，宽 4 ～ 9cm，3 全裂，全裂片二至三回羽状细裂，末回裂片披针形或条形，先端渐尖，宽 2 ～ 5mm，两面疏被长柔毛，上面深绿色，下面灰绿色；有长柄，柄长 10 ～ 30cm，密被白色开展的长柔毛。花葶 1 至数条，直立，疏被白色开展的长柔毛；总苞苞片掌状深裂，无柄，裂片 2 ～ 3 深裂或中裂，小裂片条状披针形，两面被长柔毛，外面基部毛较密；花梗 2 ～ 6，长 5 ～ 8cm，疏被长柔毛，呈伞形花序状，顶生；萼片 5，白色，菱状倒卵形，长约 1.5cm，宽约 1cm；

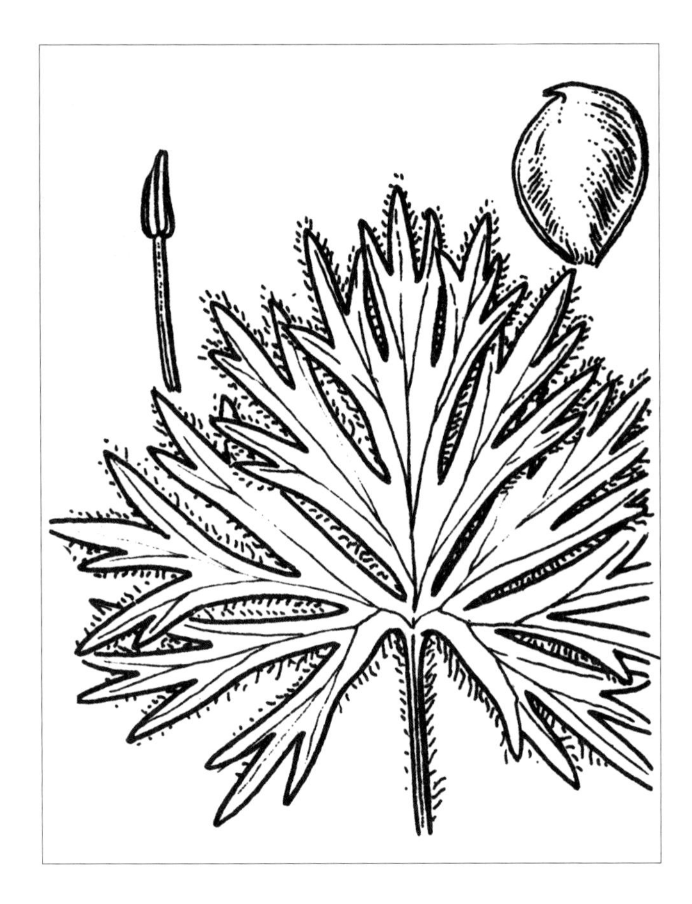

雄蕊长 3 ～ 5mm，花丝条形；心皮无毛。瘦果宽倒卵形或近圆形，长 5 ～ 7mm，宽 5 ～ 5.5mm，无毛，先端具向下弯曲的喙，喙长约 1mm。花期 5 ～ 6 月，果期 7 ～ 9 月。

中生草本。生于森林带的山地林下、林缘及草甸。产兴安北部（额尔古纳市、根河市、牙克石市、阿尔山市五岔沟、东乌珠穆沁旗宝格达山）、岭东（扎兰屯市）、兴安南部（阿鲁科尔沁旗、巴林右旗、克什克腾旗、西乌珠穆沁旗哈尔干太山）、赤峰丘陵（翁牛特旗）、燕山北部（喀喇沁旗）。分布于我国黑龙江、辽宁、河北，朝鲜、蒙古国北部和西部、俄罗斯（西伯利亚地区）。为西伯利亚—满洲分布种。

本种有一花瓣重瓣的变型——重瓣长毛银莲花 *A. crinita* Juz. f. *plena* Y. Z. Zhao （《内蒙古植物志》第二版第二卷 470 页）生于山地草甸。产兴安北部（牙克石市乌尔其汉镇）。

7. 卵裂银莲花

Anemone sibirica L., Sp. Pl. 541. 1753; Fl. Intramongol. ed. 2, 2:468. t.189. f.4-5. 1991.

多年生草本，高 15 ～ 35cm。植株基部密被枯叶柄纤维。根状茎粗壮，暗褐色。基生叶多数；具长柄，柄长达 20cm，密被白色开展的长柔毛。叶片宽卵形，基部心形，长 3 ～ 5cm，宽 5 ～ 7cm，3 全裂；中央全裂片菱状宽卵形，无柄，3 深裂；侧全裂片卵形，不等 3

中裂；末回裂片卵形，先端钝圆或钝尖，上面无毛或疏被长柔毛，下面被长柔毛。花葶单一或数条，被白色长柔毛；苞片 3，无柄，3 深裂，裂

片椭圆状披针形，长 1.5 ～ 3cm，裂片先端有的具牙齿；花梗 1 ～ 3，长 1 ～ 8cm，自总苞中抽出，疏被白色开展的长柔毛；萼片 5，白色，外面带紫色，椭圆状倒卵形或倒卵形，长 1.5 ～ 2cm，宽 6 ～ 12mm；雄蕊长 4 ～ 5mm，花丝条形；心皮无毛。瘦果倒卵圆形或近圆形，长约 6mm，宽约 5mm，先端的喙弯曲，喙长约 1.8mm。花期 5 ～ 7 月，果期 8 月。

中生草本。生于荒漠带海拔 2200 ～ 3000m 的山地岩石缝中。产贺兰山。分布于我国宁夏西北部、新疆中部，蒙古国北部、俄罗斯（西伯利亚地区、远东地区）。为亚洲中部分布种。

8. 阿拉善银莲花

Anemone alaschanica (Schipcz.) Borod.-Grabovsk. in Pl. Cent. Asia 12:61. t.5. f.1-2. 2001.——*A. narcissiflora* L. var. *alaschanica* Schipcz. in Act. Hort. Bot. Univ. Jurjev. 13, 2:100. 1912.

多年生草本，高 10 ～ 30cm。植株基部密被枯叶柄纤维。根状茎粗壮，暗褐色。基生叶多数；

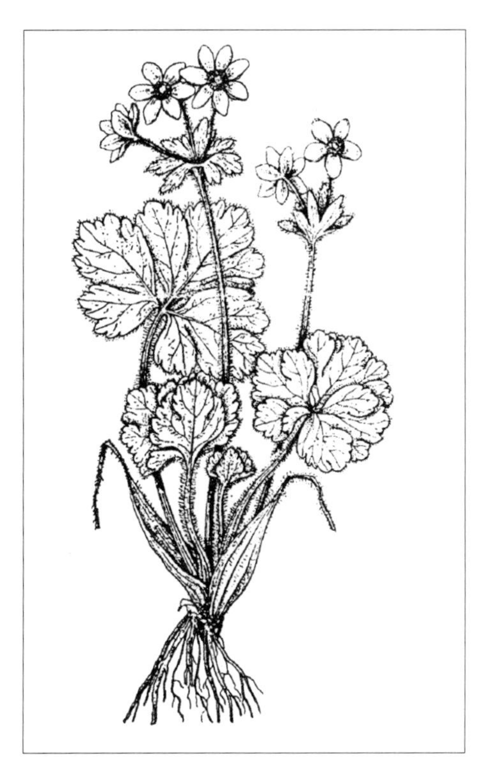

具长柄，柄长达 10 ～ 20cm，下部加宽具明显的膜质鞘，密被白色开展的长柔毛。叶片近圆形，基部心形，长 3 ～ 5cm，宽 4 ～ 6cm，3 全裂；中央全裂片宽卵形，近无柄，3 深裂；侧全裂片卵形，2 ～ 3 深裂或中裂；全裂片之间相互重叠，上部边缘具卵圆形牙齿，齿先端圆钝；叶片上面疏被长柔毛，下面被长柔毛。伞形花序，有花 2 ～ 3 朵；花葶被白色长柔毛。总苞片 3，无柄，3 深裂；裂片椭圆状披针形，长 1.5 ～ 3cm，裂片先端有的具牙齿。花梗 2 ～ 3，长 1 ～ 4cm，自总苞中抽出，疏被白色开展的长柔毛；萼片 5 ～ 7，白色，外面带紫色，椭圆状倒卵形或倒卵形，长 1.5 ～ 2cm，宽 6 ～ 12mm；雄蕊长 4 ～ 5mm，花丝条形；心皮无毛。瘦果倒卵圆形或近圆形，长约 6mm，宽约 5mm，无毛，先端的喙弯曲，喙长约 1.8mm。花期 5 ～ 7 月，果期 8 月。

中生草本。生于荒漠带的山地石质山坡。产贺兰山。为贺兰山分布种。

10. 白头翁属 **Pulsatilla** Mill.

多年生草本。叶基生，单叶分裂或复叶。花葶直立，单一，具总苞；总苞常与花多少离开，通常集成轮状，基部合生，分裂或由 3 小叶构成；花单生；萼片 6，花瓣状，覆瓦状排列；雄蕊多数，比萼片短；心皮多数，密集成头状，每心皮具 1 枚胚珠。瘦果小，顶端具羽毛状宿存花柱。

内蒙古有 9 种。

分种检索表

1a. 叶掌状 3 全裂，或近似羽状时有羽片 2 对。

2a. 叶掌状 3 全裂，中全裂片 3 深裂。

3a. 叶的全裂片分裂程度小，末回裂片卵形……………………………………**1. 白头翁 P. chinensis**

3b. 叶的全裂片多少细裂，末回裂片条状披针形至狭条形……………………………………………………………………………… **2. 掌叶白头翁 P. patens** subsp. **multifida**

2b. 叶近羽状分裂，有时羽片 2 对，中全裂片 3 全裂。

4a. 叶的末回裂片狭披针形，宽 0.8 ～ 1.5mm；总苞筒长约 2mm；宿存花柱长 2.5 ～ 3cm，上部有贴伏短毛……………………………………………………………………**3. 蒙古白头翁 P. ambigua**

4b. 叶的末回裂片宽在 2mm 以上；总苞筒长 8 ～ 14mm；宿存花柱长 4 ～ 5.8cm，下部和上部均被开展的长柔毛。

5a. 叶裂片通常无齿，叶缘无毛；花蓝紫色……………………………**4. 兴安白头翁 P. dahurica**

5b. 叶裂片具齿，叶缘有毛；花紫红色……………………………………**5. 朝鲜白头翁 P. cernua**

1b. 叶为二回羽状复叶，羽片 3 ～ 6 对，细裂。

6a. 叶片卵形，宽，下部羽片具柄；茎和叶柄被开展的长柔毛；总苞筒长 5 ～ 6mm；宿存花柱长 3 ～ 6cm，被开展的长柔毛。

7a. 花萼 6，蓝紫色，长椭圆形或椭圆状披针形；花梗与总苞片近等长……………………………………………………………………………… **6. 细叶白头翁 P. turczaninovii**

7b. 花萼多数，淡粉红色，条状披针形或条形；花梗长，远超出总苞片……………………………………………………………………………………**7. 呼伦白头翁 P. hulunensis**

6b. 叶片矩圆形，狭，全部羽片均无柄；茎和叶柄被贴伏或稍开展的长柔毛；总苞筒长 2 ～ 3mm；宿存花柱长 2 ～ 2.5cm，上部被贴伏的短柔毛。

8a. 萼片蓝紫色，长 2 ～ 3cm……………………………………………**8. 细裂白头翁 P. tenuiloba**

8b. 萼片黄白色，长 1 ～ 2cm……………………………………………**9. 黄花白头翁 P. sukaczevii**

1. 白头翁（毛姑朵花）

Pulsatilla chinensis (Bunge) Regel in Tent. Fl.-Ussur. 5. 1861; Fl. Intramongol. ed. 2, 2:471. t.190. f.1-3. 1991.——*Anemone chinensis* Bunge in Enum. Pl. China Bor. 2. 1831.

多年生草本，高 15 ～ 50cm。全株密被白色柔毛，早春时毛更密。根状茎粗壮，具直根数条。基生叶数枚；叶柄长 5 ～ 20cm，密被长柔毛。叶片宽卵形，长 4 ～ 14cm，宽 6 ～ 16cm，3 全裂；中全裂片有短柄或近无柄，宽卵形，3 深裂；深裂片楔状倒卵形，全缘或有疏齿，上面变无毛，下面被长柔毛。花葶 1 ～ 2，被长柔毛；总苞 3 深裂，裂片又 2 ～ 3 深裂，小裂片全缘

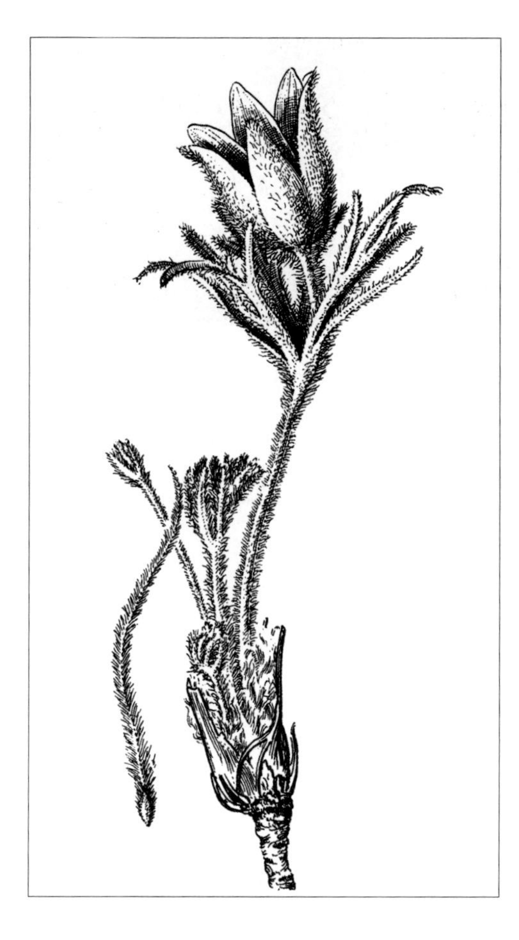

或先端具2～3齿，条形或披针形，里面无毛，外面密被长柔毛；花梗长2～5cm，结果时长达20cm；花直立，钟状；萼片蓝紫色，矩圆状卵形，长3～5cm，宽1～2cm，里面无毛，外面密被长伏毛；雄蕊长约为萼片之半。瘦果纺锤形，扁，长3～4mm，被长柔毛；宿存花柱长4～6.5cm，被开展的长柔毛，末端无毛。花期5～6月，果期6～7月。

中生草本。生于森林带和森林草原带的山地林缘和草甸。产岭东（阿荣旗）、兴安南部（科尔沁右翼前旗、科尔沁右翼中旗、奈曼旗青龙山、巴林左旗）、燕山北部（喀喇沁旗、宁城县、敖汉旗）、阴山（卓资县大青山）。分布于我国黑龙江南部、吉林西部、辽宁、河北、河南西部和东南部、山东、山西南部、江苏西南部、安徽西部、湖北西南部、陕西、甘肃东南部、青海东部、四川中部，朝鲜、俄罗斯（远东地区）。为东亚分布种。

根及根状茎入药，能清热解毒、消炎镇痛、镇静抗痉、收敛止泻，主治痢疾、肠胃炎、气管炎、经血闭止、衄血等症；外用治痔疮。根及根状茎也可做兽药，治牲畜痢疾、豚类痔疾、母畜子宫炎等。水浸液可做土农药，可防治地老虎、蚜虫、黏虫以及马铃薯晚疫病、小麦锈病等病虫害。

2. 掌叶白头翁

Pulsatilla patens (L.) Mill. subsp. **multifida** (Pritz.) Zamels in Acta. Hort. Bot. Univ. Latv. 1:98. 1926; Fl. China 6:331. 2001.——*P. patens* (L.) Mill. var. *multifida* (Pritz.) S. H. Li et Y. H. Huang in Fl. Pl. Herb. Chin.Bor.-Orient. 3:163. t.70. f.1-3. 1975; Fl. Intramongol. ed. 2, 2:471. t.190. f.4-5. 1991.——*Anemone patens* L. var. *multifida* Pritz. in Linnaea 15:581. 1841.——*P. patens* (L.) Mill. var. *multifida* (Pritz.) S. H. Li et Y. H. Huang f. *albiflora* X. F. Zhao et Y. Z. Zhao in Fl. Intramongol. ed. 2, 2:473. 1991.

多年生草本，高达40cm。根状茎粗壮，黑褐色。基生叶近圆状心形或肾形，长2～5cm，宽4～7cm，3全裂，中全裂片具短柄，侧全裂片无柄，裂片菱形，2～3深裂，深裂片再2～3裂或不整齐的羽状分裂，末回裂片条状披针形或披针形，全缘或先端具2～3齿，上面变无毛，下面被长柔毛；叶柄长5～28cm，被开展的长柔毛。花葶直立，被开展的长柔毛；总苞长3～5cm，密被长柔毛，管部长8～12mm，裂片狭条形，宽0.5～1.2mm；花梗被长柔毛，果期伸长；花直立；萼片蓝紫色，矩圆状卵形，长2.5～4cm，宽8～15mm，里面无毛，外面疏被长柔毛，先端渐尖；雄蕊长约为萼片之半。瘦果纺锤形，长约4mm，宽1.5～2mm，被柔毛；宿存花柱长约3.5cm，密被白色柔毛。花期5～6月，果期7月。

中生草本。生于森林带的林间草甸和山地草甸。产兴安北部及岭东和岭西（额尔古纳市、根河市、牙克石市、鄂伦春自治旗、阿尔山市阿尔山和白狼镇、东乌珠穆沁旗宝格达山、鄂温克族自治旗）。分布于我国黑龙江西部、新疆北部，蒙古国西部，欧洲北部、北美洲。为泛北极分布亚种。

3. 蒙古白头翁（北白头翁）

Pulsatilla ambigua (Turcz. ex Hayek) Juzepczuk in Fl. U.R.S.S. 7:307. 1937; Fl. Intramongol. ed. 2, 2:473. t.191. f.7. 1991.——*Anemone ambigua* Turcz. ex Hayek in Festschr. Z. Feier. D. Sieb. Geburtst. Prof. Dr. Ascher 466. 1904.

多年生草本，高 5 ～ 8cm。植株基部密包被纤维状的枯叶柄残余。根粗直，暗褐色。基生叶少数，通常与花同时长出；叶柄密被开展的白色长柔毛，长约 4cm。叶片宽卵形，近羽状分裂，有羽片 2 对；中央全裂片近无柄或具短柄，又 3 全裂；小裂片条状披针形，宽约 1.5mm，全缘或具少数尖牙齿，被长柔毛。总苞叶掌状深裂，小裂片又 2 ～ 3 深裂或羽状分裂；小裂片条形，里面无毛，外面密被长柔毛；基部连合呈管状，管长约 2mm。花葶密被白色长柔毛，花钟形，先下垂，后直立；萼片通常 6，蓝紫色，狭卵形至长椭圆形，长约 2.8cm，宽约 1cm，外面被伏长柔毛，里面无毛，先端钝圆；雄蕊多数，长约为萼片之半；心皮多数。瘦果狭卵形；宿存花柱长约 3cm，密被白色羽毛。花果期 5 ～ 6 月。

中旱生草本。生于森林草原带和典型草原带的山地草原或灌丛。产岭东（扎赉特旗巴彦乌兰苏木）、燕山北部（喀喇沁旗、兴和县苏木山）。分布于我国黑龙江南部、宁夏北部、青海东北部、甘肃北部、新疆中部，蒙古国北部和西部、俄罗斯（西西伯利亚地区）。为东古北极分布种。

用途同细叶白头翁。

《东北草本植物志》（3:163. 1975.）中记载满洲里市分布的并非本种，应为*P. turczaninovii* Kryl. et Serg.，系标本鉴定之误。

4. 兴安白头翁

Pulsatilla dahurica (Fisch. ex DC.) Spreng. in Syst. Veg. 2:663. 1825; Fl. Intramongol. ed. 2, 2:475. t.192. f.1-2. 1991.——*Anemone dahurica* Fisch. ex DC. in Prodr. 1:17. 1824.

多年生草本，高达 49cm。根状茎粗壮，黑褐色。基生叶叶片卵形，长 4 ～ 8cm，宽 3 ～ 6cm，3 全裂或近似羽状分裂；中央全裂片具长柄，又 3 全裂；末回裂片狭楔形或宽条形，全缘或上部有 2 ～ 3 齿，宽 2 ～ 5mm，上面近无毛，下面沿脉疏被柔毛；叶柄长达 16cm，被柔毛。花葶 2 ～ 4，直立，被柔毛。总苞掌状深裂，筒长约 1cm；裂片条形至条状披针形，里面无毛，外面密被长柔毛。花梗果期伸长，被长柔毛；花近直立；萼片暗紫色，椭圆状卵形，长约 2cm，宽约 1cm，顶端钝尖，里面无毛，外面密被白色长柔毛；雄蕊长约为萼片之 2/3。瘦果纺锤形，长约 3mm，密被柔毛；宿存花柱长达 6cm，被近平展的长柔毛。花期 5 月至 6 月初，果期 6 ～ 7 月。

中生草本。生于森林带的山地河岸草甸、林间空地、石砾地。产兴安北部（额尔古纳市）、岭东（扎兰屯市）、兴安南部（科尔沁右翼前旗、扎赉特旗）。分布于我国黑龙江、吉林，朝鲜、俄罗斯（东西伯利亚地区、远东地区）。为东西伯利亚－满洲分布种。

根及根状茎入药，对治疗阿米巴痢疾功效显著。

《东北草本植物志》（3:166, 229. t.72. f.4-5. 1975）中将兴安盟科尔沁右翼前旗索伦镇西洮儿河边采的标本发表为其变型重瓣白头翁 f. *pleniflora* S. H. Li et Y. H. Huang 似觉不妥。因为雌雄蕊全部变态为花瓣状，属畸形变异，也可能是一种返祖现象，故不能按新变型处理。

5. 朝鲜白头翁

Pulsatilla cernua (Thunb.) Bercht. et Presl. in Rostl. I. Ranuncul. 22. 1820; Fl. Intramongol. ed. 2, 2:475. t.192. f.3. 1991.——*Anemone cernua* Thunb. in Fl. Jap. 238. 1784.

多年生草本，高达 45cm。全株被开展的白色长柔毛。根状茎粗壮，直根黄褐色。基生叶多数；叶片卵形，长 3 ～ 8cm，宽 4 ～ 7cm，近羽状分裂，一回中全裂片具细长柄，又 3 全裂，二回全裂片深裂，末回裂片披针形或狭卵形，宽 2 ～ 5mm，上面近无毛，下面密被长柔毛；叶柄长达 15cm，被长柔毛。花葶直立；总苞长 3 ～ 5cm，筒长约 1cm，掌状深裂，裂片条形或狭矩圆形，全缘或 2 ～ 3 裂，里面近无毛，外面密被长柔毛；花梗结果时伸长，被长柔毛；萼片紫红色或暗紫红色，矩圆形或卵状矩圆形，长 2 ～ 3cm，宽 6 ～ 12mm，顶端圆或微钝，里面无毛，外面密被柔毛；雄蕊长约为萼片之半。瘦果倒卵状矩圆形，长约 3mm，被柔毛，宿存花柱长达 6cm，密被开展的白色长柔毛。花期 4 ～ 5 月，果期 5 ～ 6 月。

中生草本。生于森林带和草原带的山坡草地。产岭东（扎赉特旗）、兴安南部（科尔沁右翼前旗）、赤峰丘陵（红山区）、燕山北部（喀喇沁旗）、阴山（卓资县大青山）。分布于我国黑龙江东南部、吉林东部、辽宁中东部和南部，日本、朝鲜、俄罗斯（东西伯利亚地区、远东地区）。为东西伯利亚—东亚北部分布种。

根及根状茎入药，能止痢、收敛、消炎，对治疗阿米巴痢疾有确效，还可治疟疾、金疮、妇女闭经等症；也可作杀虫、防止病虫害的农药。

6. 细叶白头翁（毛姑朵花）

Pulsatilla turczaninovii Kryl. et Serg. in Sist. Zamtki Mater Gerb. Krylova Tomsk. Gosud. Univ. Kuybysheva 5-6:1. 1930; Fl. Intramongol. ed. 2, 2:477. t.193. f.1-3. 1991.——*P. turczaninovii* Kryl. et Serg. f. *albiflora* Y. Z. Zhao in Acta Sci. Nat. Univ. Intramongol. 19(4):657. 1988; Fl. Intramongol. ed. 2, 2:477. 1991.

多年生草本，高 10 ～ 40cm。植株基部密包被纤维状的枯叶柄残余。根粗大，垂直，暗褐色。基生叶多数，通常与花同时长出；叶片卵形，长 4 ～ 14cm，宽 2 ～ 7cm，二至三回羽状分裂，第一回羽片通常对生或近对生，中下部的裂片具柄，顶部的裂片无柄，裂片羽状深裂，第二回裂片再羽状分裂，最终裂片条形或披针状条形，宽 1 ～ 2mm，全缘或具 2 ～ 3 个牙齿，成长叶两面无毛或沿叶脉稍被长柔毛；叶柄长达 14cm，被白色柔毛。总苞叶掌状深裂，裂片条形或倒披针

状条形，全缘或 2 ～ 3 分裂，里面无毛，外面被长柔毛，基部联合呈管状，管长 3 ～ 4mm；花葶疏或密被白色柔毛；花向上开展；萼片 6，蓝紫色或蓝紫红色，长椭圆形或椭圆状披针形，长 2.5 ～ 4cm，宽达 1.4cm，外面密被伏毛；雄蕊多数，比萼片短约一半。瘦果狭卵形，宿存花柱长 3 ～ 6cm，弯曲，密被白色羽毛。花果期 5 ～ 6 月。

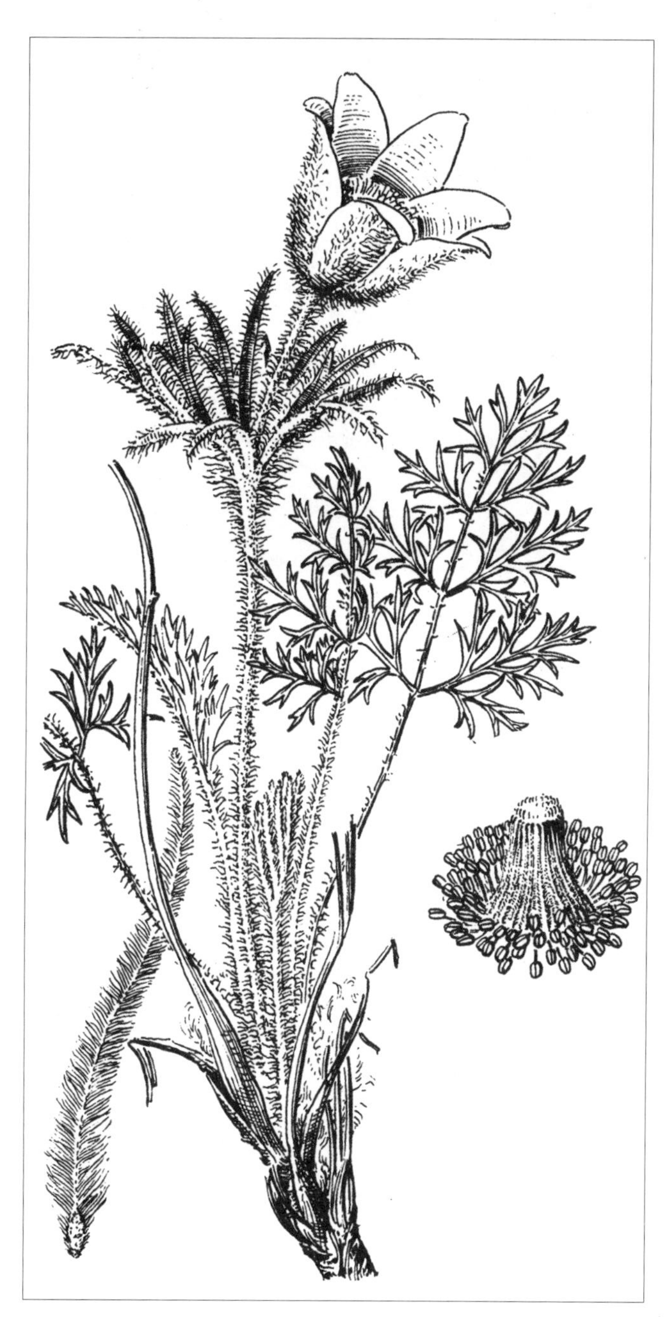

中旱生草本。生于典型草原及森林草原带的草原与草甸草原群落中，可在群落下形成早春开花的杂类草层片，也见于山地灌丛中。产兴安北部（额尔古纳市、牙克石市）、岭东（扎兰屯市）、岭西和呼伦贝尔（海拉尔区、满洲里市、陈巴尔虎旗、鄂温克族自治旗、新巴尔虎左旗）、兴安南部（科尔沁右翼前旗、科尔沁右翼中旗、扎赉特旗、扎鲁特旗、阿鲁科尔沁旗、巴林右旗、克什克腾旗）、燕山北部（喀喇沁旗、宁城县）、锡林郭勒（东乌珠穆沁旗、西乌珠穆沁旗、锡林浩特市、阿巴嘎旗、正蓝旗、镶黄旗、多伦县）、阴山（大青山、乌拉山）、阴南丘陵（准格尔旗）、贺兰山。分布于我国黑龙江西部、吉林西部、辽宁西北部、河北北部、山西北部、宁夏北部、新疆北部，蒙古国东部和北部及西部、俄罗斯（西伯利亚地区、远东地区）。为东古北极分布种。

根入药（药材名：白头翁），能清热解毒、凉血止痢、消炎退肿，主治细菌性痢疾、阿米巴痢疾、鼻衄、痔疮出血、湿热带下、淋巴结核、疮疡。根也入蒙药（蒙药名：伊日贵）。早春为山羊、绵羊乐食。

7. 呼伦白头翁

Pulsatilla hulunensis (L. Q. Zhao) L. Q. Zhao et Y. Z. Zhao in Key Vasc. Pl. Inn. Mongol. 74. 2014.——*P. turczaninovii* Kryl. et Serg. var. *hulunensis* L. Q. Zhao in Act. Bot. Bor.-Occid. Sin. 31(10):2131. t.A-B. 2011.

多年生草本，高 10 ～ 20cm。植株基部包被密的纤维状的残存枯叶柄。根粗大，垂直。基生叶多数，通常与花同时长出；花期叶片卵形，长 3 ～ 8cm，宽 2 ～ 5cm，三至四回羽状分裂，第一回羽片通常对生或近对生，中下部的裂片具柄，裂片全裂，末回裂片条形或披针状条形，宽约 1mm，全缘或具 2 ～ 3 个牙齿，先端锐尖，花后期叶背面沿叶脉被长柔毛；叶柄长达 10cm，密被开展的白色长柔毛。总苞叶掌状深裂，裂片条形，全缘或 2 ～ 3 分裂，里面疏被柔毛或近无毛，外面密被开展的长柔毛，基部联合；花葶疏或密被白色长柔毛，花期超过总苞一倍；花向上开展；萼片多数（可达 18 枚），淡粉红色，狭长椭圆形或狭椭圆状披针形，长 1.5 ～ 3cm，宽达 7mm，外面沿脉密被开展的长柔毛；雄蕊多数，长约为萼片的 2/3；花柱密被白色柔毛。花果期 5 月。

中旱生草本。生于草原区花岗岩石质丘陵草地上。产呼伦贝尔（陈巴尔虎旗特尼河）。为呼伦贝尔分布种。

8. 细裂白头翁

Pulsatilla tenuiloba (Turcz. ex Hayek) Juz. in Fl. U.R.S.S. 7:298. 1937; Fl. Intramongol. ed. 2, 2:479. t.193. f.4-5. 1991.——*Anemone tenuiloba* Turcz. ex Hayek in Festschr. Z. Feier. D. Sieb. Geburtst. Prof. Dr. Ascher 472. 1904.

多年生草本，高约 8cm。直根暗褐色。根状茎粗壮，具基生叶枯叶柄残基。基生叶狭矩圆形，长约 5cm，宽约 2cm，二回羽状全裂，小裂片狭条形，先端锐尖，宽 0.5 ～ 1mm，两面被星散长柔毛；叶柄长约 2.5mm，被白色贴伏或稍开展的长柔毛。总苞 3 深裂，裂片又羽状分裂，小裂片狭条形，宽 0.5 ～ 1mm，里面无毛，外面密被白色长柔毛；花葶单一，在花期密被贴伏或稍开展的白色长柔毛，果

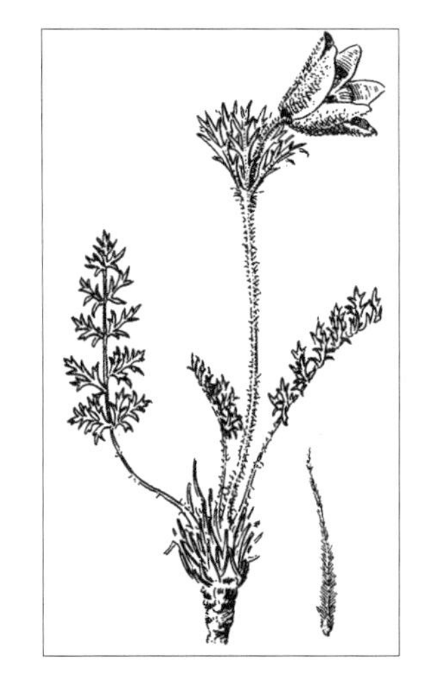

期疏被毛；萼片蓝紫色，半开展，狭椭圆形，长2～3cm，宽6～10mm，里面无毛，外面密被伏毛；雄蕊长约为萼片之半；心皮密被柔毛。瘦果长椭圆形，先端具尾状的宿存花柱，长约2cm，稍弯曲，下部密被白色长柔毛，上部被短伏毛，顶端无毛。花果期6月，7月下旬有时出现二次开花现象。

中旱生草本。生于草原区的丘陵石质坡地。产呼伦贝尔（新巴尔虎右旗克鲁伦河北部中蒙国境线处）。分布于蒙古国北部、俄罗斯（东西伯利亚达乌里地区）。为达乌里—蒙古分布种。

9. 黄花白头翁

Pulsatilla sukaczevii Juz. in Fl. U.R.S.S. 7:301, 741. 1937; Fl. Intramongol. ed. 2, 2:479. t.191. f.1-6. 1991.

多年生草本，高约15cm。植株基部密包被纤维状枯叶柄残余。根粗壮，垂直，暗褐色。基生叶多数，丛生状；叶片长椭圆形，长约5cm，宽约2cm，二回羽状全裂，小裂片条形或狭披针状条形，宽0.5～1mm，边缘及两面疏被白色长柔毛；叶柄长约5cm，被白色长柔毛，基部稍加宽，密被稍开展的白色长柔毛。总苞叶3深裂，裂片的中下部两侧常各具1侧裂片，裂片又羽状分裂，小裂片狭条形，宽0.5～1mm，上面无毛，下面密被白色长柔毛；花葶在花期密被贴伏或稍开展的白色长柔毛，果期疏被毛；萼片6或较多，开展，黄色，有时白色，椭圆形或狭椭圆形，长1～2cm，宽0.5～1cm，外面稍带紫色，密被伏毛，里面无毛；雄蕊多数，长约为萼片之半；心皮多数，密被柔毛。瘦果长椭圆形，先端具尾状的宿存花柱，长2～2.5cm，下部被斜展的长柔毛，上部密被贴伏的短毛，顶端无毛。花果期5～6月，7月下旬有时出现二次开花现象。

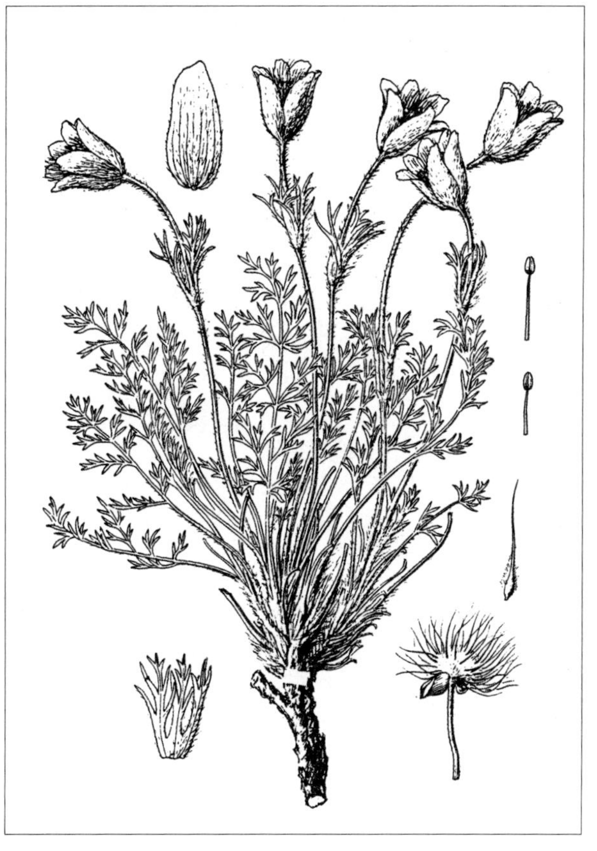

中旱生草本。生于草原区的石质山地及丘陵坡地和沟谷中。产呼伦贝尔（新巴尔虎右旗、满洲里市）、兴安南部（巴林右旗）、锡林郭勒（东乌珠穆沁旗、阿巴嘎旗、正蓝旗）、阴山（大青山、察哈尔右翼中旗辉腾梁）。分于我国黑龙江，俄罗斯（东西伯利亚达乌里地区）。为达乌里—东蒙古分布种。

药用同细叶白头翁。

11. 侧金盏花属 Adonis L.

多年生或一年生草本。茎单一或分枝。叶互生，数回掌状或羽状细裂。花单生于茎及分枝顶端，两性；萼片 5 ～ 8，矩圆形或卵形，淡黄绿色或带紫色；花瓣 5 ～ 24，倒卵形、倒披针形或矩圆形，无蜜腺；雄蕊多数；心皮多数，螺旋状着生于圆锥状的花托上，子房有 1 胚珠。瘦果具隆起的脉网，果喙直或向下弯曲。

内蒙古有 2 种。

分种检索表

1a. 茎、叶和萼片光滑无毛；茎单一，不分枝或极少分枝…………………………**1. 北侧金盏花 A. sibirica**

1b. 茎、叶和萼片疏被短腺毛，茎多分枝……………………………………**2. 甘青侧金盏花 A. bobroviana**

1. 北侧金盏花

Adonis sibirica Patr. ex Ledeb. in Index Sem. Hort. Dorp. Suppl. 2:1. 1824; Fl. Intramongol. ed. 2, 2:480. t.194. f.3-4. 1991.

多年生草本，植株开花初期高约 30cm，后期可达 60cm。除心皮外，全部无毛。根状茎粗壮而短，径可达 2.5cm。茎丛生，单一或极少分枝，粗 3 ～ 5mm，基部被鞘状鳞片，褐色。叶片卵形或三角形，长达 6cm，宽达 4cm，二至三回羽状细裂，末回裂片条状披针形，有时有小齿，宽 1 ～ 1.5mm，叶无柄。花大，径 3.5 ～ 6cm；萼片 5 ～ 6，黄绿色，圆卵形，长 1 ～ 1.5cm，宽 6 ～ 8mm，先端狭窄；花瓣黄色，狭倒卵形，长 1.8 ～ 2.3cm，宽 6 ～ 8mm，先端近圆形或钝；

陈宝瑞 / 摄

陈宝瑞 / 摄

雄蕊长约 5mm，花药矩圆形，长约 1.5mm。瘦果倒卵球形，长约 4mm，被稀疏短柔毛，果喙长约 1mm，向下弯曲。花期 5 月下旬至 6 月初。

中生草本。生于森林带的山地林缘草甸。产兴安北部（根河市）、岭西（新巴虎左旗东部）。分布于我国新疆北部，蒙古国北部、俄罗斯（西伯利亚地区、欧洲部分）。为欧洲—西伯利亚分布种。

全株入药，可做强心剂和利尿药。

2. 甘青侧金盏花

Adonis bobroviana Sim. in Nov. Sist. Vyssh. Rast. 1968:127. 1968; Fl. Intramongol. ed. 2, 2:480. t.194. f.1-2. 1991.

多年生草本，高可达 30cm。根状茎长约 10cm，粗达 1.2cm。茎丛生，常自下部始多分枝，分枝长，直立或斜展，被极短的小腺毛，基部被膜质鳞片。叶片卵形，长 4 ～ 7cm，宽 2 ～ 3.5cm，二至三回羽状细裂，末回裂片条状披针形或条形，宽 0.5 ～ 2mm，顶端锐尖，边缘被稀疏小腺毛，后变无毛，叶无柄或有极短柄。花径 2 ～ 4cm；萼片 5，淡绿色，带紫色，长椭圆形，长 5 ～ 17mm，宽 1.5 ～ 8mm，被少量短腺毛；花瓣 9 ～ 13，黄色，外面带紫色，倒披针状矩圆形，长 1 ～ 2cm，宽 3 ～ 8mm；雄蕊长约 4mm，花药狭矩圆形，长约 1.2mm；心皮被短柔毛。瘦果卵球形，长约 4mm，网脉隆起，被短柔毛，果喙钩状弯曲。花期 4 ～ 7 月，果期 7 月。

中生草本。生于草原带和荒漠带的山地草甸。产鄂尔多斯南部、龙首山。分布于我国宁夏（同心县、盐池县）、甘肃（兰州市、定西市、环县、山丹县、天祝藏族自治县）、青海东北部（西宁市、共和县）。为华北西部分布种。

12. 水毛茛属 Batrachium (DC.) Gray

多年生水生草本。茎细长、柔弱，沉于水中，分枝。叶互生，具柄或无柄，沉水叶细裂成毛发状，浮水叶裂片较宽。花单生，与叶对生；花梗较粗；萼片 5，绿色；花瓣 5，白色或基部呈黄色，稀完全黄色，爪部具蜜槽；雄蕊多数；心皮多数，螺旋状着生于通常有毛的花托上。聚合瘦果圆球形；瘦果扁卵球形，果皮具横皱纹。

内蒙古有 6 种。

分种检索表

1a. 叶片二型，沉水叶裂片丝形，上部浮水叶裂片较宽，狭条形，宽 0.2 ～ 0.5mm……………………………………………………………………………………………………**1. 北京水毛茛 B. pekinense**

1b. 叶片一型，全部为沉水叶，裂片丝形。

2a. 植株矮小，高不超过 10cm；花小，直径 6 ～ 8mm；叶裂片在水外叉开……**2. 小水毛茛 B. eradicatum**

2b. 茎长 20cm 以上；花较大，直径在 1cm 以上。

3a. 叶片长 4 ～ 6cm，全株无毛，花托及瘦果均无毛…………………**3. 长叶水毛茛 B. kauffmanii**

3b. 叶片长在 4cm 以下，叶鞘被毛，花托及瘦果多少被毛。

4a. 叶片圆形，开展，抱茎，直径 1 ～ 2cm，明显短于节间…**4. 硬叶水毛茛 B. foeniculaceum**

4b. 叶片半圆形或扇形，直径 1.5 ～ 4cm，等长或稍短于节间。

5a. 叶片长 2.5 ～ 4cm，叶柄长 0.7 ～ 2cm………………………………**5. 水毛茛 B. bungei**

5b. 叶片长 1 ～ 2cm；叶柄短，鞘状，长约 2.5mm…………**6. 毛柄水毛茛 B. trichophyllum**

1. 北京水毛茛

Batrachium pekinense L. Liou in Fl. Reip. Pop. Sin 28:363. t.106. f.11-12. 1980; Fl. Intramongol. ed. 2, 2:482. t.195. f.1-2. 1991.

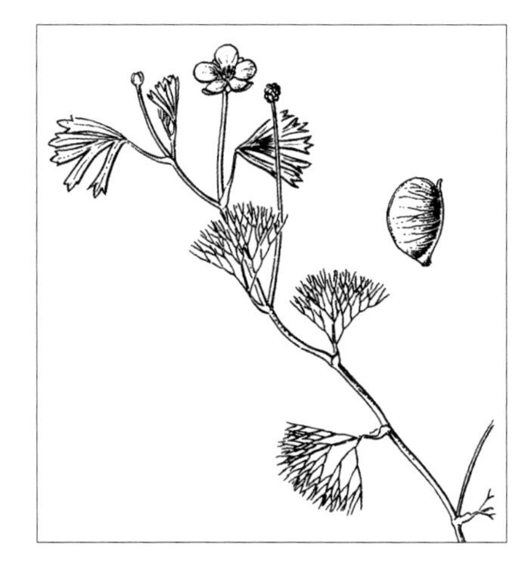

多年生沉水草本。茎长约 30cm，分枝，无毛或节上有疏毛。叶片楔形或宽楔形，长 1.5 ～ 3cm，二型，沉水叶裂片丝形，上部浮水叶二至三回 3 ～ 5 深裂，裂片较宽，狭条形，宽 0.2 ～ 0.5mm，无毛；叶柄长 0.5 ～ 1.2cm，基部具鞘，无毛或在鞘上疏被短毛。花梗长 1.2 ～ 4cm，无毛；萼片近椭圆形，长约 4mm，边缘膜质，脱落；花瓣白色，宽倒卵形，长约 6mm，基部具短爪，蜜槽呈点状；雄蕊约 15；花托有毛。花期 5 ～ 8 月。

沉水草本。生于河水中。产阴南平原（呼和浩特市大黑河）。分布于我国北京。为华北分布种。

2. 小水毛茛

Batrachium eradicatum (Laest.) Fries in Bot. Notis. 1843:114. 1843; Fl. Intramongol. ed. 2, 2:482. t.195. f.3-4. 1991.——*Ranunculus aquatilis* L. var. *eradicatus* Laest. in Nouv. Act. Soc. Upr. 11:242. 1839.

水生小草本。茎高不过 10cm，节间短，长 0.5 ～ 1cm，无毛。叶片扇形，长约 1cm，末回裂片丝形，长约2mm，在水外叉开，无毛；叶柄长5～15mm，基部具鞘，通常无毛。花直径6～8mm；花梗长1～2cm，无毛；萼片卵形，长约2mm，边缘膜质，无毛；花瓣白色，下部黄色，狭倒卵形，长3～4mm，基部具爪，蜜槽点状；雄蕊8～10；花托有短毛。聚合果球形，直径约3mm；瘦果倒卵球形，稍扁，长约1mm，有横皱纹，沿背棱有毛，喙稍弯。花果期5～7月。

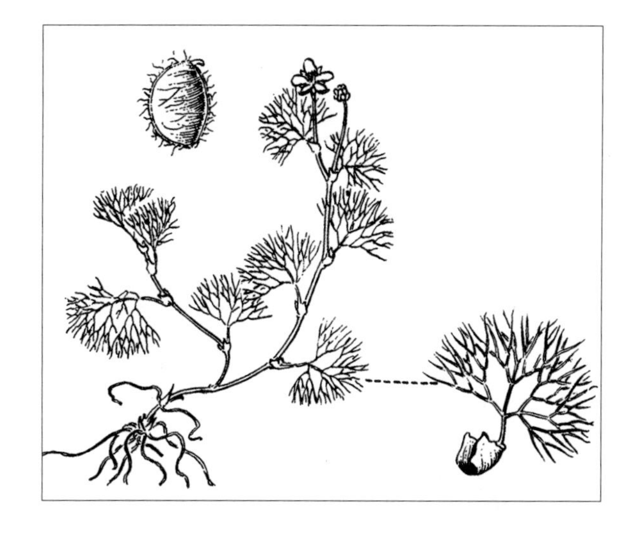

水生小草本。生于池水边。产兴安北部（额尔古纳市、牙克石市）、呼伦贝尔（新巴尔虎右旗）、东阿拉善（阿拉善左旗巴彦浩特镇）。分布于我国黑龙江西北部、四川西部、云南西北部、西藏东南部、新疆北部，哈萨克斯坦、蒙古国西部、俄罗斯（西伯利亚地区），欧洲、北美洲。为泛北极分布种。

3. 长叶水毛茛

Batrachium kauffmanii (Clerc) V. Krecz. in Fl. U.R.S.S. 7:343. t.21. f.5. 1937; Fl. Intramongol. ed. 2, 2:484. t.195. f.5-6. 1991.——*Ranunculus kauffmanii* Clerc in Bull. Soc. Oural. Amat. Sci. Nat. 4:107. 1878.

多年生沉水草本。茎细长，分枝，无毛。叶片扇形，长4～6cm，裂片细，毛发状，无毛；叶柄长1～2cm，基部加宽成鞘状，无毛。花梗长3～6cm，无毛；花径约1cm；萼片卵形，长约3mm，边缘膜质，向下反折，无毛；花瓣白色，倒卵状椭圆形，长约5mm，基部有爪，蜜槽点状；雄蕊8～10；花托无毛。聚合果球形，直径约5mm；瘦果卵圆球形，长1.5～2mm，稍扁，表面有横皱纹，喙细长，弯，后枯萎。花果期6～8月。

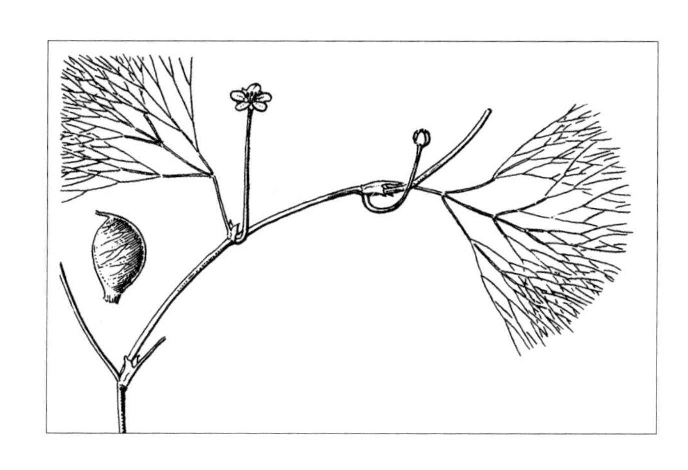

沉水草本。生于水中。产兴安北部（牙克石市）、辽河平原（科尔沁左翼后旗）。分布于我国黑龙江、吉林，蒙古国北部（肯特地区）、俄罗斯（西伯利亚地区、远东地区），欧洲。为西伯利亚—满洲分布种。

4. 硬叶水毛茛

Batrachium foeniculaceum (Gilib.) Krecz. in Fl. U.R.S.S. 7:338. 1937; Fl. Intramongol. ed. 2, 2:484. t.196. f.1-2. 1991.——*Ranunculus foeniculaceus* Gilib. in Fl. Lith. 5:261. 1782.

多年生沉水草本。茎细长，长达50cm以上，节间伸长，无毛。叶片近圆形，长1～1.5cm，比节间短得多，裂片毛发状，在水外叉开，无毛；叶具抱茎的鞘状短柄或近无柄，鞘上有糙毛。

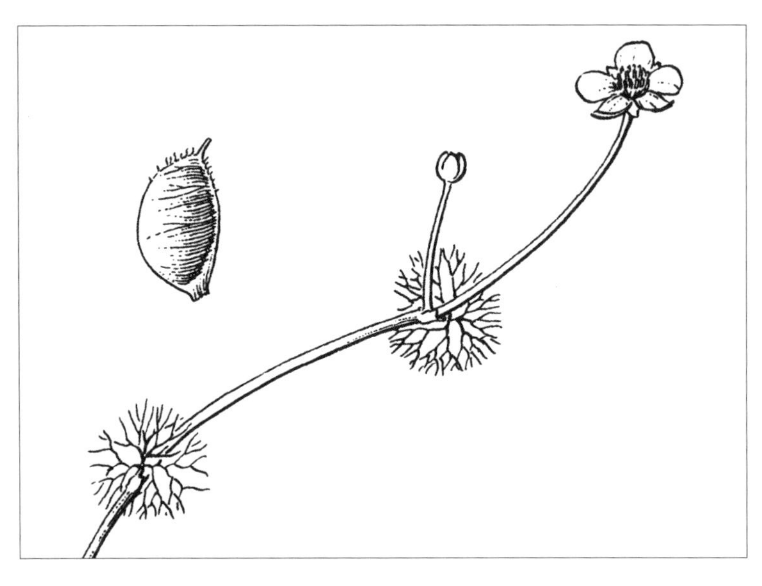

花直径 1 ～ 1.5cm；花梗长 3 ～ 5cm，果期增长，无毛；萼片卵形，长约 3mm，边缘膜质，无毛；花瓣白色，倒卵形，长约 7mm，基部有爪，蜜槽点状；雄蕊约 15；花托有毛。聚合果近球形，径约 4mm；瘦果倒卵形，长约 1.5mm，具横皱纹，稍扁，顶端被粗毛，果喙弯。花期 5 ～ 7 月，果期 7 ～ 8 月。

沉水草本。生于浅水中。产岭东（鄂伦春自治旗）、科尔沁（扎赉特旗）、锡林郭勒、鄂尔多斯（乌审旗、鄂托克旗）。分布于我国黑龙江西北部和南部、山西北部、甘肃、青海东北部、云南西北部、新疆北部，俄罗斯（西伯利亚地区）、哈萨克斯坦，欧洲。为古北极分布种。

5. 水毛茛

Batrachium bungei (Steud.) L. Liou in Fl. Reip. Pop. Sin 28:341. t.106. f.5-8. 1980; Fl. Intramongol. ed. 2, 2:486. t.196. f.3-4. 1991.——*Ranunculus bungei* Steud. in Nom. Bot. 2:432. 1841.

多年生沉水草本。茎长 30cm 以上，无毛或在节上被疏毛。叶片半圆形或扇状半圆形，长 2.5 ～ 4cm，小裂片近丝形，在水外常收拢，无毛；叶具短或长柄，基部加宽成鞘状，近无毛或疏被毛。花梗长 2 ～ 5cm，无毛；花直径 8 ～ 15cm；萼片卵状椭圆形，长约 3mm，边缘膜质，无毛；花瓣白色，基部黄色，倒卵形，长 6 ～ 9mm；雄蕊多数；花托有毛。聚合果卵球形，直径约 3.5mm；瘦果 20 ～ 40，狭倒卵形，长 1.2 ～ 2mm，有横皱纹。花果期 5 ～ 8 月。

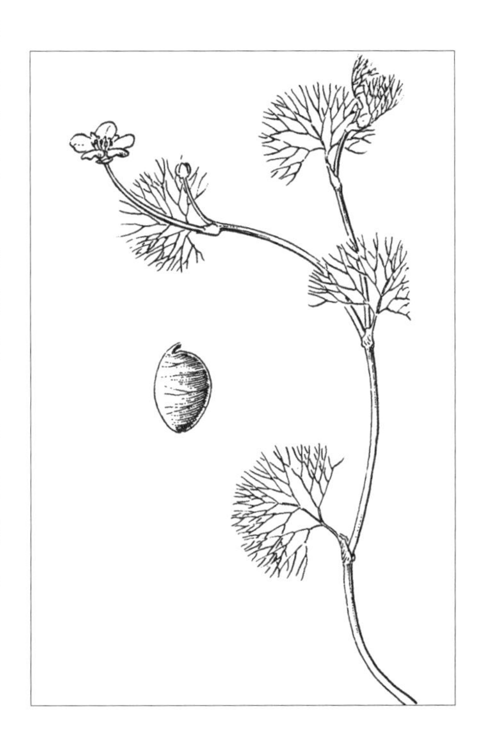

沉水草本。生于森林带的湖泊、河流中。产兴安北部（牙克石市乌尔其汉镇）、锡林郭勒（苏尼特左旗）、乌兰察布（达尔罕茂明安联合旗南部）、阴山（察哈尔右翼中旗辉腾梁）。分布于我国辽宁西南部、河北、山东、山西东部、湖北西南部、江西、江苏、浙江、广西北部、甘肃西南部、青海东部、四川北部、云南西北部、西藏。为东亚分布种。

6. 毛柄水毛茛（梅华藻）

Batrachium trichophyllum (Chaix ex Vill.) Bossche in Prodr. Fl. Bat. 7. 1850; Fl. Intramongol. ed. 2, 2:486. t.196. f.5-6. 1991.——*Ranunculus trichophyllus* Chaix ex Vill. in Hist. Pl. Dauph. 1:335. 1786.

多年生沉水草本。茎长 30cm 以上，分枝，无毛或节上被疏毛。叶片近半圆形，长 1 ～ 2cm，三至四回 2 ～ 3 裂，小裂片丝形，毛发状，在水外稍收拢；叶柄长约 2.5mm，基部加宽成鞘状，

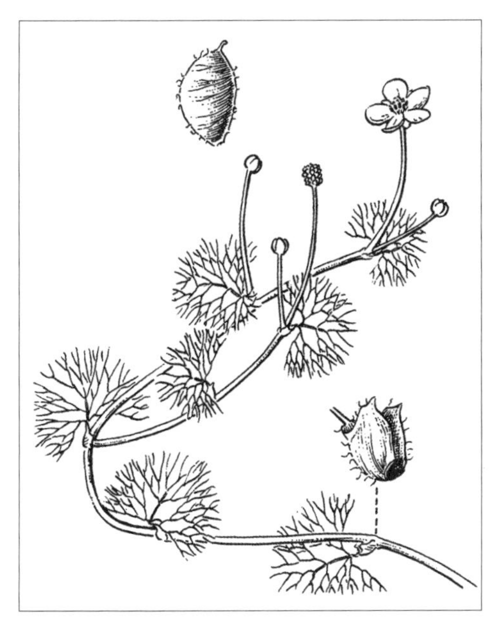

被硬毛。花梗长 2 ～ 3.5cm，无毛；花径约 1.5cm；萼片卵状椭圆形，长约 3mm，边缘膜质，反折，脱落，无毛；花瓣白色，下部黄色，倒卵形，长 6 ～ 7mm，基部具短爪；雄蕊约 15；花托有毛。聚合果近球形，直径约 4mm；瘦果椭圆形，长约 1mm，有横皱纹，被短毛，具短喙。花果期 6 ～ 8 月。

沉水草本。生于森林带和草原带的浅水、湖沼及沼泽草甸中。产兴安北部、呼伦贝尔、兴安南部、科尔沁、辽河平原、锡林郭勒。分布于我国黑龙江、辽宁西北部、河北、山西、陕西北部、甘肃、青海北部、西藏南部、新疆中部，蒙古国北部和西部、俄罗斯（西伯利亚地区、远东地区）、巴基斯坦北部、哈萨克斯坦，北非，欧洲、北美洲。为泛北极分布种。

13. 水葫芦苗属（碱毛茛属）**Halerpestes** E. L. Greene

多年生草本。具匍匐茎。叶全部基生，无茎生叶，具长柄，基部加宽成鞘，叶片 3 或 5 浅裂或中裂。花单生或少数组成聚伞花序；萼片 5，常脱落；花瓣 5 ～ 10，黄色，狭倒卵形或狭椭圆形，具爪，基部具蜜槽；雄蕊多数；心皮多数，螺旋状着生于隆起的花托上。聚合果椭圆形或球形；瘦果扁，具纵肋。

内蒙古有 2 种。

分种检索表

1a. 花小，直径约 7mm；花瓣 5；聚合果长约 6mm；叶片近圆形，长 0.4 ～ 1.5cm……………………………………………………………………………………………**1. 碱毛茛 H. sarmentosa**

1b. 花大，直径约 2cm；花瓣 6 ～ 9；聚合果长约 1cm；叶片卵状梯形，长 1.2 ～ 4cm……………………………………………………………………………………………**2. 长叶碱毛茛 H. ruthenica**

1. 碱毛茛（水葫芦苗、圆叶碱毛茛）

Halerpestes sarmentosa (Adams) Kom. et Aliss. in Key. Pl. Far. East U.R.S.S. 1:550. 1931; Fl. Intramongol. ed. 2, 2:487. t.197. f.1-2. 1991.——*Ranunculus sarmentosus* Adams in Mem. Soc. Nat. Mosc. 9:244. 1834.——*H. salsugiosa* (Pall.) Greene in Pittonia 4:208. 1900.——*R. salsugiosus* Pall. in Reise 3:265. 1776.

多年生草本，高 3 ～ 12cm。具细长的葡匐茎，节上生根长叶，无毛。叶全部基生，叶片近圆形、肾形或宽卵形，长 0.4 ～ 1.5cm，宽度稍大于长度，基部宽楔形、截形或微心形，先端 3 或 5 浅裂，有时 3 中裂，无毛，基出脉 3 条；叶柄长 1 ～ 10cm，无毛或稍被毛，基部加宽成鞘状。花葶 1 ～ 4，由基部抽出或由苞腋伸出两个花梗，直立，近无毛；苞片条形；花直径约 7mm；萼片 5，淡绿色，宽椭圆形，长约 3.5mm，无毛；花瓣 5，黄色，狭椭圆形，长约 3mm，宽约 1.5mm，基部具爪，爪长约 1mm，蜜槽位于爪的上部；花托长椭圆形或圆柱形，被短毛。聚合果椭圆形或卵形，长约 6mm，宽约 4mm；瘦果狭倒卵形，长约 1.5mm，两面扁而稍臌凸，具明显的纵肋，顶端具短喙。花期 5 ～ 7 月，果期 6 ～ 8 月。

轻度耐盐的湿中生草本。生于森林带和草原带的低湿地草甸及轻度盐化草甸，可成为草甸优势种。产兴安北部（额尔古纳市、根河市、牙克石市）、呼伦贝尔（海拉尔区、满洲里市、新巴尔虎左旗、新巴尔虎右旗）、兴安南部和科尔沁（科尔沁右翼前旗、科尔沁右翼中旗、扎赉特旗、通辽市、阿鲁科尔沁旗、翁牛特旗、

巴林右旗、克什克腾旗）、辽河平原（科尔沁左翼后旗）、赤峰丘陵（红山区）、燕山北部（喀喇沁旗）、锡林郭勒（东乌珠穆沁旗、锡林浩特市、苏尼特左旗、集宁区）、乌兰察布（达茂旗、乌拉特中旗）、阴山（大青山、乌拉山）、阴南平原（呼和浩特市、包头市）、鄂尔多斯（达拉特旗、乌审旗）、东阿拉善（杭锦旗、狼山、磴口县、阿拉善左旗、巴彦浩特镇）、西阿拉善（阿拉善右旗）、贺兰山。分布于我国黑龙江、吉林西部、辽宁、河北、山东、山西、陕西北部、宁夏、甘肃、青海北部、四川西部、西藏南部、新疆，朝鲜北部、蒙古国、俄罗斯（西伯利亚地区）、哈萨克斯坦、巴基斯坦北部、印度（锡金）。为东古北极分布种。

全草入蒙药，能利水消肿、祛风除湿，主治关节炎及各种水肿。

2. 长叶碱毛茛（黄戴戴、金戴戴）

Halerpestes ruthenica(Jacq.)Ovcz. in Fl. U.R.S.S. 7:331. 1937; Fl. Intramongol. ed. 2, 2:489. t.197. f.3-4. 1991.——*Ranunculus ruthenicus* Jacq. in Hort. Vindob. 3:19. 1776.

多年生草本，高 10 ～ 25cm。具细长的匍匐茎，节上生根长叶。叶全部基生，叶片宽梯形或卵状梯形，长 1.2 ～ 4cm，宽 0.7 ～ 2.5cm，基部宽楔形、近截形、圆形或微心形，两侧常全缘，稀有牙齿，先端具 3（稀 5）个圆齿，中央牙齿较大，两面无毛，近革质；叶柄长 2 ～ 14cm，基部加宽成鞘，无毛或近无毛。花葶较粗而直，疏被柔毛，单一或上部分枝，具 1 ～ 3（～ 4）花；苞片披针状条形，长约 1cm，基部加宽，膜质，抱茎，着生在分枝处；花直径约 2cm；萼片 5，淡绿色，膜质，狭卵形，长约 7mm，外面有毛；花瓣 6 ～ 9，黄色，狭倒卵形，长约 10mm，宽约 5mm，基部狭窄，具短爪，有蜜槽，先端钝圆；花托圆柱形，被柔毛。聚合果球形或卵形，长约 1cm，瘦果扁，斜倒卵形，长约 3mm，具纵肋，先端有微弯的果喙。花期 5 ～ 6 月，果期 7 月。

轻度耐盐的湿中生草本。生于低湿地草甸及轻度盐化草甸，可成为草甸优势种，常与碱毛茛在同一群落中混生。产呼伦贝尔（新巴尔虎左旗、新巴尔虎右旗、海拉尔区、满洲里市、鄂温克族自治旗）、兴安南部和科尔沁（扎赉特旗、科尔沁右翼中旗、通辽市、阿鲁科尔沁旗、巴林右旗、翁牛特旗、克什克腾旗、敖汉旗）、辽河平原（科尔沁左翼后旗）、赤峰丘陵（红山区）、锡林郭勒（东乌珠穆沁旗、西乌珠穆沁旗、锡林浩特市、苏尼特左旗、察哈尔右翼后旗）、乌兰察布（四子王旗南部、达尔罕茂明安联合旗）、阴山（大青山）、阴南平原（呼和浩特市、包头市）、阴南丘陵（准格尔旗）、鄂尔多斯、东阿拉善（狼山、阿拉善左旗）、贺兰山、西阿拉善（阿拉善右旗）、额济纳。分布于我国黑龙江西南部、吉林西南部、辽宁北部、河北西北部、山西北部、陕西北部、宁夏西部、甘肃北部、青海、新疆中部和北部，蒙古国、俄罗斯（西伯利亚地区）、哈萨克斯坦。为东古北极分布种。

蒙医用此草治咽喉病。

14. 毛茛属 Ranunculus L.

多年生或少数一年生草本，陆生或水生植物。茎直立、斜升或具匍匐茎。单叶或复叶，基生或互生，掌状分裂，有时全缘或具牙齿，叶柄基部具膜质鞘。花单生于茎顶或为聚伞花序，具苞叶；花被2层；萼片5，稀较少，绿色；花瓣5或更多，黄色，下部渐狭成短爪，基部具蜜槽；雄蕊多数，较花瓣短；心皮多数，螺旋状着生于花托上，花柱短，胚珠1。聚合果球形或矩圆形；瘦果扁而臌凸，平滑或有瘤状突起，无毛或被短毛，具果喙。

毛茛属植物含有毛茛甙，可药用，治疗多种疾病，也可杀虫。

内蒙古有25种。

分种检索表

1a. 瘦果卵球形，稍扁，宽为厚的1～3倍，背腹线有1纵棱；花瓣蜜槽呈点状或杯状袋穴。

2a. 陆生草本。

3a. 多年生草本；瘦果无皱纹，喙较长，长0.5～1.5mm（**1. 美丽毛茛组 Sect. Auricomus**）。

4a. 基生叶为单叶。

5a. 基生叶单一，圆形或肾形，长与宽近相等，基部心形至圆形；瘦果密被细毛。

6a. 基生叶圆肾形，边缘具粗尖裂齿 ……………………**1. 单叶毛茛 R. monophyllus**

6b. 基生叶圆形，边缘具粗浅圆齿 ……………………………**2. 圆叶毛茛 R. indivisus**

5b. 基生叶数枚，披针形至椭圆形或宽卵形，基部楔形、宽楔形至截形。

7a. 瘦果无毛。

8a. 花托无毛。

9a. 基生叶狭椭圆形或披针形，不分裂，全缘，基部渐狭成柄；植株被棉状柔毛………………………………………**3. 贺兰山毛茛 R. alaschanicus**

9b. 基生叶圆肾形，3深裂或全裂，中裂片全缘或有3齿，侧裂片2中裂或深裂，基部截形或宽楔形；植株被短柔毛………………**4. 鸟足毛茛 R. brotherusii**

8b. 花托被毛。

10a. 基生叶披针形、椭圆形或卵形，全缘或先端具1～5（～7）小齿牙或齿裂片；植株除花梗被短柔毛外，通常无毛；茎生叶不分裂或2～3浅裂或中裂。

11a. 茎生叶2～3浅裂或深裂；花瓣大，比萼片长；基生叶椭圆形或卵形，先端具3～5（～7）浅裂或齿裂…………………………………………………………………**5a. 美丽毛茛 R. pulchellus** var. **pulchellus**

11b. 茎生叶不分裂，全缘；花瓣小，与萼片近等长；基生叶披针形至椭圆形或卵形，通常全缘，或有时先端具1～5个小齿……………………………………………**5b. 长茎毛茛 R. pulchellus** var. **longicaulis**

10b. 基生叶3～13齿裂、浅裂至深裂或全裂。

12a. 植株除花梗被毛外，近无毛或疏被短柔毛；基生叶宽卵形或肾圆形，基部微心形或宽楔形，3中裂至深裂，裂片倒卵形，先端具3～5个圆齿状缺刻 ……………………**6. 阴山毛茛 R. yinshanensis**

12b. 植株被毛。

13a. 基生叶基部楔形或宽楔形，稀截形。

14a. 植株被长细柔毛；基生叶形多样，3～5齿裂、浅裂、深裂或全裂…………………………………………………………………**7. 栉裂毛茛 R. pectinatilobus**

14b. 植株被短柔毛；基生叶宽菱形，3～5深裂或全裂，裂片矩圆状披针形……………………………………………………………**8. 叉裂毛茛 R. furcatifidus**

13b. 基生叶基部心形或浅心形，叶片圆状肾形或近圆形，7～13深裂…………………………………………………………………………**9. 掌裂毛茛 R. rigescens**

7b. 瘦果被毛，花托被毛，植株被长细柔毛。

15b. 基生叶基部心形，7～15掌状深裂………………………**10. 裂叶毛茛 R. pedatifidus**

15b. 基生叶基部宽楔形，3～9浅裂或深裂……………………**11. 天山毛茛 R. popovii**

4b. 基生叶为三出复叶，小叶片二回全裂或深裂，末回裂片披针形或条形，宽1～3mm；茎生叶3～5全裂，裂片又深裂或不裂；花托被毛；瘦果无毛……**12. 高原毛茛 R. tanguticus**

3b. 一年生草本；瘦果具细皱纹，喙极短，长约0.1mm（**2. 石龙芮组** Sect. **Hecatonia**）…………………………………………………………………………**13. 石龙芮 R. sceleratus**

2b. 水生或沼生草本。

17a. 叶不分裂，条形至披针形；瘦果无毛（**3. 长叶毛茛组** Sect. **Flammula**）。

18a. 茎直立粗壮，下部节上生根成匍匐茎；叶条状披针形，宽约5mm；花直径1.5～2.5cm……………………………………………………………………**14. 披针毛茛 R. amurensis**

18b. 茎纤细平卧，全部节上生根和叶；叶条形，宽1～2mm；花直径6～8mm…………………………………………………………………………**15. 松叶毛茛 R. reptans**

17b. 叶分裂（**4. 浮毛茛组** Sect. **Xanthobatrachium**）。

19a. 叶掌状细裂，末回裂片条形，顶端渐尖；聚合果直径2～4mm……**16. 小掌叶毛茛 R. gmelinii**

19b. 叶3浅裂或深裂，裂片宽圆，顶端钝。

20a. 花托被毛；聚合果直径5～8mm；植株较大型，无毛。

21a. 叶3浅裂，裂片全缘或有2～3个圆齿，顶端钝圆，基部浅心形或截形…………………………………………………………………**17. 浮毛茛 R. natans**

21b. 叶3深裂，裂片又2～3浅裂至中裂，顶端稍尖，基部心形…………………………………………………………………**18. 沼地毛茛 R. radicans**

20b. 花托无毛；聚合果直径3～4mm；植株矮小，疏被伏毛或近无毛；叶3浅裂，裂片全缘或有2～3个圆齿，基部截形或楔形……**19. 内蒙古毛茛 R. intramongolicus**

1b. 瘦果扁平，宽为厚的5倍以上，边缘有棱边；花瓣蜜槽上有分离的小裂片（**5. 毛茛组** Sect. **Ranunculus**）。

22a. 基生叶为单叶，3深裂或有时全裂；花托无毛。

23a. 根状茎细长横走；叶裂片楔形，上部有1～3个齿………………**20. 楔叶毛茛 R. cuneifolius**

23b. 根状茎不伸长。

24a. 根状茎加粗；茎及叶柄被淡褐色长毛；基生叶大型，圆肾形，宽达15cm……………………………………………………………………**21. 兴安毛茛 R. smirnovii**

24b. 根状茎不加粗；茎及叶柄被伸展和贴伏毛；基生叶较小，宽4～10cm。

25a. 上部茎生叶背面密被银白色绢状伏毛…………………………………………………**22b. 银叶毛茛 R. japonicus** var. **hsinganensis**

25b. 上部茎生叶背面无银白色绢状伏毛。

26a. 茎下部和叶柄被伸展长毛……………………………**22a. 毛茛 R. japonicus** var. **japonicus**

26b. 茎下部和叶柄被糙伏毛…………………………**22c. 伏毛毛茛 R. japonicus** var. **propinquus**

22b. 基生叶为三出复叶，小叶再一至三回 3 深裂；花托被毛。

27a. 茎匍匐，下部节上生根，近无毛；花较大，直径约 2cm…………………**23. 匍枝毛茛 R. repens**

27b. 茎直立，节上不生根，被长硬毛；花较小，直径 1 ～ 1.2cm。

28a. 聚合果椭圆形，长约 1.1cm，宽约 7mm；果喙短，长约 0.2mm，微弯；植株密被开展的长硬毛……………………………………………………………… **24. 回回蒜 R. chinensis**

28b. 聚合果球形，径约 8mm；果喙长约 1.5mm，直伸；植株密被贴伏的长硬毛…………………………………………………………………………………………**25. 长喙毛茛 R. tachiroei**

1. 单叶毛茛

Ranunculus monophyllus Ovcz. in Bot. Mater. Gerb. Glavn. Bot. Sada R.S.F.S.R 3:54. 1922; Fl. Intramongol. ed. 2, 2:496. t.199. f.4-5. 1991.

多年生草本，高 10 ～ 30cm。根状茎短粗，斜升，长 1 ～ 3cm，着生多数淡褐色的细弱的须根。茎直立，单一或上部有 1 ～ 2 分枝，无毛。基生叶通常 1 枚，肾形或圆肾形，长 1 ～ 1.5cm，宽 1.5 ～ 2.5cm，基部心形，边缘具粗尖裂齿，齿端有小硬点，无毛或边缘与叶脉稍被短柔毛；叶柄长达 12cm，无毛或稍被短柔毛，基部鞘状，常有 2 枚无叶的苞片。茎生叶 3 ～ 7 掌状全裂或深裂，裂片狭长矩圆形或条状披针形，长 1 ～ 3cm，宽 2 ～ 5mm，无柄，全缘，稀具少数牙齿。花单生茎顶或分枝顶端，径约 1.3cm；萼片 5，椭圆形，长 4 ～ 5mm，外面疏被柔毛；花瓣 5，黄色，倒卵形，长 6 ～ 7mm，具脉纹，基部狭窄成爪，蜜槽呈杯状袋穴；雄蕊长 3 ～ 5mm；花托被短细毛。聚合果卵球形，直径 6 ～ 7mm。瘦果卵球形，稍扁，长约 2mm，有背腹肋，密被短细毛；喙长约 1mm，直伸或钩状。花果期 5 ～ 6 月。

湿中生草本。生于森林带的河岸湿草甸及山地沟谷湿草甸。产兴安北部（额尔古纳市、牙克石市、阿尔山市阿尔山和白狼镇）、岭西（鄂温克族自治旗五泉山）、兴安南部（巴林右旗、克什克腾旗、西乌珠穆沁旗迪彦

林场）、阴山（蛮汗山）。分布于我国黑龙江、河北北部、山西、新疆中部和北部，蒙古国北部和西部、俄罗斯（西伯利亚地区、远东地区、欧洲部分）、哈萨克斯坦。为古北极分布种。

2. 圆叶毛茛

Ranunculus indivisus (Maxim.) Hand.-Mazz. in Act. Hort. Gothob. 13:145. 1939; Fl. China 6:418. 2001.

多年生草本，高 20 ～ 30cm。须根较多。茎直立或斜升，有分枝，常无毛。基生叶圆形至宽卵形，长 1 ～ 3cm，宽与长近相等，基部狭心形至圆形，边缘有 6 ～ 10 个粗浅圆齿；叶柄长 3 ～ 6cm，无毛，基部叶鞘膜质，老后撕裂成纤维状残存。茎上部叶不裂或 3 深裂，中裂片较大，披针形，无毛或疏生柔毛；无柄，有膜质宽鞘抱茎。花单生茎枝顶端，直径 1 ～ 1.5cm；花梗长 2 ～ 9cm，贴生柔毛；萼片椭圆形，长约 4mm，背面密生柔毛；花瓣 5，倒卵形，长 5 ～ 7mm，基部有细爪，蜜槽点状；雄蕊多数，长约 2.5mm；花托圆柱形，长 5 ～ 7mm，生细柔毛。聚合果长圆形，稍扁，长约 2mm，被细柔毛，有纵肋；喙长约 0.5mm，直伸或稍弯。花果期 7 ～ 8 月。

中生草本。生于荒漠带的海拔 2400m 左右的沟谷石缝中。产贺兰山。分布于我国山西、青海东部、四川西北部、西藏北部。为唐古特分布种。

3. 贺兰山毛茛

Ranunculus alaschanicus Y. Z. Zhao in Bull. Bot. Res. Harbin 9(1):64. t.1. f.1. 1989; Fl. Intramongol. ed. 2, 2:493. t.199. f.1-3. 1991.——*R. nephelogenes* Edgew. var. *pubescens* W. T. Wang in Bull. Bot. Res. Harbin 7(2): 110. 1987.——*R. membranaceus* Royle var. *pubescens* (W. T. Wang) W. T. Wang in Bull. Bot. Res. Harbin. 15: 285. 1995.

多年生小草本，高 10 ～ 12cm。须根数条，较粗，粗约 2mm，簇生。茎直立，单一，被白色棉状柔毛。基生叶数枚，狭椭圆形或披针形，长 1.5 ～ 3cm，宽 3 ～ 6mm，先端尖钝，基部楔形，全缘，上面无毛，具 3 ～ 5 脉，下面披白色棉状柔毛；叶柄长 1.5 ～ 5cm，被白色棉状柔毛，基部扩大成膜质长鞘，白色而有光泽，长 1 ～ 2cm，相互紧抱，老后撕裂成纤维状，残存。茎生叶 3 ～ 5 深裂，裂片条形，长 1 ～ 2cm，宽约 1mm，上面无毛，下面密被白色棉状柔毛，无柄。花单生茎顶，直径约 8mm；花梗长 1 ～ 1.5cm，被棉状柔毛；萼片 5，卵状椭圆形，长约 3mm，背部带紫色，密被柔毛；花瓣 5，黄色，狭倒卵形，长约 4mm，宽约 1.5mm，具脉纹，基部渐狭成爪；雄蕊长约 2.5mm；子房无毛；花托圆柱形，长约 4mm，无毛。聚合果长圆形，长约 5mm。瘦果卵形，稍扁，长约 1.5mm，无毛；背腹有纵肋，喙长约 0.5mm，

稍弯曲。花期7月，果期8月。

中生草本。生于海拔3000m以上的高山草甸。产贺兰山。分布于我国宁夏（贺兰山）。为贺兰山分布种。

本种与王文采先生1987年在《植物研究》（7[2]：110）上发表的柔毛云生毛茛 *R. nephelogenes* Edgew. var. *pubescens* W. T. Wang 是同一种植物。我们查阅了中国植物标本馆、西北高原生物研究所标本室、西北植物研究所标本室的大量有关标本，认为本种与 *R. nephelogenes* 完全不同，因为本种花托无毛、茎生叶3～5深裂、植株被棉状柔毛，而 *R. nephelogenes* 的花托被毛、茎生叶不分裂、植株通常无毛，二者差异明显，所以应单独成立种。但 *R. pubscens* 的学名已在毛茛属中用过3次，因此需重新描述，新立学名，故新定名为 *R. alaschanicus* Y. Z. Zhao。

4. 鸟足毛茛

Ranunculus brotherusii Freyn in Bull. Herb. Boiss. 6:885. 1898；Fl. Intramongol. ed. 2, 2:496. 1991.

多年生草本，高10～25cm。须根簇生，上部稍粗。茎直立，单一或分枝，密被白色柔毛。基生叶多数，叶片肾圆形，长4～20mm，宽6～30mm，3深裂或全裂，中深裂片长圆状倒卵形或披针形，全缘或有3齿，侧深裂片中裂或2深裂，叶片基部截形或宽楔形，两面被白色伏毛，下面毛较密；茎生叶无柄，5深裂，深裂片再不等2～3深裂，末回裂片条形，宽1～1.5mm。花单生于茎顶和分枝顶端，直径约1cm；花梗长1～3cm，果期伸长达6cm，密贴伏短毛；萼片卵状椭圆形，长3～4mm，背部黄褐色，密被柔毛；花瓣5，矩圆状倒卵形，长5～6mm，黄色，具脉纹，基部渐狭成爪，蜜槽点状；雄蕊长3～4mm；花托柱状圆锥形，果期长达6mm，无毛。聚合果矩圆形，长达7mm，宽达4mm。瘦果卵球形，长1～1.3mm，无毛；喙直或顶端弯，长约0.5mm。花果期7月。

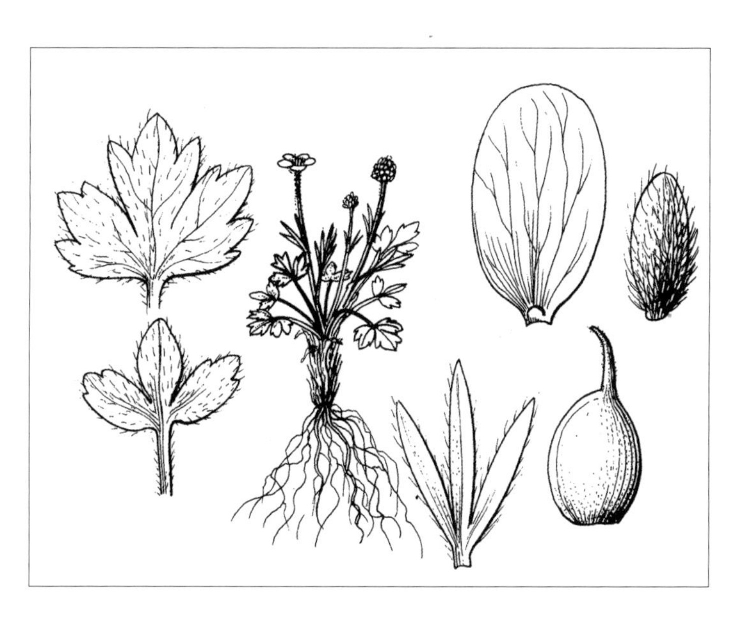

中生草本。生于荒漠带的海拔2600～3400m的高山草甸。产贺兰山。分布于我国山西（五台山）、甘肃（祁连山）、青海北部（祁连山）及东南部、四川西北部、西藏南部和西部、新疆（天山），哈萨克斯坦。为亚洲中部高山分布种。

《内蒙古植物志》第二版第二卷497页图版200图1～2应为叉裂毛茛 *R. furcatifidus* 的插图。

5. 美丽毛茛

Ranunculus pulchellus C. A. Mey. in Fl. Alt. 2:333. 1930; Fl. Intramongol. ed. 2, 2:491. t.198. f.1-2 1991.

5a. 美丽毛茛

Ranunculus pulchellus C. A. Mey. var. **pulchellus**

多年生草本，高 14 ～ 30cm。须根多数，簇生。茎直立或稍斜升，单一或上部有分枝，无毛。基生叶数枚，近革质，叶片椭圆形或卵形，长 10 ～ 20mm，宽 4 ～ 8mm，基部楔形，具 3 ～ 5 齿或缺刻状裂片，齿端具胼胝体状钝点，两面无毛；叶柄长 2 ～ 8cm，无毛。茎生叶无柄，基部具膜质叶鞘，抱茎，边缘无毛或具稀疏的纤毛，3 ～ 5 深裂或浅裂，裂片条形，宽 1 ～ 2mm，全缘，无毛。单花顶生，或着生于分枝顶端，直径约 1cm；花梗细长，被淡黄色短伏毛；萼片 5，椭圆形，长约 3.5cm，边缘膜质，外面被淡黄色柔毛；花瓣 5，倒卵形，长 4 ～ 5mm，比萼片长，鲜黄色，基部具短爪；花托矩圆状圆锥形，长 5 ～ 6mm，被短毛。聚合果椭圆形，长约 7mm，宽约 4mm。瘦果卵球形，长约 2mm，稍扁，无毛，边缘具纵肋；果喙直伸，长约 1mm。花期 6 月，果期 7 月。

湿中生草本。生于森林带和草原带的河岸沼泽草甸及亚高山沼泽草甸。产兴安北部（阿尔山市五岔沟镇）、锡林郭勒（锡林浩特市）、阴山（察哈尔右翼中旗辉腾梁）。分布于我国、河北东北部、山西东北部、甘肃中部、青海、新疆（天山），蒙古国北部和西部、俄罗斯（西伯利亚地区）、哈萨克斯坦。为东古北极分布种。

5b. 长茎毛茛

Ranunculus pulchellus C. A. Mey. var. **longicaulis** Trautv. in Bull. Soc. Imp. Nat. Mosc. 33(1-2):68. 1860; Fl. Intramongol. ed. 2, 2:493. t.198. f.3. 1991.

本变种与正种的区别：植株高达 45cm；茎生叶不分裂，全缘；基生叶披针形至椭圆形或卵形，长达 4cm，通常全缘，或有时具 1 ～ 5 个小齿；花瓣小，与萼片近等长。

湿中生草本。生于草原带的河谷沼泽草甸及亚高山沼泽草甸。产兴安南部（克什克腾旗）、锡林郭勒（锡林浩特市、西乌珠穆沁旗）、阴山（乌拉山、察哈尔右翼中旗辉腾梁）。分布于我国甘肃、青海、四川、云南、西藏、新疆，蒙古国北部和西部、俄罗斯（西伯利亚地区），中亚。为东古北极分布变种。

6. 阴山毛茛（阴山美丽毛茛）

Ranunculus yinshanensis (Y. Z. Zhao) Y. Z. Zhao in Bull. Bot. Res. Harbin 9 (1):67. 1989; Fl. Intramongol. ed. 2, 2:498. t.200. f.3-4. 1991.——*R. pulchellus* C. A. Mey. var. *yinshanensis* Y. Z. Zhao in Fl. Intramongol. 2:255. 369. t.132. f.1-6. 1978.

多年生小草本，高 5 ～ 15cm。须根束状，上部略加粗。茎直立或斜升，自下部分枝，疏被柔毛。基生叶多数，叶片宽卵形或近肾圆形，长及宽为 0.5 ～ 1.5cm，基部微心形或宽楔形，掌状 3 中裂至深裂，裂片倒卵形、歪倒卵形或狭倒卵形，先端具 3 ～ 5 个圆齿状缺刻，有时全缘，齿缘胼胝体加厚，叶两面近无毛；叶柄长 1 ～ 2cm，近无毛或疏被短柔毛，基部加宽，边缘膜质。茎生叶无柄，基部加宽，边缘膜质，外面被柔毛，叶片 3 ～ 5 全裂，裂片狭条形，长 1 ～ 2cm，宽约 1mm，近无毛，全缘，先端尖且具胼胝体钝点。花着生于分枝顶端；花梗长 5 ～ 20mm，密被贴伏的淡黄色短柔毛，花径约 1cm；萼片 5，卵形或椭圆形，长约 3.5mm，绿色，带紫色，边缘膜质，外面密被淡黄色短柔毛；花瓣 5，倒卵形，长约 5mm，黄色，先端钝圆；花托长圆锥形，被短毛。聚合果近球形，径约 5mm。瘦果倒卵球形，长约 1.5mm，两侧稍扁，无毛；果喙长约 0.5mm，伸直或稍弯曲。花期 6 月，果期 7 月。

中生草本。生于山地。产阴山（大青山、蛮汗山）。为阴山分布种。

7. 栉裂毛茛

Ranunculus pectinatilobus W. T. Wang in Bull. Bot. Res. Harbin 15(3):275. 1995; Fl. China 6:409. 2001.——*R. popovii* auct. non Ovcz.: Fl. Intramongol. ed. 2, 2:495. t.198. f.4-6. 1991.

多年生草本，高 5 ～ 25cm。根状茎短，簇生多数须根。茎斜升，较粗壮，粗可达 3mm，稍弯曲，不分枝或少有分枝，密被白色的长细柔毛，基部残存枯叶柄。基生叶多数，叶片形状多样，长圆状卵形、掌状楔形、宽卵形或椭圆形等，长 0.5 ～ 4cm，宽 0.4 ～ 2.5mm，边缘 3 ～ 5 浅裂、深裂或全裂，或仅具齿裂，基部宽楔形，上面无毛，下面密被白色细长柔毛；叶柄长 2 ～ 7cm，密至疏被白色的长细柔毛。茎生叶 3 ～ 5 全裂，裂片条状披针形，长 1 ～ 3cm，宽 1 ～ 2mm，上面无毛，下面密被白色细长柔毛。花着生于茎顶和分枝顶端，径 1.3 ～ 1.7cm；花梗长 1 ～ 2cm，与最上部叶邻近，果期伸长，密被白色细柔毛；萼片 5，椭圆状卵形，长 4 ～ 5mm，外面密被细柔毛，边缘膜质；花瓣 5，倒卵形，长 6 ～ 8mm，黄色，具黄褐色细脉纹，向基部渐狭成短爪；花托长圆形，被短毛。瘦果

卵状圆球形，稍扁，两侧具纵肋，无毛，具细喙，直伸或稍弯。花期 6 月，果期 7 月。

中生草本。生于荒漠带的海拔 2400 ～ 2900m 的沟谷草甸。产贺兰山。为贺兰山分布种。

8. 叉裂毛茛

Ranunculus furcatifidus W. T. Wang in Act. Phytotax Sin. 32(5):478. f.5. 1994；Fl. China 6:410. 2001.

多年生草本。根状茎短，具纤维状根。茎高 4 ～ 18cm，分枝，被伏贴短柔毛。基生叶宽菱形，长 1 ～ 2.5cm，宽 0.7 ～ 2.3cm，基部宽楔形，稀近截形，3 深裂或 3 全裂，中央裂片长椭圆状倒披针形或线形，通常不裂，或中、上部具 1 小裂片，侧裂片斜披针形，不分裂或斜楔形具不等的 2 ～ 3 小裂片，背面被伏贴短柔毛，柄长约 5cm。茎生叶柄短或无柄，3 全裂，裂片线形或窄线形。花单生顶端，直径 0.5 ～ 1.2cm；萼片 5，长椭圆形或椭圆形，长 2.5 ～ 4.5mm，外面贴生白色短柔毛；花瓣 5，黄色，椭圆状倒卵形，长 3 ～ 5（～ 6）mm，宽 2 ～ 3mm；花药长椭圆形；花托被白色短柔毛。聚合果长椭圆状卵形，长 4 ～ 7mm，直径 2.5 ～ 4mm；瘦果窄倒卵形或斜倒卵形，长约 1mm，无毛；花柱宿存，长不及 0.5mm。花果期 5 ～ 7 月。

中生草本。生于荒漠带的山地。产阴山（辉腾梁）、贺兰山。分布于我国河北西北部（小五台山）、青海东北部、四川西部、云南西北部、西藏东部和西部、新疆中部和东南部。为亚洲中部高山分布种。

《内蒙古植物志》第二版第二卷 497 页图版 200 图 1 ～ 2 即为本种的插图。

9. 掌裂毛茛

Ranunculus rigescens Turcz. ex Ovcz. in Fl. U.R.S.S. 7:387. 1937; Fl. Intramongol. ed. 2, 2:498. 1991.

多年生草本。根状茎短硬或较长，簇生多数须根。茎直立，高 10 ～ 20cm，生长柔毛，常

自下部分枝。基生叶，有的叶片卵圆形，长及宽为 1 ～ 3cm，边缘有 5 ～ 11 个深齿裂，中央裂齿较大，全缘或有小齿；有的叶片掌状深裂，裂片宽披针形；叶柄长 3 ～ 5cm，生长柔毛。茎生叶 3 ～ 5 全裂，裂片线形，长 1 ～ 3cm，宽 1 ～ 3mm，全缘，有时侧裂片 2 ～ 3 深裂，生长柔毛，有短柄至无柄。花单生于茎顶和多数腋生分枝的顶端，直径 1 ～ 1.5cm；花梗长 1 ～ 3cm，果期伸长达 9cm，密生长柔毛；萼片卵圆形，长 3 ～ 5mm，外面生柔毛；花瓣 5 ～ 7，倒卵形，长 5 ～ 8mm；花药长圆形，长约 2mm；花托在果期伸长增大呈圆柱形，长约 6mm，约为宽的 2 倍，密生短毛。聚合果长圆形，直径约 7mm。瘦果卵球形，稍扁，长 1 ～ 1.5mm，无毛；喙直伸或弯，长约 0.5mm。花果期 5 ～ 7 月。

中生草本。生于森林带和草原带的山地沟谷草甸、泉边。产兴安北部及岭东和岭西（牙克石市博克图镇、额尔古纳市、扎兰屯市）、兴安南部（克什克腾旗）、燕山北部（敖汉旗、兴和县苏木山）、乌兰察布（乌拉特中旗）、阴山（大青山）。分布于我国黑龙江、新疆，蒙古国、俄罗斯（西伯利亚地区）。为东古北极分布种。

《内蒙古植物志》第二版第二卷 499 页图版 201 图 1 ～ 3 并非本种，而是裂叶毛茛 *R. pedatifidus*；第 492 页图版 198 图 4 ～ 6 为本种。

10. 裂叶毛茛

Ranunculus pedatifidus J. E. Smith. in Cycl. 29: Ranunculus No.72. 1818; Fl. Intramongol. ed. 2, 2:500. t.201. f.1-3. 1991.

多年生草本。根状茎短，须根多数簇生。茎高 15 ～ 25cm，有分枝，疏生长柔毛。基生叶近圆形或心状五角形，长及宽为 1.5 ～ 3.5cm，7 ～ 15 掌状深裂，裂片线状披针形，有不等地齿裂；叶柄长 2 ～ 5cm，密生柔毛。茎生叶数枚，叶片 3 ～ 5 全裂或再深裂，末回裂片线形，长 1 ～ 3cm，宽 1 ～ 2mm，全缘，疏生长柔毛，无柄或有鞘状短柄。花较大，直径 2 ～ 2.5cm；花梗密生长柔毛，于果期伸长达 8cm；萼片卵圆形，长约 5mm，外面密生白柔毛；花瓣 5 ～ 7，宽倒卵形，长 8 ～ 12mm；花药长圆形，长 2 ～ 2.2mm；花托在果期伸长呈圆柱形，长达 1cm，直径 2 ～ 3mm，密生短毛。聚合果长圆形，直径 5 ～ 7mm，长约 1.2cm。瘦果卵球形，稍扁，密生短毛，长 1.5 ～ 2mm，宽与长近等；喙细弯，长 0.5 ～ 0.7mm。花果期 5 ～ 7 月。

中生草本。生于荒漠区高山带的山地草甸。产阴山（辉腾梁）、贺兰山、龙首山。分布于我国甘肃（榆中县）、新疆，蒙古国北部和西部、俄罗斯（西西伯利亚地区）、哈萨克斯坦。为亚洲中部山地分布种。

11. 天山毛茛

Ranunculus popovii Ovcz. in Kom. U.R.S.S. 7:741. 1937; Fl. China 6:409. 2001.

多年生草本，高 15 ～ 20cm。根状茎短，簇生多数须根。茎直立，单一或稍有分枝、密被开展的白色细长柔毛。基生叶近圆形，长和宽为 1 ～ 1.5cm，7 ～ 15 掌状深裂，有时浅裂，裂片条状披针形或披针形，不裂或齿裂，顶端具钝点，被白色细长柔毛，叶片基部心形；叶柄长 2 ～ 5cm，密被开展的白色细长柔毛，基部具膜质鞘，枯死后呈纤维状残存。茎生叶 1 ～ 2，叶片 3 ～ 5 全裂，裂片条形，长 1 ～ 2cm，宽 1 ～ 1.5mm，全缘，被白色细长柔毛，无柄或有鞘状短柄。花较大，直径约 2cm；花梗密被细柔毛，果期伸长达 9cm；萼片卵圆形，长 4 ～ 5mm，边缘膜质，背部黄褐色，密被白色长柔毛；花瓣 5 ～ 7，宽倒卵形，长 8 ～ 10mm，有细脉纹，下部渐狭成短爪，蜜槽呈杯形袋穴；雄蕊长约 4mm；花托在果期伸长呈圆柱状，长达 1cm，密被短细毛。聚合果矩圆状卵形，长达 1.2cm，径约 6mm。瘦果卵球形，稍扁，密被短细毛，长 1.5 ～ 2mm，宽约 1.5mm，有背腹肋棱；喙细而弯，长约 0.5mm。花果期 6 ～ 7 月。

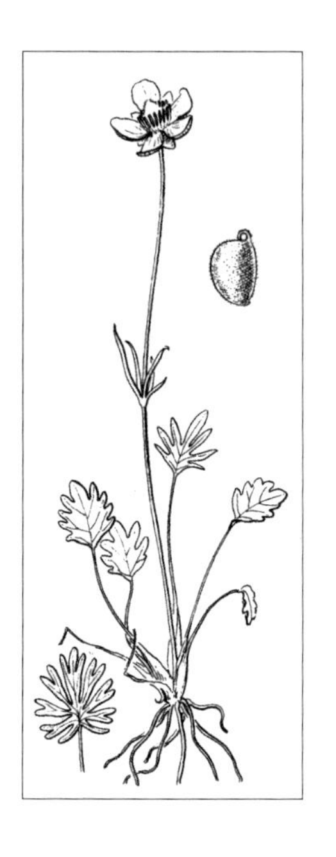

中生草本。生于荒漠带的高山草甸。产龙首山。分布于我国新疆，哈萨克斯坦。为天山—龙首山分布种。

《内蒙古植物志》第二版第二卷 499 页图版 201 图 4 ～ 6 为本种插图，而 492 页图版 198 图 4 ～ 6 应为栉裂毛茛 *R. pectinatilobus* 插图。

12. 高原毛茛

Ranunculus tanguticus (Maxim.) Ovcz. in Fl. U.R.S.S. 7:392. 1937; Fl. Intramongol. ed. 2, 2:500. t.202. f.1-2. 1991.——*R. affinis* R. Br. var. *tanguticus* Maxim. in Fl. Tangut. 14. 1889.

多年生草本，高 10 ～ 30cm。须根多数，基部增粗呈纺锤形。茎直立或斜升，多分枝，被白色柔毛。基生叶数枚，叶片圆肾形或倒卵形，长及宽为 1 ～ 2cm，三出复叶，小叶片二回全裂、深裂或中裂，末回裂片披针形或条形，宽 1 ～ 3mm，顶端稍尖，两面无毛或下面被白色柔毛，小叶柄短或近无柄；具长柄，柄长达 7cm，被白色柔毛。茎生叶 3 ～ 5 全裂，全裂片又 2 ～ 4 深裂或不裂，裂片条形，宽约 1mm；有短柄或无柄，基部具被白色柔毛的膜质宽鞘。花单生于茎顶或分枝顶端，直径 8 ～ 12mm；花梗被白色短柔毛，果期伸长；萼片 5，椭圆形，长 3 ～ 4mm，外面被白色柔毛；花瓣 5，倒卵圆形，长 5 ～ 6mm，基部有狭长爪，蜜槽点状；花托圆柱形，长 5 ～ 7mm，较平滑，常生细毛。聚合果长圆形，长 6 ～ 8mm。瘦果卵球形，稍扁，长约 1.3mm，无毛；喙直伸或稍弯，长 0.5 ～ 1mm。花果期 7 ～ 8 月。

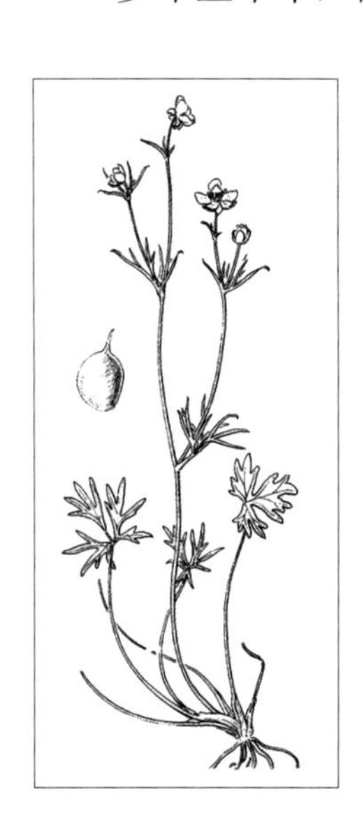

中生草本。生于荒漠带海拔 2400m 左右的沟谷草甸或石缝处。产贺兰山。分布于我国宁夏西北部、陕西西南部、甘肃东部、青海、四川西部、云南西北部、西藏，蒙古国北部和西部、尼泊尔。为亚洲中部高山分布种。

全草入蒙药（蒙药名：塔格音－好乐得存－其其格），功能、主治同毛茛。

13. 石龙芮

Ranunculus sceleratus L., Sp. Pl. 1:551. 1753; Fl. Intramongol. ed. 2, 2:502. t.202. f.3-4. 1991.

一、二年生草本，高约 30cm。须根细长呈束状，淡褐色。茎直立，无毛，稀上部疏被毛，中空，具纵槽，分枝，稍肉质。基生叶多数，叶片肾形，长 2 ～ 3cm，宽 3 ～ 4.5cm，3 ～ 5 深裂，裂片楔形，再 2 ～ 3 浅裂，小裂片具牙齿，两面无毛；叶柄长 4 ～ 8cm。茎生叶与基生叶同形，分裂或不分裂，裂片较狭，叶柄较短。聚伞花序多花；花梗近无毛或微被毛；花直径约 7mm；萼片 5，卵状椭圆形，长约 3mm，膜质，反卷，外面被柔毛；花瓣 5，倒卵形，长约 4mm，黄色；花托矩圆形，长约 7mm，宽约 3mm，被柔毛。聚合果矩圆形，长约 8mm，宽约 5mm；瘦果多数（70 ～ 130），近圆形，长约 1mm，两侧扁，无毛，果喙极短。花果期 7 ～ 9 月。

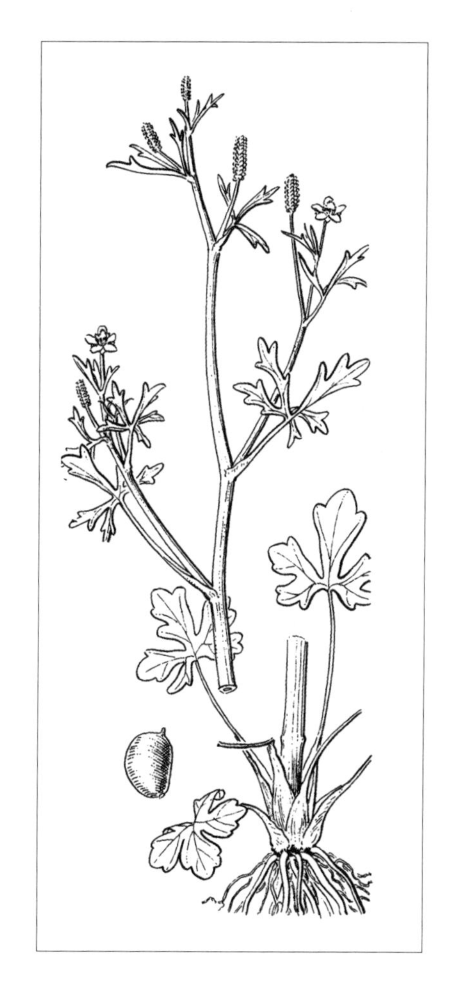

湿生草本。生于森林带和草原带的沼泽草甸及草甸。产兴安北部（额尔古纳市、根河市、牙克石市）、呼伦贝尔（海拉尔区、新巴尔虎左旗、新巴尔虎右旗）、兴安南部（科尔沁右翼前旗、科尔沁右翼中旗、阿鲁科尔沁旗、巴林右旗、克什克腾旗）、科尔沁（通辽市、翁牛特旗）、辽河平原（科尔沁左翼后旗）、赤峰丘陵（红山区）、锡林郭勒（西乌珠穆沁旗、锡林浩特市、苏尼特左旗、正蓝旗）、乌兰察布（乌拉特中旗）、阴山（大青山、乌拉山）。分布于我国各地，广布于北半球温带及亚热带地区。为泛北极分布种。

全草入药，有毒，能沮肿、拔毒、散结、截疟；外用治淋巴结核、疟疾、蛇咬伤、慢性下肢溃疡。本品不能内服。全草也入蒙药。马、牛、羊采食过多会发生肠胃炎、下痢或便血等中毒现象。花期毒性最剧烈，植物干后，毒性消失。

14. 披针毛茛（长叶毛茛）

Ranunculus amurensis Kom. in Trudy Imp. St.-Petersb. Bot. Sada 22:294. 1903; Fl. Intramongol. ed. 2, 2:502. t.203. f.1-2. 1991.

多年生草本，高 40 ～ 60cm。根状茎白色，匍匐，伸长，节上簇生多数细长的须根。茎直立，

单一，中空，具纵条纹，被贴伏硬毛。叶无柄，抱茎，全部茎生，条形或条状披针形，长4～14cm，宽3～8mm，全缘，下部渐狭，基部加宽成鞘状而抱茎，先端渐尖，两面被贴伏硬毛。花单生于茎顶；花梗长5～10cm，被贴伏硬毛；花黄色，直径1.5～2.5cm；萼片5，卵圆形，长约4mm，外面伏生硬毛；花瓣5，倒卵形，黄色，长7～10mm，宽5～8mm，具明显脉纹，基部有短爪，蜜槽呈杯状；雄蕊长3～5mm；花托长圆形，无毛。聚合果近球形，直径约5mm。瘦果近卵形，两面臌凸，周围具窄边，长约2mm，宽约1.2mm，只沿肋边被数根硬毛，其余无毛，表面具不明显的小鱼鳞片状斑；喙直或弯，长约0.5mm。花果期7～8月。

湿生草本。生于森林带的沼泽草甸。产兴安北部和岭东（鄂伦春自治旗）、嫩江西部平原（扎赉特旗新林镇和保安沼农场）。分布于我国黑龙江，俄罗斯（远东地区）。为满洲分布种。

15. 松叶毛茛

Ranunculus reptans L., Sp. Pl. 1:549. 1753; Fl. Intramongol. ed. 2, 2:504. t.203. f.3-4. 1991.

多年生草本。茎纤细，匍匐多节，长达2.5cm，直径约1mm，节上生根和叶，节间长2～5cm，贴生疏柔毛。基生叶多数，条形至条状披针形，长3～6cm，宽1～2mm，全缘，贴生疏毛或近无毛，下部渐狭成叶柄，基部扩大成鞘，抱茎；茎生叶小，数枚簇生于节上，叶片条形，贴生疏毛。花单生于茎顶，直径6～8mm；花梗细长，长2～6cm，贴生柔毛；萼片卵圆形，长约3mm，外面被短毛，边缘膜质；花瓣5～7，黄白色，倒卵形，基部渐狭成短爪，蜜槽点状；花药卵形，长约1mm，花丝长为花药的2倍。聚合果卵球形，径3～5mm。瘦果小，卵球形，稍扁，长1～1.2mm，无毛；喙短而弯，长约0.3mm。花果期7～8月。

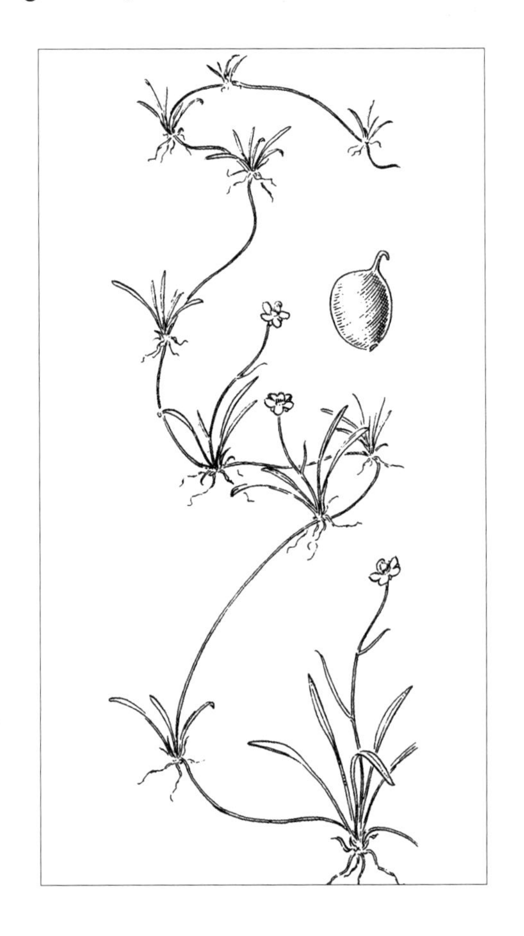

水生草本。生于森林带的河岸水中。产兴安北部和岭西（额尔古纳市、根河市、牙克石市）。分布于我国黑龙江西北部、新疆北部，日本、蒙古国北部和西部、俄罗斯（西伯利亚地区、欧洲部分）、哈萨克斯坦，欧洲、北美洲。为泛北极分布种。

16. 小掌叶毛茛（小叶毛茛）

Ranunculus gmelinii DC. in Syst. Nat. 1:303. 1817; Fl. Intramongol. ed. 2, 2:504. t.204. f.1-2. 1991.

多年生草本，高约 10cm。茎细长，斜升，稍分枝，无毛或上部疏被伏毛。叶具柄，下部茎生叶的叶柄长，上部的较短或无柄，通常长 0.2 ～ 2cm，基部加宽成叶鞘，膜质，上部具叶耳。叶片近圆形或肾状圆形，长 5 ～ 10mm，宽 9 ～ 15mm，3 ～ 5 深裂，裂片再分裂成 2 ～ 3 个小裂片，稀不分裂，小裂片条形或披针状条形，宽约 1mm。沉水叶 5 ～ 8 深裂，裂片再分裂成丝状小裂片，叶片两面近无毛，有时背面毛较密。花 2 ～ 3 朵着生于茎顶或分枝顶端；花梗细长，果期伸长达 4cm；花直径 6 ～ 10mm；萼片 5，膜质，卵状椭圆形，长约 3mm，宽约 2mm；花瓣 5，黄色，矩圆状倒卵形或椭圆形，长约 4mm，宽约 25mm，基部狭窄成短爪；花托椭圆状球形，长约 2mm，宽约 1.5mm，疏被毛。聚合果近球形，直径 2 ～ 4mm。瘦果宽卵形，直径约 1.5mm，两面臌凸，无毛；果喙细尖，稍弯曲，长约 0.4mm。花果期 7 月。

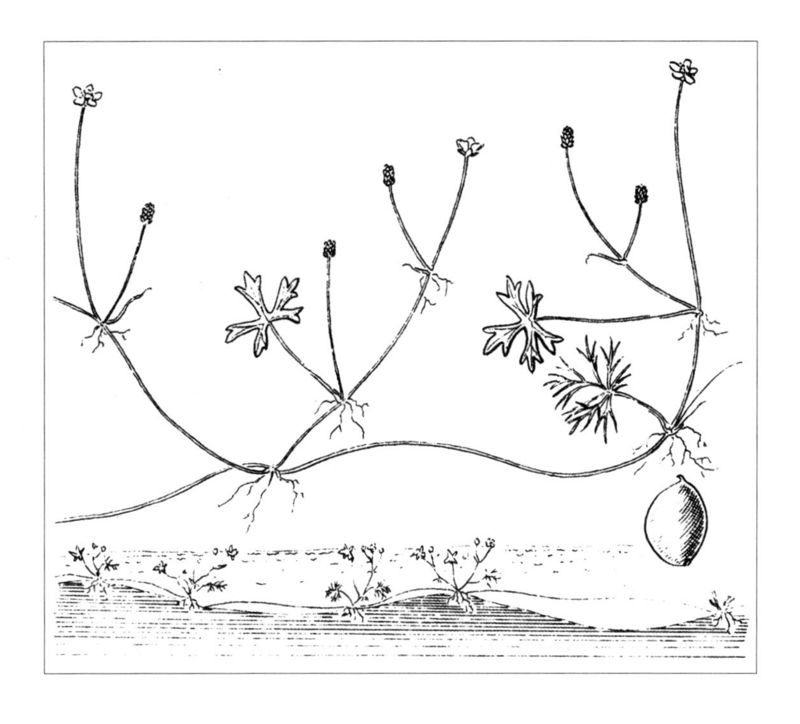

湿生草本。生于森林带和森林草原带的浅水或沼泽草甸。产兴安北部及岭东和岭西（额尔古纳市、根河市、鄂伦春自治旗、牙克石市、东乌珠穆沁旗宝格达山、扎兰屯市）、呼伦贝尔（海拉尔区、鄂温克族自治旗）、兴安南部（科尔沁右旗前旗、扎赉特旗、克什克腾旗）、锡林郭勒（锡

林浩特市）。分布于我国黑龙江、吉林东部，日本、蒙古国东部和北部、俄罗斯（西伯利亚地区），欧洲北部。为古北极分布种。

17. 浮毛茛

Ranunculus natans C. A. Mey. in Fl. Alt. 2:315. 1830; Fl. Intramongol. ed. 2, 2:506. t.204. f.3-4. 1991.

多年生草本，高 20 ～ 40cm。茎分枝，铺散蔓生，节上生须根，无毛。叶片肾形，长 1 ～ 1.5cm，宽 1.3 ～ 1.8cm，3 ～ 5 浅裂，裂片钝圆，全缘或具 2 ～ 3 个圆齿，基部近截形或浅心形，两面无毛；叶柄长 2 ～ 5cm，无毛。上部叶较小，3 浅裂，叶柄较短。花单生，直径约 7mm；花梗与上部叶对生，长 1 ～ 4cm，无毛；萼片 5，卵圆形，长约 3mm，膜质；花瓣 5，黄色，倒卵形，稍长于萼片，有 3 ～ 5 脉，下部具短爪，蜜槽点状；花托近球形，径约 3mm，散生短毛。聚合果近球形，直径约 6mm。瘦果卵球形，稍扁，长约 1.5mm，无毛，背腹纵肋常内凹成细槽；喙短，长约 0.2mm。花果期 7 ～ 8 月。

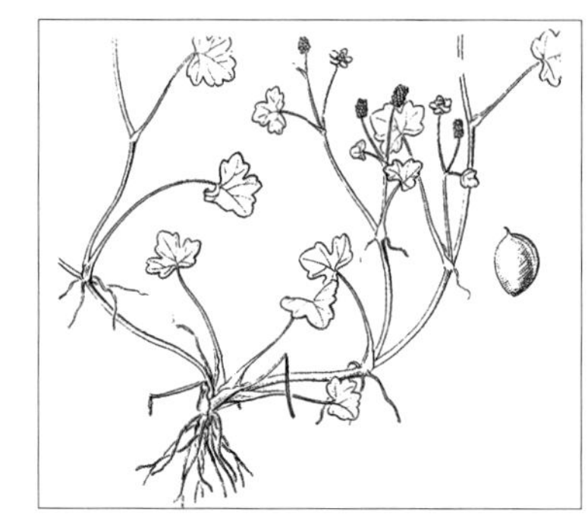

水生草本。生于森林带和森林草原带的浅水或沼泽草甸。产兴安北部（额尔古纳市，阿尔山市五岔沟镇、伊尔施林场和白狼镇）、呼伦贝尔（海拉尔区）、兴安南部（克什克腾旗）。分布于我国黑龙江西北部、青海东北部、西藏南部和西北部、新疆中部和西北部，蒙古国北部和西部、哈萨克斯坦、俄罗斯（西伯利亚地区）。为东古北极分布种。

18. 沼地毛茛

Ranunculus radicans C. A. Mey. in Fl. Alt. 2:316. 1830; Fl. Intramongol. ed. 2, 2:506. t.205. f.1. 1991.

多年生草本。茎伸长，细弱，节上生多数簇状须根，上升或漂浮于水中，上部有分枝，无毛。叶片肾状圆形，长 8 ～ 16mm，宽 12 ～ 25mm，3 中裂或深裂，裂片倒卵形或倒卵状楔形，2 ～ 3 浅裂，小裂片全缘或具 2 ～ 3 个圆齿，叶基部深心形至截形，薄纸质，两面无毛；叶柄长 2 ～ 10cm，无毛，基部加宽成白色膜质的叶鞘。花顶生或腋生，直径约 1cm；花梗细短，长 2 ～ 5cm，无毛；萼片 5，卵形，长约 3mm，疏生柔毛，边缘白膜质，开展；花瓣 5，倒卵形，长约 6mm，基部渐狭成爪，密槽呈杯状凹穴；花托被短毛。聚合果球形，直径约 5mm。瘦果卵球形，稍扁，长 1 ～ 1.5mm，无毛；喙长约 0.3mm，直伸或弯曲。花果期 6 ～ 8 月。

水生草本。生于森林带和森林草原带的湖水中。产兴安

北部（阿尔山市）、呼伦贝尔（新巴尔虎左旗）、兴安南部（巴林右旗、克什克腾旗）、乌兰察布（四子王旗南部）。分布于我国黑龙江、新疆北部，蒙古国北部和西部、俄罗斯（西伯利亚地区）。为东古北极分布种。

19. 内蒙古毛茛

Ranunculus intramongolicus Y. Z. Zhao in Bull. Bot. Res. Harbin 9(1):69. t.1. f.2-7. 1989; Fl. Intramongol. ed. 2, 2:506. t.205. f.2-3. 1991.

多年生小草本，高3～5cm。须根多数，簇生。茎直立，粗约1mm，具匍匐枝，节上生须根和叶，近无毛或疏被伏毛。基生叶多数，叶片肾形或宽卵形，长2～8mm，宽3～10mm，3～5浅裂或齿裂，裂片全缘或具2～3圆齿，先端钝，基部截形或宽楔形，两面无毛或下面被伏毛；叶柄长1～4cm，近无毛或疏被伏毛。茎生叶小而柄较短，柄基部扩大而成鞘，抱茎。花单生茎顶，直径约5mm；花梗与上部叶对生，长2～15mm，近无毛或被伏毛；萼片5，椭圆形，长约3mm，膜质；花瓣5，黄色，倒卵形，稍短于萼片，长约25mm，基部具短爪，蜜槽点状，位于爪的上端；雄蕊长约1.5mm；花托椭圆形，长约1.5mm，无毛。聚合果近球形，直径约4mm。瘦果卵球形，稍扁，长约1.2mm，无毛；喙极短，长约0.1mm，直伸。花果期6～8月。

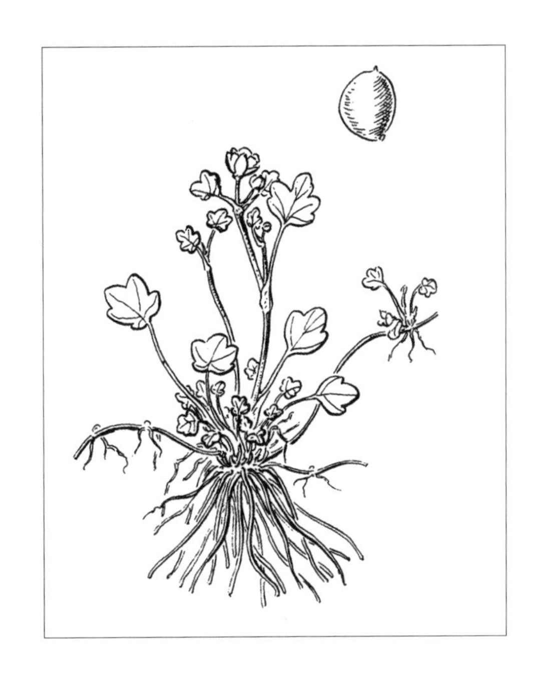

湿生矮小草本。生于森林草原带的沼泽。产兴安北部和岭西（额尔古纳市、根河市、牙克石市）、兴安南部（克什克腾旗）、锡林郭勒（锡林浩特市白音锡勒牧场）。为兴安分布种。

本种与浮毛茛*R. natans* C. A. Mey. 相近，但本种花托无毛，聚合果直径3～4mm，植株矮小、疏被伏毛或近无毛，叶基部截形或楔形，与后者明显不同。

20. 楔叶毛茛

Ranunculus cuneifolius Maxim. in Bull. Acad. Imp. Sci. St.-Petersb. Ser. 3, 23:306. 1877; Fl. Intramongol. ed. 2, 2:508. t.206. f.1-2. 1991.

多年生草本，高20～50cm。根状茎横走，须根发达。茎直立，被伏毛。基生叶叶片3深裂，裂片狭楔状披针形或披针形，长3～5cm，宽4～7mm，下部全缘，上部具2～3个齿；叶柄长约5cm，基部加宽，抱茎。茎生叶与基生叶同形，叶柄基部抱茎呈鞘状；上部叶裂片条状披针形，全缘，叶两面被伏毛。聚伞花序，通常具2～5朵花，稀更多；苞

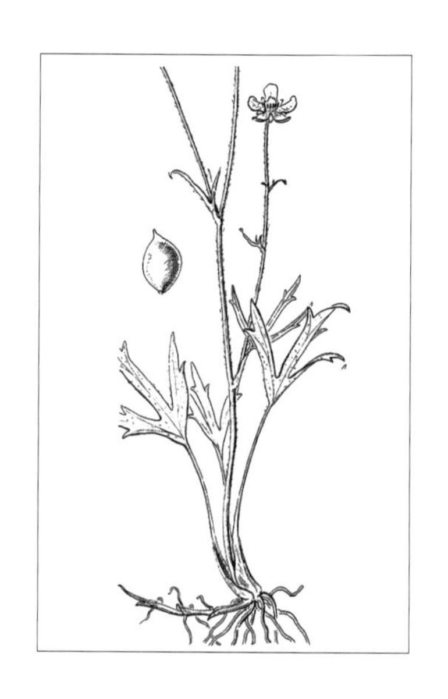

叶条状披针形；花梗细长，被伏毛；花径约 1.5cm；萼片 5，绿色，狭卵形，长约 5mm，宽约 2mm，边缘膜质，外面被伏毛；花瓣 5，黄色，有光泽，宽倒卵形，长 6 ～ 9mm，宽 4 ～ 7mm，具明显的脉纹，基部狭窄成短爪，先端钝圆；花托圆锥形，无毛。聚合果近球形，直径约 5mm；瘦果圆状倒卵形，长约 2mm，具窄边，两面稍扁，无毛，果喙极短。花期 7 ～ 8 月，果期 8 ～ 9 月。

湿中生草本。生于森林草原带和典型草原带的低湿草甸。产科尔沁（科尔沁右翼前旗、科尔沁右翼中旗、扎赉特旗、阿鲁科尔沁旗、翁牛特旗）、锡林郭勒（苏尼特左旗）、阴山（乌拉山）、鄂尔多斯（伊金霍洛旗、乌审旗）。分布于我国黑龙江、辽宁。为华北—满洲分布种。

21. 兴安毛茛（大叶毛茛）

Ranunculus smirnovii Ovcz. in Fl. U.R.S.S. 7:467. 745. 1937; Fl. Intramongol. ed. 2, 2:508. t.206. f.5. 1991; Fl. China 6:424. 2001.

多年生草本，高达 90cm。根状茎短粗，直径约 2cm，具多数绳状须根。茎被淡褐色长毛，基部具多数枯叶柄，上部分枝。基生叶叶片大，圆肾形，长达 10cm，宽达 15cm，3 深裂，中深裂片倒卵状菱形，宽达 5cm，又 3 浅裂，裂片具尖牙齿状缺刻，侧深裂片又 2 中裂，裂片具尖牙齿状缺刻，上面被伏毛，下面密被柔毛（嫩叶密被绢毛）；叶柄长达 20cm，密被开展的淡褐色长毛。下部茎生叶与基生叶相似而较小，具短柄；上部茎生叶近无柄，3 ～ 5 全裂，全裂片长圆状披针形，具少数牙齿。花黄色，径约 2cm；花梗细长，密被白毛；萼片 5，椭圆状卵形，长 4 ～ 5mm，外面密被白毛；花瓣 5，倒卵形，长 8 ～ 9mm，宽 7mm，顶端圆形，基部渐狭成爪；花托细圆柱形，长约 4mm，无毛。聚合果近圆形；瘦果倒卵形，两面扁，具棱边，无毛，果喙短。花期 7 月，果期 8 月。

湿中生草本。生于森林带的河岸湿草甸或阔叶林中。产兴安北部及岭东和岭西（根河市、陈巴尔虎旗、鄂温克族自治旗、扎兰屯市、阿尔山市白狼镇和五岔沟镇、科尔沁右翼前旗索伦镇、东乌珠穆沁旗宝格达山）。分布于俄罗斯（东西伯利亚地区）。为东西伯利亚分布种。

22. 毛茛

Ranunculus japonicus Thunb. in Trans. Linn. Soc. London 2:337. 1794: Fl. Intramongol. ed. 2, 2:510. t.206. f.3-4. 1991.——*R. submarginatus* auct. non Ovcz.: Fl. Intramongol. ed. 2, 2:512. t.207. f.1-2. 1991.

22a. 毛茛

Ranunculus japonicus Thunb. var. **japonicus**

多年生草本，高 15 ～ 60cm。根茎短缩，有时地下具横走的根茎，须根发达呈束状。茎直立，常在上部多分枝，被伸展毛或近无毛。基生叶丛生，叶片五角形，基部心形，长 2.5 ～ 6cm，

宽 4 ～ 10cm，3 深裂至全裂，中央裂片楔状倒卵形或菱形，上部 3 浅裂，侧裂片歪倒卵形，不等 2 浅裂，边缘具尖牙齿，叶两面被伏毛，有时背面毛较密；叶柄长达 20（～ 30）cm，被展毛或近无毛。茎生叶少数，似基生叶，但叶裂片狭窄，牙齿较尖，具短柄或近无柄；上部叶 3 全裂，裂片披针形，再分裂或具尖牙齿。苞叶条状披针形，全缘，有毛；聚伞花序，多花；花梗细长，密被伏毛；花径 1.5 ～ 2.3cm；萼片 5，卵状椭圆形，长约 6mm，边缘膜质，外面被长毛；花瓣 5，鲜黄色，倒卵形，长 7 ～ 12mm，宽 5 ～ 8mm，基部狭楔形，里面具蜜槽，先端钝圆，有光泽；花托小，长约 2mm，无毛。聚合果球形，直径约 7mm；瘦果倒卵形，长约 3mm，两面扁或微凸，无毛，边缘有狭边，果喙短。花果期 6 ～ 9 月。

湿中生草本。生于森林带和草原带的山地林缘草甸、沟谷草甸、沼泽草甸。产兴安北部及岭东和岭西（额尔古纳市、根河市、牙克石市、鄂伦春自治旗、阿荣旗、扎兰屯市）、呼伦贝尔（鄂温克族自治旗、新巴尔虎左旗、新巴尔虎右旗）、兴安南部和科尔沁（科尔沁右翼前旗、科尔沁右翼中旗、扎赉特旗、扎鲁特旗、阿鲁科尔沁旗、巴林左旗、巴林右旗、克什克腾旗、翁牛特旗）、辽河平原（科尔沁左翼后旗）、赤峰丘陵（红山区）、燕山北部（喀喇沁旗、宁城县、敖汉旗）、锡林郭勒（东乌珠穆沁旗、西乌珠穆沁旗、锡林浩特市、正蓝旗）、阴山（大青山、蛮汗山、乌拉山）、鄂尔多斯（乌审旗）。广泛分布于我国各地，日本、朝鲜、蒙古国东部和北部及西部、俄罗斯（远东地区）。为东古北极分布种。

全草入药，有毒，能利湿、消肿、止痛、退翳、截疟；外用治胃痛、黄疸、疟疾、淋巴结核、角膜薄翳。全草也入蒙药。家畜采食后，能引起肠胃炎、肾脏炎，发生疝痛、下痢、尿血，最后痉挛至死。

22b. 银叶毛茛

Ranunculus japonicus Thunb. var. **hsinganensis** (Kitag.) W. T. Wang in Bull. Bot. Res. Harbin 15(3):305. 1995; Fl. China 6:423. 2001.——*R. hsinganensis* Kitag. in J. Jap. Bot. 22:175. 1948.

本变种与正种的区别：上部茎生叶背面密被银白色绢状伏毛。

多年生湿中生草本。生于森林带的落叶松林中、林缘、湿草甸。产兴安北部（根河市央格气林场，阿尔山市白狼镇、阿尔山、五岔沟镇、伊尔施林场）、兴安南部（扎鲁特旗霍林河）。为大兴安岭分布变种。

22c. 伏毛毛茛

Ranunculus japonicus Thunb. var. **propinquus** (C. A. Mey.) W. T. Wang in Bull. Bot. Res. Harbin 15(3):305. 1995; Fl. China 6:423. 2001.——*R. propinquus* C. A. Mey. in Fl. Alt. 2:332. 1830.

本变种与正种的区别：茎下部和叶柄被糙伏毛。

多年生湿中生草本。生于森林带和草原带的沟谷草甸。产兴安北部及岭东（鄂伦春自治旗阿里河镇、阿尔山市伊尔施林场）、呼伦贝尔（海拉尔区）、兴安南部（乌兰浩特市、克什克腾旗）、阴山（大青山）、鄂尔多斯。分布于我国黑龙江、吉林、辽宁、山东、宁夏、陕西、甘肃东部，青海东部、四川、贵州、云南、新疆北部，蒙古国、俄罗斯（西伯利亚地区）。为东古北极分布变种。

23. 匍枝毛茛（伏生毛茛）

Ranunculus repens L., Sp. Pl. 1:554. 1753; Fl. Intramongol. ed. 2, 2:512. t.207 f.3-4. 1991.——*R. repens* L. f. *polypetalus* S. H. Li et Y. H. Huang in Fl. Pl. Herb. Bor.-Orient. Chin. 3:200. 230. 1975.

多年生草本，高 10 ～ 60cm。须根发达，较粗壮。茎上升或稍直立，近无毛或疏被毛，粗壮，具纵槽，上部分枝，具匍匐枝，有时枝很长，节上生根长叶。基生叶为三出复叶，柄长达 20cm；小叶具柄，长 1 ～ 2cm，中央小叶柄最长，小叶 3 全裂或 3 深裂，裂片菱形或楔形，裂片再 3 中裂或浅裂，小裂片具缺刻状牙齿，叶两面近无毛或疏被短毛。茎生叶与基生叶同形，但叶柄短。聚伞花序，花着生于分枝顶端，花梗长 1 ～ 4cm，被伏毛；花直径约 2cm；萼片 5，卵形，长约 5mm，宽约 3mm，淡褐色，具脉纹，疏被短伏毛，边缘膜质；花瓣 5，稀较多，鲜黄色，有光泽，倒卵形，长 8 ～ 13mm，宽 5 ～ 8mm；花托圆锥形，长约 3mm，有毛。聚合果球形，直径约 8mm；瘦果倒卵形，长约 2.5mm，具边棱，两侧压扁，密布凹点，无毛，果喙先端稍弯曲。花期 6 ～ 7 月，果期 7 月。

湿中生草本。生于森林带和草原带的草甸及沼泽草甸。产兴安北部及岭东和岭西（额尔古纳市、根河市、牙克石市、鄂伦春自治旗、东乌珠沁旗旗宝格达山、扎兰屯市）、呼伦贝尔（海拉尔区、鄂温克族自治旗）、兴安南部（科

尔沁右翼前旗、阿鲁科尔沁旗、克什克腾旗）、锡林郭勒（锡林浩特市、西乌珠穆沁旗）。分布于我国黑龙江、吉林东部、辽宁东北部、山西东北部、四川西南部、云南西北部、新疆北部，日本、巴基斯坦、蒙古国东部和北部、俄罗斯（西伯利亚地区），中亚，欧洲、北美洲。为泛北极分布种。

国外民间治瘰疬及止血用。

24. 回回蒜（回回蒜毛茛、野桑椹）

Ranunculus chinensis Bunge in Enum. Pl. Chin. Bor. 3. 1833; Fl. Intramongol. ed. 2, 2:513. t.208 f.1-2. 1991.

多年生草本，高 15 ～ 40cm。须根细长。茎直立，中空，单一或分枝，密被开展的淡黄色长硬毛。叶为三出复叶。基生叶与下部茎生叶具长柄，长 5 ～ 10cm，被长硬毛；复叶宽卵形，长 2 ～ 7cm，宽 2.5 ～ 8cm，中央小叶具长柄，两侧小叶柄稍短，3 深裂或全裂，裂片基部楔形，上部具不规则的牙齿。茎上部叶渐小，叶柄渐短至无柄，叶两面被硬伏毛。花 1 ～ 2 朵生于茎顶或分枝顶端；花梗被硬伏毛，长 1.5 ～ 3cm；花径约 1cm；萼片 5，黄绿色，狭卵形，长约 4mm，宽约 2mm，向下反卷，外面被长硬毛；花瓣 5，黄色，倒卵状椭圆形，长约 5mm，宽约 3mm，基部具蜜槽；花托在果期伸长，圆柱形或长椭圆形，长约 1cm，宽约 3mm，密被短柔毛。聚合果椭圆形，长约 1.1cm，宽约 7mm。瘦果卵状椭圆形，长约 2.5mm，两面扁，边缘具棱线；果喙短，

微弯。花期 5 ～ 8 月，果期 6 ～ 9 月。

湿中生草本。生于森林带和草原带的河滩草甸及沼泽草甸。产兴安北部及岭东和岭西（额尔古纳市、鄂伦春自治旗、扎兰屯市）、兴安南部（科尔沁右翼前旗、科尔沁右翼中旗、扎鲁特旗、阿鲁科尔沁旗、科尔沁左翼中旗、巴林右旗）、辽河平原（科尔沁左翼后旗）、燕山北部（喀喇沁旗、宁城县、敖汉旗）、阴山（大青山、乌拉山）、阴南平原（包九原区）、鄂尔多斯（达拉特旗、伊金霍洛旗、乌审旗、鄂托克旗）、东阿拉善（阿拉善左旗巴彦浩特镇）。分布于我国东北、华北、西北、华东、华南、西南地区，日本、朝鲜、蒙古国北部、俄罗斯（东西伯利亚地区、远东地区）、印度北部、巴基斯坦北部、泰国、不丹、尼泊尔、哈萨克斯坦。为东古北极分布种。

全草入药，有毒，能消炎退肿、平喘、截疟；外用治肝炎、哮喘、疟疾、角膜薄翳及牛皮癣。

25. 长喙毛茛（长嘴毛茛）

Ranunculus tachiroei Franch. et Sav. in Enum. Pl. Jap. 2:267. 1876; Fl. Intramongol. ed. 2, 2:515. t.208. f.3-4. 1991.

多年生草本，高 50 ～ 80cm。须根细长呈束状。茎直立，上部略分枝，下部近无毛，中上部被长伏毛。基生叶为三出复叶，外形近三角形，长 5 ～ 6cm；叶柄长 10 ～ 22cm，叶柄基部近无毛，中上部被长伏毛。小叶掌状 3 深裂至全裂，裂片中上部又 2 ～ 3 中裂或浅裂，小裂片楔形或披针形，具不整齐的牙齿，叶两面被伏毛，上部绿色，下面灰绿色；具较长的柄，长 1 ～ 2cm，中间者较长，被长伏毛。茎生叶与基生叶同形；中部叶具长柄，长约 6cm；上部叶具短柄，长约 1cm，基部加宽成膜质叶鞘，抱茎。聚伞花序，花疏散；花梗延长，长 2 ～ 7cm，被伏毛；花直径 11 ～ 12mm；萼片 5，卵形，长 4 ～ 5mm，边缘膜质，外面被毛；花瓣 5，鲜黄色，椭圆形，长 5 ～ 7mm，宽 2 ～ 2.5mm，先端圆，基部具小蜜槽；花托短小，椭圆形，长约 2mm，宽约 1mm，被白毛。聚合果近球形，直径约 8mm。瘦果宽倒卵形，长约 3mm，宽约 2.5mm，无毛，扁，边缘有窄边；具长喙，喙长约 1.5mm，基部较宽，先端直，渐尖。花期 7 月，果期 8 月。

湿中生草本。生于森林带的草甸及沼泽草甸。产兴安北部及岭东和岭西（额尔古纳市、根河市、牙克石市、鄂伦春自治旗、陈巴尔虎旗、鄂温克族自治旗、东乌珠穆沁旗宝格达山）。分布于我国吉林、辽宁，日本、朝鲜。东亚北部（满洲—日本）分布种。

本种外形近似回回蒜 *Ranunculus chinensis* Bunge，但本种的聚合果近球形，直径约 8mm，瘦果宽倒卵形，具长喙，茎叶被贴伏毛，花托较小。

15. 铁线莲属 Clematis L.

藤本，稀为多年生草本或小灌木。茎攀援或直立。叶对生，有柄，单叶、羽状复叶或三出复叶，最终小叶具牙齿或全缘。聚伞花序、圆锥花序或花单生；萼片 4，稀 5～8，白色、淡黄色、黄色或蓝色；无花瓣；雄蕊多数，花丝通常加宽，被柔毛或无毛，花药侧生或内向生；心皮多数。瘦果多数，集成头状，被柔毛或近无毛，先端具羽毛状宿存花柱，内含 1 粒种子。

内蒙古有 16 种。

分种检索表

1a. 直立小灌木。

2a. 萼片黄色，顶端尖，斜上展，呈钟状。

3a. 叶全缘或具锯齿，或基部具 1～2 裂片，或仅下半部羽状分裂，长 2～5cm。

4a. 叶菱状披针形或披针形，边缘疏生齿或基部具 1～2 裂片，或仅下半部羽状分裂。

5a. 叶绿色，两面近无毛或疏被毛 ………………**1a. 灌木铁线莲 *C. fruticosa* var. *fruticosa***

5b. 叶灰绿色，两面密被贴伏柔毛……………**1b. 毛灌木铁线莲 *C. fruticosa* var. *canescens***

4b. 叶条形或披针状条形，边缘通常全缘……………………………**2. 灰叶铁线莲 *C. tomentella***

3b. 叶羽状全裂，叶片较小，长 0.5～1cm……………………………**3. 小叶铁线莲 *C. nannophylla***

2b. 萼片白色，顶端钝而有凸尖，开展，不呈钟状；叶全缘或有不同程度的锯齿或牙齿…………………………………………………………………………………………**4. 准噶尔铁线莲 *C. songorica***

1b. 直立草本或藤本。

6a. 直立草本。

7a. 叶一至二回羽状全裂，裂片全缘；萼片通常 6，稀 4～8，水平开展，白色；雄蕊无毛……………………………………………………………………………………**5. 棉团铁线莲 *C. hexapetala***

7b. 叶为一回三出复叶，叶缘具锯齿；萼片 4，直立，蓝紫色；雄蕊花丝被毛……………………………………………………………………………………………**6. 大叶铁线莲 *C. heracleifolia***

6b. 攀援藤本。

8a. 雄蕊无毛；萼片开展，不呈钟状；圆锥花序。

9a. 小叶全缘，先端常渐尖或锐尖………………**7. 辣蓼铁线莲 *C. terniflora* var. *mandshurica***

9b. 小叶边缘具缺刻状牙齿，先端渐尖呈尾状……………………**8. 短尾铁线莲 *C. brevicaudata***

8b. 雄蕊被毛；萼片直立或斜向上展，呈钟状；单花腋生或聚伞花序。

10a. 具退化雄蕊，花瓣状。

11a. 退化雄蕊匙状条形，长约为萼片的 1/2。

12a. 花淡黄色至白色……………………**9a. 西伯利亚铁线莲 *C. sibirica* var. *sibirica***

12b. 花淡蓝色至紫色……………………**9b. 半钟铁线莲 *C. sibirica* var. *ochotensis***

11b. 退化雄蕊花瓣状，条状披针形或披针形，与萼片近等长或稍短。

13a. 花蓝色至蓝紫色或紫红色。

14a. 花蓝色至蓝紫色………**10a. 长瓣铁线莲 *C. macropetala* var. *macropetala***

14b. 花紫红色………**10b. 紫红花长瓣铁线莲 *C. macropetala* var. *punicoflora***

13b. 花白色至淡黄色…………**10c. 白花长瓣铁线莲 *C. macropetala* var. *albiflora***

10b. 无退化雄蕊。

15a. 雄蕊全部密被毛，萼片顶端常钝圆；一回羽状复叶，小叶 5 ～ 7，稀 9，卵形至卵状披针形，全缘，但近基部常 2 ～ 3 裂，顶端小叶有时成卷须。

16a. 花梗和萼片外面被褐色柔毛，萼片呈褐色或暗褐色…………**11a. 褐毛铁线莲 C. fusca** var. **fusca**

16b. 花梗和萼片外面无毛或近无毛，萼片呈暗红紫色…………**11b. 紫花铁线莲 C. fusca** var. **violacea**

15b. 雄蕊仅花丝疏生柔毛，萼片顶端常渐尖。

17a. 叶三至四回羽状分裂。

18a. 小叶羽状细裂，最终小裂片披针状条形，宽 0.5 ～ 2mm……………………………………………………………………………**12a. 芹叶铁线莲 C. aethusifolia** var. **aethusifolia**

18b. 小叶羽状深裂或中裂，最终小裂片椭圆形或椭圆状披针形，宽 2 ～ 4mm……………………………………………………………………………**12b. 宽芹叶铁线莲 C. aethusifolia** var. **pratensis**

17b. 叶一至二回羽状复叶。

19a. 小叶片或裂片全缘，或有少数齿。

20a. 萼片内面有毛，小叶基部圆形或圆楔形………………………**13. 东方铁线莲 C. orientalis**

20b. 萼片内面无毛，小叶基部楔形。

21a. 花黄色；小叶条形、条状披针形或披针形，先端渐尖…………………………………………………………………………**14a. 黄花铁线莲 C. intricata** var. **intricata**

21b. 花紫色；中央小叶披针形或椭圆状披针形，先端渐尖，侧生小叶椭圆形或长椭圆形，先端圆钝，具小尖头…………**14b. 紫萼铁线莲 C. intricata** var. **purpurea**

19b. 小叶片或裂片有锯齿。

22a. 叶灰绿色，两面被毛，小叶的中裂片卵状披针形或披针形，基部楔形，先端渐尖或锐尖；萼片顶端渐尖或急尖……………………………………**15. 甘青铁线莲 C. tangutica**

22b. 叶鲜绿色，两面无毛，小叶的中裂片椭圆形或矩圆形，基部圆楔形或圆形，先端钝或圆形，具小尖头；萼片顶端锐尖或成小尖头…………**16. 甘川铁线莲 C. akebioides**

1. 灌木铁线莲

Clematis fruticosa Turcz. in Bull. Soc. Imp. Nat. Mosc. 5:180. 1832; Fl. Intramongol. ed. 2, 2:517. t.209. f.1-3. 1991.

1a. 灌木铁线莲

Clematis fruticosa Turcz. var. **fruticosa**

直立小灌木，高达 100cm。茎枝具棱，紫褐色，疏被毛。单叶对生，叶片薄革质，狭三角形或披针形，长 2 ～ 3.5cm，宽 0.8 ～ 1.4cm，边缘疏生牙齿，下部常羽状深裂或全裂，两面近无毛或微有柔毛，绿色，下面叶脉隆起；叶具短柄，叶柄长 0.5 ～ 1cm。聚伞花序顶生或腋生，长 2 ～ 4cm，具 1 ～ 3 花；花梗长 1 ～ 2.5cm，被短毛，近中部有 1 对苞片，披针形；花萼宽钟形，黄色，萼片 4，卵形或狭卵形，长 1.3 ～ 2.2cm，宽 5 ～ 10mm，顶端渐尖，边缘密生白色短柔毛；无花瓣。雄蕊多数，长 0.7 ～ 1.3cm，无毛；花丝披针形；花药黄色，稍短于花丝或近等长。心皮多数，密被长绢毛；花柱弯曲，圆柱状。瘦果近卵形，扁，长约 4mm，宽约 3mm，紫褐色，密生柔毛，羽毛状花柱长约 2.5cm。花期 7 ～ 8 月，果期 9 月。

旱生小灌木。生于草原和草原化荒漠带的石质山坡。产锡林郭勒（察哈尔右翼后旗）、乌兰察布（达尔罕茂明安联合旗百灵庙镇、固阳县阿塔山、乌拉特前旗）、阴山（大青山、蛮汗山、乌拉山）、阴南丘陵（准格尔旗阿贵庙）、鄂尔多斯（达拉特旗）、东阿拉善（桌子山、狼山、乌拉特后旗）、贺兰山。分布于我国河北西北部、山西、陕西北部、宁夏东部、甘肃东南部，蒙古国南部。为华北—蒙古南部分布种。

骆驼乐食，其他家畜不采食。花美丽，可供观赏。

1b. 毛灌木铁线莲

Clematis fruticosa Turcz. var. **canescens** Turcz. in Bull. Soc. Imp. Nat. Mosc. 5:180. 1832.——*C. salsuginea* Bunge ex W. T. Wang in Act. Phytotax. Sin. 38(5):411. 2000. syn. nov.

本变种与正种的区别：叶灰绿色，两面密被贴伏柔毛。

旱生小灌木。生于荒漠草原带的湖边沙地。产锡林郭勒（苏尼特左旗查干诺尔）、乌兰察布（二连浩特市南部、四子王旗北部）、鄂尔多斯。为乌兰察布—鄂尔多斯分布变种。

《内蒙古植物志》第二版第二卷 518 页的图版 209 图 4 ～ 5 并非本种，而是灰叶铁线莲 *Clematis tomentella* (Maxim.) W. T. Wang et L. Q. Li。

2. 灰叶铁线莲

Clematis tomentella (Maxim.) W. T. Wang et L. Q. Li in Fl China 6:364. 2001.——*C. fruticosa* Turcz. var. *tomentella* Maxim. in Fl. Tangut. 2. 1889. ——*C. fruticosa* Turcz. var. *canescens* auct. non Turcz.(=*C. canescens* (Turcz.) W. T. Wang et M. C. Chang): Fl. Reip. Pop. Sin. 28:150. t.43. f.7. 1980; Fl. Intramongol. ed. 2, 2:517. 1991.

直立小灌木，高达 100cm。茎枝具棱，被密细柔毛，后渐无毛。单叶对生或数叶簇生，叶片狭条形或披针状条形，长 1 ～ 4cm，宽 2 ～ 8mm，革质，两面被细柔毛呈灰绿色，先端锐尖，基部楔形，全缘，极少基部具 1 ～ 2 个牙齿或小裂片；叶柄极短或近无柄。聚伞花序具 1 ～ 3 花，顶生或腋生；花梗长 5 ～ 20mm；萼片 4，向上斜展呈宽钟状，黄色狭卵形或卵形，长 1 ～ 2cm，

顶端渐尖，外面边缘密生茸毛，其余被细柔毛，里面无毛或近无毛；雄蕊多数，无毛，花丝狭披针形，长于花药。瘦果密被白色长柔毛。花期7～8月，果期9月。

强旱生小灌木。生于荒漠和荒漠草原带的石质残丘、沙地。产锡林郭勒（苏尼特左旗）、乌兰察布（四子王旗、达尔罕茂明安联合旗红旗牧场）、鄂尔多斯（乌审旗、鄂托克旗、鄂托克前旗、库布其沙漠）、东阿拉善（阿拉善左旗、腾格里沙漠）、西阿拉善（阿拉善右旗、巴丹吉林沙漠）、龙首山、额济纳。分布于我国甘肃（河西走廊）、宁夏（陶乐镇）、陕西北部，蒙古国。为戈壁—蒙古分布种。

花美丽，可作为干旱地区的观赏花卉。

《内蒙古植物志》第二版第二卷517页图版209图4～5为本种。

3. 小叶铁线莲

Clematis nannophylla Maxim. in Bull. Acad. Imp. Sci. St. -Petersb. 23:305. 1887; Fl. Intramongol. ed. 2, 2:517. t.209. f.6-9. 1991.

直立小灌木，高30～100cm。枝具棱，小枝密被短柔毛，后渐脱落。单叶对生或数叶簇生，叶片狭卵形，长0.5～1cm，宽3～5mm，羽状全裂，有裂片2～3对，裂片又2～3裂或不裂，裂片或小裂片狭椭圆形或披针形，长1～4mm，两面被短柔毛或近无毛；具短柄或近无柄。花

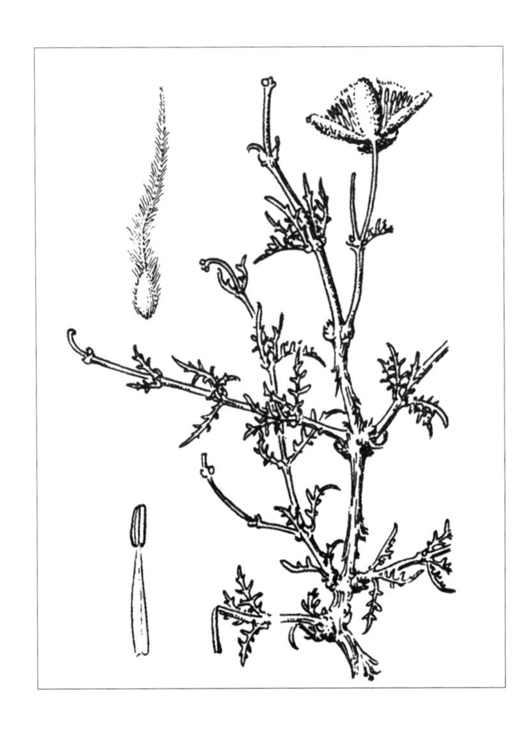

单生或有3花组成聚伞花序；萼片4，向上斜展呈宽钟状，黄色，长椭圆形，长0.8～1.5cm，宽5～8mm，外面被短柔毛，边缘密生茸毛，里面被短柔毛至近无毛；雄蕊无毛，花丝披针形，长于花药。瘦果椭圆形，

扁，长约 5mm，被柔毛，宿存花柱长约 2cm，有黄色绢状毛。花期 7 ～ 8 月，果期 9 月。

旱生小灌木。生于荒漠区的山地干山坡上。产东阿拉善南部（阿拉善左旗温都尔图镇）、贺兰山（三关口）、龙首山。分布于我国宁夏西部、陕西、甘肃中部、青海东部。为南阿拉善分布种。

4. 准噶尔铁线莲

Clematis songorica Bunge in Del. Sem. Hort. Dorpat. 8. 1839; Fl. Intramongol. ed. 2, 2:519. t.210. f.1-3. 1991.

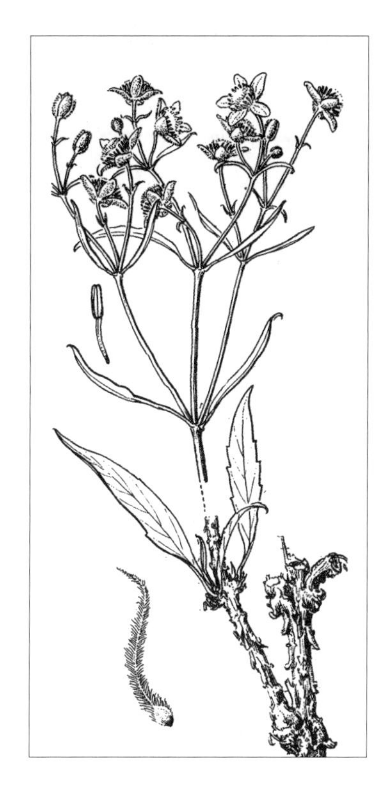

直立小灌木，高达 100cm。枝具纵棱，灰白色，无毛或近无毛。单叶对生或簇生，条形、条状披针形、狭披针形或披针形，长 2 ～ 8cm，宽 2 ～ 20mm，顶端锐尖或钝，基部渐狭成柄，全缘或有锯齿，薄革质，灰绿色，两面无毛。圆锥状聚伞花序顶生；萼片 4，稀 5，开展，白色，矩圆状倒卵形或宽倒卵形，长 5 ～ 10mm，宽 3 ～ 6mm，顶端平截或有凸头，外面密被柔毛，里面无毛；雄蕊无毛，花丝条形，与花药等长或稍短。瘦果卵形，扁，长 3 ～ 5mm，密被白色柔毛，宿存花柱长 2 ～ 3cm。花期 7 ～ 8 月，果期 8 ～ 9 月。

旱生小灌木。生于荒漠区海拔 1600m 左右的山麓前冲积扇、砾石堆或山坡上。产东阿拉善（乌拉特后旗北部）、额济纳（蒜井子）。分布于我国甘肃（瓜州县）、新疆，蒙古国西部和南部、哈萨克斯坦。为戈壁分布种。

5. 棉团铁线莲（山蓼、山棉花）

Clematis hexapetala Pall. in Reise Russ. Reich. 3:735. t.Q. f.2. 1776; Fl. Intramongol. ed. 2, 2:519. t.210. f.4-5. 1991.

多年生草本，高 40 ～ 100cm。根茎粗壮，具多数须根，黑褐色。茎直立，圆柱形，有纵纹，疏被短柔毛或近无毛，基部有时具 1 对单叶或枯叶纤维。叶对生，近革质，为一至二回羽状全裂，裂片矩圆状披针形至条状披针形，长 3 ～ 9cm，宽 0.1 ～ 3cm，两端渐尖，全缘，两面叶脉明显，近无毛或疏被长柔毛；叶柄长 0.5 ～ 3.5cm，基部稍加宽，微抱茎，疏被长柔毛。聚伞花序腋生或顶生，通常 3 朵花；苞叶条状披针形；花梗

被柔毛；萼片6，稀4或8，白色，狭倒卵形，长1～1.5cm，宽5～9mm，顶端圆形，里面无毛，外面密被白色绵毡毛，花蕾时绵毛更密，棉球状，开花时萼片平展，后逐渐向下反折；无花瓣。雄蕊多数，长约9mm；花药条形，黄色；花丝与花药近等长，条形，褐色，无毛。心皮多数，密被柔毛。瘦果多数，倒卵形，扁平，长约4mm，宽约3mm，被紧贴的柔毛，羽毛状宿存花柱长达2.2cm，羽毛乳白色。花期6～8月，果期7～9月。

中旱生草本。生于森林、森林草原、典型草原、山地草原带的草原及灌丛群落中，是草原杂类草层片的常见种，也生长于固定沙丘或山坡林缘、林下。产兴安北部及岭东和岭西（额尔古纳市、牙克石市、鄂伦春自治旗、阿尔山市、阿荣旗）、呼伦贝尔（海拉尔区、满洲里市、陈巴尔虎旗、鄂温克族自治旗、新巴尔虎左旗）、兴安南部（科尔沁右翼前旗、科尔沁右翼中旗、阿鲁科尔沁旗、巴林左旗、巴林右旗、克什克腾旗）、辽河平原（科尔沁左翼后旗大青沟）、赤峰丘陵（奈曼旗青龙山、翁牛特旗）、燕山北部（喀喇沁旗、宁城县、敖汉旗）、锡林郭勒（锡林浩特市、东乌珠穆沁旗、西乌珠穆沁旗、镶黄旗、太仆寺旗、多伦县、察哈尔右翼后旗）、阴山（大青山、蛮汗山、乌拉山）、阴南丘陵（准格尔旗）。分布于我国黑龙江、吉林、辽宁、河北、山西、河南西部、陕西、宁夏北部、甘肃东北部、湖北北部，朝鲜、蒙古国东部和北部、俄罗斯（西伯利亚地区、远东地区）。为东古北极分布种。

根入药（药材名：威灵仙），能祛风湿、通经络、止痛，主治风湿性关节痛、手足麻木、偏头痛、鱼骨鲠喉。根入蒙药（蒙药名：依日绘），效用同芹叶铁线莲。根也可做农药，对马铃薯疫病和红蜘蛛有良好的防治作用。在青鲜状态时，牛与骆驼乐食，马与羊通常不采食。

6. 大叶铁线莲

Clematis heracleifolia DC. in Syst. Nat. 1:138. 1817; Fl. Intramongol. ed. 2, 2:520. t.210. f.6-7. 1991.

多年生直立草本，高达 100cm。直根粗壮，表皮棕黄色。茎具纵棱，密被白色茸毛。三出复叶。顶生小叶卵形、宽卵形或近圆形，长 6 ～ 17cm，宽 3 ～ 10cm，顶端三浅裂，基部楔形或圆形，边缘具不规则的粗锯齿，齿尖有短尖头，两面散生柔毛，沿脉较多，叶脉明显；具柄，柄长 2 ～ 6cm。侧生小叶比顶生小叶小，斜卵形，长 5 ～ 15cm，宽 2 ～ 8cm，基部歪楔形，具短柄或近无柄。聚伞花序顶生或腋生；花梗密被灰白色柔毛；苞片条状披针形，外面密被灰白色绢状柔毛；花杂性，雄花与两性花异株；花萼下半部呈管状，萼片 4，蓝紫色，长椭圆形至宽条形，常在反卷部增宽，长 1.5 ～ 2cm，里面无毛，外面密被灰白色绢状柔毛；雄蕊长约 1cm，花丝条形，疏被毛，花丝与花药近等长，药隔疏生长柔毛。瘦果卵圆形，两面凸起，长约 4mm，宽约 2mm，被短柔毛，宿存花柱长达 3cm，有白色羽毛。花期 7 ～ 8 月，果期 9 ～ 10 月。

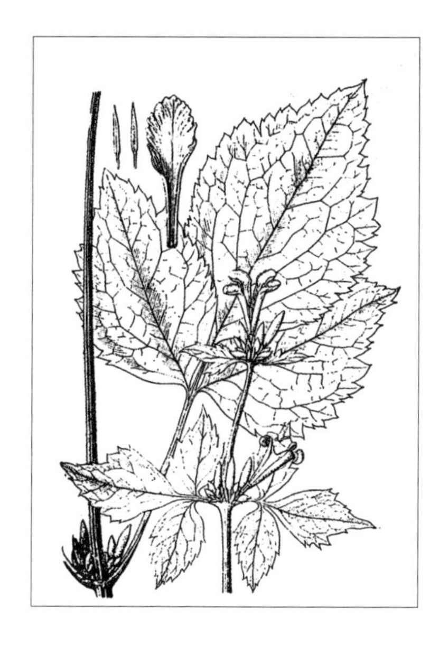

黄学文 / 摄

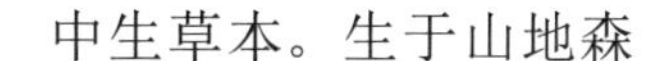

中生草本。生于山地森林带的林下、林缘、山坡灌丛、沟谷、路旁。产燕山北部（宁城县、敖汉旗大黑山）。分布于我国吉林、辽宁、河北、河南、山西、陕西、山东、江苏、浙江西北部、安徽、河南、湖北、湖南西北部、贵州东北部，朝鲜。为东亚分布种。

全草及根可入药，有祛风除湿、解毒消肿的作用，主治风湿关节痛、结核性溃疡等病。种子油可供制油漆用。

7. 辣蓼铁线莲

Clematis terniflora DC. var. **mandshurica** (Rupr.) Ohwi in Act. Phytotax. Geobot. 7:43. 1938; Fl. China 6:367. 2001.——*C. mandshurica* Rupr. in Bull. Cl. Phys.-Math. Acad. Imp. Sci. St.-Petersb. 15:258. 1857; Fl. Intramongol. ed. 2, 2:522. t.211. f.4. 1991.

草质藤本。茎长达 100cm，攀援于灌木上，具纵棱，节部密被白毛，其余部分无毛或近无毛。叶对生，一回羽状复叶，小叶通常 5，稀 3 或 7，狭卵形或披针状卵形，长 2 ～ 7cm，宽 1 ～ 4cm，基部楔形，先端渐尖，全缘，上面绿色，无毛，脉凹陷，下面淡绿色，近无毛，脉隆起，近革质。圆锥状聚伞花序顶生和腋生；花序梗、花梗近无毛，具 2 枚对生苞片；苞片条状披针形，长 5 ～ 20mm；萼片 4，稀 5，白色，矩圆形或倒卵状矩圆形，长 5 ～ 12mm，宽 1.5 ～ 4mm，基部渐狭，先端钝或稍尖，平展至下倾，里面无毛，外面稍被毛，沿边缘密被白毛；雄蕊短于萼片，无毛，花丝比花药长；心皮多数，伏生白毛。瘦果近卵形，扁平，长约 4.5mm，宽约 3.5mm，干后具明显增厚的边缘；宿存花柱长达 3cm，弯曲，被羽毛。花期 7 ～ 8 月，果期 8 ～ 9 月。

中生草质藤本。生于落叶阔叶林带的杂木林内、林缘、山地灌丛。产岭东（莫力达瓦达斡尔族自治旗）。分布于我国黑龙江、吉林、辽宁，朝鲜北部、俄罗斯（远东地区）。为满洲分布种。

根入药，能镇痛、利尿，主治风湿性关节炎、半身不遂、水肿、神经痛、偏头痛、颜面神经麻痹等。叶有抑菌作用。全草可做农药。种子油可供制肥皂用。

8. 短尾铁线莲（林地铁线莲）

Clematis brevicaudata DC. in Syst. Nat. 1:138. 1817; Fl. Intramongol. ed. 2, 2:522. t.211. f.1-3. 1991.

藤本。枝条暗褐色，疏生短毛，具明显的细棱。叶对生，为一至二回三出或羽状复叶，长达 18cm；叶柄长 3 ～ 6cm，被柔毛；小叶卵形至披针形，长 1.5 ～ 6cm，先端渐尖呈尾状，基部圆形，边缘具缺刻状牙齿，有时 3 裂，叶两面散生短毛或近无毛。复聚伞花序腋生或顶生，腋生花序长 4 ～ 11cm，较叶短；总花梗长 1.5 ～ 4.5cm，被短毛；小花梗长 1 ～ 2cm，被短毛，中下部有一对小苞片；苞片披针形，被短毛；花直径 1 ～ 1.5cm；萼片 4，开展，白色或带淡黄色，狭倒卵形，长约 6mm，宽约 3mm，两面均有短绢状柔毛，毛在里面较稀疏，外面沿边缘密生短毛；无花瓣；雄蕊多数，比萼片短，无毛，花丝扁平，花药黄色，比花丝短；心皮多数，花

柱被长绢毛。瘦果宽卵形，长约 2mm，宽约 1.5mm，压扁，微带浅褐色，被短柔毛；羽毛状宿存花柱长达 2.8cm，末端具加粗稍弯曲的柱头。花期 8 ～ 9 月，果期 9 ～ 10 月。

中生藤本。生于山地林下、林缘及灌丛中。产兴安北部及岭东和岭西（鄂伦春自治旗、鄂温克族自治旗）、兴安南部及科尔沁（科尔沁右翼前旗、科尔沁右翼中旗、扎赉特旗、阿鲁科尔沁旗、巴林右旗、林西县、翁牛特旗、克什克腾旗）、辽河平原（科尔沁左翼后旗大青沟）、燕山北部（喀喇沁旗、宁城县、敖汉旗）、锡林郭勒（多伦县、太仆寺旗）、乌兰察布（达尔罕茂明安联合旗南部）、阴山（大青山、乌拉山）、阴南丘陵、贺兰山、龙首山。分布于我国黑龙江、吉林、辽宁、河北西部和北部、河南、山西、陕西、宁夏、甘肃、青海东部、西藏东南部、云南西北部、四川西部、湖北、湖南，朝鲜、蒙古国东部（大兴安岭）、俄罗斯（远东地区）。为东亚分布种。

根及茎入药，有小毒，能利尿消肿，主治浮肿、小便不利、尿血。根及茎也入蒙药（蒙药名：奥日牙木格）。

9. 西伯利亚铁线莲

Clematis sibirica (L.) Mill. in Gard. Dict. ed. 8, Clematis no.12. 1768; Fl. Intramongol. ed. 2, 2:524. t.211. f.5-8. 1991.——*Atragene sibirica* L., Sp. Pl. 543.1753.

9a. 西伯利亚铁线莲

Clematis sibirica (L.) Mill. var. **sibirica**

木质藤本。直根棕黄色。茎攀援，长达 300cm，光滑无毛，关节粗大，老枝表皮剥裂。二回三出复叶，小叶 9，狭卵形或卵状披针形，长 1.5 ～ 5cm，宽 5 ～ 15mm，中小叶通常较大，基部圆形或圆状楔形，侧生小叶基部偏斜，先端长渐尖，边缘具锯齿状牙齿，两面近无毛或疏被柔毛。单花，腋生；花梗长 3 ～ 10cm；萼片 4，通常淡黄色至白色，稀微带蓝紫色，椭圆形或狭卵形，长 3 ～ 4cm，宽 1 ～ 2cm，质薄，脉纹明显，里面无毛，外面疏被短柔毛。退化雄蕊条状匙形，顶端钝圆，花瓣状，长约为萼片之半，被柔毛，内列者常残留有退化花药，雄

蕊多数，外列者较长；花丝扁平，中部加宽，两端渐狭，被短柔毛；花药黄色，矩圆形；药隔被短柔毛。瘦果倒卵形，长约 4mm，宽约 2 ～ 2.5mm，疏被毛；宿存花柱长 3 ～ 3.5cm，被棕黄色羽毛。花期 6 ～ 7 月，果期 7 ～ 8 月。

中生木质藤本。生于森林带的山地林下、林缘或沟谷灌丛。产兴安北部及岭东和岭西（额尔古纳市、根河市、鄂伦春自治旗、牙克石市、阿尔山市白狼镇）、兴安南部、贺兰山。分布于我国黑龙江、宁夏西北部、青海东北部、甘肃中部、新疆，蒙古国北部和西部及南部、俄罗斯（西伯利亚地区、远东地区），欧洲北部，为古北极分布种。

9b. 半钟铁线莲（高山铁线莲）

Clematis sibirica (L.) Mill. var. **ochotensis** (Pall.) S. H. Li et Y. H. Huang in Fl. Pl. Herb. Chin. Bor.-Orient. 3:179. 1975; Fl. Intramongol. ed. 2, 2:524. 1991.——*Atragene ochotensis* Pall. in Fl. Ross. 1:69. 1784.

本变种与正种的区别：花淡紫色至紫色。

中生木质藤本。生于森林带和草原带的山地沟谷、林下、林缘或山坡草丛中。产兴安北部（阿尔山市）、兴安南部（阿鲁科尔沁旗、克什克腾旗）、燕山北部（宁城县）、阴山（乌拉山）、

贺兰山。分布于我国黑龙江、吉林、山西北部、河北北部，日本、蒙古国东北部、俄罗斯（西伯利亚地区、远东地区）。为东古北极分布变种。

10. 长瓣铁线莲（大萼铁线莲、大瓣铁线莲）

Clematis macropetala Ledeb. in Icon. Pl. 1:5. t.2. 1829; Fl. Intramongol. ed. 2, 2:525. t.212. f.1-3. 1991.——*C. macropetala* Ledeb. var. *rupestris* (Turcz. ex Kuntz.) Hand.-Mazz. in Act. Hort. Gothob. 13:197. 1939.——*C. alpine* (L.) subsp. *macropetala* (Ledeb.) Kuntz. var. *rupestris* Turcz. ex Kuntz. in Verh. Bot. Brand. 26:163. 1885.

10a. 长瓣铁线莲

Clematis macropetala Ledeb. var. **macropetala**

藤本。枝具 6 条细棱，幼枝被伸展长毛或近无毛，老枝无毛。叶对生，为二回三出复叶，

长达15cm；小叶，狭卵形，长1.8～4.8cm，宽1～3cm，先端渐尖，基部楔形至圆形，小叶片3裂或不裂，边缘具少数至多数不整齐的粗牙齿或缺刻状牙齿，上面近无毛，下面疏被柔毛；叶柄长3.5～7cm，稍被柔毛。花单一，顶生，具长梗，梗长达15cm，有细棱，顶端通常下弯；花大，直径达10cm；花萼钟形，蓝色或蓝紫色；萼片4，狭卵形，长3～4.6cm，宽1～1.8cm，先端渐尖，两面被短柔毛；无花瓣。退化雄蕊多数，花瓣状，披针形；外轮者与萼片同色，近等长、稍长或稍短，背面密被舒展柔毛，有时先端残留有发育不完全的花药；内轮者渐短，被柔毛。雄蕊多数；花丝匙状条形，边缘生长柔毛；花药条形。心皮多数，被柔毛。瘦果卵形，歪斜，稍扁，长4～5.5mm，宽2.5～3.5mm，被灰白色柔毛，羽毛状宿存花柱长达4.5cm。花期6～7月，果期8～9月。

中生藤本。生于森林带和草原带的山地林下、林缘草甸。产兴安北部及岭东（鄂伦春自治旗）、兴安南部（科尔沁右翼前旗、阿鲁科尔沁旗、巴林右旗、克什克腾旗、西乌珠穆沁旗罕乌拉山）、赤峰丘陵（红山区）、燕山北部（喀喇沁旗、宁城县、兴和县苏木山）、阴山（大青山、蛮汗山、乌拉山）、贺兰山。分布于我国辽宁西南部、河北中北部、山西、陕西西南部、宁夏西北部、甘肃东部、青海东部，俄罗斯（西伯利亚地区、远东地区）。为东古北极分布种。

花大而美丽，可供观赏。全草入蒙药（蒙药名：哈日牙芒），效用同芹叶铁线莲。

《中国植物志》（28:139. 1980）中记载内蒙古有石生长瓣铁线莲 *C. macropetala* Ledeb. var. *rupestris*（Turcz.）Hand.-Mazz.，与正种的区别是退化雄蕊多数，较萼片短而钝。此种模式标本采自乌拉山，但我们的标本中未见这种类型，仅录于此。

10b. 紫红花长瓣铁线莲

Clematis macropetala Ledeb. var. **punicoflora** Y. Z. Zhao in Act. Sci. Nat. Univ. Intramongol.12(3):79. 1981; Fl. Intramongol. ed. 2, 2:527. 1991.

本变种与正种的区别：花紫红色。

中生藤本。生于荒漠带海拔2300m左右的山地青海云杉林下。产贺兰山。为贺兰山—唐古特分布变种。

本变种花暗紫红色，压制标本在台纸上多年后逐渐变蓝色。《中国高等植物》第三卷中彩色图片378为本变种。

10c. 白花长瓣铁线莲

Clematis macropetala Ledeb. var. **albiflora** (Maxim. ex Kuntz.) Hand.-Mazz. in Act. Hort. Gothob. 13:197. 1939; Fl. Intramongol. ed. 2, 2:527. 1991.——*C. alpine* (L.) subsp. *macropetala* (Ledeb.) Kuntz. var. *albiflora* Maxim. ex Kuntz. in Verh. Bot. Ver. Prov. Brand. 26:163. 1885.

本变种与正种的区别：花白色至淡黄色。

中生藤本。生于荒漠带海拔 2200m 左右的沟边灌丛及林下。产贺兰山。分布于我国宁夏（贺兰山）、山西（关帝山）。为华北山地分布变种。

11. 褐毛铁线莲

Clematis fusca Turcz. in Bull. Soc. Imp. Nat. Mosc. 14:60. 1840; Fl. Intramongol. ed. 2, 2:527. t.212. f.4-6. 1991.

11a. 褐毛铁线莲

Clematis fusca Turcz. var. **fusca**

草质藤本。根茎粗壮，具多数棕褐色须根。茎缠绕，具纵棱，暗棕色，疏被毛或近无毛，节部和幼枝毛较密。一回羽状复叶，小叶 5 ～ 7，稀 9，具柄，顶端小叶有时变成卷须；小叶片卵形至卵状披针形，长 2 ～ 12cm，宽 1 ～ 8cm，基部宽楔形至微心形，先端渐尖至短尖，全缘，近基部的小叶常 2 ～ 3 浅裂至深裂或具少数缺刻状牙齿，两面近无毛或背面疏被毛，幼叶毛较密。单花，腋生；花梗基部具 2 枚叶状苞；苞叶卵状披针形至宽披针形；花梗短粗，长 0.8 ～ 2cm，被黄褐色柔毛；花钟状，下垂；萼片 4，稀 5，卵状矩圆形，长 2 ～ 3cm，宽 7 ～ 13mm，先端略反卷，外面被褐色短柔毛，边缘密被白毛，里面淡紫色，无毛。雄蕊较萼片短；花丝线形，外面及两侧被长柔毛，基部无毛；花药黄褐色，条形；药隔外面被毛，顶端有尖头状凸起。子房被短柔毛。瘦果宽倒卵形，扁平，棕色，长约 5mm，宽约 4mm，边缘增厚，疏被黄褐色柔毛；宿存花柱长达 3cm，弯曲，被黄褐色羽毛。花期 6 ～ 7 月，果期 8 ～ 9 月。

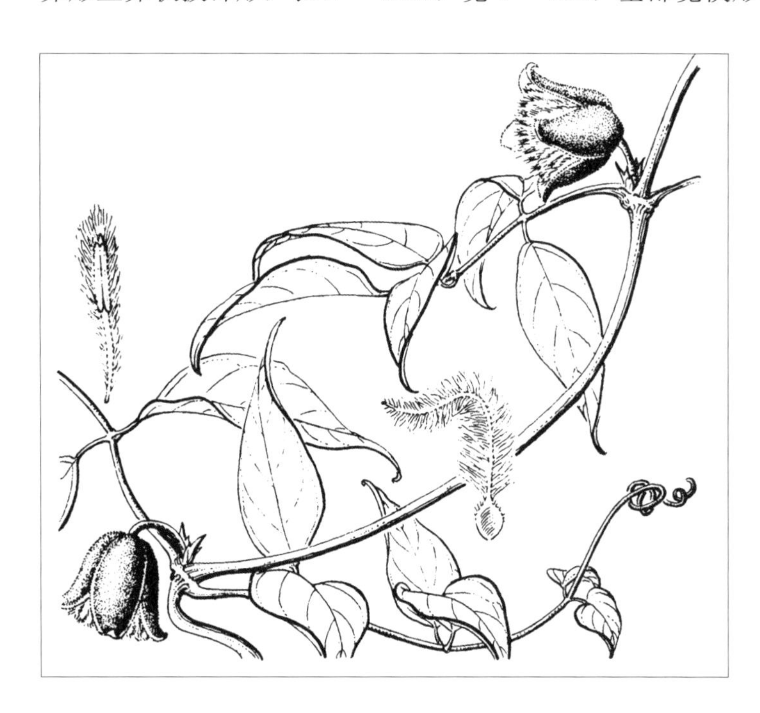

中生草质藤本。生于森林带的林内、林缘、山地灌丛及河边草甸。产岭东（鄂伦春自治旗、扎兰屯市、阿荣旗、扎赉特旗）。分布于我国黑龙江、吉林、辽宁、河北东北部、山东东部，日本、朝鲜、俄罗斯（远东地区）。为东亚北部分布种。

本种为有毒植物。

11b. 紫花铁线莲

Clematis fusca Turcz. var. **violacea** Maxim. in Prim. Fl. Amur. 11. 1859; Fl. Intramongol. ed. 2, 2:527. 1991.

本变种与正种的区别：花梗和萼片外面无毛或近无毛，萼片呈暗紫色；小叶片全缘而狭窄。

中生草质藤本。生于落叶阔叶林带的杂木林中、路旁灌丛。产岭东（鄂伦春自治旗大杨树镇）。分布于我国黑龙江、吉林，朝鲜、俄罗斯（远东地区）。为满洲分布变种。

12. 芹叶铁线莲（细叶铁线莲）

Clematis aethusifolia Turcz. in Bull. Soc. Imp. Nat. Mosc. 5:181. 1832; Fl. Intramongol. ed. 2, 2:528. t.213. f.1-3. 1991.

12a. 芹叶铁线莲

Clematis aethusifolia Turcz. var. **aethusifolia**

草质藤本。根细长。枝纤细，长达 200cm，径约 2mm，具细纵棱，棕褐色，疏被短柔毛或近无毛。叶对生，三至四回羽状细裂，长 7 ～ 14cm，羽片 3 ～ 5 对，长 1.5 ～ 5cm，末回裂片

披针状条形，宽 0.5 ～ 2mm，两面稍有毛；叶柄长约 2cm，疏被柔毛。聚伞花序腋生，具 1 ～ 3 花；花梗细长，长达 9cm，疏被柔毛，顶端下弯；苞片叶状；花萼钟形，淡黄色；萼片 4，矩圆形或狭卵形，长 1 ～ 1.8cm，宽 3 ～ 5mm，有 3 条明显的脉纹，外面疏被柔毛，沿边缘密生短柔毛，里面无毛，先端稍向外反卷；无花瓣。雄蕊多数，长约为萼片之半；花丝条状披针形，向基部逐渐加宽，疏被柔毛；花药无毛，长椭圆形，长约为花丝的 1/3。心皮多数，被柔毛。瘦果倒卵形，扁，红棕色，长约 4.5mm，宽约 3mm，羽毛状宿存花柱长达 3cm。花期 7 ～ 8 月，果期 9 月。

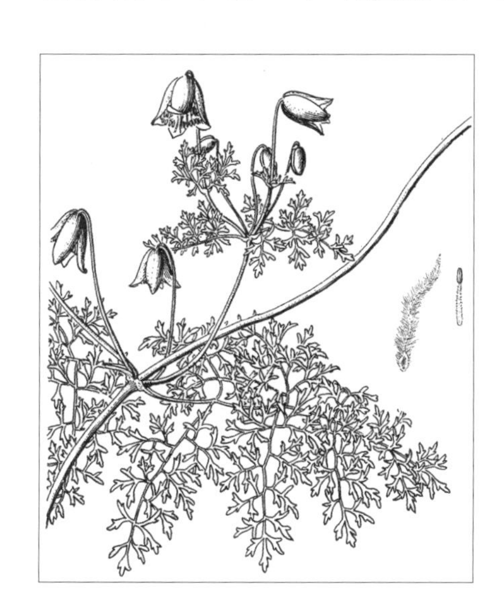

旱中生草质藤本。生于草原带和草原化荒漠带的石质山坡、沙地柳灌丛中，也见于河谷草甸。产兴安南部（科尔沁右翼前旗、克什克腾旗）、燕山北部（兴和县苏木山）、锡林郭勒（锡林浩特市、西乌珠穆沁旗、苏尼特左旗、正蓝旗、太仆寺旗）、乌兰察布（四子王旗南部、达尔罕茂

明安联合旗南部、固阳县）、阴山（大青山、蛮汗山、乌拉山）、阴南丘陵（准格尔旗）、鄂尔多斯（伊金霍洛旗、乌审旗、鄂托克旗、达拉特旗）、东阿拉善（磴口县）、贺兰山、龙首山。分布于我国河北北部、山西中部和北部、陕西北部、宁夏西北部、甘肃中部、青海东部和北部，蒙古国东部、俄罗斯（西伯利亚地区、远东地区）。为东古北极分布种。

全草入药，有毒，能祛风除湿、活血止痛，主治风湿性腰腿疼痛，多做外洗药；也入蒙药（蒙药名：查干牙芒），能消食、健胃、散结，主治消化不良、肠痛；外用除疮、排脓。

12b. 宽芹叶铁线莲（草地铁线莲）

Clematis aethusifolia Turcz. var. **pratensis** Y. Z. Zhao in Class. Fl. Ecol. Geogr. Distr. Vasc. Pl. Inn. Mongol. 178. 2012.——*C. pratensis* Y. C. Ma et Wang in Act. Sci. Nat. Univ. Intramongol. 1:54. 1959. nom. nud.——*C. aethusifolia* Turcz. var. *latisecta* auct. non Maxim.: M. Y. Fang in Fl. Reip. Pop. Sin. 28:116.1980; Fl. China 6:381. 2001.

本变种与正种的区别：叶为二至三回羽状中裂至深裂，最终裂片椭圆形至椭圆状披针形，宽 2 ～ 4mm。

旱中生草质藤本。生于草原带丘陵坡地、石质山坡。产岭东（莫力达瓦达斡尔族自治旗）、兴安南部（扎赉特旗、克什克腾旗）、锡林郭勒（东乌珠穆沁旗、正蓝旗、正镶白旗、四子王旗南部）、阴山（大青山、乌拉山）、贺兰山。为东古北极分布变种。

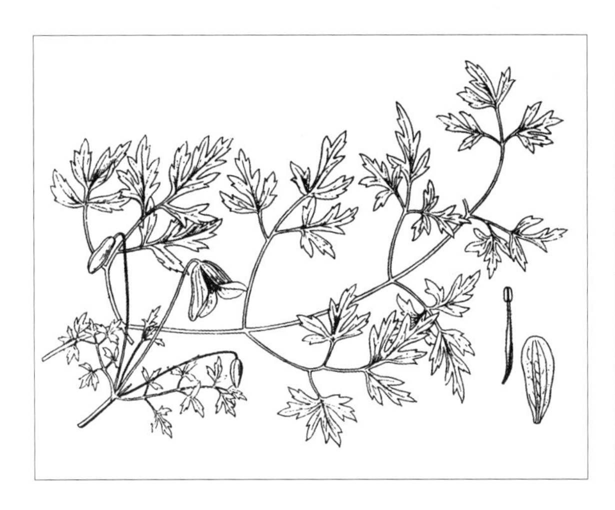

《中国植物志》（28:116.1980）、《东北草本植物志》（3: 173. t.75 f.1-3. 1975）和《内蒙古植物志》（ed.2,2:528.t.213. f.4.1991.）的 *C. aethusifolia* Turcz. var. *latisecta* Maxim. 均非本变种。*C. aethusifolia* Turcz. var. *latisecta* Maxim. 小叶羽状浅裂，裂片先端尖锐；而本变种的小叶是羽状中裂至深裂，裂片先端钝或钝尖。二者明显不同。

13. 东方铁线莲

Clematis orientalis L., Sp. Pl. 1:543. 1753; Fl. Intramongol. ed. 2, 2:531. t. 214. f.1-2. 1991.

草质藤本。茎攀援，多少被毛或近无毛，淡黄绿色。一至二回羽状复叶，淡灰绿色；小叶 2 ～ 3 全裂或深裂、浅裂至不分裂，中央裂片较大，狭卵形、卵状披针形或条状披针形，长 1.5 ～ 3（7）cm，宽 5 ～ 15（30）mm，基部圆形或圆楔形，先端钝尖，全缘，两面疏被细柔毛，

两侧裂片较小，具柄。圆锥状聚伞花序，腋生；苞片叶状，全缘；萼片 4，淡黄色、黄色或外面带紫红色，斜上展，披针形或矩圆状披针形，长 1.5 ～ 2cm，宽 4 ～ 5mm，内外两面被柔毛，先端长渐尖，反卷；花丝疏被柔毛，花药无毛。瘦果卵形或狭卵形，扁，棕褐色，长 3 ～ 4mm，被短毛；宿存花柱 3 ～ 6cm，具白色羽毛。花期 6 ～ 7 月，果期 8 ～ 9 月。

旱中生草质藤本。生于荒漠地带的房舍附近、公园。产额济纳。分布于我国甘肃西北部、新疆，俄罗斯、印度西北部、巴基斯坦北部、阿富汗，中亚、西亚。为古地中海分布种。

14. 黄花铁线莲（狗豆蔓、萝萝蔓）

Clematis intricata Bunge in Mem. Acad. Imp. Sci. St.-Petersb. Div. Sav. 2:75. 1833; Fl. Intramongol. ed. 2, 2:531. t.214. f.3-5. 1991.

14a. 黄花铁线莲

Clematis intricata Bunge var. **intricata**

草质藤本。茎攀援，多分枝，具细棱，近无毛或幼枝疏被柔毛。叶对生，为二至三出羽状复叶，长达 15cm，羽片通常 2 对，具细长柄；小叶条形、条状披针形或披针形，长 1 ～ 4cm，宽 1 ～ 10mm，中央小叶较侧生小叶长，不分裂或下部具 1 ～ 2 小裂片，先端渐尖，基部楔形，边缘疏生牙齿或全缘，叶灰绿色，两面疏被柔毛或近无毛。聚伞花序腋生，通常具 2 ～ 3 花；花梗长约 3cm，疏被柔毛，位于中间者无苞叶，侧生者花梗下部具 2 枚对生的苞叶，苞叶全缘或 2 ～ 3 浅裂至全裂；花萼钟形，后展开，黄色；萼片 4，狭卵形，长 1.2 ～ 2cm，宽 4 ～ 9mm，先端尖，两面通常无毛，只在边缘密生短柔毛。雄蕊多数，长约为萼片之半；花丝条状披针形，被柔毛；花药椭圆形，黄色，无毛。心皮多数。瘦果多数，卵形，扁平，长约 2.5mm，宽 2mm，沿边缘增厚，被柔毛，羽毛状宿存花柱长达 5cm。花期 7 ～ 8 月，果期 8 月。

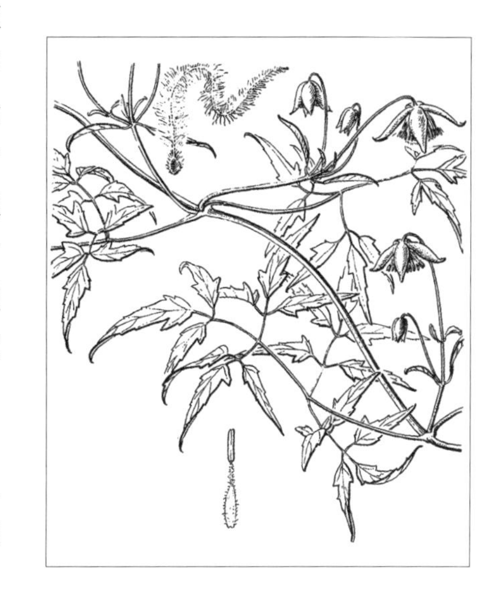

旱中生草质藤本。生于草原区和荒漠区的山地、丘陵、低湿地、沙地、田边、路旁、房舍附近。产锡林郭勒西部

和乌兰察布（苏尼特左旗、集宁区、四子王旗、达尔罕茂明安联合旗、乌拉特前旗、乌拉特中旗）、阴山（大青山、蛮汗山、乌拉山）、阴南平原（呼和浩特市、包头市）、阴南丘陵（准格尔旗）、鄂尔多斯、东阿拉善（杭锦后旗、磴口县、阿拉善左旗）、西阿拉善（阿拉善右旗塔木素苏木）、贺兰山、额济纳。分布于我国辽宁东部、河北、山西、陕西北部、甘肃东部、青海东部，蒙古国西部和南部。为华北—蒙古高原分布种。

全草入药，有小毒，能祛风湿，主治慢性风湿性关节炎、关节痛，多做外用；此外，民间把全草捣烂加白矾涂患处可治牛皮癣。全草也入蒙药（蒙药名：希勒牙芒），效用同芹叶铁线莲。

14b. 紫萼铁线莲（变异黄花铁线莲）

Clematis intricata Bunge var. **purpurea** Y. Z. Zhao in Fl. Intramongol. 2:242. 369. t.125. f11. 1978; Fl. Intramongol. ed. 2, 2:533. 1991.

本变种与正种的区别：花较大，萼片紫色，长约 2.5cm，宽约 1cm；叶较宽，宽达 1.5cm；中央小叶披针形或椭圆状披针形，先端渐尖；侧生小叶椭圆形或长椭圆形，先端圆钝，具小尖头。而正种花为黄色，小叶均为条形、条状披针形或披针形，先端渐尖。

中生草质藤本。生于桦树林下。产兴安南部（西乌珠穆沁旗迪彦林场）、阴山（大青山哈拉沁沟黄草洼）。为华北北部（阴山—兴安南部）分布变种。

15. 甘青铁线莲

Clematis tangutica (Maxim.) Korsh. in Izv. Imp. Akad. Nauk. 9:399. 1898; Fl. Intramongol. ed. 2, 2:533. t.215. f.1-3. 1991.——*C. orientalis* L. var. *tangutica* Maxim. in Fl. Tangut. 3. 1889.

木质藤本。主根粗壮，木质，剥裂。茎长达 400cm，老茎木质，具纵棱，幼时被长柔毛，后脱落。一回羽状复叶，有 5 ～ 7 小叶，下部常浅裂、深裂或全裂，侧生裂片小，中裂片较大，卵状披针形或披针形，长 1.5 ～ 3cm，宽 5 ～ 15mm，基部楔形，先端渐尖或锐尖，边缘有不整齐缺刻状锯齿，叶灰绿色，两面疏被柔毛。单花，顶生或腋生；花梗粗壮，长 4 ～ 20cm，被柔毛；萼片 4，黄色，斜上展，狭卵形或椭圆状矩圆形，长 1.5 ～ 3cm，顶端渐尖或急尖，里面无毛或近无毛，外面疏被柔毛，边缘密被白色茸毛；花丝条形，被开展的长柔毛，花药无毛；子房密被柔毛。瘦果倒卵形，长约 4mm，被长柔毛；宿存花柱长达 4cm，有白色羽毛。花期 6 ～ 8 月，果

期 7 ～ 9 月。

旱中生木质藤本。生于荒漠带的山地灌丛中。产西阿拉善（雅布赖山）、龙首山、额济纳（马鬃山）。分布于我国陕西、甘肃、青海、四川西部、西藏、新疆，蒙古国北部和西部、哈萨克斯坦。为亚洲中部山地分布种。

全草入药，能健胃、消食，治消化不良、恶心，并有排脓、除疮、消痞块等作用。

16. 甘川铁线莲

Clematis akebioides (Maxim.) Veitch. in Hardy Pl. West China 9. 1912; Fl. Intramongol. ed. 2, 2:533. t.215. f.4-6. 1991.——*C. orientalis* L. var. *akebioides* Maxim. in Trudy Imp. St.-Petersb. Bot. Sada 11:6. 1890.

藤本。茎无毛，具纵棱。一回羽状复叶；小叶 5 ～ 7，下部常 2 ～ 3 浅裂或深裂，侧裂片小，中裂片较大，宽椭圆形、椭圆形或矩圆形，长 1 ～ 3cm，宽 5 ～ 15mm，顶端钝或圆形，具小尖头，基部圆楔形或圆形，边缘具不规则的浅锯齿，叶鲜绿色，两面光滑无毛。花腋生，有花 1 ～ 5 朵；花梗纤细，长 5 ～ 10cm；苞片叶状；萼片 4，稀 5，黄色，斜上展，椭圆形至狭椭圆形，长 1.5 ～ 2.5cm，宽 7 ～ 10mm，顶端锐尖或成小尖头，里面无毛，外面边缘被短毛；花丝条形，被柔毛，花药无毛。瘦果倒卵形，长约 3mm，被柔毛，宿存花柱被长柔毛。花期 7 ～ 8 月，果期 9 ～ 10 月。

中生藤本。生于高山草甸及灌丛。产贺兰山、龙首山（桃花山）。分布于我国甘肃、青海东部和北部、四川西部、云南西北部、西藏东部。为横断山脉分布种。

16. 翠雀属 Delphinium L.

一年生或多年生草本。茎直立。叶基生或茎生，通常掌状分裂，稀为羽状复叶。花两侧对称，排列成伞房状、总状或圆锥花序，蓝色、紫色、粉红色或白色；萼片 5，离生或基部稍合生，上萼片基部延长成距；花瓣 2，有距，距伸入萼距中；退化雄蕊 2，瓣片中间通常被 1 簇黄色髯毛，基部具爪；雄蕊多数；心皮 3 ～ 5，分离。蓇葖果含多数种子；种皮常具膜质翅。

内蒙古 9 种。

分种检索表

1a. 退化雄蕊黑色或黑褐色，与萼片异色。

2a. 花序总状，花序轴无毛；蓇突果无毛。

3a. 叶几乎全部基生；叶片圆状肾形，小裂片先端钝……………………**1. 基叶翠雀花 D. crassifolium**

3b. 叶基生和茎生，在茎上者等距排列；叶片圆状心形，小裂片先端锐尖…………………………………………………………………………………**2. 东北高翠雀花 D. korshinskyanum**

2b. 花序近伞房状，花序轴有毛；蓇突果密被柔毛。

4a. 小苞片着生于花梗中部…………………………………………………**3. 细须翠雀花 D. siwanense**

4b. 小苞片与花邻接或近邻接。

5a. 茎和花序被反曲的白色短柔毛………**4a. 白蓝翠雀花 D. albocoeruleum** var. **albocoeruleum**

5b. 茎和花序被开展的白色柔毛或淡黄色腺毛和反曲的白色短柔毛。

6a. 茎生叶的深裂片一至二回深裂，小裂片披针形或条形，宽 2 ～ 5mm，先端渐尖或长渐尖………………………………………**4b. 贺兰山翠雀花 D. albocoeruleum** var. **przewalskii**

6b. 茎生叶的深裂片一回浅裂或不裂，小裂片椭圆形，宽 5 ～ 10mm，先端钝尖……………………………………………**4c. 宽裂白蓝翠雀花 D. albocoeruleum** var. **latilobum**

1b. 退化雄蕊蓝紫色，与萼片同色。

7a. 叶掌状深裂，小裂片狭卵形、披针形或条状披针形，宽 3mm 以上。

8a. 萼片内面无毛；总状花序狭长，花稀疏。

9a. 花梗被反曲短柔毛。

10a. 花序轴和花梗被反曲短柔毛，叶的小裂片多为狭卵形或披针形…………………………………………………………………………**5. 兴安翠雀花 D. hsinganense**

10b. 花序轴无毛，花梗只在顶部被反曲短柔毛；叶的小裂片多为条状披针形……………………………………………**6a. 唇花翠雀花 D. cheilanthum** var. **cheilanthum**

9b. 花梗被伸展的黄色短毛…………………**6b. 展毛唇花翠雀花 D. cheilanthum** var. **pubescens**

8b. 萼片内、外两面均被短毛；总状花序短，花较密集；花序轴无毛或近无毛，上部被反曲短柔毛，顶部毛较密；叶的小裂片多为狭卵形或披针形………………………**7. 毓泉翠雀花 D. yuchuanii**

7b. 叶掌状细裂，小裂片条形，宽 0.5 ～ 3mm。

11a. 花序总状，蓇突果密被短毛。

12a. 茎和花序轴及花梗密被反曲的白色短柔毛……………………………………………………………………**8a. 翠雀花 D. grandiflorum** var. **grandiflorum**

12b. 茎和花序轴及花梗除了被反曲的白色短柔毛外，还被开展的长柔毛………………………………………………………………**8b. 疏毛翠雀花 D. grandiflorum** var. **pilosum**

11b. 花序近伞房状，花序轴和花梗被反曲的白色短柔毛和开展的白色柔毛或黄色腺毛；蓇突果疏被短毛；茎疏被开展或向下斜展的白色长柔毛……………………………………………**9. 软毛翠雀花 D. mollipilum**

1. 基叶翠雀花（根叶飞燕草）

Delphinium crassifolium Schrad. ex Spreng. in Gesch. Bot. 2:201. 1818; Fl. Intramongol. ed. 2, 2:535. t.216. f.5. 1991.

多年生草本，高 30 ～ 70cm。茎直立，被伸展的白色长柔毛。叶几乎集生于茎的基部，叶片圆状肾形，圆状心形或近圆形，两面疏被伏毛，3 深裂，中裂片倒卵形，再 3 中裂，小裂片披针状椭圆形，先端钝尖，两侧裂片 2 ～ 3 中裂或浅裂，内侧裂片与中裂片相似；具长柄，柄被刚毛。总状花序单一；花梗直立，无毛或被刚毛；苞片条形，长 5 ～ 7mm，宽约 0.5mm，无毛或被毛，着生于花的下面；花蓝紫色。萼片卵形，钝头，长 1.2 ～ 1.5cm，宽 5 ～ 6mm，外面无毛或被伸展毛；距长 1.4 ～ 1.8cm，基部粗约 3mm，近于平伸，末端钝，渐尖，向下弯。蓇葖果无毛。花期 7 月。

中生草本。生于森林带的山地林缘、草甸及灌丛间。产兴安北部（大兴安岭）。分布于蒙古国北部和西部、俄罗斯（东西伯利亚地区）。为东西伯利亚分布种。

本种未见标本，仅据《东北草本植物志》（3:112.1975.）而收录。

2. 东北高翠雀花（科氏飞燕草）

Delphinium korshinskyanum Nevski in Fl. U.R.S.S. 7:153., 724. 1937; Fl. Intramongol. ed. 2, 2:535. t.216. f.1-4. 1991.

多年生草本，高 40 ～ 120cm。茎直立，单一，被伸展的白色长毛。叶片圆状心形，长 5 ～ 7cm，掌状 3 深裂，中裂片长菱形，中下部渐狭，楔形，全缘，中上部 3 浅裂，裂片具缺刻和牙齿，两侧裂片再 3 深裂，内侧裂片形状与中裂片相似，最外侧的裂片较小，再 2 深裂，裂片具缺刻和牙齿；叶上面绿色，被伏毛，下面灰绿色，沿叶脉被白色长毛，边缘具睫毛；叶柄长 4 ～ 18cm，茎下部者长，上部者渐短，基部加宽，上面具沟，被白色长毛。总状花序单一或基部有分枝，花序轴无毛；花梗长 1 ～ 4cm，上部渐短，无毛或散生白色长毛；小苞片 2，条形，长约 6mm，宽约 1mm，边缘密被长睫毛，着生在花梗上部，常带蓝紫色；苞比小苞片长，长 1 ～ 1.5cm，边缘密被长睫毛，着生于

花梗基部；萼片 5，暗蓝紫色，卵形，长 1.2 ～ 1.4cm，宽 4 ～ 6mm，外面无毛或散生白色长毛，上萼片基部伸长成距，长 1.5 ～ 1.8cm，基部粗约 3mm，先端常向上弯，外面散生白色长毛；花瓣 2，瓣片披针形，具距，无毛；退化雄蕊 2，瓣片黑褐色，椭圆形，先端 2 裂，被黄色髯毛，爪无毛。蓇葖果 3，无毛。花期 7 ～ 8 月，果期 8 月。

中生草本。生于森林带的山地五花草甸及河滩草甸。产兴安北部及岭东和岭西（额尔古纳市、根河市、鄂伦春自治旗、牙克石市、鄂温克族自治旗、阿尔山市白狼镇、东乌珠穆沁旗宝格达山）。分布于我国黑龙江北部和西部，俄罗斯（东西伯利亚地区、远东地区）。为东西伯利亚—远东分布种。

可做杀虫剂，能灭杀蝇和蟑螂。

3. 细须翠雀花（西湾翠雀花、冀北翠雀花）

Delphinium siwanense Franch. in Bull. Soc. Philom. Paris Ser. 8, 5:162. 1893; Fl. Intramongol. ed. 2, 2:537. t.217. f.1-3. 1991.——*D. siwanense* Franch. var. *leptopogon* (Hand.-Mazz.) W. T. Wang in Fl. Reip. Pop. Sin. 27:381. t.87. f.9-14. 1979; Fl. Intramongol. ed. 2, 2:537. t.217. f.4. 1991.——*D. leptopogon* Hand.-Mazz. in Act. Hort. Gothob. 13:58. 1939.

多年生草本，高 100 ～ 150cm。根茎较粗，具多数须根，暗褐色。茎直立，单一，上部多分枝，粗约 1cm，无毛或近无毛。叶片五角形，长 3 ～ 8cm，宽 3 ～ 12cm，掌状 3 全裂，侧裂片 2 深裂，裂片再 3 深裂，二回裂片狭楔形至条状披针形或披针形，宽 3 ～ 10mm，上面黄绿色，疏被短毛，下面灰绿色，密被短柔毛；叶柄茎下部者长，可达 24cm，茎上部者短，长约 5mm，被长柔毛。花序似伞形近伞房状，具花 2 ～ 10 朵，顶生或生于分枝顶端；花梗近等长，长 1.5 ～ 3.5cm，密被贴伏柔毛或被伸展的柔毛和腺毛；小苞片着生在花梗中部，狭条形，被长柔毛。萼片 5，蓝紫色，狭卵形或卵形，长约 1.7cm，锐尖，密被短柔毛，顶端被黄

色长柔毛；萼距稍长于萼片，长约 2cm，钻形，末端向下稍弯曲。花瓣 2，无毛，瓣片深蓝色，距黄白色，伸入萼距中；退化雄蕊 2，瓣片黑褐色或黑蓝色，外弯与爪部成直角，先端 2 浅裂，被长柔毛，里面中部簇生黄色髯毛；雄蕊多数，无毛；心皮 3，疏被白色柔毛。蓇葖果长约 1.3cm，疏被柔毛，先端有宿存的花柱；种子黑褐色，具棱角，密生横翅。花期 7 ～ 8 月，果期 9 月。

中生草本。生于落叶阔叶林带的林下、林缘、山地灌丛、草甸及河滩草甸。产燕山北部（兴和县苏木山）、阴山（大青山、蛮汗山）。分布于我国河北西北部、山西中北部、宁夏南部、陕西南部、甘肃东部。为华北分布种。

花美丽，可供观赏。

4. 白蓝翠雀花

Delphinium albocoeruleum Maxim. in Bull. Acad. Imp. Sci. St.-Petersb. ser.3, 23:307. 1877; Fl. Intramongol. ed. 2, 2:539. t.218. f.1-2. 1991.

4a. 白蓝翠雀花

Delphinium albocoeruleum Maxim. var. **albocoeruleum**

多年生草本，高 10 ～ 60cm。茎直立，具纵棱，密被反曲的白色短柔毛。基生叶 3 中裂，开花时枯萎或有时存在。茎生叶在茎上等距排列，3 深裂至全裂；叶片五角形，长 2 ～ 4cm，3 ～ 8cm，一回裂片茎下部者浅裂，上部者通常一至二回深裂，小裂片狭卵形、披针形或条形，宽 2 ～ 5mm，先端渐尖或长渐尖，常有 1 ～ 2 小齿，两面被短柔毛，上面深绿色，下面灰绿色；叶具长柄，柄长 3 ～ 15cm。伞房花序有 2 ～ 7 花，稀 1 花；苞片叶状而较小；花梗长 3 ～ 5cm，密被反曲的白色短柔毛；小苞片与花邻接或生花梗顶部，匙状条形，长 5 ～ 15mm；萼片 5，宿存，蓝紫色或蓝白色，上萼片圆卵形，其他萼片椭圆形，长 2 ～ 2.5cm，外面被短柔毛；距圆筒状钻形或钻形，长 1.7 ～ 2.5cm，基部粗约 3mm，末端向下弯曲。花瓣无毛；退化雄蕊黑褐色，瓣片 2 浅裂，腹面有黄色髯毛；花丝疏被短毛；心皮 3，子房密被贴伏的短柔毛。蓇葖果长约 1.4cm；种子四面体形，长约 1.5mm，有鳞状横翅。花期 7 ～ 8 月，果期 9 月。

中生草本。生于荒漠带的山地云杉林缘草甸。产贺兰山。分布于我国宁夏西北部、甘肃、青海东南部、四川北部、西藏东北部。为唐古特分布种。

全草入药，可治肠炎。

4b. 贺兰山翠雀花

Delphinium albocoeruleum Maxim. var. **przewalskii** (Huth) W. T. Wang in Fl. Reip. Pop. Sin. 27:381. 1979; Fl. Intramongol. ed. 2, 2:539. t.218. f.3-4. 1991.——*D. przewalskii* Huth in Bot. Jahrb. Syst. 20:407. 1895.

本变种与正种的区别：茎和花序除了被反曲的白色短柔毛外还有开展的白色柔毛，或淡黄色的腺毛；距钻形，伸直或稍下弯。

多年生中生草本。生于荒漠带海拔 2500 ～ 2800m 的云杉林下及林缘草甸。产贺兰山。分布于我国宁夏北部（贺兰山）。为贺兰山分布变种。

全草水煮可杀死跳蚤和虱子。

4c. 宽裂白蓝翠雀花

Delphinium albocoeruleum Maxim. var. **latilobum** Y. Z. Zhao in Act. Sci. Nat. Univ. Intramongol.19(4):676. 1988; Fl. Intramongol. ed. 2, 2:539. t.218. f.5. 1991.

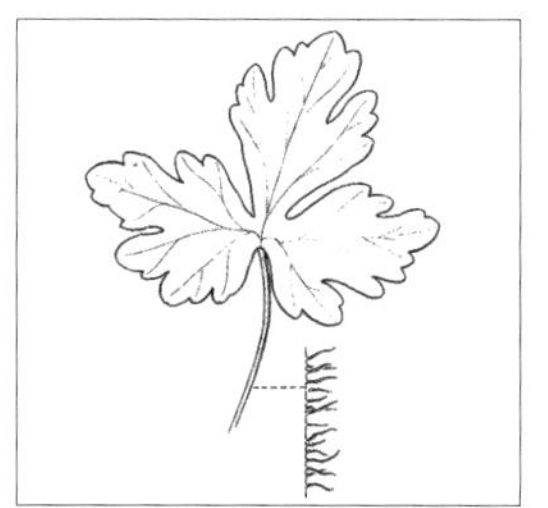

本变种与正种的区别：茎和花序疏被开展的长柔毛；茎生叶的深裂片一回浅裂或不裂，小裂片椭圆形，宽 5 ～ 10mm，先端钝尖。

多年生中生草本。生于荒漠带海拔 2500 ～ 2800m 的山地沟谷林下。产贺兰山。分布于我国宁夏北部（贺兰山）。为贺兰山分布变种。

5. 兴安翠雀花

Delphinium hsinganense S. H. Li et Z. F. Fang in Fl. Pl. Herb. Chin. Bor.-Orient. 3:114. 229. t.45a. 1975; Fl. Intramongol. ed. 2, 2:541. t.219. f.1-4. 1991.

多年生草本，高 70 ～ 100cm。茎直立，具纵棱，疏被反曲短柔毛或近无毛，上部少分枝，等距生叶。基生叶和下部茎生叶在开花时枯萎。中部茎生叶五角形，长 3 ～ 5cm，宽 4 ～ 8cm，3 深裂，中裂片菱形，先端渐尖，又 3 浅裂，裂片有不等大的粗牙齿，小裂片狭卵形或披针形，

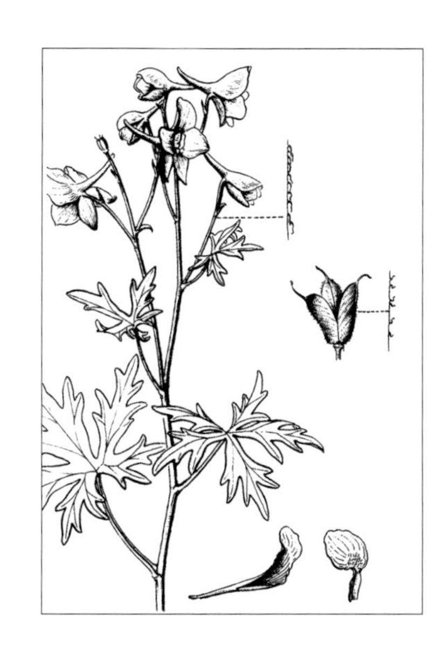

宽 2 ～ 6mm，侧裂片不等 3 深裂，叶两面疏被曲柔毛；叶具长柄，柄长 3 ～ 7cm。总状花序；花序轴和花梗被反曲短柔毛，花梗顶部毛较密；下部苞片叶状，上部的矩圆形至钻形；花梗长 2 ～ 5cm；小苞片着生于花梗上部，多为钻形，长 3 ～ 5mm。萼片蓝色，狭卵形或矩圆形，长 1.4 ～ 1.7cm，外面被短柔毛；距圆筒状钻形或钻形，长 1.6 ～ 1.8cm，基部粗约 3mm，直伸或末端稍向上弯。花瓣蓝紫色，无毛；退化雄蕊蓝色，瓣片宽椭圆形，长约 5mm，顶端微凹，腹面有淡黄色髯毛，爪长约 6mm；雄蕊无毛或花丝有短毛；心皮 3，子房密被开展的短柔毛。蓇葖果长 1.5 ～ 2cm，疏被短柔毛；种子近四面体形，长 1.5 ～ 2mm，沿棱具翅。花期 6 ～ 7 月，果期 7 ～ 8 月。

中生草本。生于森林带的河岸林缘。产兴安北部（额尔古纳市、根河市、牙克石市）。为大兴安岭分布种。

6. 唇花翠雀花（长距飞燕草）

Delphinium cheilanthum Fisch. ex DC. in Syst. Nat. 1:352. 1817; Fl. Intramongol. ed. 2, 2:541. t.219. f.5. 1991.

6a. 唇花翠雀花

Delphinium cheilanthum Fisch. ex DC. var. **cheilanthum**

多年生草本，高 70 ～ 140cm。茎直立，单一或在花序下有 1 ～ 2 分枝，等距生叶，紫褐色，光滑无毛。下部茎生叶花期枯萎。中部茎生叶五角形，长 4 ～ 7cm，宽 6 ～ 9cm，3 ～ 5 深裂几达基部，中裂片狭菱形，又 3 裂，末回小裂片条状披针形或狭披针形，宽 2 ～ 3mm，侧裂片不等 2 深裂，叶上面绿色，下面淡绿色，两面疏被短柔毛；叶柄长 2 ～ 8cm，无毛。总状花序顶生；花序轴无毛；花梗只在顶部被反曲短柔毛；小苞片着生于花梗上部，被短毛。萼片蓝紫色，椭圆形，长 1 ～ 2cm，宽 4 ～ 9mm，外面密被短状毛；距圆筒状钻形，长 1.7 ～ 2.3cm，基部粗 3 ～ 4mm，直伸。花瓣蓝紫色，无毛，顶端圆；退化雄蕊的瓣片蓝色，倒卵形，宽 6 ～ 8mm，顶端微裂，腹面有淡黄色髯毛；雄蕊无毛；心皮 3，子房密被短伏毛。蓇葖果长约 1.5cm，被短毛；种子近椭圆球形，长约 2mm，沿 3 条纵棱有翅。花期 7 ～ 8 月，果期 8 ～ 9 月。

中生草本。生于森林带的林缘。产兴安北部（额尔古纳市、根河市）。分布于我国新疆北部，蒙古国北部和西部、俄罗斯（西伯利亚地区）。为西伯利亚分布种。

6b. 展毛唇花翠雀花

Delphinium cheilanthum Fisch. ex DC. var. **pubescens** Y. Z. Zhao in Fl. Intramongol. ed. 2, 2:541. 712. 1991.

本变种与正种的区别：花梗被黄色开展的短柔毛，顶部毛更密。

多年生中生草本。生于森林带的林缘。产兴安北部（额尔古纳市奇乾）。为大兴安岭分布变种。

7. 毓泉翠雀花

Delphinium yuchuanii Y. Z. Zhao in Act. Sci. Nat. Univ. NeiMongol. 20(2):248. t.1. 1989; Fl. Intramongol. ed. 2, 2:543. t.220. 1991.

多年生草本，高达30cm。茎直立，单一，光滑无毛。下部茎生叶花期枯萎。上部茎生叶具柄；叶片五角形，长2.5～3.5cm，宽4～6cm，3深裂达基部以上，中裂片狭菱形，在中部3裂，小裂片狭卵形或披针形，宽3～4mm，侧裂片斜扇形，不等2深裂，两面被短伏毛，背面毛较密；叶柄长1～3cm，疏被短毛。总状花序顶生，长约5cm，有花4朵；花序轴无毛或近无毛；花梗长1～2cm，下部无毛或近无毛，上部被反曲短柔毛，顶部毛较密；小苞片条形，着生于花梗上部，被短毛；萼片蓝色，狭卵形或椭圆形，长1.5～2cm，宽8～9mm，内外两面均密被短伏毛，距圆筒状钻形，长约2cm，基部粗约3mm，近直伸；花瓣无毛，瓣片蓝色，顶端圆钝，距黄白色；退化雄蕊蓝紫色，宽椭圆形，宽约7mm，顶端2浅裂，腹面有淡黄色髯毛；雄蕊花丝下部加宽，被缘毛；心皮3，子房密被白色短伏毛。花期8月。

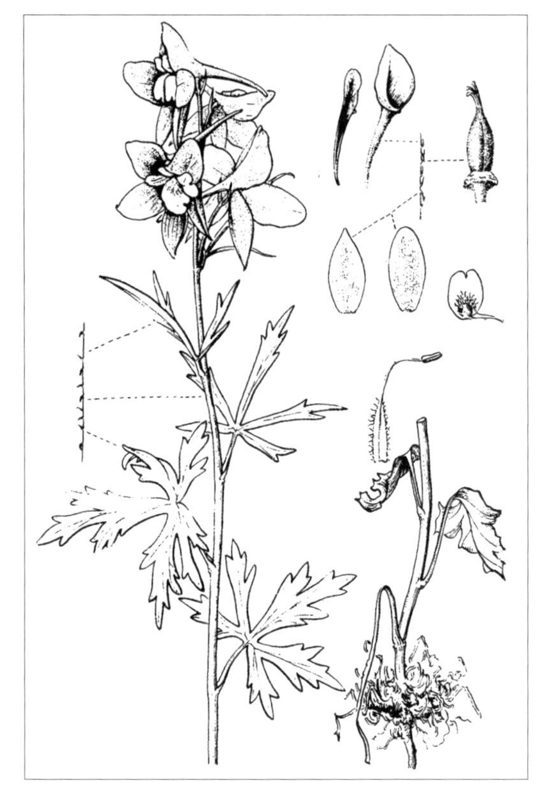

中生草本。生于森林草原带的山地河边草甸。产兴安南部（克什克腾旗白音敖包）。为兴安南部（罕山）分布种。

本种与粗距翠雀花*D. pachycentrum* Hemsl. 相近，但茎光滑无毛；叶较小，深裂片较窄，相互不覆压；小苞片着生于花梗上部，与花分开，明显不同。

8. 翠雀花（大花飞燕草、鸽子花、摇嘴嘴花）

Delphinium grandiflorum L., Sp. Pl. 1:531. 1753; Fl. Intramongol. ed. 2, 2:543. t.221. f.1-4. 1991.

8a. 翠雀花

Delphinium grandiflorum L. var. **grandiflorum**

多年生草本，高20～65cm。直根，暗褐色。茎直立，单一或分枝，全株被反曲的短柔毛。基生叶与茎下部叶具长柄，柄长达10cm，中上部叶柄较短，最上部叶近无柄；叶片圆肾形，长2～6cm，宽4～8cm，掌状3全裂，裂片再细裂，小裂片条形，宽0.5～2mm。总状花序具花3～15朵；花梗上部具2枚条形或钻形小苞片，长3～4mm；萼片5，蓝色、紫蓝色或粉紫色，椭圆形或卵形，长1.2～1.8cm，宽0.6～1cm，上萼片向后伸长成中空的距，距长1.7～2.3cm，钻形，末端稍向下弯曲，外面密被白色短毛；花瓣2，瓣片小，白色，基部有距，伸入萼距中；

退化雄蕊2，瓣片蓝色，宽倒卵形，里面中部有一小撮黄色髯毛及鸡冠状凸起，基部有爪，爪具短凸起；雄蕊多数，花丝下部加宽，花药深蓝色及紫黑色。蓇葖果3，长1.5～2cm，宽3～5mm，密被短毛，具宿存花柱；种子多数，四面体形，具膜质翅。花期7～8月，果期8～9月。

旱中生草本。生于森林草原、山地草原及典型草原带的草甸草原、沙质草原及灌丛中，也可生于山地草甸及河谷草甸中，是草甸草原常见的杂类草。产兴安北部及岭东和岭西（额尔古纳市、根河市、鄂伦春自治旗、牙克石市、莫力达瓦达斡尔族自治旗）、呼伦贝尔（海拉尔区、陈巴尔虎旗、鄂温克族自治旗）、兴安南部和科尔沁（科尔沁右翼前旗、科尔沁右翼中旗、扎赉特旗、突泉县、通辽市、阿鲁科尔沁旗、巴林左旗、巴林右旗、翁牛特旗、林西县、克什克腾旗）、辽河平原（科尔沁左翼后旗）、赤峰丘陵（红山区）、燕山北部（喀喇沁旗、宁城县、敖汉旗、兴和县苏木山）、锡林郭勒（东乌珠穆沁旗、西乌珠穆沁旗、锡林浩特市、多伦县、太仆寺旗、察哈尔右翼后旗、察哈尔右翼中旗）、阴山（大青山、蛮汗山、乌拉山）、阴南丘陵（清水河县、准格尔旗）、鄂尔多斯（东胜区）。分布于我国黑龙江西部、吉林西部、辽宁、河北、河南北部、山西、陕西北部、青海东部、四川西北部，蒙古国东部和北部、俄罗斯（西伯利亚地区）。为东古北极分布种。

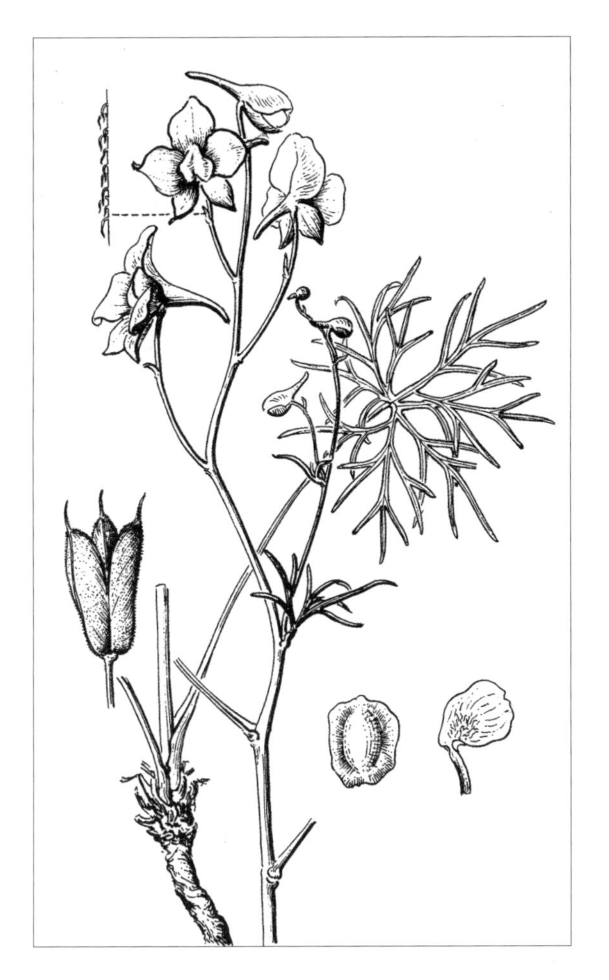

全草入药，有毒，能泻火止痛、杀虫；外用治牙痛、关节疼痛、疮痈溃疡、灭虱。全草也入蒙药（蒙药名：扎杠），治肠炎、腹泻。花大而鲜艳，可供观赏。家畜一般不采食，偶有中毒者，会呼吸困难，血液循环发生障碍，心脏、神经、肌肉麻痹，产生痉挛。

在大青山和锡林郭勒盟东部尚有本种的畸形变态，无花药、雌蕊和萼距；萼片多数，倒狭卵形，先端锐尖，基部渐狭；退化雄蕊多数，狭披针形至条形，向内渐短，相互包被。

8b. 疏毛翠雀花

Delphinium grandiflorum L. var. **pilosum** Y. Z. Zhao in Act. Sci. Nat. Univ. Intramongol.19(4):677. 1988; Fl. Intramongol. ed. 2, 2:545. t.221. f.5. 1991.

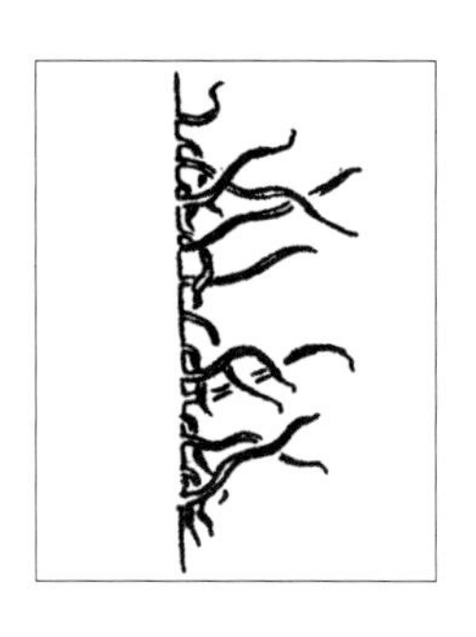

本变种与正种的区别：茎、花序轴和花梗除了被反曲的白色短柔毛外，还被开展的长柔毛。

多年生旱中生草本。生于森林草原带海拔 1480m 左右的沙地上。产兴安南部（克什克腾旗黄岗梁）。为兴安南部（罕山）分布变种。

克什克腾旗白音查干尚有一变型——粉花翠雀花 *D. grandiflorum* L. f. *roseolum* Y. Z. Zhao [Act. Sci. Nat. Univ. Intramongol. 19(4):677. 1988; Fl. Intramongol. ed. 2, 2:545. 1991.]，其花粉红色，生于草甸草原中。

9. 软毛翠雀花

Delphinium mollipilum W. T. Wang in Act. Bot. 10:268. 1962; Fl. Intramongol. ed. 2, 2:545. t.221. f.6-7. 1991.

多年生草本，高 15 ～ 45cm。茎直立，疏被开展或向下斜展的白色长柔毛，等距地生叶，上部花序分枝。基生叶 3 全裂，全裂片又 3 浅裂或具齿，裂片宽，花期枯萎，具长柄。茎生叶五角形，长 1.5 ～ 3.5cm，宽 3 ～ 6cm，3 全裂，全裂片一至三回细裂，小裂片条形，宽 1 ～ 3mm，上面被短伏毛或近无毛，下面被开展的长柔毛；叶具长柄，柄长 1.5 ～ 12cm，被开展的白色长

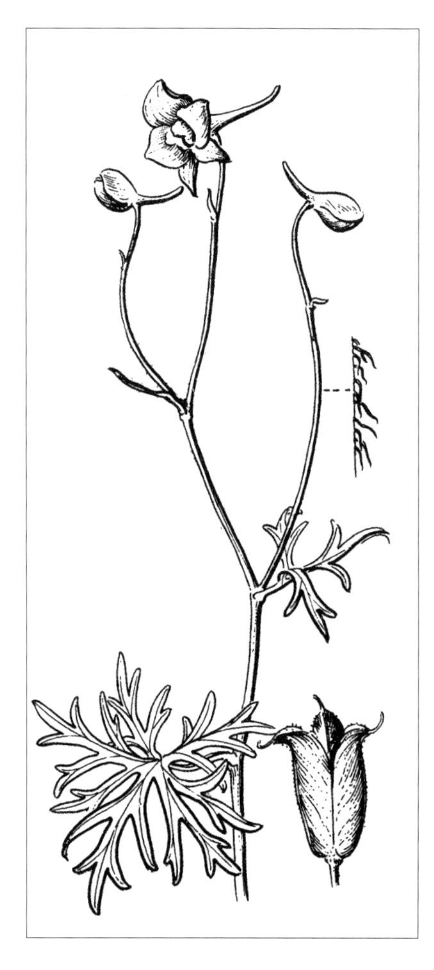

柔毛。伞房花序有 1 ～ 3 花；基部苞片叶状，上部苞片 3 全裂或不裂，条形；花序轴和花梗被反曲的白色短柔毛和开展的白色柔毛或黄色腺毛；花梗 1.5 ～ 8cm；小苞片着生于花梗中上部，条形，长 4 ～ 6mm，宽约 0.5mm。萼片紫蓝色或蓝色，矩圆状倒卵形，长 1 ～ 1.5cm，外面疏被短柔毛；距钻形，长 1.7 ～ 2cm，基部粗约 2mm，直伸或稍向上弯。花瓣无毛，顶端凹；退化雄蕊蓝色，瓣片圆倒卵形，顶端微 2 裂，腹面有黄色髯毛，爪比瓣片短，基部有短附属物；雄蕊无毛；心皮 3，子房疏被短柔毛。蓇葖果长约 2.5cm，疏被短柔毛。花期 7 ～ 8 月，果期 9 月。

中生草本。生于荒漠区海拔 2100 ～ 2400m 的沟谷草地或山坡草地。产贺兰山。为贺兰山分布种。

17. 乌头属 Aconitum L.

多年生或一年生草本。根为块根或直根。茎直立或缠绕。叶为单叶，基生或互生，通常掌状分裂。花序通常总状或圆锥状；花梗上有 2 小苞片；花两性，两侧对称。萼片 5，花瓣状，蓝紫色、紫色、黄色或白色；上萼片（盔瓣）1，船形、盔形或圆筒形；侧萼片 2，近圆形或歪倒卵形；下萼片 2，不等大，椭圆形或椭圆状披针形。花瓣（密叶）2，包于盔瓣内，具细长的爪，瓣片通常有唇和距；雄蕊多数，花药椭圆状球形，花丝下部具翅；心皮通常 3 ～ 5。蓇葖果含多数种子；种子四面体形，只沿棱生翅或同时在表面生横膜翅。

内蒙古有 20 种。

分种检索表

1a. 具根状茎，根为直根，粗壮，呈辫状扭曲；上萼片圆筒形（**1. 牛扁亚属** Subgen. **Lycoctonum**）。

2a. 萼片黄色。

3a. 叶掌状全裂，花序轴及花梗密被贴伏反曲的短柔毛。

4a. 叶的全裂片近细裂，较狭而端尖，末回裂片条形……………………………………………………**1a. 细叶黄乌头 A. barbatum** var. **barbatum**

4b. 叶的全裂片分裂程度小，较宽而端钝，末回裂片披针形或狭卵形。

5a. 茎下部的毛开展……………………………**1b. 西伯利亚乌头 A. barbatum** var. **hispidum**

5b. 茎下部的毛贴伏………………………………………**1c. 牛扁 A. barbatum** var. **puberulum**

3b. 叶掌状深裂。

6a. 花序轴及花梗被贴伏反曲的短柔毛。

7a. 植株高大，高达 120cm；茎生叶均匀排列，叶裂片先端无腺；盔瓣较大，高 13 ～ 20mm………………………………………………………………**2. 草地乌头 A. umbrosum**

7b. 植株较矮，高达 70cm；茎生叶生于茎下部 1/3 处，叶裂片先端具腺；盔瓣较小，高 10 ～ 13mm……………………………………………………**3. 毛茛叶乌头 A. ranunculoides**

6b. 花序轴及花梗密被开展的淡黄色短柔毛；茎生叶深裂片先端尾状渐尖…………………………………………………………………………**4. 旺业甸乌头 A. wangyedianense**

2b. 萼片蓝紫色。

8a. 茎疏被开展的长柔毛；叶背面的毛直而长，长 0.8 ～ 1.2mm……**5. 紫花高乌头 A. septentrionale**

8b. 茎被反曲的短柔毛或近无毛；叶背面的毛曲而短，长 0.2 ～ 0.5mm……………………………………………………………………**6. 河北白喉乌头 A. leucostomum** var. **hopeiense**

1b. 无根状茎，根为块根，通常 2 或数个连生；上萼片船形、盔形或高盔形（**2. 乌头亚属** Subgen. **Aconitum**）。

9a. 萼片黄色。

10a. 花序轴和花梗疏被反曲的短柔毛；叶的全裂片宽，末回裂片披针形或狭卵形；上萼片高盔形；心皮 5，无毛…………………………………………………………**7. 五岔沟乌头 A. wuchagouense**

10b. 花序轴和花梗密被反曲的短柔毛；叶的全裂片细裂，末回裂片条形或狭条形；上萼片船状盔形；心皮 3，密被短柔毛……………………………………………**8. 黄花乌头 A. coreanum**

9b. 萼片蓝紫色。

11a. 叶掌状深裂；总状花序少花，有花（1 ～）4 ～ 6 朵；花序轴和花梗疏被反曲的短柔毛，上萼片高盔形……………………………………………………………**9. 薄叶乌头 A. fischeri**

11b. 叶掌状全裂。

12a. 花序轴光滑无毛。

13a. 叶大型，裂片宽，末回裂片披针形或狭卵形；小苞片着生于花梗中下部。

14a. 茎直伸，不弯曲；总状花序顶生，长达 40cm；花多而密集；上萼片盔形。

15a. 花梗无毛……………………………**10a. 草乌头 A. kusnezoffii** var. **kusnezoffii**

15b. 花梗上部或顶端有反曲的短柔毛……………………………………………………………………………………**10b. 伏毛草乌头 A. kusnezoffii** var. **crispulum**

14b. 茎于中上部呈“之”字形弯曲；短总状花序近伞房状，着生于茎顶及茎上部叶腋，长 6cm；花少数，通常 3 ～ 5 朵；上萼片圆锥状盔形；花梗上部疏被开展的短柔毛或近无毛……………………………………………………**11. 雾灵乌头 A. wulingense**

13b. 叶小型，裂片细裂，末回裂片条形或狭条形；小苞片着生于花梗中上部。

16a. 总状花序稀疏；花梗长，长 1 ～ 8.5cm；上萼片盔形；茎生叶排列疏距，中部叶柄较长，与叶片近等长，上部叶柄短………………………**12. 兴安乌头 A. ambiguum**

16b. 总状花序紧密；花梗短，长 4 ～ 15mm；上萼片船形；茎生叶排列紧密，有短柄或无柄……………………………………………………**13a. 热河乌头 A. jeholense** var. **jeholense**

12b. 花序轴有毛。

17a. 茎缠绕；全裂片羽裂，末回裂片狭披针形或披针形，宽 3 ～ 7mm。

18a. 花梗密被开展的短柔毛…………………………**14a. 蔓乌头 A. volubile** var. **volubile**

18b. 花梗密被贴伏反曲的短柔毛………………**14b. 卷毛蔓乌头 A. volubile** var. **pubescens**

17b. 茎直立。

19a. 花序轴和花梗被贴伏反曲的短柔毛。

20a. 花序轴被贴伏的短曲柔毛，而花梗被开展的短柔毛；茎被贴伏的短曲毛和开展的长柔毛；小苞片着生于花梗中上部；叶的全裂片羽裂，末回裂片披针形或条形，宽 1 ～ 3mm；上萼片高盔形………**15. 大兴安岭乌头 A. daxinganlinense**

20b. 花序轴和花梗疏或密被贴伏反曲的短柔毛。

21a. 花序轴和花梗疏被贴伏反曲的短柔毛，有时近无毛。

22a. 单花，腋生；花梗长，长 3 ～ 11cm，向上弯曲；小苞片着生于花梗上部；叶的全裂片宽，末回裂片披针形或狭卵形……………………………………………………………………**16. 白狼乌头 A. bailangense**

22b. 总状花序，顶生或腋生；多花，密集；花梗短，长 1 ～ 3cm，直伸；小苞片着生于花梗中上部。

23a. 叶的全裂片细裂，末回裂片条形或狭条形，两面无毛；上萼片盔形或船形…………**13b. 华北乌头 A. jeholense** var. **angustius**

23b. 叶的全裂片宽，末回裂片三角状卵形或狭卵形至披针形，上面被短曲柔毛，下面无毛或仅沿脉疏被短毛；上萼片高盔形……………………………**10c. 疏毛草乌头 A. kusnezoffii** var. **pilosum**

21b. 花序轴和花梗密被贴伏反曲的短柔毛；叶的全裂片细裂，末回裂片条形、狭条形或狭披针形。

24a. 叶在茎中上部多少密集，有短柄或无柄；上萼片盔形，先端的喙小

而短；心皮无毛或疏被短柔毛……………………………………**17. 阴山乌头 A. yinschanicum**

24b. 叶在茎上排列稀疏，中部叶具较长的叶柄，柄与叶片近等长，上部的柄渐短；上萼片高盔形，先端的喙大而长；心皮被长柔毛。

25a. 茎被开展和贴伏反曲的毛；叶的末回裂片条状披针形或狭披针形，宽 1 ～ 5mm……………………………………………………………………………**18. 白毛乌头 A. villosum**

25b. 茎仅被贴伏反曲的毛；叶的末回裂片条形或狭条形，宽 1 ～ 2mm………………………………………………………………………………**19. 细叶乌头 A. macrorhynchum**

19b. 花序轴和花梗密被伸展的短柔毛；叶的全裂片羽裂，末回裂片条形，宽 1.5 ～ 3mm；上萼片船状盔形……………………………………………………………………………**20. 山西乌头 A. smithii**

1. 细叶黄乌头

Aconitum barbatum Patrin ex Pers. in Syn. Pl. 2:83. 1806; Fl. Intramongol. ed. 2, 2:549. t.222. f.1-4. 1991.

1a. 细叶黄乌头

Aconitum barbatum Patrin ex Pers. var. **barbatum**

多年生草本，高达 100cm。直根，扭曲，暗褐色。茎直立，中部以下被伸展的淡黄色长毛，上部被贴伏反曲的短柔毛，在花序之下分枝。基生叶 2 ～ 4，叶片近圆肾形，长 4 ～ 10cm，宽 7 ～ 14cm，3 全裂，全裂片羽状细裂，末回裂片条形或狭披针形，上面被短毛，下面被长柔毛；叶柄具长柄，长达 40cm，被白色至淡黄色伸展的长柔毛。总状花序长 10 ～ 30cm，花多而密集；花序轴和花梗密被贴伏反曲的短柔毛；小苞片条形，着生于花梗中下部，密被反曲短柔毛。萼片黄色，外面密被反曲短柔毛；上萼片圆筒形，高 1.3 ～ 2cm，粗 3 ～ 4mm，下缘长 0.8 ～ 1.2cm；侧萼片宽倒卵形，长约 9mm，里面上部有一簇长毛，边缘具长纤毛；下萼片矩圆形，长约 9mm，宽约 4mm。花瓣无毛，唇长约 2.5mm，距直或稍向后弯曲，比唇稍短；雄蕊无毛或有短毛，花丝全缘，中下部加宽；心皮 3，疏被毛。蓇葖果长约 1cm，疏被短毛；种子倒卵球形，长约 2.5mm，褐色，密生横狭翅。花期 7 ～ 8 月，果期 8 ～ 9 月。

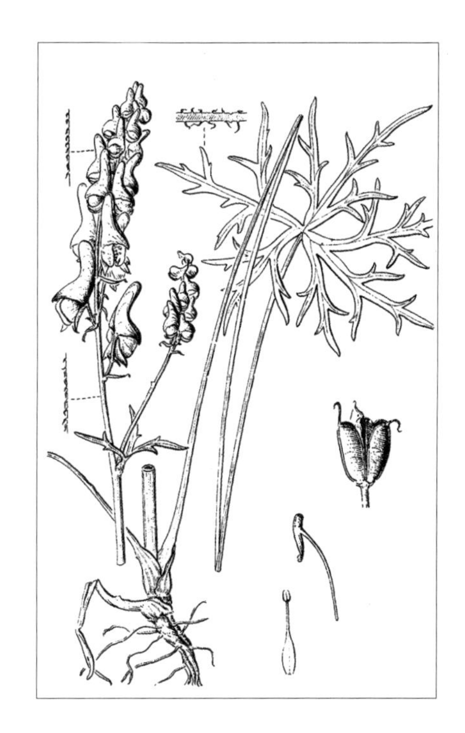

中生草本。生于森林带的林下、林缘草甸。产兴安北部（额尔古纳市、根河市、牙克石市）。分布于我国黑龙江西部，蒙古国北部和西部、俄罗斯（西伯利亚地区、远东地区）。为西伯利亚—远东分布种。

药用同西伯利亚乌头。

1b. 西伯利亚乌头（牛扁、黄花乌头、黑大艽、瓣子艽）

Aconitum barbatum Patrin ex Pers. var. **hispidum**（DC.）in Prodr. 1:158. 1824; Fl. Intramongol. ed. 2, 2:551. 1991.——*A. hispidum* DC. in Syst. 1:367. 1818.

本变种与正种的区别：叶的全裂片分裂程度小，较宽而端钝，末回裂片披针形或狭卵形。

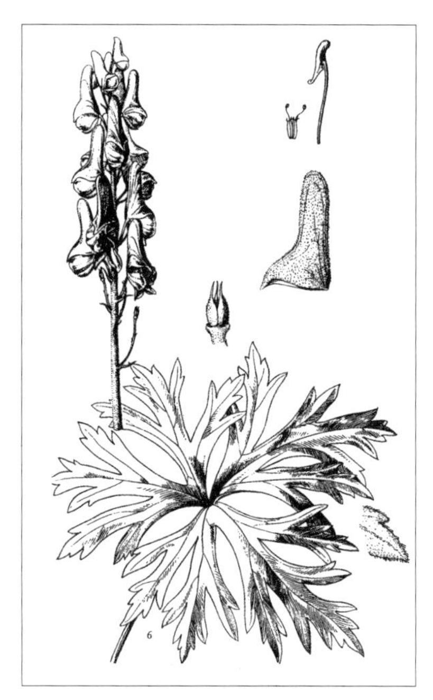

多年生中生草本。生于落叶阔叶林带和草原带的山地林下、林缘及中生灌丛。产兴安南部（锡林郭勒盟东南部）、燕山北部（喀喇沁旗、宁城县、兴和县苏木山）、阴山（大青山、乌拉山）。分布于我国黑龙江、吉林、河北、山西、河南西部、陕西、宁夏、甘肃、青海（民和回族土族自治县）、新疆，俄罗斯（西伯利亚地区）。为东古北极分布变种。

根入药，有毒，能祛风湿、镇痛、攻毒杀虫，主治腰腿痛、关节肿痛、瘰疬、疥癣。根也入蒙药（蒙药名：西伯日-泵阿），能杀“粘”、止痛、燥“协日乌素”，主治瘟疫、肠刺痛、陈刺痛、丹毒、痧症、结喉、发症、痛风、游痛症、中风、牙痛。

1c. 牛扁（北方乌头）

Aconitum barbatum Patrin ex Pers. var. **puberulum** Ledeb. in Fl. Ross. 1:67. 1842; Fl. Intramongol. ed. 2, 2:551. 1991.

本变种与正种的区别：茎被贴伏的反曲短柔毛；叶分裂程度较小，末回裂片披针形或狭卵形。

多年生中生草本。生于落叶阔叶林带的山地沟谷。产燕山北部（兴和县苏木山）。分布于我国辽宁西部、河北西部、山西、新疆东部，蒙古国、俄罗斯（西伯利亚地区）。为东古北极分布变种。

药用同西伯利亚乌头。

本变种在《内蒙古中草药》(476. t.207.1972.) 中系错误鉴定。图 207 的茎下部被开展的长柔毛，应为 var. *hispidum* (DC.) DC.。

2. 草地乌头

Aconitum umbrosum (Korsh.) Kom. in Trudy Imp. St.-Petersb. Bot. Sada 22:250. 1903; Fl. Intramongol. ed. 2, 2:551. t.222. f.5-7. 1991.——*A. lycoctonum* L. f. *umbrosum* Korsh. in Trudy. Imp. St.-Petersb. Bot. Sada 12:299. 1892.

多年生草本，高达 120cm。直根，粗约 1cm。茎直立，粗约 5mm，疏被反曲的短柔毛。基生叶与茎下部叶肾状五角形，长 7 ～ 12cm，宽 10 ～ 20cm，掌状 5 深裂，深裂片互相稍覆压，菱形或斜扇形，先端 2 ～ 3 浅裂，裂片边缘具缺刻状牙齿，两面被贴伏短硬毛，通常背面变无毛；叶具长柄，柄长达 35cm。总状花序顶生，有花 7 ～ 20 朵；花序轴和花梗密被反曲短柔毛；花

梗长 0.8 ～ 2.5cm；小苞片着生于花梗基部之上，条形。萼片黄色，外面被短柔毛；上萼片圆筒形，高 13 ～ 20mm，中部宽 5 ～ 9mm，喙向下弯，下缘长约 1.1cm；侧萼片倒卵形或近圆形，长宽均为 7 ～ 10mm；下萼片矩圆形，长约 8mm，宽约 4.5mm。花瓣无毛，距比唇长，拳卷；雄蕊无毛，花丝中下部加宽，全缘；心皮 3，无毛或稍被毛。蓇葖果 3；种子椭圆形，黑色，被膜质鳞片。花期 7 ～ 8 月。

中生草本。生于森林带的林下、林缘及湿草甸。产兴安北部（大兴安岭）。分布于我国黑龙江、吉林、河北北部，朝鲜北部、俄罗斯（远东地区）。为满洲分布种。

本种我们未采到标本，仅据《东北草本植物志》(3:122. t. 48. f. 7-12. 1975.）记载而收录。

3. 毛茛叶乌头

Aconitum ranunculoides Turcz. ex Ledeb. in Fl. Ross. 1:67. 1841; Fl. Intramongol. ed. 2, 2:552. t.223. f.7-8. 1991.

多年生草本，高达 70cm。直根，粗约 1cm，茎直立，单一，粗约 2mm，无毛或上部被反曲短柔毛。基生叶多数，叶片近圆形，掌状 3 ～ 5 深裂，深裂片具圆齿，齿端具腺，表面疏被伏毛，沿脉较密，背面无毛或沿脉疏被毛，边缘具纤毛；叶具长柄，柄长达 15cm。茎生叶生于茎下部 1/3 处，柄长约 3.5cm。总状花序顶生，下部稍分枝；花疏生；花序轴和花梗被反曲短柔毛；小苞片着生于花梗的中部或上部。萼片黄色，外面被短曲毛；上萼片圆筒形，高 1 ～ 1.3cm，中

曹瑞 / 摄

部粗 4 ～ 5mm，下缘长约 1cm，喙稍向下弯；侧萼片近圆形，径约不超过 1cm，里面中部及边缘具黄色长毛；下萼片矩圆形，长 6 ～ 7mm，宽 2 ～ 3mm。花瓣无毛，距比唇稍长，螺旋状弯曲；心皮 3，无毛。花期 7 ～ 8 月。

中生草本。生于森林带的林缘草甸。产兴安北部（根河市满归镇）。分布于俄罗斯（东西伯利亚地区、远东地区）。为东西伯利亚—远东分布种。

4. 旺业甸乌头

Aconitum wangyedianense Y. Z. Zhao in Bull. Bot. Res. Harbin 3(1):159. f.1. 1983; Fl. Intramongol. ed. 2, 2:552. t.223. f.1-6. 1991.

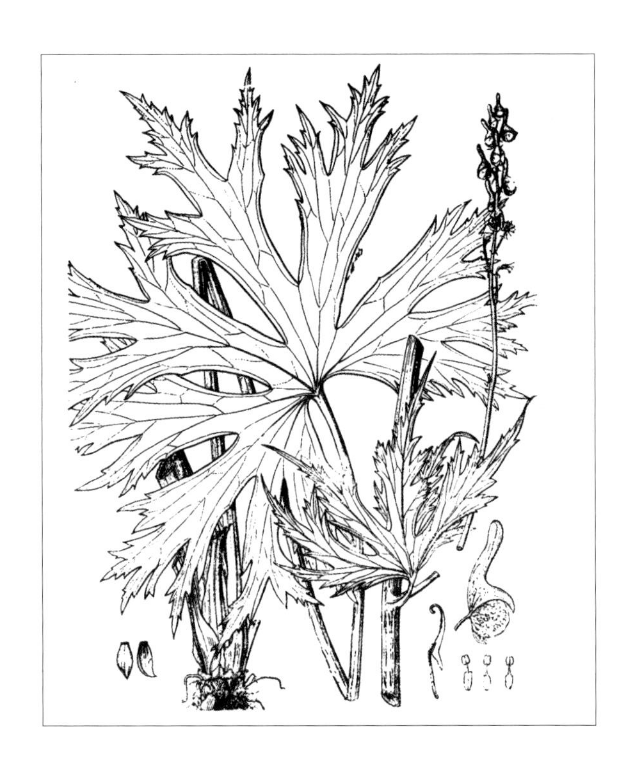

多年生草本，高达 150cm。根茎粗壮，黑色，具多数绳状扭曲的根。茎直立，近基部粗达 15mm，有不甚明显的纵棱，中部以下无毛或疏被反曲短柔毛，花序下部疏被伸展的淡黄色短毛。基生叶及茎下部叶圆肾形，长约 15cm，宽约 27cm，3 深裂至叶片长度的 6/7 处，中央深裂片宽菱状楔形，侧深裂片斜扇形，不等 3 深裂，深裂片又 3 裂，裂片先端渐尖，边缘有少数小裂片及不规则的三角形锐牙齿，两面被短曲柔毛；叶具长柄，柄长达 50cm，几无毛或疏被反曲短柔毛。茎生叶似基生叶，但向上叶片渐小，叶柄渐短，裂片先端尾状长渐尖。总状花序具多数花，下部分枝；花序轴及花梗密被开展的淡黄色短柔毛；花梗长 5 ～ 15mm；小苞片着生于花梗中上部，条形，长 3 ～ 4mm，被伸展短柔毛。萼片黄色，外面被短柔毛；上萼片狭圆筒形，高约 15mm，粗约 3mm，先端的喙明显向下弯曲而呈钩状；侧萼片近圆形，长宽约 6.5mm，里面在中部密被黄色髯毛；下萼片椭圆状披针形，长约 6mm，宽约 2.5mm。花瓣无毛，长约 14mm，距长约 6.5mm，末端向后下方弯曲，唇片长约 3mm；雄蕊无毛，长约 5mm，花丝中下部加宽，具 1 ～ 2 个小齿或全缘；心皮 3，无毛。花期 7 月。

中生草本。生于落叶阔叶林带的山地沟谷草甸。产燕山北部（喀喇沁旗旺业甸、宁城县）。为燕山北部山地分布种。

5. 紫花高乌头

Aconitum septentrionale Koelle in Spic. Observ. Aconit. 22. 1787; Fl. China 6:165. 2001.——*A. excelsum* Rchb. in Ill. Sp. Gen. Acon. t.53. 1820; Fl. Intramongol. ed. 2, 2:554. t.224. f.1-4. 1991.

多年生草本，高达 100cm。直根粗壮。茎直立，粗达 1cm，疏被开展的长柔毛。基生叶 1，叶片圆肾形，长达 15cm，宽达 20cm，3 深裂，中裂片广菱形，侧裂片歪扇形，又 3 深裂，小裂片再 3 浅裂，具少数尖牙齿，表面疏被短伏毛，背面沿脉被直毛，毛长 0.8 ～ 1.2mm；叶与下部茎生叶具长柄，柄长达 40cm，被开展的长柔毛。总状花序顶生，多花；花序轴和花梗被开展的和反曲的淡黄色短腺毛；花梗长 1 ～ 3cm；小苞片着生于花梗的中部或下部，条形，长 3 ～ 7mm。萼片紫色，外面疏被淡黄色短柔毛；上萼片圆筒形，高 1.5 ～ 2.5cm，中部粗 4 ～ 8mm，下缘长 10 ～ 13mm；侧萼片倒卵形，长约 13mm，宽约 11mm；下萼片矩圆形，长约 10mm，宽 3 ～ 4mm。花瓣无毛，距长约 1cm，约比唇长 3 倍，末端拳卷；雄蕊无毛，花丝下部加宽，全缘；心皮 3，无毛或近无毛。蓇葖果长达 1.7cm；种子椭圆形，长约 2mm，宽约 1.5mm，表面被膜质横翅。花期 7 ～ 8 月，果期 8 ～ 9 月。

中生草本。生于森林带的林下及林缘草甸。产兴安北部（阿尔山市阿尔山和白狼镇）、兴安南部（克什克腾旗）、燕山北部（宁城县）。分布于我国黑龙江、辽宁西北部，蒙古国北部、俄罗斯（西伯利亚地区），欧洲。为古北极分布种。

全草入蒙药（蒙药名：嘎布日地劳），能清肺热，主治肺热咳嗽、气管炎。

6. 河北白喉乌头

Aconitum leucostomum Voroschilov var. **hopeiense** W. T. Wang in Act. Phtotax. Sin. Addit. 1:62. 1965; Fl. Intramongol. ed. 2, 2:554. t.224. f.5. 1991.

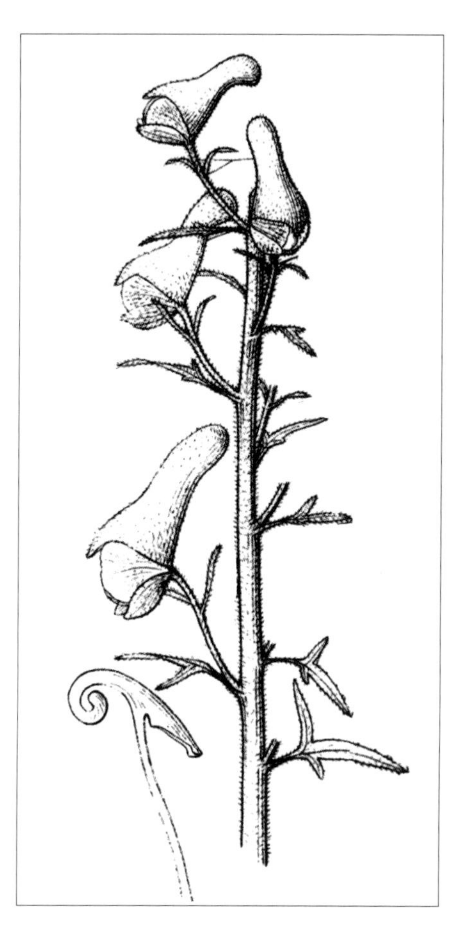

多年生草本，高达 100cm。直根粗壮，暗褐色。茎直立，粗约达 1cm，中部以下疏被反曲短柔毛或近无毛，上部被开展的腺毛。基生叶与下部茎生叶圆肾形，长达 14cm，宽达 20cm，3 深裂至叶片长度的 6/7 处，中裂片较小，楔状菱形，侧深裂片斜扇形，不等 3 中裂，裂片边缘具不整齐的卵状披针形或披针形的锐齿，表面疏被或沿脉被短毛或几无毛，背面疏被短曲毛，毛长 0.2 ～ 0.5mm；叶具长柄，柄长达 30cm，疏被反曲短柔毛或近无毛。总状花序顶生，有多数密集的花；花序轴和花梗密被开展的淡黄色的短腺毛；花梗长 1 ～ 3cm，与轴成钝角斜上展；小苞片着生于梗中部和上部，狭条形，长 3 ～ 8mm。萼片蓝紫色，外面被短柔毛；上萼片圆筒形，高 1.5 ～ 2.5cm，中部粗 4 ～ 8mm，下缘长 1 ～ 1.5cm。花瓣无毛，距比唇长，拳卷；雄蕊无毛，花丝下部加宽，全缘；心皮 3，无毛。蓇葖果长达 1.7cm；种子椭圆形，长约 2.5mm，宽约 2mm，表面被膜质横翅。花期 7 ～ 8 月，果期 8 ～ 9 月。

中生草本。生于落叶阔叶林带的山地林下、林缘及沟谷草甸。产兴安南部（克什克腾旗）、燕山北部（喀喇沁旗、宁城县）。分布于我国北京、河北（兴隆县）。为华北北部山地分布变种。

7. 五岔沟乌头

Aconitum wuchagouense Y. Z. Zhao in Act. Phtotax. Sin. 23(1):57. f.1. 1985; Fl. Intramongol. ed. 2, 2:556. t.225. f.1-3. 1991.

多年生草本，高 90 ～ 110cm。块根 2，圆锥形，暗褐色，长约 7cm，粗约 1cm，侧生者常不发育或缺。茎直立，被极稀疏的贴伏的反曲短柔毛。茎下部叶有长柄，开花时枯萎，上部叶具短柄；叶片长 6 ～ 10cm，掌状 3 全裂，中央全裂片菱形，渐尖，近羽状分裂，侧全裂片斜扇形，不等 2 深裂，表面被短曲柔毛，背面无毛。总状花序顶生，有多数花；下部苞片叶状，

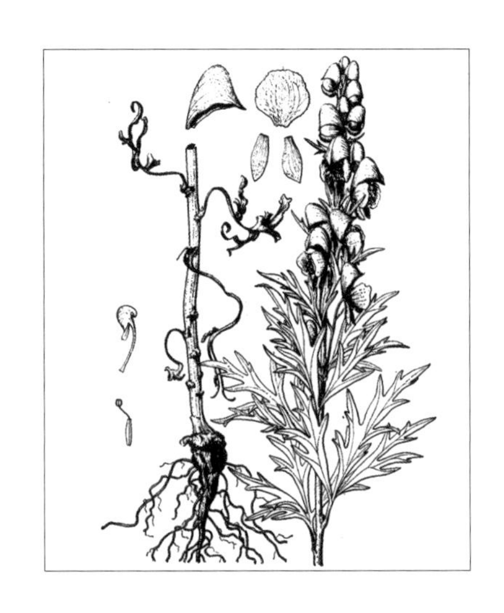

上部条形；花梗长 1 ～ 3cm；小苞片着生于花梗中上部，条形，长 5 ～ 7mm。萼片淡黄色，外面被短柔毛；上萼片高盔形，高约 17mm，具长喙，下缘长约 15mm；侧萼片近圆形，长宽约 15mm，里面被长柔毛；下萼片不等大，长圆形，长约 14mm，宽 5 ～ 8mm。花瓣无毛，长约 16mm，瓣片宽 3 ～ 4mm，唇长约 6mm，先端 2 浅裂，距长 1 ～ 2mm，向后弯曲；雄蕊无毛，长约 7mm，花丝下部骤宽，具 1 ～ 2 小齿；心皮 5，无毛。花期 8 月。

中生草本。生于森林带的林缘草甸。产兴安北部（阿尔山市五岔沟镇）。为大兴安岭分布种。

8. 黄花乌头（关白附、白附子）

Aconitum coreanum (H. Levl.) Rapaics in Nov. Kozl. 6:154. 1907; Fl. Intramongol. ed. 2, 2:556. t.225. f.4-6. 1991.——*A. delavayi* Franch. var. *coreanum* H. Levl. in Bull. Acad. Geogr. Bot. 11:300. 1902.

多年生草本，高达 140cm。块根倒卵球形或纺锤形，长 2 ～ 6cm，粗 1 ～ 1.4cm。茎直立，疏被反曲的短柔毛。下部茎生叶开花时枯萎，中部叶具稍长柄；叶片宽卵形，长 4 ～ 8cm，宽 4.5 ～ 10cm，3 全裂，全裂片细裂，小裂片条形或条状披针形，宽 1.5 ～ 4mm，表面无毛或疏被毛，背面沿脉有时疏被短曲毛。总状花序顶生，单一或下部分枝，有花 2 ～ 7 朵；花序轴和花梗密被反曲的短柔毛；花梗长 0.8 ～ 2cm；小苞片着生于花梗中，狭卵形或条形，长 1.5 ～ 2.6mm。萼片黄色，外面密被短曲毛；上萼片船状盔形，高 1.5 ～ 2cm，下缘长 1.4 ～ 1.7cm，外缘在下部缢缩，喙突出；侧萼片歪宽倒卵形；下萼片椭圆状卵形。花瓣无毛，距极短，头状，瓣片短，唇片长；花丝全缘，疏被短毛；心皮 3，密被贴伏的短柔毛。蓇葖果长 1 ～ 2cm；种子椭圆形，长 2 ～ 2.5mm，具 3 棱，表面稍皱，沿棱具狭翅。花期 8 ～ 9 月，果期 9 月。

陈宝瑞 / 摄

中生草本。生于落叶阔叶林带的山地草甸或疏林中。产燕山北部（宁城县、敖汉旗大黑山）。分布于我国黑龙江东部、吉林中东部、辽宁、河北东北部，朝鲜、俄罗斯（远东地区）。为满洲分布种。

块根入药（中药名：关白附），治头痛、寒湿痹痛、口眼歪斜；外用治疥癣。

9. 薄叶乌头

Aconitum fischeri Rchb. in Monogr Aconit. t.22. 1820; Fl. Intramongol. ed. 2, 2:558. t.226. f.1-5. 1991.

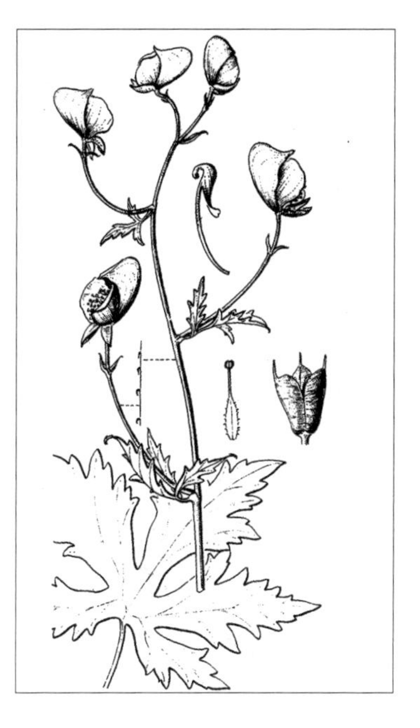

多年生草本，高达160cm。块根倒圆锥形，暗褐色。茎直立或上部稍弯曲，被反曲的短柔毛，上部分枝。下部茎生叶开花时枯萎，有较长柄；叶片近五角形，长5～12cm，宽8～15cm，掌状3～5深裂，深裂片羽裂，小裂片卵状披针形或披针形，上面疏被短曲毛或近无毛，下面被弯曲的短柔毛，沿脉较密。花序总状，茎顶端花序有4～6花，分枝花序有2～4花；花序轴和花梗疏被反曲的短柔毛或近无毛；花梗弧曲，长1～3cm；小苞片着生于花梗的中上部，狭条形，长2～4mm。萼片蓝紫色，外面无毛或近无毛；上萼片高盔形，高2～2.5cm，下缘长1.2～1.7cm，具伸长的喙；侧萼片歪倒卵形，长约1.5cm；下萼片披针形，长约1.5cm，宽约2～6mm。花瓣无毛，瓣片长7～8mm，宽约3mm，唇长约4.5mm，末端2浅裂，距长约2mm，微弯；花丝全缘，疏被毛；心皮3，沿腹缝线被短毛。蓇葖果长达2cm；种子长约3mm，褐色，周围具1圈宽纵翅，只一面生横膜质翅。花期8月，果期9月。

中生草本。生于森林带的林下及沟谷草甸。产兴安北部（额尔古纳市、根河市）。分布于我国黑龙江，俄罗斯（远东地区）。为满洲北部分布种。

10. 草乌头（北乌头、草乌、断肠草）

Aconitum kusnezoffii Rchb. in Monogr. Aconit. t.21. 1820; Fl. Intramongol. ed. 2, 2:558. t.227. f.1-9. 1991.——*A. kusnezoffii* Rchb. var. *multicarpidium* Tolgor et H. Y. Bao in J. Jilin Agricult. Univ. 18(2):89. 1996.

10a. 草乌头

Aconitum kusnezoffii Rchb. var. **kusnezoffii**

多年生草本，高60～150cm。块根通常2～3个连生在一起，倒圆锥形或纺锤状圆锥形，长2.5～5cm，宽1～2cm，外皮暗褐色。茎直立，粗壮，无毛，光滑。叶互生，茎下部叶具长柄，向上柄渐短，柄长2～8cm。茎中部叶五角形，宽10～20cm，3全裂，中央裂片菱形，渐尖，近羽状深裂，小裂片披针形，具尖牙齿，侧裂片不等2深裂，内侧裂片与中央裂片略同形，外侧裂片歪菱形或披针形，稍小，上面疏被短曲毛，下面无毛，近革质；叶柄长9～16cm。总

状花序顶生，常分枝，花多而密，长达 40cm；花序轴与花梗无毛；花梗通常比花长，梗长 1.8 ～ 5cm，顶端加粗；小苞片条形，着生在花梗中下部。萼片蓝紫色，外面几无毛；上萼片盔形或高盔形，高 1.5 ～ 2.5cm，下缘长 1.3 ～ 2cm；侧萼片宽歪倒卵形，长 1.2 ～ 1.8cm，里面疏被长毛；下萼片不等长，矩圆形，长 1 ～ 1.5cm，宽 3 ～ 6mm。花瓣无毛，瓣片宽 3 ～ 4mm；距钩状，长 1 ～ 4mm；唇长 3 ～ 5mm，稍向上卷曲。雄蕊无毛；花丝下部加宽，全缘或有 2 小齿，上部细丝状；花药椭圆形，黑色。心皮 4 ～ 5，无毛。蓇葖果长 1 ～ 2cm；种子扁椭圆球形，长约 2.5mm，沿棱具狭翅，只一面生横膜翅。花期 7 ～ 9 月，果期 9 月。

中生草本。生于落叶阔叶林下、林缘草甸及沟谷草甸。产兴安北部（额尔古纳市、根河市、牙克石市、阿尔山市伊尔施林场和五岔沟镇、东乌珠穆沁旗宝格达山）、岭东（扎兰屯市）、岭西和呼伦贝尔（鄂温克族自治旗、新巴尔虎左旗）、兴安南部（阿鲁科尔沁旗北部、巴林左旗、巴林右旗北部、林西县北部、克什克腾旗北部）、辽河平原（科尔沁左翼后旗）、燕山北部（喀喇沁旗旺业甸、宁城县、敖汉旗）、锡林郭勒（锡林浩特市、西乌珠穆沁旗、正蓝旗）、阴山（大青山、蛮汗山、乌拉山）。分布于我国黑龙江、吉林东部、辽宁、河北、山西，朝鲜、蒙古国东部、俄罗斯（西伯利亚地区、远东地区）。为东古北极分布种。

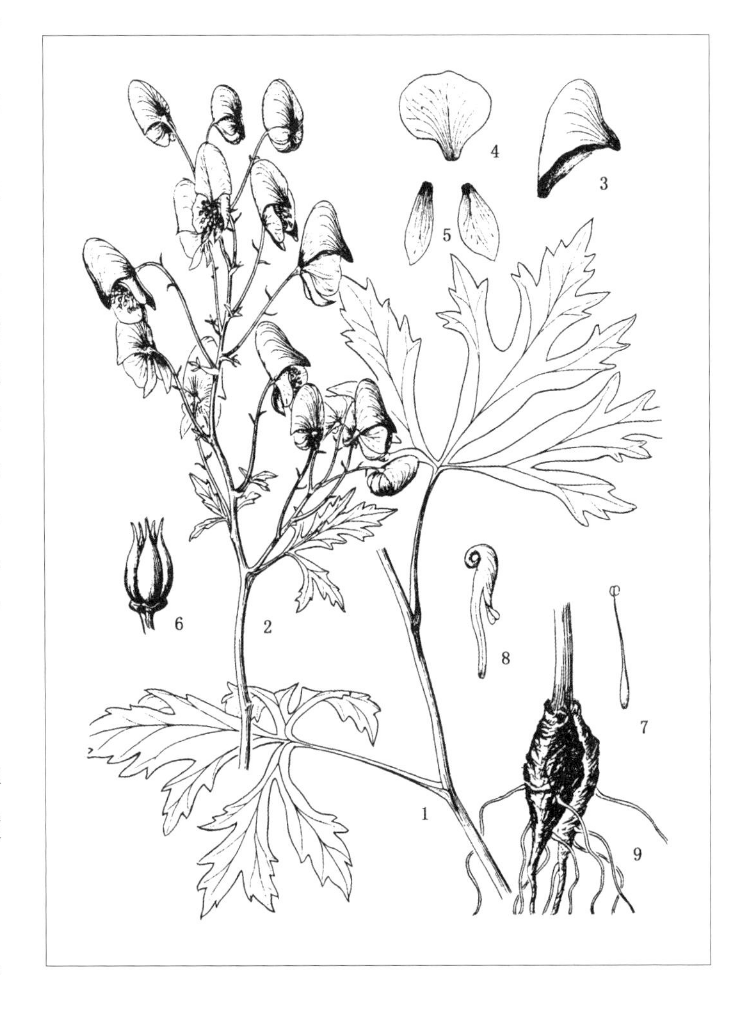

块根和叶入药。块根（药材名：草乌）有大毒，能祛风散寒、除湿止痛，主治风湿性关节疼痛、半身不遂、手足拘挛、心腹冷痛。根块也入蒙药（蒙药名：奔瓦）。叶入蒙药（蒙药名：奔瓦音 - 拿布其），能清热、止痛，主治肠炎、痢疾、头痛、牙痛、白喉等。

10b. 伏毛草乌头

Aconitum kusnezoffii Rchb. var. **crispulum** W. T. Wang in Act. Phtotax. Sin. Addit. 1:92. 1965; Fl. Intramongol. ed. 2, 2:561. 1991.

本变种与正种的区别：花梗上部或顶端有反曲的短柔毛。

多年生中生草本。生于落叶阔叶林带的山地林缘草甸及沟谷溪边。产兴安南部（锡林浩特市东南部）、辽河平原（大青沟）。分布于我国东北、河北。为满洲分布变种。

10c. 疏毛草乌头

Aconitum kusnezoffii Rchb. var. **pilosum** Y. Z. Zhao in Fl. Intramongol. ed. 2, 2:561. 1991.

本变种与正种的区别：茎上部、花序轴及花梗疏被贴伏反曲短柔毛或近无毛，或有时花梗毛较密。

多年生中生草本。生于森林带的山地林缘草甸、沟谷草甸及溪边。产兴安北部（大兴安岭）、兴安南部（巴林右旗、克什克腾旗）、辽河平原（大青沟）。为满洲分布变种。

药用同正种。

11. 雾灵乌头（疏毛圆锥乌头）

Aconitum wulingense Nakai in Rep. Exped. Manch. Sect. 4, 2:157. t.16. 1935; Fl. Intramongol. ed. 2, 2:561. t.228. f.1-7. 1991.——*A. paniculigerum* Nakai var. *wulingense* (Nakai) W. T. Wang in Fl. Reip. Pop. Sin. 27:273. 1979; Fl. China 6:203. 2001.

多年生草本，高在 100cm 以上。块根倒圆锥形，长 2 ～ 6cm，粗约 1. 3cm，暗褐色。茎直立，中上部呈“之”字形弯曲，无毛。叶片近圆形，长 6 ～ 11cm，宽 7 ～ 12cm，掌状 3 全裂，全裂片具短柄或近无柄，中央裂片菱形，又 3 中裂，侧裂片不等 2 深裂，内侧裂片与中央裂片同形，外侧裂片又 2 中裂至 2 深裂，小裂片披针形，具尖牙齿，上面被短毛，下面无毛；叶具柄，长 1. 5 ～ 3cm。短总状花序近伞房状，长约 6cm；花少数，通常 3 ～ 5 朵，有时达 10 朵，着生于茎顶及茎上部叶腋；花序轴和花梗无毛，或花梗顶端有时被开展的柔毛；花梗长 2 ～ 3cm；小苞片着生于花梗的中下部，条状披针形，褐色，被短柔毛。萼片蓝紫色，外面近无毛或疏被短毛；上萼片圆锥状盔形，高约 2cm，下缘长约 1. 5cm，喙较大，向下或平伸；侧萼片歪宽倒卵形，长宽约 1. 5cm；下萼片椭圆状披针形，长 1. 3 ～ 1. 5cm，宽约 0. 5cm。花瓣无毛，瓣片宽约 3. 5mm；距向下弯曲呈钩状，唇先端 2 浅裂。

雄蕊花丝无毛，中下部加宽，膜质，全缘或具 2 小齿；心皮 3 ～ 5，无毛。花期 8 ～ 9 月，果期 9 月。

中生草本。生于草原带的山地林下、灌丛及草甸。产兴安南部（巴林右旗）、燕山北部（喀喇沁旗旺业甸、宁城县、正蓝旗南部）、阴山（察哈尔右翼中旗辉腾梁）。分布于我国河北。为华北北部山地分布种。

药用同草乌头。

12. 兴安乌头

Aconitum ambiguum Rchb. in Monogr. Aconit. t.23. 1819; Fl. Intramongol. ed. 2, 2:563. t.226. f.6-8. 1991.

多年生草本，高 50 ～ 100cm。全株光滑无毛。茎直立，通常不分枝。茎下部叶具长柄，开花时枯萎。茎中部叶圆五角形，长 5 ～ 10cm，宽 5 ～ 13cm，3 全裂，全裂片羽状细裂，末回裂片条形或狭披针形，宽 2 ～ 4mm；叶柄稍短。总状花序顶生，花疏生，有花 1 ～ 5 朵；花梗长 1 ～ 8.5cm；小苞片着生于花梗上部。萼片蓝紫色，外面无毛；上萼片盔形，高 1.3 ～ 1.5cm，下缘长约 1.5cm，先端具短喙，稍下弯；侧萼片宽倒卵形，直径约 1cm，里面疏被毛；下萼片长 10 ～ 12mm，宽 3 ～ 6mm，里面疏被毛。花瓣无毛，瓣片宽 1 ～ 1.5cm，距短，头状，唇端微 2 裂，向上反卷；雄蕊无毛，花丝下部加宽，具 2 小齿；心皮 3 ～ 5，无毛。花期 8 月。

中生草本。生于森林带的山地林下、林缘草甸。产兴安北部（额尔古纳市、根河市、阿尔山市白狼镇）。分布于我国黑龙江西北部，俄罗斯（西伯利亚地区、远东地区）。为西伯利亚—远东分布种。

药用同草乌头。

13. 热河乌头（华北乌头、低矮华北乌头）

Aconitum jeholense Nakai et Kitag. in Rep. Exped. Manch. Sect. 4, 1:24. t.8. 1934; Fl. Intramongol. ed. 2, 2:563. t.229. f.4. 1991.

13a. 热河乌头

Aconitum jeholense Nakai et Kitag. var. **jeholense**

多年生草本，高 20 ～ 50cm。块根椭圆形，长约 1cm，粗约 4mm。茎单一，直立，细弱，光滑无毛。叶互生，下部叶花期枯萎；叶片近圆形，长宽约 3 ～ 5cm，掌状 3 全裂，裂片细裂，小裂片狭条形或条形，宽 1 ～ 2mm，两面光滑无毛；具柄，向上渐短。总状花序顶生，长 2 ～ 8cm；花 2 ～ 7，稀单生；花梗长 4 ～ 15mm，花序轴和花梗光滑无毛；小苞片 2，着生于花梗上部。萼片蓝紫色，外面无毛；上萼片船形，高约 1.5cm，下缘宽 1 ～ 1.5cm；侧萼片宽倒卵形或近圆形，直径 1 ～ 1.5cm，里面被长毛；下萼片长椭圆形，长 0.6 ～ 1.2cm，宽 3 ～ 5mm，里面被长毛。花瓣无毛，距短，稍弯，唇先端 2 浅裂；雄蕊多数，花丝中下部加宽，具 2 小齿，上部疏被长柔毛；心皮 3，无毛。蓇葖果椭圆形，长约 1cm；种子矩圆形，长约 3.5mm，宽约 1.5mm，沿棱生翅。花期 8 月，果期 9 月。

中生草本。生于落叶阔叶林带的山地草甸。产兴安南部（阿鲁科尔沁旗、巴林右旗、克什克腾旗）、燕山北部（喀喇沁旗旺业甸、宁城县、敖汉旗）。分布于我国河北、山西。为华北山地分布种。

13b. 华北乌头（狭裂准噶尔乌头）

Aconitum jeholense Nakai et Kitag. var. **angustius** (W. T. Wang) Y. Z. Zhao in Act. Sci. Nat. Univ. Intramongol. 14(2):222. t.2. 1983; Fl. Intramongol. ed. 2, 2:565. t.229. f.1-3. 1991.——*A. soongaricum* Stapf var. *angustium* W. T. Wang in Act. Phtotax. Sin. Addit. 1:90. 1965;

本变种与正种的区别：块根倒圆锥形，较大，长 2 ～ 5cm，粗 0.5 ～ 1cm；茎高大，高 70 ～ 120cm，粗壮，疏被反曲短柔毛或近无毛；叶较大，长 4 ～ 9cm，宽 6 ～ 12cm；总状花序长，10 ～ 40cm，花 10 ～ 35 朵，花序轴及花梗疏被短曲柔毛或近无毛；上萼片浅盔形，心皮 3 ～ 5。

中生草本。生于森林带和森林草原带的桦树林下、林缘及山地草甸。产兴安北部（阿尔山市白狼镇、五岔沟镇、阿尔山、伊尔施林场）、岭西（新巴尔虎左旗东部、锡林浩特市东南部、东乌珠穆沁旗、西乌珠穆沁旗东部）、兴安南部（扎鲁特旗、巴林右旗、克什克腾旗）、燕山北部（喀喇沁旗）。分布于我国河北北部、山西、山东，蒙古国东部和北部、俄罗斯（东西伯利亚地区）。为东西伯利亚—兴安—华北分布种。

14. 蔓乌头（狭叶蔓乌头）

Aconitum volubile Pall. ex Koelle in Spicil. Acon. 21. 1788; Fl. Intramongol. ed. 2, 2:565. t.229. f.5-7. 1991.

14a. 蔓乌头

Aconitum volubile Pall. ex Koelle var. **volubile**

多年生草本。块根纺锤形，长约 1.5cm，粗达 1cm。茎缠绕，长约 2m，下部近无毛，中上部被短曲毛和伸展的毛，分枝。叶片五角形，长 5 ～ 9cm，宽 8 ～ 10cm，3 全裂，中裂片通常具柄，菱状卵形，侧裂片斜扇形，全裂片近羽裂，小裂片狭披针形或条形，宽 3 ～ 7mm，上面疏被贴伏短曲毛，下面沿脉疏被长毛；叶具柄，柄长 2 ～ 15cm，下部叶柄较长，被伸展毛。总状花序顶生和腋生，有 3 ～ 5 花；花序轴和花梗密被伸展毛；花梗长 2 ～ 4cm；小苞片着生于花梗的中部或下部，条形，长 2 ～ 3mm。萼片蓝紫色，外面被伸展的短柔毛；上萼片高盔形，高 1.5 ～ 2.5cm，下缘长 1 ～ 1.5cm，侧萼片近圆形，长约 1.2cm；下萼片矩圆形或披针形，长约 1cm，宽 1.5 ～ 3mm。花瓣无毛，瓣片长 6 ～ 10mm，宽 3 ～ 4mm，唇长约为瓣片之半；距长 2 ～ 3mm，向后弯曲。雄蕊无毛，花丝全缘；心皮 5，被伸展的短柔毛。蓇葖果长 1.5 ～ 1.7cm；种子长约 2.5mm，密生横膜翅。花期 8 月，果期 9 月。

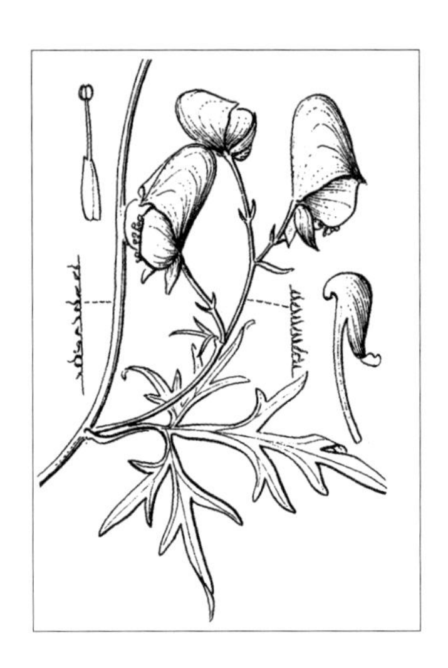

中生草本。生于森林带的沼泽草甸。产兴安北部（大兴安岭）。分布于我国黑龙江中东部、吉林东部、辽宁中东部，蒙古国西北部、俄罗斯（西伯利亚地区）。为西伯利亚—满洲分布种。

大兴安岭的本种标本唯花序轴被反曲的短柔毛和花丝具齿与原描述不同，特作说明。

14b. 卷毛蔓乌头

Aconitum volubile Pall. ex Koelle var. **pubescens** Regel in Bull. Soc. Imp. Nat. Mosc. 34:91. 1861; Fl. Intramongol. ed. 2, 2:567. t.229. f.8. 1991.

本变种与正种的区别：花序轴和花梗密被贴伏反曲的短柔毛。

中生草本。生于森林带的沼泽草甸。产兴安北部（大兴安岭）。分布于我国黑龙江、辽宁，朝鲜、俄罗斯（远东地区）。为满洲分布变种。

大兴安岭的本种标本中心皮被开展的柔毛，与原描述不同，特作说明。

15. 大兴安岭乌头

Aconitum daxinganlinense Y. Z. Zhao in Act. Sci. Nat. Univ. Intramongol. 14(2):223. t.3. 1983; Fl. Intramongol. ed. 2, 2:567. t.230. f.1-3. 1991.

多年生草本，高 20 ～ 100cm。块根 2，侧生者常不发育或缺，暗褐色，倒圆锥形，长约 2cm，粗约 5mm。茎直立，单一或顶部有花序分枝，圆柱形，粗达 4mm，基部被贴伏的短曲柔毛有时近无毛，中上部被贴伏的短曲柔毛和开展的长柔毛，有时毛稀疏。基生叶早枯。中下部茎生叶具长柄，花期枯萎，上部叶具短柄，叶柄被长柔毛；叶片近圆形，长 2 ～ 7cm，宽 3 ～ 9cm，掌状 3 全裂，中央全裂片菱形，侧全裂片斜扇形，不等 2 深裂达基部，全裂片先端长渐尖，基部狭楔形，羽状分裂，末回裂片披针形或条形，宽 1 ～ 3mm，上面绿色，被贴伏的短曲柔毛或夹有少量开展的长柔毛，下面灰绿色，被开展的长柔毛。总状花序顶生或腋生，有时单生，有花 1 ～ 5 朵；花序轴被贴伏的短曲柔毛，有时稀疏；下部苞片叶状，上部苞片 3 裂；花梗长 1 ～ 3cm，密被开展的短柔毛，有时稀疏；小苞片着生于花梗的中上部，条形，长 2 ～ 3mm。萼片紫蓝色，花后期有时变白色，外面被柔毛；上萼片高盔形，高 1.5 ～ 2cm，下缘长约 1.8cm，先端缘较宽大，高鼻状；侧萼片宽倒卵形，长约 1.5cm；下萼片不等大，椭圆形或椭圆状披针形，长 10 ～ 12mm，宽 3 ～ 7mm。花瓣无毛，长 13 ～ 18mm，瓣片宽 3 ～ 4mm，唇长约 3.5mm，先端 2 浅裂；距向下弯曲呈钩状，长约 2mm。雄蕊无毛，花丝下部加宽，具 2 小齿；心皮 3 ～ 5，无毛或疏被毛。蓇葖果长约 7mm；种子近三棱形，长约 1.5mm，宽约 1mm，只一面具膜质横翅。花期 7 ～ 8 月，果期 8 月。

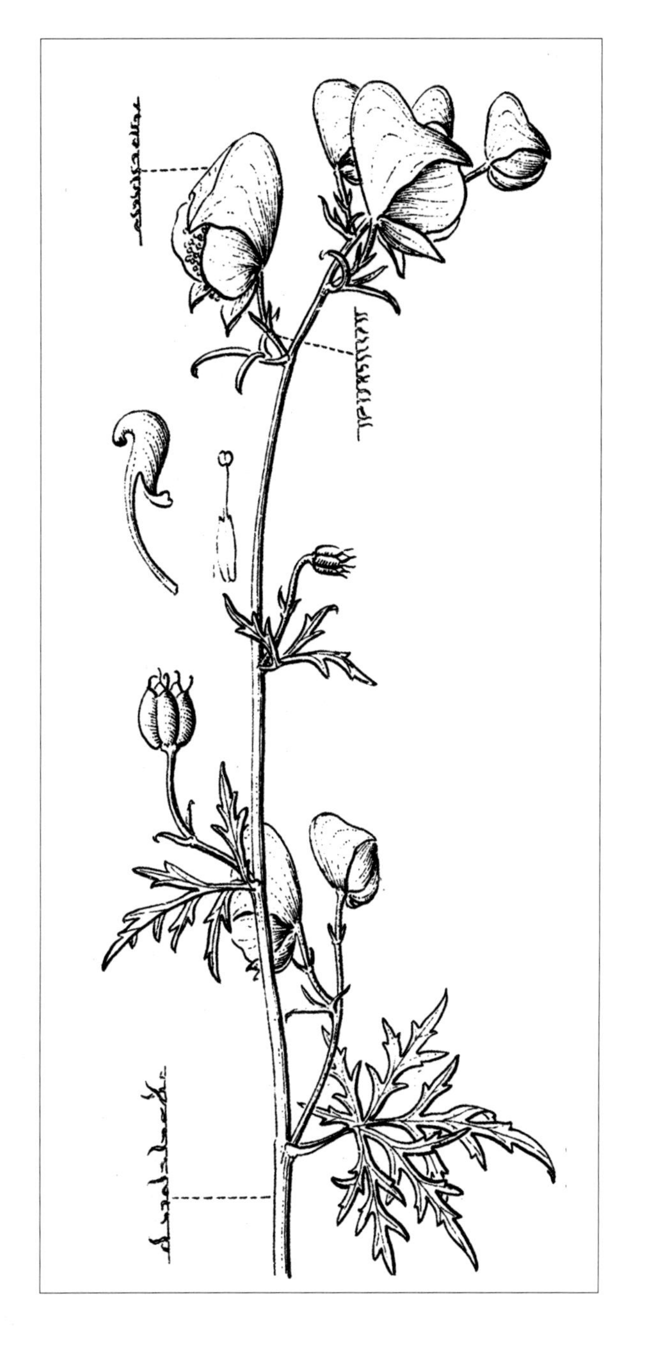

中生草本。生于森林带的落叶松林下及其林缘草甸。产兴安北部（大兴安岭）。为大兴安岭山地分布种。

16. 白狼乌头

Aconitum bailangense Y. Z. Zhao in Act. Phytotax. Sin. 23(1):58. f.2. 1985; Fl. Intramongol. ed. 2, 2:567. t.230. f.4-6. 1991.

多年生草本，高 80 ～ 150cm。块根倒圆锥形。茎直立，通常被极稀疏的贴伏反曲短柔毛。

茎下部叶有长柄，开花时枯萎，上部叶柄短；叶片长7～10cm，宽8～12cm，掌状3全裂，中央全裂片菱形，渐尖，羽状分裂，侧全裂片斜扇形，不等2深裂，上面疏被短曲柔毛，下面无毛。单花，腋生；花序轴及花梗被极稀疏的贴伏反曲短柔毛；花梗长3～11cm，向上弯曲；小苞片着生于花梗上部，全缘，长8～15mm。萼片蓝紫色，外面被短柔毛；上萼片高盔形，高15～22mm；侧萼片近圆形，长宽13～18mm；下萼片不等大，卵状长圆形，长12～17mm。花瓣无毛，瓣片宽3～4mm；距长约2mm，向下弯；唇长约4mm，先端2浅裂。雄蕊无毛，花丝下部加宽，全缘或具1～2小齿；心皮5，无毛。花期7～8月。

中生草本。生于森林带的草甸。产兴安北部（阿尔山市白狼镇）。为大兴安岭山地分布种。

17. 阴山乌头

Aconitum yinschanicum Y. Z. Zhao in Fl. Intramongol. ed. 2, 2:568. t.232. f.1-9. 1991.——*A. flavum* Hand.-Mazz. var. *galeatum* W. T. Wang in Act. Phytotax. Sin. 12:157.1974.

多年生草本，高50～100cm。块根2，倒圆锥形，长3～5cm，粗0.5～1cm。茎直立，疏被反曲短柔毛。茎下部叶有长柄，开花时枯萎，中、上部叶柄短；叶片近圆形，长宽2～4cm，3全裂，全裂片细裂，小裂片条形，宽1～3mm，上面疏被短曲毛，下面无毛。总状花序顶生，下部有时分枝，多花；花序轴和花梗密被贴伏反曲的短柔毛；花梗长5～10mm；小苞片着生于花梗上部，条状披针形，长3～5mm。萼片蓝紫色，外面被反曲短柔毛；上萼片盔形，高1.7～2cm；侧萼片宽倒卵形，长约1.8cm；下萼片不等大，矩圆状披针形，长8～10mm。花瓣无毛，瓣片长约4mm，唇长约5mm，距长约2mm，向后弯曲；花丝上部细，被短毛，下部

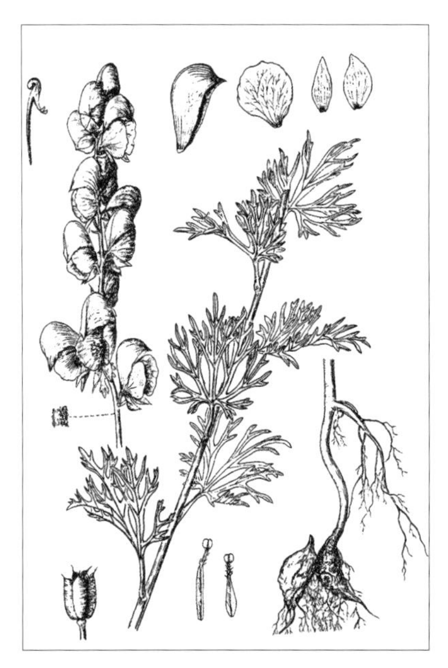

加宽，全缘；心皮 5，无毛或疏被短柔毛。蓇葖果长 1 ～ 1.5cm，无毛；种子倒卵形，长约 3mm，光滑，具 3 棱，沿棱有狭翅。花果期 8 ～ 9 月。

中生草本。生于草原带的山地草甸、沟谷边缘。产燕山北部山地（兴和县苏木山）、阴山（大青山、蛮汗山）。为阴山燕山北部山地分布种。

药用同草乌头。

18. 白毛乌头

Aconitum villosum Rchb. in Uebers. Gatt. Acon. 39. 1819; Fl. Intramongol. ed. 2, 2:571. t.231. f.5-7. 1991.

多年生草本，高达 100cm。块根倒圆锥形或椭圆形，长约 1cm，粗约 5mm，侧生者常不发育。茎直立，圆柱形，粗约 3mm，茎被反曲短柔毛且混生长柔毛。茎下部叶开花时枯萎。叶片五角形，长 3 ～ 5cm，宽 4 ～ 6cm，3 全裂，中央全裂片近菱形，渐尖，细裂，小裂片条形或条状披针形，宽 1 ～ 5 mm，侧全裂片不等 2 深裂，叶片上面被短曲柔毛，下面被长柔毛；茎中部叶有稍长柄，柄长 1 ～ 2. 5cm，被白色长柔毛。总状花序生于茎顶或分枝顶端，有 2 ～ 7 朵花；花序轴和花梗密被反曲短柔毛；花梗长 1 ～ 3cm；小苞片着生于花梗中部，条形，长 2 ～ 3mm。萼片蓝紫色；上萼片高盔形，外面被短柔毛，高约 1. 5cm，下缘长约 1cm，喙鹰嘴状；侧萼片近圆形，长约 1cm；下萼片不等大，披针形或椭圆形，长约 1cm，宽 2. 5 ～ 3. 5mm。花瓣无毛，距向后弯曲，唇 2 裂；雄蕊无毛，花丝全缘；心皮 5，疏被短柔毛或近无毛。花期 8 ～ 9 月，果期 9 月。

中生草本。生于森林带的林缘沼泽。产兴安北部（大兴安岭）。分布于我国吉林，朝鲜、俄罗斯（西伯利亚地区）。为西伯利亚—满洲分布种。

19. 细叶乌头（大嘴乌头）

Aconitum macrorhynchum Turcz. ex Ledeb. in Bull. Soc. Imp. Nat. Mosc. 15:83. 1842; Fl. Intramongol. ed. 2, 2:573. t.233. f.1-3. 1991.——*A. macrorhynchum* Turcz. f. *tenuissimum* (Nakai et Kitag.) S. H. Li et Y. H. Huang in Fl. Pl. Herb. Bor.-Orient. Chin. 3:133. t.53. f.6. 1975.——*A. tenuissimum* Nakai et Kitag. in Rep. Sci. Res. Manch. 1:295. 1937.

多年生草本，高达 100cm。块根倒圆锥形，长 1 ～ 2cm，粗约 4mm，暗褐色。茎直立，圆柱形，直径 2 ～ 3mm，单一或上部分枝，下部无毛，上部疏被反曲的短柔毛。茎下部叶开花时枯萎，叶片近圆形，长 5 ～ 10cm，3 全裂，全裂片细裂，末回小裂片条形，宽 1 ～ 2mm，上面疏被短曲柔毛，下面沿脉及边缘被短曲柔毛和长柔毛，具长柄。总状花序生于茎顶和分枝顶端；花序轴和花梗密被贴伏反曲的短柔毛；花梗向上弯曲，长 0. 5 ～ 1. 5cm；小苞片着生于花梗下部至上部。萼片紫蓝色，外面疏被短柔毛；上萼片高盔形，高 1 ～ 2cm，下缘长 1 ～ 1. 5cm，喙突出，鹰嘴状；侧萼片圆倒卵形，长 1 ～ 1. 5cm；下萼片不等大，矩圆状披针形或椭圆形，长 1 ～ 1. 2cm，宽 3 ～ 6mm。花瓣的爪疏被长毛，瓣片无毛，唇长约 4. 5mm，距长约 1mm，向后弯

谷安琳 / 摄

曲；雄蕊疏被短毛，花丝全缘或具 2 小齿；心皮 3 ～ 8，通常 5，被长毛。蓇葖果长约 1.1cm，疏被长毛；种子长 2.5 ～ 3mm，具 3 棱，沿纵棱生狭翅，只在一面密生横膜翅。花期 8 ～ 9 月，果期 9 月。

中生草本。生于森林带的山地草甸或沼泽草甸。产兴安北部（额尔古纳市、根河市、牙克石市、鄂伦春自治旗、阿尔山市）、岭东（扎兰屯市）。分布于我国黑龙江、吉林东北部，俄罗斯（东西伯利亚地区、远东地区）。为东西伯利亚—远东分布种。

20. 山西乌头（狭裂山西乌头）

Aconitum smithii Ulber. ex Hand.-Mazz. in Act. Hort. Gothob. 13:98. 1939; Fl. China 6:217. 2001.——*A. smithii* Ulber. ex Hand.-Mazz. var. *tenuilobum* W. T. Wang in Act. Phytotax. Addit. 1:90. 1965; Fl. Intramongol. ed. 2, 2:573. t.233. f.4-7. 1991.

多年生草本，高约 60cm。块根狭圆锥形。茎直立，单一，只在上部被伸展的短柔毛。茎下部叶开花时枯萎，叶片近圆形，长 2 ～ 4cm，宽 3 ～ 5cm，3 全裂，全裂片羽状细裂，末回小裂片条形，宽 1 ～ 3mm，两面无毛；茎中部叶具稍长柄，叶柄与叶片近等长。总状花序顶生，有花 3 ～ 7 朵；花序轴和花梗密被伸展的淡黄色短柔毛；花梗长 0.5 ～ 2cm；小苞片着生于花梗上部，条形，长 3 ～ 4mm。萼片蓝紫色，外面疏被柔毛；上萼片船状盔形，基部至喙长约 2cm，下缘弧曲；侧萼片长约 1.5cm；下萼片长约 1.2cm。花瓣无毛，距长约 2mm，向后弯曲，唇长约 5mm；雄蕊无毛，花丝全缘；心皮 3 或 4，无毛或疏被柔毛。花期 8 ～ 9 月。

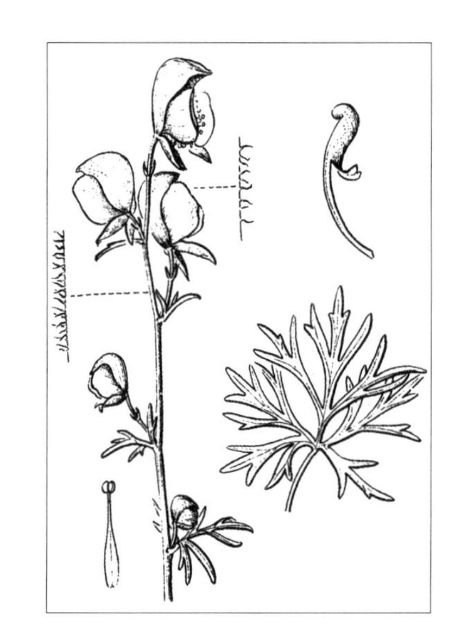

中生草本。生于草原带海拔 2000m 左右的山地草甸。产阴山（大青山的九峰山）。分布于我国河北西部、山西。为华北分布种。

43. 小檗科 Berberidaceae

灌木或多年生草本。叶互生，稀对生或基生，单叶或羽状复叶，托叶有或无。花两性，整齐，单生或排列成聚伞、总状或聚伞状圆锥花序；萼片与花瓣通常 4 ～ 6 基数，覆瓦状排列，离生，2 ～ 3 轮，萼片与花瓣同数或为其 2 ～ 3 倍，花瓣有或无蜜腺，或变为蜜腺状距；雄蕊与花瓣同数而对生，稀为其 2 倍，花药 2 室，基底着生，全为瓣状开裂；心皮 1，子房上位，1 室，胚珠少数或多数，花柱常较短或不存在。果实为浆果或蒴果，稀为蓇葖果；种子具小的胚和丰富的肉质胚乳。

内蒙古有 2 属、6 种，另有 1 栽培种。

分属检索表

1a. 灌木，枝有针刺，花单生或排列成总状花序……………………………………………**1. 小檗属 Berberis**

1b. 多年生草本，茎无刺，花排列成聚伞状圆锥花序…………………………**2. 类叶牡丹属 Caulophyllum**

1. 小檗属 Berberis L.

落叶或常绿灌木，稀小乔木。树皮常呈灰色，老枝色淡或深暗，内皮层和木质部均为黄色。枝通常具刺。单叶常簇生于刺腋短枝上，叶片与叶柄连接处常有关节。花黄色，单生、簇生或排列成总状花序；花梗基部常具苞片；萼片 6 ～ 9，花瓣状，2 轮排列，外有 2 ～ 4 枚小苞片；花瓣 6，近基部常有腺体 2；雄蕊 6。浆果红色或黑蓝色，种子 1 至多数。

内蒙古有 5 种，另有 1 栽培种。

分种检索表

1a. 花单生；叶边缘具刺状疏牙齿，叶刺 3 ～ 7 分叉…………………………………**1. 刺叶小檗 B. sibirica**

1b. 花排列成总状花序，叶刺单一或 3 ～ 5 分叉。

  2a. 叶倒披针形、狭倒披针形或披针状匙形，较狭，宽 3 ～ 10mm，通常全缘，稀边缘中上部具少数细锯齿。

    3a. 叶刺粗长，长 1 ～ 3cm；叶片先端稍钝，稀锐尖………………………**2. 鄂尔多斯小檗 B. caroli**

    3b. 叶刺细短，长 4 ～ 9mm；叶片先端锐尖………………………………………**3. 细叶小檗 B. poiretii**

  2b. 叶倒卵形、倒卵状矩圆形、倒披针形或椭圆形，较宽，通常在 1cm 以上，通常边缘具锯齿，少全缘。

    4a. 叶通常边缘具锯齿，少全缘。

      5a. 叶缘具多数刺毛状锯齿，叶片大，长 3 ～ 8cm，宽 2 ～ 4cm；总状花序长 4 ～ 10cm，花梗长 3 ～ 10mm；叶刺通常 3 分叉，稀单一…………………………**4. 黄芦木 B. amurensis**

      5b. 叶缘通常具少数刺状锯齿或全缘，叶片小，长 1 ～ 4cm，宽 6 ～ 15mm；总状花序长 1 ～ 4cm，梗长 5 ～ 6mm；叶刺单一或 3 分叉………………………………**5. 置疑小檗 B. dubia**

    4b. 叶全缘，红紫色；叶刺通常单一。栽培……………**6. 红叶小檗 B. thunbergii** cv. **atropurpurea**

1. 刺叶小檗

Berberis sibirica Pall. in Reise Russ. Reich. 2:737. 1773; Fl. Intramongol. ed. 2, 2:579. t.236. f.10. 1991.——*B. xinganensis* G. H. Liu et S. Q. Zhou in Fl. Intramongol. ed. 2, 2:579. t.236. f.11-14. 1991. syn. nov.

落叶灌木，高 50 ～ 80cm。老枝暗灰色，表面具纵条裂；幼枝红色或红褐色，被微毛，

具条棱。叶刺3～7分叉，长3～10mm。叶近革质，叶片倒卵形、倒披针形或倒卵状矩圆形，长1～2cm，宽5～8mm，先端钝圆，基部渐狭成柄，边缘具刺状疏牙齿，两面均为黄绿色，网脉明显。花单生，稀为2朵，淡黄色；花梗长7～10mm；外轮萼片椭圆状卵形，内轮萼片倒卵形；花瓣倒卵形，与花萼近等长，顶端微缺。浆果倒卵形，鲜红色，长7～9mm，直径6～7mm；种子（5～）6～8。花期5～6月，果期9月。

中生灌木。在森林区及高山带的碎石坡地和陡峭的山坡上成丛生长，有时也见于落叶松—偃松林下。产兴安北部及岭东（根河市大黑山、扎兰屯市柴河镇、阿尔山市白狼镇）、兴安南部（克什克腾旗黄岗梁）、锡林郭勒（正蓝旗）、阴南丘陵（准格尔旗阿贵庙）、鄂尔多斯（东胜区）、贺兰山。分布于我国黑龙江、吉林、辽宁、河北、山西、新疆，蒙古国北部和西部及南部、俄罗斯（西伯利亚地区）。为东古北极分布种。

根皮和茎皮入蒙药（蒙药名：乌日格图–希日–毛都），能燥“协日乌素”、清热、解毒、止泻、止血、明目，主治痛风、游痛症、秃疮、癣疥、麻风疯、皮肤瘙痒、毒热、鼻衄、吐血、月经过多、便血、火眼、眼白斑、肾热、遗精。

2. 鄂尔多斯小檗（匙叶小檗）

Berberis caroli C. K. Schneid. in Bull. Herb. Boiss. Ser. 2, 5:459. 1905; Pl. As. Centr. 12:141. t.8. f.1. 2001.——*B. vernae* Schneid. in Pl. Wils. 1:372. 1913; Fl. Intramongol. ed. 2, 2:581. t.236. f.8. 1991.

落叶灌木，高50～150cm。老枝暗灰色，表面具纵条裂，散生黑色皮孔；幼枝灰黄色，后期变紫红色，无毛，具条棱。叶刺坚硬，单一，黄色，长1～3cm。叶3～8枚簇生于刺腋，

常为匙形或匙状倒披针形，长 1 ～ 5cm，宽 3 ～ 10mm，先端钝，稀锐尖，具小尖头，基部渐狭成柄，常全缘，稀具少数细锯齿，无毛。总状花序长 2 ～ 4cm，有花 15 ～ 35 朵；花黄色，直径 3 ～ 4mm；花梗长 1.5 ～ 4mm；苞片矩圆形，稍短或等长于花梗；小苞片常红色，长约 1mm；萼片倒卵形或卵形，先端钝，外轮萼片长约 1.5mm，内轮萼片长约 2.5mm；花瓣椭圆状倒卵形，与内轮萼片近等长，先端稍锐尖；雄蕊长约 1.5mm。浆果卵球形，浅红色，长 4 ～ 5mm，柱头宿存。花期 5 ～ 6 月，果期 8 ～ 9 月。

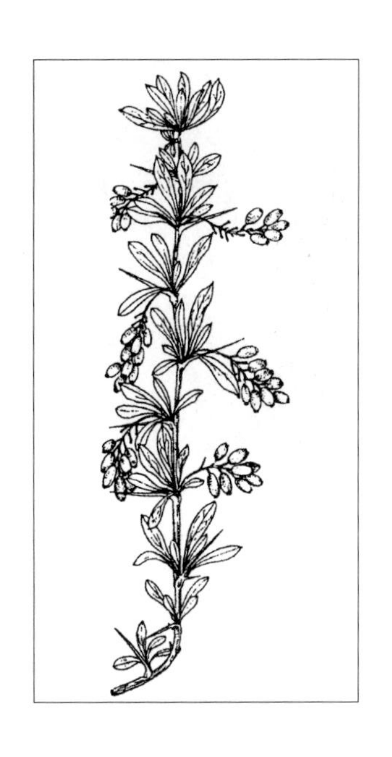

旱中生灌木。疏生于草原带的河滩沙质地或山坡灌丛中。产阴南丘陵（准格尔旗阿贵庙）、鄂尔多斯（乌审旗、鄂托克旗）、龙首山。分布于我国陕西、甘肃、青海。为华北西部分布种。

根皮和根可做黄色染料，也可入药。根皮和茎皮入蒙药（蒙药名：哈拉巴干－希日－毛都），功能、主治同刺叶小檗。

3. 细叶小檗（针雀、泡小檗、波氏小檗）

Berberis poiretii C. K. Schneid. in Mitt. Deutsch. Dendr. Ges. 15:180. 1906; Fl. Intramongol. ed. 2, 2:582. t.236. f.1-6. 1991.

落叶灌木，高 100 ～ 200cm。老枝灰黄色，表面密生黑色细小疣点；幼枝紫褐色，有黑色疣点；枝条开展，纤细，显具条棱。叶刺小，通常单一，有时具 3 ～ 5 叉，长 4 ～ 9mm。叶簇生于刺腋，叶片纸质，倒披针形至狭倒披针形，或披针状匙形，长 1.5 ～ 4cm，宽 5 ～ 10mm，先端锐尖，具小凸尖，基部渐狭成短柄，全缘或中上部边缘有齿，上面深绿色，下面淡绿色或灰绿色，网脉明显。总状花序下垂，具 5 ～ 8 朵花，长 3 ～ 6cm；花鲜黄色，直径约 6mm；花梗长 3 ～ 6mm；苞片条形，长约为花梗的一半；小苞片 2，披针形，长 1.2 ～ 2mm；萼片 6，2 轮，外轮萼片矩圆形或倒卵形，内轮萼片矩圆形或宽倒卵形；花瓣 6，倒卵形，较萼片稍短，顶端具极浅缺刻，近基部具 1 对矩圆形的腺体；雄蕊 6，较花瓣短；子房圆柱形，花柱无，柱头头状扁平，中央微凹。浆果矩圆形，鲜红色，长约 9mm，直径约 4mm，柱头宿存；种子 1 ～ 2。花期 5 ～ 6 月，果期 8 ～ 9 月。

旱中生灌木。常见于森林草原带的山地灌丛和山麓砾石质地上，进入荒漠草原带的固定沙地或覆沙梁地只能稀疏生长，零星分布到草原化荒漠带的剥蚀残丘及山地。

产兴安南部（巴林右旗、克什克腾旗）、燕山北部（喀喇沁旗、宁城县、兴和县苏木山）、锡林郭勒（西乌珠穆沁旗、锡林浩特市、正蓝旗、浑善达克沙地）、阴山（乌拉山）、阴南丘陵（准格尔旗）、鄂尔多斯（毛乌素沙地、鄂托克旗）、东阿拉善（桌子山）。分布于我国吉林、辽宁、河北、山东、山西、陕西、青海，朝鲜、俄罗斯（远东地区）。为华北—满洲分布种。

根和茎入药，功能、主治同黄芦木。

4. 黄芦木（阿穆尔小檗、三颗针、狗奶子、山黄檗）

Berberis amurensis Rupr. in Bull. Cl. Phys.-Math. Acad. Imp. Sci. St.-Petersb. 15:260. 1857; Fl. Intramongol. ed. 2, 2:581. t.236. f.7. 1991.

落叶灌木，高 100 ～ 300cm。幼枝灰黄色，具浅槽；老枝灰色，圆柱形，表面具纵条棱。叶刺 3 分叉，稀单一，长 1 ～ 2cm。叶纸质，叶片常 5 ～ 7 枚簇生于刺腋，长椭圆形至倒卵状矩圆形，或卵形至椭圆形，长 3 ～ 8cm，宽 2 ～ 4cm，先端锐尖或钝圆，基部渐狭，下延成柄，边缘密生不规则的刺毛状细锯齿，上面深绿色，下面浅绿色，有时被白粉，网脉明显隆起。总状花序下垂，长 4 ～ 10cm，有花 10 ～ 25 朵；花淡黄色；花梗长 5 ～ 10mm；小苞片 2，三角形，长 1 ～ 1.5mm。萼片 6：外轮萼片卵形，长 2.5 ～ 3.5mm，内轮萼片倒卵形，长约 6mm。花瓣 6，

长卵形，较花萼稍短，先端微缺，近基部具 1 对矩圆形腺体；雄蕊 6，较花瓣稍短；子房宽卵形，柱头头状扁平，内含胚珠 2 枚。浆果椭圆形，鲜红色，常被白粉，长约 10mm，直径约 6mm；种

子 2。花期 5 ～ 6 月，果期 8 ～ 9 月。

中生灌木。在夏绿阔叶林区及森林草原带的山地灌丛中为较常见的伴生种，有时稀疏生于林缘或山地沟谷。产兴安南部（阿鲁科尔沁旗、巴林左旗、巴林右旗、克什克腾旗）、辽河平原（大青沟）、燕山北部（喀喇沁旗、宁城县）、锡林郭勒（正镶白旗）、乌兰察布（达尔罕茂明安联合旗吉穆斯泰山、固阳县）、阴山（大青山、蛮汗山）。分布于我国黑龙江、吉林、辽宁、河北、山西、山东、陕西、甘肃等省区，日本、朝鲜、俄罗斯（西伯利亚地区）。

为西伯利亚—东亚北部分布种。

根皮和茎皮含小檗碱，供药用，能清热燥湿、泻火解毒，主治痢疾、黄疸、白带、关节肿痛、阴虚发热、骨蒸盗汗、痈肿疮疡，口疮、目疾、黄水疮等症，可做黄连代用品。根皮和茎皮也入蒙药（蒙药名：陶木－希日－毛都），功能、主治同刺叶小檗。

5. 置疑小檗

Berberis dubia C. K. Schneid. in Bull. Herb. Boiss. Ser.2, 5:663. 1905; Fl. China 19:763. 2011.——*B. caroli* auct. non Schneid.: Fl. Intramongol. ed. 2, 2:582. t.236. f.9. 1991.

落叶灌木，高 100 ～ 300cm。幼枝紫红色，有光泽，具明显条棱；老枝灰黑色，稍具条棱和黑色疣点，节间长 1 ～ 2cm。叶刺 1 ～ 3 分叉，长 7 ～ 15(～ 20)mm，与枝同色。叶狭倒卵形，长 1.5 ～ 3cm，宽 0.5 ～ 1.8cm，先端渐尖，基部渐狭成短柄，上面深绿色，下面黄色，边缘具向前伸的 6 ～ 14 细齿，细弱，网脉明显，无毛，无白粉。花 5 ～ 10 朵簇生或组成短总状花序，长 1 ～ 3cm；花梗长 3 ～ 6mm；小苞片披针形，急尖，长 1.5mm；萼片 2 轮，外轮萼片长约 2.5mm，宽倒卵形，内轮萼片长约 4.5mm；花瓣椭圆形，长约 3.5mm，比内轮萼片短；雄蕊长约 2.5mm；胚珠 2。浆果倒卵状椭圆形，红色，长约 8mm，宿存，花柱缺，不被白粉。花期 5 月。果期 8 ～ 9 月。

旱中生灌木。散生于草原带和荒漠带的山地林缘、山坡。产阴山（大青山、乌拉山）、阴南丘陵（准格尔旗阿贵庙）、东阿拉善（桌子山、狼山）、贺兰山、龙首山。分布于我国宁夏（贺兰山）、甘肃（榆中县）、青海北部和东部。为华北西部山地分布种。

6. 红叶小檗

Berberis thunbergii DC. cv. **atropurpurea**

落叶灌木，高 200 ～ 300cm。幼枝紫红色，老枝灰棕色或紫褐色，有槽。叶刺细小，单一，很少 3 分叉，长 0.5 ～ 1.8cm，与枝条同色。叶菱形、倒卵形或矩圆形，长 0.5 ～ 2cm，宽 0.2 ～ 1.6cm，全缘、顶端钝尖或圆形，基部急狭呈楔形，上面暗红色，两面脉纹不显著。花序短总状，花 5 ～ 12，黄白色；总花梗长 2 ～ 5mm，花梗长 5 ～ 9mm；小苞片 3，卵形；萼片 6，花瓣状，排列成 2 轮；花瓣 6，倒卵形；

雄蕊6；子房含胚珠2。浆果长卵圆形，长10mm，熟时红色，有宿存花柱；种子1～2。花期5月，果期9月。

中生灌木。栽培于公园、庭院等处。原产日本，现世界各地均有栽培。

2. 类叶牡丹属 **Caulophyllum** Michaux

多年生草本，全株无毛。根状茎粗壮，茎具1～2枚叶。叶羽状全裂或三出状全裂，膜质。聚伞状圆锥花序顶生及腋生；花黄色；萼片6，呈花瓣状，外侧有3～6枚苞片；花瓣6，远较萼片小，形似蜜腺，顶端加宽，与萼片对生；雄蕊6，离生，花药向上2瓣裂。子房1；心皮1，在花后开裂，露出种子；花柱不加宽；柱头侧生；胚珠2，由基部直生，成熟后呈黑蓝色球形浆果状种子。种子成熟时呈蓝色，微具白霜。

内蒙古有1种。

1. 类叶牡丹（红毛七）

Caulophyllum robustum Maxim. in Mem. Acad. Imp. Sci. St.-Petersb. Div. Sav. 9(Prim. Fl. Amur.):33. 1859; Fl. Pl. Herb. Bor.-Orient. Chin. 3:219. t.97. f.1-4. 1975; Fl. China 19:800. 2011.

多年生草本，高50～80cm，全株无毛。根茎肥厚，带红棕色，水平开展或上升，坚硬，分歧而多节，生多数长细根。花茎单一，直立。茎基部具少数鳞片叶，上半部集生1～2枚绿色叶，下方的1枚叶有长柄，另1枚叶无柄；叶二至三回三出，稀呈羽状分裂，小叶膜质，卵状长圆形或卵状椭圆形，中央小叶较宽，长倒卵形或倒卵状椭圆形，长4～9cm，宽1.5～4cm，基部圆钝或圆楔形，先端急尖或渐尖，边缘全缘，往往2～3裂或全裂。聚伞状圆锥花序比叶高，花数不多；花淡黄色，直径10～12mm，有小梗，每1～3朵集生于1长梗上；萼片倒卵圆形，基部狭细，长6～8mm；花瓣蜜腺状，顶端加宽，比雄蕊短；雄蕊与花瓣对生。种子浆果状，但为干质，球形，成熟时呈黑蓝色，被粉，直径6～7mm，具有长4～6mm向上渐肥厚的小柄，种子的外皮成熟时分离成壳状，内部坚硬。花期5～6月，果期7～8(～9)月。

中生草本。生于阔叶林带的山地林下、多荫富含腐殖质的湿润土壤中，有时也见于林缘草甸。产岭东（莫力达瓦达斡尔族自治旗）、兴安南部（阿鲁科尔沁旗北部）、燕山北部（敖汉旗大黑山）。分布于我国黑龙江、吉林、辽宁及华北、西北、华东、中南、西南地区，日本、朝鲜、俄罗斯（远东地区）。为东亚分布种。

全草入药，水煎或酒浸服用，有舒筋活血、祛风湿的作用，可治关节炎、跌打损伤、胃痛等。国外把这种植物的各种制剂，用于急性风湿证和妇科临床上（治月经病）。

44. 防己科 Menispermaceae

缠绕灌木、乔木或草本。单叶互生，全缘或掌状分裂，无托叶。花序圆锥状、总状或聚伞状，极少单生；花小，黄绿色，单性，雌雄异株，辐射对称；萼片与花瓣常为6枚，有时较多或较少，2轮排列；雄花有雄蕊6，少为3或多数，分离或连合，退化心皮小或不存在。雌花有或无退化雄蕊，羽皮常3～6；子房上位，1室；含胚珠2，其中1个不发育；花柱短或无；柱头顶生，头状或盘状。果实为核果状；种子有或无胚乳，胚常弯曲。

内蒙古有1属、1种。

1. 蝙蝠葛属 Menispermum L.

缠绕灌木或多年生草本。叶盾形，边缘有浅裂，有掌状叶脉。总状或圆锥花序；萼片2～8，2轮，较花瓣长；花瓣6～8；雄花有雄蕊12～24，分离，花药4室；雌花有心皮2～4，退化雄蕊6～12。核果扁球形；核马蹄状，有环状横肋。

内蒙古有1种。

1. 蝙蝠葛（山豆根、苦豆根、山豆秧根）

Menispermum dauricum DC. in Syst. Nat. 1:540. 1817; Fl. Intramongol. ed. 2, 2:583. t.237. f.1-8. 1991.

缠绕落叶灌木，长10余米。根状茎细长，圆柱形，外皮黄棕色或黑褐色，断面黄白色，味极苦。茎圆柱形，有细纵棱纹，被稀疏短柔毛。单叶互生，叶片肾圆形至心脏形，长和宽约5～14cm，先端尖或短渐尖，基部心形或截形，边缘有3～7浅裂，裂片三角形，上面绿色，被稀疏短柔毛，下面苍白色，毛较密，有5～7条掌状脉；叶柄盾状着生，长达15cm，无托叶。花白色或黄绿色，组成腋生圆锥花序；总花梗长3～6cm，花梗长约5～7mm，基部具条状披针形的小苞片；萼片约6，披针形或长卵形，长2～3mm，宽1～1.5mm；花瓣约6，肾圆形或倒卵形，长2～3mm，宽2～2.5mm，肉质，边缘内卷，具明显的爪；雄花有雄蕊10～16，花药球形，4室，鲜黄色。雌花有退化雄蕊6～12；心皮3，分离；子房上位，1室。核果肾圆形，长6～8mm，宽7～9mm，成熟时呈黑紫色，内果皮坚硬，半月形；种子1。花期6月，果期8～9月。

中生灌木。生于森林带和草原带的山地林缘、灌丛、沟谷。产兴安北部及岭东和岭西（额尔古纳市、牙克石市、鄂伦春自治旗、海拉尔区、陈巴尔虎旗、鄂温克族自治旗、扎兰屯市）、兴安南部及科尔沁（科尔沁右翼前旗、阿鲁科尔沁旗、巴林右旗、奈曼旗）、辽河平原（大青沟）、燕山北部（喀喇沁旗、宁城县、敖汉旗）、阴山（大青山）。分布于我国黑龙江东南部、吉林中部和东部、辽宁、河北、河南、山东、江苏东北部、浙江西北部、安徽南部、江西北部、湖北、湖南北部、贵州、山西、陕西、宁夏、甘肃东部，日本、朝鲜、蒙古国北部、俄罗斯（西伯利亚地区）。为西伯利亚—东亚分布种。

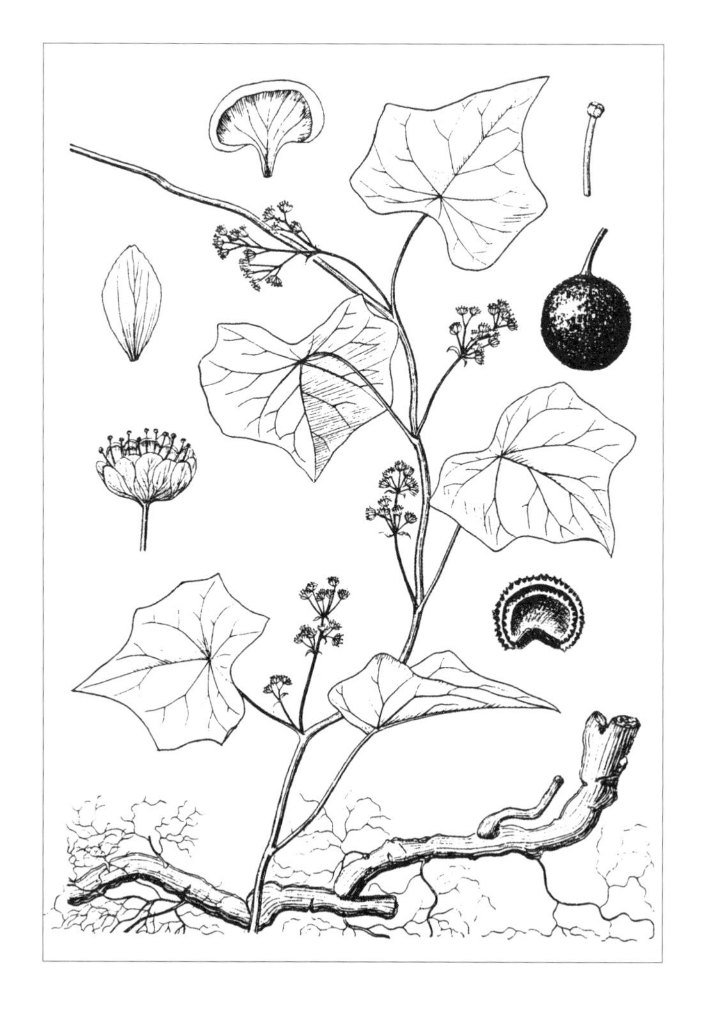

根和根状茎入药（药材名：北豆根），能清热解毒、消肿止疼、利咽、通便、抗癌，主治急性咽喉口腔肿疼、扁桃体炎、牙龈肿痛、肺热咳嗽、湿热黄疸、痈疖肿毒、便秘、食道癌、胃癌。根和根状茎也入蒙药（蒙药名：哈日-敖日秧古），能清热、止渴、祛“协日乌素”，主治骨热、丹毒、口渴、皮肤病、热性“协日乌素”、血热。

45. 五味子科 Schisandraceae

木质藤本，落叶，少常绿。全体具香气，通常无毛。单叶互生，常具疏离浅齿，稀全缘，羽状脉，常有透明腺点；叶柄细长，无托叶。花较小，单性，雌雄异株，通常单生于叶腋，有时数朵聚生于叶腋或短枝上；花托肉质，较短，在果期伸长或不伸长；花被片 6 ～ 24，排成 2 至多轮，或外轮和内轮的较小，中轮的最大，质地上有变化，但不呈萼片状。雄花：雄蕊 4 ～ 80，分离或部分或全部合生成肉质的雄蕊群；花丝短或无；花药小，2 室，纵裂。雌花：雌蕊 12 ～ 300，离生，数轮至多轮排成球形或椭圆形的雌蕊群，聚生于花托上；柱头鸡冠状；子房上位，1 室；有倒生的胚珠 2 ～ 5(～ 11)。聚合果球状或穗状，小浆果肉质；种子 1 ～ 5，稀较多，短肾形，胚乳丰富，油质，胚小。

内蒙古有 1 属、1 种。

1. 五味子属 Schisandra Michaux

木质藤本。花单性，雌雄同株或异株，单生于叶腋；花被片 9 ～ 12；雄花有雄蕊 5 至多数，花丝甚短，肉质，分离或多少连合，有时形成肉质头状体；雌蕊有多数离生心皮，子房上位，1 室，含 2 ～ 5 胚珠。聚合浆果排列在伸长下垂的花托上。

内蒙古有 1 种。

1. 五味子（北五味子、辽五味子、山花椒秧）

Schisandra chinensis (Turcz.) Baill. in Hist. Pl. 1:148. 1868; Fl. Intramongol. ed. 2, 2:585. t.238. f.1-6. 1991.——*Kadsura chinensis* Tuarcz. in Bull. Soc. Nat. Mosc. 7:149. 1837.

落叶木质藤本，长达 800cm。全株近无毛。小枝细长，红褐色，具明显的皮孔，稍有棱。叶稍膜质，卵形、倒卵形或宽椭圆形，长 5 ～ 11cm，宽 3 ～ 6cm，顶端锐尖或渐尖，基部楔形或宽楔形，边缘疏生有暗红腺体的细齿，上面深绿色，无毛，下面浅绿色，脉上嫩时有短柔毛；叶柄长 1.5 ～ 3cm。花单性，雌雄异株，稀同株，单生或簇生于叶腋，乳白色或带粉红色，芳香；花梗纤细，长 1.5 ～ 2.5cm；花被片 6 ～ 9，2 轮，矩圆形或长椭圆形，长 8 ～ 10mm，宽 3 ～ 4mm，基部有短爪；雄花有雄蕊 5，花丝肉质，合生成短柱状，花药具宽药隔；雌花心皮多数，螺旋状排列在

花托上，子房倒梨形，无花柱，受粉后花托延长。浆果球形；种子 1 ～ 2，成熟时呈深红色，多数形成下垂长穗状，长 3 ～ 10cm。花期 6 ～ 7 月，果期 8 ～ 9 月。

耐荫中生藤本。生于落叶阔叶林带的阴湿的山沟、灌丛、林下。产岭东（鄂伦春自治旗）、兴安南部（科尔沁右翼前旗、扎赉特旗、突泉县、阿鲁科尔沁旗、巴林右旗）、辽河平原（大青沟）、燕山北部（喀喇沁旗、宁城县、敖汉旗）、阴山（大青山、乌拉山）。分布于我国黑龙江、吉林东部、辽宁、河北、山西、山东、河南、宁夏、甘肃东北部、湖北，日本、朝鲜、俄罗斯（远东地区）。为东亚北部分布种。

果实入药，能敛肺、滋肾、止汗、涩精，主治肺虚喘咳、自汗、盗汗、遗精、久泻、神经衰弱、心肌乏力、过劳嗜睡等症，并有兴奋子宫、促进子宫收缩的作用。果实也入蒙药（蒙药名：乌拉乐吉甘），能止泻、止呕、平喘、开欲，主治寒下呕吐、久泻不止、胃寒、暖气、肠刺痛、久嗽气喘。

46. 罂粟科 Papaveraceae

一年生或多年生草本，稀灌木或小乔木。无毛或被柔毛，常含乳汁或有色液汁。单叶互生，稀对生或轮生，全缘、分裂或全裂，无托叶。花两性，辐射对称或两侧对称，单生或排列成总状花序或聚伞花序；萼片 2，少 3，有时很大，包被花蕾，有时很小，呈鳞片状；花瓣 4 ～ 6，稀较多，有时上面 1 片基部有距，或 2 片基部成囊；雄蕊多数或 4，离生，少 6，合成 2 束，花药纵裂；子房上位，由 2 至数个心皮合成 1 室，花柱短或无，柱头单生或数裂，盘状或头状，胚珠 2 至多数，生于侧膜胎座上。蒴果，瓣裂或孔裂，稀不开裂；种子小，具油质胚乳。

内蒙古有 3 属、4 种。

分属检索表

1a. 植物体含有乳汁；雄蕊多数；萼片大，花蕾期完全包被花冠。

2a. 蒴果条状圆柱形，成熟时 2 瓣裂开；雌蕊由 2 心皮合生，柱头头状，不明显 2 裂……………………………………………………………………………………………………**1. 白屈菜属 Chelidonium**

2b. 蒴果矩圆形、宽卵形或球形，成熟时孔裂；子房由 4 至多数心皮合生，几无花柱，柱头盘状 ……………………………………………………………………………………………………**2. 罂粟属 Papaver**

1b. 植物体不含有乳汁；雄蕊 4；萼片小，花蕾期不包被花冠…………………………**3. 角茴香属 Hypecoum**

1. 白屈菜属 Chelidonium L.

草本，含黄红色乳汁。茎直立，有分枝。叶互生，一至二回羽状分裂。伞形花序，顶生；花黄色；萼片 2，早落；花瓣 4；雄蕊多数；子房圆柱形，1 室，由 2 心皮合生，侧膜胎座，含多数胚珠，花柱短，柱头 2，浅裂。蒴果条状圆柱形，自基部向上 2 瓣裂开；种子多数，有光泽，种脐附近有种阜。

内蒙古有 1 种。

1. 白屈菜（山黄连）

Chelidonium majus L., Sp. Pl. 1:505. 1753; Fl. Intramongol. ed. 2, 2:588. t.239. f.1-6. 1991.

多年生草本，高 30 ～ 50cm。主根粗壮，长圆锥形，暗褐色，具多数侧根。茎直立，多分枝，具纵沟棱，被细短柔毛。叶片椭圆形或卵形，长 5 ～ 15cm，宽 4 ～ 8cm，单数羽状全裂，侧裂片 1 ～ 6 对，裂片卵形、倒卵形或披针形，先端钝形，边缘具不整齐的羽状浅裂和钝圆齿，上面绿色，无毛，下面粉白色，被短柔毛。伞形花序顶生和腋生；花梗纤细，长 5 ～ 8mm；萼片 2，椭圆形，长约 5mm，疏生柔毛，早落；花瓣 4，黄色，倒卵形，长 7 ～ 9mm，宽 6 ～ 8mm，先端圆形或微凹；雄蕊多数，长约 5mm；子房圆柱形，花柱短，柱头头状，先端 2 浅裂。蒴果条状圆柱形，长 2.5 ～ 4cm，宽约 2mm，种

子间稍收缩，无毛；种子多数，宽卵形，长约 1mm，黑褐色，表面有光泽和网纹。花期 6 ～ 7 月，果期 8 月。

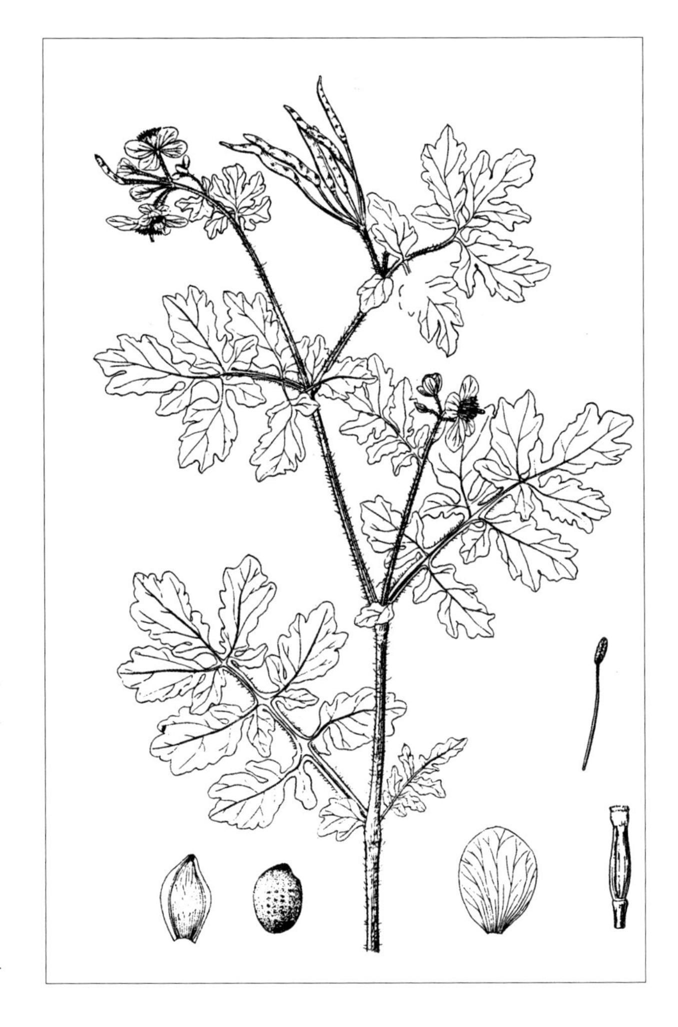

中生草本。生于森林带和草原带的山地林缘、林下、沟谷溪边。产兴安北部（额尔古纳市、根河市、牙克石市）、兴安南部（科尔沁右翼前旗、科尔沁右翼中旗、扎赉特旗、阿鲁科尔沁旗、巴林右旗）、辽河平原（大青沟）、赤峰丘陵（红山区）、燕山北部（喀喇沁旗、宁城县、敖汉旗）、阴山（大青山、蛮汗山、乌拉山）、贺兰山。分布于我国黑龙江、吉林东部、辽宁中北部、河北北部和西部、山西、山东、河南、安徽、江苏、浙江、湖北西部、湖南、贵州、陕西南部、甘肃东部、青海东北部、四川、云南、新疆中部和北部，日本、朝鲜、蒙古国北部和东部、俄罗斯（西伯利亚地区、远东地区），欧洲。为古北极分布种。

全草入药，有毒，能清热解毒、止痛、止咳，主治胃炎、胃溃疡、腹痛、肠炎、痢疾、黄疸、慢性支气管炎、百日咳；外用治水田皮炎、毒虫咬伤。全草也入蒙药（蒙药名：希古得日格纳），能清热、解毒、燥脓、治伤，主治瘟疫热、结喉、发症、麻疹、肠刺痛、金伤、火眼。

2. 罂粟属 **Papaver** L.

草本，含乳汁。单叶互生，常有不同程度分裂。单花，顶生，美丽，蕾时弯曲；萼片 2，常早落；花瓣 4，红色、黄色、白色或淡紫色；雄蕊多数；子房由数个至多数心皮合生，侧膜胎座，1 室，花柱无，柱头盘状星形。蒴果孔裂；种子细小，多数，表面蜂窝状。

内蒙古有 1 种。

1. 野罂粟（野大烟、山大烟）

Papaver nudicaule L., Sp. Pl. 1:507. 1753; Fl. Intramongol. ed. 2, 2:590. t.240. f.1-3. 1991.——*P. nudicaule* L. var. *saxatile* Kitag. in J. Jap. Bot. 69. 1943; Fl. Intramongol. ed. 2, 2:592. 1991.——*P. nudicaule* L. subsp. *amurense* N. Busch. var. *seticarpum* P. Y. Fu in Fl. Intramongol. ed. 2, 2:592. 1991.

1a. 野罂粟

Papaver nudicaule L. var. **nudicaule**

多年生草本。主根圆柱形，木质化，黑褐色。叶全部基生，叶片矩圆形、狭卵形或卵形，长（1～）3～5（～7）cm，宽（5～）15～30（～40）mm，羽状深裂或近二回羽状深裂，一回深裂片卵形或披针形，再羽状深裂，最终小裂片狭矩圆形、披针形或狭长三角形，先端钝，全缘，两面被刚毛或长硬毛，多少被白粉；叶柄长（1～）3～6（～10）cm，两侧具狭翅，被刚毛或长硬毛。花葶1至多条，高10～60cm，被刚毛状硬毛；花蕾卵形或卵状球形，常下垂；花黄色、橙黄色、淡黄色，稀白色，直径2～6cm；萼片2，卵形，被铡毛状硬毛；花瓣外2片较大，内2片较小，倒卵形，长1.5～3cm，边缘具细圆齿；花丝细丝状，淡黄色，花药矩圆形。蒴果矩圆形或倒卵状球形，长1～1.5cm，直径5～10cm，被刚毛，稀无毛，宿存盘状柱头常6辐射状裂片；种子多数肾形，褐色。花期5～7月，果期7～8月。

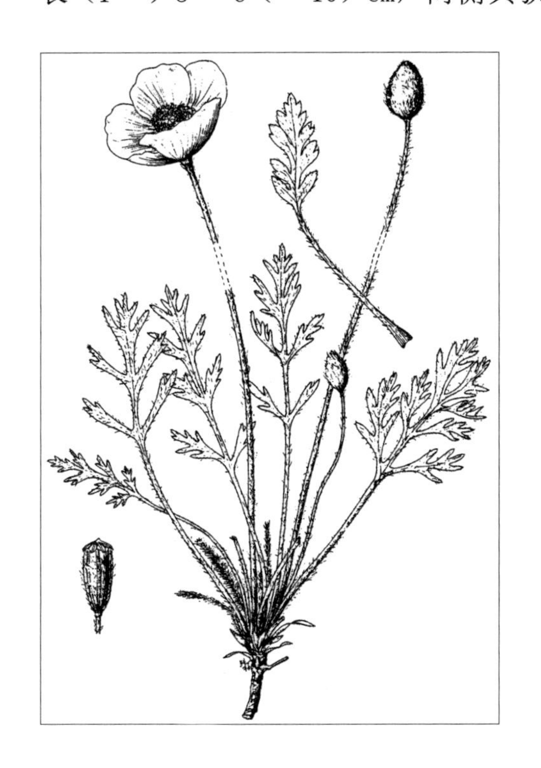

旱中生草本。生于森林带和草原带的山地林缘、草甸、草原、固定沙丘。产兴安北部、岭西、岭东、呼伦贝尔、兴安南部和科尔沁（科尔沁右翼前旗、扎鲁特旗、阿鲁科尔沁旗、巴林左旗、巴林右旗、克什克腾旗、翁牛特旗）、燕山北部（喀喇沁旗、宁城县、兴和县苏木山）、锡林郭勒（西乌珠穆沁旗、锡林浩特市、阿巴嘎旗、多伦县、察哈尔右翼后旗）、乌兰察布（达尔罕茂明安联合旗吉穆斯泰山、固阳县）、阴山（大青山、蛮汗山、乌拉山）。分布于我国黑龙江西部、吉林、河北北部、山西北部、陕西东北部、宁夏、甘肃、湖北西部、四川、新疆中部和北部，蒙古国北部和东部、俄罗斯（西伯利亚地区、远东地区）、阿富汗，中亚。为东古北极分布种。

果实入药（药材名：山米壳），能敛止咳、涩肠、止泻，主治久咳、久泻、脱肛、胃痛、神经性头痛。花入蒙药（蒙药名：哲日利格－阿木－其其格），能止痛。

1b. 光果野罂粟

Papaver nudicaule L. var. **aquilegioides** Fedde in Engl. Pflanzenr. 4:383. 1909; High. Pl. China 3:635. 2000.——*P. nudicaule* L. subsp. *amurense* N. Busch. in Fl. Sibir. et Orient. Extr. 1:21. 1913; Fl. Intramongol. ed. 2, 2:592. 1991.——*P. nudicaule* L. var. *glabricarpum* P. Y. Fu in Fl. Intramongol. ed. 2, 2:592. t.240. f.4. 1991.

本变种与正种的区别：叶一回羽状深裂，瘦果光滑无毛。

旱中生草本。生于森林带和草原带的山地林缘、沟谷草甸、草原。产兴安北部及岭西（牙克石市、鄂伦春自治旗）、岭东（扎兰屯市）、兴安南部（科尔沁右翼前旗、克什克腾旗）、燕山北部（喀喇沁旗）、锡林郭勒（多伦县）、阴山（大青山、蛮汗山）。分布于我国黑龙江、吉林、河北、山西、陕西、宁夏、甘肃、四川东部、湖北西部，朝鲜、俄罗斯（东西伯利亚地区）。为东西伯利亚—满洲—华北分布变种。

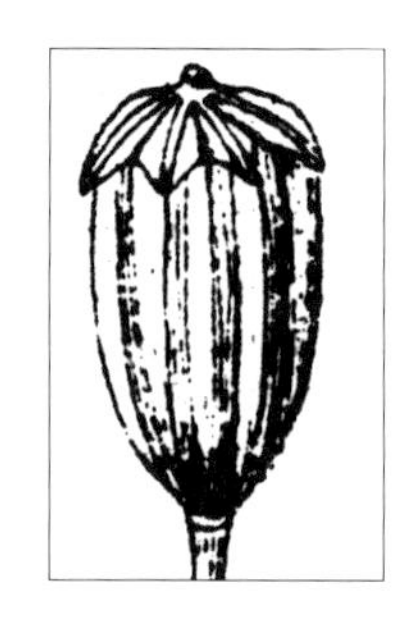

3. 角茴香属 Hypecoum L.

一年生草本。无毛，常带粉绿色。叶基生，数回深裂，裂片条形，具长柄。花黄色、白色或淡紫色；萼片 2，小型；花瓣 4，外面 2 片平坦，较大，扇状菱形，先端 3 裂，稀全缘，内面 2 片先端 3 裂；雄蕊 4，离生，与花瓣对生，花丝多少具翅；雌蕊由 2 心皮合生，子房 1 室，胚珠多数，柱头 2，长条形。蒴果长角果状，有横隔，2 瓣裂；种子椭圆形，黑褐色。

内蒙古有 2 种。

分种检索表

1a. 蒴果 2 瓣裂；种子近四棱形，具“十”字形凸起；花淡黄色，内花瓣侧裂片具微缺刻……………………………………………………………………………………**1. 角茴香 H. erectum**

1b. 蒴果节裂；种子卵圆形，被小疣；花淡紫色或白色，内花瓣侧裂片全缘……………………………………………………………………………………**2. 节裂角茴香 H. leptocarpum**

1. 角茴香

Hypecoum erectum L., Sp. Pl. 1:124. 1753; Fl. Intramongol. ed. 2, 2:592. t.241. f.1-8. 1991.

一年生低矮草本，高 10 ～ 30cm。全株被白粉。基生叶呈莲座状，叶片椭圆形或倒披针形，长 2 ～ 9cm，宽 5 ～ 15mm，二至三回羽状全裂，一回全裂片 2 ～ 6 对，二回全裂片 1 ～ 4 对，最终小裂片细条形或丝形，先端尖；叶柄长 2 ～ 2.5cm。花葶 1 至多条，直立或斜升，聚伞花序，具少数或多数分枝；苞片叶状细裂；花淡黄色；萼片 2，卵状披针形，边缘膜质，长约 3mm，宽约 1mm。花瓣 4，外面 2 瓣较大，倒三角形，顶端有团裂片；内面 2 瓣较小，倒卵状楔形，上部 3 裂，中裂片长矩圆形。雄蕊 4，长约 8mm，花丝下半部有狭翅。雌蕊 1；子房长圆柱形，长约 8mm；柱头 2 深裂，长约 1mm；胚珠多数。蒴果条形，长 3.5 ～ 5cm，种子间有横隔，2 瓣开裂；种子黑色，具明显的“十”字形凸起。

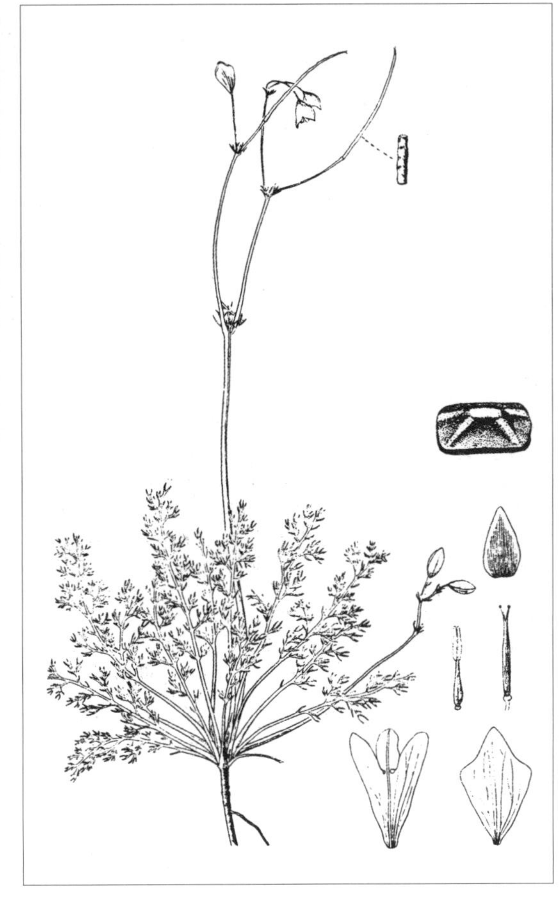

中生草本。生于草原和荒漠草原带的砾石质坡地、沙质地、盐化草甸等处。产岭东（鄂伦春自治旗）、呼伦贝尔（海拉尔区、满洲里市、新巴尔虎左旗、新巴尔虎右旗）、科尔沁（科尔沁右翼中旗）、锡林郭勒（苏尼特左旗、苏尼特右旗）、乌兰察布（四子王旗、达尔罕茂明安联合旗、固阳县、乌拉特中旗）、阴山（大青山）、阴南平原（呼和浩特市、包头市）、阴南丘陵（凉城县、准格尔旗）、鄂尔多斯（达拉特旗、伊金霍洛旗、乌审旗、鄂托克旗、鄂托克前旗）、东阿拉善（阿拉善左旗巴彦浩特镇、腾格里沙漠）、西阿拉善（阿拉善右旗雅布赖镇）、贺兰山。分布于我国黑龙江、辽宁、河北、山西、山东、河南北部、湖北、陕西东南部、宁夏中部、甘肃、新疆中部和北部，俄罗斯（西伯利亚地区）。为东古北极分布种。

根及全草入药，能泻火、解热、镇咳，主治气管炎、咳嗽、感冒发烧、菌痢。全草也入蒙药（蒙药名：嘎伦-塔巴格），能杀“粘”、清热、解毒，主治流感、瘟疫、黄疸、陈刺痛、结喉、发症、转筋痛、麻疹、炽热、劳热、讧热、毒热。

2. 节裂角茴香（细果角茴香）

Hypecoum leptocarpum J. D. Hook. et Thoms. in Fl. Ind. 1:276. 1855; Fl. Intramongol. ed. 2, 2:594. t.241. f.9-15. 1991.

一年生铺散草本，高 5 ～ 40cm。全株无毛，稍有白粉。基生叶多数，呈莲座状；叶片狭倒披针形或狭矩圆形，长 4 ～ 10（～ 15）cm，宽 1 ～ 1.5cm，二回单数羽状全裂，一回侧裂片 3 ～ 6 对，远离，无柄或具短柄，二回裂片羽状深裂，最终裂片卵状披针形或披针形，宽 0.5 ～ 1.5mm，先端锐尖；叶柄长 1.5 ～ 7cm，基部有宽膜质叶鞘。茎生叶苞状或叶状，羽状分裂。花葶 3 ～ 10，斜升，常二歧状分枝，着生 1 ～ 5 朵花；萼片极小，卵状披针形，绿色，长 1 ～ 2mm，宽 0.6 ～ 1mm。花瓣 4：外面 2，稍大，宽卵形；内面 2，稍小，3 裂达中部，中央裂片长矩圆形，两侧裂片斜椭圆形，基部楔形。雄蕊 4，与花瓣近等长，离生，花药先端微尖，花丝具狭翅。蒴果条形，长 2.5 ～ 3cm，

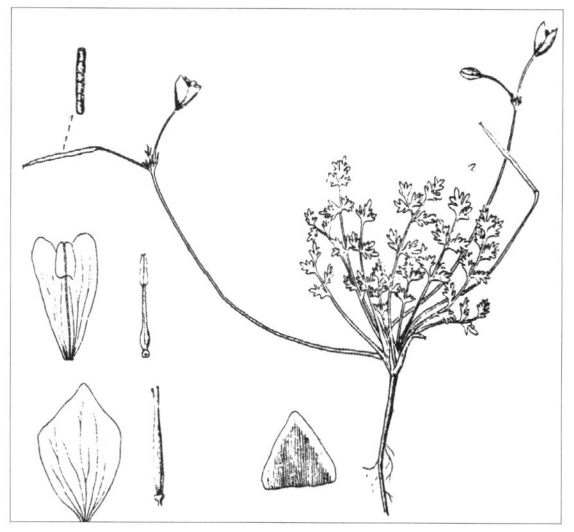

具关节，成熟时在每个种子间分裂成10个小节；种子卵圆形，长约1mm，平滑，淡褐色。花期5～7月，果期6～7月。

中生草本。生于草原带的山地沟谷、田边。产锡林郭勒（太仆寺旗）、阴山（大青山、蛮汗山）。分布于我国河北西北部、山西北部、陕西、甘肃东南部、青海、西藏东部、四川西南部、云南西北部，蒙古国北部、尼泊尔、印度（锡金）、不丹。为东古北极分布种。

全草入蒙药（蒙药名：塔苏日海－嘎伦－塔巴格），功能、主治同角茴香。

47. 紫堇科 Fumariaceae

草本。有时具块茎。叶常为二回羽状全裂或复叶。花两性，两侧对称，淡紫色，紫红色或黄色，组成总状花序；具苞片；萼片 2，鳞片状，早落；花瓣 4，2 轮排列，外轮上方 1 片基部有距，内轮 2 片先端稍合生；雄蕊 6，呈 2 束，花药位于每束中央的为 2 室；子房 1 室，由 2 心皮合生，侧膜胎座，含 2 至多数胚珠，花柱细长，柱头 2 裂。蒴果 2 瓣开裂；种子黑色，有光泽，有时具种阜。

内蒙古有 1 属、12 种。

1. 紫堇属 **Corydalis** Vent.

属的特征同科。

内蒙古有 12 种。

分种检索表

1a. 具块茎；茎下部叶具鳞片叶，子叶 1。
  2a. 块茎球形；蒴果条状圆柱形，长 15 ～ 25mm；叶的小裂片条形或披针形；苞片齿裂。
    3a. 茎粗壮，单一或由下部鳞片叶腋分出 2 ～ 3 枝；基生叶柄无鞘；外轮花瓣边缘具波状齿，顶端微凹，中具 1 明显小凸尖……………………………………**1. 齿裂延胡索 C. turtschaninovii**
    3b. 茎细弱，多分枝；基生叶柄下部具鞘；花瓣全缘且顶端无小凸尖………**2. 北京延胡索 C. gamosepala**
  2b. 块茎非球形，粗壮，常具分枝；蒴果扁圆柱形，长约 4mm；叶的小裂片长圆形形或卵形；苞片全缘………………………………………………………………………………**3. 贺兰山延胡索 C. alaschanica**
1b. 无块茎，具直根；茎下部叶无鳞片叶，子叶 2。
  4a. 花紫红色或紫色。
    5a. 一、二年生草本，全株被白粉，呈灰绿色；直根细长，褐黄色；花淡紫红色或紫色，上花瓣有龙骨状凸起；叶细小；蒴果狭椭圆形………………………………………………**4. 紫堇 C. bungeana**
    5b. 多年生草本，全株无白粉，呈绿色；直根粗壮，黑色；花紫红色，上花瓣无龙骨状凸起；叶较大；蒴果圆柱形……………………………………………………………………**5. 红花紫堇 C. livida**
  4b. 花黄色。
    6a. 直根粗壮，直径约 10mm 或更粗；全株被白粉，呈灰绿色；叶二回单数羽状全裂；花距短圆筒形；蒴果条形……………………………………………………………………**6. 灰绿黄堇 C. adunca**
    6b. 直根纤细，径约 3mm 以下；全株无白粉，呈绿色；叶二至三回羽状全裂。
      7a. 蒴果矩圆形或倒披针形，稀条形，不呈念珠状。
        8a. 花较大，连距长 16 ～ 18mm，距细长，长 7 ～ 10mm；叶质较厚，草质，小裂片较宽，倒卵形……………………………………………………………………**7. 小黄紫堇 C. raddeana**
        8b. 花较小，连距长 6 ～ 8mm，距粗短，长约 3mm；叶质较薄，纸质，小裂片较狭，倒披针形。
          9a. 苞片不裂，蒴果倒披针形或矩圆形，种子 2 行……………………**8. 北紫堇 C. sibirica**
          9b. 苞片羽状分裂或花序上部的苞片不裂，蒴果条形，种子 1 行…………………………………………………………………………………………**9. 赛北紫堇 C. impatiens**

7b. 蒴果条形，念珠状。

10a. 茎无紫色棱翅；柱头 2 裂，横直叉开，每裂具 4 个乳头状突起；种子黑色，径约 2mm。

11a. 叶羽片卵圆形或长圆形；花序疏具多花；种子密被圆锥状凸起…………**10. 黄堇 C. pallida**

11b. 叶小裂片条形或披针形；花序多花密集；种子边缘密被点状印痕…**11. 球果黄堇 C. speciosa**

10b. 茎具紫色棱翅；柱头马鞍形，前端短柱状 4 裂；种子亮黑色，径约 1mm……………………………………………………………………………………………………**12. 蛇果黄堇 C. ophiocarpa**

1. 齿裂延胡索（狭裂延胡索、齿瓣延胡索）

Corydalis turtschaninovii Bess. in Flora 17(Beibl. 1):6. 1834; Fl. Intramongol. ed. 2, 2:596. t.243. f.1-2. 1991.——*C. remota* Fisch. ex Maxim. var. *lineariloba* Maxim. in Prim. Fl. Amur. 38. 1859; Fl. Intramongol. ed. 2, 2:595. t.242. f.1-3. 1991.

多年生草本。块茎球状，直径 1 ～ 3cm，外被数层栓皮，棕黄色或黄褐色，皮内黄色，味苦且麻。茎直立或倾斜，高 10 ～ 30cm，单一或由下部鳞片叶腋分出 2 ～ 3 枝。叶二回三出深裂或全裂，最终裂片披针形或狭卵形，长 1 ～ 5cm，宽 0.5 ～ 1.5cm。总状花序密集，花 20 ～ 30 朵；苞片半圆形，先端栉齿状半裂或深裂；花蓝色或蓝紫色，长 1 ～ 2.5cm。花冠唇形，4 瓣，2 轮，基部连合；外轮上瓣最大，瓣片边缘具微波状牙齿，顶端微凹，中具 1 明显凸尖，基部延伸成一长距；内轮 2 片较狭小，先端连合，包围雄蕊及柱头。雄蕊 6，3 枚组成 1 束；雌蕊 1，花柱细长。蒴果线形或扁圆柱形，长 0.7 ～ 2.5cm，柱头宿存，成熟时 2 瓣裂；种子细小，多数，黑色，扁肾形。花期 4 ～ 5 月，果期 5 ～ 6 月。

中生草本。生于森林带和草原带的山地林缘、沟谷草甸、河滩及溪沟边。产兴安北部及岭东和岭西（额尔古纳市、牙克石市、鄂伦春自治旗、阿尔山市）、兴安南部、阴山（大青山劈柴沟）。分布于我黑龙江、吉林东部、辽宁、河北东北部，俄罗斯（远东地区）。为华北—满洲分布种。

块茎入药（药材名：延胡索），能活血、利气、止痛，主治胃痛、胸腹痛、疝痛、痛经、月经不调、产后瘀血腹痛、跌打损伤。本变种可引种栽培。

2. 北京延胡索（山延胡索）

Corydalis gamosepala Maxim. in Mem. Acad. Imp. Sci. St.-Petersb. Div. Sav. 9(Prim. Fl. Amur.):38. 1859; Fl. China 7:318. 2008.——*C. curviflora* Maxim. var. *giraldii* Fedde in Repert. Spec. Nov. Regni Veg. 12:407. 1913.

多年生草本。块茎球状，直径 6 ～ 15mm；茎细弱，高 10 ～ 30cm，不分枝或上部分枝。叶 2，二回三出羽状全裂，裂片椭圆状卵形或长圆形，上部或顶端有 3 ～ 4 浅裂或大小不等的缺刻，有时其中另一叶的裂片呈线状披针形或线形，具长柄。花淡紫色，呈顶生疏散的总状花序；苞片菱状倒卵形，位于下部的较大，先端 3 ～ 5 裂稀全缘；花梗长 7 ～ 13mm；萼片不显著。花冠平伸，连距长 2 ～ 2.5cm，距长约整个花冠的 2/5，尾部钝圆，微向下弯；外面的 2 片花瓣先端 2 裂；里面的 2 片花瓣狭卵形，先端稍连合，带黑褐色。柱头头状。蒴果长圆状椭圆形，长约 2.5cm；种子近球形，黑色，具光泽，表面具环状排列的细小凸起。花期 4 ～ 5 月。

中生草本。生于阔叶林带的山地灌丛。产燕山北部。分布于我国辽宁南部、河北、山东、山西、陕西、宁夏。为华北分布种。

块茎供药用，能活血、利气、止痛，主治小腹痛及痛经、胸脘疼痛、寒疝阴肿痛、跌打损伤、瘀血肿痛等症。孕妇慎用。

3. 贺兰山延胡索（贺兰山稀花紫堇）

Corydalis alaschanica (Maxim.) Peschkova in Bot. Zhurn. 75:86. 1990; High. Pl. China 3:690. f.1091:1-3. 2000.——*C. pauciflora* (Steph. ex Willd.) Pers. var. *alaschanica* Maxim. in Enum. Fl. Mongol. 37. 1889; Fl. Intramongol. ed. 2, 2:599. t.244. f.1-2. 1991.

多年生草本。块茎粗壮，分枝，黄褐色。茎柔软，直立或斜倚，高 15 ～ 40cm，无毛。叶基

生，二回羽状全裂，叶片三角状卵形，长和宽均为 2 ～ 5cm，一回全裂片倒闭卵形，常 3 深裂，基部楔形，顶端钝圆，无毛；具长柄，叶柄基部扩大呈鞘状。总状花序顶生，花稀疏；苞片卵形或椭圆形，全缘；花蓝紫色；花梗长 5 ～ 10mm，纤细。外轮上面花瓣长约 18mm，距长约 12mm，圆筒形，下面花瓣近

匙形，长约 10mm；内轮花瓣 2，顶端合生，倒卵形，长约 5mm。子房条状圆柱形，无毛。蒴果扁圆柱形，长约 4mm，花柱宿存。花期 5 ～ 6 月。

中生草本。生于荒漠带的山地沟谷石缝。产贺兰山。分布于我国宁夏（贺兰山）。为贺兰山分布种。

4. 紫堇（地丁、地丁草、紫花地丁）

Corydalis bungeana Turcz. in Bull. Soc. Imp. Nat. Mosc. 13:62. 1840; Fl. Intramongol. ed. 2, 2:596. t.242. f.4-6. 1991.

一、二年生草本。全株被白粉，呈灰绿色，无毛。直根细长，褐黄色。茎 1 ～ 10 条，直立或斜升，有分枝。基生叶和茎下部叶具长柄，叶片卵形，长宽 1.5 ～ 3cm；三回羽状全裂，一回全裂片 3 ～ 5，宽卵形，具短柄或无柄；二回裂片倒卵形或倒披针形；最终小裂片狭卵形或披针状条形，宽 0.5 ～ 1mm，先端钝圆，有时具短尖头。总状花序生枝顶，果期延长；苞片叶状，二回羽状深裂，具较短的柄；花梗纤细，长 2 ～ 3mm；萼片小，三角状卵形。花瓣淡紫红色；外轮上面 1 片连距长 10 ～ 15mm，背部有龙骨状凸起，距圆筒形，长 5 ～ 7mm，末端圆形，稍向下弯曲；外轮下面 1 片长 6 ～ 8mm，矩圆形，背部有龙骨状凸起，具长爪；内轮 2 片先端深紫色，长 6 ～ 8mm，顶端合生。蒴果狭椭圆形，长 14 ～ 18mm，宽 3 ～ 5mm，扁平，先端渐尖，宿存花柱长 1 ～ 2mm；果梗长 2 ～ 4mm，下垂；种子肾状球形，黑色，有光泽。花果期 5 ～ 7 月。

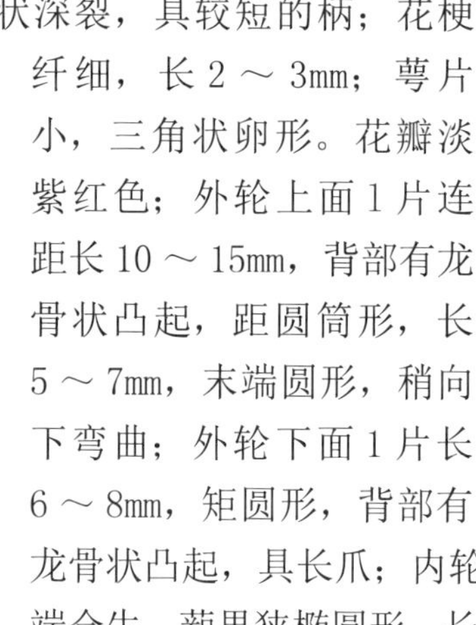

中生草本。生于草原带的山地疏林下、沟谷草甸、农田、渠道边。产赤峰丘陵（红山区）、燕山北部（喀喇沁旗）、阴山（大青山）、阴南平原（呼和浩特市、包头市）。分布于我国黑龙江东南部、吉林东北部、辽宁西部、河北、山西、河南西部、山东西部、山西、陕西北部、宁夏、甘肃东部，朝鲜北部、蒙古国东南部、俄罗斯（远东地区）。为华北—满洲分布种。

全草入药（药材名：苦地丁），能清热解毒、活血消肿，主治疔疮肿毒、上呼吸道感染、支气管炎、急性肾炎、黄疸、肠炎、淋巴结结核、眼结膜炎、角膜溃疡。全草也入蒙药（蒙药名：好如海－其其格），能清热、治伤、消肿，主治“粘”热、流感、伤热、隐热、烫伤。

5. 红花紫堇

Corydalis livida Maxim. in Fl. Tangut. 49. 1889; High. Pl. China 3:672. f.1060. 2000; Fl. China 7:321. 2008.——*C. punicea* C. Y. Wu ex Govaerts in Icon. Corm. Sin. Suppl. 1:682. f.8732. 1982; Fl. Intramongol. ed. 2, 2:599. t.243. f.1-2. 1991.

多年生草本。根粗壮，黑褐色。根茎被深褐色残叶基。茎从根茎伸出数条，直立，高 30 ～ 60cm。基生叶数枚，叶片狭长卵形或披针形，长 9 ～ 14cm，最终裂片卵形，三回羽状分裂；具叶柄，长 7 ～ 9cm，基部扩大成鞘。茎生叶疏离互生，较小，下部者具短柄，上部者无柄。总状花序顶生，花 10 ～ 20；苞片下部者同茎上部叶，其他楔状卵形，顶端骤尖，全缘；花梗长于苞片；花紫红色；萼鳞片状。上花瓣长 2 ～ 2.3cm，无鸡冠状凸起，距圆筒形，末端增粗，略弯；下花瓣呈囊状。雄蕊长 0.8 ～ 0.9cm；子房线形，长 0.5 ～ 0.8cm。蒴果圆柱形（彩图中球形果系虫瘿所致），长 1.2 ～ 1.5cm；种子 4 ～ 6。花期 6 月。

中生草本。生于荒漠带的山地林下、沟边。产龙首山。分布于我国甘肃、青海。为唐古特分布种。

6. 灰绿黄堇（旱生紫堇）

Corydalis adunca Maxim. in Bull. Acad. Imp. Sci. St.-Petersb. Ser. 3, 24:29. 1878; Fl. Intramongol. ed. 2, 2:601. t.244. f.3-4. 1991.

多年生草本。全株被白粉，呈灰绿色。直根粗壮，直径 0.5 ～ 1cm，暗褐色。茎直立，高 20 ～ 40cm，自基部多分枝，具纵条棱。叶具长叶柄，叶片披针形或卵状披针形，长 3 ～ 8cm，宽 1.5 ～ 3cm；二回单数羽状全裂，一回全裂片 2 ～ 5 对，远离，卵形，具柄；二回小裂片披针形、倒披针形或矩圆形，宽 1 ～ 2mm，先端圆钝。花黄色，排列成疏散的顶生总状花序；苞片条形，长 3 ～ 5mm；花梗纤细，长 6 ～ 10mm；萼片三角状卵形，长约 2mm。外轮上面花瓣连距长 14 ～ 16mm，先端上举，具小凸尖，距短，长 3 ～ 4mm，稍内弯；下面花瓣较细，长约 10mm，先端具小凸尖，内轮 2 花瓣矩圆形，具细长爪，顶端靠合，包围雄蕊和雌蕊。子房条形，长约 5mm；花柱长约 4mm，上部弯曲；柱头膨大，有多个鸡冠状凸起。蒴果条形，长 1.5 ～ 2.5cm，宽约 3mm，直立，先端具长约 3mm 的喙；种子扁球形，平滑，亮黑色。花果期 5 ～ 8 月。

中旱生草本。生于草原带和荒漠带的山地石质山坡、岩石露头处。产阴山（大青山、乌拉山）、东阿拉善（狼山、桌子山、杭锦旗伊和乌素苏木）、贺兰山、龙首山。分布于我国陕西东北部、宁夏、甘肃中部和东部、青海、四川西部、西藏东部、云南西北部，蒙古国西部和南部。为亚洲中部山地分布种。

7. 小黄紫堇

Corydalis raddeana Regel in Bull. Soc. Imp. Nat. Mosc. 34(2):143. 1861; High. Pl. China 3:676. f.1067:1-3. 2000; Fl. China 7:337. 2008.——*C. ochotensis* Turcz. var. *raddeana* (Regel) Nakai in Chos. Shok. 1:101. 1914; Fl. Intramongol. ed. 2, 2:601. t.245. f.1-2. 1991.

一、二年生草本。全株无毛。茎高达 40cm，有分枝，具纵棱。叶有长柄，叶片三角形，长宽均为 5 ～ 10cm；二至三回羽状全裂；一回全裂片常具叶柄，卵状三角形，羽状全裂；二回全裂片具短柄或无柄，卵形，羽状深裂或浅裂，最终小裂片倒卵形、菱状倒卵形或卵形，顶端钝圆，具短尖，上面绿色，下面粉绿色。总状花序生枝顶；苞片披针形，长 2 ～ 3mm，常全缘；花梗长 1.5 ～ 3mm，纤细。花瓣黄色；外轮上面 1 片连距长 15 ～ 18mm，背部具龙骨状凸起，距细长，长 7 ～ 10mm，向末端渐细，直或稍向下；外轮下面 1 片，长约 6 ～ 8mm，背部有龙骨状凸起；内轮 2 片，顶端靠合，瓣片近矩圆形，爪细长。蒴果狭矩圆形或倒披针形，长 8 ～ 15mm，宽 1.5 ～ 2mm，顶端圆形，具长约 2mm 的宿存花柱，基部楔形；种子间常稍缢细，1 行；果梗纤细，长 2 ～ 4mm。花期 7 ～ 8 月。

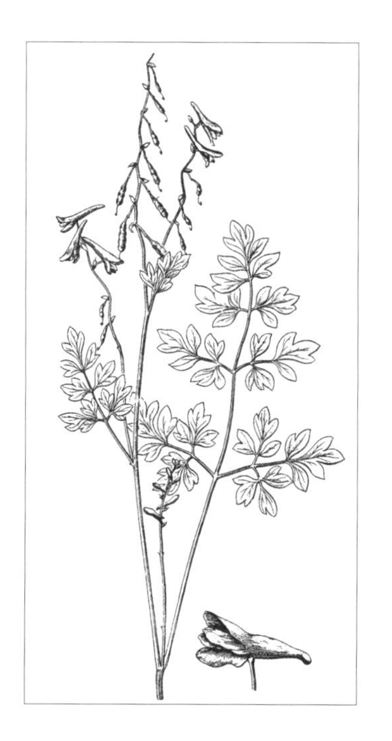

中生草本。生于森林带和草原带的山地林缘、石崖下。产岭东（鄂伦春自治旗）、兴安南部（巴林右旗）、燕山北部（喀喇沁旗、宁城县）、阴山（大青山）。分布于我国黑龙江、吉林东部、辽宁东部、河北、河南、山东西部、山西、甘肃、浙江、台湾，日本、朝鲜、俄罗斯（远东地区）。为东亚分布种。

8. 北紫堇

Corydalis sibirica (L. f.) Pers. in Syn. Pl. 2:270. 1806; Fl. Intramongol. ed. 2, 2:603. t.245. f.3-5. 1991.——*Fumaria sibirica* L. f. in Suppl. Pl. 314. 1782.

一、二年生草本。全株无毛。茎纤细，直立或斜升，高 10 ～ 30cm，有分枝，具纵棱。叶灰绿色，具细长的叶柄，叶片卵形，长 2 ～ 4cm，宽 1.5 ～ 3.5cm；二回三出羽状全裂，一回全裂片具叶

柄，卵形或宽卵形；二回全裂片常倒卵形，常三出深裂，最终小裂片倒披针形或矩圆形，长 3 ～ 8mm，宽 1 ～ 3mm。总状花序短缩，有少数花；苞片披针形或条形，与花梗等长或稍长。花瓣黄色；外轮上面 1 片连距长约 6mm，背面有龙骨状凸起，边缘细波状，距圆筒形，长约 3mm，直径约 1.5mm，末端钝圆；外轮下面 1 片近楔形，长约 3mm，先端具短尖；内轮 2 花瓣顶端靠合，长约 3mm，瓣片近矩圆形，具长爪。蒴果倒披针形或矩圆形，长 6 ～ 10mm，宽 2 ～ 4mm，扁平，顶端圆形，具长约 1.5mm 的宿存花柱，基部楔形；果梗长 3 ～ 4mm，下垂；种子肾状扁球形，亮黑色，平滑，直径约 1.5mm。花果期 6 ～ 8 月。

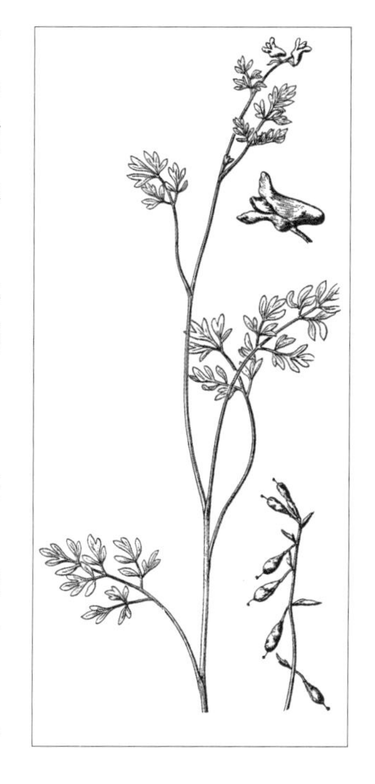

中生草本。生于森林带和草原带的山地林下、沟谷溪边。产兴安北部及岭西（额尔古纳市、根河市、牙克石市、鄂伦春自治旗）、兴安南部（科尔沁右翼前旗、阿鲁科尔沁旗、巴林右旗、西乌珠穆沁旗）、阴山（大青山）。分布于我国黑龙江西北部、吉林，蒙古国北部和西部及南部、俄罗斯（西伯利亚地区）。为东古北极分布种。

全草入蒙药（蒙药名：西伯日－好如海－其其格），功能、主治同紫堇。

9. 赛北紫堇

Corydalis impatiens (Pall.) Fisch. in Syst. Nat. 2:124. 1821.——*Fumaria impatiens* Pall. in Reise Russ. Reich. 3:286. 1776.——*C. sibirica* (L. f.) Pers. var. *impatiens* (Pall.) Regel in Bull. Soc. Imp. Nat. Mosc. 34(3):143. 1861; Fl. Intramongol. ed. 2, 2:603. 1991.

一、二年生草本，高 20 ～ 70cm。茎直立，细弱，具棱槽，从基部或中部分枝。叶长达 15cm 以上，叶片三角形，二至三回三出全裂，一回裂片约 2 对，最终裂片长圆状线形或线形，宽 2 ～ 5mm；叶柄长，下部稍扩大。总状花序顶生，花期有的不发育；苞片披针形或椭圆形，

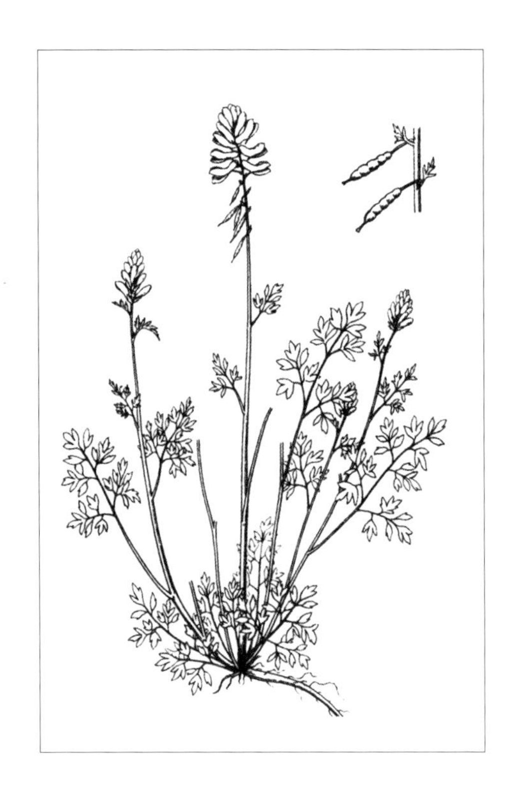

羽状分裂或花序上部的苞片不裂，与花梗等长，常为紫色；萼片膜质，白色，细小，宽约 1 ～ 1．5mm，边缘有牙齿或分裂；花冠长 7 ～ 9mm，黄色或黄白色。花瓣先端常具紫色斑点；上花瓣的冠檐不大，卵形，急尖，边缘有不明显的牙齿，上瓣距直，粗短，约为花瓣的 1/2；下花瓣匙形，基部有 1 距状凸起；上下花瓣均具鳍状棱脊，内花瓣具长爪。雄蕊 6，每 3 枚为一束，中间花药 2 室，两侧花药 1 室，扭曲，花丝大部连合；雌蕊 1，花柱细长，柱头 4 裂。蒴果长 5 ～ 15mm，平展或下垂，条形，花柱宿存；种子 1 行，黑色，有光泽，具白色种阜。花期 6 ～ 8 月，果期 7 ～ 9 月。

中生草本。生于森林带和草原带的山地疏林或草坡。产兴安北部及岭东（牙克石市、鄂伦春自治旗）、兴安南部（科尔沁右翼前旗、克什克腾旗黄岗梁）。分布于我国吉林、山西北部、甘肃、青海东部，俄罗斯（西伯利亚地区）。为西伯利亚—满洲—华北分布种。

10. 黄堇（珠果紫堇）

Corydalis pallida (Thunb.) Pers. in Syn. Pl. 2:270. 1806; Fl. Intramongol. ed. 2, 2:603. t.246. f.1-3. 1991.——*Fumaria pallida* Thunb. in Nov. Act. Sci. Imp. Petrop. Hist. Acad. 12:103. 1801.

二年生草本，高 20 ～ 60cm。根直，细长。基生叶呈莲座状，花期枯萎，每一莲座状叶簇生 1 ～ 5 条茎，直立或斜上，上部分枝不多。叶密生，下部叶有柄，上部叶无柄；叶片下面有白粉，二至三回羽状全裂；一回裂片椭圆形，有短柄；二回裂片无柄，卵形或长圆形，再次羽裂为线形、椭圆形，锯齿缘，稀全缘。总状花序顶生或腋生，花排列较疏散；苞片披针形或椭圆形，先端尖；萼片小，圆形，径约 1mm，有大的锯齿，膜质；花黄色，长约 17 ～ 23mm，上花瓣的冠檐大，卵圆形，先端钝，显著长于下花瓣，距短粗，末端膨大，稍向下弯；雄蕊 6，每 3 枚组成一束，花丝连合，扁宽。雌蕊 1，线形；花柱细长；柱头 2 裂，横直叉开，每裂具 4 个乳头状突起。蒴果稍下垂，线形，串珠状，长 2 ～ 3cm，径约 2mm，直或稍弧曲，花柱宿存；种子扁球形，黑色，径约 2mm，沿边缘密布小凹点，种阜尖帽形，紧裹种子的一半。花期 4 ～ 6 月，果期 5 ～ 7 月。

中生草本。生于落叶阔叶林区的山地林缘、

石质坡地、路边沙质湿地。产燕山北部（喀喇沁旗旺业甸、宁城县）。分布于我国黑龙江东南部、吉林东部、辽宁、河北、山西南部、陕西南部、河南西部、山东东北部、江苏南部、浙江、福建、安徽、江西、湖北、台湾，日本、朝鲜北部、俄罗斯（远东地区）。为东亚分布种。

11. 球果黄堇

Corydalis speciosa Maxim. in Gartenflora 7:250. t. 343. 1858; High. Pl. China 3:689. f.1089:6. 2000.——*C. pallida* (Thunb.) Pers. var. *speciosa* (Maxim.) Kom. in Fl. Mansh. 2:345. 1903; Fl. Intramongol. ed. 2, 2:605. 1991.

二年生草本。直根，细长。茎直立或斜上，高 20 ～ 60cm，上部分枝。基生叶花期枯萎，下部叶具柄，二至三回羽状全裂；一回裂片椭圆形，有短柄；二回裂片无柄，卵形或椭圆形；最终裂片条形或椭圆形，有微锯齿。总状花序顶生或腋生；苞片披针形或椭圆形，先端尖；萼片圆形，径约 1mm，膜质，具大锯齿。花黄色，长 17 ～ 23mm；上花瓣的冠檐大，卵圆形，先端钝，距短粗，末端膨大，稍下弯；下花瓣近匙形。雄蕊 6，3 枚组成一束，花丝连合；雌蕊 1，条形，花柱细长，柱头具 2 分叉，每叉具 4 个乳头状突起。蒴果条形，串珠状，下垂，长 2 ～ 3cm，花柱宿存；种子扁球形，黑色，径约 2mm。花期 4 ～ 6 月，果期 5 ～ 7 月。

中生草本。生于森林带的山地林缘。产兴安南部（科尔沁右翼前旗察尔森镇）、燕山北部山地（喀喇沁旗）。分布于我国黑龙江、吉林、辽宁、河北、山东、湖北、浙江，日本、朝鲜北部、俄罗斯（远东地区）。为东亚分布种。

根入药，有毒，能清热解毒、杀虫，主治热毒痈疮、无名肿毒、皮肤顽癣，多外用。

12. 蛇果黄堇

Corydalis ophiocarpa J. D. Hook. et Thoms. in Fl. Ind. 1:259. 1855; Fl. Intramongol. ed. 2, 2:605. t.246. f.4-5. 1991.

多年生草本。茎直立，分枝，具紫色棱翅，高可达 40cm。基生叶花期枯萎。茎生叶长达

20cm，下部具长柄，叶片通常狭卵形，长达 14cm，二回羽状全裂；一回裂片约 5 对，具短柄，狭卵形；二回裂片羽状浅裂至深裂。总状花序顶生或腋生，长达 20 余厘米；苞片钻形，长 2 ～ 5mm；花梗长 1 ～ 4mm；萼片三角形，长渐尖，边缘具小齿；花瓣淡黄色，上面花瓣长 0.8 ～ 1.1cm，距长 3 ～ 4mm，内面花瓣上部红紫色；柱头马鞍形。蒴果条形，串珠状，波状弯曲，长 1.5 ～ 2.5mm；种子黑色，有光泽，径约 1mm。花果期 5 ～ 7 月。

中生草本。生于草原化荒漠带的山地沟谷。产贺兰山。分布于我国河北、河南、山西、陕西南部、宁夏、甘肃东部、青海、四川西部、湖北、湖南、安徽、江西西南部、浙江、台湾、西藏东部和南部、云南西北部、贵州西北部，日本、印度（锡金）、不丹。为东亚分布种。

48. 十字花科 Cruciferae

一、二年生或多年生草本，少半灌木。全株无毛或有单毛、丁字毛、分枝毛、星状毛等。叶互生，无托叶，全缘或羽状分裂；基生叶呈莲座状。花两性，两侧对称，常组成总状花序；萼片 4，2 轮，直立或开展，有时基部呈囊状；花瓣 4，展开呈“十”字形，极少无花瓣；雄蕊 6，外轮 2 较短，内轮 4 较长（称四强雄蕊），很少 1 ～ 2 或多数，花丝分离，很少长雄蕊花丝成对合生，基部常有各式蜜腺；雌蕊 1，由 2 心皮合生，子房上位，侧膜胎座，中央常有假隔膜分成 2 室，每室有胚珠 1 ～ 2 或多数，排成 1 或 2 行，花柱短或无，柱头单一或 2 裂。果实为长角果（长约为宽的 4 倍以上）或短角果（长约为宽的 1 ～ 4 倍以下），成熟时开裂或不开裂。种子小，无胚乳；子叶与胚根排列位置常有 3 类：子叶缘倚（胚根位于 2 片子叶的边缘，简图为 0=），子叶背倚（胚根位于 2 片子叶中的 1 片的背面，简图为 0‖），子叶对褶（胚根位于 2 对褶子叶的中间，简图为 0》）。（“0”表示胚根，“=、‖、》”表示子叶）

内蒙古有 42 属、85 种，另有 2 栽培属、7 栽培种。

分属检索表（一）

1a. 短角果（长为宽的 4 倍以下）。
  2a. 短角果成熟时不开裂。
    3a. 短角果具翅。
      4a. 短角果周围具翅；花黄色；单叶，全缘，茎生叶无柄且基部抱茎。
        5a. 短角果扁平，不呈舟状；总状花序多数，集成圆锥状 ……………………**1. 菘蓝属 Isatis**
        5b. 短角果舟状，边缘内弯；总状花序少数，不集成圆锥状………**2. 舟果荠属 Tauscheria**
      4b. 短角果两侧具长翅；花淡紫红色或白色；叶羽状深裂或全裂，茎生叶具柄……………………………………………………………………………………**3. 沙芥属 Pugionium**
    3b. 短角果无翅。
      6a. 花瓣 2 深裂，雄蕊花丝有齿或稍加宽，植株被分枝星状毛。
        7a. 一、二年生草本；短角果椭圆形，长 5 ～ 8mm；种子具窄边………**4. 团扇荠属 Berteroa**
        7b. 多年生草本；短角果近圆形，直径 8 ～ 13mm；种子具宽翅………**5. 翅籽荠属 Galitzkya**
      6b. 花瓣不裂。
        8a. 短角果膨胀，果瓣稍膜质；单叶，边缘具齿，茎生叶无柄且基部抱茎 ……………………………………………………………………………………**6. 群心菜属 Cardaria**
        8b. 短角果不膨胀，果瓣质厚。
          9a. 短角果两侧无棱，无毛，上举。
            10a. 果球形，表面具网纹，纹间呈蜂窝状；单叶，全缘或具疏齿，茎生叶无柄且基部抱茎……………………………………………………**7. 球果荠属 Neslia**
            10b. 果卵形，表面多皱缩或具瘤；叶大头羽裂、羽状浅裂或具波状齿，茎生叶半抱茎或不抱茎……………………………………………………**8. 匙荠属 Bunias**
          9b. 短角果（去毛后）压扁，两侧各具 2 棱，密被具长柄的分枝毛，下垂……………………………………………………………………………**9. 双棱荠属 Microstigma**
  2b. 短角果成熟时开裂。
    11a. 短角果横裂，具 4 棱……………………………………………………**10. 四棱荠属 Goldbachia**

11b. 短角果纵裂，无棱。

12a. 植株被单毛或无毛。

13a. 花黄色；叶羽状分裂，茎生叶基部抱茎或稍抱茎……………………**11. 蔊菜属 Rorippa**

13b. 花白色。

14a. 叶全缘或具齿，稀羽状分裂；果近圆形、卵形、心形或倒卵状楔形，周围具翅或顶端稍具翅。

15a. 果周围具翅……………………………………………………**12. 菥蓂属 Thlaspi**

15b. 果顶端稍具翅………………………………………………**13. 独行菜属 Lepidium**

14b. 叶羽状全裂或深裂；果披针状椭圆形，无翅………………**14. 阴山荠属 Yinshania**

12b. 植株被分枝毛或星状毛，有时混生单毛。

16a. 茎生叶基部箭形抱茎。

17a. 果倒三角状心形，花白色，叶大头羽状分裂……………………**15. 荠属 Capsella**

17b. 果倒卵形，花黄色，叶全缘或具疏齿…………………………**16. 亚麻荠属 Camelina**

16b. 茎生叶基部不抱茎。

18a. 果近圆形、宽椭圆形或宽倒卵形，边缘具窄翅，顶端微凹；花丝具齿或翅，花黄色………………………………………………………………**17. 庭荠属 Alyssum**

18b. 果边缘无窄翅，顶端锐尖或钝尖；花丝无齿或翅。

19a. 半灌木，全株密被星状毛而呈灰白色；果近圆形或卵形，膨胀；种子每室 1 ～ 2；花白色或玫红色…………………………**18. 燥原荠属 Ptilotrichum**

19b. 一、二年生或多年生草本，全株被分枝毛或星状毛，混生单毛、通常绿色；果卵形、椭圆形或披针形，扁平；种子每室数粒至多数；花黄色或白色，稀玫红色或紫色………………………………………………**19. 葶苈属 Draba**

1b. 长角果（长为宽的 4 倍以上）。

20a. 长雄蕊成对合生。

21a. 长角果成熟时不开裂或迟裂，植株密被星状毛且混生单毛或腺毛，长雄蕊花丝成对合生 1/2 ～ 2/3，叶羽状分裂或具疏齿，花黄色或淡紫色……………………**20. 爪花芥属 Oreoloma**

21b. 长角果成熟时开裂，植株被单毛或无毛，花淡紫色或白色。

22a. 长雄蕊花丝成对仅基部或下部 1/5 ～ 1/2 合生，花瓣爪部具纤毛，花丝基部具纤毛或无毛…………………………………………………………**21. 连蕊芥属 Synstemon**

22b. 长雄蕊花丝成对全部合生，花瓣爪部和花丝基部无毛………**22. 花旗杆属 Dontostemon**

20b. 花丝完全分离。

23a. 长角果二型，上部的扁条形，开裂，下部的近圆柱形，具 4 棱，不开裂…………………………………………………………………………**23. 异果芥属 Diptychocarpus**

23b. 长角果一型，成熟时开裂，稀不开裂。

24a. 长角果顶端具长喙，叶羽状分裂或具浅齿，植株被单毛或无毛。

25a. 长角果念珠状，常横裂。

26a. 果开裂；根细直，非肉质；叶非大头羽状分裂或具浅齿……………………………………………………………**24. 离子芥属 Chorispora**

26b. 果不开裂；根粗壮，常肉质；叶大头羽状分裂或具浅齿。栽培……………

……………………………………………………………………………………**25. 萝卜属 Raphanus**

25b. 长角果非念珠状，纵裂。

27a. 花瓣黄色，果不具 4 棱。

28a. 花瓣具紫色脉纹，种子每室 2 行……………………………………**26. 芝麻菜属 Eruca**

28b. 花瓣无紫色脉纹，种子每室 1 行。

29a. 果瓣脉不明显或仅具 1 条突出的中脉。栽培…………………**27. 芸苔属 Brassica**

29b. 果瓣脉具 3 ～ 7 条突出的脉…………………………………………**28. 白芥属 Sinapis**

27b. 花瓣淡紫色，无紫色脉纹；叶基部耳状抱茎；果具 4 棱…**29. 诸葛菜属 Orychophragmus**

24b. 长角果顶端无喙或有短喙。

30a. 植株无毛或被单毛，有时混生腺毛。

31a. 花黄色。

32a. 长角果圆柱状四棱形；叶大头羽状分裂，茎生叶基部抱茎………**30. 山芥属 Barbarea**

32b. 长角果细长圆柱形；叶羽状分裂，茎生叶基部不抱茎………**31. 大蒜芥属 Sisymbrium**

31b. 花紫色、淡红色或白色。

33a. 叶为大头羽裂或羽状复叶，稀单叶……………………………**32. 碎米荠属 Cardamine**

33b. 单叶。

34a. 叶羽状分裂；长雄蕊花丝加宽，具齿或无；植株被腺毛或单毛……………………
…………………………………………………………**33. 异蕊芥属 Dimorphostemon**

34b. 叶全缘或具齿；花丝不加宽，无齿。

35a. 叶于基部密集成莲座状，全缘或具疏齿，边缘具捷毛；植株近无毛………
…………………………………………………………**34. 针喙芥属 Acirostrum**

35b. 无基生莲座叶丛。

36a. 植株无毛；叶全缘或微波状，基部抱茎……**35. 盐芥属 Thellungiella**

36b. 植株被单毛或腺毛，叶基部不抱茎。

37a. 柱头 2 深裂，裂片接近；子叶背倚………**36. 香花芥属 Hesperis**

37b. 柱头 2 浅裂，裂片分离；子叶缘倚…………**37. 香芥属 Clausia**

30b. 植株被分枝毛或星状毛，有时混生单毛和腺毛。

38a. 叶羽状分裂。

39a. 花白色或淡红色，叶一至二回羽状分裂，多年生草本………**38. 芹叶芥属 Smelowskia**

39b. 花黄色，叶二至三回羽状分裂，一、二年生草本……………**39. 播娘蒿属 Descurainia**

38b. 叶不分裂，全缘或具齿，稀羽状分裂。

40a. 花黄色或橙色………………………………………………………**40. 糖芥属 Erysimum**

40b. 花白色、淡紫色或淡红色。

41a. 长角果念珠状 ……………………………………………**41. 念珠芥属 Neotorularia**

41b. 长角果不为念珠状。

42a. 果梗短而加粗，果瓣明显具中脉…………………………**42. 涩芥属 Malcolmia**

42b. 果梗细长而不加粗。

43a. 茎生叶基部通常不抱茎，植株密被毛而呈灰白色；果瓣无明显中脉…
…………………………………………………………**43. 曙南芥属 Stevenia**

43b. 茎生叶基部通常抱茎，植株疏被毛而呈淡绿色，果瓣具明显中脉………………**44. 南芥属 Arabis**

分属检索表（二）

1a. 植株被单毛或无毛，或有时混生腺毛（单毛或无毛类）。
  2a. 短角果。
    3a. 短角果具翅。
      4a. 短角果周围具翅；单叶，全缘或具齿，茎生叶无柄且基部抱茎。
        5a. 花黄色。
          6a. 短角果扁平，矩圆形或倒披针形；总状花序多数，集成圆锥状……**1. 菘蓝属 Isatis**
          6b. 短角果舟状，边缘内弯；总状花序少数，不集成圆锥状……**2. 舟果荠属 Tauscheria**
        5b. 花白色；短角果圆形或倒卵形，顶端凹陷…………………………………**12. 菥蓂属 Thlaspi**
      4b. 短角果两侧具长翅或顶端具短翅。
        7a. 短角果两侧具长翅；花淡紫红色或白色；叶羽状深裂或全裂，茎生叶具柄……………………………………………………………………………………**3. 沙芥属 Pugionium**
        7b. 短角果顶端具短翅；花白色；多为单叶全缘或具齿，稀羽状浅裂或深裂，茎生叶无柄……………………………………………………………………………**13. 独行菜属 Lepidium**
    3b. 短角果无翅。
      8a. 短角果横裂，短柱状，具 4 棱……………………………………………**10. 四棱荠属 Goldbachia**
      8b. 短角果纵裂或不裂，无棱。
        9a. 短角果纵裂。
          10a. 花黄色；叶羽状分裂，茎生叶基部抱茎或稍抱茎……………**11. 蔊菜属 Rorippa**
          10b. 花白色；叶羽状全裂或深裂，具短柄，基部不抱茎………**14. 阴山荠属 Yinshania**
        9b. 短角果不裂。
          11a. 短角果球形，膨胀，果瓣稍膜质……………………………………**6. 群心菜属 Cardaria**
          11b. 短角果卵形，不膨胀，表面多皱缩或具瘤…………………………**8. 匙荠属 Bunias**
  2b. 长角果。
    12a. 长雄蕊成对合生。
      13a. 长雄蕊花丝成对仅基部或下部 1/5 ～ 1/2 合生，花瓣爪部具纤毛，花丝基部具纤毛或无毛………………………………………………………………**21. 连蕊芥属 Synstemon**
      13b. 长雄蕊花丝成对全部合生，花瓣爪部和花丝基部无毛………**22. 花旗杆属 Dontostemon**
    12b. 花丝完全分离。
      14a. 长角果二型，上部的扁条形，开裂，下部的近圆柱形，具 4 棱，不开裂………………………………………………………………………**23. 异果芥属 Diptychocarpus**
      14b. 长角果一型，成熟时开裂，稀不开裂。
        15a. 长角果顶端具长喙；叶羽状分裂或具浅齿。
          16a. 长角果念珠状，常横裂。
            17a. 果开裂；根细直，非肉质；叶非大头羽状分裂或具浅齿……………………………………………………**24. 离子芥属 Chorispora**
            17b. 果不开裂；根粗壮，常肉质；叶大头羽状分裂或具浅齿…………

……………………………………………………………………………………………………25. 萝卜属 Raphanus

16b. 长角果非念珠状，纵裂。

18a. 花瓣黄色，果不具 4 棱。

19a. 花瓣具紫色脉纹，种子每室 2 行………………………………26. 芝麻菜属 Eruca

19b. 花瓣无紫色脉纹，种子每室 1 行。

20a. 果瓣脉不明显或仅具 1 条突出的中脉。栽培……………27. 芸苔属 Brassica

20b. 果瓣脉具 3 ～ 7 条突出的中脉……………………………28. 白芥属 Sinapis

18b. 花瓣淡紫色，无紫色脉纹；叶基部耳状抱茎；果具 4 棱……………………………………

……………………………………………………………………29. 诸葛菜属 Orychophragmus

15b. 长角果顶端无喙或有短喙。

21a. 花黄色。

22a. 长角果圆柱状四棱形；叶大头羽状分裂，茎生叶基部抱茎………30. 山芥属 Barbarea

22b. 长角果细长圆柱形；叶羽状分裂，茎生叶基部不抱茎………31. 大蒜芥属 Sisymbrium

21b. 花紫色、淡红色或白色。

23a. 叶为大头羽裂或羽状复叶，稀单叶………………………………32. 碎米荠属 Cardamine

23b. 单叶。

24a. 叶羽状分裂；长雄蕊花丝加宽，具齿或无；植株被腺毛或单毛……………………

……………………………………………………………33. 异蕊芥属 Dimorphostemon

24b. 叶全缘或具齿；花丝不加宽，无齿。

25a. 叶于基部密集成莲座状，全缘或具疏齿，边缘具捷毛；植株近无毛…………

……………………………………………………………34. 针喙芥属 Acirostrum

25b. 无基生莲座叶丛。

26a. 植株无毛；叶全缘或微波状，基部抱茎…………35. 盐芥属 Thellungiella

26b. 植株被单毛或腺毛，叶基部不抱茎。

27a. 柱头 2 深裂，裂片接近；子叶背倚………36. 香花芥属 Hesperis

27b. 柱头 2 浅裂，裂片分离；子叶缘倚……………37. 香芥属 Clausia

1b. 植株被分枝毛或星状毛，有时混生单毛或腺毛（分枝毛类）。

28a. 短角果。

29a. 花瓣 2 深裂，雄蕊花丝有齿或稍加宽。

30a. 一、二年生草本；短角果椭圆形，长 5 ～ 8mm；种子具窄边……4. 团扇荠属 Berteroa

30b. 多年生草本；短角果近圆形，直径 8 ～ 13mm；种子具宽翅……5. 翅籽荠属 Galitzkya

29b. 花瓣不裂，顶端圆形或凹缺。

31a. 短角果两侧无棱，上举。

32a. 短角果倒三角状心形；花白色；茎生叶全缘或具齿，基部箭形且抱茎……………

……………………………………………………………………15. 荠属 Capsella

32b. 短角果为其他形状。

33a. 茎生叶基部箭形抱茎。

34a. 果球形，表面具网纹，纹间呈蜂窝状………………7. 球果荠属 Neslia

34b. 果倒卵形，果瓣有明显凸起的中脉或几无脉……………………**16. 亚麻荠属 Camelina**

33b. 茎生叶基部不抱茎。

35a. 果近圆形、宽椭圆形或宽倒卵形，边缘具窄翅，顶端微凹；花丝具齿或翅；花黄色……………………………………………………………………………**17. 庭荠属 Alyssum**

35b. 果边缘无窄翅，顶端锐尖或钝尖；花丝无齿或翅。

36a. 半灌木，全株密被星状毛而呈灰白色；果近圆形或卵形，膨胀；种子每室 1 ～ 2；花白色或玫红色………………………………**18. 燥原荠属 Ptilotrichum**

36b. 一、二年生或多年生草本，全株被分枝毛或星状毛，混生单毛，通常绿色；果卵形、椭圆形或披针形，扁平；种子每室数粒至多数；花黄色或白色，稀玫红色或紫色…………………………………………………**19. 葶苈属 Draba**

31b. 短角果（去毛后）压扁，两侧各具 2 棱，下垂………………………**9. 双棱荠属 Microstigma**

28b. 长角果。

37a. 长雄蕊花丝成对合生 1/2 ～ 2/3，叶羽状分裂或具疏齿，花黄色或淡紫色…………………………………………………………………………………………**20. 爪花芥属 Oreoloma**

37b. 长雄蕊花丝完全分离。

38a. 叶羽状分裂。

39a. 花白色或淡红色，叶一至二回羽状分裂，多年生草本………**38. 芹叶芥属 Smelowskia**

39b. 花黄色，叶二至三回羽状分裂，一、二年生草本…………**39. 播娘蒿属 Descurainia**

38b. 叶不分裂，全缘或具齿，稀羽状分裂。

40a. 花黄色或橙色……………………………………………………**40. 糖芥属 Erysimum**

40b. 花白色、淡紫色或淡红色。

41a. 长角果念珠状…………………………………………**41. 念珠芥属 Neotorularia**

41b. 长角果不为念珠状。

42a. 果梗短而加粗，果瓣明显具中脉………………………**42. 涩芥属 Malcolmia**

42b. 果梗细长而不加粗。

43a. 茎生叶基部通常不抱茎，植株密被毛而呈灰白色，果瓣无明显中脉…………………………………………………………**43. 曙南芥属 Stevenia**

43b. 茎生叶基部通常抱茎，植株疏被毛而呈淡绿色，果瓣具明显中脉……………………………………………………………………**44. 南芥属 Arabis**

1. 菘蓝属 Isatis L.

一、二年生或多年生草本。被单毛或无毛。基生叶具柄；茎生叶无柄，基部通常箭形，抱茎，全缘。花小，黄色；萼片近直立；花瓣具短爪；雄蕊分离，花丝无齿，侧蜜腺几呈环状，中蜜腺狭窄，连结侧蜜腺。短角果翅果状，不开裂，下垂，边缘具肥厚的翅，1 室，通常含 1 种子；子叶背倚。

内蒙古有 1 种，另有 2 栽培种。

分种检索表

1a. 果瓣具 3 肋脉；短角果倒卵状矩圆形或矩圆状椭圆形，两端圆形；叶耳箭形……**1. 三肋菘蓝 I. costata**

1b. 果瓣具 1 肋脉。栽培。

2a. 短角果矩圆形，两端圆形；叶耳不明显或为圆形……………………………………**2. 菘蓝 I. indigotica**

2b. 短角果楔状倒披针形，先端钝圆或平截，基部楔形；叶耳箭形……………**3. 欧洲菘蓝 I. tinctoria**

1. 三肋菘蓝（肋果菘蓝）

Isatis costata C. A. Mey. in Fl. Alt. 3:204. 1831; Fl. Intramongol. ed. 2, 2:610. t.247. f.1-2. 1991.——*I. oblongata* auct. non DC.: Fl. Intramongol. ed. 2, 2:612. t.248. f.1-3. 1991.——*I. costata* C. A. Mey. var. *lasiocarpa* (Ledeb.) Busch. in Fl. Sibir. et Orient. Extr. 1:161. 1913; Fl. Intramongol. ed. 2, 2:610. 1991.——*I. lasiocarpa* Ledeb. in Fl. Ross. 1:211. 1847.

一、二年生草本，高 30 ～ 80cm。全株稍被蓝粉霜，无毛。茎直立，上部稍分枝。基生叶条形或椭圆状条形，长 5 ～ 10cm，宽 5 ～ 15mm，顶端钝，基部渐狭，全缘，近无柄；茎生叶无柄，披针形或条状披针形，比基生叶小，基部耳垂状，抱茎。总状花序顶生或腋生，组成圆锥状花序；花小，直径 1.5 ～ 2.5mm，黄色；花梗丝状，长 2 ～ 4mm；萼片矩圆形至长椭圆形，长 1.5 ～ 2mm，边缘宽膜质；花瓣倒卵形，长 2.5 ～ 3mm。短角果成熟时呈倒卵状矩圆形或椭圆状矩圆形，长 10 ～ 14mm，宽 4 ～ 5mm，顶端和基部常圆形，有时微凹，无毛，中肋扁平且有 2 ～ 3 条纵向脊棱，棕黄色，有光泽；种子条状矩圆形，长约 3mm，宽约 1mm，棕黄色。花果期 5 ～ 7 月。

中生草本。生于草原带的干河床、芨芨草滩、山坡或沟谷。产呼伦贝尔（陈巴尔虎旗、海拉尔区、满洲里市）、锡林郭勒（苏尼特左旗、扎来庙东南部、达尔汗乌拉苏木、阿玛乌苏东南部和满都拉图南部）。分布于我国新疆北部，蒙古国、巴

基斯坦、俄罗斯（西伯利亚南部、欧洲部分），克什米尔地区，中亚。为黑海—哈萨克斯坦—蒙古分布种。

叶可提取蓝色染料。

《内蒙古植物志》第二版第二卷 611 页图版 248 图 1 ～ 3 并非长圆果菘蓝 *I. oblongata* DC.，而是三肋菘蓝 *I. costata* C. A. Mey.。

2. 菘蓝（大青、靛青）

Isatis indigotica Fort. in J. Hort. Soc. London 1:269. 1846; Fl. Intramongol. ed. 2, 2:612. 1991. p.p.——*I. tinctoria* auct. non L.: Fl. Intramongol. ed. 2, 2:610. t.247. f.3. 1991. p.p.

二年生草本，高 30 ～ 100cm。全株无毛。茎直立，有分枝。基生叶具叶柄，早枯萎；茎生叶长椭圆形或披针形，长 2 ～ 5cm，宽 0.5 ～ 1.5cm，先端钝或尖，基部叶耳圆或尖，半抱茎，全缘或具浅波状齿。总状花序顶生或腋生，组成圆锥状花序；花黄色；萼片矩圆形，开展，长约 2mm；花瓣倒披针形，长 3.5 ～ 5mm。短角果矩圆形，长 10 ～ 15mm，宽 3 ～ 5mm，边缘具海绵质的宽翅，中肋细，在子房室部位稍隆起，顶端圆形、截形、微凹或具短尖头。花果期 5 ～ 7 月。

中生草本。原产我国，现广泛栽培。内蒙古呼和浩特市、赤峰市、准格尔旗有栽培。

根及叶入药，根（药材名：板蓝根）能清热解毒、凉血，主治咽喉肿痛、腮腺炎、丹毒、黄疸热痢、感冒风热；叶（药材名：大青叶）能清热解毒凉血，主治时行热病，湿毒斑疹、丹毒脓肿。叶可提取蓝色染料；种子可榨工业用油。叶也入蒙药（蒙药名：呼和－那布其），能杀“粘”、清热、解毒，主治流感、瘟热。

《内蒙古植物志》第二卷 611 页版图 248 图 4 并非菘蓝 *I. indigotica* Fort.，而是欧洲菘蓝 *I. tinctoria* L.。

3. 欧洲菘蓝（大青）

Isatis tinctoria L., Sp. Pl. 2:670. 1753; Fl. China 8:36. 2001.

一、二年生草本，高 30 ～ 100cm。全株多少被白色单细胞非腺毛。主根圆柱形，灰黄色。茎直立，无毛，上部分枝，稍带粉霜。基生叶倒卵形至矩圆状倒披针形，长 5 ～ 10cm，宽 1 ～ 4cm，蓝绿色，顶端圆形，基部渐狭，全缘，具柄；茎生叶矩圆形或矩圆状披针形，长 1 ～ 6cm，宽 5 ～ 15mm，基部箭形，抱茎，全缘，无柄。总状花序顶生或腋生，组成圆锥状花序；花黄色，直径 4 ～ 5mm；花梗纤细，下垂；萼片矩圆形，长约 2mm；花瓣倒披针形，长 3 ～ 4mm，顶端圆形，基部渐狭。短角果矩圆形，长 10 ～ 15mm，宽 3 ～ 5mm，扁平，边缘具宽翅，顶端平截或微凹，基部渐狭，平滑无毛，中肋粗而圆，含 1 粒种子；种子椭圆形，长 3 ～ 4mm，棕色。花果期 5 ～ 7 月。

中生草本。原产欧洲中部和南部、亚洲中部和西部，我国有引种。内蒙古呼和浩特市、准格尔旗有少量栽培。

《内蒙古植物志》第二卷 609 页图版 247 图 3 并非欧洲菘蓝 *I. tinctoria* L.，而是菘蓝 *I. indigotica*。

2. 舟果荠属 **Tauscheria** Fisch. ex DC.

属的特征同种。

内蒙古有 1 种。

1. 舟果荠

Tauscheria lasiocarpa Fisch. ex DC. in Syst. Nat. 2:563. 1821; Fl. China 8:56. 2001.

一年生草本，高 15 ～ 30cm。植株呈灰蓝色。茎自中部以上分枝，无毛。叶矩圆状卵形或矩圆状披针形，全缘；基生叶具短柄，基部楔形；茎生叶无柄，基部耳形或箭形，抱茎。总状花序顶生；花梗很短，长 1 ～ 2mm，果期延伸；萼片基部不呈囊状；花瓣黄色，后变白色；长雄蕊分离，无齿；子房柄很短，花柱圆锥状，柱头小。短角果舟形，长 3 ～ 5mm，不开裂，下面凸，上面有向内凹的革质翅，先端具稍向上弯的三角形喙，两侧有横皱褶，密被黄色短柔毛，心室 1，种子 1；果梗向下弯曲；种子卵状矩圆形，淡黄色。花期 4 月，果期 5 月。

中生草本。生于荒漠带的路边、河岸。产额济纳。分布于我国新疆、西藏西部，俄罗斯、巴基斯坦、阿富汗，克什米尔地区，中亚、西南亚。为古地中海分布种。

3. 沙芥属 Pugionium Gaertn.

一、二年生草本。全株呈球形，无毛。茎分枝极多。叶肉质，下部叶羽状分裂，上部叶条形或丝形。萼片直立，基部呈囊状；花瓣玫瑰红色或白色，条形；侧蜜腺发达，包围短雄蕊基部，无中蜜腺。短角果侧扁，不开裂，两侧有翅，翅长而宽；果核表面有齿、刺或扁长三角形凸起；种子 1，水平生长，椭圆形，子叶背倚。

内蒙古有 2 种。

分种检索表

1a. 短角果的翅剑形，2 翅呈钝角上举，先端长渐尖；叶裂片较宽；二年生草本………**1. 沙芥 P. cornutum**

1b. 短角果的翅矩圆形、矩圆状披针形，或有时一侧无翅，2 翅向两侧平展，先端截形、斜截形、近圆形或锐尖；叶裂片狭窄；一年生草本………………………………………………**2. 宽翅沙芥 P. dolabratum**

1. 沙芥（山羊沙芥）

Pugionium cornutum（L.）Gaertn. in Fruct. Sem. Pl. 2:291. t.142. 1791; Fl. Intramongol. ed. 2, 2:616. t.250. f.1-5. 1991.——*Bunias cornuta* L., Sp. Pl. 2:669. 1753.

二年生草本，高 70 ～ 150cm。根圆柱形，肉质。主茎直立，分枝极多。基生叶呈莲座状，肉质，叶片条状矩圆形，长 15 ～ 30cm，宽 3 ～ 4.5cm，羽状全裂，具 3 ～ 6 对裂片，裂片卵形、矩圆形或披针形，不规则地 2 或 3 裂或顶端具 1 ～ 3 齿，具长柄；茎生叶羽状全裂，较小，裂片较

少，裂片常条状披针形，全缘；茎上部叶条状披针形或条形。总状花序顶生或腋生，组成圆锥状花序；花梗纤细，长 3 ～ 5mm。外萼片倒披针形，长约 7mm，宽约 2mm；内萼片狭矩圆形，长约 6mm，宽约 2mm，顶端常具微齿。花瓣白色或淡玫瑰色，条形或倒披针状条形，长约 15mm，宽 1 ～ 2mm；侧蜜腺环状，黄色，包围短雄蕊的基部。短角果带翅宽 5 ～ 8cm，翅短剑状，长 2 ～ 5cm，宽 3 ～ 5mm，上举；果核扁椭圆形，宽 10 ～ 15mm，表面有刺状凸起。花期 6 ～ 7 月，果期 8 ～ 9 月。

沙生中生草本。生于典型草原带的半固定或流动沙地上。产科尔沁沙地（克什克腾旗、翁牛特旗）、

锡林郭勒浑善达克沙地（西乌珠穆沁旗、苏尼特左旗、正蓝旗）、鄂尔多斯沙地（准格尔旗小乌兰不浪、杭锦旗、伊金霍洛旗、乌审旗、鄂托克前旗）。分布于我国宁夏河东沙地、陕西北部山地。为东蒙古草原区（科尔沁—浑善达克—鄂尔多斯）沙地间断分布种。

嫩叶做蔬菜或饲料，产区群众种于菜园做蔬菜用。固沙植物。全草及根入药：全草能行气、止痛、消食、解毒，主治消化不良、胸胁胀满、食物中毒；根能止咳、清肺热，主治气管炎。根入蒙药（蒙药名：额乐森-萝邦），能解毒、消食，主治头痛、关节痛、上吐下泻、胃脘胀痛、心烦意乱、视力不清、肉食中毒。

2. 宽翅沙芥（绵羊沙芥、斧形沙芥、斧翅沙芥）

Pugionium dolabratum Maxim. in Bull. Acad. Imp. Sci. St.-Petersb. Ser.3, 26:426. 1880; Fl. Intramongol. ed. 2, 2:613. t.249. f.1-2. 1991.——*P. calcaratum* Kom. in Bull. Jard. Bot. Acad. Sci. U.R.S.S. 30:718. f.1-3. 1932; Fl. Intramongol. ed. 2, 2:616. t.249. f.3. 1991.——*P. cristatum* Kom. in Bull. Jard. Bot. Acad. Sci. U.R.S.S. 30:718. f.10-12. 1932; Fl. Desert. Reip. Pop. Sin. 2:21. t.5. f.22-23. 1987; Fl. Reip. Pop. Sin. 33:70. t.13. f.6. 1987.——*P. dolabratum* Maxim. var. *platypterum* H. L. Yang in Act. Phytotax. Sin. 19(2):240. f.1. 1981. et Fl. Desert. Reip. Pop. Sin. 2:21. 1987.——*P. dolabratum* Maxim. var. *latipterum* S. L. Yang in Fl. Reip. Pop. Sin. 33:71. 1987.

一年生草本，高 60 ～ 100cm。植株具强烈的芥菜辣味，全株呈球形，植丛的直径 50 ～ 100cm。直根圆柱状，稍两侧扁，深入地下，直径 1 ～ 1.5cm，淡灰黄色或淡褐黄色。茎直立，圆柱形，近基部直径 6 ～ 12mm，淡绿色，无毛，有光泽；分枝极多，开展。叶肉质，基生叶与茎下部叶矩圆形或椭圆形，长 7 ～ 12cm，宽 3 ～ 6cm，不规则二回羽状深裂至全裂，最终裂片条形至披针形，先端锐尖；基生叶具长叶柄，茎下部叶柄较短，在柄基部膨大成叶鞘。茎中部叶长 5 ～ 12cm，通常一回羽状全裂，具 5 ～ 7 枚裂片，裂片长 1 ～ 4cm，宽 1 ～ 3mm，边缘稍内卷，顶端尖。基

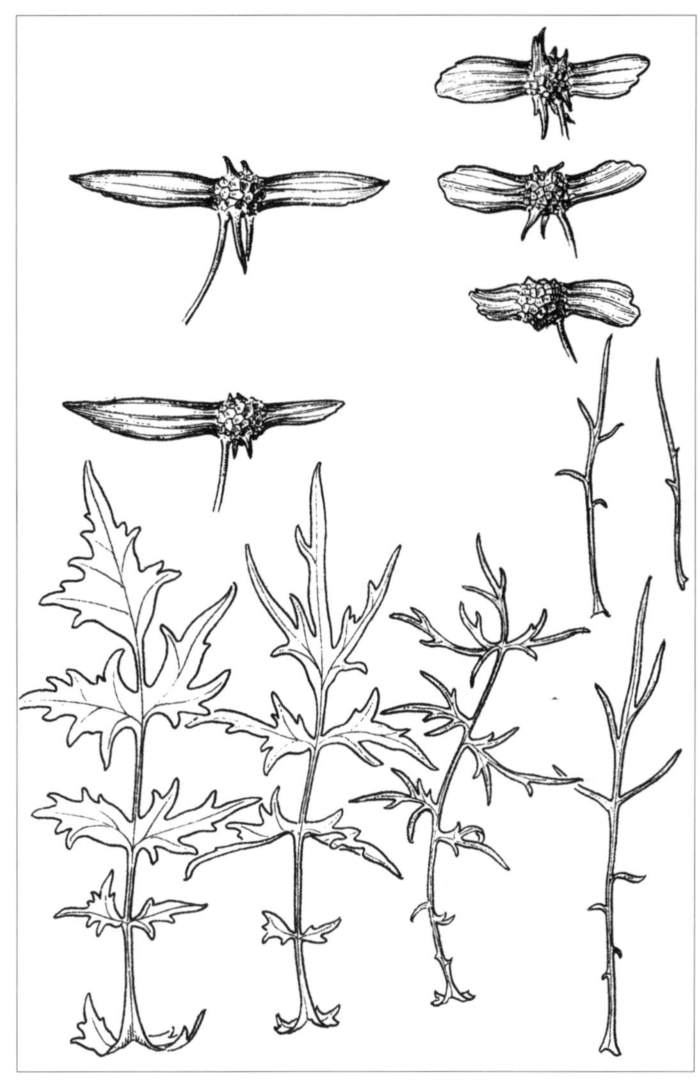

生叶、茎下部叶、茎中部叶在开花时已枯落。茎上部叶丝形，长 3 ～ 5cm，宽约 1mm，边缘稍内卷。总状花序生小枝顶端，有时几个花序组成圆锥状花序；花梗长 3 ～ 5mm。外萼片矩圆形，长约 6mm，宽约 1.8mm；内萼片倒披针形，较外萼片小些，边缘膜质。花瓣淡紫色，直立但上部内弯，条形或条状倒披针形，长约 15mm，宽 1.5 ～ 2mm。短雄蕊 2，长 5.5 ～ 6mm，基部具哑铃形侧蜜腺 2；长雄蕊 4，长 6.5 ～ 7mm。雌蕊极短，子房扁，无柄，无花柱，柱头具多数乳头状突起。短角果的翅矩圆形、矩圆状披针形，或有时一侧无翅，2 翅向两侧平展，先端截形、斜截形、近圆形或锐尖；果核扁椭圆形，长 6 ～ 8mm，宽 8 ～ 10mm，其表面有齿状、刺状或扁长三角形凸起，长短不一。花果期 6 ～ 8 月。

沙生旱中生草本。生于荒漠及半荒漠带的流动或半流动沙丘上。产鄂尔多斯（鄂托克旗、鄂托克前旗、乌审旗）、东阿拉善（阿拉善左旗、磴口县、乌拉特后旗）、西阿拉善（巴丹吉林沙漠边缘）。分布于我国宁夏、陕西、甘肃（河西走廊东部），蒙古国西部和南部。为西蒙古荒漠和半荒漠区（大湖盆—阿拉善）沙地间断分布种。

用途同沙芥。

4. 团扇荠属 Berteroa DC.

一、二年生草本。被分枝星状毛。萼片直立，基部不呈囊状；花瓣白色，顶端深裂；长雄蕊花丝基部扩大，短雄蕊花丝基部具齿；子房无柄，花柱长，柱头2浅裂。短角果椭圆形，膨胀或扁平；种子多数，具窄边，子叶缘倚。

内蒙古有1种。

1. 团扇荠

Berteroa incana (L.) DC. in Syst. Nat. 2:291. 1821; Fl. China 8:65. 2001.——*Alyssum incanum* L., Sp. Pl. 2:650. 1753.

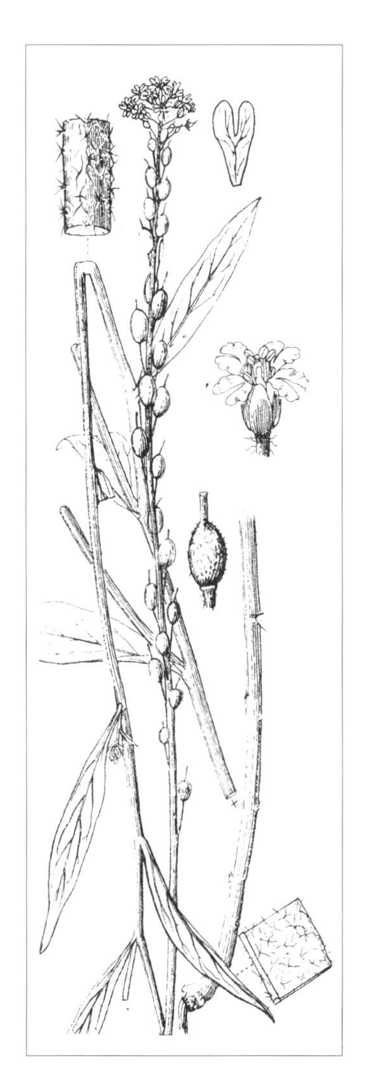

二年生草本，高20～80cm。茎直立，基部分枝，被短星状毛，混有单毛。基生叶倒披针形，全缘或具疏齿，具柄；茎生叶披针形，长2～4cm，宽3～6mm，先端锐尖，基部楔形，全缘，两面密被星状毛，无柄。总状花序，果期延伸，花密集。外萼片矩圆形，较宽，长2～3mm；内萼片条状矩圆形，较窄，长与外萼片近等。花瓣白色，长5～7mm，瓣片倒卵形，先端深裂到1/3～1/2，裂片矩圆形；长雄蕊花丝基部扩大，短雄蕊花丝基部具齿，蜜腺圆锥状。短角果椭圆形或矩圆形，长5～8mm，宽3～4mm，膨胀，密被星状毛，具2～3mm长的喙；果梗近直立，长6～9mm，被单毛和星状毛；种子近圆形，具窄边。花期5～6月，果期7～8月。

中生草本。生于山坡、山脚、河岸、田边。产内蒙古西部。分布于我国辽宁（沈阳市）、甘肃、新疆中部和北部，俄罗斯（西伯利亚地区），中亚、欧洲。为古北极分布种。北美洲有逸生。

种子含油量约28%，可供工业用。

5. 翅籽荠属 **Galitzkya** V. V. Botsch.

多年生草本。植株被无柄的 4 ～ 8 分枝的星状毛，毛分枝单一或再具 1 ～ 3 分叉。茎基常具数个枝条，被有残存枯叶柄，直立，常不分枝。单叶、全缘，基生叶多数，呈莲座状，具柄，花期不枯萎；茎生叶少数，无柄，基部渐狭，无耳。总状花序具数花，无苞片。果梗向外平展。花萼卵形或椭圆形，易脱落，被伸展的星状毛，基部呈囊状；花瓣黄色或白色，较花萼长，瓣片倒卵形，2 深裂；雄蕊 6，四强，花丝基部稍膨大，花药狭椭圆形，顶端钝，侧蜜腺 4，无中蜜腺；子房每室具 6 ～ 14 胚珠。短角果球形、宽倒卵形或宽椭圆形，具宽的假隔膜，无柄或偶具长达 1mm 的子房柄；果瓣近革质，扁平或稍膨大，光滑或被柔毛，脉模糊或清晰；胎座框稍平坦，无翅；隔膜膜质，完整；花柱长达 5mm，丝状，柱头头状、不裂。种子 2 列，具宽翅，球形、卵形或椭圆形；种皮光滑，遇水不变黏；子叶缘倚。

内蒙古有 1 种。

1. 大果翅籽荠

Galitzkya potaninii (Maxim.) V. V. Botsch. in Bot. Zhurn. (Moscow et Leningrad) 64:1442. 1979; Fl. China 8:64. 2001.——*Berteroa potaninii* Maxim. in Bull. Acad. Imp. Sci. St.-Petersb. Ser.3, 26:422. 1880.

旭日 / 摄

多年生草本，高 10 ～ 20cm。密被星状毛，尤以叶上为密，使叶呈灰绿色。根粗，自根颈分枝。茎细。叶多基生，叶片狭长圆形，具长柄，连柄长 2 ～ 6cm，宽 2 ～ 7mm；茎上有时有叶，长条形或狭条形，长 1.5 ～ 2cm，宽 1 ～ 3mm，无明显叶柄。总状花序于果期更为伸长；花梗长 5mm；萼片近相等，狭长圆形，长 4 ～ 5mm，宽约 1.5mm，被小星状毛，灰绿色，干时变为灰紫色，边缘半透明膜质；花瓣黄色，干后淡黄色，长 5 ～ 6.5mm，宽约 2mm，顶端 2 深裂。短角果圆形或长圆状椭圆形，直径 8 ～ 13mm；果瓣扁平，有隐约的网状脉，中脉基部清楚；花柱长约 5mm；果梗长约 1cm，近水平展开，末端弯曲上翘，被小星状毛。每室种子具 4 ～ 5，着生于子房上部两侧；种子长圆形，直径 5 ～ 6mm，扁平，黄褐色，有宽翅。花期 7 月。

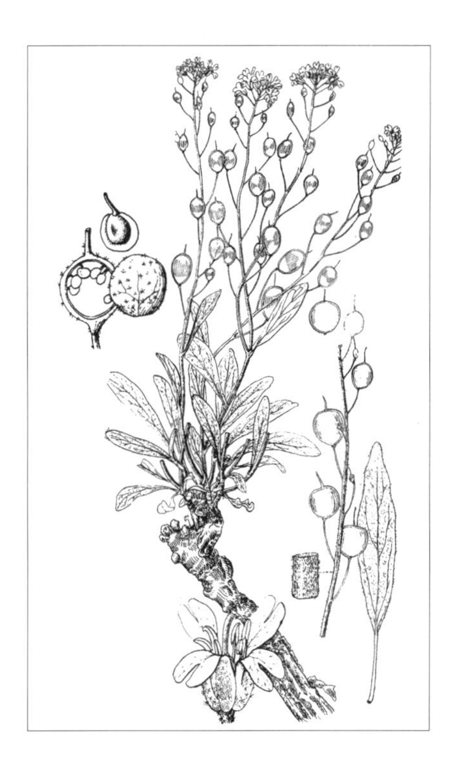

强旱生草本。生于荒漠带的砾石质山坡。产额济纳。分布于我国甘肃（河西走廊西部）、新疆东部，蒙古国西南部（准格尔戈壁、外阿尔泰戈壁）。为西戈壁分布种。

6. 群心菜属 Cardaria Desv.

多年生草本。全株被单毛。茎直立，常有分枝。叶披针形，边缘具牙齿，基部箭形，抱茎。花极小；萼片稍开展，基部不呈囊状；花瓣白色，瓣片卵形，向下渐狭成爪。雄蕊分离；侧蜜腺延伸，常成对合生；中蜜腺狭窄，与侧蜜腺连合。短角果不开裂，膨胀，无翅，果瓣无中脉、质薄，每室有种子 1 ～ 2，子叶背倚。

内蒙古有 1 种。

1. 毛果群心菜（泡果荠）

Cardaria pubescens (C. A. Mey.) Jarm. in Weeds U.R.S.S. 3:29. 1934; Fl. Intramongol. ed. 2, 2:617. t.251. f1-11. 1991.——*Hymenophysa pubescens* C. A. Mey. in Fl. Alt. 3:181. 1831.

多年生草本。全株被短柔毛，灰绿色。茎直立或斜升，高 10 ～ 30cm，常于近基部处分

枝。基生叶与茎下部叶具柄，叶片矩圆形或披针形，长 3 ～ 6cm，宽 5 ～ 15mm，先端圆钝或锐尖，基部渐狭，边缘疏生细齿，两面被短柔毛；上部叶无柄，披针形、矩圆形或条状披针形，长 1 ～ 7cm，宽 3 ～ 14mm，先端圆钝或尖，基部箭形，半抱茎，边缘有疏细牙齿。数个短总状花序组成圆锥花序；萼片近直立，矩圆形，长约 2mm，宽约 1mm，具膜质边缘，背面被短柔毛，内萼片顶部稍兜状；花瓣白色，长约 3.5mm；雄蕊伸出花瓣外。短角果卵状球形，长 4 ～ 5mm，膨胀，不开裂，被短柔毛，2 室，每室含种子 1，顶端宿存花柱细长，柱长 1 ～ 2mm；种子椭圆形，长 1.5mm，棕褐色。花果期 5 ～ 7 月。

旱中生草本。生于荒漠带和荒漠草原带的盐化低地与疏松盐土上，为盐生草甸种。产乌兰察布（苏尼特右旗）、鄂尔多斯（鄂托克旗）、东阿拉善（临河区、磴口县、杭锦旗、阿拉善左旗）、西阿拉善（阿拉善右旗）、龙首山。分布于我国陕西北部、宁夏西北部、甘肃（河西走廊）、青海、新疆，蒙古国西部和南部、巴基斯坦、俄罗斯，中亚。为古地中海分布种。美洲有逸生。

7. 球果荠属 **Neslia** Desv.

一年生草本。全株被分枝毛。叶为单叶，茎生叶基箭形。萼片直立，基部不呈囊状；花瓣黄色；雄蕊分离，无附属物，短雄蕊两侧各有 1 半月形的蜜腺，并突出伸向长雄蕊的外侧呈 1 凸起物；子房无柄，每室具 2 个胚珠。短角果不开裂，坚果状，近球形，无翅；种子 1 ～ 3，子叶背倚。

内蒙古有 1 种。

1. 球果荠

Neslia paniculata (L.) Desv. in J. Bot. Agric. 3:162. 1815; Fl. Intramongol. ed. 2, 2:617. t.252. f.1-3. 1991.——*Myagrum paniculatum* L., Sp. Pl. 2:641. 1753.

一年生中生草本，高 40 ～ 70cm。被分枝毛，分枝常 3 ～ 4。茎直立，上部分枝，密被分枝毛。茎生叶披针形或矩圆状披针形，长 3 ～ 6cm，宽 1 ～ 1.5cm，先端锐尖或稍钝，基部箭形，抱茎，全缘，两面密被分枝毛。总状花序顶生；花梗纤细，长 1.5 ～ 3mm；花黄色，直径约 1.5mm；萼片矩圆状椭圆形，长 1.6 ～ 1.8mm，先端圆形，边缘宽膜质，背面被分枝毛；花瓣匙形，长 2.2 ～ 2.5mm，宽约 1mm，下部具爪；子房扁圆形，表面被微凸起。短角果近扁球形，长 1.8 ～ 2mm，宽 2 ～ 2.3mm，坚硬，不裂，无毛，表面有蜂窝状网纹，顶端有短喙，含种子 1，果梗长 7 ～ 10mm。花果期 7 ～ 8 月。

中生草本。生于森林区居民点附近的路旁或田边。产兴安北部及岭西和岭东（额尔古纳市、牙克石市、扎兰屯市、鄂温克族自治旗、鄂伦春自治旗）。分布于我国辽宁、新疆北部和西北部，蒙古国北部、俄罗斯、印度、巴基斯坦、阿富汗，克什米尔地区，中亚、西南亚、北非，欧洲。北美洲有逸生。为泛北极分布种。

8. 匙荠属 Bunias L.

二年生或多年生草本。无毛或具分枝毛。萼片开展，基部稍呈囊状；花瓣倒卵形或圆形，白色或黄色；雄蕊 6，离生，短雄蕊基部有半环状蜜腺，并与长雄蕊基部长方形的蜜腺相连，形成环状或不连接。短角果不开裂，卵形，坚果状，2 室，每室有 1 粒种子，子叶对褶。

内蒙古有 1 种。

1. 匙荠

Bunias cochlearioides Murr. in Comm. Goett. 8:42. t.3. 1777; Fl. Intramongol. ed. 2, 2:622. t.253. f.1-5. 1991.

二年生草本，高 15 ～ 20cm。无毛或稍被毛。茎多分枝。基生叶羽状深裂，顶裂片较大，有长柄；茎生叶矩圆形或倒披针形，长 1 ～ 3cm，宽 5 ～ 10mm，具波状或深波状牙齿，基部有耳，半抱茎，无柄。总状花序，具多数小花；萼片椭圆形或矩圆形，长约 2mm；花瓣白色，矩圆形，长 3.5 ～ 4mm，宽约 2mm，基部骤狭成短爪；花丝扁平，基部加宽。短角果三角状卵形，具 4 棱，长 4 ～ 5mm，宽 2 ～ 2.5mm，先端具圆锥形喙，表面常多褶皱；种子近球形，黄褐色，直径约 1mm。

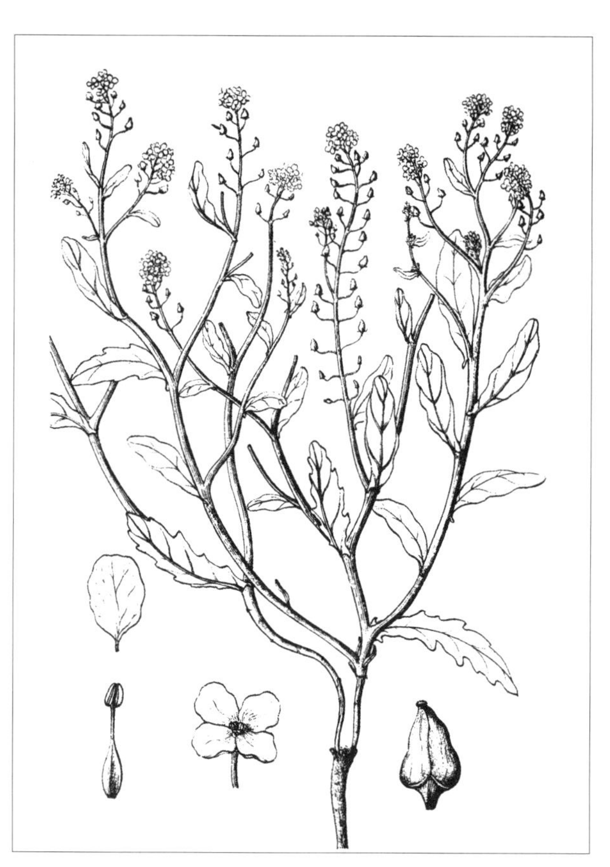

花期 6 ～ 7 月，果期 7 ～ 8 月。

中生草本。生于草原带的湖边草甸。产呼伦贝尔（达赉湖边、呼和淖尔湖边）。分布于我国黑龙江、辽宁、河北，蒙古国北部、俄罗斯（西伯利亚地区）、哈萨克斯坦。为东古北极分布种。

9. 双棱荠属（小柱荠属、小柱芥属）**Microstigma** Trautv.

一年生或多年生草本。全株密生分枝毛及散生有柄的腺毛。茎直立。叶全缘。萼片直立，内轮萼片基部呈囊状；花瓣白色或淡黄色；长雄蕊不合生。短角果短，下垂、弯曲，密被具长柄的分枝毛，去毛后扁平，每侧具2棱；种子大，圆形，扁平，有窄翅，子叶缘倚。

内蒙古有2种。

分种检索表

1a. 短角果卵形弯曲，顶端具3～4mm的长喙；叶披针形或倒披针形；植株被毛除密被分枝毛外还混生大头腺毛 ……………………………………………………………**1. 短果双棱荠 M. brachycarpum**

1b. 短角果椭圆形，不弯曲，顶端具约1.5mm的短喙；叶倒卵形或椭圆状倒卵形；植株被毛仅密被分枝毛，无腺毛……………………………………………………………**2. 尤纳托夫双棱荠 M. junatovii**

1. 短果双棱荠（短果小柱荠、短果小柱芥）

Microstigma brachycarpum Botsch. in Bot. Zhurn. (Moscow et Leningrad) 44(10):1485. f.1. 1959; Fl. Intramongol. ed. 2, 2:653. t.269. f.1-5. 1991.

一年生草本，高10～18cm。全株密被分枝毛和散生有柄腺毛，呈灰绿色。茎直立，不分枝或分枝。叶稍厚，叶片披针形或倒披针形，长1～3cm，宽3～9mm，先端钝或锐尖，基部渐

狭成短柄，全缘或具疏齿。穗状的总状花序生枝顶，无苞片；花梗长1～2.5mm；萼片直立，矩圆状条形，长约8mm，宽1～1.5mm，边缘膜质；花瓣淡黄色或白色，具长约1cm的爪，瓣片矩圆状条形，长20～24mm，宽2～3mm，边缘波状；长雄蕊分离，长约13mm，短雄蕊长约10mm。短角果卵形弯曲，带花柱长13～16mm，宽3～3.5mm，密被具长柄的分枝毛，带光泽，下垂，有时弯曲，宿存花柱长3～4mm。花果期5～7月。

一年生中旱生草本。生于荒漠带的山地干山坡。产西阿拉善（阿拉善右旗南部、合黎山）、龙首山。分布于我国甘肃（合黎山）。为北山（合黎山—龙首山）分布种。

2. 尤纳托夫双棱荠（尤纳托夫小柱荠）

Microstigma junatovii Grub. in Bot. Zhurn. (Moscow. et Leningrad) 63(3):363. 1978; Key Vasc. Pl. Mongol. 129. 1982.

一、二年生草本，高7～25cm。全株密被分枝毛，无散生的有柄腺毛，呈灰绿色。茎直立，不分枝或分枝。叶片稍厚，狭披针形、卵形或椭圆状倒卵形，长3～5cm，宽3～20mm，先端锐尖，全缘或具不整齐的钝齿；基生叶和茎下部叶渐狭成柄，长可达2cm。总状花序生枝顶，无苞片；花梗长1～2mm；萼片直立，矩圆状条形，长6～8mm，宽约1.5mm，边缘窄膜质；花瓣淡黄色，具长约6～8mm的爪，瓣片矩圆状条形，长8～10mm，宽1～2mm，边缘波状；长雄蕊分离。短角果椭圆形，密被具长柄的分枝毛，长约12mm，宽约5mm，下垂；去毛后的短角果扁平，每侧具2棱；宿存花柱长约1.5mm。花果期5～7月。

旱生草本。生于荒漠带的砾石质丘陵。产东阿拉善（乌拉特后旗）、西阿拉善（阿拉善左旗苏红图）。分布于蒙古国（外阿尔泰戈壁）。为戈壁分布种。

10. 四棱荠属 Goldbachia DC.

一、二年生草本。无毛。茎单一或分枝。萼片直立，基部不呈囊状；花瓣倒披针形，白色带紫纹或暗蓝玫瑰色；侧蜜腺环状，与鳞片状中蜜腺连合。短角果不开裂，短柱状，直立或稍弯曲，外部有4棱，表面有网纹或小瘤状突起，顶端鸟喙状；种子1～3，椭圆形或矩圆形，平滑，子叶背倚。

内蒙古有1种。

1. 四棱荠（垂果四棱荠、短梗四棱荠）

Goldbachia laevigata (M. Bieb.) DC. in Syst. Nat. 2:577. 1821; Fl. Intramongol. ed. 2, 2:620. t.252. f.4-6. 1991.——*Raphanus laevigata* M. Bieb. in Fl. Taur.-Cauc. 2:129. 1808.——*G. pendula* Botsch. in Bot. Mater. Gerb. Bot. Inst. Kom. Akad. Nauk S.S.S.R. 22:140. 1963; Fl. China 8:162. 2001.——*G. ikonnikovii* Vass. in Trudy Bot. Inst. Akad. Nauk S.S.S.R. Ser. 1, Fl. Sist. Vyssh. Rast. 1(2):151. 1936; Fl. China 8:162. 2001.

一年生草本，高20～40cm。无毛。茎单一，有分枝，平滑无毛，灰绿色。基生叶近矩圆形，先端钝，基部渐狭成短叶柄，边缘具稀疏牙齿或全缘；茎生叶披针形，长2～4.5cm，宽5～12mm，先端钝或稍尖，基部箭形，稍抱茎，全缘或具疏微齿，稍肉质。总状花序顶生，由少数小花组成；萼片直立，椭圆形，长约1.6mm，具白色膜质边缘；花瓣倒披针形，长约2.8mm，白色，有时带紫纹。短角果4棱短柱状，长7～10mm，宽约2mm，表面平滑或有网纹；喙长三角形，长1～2mm；果梗常平展，或下弯，长2～4mm；种子矩圆形，长约2mm。花果期5～7月。

旱生草本。生于草原和荒漠草原带的平原、沙地、丘陵与沟谷。产锡林郭勒（苏尼特左旗）、鄂尔多斯（乌审旗、鄂托克旗）、东阿拉善、西阿拉善（阿拉善右旗雅布赖镇）。分布于我国宁夏西南部、甘肃中部、青海、西藏北部、新疆中部和西部，蒙古国西部、俄罗斯、印度、巴基斯坦、阿富汗、伊朗，克什米尔地区，中亚、西南亚。为古地中海分布种。

为中等饲用植物。各种家畜都乐食。

11. 蔊菜属 **Rorippa** Scop.

一、二年生或多年生草本。无毛或有单毛。茎直立、匍匐或斜升，不分枝或多分枝。叶羽状分裂、全裂或不裂，具齿或全缘。萼片开展，基部不呈囊状；花瓣黄色，近倒卵形，与萼片近等长或无花瓣；侧蜜腺合生成大环状，向内微缺，向外稍敞开，中蜜腺狭小凸起与侧蜜腺分离或合生。果实为长角果或短角果，开裂，圆柱形、椭圆形、球形或条形；种子多数，2 行或 1 行，子叶缘倚。

内蒙古有 3 种。

分种检索表

1a. 茎基部密被长柔毛，且混生短柔毛；下部叶羽状深裂或全裂，具三角形尖裂片；果成熟时 4 瓣裂……
……………………………………………………………………………………**1. 山芥叶蔊菜 R. barbareifolia**

1b. 茎基部无毛或仅被短柔毛，下部叶具圆形钝裂片，果成熟时 2 瓣裂。

2a. 果球形；种子长 0.3 ～ 0.5mm，常具狭翅；下部叶边缘不整齐齿裂…………**2. 球果蔊菜 R. globosa**

2b. 果圆柱状长椭圆形；种子长 0.5 ～ 1mm，无翅；下部叶大头羽状深裂…………**3. 风花菜 R. palustris**

1. 山芥叶蔊菜

Rorippa barbareifolia (DC.) Kitag. in J. Jap. Bot. 13:137. 1937; Fl. Intramongol. ed. 2, 2:622. t.254. f.1-2. 1991.——*Camelina barbareifolia* DC. in Syst. Nat. 2:517. 1821.

一、二年生草本，高 30 ～ 80cm。茎直立，常多分枝，基部密生长柔毛，且混生短柔毛，有时中部也被毛。茎下部叶羽状深裂或羽状全裂，叶片矩圆形至披针形，长 6 ～ 15cm，宽 2 ～ 3cm，顶裂片较大，卵形或披针状卵形，侧裂片较小，常三角形，边缘不整齐牙齿，两面伏生疏柔毛，具长柄；中上部叶渐小，分裂较浅与较少。总状花序顶生和侧生；花梗长 3 ～ 5mm；花淡黄色，直径 2 ～ 3mm；萼片卵形，长约 2mm；花瓣倒卵形，与萼片等长；花药长 0.7 ～ 0.8mm。短角果宽椭圆形，有时近球形，长 4 ～ 5mm，宽 3 ～ 4mm；果瓣 4 裂，不完全 4 室；种子多数，

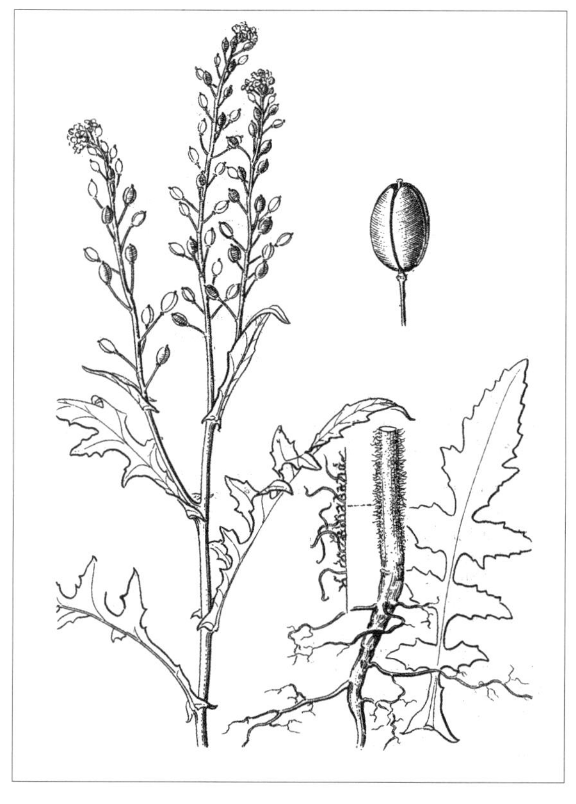

近卵形，长 0.5 ～ 0.7mm，棕褐色。花果期 6 ～ 8 月。

中生草本。生于针叶林带的林缘草甸、河边草甸。产兴安北部及岭东和岭西（额尔古纳市、根河市、牙克石市、鄂伦春自治旗、阿尔山市、海拉尔区）。分布于我国黑龙江、吉林，俄罗斯（西伯利亚地区、远东地区），北美洲。为亚洲—北美分布种。

2. 球果蔊菜（银条菜）

Rorippa globosa (Turcz. ex Fisch. et C. A. Mey.) Hayek in Beith. Bot. Centralbl. 27:195. 1911; Fl. China 8:134. 2001; Fl. Intramongol. ed. 2, 2:624. t.254. f.3-5. 1991.——*Nasturtium globosum* Turcz. ex Fisch. et C. A. Mey. in Index Sem. Hort. Petrop. 1:35. 1835.

一年生草本，高 30 ～ 80cm。茎直立，有分枝，无毛或被短柔毛。叶片矩圆形、倒披针形或倒卵状披针形，长 3 ～ 6cm，宽 1 ～ 2cm，先端渐尖或圆钝，基部抱茎，两侧短耳状，边缘不整齐齿裂，两面无毛，稀被短柔毛。总状花序顶生；花梗纤细，长 1 ～ 2mm；花淡黄色，直径

约 1mm；萼片椭圆形，长 1 ～ 1.5mm；花瓣近椭圆形，较萼片稍短；花药长 0.3 ～ 0.4mm。短角果球形，直径约 2mm，无毛，顶端有短喙；种子多数，近卵形，长 0.3 ～ 0.5mm，稍带 3 棱，有时棱具狭翅。花果期 6 ～ 8 月。

湿中生草本。生于森林草原带的湿地、河边。产兴安南部和科尔沁（科尔沁右翼前旗、扎赉特旗、突泉县、科尔沁右翼中旗）。分布于我国黑龙江、吉林东部、辽宁、河北、山东、山西中部和南部、宁夏、安徽、江西、江苏、浙江、福建东部、台湾、湖北东部、湖南西部和北部、广东南部、广西西南部、四川、云南、西藏，日本、朝鲜、俄罗斯（东西伯利亚地区、远东地区）。为东西伯利亚—东亚分布种。

3. 风花菜（沼生蔊菜）

Rorippa palustris (L.) Bess. in Enum. Pl. 27. 1822; Fl. China 8:135. 2001.——*Sisymbrium amphibium* L. var. *palustris* L., Sp. Pl. 2:657. 1753.——*R. islandica* auct. non (Oed. ex Murray) Borbas: Fl. Intramongol. ed. 2, 2:624. t.255. f.1-9. 1991.——*Sisymbrium islandicum* Oed. ex Murray in Fl. Dan. 3:7. t.409. 1761.

二年生或多年生草本。无毛。茎直立或斜升，高 10 ～ 60cm，多分枝，有时带紫色。基生叶和茎下部叶大头羽状深裂，长 5 ～ 12cm，顶生裂片较大，卵形，侧裂片较小，3 ～ 6 对，边

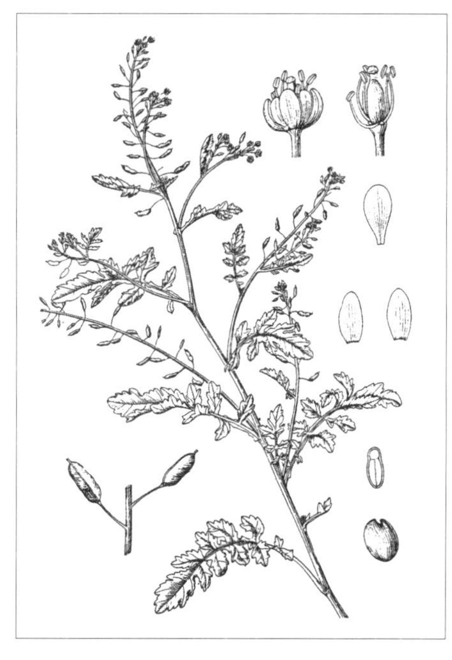

缘有粗钝齿，具长柄；茎生叶向上渐小，羽状深裂或具齿，有短柄，其基部具耳状裂片而抱茎。总状花序生枝顶，花极小，直径约 2mm；花梗纤细，长 1 ～ 2mm；萼片直立，淡黄绿色，矩圆形，长 1.5 ～ 2mm，宽 0.5 ～ 0.7mm；花瓣黄色，倒卵形，与萼片近等长。短角果稍弯曲，圆柱状长椭圆形，长 4 ～ 6mm，宽约 2mm；果梗长 4 ～ 6mm；种子近卵形，长约 0.5mm。花果期 6 ～ 8 月。

湿中生草本。生于水边、沟谷，为沼泽草甸或草甸种。产内蒙古各地。分布于我国黑龙江、吉林东部、辽宁、河北、河南、山东、山西、陕西、宁夏、甘肃东部、青海东北部、安徽东北部、江苏北部、台湾、湖北、湖南西北部、广西南部、贵州北部、四川、西藏南部、云南、新疆中部和北部，北温带地区广布。为泛北极分布种。

种子含油量约 30%，供食用或工业用。嫩苗可做饲料。

12. 菥蓂属（遏蓝菜属）Thlaspi L.

一年生或多年生草本。无毛。基生叶常莲座状，具柄；茎生叶基部箭形，抱茎、无柄，全缘或具齿。萼片斜开展，基部不呈囊状；花瓣白色，少淡红色，有爪；雄蕊分离，花丝无齿，侧蜜腺新月形，位于短雄蕊两侧，向长雄蕊方向延伸形成小凸起。短角果圆形、矩圆形、倒卵形或倒心形，两侧扁压，有翅，顶端凹缺，隔膜窄；种子每室 2 ～ 8，子叶缘倚。

内蒙古有 2 种。

分种检索表

1a. 一年生草本；花较小，长约 3mm；果近圆形，具宽翅，较大，长 13 ～ 16mm…………**1. 菥蓂 T. arvense**

1b. 多年生草本；花较大，长约 6mm；果倒卵状楔形，具狭翅，较小，长 5 ～ 8mm……………………………………………………………………………………**2. 山菥蓂 T. cochleariforme**

1. 菥蓂（遏蓝菜）

Thlaspi arvense L., Sp. Pl. 2:646. 1753; Fl. Intramongol. ed. 2, 2:626. t.256. f.1-7. 1991.

一年生草本。全株无毛。茎直立，高 15 ～ 40cm，不分枝或稍分枝，无毛。基生叶早枯萎，倒卵状矩圆形，有柄；茎生叶倒披针形或矩圆状披针形，长 3 ～ 6cm，宽 5 ～ 16mm，先端圆钝，基部箭形，抱茎，边缘具疏齿或近全缘，两面无毛。总状花序顶生或腋生，有时组成圆锥花序；花小，白色；花梗纤细，长 2 ～ 5mm；萼片近椭圆形，长 2 ～ 2.3mm，宽 1.2 ～ 1.5mm，具膜质边缘；花瓣长约 3mm，宽约 1mm，瓣片矩圆形，下部渐狭成爪。短角果近圆形或倒宽卵形，长 8 ～ 16mm，扁平，周围有宽翅，顶端深凹缺，开裂；种子每室 2 ～ 8，宽卵形，长约 1.5mm，稍扁平，棕褐色，表面有果粒状环纹。花果期 5 ～ 7 月。

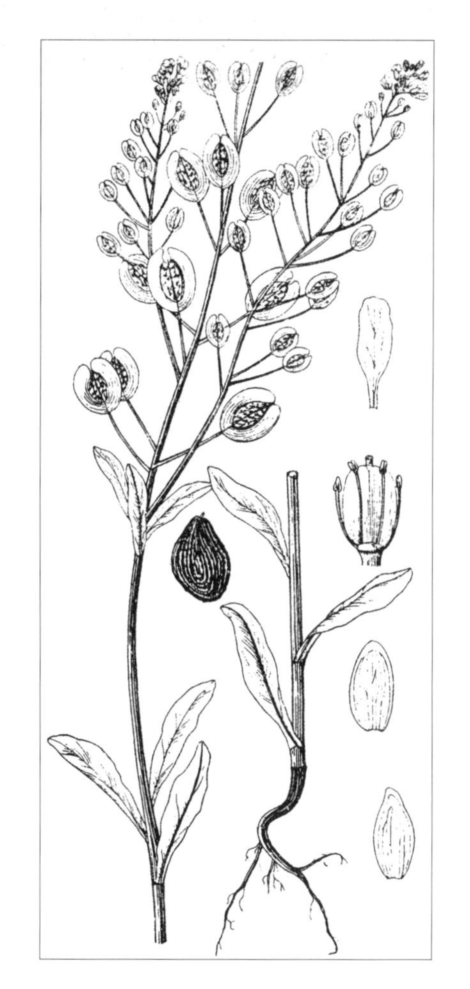

中生草本。生于山地草甸、沟边、村庄附近。产兴安北部（阿尔山市）、呼伦贝尔（海拉尔区）、兴安南部（科尔沁右翼前旗、阿鲁科尔沁旗、克什克腾旗）、阴山（大青山、蛮汗山）、贺兰山。分布几乎遍布我国各地，亚洲、欧洲、非洲、北美洲、南美洲、大洋洲广布。为世界分布种。

种子油可供工业用。嫩株可代蔬菜食用。全草和种子入药，全草能和中开胃、清热解毒，主治消化不良、子宫出血、疖疮痈肿；种子（药材名：菥蓂子）能清肝明目、强筋骨，主治风湿性关节痛、目赤肿痛。种子入蒙药（蒙药名：恒日格 - 额布斯），能清热、解毒、强壮、开胃、利水、消肿，主治肺热、肾热、肝炎、腰腿痛、恶心、睾丸肿痛、遗精、阳痿。

2. 山菥蓂（山遏蓝菜）

Thlaspi cochleariforme DC. in Syst. Nat. 2:381. 1821; Fl. China 8:43. 2001.——*T. thlaspidioides* auct. non (Pall.) Kitag.: Fl. Intramongol. ed. 2, 2:628. t.256. f.8-13. 1991.

多年生草本，高 5 ～ 20cm。直根圆柱状，淡灰黄褐色；根状茎木质化，多头。茎丛生，直立或斜升，无毛。基生叶莲座状，矩圆形或卵形，长 8 ～ 20mm，宽 5 ～ 7mm，具长柄；茎生叶卵形或披针形，长 6 ～ 16mm，宽 3 ～ 10mm，先端钝，基部箭形或心形抱茎，全缘，稍肉质。总状花序生枝顶；萼片矩圆形，长约 3mm，宽 1.2 ～ 1.8mm，外萼片比内萼片稍宽，具膜质边缘；

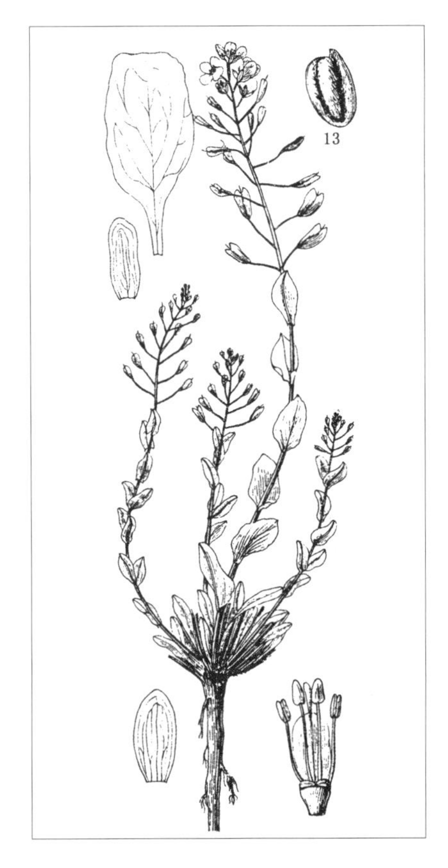

花瓣白色，长约 6mm，宽约 3mm，瓣片矩圆形，边缘浅波状，下部具条形的爪。短角果倒卵状楔形，长 4 ～ 6mm，宽 2 ～ 3mm，顶端凹缺，宿存花柱长 1 ～ 2mm，果的上半部具狭翅；种子每室约 4 粒，近卵形，长约 1.5mm，宽约 1mm，黄褐色。花果期 5 ～ 7 月。

砾石生旱生草本。生于森林带和草原带的山地石质山坡或石缝间。产兴安北部（额尔古纳市、牙克石市）、岭东（扎兰屯市）、呼伦贝尔（海拉尔区、鄂温克族自治旗、陈巴尔虎旗）、兴安南部和科尔沁（科尔沁右翼前旗、科尔沁右翼中旗、阿鲁科尔沁旗、巴林右旗、克什克腾旗、翁牛特旗）、燕山北部（宁城县、敖汉旗）、锡林郭勒（锡林浩特市、阿巴嘎旗、正蓝旗、镶黄旗、太仆寺旗）、阴山（大青山）。分布于我国黑龙江南部、吉林中部、辽宁中部、河北北部、甘肃东南部、西藏南部、新疆，蒙古国、俄罗斯（西伯利亚地区）、巴基斯坦，克什米尔地区，中亚。为东古北极分布种。

种子入蒙药（蒙药名：乌拉音 - 恒日格 - 乌布斯），功能、主治同遏蓝菜。

13. 独行菜属 Lepidium L.

一、二年生或多年生草本。无毛或具短柔毛、腺毛、柱状毛等。叶多为单叶，全缘，具齿或羽状分裂。萼片直立，基部不呈囊状；花瓣小，白色，或无花瓣；雄蕊 2 ～ 4，稀 6，蜜腺 4 ～ 6，小瘤状或丝状，中蜜腺有时缺。短角果圆形、卵形或心脏形，左右扁压或膨胀，果瓣舟形，无翅或顶端有狭翅；种子每室仅 1 粒，下垂，子叶背倚，稀缘倚。

内蒙古有 7 种。

分种检索表

1a. 茎生叶基部抱茎。

2a. 一年生草本；中部和上部茎生叶卵圆形或近圆形，基生叶二回羽状分裂，裂片条形…………………………………………………………………………………**1. 抱茎独行菜 L. perfoliatum**

2b. 多年生草本；茎生叶矩圆状披针形或狭椭圆形，基生叶全缘，稀分裂。

3a. 植株基部包被残叶柄纤维；基生叶发达，茎生叶少数；短角果长 3 ～ 4mm，顶部有狭翅，表面有明显网纹……………………………………………………………**2. 碱独行菜 L. cartilagineum**

3b. 植株基部无纤维；基生叶花期枯萎，茎生叶多数；短角果长 2 ～ 2.3mm，顶部无狭翅，表面无明显网纹………………………………………………………………**3. 北方独行菜 L. cordatum**

1b. 茎生叶基部不抱茎。

4a. 多年生草本，被柔毛或无毛；茎生叶卵状披针形或披针形。

5a. 叶先端锐尖，花梗无毛，总状花序在果期不呈头状…………………**4. 宽叶独行菜 L. latifolium**

5b. 叶先端钝，花梗被短柔毛，总状花序在果期呈头状…………………**5. 钝叶独行菜 L. obtusum**

4b. 一、二年生草本，被微头状或棒状毛；茎生叶狭披针形或条形。

6a. 有花瓣或花瓣退化成丝状，雄蕊 2 ～ 4，基生叶一回羽裂………………**6. 独行菜 L. apetalum**

6b. 无花瓣，雄蕊 6，基生叶全缘…………………………………………**7. 阿拉善独行菜 L. alashanicum**

1. 抱茎独行菜（穿叶独行菜）

Lepidium perfoliatum L., Sp. Pl. 2:643. 1753; Fl. Deser. Reip. Pop. Sin. 2:29. t.8. f.1-5. 1987; Fl. China 8:31. 2001.

一年生草本，高 10 ～ 30cm。茎直立，上部分枝，无毛或有稀疏细柔毛。基生叶二回羽状分裂，裂片条形，具长柄；中部和上部茎生叶卵形或近圆形，长 1 ～ 2.5cm，宽 1 ～ 2cm，先端钝或锐尖，基部心形，抱茎，全缘，无毛。总状花序生于茎端；萼片卵状矩圆形，长约 1mm；花瓣稍长于萼片，淡黄色。短角果宽卵形或几圆形，直径 3 ～ 4.5mm，无翅，先端凹陷，喙与凹陷等长，无毛；果梗长 4 ～ 6mm；种子卵形，褐色，长 1.5 ～ 2mm，具窄边，遇水后形成胶膜。花果期 4 ～ 7 月。

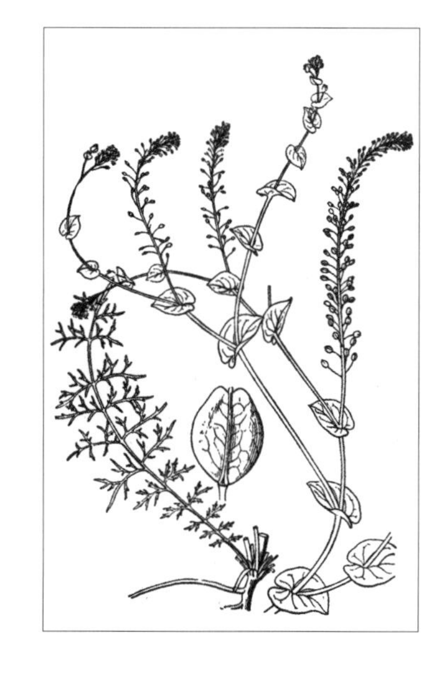

旱中生草本。生于荒漠带的沙区盐碱地、黏土地、荒地。产额济纳。分布于我国辽宁南部、山西中部、江苏南部、新疆北部和东部，日本、印度、巴基斯坦、俄罗斯、阿富汗，中亚、西南亚、北非，欧洲。为古北极分布种。

2. 碱独行菜

Lepidium cartilagineum (J. May.) Thell. in Vierteljahr. Naturf. Ges. Zurich 51:173. 1906; Fl. Intramongol. ed. 2, 2:629. t.257. f.1-4. 1991.——*Thlaspi cartilagineum* J. May. in Abhandl. Bohm. Ges. Wiss. 235. t.7. 1786.

多年生草本，高 15 ～ 30cm。植株基部包被残叶柄形成的纤维。茎直立，被稍硬的短毛。基生叶多数，革质，叶片卵形或椭圆形，长 2 ～ 4cm，宽 1 ～ 3cm，先端钝或骤渐尖，基部近圆形，全缘，掌状三出脉，脉隆起，叶柄长 3 ～ 6cm；茎生叶较少，较小，叶片矩圆状披针形，无柄，基部箭形，抱茎。花密集组成总状的圆锥花序；萼片卵形，稍被毛；花瓣倒卵形，长 1.5 ～ 2mm，基部渐狭成爪。短角果卵形，长 3 ～ 4mm，宽 2.5 ～ 3mm，顶部有狭翅，先端有短粗的宿存花柱，表面有网纹；果柄斜向上举，长 3 ～ 6mm，被毛；种子近椭圆形，长约 1.5mm，棕黄色，稍扁，子叶背倚。果期 8 月。

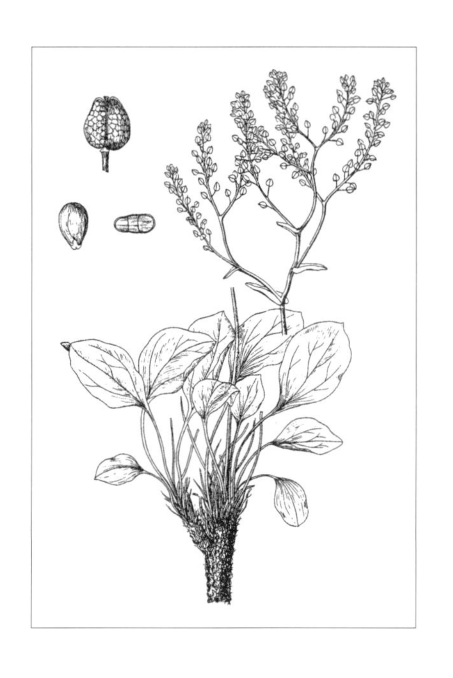

耐盐中生草本。生于草原带的盐化低地、盐土上。产呼伦贝尔（新巴尔虎左旗将军庙）、锡林郭勒（东乌珠穆沁旗）、鄂尔多斯（伊金霍洛旗、乌审旗）、东阿拉善（杭锦旗）。分布于我国新疆，巴基斯坦、俄罗斯、阿富汗，中亚、西南亚、欧洲东南部。为古地中海分布种。

3. 北方独行菜（心叶独行菜）

Lepidium cordatum Willd. ex Stev. in Syst. Nat. 2:554. 1821; Fl. Intramongol. ed. 2, 2:629. t.258. f.12. 1991.

多年生草本，高 20 ～ 40cm。具细长根状茎。茎多分枝，无毛或稍被毛，灰蓝绿色。基生叶倒卵状矩圆形，有时羽状分裂，花期枯萎，具柄；茎生叶矩圆状披针形或狭椭圆形，长 2 ～ 4cm，宽 5 ～ 13mm，先端尖或钝，基部心形或箭形，半抱茎，全缘或具疏微齿，灰蓝绿色，

近革质，掌状三出脉，两面被稀疏微柔毛或无毛。几个总状花序组成圆锥花序，花密集，小型；萼片近圆形，长约 1.4mm，有宽膜质边缘，背面有柔毛；花瓣白色，长约 1.8mm，宽约 1.2mm，瓣片近圆形，基部渐狭成宽爪；雄蕊 6，长 1.2 ～ 1.5mm。短角果宽卵形，长与宽都是 2 ～ 2.3mm，表面稍有网纹；果梗长 2 ～ 3mm，稍被毛；种子扁椭圆形，长约 1mm，棕色，子叶背倚。花果期 6 ～ 8 月。

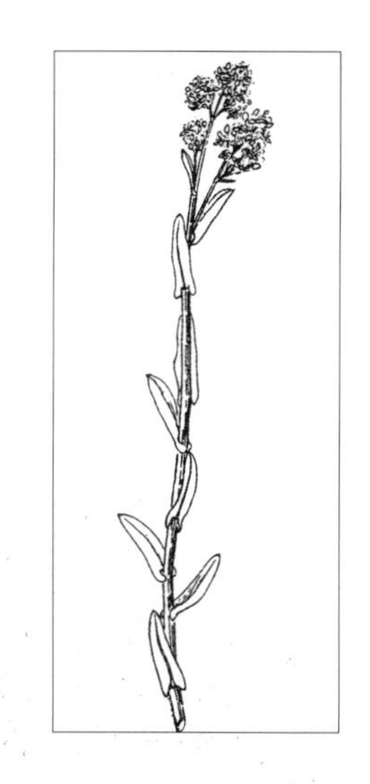

耐盐湿中生草本。生于草原带和荒漠带的盐化草甸、盐化低地。产乌兰察布（苏尼特右旗、四子王旗、达尔罕茂明安联合旗）、东阿拉善（乌拉特后旗、阿拉善左旗）、西阿拉善（阿拉善右旗）、额济纳。分布于我国宁夏西北部、甘肃（河西走廊）、青海西部、新疆中部和东部、西藏西北部，蒙古国东部和南部及西部、俄罗斯（西伯利亚地区），中亚。为古地中海分布种。

4. 宽叶独行菜（羊辣辣）

Lepidium latifolium L., Sp. Pl. 2:644. 1753; Fl. Intramongol. ed. 2, 2:632. t.258. f.1-11. 1991.

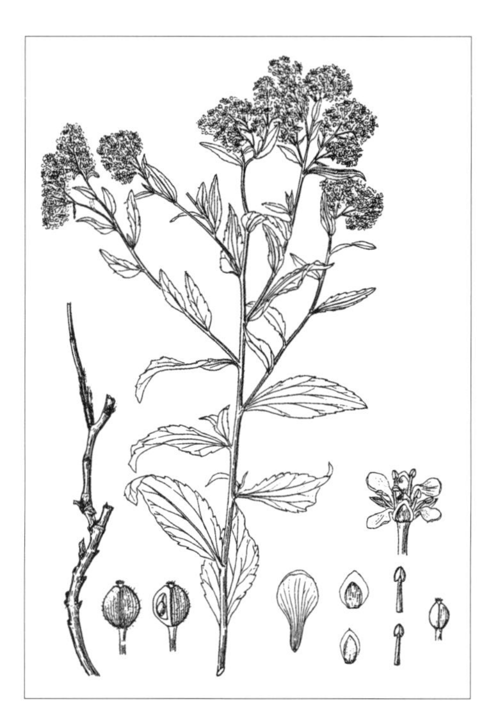

多年生草本，高 20 ～ 50cm。根茎粗长。茎直立，上部多分枝，被柔毛或近无毛。基生叶和茎下叶矩圆状披针形或卵状披针形，长 4 ～ 7cm，宽 2 ～ 3.5cm，先端圆钝，基部渐狭，边缘有粗锯齿，两面被短柔毛，具柄；茎上部叶披针形或条状披针形，长 2 ～ 5cm，宽 5 ～ 20mm，先端具短尖或钝，边缘有不明显的疏齿或全缘，两面被短柔毛，无柄。总状花序顶生或腋生，呈圆锥状花序；萼片开展，宽卵形，长约 1.2mm，宽 0.7 ～ 1mm，无毛，具白色膜质边缘；花瓣白色，近倒卵形，长 2 ～ 3mm；雄蕊 6，长 1.5 ～ 1.7mm。短角果近圆形或宽卵形，直径 2 ～ 3mm，扁平，被短柔毛稀近无毛，顶端有宿存短柱头；种子近椭圆形，长约 1mm，稍扁，褐色。花期 6 ～ 7 月，果期 8 ～ 9 月。

耐盐中生杂草。生于草原带和荒漠带的村舍旁、田边、路旁、渠到边、盐化草甸等处。产内蒙古各地。分布于我国黑龙江西北部、辽宁南部、河北北部、河南西部、山东北部、山西北部、陕西南部、宁夏、甘肃东南部、青海东部和中部、四川东北部、西藏西部、新疆中部和西部，亚洲中部和西部、欧洲南部、北非也有分布。为古地中海分布种。

全草入药，能清热燥湿，主治菌痢、肠炎。

5. 钝叶独行菜

Lepidium obtusum Basin. in Bull. Cl. Phys.-Math. Acad. Imp. Sci. St.-Petersb. 2:203. 1844; Fl. Intramongol. ed. 2, 2:632. 1991.

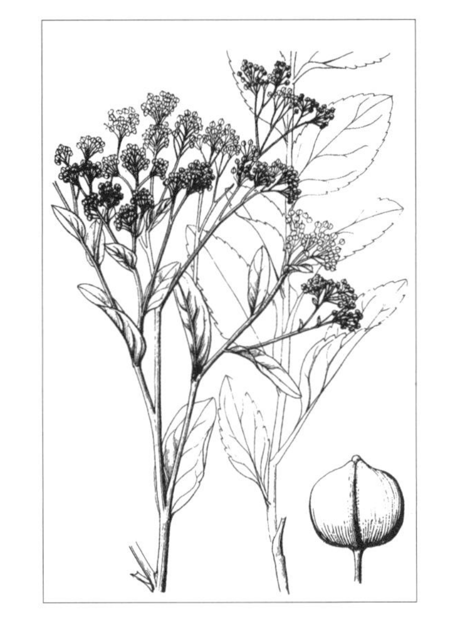

多年生草本，高 40 ～ 60cm。茎直立，上部分枝。叶革质，稍厚，披针形或矩圆状披针形，长 3 ～ 7cm，宽 6 ～ 16mm，先端钝，基部楔形，全缘或具疏锯齿，两面无毛，有时下面被短硬毛，下面中脉明显凸起，无柄。总状花序顶生或腋生，组成圆锥状，果期呈头状；萼片椭圆形，长 1 ～ 1.2mm，宽约 0.6mm，被短硬毛；花瓣白色，长约 2mm，具爪，瓣片近圆形；雄蕊 6，长雄蕊长约 1.5mm，短雄蕊长约 1mm；花梗被短柔毛。短角果宽卵形，长约 2mm，无毛。花果期 8 ～ 9 月。

旱中生草本。生于荒漠地带的盐化沙地、碱土上。产东阿拉善（阿拉善左旗）、额济纳。分布于我国宁夏、甘肃、青海、西藏、新疆，蒙古国西部和西南部、俄罗斯、印度，中亚。为古地中海分布种。

《内蒙古植物志》第二版第二卷 632 页中本种引用的图版 260 图 1 ～ 2 系错误标记，该图版是腺异蕊芥 *Dimorphostemon glandulosus* 的植株和花的插图。

6. 独行菜（腺茎独行菜、辣辣根、辣麻麻）

Lepidium apetalum Willd. in Sp. Pl. 3:439. 1800; Fl. Intramongol. ed. 2, 2:635. t.259. f.1-8. 1991.

一、二年生草本，高 5 ～ 30cm。茎直立或斜升，多分枝，被微小头状毛。基生叶呈莲座状，平铺地面，羽状浅裂或深裂，叶片狭匙形，长 2 ～ 4cm，宽 5 ～ 10mm；叶柄长 1 ～ 2cm。茎生叶狭披针形至条形，长 1.5 ～ 3.5cm，宽 1 ～ 4mm，有疏齿或全缘。总状花序顶生，果后延伸；花小，不明显；花梗丝状，长约 1mm，被棒状毛；萼片舟状，椭圆形，长 5 ～ 7mm，无毛或被柔毛，具膜质边缘；花瓣极小，匙形，长约 0.3mm，有时退化成丝状或无花瓣；雄蕊 2（稀 4），位于子房两侧，伸出萼片外。短角果扁平，近圆形，长约 3mm，无毛，顶端微凹，具 2 室；种子每室 1 粒；近椭圆形，长约 1mm，棕色，具密而细的纵条纹，子叶背倚。花果期 5 ～ 7 月。

旱中生杂草，也轻度耐盐碱。生于村边、路旁、田间、撂荒地，也生于山地、沟谷。产全区各地。分布于我国黑

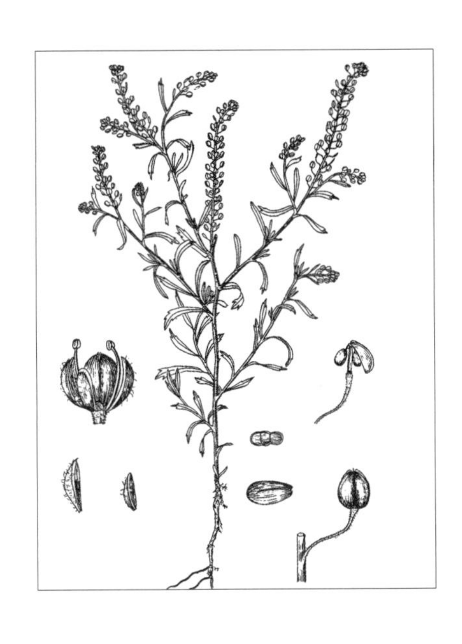

龙江西南部、吉林、辽宁、河北、山西、河南西部、山东西部、江苏、安徽南部、浙江北部、湖北西部、江西北部、贵州东北部、四川、云南西北部、西藏东部和北部、宁夏、陕西、甘肃、青海、新疆，日本、朝鲜、印度、尼泊尔、巴基斯坦、哈萨克斯坦。为东古北极分布种。

全草及种子入药，全草能清热利尿、通淋，主治肠炎腹泻、小便不利、血淋、水肿等。种子（药材名：葶苈子）能祛痰定喘、泻肺利水，主治肺痈、喘咳痰多、胸胁满闷、水肿、小便不利等。种子入蒙药（蒙药名：汉毕勒），能清讧热、解毒、止咳、化痰、平喘，主治毒热、气血相讧、咳嗽气喘、血热。青绿时羊有时吃一些，骆驼不喜食，干后较喜食，马与牛不食。

7. 阿拉善独行菜

Lepidium alashanicum H. L. Yang in Act. Phytotax. Sin. 19(2):241. f.2. 1981; Fl. Intramongol. ed. 2, 2:635. t.260. f.1-4. 1991.

一、二年生草本，高 4 ～ 15cm。茎直立或外倾，多分枝，有疏生头状或棒状腺毛。基生叶条形，长 1 ～ 3.5cm，宽约 2mm，全缘，上面疏生腺毛，下面无毛，具短柄；茎生叶与基生叶相似但较短，

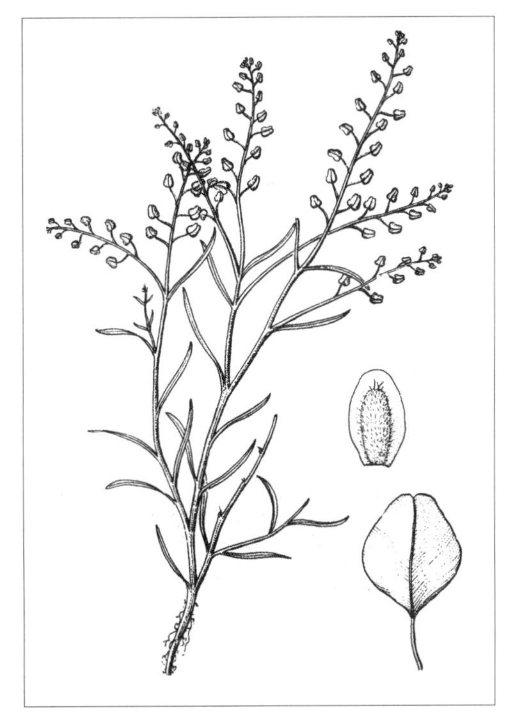

无柄。总状花序顶生，果期延伸；萼片椭圆形，长约 1.5mm，背面疏生柔毛；无花瓣；雄蕊 6。短角果近卵形，长约 3mm，宽约 2mm，稍扁平，一面稍凸，有 1 中脉，先端有不时显的狭边；果梗长约 3mm，被棒状腺毛；种子短圆形，长约 1.5mm，子叶背倚。花果期 6 ～ 8 月。

旱中生草本。生于荒漠带的低山干旱丘陵山坡。产东阿拉善（鄂托克旗阿尔巴斯苏木、阿拉善左旗）、西阿拉善（阿拉善右旗）、额济纳、贺兰山。分布于我国甘肃（河西走廊）。为南阿拉善荒漠分布种。

《内蒙古植物志》第二卷 634 页并非本种的花，本种的花应无花瓣。

14. 阴山荠属 **Yinshania** Y. C. Ma et Y. Z. Zhao

一年生草本。植株常被单毛或分枝毛。茎直立，多分枝。叶羽状全裂或深裂，具短柄。萼片开展，矩圆状椭圆形，基部不呈囊状；花瓣白色或淡红色，倒卵形，基部收缩成短爪；雄蕊6，侧蜜腺位于短雄蕊基部两侧，三角状卵球形，无中蜜腺。短角果披针状椭圆形至近球形；果瓣稍凸起，开裂，表面密被小泡状凸起；种子2行，扁卵球形，表面具细网状纹饰，有或无黏性物质，子叶缘倚或背倚。

内蒙古有1种。

1. 阴山荠（锐棱阴山荠）

Yinshania acutangula (O. E. Schulz) Y. H. Zhang in Act. Phytotax. Sin. 25(3):217. 1987; Fl. Intramongol. ed. 2, 2:637. t.261. f.1-13. 1991.——*Cochlearia acutangula* O. E. Schulz in Notizbl. Bot. Gart. Berlin 10:554. 1929.

一年生草本，高30～50cm。全株被单毛或近无毛。茎直立，多分枝，具纵棱。叶片卵形、矩圆形或宽卵形，长1～3.5cm，宽7～20mm，单数羽状全裂或深裂，侧裂片1～4对，裂片倒卵状披针形、披针形、椭圆形或矩圆形，长4～15mm，宽2～8mm，边缘全缘、具粗牙齿或具缺刻状羽状浅裂，叶柄长3～15mm。总状花序，有30～50朵花；花梗长3～4mm，丝状；花白色，在蕾期为玫瑰色；萼片矩圆状椭圆形，长约1.6mm，宽约1mm，顶端圆形，具微齿；花瓣倒卵形，长约2mm，宽约1mm，顶端圆形，全缘，基部楔形成短爪；雄蕊6，短雄蕊斜升，长约1.2mm，长雄蕊长约1.5mm；子房常被单毛，通常含胚珠16，花柱短，长约0.2mm，柱头压扁头状。短角果披针状椭圆形，长3～4mm，宽0.8～1.2mm，被单毛或近无毛，隔膜无脉，表皮细胞为不规则的条形；果梗丝状，长4～6mm，近直角方向稍上举；宿存花柱长约0.3mm；种子2行，卵形，长约0.8mm，宽约0.5mm，棕褐色。花果期7～9月。

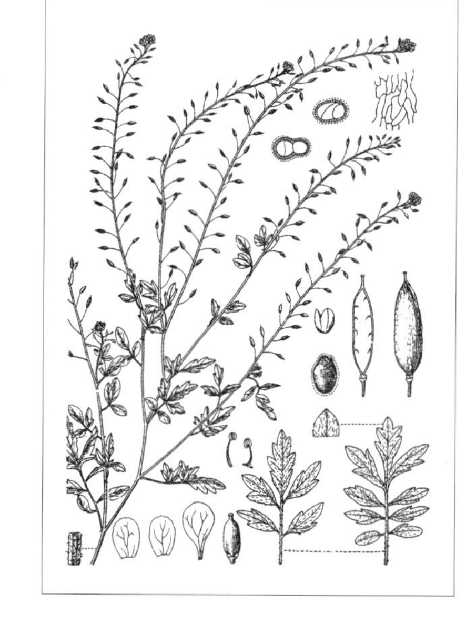

中生草本。生于草原带和荒漠草原带的山地草甸、沟谷溪旁、山麓村舍附近。产阴山（大青山、乌拉山）、东阿拉善（桌子山）、贺兰山。分布于我国河北、陕西西部、甘肃东部、青海东部、四川中部。为华北分布种。

15. 荠属 Capsella Medik.

一、二年生草本。被单毛、星状毛或无毛。茎直立，常分枝。基生叶呈莲座状，全缘或大头羽裂；茎生叶常无柄而抱茎。萼片斜向开展，基部不呈囊状；花瓣白色；侧蜜腺半球形，向外几乎合生，另一端延伸成条状凸起。短角果倒三角形、倒心形或楔形，扁平，开裂，果瓣凸起成舟形，隔膜狭窄；种子多数，2 行，有狭翅，子叶背倚。

内蒙古有 1 种。

1. 荠（荠菜）

Capsella bursa-pastoris (L.) Madik. in Pfl.-Gatt. 85. 1792; Fl. Intramongol. ed. 2, 2:646. t.266. f.1-3. 1991.——*Thlaspi bursa-pastoris* L., Sp. Pl. 647. 1753.

一、二年生草本，高 10 ～ 50cm。茎直立，有分枝，稍有单毛及星状毛。基生叶大头羽裂、不整齐羽裂或不分裂，连叶柄长 5 ～ 7cm，宽 8 ～ 15mm，具长柄；茎生叶披针形，长 1 ～ 4cm，宽 3 ～ 13mm，先端锐尖，基部箭形且抱茎，全缘或具疏细齿，两面被星状毛并混生单毛，无柄。总状花序生枝顶，花后伸长；萼片狭卵形，长约 1.5mm，宽约 1mm，具膜质边缘；花瓣白色，矩圆状倒卵形，长约 2mm，具短爪。短角果倒三角形，长 6 ～ 8mm，宽 4 ～ 7mm，扁平，无毛，先端微凹，有极短的宿存花柱；种子 2 行，长椭圆形，长约 1mm，宽约 0.5mm，黄棕色。花果期6～8月。

中生杂草。生于森林带和草原带的田边、村舍附近、路旁。产兴安北部及岭东和岭西（大兴安岭）、呼伦贝尔、兴安南部和科尔沁（科尔沁右翼前旗、翁牛特旗、克什克腾旗）、辽河平原（大青沟）、燕山北部（喀喇沁旗）、阴山（蛮汗山）、阴南平原、阴南黄土丘陵、东阿拉善（阿拉善左旗巴彦浩特镇）。原产西南亚和欧洲，现已成为世界温带地区常见的杂草。分布几乎遍布全国各地。为泛温带分布种。

嫩枝可做蔬菜食用。种子油可供工业用。全草及根入药，全草能凉血止血、清热利尿、明目、消积，主治咯血、肠出血、子宫出血、月经过多、肾炎水肿、乳糜尿、肠炎、高血压、头痛、目病、视网膜出血；根入药，治赤白痢、结膜炎。果实入蒙药（蒙药名：阿布嘎），能止呕、降压、利尿，主治呕吐、水肿、小便不利、脉热。

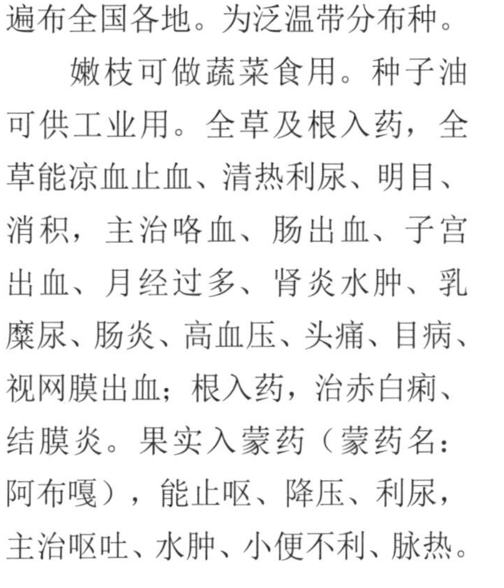

16. 亚麻荠属 **Camelina** Crantz.

一年生草本。被分枝毛、单毛或近无毛。茎生叶基部箭形，抱茎。萼片直立，基部不呈囊状；花瓣黄色，具爪；雄蕊分离，花丝无齿，短雄蕊两侧各具 1 膨大的侧蜜腺，有时在外面侧蜜腺合生；子房无柄，花柱细长。短角果倒卵形或近梨形，果瓣极膨胀，有明显凸起的中脉或几无脉，每室有多数种子；种子近卵形或矩圆形，子叶背倚。

内蒙古有 2 种。

分种检索表

1a. 短角果三角状倒卵形，较大，长 7 ～ 10mm，宽 4 ～ 5mm；果瓣的中脉自基部直达顶部…**1. 亚麻荠 C. sativa**

1b. 短角果倒卵形，较小，长 4 ～ 6mm，宽 2.5 ～ 3mm；果瓣的中脉自基部达中部以下………………………………………………………………………………………………**2. 小果亚麻荠 C. microcarpa**

1. 亚麻荠

Camelina sativa（L.）Crantz. in Stirp. Austr. Fasc. 1:17. 1762; Fl. Intramongol. ed. 2, 2:639. t.262. f.8-13. 1991.——*Myagrum sativum* L., Sp. Pl. 2:641. 1753.

一年生草本，高 20 ～ 60cm。茎直立，不分枝或上部分枝，下半部被星状毛，上半部近无毛。叶披针形，长 2 ～ 4cm，宽 2 ～ 8mm，先端锐尖，基部箭形，稍抱茎，全缘，两面被分枝毛，无柄。总状花序顶生或腋生，结果时伸长；萼片椭圆状披针形，长 3.5 ～ 4mm，宽约 2mm，先端圆形，具膜质边缘，被长柔毛；花瓣淡黄色，倒披针状条形，长 5 ～ 6mm，宽 1 ～ 1.2mm，先端圆形，基部渐狭成短瓜。短角果三角状倒卵形，长 7 ～ 10mm，宽 5 ～ 6mm，具狭翅；果瓣有 1 明显的中脉，自基部直达顶部，平滑无毛；宿存花柱长 1 ～ 2mm；种子近矩圆形，长 1.5 ～ 2mm，宽约 1mm。花果期 6 ～ 8 月。

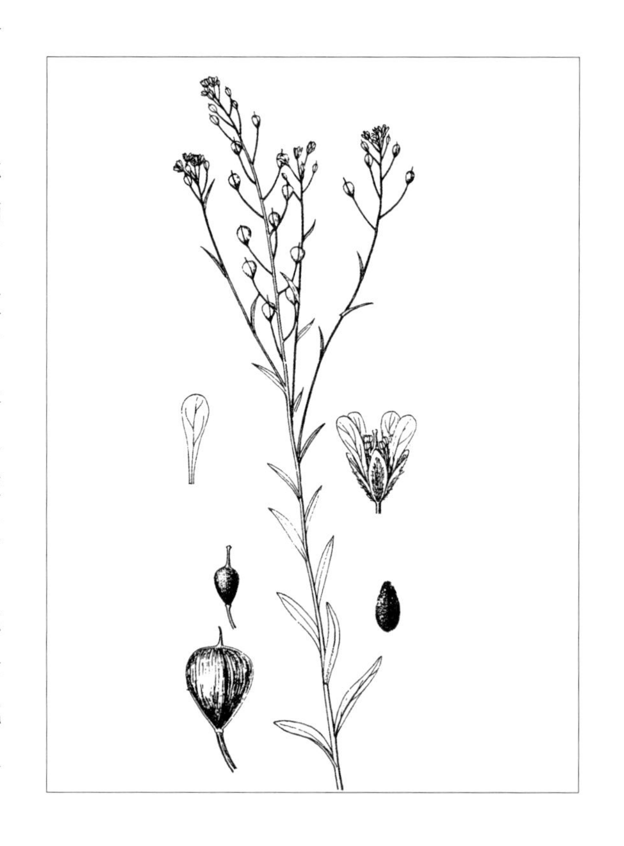

中生草本。生于撂荒地、农田边。产兴安北部及岭东和岭西（额尔古纳市、牙克石市、鄂伦春自治旗）、呼伦贝尔（海拉尔区）。分布于我国新疆北部，北非，亚洲、欧洲、北美洲。为泛北极分布种。

2. 小果亚麻荠

Camelina microcarpa Andrz. in DC. Syst. Nat. 2:517. 1821; Fl. Intramongol. ed. 2, 2:639. t.263. f.3-4. 1991.

一年生草本，高 30 ～ 60cm。茎直立，不分枝或稍分枝，下部密被分枝毛和单毛，上

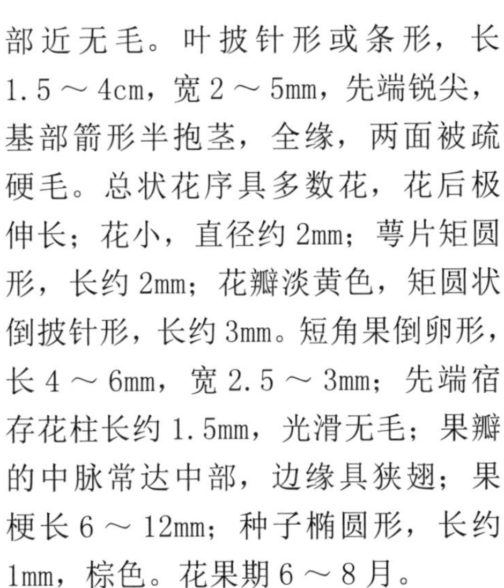

部近无毛。叶披针形或条形，长1.5～4cm，宽2～5mm，先端锐尖，基部箭形半抱茎，全缘，两面被疏硬毛。总状花序具多数花，花后极伸长；花小，直径约2mm；萼片矩圆形，长约2mm；花瓣淡黄色，矩圆状倒披针形，长约3mm。短角果倒卵形，长4～6mm，宽2.5～3mm；先端宿存花柱长约1.5mm，光滑无毛；果瓣的中脉常达中部，边缘具狭翅；果梗长6～12mm；种子椭圆形，长约1mm，棕色。花果期6～8月。

中生草本。生于撂荒地、农田边。产兴安北部和岭西（额尔古纳市、牙克石市）、呼伦贝尔（海拉尔区）。分布于我国黑龙江南部、吉林西南部、辽宁南部、山东东北部、河南北部、甘肃中部和东部、新疆中部和北部，蒙古国北部和西部、俄罗斯，中亚、西南亚，欧洲。为古北极分布种。

17. 庭荠属 Alyssum L.

一、二年生、多年生草本或半灌木。被星状毛。叶小，全缘或具齿。萼片直立或稍开展，基部不呈囊状；花瓣黄色或淡黄色，顶端圆形或凹缺，向下渐狭成爪；雄蕊分离，花丝有齿或翅，短雄蕊两侧各具 1 半球形、三角形，稀丝状延伸的侧蜜腺；花柱细长，宿存。短角果为双凸透镜状，近圆形、椭圆形或倒卵形，有不清楚的网状脉；种子每室 1 ～ 2 粒，近球形或卵形，稍扁平，有时具翅，具胶黏物质，子叶缘倚。

内蒙古有 2 种。

分种检索表

1a. 花瓣长 4.5 ～ 8mm，中部两侧常具尖裂片；叶条形或倒披针状条形先端锐尖或稍钝 ……………………………………………………………………………………**1. 北方庭荠 A. lenense**

1b. 花瓣长 2.5 ～ 4mm，中部两侧无裂片；叶匙形或倒卵状披针形，先端圆钝……**2. 倒卵叶庭荠 A. obovatum**

1. 北方庭荠（条叶庭荠、线叶庭荠）

Alyssum lenense Adam. in Mem. Soc. Imp. Nat. Mosc. 5:110. 1817; Fl. Intramongol. ed. 2, 2:644. t.265. f.1-12. 1991.——*A. lenense* Adam. var. *dasycarpum* (C. A. Mey.) Busch. in Fl. Sibir. et Or. Extr. 6:543. 1931; Fl. Intramongol. ed. 2, 2:646. 1991; Fl. China 8:62. 2001.

多年生草本，高 3 ～ 15cm。全株密被长星状毛，呈灰白色，有时呈银灰白色。直根长圆柱形，灰褐色。茎于基部木质化，自基部多分枝，下部茎斜倚，分枝直立，草质。叶多数，集生于分枝的顶部，条形或倒披针状条形，长 6 ～ 15mm，宽 1 ～ 2mm，先端锐尖或稍钝，向基部渐狭，全缘，两面密被长星状毛，无柄。总状花序具多数稠密的花，花序轴于结果时延长；萼片直立，近椭圆形，长约 3mm，宽约 1.4mm，具膜质边缘，背面被星状毛；花瓣黄色，倒卵状矩圆形，长约 4.5mm，宽约 2.5mm，顶端凹缺，中部两侧常具尖裂，向基部渐狭成爪；花丝基部具翅，翅长为 1mm 以下。短角果矩圆状倒卵形或近椭圆形，长 3 ～ 5mm，宽 2.5 ～ 4mm，顶端微凹，表面无毛或被星状毛；花柱长 1.5 ～ 2.5mm；果瓣开裂后果实呈团扇状；种子黄棕色，宽卵形，长约 2.5mm，稍扁平，种皮潮湿时具胶黏物质。花果期 5 ～ 7 月。

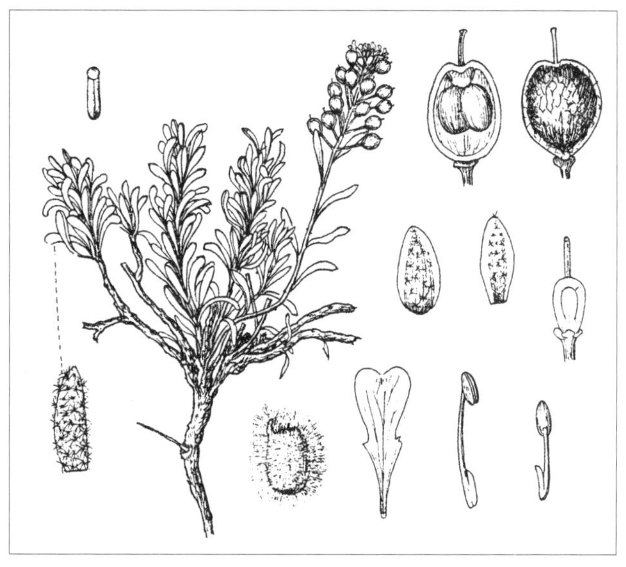

砾石生旱生草本。生于森林带和草原带的石质丘顶、丘陵坡地、沙地。产兴安

北部（额尔古纳市、根河市）、岭西和呼伦贝尔（新巴尔虎左旗、海拉尔区）、兴安南部（科尔沁右翼前旗、克什克腾旗）、锡林郭勒（西乌珠穆沁旗、锡林浩特市、苏尼特左旗、镶黄旗）、乌兰察布（达尔罕茂明安联合旗、白云鄂博矿区）。分布于我国黑龙江西南部、河北西北部、甘肃中部、新疆北部，蒙古国东部和北部和西部、俄罗斯（西伯利亚地区、远东地区）、哈萨克斯坦。为东古北极分布种。

短角果被星状毛这一性状不稳定，故将变种合并。

2. 倒卵叶庭荠

Alyssum obovatum (C. A. Mey.) Turcz. in Bull. Soc. Imp. Nat. Mosc. 10:57. 1837; Fl. China 8:61. 2001.——*Odontarrhena obovata* C. A. Mey. in Fl. Alt. 3:61. 1831.——*A. sibiricum* auct. non Willd.: Fl. Intramongol. ed. 2, 2:646. t.265. f.13-22. 1991.

多年生草本，高 4 ～ 15cm。全株密被短星状毛，呈银灰绿色。茎于基部木质化，自基部分枝，下部茎平卧，分枝草质，直立或稍弯曲。叶匙形，长 4 ～ 12mm，宽 1 ～ 3mm，先端圆钝，基部渐狭，全缘，两面被短星状毛，下面较密，中脉在下面凸起。顶生总状花序具多数稠密的花，花序轴于果期伸长；萼片直立，矩圆形或近椭圆形，长约 2.5mm，具膜质边缘，背面被短星状毛；花瓣黄色，长约 4mm，瓣片圆状卵形，

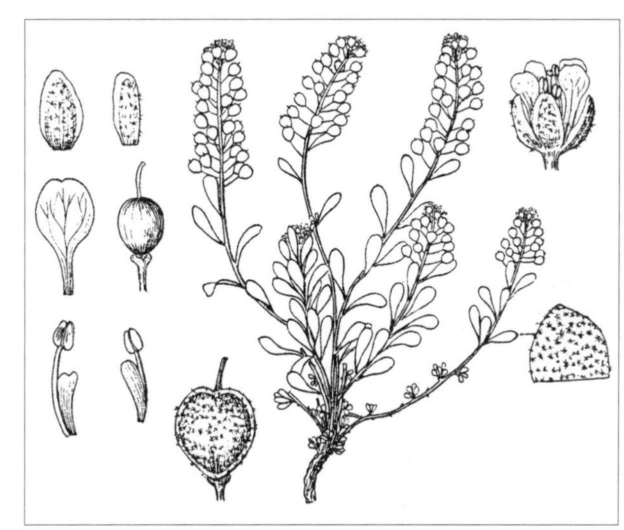

下部渐狭成长爪，顶端全缘或微凹；花丝具长翅，其长度为花丝的2/3以上。短角果倒宽卵形，长与宽都是 3 ～ 4mm，被短星状毛；种子黄棕色，宽卵形，长约 1.5mm，稍扁平，具狭翅。花果期 7 ～ 9 月。

旱生草本。生于森林带和森林草原带的山地草原、石质山坡。产兴安北部和岭西（额尔古纳市、牙克石市、鄂温克族自治旗）、呼伦贝尔（海拉尔区、满洲里市、新巴尔虎左旗、新巴尔虎右旗）、兴安南部（科尔沁右翼中旗、巴林右旗）、锡林郭勒（东乌珠穆沁旗、西乌珠穆沁旗、锡林浩特市）。分布于我国黑龙江西部、新疆北部，蒙古国东北部和西部、俄罗斯（西伯利亚地区、远东地区、北极）、哈萨克斯坦，北美洲。为亚洲—北美洲分布种。

18. 燥原荠属 Ptilotrichum C. A. Mey.

半灌木，全株被星状毛。叶不裂。萼片直立，基部不呈囊状；花瓣白色至紫色，基部具爪；雄蕊离生，花丝无齿与翅，侧蜜腺大，三角形，向外延伸与渐尖，无中蜜腺。子房无柄，花柱短，柱头稍 2 裂。短角果圆形或宽卵形，果瓣扁平或膨胀，无明显中脉；种子每室 1 ～ 2 粒，子叶缘倚。

内蒙古有 2 种。

分种检索表

1a. 叶狭倒卵状矩圆形；花序果期稍延长；花瓣匙形，长 2 ～ 3mm；植株较矮小，高 3 ～ 8cm……………………………………………………………………………………………**1. 燥原荠 P. canescens**

1b. 叶条形；花序果期极延长；花瓣瓣片近圆形，基部具爪，长 3.5 ～ 4.5mm；植株较高大，高 (5 ～)10 ～ 30cm ……………………………………………………………**2. 细叶燥原荠 P. tenuifolium**

1. 燥原荠

Ptilotrichum canescens (DC.) C. A. Mey. in Fl. Alt. 3:64. 1831; Fl. Intramongol. ed. 2, 2:648. t.267. f.7-11. 1991.——*Alyssum canescens* DC. in Syst. Nat. 2:322. 1821; Fl. China 8:62. 2001.

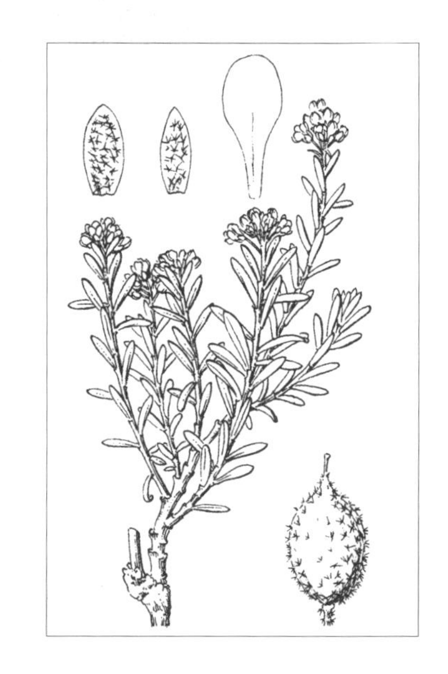

小半灌木，高 3 ～ 8cm。全株被星状毛，呈灰白色。茎自基部具多数分枝，近地面茎木质化，着生稠密的叶。叶条状矩圆形，长 4 ～ 12mm，宽 1.5 ～ 3mm，先端钝，基部渐狭，全缘，两面密被星状毛，灰白色，无柄。花序密集，呈半球形，果期稍延长；萼片短圆形，长 1.5 ～ 2mm，边缘膜质；花瓣白色，匙形，长 2 ～ 3mm。短角果圆形或宽椭圆形，长 3 ～ 5mm，密被星状毛，宿存花柱长 1 ～ 1.5mm。花果期 6 ～ 9 月。

旱生小半灌木。生于荒漠带的砾石质山坡、干河床。产东阿拉善（乌拉特后旗狼山、乌海市、阿拉善左旗）、西阿拉善（阿拉善右旗的雅布赖山和塔木素苏木）、额济纳。分布于我国甘肃、青海，蒙古国、俄罗斯（西伯利亚地区）。为戈壁—蒙古分布种。

2. 细叶燥原荠（薄叶燥原荠、灰毛燥原荠）

Ptilotrichum tenuifolium (Steph. ex Willd.) C. A. Mey. in Fl. Alt. 3:67. 1831; Fl. Intramongol. ed. 2, 2:650. t.267. f.1-6. 1991.——*Alyssum tenuifolium* Steph. ex Willd. in Sp. Pl. 3:460. 1800; Fl. China 8:63. 2001.

小半灌木，高（5～）10～30（～40）cm。全株密被星状毛。茎直立或斜升，过地面茎木质化，基部多分枝。叶条形，长（5～）10～15（～20）mm，宽1～1.5mm，先端锐尖或钝，基部渐狭，全缘，两面被星状毛，呈灰绿色，无柄。花序伞房状，果期极延长；萼片矩圆形，长约3mm；花瓣白色，长3.5～4.5mm，瓣片近圆形，基部具爪。短角果卵形，长3～4mm，被星状毛，宿存花柱长1.5～2mm。花果期6～9月。

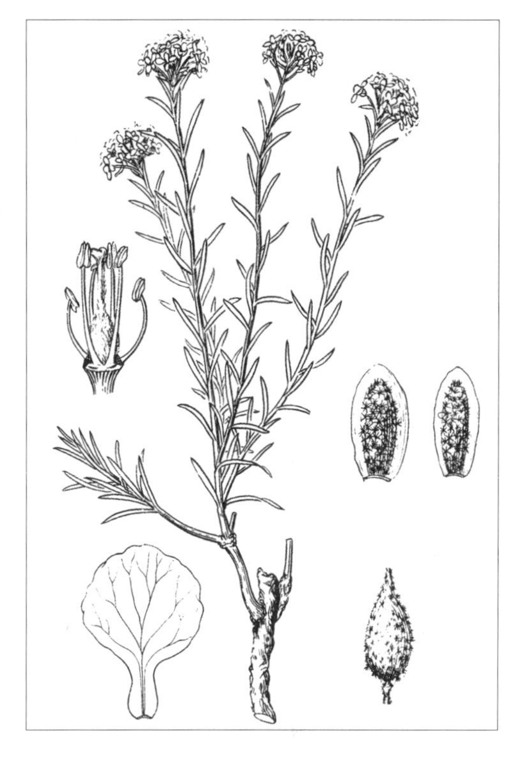

中旱生小半灌木。生于草原带和荒漠草原带的砾石质山坡、草地、河谷。产兴安北部（额尔古纳市、牙克石市）、呼伦贝尔（海拉尔区、满洲里市、鄂温克族自治旗、新巴尔虎右旗）、兴安南部及科尔沁（科尔沁右翼前旗、科尔沁右翼中旗、乌兰浩特市、扎鲁特旗、阿鲁科尔沁旗、巴林右旗、克什克腾旗）、锡林郭勒（东乌珠穆沁旗、西乌珠穆沁旗、锡林浩特市、苏尼特左旗、镶黄旗、多伦县）、乌兰察布（四子王旗、达尔罕茂明安联合旗、固阳县、乌拉特中旗）、阴山（大青山、乌拉山）、鄂尔多斯（杭锦旗、东胜区、鄂托克旗）、贺兰山、龙首山。分布于我国黑龙江、吉林、河北、山西、陕西、甘肃、青海、西藏、新疆，蒙古国、俄罗斯（西伯利亚地区）、哈萨克斯坦。为亚洲中部分布种。

19. 葶苈属 Draba L.

一、二年生或多年生草本。被单毛、分枝毛或星状毛。叶为单叶，基生叶呈莲座状，茎生叶常无柄。萼片稍开展，基部不呈囊状或稍呈囊状；花瓣白色或黄色，先端全缘或微缺，具爪；侧蜜腺成对，常连合，马蹄形，向内敞开，中蜜腺缺或念珠状与侧蜜腺连合。短角果卵形、椭圆形或披针形，直立或弯曲，开裂；果瓣扁平或凸起；种子每室 2 行，少数或多数，卵形或椭圆形，稍扁，子叶缘倚。

内蒙古有 5 种。

分种检索表

1a. 一、二年生草本，花黄色……………………………………………………………………**1. 葶苈 D. nemorosa**

1b. 多年生草本。

 2a. 花葶无叶，花黄色…………………………………………………………………**2. 喜山葶苈 D. oreades**

 2b. 花葶具正常发育的叶，花白色。

  3a. 花序下具苞片；果无毛，条形 ………………………………………………**3. 苞序葶苈 D. ladyginii**

  3b. 花序下无苞片，果狭披针形。

   4a. 果被星状毛，狭披针形，直立，常不扭转；果序伸长成鞭状……**4. 锥果葶苈 D. lanceolata**

   4b. 果无毛，狭矩圆形，常扭转；果序不伸长成鞭状…………………**5. 蒙古葶苈 D. mongolica**

1. 葶苈（光果葶苈）

Draba nemorosa L., Sp. Pl. 2:643. 1753; Fl. Intramongol. ed. 2, 2:641. t.262. f.1-6. 1991;Fl. China 8:85. 2001.——*D. nemorosa* L. var. *leiocarpa* Lindbl. in Linnaea 8:33. 1839; Fl. Intramongol. ed. 2, 2:641. t.262. f.7. 1991.

一年生草本，高 10 ～ 30cm。茎直立，不分枝或分枝，下半部被单毛、二或三叉状分枝毛和星状毛，上半部近无毛。基生叶呈莲座状，矩圆状倒卵形、矩圆形，长 1 ～ 2cm，宽 4 ～ 6mm，先端稍钝，边缘具疏齿或近全缘；茎生叶较基生叶小，矩圆形或披针形，先端尖或稍钝，基部楔形，边缘具疏齿或近全缘，两面被单毛、分枝毛和星状毛，无柄。总状花序在开花时密集或伞房状，结果时极延长；花梗丝状，长 4 ～ 6mm，直立开展；萼片近矩圆形，长约 1.5mm，背面多少被长柔毛；花瓣黄色，近矩圆形，长约 2mm，顶端微凹。短角果矩圆形或椭圆形，长 6 ～ 8mm，密被短柔毛或无毛；果瓣具网状脉纹；果梗纤细，长 10 ～ 15mm，直立开展。种子细小，椭圆形，长约 0.6mm，淡棕褐色，表面有颗粒状花纹。

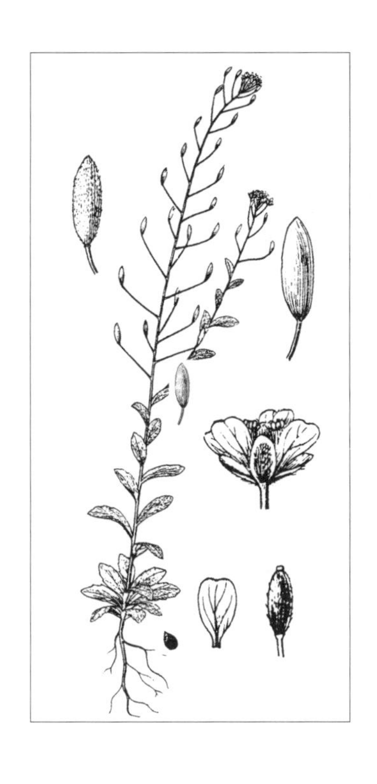

花果期6～8月。

中生草本。生于山坡草甸、林缘、沟谷溪边。产兴安北部及岭东和岭西（额尔古纳市、根河市、牙克石市、鄂伦春自治旗）、呼伦贝尔（鄂温克族自治旗、海拉尔区）、兴安南部（科尔沁右翼前旗、阿鲁科尔沁旗、巴林左旗、巴林右旗、克什克腾旗）、锡林郭勒（东乌珠穆沁旗、西乌珠穆沁旗、锡林浩特市、正镶白旗）、燕山北部（喀喇沁旗、宁城县、敖汉旗、兴和县苏木山）、阴山（大青山、乌拉山、察哈尔右翼中旗辉腾梁）、贺兰山、龙首山。分布于我国黑龙江、吉林东北部、辽宁中部和东部、河北、河南、山东、山西、陕西中部和南部、宁夏、甘肃东部、青海东部和南部、江苏西部、浙江西北部、安徽西部、湖北北部、四川西部、贵州北部、云南西北部、西藏东部、新疆北部和中部，日本、朝鲜、蒙古国东部和北部及西部、俄罗斯（西伯利亚地区）、阿富汗，克什米尔地区，中亚、西南亚，欧洲、北美洲。为泛北极分布种。

种子入药，能清热祛痰、定喘、利尿。种子含油量约26%，可供工业用。

2. 喜山葶苈

Draba oreades Schrenk in Enum. Pl. Nov. 2:56. 1842; Fl. Intramongol. ed. 2, 2:641. t.264. f.1-3. 1991.

多年生矮小草本。根状茎具多分枝。叶基生，呈莲座状，倒披针形，长8～20mm，宽2～5mm，先端锐尖或圆钝，基部楔形，全缘，两面被单毛或叉状毛。花葶高2～8cm，被长单毛、叉状毛和分枝毛；花黄色，直径3～4mm，6～15朵组成伞房状总状花序；萼片椭圆形或卵形，长约2mm，背面被单毛或叉状毛，边缘膜质；花瓣倒披针形，长4～5mm。短角果卵形，长5～8mm，宽3～4mm，先端锐尖；宿存花柱长约0.5mm，基部圆形且稍膨胀；果梗斜上，长3～5mm；种子棕褐色，卵形或椭圆形，扁平，长约1mm。花果期6～8月。

中生草本。生于荒漠带3000～3500m的高山草甸或灌丛中。产贺兰山。分布于我国陕西西部、宁夏（贺兰山）、甘肃（祁连山）、青海、四川西部、云南西北部、西藏南部、新疆（天山），蒙古国北部和西部、俄罗斯（西伯利亚地区）、印度（锡金）、巴基斯坦、不丹，克什米尔地区，中亚。为东古北极分布种。

3. 苞序葶苈

Draba ladyginii Pohle in Izv. Imp. Bot. Sada Petra Velikago 14:472. 1914; Fl. China 8:69. 2001.

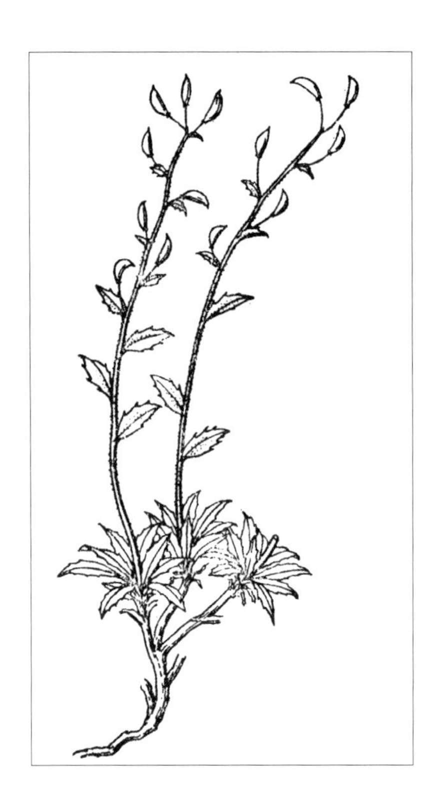

多年生丛生草本，高 10 ～ 30cm。根茎分枝多，基部宿存纤维状枯叶，上部簇生莲座状叶。茎直立，单一或在上部分枝，密被叉状毛、星状毛或单毛。基生叶椭圆状披针形，长 1 ～ 1.5cm，宽 2 ～ 2.7mm，顶端钝或渐尖，基部渐窄，全缘或每缘各有 1 锯齿，密生单毛和星状毛；茎生叶卵形或长卵形，长 4 ～ 16mm，宽 3 ～ 4mm，顶端急尖，基部宽，每缘各有 1 ～ 3 锯齿，有单毛、星状毛或分枝毛，无柄。总状花序下部数花具叶状苞片；花瓣白色或淡黄色，倒卵形，长约 3mm，基部楔形，顶端微凹；雄蕊长 1.8 ～ 2mm；子房条形，无毛。短角果条状披针形，长 7 ～ 12mm，宽约 1.2mm，无毛，直或扭转；果梗与果序轴成直角向上开展；花柱长 0.5 ～ 1mm；种子褐色，椭圆形。花期 5 ～ 6 月，果期 7 ～ 8 月。

中生草本。生于草原带和荒漠带山地的路边湿地。产燕山北部（喀喇沁旗、兴和县苏木山）、贺兰山。分布于我国河北北部、山西、陕西西南部、宁夏西北部、甘肃东部、青海、湖北、四川西部、云南西北部、西藏东南部、新疆（天山）。为天山—华北—横断山脉分布种。

4. 锥果葶苈

Draba lanceolata Royle in Ill. Bot. Himal. Mts. 1:72. 1839; Fl. Intramongol. ed. 2, 2:643. t.264. f.4-5. 1991.

多年生或二年生草本，高 15 ～ 25cm。茎单一或数条，直立或斜升，被星状毛或叉状毛。基生叶多数丛生，倒披针形，长 1 ～ 2cm，宽 4 ～ 6mm，先端锐尖或稍钝，基部渐狭成柄，边缘具疏齿，两面被星状毛或分枝毛；茎生叶披针形或卵形，两侧具 4 ～ 6 牙齿或浅裂。总状花序顶生，具多数花；萼片狭卵形，长 1.5 ～ 2mm，边缘膜质；花瓣白色，矩圆状倒卵形，长 3 ～ 3.5mm。短角果狭披针形，长 8 ～ 12mm，宽 1.5 ～ 2mm，被星状毛；宿存花柱长约 0.6mm；果序在果期延长，呈鞭状；种子椭圆形，长约 0.75mm。花果期 7 ～ 8 月。

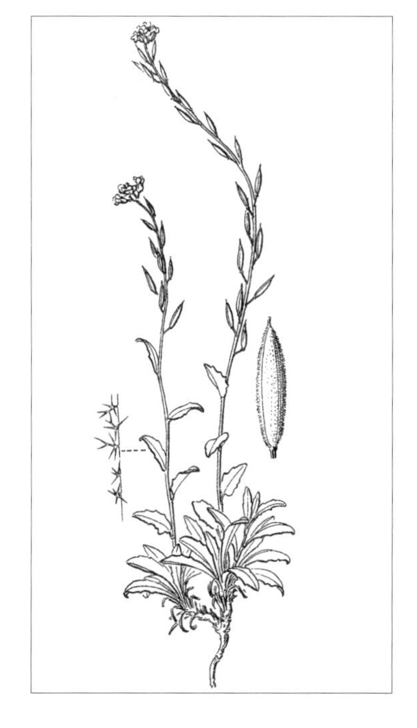

中生草本。生于森林带海拔 1500 ～ 2000m 的石质山坡。产兴安北部（阿尔山市白狼镇鸡冠山）。分布于我国甘肃西南部、青海南部、四川北部、西藏北部和西南部、新疆（天山），蒙古国北部和西部、俄罗斯、印度（锡金）、巴基斯坦、阿富汗，克什米尔地区，中亚。为东古北极分布种。

5. 蒙古葶苈

Draba mongolica Turcz. in Bull. Soc. Imp. Nat. Mosc. 15:256. 1842; Fl. Intramongol. ed. 2, 2:643. t.264. f.6-7. 1991.

多年生草本，高 5 ～ 15cm。茎多数丛生，基部包被残叶纤维；茎斜升，单一或少分枝，密被星状毛和叉状毛。基生叶披针形或矩圆形，花期常枯萎；茎生叶矩圆状卵形，长 5 ～ 12mm，宽 2 ～ 5mm，先端锐尖，基部近圆形，边缘具疏齿，两面密被星状毛或分枝毛。总状花序生枝顶或腋生；花梗长 1 ～ 2mm；萼片椭圆形或卵形，长 1.5 ～ 2mm，边缘膜质；花瓣白色，矩圆状

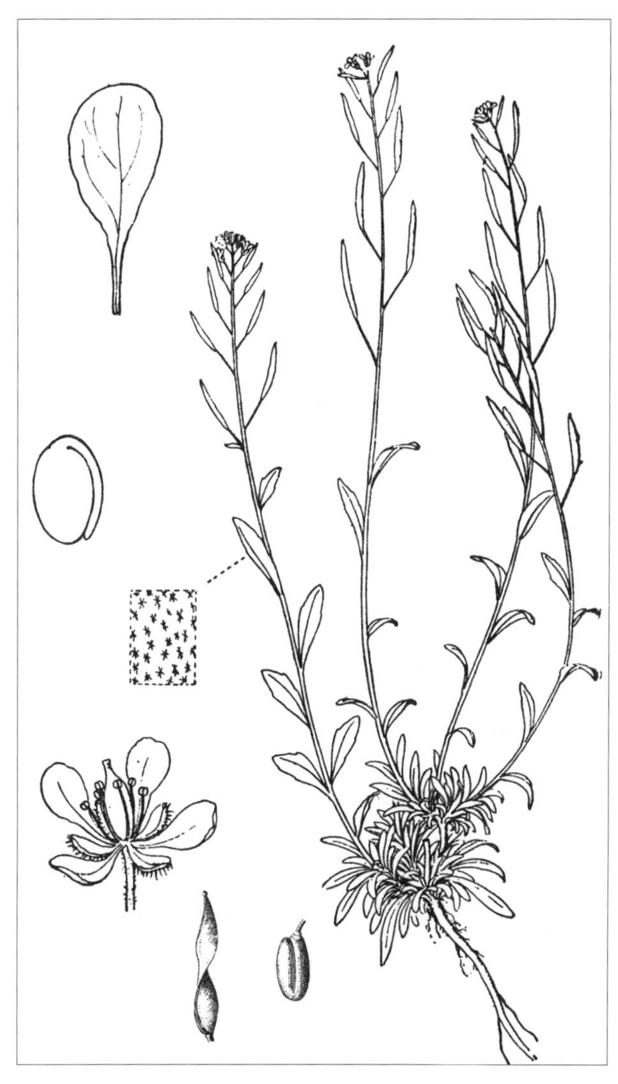

倒披针形或倒卵形，长 3 ～ 4mm。短角果狭披针形，长 6 ～ 12mm，宽 1.5 ～ 2mm，直立或扭转，无毛；果梗长 2 ～ 5mm；柱头小，近无柄，冠状；种子椭圆形，长约 1mm，棕色，扁平。花果期 6 ～ 8 月。

中生草本。生于森林带的高山岩石处及荒漠带海拔 3000m 左右的高山草甸或山脊石缝。产兴安北部（阿尔山市伊尔施林场）、兴安南部（克什克腾旗）、贺兰山、龙首山。分布于我国黑龙江、吉林、河北、山西、陕西、甘肃、青海、四川、新疆，蒙古国北部和西部、俄罗斯（西伯利亚地区、远东地区）。为东古北极分布种。

20. 爪花芥属 **Oreoloma** Botsch.

一、二年生或多年生草本。密被星状毛，呈毡毛状，有时混生腺毛和硬单毛。叶全缘或羽状分裂。萼片直立，基部不呈囊状；花瓣黄色或淡紫色；长雄蕊的花丝成对合生，短雄蕊基部周围具环状、四角形的蜜腺，它向长雄蕊高向延伸成大凸起；花柱短，柱头 2 裂。长角果坚硬，木质化、圆柱形，不开裂，密被毛；种子每室多数，1 ～ 2 行，子叶背倚。

内蒙古有 2 种。

分种检索表

1a. 植株密被星状毛且混生腺毛，叶羽状分裂，柱头稍 2 裂……………………**1. 紫爪花芥 O. matthioloides**

1b. 植株密被分枝毛，叶全缘或具波状齿，柱头 2 深裂…………………………………**2. 爪花芥 O. violaceum**

1. 紫爪花芥（紫花棒果芥）

Oreoloma matthioloides (Franch.) Botsch. in Bot. Zhurn. (Moscow et Leningrad) 65:426. 1980; Fl. China 8:160. 2001.——*Sterigmostemum matthioloides* (Franch.) Botsch. in Bot. U.R.S.S. 44:1487. 1959; Fl. Intramongol. ed. 2, 2:651. t.268. f.1-8. 1991.——*Dontostemon matthioloides* Franch. in Pl. David. 1:35. t.9. 1883.

多年生草本。全株密被星状毛与混生腺毛，呈灰绿色。茎直立，高 15 ～ 35cm，有分枝。基生叶呈莲座状，叶片条状披针形，长 8 ～ 13cm，宽 15 ～ 20mm，羽状分裂，顶生裂片披针形，侧生裂片 4 ～ 7 对，矩圆形或卵形，先端钝，全缘，叶柄长 1 ～ 2cm；茎生叶比基生叶小，叶

片长 1.5 ～ 4cm，宽 5 ～ 15mm，大头羽裂、羽状浅裂至羽状深裂，侧裂片 2 ～ 4 对，裂片矩圆形、披针形至条形，两面密被星状毛和腺毛。萼片直立，条状矩圆形，长约 9mm，背面密被星状毛和腺毛，具白色膜质边缘；花瓣淡紫色或淡红色，长度比萼片超出近一倍，瓣片开展，倒卵形，爪与萼片近等长。长角果长 1.5 ～ 3cm，密被星状毛与腺毛；花柱长 1 ～ 3mm，柱头稍 2 裂；果梗短粗，平展；种子 1 行，近椭圆形。花果期 6 ～ 9 月。

喜砾石生旱生草本。生于荒漠草原及荒漠带的低山冲沟沙砾地。产乌兰察布（苏尼特右旗、达尔罕茂明安联合旗、乌拉特中旗）、东阿拉善（杭锦旗、鄂托克旗、阿拉善左旗）、西阿拉善（阿拉善右旗）、贺兰山、龙首山（桃花山）。分布于我国宁夏北部、青海（柴达木盆地）。为戈壁—蒙古分布种。

2. 爪花芥（黄花棒果芥、青新棒果芥）

Oreoloma violaceum Botsch. in Bot. Zhurn. (Moscow et Leningrad) 65:426. 1980; Fl. China 8:160. 2001.——*O. sulfureum* Botsch. in J. Bot. U.R.S.S. 65:427. 1980.——*Sterigmostemum violaceum* (Botsch.) H. L. Yang in Fl. Desert. Reip. Pop. Sin. 2:65. t.21. f.25-31. 1987.——*S. sulfureum*（Botsch. et Soland.）auct. non Bornon.: Fl. Desert. Reip. Pop. Sin. 2:66. 1987; Fl. Xinjiang. 2(2):187. 1995.

二年生或多年生草本，高 10 ～ 25cm。茎直立，自基部或下部分枝，密被分枝毛并混生有头状腺毛。基生叶长 4 ～ 7cm，叶片矩圆形，先端钝，基部渐窄成柄，边缘全缘或具波状齿，两面密被分枝毛并常混生腺毛，柄长 2 ～ 3cm；茎枝无叶或有少数披针形叶片，全缘，无柄。萼片矩圆形，长 5 ～ 8mm，外面密被分枝毛，边缘膜质，带蓝紫色；花瓣长 10 ～ 14mm，基部具长爪，蓝紫色（后期或干枯后常带黄色）；长雄蕊花丝连合达 2/3，侧蜜腺向外敞开。长角果圆柱形，长 1.5 ～ 2cm，宽约 2mm，密被分枝毛并混生头状腺毛；果梗长 5 ～ 7mm，稍增粗；喙先端 2 裂，裂片细长，长约 1.5mm；种子椭圆形，褐色。花果期 4 ～ 6 月。

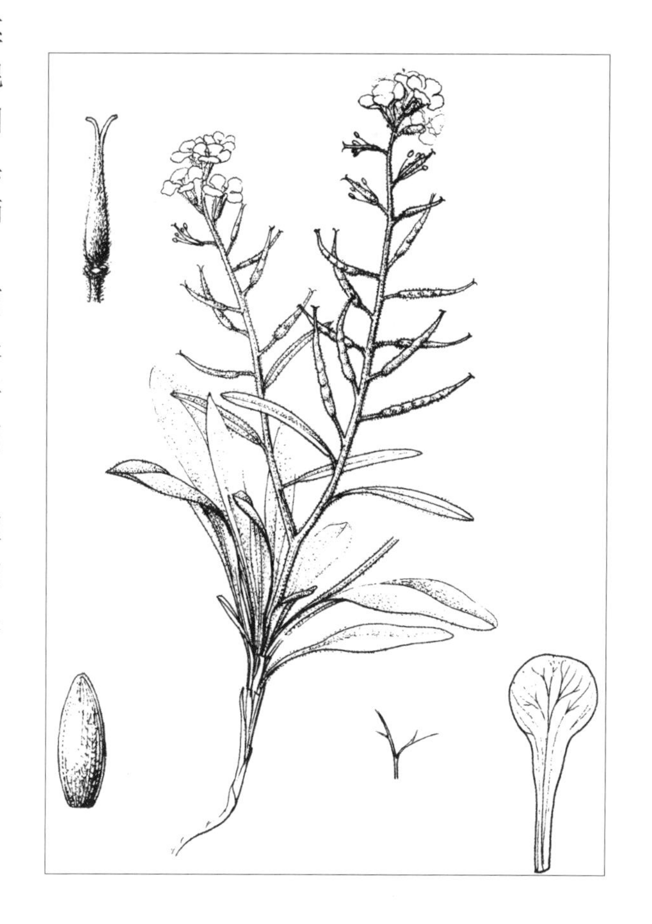

旱生草本。生于干河床。产西阿拉善、龙首山。分布于我国新疆北部和东部，蒙古国。为戈壁分布种。

21. 连蕊芥属 Synstemon Botsch.

一、二年生草本。植株被曲和直柔毛，后渐脱落而近无毛或无毛。基生叶呈莲座状，花后期常枯萎。茎直立，分枝或不分枝。叶羽裂、全缘或有齿，被柔毛，后渐脱落而近无毛或无毛。萼片基部不呈囊状，光滑或被毛；花瓣具短爪，基部有纤毛，白色或淡紫色；雄蕊 6，花丝基部扩大，被毛或无毛，长雄蕊花丝不完全结合，侧蜜腺环状，彼此近接合；雌蕊圆柱状，下部有时疏被长柔毛。果瓣膜质，中脉明显，中隔无缢；种子每室 1 列，先端具窄边，子叶背倚。

单种属。

1. 连蕊芥（柔毛连蕊芥、兴隆连蕊芥、荒漠连蕊芥、陆氏连蕊芥）

Synstemon petrovii Botsch. in Bot. Zhurn. (Moscow et Leningrad) 44:1487. f.2. 1959; Fl. China 8:185. 2001.——*S. petrovii* Botsch. var. *pilosus* Botsch. in Bot. Zhurn. (Moscow et Leningrad) 44:1488. 1959.——*S. petrovii* Botsch. var. *xinglongucus* Z. X. An in Bull. Bot. Res. Harbin 1(1-2):101. 1981.——*S. deserticolus* Y. Z. Zhao in Act. Phytotax. Sin. 36(4):373. f.1. 1998.——*S. lulianlianus* Al-Shenhbaz et al. in Novon 10:102. 2000; Fl. China 8:186. 2001.

一、二年生草本，高 7 ～ 40cm。茎直立，基部或上部分枝。叶两面绿色，全缘或具齿或羽状深裂，条形或披针形，长 1 ～ 4cm，宽 0.5 ～ 20mm，无柄或基部渐狭成柄。总状花序，果期长 4 ～ 20cm；花多数，无苞片；萼片矩圆形，长 2 ～ 3mm，宽 1 ～ 1.5mm，无毛或疏被毛；花瓣倒卵形，白色或淡紫色，长 4 ～ 7mm，宽 2 ～ 3mm，先端圆形，基部变窄成短爪，爪具纤毛；长雄蕊花丝成对仅基部或下部 1/5 ～ 1/2 合生，花丝无毛或被疏毛；雌蕊圆柱形，花柱长 1 ～ 3mm，柱头头状，微 2 裂。长角果条形，长 1.5 ～ 3cm，宽 1.2 ～ 1.5mm，无毛或近无毛，稍压扁，2 室，种子 1 行；果梗纤细，长 5 ～ 15mm；种子椭圆形，黄褐色，周围具白色窄边，顶端较宽，遇湿变黏，子叶背倚。花果期 4 ～ 9 月。

旱生草本。生于荒漠带的石质低山丘陵或山前覆沙地或沙砾质地上，产东阿拉善（杭锦旗巴拉贡镇）、贺兰山南部、龙首山（山前丘陵区）。分布于我国宁夏（青铜峡市、中卫市）、甘肃（兰州市、张掖市、金昌市永昌县）。为南阿拉善分布种。

本种茎生叶形态变化很大，在同一居群中既有叶全缘的植株（通常生于较干旱的小生境中，且植株较低矮），又有叶片羽状深裂的植株（通

常生于水分条件较好的小生境中，且植株较高大）。另外，在同一居群中，同一植株上，叶片既有条状全缘的，又有羽状深裂或具齿的。

连蕊芥是阿拉善荒漠区的一、二年生植物，生活史受降水的影响很大。在早春开花、结实的植株多为头一年秋季萌发的实生苗，实生苗当年不开花结实而以营养体越冬，在春季遇上雨水充沛的时候，能迅速生长发育并完成有性生殖，形成二年生植株。另外，在夏末秋初雨水较好的年份，当年萌发的实生苗可以开花结实，又形成了一年生植株。我们于 2014 年 9 月 1 日在阿拉善右旗桃花山北麓山前丘陵区观察到这种现象。

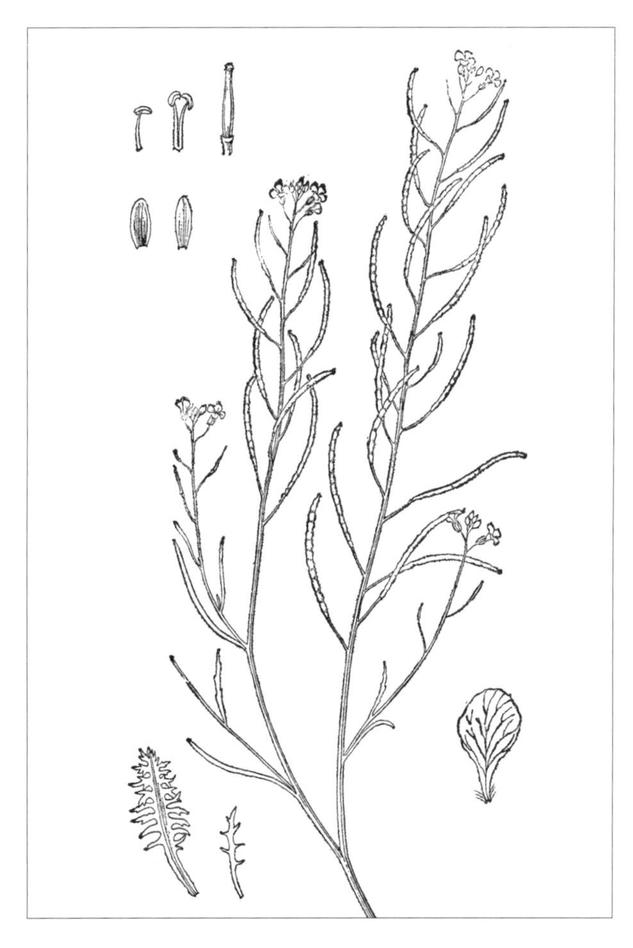

因为连蕊芥在幼嫩时植株被均被曲或直柔毛，花后期逐渐脱落而近无毛或无毛，所以在检查、比较不同采集期的腊叶标本时，植株被毛差异很大。

连蕊芥花丝被毛与否，变化也是非常大的。我们在同一个居群中既可以观察到茎生叶条形全缘，花丝被毛的个体；同时也能观察到茎生叶羽状全裂，基部渐狭成柄而花丝被密柔毛的个体以及花丝无毛的个体。但连蕊芥花瓣基部被毛却是稳定的特征。

如上所述，连蕊芥的形态特征变化非常大。由于采集时间、采集年份降水多寡等因素的影响，不同的研究者仅凭采集于不同时期、不同年份的数份腊叶标本，特别是模式标本的插图（一年生，无基生叶，茎生叶条形、全缘，全株光滑无毛）与原描述不一致，从而将上述连续变化的形态特征生硬地划分开，相继发表了数个新类群，从居群角度考虑是不太合适的，所以我们均将其作为连蕊芥 *Synstemon petrovii* 的异名处理。

22. 花旗杆属 Dontostemon Andrz. ex C. A. Mey.

一、二年生或多年生草本。植株被单毛或腺毛。茎直立，有分枝。单叶全缘或具齿。总状花序无苞片；萼片直立扁平或外萼片基部稍呈囊状；花瓣淡紫色或白色，顶部圆形或微凹，基部具爪；长雄蕊花丝成对合生，短雄蕊分离，短雄蕊两侧具 1 小金字塔形的侧蜜腺。长角果细长圆柱形，稍具 4 棱；种子 1 行，近椭圆形，褐色；子叶背倚、缘倚或斜缘倚。

内蒙古有 6 种。

分种检索表

1a. 叶肉质，多年生草本。

2a. 植株矮小，高 5 ～ 10cm；长角果圆柱形，弧曲，具长 1.5 ～ 2mm 的宿存花柱；花瓣倒披针形，长 6 ～ 8mm，顶端圆形……………………………………………………………**1. 厚叶花旗杆 D. crassifolius**

2b. 植株较大，高 10 ～ 30cm；长角果狭条形，扁平，常扭曲，无宿存花柱；花瓣宽倒卵形，长 11 ～ 13mm，顶端圆钝……………………………………………………………**2. 扭果花旗杆 D. elegans**

1b. 叶草质，长角果具极短的宿存花柱。

3a. 叶全缘，条形或狭条形，

4a. 花瓣较小，长 3 ～ 4mm，条状倒披针形，顶端圆形；花白色或白粉色；一、二年生草本；植株密被短曲柔毛和单硬毛……………………………………………………**3. 小花花旗杆 D. micranthus**

4b. 花瓣较大，长 5mm 以上；花常淡紫色，稀白色。

5a. 多年生草本；花瓣倒披针形，长约 10mm，顶端圆钝微凹；植株被长硬毛…………………………………………………………………………………………**4. 白毛花旗杆 D. senilis**

5b. 一、二年生草本；花瓣宽倒卵形，长 5 ～ 7mm；顶端平截微凹；植株被短曲柔毛和长柔毛，或有腺毛……………………………………………………………**5. 全缘叶花旗杆 D. integrifolius**

3b. 叶边缘具齿，条形或矩圆状披针形；花瓣倒卵形，长 6 ～ 10mm，顶端圆钝；一、二年生草本；植株被柔毛……………………………………………………………………………**6. 花旗杆 D. dentatus**

1. 厚叶花旗杆

Dontostemon crassifolius (Bunge) Maxim. in Prim. Fl. Amur. 46. 1858; Fl. Intramongol. ed. 2, 2:667. t.274. f.10-17. 1991.——*Andreoskia crassifolia* Bunge ex Turcz. in Bull. Soc. Imp. Nat. Mosc. 15:271. 1842.

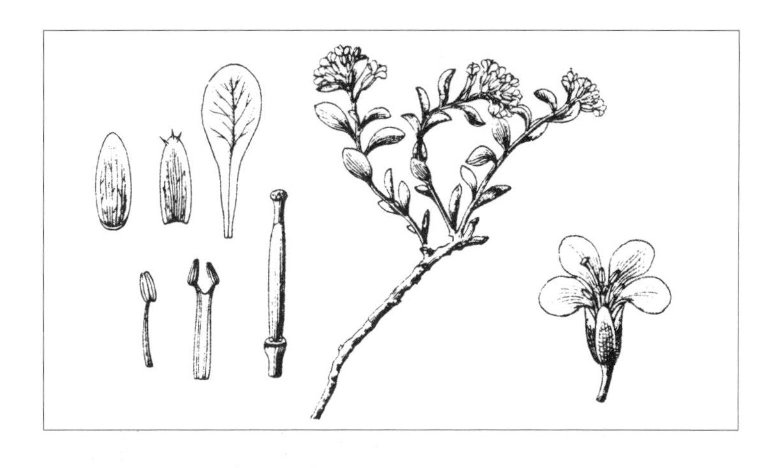

多年生矮小草本，高5～10cm。直根细长圆柱形，深入地下，苍白色。根状茎短，多头，常包被枯黄残叶。茎丛生，直立或斜升，不分枝。基生叶狭条形，长1.5～2.5cm，宽约3mm，边缘有疏睫毛，花期枯萎；茎生叶肉质肥厚，椭圆形，长8～10mm，宽4～6mm，先端钝，基部渐狭成短柄，全缘，边缘下半部常有疏睫毛。萼片直立，狭椭圆形，长约4mm，宽约1.5mm，边缘膜质，外萼片基部稍呈囊状，内萼片顶部稍呈兜状，有时有1～3硬单毛；花瓣倒披针形，长7mm，宽3mm，淡紫色，顶端圆形，基部渐狭成爪；短雄蕊与萼片等长，长雄蕊长约5mm；子房圆柱形，与长雄蕊近等长，花柱短，柱头头状。长角果弧状弯曲，长25mm，宽约2mm；宿存花柱长1.5～2mm。花期5～6月，果期7～8月。

强旱生草本。生于荒漠带和荒漠草原带的沙质、石砾质地或山坡，见于红砂—泡泡刺戈壁荒漠或梭梭—大白刺群落的沙地上。产乌兰察布（二连浩特市、苏尼特右旗、达尔罕茂明安联合旗北部）、东阿拉善（乌拉特后旗、阿拉善左旗北部）。分布于蒙古国西部和南部。为戈壁—蒙古分布种。

2. 扭果花旗杆

Dontostemon elegans Maxim. in Enum. Pl. Mongol. 57. 1889; Fl. Intramongol. ed. 2, 2:669. t.275. f.1-3. 1991.

多年生草本，高15～30cm。直根木质，粗壮，直径达1cm，淡黄褐色，顶部多头。茎多数，丛生，直立或斜升，圆柱形，光滑无毛，淡黄绿色，不分枝。叶肉质，灰绿色，条状倒披针形或近匙形，长15～35mm，宽3～8mm，先端钝，基部渐狭，全缘，无柄。总状花序顶生；花梗纤细，长3～5mm；萼片矩圆形，长5～6mm，先端钝，有白色膜边缘，背面顶部有卷曲长柔毛；花瓣玫瑰色，长11～13mm，瓣片近圆形，下部具长爪。长角果狭条形，长3～5cm，宽2～3cm，稍扁，扭曲，果瓣具1明显的中脉与侧网脉，无宿存花柱；种子椭圆形，长约2mm，扁平，褐色。

强旱生草本。生于荒漠带和荒漠草原带的山前平原、

低山、沙地、干河床。产龙首山、额济纳。分布于我国甘肃（河西走廊）、新疆中东部，蒙古国西部和南部、俄罗斯（西西伯利亚阿尔泰地区）。为戈壁分布种。

3. 小花花旗杆

Dontostemon micranthus C. A. Mey. in Fl. Alt. 3:120. 1831; Fl. Intramongol. ed. 2, 2:671. t.277. f.1-13. 1991.

一、二年生草本。植株被卷曲柔毛和硬单毛。茎直立，高 20 ～ 50cm，单一或上部分枝。茎生叶着生较密，条形，长 1.5 ～ 5cm，宽 0.5 ～ 3mm，顶端钝，基部渐狭，全缘，两面稍被毛，边缘与中脉常被硬单毛。总状花序结果时延长，长达 25cm；花小，直径 2 ～ 3mm；萼片近相等，稍开展，近矩圆形，长约 3mm，宽 0.8 ～ 1mm，具白色膜质边缘，背部稍被硬单毛；花瓣淡紫色或白色，条状倒披针形，长 3.5 ～ 4mm，宽约 1mm，顶端圆形，基部渐狭成爪；花药矩圆形，长约 0.5mm，短雄蕊长约 3mm，长雄蕊长约 3.5mm。长角果细长圆柱形，长 2 ～ 3cm，宽约 1mm；果梗斜上开展，劲直或弯曲，宿存花柱极短，柱头稍膨大；种子淡棕色，矩圆形，长约 0.8mm，表面细网状，子叶背倚。花果期 6 ～ 8 月。

中生草本。生于森林带和草原带的山地林缘草甸、沟谷、河滩、固定沙地。产兴安北部和岭西（额尔古纳市、牙克石市、陈巴尔虎旗）、呼伦贝尔（海拉尔区、鄂温克族自治旗、新巴尔虎左旗）、兴安南部和科尔沁（科尔沁右翼前旗、扎赉特旗、阿鲁科尔沁旗、巴林右旗、克什克腾旗、翁牛特旗）、辽河平原（大青沟）、燕山北部（喀喇沁旗、宁城县、敖汉旗）、锡林郭勒（锡林浩特市、东乌珠穆沁旗）、阴山（大青山、乌拉特中旗巴音哈太山）、阴南丘陵（准格尔旗阿贵庙）。分布于我国黑龙江西南部、吉林西部、辽宁北部、河北北部和西部、山西、甘肃中部、青海东部、新疆，蒙古国北部和南部、俄罗斯（西伯利亚地区、远东地区）。为东古北极分布种。

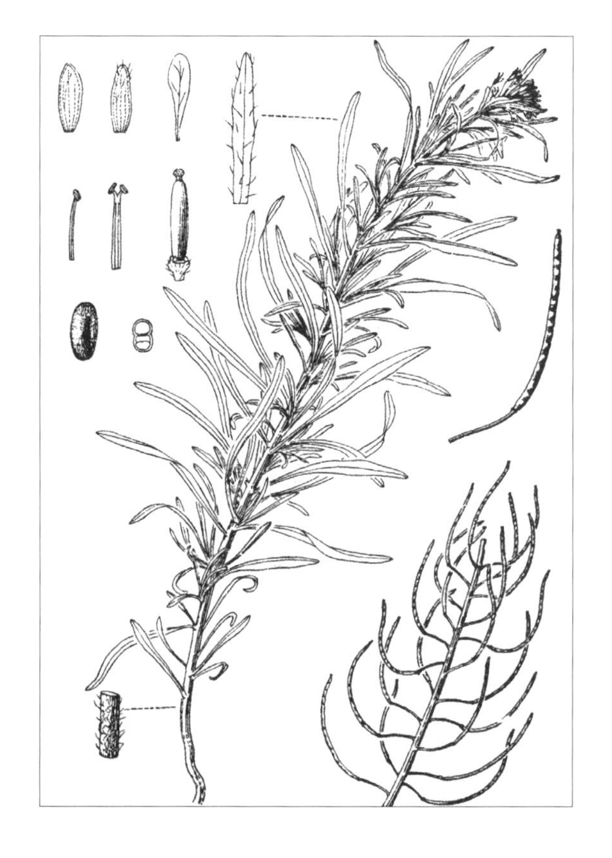

4. 白毛花旗杆

Dontostemon senilis Maxim. in Bull. Acad. Imp. Sci. St.-Petersb. Ser. 3, 26:421. 1880; Fl. Intramongol. ed. 2, 2:669. t.274. f.1-9. 1991.

多年生草本，高 5 ～ 12cm。植株被开展的长硬单毛。直根细长圆柱形，深入地下。根茎短，多头，包被多数枯黄残叶。茎多数丛生，直立，不分枝。叶狭条形，长 1 ～ 2cm，宽 1 ～ 1.5mm，

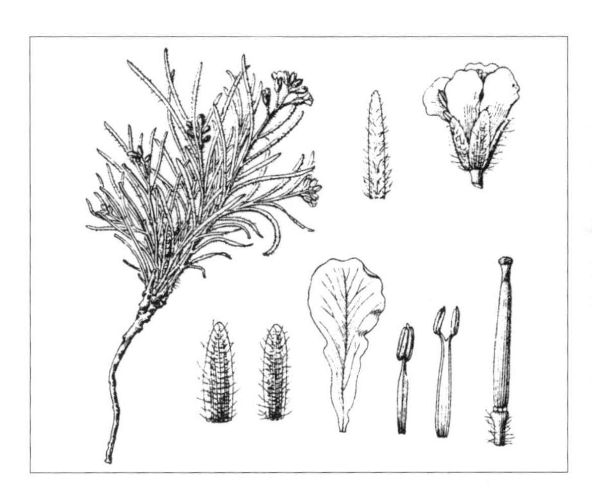

先端钝，基部渐狭，全缘，两面被开展的长硬单毛，近无柄。萼片稍开展，近同形，矩圆形或披针状矩圆形，长约 5mm，宽约 1.2mm，顶部稍隆起，被长硬单毛；花瓣淡紫色，倒披针形，长约 10mm，宽约 4mm，边缘稍皱波状；花丝两侧具翅，花药矩圆形，长约 2mm，顶端微凸，短雄蕊长约 6mm，长雄蕊长约 7mm；子房圆柱形，与长雄蕊近等长，花柱短，柱头头状，稍 2 裂。长角果极细长，长 3 ～ 4cm，宽约 1mm，直立或稍弧曲。花果期 5 ～ 7 月。

强旱生草本。生于荒漠带和荒漠草原带的石质残丘坡地或干河床，也见于残丘间平地及戈壁覆沙地上。产乌兰察布（四子王旗北部、达尔罕茂明安联合旗北部、乌拉特中旗）、东阿拉善北部（乌拉特后旗、狼山西部、阿拉善左旗北部）、西阿拉善（雅布赖山）。分布于我国宁夏、甘肃（河西走廊）、新疆东部，蒙古国西部和南部。为戈壁分布种。

5. 全缘叶花旗杆（线叶花旗杆、无腺花旗杆）

Dontostemon integrifolius (L.) C. A. Mey. in Fl. Alt. 3:120. 1831; Fl. Intramongol.ed. 2, 2:674. t.276. f.3. 1991.——*Sisymbrium integrifolium* L., Sp. Pl. 2:660. 1753.——*D. integrifolius* (L.) C. A. Mey. var. *eglandulosus (*DC.) Turcz. in Fl. Baic.-Dah. 1:152. 1842.——*D. eglandulosus* (DC.) Ledeb. in Fl. Ross. 1:175. 1842; Fl. Intramongol. ed. 2, 2:674. t.278. f.1-13. 1991.——*Andreoskia eglandulosa* DC. in Prodr. 1:190. 1824.——*D. perennis* auct. non C. A. Mey.: Fl. Reip. Pop. Sin. 33:318. t.90. f.1-7. 1987; Fl. Intramongol. ed. 2, 2:671. t.275. f.4-5. 1991; Fl. China 8:139. 2001.——*Synstemon linearifolius* Z. X. An in Bull. Bot. Res. Harbin 1(1-2):101. 1981; Fl. Reip. Pop. Sin. 33:436. 1987.

一、二年生草本，高 5 ～ 25cm。全株密被硬单毛和卷曲柔毛或被深紫色头状腺体。茎直立，多分枝。叶狭条形，长 1 ～ 3cm，宽 1 ～ 2mm，先端钝，基部渐狭，全缘。总状花序顶生和侧生，果期延长；萼片矩圆形，长 2.5 ～ 3mm，稍开展，边缘膜质；花瓣淡紫色，近匙形，长 5 ～ 6mm，

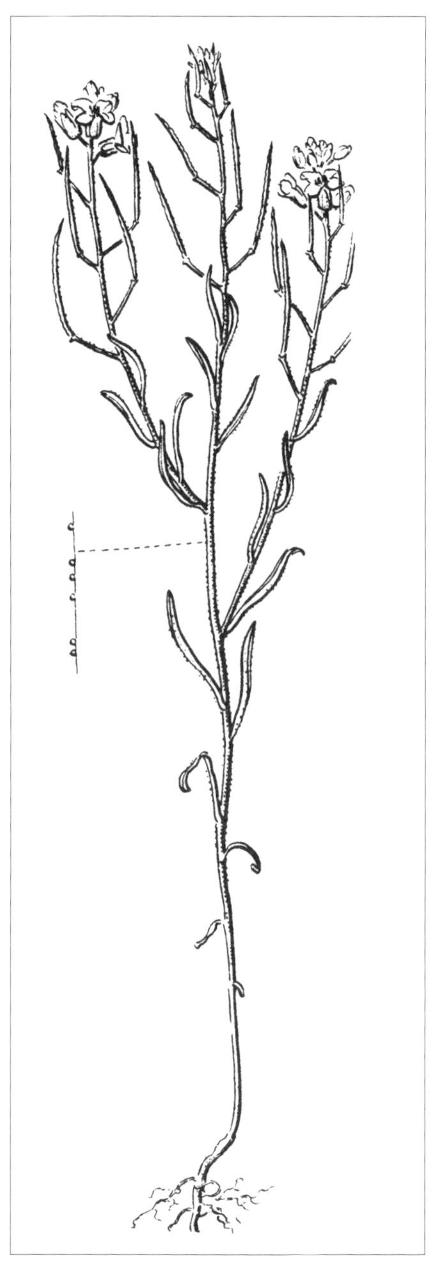

宽约 3mm，顶端微凹，下部具爪。长角果狭条形，长 1 ～ 3cm，宽约 1mm，稍扁，被深紫色腺体；宿存花柱极短，柱头稍膨大；果梗纤细，开展，长 5 ～ 10mm；种子扁椭圆形，长约 1mm。花果期 6 ～ 8 月。

旱生草本。生于草原带的沙质草原、石质坡地。产岭西和呼伦贝尔（额尔古纳市、新巴尔虎左旗、新巴尔虎右旗、鄂温克族自治旗、海拉尔区）、兴安南部及科尔沁（科尔沁右翼中旗、巴林右旗、林西县、克什克腾旗）、赤峰丘陵（翁牛特旗松树山）、辽河平原（大青沟）、锡林郭勒（东乌珠穆沁旗、西乌珠穆沁旗、锡林浩特市、阿巴嘎旗、苏尼特左旗、多伦县、太仆寺旗、镶黄旗、正蓝旗、察哈尔右翼后旗）、乌兰察布（四子王旗南部、武川县、达尔罕茂明安联合旗南部、固阳县）、阴山（大青山）、阴南丘陵（凉城县、清水河县）、鄂尔多斯（伊金霍洛旗）、贺兰山。分布于我国黑龙江西部、辽宁（彰武县）、河北北部、山西北部、陕西北部，蒙古国、俄罗斯（东西伯利亚地区、远东地区）。为蒙古高原分布种。

6. 花旗杆（齿叶花旗杆）

Dontostemon dentatus (Bunge) Ledeb. in Fl. Ross. 1:175. 1841; Fl. Intramongol. ed. 2, 2:671. t.276. f.1-2. 1991.——*Andreoskia dentata* Bunge in Enum. Pl. Chin. Bor. 6. 1833.

一、二年生草本，高 10 ～ 50cm。散生单毛。茎直立，有分枝。叶披针形或矩圆状条形，长 3 ～ 6cm，宽 3 ～ 10mm，两端渐狭，边缘有疏牙齿，两面散生单毛，下部叶有柄，上部叶无柄。

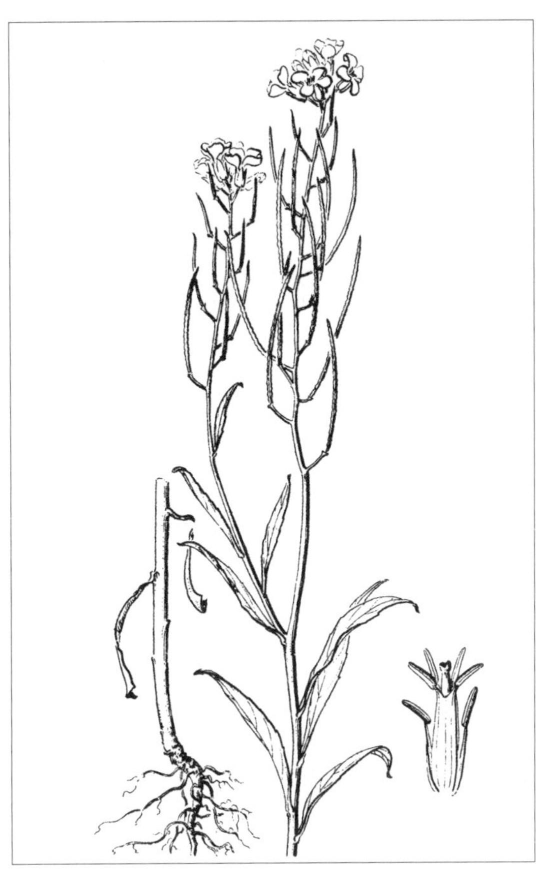

总状花序顶生和侧生，果期延长；花梗长约 3mm；萼片直立，矩圆形，长 4 ～ 5mm，具白色膜质边缘；花瓣紫色，倒卵形，长 8 ～ 10mm，基部有爪。长角果狭条形，长 4 ～ 5cm，径约 1mm，直立或斜开展，无毛；果瓣稍隆起，具明显中脉；果梗长 3 ～ 6mm，被短柔毛；种子 1 行，近卵形，长约 1mm，淡褐色，稍有翅。花果期 6 ～ 8 月。

中生草本。生于森林带的山地林下、林缘草甸。产兴安北部及岭东和岭西（额尔古纳市、根河市、牙克石市、鄂伦春自治旗、东乌珠穆沁旗宝格达山、扎兰屯市）、兴安南部及科尔沁（扎赉特旗、科尔沁右翼前旗、阿鲁科尔沁旗、巴林右旗）、辽河平原（大青沟）、燕山北部（喀喇沁旗、宁城县、敖汉旗）。分布于我国黑龙江、吉林、辽宁、河北、河南西部、山东、山西中部和南部、陕西东南部、安徽北部、江苏西部，日本、朝鲜、俄罗斯（东西伯利亚地区、远东地区）。为东西伯利亚—东亚北部分布种。

23. 异果芥属 **Diptychocarpus** Trautv.

属的特征同种。

内蒙古有 1 种。

1. 异果芥

Diptychocarpus strictus (Fisch. ex M. Bieb.) Trautv. in Bull. Soc. Imp. Nat. Mosc. 33(1):108. 1860; Fl. China 8:149. 2001.——*Raphanus strictus* Fisch. ex M. Bieb. in Fl. Taur.-Caucas. 3:452. 1819-1820.

一年生草本，高 10 ～ 50cm。茎直立，单一或分枝，茎下部密被直或向下倾的长单毛，上部无毛或具疏毛。叶互生，被毛，矩圆状条形或条形，边缘具齿或几羽裂，上部叶先端近全缘。总状花序，果期延伸；萼片条形，长 4 ～ 6mm，基部不呈囊状，淡紫色，无毛或有疏毛；花瓣条形，长 8 ～ 12mm，带紫色，爪不明显；雄蕊 6；子房无柄。长角果条形，无毛或有短糙毛；果瓣中脉明显；果梗长 2 ～ 5mm；上部角果条形，长 3 ～ 8cm，先端渐尖成喙，成熟时纵裂；下部角果（1 ～ 2 个）不开裂，近圆柱形，长 2 ～ 5cm，喙长约 8mm，成熟时横断裂；种子椭圆形，扁平，长 2 ～ 4mm，棕色，具白色翅，子叶缘倚。花果期5～7月。

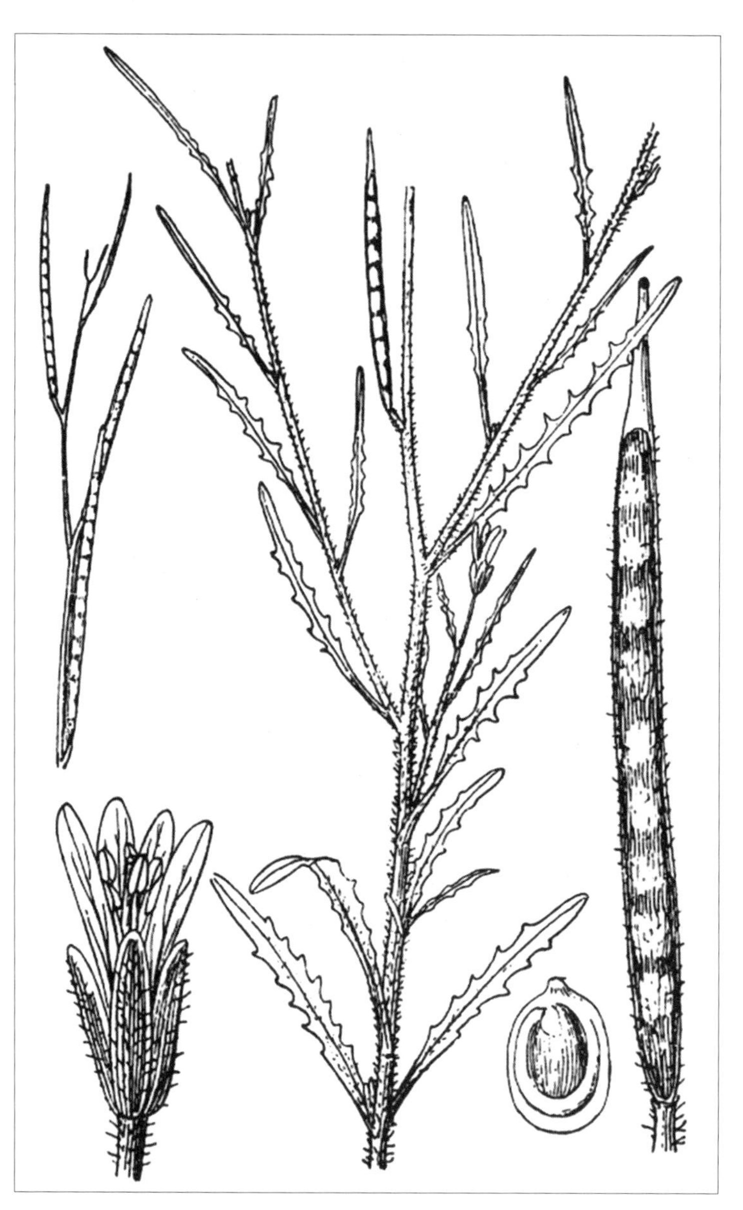

旱生草本。生于荒漠带的荒地、黏土地、碎石山坡。产额济纳。分布于甘肃西部、新疆，巴基斯坦、阿富汗，中亚、西南亚、欧洲东南部。为古地中海分布种。

24. 离子芥属 Chorispora R. Br. ex DC.

一、二年生或多年生草本。有单毛、腺毛或无毛。茎直立，或近直立开展，由基部分枝或茎短缩。叶有柄或茎生叶无柄，羽状深裂或具波状齿。花序花时伞房状，生于枝端，果时伸长呈总状；萼片内轮基部呈囊状；花瓣紫色，紫红色或黄色，具长爪；侧蜜腺圆锥形或月形，不联合，中蜜腺无。长角果具喙，多呈念珠状，不纵裂而横断，少不整齐开裂；种子每室 1 行，椭圆形；子叶背倚胚根。

内蒙古有 1 种。

1. 离子芥

Chorispora tenella (Pall.) DC. in Syst. Nat. 2:435. 1821; Fl. China 8:148. 2001.——*Raphanus tenella* Pall. in Reise Russ. Reich. 3:741. 1776.

一年生草本，高 5 ～ 40cm。被稀疏的单毛与腺毛。基生叶丛生，早枯，宽披针形，长 3 ～ 8cm，宽 5 ～ 15mm，边缘具疏齿、疏锯齿或羽状裂，基部渐窄成柄；茎生叶与之相似而较小，越向上越小，逐渐成为凹波齿，最后为全缘。花序花时伞房状，果期极伸长而呈总状；花梗长 1 ～ 2cm；萼片条形，长约 5mm，边缘白色膜质，顶端有少数单毛，内轮基部略呈囊状；花瓣紫色或蓝紫色，长约 1cm，瓣片倒卵状长圆形，顶端圆，略短于白色爪部，宽约 1mm。短雄蕊花丝细，长约 2.5mm；长雄蕊花丝宽扁，长约 4.5mm；花药长圆形，长约 1.2mm。长角果圆柱形，长 1.5 ～ 3cm，略向上弯曲，向上渐细，于种子间突然缢缩；果瓣光滑无脉，在假隔膜两侧各横断为若干节，每节由果皮与假隔膜共包裹 1 种子，以后角果仅留 1 胎座框与前端长 1 ～ 1.5cm 的喙，喙向上渐细；果梗长 3 ～ 4mm；种子长圆形，长约 1.5mm。花期 4 ～ 8 月。

中生杂草。生于荒滩、路边、农田。产内蒙古南部。分布于我国辽宁南部、河北、河南西部、山西、山东西部、安徽、宁夏、陕西、甘肃东部和南部、青海东部、新疆北部，朝鲜、蒙古国西部和西南部、俄罗斯、印度、阿富汗，克什米尔地区，中亚、西南亚、北非，欧洲。为古北极分布种。

25. 萝卜属 Raphanus L.

一、二年生草本。无毛或被单硬毛。根常肉质。叶大头羽裂或羽状分裂。总状花序顶生，花后延长；萼片直立，外萼片基部呈囊状；花瓣白色、紫色或粉红色带脉纹，具长爪；雄蕊离生，花丝无齿，侧蜜腺小，凹陷，中蜜腺半球形或短柱状。长角果圆柱形，串珠状，肉质，不开裂，顶端具长喙；种子球形，无翅，子叶对褶。

内蒙古有 1 栽培种。

1. 萝卜（莱菔）

Raphanus sativus L., Sp. Pl. 2:669. 1753; Fl. China 8:25. 2001; Fl. Intramongol. ed. 2, 2:650. 1991.

二年生草本。根肉质，形状、大小和颜色多变化，一般为圆锥形、球形或圆柱形等，白色、绿色或红色等。茎直立，高达 1m，常分枝，多少被蜡粉。基生叶和茎下部叶大头羽状分裂，连叶柄长达 30cm，顶生裂片卵形，侧生裂片 2 ~ 6 对，向基部渐小，常矩圆形，边缘具锯齿或缺刻，稀全缘，疏生单毛或无毛；茎上部叶矩圆形、披针形或倒披针形，边缘具锯齿或缺刻，稀近全缘。萼片直立，条状矩圆形，长约 8mm，淡黄绿色。花瓣粉红色或白色；瓣片宽倒卵形，长约 1cm，开展；爪条形，长约 1cm。长角果肉质，圆柱形，长 1.5 ~ 3cm，在种子间缢缩，具海绵质横隔，先端有长尾状的喙；种子近球形，直径约 3mm，稍扁，红褐色，表面有细网纹。花果期 5 ~ 7 月。

中生草本。原产地中海地区，现内蒙古及我国其他地区和世界其他国家广泛栽培。本种品种多，变化大，内蒙古习见的栽培品种有心里美、大青萝卜、水萝卜等。

根为蔬菜，种子、鲜根、枯根、叶都可入药。种子（药材名：莱菔子）能导滞、消食、降气、化痰，主治食积气滞、胸闷肠满、嗳气倒饱、咳嗽痰喘；枯根能利二便、消肿散虚气，鲜根能清热止渴、利尿、助消化；叶能止喘、镇痛，治初痢、解煤气中毒等。根和种子入蒙药（蒙药名：萝帮），根能祛“巴达干赫依”、温胃、定喘、祛痰、化痞、燥黄水，主治肺气肿、大便干燥、皮症及各种耳患；种子能温肾、定喘、祛痰、消食，主治支气管炎、气喘咳嗽。种子含油量达 45%，可供工业用与食用。

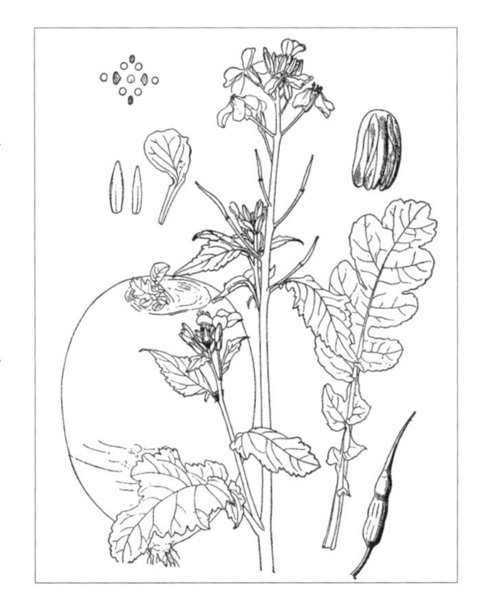

26. 芝麻菜属 **Eruca** Adans.

一年生或多年生草本。被单毛。茎直立或斜升，有分枝。叶羽状分裂。花大；萼片直立，矩圆形，外萼片顶部兜状，内萼片基部稍呈囊状；花瓣黄色或白色，带褐色或紫色脉纹；蜜腺极小，侧蜜腺凹陷，棱柱状，中蜜腺半球形或半矩圆形。长角果开裂，狭矩圆形或椭圆形，膨胀，顶端有扁平的长喙；种子2裂，褐色，球形，无翅，子叶对褶。

内蒙古有1种。

1. 芝麻菜（臭芥）

Eruca vesicaria (L.) Cavan. subsp. **sativa** (Mill.) Thellung in Ill. Fl. Mitt.-Eur. 4(1):201. 1918; Fl. China 8:24. 2001.——*E. sativa* Mill. in Gard. Dict. ed. 8, Eruca no. 1. 1768; Fl. Intramongol. ed. 2, 2:653. t.270. f.1-8. 1991.

一年生草本，高10～40cm。茎直立，通常上部分枝，被疏硬单毛。基生叶和茎下部叶稍肉质，叶片矩圆形，长4～7cm，宽2～3cm，大头羽状分裂，顶生裂片近卵形，全缘、浅波状或有细齿，叶柄长2～3cm；茎上部叶较小，羽状深裂或大头羽状深裂，侧裂片1～4对，裂片披针形、倒披针形或条形，先端钝圆，有时边缘有浅裂。萼片直立，倒披针形，长约1cm；花瓣黄色或白色，带紫褐色脉纹，长约2cm，瓣片倒卵形，开展，爪细长。长角果圆柱形，长2～3cm，宽约5mm，直立，紧贴花序轴，无毛，顶端有扁平剑形的长喙；果梗短粗，上举，长2～4mm；种子近球形，直径约1.5mm，淡黄褐色。花果期6～8月。

中生草本。内蒙古有少量栽培，常混生于亚麻地中，也有逸生。野生逸生种产赤峰丘陵、锡林郭勒、乌兰察布、阴山、阴南平原、阴南丘陵、鄂尔多斯（伊金霍洛旗、乌审旗）、东阿拉善、西阿拉善、额济纳。分布于我国黑龙江、辽宁西部、河北西北部、山西中北部、陕西北部、甘肃东部和南部、青海东部、四川北部、新疆北部、江苏、广东等地都有栽培或野生，亚洲北部和西部、欧洲东部、北非也有分布。为古北极分布种。

种子称臭芥子，含油量约30%，油可供食用。嫩株供蔬菜用。种子入药，能利水、化痰、定喘，主治肺痈、咳喘气逆、胸中痰饮、面目浮肿。

27. 芸苔属 Brassica L.

一、二年生或多年生草本，少半灌木。茎直立，分枝，无毛或被单毛，有时被蜡粉。叶变异很大，基生叶与茎下部叶常大头羽裂或不分裂，上部叶全缘，无柄，常抱茎。萼片直立或展开；花瓣具长爪，黄色、淡黄色，很少白色；蜜腺深绿色，侧蜜腺近多面体，中蜜腺常半球形。长角果圆柱形或稍扁，开裂，顶端具喙；果瓣凸起，具 1 ～ 3 脉；种子 1 列，球形，红褐色或黄色，子叶对褶。

内蒙古有 4 栽培种、8 栽培变种。

在栽培生产中，本属植物通常分为 3 类：甘蓝型、白菜型和芥菜型。

分种检索表

1a. 叶片厚，粉蓝或蓝绿色；花较大，白色或浅黄色，花瓣具长爪（甘蓝类）。

2a. 总状花序轴长，非伞房状；花瓣黄色或白色；叶无毛。

3a. 叶大，肉质；茎生叶无柄，抱茎；茎基部不成块茎。

4a. 叶包呈球状体，花序轴长……………………………………**1a. 甘蓝 B. oleracea** var. **capitata**

4b. 叶不包呈球状体；花序轴较短，未发育的花芽密集成乳白色肉质头状体…………………………………………………………………………………………………**1b. 花椰菜 B. oleracea** var. **botrytis**

3b. 叶小，质薄；茎生叶有细柄，不抱茎；茎基部膨大成球茎……**1c. 擘蓝 B. oleracea** var. **gongylodes**

2b. 总状花序呈伞房状，花瓣浅黄色或白色，幼叶散生刚毛……**2. 芜菁甘蓝 B. napus** var. **napobrassica**

1b. 叶片薄，绿色或有粉霜；花较小，鲜黄色或浅黄色，花瓣具短爪。

5a. 叶缘波状或全缘，茎生叶常全缘，基部耳状抱茎；种子窠穴不明显；植株无辛辣味（白菜类）。

6a. 具肉质膨大的块根；基生叶大头羽裂或成复叶，叶柄长，有小裂片…**3a. 芜菁 B. rapa** var. **rapa**

6b. 无块根。

7a. 植株被粉霜；基生叶大头羽裂，具不整齐缺齿，叶柄宽，抱茎…**3b. 芸苔 B. rapa** var. **oleifera**

7b. 植株无粉霜。

8a. 基生叶倒卵状长圆形，边缘皱缩，波状，叶柄扁平，两侧下延成宽翅 …………………………………………………………………………………………**3c. 白菜 B. rapa** var. **glabra**

8b. 基生叶常成莲座状，全缘或稍有波状齿，基部渐狭成柄，无翅 ……………………………………………………………………………………………**3d. 青菜 B. rapa** var. **chinensis**

5b. 叶缘多为锯齿状，茎生叶具柄，基部不抱茎；种子具明显窠穴；植株有辛辣味（芥菜类）。

9a. 根非肉质，也不膨大。

10a. 基生叶大头羽裂或不分裂。

11a. 基生叶宽卵形至倒卵形，边缘有缺刻或裂齿…………**4a. 芥菜 B. juncea** var. **juncea**

11b. 基生叶长圆状或倒卵形，边缘有重锯齿或缺刻……**4b. 油芥菜 B. juncea** var. **gracilis**

10b. 基生叶不分裂，倒披针形或长圆状披针形，边缘有不整齐锯齿或成重锯齿…………………………………………………………………………………………**4c. 雪里蕻 B. juncea** var. **multiceps**

9b. 块根肉质，膨大，圆锥形或长圆球形；基生叶长圆状卵形…**4d. 根用芥 B. juncea** var. **napiformis**

1a 甘蓝（结球甘蓝、圆白菜、疙瘩白）

Brassica oleracea L. var. **capitata** L., Sp. Pl. 2:667. 1753; Fl. China 8:18. 2001; Fl. Intramongol. ed. 2, 2:659. 1991.

二年生草本。被蜡粉。第一年茎（短缩茎）矮而粗壮，肉质而肥厚，绿色、深绿色或蓝绿色。基生叶多数，层层包裹成球体，叶矩圆状倒卵形至圆形，长和宽 15 ～ 40（～ 80）cm，初生叶具柄，球叶无柄，其中心的互相紧密包叠成球形，扁球形或牛心形，乳白色（中、晚熟品种）、淡绿色或黄绿色（早熟品种）；第二年生出分枝的茎与茎生叶，茎上部叶无柄，基部近抱茎，边缘有细齿或锯齿。花乳黄色。长角果圆柱形，长 6 ～ 9cm，宽 4 ～ 5mm，顶端有短喙，喙长 6 ～ 10mm；种子球形，直径 1.5 ～ 2mm，褐色或灰褐色。花期 5 ～ 6 月，果期 7 ～ 8 月。

中生草本。原产欧洲，内蒙古各地广泛栽培，为内蒙古重要蔬菜之一。

叶的浓汁含维生素 C，用于缓解胃溃疡和十二指肠溃疡，有使病灶缩小及愈合的作用。

1b. 花椰菜（菜花）

Brassica oleracea L. var. **botrytis** L., Sp. Pl. 2:667. 1753; Fl. China 8:18. 2001; Fl. Intramongol. ed. 2, 2:660. 1991.

本变种与正种的区别：叶不卷心，较狭长，叶柄较长；肥厚的花序轴、花枝和花序变成肉质的花球状的头状体。

二年生中生草本。原产欧洲，内蒙古城市有少量栽培。

头状体作蔬菜食用。叶可作饲料。

1c. 擘蓝（苤蓝、玉头、球茎甘蓝）

Brassica oleracea L. var. **gongylodes** L., Sp. Pl. 2:667. 1753; Fl. China 8:18. 2001.——*B. oleracea* L. var. *caulorapa* DC. in Prodr. 1:213. 1824; Fl. Intramongol. ed. 2, 2:660. 1991.

本变种与正种的区别：近地面（在地上 2 ～ 4cm 处）部分的茎膨大形成球状茎，直径 10 ～ 25cm，在球状茎上部着生多数具长柄的叶，在下部留有横条形的叶痕。

二年生中生草本。原产欧洲，内蒙古各地广泛栽培，为内蒙古重要蔬菜之一。

球状茎肉质致密而脆嫩，供鲜用、炒食及腌菜，为内蒙古重要蔬菜之一。茎和叶可入药，能治十二指肠溃疡。

2. 芜菁甘蓝（洋蔓菁、布留克）

Brassica napus L. var. **napobrassica** (L.) Reich. in Handb. Gewachsk. ed. 2, 3:1220. 1833; Fl. China 8:22. 2001.——*B. rassica oleracea* L. var. *napobrassica* L., Sp. Pl. 2:667. 1753.——*B. napobrassica* Mill. Gard. Dict. ed. 8, n.2. 1768; Fl. Intramongol. ed. 2, 2:660. 1991.

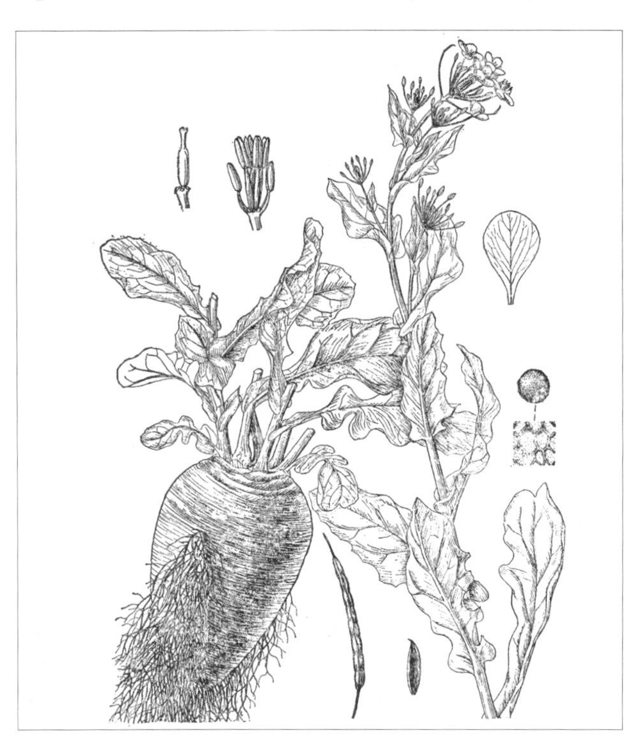

二年生草本。有蜡粉。块根淡紫色，淡绿色或淡灰黄色，近球形，直径 10 ～ 15cm，于冬初以前形成，通常上半部露出地面、淡紫色，下半部埋土中、淡黄色，有时全埋土中，在中部以下两侧有 2 行须根。茎于次年春抽出，直立，有分枝。基生叶大头羽裂，长 10 ～ 20cm，顶端圆钝，边缘有不规则的钝波状齿，下面叶脉和叶缘有疏毛，具柄；茎生叶向上渐小，上部叶矩圆状披针形，近全缘，无柄，略抱茎。花黄色。长角果长 4 ～ 8cm，喙长 3 ～ 8mm；种子近球形，褐色。花期 5 ～ 6 月，果期 7 月。

中生草本。内蒙古呼伦贝尔市、兴安盟大量栽培。

肉质根盐腌或酱渍后供食用。

3. 芜菁（蔓菁、地蔓菁）

Brassica rapa L., Sp. Pl. 2:666. 1753; Fl. China 8:19. 2001; Fl. Intramongol. ed. 2, 2:658. 1991.

3a. 芜菁

Brassica rapa L. var. **rapa**

二年生草本。肉质块根短圆锥形或扁球形，表面光滑，肉质，柔软致密，白色，在顶端无颈部，根只生在下面纤细的直根上。茎单一，直立，上部分枝，高达 90cm，圆柱形，淡绿色。基生叶大型，长 40 ～ 60cm，簇生，大头羽状分裂或不分裂，被

疏刺毛；茎生叶倒披针形或披针形，比基生叶小，基部耳状抱茎。伞房状总状花序顶生，开花时花常超过花蕾；萼片长椭圆形，长约5mm，稍开展；花瓣浅黄色，长约1cm，倒卵形，下部具爪。长角果长达6cm，具细喙；种子近球形，褐色或红褐色。花期5～6月，果期7～8月。

中生草本。原产欧洲，内蒙古各地有少量栽培。

肉质块根做蔬菜或饲料用。

3b. 芸苔

Brassica rapa L. var. **oleifera** DC. in Syst. Nat. 2:591. 1821; Fl. China 8:19. 2001.

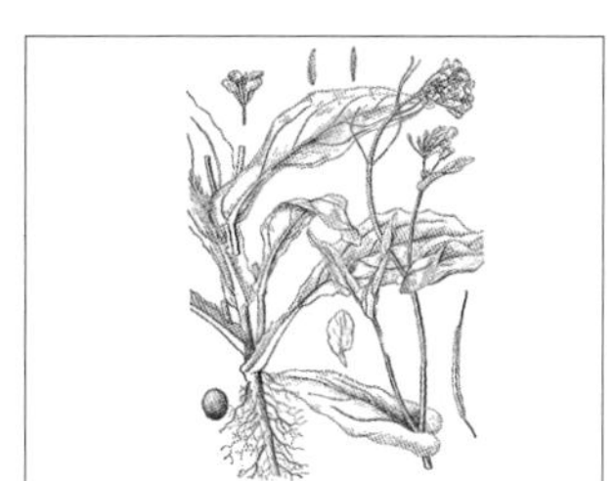

本变种与正种的区别：植株被粉霜；无块根；基生叶大头羽裂，具不整齐缺齿，叶柄宽，抱茎。

中生草本。原产欧洲，内蒙古阴山山脉后山地区少量栽培。

种子榨油供食用。

3c. 白菜（大白菜、京白菜、长白菜）

Brassica rapa L. var. **glabra** Regel in Gartenflora 9:9. 1860; Fl. China 8:20. 2001.——*B. pekinensis* (Lour.) Rupr. in Fl. Ingr. 96. 1860; Fl. Intramongol. ed. 2, 2:657. 1991.——*Sinapis pekinensis* Lour. in Fl. Cochin. 400. 1790.

一、二年生草本。无毛，有时叶下面中脉有疏刺毛。基生叶多数，密集，大型，外叶矩圆形至倒卵形，长30～50cm，宽10～20cm，先端圆钝，叶面皱缩或平展，边缘波状，常下延于叶柄上呈翅状，心叶逐渐紧卷成圆筒或头状，白色或淡黄色，中脉宽展肥厚，白色而扁平；茎生叶长圆状披针形或披针形，先端圆钝，基部耳状抱茎，全缘或具疏微牙齿。花黄色，长8～10mm；萼片直立，淡黄绿色，卵状披针形；花瓣椭圆形，基部具爪。长角果长圆柱形，稍扁，长3～5cm，宽约7mm；喙短剑状，长8～15mm；种子近球形，棕色。花期5～6月，果期6～7月。

中生草本。原产华北，内蒙古各地有广泛栽培。

为冬、春季主要蔬菜之一。内蒙古种植的品种有3种类型：头球包心型，如小青口、青白口、二包头等；直筒型，如青麻叶；疏心型，如菊花白、二黄苗、疏心青白口等。

3d. 青菜（小油菜、小白菜、小青菜）

Brassica rapa L. var. **chinensis** (L.) Kitam. in Mem. Coll. Sci. Univ. Kyoto Ser. B, 19:79. 1950; Fl. China 8:20. 2001.——*B. chinensis* L. in Amoen. Acad. 4:280. 1759.——*B. chinensis* L. in Cent. Pl. 1:19. 1755; Fl. Intramongol. ed. 2, 2:657. 1991.

一、二年生草本。无毛。茎直立，高 30 ～ 60cm，上部有分枝。基生叶深绿色，有光泽，直立或近开展，倒卵形、宽匙形或矩圆状倒卵形，长 15 ～ 30cm，全缘或有不明显的锯齿或波

赵一之 / 摄

状齿；叶柄长，肥厚，浅绿色或白色。茎生叶卵形或披针形，长 3 ～ 7cm，宽 1 ～ 3cm，基部两侧有垂耳，抱茎，全缘。花淡黄色，长约 1cm。长角果细，圆柱形，长 3 ～ 6cm，宽 3 ～ 4mm；喙细瘦，长约 1cm；种子球形，直径 1 ～ 1.5mm，紫褐色。

中生草本。原产亚洲，内蒙古有少量栽培。

嫩叶可做蔬菜。

4. 芥菜

Brassica juncea (L.) Czern. in Conspect. Fl. Chark. 8. 1859; Fl. China 8:20. 2001；Fl. Intramongol. ed. 2, 2:658. 1991.——*Sinapis juncea* L.l, Sp. Pl. 2:668. 1753.

4a. 芥菜

Brassica juncea (L.) Czern. var. **juncea**

一、二年生草本，高 30 ～ 120cm。幼茎及叶具刺毛，带粉霜，有辣味。茎直立，上部分枝。基生叶大，叶片宽卵形或倒卵形，长 20 ～ 40cm，宽 10 ～ 15cm，大头羽裂，常有 1 ～ 3 小裂片，边缘具不规则的缺刻或裂齿；茎下部叶较小，具长柄；茎上部叶最小，披针形，近全缘，有短柄。花黄色，直径 7 ～ 10mm；萼片开展，淡黄绿色。长角果细圆柱形，长 3 ～ 5cm，顶端有细柱形的喙；喙长 6 ～ 12mm；种子近球形，直径约 1mm。花期 5 ～ 6 月，果期 7 ～ 8 月。

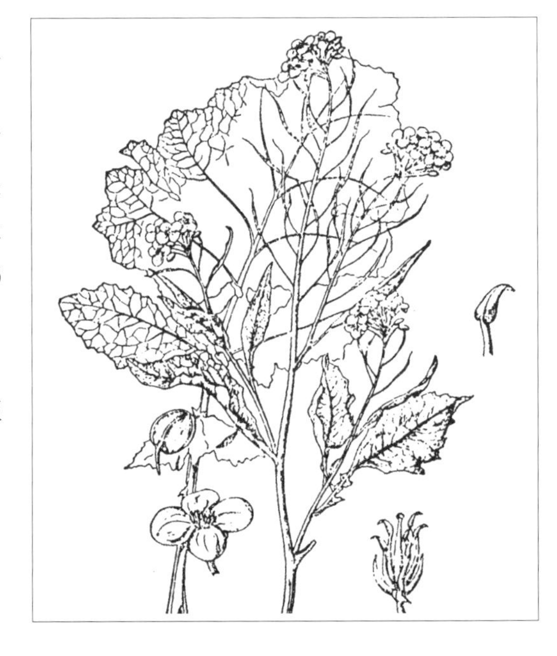

生中生草本。原产亚洲，内蒙古各地有栽培。

叶盐腌供食用。种子含芥子素，有强烈的辛辣味，磨成粉可做调味品（芥末粉）。种子入药（药材名：芥子），能利气害痰、温中散寒、通经络、消肿止痛，主治胸胁胀痛、痰喘咳嗽、胃寒疼痛、阴疽痰核、寒湿痹痛。

4b. 油芥菜（芥菜型油菜）

Brassica juncea (L.) Czern. var. **gracilis** Tsen et Lee in Hortus Sinicus 2:26. 1942; Fl. Intramongol. ed. 2, 2:659. 1991.

本变种与正种的区别：基生叶矩圆形或倒卵形，边缘有重锯齿或缺刻。

中生草本。原产亚洲，内蒙古乌兰察布市和巴彦淖尔市后山地区有广泛栽培。

种子（油菜籽）可榨食用油，含油率 25% ～ 34%。

4c. 雪里蕻（雪里红）

Brassica juncea (L.) Czern. var. **multiceps** Tsen et Lee in Hortus Sinicus 2:20. 1942; Fl. Intramongol. ed. 2, 2:659. 1991.

本变种与正种的区别：基生叶不分裂，倒披针形或矩圆状倒披针形，边缘有不整齐锯齿或重锯齿。

中生草本。内蒙古有少量栽培。

茎与叶盐腌后供食用。

4d. 根用芥（芥菜疙瘩、辣疙瘩）

Brassica juncea (L.) Czern. var. **napiformis** (Pailleux et Bois) Kitam. in Mem. Coll. Sci. Univ. Kyoto Ser. B, 19:76. 1950; Fl. China 8:21. 2001.——*Sinapis juncea* L. var. *napiformis* Pailleux et Bois in Potagar dun Curieux 2:372. 1892.——*B. juncea* (L.) Czern. var. *megarrhiza* Tsen et Lee in Hortus Sinicus 2:21. 1942; Fl. Intramongol. ed. 2, 2:659. 1991.

本变种与正种的区别：根部肉质肥大，圆锥形，淡褐白色，有辛辣味。

中生草本。原产欧洲，内蒙古有少量栽培。

肉质根和叶盐腌后供食用。

28. 白芥属 Sinapis L.

一年生草本。稍有单毛。茎直立，分枝。叶全缘或大头羽裂。总状花序顶生，花黄色；萼片分离，不呈囊状；花瓣倒卵状椭圆形，基部有爪；雄蕊 6，蜜腺在每一短雄蕊内侧者通常为肾形，在每对长雄蕊外侧者呈舌状；子房无柄，花柱至果期逐渐过渡为喙，柱头大，微 2 浅裂。长角果圆柱形，先端有长的剑形扁喙；果瓣坚硬，表面呈小丘状凸起，有 3 ～ 7 条均等的脉；种子球形，呈 1 行排列，子叶对折。

内蒙古有 1 种。

1. 新疆白芥

Sinapis arvensis L., Sp. Pl. 1:668. 1753; Fl. China 8:23. 2001.

一年生草本，高 40 ～ 80cm。被稀疏、短、下倾单毛。茎直立，中、上部多分枝。基生叶及下部茎生叶未见。上部茎生叶长卵形，长 4 ～ 5cm，宽 1 ～ 1.5cm，顶端急尖，基部圆形，全缘或具波状齿，无毛，叶缘具微小的白色缘毛。花序花时伞房状；花梗长约 1mm，果期伸长，呈总状；萼片长圆形，长约 3.5mm，无毛；花瓣黄白色，倒卵状矩圆形，长约 6mm，先端圆形，基部有较长的爪。雄蕊 6，长约 2mm；花丝细，长约 2.5mm，花药长圆状条形，长约 1.5mm，基部叉开。雌蕊柱状，两侧有窄棱，柱头微 2 裂。长角果近圆柱形，略扁压，连喙长 2 ～ 3cm，宽 2.5 ～ 3mm，喙长 8 ～ 12mm，扁压成细长的剑形，每侧有 1 主脉、2 侧脉；果喙稍扁压，具粗脉 3 条，中脉鼓起，其间小脉显或不显；胎座框具稀疏、下倾的小白色单毛；种子每室 1 行，1 ～ 5 粒，球形，直径 1.75 ～ 2mm，黑色，有成纵行排列的细小窝穴，从种脐向四周散开。花期 6 ～ 7 月。

中生草本。逸生于农田、路边。原产地中海地区。内蒙古呼伦贝尔（满洲里市）、新疆，蒙古国、俄罗斯、巴基斯坦、阿富汗，中亚、西南亚、北非，欧洲、北美洲都有逸生。为泛北极分布种。

29. 诸葛菜属 Orychophragmus Bunge

一、二年生草本。无毛或略有毛。茎单一或从基部分枝。基生叶及下部茎生叶大头羽裂，通常有柄；茎上部叶有短柄或无柄，基部呈耳状抱茎。总状花序；花大型，紫红色或淡红色；萼片直立，内侧 2 片基部呈囊状；花瓣有长爪；雄蕊 6，分离，在短雄蕊基部内侧有一近三角形蜜腺，长雄蕊无蜜腺。长角果线形，稍扁压，有 4 棱；果瓣开裂，有中脉；种子呈 1 行排列，有时有翅，子叶对折。

内蒙古有 1 种。

1. 诸葛菜

Orychophragmus violaceus (L.) O. E. Schulz in Bot. Jahrb. Syst. 54(Beibl. 119):56. 1916; Fl. China 8:27. 2001.——*Brassica violacea* L., Sp. Pl. 2:667. 1753.

一、二年生草本，高 10 ～ 40cm。有白粉，无毛。茎圆柱形，直立，单一或从基部分枝。基生叶和茎下部叶有叶柄，稀茎下部叶可无柄呈耳状抱茎，大头羽裂；叶片长 4 ～ 8cm，宽 1.5 ～ 4cm；顶裂片大，圆形或卵形，基部心形，先端钝，边缘有波状钝齿；侧裂片甚小，2 ～ 4 对，长圆形或歪卵形，边缘有不整齐牙齿。茎上部叶狭卵形或长圆形，不裂，基部两侧耳状，抱茎，先端尖。总状花序顶生，花淡紫红色，直径 2.5 ～ 3cm；萼片狭披针形，淡紫红色或淡绿色，长 1.2 ～ 1.5cm，内侧 2 枚基部略呈囊状，无毛。花瓣淡紫红色，长 2.5 ～ 3cm；瓣片倒卵形或近圆形，向基部渐狭为丝状爪，先端圆形。雄蕊 6；花丝分离；花药线形，黄色，长 6 ～ 8mm。子房无柄，光滑。长角果线形，有 4 棱，果瓣有明显中脉，先端有钻状长喙；种子呈 1 行排列，卵状椭圆形，长 1.5 ～ 2mm，黑褐色，子叶对折。

中生杂草。生于庭院、路旁。产赤峰丘陵（红山区）、阴南平原（呼和浩特市）。分布于我国辽宁东南部、河北、河南、山东西部、山西、陕西南部、甘肃东南部、安徽东南部、江苏南部、浙江北部、江西东北部、湖北、湖南北部、四川北部，朝鲜。为东亚分布种。

嫩茎叶经开水炸，冷水浸泡后，除去苦味，可做菜炒食。花可供观赏。

30. 山芥属 Barbarea R. Br.

二年生或多年生草本。无毛或被单毛。茎直立，不分枝或分枝。叶大头羽状分裂、羽状分裂，稀不分裂。萼片稍直立，基部不呈囊状；花瓣黄色，有时白色，具爪；短雄蕊基部具 2 侧蜜腺，长雄蕊间具 1 中蜜腺。长角果开裂，圆柱状四棱形；宿存花柱短，柱头 2 浅裂；果瓣膨胀，中脉明显，侧脉细而明显；种子 1 行，子叶缘倚。

内蒙古有 2 种。

分种检索表

1a. 花瓣长倒卵形，长 3 ～ 4.5mm；长角果紧贴果轴，密集着生；宿存花柱长 0.5 ～ 1mm………**1. 山芥 B. orthoceras**

1b. 花瓣倒卵形或宽楔形，长 4.5 ～ 6.5mm；长角果幼时常弧曲，成熟后在果轴上开展或直立；宿存花柱长 1.5 ～ 3mm………………………………………………………………………**2. 欧洲山芥 B. vulgaris**

1. 山芥

Barbarea orthoceras Ledeb. in Index Sem. Hort. Dorpat. 2. 1824; Fl. Intramongol. ed. 2, 2:661. t.271. f.1-11. 1991.

二年生草本。全株无毛。茎直立，高 15 ～ 60cm，不分枝或少分枝。茎下部和中部叶倒披针形，长 3 ～ 6cm，宽 1 ～ 2cm，大头羽状分裂；顶生裂片大，卵形或椭圆形，先端钝圆，基部楔形，边缘浅波状；侧生裂片 1 ～ 4 对，矩圆形或卵形，基部侧裂片耳状抱茎。顶生叶披针形或倒披针形，全缘或具疏齿。总状花序顶生，花密集，果期极伸长；萼片近矩圆形，长约 3mm；花瓣黄色，有时白色，倒披针形，长约 4mm；短雄蕊基部有侧蜜腺 2，长雄蕊间有指状中蜜腺 1。长角果直立，贴近果轴，圆柱状四棱形，长 2 ～ 4cm，宽约 1mm，果瓣膨胀，中脉明显；果梗斜上，长 3 ～ 4mm；种子扁矩圆形，长约 1.6mm，宽约 1mm；厚约 0.6mm，褐棕色，被细网纹。花果期 6 ～ 8 月。

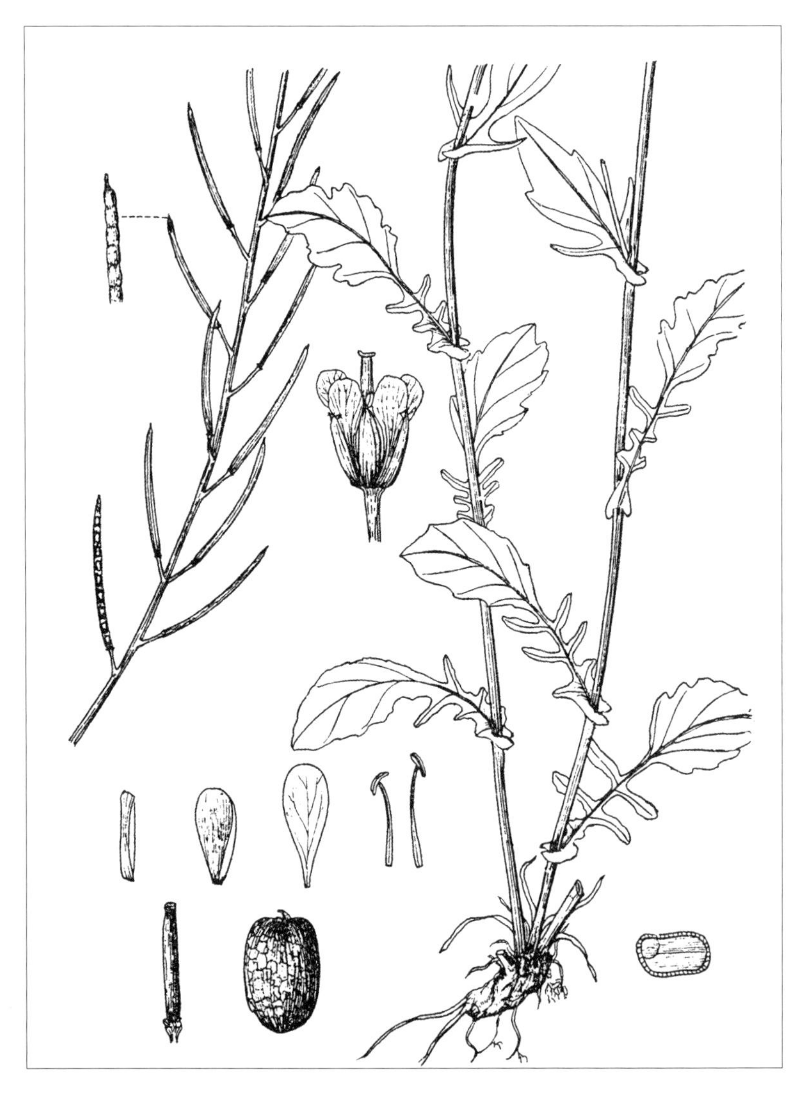

中生草本。生于森林带和草原带的山地草甸、低湿地。产兴安北部和岭西（额尔古纳市、根河市、牙克石市、鄂伦春自治旗、阿尔山市、东乌珠穆沁旗宝格达山）、呼伦贝尔（海拉尔区）、兴安南部（科尔沁右翼前旗、科尔沁右翼中旗、巴林右旗）。分布于我国黑龙江、吉林东部、辽宁东部、甘肃、青海南部、浙江、台湾、新疆，日本、朝鲜、俄罗斯（西伯利亚地区、远东地区），北美洲。为亚洲—北美洲分布种。

2. 欧洲山芥

Barbarea vulgaris R. Br. in Hort. Kew 4:109. 1812; Fl. China 8:111. 2001.

二年生直立草本，高 20 ～ 70cm。植株光滑无毛或具疏毛。茎具纵棱，单一或分枝。基生叶和茎下部叶大头羽状分裂；顶裂片大，椭圆形、近圆形或近心形，边缘全缘或呈微波状，基部心形、圆形或宽楔形，长 2 ～ 4.5cm，宽 1.5 ～ 4cm；侧裂片 2 ～ 4 对，由上至下渐缩小，长椭圆形至线形，基部耳状抱茎。茎上部叶宽披针形或长卵形，边缘齿裂或不规则深裂，无柄，基部耳状抱茎。总状花序顶生，在茎上部组成圆锥状；萼片宽椭圆形，长 3.5 ～ 4.5mm，宽 1 ～ 1.5mm，边缘白色膜质，内轮 2 枚顶端常隆起成兜状；花瓣黄色，长 4.5 ～ 6.5mm，宽 1.5 ～ 2mm，倒卵形或宽楔形，下部渐狭成爪。长角果圆柱状四棱形，长 2 ～ 3.5cm，中脉明显，幼时常弧曲，成熟后在果轴上斜上开展或直立着生；种子每室 1 行，椭圆形，无膜质边缘，暗褐色，具细网纹，子叶缘倚。花果期 4 ～ 8 月。

中生草本。生于草原带的沟边、河滩、草地、路边湿地。产呼伦贝尔。分布于我国黑龙江、吉林东北部、辽宁东部、宁夏西北部、新疆北部，日本、朝鲜、俄罗斯，南亚、中亚、西南亚，欧洲。为古北极分布种。

31. 大蒜芥属 Sisymbrium L.

一、二年生或多年生草本。无毛或被单毛。叶常大头羽裂或全裂，很少全缘。萼片直立或展开；外萼片矩圆形，顶部兜状；内萼片常较宽，基部不呈囊状。花瓣黄色，具爪。花丝向基部变宽，无齿；侧蜜腺常围绕短雄蕊而闭合，环形、四角形或六角形；中蜜腺念珠状，有时与侧蜜腺连合。长角果细长条形，直立或稍弯曲，开裂；果瓣膨胀，具 3 脉，中脉特别显著；宿存花柱短，柱头头状或微 2 裂；种子多数，1 行，矩圆形或椭圆形，子叶背倚。

内蒙古有 4 种。

分种检索表

1a. 一、二年生草本。

2a. 长角果狭条形或圆筒形，长 2.5 ～ 8cm。

3a. 长角果狭条形，下垂，长 6 ～ 8cm……………………………**1. 垂果大蒜芥 S. heteromallum**

3b. 长角果圆筒形，不下垂，长 2.5 ～ 3cm……………………………**2. 水蒜芥 S. irio**

2b. 长角果钻形，长 1 ～ 1.5cm，向上紧贴主轴……………………………**3. 钻果大蒜芥 S. officinale**

1b. 多年生草本；长角果狭条形，斜展，长 3 ～ 4cm……………………………**4. 多型大蒜芥 S. polymorphum**

1. 垂果大蒜芥（垂果蒜芥）

Sisymbrium heteromallum C. A. Mey. in Fl. Alt. 3:132. 1831; Fl. Intramongol. ed. 2, 2:663. t.272. f.1-6. 1991.

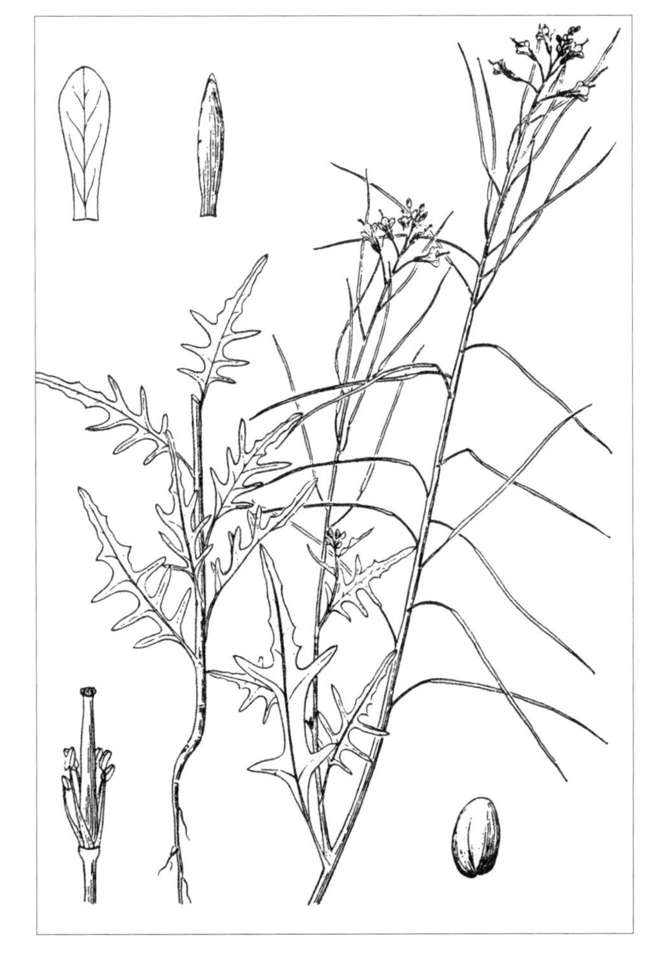

一、二年生草本。茎直立，无毛或基部稍具硬单毛，不分枝或上部分枝，高 30 ～ 80cm。基生叶和茎下部叶的矩圆形或矩圆状披针形，长 5 ～ 15cm，宽 2 ～ 4cm，大头羽状深裂，顶生裂片较宽大，侧生裂片 2 ～ 5 对，裂片披针形、矩圆形或条形，先端锐尖，全缘或具疏齿，两面无毛；叶柄长 1 ～ 2.5cm。茎上部叶羽状浅裂或不裂，披针形或条形。总状花序开花时伞房状，果期延长；花梗纤细，长 5 ～ 10mm，上举；萼片近直立，披针状条形，长约 3mm；花瓣淡黄色，矩圆状倒披针形，长约 4mm，先端圆形，具爪。长角果纤细，细长圆柱形，长 5 ～ 7cm，宽 0.8mm，稍扁，无毛，稍弯曲；宿存花柱极短，柱头压扁头状；果瓣膜质，具 3 脉；果梗纤细，长 5 ～ 15mm；种子 1 行，多数，矩圆状椭圆形，长约 1mm，宽约 0.5mm，棕色，具颗粒状纹。花果期 6 ～ 9 月。

中生草本。生于森林草原带和草原带的山地林缘、草甸、沟谷溪边。产兴安南部

和科尔沁（科尔沁右翼中旗、阿鲁科尔沁旗、克什克腾旗、翁牛特旗）、赤峰丘陵（红山区）、燕山北部（喀喇沁旗、敖汉旗、兴和县苏木山）、锡林郭勒（东乌珠穆沁旗、西乌珠穆沁旗、锡林浩特市、苏尼特左旗）、乌兰察布（四子王旗、达尔罕茂明安联合旗、固阳县、乌拉特中旗、乌拉特前旗）、阴山（大青山）、阴南丘陵（准格尔旗）、鄂尔多斯（达拉特旗）、东阿拉善（桌子山）、贺兰山、龙首山。分布于我国吉林西部、辽宁中部、河北、河南西部、山西、陕西、宁夏、甘肃东部、青海、四川西部、云南西北部、西藏、江苏、新疆中部，朝鲜、蒙古国东部和北部及西部、俄罗斯（西伯利亚地区）、印度、巴基斯坦、哈萨克斯坦。为东古北极分布种。

种子可做辛辣调味品（代芥末用）。

2. 水蒜芥

Sisymbrium irio L., Sp. Pl. 2:659. 1753; Fl. China 8:178. 2001.

一年生草本，高（10～）20～60cm。茎直立，基部或上部分枝，很少不分枝，无毛或有稀疏单毛，有时基部带淡紫色。基生叶与下部的茎生叶大头羽状分裂，顶端裂片大于侧裂片，侧裂片2～6对，叶型变化大，具柄；中、上部茎生叶顶端裂片披针形，下部常与侧裂片汇合，侧裂片1～3对。总状花序在果期极伸长达30cm；花梗长3～6mm，丝状，开展；萼片窄长圆形，长2～3.5mm；花瓣黄色，长3～4mm，顶端钝圆，基部渐窄成爪。长角果圆筒状，长25～30（～45）mm，宽约1mm，直或略弯曲，种子间略为缢缩；果瓣顶端钝尖，基部钝圆，隔膜膜质；果梗长（4～）10～15mm，果实末端略上翘；种子长圆状卵形，长约1mm，黄褐色。果期7月。

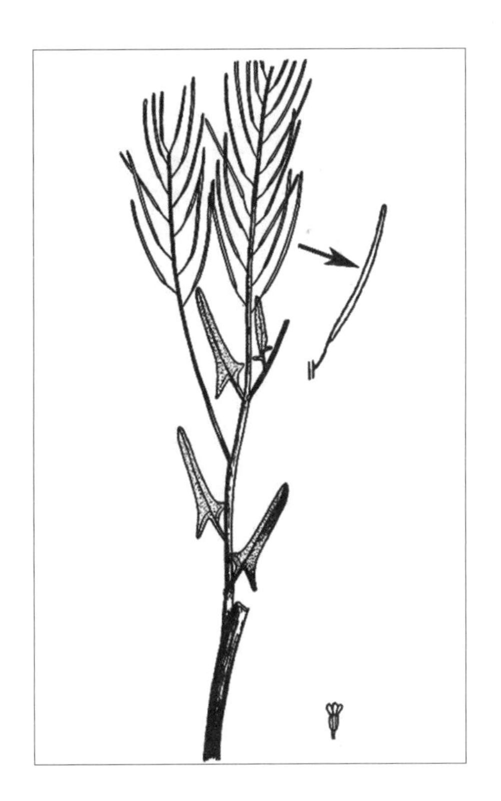

中生草本。生于石质山坡、果园、路边、田野、荒地。产内蒙古西部。分布于我国新疆、台湾，印度、尼泊尔、巴基斯坦，克什米尔地区，中亚、西亚，欧洲。为古北极分布种。

3. 钻果大蒜芥

Sisymbrium officinale（L.）Scop. in Fl. Carn. ed. 2, 2:26. 1772; Fl. Intramongol. ed. 2, 2:665. t.273. f.1-3. 1991.——*Erysimum officinale* L., Sp. Pl. 2:660. 1753.

一年生草本，高30～60cm。茎直立，上部分枝，密被短柔毛和长硬毛。叶羽状全裂，椭圆形或卵形，长 3 ～ 8cm，宽 2 ～ 4.5cm；顶裂片较大卵形或披针形，长 1 ～ 2.5cm，先端钝，边缘有不规则的疏牙齿，两面被硬毛；侧裂片 1 ～ 3 对，矩圆状卵形或披针形，长 0.5 ～ 2cm，基部下延；叶柄具狭翅。上部叶戟形。较小。总状花序花期伞房状，紧密，后显著伸长；萼片矩圆形，长 1.5 ～ 2mm，边缘膜质，有短柔毛；花瓣黄色，狭倒卵状楔形，长 3 ～ 3.5mm；子房钻形，有短柔毛。长角果钻状，长 1 ～ 1.5cm，紧贴主轴着生，被柔毛；果梗长约 2mm，与果等粗；种子矩圆形，长约 1.5mm，棕色。花果期 7 ～ 9 月。

中生杂草。生于杂草地、路边、居民点附近。产岭东（扎兰屯市）、兴安南部（扎赉特旗）。分布于我国黑龙江南部、吉林西南部、辽宁北部、西藏，日本、俄罗斯、巴基斯坦、哈萨克斯坦，西南亚，克什米尔地区，欧洲、非洲。为古北极分布种。

4. 多型大蒜芥（寿蒜芥）

Sisymbrium polymorphum（Murr.）Roth in Mant. Bot. 2:946. 1830; Fl. Intramongol. ed. 2, 2:665. t.273. f.4. 1991.——*Brassica polymorphum* Murr. in Nov. Comm. Soc. Ragiac Sci. Goetting 7:35. 1776.

多年生草本，高 15 ～ 35cm。全株无毛，淡灰蓝色。直根粗壮，木质，多头。茎直立，有分枝。基生叶多型，稍肉质，羽状全裂或羽状深裂，长 2 ～ 4cm；顶裂片丝状狭条形，长 1 ～ 2.5cm，宽约 1mm，先端钝，边缘稍内卷；侧裂片较短；或叶片不分裂而有大的缺刻。茎上部叶丝状狭条形，全缘。总状花序疏松，花期伞房状，后显著伸长；萼片披针状矩圆形，长 4 ～ 5mm；花瓣黄色，狭倒卵状楔形，长 7 ～ 9mm；子房狭圆柱形。长角果斜开展，狭条形，长 3 ～ 4cm，宽约 1mm；果梗纤细，长 7 ～ 10mm；种子矩圆形，长约 1.3mm，棕色。花果期 6 ～ 8 月。

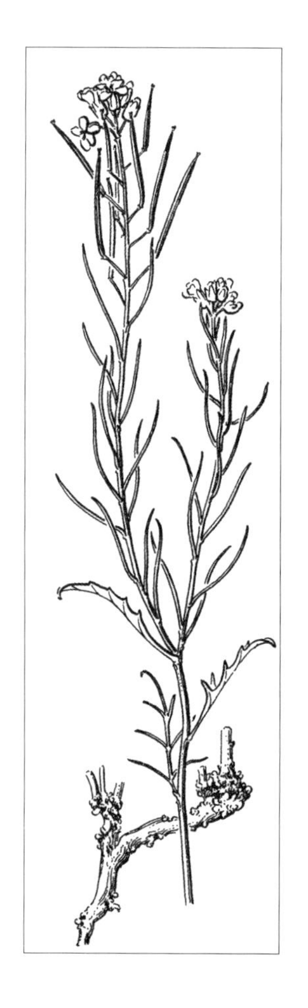

中旱生草本。生于草原地区的山坡或草地。产呼伦贝尔（新巴尔虎左旗、新巴尔虎右旗、满洲里市、海拉尔区）、岭东（扎兰屯市）、锡林郭勒（东乌珠穆沁旗）。分布于我国黑龙江西部、甘肃、青海北部、新疆北部，蒙古国东部和北部及西部、俄罗斯（西伯利亚地区）、哈萨克斯坦。为哈萨克斯坦—蒙古分布种。

32. 碎米荠属 Cardamine L.

一、二年生或多年生草本。无毛、被柔毛或硬单毛。叶为羽状分裂、大头羽裂、羽状复叶或单叶。萼片直立或展开；花瓣白色或淡紫色，具爪；雄蕊离生，花丝无齿，侧蜜腺包围在短雄蕊基部成半环状，中蜜腺位于长雄蕊外面。长角果条形或条状披针形，扁平，两端渐尖；果瓣有 1 条中脉或缺，果实成熟时带弹性裂开或卷起；宿存柱头微 2 裂；种子 1 行，矩圆形或椭圆形，扁平，子叶缘倚。

内蒙古有 8 种。

分种检索表

1a. 单叶，叶片圆形或圆肾形，基部心形，边缘全缘或波状 ……………………**1. 裸茎碎米荠 C. scaposa**

1b. 羽状复叶，或单叶和复叶同存，具茎生叶。

  2a. 一年生草本，花瓣长 1.4 ～ 1.6mm……………………………………**2. 小花碎米荠 C. parviflora**

  2b. 多年生草本，花瓣长 4 ～ 15mm。

    3a. 植株具地下小块茎，花紫红色……………………………………**3. 细叶碎米荠 C. trifida**

    3b. 植株无地下小块茎，花白色或紫色。

      4a. 植株具地上匍匐茎，花白色。

        5a. 叶二型，花瓣长 5 ～ 8mm……………………………………**4. 水田碎米荠 C. lyrata**

        5b. 叶同型，花瓣长 8 ～ 15mm…………………………………**5. 浮水碎米荠 C. prorepens**

      4b. 植株无地上匍匐茎，花紫色、淡紫色或白色。

        6a. 羽状复叶，植株高 50 ～ 100cm。

          7a. 花白色，羽状复叶常具 2 对小叶…………………………**6. 白花碎米荠 C. leucantha**

          7b. 花紫色，羽状复叶常具 2 ～ 4 对小叶………………**7. 大叶碎米荠 C. macrophylla**

        6b. 叶羽状全裂；植株高 15 ～ 30cm；花淡紫色，稀白色………**8. 草甸碎米荠 C. pratensis**

1. 裸茎碎米荠

Cardamine scaposa Franch. in Pl. David. 1:33. 1883; Fl. Intramongol. ed. 2, 2:683. 1991.

多年生草本，高 6 ～ 15cm。全株无毛。根状茎匍匐，有淡黄白色瘤状突起与残存叶基。基生叶为单叶，近圆形或肾状圆形，长 6 ～ 25mm，宽 7 ～ 28mm，边缘不明显波状浅裂，基部肾形；叶柄纤细，稍弯曲，长 2 ～ 8cm。无茎生叶。总状花序，花 2 ～ 5，花序梗长 6 ～ 10cm，花梗长 1 ～ 2cm；萼片椭圆形或卵圆形，长 3 ～ 4mm，边缘膜质；花瓣白色，倒卵形，长 7 ～ 12mm。长角果条形而稍扁，长 15 ～ 25mm，宽约 2mm；种子矩圆形，棕色。花期 5 ～ 6 月，果期 7 月。

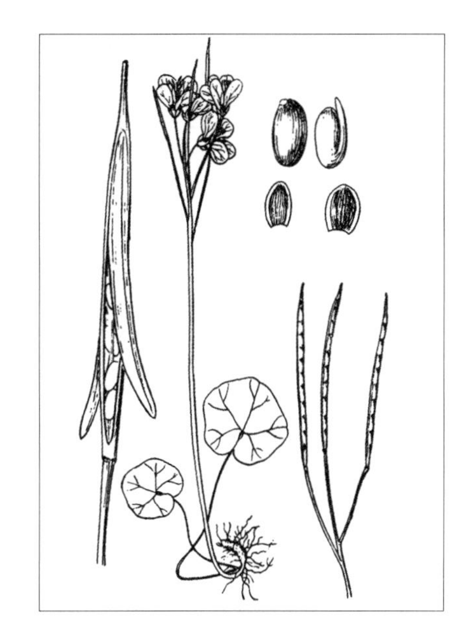

湿中生草本。生于落叶阔叶林带的林下潮湿处。产燕山北部（宁城县黑里河林区）。分布于河北北部、山西南部、陕西南部、四川东北部。为华北分布种。

全草入药，清热解毒，可治疗疮。

2. 小花碎米荠

Cardamine parviflora L. in Syst. Nat. ed. 10, 2:1131. 1758-1759; Fl. Intramongol. ed. 2, 2:676. t.279. f.8-19. 1991.

一年生草本，高10～30cm。茎直立，多分枝，无毛。叶片狭矩圆形，长1.5～3.5cm，宽7～15mm，羽状全裂，侧裂片3～6对，裂片条形，先端锐尖，全缘。总状花序生枝顶，花后极伸长，稍左右曲折；萼片矩圆形，长约1.2mm，宽约0.5mm，具3脉，顶端稍啮蚀状，具膜质边缘；花瓣白色，矩圆状倒卵形，长1.4～1.6mm，具1脉，顶端圆形，基部楔形。长角果向上直立，条形，长10～15mm，宽约1mm；宿存花柱长约0.5mm；果瓣无中脉；果梗斜上，长3～5mm；种子1行近椭圆形，长约1mm，宽约0.7mm，稍扁平，淡黄棕色，表面具细网纹。花果期7～8月。

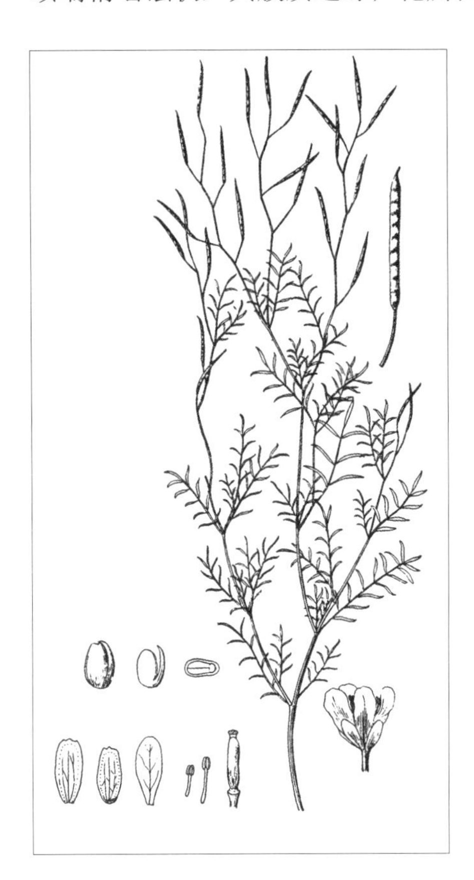

湿中生草本。生于森林带的低湿草甸。产兴安北部（东乌珠穆沁旗宝格达山）、兴安南部（科尔沁右翼前旗、扎赉特旗）。分布于我国黑龙江南部、辽宁南部、河北北部、山东东北部、山西北部、陕西西南部、安徽、江苏、浙江、台湾、广西、贵州、新疆北部，日本、蒙古国北部（肯特地区）、俄罗斯、哈萨克斯坦，西南亚、北非，欧洲、北美洲。为泛北极分布种。

3. 细叶碎米荠（细叶石芥花）

Cardamine trifida (Lam. ex. Poir.) B. M. G. Jones in Repert. Spec. Nov. Regni Veg. 69:57. 1964; Fl. China 8:93. 2001.——*Dentaria trifida* Lam. ex Poir. in Encycl. Suppl. 2:465. 1812.——*C. schulziana* Baehni in Candollea 7:281. 1937; Fl. Intramongol. ed. 2, 2:678. t.280. f.3-4. 1991.

多年生草本，高6～25cm。根状茎短，自根状茎生出须根，且生出许多纤细的地下匍匐枝，末端肥大，形成扁球状小块茎。茎单一，常直立，着生叶1～3枚，无毛。叶为羽状全裂，裂片3～5，条形或披针状条形，长1～3cm，宽

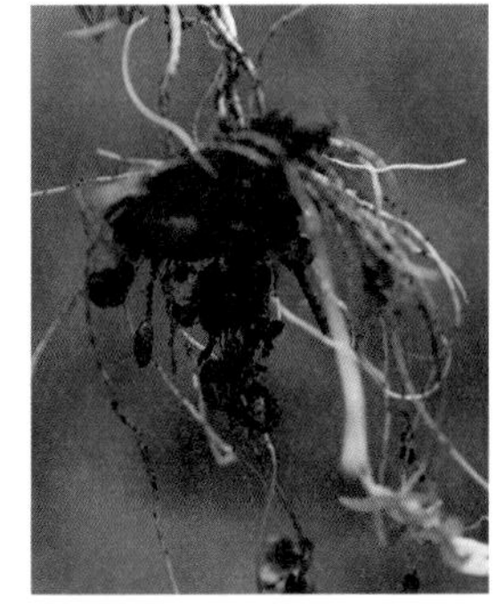

1～4mm，先端刺尖，基部渐狭，全缘或稍具疏齿，边缘具短硬毛，两面近无毛。总状花序顶生，伞房状；花梗长4～6mm；萼片矩圆形，长约3mm，具膜质边缘；花瓣紫红色，倒卵状楔形，长6～10mm。长角果狭条形，长2～3cm，宽约1.5mm；宿存花柱长约3mm。花果期5～7月。

中生草本。生于森林带落叶松与白桦林下、塔头草甸。产兴安北部（额尔古纳市、牙克石市乌奴耳镇伊列克得村）、兴安南部（科尔沁右翼前旗、克什克腾旗）。分布于我国黑龙江西部、吉林东部，日本、朝鲜、蒙古国东部（大兴安岭）、俄罗斯（西伯利亚地区、远东地区）、哈萨克斯坦。为东古北极分布种。

4. 水田碎米荠（水田芥）

Cardamine lyrata Bunge in Mem. Acad. Imp. Sci. St.-Petersb. Ser. 6, Sci. Math. 2:29. 1833; Fl. Intramongol. ed. 2, 2:678. t.281. f.1-5. 1991.

多年生草本，高30～50cm。全株无毛。茎直立，不分枝或上部少分枝，有纵沟棱，茎基部生出柔弱而长的匍匐茎。茎生叶长4～10cm，大头羽状全裂，顶生裂片卵形，长1～2cm，侧生裂片2～5对，向下渐小，卵形或椭圆形，边缘波状或全缘；匍匐茎的中部以上叶为单叶，

宽卵形，边缘浅波状，有叶柄。总状花序顶生；萼片矩圆形，长约4mm，边缘膜质；花瓣白色，倒卵形，长约8mm，基部具爪。长角果条形，长15～25mm，宽约1.5mm，扁平，两端渐尖；宿存花柱长2～3mm；果梗长1.5～2.5cm，斜展；种子1行，矩圆形，长2mm，褐色，边缘有宽翅。花果期6～8月。

湿中生草本。生于森林带的沟谷、湿地、溪边。产岭西和呼伦贝尔（额尔古纳市、海拉尔区）、岭东（扎兰屯市）、

兴安南部（科尔沁右翼前旗）、燕山北部（喀喇沁旗、宁城县）。分布于我国黑龙江、吉林西南部、辽宁中部、河北西北部、河南、山东东北部、江苏中部和南部、浙江、福建东北部、江西、安徽、湖北、湖南、广西北部、贵州中部和北部、四川中南部，日本、朝鲜、俄罗斯（达乌里地区、远东地区）。为东亚分布种。

嫩茎叶可供食用，也入药，能清热除湿。

5. 浮水碎米荠（伏水碎米荠）

Cardamine prorepens Fisch. in Syst. Nat. 2:256. 1821; Fl. Intramongol. ed. 2, 2:681. t.280. f.1-2. 1991.

多年生草本，高 10 ～ 30cm。茎下部匍匐地面，节部生不定根，上部斜升，长达 50cm。叶为羽状全裂，具 5 ～ 11 个裂片，裂片卵形、近圆形或椭圆形，长 1 ～ 3cm，宽 0.5 ～ 2cm，先端圆形，基部圆形或宽楔形，边缘为不规则波状或疏齿，两面通常无毛。总状花序顶生，伞房状；花梗长 6 ～ 10mm；萼片卵形，长 3.5 ～ 4.5mm，边缘膜质；花瓣白色，椭圆形或宽倒卵形，基部具爪，长 8 ～ 10mm；子房有时疏生长柔毛或无毛。长角果狭条形，长 2 ～ 4cm，无毛；宿存花柱长约 2mm；种子近椭圆形，长约 1.5mm，棕褐色。花果期 6 ～ 8 月。

湿生草本。生于森林带和森林草原带的河边浅水中、林下湿地。产兴安北部及岭东和岭西（额尔古纳市、牙克石市、鄂伦春自治旗、东乌珠穆沁旗宝格达山、扎兰屯市、海拉尔区）、兴安南部（科尔沁右翼前旗）。分布于我国黑龙江、吉林东部，朝鲜、俄罗斯（西伯利亚地区、远东地区）。为西伯利亚—满洲分布种。

6. 白花碎米荠

Cardamine leucantha (Tausch) O. E. Schulz in Bot. Jahrb. Syst. 32:403. 1903; Fl. Intramongol. ed. 2, 2:681. t.282. f.3-4. 1991.——*Dentaria leucantha* Tausch in Flora 19:404. t.2. 1836.

多年生草本，高 30 ～ 70cm。根状茎短，着生多数须根和白色横走的长匍匐枝。茎直立，单一，有纵棱槽，被短柔毛。单数羽状复叶，小叶 5，稀 7，披针形或卵状披针形，长 3 ～ 7cm，宽 1 ～ 2cm，先端长渐尖，基部楔形，边缘有不整齐的钝齿或锯齿，两面被短硬毛；顶生小叶较大，侧生小叶较小；叶柄长 1.5 ～ 6cm。圆锥花序顶生，常由 3 ～ 5 个总状花序组成；花梗纤细，长 6 ～ 10mm；萼片矩圆形，长约 3mm，边缘膜质，萼片、花梗与花轴都有短硬毛；花瓣白色，倒卵状楔形，长 5 ～ 8mm。长角果条形，长 1.5 ～ 2.5cm，宽约 1.5mm，宿存花柱长 2 ～ 4mm，散生短硬毛；

果梗直展，长约1cm；种子近椭圆形，长约2mm，栗褐色。花果期6～8月。

中生草本。生于森林带的林下、林缘、湿草地。产兴安北部及岭东（额尔古纳市、根河市、鄂伦春自治旗、扎赉特旗）、燕山北部（喀喇沁旗）。分布于我国黑龙江、吉林东部、辽宁、河北、河南西部、山西南部、陕西南部、宁夏南部、甘肃东南部、四川、安徽西部和南部、江西西南部、江苏西南部、浙江北部、湖北西北部、贵州北部，日本、朝鲜、蒙古国东部（大兴安岭）、俄罗斯（达乌里地区、远东地区）。为东亚分布种。

根状茎入药，能解痉镇咳、活血止痛，主治百日咳、跌打损伤。

7. 大叶碎米荠

Cardamine macrophylla Willd. in Sp. Pl. 3:484. 1800; Fl. Intramongol. ed. 2, 2:681. t.282. f.1-2. 1991.

多年生草本，高30～90cm。根状茎粗壮，匍匐横走，密被纤维状须根。茎直立，单一或上部分枝，圆柱形，有纵沟棱。单数羽状复叶，有小叶5～9，稀11，卵状披针形、椭圆形或矩圆形，长3～6cm，宽1～2cm，先端钝或短渐尖，基部宽楔形，边缘有钝或锐的锯齿，两面被短柔毛，有时近无毛。总状花序顶生；花梗长10～14mm；萼片矩圆形，长约5mm，绿色或淡紫色，边缘膜质，被疏柔毛；花瓣淡紫色或紫红色，宽倒卵形，下部渐狭成爪，长10～14mm。长角果狭条形，长3～5cm，宽约2mm，无毛；种子椭圆形，长约3mm，褐色。花果期7～9月。

中生草本。生于森林草原带的林下、林缘、草甸。产兴安南部（克什克腾旗大局子林场）、燕山北部（宁城县）。分布于我国吉林、辽宁、河北、河南、山西、陕西、宁夏南部、甘肃东部、青海、四川、安徽西部、江苏、湖北、湖南北部、贵州北部、云南北部、西藏东部和南部、新疆北部，日本、蒙古国北部（滨库苏古泊）、俄罗斯、印度、不丹、尼泊尔、印度（锡金）、巴基斯坦、克

哈萨克斯坦，克什米尔地区。为东古北极分布种。

全草入药，能消肿、补虚，主治虚劳内伤、头晕、体倦乏力、红崩、白带等。

8. 草甸碎米荠

Cardamine pratensis L., Sp. Pl. 2:656. 1753; Fl. Intramongol. ed. 2, 2:683. t.279. f.1-7. 1991.

多年生草本，高 15 ～ 30cm。茎直立，不分枝或上部稍分枝，无毛或下部被短柔毛。叶片长矩圆形，长 2 ～ 5cm，宽 5 ～ 12mm，羽状全裂，侧裂片 4 ～ 7 对，顶生裂片常较侧裂片大，裂片椭圆形或披针形，全缘，两面无毛或稍被短柔毛；基生叶具长柄；茎生叶向上渐小，裂片条状矩圆形或条形，全缘，具短柄。顶生总状花序，开花时伞房状，后来延长；花梗长 10 ～ 15mm。外萼片矩圆状披针形，长约 4mm，宽约 1.5mm，基部呈浅囊状；内萼片矩圆形，比外萼片稍小，具膜质边缘。花瓣淡紫色，稀白色，倒卵状矩圆形，长约 9mm，宽约 5mm，基部具爪。长角果条形，长 2.5 ～ 4cm，宽约 1.5mm，两端渐狭；宿存花柱长 1 ～ 2mm；种子矩圆状卵形，长约 1.5mm，宽约 1mm。花期 6 ～ 7 月。

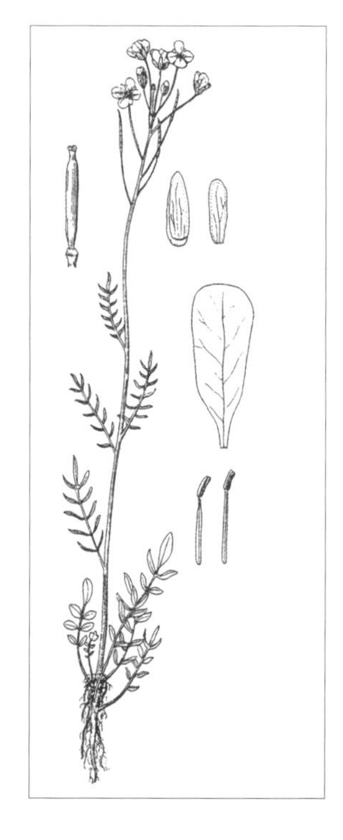

湿中生草本。生于森林带的湿草地、塔头甸子。产岭东（扎兰屯市、科尔沁右翼前旗）、岭西（额尔古纳市）。分布于我国黑龙江西部、西藏西部、新疆，日本、朝鲜、蒙古国北部、俄罗斯、哈萨克斯坦，欧洲、北美洲。为泛北极分布种。

叶有强烈的辣味，可做调味品；叶还含有抗坏血病的物质。此外，该种为蜜源植物。

33. 异蕊芥属 Dimorphostemon Kitag.

一、二年生草本。被单毛或腺体。茎单一或多分枝。叶羽状分裂。萼片直立或稍开展，外萼片基部稍呈囊状；花瓣楔状倒卵形，具爪，白色或淡玫瑰色；雄蕊离生，长雄蕊的花丝两侧具翅，其腹面有或无翅，短雄蕊两侧各具 1 新月形的侧蜜腺，无中蜜腺。长角果狭圆柱形，开裂，果瓣凸起，具单脉；种子 1 行，上部有狭翅或无翅，子叶缘倚。

内蒙古有 2 种。

分种检索表

1a. 植株高 10 ～ 40cm，茎直立，种子顶端具膜质边缘，花瓣长 6 ～ 8mm…………**1. 异蕊芥 D. pinnatifitus**

1b. 植株高 3 ～ 15cm，茎呈铺散状分枝，种子顶端无膜质边缘，花瓣长 3 ～ 4mm………**2. 腺异蕊芥 D. glandulosus**

1. 异蕊芥（栉叶荠、羽裂花旗杆、山西异蕊芥）

Dimorphostemon pinnatifitus (Willd.) H. L. Yang in Desert. China 29(3):433-437. 2009.——*Cheiranthus pinnatifitus* Willd. in Sp. Pl. 3. 523. 1800.——*D. pinnatus* (Pers.) Kitag. in Neo-Lineam. Fl. Mansh. 332. 1979; Fl. Intramongol. ed. 2, 2:685. t.283. f.13. 1991.——*Hesperis pinnata* Pers. in Syst. Pl. 2:203. 1807.

一、二年生草本，高 10 ～ 40cm。茎直立，单一，上部多分枝，或自基部分出数茎，不分枝，直立或斜升，被腺体，小腺体无柄或具短柄，黄色或黑紫色。叶片倒披针形或狭椭圆形，长 1 ～ 3.5cm，宽 3 ～ 10mm，顶端稍钝，基部楔形，单数羽状分裂，侧裂片 1 ～ 4 对，裂片条状披针形，两面被无柄或有短柄的腺体，有时疏生硬单毛。总状花序顶生和腋生，开花时伞房状，结果时延长；萼片矩圆形，长约 2.5mm，宽 1.2 ～ 1.5mm，外萼片基部呈囊状，内萼片上部兜状；花瓣白色或玫瑰色，楔状倒卵形，长 4 ～ 6mm，宽约 4mm，顶端微凹，基部具爪；长雄蕊两侧与腹面通常有狭翅，短雄蕊两则具翅。长角果圆柱形，长 2 ～ 3cm，被腺体，具明显中脉与细网脉，

顶端有宿存短花柱，长 0.5 ～ 0.8mm，柱头稍 2 裂；种子矩圆形，长约 15mm，宽约 0.8mm，棕色，稍扁平，顶部有膜质边缘。花果期 6 ～ 8 月。

中生草本。生于森林带和草原带的海拔 1500 ～ 3000m 的向阳山坡或石缝中。产岭东（扎兰屯市）、岭西（额尔古纳市）、兴安南部（科尔沁右翼前旗）、燕山北部（喀喇沁旗、兴和县苏木山）、阴山（大青山、蛮汗山）、贺兰山。分布于我国黑龙江、河北、山西、山东、甘肃、青海、四川、云南、西藏、新疆，俄罗斯（西伯利亚地区）、印度、尼泊尔。为东古北极分布种。

2. 腺异蕊芥

Dimorphostemon glandulosus (Kar. et Kir.) Golubk. in Bot. J. U.R.S.S. 59(10):1453. 1974; Fl. Intramongol. ed. 2, 2:685. t.260. f.5-9. 1991.——*Arabis glandulosa* Kar. et Kir. in Bull. Soc. Imp. Nat. Mosc. 15(1):146. 1842.

一年生草本，高 3 ～ 15cm。植株被小腺体和单毛。茎常呈铺散状分枝或直立。叶狭倒披针形至狭椭圆形，长 1 ～ 2cm，宽 2 ～ 5mm，边缘具 1 ～ 3 对羽状分裂，两面都有黄色小腺体和单毛。总状花序，果期延长；萼片椭圆形，长 2 ～ 2.5mm，边缘宽膜质；花瓣宽楔形，长 4 ～ 5mm，先端全缘，白色或淡紫色；长、短雄蕊的花丝自顶部向下渐扩大，无齿。长角果圆柱形，长 1 ～ 2.5cm，被腺毛；果梗长 3 ～ 6mm，顶端有宿存短花柱；种子椭圆形，褐色，无膜质边缘。花果期 7 ～ 8 月。

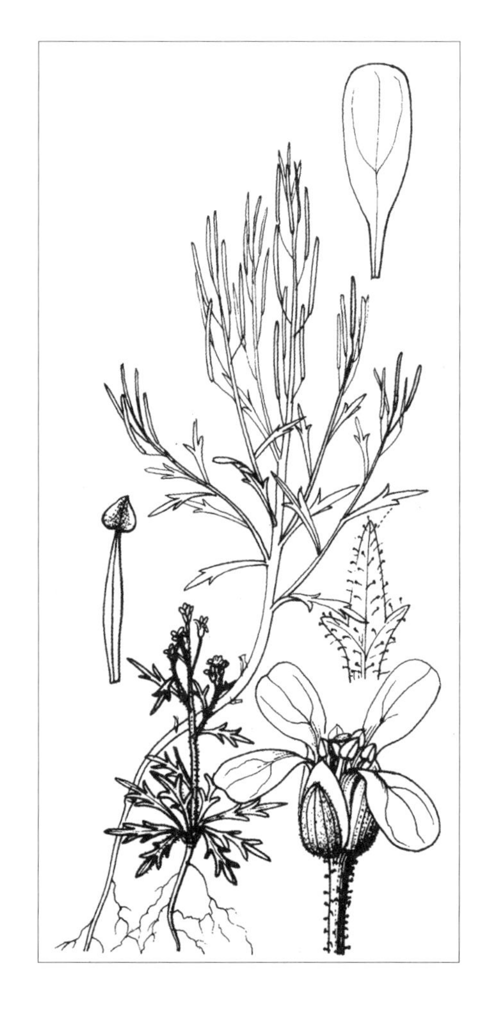

中生草本。生于荒漠带海拔 3000m 左右的高山草甸岩石边。产贺兰山。分布于我国宁夏、甘肃西南部、青海、四川西部、云南西北部、西藏、新疆，俄罗斯、尼泊尔、印度（锡金），克什米尔地区，中亚。为东古北极分布种。

上述 2 种雄蕊是分离的，但 *Flora of China*（《中国植物志》）(8:141. 2001.) 将它们置于雄蕊成对合生的花旗杆属 *Dontostemon*，实为不妥。

34. 针喙芥属 Acirostrum Y. Z. Zhao

多年生草本。无毛，仅叶缘和萼片边缘具睫毛或无毛。叶于基部丛生，呈莲座状，全缘或具疏齿，肉质。总状花序，常具1小叶；萼片直立，基部呈囊状；花瓣淡紫红色、粉红色或白色，基部具长爪；雄蕊6，分离，花丝无齿；子房无柄，柱头头状。长角果狭条形，扁平，无毛；宿存花柱针状；种子1行，矩圆形，扁平，具狭翅，子叶缘倚。

单种属。

1. 针喙芥（贺兰山南芥、阿拉善南芥）

Acirostrum alaschanicum (Maxim.) Y. Z. Zhao in Class. Fl. Ecol. Geogr. Distr. Vasc. Pl. Inn. Mongol. 216. Aug. 2012.——*Arabis alaschanica* Maxim. in Bull. Acad. Imp. Sci. St.-Petersb. Ser. 3, 26:421. 1880; Fl. Intramongol. ed. 2, 2:708. t.294. f.9-13. 1991; Fl. China 8:117. 2001. TYPE: China. Alaschan Mountain (Helanshan), Przewalski s.n.(LE).——*Arabis holanshanica* Y. C. Lan et T. Y. Che in Bull. Bot. Labor. N-E. Forest. Inst. 6(6):77. f.1. 1980.——*Borodiniopsis alaschanica* (Maxim.) D. A. German et al. in Taxon 61(5):966. Oct. 2012.

多年生矮小草本，高5～15cm。直根圆柱状，淡黄褐色，其顶端具多头，包被多数枯萎残叶柄。叶于基部丛生，呈莲座状，肉质，倒披针形至倒卵形，长1～2cm，宽5～8mm，顶端钝，基部渐狭，边缘有疏细牙齿，两面无毛，仅边缘有睫毛；叶柄具狭翅。总状花序（花葶）自基部抽出，具少数花；萼片矩圆形，长约3mm，边缘有时具睫毛，具白色膜质边缘；花瓣白色或淡紫色，近匙形，长约6mm，宽约1.5mm，下部具爪。长角果狭条形，长2～4cm，宽1～1.5mm，有时稍弯曲，扁平，无毛，顶端宿存花柱长1～2mm；果梗劲直，较粗壮，长3～5mm；种子1行，矩圆形，长约2mm，宽约1mm，棕褐色，扁平，具狭翅。花果期6～8月。

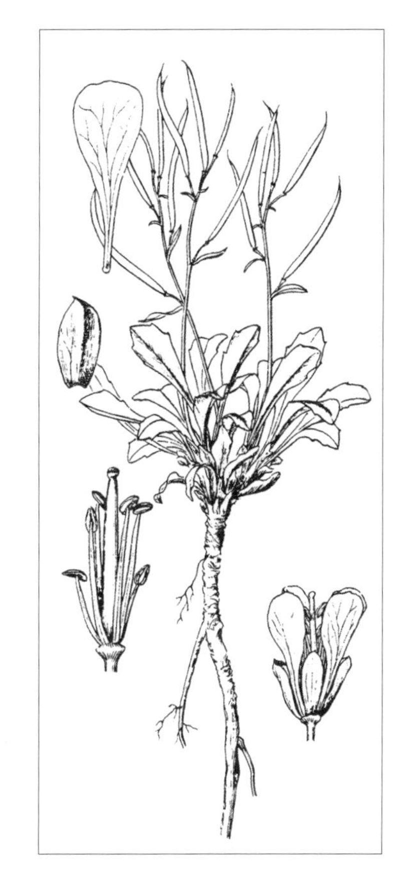

中生草本。生于森林草原带和草原带1900～3000m的山地石缝、山地草甸。产兴安南部（巴林左旗、巴林右旗）、阴山（大青山、蛮汗山、察哈尔右翼中旗辉腾梁黄花沟）、贺兰山。分布于我国宁夏、青海东部、四川西北部。为华北西部分布种。

本种长角果上的宿存花柱针状，茎花葶状，叶基生，呈莲座状，肉质，仅叶缘被睫毛，是有别于相近属种的最重要的形态组合性状特征。十字花科的植物被毛类型特别重要。本科植物中被毛基本上分为两大类：一类是植株被单毛或无毛；另一类是被分枝毛或星状毛且混生单毛。因此，把植株无毛或叶缘具单毛的本属，放在植株被分枝毛或星状毛且混生单毛的南芥属 *Arabis*，显然是不妥当的。

35. 盐芥属 Thellungiella O. E. Schulz.

一、二年生草本。无毛，蓝绿色。茎单一或基部多分枝。茎生叶基部抱茎。萼片向上斜展，外萼片宽矩圆形，内萼片矩圆状卵形，基部不呈囊状；花瓣白色或玫瑰色，倒卵形，基部渐狭成短爪；短雄蕊基部两侧各具 1 半球状侧蜜腺，无中蜜腺。长角果条形，稍扁，开裂，顶端宿存花柱极短；柱头扁头状，稍 2 裂；果瓣具 1 脉；种子 2 行，多数，极小，宽卵形，黄棕色，子叶背倚。

内蒙古有 1 种。

1. 盐芥

Thellungiella salsuginea (Pall.) O. E. Schulz. in Pflanzenr. 86(IV. 105):252. 1924; Fl. Intramongol. ed. 2, 2:686. t.284. f.1-4. 1991.——*Sisymbrium salsugineum* Pall. in Reise Russ. Reich. 2:466. 1773.

一年生草本。无毛，全株稍被白粉，呈灰蓝绿色。茎直立，高 10 ～ 40cm，多分枝。叶披针形，长 6 ～ 15mm，宽 2 ～ 6mm，先端圆钝，基部耳垂状抱茎，全缘或微波状。总状花序具多数花，开花时伞房状，花后极伸长；花梗丝状，长 2 ～ 4mm；萼片卵状椭圆形，长约 2mm，边缘白膜质；花瓣白色，宽倒披针形，长约 3.5mm，顶端圆形，基部渐狭成爪。长角果条形，长 10 ～ 15mm，宽约 1mm；顶端花柱极短，柱头压扁头状，直立或稍弯曲；果瓣微凹，膜质，中脉明显；果梗近平展，长 3 ～ 6mm；种子 2 行，矩圆形，长约 0.5mm，宽约 0.3mm，黄棕色。花果期 6 ～ 8 月。

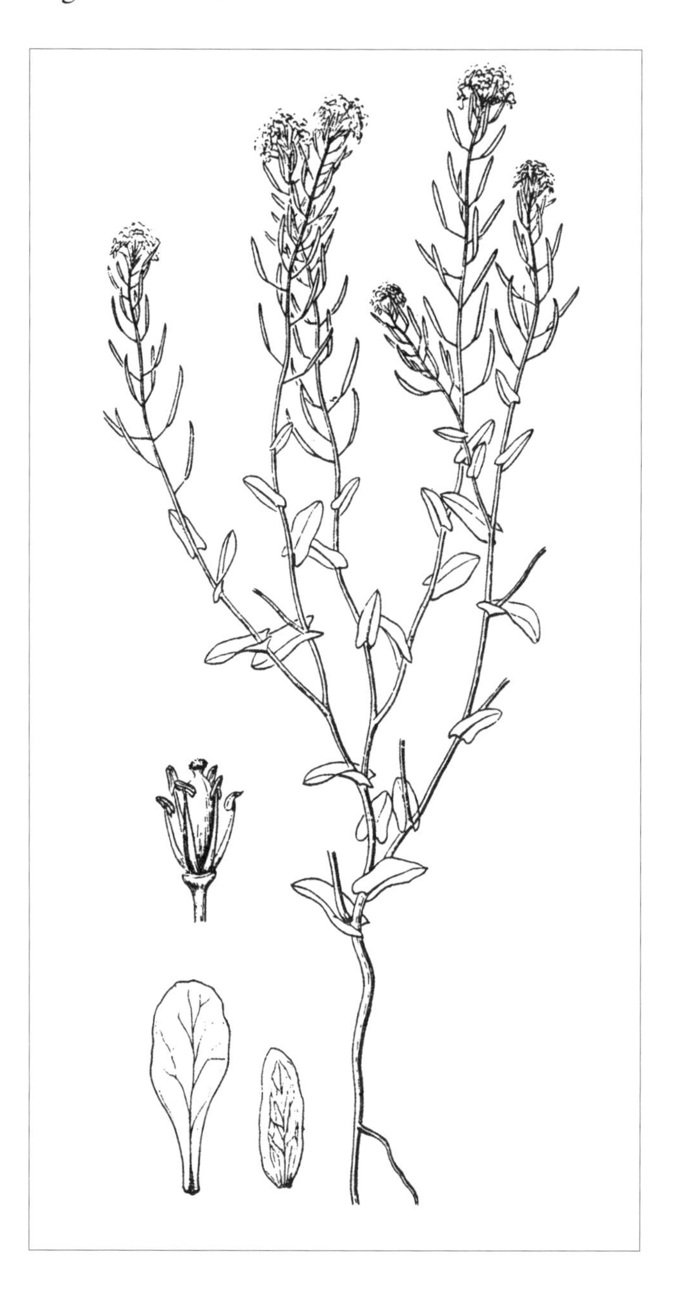

盐生中生草本。生于草原带的盐化草甸、盐化低地及碱土上。产锡林郭勒（锡林浩特市）。分布于我国吉林西部、河北东部、河南北部、山东北部、江苏东北部、新疆中部和东北部，蒙古国东部和北部及西部、俄罗斯（西伯利亚地区），中亚，北美洲。为泛北极分布种。

36. 香花芥属（香花草属）Hesperis L.

二年生或多年生草本。被单毛，有时具腺毛。叶常不分裂，全缘或有齿。萼片直立，基部呈囊状；花瓣紫色、紫红色或白色，大型，具长爪；花丝具狭翅，侧蜜腺合生成环，围绕于短雄蕊基部，外侧常3裂，无中蜜腺；柱头2深裂，近无花柱。长角果细长圆柱形，种子间收缩，稍呈串珠状，开裂；果瓣具明显中脉与细网脉；种子1行，多数，近椭圆形，常边缘具狭翅，子叶背倚。

内蒙古有1种。

1. 北香花芥（雾灵香花芥）

Hesperis sibirica L., Sp. Pl. 2:663. 1753; Fl. China 8:157. 2001.——*H. oreophila* Kitag. in Rep. First. Sci. Exped. Manch. Sect. 4, 4:20,84. t.3. 1936; Fl. Intramongol. ed. 2, 2:688. t.285. f.1-3. 1991.

多年生草本，高40～80cm。根木质，粗大，多分枝。茎直立，单一或上部分枝，被疏硬毛和腺毛。基生叶具长柄，花期早枯萎；茎生叶披针形、椭圆状披针形，长5～10cm，宽1～2.5cm，先端渐尖，基部宽楔形，边缘有波状牙齿，两面密被短硬毛，上部叶渐小，具短柄或无柄。总状花序生枝顶；花梗长1～2cm，密被腺毛。萼片直立，长6～7mm；外侧萼片矩圆状倒披针形，基部狭窄，

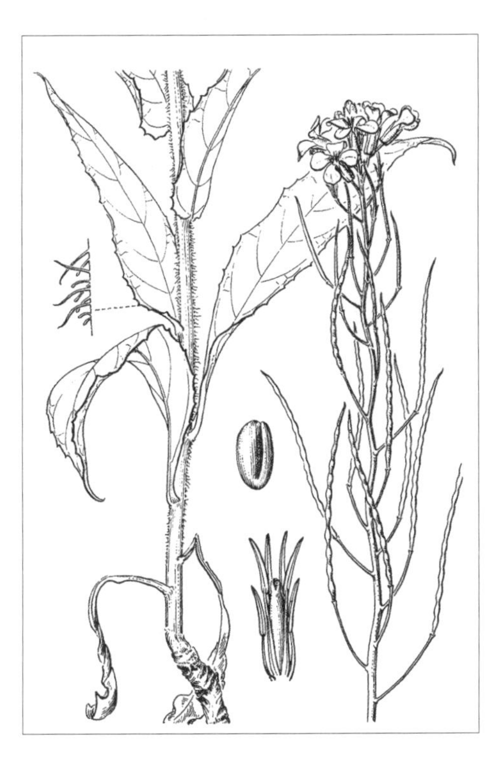

不呈囊状；内侧萼片矩圆状椭圆形，基部呈囊状，背部都被短腺毛。花瓣紫红色，瓣片倒卵形，长8～15mm，宽约6mm，基部收缩为长爪，爪长约10mm；短雄蕊基部有环状蜜腺。长角果细长圆柱形，长2～9cm，宽1～2mm，种子间稍收缩，被短腺毛；种子矩圆状椭圆形，长约2.5mm，深褐色，子叶背倚。花果期6～8月。

中生草本。生于落叶阔叶林区的山沟。产兴安南部（巴林右旗）、燕山北部（宁城县、喀喇沁旗）。分布于我国辽宁中部、河北北部、新疆西北部，蒙古国北部、俄罗斯（西伯利亚地区、欧洲部分），中亚。为古北极分布种。

37. 香芥属 **Clausia** Korn.-Tr.

多年生草本。被单毛和腺毛。叶全缘或有牙齿。内轮萼片基部呈囊状；花瓣紫红色或白色，有长爪；雄蕊 6，蜜腺在短雄蕊基部呈环状着生，但外侧开口而不闭合，无中蜜腺；子房无柄，柱头 2 浅裂。长角果圆柱四棱形，果瓣具明显中脉及细侧脉；种子 1 行，子叶缘倚。

内蒙古有 1 种。

1. 毛萼香芥（香芥、香花草）

Clausia trichosepala (Turcz.) Dvorak in Phyton (Horn.) 11:200. 1966; Fl. Intramongol. ed. 2, 2:688. t.286. f.1-10. 1991.——*Hesperis trichosepala* Turcz. in Bull. Soc. Imp. Nat. Mosc. 5:180. 1832.

二年生草本，高 20 ～ 50cm。茎直立，不分枝或分枝，被硬单毛，具纵向沟棱。基生叶于花期枯萎。茎生叶披针形或卵状披针形，长 2 ～ 5cm，宽 5 ～ 18mm，先端锐尖，基部楔形，边缘有锯齿，两面有稀疏的单毛；叶柄长 5 ～ 25mm，两侧有狭翅。总状花序顶生或腋生，开花时花密集成伞房状，果期极延长。萼片直立，背面被硬单毛；外萼片披针形，长 6 ～ 7mm，宽约 2mm；内萼片条形，与外萼片近等长，但较狭，顶部兜状，基部呈浅囊状。花瓣紫色或红紫色，瓣片椭圆形，长约 7mm，展开，瓣爪长约 5mm。长角果细长四棱状圆柱形，长 4 ～ 8cm，宽 1 ～ 1.5mm；宿存花柱短，柱头 2 裂，上举；果瓣有 1 明显凸起的中脉；果梗短粗，长 4 ～ 6mm，平展；种子 1 行，椭圆形或矩圆形，长约 2mm，宽约 1mm，棕色，扁平，边缘具狭翅，子叶缘倚。花果期 6 ～ 9 月。

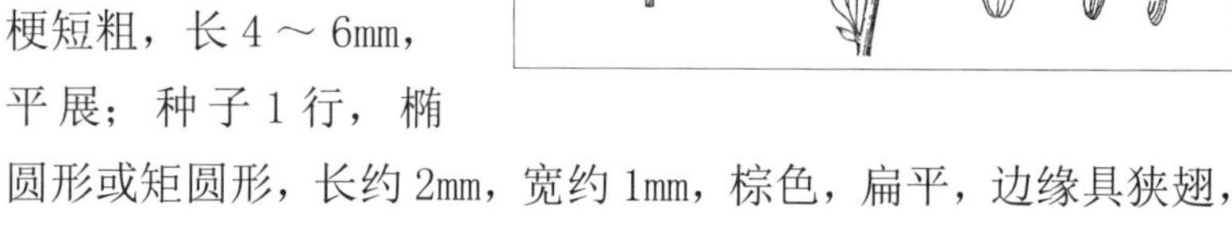

中生草本。生于森林带和草原带的山地林缘、沟谷、溪旁。产岭东（扎兰屯市）、兴安南部及科尔沁（科尔沁右翼前旗、科尔沁右翼中旗、扎赉特旗、扎鲁特旗、阿鲁科尔沁旗、巴林左旗、巴林右旗、翁牛特旗、林西县、克什克腾旗）、燕山北部（喀喇沁旗、宁城县、敖汉旗、兴和县苏木山）、锡林郭勒（西乌珠穆沁旗、多伦县）、阴山（大青山）。分布于我国吉林西部、河北西北部、山西北部、山东北部，朝鲜、蒙古国（蒙古—达乌里东部）。为华北—蒙古分布种。

38. 芹叶荠属（裂叶荠属）Smelowskia C. A. Mey.

多年生草本。密生单毛或分枝毛。叶羽状全裂或二回羽状分裂。萼片不呈囊状；花瓣白色或淡红色，近圆形；花丝无齿；在短雄蕊基部有一环状蜜腺，其内侧微缺或开口，长雄蕊的蜜腺常呈小丘状，与短雄蕊的蜜腺相连合，呈一大环状。长角果椭圆状条形，2 室，开裂；果瓣有明显中脉，无毛；种子数个，1 行，子叶背倚。

内蒙古有 1 种。

1. 灰白芹叶荠（裂叶荠）

Smelowskia alba (Pall.) Regel in Bull. Soc. Imp. Nat. Mosc. 34(3):208. 1861; Fl. Intramongol. ed. 2, 2:693. t.288. f.1-2. 1991.——*Sisymbrium album* Pall. in Reise Russ. Reich. 3:739. 1776.

多年生草本，高 10 ～ 30cm。全株密被分枝的长柔毛，呈灰绿色。直根木质，黑褐色，顶部多头。茎直立，上部分枝，基部包被老叶柄，其边缘有长硬毛。叶羽状全裂，长 2 ～ 8cm，宽 1 ～ 2cm，裂片多对，互生，矩圆形、倒披针形至条形，顶端常钝，通常全缘，稀具疏牙齿。总状花序生枝顶，花后显著伸长；萼片长 2 ～ 3mm，早落；花瓣白色，宽倒卵形，长 3 ～ 5mm，基部具短爪。长角果椭圆状条形，长 5 ～ 10mm，宽约 1mm，无毛；果瓣隆起，有明显中脉及网状脉；果梗开展，丝状，长 1 ～ 1.5cm；种子椭圆形，长约 2mm，宽约 1.5mm，棕褐色，表面有颗粒状环纹。花果期 6 ～ 8 月。

中旱生草本。生于森林带和森林草原带的石质山坡。产兴安北部（额尔古纳市、阿尔山市伊尔施林场和阿尔山）、兴安南部（扎鲁特旗、巴林右旗）。分布于我国黑龙江，蒙古国北部和西部、俄罗斯（西伯利亚地区、远东地区）。为西伯利亚—远东分布种。

39. 播娘蒿属 Descurainia Webb et Berth.

一、二年生草本。被分枝毛、星状毛或混生单毛。茎直立或斜升，有分枝。叶二至三回羽状分裂，下部叶具柄，上部叶近无柄。萼片直立或斜向开展，基部不呈囊状；花瓣黄色，有时淡紫色，通常与萼片近等长，具爪；蜜腺细念珠状，侧蜜腺半环状或环状，与中蜜腺相连。长角果条形，开裂；果瓣具 1 明显中脉和网结状细侧脉；种子 1 行，很少 2 列，表面具 1 层胶粘物质，子叶背倚。

内蒙古有 1 种。

1. 播娘蒿

Descurainia sophia (L.) Webb ex Prantl in Nat. Pflanzenfam. 3(2):192. 1891; Fl. Intramongol. ed. 2, 2:693. t.284. f.5-9. 1991.——*Sisymbrium sophia* L., Sp. Pl. 2:659. 1753.

一、二年生草本，高 20 ～ 80cm。全株呈灰白色。茎直立，上部分枝，具纵棱槽，密被分枝状短柔毛。叶片矩圆形或矩圆状披针形，长 3 ～ 5（～ 7）cm，宽 1 ～ 2（～ 4）cm，二至三回羽状全裂或深裂，最终裂片条形或条状矩圆形，长 2 ～ 5mm，宽 1 ～ 1.5mm，先端钝，全缘，两面被分枝短柔毛；茎下部叶有叶柄，向上叶柄逐渐缩短或近于无柄。总状花序顶生，具多数花；花梗纤细，长 4 ～ 7mm；萼片条状矩圆形，先端钝，长约 2mm，边缘膜质，背面有分枝细柔毛；花瓣黄色，匙形，与萼片近等长；雄蕊比花瓣长。长角果狭条形，长 2 ～ 3cm，宽约 1mm，直立或稍弯曲，淡黄绿色，无毛；顶端无花柱，柱头压扁头状；种子 1 行，黄棕色，矩圆形，长约 1mm，宽约 0.5mm，稍扁，表面有细网纹，潮湿后有胶黏物质，子叶背倚。花果期 6 ～ 9 月。

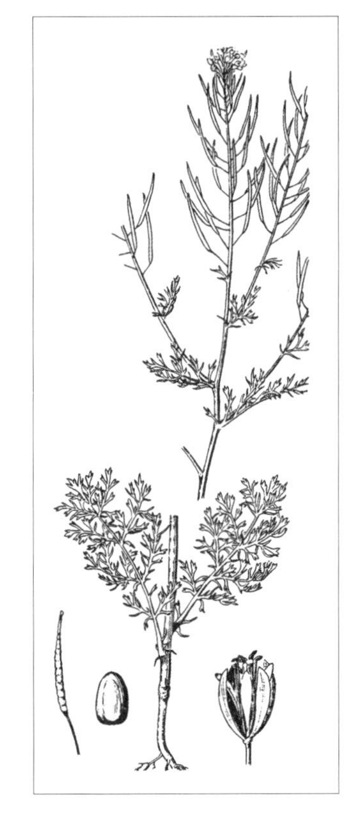

中生杂草。生于森林带和草原带的山地草甸、沟谷、村旁、田边。产兴安北部、岭东、岭西、呼伦贝尔、兴安南部、科尔沁、燕山北部、赤峰丘陵、锡林郭勒、阴山（大青山、蛮汗山）。除华南地区外分布于全国各地，亚洲、欧洲、北非也有。为古北极分布种。

种子含油率约 40%，可制肥皂和油漆，也可食用。种子入药（药材名：葶苈子），能行气、利尿消肿、止咳平喘、祛痰，主治喘咳痰多、胸胁满闷、水肿、小便不利。种子也入蒙药（蒙药名：汉毕勒），功能、主治同独行菜。全草可制农药，能杀死棉蚜、菜青虫等。

40. 糖芥属 Erysimum L.

一、二年生或多年生草本。被"丁"字毛或星状毛。叶长椭圆形、披针形或条形，全缘或波状牙齿。花黄色、橙黄色或紫色，极少白色；萼片直立，有时基部呈囊状；花瓣有长爪；侧蜜腺从里面包围短雄蕊的基部，向外敞开，中蜜腺位于长雄蕊的外面。长角果条形，常具4棱；果瓣中央有凸起的主脉1条，顶端有宿存的花柱和柱头；种子1行，子叶背倚或缘倚。

内蒙古有5种。

分种检索表

1a. 一、二年生草本，植株密被2～5叉分枝毛，花瓣长3～12mm。

2a. 果瓣内密被星状毛，花瓣长3～5mm，果圆柱形。

3a. 花瓣匙形，基部具爪；果梗长5～13mm……………………………**1. 小花糖芥 E. cheiranthoides**

3b. 花瓣条形或条状倒披针形，基部无爪或爪不明显；果梗长3～7mm…**2. 波齿糖芥 E. macilentum**

2b. 果瓣内无毛或有时疏被柔毛；花瓣倒卵形，长8～12mm；果梗长约10mm，果四棱形………………………………………………………………………………………**3. 山柳菊叶糖芥 E. hieraciifolium**

1b. 多年生草本，植株密被二叉状"丁"字毛，花瓣长12～26mm。

4a. 茎基部通常包被残叶；根茎顶部多头；叶狭条形，常内卷或对折；花瓣淡黄色或黄色………………………………………………………………………………………**4. 蒙古糖芥 E. flavum**

4b. 茎基部通常无残叶；无多头根茎；叶条状狭披针形或条形，平展；花瓣通常橙黄色，稀黄色……………………………………………………………………………………………**5. 糖芥 E. amurense**

1. 小花糖芥（桂竹香糖芥）

Erysimum cheiranthoides L., Sp. Pl. 2:661. 1753; Fl. Intramongol. ed. 2, 2:698. t.290. f.1-9. 1991.

一、二年生草本，高30～50cm。茎直立，有时上部分枝，密被伏生"丁"字毛。叶狭披针形至条形，长2～5cm，宽4～8mm，先端渐尖，基部渐狭，全缘或疏生微牙齿，中脉在下面明显隆起，两面伏生二、三或四叉状分枝毛，其中三叉状毛最多。总状花序顶生；萼片披针形或条形，长2～3mm，宽约1mm，背面伏生三叉状分枝毛；花瓣黄色或淡黄色，近匙形，长3～5mm，先端近圆形，基部渐狭成爪。长角果条形，长2～3cm，宽1～1.5mm，通常向上斜伸；果瓣伏生三或四叉状分枝毛，中央具凸起主脉1条；种子宽卵形，长约1mm，棕褐色，子叶背倚。花果期7～8月。

中生草本。生于森林带和草原带的山地林缘、草原、草甸、沟谷。产兴安北部及岭东和岭西（额尔古纳市、根河市、鄂伦春自治旗、鄂温克族自治旗、扎兰屯市）、兴安南部和科尔沁（科尔沁右翼前旗、科尔沁右翼中旗、扎赉特旗、阿鲁科尔沁旗、巴林右旗、翁牛特旗、克什克腾旗）、燕山北部（喀喇沁旗、宁城县、敖汉旗）、锡林郭勒（东乌珠穆沁旗、锡林浩特市、苏尼特左旗）、贺兰山。分布于我国黑龙江、吉林、河北、山东、山西、青海南部、新疆，日本、朝鲜、蒙古国东部和北部及西部、俄罗斯，北非，欧洲、北美洲。为泛北极分布种。

用途同糖芥。

2. 波齿糖芥（华北糖芥）

Erysimum macilentum Bunge in Enum. Pl. China Bor. 6. 1833; Fl. China 8:168. 2001.

一年生草本，高 30 ～ 60cm。茎直立，分枝，具 2 叉毛。茎生叶密生，叶片线形或线状狭披针形，长 3 ～ 8cm，宽 4 ～ 5mm，顶端钝尖头，边缘近全缘或具波状裂齿。总状花序顶生或腋生；萼片长椭圆形，长约 7mm，宽约 2mm；花瓣深黄色，匙形，长约 8mm，宽 4 ～ 6mm；雄蕊 6，花丝伸长；雌蕊线形，花柱短，柱头头状，深裂。长角果圆柱形，长 3 ～ 5cm；果瓣具中脉；果梗短。花果期 6 ～ 7 月。

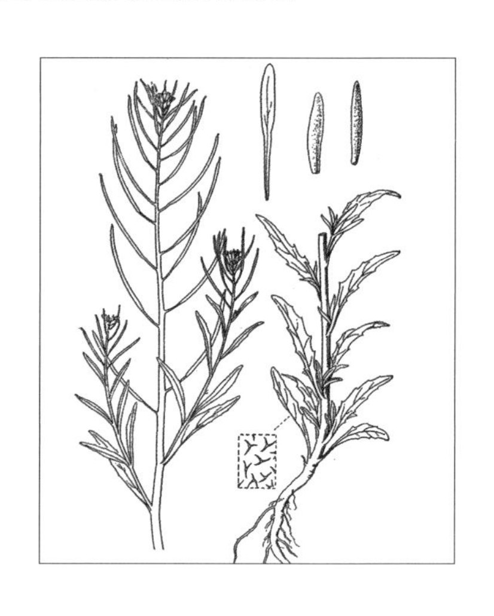

中生草本。生于路边、山坡。产内蒙古东南部。分布于吉林、辽宁、河北、河南、山西、山东、宁夏、甘肃、安徽、江苏、湖北、湖南、四川、云南。为东亚分布种。

3. 山柳菊叶糖芥（草地糖芥）

Erysimum hieraciifolium L., Cent. Pl. I, 18. 1755; Fl. China 8:167. 2001.

二年或多年生草本，高 30 ～ 60(～ 90)cm。茎直立，稍有棱角，不分枝或少有分枝，具 2 ～ 4 叉毛。基生叶呈莲座状，变化很大，叶片椭圆状长圆形至倒披针形，长 4 ～ 6(～ 8)cm，宽 3 ～ 10mm，顶端圆钝有小凸尖，基部渐狭，疏生波状齿至近全缘，叶柄长 1 ～ 1.5cm；茎生叶略似基生叶或线形，近无柄或无柄。总状花序有多数花，果期长达 40cm；下部花有线形苞片，苞片

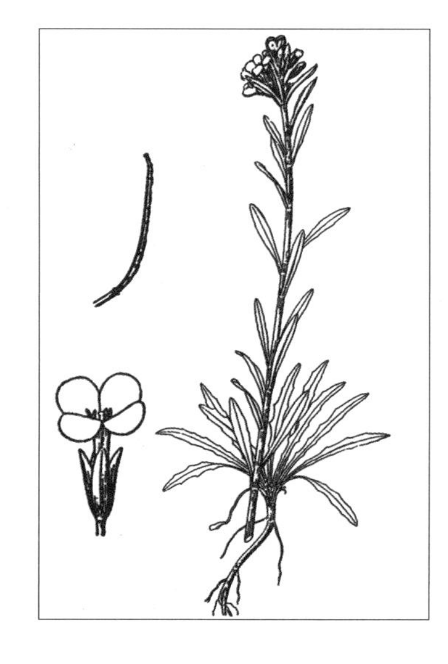

长 7 ～ 15mm；萼片长圆形，长 4 ～ 6mm；花瓣鲜黄色，倒卵形，长 8 ～ 12mm，顶端圆形，具长爪。长角果线状圆筒形，长 3 ～ 6cm，宽约 1.5mm，具 4 棱，直立，具贴生分叉毛；花柱长 0.5 ～ 1.5mm，具 2 裂头状柱头；果梗粗，长约 1cm；种子长圆形，长约 1(～ 1.5)mm，褐色。花期 6 ～ 7 月，果期 7 ～ 8 月。

中生草本。生于草原区的河岸、草地、路旁。产呼伦贝尔（海拉尔区）、兴安南部（克什克腾旗）。分布于我国黑龙江南部、辽宁南部、西藏东部和南部、新疆北部，蒙古国北部和西部、俄罗斯、巴基斯坦，克什米尔地区，中亚、欧洲；北美洲有逸生。为泛北极分布种。

4. 蒙古糖芥（阿尔泰糖芥）

Erysimum flavum (Georgi) Bobrov in Bot. Mater. Gerb. Bot. Inst. Kom. Akad. Nauk S.S.S.R. 20:15. 1960; Fl. Intramongol. ed. 2, 2:696. t.289. f.1-4. 1991.——*Hesperis flava* Georgi in Bemerk. Reise Russ. Reich. 1:225. 1775.——*E. flavum* (Georgi) Bobrov var. *shinganicum* (Y. L. Chang) K. C. Kuan in Fl. Reip. Pop. Sin. 33:388. 1987; Fl. Intramongol. ed. 2, 2:697. 1991.——*E. altaicum* C. A. Mey. var. *shinganicum* Y. L. Chang in Fl. Pl. Herb. Chin. Bor.-Orient. 4:230. 1980.

多年生草本。直根粗壮，淡黄褐色。根状茎缩短，比根粗些，顶部常具多头，外面包被枯黄残叶。茎直立，不分枝，高 5 ～ 30cm，被“丁”字毛。叶狭条形或条形，长 1 ～ 3.5cm，宽 0.5 ～ 2mm，先端锐尖，基部渐狭，全缘，两面密被“丁”字毛，灰蓝绿色，边缘内卷或对褶。总状花序顶生；萼片狭矩圆形，长 8 ～ 9mm，基部呈囊状，外萼片较宽，背面被“丁”字毛；花瓣淡黄色或黄色，长 15 ～ 18mm，瓣片近圆形或宽倒卵形，爪细长，比萼片稍长些。长角果长 3 ～ 10cm，宽 1 ～ 2mm，直立或稍弯，稍扁；宿存花柱长 1 ～ 3mm，柱头 2 裂；种子矩圆形，棕色，长 1.5 ～ 2mm。花果期 5 ～ 8 月。

中旱生杂类草。生于森林带的山坡、河滩及草原、草甸草原，为其伴生成分。产兴安北部及岭东和岭西（额尔古纳市、根河市、鄂伦春自治旗）、呼伦贝尔（鄂温克族自治旗、新巴尔虎左旗、新巴尔虎右旗、海拉尔区、满洲里市）、兴安南部（科尔沁右翼中旗、克什克腾旗）、锡林郭勒（东乌珠穆沁旗、西乌珠穆沁旗、锡林浩特市、苏尼特左旗、多伦县）。分布于我国黑龙江、新疆北部和西部、青海东部、西藏东南部，蒙古国东部和北部及西部、俄罗斯（西伯利亚地区），中亚。为东古北极分布种。

藏医入药，能治疗心脏病。种子入蒙药（蒙药名：高恩淘格），功能、主治同糖芥。

5. 糖芥

Erysimum amurense Kitag. in Bot. Mag. Tokyo 51:155. 1937; Fl. China 8:165. 2001.——*E. bungei* (Kitag.) Kitag. in J. Jap. Bot. 25:43. 1950; Fl. Intramongol. ed. 2, 2:697. t.289. f.5-8. 1991.——*E. amurense* Kitag. subsp. *bungi* Kitag. in J. Jap. Bot. 25:43. 1950.

多年生草本，较少为一年生或二年生草本。全株伏生二叉状“丁”字毛。茎直立，通常不分枝，高 20 ～ 50cm。叶条状披针形或条形，长 3 ～ 10cm，宽 5 ～ 8mm，先端渐尖，基部渐狭，全缘或疏生微牙齿，中脉于下面明显隆起。总状花序顶生；外萼片披针形，基部呈囊状，内萼片条形，顶部兜状，长 8 ～ 10mm，背面伏生“丁”字毛；花瓣橙黄色，稀黄色，长 12 ～ 18mm，宽 4 ～ 6mm，瓣片倒卵形或近圆形，瓣爪细长，比萼片稍长些。长角果长 2 ～ 7cm，宽 1 ～ 2mm，略呈四棱形；果瓣中央有 1 凸起的中肋；顶端宿存花柱长 1 ～ 2mm，柱头 2 裂；种子 1 行，矩圆形，侧扁，长约 2.5mm，黄褐色，子叶背倚。花果期 6 ～ 9 月。

中生草本。生于草原带的山地林缘、草甸、沟谷。产兴安南部（克什克腾旗）、赤峰丘陵（翁牛特旗）、燕山北部（喀喇沁旗、宁城县、敖汉旗、兴和县苏木山）、锡林郭勒（多伦县、镶黄旗）、阴山（大青山、蛮汗山、乌拉山）、阴南。分布于我国辽宁西南部、河北、山西、陕西西南部、江苏，朝鲜、俄罗斯（西伯利亚地区）。为西伯利亚—东亚北部分布种。

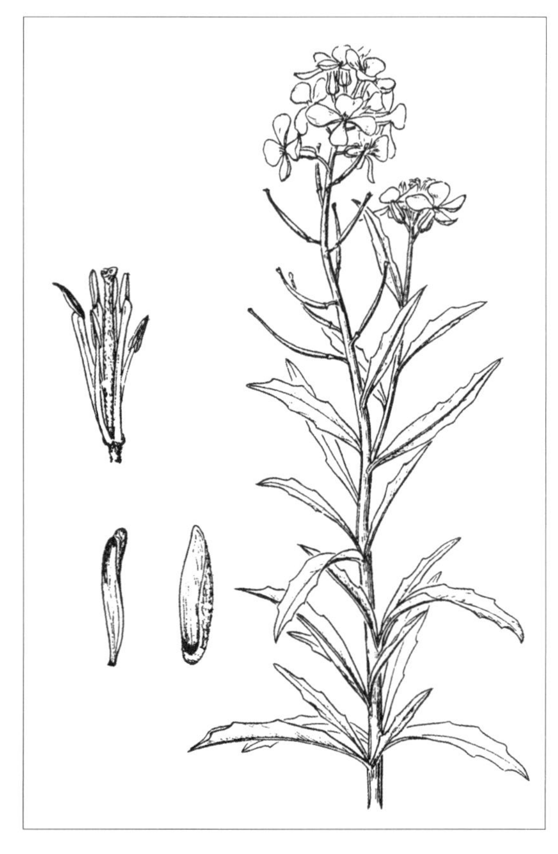

全草入药，能强心利尿、健脾和胃、消食，主治心悸、浮肿、消化不良。种子入蒙药（蒙药名：乌兰 - 高恩淘格），能清热、解毒、止咳、化痰、平喘，主治毒热、咳嗽气喘、血热。

41. 念珠芥属 **Neotorularia** Hedge et J. Leonard

一、二年生或多年生草本。被分枝毛或单毛。茎分枝。叶羽裂，具齿或全缘。总状花序常具苞片；萼片近直立，基部不呈囊状；花瓣白色、玫瑰色或紫色，匙形或倒卵形；侧蜜腺位于短雄蕊的外侧方，半球形或半卵球形，常离生，稀基部合生，无中蜜腺。长角果条形，直立、弯曲或扭曲，常呈串珠状；花柱短，柱头扁头状，近 2 裂；种子 1 行，子叶背倚。

内蒙古有 2 种。

分种检索表

1a. 多年生草本；总状花序在最下部具苞片；基生叶倒卵形或倒披针形，全缘或稍具疏齿……**1. 蚓果芥 N. humilis**

1b. 一年生草本；总状花序无苞片；基生叶倒披针形，边缘全缘或具齿、浅裂或大头羽状深裂……………………………………………………………………………………………**2. 清水河念珠芥 N. qingshuiheensis**

1. 蚓果芥（串珠芥、念珠芥、直毛串珠芥）

Neotorularia humilis (C. A. Mey.) Hedge et J. Leonord in Bull. Jard. Bot. Belg. 56:394. 1986; Fl. Intramongol. ed. 2, 2:698. t.291. f.1-6. 1991.——*Sisymbrium humilis* C. A. Mey. in Icon. Pl. Ross. 2:16. t.147. 1830.——*N. humilis* (C. A. Mey.) O. E. Schulz f. *grandiflora* (O. E. Schulz) Y. C. Ma in Fl. Intramongol. ed. 2, 2:700. 1991.——*Torularia humilis* (C. A. Mey.) O. E. Schulz f. *grandiflora* O. E. Schulz in Engl. Pflanzenr. 86(4. 105):226. 1924.——*N. humilis* (C. A. Mey.) O. E. Schulz f. *angustifolia* (Z. X. An) Y. C. Ma in Fl. Intramongol. ed. 2, 2:700. 1991.——*Torularia humilis* (C. A. Mey.) O. E. Schulz f. *angustifolia* Z. X. An in Fl. Reip. Pop. Sin. 33:430. 1987.——*N. humilis* (C. A. Mey.) O. E. Schulz f. *glabrata* (Z. X. An) Y. C. Ma in Fl. Intramongol. ed. 2, 2:702. 1991.——*Torularia humilis* (C. A. Mey.) O. E. Schulz f. *glabrata* Z. X. An in Bull. Bot. Resear. 1(1-2):103. 1981.

多年生草本。全枝被小分枝毛、“丁”字毛或单毛。直根圆柱形，伸入地下。茎自基部多分枝，直立、斜升或斜倚，高 5 ～ 20（～ 30）cm。基生叶倒披针形或倒卵形，长 5 ～ 15mm，宽 3 ～ 5mm，顶端圆钝，基部楔形，全缘或稍具疏齿，具柄，花期早枯萎。茎下部叶矩圆形或匙形，先端圆钝，基部渐狭，全缘、浅波状或具疏钝齿，具短柄；茎上部叶条形，全缘或具疏齿，无柄。总状花序顶生或腋生，花期伞房状，后伸长；花梗纤细，长 2 ～ 3mm。萼片长约 2.5mm，宽约 1mm，背面被分枝状毛，边缘膜质；外萼片披针状矩圆形；内萼片矩圆形，顶部稍兜状。花瓣白色或淡紫红色，长 4 ～ 6mm，宽 2 ～ 3mm，瓣片倒卵形，先端截形或微凹，基部渐狭成爪。长角果条形，长 1 ～ 2cm，宽约 1mm，直立，弯曲或扭曲，常呈串珠状，被分枝状毛、“丁”字毛或单毛；果瓣具 1 中脉，侧脉网状；种子 1 行，矩圆形，长约 1mm，宽约 0.5mm，棕色，子叶背倚或斜背倚。花果期 5 ～ 9 月。

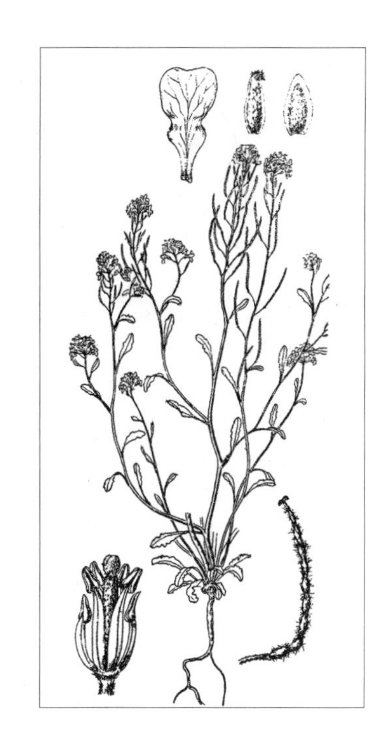

旱中生草本。生于草原带和荒漠带的海拔 1200 ～ 2500m 的向阳石质山坡、石缝中、山地沟谷。产阴山（大青山、蛮汗山）、阴南丘陵（清水河县）、东阿拉善（桌子山、阿拉善左旗）、贺

兰山、龙首山。分布于我国河北、河南西部和北部、山西、陕西北部、宁夏东部、甘肃中部和东部、青海、四川西部、西藏东北部和西南部、云南西北部、新疆中部和西部，朝鲜、蒙古国东部和北部及西部、俄罗斯（西伯利亚地区）、印度、不丹、阿富汗，克什米尔地区，中亚，北美洲。为亚洲—北美洲分布种。

2. 清水河念珠芥

Neotorularia qingshuiheensis (Y. C. Ma et Zong Y. Zhu) Al-Shehbaz et al. in Edinburgh J. Bot. 56:326. 1999; Fl. Chaina 8:185. 2001.——*Microsisymbrium qingshuiheense* Y. C. Ma et Zong Y. Zhu in Act. Sci. Nat. Univ. Intramongol. 20:538. 1889; Fl. Intramongol. ed. 2, 2:691. t.287. f.1-8. 1991.

一年生草本，高 8 ～ 13cm。茎斜升或直立，密被二或三叉状分枝毛，单一或稍分枝。基生叶多数，呈莲座状，密集，连叶柄长 2 ～ 3cm；叶片羽状深裂，裂片 3 ～ 4 对；顶裂片卵状三角形，长 2.5 ～ 3mm，宽 2 ～ 2.5mm；侧裂片较小，近三角形，长约 1mm；两面密被 2 ～ 3 叉状分枝毛；叶柄长 10 ～ 15mm，被长柔毛与稀疏二或三叉状分枝毛。茎生叶 1 ～ 3，与基生叶相似，但叶柄较短。总状花序具多数花；萼片矩圆形，长 2.2 ～ 2.5mm，宽 1 ～ 1.3mm，边缘膜质；花瓣白色，倒卵状楔形，长约 5mm，宽约 2.5mm，先端微凹，基部渐狭。长角果条形，稍扁，长 8 ～ 20mm，宽约 1mm，顶端宿存花柱长约 1mm；果梗斜举或平展，长 3 ～ 4mm，密被二或三叉状毛；种子矩圆状椭圆体，长约 1mm，宽 0.5 ～ 0.6mm，表面有小颗粒状凸起。花期 6 月，果期 7 月。

旱中生草本。生于草原区的石质丘陵。产阴南丘陵（清水河县韭菜沟）、阴山（九峰山）。为阴南丘陵分布种。

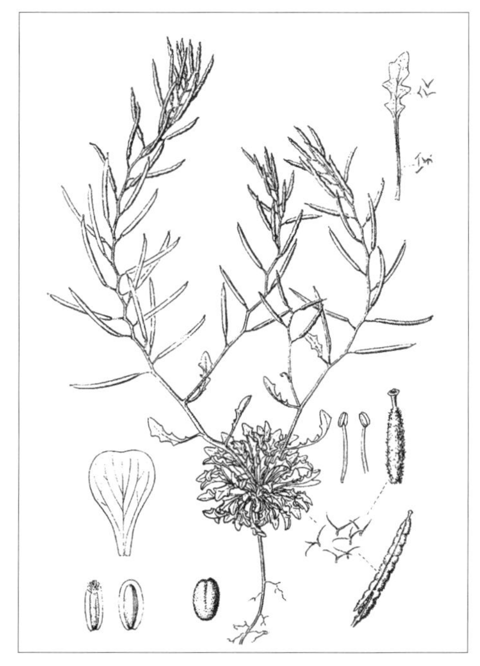

42. 涩芥属（离蕊芥属）**Malcolmia** R. Br.

一年生草本。被单毛或分枝毛，无腺毛。萼片直立，内轮萼片基部呈囊状；花瓣白色或粉红色，条形至倒披针形；雄蕊全部分离，稀内轮成对合生，短雄蕊基部两侧各有 1 个金字塔形的侧蜜腺。长角果狭长四棱柱状或近圆筒形，迟开裂；果瓣具 1 明显中脉。种子 1 ～ 2 行，矩圆形，子叶背倚。

内蒙古有 2 种。

分种检索表

1a. 果四棱状，非念珠状，茎直 ………………………………………………………………**1. 涩芥 M. afiricana**

1b. 果近圆筒状，念珠状，顶端弯曲或卷曲 ………………………………………………**2. 短梗涩芥 M. karelinii**

1. 涩芥（离蕊芥）

Malcolmia africana (L.) R. Br. in Hort. Kew. 4:121. 1812; Fl. Intramongol. ed. 2, 2:702. t.292. f.1-3. 1991.——*Hesperis afiricana* L., Sp. Pl. 2:663. 1753.

一年生草本，高 15 ～ 30cm。全株被分枝毛或单毛。茎直立，多分枝，具 4 纵棱。叶矩圆形或椭圆形，长 2 ～ 6cm，宽 5 ～ 18mm，先端钝，基部楔形，边缘有波状齿；叶柄短或近无柄。总状花序疏松排列，果期延长；花梗极短；无苞片；萼片狭披针形，长 4 ～ 5mm；花瓣粉红色，倒披针形，长 8 ～ 10mm。长角果狭长圆柱形，稍带 4 棱，坚硬，长 4 ～ 7cm，宽约 2mm，先端具钻状短喙，直立或稍弯曲；果梗加粗，长 1 ～ 2mm；种子矩圆形，长约 1mm，淡黄色。花果期 5 ～ 7 月。

中生杂草。生于田野或麦田中。产龙首山、额济纳。分布于我国河北、河南北部、山东东北部、山西、陕西南部、宁夏西南部、甘肃中部和东部、青海、四川北部、西藏东南部、新疆北部和西部、安徽、江苏西北部，亚洲中部和西部、欧洲、北非。为古北极分布种。

种子入药，能祛痰定喘、泻肺行水，用于咳嗽痰多、脾虚肿满、胸腹积水、胸肋胀满、肺痈。全草解肉毒。

2. 短梗涩芥

Malcolmia karelinii Lipsky in Trudy Imp. St.-Petersb. Bot. Sada 23:31. 1904; Fl. China 8:156. 2001.

一年生草本，高 10 ～ 35cm。茎从基部或下部分枝，疏生叉状毛，有时近无毛。叶长圆状椭圆形或长圆形，长 2 ～ 5cm，宽 5 ～ 20mm，边缘具波状齿，小尖齿或近全缘；茎生叶长圆形至长圆状线形，较小，近无柄。总状花序顶生，花多数，果期花序伸长；花梗短；萼片直立，长圆形，长约 3.5mm；花瓣粉红色至白色，倒卵状披针形至倒披针形，长 8 ～ 10mm，下部有长爪。长角果线形，长 3 ～ 6cm，宽约 1mm，顶端或上部常弯曲，略呈念珠状，疏生叉状柔毛至无毛；果梗短粗，长不到 1mm。花期 6 ～ 7 月，果期 7 ～ 8 月。

中生草本。生于荒漠区的荒地。产额济纳。分布于我国新疆，巴基斯坦、阿富汗，中亚、西南亚。为古地中海分布种。

43. 曙南芥属 **Stevenia** Adams et Fisch.

一、二年生或多年生草本。全株被星状毛。茎直立，有分枝。基生叶呈莲座状；茎生叶条状长椭圆形，全缘。萼片稍开展，基部稍呈囊状；花瓣白色、淡红色或淡紫色，具细长爪；雄蕊离生，侧蜜腺成对，位于短雄蕊基部内侧方，三角瘤状；子房圆柱形，具胚珠 2 ～ 24。长角果狭条形或长椭圆形，扁平，近串珠状，有时弯曲，果瓣无明显脉；种子 1 行，长椭圆形，无边缘，子叶缘倚。

内蒙古有 1 种。

1. 曙南芥

Stevenia cheiranthoides DC. in Syst. Nat. 2:210. 1821; Fl. Intramongol. ed. 2, 2:704. t.291. f.8-12. 1991.—— *Draba multiceps* Kitag. in Rep. Exped. Manch. Sect. IV, 2:18.1935.

多年生草本。全株密被紧贴的星状毛。直根圆柱形，灰黄褐色，深入地下。根状茎木质，通常具多头。茎直立，通常自中部以下分枝，高 10 ～ 30cm，基部常包被褐黄色残叶。基生叶密生，呈莲座状，条形，长 3 ～ 6mm，宽 1 ～ 2mm，先端钝或钝尖，全缘，向基部渐狭，两面密被星状毛，无柄；茎生叶条形或倒披针状条形，长 10 ～ 15mm，宽 1 ～ 2.5mm，先端钝，全缘，向基部渐狭，下面被较密的星状毛，上面毛较疏，无柄。总状花序，具花 20 余朵，生于枝顶；萼片近直立，椭圆形或矩圆状披针形，长 2 ～ 3mm，被细星状毛；花瓣紫色或淡红色，倒卵状楔形、宽椭圆形，长 4 ～ 6mm，先端圆形，基部具长爪；长雄蕊长约 3mm，短雄蕊长约 2.5mm；雌蕊狭条形。长角果狭条形或长椭圆形，长 10 ～ 15mm，宽约 1mm，扁平，不规则弯曲；果瓣扁平或稍凸出，无中脉，密被极细星状毛；顶生宿存花柱长约 1mm；种子棕色，椭圆形，长约 1.2mm，宽约 0.8mm。花果期 6 ～ 8 月。

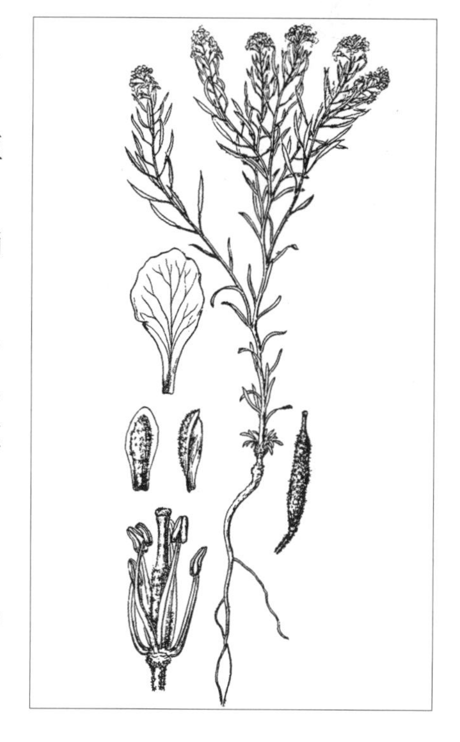

旱中生草本。生于森林草原带和草原带的山地石质坡地、岩石处。产兴安北部和岭西（牙克石市、阿尔山市、鄂温克族自治旗）、岭东（扎兰屯市）、兴安南部（兴安盟西北部、巴林右旗、克什克腾旗）、赤峰丘陵（翁牛特旗松树山）、锡林郭勒（东乌珠穆沁旗、西乌珠穆沁旗）、阴山（大青山）、东阿拉善（桌子山）。分布于蒙古国北部和西部、俄罗斯（西伯利亚地区）。为东古北极分布种。

44. 南芥属 Arabis L.

一、二年生或多年生草本。被星状毛、分枝毛，常杂有单毛，有时无毛。茎不分枝或上部分枝，直立或斜倚。叶通常全缘，茎生叶基部常抱茎。萼片直立，外萼片基部稍呈囊状；花瓣白色，淡黄色或淡紫色，具爪。雄蕊分离，花丝无齿；侧蜜腺球状，向内常敞开，稀闭合，向外微缺或渐狭，中蜜腺2浅裂。长角果狭条形，开裂，扁平，果瓣具1中脉；种子1行，近椭圆形，扁平，有狭翅或无翅，子叶缘倚。

内蒙古有2种。

分种检索表

1a. 长角果向下弯垂；叶披针形，先端长渐尖，边缘具疏锯齿…………………………**1. 垂果南芥 A. pendula**

1b. 长角果向上直立；叶倒披针形，先端圆钝，全缘或边缘具不明显的疏齿 ………**2. 硬毛南芥 A. hirsuta**

1. 垂果南芥（粉绿垂果南芥）

Arabis pendula L., Sp. Pl. 2:665. 1753; Fl. China 8:115. 2001.——*A. pendula* L. var. *hypoglauca* Franch. in Pl. David. 33. 1884; Fl. Intramongol. ed. 2, 2:705. t.293. f.1-12. 1991.

一、二年生草本。被硬单毛，有时混生短星状毛。茎直立，不分枝或上部稍分枝，高20～80cm。叶披针形或矩圆状披针形，长3～9cm，宽0.5～3cm，先端长渐尖，基部耳状抱茎，边缘具疏齿或近全缘，上面疏生三叉“丁”字毛，下面密生三叉“丁”字毛和星状毛，混生硬单毛。总状花序顶生或腋生；萼片矩圆形，长约3mm，宽约1mm，具白色膜质边缘，背面被短星状毛；花瓣白色，倒披针形，长约3.5mm，宽约1.5mm。长角果向下弯曲，长条形，长5～9cm，宽约2mm，扁平；果梗长1～3cm；种子2行，近椭圆形，长约1.2mm，扁平，棕色，具狭翅，表面细网状。花果期6～9月。

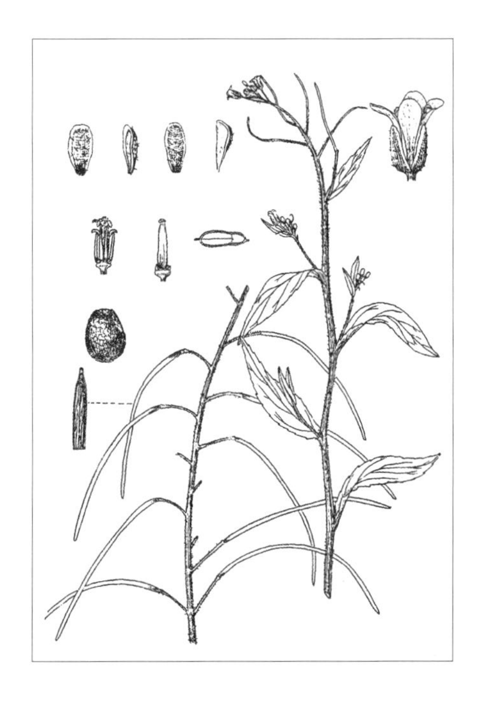

中生草本。生于森林带和草原带的山地林缘、灌丛、沟谷、河边。产兴安北部及岭东和岭西（额尔古纳市、根河市、牙克石市、鄂伦春自治旗、莫力达瓦达斡尔族自治旗、东乌珠穆沁旗宝格达山）、呼伦贝尔（鄂温克族自治旗、海拉尔区）、兴安南部和科尔沁（科尔沁右翼前旗、扎赉特旗、阿鲁科尔沁旗、巴林左旗、巴林右旗、林西县、克什克腾旗）、辽河平原（大青沟）、赤峰丘陵（红山区）、燕山北部（喀喇沁旗、宁城县、兴和县苏木山）、锡林郭勒（锡林浩特市、西乌珠穆沁旗、多伦县、正蓝旗）、阴山（大青山、蛮汗山、乌拉山、察哈尔右翼中旗辉腾梁）、贺兰山。分布于我国黑龙江、吉林、辽宁、河北、河南、山东中部、山西、陕西、宁夏、甘肃、青海东部和东北部及南部、四川、湖北、贵州西北部、云南西北部、西藏东部、新疆北部，日本、朝鲜、蒙古国东部和北部及西部、俄罗斯（西伯利亚地区）、哈萨克斯坦，欧洲。为古北极分布种。

果实入药，能清热解毒、消肿，主治疮痈中毒。

2. 硬毛南芥（毛南芥）

Arabis hirsuta（L.）Scop. in Fl. Carniol. ed. 2, 2:30. 1772; Fl. Intramongol. ed. 2, 2:705. t.294. f.1-8. 1991.——*Turritis hirsuta* L., Sp. Pl. 666. 1753.

一年生草本。茎直立，不分枝或上部稍分枝，高 20 ～ 60cm，全株密生分枝毛并混生少量单硬毛。基生叶质薄，倒披针形，长 2 ～ 4（～ 7）cm，宽 6 ～ 15mm，先端圆形，基部渐狭成柄，全缘或具不明显的疏齿，两面被分枝毛，下面较密，灰绿色，中脉在下面隆起，具柄；茎生叶较小，倒披针形至披针形，先端常圆钝，基部平截或微心形，稍抱茎，边缘有不明显的疏齿，无柄。总状花序顶生或腋生；花梗长 2 ～ 5mm；萼片无毛，顶端有时具睫毛，长约 3mm，宽约 1mm，外萼片披针形，基部稍呈囊状；花瓣白色，近匙形，长 4 ～ 5mm，宽约 1.3mm。长角果向上直立，贴紧于果轴，扁平，长 3 ～ 7cm，1 ～ 1.5mm；果梗劲直，长 1 ～ 1.5cm；种子黄棕色，近椭圆形，长 1 ～ 1.5mm，扁平，具狭翅，表面细网状。花果期 6 ～ 8 月。

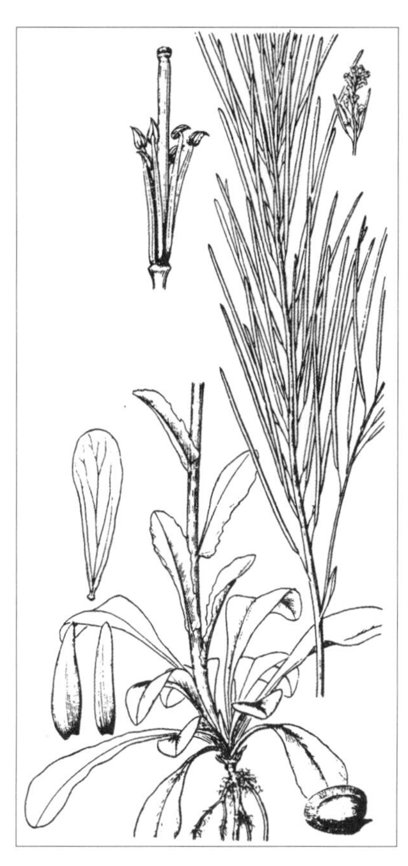

中生草本。生于森林带和草原带的山地林下、林缘、湿草甸、沟谷溪边。产兴安北部及岭东和岭西（额尔古纳市、牙克石市、鄂伦春自治旗、鄂温克族自治旗、东乌珠穆沁旗宝格达山）、呼伦贝尔（海拉尔区、新巴尔虎右旗）、兴安南部（科尔沁右翼前旗、扎赉特旗、阿鲁科尔沁旗、巴林右旗、克什克腾旗）、燕山北部（喀喇沁旗、宁城县、兴和县苏木山）、阴山（大青山、蛮汗山、乌拉山、察哈尔右翼中旗辉腾梁）、贺兰山。分布于我国黑龙江西南部和东部、吉林南部、辽宁北部、河北、河南、山东、山西、陕西南部、安徽、浙江西北部、宁夏南部、甘肃东部、青海东部、四川、贵州、云南西北部、西藏东部和南部、新疆中部，日本、朝鲜、蒙古国北部和西部、俄罗斯（西伯利亚地区）、哈萨克斯坦，西南亚、北非，欧洲、北美洲。为泛北极分布种。

49. 茅膏菜科 Droseraceae

多年生草本。常无地上茎。叶呈莲座状，幼时常拳卷，外面常被有柄的黏性腺毛，用以捕捉昆虫。花两性，辐射对称，常为蝎尾状聚伞花序；萼片 4 ～ 5，基部多少合生，宿存；花瓣 4 ～ 5；雄蕊 4 ～ 20；子房由 3 ～ 5 心皮构成，1 室，上位，侧膜胎座或近基生胎座，胚珠多数，花柱 3 ～ 5，通常分离。蒴果，室背开裂；种子多数，具肉质胚乳，胚直立。

内蒙古有 1 属、1 种。

1. 貉藻属 Aldrovanda L.

属的特征同种。

单种属。

1. 貉藻

Aldrovanda vesiculosa L., Sp. Pl. 1:281. 1753; Fl. Intramongol. ed. 2, 2:709. t.295. f.1-4. 1991.

多年生草本，浮水或沉水。茎单一或分叉，长 6 ～ 10cm。叶轮生，每轮 6 ～ 9；叶柄楔形，长 3 ～ 4mm，上方具 5 ～ 6 根须毛，比叶柄稍短；叶片肾状圆形，长 5 ～ 8mm，宽 6 ～ 10mm，自中肋内折而呈囊状，被感应性刚毛。花单生于叶腋，淡绿色或白色，伸出水面；花萼 5，卵状椭圆形，长 3 ～ 4mm；花瓣 5，倒卵状椭圆形，长 3 ～ 4mm，宽约 2.5mm；雄蕊 5，花丝钻形，花药纵裂；子房上位，1 室，侧膜胎座 5，每胎座着生 2 粒胚珠，花柱 5，稍长，柱头扇形，顶端不整齐细裂。蒴果近球形，室背 5 瓣裂；种子小，6 ～ 8，或更少，黑色。

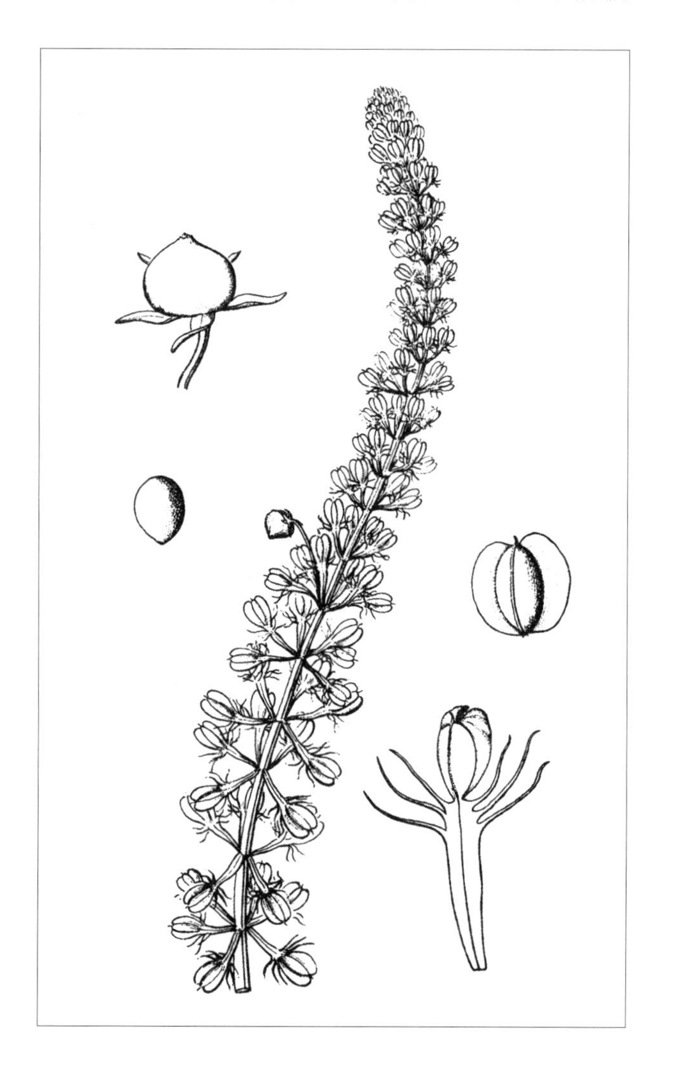

水生食虫草本。生于水沟中。产辽河平原（科尔沁左翼后旗）。分布于我国黑龙江北部，亚洲、欧洲、非洲、太平洋岛屿也有分布。为世界分布种。

50. 景天科 Crassulaceae

草本，少数为半灌木或灌木。茎、叶常肥厚、肉质。叶互生、对生或轮生，常为单叶，少为单数羽状复叶，无托叶。花序聚伞状，有时为穗状、总状、圆锥状或单生；花两性，或单性而雌雄异株，辐射对称；萼片通常 4 ～ 5；花瓣与萼片同数；雄蕊 1 轮或 2 轮，与花瓣同数或为其 2 倍；心皮常与萼片或花瓣同数，分离或基部合生，每心皮基部常有一腺状鳞片，胚珠常多数。蓇葖果，少为蒴果。

内蒙古有 6 属、18 种。

分属检索表

1a. 花常为 3 ～ 5 基数；花瓣分离；雄蕊 1 轮，与花瓣同数；叶对生……………………**1. 东爪草属 Tillaea**

1b. 花常为 5 ～ 6（～ 12）基数；花瓣分离或多少合生；雄蕊常 2 轮，为花瓣数的 2 倍；叶互生、对生或呈莲座状。

　2a. 心皮有柄或基部渐狭，全部分离。

　　3a. 植株具莲座状叶，花序为密集的塔形的总状或圆锥状……………………**2. 瓦松属 Orostachys**

　　3b. 植株不具莲座状叶，花序为伞房状………………………………………**3. 八宝属 Hylotelephium**

　2b. 心皮无柄，或基部不为渐狭或渐狭，常为基部合生。

　　4a. 基生叶鳞片状，花 4 ～ 5 基数………………………………………………**4. 红景天属 Rhodiola**

　　4b. 基生叶常不存在，花常为不等 5 基数。

　　　5a. 叶全缘，种皮网状或乳突状网状……………………………………………**5. 景天属 Sedum**

　　　5b. 叶边缘具齿或锯齿，种皮具纵肋或近光滑……………………………**6. 费菜属 Phedimus**

1. 东爪草属 Tillaea L.

一年生小草本。叶对生，条形或圆柱形，全缘。花极小，腋生，单生或排成聚伞花序，或成顶生圆锥花序；花萼 3 ～ 5 裂；花瓣 3 ～ 5；雄蕊 3 ～ 5；鳞片 3 ～ 5 或缺；心皮 3 ～ 5，分离。蓇葖果。

内蒙古有 1 种。

1. 东爪草

Tillaea aquatica L., Sp. Pl. 1:128. 1753; Fl. Intramongol. ed. 2, 3:1. t.1. f.1-4. 1989.

一年生草本，高 2 ～ 6cm。根细，须状。茎自基部分枝，直立或斜升。叶条状披针形，长 3 ～ 8mm，宽约 1mm，先端锐尖，基部合生。花单生于叶腋，少顶生；无花梗；萼片 4，三角状卵形，长 0.5 ～ 0.8mm，先端钝；花瓣 4，白色，卵状矩圆形，长约 1mm；雄蕊 4，较花瓣短，与萼片对生；鳞片 4，匙状条形；心皮 4，卵状椭圆形，花柱短。种子 10 多个，矩圆形，长约 0.5mm，褐色。花期 6 ～ 7 月。

湿生草本。生于森林带的河滩或路边草地。产于兴

安北部（牙克石市）、岭东（扎兰屯市）。分布于我国黑龙江西北部，日本、朝鲜、蒙古国北部（肯特地区）、俄罗斯，欧洲、北美洲。为泛北极分布种。

2. 瓦松属 Orostachys Fisch.

二年生或多年生草本。叶第一年呈莲座状，第二年从莲叶丛中抽出不分枝的花茎。花多数，排列成密集的塔形的总状或圆锥花序；萼片 5，常较花瓣为短；花瓣 5，基部稍合生；雄蕊 10，1 轮或 2 轮；鳞片小，矩圆形；心皮有柄，基部渐狭，花柱细。蓇葖果。

内蒙古有 4 种。

分种检索表

1a. 叶全部不具尖头，莲座叶椭圆形、倒卵形、矩圆形、矩圆状披针形或卵形，钝头或短渐尖；花白色或淡绿色……………………………………………………………………**1. 钝叶瓦松 O. malacophylla**

1b. 茎生叶有尖头，莲座叶先端有软骨质的、白色的附属物及尖头。

　2a. 莲座叶先端的软骨质附属物有流苏状牙齿，花红色……………………………**2. 瓦松 O. fimbriata**

　2b. 莲座叶先端的软骨质附属物全缘，花黄绿色或白色。

　　3a. 花黄绿色，花药黄色，花梗长约 1mm 或无梗……………………………**3. 黄花瓦松 O. spinosa**

　　3b. 花白色，花药暗红色，花梗长约 3mm 或稍长…………………………**4. 狼爪瓦松 O. cartilaginea**

1. 钝叶瓦松

Orostachys malacophylla (Pall.) Fisch. in Mem. Soc. Imp. Nat. Mosc. 2:274. 1809; Fl. Intramongol. ed. 2, 3:3. t.2. f.1-3. 1989.——*O. malacophylla* (Pall.) Fisch. subsp. *lioutchenngoi* H. Ohba in J. Jap. Bot. 65:198. 1990; Fl. China 8:207. 2001.

二年生草本，高 10 ～ 30cm。第一年仅有莲座状叶，叶矩圆形、椭圆形倒卵形、矩圆状披针形或卵形，先端钝；第二年抽出花茎。茎生叶互生，无柄，接近，匙状倒卵形、倒披针形、矩圆状披针形或椭圆形，较莲座状叶大，长达 7cm，先端有短尖或钝，绿色，两面有紫红色斑点。花序圆柱状总状，长 5 ～ 20cm；苞片宽卵形或菱形，先端尖，长 3 ～ 5mm，边缘膜质，有齿；花紧密，无梗或有短梗；萼片 5，矩圆形，长 3 ～ 4mm，锐尖；花瓣 5，白色或淡绿色，干后呈淡黄色，矩圆形，长 4 ～ 6mm，上部边缘常有齿缺，基部合生；雄蕊 10，较花瓣稍长，花药黄色；鳞片 5，条状长方形；心皮 5。蓇葖果卵形，先端渐尖，几与花瓣等长；种子细小，多数。花期 8 ～ 9 月，果期 10 月。

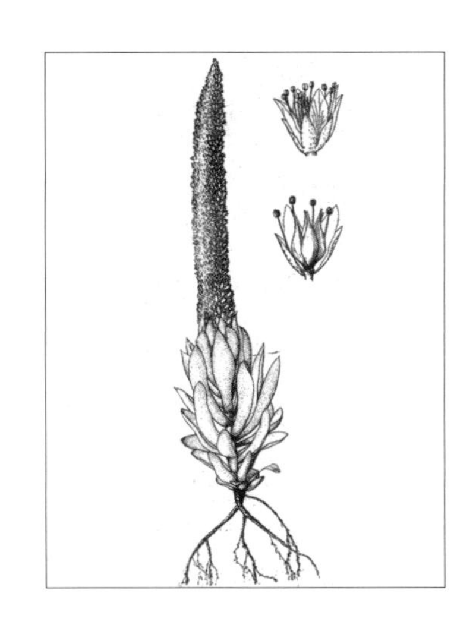

肉质旱生草本。多生于森林带和草原带的山地、丘陵的砾石质坡地及平原的沙质地，常为草原及草甸草原植被的伴生植物。产兴安北部及岭东和岭西、呼伦贝尔、兴安南部（阿鲁科尔沁旗、巴林右旗、克什克腾旗）、赤峰丘陵（红山区）、燕山北部（喀喇沁旗、宁城县）、锡林郭勒（东乌珠穆沁旗、锡林浩特市、苏尼特左旗、正蓝旗、镶黄旗、正镶白旗、太仆寺旗）、阴山（大青山）。分布于我国黑龙江、吉林东部、辽宁西北部、河北北部、山西，日本、朝鲜、蒙古国东部和北部、俄罗斯（西伯利亚地区）。为东古北极分布种。

为多汁饲用植物，羊采食后可减少饮水量。全草入药，功能、主治同瓦松。

2. 瓦松

Orostachys fimbriata (Turcz.) A. Berger in Nat. Pflanzenfam. ed. 2, 18a:464. 1930; Fl. Intramongol. ed. 2, 3:5. t.2. f.4-7. 1989.——*Cotyledon fimbriata* Turcz. in Bull. Soc. Imp. Nat. Mosc.17:241. 1844.

二年生草本，高 10 ～ 30cm。全株粉绿色，密生紫红色斑点。第一年生莲座状叶短，叶匙状条形，先端有一个半圆形软骨质的附属物，边缘有流苏状牙齿，中央具 1 刺尖；第二年抽出花茎。茎生叶散生，无柄，条形至倒披针形，长 2 ～ 3cm，宽 3 ～ 5mm，先端具刺尖头，基部叶早枯。花序顶生，总状或圆锥状，有时下部分枝，呈塔形；花梗长达 1cm；萼片 5，狭卵形，长 2 ～ 3mm，先端尖，绿色；花瓣 5，红色，干后常呈蓝紫色；花药紫色；鳞片 5，近四方形；心皮 5。蓇葖果矩圆形，长约 5mm。花期 8 ～ 9 月，果期 10 月。

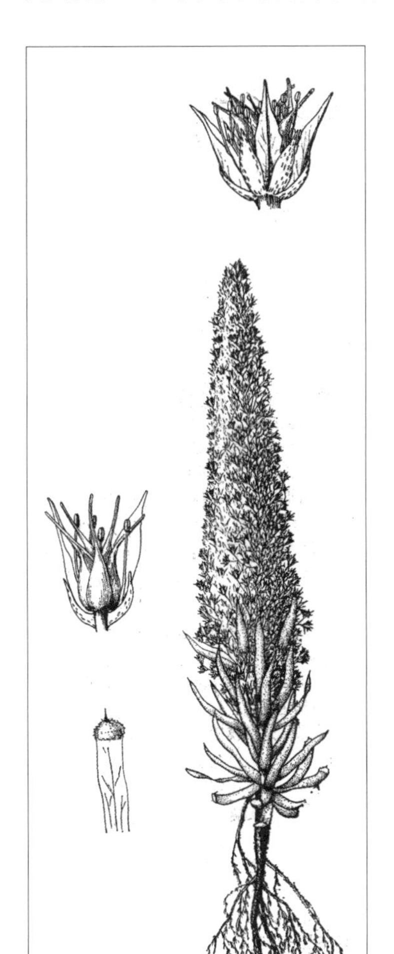

肉质砾石生旱生草本。生于石质山坡、石质丘陵及沙质地，常在草原植被中零星生长，在一些石质丘顶可形成小群落片段。产内蒙古各地。分布于我国黑龙江东南部、吉林东部、辽宁、河北、河南西部和东南部、山东、山西、安徽西部和南部、江苏、

浙江、湖北东北部、陕西、宁夏、甘肃、青海，朝鲜、蒙古国东部和北部及西部、俄罗斯（西伯利亚地区）。为东古北极分布种。

饲用价值同钝叶瓦松。全草入药，能活血、止血、敛疮；内服治痢疾、便血、子宫出血；鲜品捣烂或焙干研末外敷，可治疮口不愈合；煎汤含漱，治齿龈肿痛。全草也入蒙药（蒙药名：萨产－额布斯），能清热、解毒、止泻，主治血热、毒热、热性泻下、便血。据记载本品有毒，应慎用。全草可做农药，加水煮成原液再加水稀释喷射，能杀棉蚜、粘虫、菜蚜等；也可制成叶蛋白后供食用；又能提制草酸，供工业用。

3. 黄花瓦松

Orostachys spinosa (L.) Sweet in Hort. Brit. ed. 2, 225. 1830; Fl. Intramongol. ed. 2, 3:5. t.1. f.5-6. 1989.——*Cotyledon spinosa* L., Sp. Pl. 1:429. 1753.

二年生草本，高 10 ～ 30cm。第一年有莲座状叶丛，叶矩圆形，先端有半圆形白色的，软骨质的附属物，中央具 1 个长 2 ～ 4mm 的刺尖；第二年抽出花茎。茎生叶互生，宽条形至倒披针形，长 1 ～ 3cm，宽 2 ～ 5mm，先端渐尖，有软骨质的刺尖，基部无柄。花序顶生，狭长，穗

状或总状，长 5 ～ 20cm；花梗长 1mm，或无梗；苞片披针形至矩圆形，长 4mm，有刺尖；萼片 5，卵状矩圆形，长 2 ～ 3mm，先端有刺尖，有红色斑点；花瓣 5，黄绿色，卵状披针形，长 5 ～ 7mm，先端渐尖，基部稍合生；雄蕊 10，较花瓣稍长，花药黄色；鳞片 5，近正方形，先端有微缺；心皮 5。蓇葖果椭圆状披针形，长 5 ～ 6mm。花期 8 ～ 9 月，果期 9 ～ 10 月。

肉质旱生草本。生于森林带和草原带的山坡石缝中及林下岩石上，在草原及草甸草原石质山坡植被中常为伴生种。产兴安北部及岭东（额尔古纳市、牙克石市、鄂伦春自治旗、扎兰屯市）、呼伦贝尔和岭西（鄂温克族自治旗、海拉尔区、满洲里市）。分布于我国黑龙江、吉林、辽宁、甘肃、新疆中部和北部、西藏东部，朝鲜、蒙古国东部和北部及西部、俄罗斯（西

伯利亚地区）。为东古北极分布种。

全草入药，用途同瓦松。

4. 狼爪瓦松（辽瓦松、瓦松、干滴落）

Orostachys cartilaginea A. Bor. in Fl. U.R.S.S. 9:482. 1930; Fl. Intramongol. ed. 2, 3:6. t.1. f.7-8. 1989.

二年生草本，高 10 ～ 20cm。全株粉白色，密布紫红色斑点。第一年生莲座状叶，叶片矩圆状披针形，先端有 1 个半圆形白色的软骨质附属物，全缘或有圆齿，中央具 1 个长约 2mm 的

刺尖；第二年抽出花茎。茎生叶互生，无柄，条形或披针状条形，长 1.5 ～ 3.5cm，宽 2 ～ 4mm，先端渐尖，有白色软骨质刺尖，基部叶早枯。圆柱状总状花序，长 8 ～ 15cm；苞片条形或条状披针形，先端尖，与花等长或较长；花梗长约 5mm 或稍长，常在一花梗上着生数花；萼片 5，披针形，长 2 ～ 3mm，淡绿色；花瓣 5，白色，稀具红色斑点而呈粉红色，矩圆状披针形，长约 5mm，先端锐尖，基部合生；雄蕊 10，与花瓣等长或稍长，花药暗红色；鳞片 5，近四方形；心皮 5。蓇葖果矩圆形；种子多数，细小，卵形，长约 0.5mm，褐色。花期 8 ～ 9 月，果期 10 月。

肉质旱生草本。生于森林带和草原带的石质山坡。产兴安北部（牙克石市）、兴安南部及科尔沁（科尔沁右翼中旗、巴林右旗）、锡林郭勒。分布于我国黑龙江、吉林、辽宁、河北北部、山东，俄罗斯（远东地区）。为满洲分布种。

全草入蒙药（蒙药名：爱日格 - 额布斯），功能、主治同瓦松。

3. 八宝属 Hylotelephium H. Ohba

多年生草本。根状茎肉质。叶互生、对生或3～5叶轮生，扁平，无毛。花序顶生，复伞房状、伞房圆锥状、伞状伞房状，小花序聚伞状；花两性，5基数，少有4基数或退化为单性的；萼片较花瓣短；花瓣通常离生；雄蕊10，较花瓣长或短；鳞片5；心皮5，直立，分离，基部狭，近有柄。蓇葖果含种子多数，种子有狭翅。

内蒙古有6种。

分种检索表

1a. 茎多数，丛生，倾斜，高不及25cm。

  2a. 叶互生，条形或倒披针形，宽1.2～7mm；根状茎块状，常具胡萝卜状的根……………………………………………………………………**1. 华北八宝 H. tatarinowii**

  2b. 叶对生，宽卵形或近圆形，长宽近相等，长1.5～2cm；根状茎木质，具绳索状细根……………………………………………………………………**2. 圆叶八宝 H. ewersii**

1b. 茎单一或数个，直立，高在30cm以上；根状茎非块状，圆柱形。

  3a. 叶对生，或3叶轮生，宽卵形至长圆状卵形，长4～10cm，宽2～5cm；花药紫色。

    4a. 雄蕊与花冠近等长；叶多对生，少3叶轮生………………………**3. 八宝 H. erythrostictum**

    4b. 雄蕊明显超出花冠；叶多3叶轮生，少对生………………………**4. 长药八宝 H. spectabile**

  3b. 叶互生，少对生，椭圆状卵形、椭圆状披针形至长圆状卵形，宽0.7～3cm；花药黄色。

    5a. 花白色；须根纤细，非肉质 ………………………………………**5. 白八宝 H. pallescens**

    5b. 花紫色；须根纺锤状，肉质 ………………………………………**6. 紫八宝 H. triphyllum**

1. 华北八宝（华北景天）

Hylotelephium tatarinowii (Maxim.) H. Ohba in Bot. Mag. Tokyo 90:52. 1977; Fl. Intramongol. ed. 2, 3:7. t.3. f.1-3. 1989.——*Sedum tatarinowii* Maxim. in Bull. Acad. Sci. St.-Petersb. Ser. 3, 29:134. 1883.——*Sedum tatarinowii* Maxim. var. *integrifolium* Palibin in Trudy Imp. St.-Petersb. Bot. Sada 14:120. 1985.——*Hylotelephium tatarinowii* (Maxim.) H. Ohba var. *integrifolium* (Palibin) S. H. Fu in Reip. Pop. Sin. 34(1):52. 1984; Fl. China 8:210. 2001.——*H. almae* (Foderstrom) K. T. Fu et G. Y. Rao in Act. Bot. Bor.-Occid. Sin. 8(2):123. 1988; Fl. Intramongol. ed. 2, 3:7. 1989.——*Sedum almae* Foderstrom in Bull. Mus. Hist. Nat. Pair. Ser. 2, 1:411. 1929.

多年生草本。根块状，其上常生小型胡萝卜状的根。茎多数，较细，直立或倾斜，高7～15cm，不分枝。叶互生，条状倒披针形至倒披针形，长1～3cm，宽3～7mm，先端渐尖或稍钝，基部

渐狭，边缘有疏锯齿。伞房状聚伞花序顶生，花密生，宽 3 ～ 5cm；花梗长 2 ～ 3.5mm；萼片 5，卵状披针形，长 1 ～ 2mm，先端稍尖；花瓣 5，浅红色，卵状披针形，长 4 ～ 6mm，开展；雄蕊 10，与花瓣近等长，花药紫色；鳞片 5，近正方形，长约 0.5mm，先端有微缺；心皮 5，直立，卵状披针形，长约 4mm，花柱稍外弯。花期 7 ～ 8 月，果期 9 ～ 10 月。

中生肉质草本。生于森林带和草原带的海拔 1000 ～ 3000m 处山顶石缝中及河滩湿地。产兴安北部（阿尔山市白狼镇鸡冠山、光顶山）、兴安南部（克什克腾旗、巴林左旗、巴林右旗）、燕山北部（喀喇沁旗、宁城县、敖汉旗）、锡林郭勒（太仆寺旗）、阴山（大青山）。分布于我国河北、山西。为华北—兴安分布种。

2. 圆叶八宝

Hylotelephium ewersii (Ledeb.) H. Ohba in Bot. Mag. Tokyo 90:50. f.2d. 1977; Fl. China 8:210. 2001.——*Sedum ewersii* Ledeb. in Icon. Pl. 1:14. 1829.

多年生草本。根状茎木质，分枝，根细，绳索状。茎多数，近基部木质而分枝，紫棕色，上升，高 5 ～ 25cm，无毛。叶对生，宽卵形或几圆形，长 1.5 ～ 2cm，宽与长几相等，先端钝渐尖，边缘全缘或有不明显的牙齿，无柄，叶常有褐色斑点。聚伞花序呈伞形，花密集；萼片 5，披针形，长约 2mm，分离；花瓣 5，紫红色，卵状披针形，长约 5mm，急尖；雄蕊 10，比花瓣短，花丝浅红色，花药紫色；鳞片 5，卵状长圆形，长 0.5mm。蓇葖果 5，直立，长 3 ～ 4mm，有短喙，基部狭；种子披针形，长约 0.5mm，褐色。花期 7 ～ 8 月。

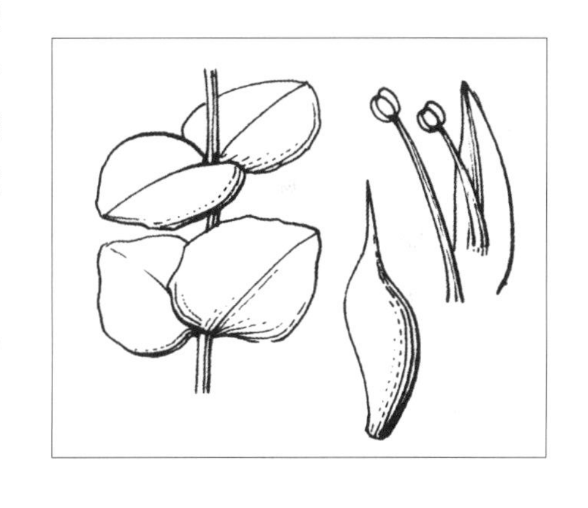

中生肉质草本。生于荒漠带的山坡沟边。产额济纳（马鬃山）。分布于我国西藏、新疆，蒙古国、俄罗斯、印度、巴基斯坦，中亚。为东古北极分布种。

3. 八宝（景天、活血三七、对叶景天）

Hylotelephium erythrostictum (Miq.) H. Ohba in Bot. Mag. Tokyo 90:50. 1977; Fl. Intramongol. ed. 2, 3:9. t.4. f.1-2. 1989.——*Sedum erythrostictum* Miq. in Ann. Mus. Bot. Lugd.-Bot. 2:155. 1865.

多年生草本。块根胡萝卜状。茎直立，粗壮，高 30 ～ 60cm，不分枝，带粉绿色。叶对生，少互生或 3 叶轮生，矩圆形至卵状矩圆形，长 3.5 ～ 9cm，宽 2 ～ 3.5cm，先端锐尖或钝，基部渐狭，边缘有疏锯齿或波状钝牙齿，两面有紫红色斑点。伞房状聚伞花序顶生，花密生，直径 5 ～ 10mm；花梗稍短或与花等长；萼片 5；披针形，长约 1.5mm；花瓣 5，白色或粉红色，宽披针形，长 5 ～ 6mm，渐尖；雄蕊 10，与花瓣等长或稍短，花药紫色；鳞片 5，矩圆状楔形，长约 1mm，先端有微缺；心皮 5，直立，基部几分离。花期 8 ～ 9 月。

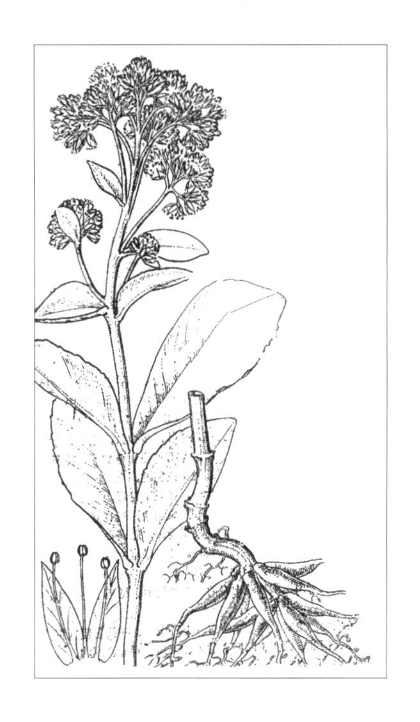

中生肉质草本。生于夏绿阔叶林带的山地林缘及沟谷。产兴安南部（阿鲁科尔沁旗、巴林左旗、巴林右旗、克什克腾旗）、燕山北部（喀喇沁旗、宁城县、敖汉旗）。分布于我国黑龙江东部、吉林东部、辽宁中部、河北北部、河南西部、山东、山西南部、陕西东南部、江苏南部、浙江北部、安徽南部、江西西部、湖北、四川东部、贵州、云南西北部，日本（北海道）。为东亚分布种。

全草入药，能清热解毒、止血，主治肝热目赤、丹毒、吐血等症。

《内蒙古植物志》第二版第三卷 6 页图版 3 图 4 ～ 6 与本种描述不符，其图形中的叶为互生，应为白八宝 *Hylotelephium pallescens* (Freyn) H. Ohba 的插图；而书中原白八宝的插图——图版 4 图 1 ～ 2 的叶对生，应为本种的插图。仅此更正。

4. 长药八宝（长药景天）

Hylotelephium spectabile (Bor.) H. Ohba in Bot. Mag. Tokyo 90:52. 1977. p.p. quoad nom.; Fl. Intramongol. ed. 2, 3:9. t.4. f.3-5. 1989.——*Sedum spectibile* Bor. in Mem. Soc. Acad. Maine Loire 20:116. 1866.

多年生草本。茎直立，高 30 ～ 70cm。叶对生或 3 叶轮生，卵形至宽卵形或矩圆状卵形，长 4 ～ 10cm，宽 2 ～ 5cm，先端锐尖或钝，基部渐狭，全缘或多少有波状牙齿。伞房状聚伞花序顶生，大型，直径 7 ～ 11cm；花密生，直径约 1cm；花梗长 2 ～ 4mm；萼片 5，条状披针形至宽披针形，长约 1mm，渐尖；花瓣 5，淡紫红色至紫红色，披针形至宽披针形，长 4 ～ 5mm；雄蕊 10，长 6 ～ 8mm，花药紫色；鳞片 5，矩圆状楔形，长 1 ～ 1.2mm，先端有微缺；心皮 5，狭椭圆形，长 4.2mm，花柱长 1.2mm。蓇葖果直立。花期 8 ～ 9 月，果期 9 ～ 10 月。

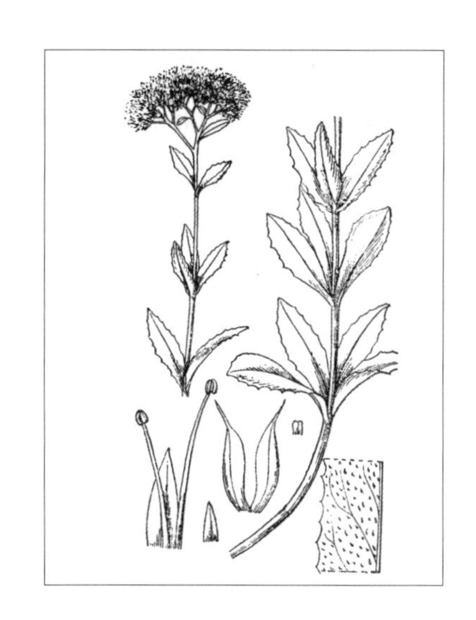

中生肉质草本。生于夏绿阔叶林带的山地山坡及路边。产燕山北部（喀喇沁旗、宁城县），在呼伦贝尔（满洲里市）有一个孤立地分布点。分布于我国吉林东部、辽宁、河北北部和西南部、山东、河南东部、安徽北部、陕西南部，朝鲜北部。为华北—满洲南部分布种。

《内蒙古植物志》第二版第三卷6页图版3图7～8与本种描述不符，其图形中的雄蕊与花瓣近等长，应为紫八宝 *Hylotelephium triphyllum*（Haworth）Holub 的插图；而书中原紫八宝的插图——图版4图3～5的叶3叶轮生，花药明显长于雄蕊，应为本种的插图。仅此更正。

5. 白八宝（白景天、长茎景天）

Hylotelephium pallescens (Freyn) H. Ohba in Bot. Mag. Tokyo 90:51. 1977; Fl. Intramongol. ed. 2, 3:9. t.3. f.4-6. 1989.——*Sedum pallescens* Freyn in Oesterr Bot. Zeit. 45:317. 1895.

多年生草本。根状茎短，直立。根束生。茎直立，高30～60cm。叶互生，有时对生，矩圆状卵形至椭圆状披针形，长3～6（～10）cm，宽0.7～2.5（～4）cm，先端圆，基部楔形，几无柄，全缘或上部有不整齐的波状疏锯齿，上面有多数红褐色斑点。聚伞花序顶生，长达10cm，宽达13cm，分枝密；花梗长2～4mm；萼片5，披针状三角形，长1～2mm，先端锐尖；花瓣5，白色至淡红色，直立，披针状椭圆形，长4～8mm，先端锐尖；雄蕊10，对瓣的稍短，对萼的与花瓣等长或稍长；鳞片5，长方状楔形，长约1mm，先端有微缺。蓇葖果直立，披针状椭圆形，长约5mm，基部渐狭，分离，喙短，条形。花期7～9月，果期8～9月。

湿中生肉质草本。生于森林带和草原带的山地林缘草甸、河谷湿草甸、沟谷、河边砾石滩。产兴安北部及岭东和岭西（额尔古纳市、根河市、牙克石市、鄂伦春自治旗、阿尔山市、东乌珠穆沁旗宝格达山、鄂温克族自治旗、海拉尔区）、科尔沁北部（科尔沁右翼中旗）、兴安南部（巴林右旗、克什克腾旗）、燕山北部（喀喇沁旗、宁城县）、阴山（大青山）。分布于我国黑龙江北部和东部、吉林东部、辽宁北部、河北西北部、山西北部、陕西南部，日本、朝鲜、蒙古国北部（肯特地区、蒙古—达乌里地区）、俄罗斯（达乌里地区、远东地区）。为东亚北部分布种。

《内蒙古植物志》第二版第三卷6页图版3图4～6的叶为互生，应为本种的插图；而书中原本种的插图——图版4图1～2的叶对生，应为八宝的插图。仅此更正。

6. 紫八宝（紫景天）

Hylotelephium triphyllum（Haworth）Holub in Folia Geobot. Phytotax. 18, 2:204. 1983; Fl. China 8:213. 2001.——*Anacampseros triphyllum* Haworth in Syn. Pl. Succ. 111. 1813.——*H. purpureum* (L.) Holub. in Preslia 51:281. 1979; Fl. Intramongol. ed. 2, 3:10. t.3. f.7-8. 1989.——*Sedum telephium* L. var. *purpureum* L., Sp. Pl. 1:430. 1753.

多年生草本。块根多数，胡萝卜状。茎直立，单生或少数聚生，高 30 ～ 60cm。叶互生，卵状矩圆形至矩圆形，长 2 ～ 7cm，宽 1 ～ 2.5cm，先端锐尖或钝；上部叶无柄，基部圆形；下部叶基部楔形，边缘有不整齐牙齿；叶片上面散生斑点。伞房状聚伞花序，花密生；花梗长约 4mm；萼片 5，卵状披针形，长约 2mm，先端渐尖，基部合生；花瓣 5，紫红色，矩圆状披针形，长 5 ～ 6mm，锐尖，自中部向外反折；雄蕊 10，与花瓣近等长；鳞片 5，条状匙形，长约 1mm，先端稍宽，有缺刻；心皮 5，直立，椭圆状披针形，长约 6mm，两端渐狭，花柱短。花期 7 ～ 8 月，果期 9 月。

中生肉质草本。生于森林带和草原带的山地林缘草甸、山坡草甸、岩石缝、路边。产兴安

北部及岭东和岭西（鄂伦春自治旗、牙克石市、额尔古纳市、根河市、阿尔山市、东乌珠穆沁旗宝格达山、扎兰屯市）、呼伦贝尔（海拉尔区、鄂温克族自治旗、新巴尔虎左旗）、兴安南部（扎鲁特旗、阿鲁科尔沁旗、巴林右旗、克什克腾旗）、锡林郭勒（锡林浩特市白音希勒牧场）。黑龙江北部、吉林、辽宁北部、河北东北部、新疆（阿勒泰地区），日本、蒙古国东部和北部及西部、俄罗斯（西伯利亚地区、远东地区），欧洲东部、北美洲。为泛北极分布种。

《内蒙古植物志》第二版第三卷 6 页图版 3 图 7 ～ 8 其图形中的雄蕊与花瓣近等长，应为本种的插图；而书中原本种的插图——图版 4 图 3 ～ 5 的叶 3 叶轮生，花药明显长于雄蕊，应为长药八宝的插图。仅此更正。

4. 红景天属 Rhodiola L.

多年生草本。根状茎肉质，被基生叶或鳞片状叶。花茎发自基生叶或鳞片状叶的腋部，一年生的花茎常在下部宿存，或在基部脱落。茎生叶互生，扁平或近圆柱状。花序顶生，通常为伞房状或二歧聚伞状；花雌雄异株或两性；花萼（3～）4～5（～6）裂；花瓣与萼片同数；雄蕊2轮，常为花瓣数的2倍；心皮基部合生，与花瓣同数。蓇葖果有少数至多数种子。

内蒙古有4种。

分种检索表

1a. 根状茎的地上部分伸长，常有宿存的老枝；叶条形，宽1～2mm，全缘；花两性，白色或红色………………………………………………………………………………………**1. 小丛红景天 R. dumulosa**

1b. 根状茎少有伸长到地面的，不具宿存的老枝；叶非条形，宽4～15mm，全缘或上部有齿；花单性，淡黄色、黄白色或黄绿色，雌雄异株。

2a. 心皮矩圆形，基部粗。

3a. 植株高20～30cm，叶矩圆形、椭圆状倒披针形或矩圆状宽卵形…………**2. 红景天 R. rosea**

3b. 植株高10～15cm，叶矩圆状匙形、矩圆状菱形或矩圆状披针形……………………………………………………………………………………**3. 库页红景天 R. sachalinensis**

2b. 心皮披针形，基部狭细；叶披针形或条状披针形…………………………**4. 兴安红景天 R. stephanii**

1. 小丛红景天

Rhodiola dumulosa (Franch.) S. H. Fu in Act. Phytotax. Sin. Addit. 1:119. 1965; Fl. Intramongol. ed. 2, 3:12. t.5. f.1-3. 1989.——*Sedum dumulosum* Franch. in Nouv. Arch. Mus. Hist. Nat. Ser. 2, 6:9. 1883.

多年生草本，高5～15cm。全体无毛。主轴粗壮，多分枝，地上部分常有残存的老枝。一年生花枝簇生于轴顶端，直立或斜升，基部常为褐色鳞片状叶所包被。叶互生，条形，长7～10mm，宽1～2mm，先端锐尖或稍钝，全缘，绿色，无柄。花序顶生，聚伞状，着生4～7花；花具短梗；萼片5，条状披针形，长4～5mm，先端具长尖头；花瓣5，白色或淡红色，披针形，长8～11mm，近直立，上部向外弯曲，先端具长凸尖头，边缘折皱；雄蕊10，2轮，均较花瓣短，花药褐色；鳞片扁长；心皮5，卵状矩圆形，长6～9mm，顶端渐尖成花柱。蓇葖果直立或上部稍开展；种子少数，狭倒卵形，褐色。花期7～8月，果期9～10月。

旱中生肉质草本。生于草原带和荒漠带的山地阳坡及山脊岩石缝中。产兴安南部（科尔沁右翼前旗）、阴山（大青山、蛮汗山）、东阿拉善（桌子山）、贺兰山、龙首山。分布于我国吉林西部、河北、山西、陕西南部、甘肃东部、青海东部、四川西北部、湖北西部、云南西北部，不丹、缅甸。

为华北—横断山脉—喜马拉雅分布种。

全草入药，能养心安神、滋阴补肾、清热明目，主治虚损、劳伤、干血痨及妇女月经不调等。根入蒙药（蒙药名：乌兰－矛钙－伊得），能清热、滋补、润肺，主治肺热、咳嗽、气喘、感冒发烧。

2. 红景天

Rhodiola rosea L., Sp. Pl. 2:1035. 1753; Fl. Intramongol. ed. 2, 3:12. t.5. f.4-6. 1989.

多年生草本，高 20 ～ 30cm。根粗壮，直立。根状茎短，先端被鳞片。叶疏生，矩圆形至椭圆状倒披针形或矩圆状宽卵形，长 6 ～ 35mm，宽 5 ～ 15mm，先端锐尖或渐尖，基部稍抱茎，全缘或上部有少数牙齿。花序伞房状，花多数密集，长约 2cm，宽 3 ～ 6cm；雌雄异株；萼片 4，披针状条形，长约 1mm，先端钝；花瓣 4，黄绿色，条状倒披针形或矩圆形，长约 3mm，先端钝；雄花中有雄蕊 8，较花瓣长；鳞片 4，矩圆形，1 ～ 1.5mm，宽约 0.6mm，上部稍狭，先端有齿状微缺；雌花中有心皮 4，花柱外弯。蓇葖果披针形或条状披针形，直立，长 6 ～ 8mm，喙长约 1mm；种子披针形，长约 2mm，一侧具狭翅。花期 5 ～ 6 月，果期 7 ～ 9 月。

旱中生肉质草本。生于草原带的山地林下或草坡上。产兴安南部（克什克腾旗）。分布于我国吉林东部、河北西北部、山西、新疆中部和北部，日本、朝鲜、蒙古国、俄罗斯、哈萨克斯坦，欧洲、北美洲。为泛北极分布种。

3. 库页红景天

Rhodiola sachalinensis A. Bor. in Fl. U.R.S.S. 9:26, 473. t.3. f.2a-b. 1939; Fl. Intramongol. ed. 2, 3:13. t.5. f.7-9. 1989.

多年生草本，高 10 ～ 30cm。根粗壮，通常直立，稀横生。根状茎短粗，先端被多数棕褐色、膜质鳞片状叶。花茎下部的叶较小，疏生；上部叶较密生，叶矩圆状匙形、矩圆状菱形或矩圆状披针形，长 7 ～ 10mm，宽 4 ～ 10mm，先端锐尖至渐尖，基部楔形，边缘上部具粗牙齿，下部近全缘。聚伞花序，花多数密集，宽 1.5 ～ 2.5cm，下部托以叶；雌雄异株；萼片 4，稀 5，披针状条形，长 1 ～ 3mm，先端钝；花瓣 4，稀 5，淡黄色，条状倒披针形或矩圆形，长 2 ～ 6mm，先端钝；雄花中有雄蕊 8，较花瓣长，花药黄色，具不发育的心皮；雌花中有心皮 4，花柱外弯；鳞片 4，矩圆形，长 1 ～ 1.5mm，宽约 0.6mm，先端微凹。蓇葖果披针形或条状披针形，直立，长 6 ～ 8mm，喙长约 1mm；种子矩圆形至披针形，长约 2mm，宽约 0.6mm。花期 5 ～ 6 月，果期 7 ～ 9 月。

旱中生肉质草本。生于森林带的山地林下及碎石山坡上。产岭东（扎兰屯市柴河镇）。分布于我国黑龙江东南部、吉林东部，日本、朝鲜、俄罗斯（远东地区）。为东亚北部（满洲—日本）分布种。

4. 兴安红景天

Rhodiola stephanii (Cham.) Trautv. et C. A. Mey. in Reise Sibir. 1(2):39. 1956; Fl. Intramongol. ed. 2, 3:13. 1989.——*Sedum stephanii* Cham. in Linnaea 6:549. 1831.

多年生草本，高 10 ～ 20cm。根粗壮，有分枝。根状茎短，分技少。叶披针形至条状披针形，长 3 ～ 5cm，宽 6 ～ 8mm，先端渐尖，基部楔形，边缘上部具粗而深的锯齿，叶苍白绿色。花序紧密，宽 2 ～ 3cm，有叶；雌雄异株；花梗短；萼片 4 ～ 5，条形，长 3 ～ 4mm；花瓣 4 ～ 5，淡黄色或黄白色，条状披针形，长 5 ～ 6mm，先端钝；雄花中有雄蕊 8 或 10，与花瓣等长或较之稍长，花药淡黄色，有时浅红色；雌花中有心皮 4 或 5，披针形，花柱伸长，直立，柱头粗；鳞片 4 ～ 5，近方形。蓇葖果矩圆状披针形，直立，长 7 ～ 10mm，喙直立，长约 1mm；种子倒卵形，长约 2mm，褐色。花期 6 ～ 8 月，果期 7 ～ 8 月。

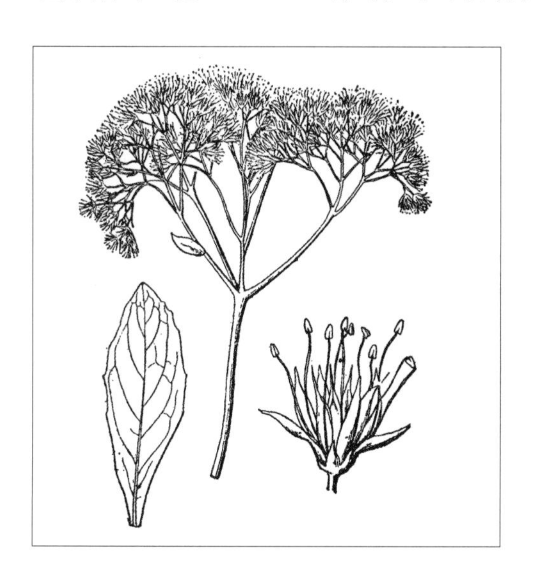

旱中生肉质草本。生于森林带的山地。产兴安北部（呼伦贝尔市光头山）。分布于俄罗斯（西伯利亚地区）。为西伯利亚分布种。

未见标本，根据文献记载。

5. 景天属 **Sedum** L.

一年生或多年生草本。无毛或被毛，肉质。叶对生、互生或轮生，全缘。花序顶生或腋生，聚伞花序伞房状；花两性，少单性，常为不等5基数，少有3～9基数；花瓣分离或基部合生；雄蕊通常为花瓣的2倍；蜜腺鳞片全缘或有微缺；心皮分离或在基部合生，基部宽阔，无柄。蓇葖果有种子多数或少数，种皮网状或乳突状网状。

内蒙古有2种。

分种检索表

1a. 叶长圆形，宽2～5mm，先端钝；一、二年生草本……………………………**1. 阔叶景天 S. roborowskii**

1b. 叶条形至条状披针形，宽1～2mm，先端锐尖；多年生草本………………**2. 藓状景天 S. polytrichoides**

1. 阔叶景天（草原景天）

Sedum roborowskii Maxim. in Bull. Acad. Imp. Sci. St-Petersb. Ser. 3, 29:154. 1883; Fl. Intramongol. ed. 2, 3:15. t.6. f.1-4. 1989.

一、二年生草本。全体无毛。根纤维状。花茎近直立，高2.5～15cm，由基部分枝。叶互生，稀疏，矩圆形，长5～12mm，宽2～5mm，先端钝，基部有钝距。花序伞房状（类似蝎尾状聚

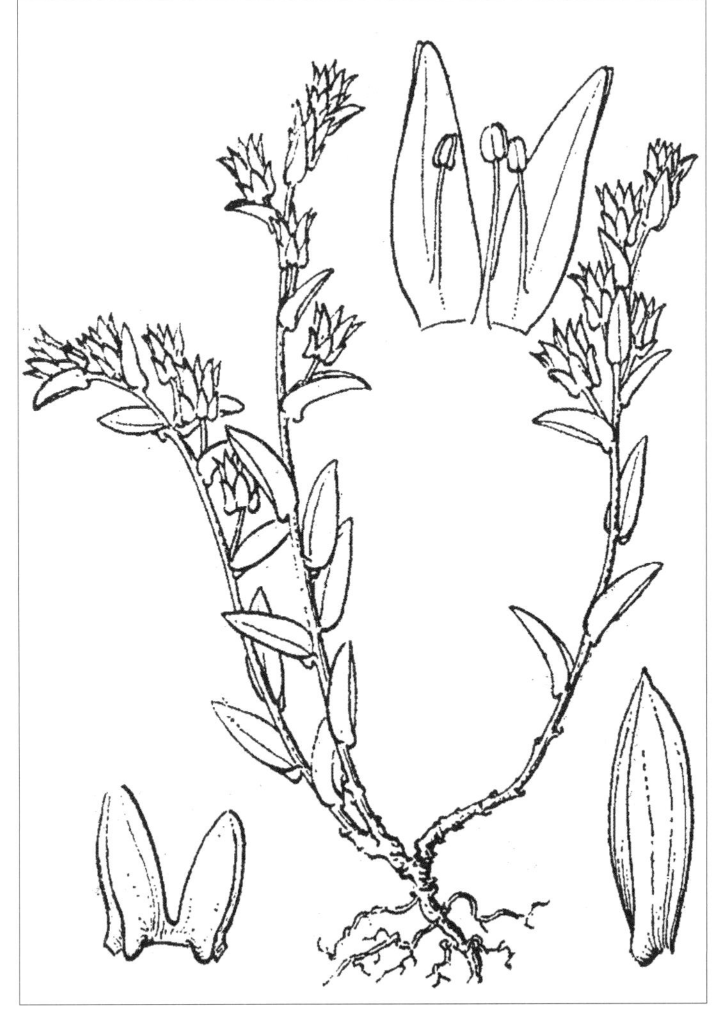

伞花序），疏生多数花；苞片叶状，较小；花为不等的 5 基数，花梗长达 3.5mm；萼片矩圆形或卵状矩圆形，不等长，长 3 ～ 5mm，先端钝，有时具乳头状突起，基部有钝距；花瓣淡黄色，卵状披针形，长 3.5 ～ 4mm，先端钝，离生；雄蕊 10，2 轮，外轮的长约 2.7mm，内轮的长约 2mm；鳞片条形或长方形，长 0.6 ～ 0.9mm，先端微缺；心皮矩圆形，长约 6mm，先端突狭为长 0.5 ～ 0.7mm 的花柱，基部合生，含胚珠 12 ～ 15。蓇葖果稍开展；种子倒卵状矩圆形，长约 0.7mm，有小乳头状突起。花期 8 ～ 9 月，果期 9 月。

中生肉质草本。生于荒漠区海拔 2010m 左右的山坡林下阴湿处。产贺兰山。分布于我国宁夏、甘肃、青海、西藏，尼泊尔。为横断山脉—喜马拉雅分布种。

2. 藓状景天

Sedum polytrichoides Hemsl. in J. Linn. Soc. Bot. 23:286. t.7B. f.4. 1887; Fl. Intramongol. ed. 2, 3:20. t.6. f.5-8. 1989.

多年生草本。茎带木质，细，丛生，斜上，高 5 ～ 10cm，有多数不育枝。叶互生，条形至条状披针形，长 3 ～ 15mm，宽 1 ～ 2mm，先端锐尖，基部有距，全缘。聚伞花序，有 2 ～ 4 分枝；花少数，花梗短；萼片 5，卵形，长 1.5 ～ 2mm，先端锐尖；花瓣 5，黄色，狭披针形，长 5 ～ 6mm，先端渐尖；雄蕊 10，比花瓣稍短；鳞片 5，细小，宽圆楔形；心皮 5，稍直立。蓇葖果呈星芒状叉开，基部合生，腹面有浅囊状凸起，卵状矩圆形，长 4.5 ～ 5mm；喙直立，长约 1.5mm。花期 7 ～ 8 月，果期 8 ～ 9 月。

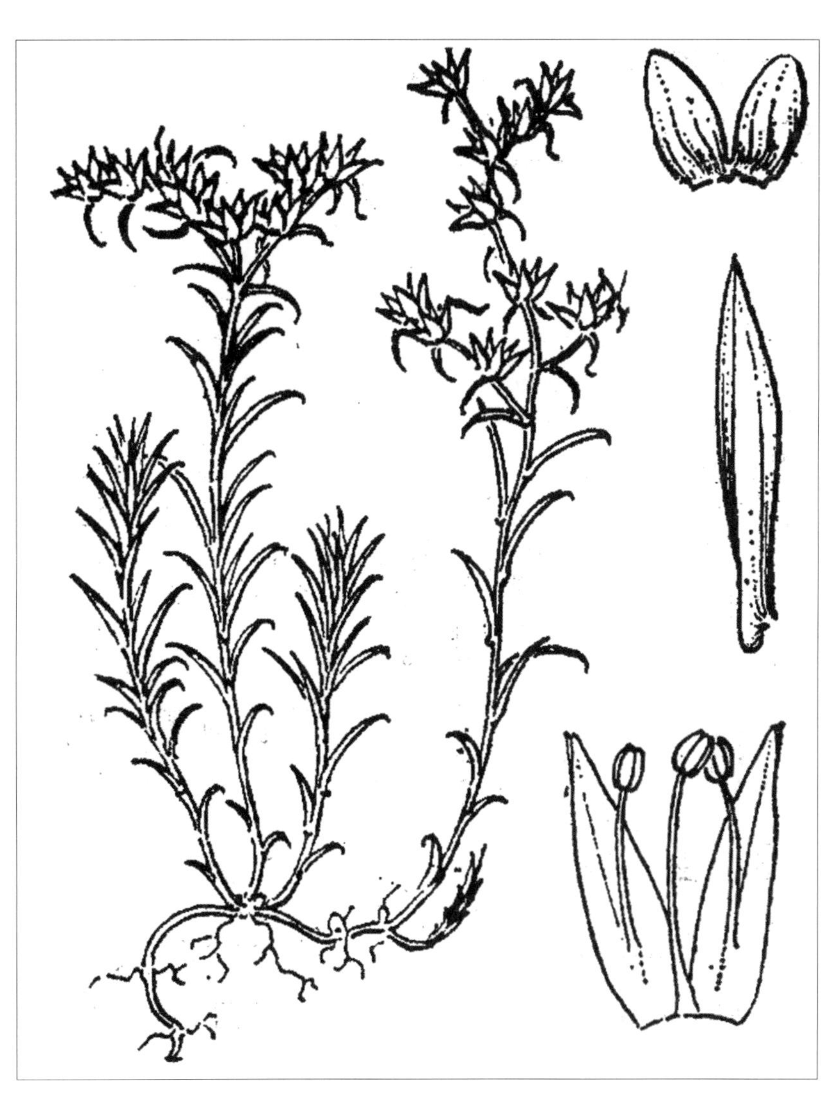

湿中生肉质草本。生于森林带的山坡岩石阴湿处、水甸子。产兴安北部（额尔古纳市）。分布于我国黑龙江、吉林、辽宁、陕西、河南、山东、安徽、江西、浙江，日本、朝鲜。为东亚分布种。

6. 费菜属 Phedimus Rafin.

多年生草本。无毛或被毛，肉质。叶对生、互生或轮生，边缘锯齿或有齿。花序顶生，聚伞状，无苞片；花两性，常为不等 5 基数；花萼基部合生，无距；花瓣分离或基部合生；雄蕊通常为花瓣的 2 倍；蜜腺鳞片全缘或有微缺；心皮基部合生，基部宽阔，无柄。蓇葖果有种子多数，种皮具纵肋或近光滑。

内蒙古有 1 种。

分变种检索表

1a. 心皮 5。

2a. 植株光滑无毛。

3a. 叶条形至狭矩圆状楔形，宽不及 5mm……………………………**1b. 狭叶费菜 P. aizoon** var. **yamatutae**

3b. 叶较宽，宽 5mm 以上。

4a. 叶椭圆状披针形至倒披针形，宽 5 ～ 20mm，先端锐尖或稍钝…**1a. 费菜 P. aizoon** var. **aizoon**

4b. 叶宽倒卵形、卵形、椭圆形，宽 20 ～ 30mm，先端钝圆…**1c. 宽叶费菜 P. aizoon** var. **latifolius**

2b. 植株被乳头状微毛……………………………………………………**1d. 乳毛费菜 P. aizoon** var. **scabrus**

1b. 心皮 8，少 12 ～ 20；叶倒卵状矩圆形或矩圆形，宽 15 ～ 30mm，先端钝圆……………………………………
……………………………………………………………………………………**1e. 兴安费菜 P. aizoon** var. **hsinganicus**

1. 费菜（土三七、景天三七、见血散）

Phedimus aizoon (L.) 't Hart. in Evol. et Syst. Crassulac. 168. 1995; Fl. China 8:219. 2001.——*Sedum aizoon* L., Sp. Pl. 1:430. 1753; Fl. Intramongol. ed. 2, 3:17. t.7. f.1-4. 1989.——*S. kamtschaticum* auct. non Fisch.: Fl. Intramongol. ed. 2, 3:20. t.6. f.9-12. 1989; Fl. China 8:220. 2001. p.p.

1a. 费菜

Phedimus aizoon (L.) 't Hart. var. **aizoon**

多年生草本。全体无毛。根状茎短而粗。茎高 20 ～ 50cm，具 1 ～ 3 条茎，少数茎丛生，直立，不分枝。叶互生，椭圆状披针形至倒披针形，长 2.5 ～ 8cm，宽 0.7 ～ 2cm，先端渐尖或稍钝，基部楔形，边缘有不整齐的锯齿，几无梗。聚伞花序顶生，分枝平展，多花，下托以苞叶；花近无梗；萼片 5，条形，肉质，不等长，长 3 ～ 5mm，先端钝；花瓣 5，黄色，矩圆形至椭圆状披针形，长 6 ～ 10mm，有短尖；雄蕊 10，较花瓣短；鳞片 5，近正方形，长约 0.3mm；心皮 5，卵状矩圆形，基部合生，腹面有囊状凸起。蓇葖果呈星芒状排列，长约 7mm，有直喙；种子椭圆形，长约 1mm。花期 6 ～ 8 月，果期 8 ～ 10 月。

中生肉质草本。生于森林带和草原带的山地林下、林缘草甸、沟谷草甸、山坡灌丛。产兴安北部、岭东及岭西（额尔古纳市、牙克石市、鄂温克族自治旗、鄂伦春自治旗、阿尔山市、东乌珠穆沁旗宝格达山、阿荣旗）、呼伦贝尔（新巴尔虎右旗、

满洲里市、海拉尔区）、兴安南部及科尔沁（扎赉特旗、科尔沁右翼前旗、扎鲁特旗、巴林右旗、克什克腾旗）、燕山北部（宁城县黑里河林场、喀喇沁旗）、锡林郭勒（西乌珠穆沁旗、锡林浩特市、苏尼特左旗）、乌兰察布（达尔罕茂明安联合旗吉穆斯泰山）、阴山（大青山、蛮汗山）。分布于我国黑龙江、吉林东部、辽宁北部、河北、山西、山东、河南、安徽、江苏、江西、浙江、湖北、宁夏、甘肃东部、青海东部、四川北部，日本、朝鲜、蒙古国东部和北部及西部、俄罗斯（西伯利亚地区、远东地区）。为东古北极分布种。

1b. 狭叶费菜（狭叶土三七）

Phedimus aizoon (L.) 't Hart. var. **yamatutae** (Kitag.) H. Ohba et al. in Novon 10:401. 2000; Fl. China 8:220. 2001.——*Sedum aizoon* L. var. *yamatutae* Kitag. in Linn. Fl. Mansh. 247. 1939.——*Sedum aizoon* L. f. *angustifolium* Franch. in Nuov. Arch. Mus. Hist. Nat. Paris 2, 6:9. 1883; Fl. Intramongol. ed. 2, 3:17. 1989.

本变种与正种的区别：叶狭矩圆状楔形或近条形，宽不及 5mm；花期 6 ～ 8 月，果期 8 ～ 9 月。

中生肉质草本。生于森林带和草原带的山地石质山坡、沙丘、沟谷、林缘草甸。产兴安北部及岭西（额尔古纳市、牙克石市、阿尔山市、鄂温克族自治旗维纳河林场）、呼伦贝尔（陈巴尔虎旗、新巴尔虎右旗、满洲里市、海拉尔区）、燕山北部（兴和县）、锡林郭勒（锡林浩特市、察哈尔右翼后旗雷劈山）、阴山（大青山、蛮汗山）。分布于我国黑龙江、吉林、辽宁、河北、山西、山东、河南、安徽、江苏、江西、浙江、湖北、宁夏、甘肃、青海、四川，日本、朝鲜、蒙古国、俄罗斯（西伯利亚地区）。东古北极分布变种。

1c. 宽叶费菜（宽叶土三七）

Phedimus aizoon (L.) 't Hart. var. **latifolius** (Maxim.) H. Ohba et al. in Novon 10:401. 2000; Fl. China 8:219. 2001.——*Sedum aizoon* L. var. *latifolium* Maxim. in Mem. Acad. Imp. Sci. St.-Petersb. Div. Sav. 9:115. 1859; Fl. Intramongol. ed. 2, 3:18. 1989.

本变种与正种的区别：叶宽倒卵形、椭圆形、卵形，有时稍呈圆形，先端圆钝，基部楔形，长 2 ～ 7cm，宽达 3cm；花期 7 月。

多年生中生肉质草本。生于森林带的山地林下。产岭东（阿荣旗）、燕山北部（喀喇沁旗）。分布于我国黑龙江、吉林、辽宁、河北、山东，朝鲜、俄罗斯（远东地区）。为华北—满洲分布变种。

1d. 乳毛费菜

Phedimus aizoon (L.) 't Hart. var. **scabrus** (Maxim.) H. Ohba et al. in Novon 10:401. 2000; Fl. China 8:219. 2001.——*Sedum aizoon* L. var. *scabrum* Maxim. in Mem. Acad. Imp. Sci. St.-Petersb. Ser. 3, 29:144. 1884; Fl. Intramongol. ed. 2, 3:18. 1989.——*S. selskianum* auct. non Regel et Maack : Fl. Pl. Herb. Chin. Bor.-Orient. 4:185. 1980. p.p.; Fl. Intramongol. ed. 2, 3:17. t.7. f.5-7. 1989.

本变种与正种的区别：叶狭，先端钝；植株被乳头状微毛。

中生肉质草本。生于森林带和草原带的山地林下、林缘、石质山坡、山坡草地、山顶砾石地、沟谷草甸。产呼伦贝尔（满洲里市）、辽河平原（大青沟）、兴安南部（扎鲁特旗、巴林左旗、巴林右旗、克什克腾旗）、赤峰丘陵（红山区）、锡林郭勒（东乌珠穆沁旗、西乌珠穆沁旗、锡林浩特市、苏尼特左旗、镶黄旗、正蓝旗）、阴山（大青山、蛮汗山、乌拉山）、阴南丘陵（准格尔旗）、东阿拉善（狼山、桌子山、鄂托克旗棋盘井镇）、西阿拉善（阿拉善右旗阿拉腾朝格苏木）、贺兰山、龙首山。分布于我国吉林、辽宁、河北、山西、陕西、宁夏、甘肃、青海。为华北—满洲分布变种。

在亲自检查存放在中科院沈阳生态研究所标本室产于内蒙古赤峰市红山区被定名为 *Sedum selkianum* Regel et Maack 的 3 张标本（刘慎谔 1952 ～ 5128）中，我们发现这 3 张标本其植株密被乳头状短毛，而非灰色开展的长柔毛，故应改定为本变种。因此内蒙古不产 *Sedum selkianum* Regel et Maack。

1e. 兴安费菜（兴安景天）

Phedimus aizoon (L.) 't Hart. var. **hsinganicus** (Y. C. Chu ex S. H. Fu et Y. H. Huang) Y. Z. Zhao in Class. Fl. Ecol. Geogr. Distr. Vasc. Pl. Inn. Mongol. 227.2012.——*Sedum hsinganicum* Y. C. Chu in Fl. Pl. Herb. Chin. Bor.-Orient. 4:189. 1980；Fl. Intramongol. ed. 2, 3:18. t.7. f.8-9. 1989.——*P. hsinganicus* (Y. C. Chu ex S. H. Fu et Y. H. Huang) H. Ohba et al. in Novon 10:402. 2000; Fl. China 8:220. 2001.

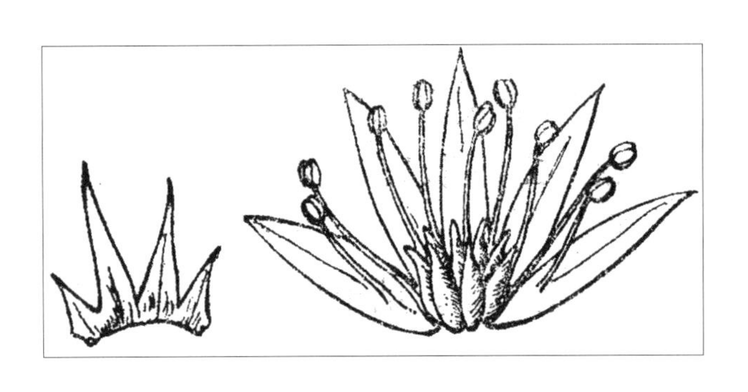

本变种与正种的区别：心皮 8，少 12 ～ 20；叶倒卵状矩圆形或矩圆形，宽 15 ～ 30㎜，先端钝圆。

多年生中生肉质草本。生于森林带海拔 700 ～ 800m 的多石山坡。产兴安北部（额尔古纳市）。为大兴安岭分布变种。

在亲自检查 *Sedum hsinganicum* Chu 的模式（王战 1951 ～ 1834）标本中，我们发现该种除了心皮 8 有所不同外，其他特征均与 *Phedimus aizoon* (L.) 't Hart. var. *latifolius* (Maxim.) H. Ohba et al. 完全相同，故作变种处理为宜。在台纸上，1975 年 7 月 7 日，傅书遐先生曾将该标本定名为 *Sedum aizoon* L. var. *latifolium* Maxim.。

51. 虎耳草科 Saxifragaceae

草本、灌木或小乔木。单叶，少复叶，互生或对生，常无托叶。花两性，少单性或中性，辐射对称；萼片、花瓣均 4 ～ 5；雄蕊 4 ～ 10 或多数；子房上位至下位，1 ～ 5 室，胚珠多数，心皮合生或离生。蒴果或浆果，稀蓇葖果；种子小，常有翅。

内蒙古有 10 属、27 种，另有 1 栽培种。

分属检索表

1a. 草本。
  2a. 二或三回三出羽状复叶……………………………………………………………………**1. 红升麻属 Astilbe**
  2b. 单叶。
    3a. 心皮 5 ～ 6，蒴果自顶端离生部分横裂……………………………………**2. 扯根菜属 Penthorum**
    3b. 心皮 2 或 3 ～ 4，蒴果纵裂。
      4a. 花单生于茎顶，有退化雄蕊，心皮 3 ～ 4…………………………………**3. 梅花草属 Parnassia**
      4b. 多花组成花序，无退化雄蕊，心皮 2。
        5a. 花瓣羽状分裂，子房 1 室……………………………………………………**4. 唢呐草属 Mitella**
        5b. 花瓣不分裂或无花瓣。
          6a. 花瓣 5；子房 2 室，中轴胎座…………………………………………**5. 虎耳草属 Saxifraga**
          6b. 无花瓣；子房 1 室，侧膜胎座……………………………………**6. 金腰属 Chrysosplenium**
1b. 灌木。
  7a. 叶互生，浆果……………………………………………………………………………**7. 茶藨子属 Ribes**
  7b. 叶对生，蒴果。
    8a. 植株无星状毛。
      9a. 花有二型，花序边缘的花为大型不育花，中央的花为小型两性花…**8. 八仙花属 Hydrangea**
      9b. 花全为两性花…………………………………………………………………**9. 山梅花属 Philadelphus**
    8b. 植株有星状毛…………………………………………………………………………**10. 溲疏属 Deutzia**

1. 红升麻属（落新妇属）Astilbe Buch.-Ham.

内蒙古有 1 种。

1. 红升麻（落新妇、虎麻）

Astilbe chinensis (Maxim.) Franch. et Savat. in Enum. Pl. Jap. 1:144. 1873; Fl. Intramongol. ed. 2, 3:21. t.8. f.1-7. 1989.——*Hoteia chinensis* Maxim. in Prim. Fl. Amur. 120. 1859.

多年生草本，高 40 ～ 100cm。根状茎肥厚，着生多数须根。基生叶为二或三回三出复叶，稀顶生复叶为具 5 小叶的羽状复叶；小叶卵形，椭圆形或卵状矩圆形，长 1.5 ～ 9cm，宽 1 ～ 5cm，先端渐尖，基部圆形或宽楔形，边缘有重锯齿，两面无毛或沿脉有疏毛；小叶具长，其基部密生棕色长毛。茎生叶 2 ～ 3，较小，托叶膜质，棕褐色，卵状披针形，长约 1cm。圆锥花序狭长，长 10 ～ 30cm，密生褐色卷曲柔毛；花密集，小型；苞片卵形，较花萼短；萼片 5，椭圆形，长约 1.2mm，宿存；花瓣 5，狭条形，紫色，长 4 ～ 5mm，早落；雄蕊 10，长约 2.5mm；心皮 2，

离生，子房上位。蓇葖果2，椭圆状卵形，长约3mm，沿腹缝线开裂；种子多数，狭纺锤形，棕色，具狭翅，长约1mm。花期7月，果期9月。

中生草本。生于森林带和草原带的山地林缘草甸、山谷溪边。产兴安北部（东乌珠穆沁旗宝格达山）、辽河平原（大青沟）、燕山北部（喀喇沁旗、宁城县、敖汉旗）、阴山（大青山）。分布于我国黑龙江、吉林中东部、辽宁、河北、山东、山西、河南、安徽西部和东南部、江西北部、浙江、湖北西南部、湖南、广东北部、广西北部、贵州、四川、云南西北部、陕西中部和南部、甘肃东部、青海东部，日本、朝鲜、俄罗斯（远东地区）。为东亚分布种。

根状茎入药，能强筋健骨、活血止痛，并有强心作用，主治跌打损伤、筋骨痛。根状茎、茎及叶含鞣质，可提制栲胶。

2. 扯根菜属 Penthorum L.

多年生草本。叶膜质，互生。聚伞花序顶生，由3～10个分枝组成；花生于分枝上侧；花萼5～6裂；花瓣无或5～6；雄蕊10～12；心皮5（～6），由基部向上合生至中部，具短花柱，含多数胚珠。蒴果5（～6）裂，自顶端离生部分横裂。

内蒙古有1种。

1. 扯根菜

Penthorum chinense Pursh in Fl. Amen. Sept. 1:323. 1814; Fl. Intramongol. ed. 2, 3:22. t.9. f.1-3. 1989.

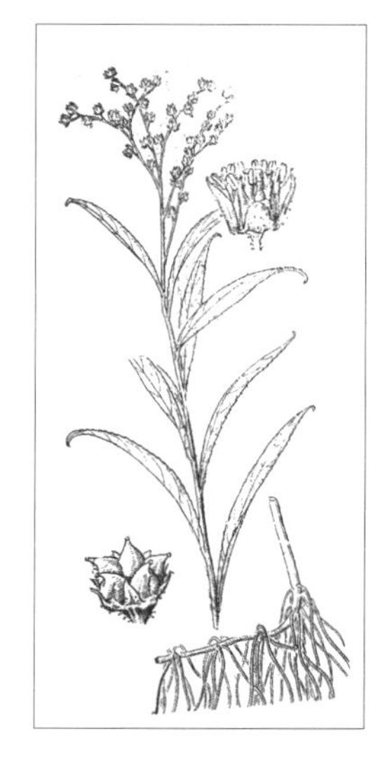

多年生草本，高20～60cm。根状茎长，横走，节部着生多数不定根。茎直立，下部常红紫色，无毛，通常不分枝，上部淡绿色，被紫色腺毛。叶条状披针形或披针形，长4～7cm，宽4～10mm，先端长渐尖，基部渐狭，边缘具细锯齿，两面无毛。花序顶生，蝎尾状；总花梗、花梗与萼片均被腺毛，花梗长0.5～2mm；苞片小，卵形或狭卵形；花萼黄绿色，宽钟状，5深裂，裂片三角形，长约1mm；无花瓣；雄蕊10，稍伸出花萼外；心皮5（～6），下部合生，子房5（～6）室，花柱短粗，柱头扁球形。蒴果红紫色，直径4～5mm，有5（～6）短喙，呈星状斜展。花果期7～9 月。

湿中生草本。生于森林草原带的溪边湿地、沟渠旁。产兴安南部（乌兰浩特市）、嫩江西部平原（扎赉特旗保安沼农场）。分布于我国黑龙江、

吉林、辽宁、河北、河南、山东、山西南部、安徽、江苏、湖北、湖南、广东、广西、贵州、四川、云南、陕西、甘肃，日本、朝鲜、俄罗斯（远东地区）、泰国、越南。为东亚分布种。

3. 梅花草属 Parnassia L.

多年生草本。单叶互生，全缘，基生叶有长柄，花茎中下部有 1 枚无柄叶。花两性，大型，白色或淡黄色，单生茎顶；萼片 5，宿存；花瓣 5；退化雄蕊 5 与花瓣对生；子房 1 室，上位或半下位，有 3 ～ 4 个侧膜胎座。蒴果含多数有翅的种子。

内蒙古有 2 种。

分种检索表

1a. 子房上位，退化雄蕊条裂状……………………………………………………**1. 梅花草 P. palustris**

1b. 子房半上位，退化雄蕊 3 裂…………………………………………………**2. 细叉梅花草 P. oreophila**

1. 梅花草（苍耳七）

Parnassia palustris L., Sp. Pl. 1:273. 1753; Fl. Intramongol. ed. 2, 3:25. t.10. f.1-4. 1989.

多年生草本，高 20 ～ 40cm。全株无毛。根状茎近球形，肥厚，从根状茎上生出多数须根。基生叶，丛生，叶片心形或宽卵形，长 1 ～ 3cm，宽 1 ～ 2.5cm，先端钝圆或锐尖，基部心形，全缘，具长柄；茎生叶 1，基部抱茎，生于花茎中部以下或以上，无柄。花单生于花茎顶端，白色或淡黄色，直径 1.5 ～ 2.5cm；萼片 5，卵状椭圆形，长 6 ～ 8mm；花瓣 5，平展，宽卵形，长 10 ～ 13mm；雄蕊 5；退化雄蕊 5，上半部有多数条裂，条裂先端有头状腺体；子房上位，

近球形，柱头 4 裂，无花柱。蒴果，上部 4 裂；种子多数。花期 7 ～ 8 月，果期 9 ～ 10 月。

湿中生草本。生于森林带和草原带山地的沼泽化草甸中零星生长。产兴安北部及岭东和岭西（额尔古纳市、根河市、牙克石市、鄂伦春自治旗、鄂温克族自治旗）、兴安南部及科尔沁（科尔沁右翼前旗、科尔沁右翼中旗、阿鲁科尔沁旗、巴林左旗、巴林右旗、克什克腾旗）、赤峰丘陵（翁牛特旗）、辽河平原（大青沟）、燕山北部（宁城县、敖汉旗、兴和县苏木山）、锡林郭勒（东乌珠穆沁旗、锡林浩特市、苏尼特左旗、正蓝旗）、阴山（大青山、蛮汗山）、鄂尔多斯（伊金霍洛旗）、东阿拉善（桌子山）。分布于我国黑龙江、吉林、辽宁、河北、山西、宁夏、新疆中部和北部，北半球温带和亚寒带也有分布。为泛北极分布种。

全草入药，能清热解毒、止咳化痰，主治细菌性痢疾、咽喉肿痛、百日咳、咳嗽多痰等。可做蜜源植物及观赏植物。全草也入蒙药（蒙药名：孟根－地格达），能破痞、清热，主治间热痞、内热痞、脉痞、脏腑“协日”病。

2. 细叉梅花草（四川苍耳七）

Parnassia oreophila Hance in J. Bot. 16:106. 1878; Fl. Intramongol. ed. 2, 3:27. t.10. f.5-8. 1989.

多年生草本。根状茎肥厚，被褐色膜质鳞片，从根状茎上生出多数须根。花茎数条，直立，丛生，高 10 ～ 30cm，在中部以下有 1 枚茎生叶。基生叶卵形或卵状椭圆形，长 1.5 ～ 3cm，宽 1 ～ 2cm，先端钝，全缘，基部圆形、截形或微心形，5 ～ 7 条弧形基出脉，两面光滑无毛，具长柄；茎生叶与基生叶相似，叶片基部心形，无柄，抱茎。花白色，单生于花茎顶端；萼片 5，披针形，长 5 ～ 6mm；花瓣矩圆形或倒卵状矩圆形，长 10 ～ 14mm，先端钝或圆形；雄蕊 5，长约 4mm；退化雄蕊比雄蕊短约 1mm，上半部 3 深裂，裂片细，长柱状，深达中部；子房半下位，倒卵形，花柱短，柱头 3 裂。蒴果倒卵形，外包有宿存花萼，长约 1cm；种子多数，棕色，狭矩圆形，长约 1mm，边缘有狭翅，表面有网纹。花期 7 ～ 8 月，果期 9 ～ 10 月。

喜暖的中生草本。生于草原带山地的林下、林缘、山地草甸、沟谷，为稀见植物。产燕山北部（兴和县苏木山）、阴山（大青山、蛮汗山）。分布于我国河北西部、山西、陕西南部、宁夏南部、甘肃东部、青海东部和东北部、四川北部。为华北分布种。

可栽培做观赏植物。全草入蒙药（蒙药名：阿查 - 孟根 - 地格达），功能、主治同梅花草。

4. 唢呐草属 Mitella L.

多年生草本。叶常基生，心形，具长柄。花序为偏于一侧的、穗状花序式的总状花序；花萼筒杯状，多少与子房合生，裂片 5；花瓣 5，羽状分裂或 3 裂；雄蕊 10（～ 5）；心皮 2，合生；子房球形，1 室，侧膜胎座。蒴果顶部 2 瓣裂，有多数种子。

内蒙古有 1 种。

1. 唢呐草

Mitella nuda L., Sp. Pl. 1:406. 1753; Fl. Intramongol. ed. 2, 3:27. t.9. f.4-6. 1989.

多年生草本，高 10 ～ 20cm。根状茎细长，匍匐。基生叶 2 ～ 4，圆状心形或卵状心形，长与宽为 1.5 ～ 3cm，先端圆形，基部心形，边缘具圆齿，两面被伏生腺状硬毛；叶柄长 2 ～ 6cm，被腺毛。总状花序具稀疏的花；花梗长 2 ～ 4mm，被腺毛；花萼黄色，被腺毛，5 深裂，裂片宽卵形，长约 2mm；花瓣 5，长约 4mm，羽状细裂，裂片丝状；雄蕊 10，较花萼短。蒴果开裂成盘状，直径约 4mm；种子近椭圆形，长约 1mm，黑色，有光泽。花期 6 月，果期 7 ～ 8 月。

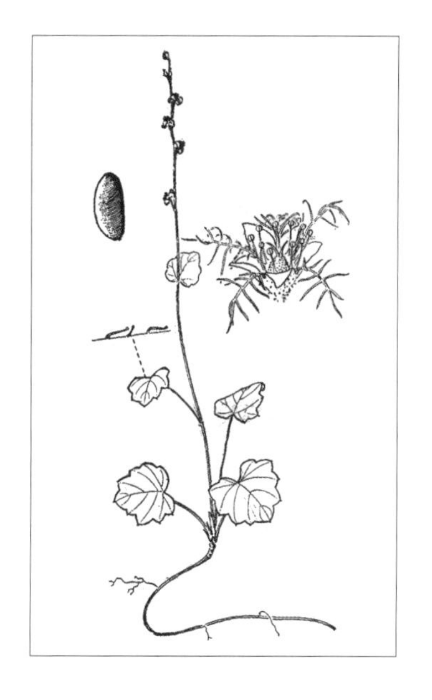

中生植物。生于落叶松林下或针阔混交林下。产兴安北部（额尔古纳市、牙克石市、阿尔山市）。分布于我国黑龙江、吉林东部、辽宁，日本、朝鲜、蒙古国北部（肯特地区）、俄罗斯（西伯利亚地区、远东地区），北美洲。为亚洲—北美洲分布种。

5. 虎耳草属 Saxifraga L.

多年生，少一、二年生草本。叶常基生，茎生叶互生。聚伞花序，有时单生；萼常 5 裂，萼筒与子房合生或分离；花瓣 5，全缘；雄蕊 10；子房 2 室，由 2 心皮构成，基部合生或大部分合生，中轴胎座，花柱 2。蒴果，顶端为二喙状，成熟时由腹缝线开裂；种子多数。

内蒙古有 6 种。

分种检索表

1a. 植株单生或丛生；叶互生，先端无窝孔。
  2a. 叶披针形，全缘，基部渐狭；植株密丛生。
    3a. 叶条状披针形，边缘有倒向的短刺毛，叶先端有长尖刺……………**1. 刺虎耳草 S. bronchialis**
    3b. 叶匙状披针形，边缘有腺毛，叶先端无长尖刺………………………**2. 爪虎耳草 S. unguiculata**
  2b. 叶肾形，掌状分裂或叶缘具粗牙齿，基部心形；植株单生或疏丛生。
    4a. 叶腋有珠芽；花单生于茎顶；叶 7 ～ 9 浅裂，裂片先端具小尖头……**3. 点头虎耳草 S. cernua**
    4b. 叶腋无珠芽；花 2 朵以上，聚伞花序。
      5a. 植株基部有小球茎；叶 7 ～ 9 掌状浅裂，裂片宽卵形……………**4. 球茎虎耳草 S. sibirica**
      5b. 植株基部无小球茎；叶非掌状浅裂，叶缘有 15 ～ 21 粗牙齿，齿裂片卵状三角形…………………………………………………………………………………**5. 斑点虎耳草 S. nelsoniana**
1b. 植株丛呈坐垫状；叶对生，椭圆形，边缘具睫毛，先端具窝孔…………**6. 挪威虎耳草 S. oppositifolia**

1. 刺虎耳草

Saxifraga bronchialis L., Sp. Pl. 1:400. 1753; Fl. Intramongol. ed. 2, 3:28. t.11. f.1-3. 1989.

多年生密丛生草本，高 5 ～ 15cm。根状茎匍匐，多分枝，黑褐色，密被多数去年枯叶。茎直立或斜升，不分枝，下部着生多数叶，中、上部着叶极少。叶条状披针形，长 5 ～ 10mm，宽 1 ～ 2mm，革质，先端凸尖呈白色刺尖，刺长约 1mm，基部渐狭，边缘具倒向的白色短刺毛，无柄。聚伞花序顶生，花 4 ～ 10；苞片叶

状；花萼5深裂，裂片卵状披针形，长约2mm；花瓣5，白色，具紫红色小斑点，矩圆状披针形，长5～7mm，宽约2mm，具3条纵脉，先端圆钝；雄蕊10，比花瓣短。蒴果长4～5mm，褐色，先端2裂；种子椭圆形，黑色，被小疣状凸起。花期6～7月，果期7～8月。

中生植物。生于森林带海拔1100～1400m的山坡峭壁、林下岩石缝。产兴安北部（额尔古纳市、根河市大黑山）。分布于黑龙江西北部（呼玛县、爱辉区），蒙古国东部和北部、俄罗斯（西伯利亚地区、远东地区），北美洲。为亚洲—北美洲分布种。

2. 爪虎耳草（爪瓣虎耳草）

Saxifraga unguiculata Engl. in Bull. Acad. Imp. Sci. St.-Petersb. Ser. 3, 29:115. 1883; Fl. Intramongol. ed. 2, 3:28. t.11. f.4-6. 1989.

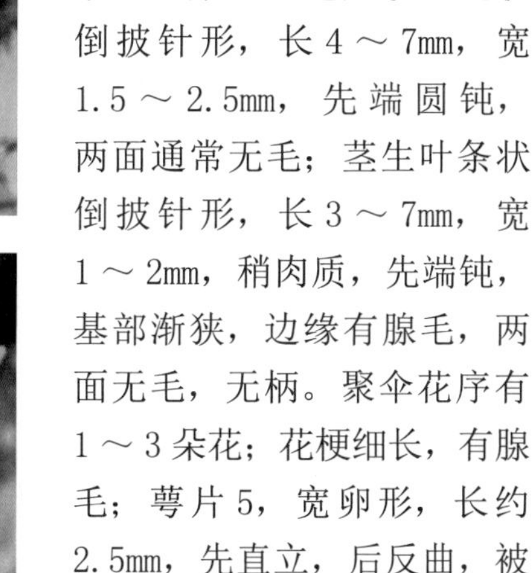

多年生草本，丛生，高3～8cm。茎基部分枝，具不育叶丛。茎纤细，斜升，下部无毛，中部以上有腺毛。基生叶多数，密集，呈莲座状，匙状倒披针形，长4～7mm，宽1.5～2.5mm，先端圆钝，两面通常无毛；茎生叶条状倒披针形，长3～7mm，宽1～2mm，稍肉质，先端钝，基部渐狭，边缘有腺毛，两面无毛，无柄。聚伞花序有1～3朵花；花梗细长，有腺毛；萼片5，宽卵形，长约2.5mm，先直立，后反曲，被腺毛；花瓣5，黄色，狭卵形或矩圆形，长5～7mm，基部有爪；雄蕊10，长约4mm；子房半下位，近卵形，长约3mm，花柱长0.5～1mm。花果期7～9月。

中生植物。生于荒漠带海拔2800～3400m的高山灌丛和草甸碎石缝。产贺兰山。分布于我国甘肃西南部、青海东北部和南半部、四川西部、云南西北部、西藏。为横断山脉分布种。

3. 点头虎耳草（珠芽虎耳草）

Saxifraga cernua L., Sp. Pl. 1:403. 1753; Fl. Intramongol. ed. 2, 3:30. t.12. f.1-3. 1989.

多年生草本。具小球茎，白色，肉质，长 2 ～ 4mm，全株被腺毛。茎直立或斜升，高 10 ～ 20cm。单叶互生。基生叶与茎下部叶肾形，长 5 ～ 7mm，宽 8 ～ 12mm，先端圆形，基部心形，边缘有大钝齿或浅裂，齿尖常有小尖头，两面都被腺毛；有长叶柄，柄长 1.5 ～ 2.5cm。茎中部叶叶片与基生叶相似但较小，有短柄；茎上部叶叶片卵形，掌状 3 ～ 5 浅裂，叶柄极短；顶生叶披针形或条形，无柄。叶腋间常有珠芽，长约 1mm，有几枚鳞片，鳞片近卵形，顶端有小尖头，肉质，紫色，被腺毛。花常单生枝顶；萼片披针状卵形，长约 2mm，宽约 1mm，顶端钝，外面密被腺毛；花瓣白色，狭卵形或倒披针形，长 6 ～ 7mm；雄蕊 10，比花瓣短。蒴果宽卵形或矩圆形，长 5 ～ 6mm；果皮膜质，褐色；顶部 2 瓣开裂，裂瓣先端具长约 2mm 的喙。

中生植物。生于森林带和草原带的海拔 1300 ～ 3400m 的山地岩石缝间。产兴安北部（额尔古纳市、根河市、阿尔山市）、燕山北部（兴和县苏木山）、锡林郭勒（锡林浩特市南部）、阴山（察哈尔右翼中旗辉腾梁）、贺兰山。分布于我国吉林东部、河北西北部、山西东北部、陕西南部、宁夏西北部、青海东半部、四川西南部、云南西北部、西藏北部和西部、新疆，日本、朝鲜、蒙古国北部和西部及南部、俄罗斯、印度，欧洲、北美洲。为泛北极分布种。

4. 球茎虎耳草

Saxifraga sibirica L. in Syst. Nat. ed. 10, 2:1027. 1759; Fl. China 8:337. 2001; Fl. Intramongol. ed. 2, 3:30. t.11. f.7-9. 1989.

多年生草本，高 5 ～ 12cm。基部具小球茎。茎柔弱，常弯曲，被腺柔毛。基生叶肾形，长

7～13mm，宽10～20mm，具7～9浅裂，裂片宽卵形，两面及叶柄均被腺毛；具长柄，柄长2～4cm。茎生叶与基生叶相似，但向上渐小，有短柄或无柄。聚伞花序有花1～3朵；花梗细弱，长1～3cm；苞片披针形，长2～4mm，被腺毛；花萼5深裂，裂片披针状卵形，长4～5mm，背面被短腺毛；花瓣5，白色，倒卵形，长6～8mm，先端圆形；雄蕊10，长4～5mm。蒴果近椭圆形，长约5mm，淡褐色；果瓣顶部2裂，先端有长约1.5mm的喙。花期7～8月，果期8～9月。

中生植物。生于森林带海拔500～1900m的山地林下、灌丛下、石缝间。产兴安北部（额尔古纳市、牙克石市）、岭东（扎兰屯市）、兴安南部（扎赉特旗、科尔沁右翼前旗）、燕山北部（喀喇沁旗、宁城县）。分布于我国黑龙江北部、河北西北部、山东、山西东部、陕西南部、甘肃、湖北西部、湖南、四川、云南西北部、新疆，蒙古国北部和西部及南部、俄罗斯、印度、尼泊尔、伊朗、土耳其，克什米尔地区。为东古北极分布种。

5. 斑点虎耳草

Saxifraga nelsoniana D. Don in Trans. Linn. Soc. London 13:355. 1822; Fl. China 8:281. 2001.——*S. punctata auct*. non L.: Fl. Intramongol. ed. 2, 3:31. t.12. f.4. 1989.

多年生草本，高10～30cm。具粗壮的根状茎。叶全部基生，叶片肾形，长2～4cm，宽3～6cm，基部心形，边缘有粗牙齿，牙齿宽卵形或三角形，两面被疏毛或近无毛；叶柄长5～10cm，被毛或近无毛。聚伞状圆锥花序生于花葶顶部，花序轴与花梗被短腺毛；苞片条形，长2～4mm；花萼5深裂，裂片卵形，长约1.5mm，绿色或带紫红色，花后反卷；花瓣5，矩圆形，长约3mm，白色或淡紫红色，有时具橙色斑点，基部具爪；雄蕊10，比花瓣稍短或等长，花丝棒形；心皮2，基部合生。蒴果长约5mm。花期7月，果期8月。

中生植物。生于森林带的山地林下、林缘、溪边。产兴安北部（牙克石市西尼气林场）。分布于我国黑龙江、吉林东部，朝鲜、蒙古国、俄罗斯，北美洲。为亚洲—北美洲分布种。

6. 挪威虎耳草

Saxifraga oppositifolia L., Sp. Pl. 1:402. 1753; Fl. China 8:343. 2001.

多年生草本，高约6cm。多分枝。花茎疏被褐色柔毛。叶交互对生，覆瓦状排列，密集呈莲座状，两面无毛，叶缘具柔毛；茎生叶对生，稍肉质，近倒卵形，长4.2～4.5mm，宽2.6～2.9mm，

先端钝，具1枚泌钙质之窝孔，两面无毛，具缘毛。花单生茎顶；花梗长约3mm，疏生褐色柔毛；萼花期直立，革质，卵形至椭圆状卵形，长4.9～5mm，宽2.9～3mm，先端钝，两面无毛，具缘毛，6～7脉于先端汇合或半汇合；花瓣紫红色，狭倒卵状匙形，长12mm，宽约5mm，先瓣微凹，基部具狭长的爪；雄蕊长7mm，花丝钻形，花盘不明显；子房近椭球形，长约2.7mm，花柱长约6.5mm。花期7～8月，果期8～9月。

矮小莲座状中生草本。生于荒漠带海拔3200m左右的山坡流石滩。产贺兰山。分布于我国西藏西部、新疆（托木尔峰），蒙古国、俄罗斯，克什米尔地区，欧洲、北美洲。为泛北极分布种。

6. 金腰属 Chrysosplenium L.

柔弱、肉质草本。叶对生或互生，具叶柄。聚伞花序，有叶状苞片 4（～5），苞片腋着生 1 朵小花；花萼筒与子房合生，裂片 4；无花瓣；雄蕊 8 或 4；心皮 2，下部合生，子房 1 室，侧膜胎座。蒴果，种子多数。

内蒙古有 2 种。

分种检索表

1a. 叶互生……………………………………………………………………**1. 五台金腰 C. serreanum**

1b. 叶对生…………………………………………………………………………**2. 毛金腰 C. pilosum**

1. 五台金腰

Chrysosplenium serreanum Hand.-Mazz. in Oesterr. Bot. Z. 80:341. 1931; Fl. China 8:348. 2001.——*C. alternifolium* acut. non L.: Fl. Intramongol. ed. 2, 3:31. t.13. f.1-2. 1989.

多年生草本，高 6.5 ～ 19.5cm。无单宁质斑纹。鞭匐枝具鳞片状叶，边缘具褐色柔毛。基生叶肾形至圆状肾形，长 0.8 ～ 2.5cm，宽 1 ～ 3cm，边缘具 8 ～ 11 圆齿，齿先端微凹，且具 1 小疣点，两面和边缘均疏生柔毛；有时背面无毛；叶柄长 2.5 ～ 4cm，疏生柔毛。茎生叶通常 1 枚，稀不存在，叶片肾形，长 0.4 ～ 1cm，宽 0.7 ～ 1.7cm，边缘具 5 ～ 9 圆齿，基部近心形至心形，多少具柔毛；叶柄长 1.5 ～ 4cm，疏生褐色柔毛。聚伞花序

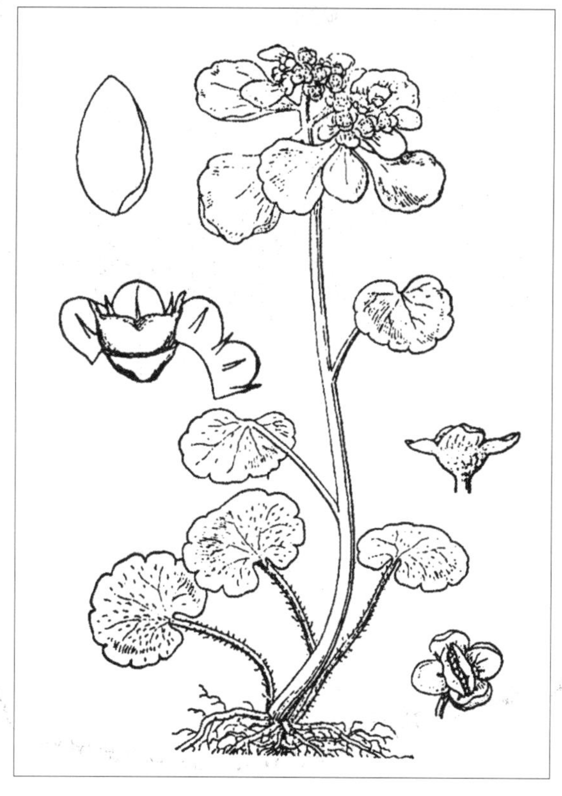

长 1.5 ～ 3cm；苞叶卵形、近阔卵形至扁圆形，长 0.4 ～ 1.5cm，宽 0.3 ～ 2cm，具 2 ～ 7 圆齿，稀全缘，基部楔形至宽楔形，无毛，柄长 1 ～ 5mm，疏生柔毛，苞腋具褐色柔毛和乳头凸起；花黄色，直径 3 ～ 4mm；花梗无毛或疏生褐色柔毛；萼片近圆形至阔卵形，长 1.5 ～ 2mm，宽 1.4 ～ 2mm，先端钝圆，无毛，在花期近直立；雄蕊 8，长约 1mm；子房半下位，花柱长约 0.7mm，直立或叉开；花盘不存在。蒴果长 2.6 ～ 3mm，先端微凹，2 果瓣近等大，喙长 0.5 ～ 0.7mm；种子黑棕色，卵球形，长 0.9 ～ 1mm，光滑无毛，有光泽。花

果期5～7月。

湿生草本。生于森林带和草原带的山地林下阴湿地、石崖阴处、山谷溪边。产兴安北部（额尔古纳市、根河市、牙克石市、鄂伦春自治旗、阿尔山市）、燕山北部（喀喇沁旗、宁城县）、阴山（大青山）。分布于我国黑龙江南部、吉林、辽宁、河北北部、山西东北部，日本、朝鲜、俄罗斯（远东地区）。为东亚北部分布种。

2. 毛金腰（毛金腰子）

Chrysosplenium pilosum Maxim. in Prim. Fl. Amur. 122. 1859; Fl. Intramongol. ed. 2, 3:33. t.13. f.3. 1989.

多年生草本，高10～15cm。根状茎短，具多数须根。茎柔弱，直立或斜升，常自基部分棱，

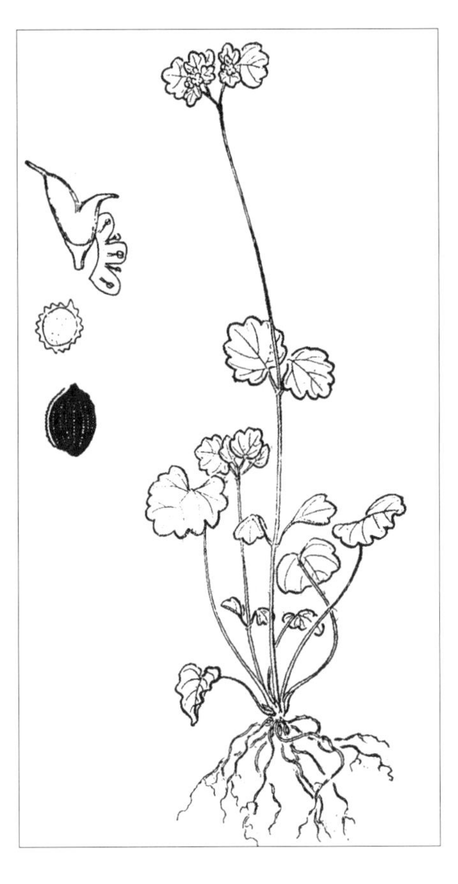

被长柔毛。基生叶花期早枯萎。茎生叶1～3对，近圆形或扇形，径长6～12mm，先端圆形，基部宽楔形，边缘有圆齿，上面有稀疏长柔毛，下面近无毛；叶柄长8～6mm，有长柔毛。聚伞花序生于花茎分枝顶端；苞片近扇形，边缘有不等形的圆齿，被疏柔毛；花萼钟状，具4枚裂片，裂片近圆形至宽椭圆形，长与宽均约2mm，黄绿色；雄蕊8，长约1mm；花盘淡黄绿色，有8个圆裂片。蒴果长约5mm，2裂瓣不等长，斜开展；种子黑色，宽椭圆形，长约1mm，有多条纵肋，沿肋有小乳突。花果期7～9月。

湿生植物。生于森林带的山地林下阴湿处、林缘溪边。产兴安北部（鄂伦春自治旗阿里河镇嘎仙洞）、燕山北部（苏木山）。分布于我国黑龙江、吉林东部、辽宁东部，朝鲜、俄罗斯（远东地区）。为满洲分布种。

7. 茶藨子属 Ribes L.

灌木。枝无刺或有刺。单叶互生，有柄，常掌状分裂，无托叶。花两性或单性而雌雄异株，花单生或为总状花序；萼管与子房合生，萼片、花瓣、雄蕊各 5，稀 4；萼片直立或反折，花瓣常较萼片小；子房下位，1 室，有多数胚珠。果实为多汁的浆果，种子多数。

内蒙古有 10 种，另有 1 栽培种。

分种检索表

1a. 枝有刺。

2a. 浆果有刺……………………………………………………………………………**1. 刺梨 R. burejense**

2b. 浆果无刺。

3a. 枝有稀疏的不分枝的刺；花单性，雌雄异株。

4a. 植株光滑无毛；叶倒卵形，3 浅裂，基部楔形；花淡黄绿色……**2. 楔叶茶藨 R. diacanthum**

4b. 植株被短柔毛；叶宽卵形，3 ～ 5 中裂，基部浅心形、近截形或宽楔形；花淡红色。

5a. 花梗、叶片被短柔毛，叶片基部浅心形或近截形……………………………………………………………………**3a. 小叶茶藨 R. pulchellum** var. **pulchellum**

5b. 花梗、叶片毛较少或近无毛，叶片基部宽楔形，小枝刺较多……………………………………………………**3b. 东北小叶茶藨 R. pulchellum** var. **manshuriense**

3b. 枝有稠密的刺，刺有 3 叉分枝或单刺两种；花两性；叶卵圆形，基部心形。栽培………………………………………………………………………………**4. 欧洲醋栗 R. reclinatum**

1b. 枝无刺。

6a. 叶下面有亮黄色腺点。

7a. 蔓性小灌木，高 20 ～ 40cm；叶肾形，基部浅心形；花序轴和花枝无毛；果紫褐色………………………………………………………………………………**5. 水葡萄茶藨 R. procumbens**

7b. 直立灌木，高 100 ～ 200cm；叶宽卵形，基部深心形；花序轴和花枝被短柔毛；果紫黑色……………………………………………………………………………………**6. 黑茶藨 R. nigrum**

6b. 叶下面无腺点。

8a. 萼片反折；叶裂片先端尖或短渐尖；花序较长，长 4 ～ 20cm；果红色。

9a. 花萼、子房和幼果无毛……………………**7a. 东北茶藨 R.mandshuricum** var. **mandshuricum**

9b. 花萼、子房和幼果被长柔毛……………………**7b. 内蒙茶藨 R. mandshuricum** var. **villosum**

8b. 萼片直立；叶裂片先端钝尖或锐尖；花序较短，长 1.5 ～ 4cm。

10a. 萼片边缘具睫毛。

11a. 萼筒钟形；叶基部心形；花淡紫红色；叶两面无毛，下面具瘤状突起或混生少量腺毛……………………………………**8. 瘤糖茶藨 R. himalense** var. **verruculosum**

11b. 萼筒浅杯形或浅盆形；叶基部浅心形或平截；花绿色，有褐红色斑纹；叶两面被柔毛，无凸起或腺毛……………………………………………**9. 毛茶藨 R. pubescens**

10b. 萼片边缘无睫毛，萼筒浅杯形或盆形。

12a. 直立灌木，高 100cm 以上；花淡黄色；叶上面无毛，下面疏生柔毛……………………………………………………………………**10. 英吉利茶藨 R. palczewskii**

12b. 矮小灌木，高 20 ～ 40cm；花紫红色；叶两面无毛或下面沿脉被柔毛……………………………………………………………………**11. 矮茶藨 R. triste**

1. 刺梨（刺果茶藨子、刺李）

Ribes burejense Fr. Schmidt in Mem. Acad. Imp. Sci. St.-Petersb. Ser. 7, 12(2):42. 1868; Fl. Intramongol. ed. 2, 3:38. t.14. f.5. 1989.

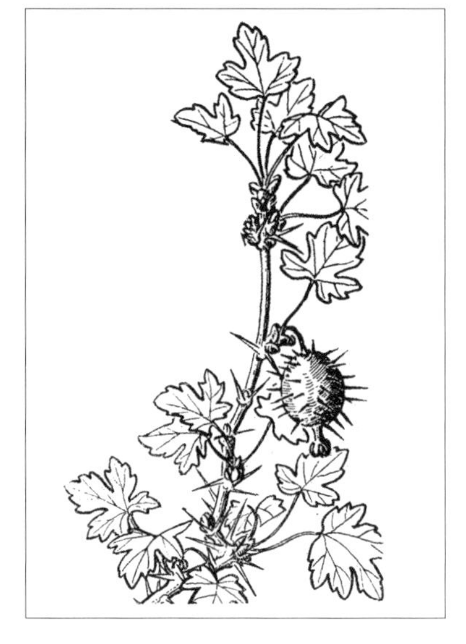

灌木，高约 100cm。老枝灰褐色，剥裂；小枝灰黄色，密生长短不等的细刺，在叶基部集生 3 ～ 7 个刺，刺长 5 ～ 10mm。叶近圆形，3 ～ 5 裂，长 1 ～ 3cm，宽 1 ～ 3.5cm，基部心形或截形，裂片先端锐尖，边缘有圆状牙齿，两面和边缘有短柔毛。花 1 ～ 2，腋生，蔷薇色；花梗长 3 ～ 5mm；萼片矩圆形，长约 6mm，宿存；花瓣 5，菱形，长 4 ～ 5mm。浆果球形，直径约 1cm，绿色，有黄褐色长刺。花期 6 月，果期 7 ～ 8 月。

中生灌木。生于阔叶林带山地杂木林中、溪边。产燕山北部（喀喇沁旗旺业甸、宁城县）。分布于我国黑龙江、吉林东部、辽宁中部、河北、山西、河南西部、陕西南部、甘肃，朝鲜北部、俄罗斯（远东地区）。为华北—满洲分布种。

果实可食用。

2. 楔叶茶藨（双刺茶藨子）

Ribes diacanthum Pall. in Reise Russ. Reich. 3:722. 1776; Fl. Intramongol. ed. 2, 3:38. t.16. f.5-8. 1989.

灌木，高 100 ～ 200cm。当年生小枝红褐色，有纵枝，平滑；老枝灰褐色，稍剥裂，节上有皮刺 1 对，刺长 2 ～ 5mm。叶倒卵形，稍革质，长 1 ～ 3cm，宽 6 ～ 16mm，上半部 3 圆裂，裂片边缘有几个粗锯齿，基部楔形，掌状三出脉；叶柄长 1 ～ 2cm。花单性，雌雄异株；总状花序生于短枝上雄花序长 2 ～ 3cm，多花，常下垂；雌花序较短，长 1 ～ 2cm；苞片条形，长 2 ～ 3mm；花梗长约 3mm；花淡绿黄色；萼筒浅碟状，萼片 5，卵形或椭圆状，长约 1.5mm；花瓣 5，鳞片状，长约 0.5mm；雄蕊 5，与萼片对生，花丝极短与花药等长，下弯；子房下位，近球形，径约 1mm。浆果，红色，球形，直径 5 ～ 8mm。花期 5 ～ 6 月，果期 8 ～ 9 月。

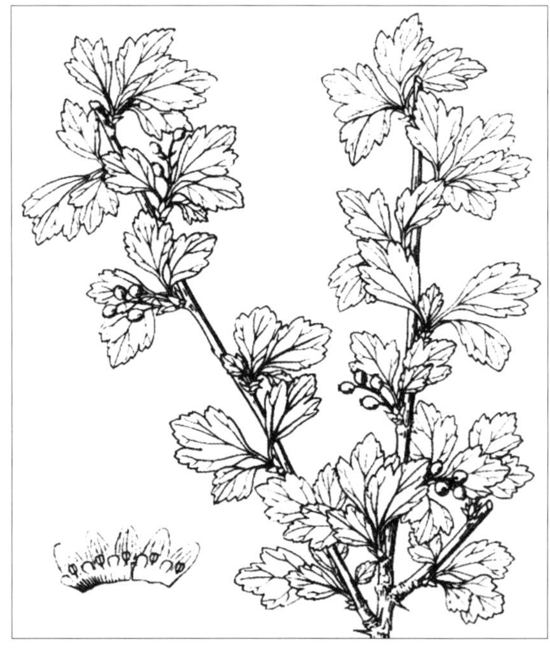

中生灌木。生于森林带和草原带的沙丘、沙地、河岸、石质山地，可成为沙地灌丛的优势种。产兴安北部及岭东（额尔古纳市、鄂伦春自治旗、扎兰屯市）、呼伦贝尔（鄂温克族自治旗、陈巴尔虎旗、海拉尔区、新巴尔虎左旗）、兴安南部（科尔沁右翼前旗、阿鲁科尔沁旗、巴林右旗、克什克腾旗）、锡林郭勒（西乌珠穆沁旗、锡林浩特市、苏尼特左旗、正蓝旗）。分布于我国黑龙江西北部、吉林东部、河北北部，朝鲜北部、蒙古国东部和北部、俄罗斯（西伯利亚地区、远东地区）。为西伯利亚—满洲分布种。

观赏灌木，水土保持植物。果实可食。种子含油脂。

3. 小叶茶藨（美丽茶藨、酸麻子、碟花茶藨子）

Ribes pulchellum Turcz. in Bull. Soc. Imp. Nat. Mosc. 5:191. 1832; Fl. Intramongol. ed. 2, 3:40. t.16. f.1-4. 1989.

3a. 小叶茶藨

Ribes pulchellum Turcz. var. **pulchellum**

灌木，高 100 ～ 200cm。当年生小枝红褐色，密生短柔毛；老枝灰褐色，稍纵向剥裂，节上常有皮刺 1 对。叶宽卵形，长与宽各 1 ～ 2cm，有时达 3cm，掌状 3 深裂，少 5 深裂，先端尖，边缘有粗锯齿，基部近截形，两面有短柔毛，掌状三至五出脉；叶柄长 5 ～ 18mm，有短柔毛。花单性，雌雄异株；总状花序生于短枝上；总花梗、花梗和苞片有短柔毛与腺毛；花淡绿黄色或淡红色；萼筒浅碟形；萼片 5，宽卵形，长约 1.5mm；花瓣 5，鳞片状，长约 0.5mm；雄蕊 5，与萼片对生；子房下位，近球形，柱头 2 裂。浆果，红色，近球形，径 5 ～ 8mm。花期 5 ～ 6 月，果期 8 ～ 9 月。

中生灌木。生于森林草原带和草原带的石质山坡和沟谷，是山地灌丛的伴生植物。产兴安南部（扎赉特旗、科尔沁右翼中旗、阿鲁科尔沁旗、巴林左旗、巴林右旗、克什克腾旗）、辽河平原（大青沟）、锡林郭勒（西乌珠穆沁旗、锡林浩特市、阿巴嘎旗、苏尼特左旗、正蓝旗、正镶白旗、太仆寺旗）、乌兰察布（达尔罕茂明安联合旗吉穆斯泰山）、阴山（大青山、蛮汗山、乌拉山）、阴南丘陵（准格尔旗）、东阿拉善（桌子山）、贺兰山。分布于我国黑龙江西南部、吉林、河北北部、山西西部、陕西北部、

甘肃中部、青海东部，蒙古国东部和北部、俄罗斯（东西伯利亚达乌里）。为华北—蒙古分布种。

观赏灌木。浆果可食。木材坚硬，可制手杖等。

3b. 东北小叶茶藨

Ribes pulchellum Turcz. var. **manshuriense** Wang et Li in Ill. Fl. Lign. Pl. -N. E. China 562. 1955; Fl. China 8:447. 2001.

本变种与正种的区别：花梗、叶片毛较少或近无毛，叶片基部宽楔形，小枝刺较多。

中生灌木。生于草原带的石质山坡、河岸。产呼伦贝尔（满洲里市）。为满洲里分布变种。

4. 欧洲醋栗（鹅莓、圆醋栗、须具利）

Ribes reclinatum L., Sp. Pl. 1:201. 1753; Fl. China 8:434. 2001.——*R. grossularia* L., Sp. Pl. 1:201. 1753; Fl. U.R.S.S. 9:268. 1939; Fl. Intramongol. ed. 2, 3:40. t.16. f.9. 1989.

灌木，高达 100cm。枝灰褐色，有较密的皮刺；刺分 2 种，多数是单刺，少数是粗壮的 3 叉分枝的刺。叶卵圆形或心形，长与宽各 2 ～ 5cm，3 ～ 5 半裂或浅裂，先端钝圆，基部心形，边缘有圆齿，两面有短柔毛；叶柄长 1 ～ 2cm，被短柔毛。花两性，淡黄绿色，1 ～ 2 朵生于叶腋，下垂，直径约 6mm；花梗短，长约 2mm，被短柔毛；花萼钟状，被短柔毛和腺毛，萼片矩圆形，长约 8mm，宽约 2mm，反折；花瓣倒卵形，长约 2mm，宽约 1.3mm，先端圆形或 2 裂，直立；雄蕊长约 3mm，直立；子房下位，椭圆形，长约 2mm，花柱长约 6mm，下部有长柔毛。浆果球形或卵形，黄绿色或红色，常有毛。花期 5 月。

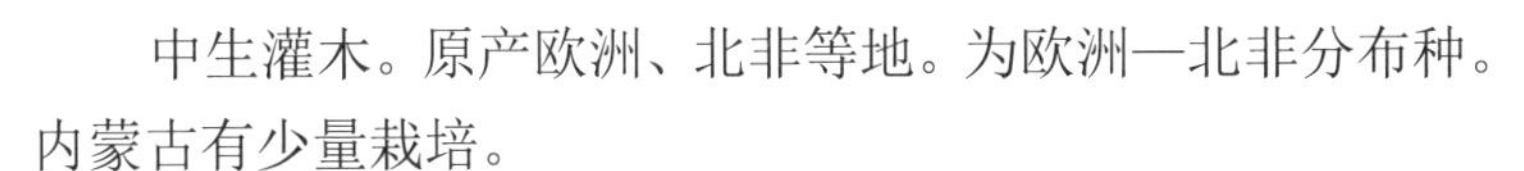

中生灌木。原产欧洲、北非等地。为欧洲—北非分布种。内蒙古有少量栽培。

果可食用。

5. 水葡萄茶藨

Ribes procumbens Pall. in Fl. Ross. 1(2):35. 1789; Fl. Intramongol. ed. 2, 3:35. t.14. f.1. 1989.

灌木，矮蔓，高20～30cm。树皮灰褐色，剥裂。小枝褐色，疏生腺点。茎平卧或斜升。叶革质，掌状肾形，5～8裂，长2.5～5cm，宽2.5～3cm，先端锐尖，基部浅心形，边缘有钝或尖牙齿，上面暗绿色，无腺点和无毛，下面淡绿色，有亮黄色腺点，有8条主脉，沿主脉和侧脉均被柔毛。总状花序有花6～10朵，长约8cm；苞片小或无；花径5～8mm；萼片紫红色，长椭圆形，密被毛；花瓣比萼片短。浆果绿色，成熟时变暗紫褐色，卵球形，直径约1cm，味甜、芳香，疏生腺点。花期5～6月，果期8月。

湿中生灌木。生于落叶松或白桦林下、塔头草甸。产兴安北部（额尔古纳市、牙克石市乌尔其汉镇、阿尔山市）。分布于黑龙江西北部、吉林，日本、朝鲜北部、蒙古国北部、俄罗斯（西伯利亚地区、远东地区）。为西伯利亚—东亚北部分布种。

6. 黑茶藨（兴安茶藨）

Ribes nigrum L., Sp. Pl. 1:201. 1753; Fl. China 8:438. 2001.——*R. pauciflorum* Turcz. ex Ledeb. in Fl. Ross. 2:200. 1844-1846.——*R. pauciflorum* Turcz. ex Ledeb. in Sched. Herb. Fl. U.R.S.S. 10:69. 1936; Fl. Intramongol. ed. 2, 3:35. t.14. f.2-4. 1989.

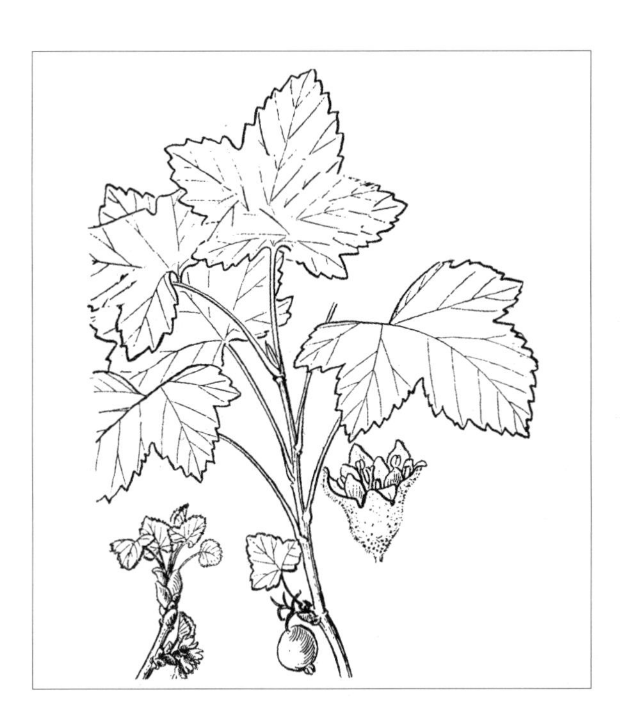

直立灌木，高10～30cm。树皮灰褐色。小枝灰棕色，具细纵棱，密被短柔毛和散生腺点。叶掌状3～5裂，宽卵形，长4～7cm，宽5～9cm，基部深心形，中央裂片较大、三角形，侧裂片较小，边缘有牙齿，上面绿色，无腺点和无毛，下面密生亮黄色腺点，叶脉明显隆起，沿脉有短柔毛。总状花序有花3～6朵，长1.5～3cm，花序梗被短柔毛；花径5～7mm，淡黄色；花托宽钟状，被密柔毛；萼片矩圆形，长3～4mm，背面被密柔毛；花瓣椭圆形，长约2mm。浆果球形，径10～13mm，暗紫红色，散生黄色腺点。花期6月，果期8月。

中生灌木。原产欧洲，为欧洲种。逸生于落叶松林下、林缘。产兴安北部及岭东和岭西（额尔古纳市、根河市、牙克石市、鄂伦春自

治旗、阿尔山市、东乌珠穆沁旗宝格达山）。分布于我国黑龙江西南部和南部、新疆北部，蒙古国。为东古北极分布种。

7. 东北茶藨（山麻子、狗葡萄）

Ribes mandshuricum (Maxim.) Kom. in Trudy Imp. St.-Petersb. Bot. Sada 22:437. 1903; Fl. China 8:439. 2001; Fl. Intramongol. ed. 2, 3:40. t.17. f.1. 1989.——*R. multiflorum* Kitaibel. ex Schult. var. *mandshuricum* Maxim. in Bull. Acad. Imp. Sci. St.-Petersb. Ser. 3, 19:258. 1874.

7a. 东北茶藨

Ribes mandshuricum (Maxim.) Kom. var. **mandshuricum**

灌木，高 100 ～ 200cm。枝灰褐色，剥裂。叶掌状 3 裂，长 3 ～ 10cm，宽 3 ～ 11cm，基部心形，中央裂片常较侧裂片长，裂片先端锐尖，边缘有锐尖牙齿，上面绿色，有短柔毛，下面淡绿色，密生白茸毛；叶柄长 2 ～ 6cm，有短柔毛。总状花序长 4 ～ 10cm，初直立后下垂，有多数花；花梗长 1 ～ 2mm；花托宽钟状；萼片 5，倒卵形，反卷，带绿色或带黄色；花瓣 5，楔形，绿色。浆果球形，直径 7 ～ 9mm，红色。花果期 6 ～ 8 月。

中生灌木。生于森林带和草原带的山地林下、河岸。产兴安北部（大兴安岭）、兴安南部（阿鲁科尔沁旗、巴林右旗）、阴山（大青山）。分布于我国黑龙江、吉林东部、辽宁东部和北部、河北、河南西部和北部、山东、山西、陕西南部、甘肃东部，朝鲜北部、俄罗斯（远东地区）。

为华北—满洲分布种。

果入药，能解毒，治感冒。

7b. 内蒙茶藨

Ribes mandshuricum (Maxim.) Kom. var. **villosum** Kom. in Trudy Imp. St.-Petersb. Bot. Sada 22:438. 1903; Fl. China 8:440. 2001.

本变种与正种的区别：花萼、子房和幼果被长柔毛。

中生灌木。生于草原带的山坡。产锡林郭勒（锡林浩特市）。为锡林郭勒分布变种。

8. 瘤糖茶藨

Ribes himalense Royle ex Decne. var. **verruculosum** (Rehd.) L. T. Lu in Fl. Reip. Pop. Sin. 35(1):306. 1995; Fl. China 8:441. 2001.——*R. emodense* Rehd. var. *verruculosum* Rehd. in J. Arnold Arbor. 5:162. 1924.——*R. emodense* auct. non Rehd.: Fl. Intramongol. ed. 2, 3:42. t.15. f.1-3. 1989.

灌木，高 100 ～ 200cm。当年生枝淡黄褐色或棕褐色，近无毛；二至三年生枝灰褐色，稍剥裂。芽卵形，有几片密被柔毛的鳞片。叶宽卵形，长与宽均为 3 ～ 7cm，掌状 3 浅裂至中裂，稀 5 裂，裂片卵状三角形，先端锐尖，边缘有不整齐的重锯齿，基部心形，上面绿色，

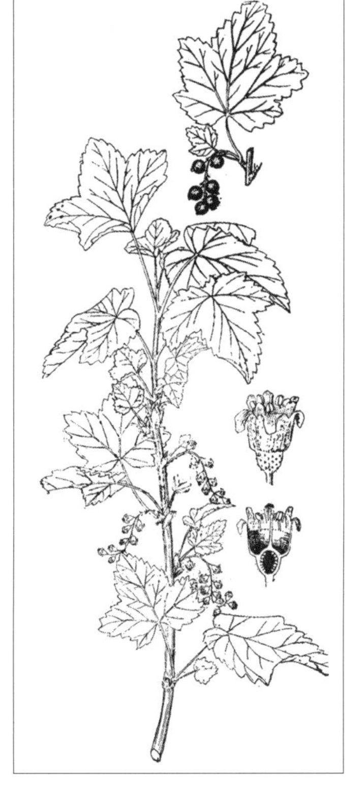

有腺毛，嫩叶极明显，有时混生疏柔毛，下面灰绿色，疏生柔毛或密生柔毛，沿叶脉有腺毛，掌状三至五出脉；叶柄长 1 ～ 6cm，有腺毛和疏或密的柔毛。总状花序长 3 ～ 6cm；总花梗密生长柔毛，有花 10 余朵；苞片三角状卵形，长约 1mm，花梗与苞片近相等；花两性，淡紫红色，长 5 ～ 6mm，径 2 ～ 3mm；萼筒钟状管形；萼片 5，直立，近矩圆形，长约 2.5mm，顶端有睫毛；花瓣比萼裂片短

一半；雄蕊长约 2mm；子房下位，椭圆形，长约 2mm，花柱长 2.5mm，柱头 2 裂。浆果红色，球形，径 6 ～ 9mm。花期 5 ～ 6 月，果期 8 ～ 9 月。

中生灌木。生于森林带和草原带，也进入荒漠带东部边缘的山地林缘、沟谷。产兴安南部（科尔沁右翼中旗、阿鲁科尔沁旗、克什克腾旗、西乌珠穆沁旗）、赤峰丘陵（翁牛特旗）、燕山北部（喀喇沁旗、宁城县）、阴山（大青山、蛮汗山）、东阿拉善（桌子山）、贺兰山、龙首山（桃花山）。分布于我国河北、山西、河南西部、陕西、宁夏西北部、甘肃东部、青海东部和南部、湖北、四川西部、云南西北部、西藏东部。为兴安南部—华北—横断山脉分布种。

观赏灌木。浆果可食。

9. 毛茶藨

Ribes pubescens (Swartz. ex Hartm.) Hedl. in Bot. Not. 1901:100. 1901; Fl. China 8:440. 2001.——*R. rubrum* L. var. *pubescens* Swartz. ex. Hartm. in Handb. Skand. Fl. 112. 1820.

落叶灌木，高 100 ～ 200cm。枝常斜生，小枝灰紫色，具光泽，皮条状剥裂，嫩枝灰褐色或灰色，具短柔毛，成长时渐脱落，无刺；芽卵圆形至长卵圆形，长 4 ～ 6mm，宽 2 ～ 3.5mm，先端急尖或稍钝，具数枚褐色鳞片，外被短柔毛。叶近圆形或肾状圆形，长 3 ～ 6cm，宽几与长相似，基部浅心脏形，稀近截形，上面疏生短柔毛，下面色较浅，被较密短柔毛，常掌状 5（稀 3）浅裂，裂片宽三角形或宽卵状三角形，先端稍钝或微尖，顶生裂片与侧生裂片近等长，边缘具粗锯齿，杂以重锯齿，齿顶有短尖头；叶柄长 2 ～ 5(～ 7)cm，带红色，具短柔毛。花两性，开花时直径 4 ～ 5mm；总状花序疏松，长 4 ～ 9(～ 11)cm，具花 8 ～ 22 朵，初期直立，渐平展，后期下垂；花序轴和花梗具短柔毛或散生短腺毛；花梗长 3 ～ 5mm；苞片小，圆卵形或宽卵圆形，长 1 ～ 1.5mm，宽稍大于长，先端圆钝，常无毛。花萼绿色，常有褐红色或褐色斑点或条纹，外面无毛；萼筒盆形，长 1 ～ 1.5mm，宽 2.5 ～ 3mm；萼片匙状圆形或倒卵状舌形，长 1.5 ～ 2.5mm，宽 1 ～ 2mm，先端圆钝，边缘具睫毛，直立。花瓣楔形或近扇形，长 1 ～ 1.5mm，宽稍短于长，先端圆钝或截形，与花萼同色，下面无突出体；雄蕊几与花瓣等长，花药扁圆形，宽稍大于长；子房光滑无毛，花柱稍短或与雄蕊近等长，先端 2 裂。果实球形，直径 7 ～ 9mm，红色，无毛。

中生灌木。生于森林带和森林草原带的山坡灌丛、岩石裸露的山顶。产兴安北部（大兴安岭）、兴安南部（赤峰市）。分布于黑龙江西北部，蒙古国北部、俄罗斯西部，欧洲。为欧洲—西伯利亚分布种。

可供食用或加工成果酒及饮料等。

10. 英吉利茶藨

Ribes palczewskii (Jancz.) Pojark. in Trudy Prikl. Bot. 22(3):341. 1929; Fl. Intramongol. ed. 2, 3:42. t.17. f.4-6. 1989.——*R. rubrum* L. var. *palczewskii* Lancz. in Mem. Soc. Phys. Hist. Nat. Geneve 35. 3:290. 1907.

灌木，高 100 ～ 150cm。老枝紫褐色，树皮剥裂；小枝暗黄色，具纵棱，多少被弯曲短柔毛。叶圆卵形，3 ～ 5 裂，长 3 ～ 7cm，宽 3.5 ～ 8cm，基心形、截形或宽楔形，裂片三角形，中央裂片稍长，边缘有尖牙齿，上面绿色无毛，下面淡绿色疏生短柔毛，掌状三至五出脉；叶柄长 1 ～ 5cm，被短柔毛。总状花序直立，长 1 ～ 2cm，有花 5 ～ 12 朵；花梗长 1 ～ 2mm，花序梗与花梗均被密柔毛；花淡黄色，直径 5 ～ 6mm；萼裂片 5，宽倒卵形，长约 2mm；花瓣匙形，长约 1mm。浆果近球形，直径 8 ～ 10mm，红色。花期 5 ～ 6 月，果期 8 月。

中生灌木。生于森林带山地林下、河边灌木林中。产兴安北部及岭东（根河市、牙克石市、鄂伦春自治旗、阿尔山市、东乌珠穆沁旗宝格达山）。分布于黑龙江西北部，蒙古国、俄罗斯（西伯利亚地区、远东地区）。为西伯利亚—远东分布种。

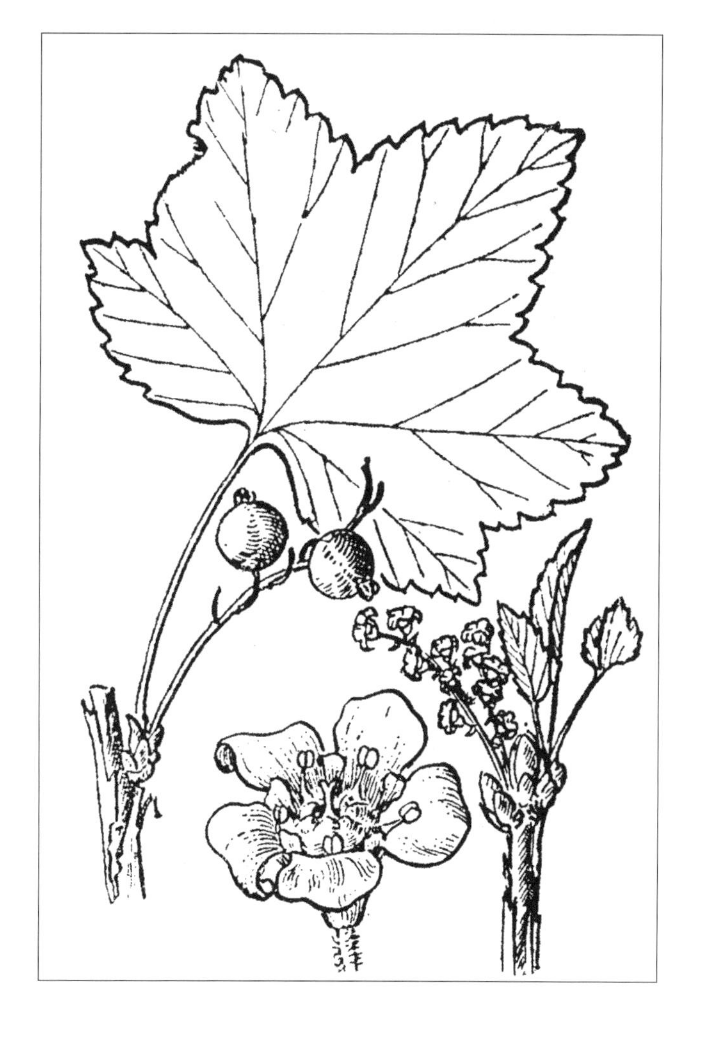

11. 矮茶藨（伏生茶藨）

Ribes triste Pall. in Nov. Act. Acad. Imp. Sci. Petrop. Hist. Acad. 10:378. 1797; Fl. China 8:436. 2001.——*R. triste* Pall. var. *repens* (A. L. Baranov) L. T. Lu et S. M. Hwang in Fl. Reip. Pop. Sin. 35(1):320. 1995; Fl. China 8:437. 2001.——*R. atropurpureum* auct. non C. A. Mey.: Fl. Intramongol. ed. 2, 3:43. t.17. f.2-3. 1989.

落叶矮小灌木，近匍匐，高 20 ～ 40cm，稀直立而高达 70 ～ 80cm。具多数几乎不分枝的枝，枝常横展；小枝灰褐色或灰紫褐色，皮长片状剥落；幼枝褐色或棕色，无毛或微具短柔毛，无刺；芽卵圆形，长 4 ～ 6mm，宽 1.5 ～ 3mm，先端急尖，具数枚褐色鳞片，外面微被短柔毛。叶肾形或圆肾形，长 3.5 ～ 6cm，宽 4 ～ 7(～ 8)cm，基部浅心脏形或近截形，两面无毛或下面沿叶脉被疏密不等的短柔毛，常 3 浅裂，稀 5 浅裂，裂片宽三角形，先端圆钝，顶生裂片稍长于侧生裂片，边缘具粗锐锯齿；叶柄长 3 ～ 6cm，微具短柔毛并散生长腺毛，老时毛渐脱落。花两性；总状花序短而疏松，长 2 ～ 4cm，俯垂，具花 (3 ～)5 ～ 7 朵；花序轴和花梗具短柔毛和稀疏短腺毛；花梗长 2.5 ～ 4mm；苞片小，卵状圆形，长 1.5 ～ 2mm，宽几与长相似，位于花序基部的苞片有时为长圆形，先端圆钝。花萼紫红色，外面常无毛；萼筒浅杯形或近盆形，宽稍大于长；萼片匙状圆形，长 1.5 ～ 2.5mm，宽几与长相似，先端圆钝或微凹，紫红色或红色带黄绿色，边缘无睫毛，直立。花瓣近扇形或倒卵状四边形，有时近楔形，长 0.7 ～ 1.3mm，先端平截，红色或紫红色，下部无突出体。雄蕊与花瓣近等长或稍短，花丝红色或紫红色，花药白色或红色。子房光滑无毛；花柱粗，深裂至中部或中部以下，几与雄蕊等长。果实卵球形，直径 7 ～ 10mm，红色，无毛，味酸多汁。花期 5 ～ 6 月，果期 7 ～ 8 月。

中生灌木。生于森林带山地针叶林下、林缘、石质山坡。产兴安北部（额尔古纳市、根河市央格气—约里安林场、阿尔山市白狼镇）。分布于黑龙江北部、吉林东部、辽宁东部，日本、朝鲜北部、俄罗斯，北美洲。为亚洲—北美洲分布种。

8. 八仙花属（绣球属）Hydrangea L.

灌木。小枝常有大量白色的髓部，树皮剥落。单叶对生，有柄，常有锯齿，无托叶。多数小花组成顶生伞房花序或圆锥花序，花序边缘常有大型不孕花，中央有小型两性花；两性花的萼片和花瓣均 4 ～ 5；雄蕊 10（8 ～ 20）。子房 2 ～ 5 室，下位或半下位；花柱短，2 ～ 5。蒴果 2 ～ 5 室，顶端开裂；种子多数，微小，有翅或无翅。

内蒙古有 1 种。

1. 东陵八仙花（东陵绣球）

Hydrangea bretschneideri Dipp. in Handb. Laubh. 3:320. 1893; Fl. Intramongol. ed. 2, 3:43. t.18. f.1-4. 1989.

灌木，高 100 ～ 300cm。当年生小枝红褐色或棕褐色，有纵棱；二或三年生枝栗褐色，皮开裂，长片状剥落。叶长卵形、椭圆状卵形或长椭圆形，长 6 ～ 16cm，宽 3 ～ 7cm，先端渐尖或尾尖，基部宽楔形或近圆形，边缘有锯齿；上面绿色，近无毛，沿脉疏生柔毛；下面灰绿色，密生长柔毛，有时毛较稀疏；叶柄长 1 ～ 3cm，

有长柔毛。伞房花序直径 9 ～ 14cm，花多数；总花梗与花梗均有长柔毛；有孕花有大型萼片 4（稀 5），卵圆形，长 10 ～ 25mm，白色，有时变淡紫色、紫色或淡黄色；两性花较小，5 基数，直径约 5mm，白色；萼片三角形，长约 1mm，宿存；花瓣披针状椭圆形，长约 2.5mm，早落；雄蕊 2 轮，5 长，5 短；子房半下位，花柱 3、圆柱状。蒴果近卵形，长 2 ～ 3mm，3 室，自顶端开裂，含多数种子。花期 6 ～ 7 月，果期 8 ～ 10 月。

喜暖的中生灌木。零星生长于阔叶林带的山地林缘、灌丛。产兴安南部（克什克腾旗）、燕山北部（喀喇沁旗、宁城县）、阴山（大青山、蛮汗山、乌拉山）。分布于我国辽宁、河北、河南、山西、陕西、宁夏、甘肃、青海。为华北分布种。

观赏树种。木材色白而微黄，质致密而坚硬，可做农具及细工用材。

9. 山梅花属 Philadelphus L.

灌木。单叶对生，基出三至五脉。花两性，白色，常芳香；总状花序，少单生或聚伞花序；萼片与花瓣各 4；子房 4 室，下位或半下位，中轴胎座。蒴果 4 瓣开裂，含多数种子。

内蒙古有 1 种。

1. 堇叶山梅花（薄叶山梅花、太平花）

Philadelphus tenuifolius Rupr. ex Maxim. in Bull. Cl. Phys.-Math. Acad. Imp. Sci. St.-Petersb. 15:133. 1856; Fl. Intramongol. ed. 2, 3:45. t.19. f.1-4. 1989.——*P. pekinensis* Rupr. ex Maxim. in Bull. Cl. Phys.-Math. Acad. Imp. Sci. St.-Petersb. 15:365. 1857; Fl. China 8:396. 2001.

灌木，高 150 ～ 200cm。当年生枝紫褐色，光滑；老枝灰褐色，剥裂。叶卵形、披针状卵形或披针形，长 3 ～ 8cm，宽 1 ～ 4cm，先端渐尖，基部宽楔形或圆形，边缘疏生小牙齿，上面绿色，被柔毛，近无毛，下面灰绿色，被柔毛、近无毛，稀脉腋被簇毛，掌状三出脉；叶柄长 2 ～ 10mm。总状花序，有花 5 ～ 9 朵；花序梗与花梗被柔毛或无毛，花梗长 3 ～ 8mm；花乳白色，微芳香，直径约 2.5cm；萼裂片卵状三角形，外面有柔毛或无毛，里面有短柔毛；花瓣卵圆形，长 8 ～ 12mm；雄蕊多数。子房下位；花柱线形，无毛，上部 4 裂。蒴果倒圆锥形，直径 5 ～ 7mm，褐色，4 瓣裂；种子细纺锤形，淡褐色，长约 2mm。花果期 6 ～ 8 月。

中生灌木。生于阔叶林带和草原带的山坡林缘、灌丛。产燕山北部（喀喇沁旗、宁城县、敖汉旗）、赤峰丘陵（翁牛特旗）、阴山（大青山、蛮汗山）。分布于我国黑龙江、吉林、辽宁、河北、河南、山西、陕西、甘肃、四川、湖北、江苏、浙江，朝鲜、俄罗斯（远东地区）。为东亚分布种。

本种花乳白色，微芳香，较美丽，可栽培供庭园观赏与绿化。

10. 溲疏属 **Deutzia** Thunb.

灌木。常有星状毛。小枝中空或有白色髓心。单叶对生，具短柄，无托叶。花序伞房状、圆锥状或聚伞状，稀单生；花常白色；萼裂片 5；花瓣 5，雄蕊 10，花丝带翅或近顶部有 2 裂齿；子房下位，3 ～ 5 室，每室含多数胚珠，花柱 3 ～ 5。蒴果，3 ～ 5 瓣裂；种子多数，极小。

内蒙古有 2 种。

分种检索表

1a. 多数花组成伞房状花序……………………………………………………**1. 小花溲疏 D. parviflora**

1b. 1 ～ 3 花组成聚伞花序或单花………………………………………………**2. 大花溲疏 D. grandiflora**

1. 小花溲疏

Deutzia parviflora Bunge in Enum. Pl. China Bor. 31. 1833; Fl. Intramongol. ed. 2, 3:47. t.20. f.1-2. 1989.

灌木，高 100 ～ 200cm。当年生枝黄褐色，被星状毛；老枝灰褐色，树皮剥裂。叶披针状卵形、椭圆形或卵形，长 3 ～ 7cm，宽 1 ～ 3.5cm，先端渐尖或锐尖，基部圆形或宽楔形，边缘

细锯齿；上面绿色，有 5 ～ 6 辐射枝的星状毛；下面淡绿色，有 6 ～ 12 辐射枝的星状毛，沿中脉有时有长柔毛；叶柄长 3 ～ 6mm。花序伞房状，有多花；花梗与花萼都密生星状毛；萼筒宽钟状，裂片 5，三角形，长约 1mm；花瓣 5，白色，倒卵形，长 5 ～ 6mm，两面被星状毛；花丝扁，中下部具翅；花柱 3。蒴果近球形，直径约 3mm，被星状毛，棕褐色。花期 6 月，果期 7 ～ 8 月。

中生灌木。生于阔叶林带的山坡林缘。产燕山北部（喀喇沁旗、宁城县、敖汉旗）。分布于我国黑龙江、吉林、辽宁、河北、河南、

山西、陕西、山东、甘肃、湖北、湖南、江苏。为东亚分布种。

2. 大花溲疏

Deutzia grandiflora Bunge in Enum. Pl. China Bor. 30. 1833; Fl. Intramongol. ed. 2, 3:47. t.20. f.3-4. 1989.

灌木，高 100 ～ 200cm。当年生枝黄褐色，被星状毛；老枝灰褐色，树皮不剥裂。叶卵形，长 2 ～ 5cm，宽 1 ～ 2cm，先端锐尖或渐尖，基部圆形或宽楔形，边缘有密细尖锯齿；上面绿色，

疏生 4 ～ 5 辐射枝的星状毛；下面灰白色，密生 5 ～ 9 辐射枝的星状毛，有时混生长柔毛；叶柄长 2 ～ 4mm。聚伞花序，有花 1 ～ 3 朵；花梗与花萼密生星状毛；萼裂片 5，披针状条形，长 4 ～ 5mm；花瓣 5，白色，椭圆状倒卵形，长 10 ～ 14mm，两面疏被星状毛；雄蕊 10，花丝上部有 2 长齿；花柱 3。蒴果近球形，直径 4 ～ 5mm，顶端有 8 条宿存花柱。花期 6 月，果期 7 ～ 8 月。

中生灌木。生于阔叶林带的山坡灌丛、山谷中、石崖上。产燕山北部（喀喇沁旗、宁城县、敖汉旗大黑山）。分布于我国辽宁、河北、河南、山东、山西、陕西、甘肃、湖北、湖南、四川。为华北分布种。

52. 蔷薇科 Rosaceae

草本、灌木或乔木。有刺或无刺。叶互生，稀对生，单叶或复叶，常有托叶。花两性，稀单性，常辐射对称，周位花或上位花；花托（或称萼筒）边缘着生萼片、花瓣和雄蕊；萼片和花瓣常 4～5，稀无花瓣；雄蕊 5 至多数，稀 3～1。心皮 1 至多数，离生或合生，有时与花托（萼筒）合生；花柱分离或合生，顶生、侧生或基生；子房上位或下位，每室含 1 至多数胚珠。蓇葖果、瘦果、梨果或核果；种子通常无胚乳。

内蒙古有 29 属、121 种，另有 1 栽培属、17 栽培种。

分属检索表

1a. 果实为开裂的蓇葖果；心皮 3～5，离生；托叶有或无（**1. 绣线菊亚科 Spiraeoideae**）。

2a. 多年生草本；二或三回羽状复叶；花单性，雌雄异株……………………………**1. 假升麻属 Aruncus**

2b. 灌木，花两性。

3a. 单叶。

4a. 花序为伞形、伞房或圆锥花序，心皮离生……………………………………**2. 绣线菊属 Spiraea**

4b. 花序为穗状圆锥花序，心皮基部合生…………………………………………**3. 鲜卑花属 Sibiraea**

3b. 一回羽状复叶………………………………………………………………………………**4. 珍珠梅属 Sorbaria**

1b. 果实不开裂，全有托叶。

5a. 子房下位，稀半下位；心皮 2～5，多数与杯状花托内壁连合；梨果（**2. 苹果亚科 Maloideae**）。

6a. 羽状复叶稀单叶，顶生复伞房花序……………………………………………………**7. 花楸属 Sorbus**

6b. 单叶，伞房花序或聚伞花序。

7a. 叶片全缘………………………………………………………………………**5. 栒子属 Cotoneaster**

7b. 叶缘有锯齿或裂片。

8a. 心皮成熟时坚硬骨质，枝条常有刺……………………………………**6. 山楂属 Crataegus**

8b. 心皮成熟时革质或纸质，枝条无刺。

9a. 花柱离生，花药深红色或紫色；果肉内含有多数石细胞……………**8. 梨属 Pyrus**

9b. 花柱基部合生，花药黄色；果肉内无石细胞………………………**9. 苹果属 Malus**

5b. 子房上位。

10a. 心皮多数，稀 1～2；瘦果或小核果；复叶，稀单叶（**3. 蔷薇亚科 Rosoideae**）。

11a. 常绿半灌木；萼片和花瓣不定数，各为 8～9；单叶互生，近革质，边缘反卷；瘦果顶端有白色羽毛状宿存花柱……………………………………………………**10. 仙女木属 Dryas**

11b. 非常绿植物；萼片和花瓣定数，通常 5，稀 4 或 3。

12a. 果为蔷薇果（壶状花托在果成熟时变为肉质而有光泽），单数羽状复叶，灌木，枝有皮刺……………………………………………………………………**11. 蔷薇属 Rosa**

12b. 果不为蔷薇果。

13a. 无花瓣。

14a. 花萼 4，花瓣状，紫色、红色或白色；花序呈紧密的穗状或头状；羽状复叶……………………………………………………………………**12. 地榆属 Sanguisorba**

14b. 花萼 4～5，黄绿色，有副萼；花序呈伞房状聚伞花序；单叶……………………………………………………………………**13. 羽衣草属 Alchemilla**

13b. 有花瓣，花萼绿色。

15a. 小核果，相互愈合成聚合果；心皮各有胚珠 2；茎常有刺，稀无刺…**14. 悬钩子属 Rubus**

15b. 瘦果，相互分离；心皮各有胚珠 1。

16a. 花柱顶生。

17a. 花有副萼，花单生或伞房花序；瘦果顶端宿存花柱呈弯钩状喙………………………………………………………………………………**15. 水杨梅属 Geum**

17b. 花无副萼。

18a. 穗状总状花序，萼筒顶端有数层钩刺………………**16. 龙牙草属 Agrimonia**

18b. 花多数组成圆锥花序，萼筒顶端无钩刺…………**17. 蚊子草属 Filipendula**

16b. 花柱基侧生。

19a. 花托在成熟时变为肉质；草本；叶基生，三出复叶…………**8. 草莓属 Fragaria**

19b. 花托在成熟时干燥。

20a. 灌木；复叶柄顶端具关节，小叶全缘；具副萼。

21a. 花 3 基数，副萼片 3，萼片 3，花瓣 3，雄蕊 3，心皮 1，花托杯状；宿存叶柄成刺…………………………………………**19. 绵刺属 Potaninia**

21b. 花 5 基数，副萼片 5，萼片 5，花瓣 5，雄蕊多数，心皮多数，花托凸起成球状；无叶柄刺……………………**20. 金露梅属 Pentaphylloides**

20b. 草本，复叶柄顶端无关节。

22a. 有副萼。

23a. 雄蕊、雌蕊均多数。

24a. 花瓣黄色或白色，先端圆钝或微缺，比萼片长或近等长…………………………………………**21. 委陵菜属 Potentilla**

24b. 花瓣紫色或白色，先端渐尖或圆形，比萼片短………………………………………………**22. 沼委陵菜属 Comarum**

23b. 雄蕊、雌蕊 4、5 或 10，小叶 3 ～ 5…………………………………………………………………………**23. 山莓草属 Sibbaldia**

22b. 无副萼；小叶通常 3，羽状或掌状深裂，裂片常条形…………………………………………………………**24. 地蔷薇属 Chamaerhodos**

10b. 心皮 1，核果，单叶（**4. 李亚科 Prunoideae**）。

25a. 灌木，常有刺；枝条的髓部呈薄片状；花柱侧生，胚珠直生…………**25. 扁核木属 Prinsepia**

25b. 乔木或灌木，无刺；枝条的髓部坚实；花柱顶生，胚珠下垂。

26a. 果具沟，被毛或蜡粉。

27a. 侧芽 3，两侧为花芽，具顶芽；花 1 ～ 2，常无梗；子房和果常被柔毛，极稀无毛；果核常有孔穴，稀光滑；幼叶对折；先叶开花……………………**26. 桃属 Amygdalus**

27b. 侧芽单生，无顶芽；果核光滑、粗糙或具不明显孔穴。

28a. 子房和果常被柔毛，花常无梗或有短梗，先叶开花；幼叶席卷………………………………………………………………………**27. 杏属 Armeniaca**

28b. 子房和果均无毛，常被蜡粉，花常具梗，花叶同放；幼叶多席卷，稀对折。栽培………………………………………………………………………**28. 李属 Prunus**

26b. 果无沟，无蜡粉；幼叶对折；枝具顶芽；核表面平滑或有皱纹或沟槽。

29a. 花较大，数朵形成伞形、伞房状或短总状花序，稀单生，子房有毛或无毛……**29. 樱属 Cerasus**

29b. 花较小，多朵形成总状花序，子房无毛……………………………………………**30. 稠李属 Padus**

I. 绣线菊亚科 Spiraeoideae

1. 假升麻属 **Aruncus** Adans.

多年生草本。根茎粗大。叶为二至三回羽状复叶，具长柄，无托叶。圆锥花序；花单性，雌雄异株；花托（萼筒）碟状，萼片 5；花瓣 5，白色；雄蕊多数；心皮 3 ～ 4，离生。蓇葖果下垂。

内蒙古有 1 种。

1. 假升麻（棣棠升麻）

Aruncus sylvester Kostel. ex Maxim. in Trudy Imp. St.-Petersb. Bot. Sada 6:169. 1879; Fl. Intramongol. ed. 2, 3:51. t.21. f.1-4. 1989.

多年生草本，高 100 ～ 200cm。根茎粗大，褐色。茎直立，粗壮。叶通常为二回羽状复叶，小叶 3 ～ 9，质薄，菱状卵形、卵状披针形或长椭圆形，长 4 ～ 10cm，宽 1 ～ 4cm，先端渐尖，或具尾尖，基部圆形、楔形、歪楔形或截形，边缘有不规则的重锯齿，上面绿色，下面淡绿色，两面疏生柔毛，老时近无毛；小叶有短柄或近无柄；无托叶。大型圆锥花序，花序轴及花梗被柔毛及腺毛；花单性，雌雄异株，稀杂性，花梗长约 2mm；苞片条状披针形；花直径 2 ～ 4mm；萼片三角形；花瓣狭倒卵形，白色；雄花有雄蕊 20，显著超出花冠，中央有退化雄蕊；花盘圆环状；雌花心皮通常 3，直立，雌蕊短于花瓣，有退化雄蕊。蓇葖果无毛，有光泽，果梗下垂，花萼宿存。花期 7 月，果期 8 ～ 9 月。

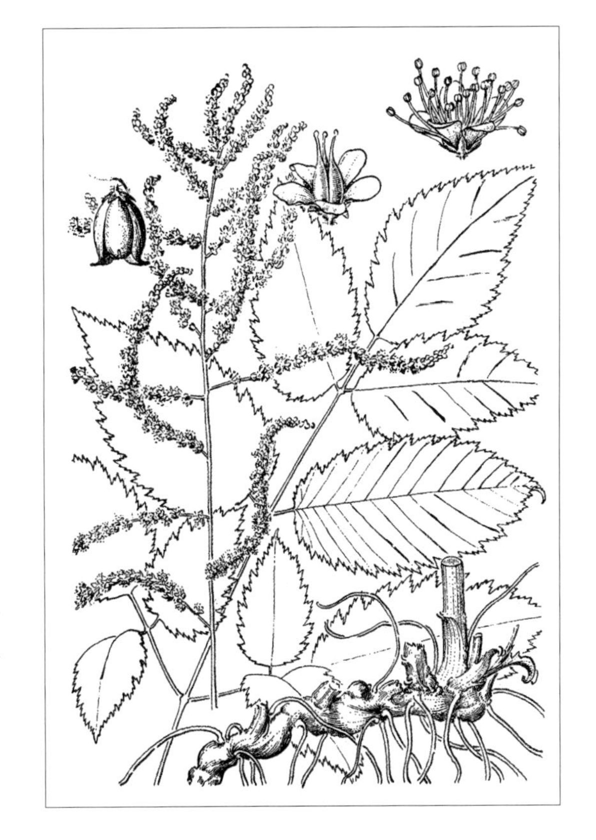

中生草本。生于森林带的山地针叶林林下、林缘、林间草甸。产兴安北部及岭东和岭西（额尔古纳市、牙克石市、鄂伦春自治旗、鄂温克族自治旗、阿尔山市白狼镇、东乌珠穆沁旗宝格达山）。分布于我国黑龙江、吉林东部、辽宁东部、陕西南部、宁夏南部、甘肃东南部、河南西部、湖北西部、湖南、安徽南部、江西、浙江、广西、四川、云南西北部、西藏东南部，日本、朝鲜、俄罗斯、不丹、尼泊尔、印度（锡金）、印度西北部，西南亚，欧洲、北美洲。为泛北极分布种。

2. 绣线菊属 **Spiraea** L.

灌木。芽小，有鳞片 2 ～ 8。单叶互生，边缘有锯齿，有时分裂，稀全缘；无托叶。伞形花序，伞房花序或圆锥花序；花两性，稀杂性；萼筒浅钟状，萼片 5；花瓣 5，白色或粉红色；雄蕊多数，着生在萼片和花盘之间；雌蕊通常 5，心皮离生。蓇葖果开裂，内有矩圆形细小种子。

内蒙古有 20 种，另有 1 栽培种。

分种检索表

1a. 圆锥花序或复伞房花序。

2a. 圆锥花序，花序着生于当年生直立的长枝上，花粉红色；冬芽具数枚外露鳞片（**1. 圆锥花序组** Sect. **Spiraea**，**1. 柳叶系** Ser. **Spiraea**）；叶披针形…………………………**1. 柳叶绣线菊 S. salicifolia**

2b. 复伞房花序（**2. 复伞房花序组** Sect. **Calospira** K. Koch）。

3a. 花序着生于当年生的直立新枝顶端，花序无毛，雄蕊长于花瓣；冬芽具数枚外露鳞片；叶卵形或长圆状卵形，长 2.5 ～ 8cm，边缘具锯齿，基部圆形（**2. 粉花系** Ser. **Japonicae** Yü）……………………………………………………………**2. 大叶华北绣线菊 S. fritschiana** var. **angulata**

3b. 花序着生于去年生枝上的侧生短枝上；冬芽具 2 枚外露鳞片；叶长圆形，长 1 ～ 3cm，全缘，楔形（**3. 楔叶系** Ser. **Canenscentes** Yü）。

4a. 花序被短柔毛；果直立合生成圆筒状，密被短柔毛；雄蕊与花瓣等长……………………………………………………………………………………**3. 毛果绣线菊 S. trichocarpa**

4b. 花序无毛；果开张，微被短柔毛；雄蕊长于花瓣………………**4. 乌拉特绣线菊 S. uratensis**

1b. 伞房花序或伞形花序。

5a. 冬芽具数枚外露鳞片（**3. 短伞花序组** Sect. **Glomerati** Nakai）。

6a. 伞房花序（**4. 欧亚系** Ser. **Mediae** Pojark.）。

7a. 伞房花序具总梗。

8a. 叶片边缘中部以上具锯齿，近无毛；萼片直立；果直立；雄蕊与花瓣等长……………………………………………………………………………………**5. 美丽绣线菊 S. elegans**

8b. 叶全缘或仅先端有少数锯齿，果开张，萼片反折。

9a. 叶条状披针形，无毛；果无毛或仅腹缝有毛；雄蕊长于花瓣………………………………………………………………………………**6. 窄叶绣线菊 S. dahurica**

9b. 叶片下面被毛，果被毛。

10a. 小枝近无毛，叶背面疏被柔毛，雄蕊长于花瓣………**7. 欧亚绣线菊 S. media**

10b. 小枝密被柔毛，叶背面密被长绢毛，雄蕊与花瓣等长…**8. 绢毛绣线菊 S. sericea**

7b. 伞房花序无总梗，萼片反折；果被短柔毛；叶倒卵形或矩圆形，先端 3 ～ 7 齿或全缘，上面疏被毛，下面密被柔毛；小枝无毛；雄蕊长于花瓣…………**9. 沙地绣线菊 S. arenaria**

6b. 伞形花序（**5. 三裂系** Ser. **Trilobatae** Pojak.）。

11a. 伞形花序具总梗。

12a. 叶近圆形，先端圆钝，常 3 裂，两面无毛，稀被毛，有显著三至五出脉；雄蕊短于花瓣，萼片直立。

13a. 叶两面无毛，花梗无毛………………**10a. 三裂绣线菊 S. trilobata** var. **trilobata**

13b. 叶下面被毛，花梗被毛……………………**10b. 毛叶三裂绣线菊 S. trilobata** var. **pubescens**

12b. 叶菱状卵形、倒卵形、椭圆形，稀卵形，两面疏被毛，稀无毛，有羽状叶脉。

14a. 花序无毛，雄蕊与花瓣等长，萼片常反卷，花梗长 7 ～ 12mm；蓇葖果被毛或沿腹缝线微被毛；叶菱状卵形，先端急尖………………………………**11. 土庄绣线菊 S. pubescens**

14b. 花序和蓇葖果均被毛，雄蕊短于花瓣，萼片直立。

15a. 叶倒卵形或椭圆形，先端圆钝，下面疏被短柔毛；花梗长 12 ～ 22mm……………………………………………………………**12. 疏毛绣线菊 S. hirsuta**

15b. 叶菱状卵形，先端急尖，下面密被灰白色茸毛；花梗长 6 ～ 10mm……………………………………………………………**13. 毛花绣线菊 S. dasyantha**

16a. 叶全缘或先端有少数圆钝锯齿，雄蕊与花瓣等长。

17a. 叶片一型，不具扇形叶。

18a. 叶狭倒卵形，先端圆钝或尖，不育枝上叶片先端有 2 ～ 3 钝齿，基部狭楔形；幼枝、叶、果无毛，稀具短毛；花序无总梗……………………………………**14. 金丝桃叶绣线菊 S. hypericifolia**

18b. 叶矩圆状披针形，先端急尖或钝，基部楔形；幼枝、叶、果被短柔毛；花序具极短总梗………………………**15. 海拉尔绣线菊 S. hailarensis**

17b. 叶片二型，具扇形和倒卵形两种叶片，先端圆钝，基部狭楔形，两面被短柔毛………………………………………**16. 耧斗叶绣线菊 S. aquilegiifolia**

16b. 叶条状披针形，中部以上有锯齿，两面无毛；雄蕊短于花瓣。栽培……………………………………………………**17. 珍珠绣线菊 S. thunbergii**

5b. 冬芽具 2 枚外露鳞片（**4. 长伞花序组** Sect. **Chamaedryon** Ser.）。

19a. 叶缘有锯齿（**6. 石蚕叶系** Ser. **Chamaedryfoliae** Pojark.）。

20a. 萼片反折，雄蕊长于花瓣，子房和果被短柔毛…………**18. 石蚕叶绣线菊 S. chamaedryfolia**

20b. 萼片直立，雄蕊短于花瓣，子房和果无毛………………**19. 阿拉善绣线菊 S. alaschanica**

19b. 叶全缘或在不育枝上的叶先端具 3 ～ 5 齿，萼片直立或反卷（**7. 尖芽系** Ser. **Gemmatae** Yü）。

21a. 枝条直伸，幼枝无毛，稀具毛；雄蕊与花瓣等长；子房和果被短柔毛……………………………………………………………**20. 蒙古绣线菊 S. mongolica**

21b. 枝条呈强烈"之"字形曲折，幼枝被短柔毛；雄蕊短于花瓣；子房和果无毛……………………………………………………………**21. 回折绣线菊 S. ningshiaensis**

1. 柳叶绣线菊（绣线菊、空心柳）

Spiraea salicifolia L., Sp. Pl. 1:489. 1753; Fl. Intramongol. ed. 2, 3:53. t.22. f.1-3. 1989.——*S. salicifolia* L. var. *oligodonta* T. T. Yü in Act. Phytotax. Sin. 8:215. 1963; Fl. Intramongol. ed. 2, 3:54. 1989.

灌木，高 100 ～ 200cm。小枝黄褐色，幼时被短柔毛，逐渐变无毛；芽宽卵形，外有数鳞片。叶片矩圆状披针形或披针形，长 4 ～ 8cm，宽 1 ～ 2.5cm，先端渐尖或急尖，基部楔形，边缘具锐锯齿或重锯齿，上面绿色，下面淡绿色，两面无毛；叶柄长 1 ～ 5mm。圆锥花序，长 4 ～ 8cm，花多密集，总花梗被柔毛；花梗长 4 ～ 7mm，被短柔毛；苞片条状披针形或披针形，全缘或有锯齿，被柔毛，花直径约 7mm；萼片三角形，里面边缘被短柔毛；花瓣宽卵形，长与宽近相等，

约 2mm，粉红色；雄蕊多数，花丝长短不等，长者约长于花瓣 2 倍；花盘环状，裂片呈细圆锯齿状；子房仅腹缝线有短柔毛，花柱短于雄蕊。蓇葖果直立，沿腹缝线有短柔毛，花萼宿存。花期 7 ～ 8 月，8 ～ 9 月。

湿中生灌木。生于森林带和森林草原带的海拔 500 ～ 1200m 的河流沿岸、湿草甸、山坡林缘及沟谷，为沼泽化灌丛的建群种或伴生种，也见于沼泽化河滩草甸，并零星生于兴安落叶松林下。产兴安北部（额尔古纳市、根河市、牙克石市、东乌珠穆沁旗宝格达山）、岭东（阿荣旗）、岭西（鄂温克族自治旗、陈巴尔虎旗、新巴尔虎左旗）、兴安南部（科尔沁右翼前旗、扎赉特旗、阿鲁科尔沁旗、克什克腾旗）、燕山北部（喀喇沁旗、宁城县）。分布于我国黑龙江、吉林、辽宁、河北北部和西部、山西东部、山东东北部，日本、朝鲜、蒙古国东部和北部、俄罗斯，欧洲、北美洲。为泛北极分布种。

可栽培供观赏。

2. 大叶华北绣线菊

Spiraea fritschiana Schneid. var. **angulata** (Fritsch ex C. K. Schneid.) Rehd. in Pl. Wilson. 1:453. 1913; Fl. Intramongol. ed. 2, 3:54. t.22. f.4-6. 1989.——*S. angulata* Fritsch ex C. K. Schneid. in Bull. Herb. Boiss. Ser. 2, 5:347. 1905.

灌木，高约 100cm。枝粗壮，小枝明显有棱角，紫褐色或棕褐色，有光泽，无毛，树皮片

状剥落；冬芽圆锥形，先端渐尖，有数枚褐色鳞片，幼时疏被短柔毛。叶卵形，卵状椭圆形或矩圆状椭圆形，长 3 ～ 6cm，宽 1.5 ～ 2.5cm，先端急尖，基部圆形或宽楔形，边缘自 2/3 以上有锯齿或重锯齿，上下两面均无毛；叶柄长 2 ～ 5mm，无毛。复伞房花序生于当年生新枝顶端，直径长 3 ～ 5cm，多花，无毛；花梗长 4 ～ 10mm；花直径 5 ～ 6mm；萼片三角形，先端急尖；花瓣白色，卵形，先端圆钝，长 2 ～ 3mm；雄蕊 25 ～ 30，长于花瓣；花柱短于雄蕊；花盘环状，10 深裂，裂片先端微凹。蓇葖果淡褐色，有光泽，腹面被毛；花柱顶生，直立或稍倾斜；萼片宿存，常反折。花果期 6 ～ 9 月。

中生灌木。生于阔叶林带的山地杂木林中或灌木丛中。产燕山北部（敖汉旗大黑山林场）。分布于我国黑龙江西南部、辽宁西南部、河北北部、河南西部、山西中部和南部、陕西南部、山东北部、江西西部、江苏西南部、安徽东南部、湖北西部、甘肃东南部。为东亚分布变种。

3. 毛果绣线菊（石蚌树）

Spiraea trichocarpa Nakai in J. Coll. Sci. Univ. Tokyo 26(1):173. 1909; Fl. Intramongol. ed. 2, 3:56. t.22. f.7-8. 1989.

灌木，植株高达 200cm。小枝灰褐色或紫褐色，有棱角，具条状纵裂，花枝被柔毛，不孕枝无毛；冬芽长卵形，约与叶柄等长，先端急尖或圆钝，有 2 枚外露的鳞片，近乏毛或幼时稍被毛。叶椭圆形、倒卵状矩圆形，长 1.5 ～ 3cm，宽 0.8 ～ 1.5cm，先端急尖或稍钝，基部宽楔形或楔形，全缘或不育枝上的叶先端有数个锯齿，两面无毛；叶柄长 3 ～ 5mm，幼时被稀疏柔毛。复伞房花序生于侧生小枝顶端，直径 3 ～ 5cm，多花，密被柔毛；花梗长 4 ～ 8mm；花直径 5 ～ 7mm；花萼内外两面均被短柔毛；萼片三角形，先端急尖，里面疏被短柔毛；花瓣白色，宽倒卵形或近圆形，长 2 ～ 3.5mm，宽与长约相等；雄蕊 18 ～ 20，与花瓣约等长；子房被短柔毛，花柱短于雄蕊；花盘环状，有不规则的裂片，裂片先端常微凹。蓇葖果直立，密被毛；花柱顶生于背部，向外倾斜开展；萼片宿存，直立。花果期 6 ～ 9 月。

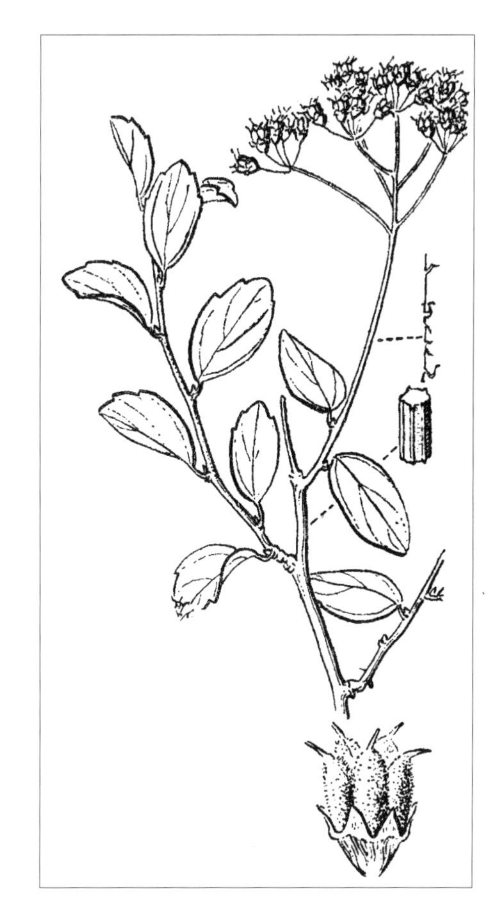

中生灌木。生于森林带和草原带的沟边潮湿地、溪边杂木林中、路边，为山地灌丛的偶见种。产呼伦贝尔（满洲里市）。分布于我国黑龙江（哈尔滨市）、吉林（长春市）、辽宁东部，朝鲜中北部。为满洲分布种。

4. 乌拉特绣线菊

Spiraea uratensis Franch. in Nouv. Arch. Mus. Hist. Nat. Ser. 2, 5:259. 1883; Fl. Intramongol. ed. 2, 3:56. t.22. f.9-10. 1989.

灌木，植株高约 150cm。小枝圆柱形，稍有棱角，无毛；冬芽长卵形，先端长渐尖，有 2 枚外露的鳞片。叶长卵形、长披针形或矩圆状倒披针形，长 1 ～ 3cm，宽 0.7 ～ 1.5cm，先端圆钝，基部楔形，全缘，两面无毛；叶柄长 2 ～ 10mm，无毛。复伞房花序着生于侧生小枝顶端，具多花，无毛；花梗长 4 ～ 7mm；苞片披针形至长圆形；花直径 4 ～ 6mm。萼筒钟状或近钟状，内面有短柔毛；萼片三角形，先端急尖，外面无毛，内面疏被短柔毛。花瓣近圆形，长与宽各为 1.5 ～ 2.5mm，白色；雄蕊 20，长于花瓣；子房具短柔毛，花柱短于雄蕊；花盘环形，有 10 个肥厚的裂片，裂片先端圆钝或微凹。蓇葖果直立开张，微被短柔毛；花柱多生于背部先端，稍倾斜开展；萼片宿存，直立。花期 5 ～ 7 月，果期 7 ～ 8 月。

旱中生灌木。生于草原带海拔 1000 ～ 2400m 的山沟、山坡、山地灌丛中，是山地灌丛的偶见种。产阴山（乌拉山）。分布于我国山西（芮城县、垣曲县）、河南西部、陕西南部、宁夏南部、甘肃东部（会宁县、岷县）。为华北分布种。

模式标本采自内蒙古乌拉特（David 1860 年采自乌拉特），但我们尚未采到标本。描述与绘图系根据北京植物研究所的陕西与甘肃地区的植物标本。

5. 美丽绣线菊

Spiraea elegans Pojark. in Fl. U.R.S.S. 9:293. 490. t.17. f.7. 1939; Fl. Intramongol. ed. 2, 3:63. t.25. f.1-2. 1989.

灌木，植株高 100 ～ 150cm。嫩枝红褐色，稍有棱角，无毛；老枝灰褐色或深褐色，常有片状脱落的皮；冬芽卵形或卵圆形，先端急尖或渐尖，有数片紫褐色鳞片。叶长椭圆形、椭圆形、卵状披针形或卵形，长 1.5 ～ 3cm，宽 0.6 ～ 1cm，不育枝上叶有时长达 5.5cm，先端急尖或渐尖，基部楔形，边缘自中部以上有不整齐的锯齿，或重锯齿，上面无毛，下面仅在脉腋间有毛；叶柄长 3 ～ 6mm，无毛。伞房花序着生当年生的枝条顶端，有花 7 ～ 16 朵；花梗长 5 ～ 13mm，无毛；花直径 8 ～ 10mm；萼片三角形，边缘被柔毛；花瓣白色，近圆形，长 3 ～ 3.5mm；雄蕊 40 ～ 50，与花瓣约等长；花盘环状，5 深裂，裂片先端 2 浅裂；子房腹面被毛，花柱短于雄蕊。蓇葖果被黄色短柔毛，上部及腹面较密；花柱顶生，直立；具宿存直立的萼片。花果期 6 ～ 8 月。

中生灌木。生于森林带海拔 180 ～ 1400m 的林下、林缘、

向阳石质山坡，常为针叶林林缘及山地灌丛的伴生种。产兴安北部（根河市阿龙山、牙克石市乌尔其汉镇、阿尔山市白狼镇和五岔沟镇）、岭东（扎兰屯市）。分布于我国黑龙江西北部、吉林东部，俄罗斯（达乌里地区、远东地区）。为满洲分布种。

6. 窄叶绣线菊

Spiraea dahurica (Rupr.) Maxim. in Trudy Imp. St.-Petersb. Bot. Sada 6:190. 1879; Fl. Intramongol. ed. 2, 3:63. t.25. f.3-5. 1989.——*S. alpina* Pall. var. *dahurica* Rupr. in Bull. Cl. Phys.-Math. Acad. Imp. Sci. St.-Petersb. 15:362. 1857.

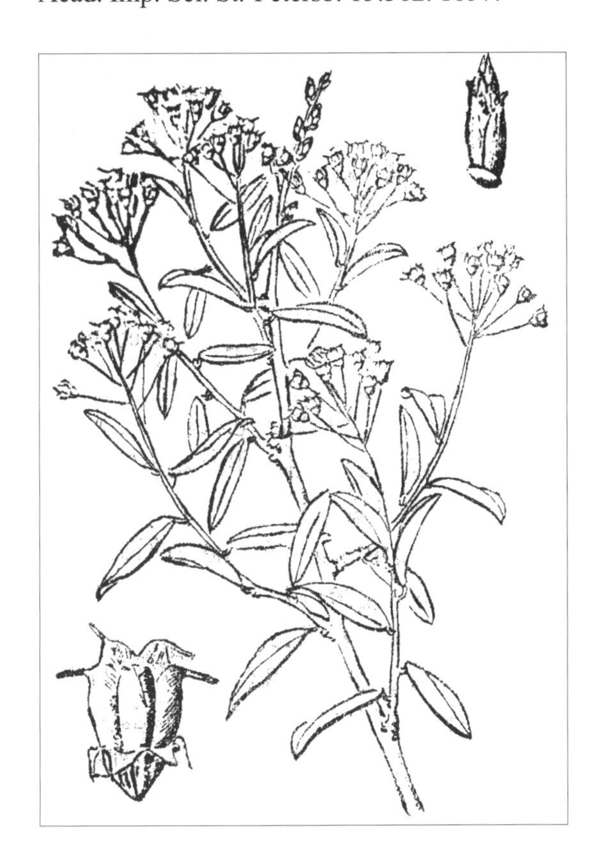

灌木，植株高 100 ～ 150cm。枝条细，常呈拱形弯曲，先端急尖，幼枝暗红褐色，有光泽，无毛，老时暗灰褐色，有条状剥落的树皮，花枝较短；冬芽卵形，先端急尖，有数枚褐色鳞片，无毛。叶长椭圆形或披针形，长 0.8 ～ 2.5cm，不育枝上叶长可达 4.5cm，宽 2 ～ 7mm，先端急尖，基部楔形，全缘，不育枝上叶先端常有 2 ～ 5 锯齿，两面无毛；叶柄很短，长 0.5 ～ 2mm。伞房花序，有花 10 ～ 18 朵；花梗长 0.7 ～ 1.8cm，无毛；花直径 6 ～ 7mm。花萼外面无毛，里面微被短毛；萼片短三角形，先端急尖，无毛。雄蕊长于花瓣；花盘环状，有 10 个近圆形的裂片。蓇葖果无毛或仅沿腹缝线微被短柔毛；花柱背生，倾斜外展、不弯；萼片宿存，反折。花果期 6 ～ 8 月。

旱中生灌木。生于森林带海拔 1000m 左右的山坡或石质山坡。产兴安北部（额尔古纳市、根河市）。分布于我国黑龙江西北部，蒙古国东北部、俄罗斯（达乌里地区）。为达乌里—兴安分布种。

7. 欧亚绣线菊（石棒绣线菊、石棒子）

Spiraea media Schmidt in Österr. Allg. Baumz. 1:53. t.54. 1792; Fl. Intramongol. ed. 2, 3:65. t.25. f.6-8. 1989.

灌木，高 50 ～ 150cm。小枝灰褐色或红褐色，无毛；芽卵形，有数鳞片，被柔毛，棕褐色。叶片椭圆形或卵形，长 1 ～ 2.5cm，宽 0.5 ～ 1.5cm，先端锐尖或圆钝，基部楔形或宽楔形，边缘通常全缘，稍被柔毛，不孕枝上叶先端常有 2 ～ 5 不规则锯齿，上下两面近无毛，或仅下面沿叶脉及边缘被短柔毛；叶柄极短，长 1 ～ 2mm，无毛。

伞房花序，有总花梗，具花 20 ～ 40 朵；花梗长 1 ～ 2cm，无毛；花直径 7 ～ 10mm；萼筒外面无毛，里面被短柔毛；萼片近三角形，近无毛；花瓣近圆形，长约 3mm，宽约 2.5mm，白色；雄蕊为 20，长于花瓣；花盘环状，有不规则的 10 深裂，裂片黄褐色；子房被稀疏短柔毛，花柱顶生，短于雄蕊。蓇葖果被短柔毛；宿存花柱倾斜或开展；萼片宿存，反折。花期 6 月，果期 7 ～ 8 月。

中生灌木。生于森林带和森林草原带海拔 600 ～ 1900m 的山地针叶或针阔混交林下、林缘、山地灌丛、石质山坡。产兴安北部及岭东（额尔古纳市、根河市、鄂伦春自治旗、牙克石市、东乌珠穆沁旗宝格达山）、岭西（海拉尔区、鄂温克族自治旗）、兴安南部（科尔沁右翼前旗、阿鲁科尔沁旗、巴林右旗、克什克腾旗）。分布于我国黑龙江中北部、吉林东部、辽宁东部、河北北部、新疆北部，朝鲜北部、蒙古国东部和北部及西部、俄罗斯（西伯利亚地区、远东地区），中亚、欧洲东南部。为古北极分布种。

可栽培供观赏。

8. 绢毛绣线菊

Spiraea sericea Turcz. in Bull. Soc. Imp. Nat. Mosc. 16:591. 1843; Fl. Intramongol. ed. 2, 3:65. t.25. f.9-11. 1989.

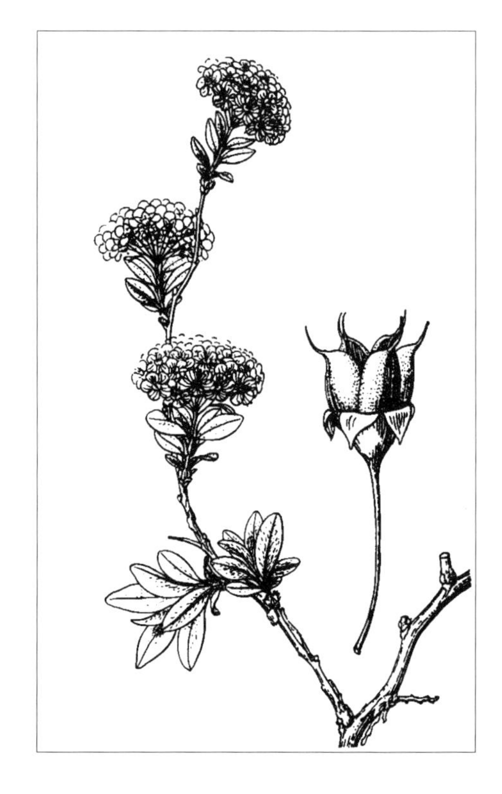

灌木，植株高达 200cm。小枝圆柱形，棕褐色或红褐色，幼时密被毛；老枝灰褐色或灰红色，树皮片状或条状剥落；冬芽长卵形，先端长渐尖，有数枚褐色鳞片，外密被短柔毛或稍稀疏。叶卵状椭圆形、椭圆形或卵形，长 1.5 ～ 4.5cm，宽 0.7 ～ 2cm，先端急尖，基部楔形或宽楔形，全缘或在不育枝上有 3 ～ 7 锯齿，上面被稀疏柔毛或无毛，下面灰绿色，密被长绢毛或稍稀疏；叶柄长 1 ～ 2mm，密被绢毛。伞房花序生于当年生的枝条顶端，有花 15 ～ 25 朵；花梗长 6 ～ 15mm，疏被毛或无；花直径约 5mm；萼片三角形，先端钝，边缘被柔毛；花瓣白色，近圆形，长 2 ～ 3mm，长宽约相等；雄蕊 15 ～ 20，长短不等，有的雄蕊约与花瓣等长，有的比花瓣长约 1 倍；子房被短柔毛，花柱短于雄蕊；花盘环状，10 深裂，有 10 枚明显的裂片。蓇葖果直立，被短柔毛；花柱位于背部顶端，斜展；花萼宿存，反折。花果期 6 ～ 8 月。

中生灌木。生于森林带的山地灌丛、林缘、杂木林中。产兴安北部（额尔古纳市、根河市）、兴安南部（阿鲁科尔沁旗、巴林右旗）。分布于我国黑龙江、吉林东部、辽宁、河南西部、山西南部、陕西南部、甘肃东南部、四川北部、湖北（竹溪县），日本、蒙古国北部和西部、俄罗斯（东西伯利亚地区、远东地区）。为东古北极分布种。

地上部分入药，煎水外洗可治湿疹。

9. 沙地绣线菊

Spiraea arenaria Y. Z. Zhao et T. J. Wang in Bull. Bot. Res. Harbin 20(4):361. 2000.——*S. hailarensis* auct. non Liou: Fl. China 9:72. 2003. p.p.

灌木，高约 100cm。枝条圆柱形，褐色，具灰色条状剥落的树皮；幼枝褐色或紫褐色，密被短柔毛；冬芽卵形，先端急尖或钝，具数枚褐色鳞片，外面被短柔毛。叶倒卵形或矩圆形，长 6 ～ 24mm，宽 3 ～ 12mm，先端急尖或钝，基部楔形或狭楔形，全缘或先端具 3 ～ 7 齿，上面疏被短柔毛，下面密被短柔毛，羽状脉上面凹陷、下面凸起；叶柄长 1 ～ 2mm，密被短柔毛。伞房花序，无总梗，有花 5 ～ 13 朵；花梗长 7 ～ 16mm，疏被短柔毛；萼筒钟状；萼片三角形，外面无毛，内面疏被短柔毛；花瓣近圆形，长 2 ～ 3mm，白色；雄蕊约 20，比花瓣长；花盘圆环形，具 10 枚裂片；子房密被短柔毛。蓇葖果密被短柔毛；花柱顶生于背部，直立或倾斜开展；具反折的宿存萼片。花期 6 ～ 7 月，果期 7 ～ 8 月。

旱中生灌木。生于草原带的固定沙丘。产呼伦贝尔（海拉尔区西山）。为呼伦贝尔沙地分布种。

本种伞房花序，雄蕊长于花瓣，与 *S. hailarensis* Liou 的伞形花序、雄蕊与花瓣等有明显不同，显然是两个完全不同的种。

10. 三裂绣线菊（三椏绣线菊、三裂叶绣线菊）

Spiraea trilobata L. in Mant. Pl. 2:244. 1771; Fl. Intramongol. ed. 2, 3:58. t.23. f.8. 1989.

10a. 三裂绣线菊

Spiraea trilobata L. var. **trilobata**

灌木，高 100 ～ 150cm。枝黄褐色，暗灰色，无毛；芽卵形，有数鳞片，褐色，无毛。对叶近圆形或倒卵形，长 8 ～ 20mm，宽 6 ～ 20mm，先端常 3 裂，或中部以上有与钝圆锯齿，基部楔形、宽楔形或圆形，两面无毛，基部有 3 ～ 5 脉；叶柄长 1 ～ 5mm。伞房花序有总花梗，有花（10 ～）15 ～ 20 朵；花梗长 6 ～ 11mm，无毛；花直径 5 ～ 7mm；萼片三角形，里面被柔毛；花瓣宽倒卵形或圆形，先端微凹，长与宽近相等，各约 2.5mm；雄蕊约 20，比花瓣短；花盘杯状呈 10 深裂；子房沿腹缝

线被柔毛，花柱顶生，短于雄蕊。蓇葖果沿开裂的腹缝线稍有毛，萼片直立、宿存。花期5～7月，果期7～9月。

中生灌木。生于石质山坡、山沟，为山地灌丛的建群种。产兴安南部（阿鲁科尔沁旗、巴林右旗、克什克腾旗）、燕山北部（喀喇沁旗、敖汉旗）、锡林郭勒（正蓝旗）、乌兰察布（达尔罕茂明安联合旗吉穆斯泰山）、阴山（大青山、乌拉山）、东阿拉善（狼山、桌子山）、贺兰山。分布于我国辽宁、河北、山东、山西、河南（卢氏县）、陕西、甘肃东部、宁夏、新疆，朝鲜、俄罗斯（西伯利亚地区）、哈萨克斯坦。为东古北极分布种。

可栽培供观赏。

10b. 毛叶三裂绣线菊

Spiraea trilobata L. var. **pubescens** Yü in Act. Phytotax. Sin. 8:216. 1963; Fl. Intramongol. ed. 2, 3:58. 1989.

本变种与正种的区别在于：叶片下面、花梗和萼筒外面被稀疏短柔毛，花及叶片稍小。

旱中生灌木。生于草原带的石质山坡。产阴山（卓资县大青山）。分布于我国北京、山西。为华北分布变种。

11. 土庄绣线菊（柔毛绣线菊、土庄花）

Spiraea pubescens Turcz. in Bull. Soc. Imp. Nat. Mosc. 5:190. 1832; Fl. Intramongol. ed. 2, 3:60. t.24. f.1-3. 1989.——*S. blumei* auct. non G. Don: Fl. Intramongol. ed. 2, 3:58. t.23. f.9-10. 1989.

灌木，高 100 ～ 200cm。老枝灰色、暗灰色，紫褐色；幼枝淡褐色，被柔毛；芽宽卵形，先端钝，有数枚鳞片，褐色，被毛。叶菱状卵形或椭圆形，长 1.5 ～ 3cm，宽 0.6 ～ 1.8cm，先端锐尖，基部楔形、宽楔形，稀圆形，边缘中下部以上有锯齿，有时 3 裂，上面绿色，幼时被柔毛，老时渐脱落，下面淡绿色，密被柔毛；叶柄长 1 ～ 3mm，被柔毛。伞形花序具总花梗，有花 15 ～ 20 朵；花梗长 5 ～ 12mm，无毛；花直径 5 ～ 7mm；萼片近三角形，先端锐尖，外面无毛，里面被短柔毛；花瓣近圆形，长与宽近相等，均为 2.5 ～ 3mm，白色；雄蕊 25 ～ 30，与花瓣等长或稍超出花瓣；花盘环状，10 深裂，裂片大小不等；子房无毛，仅在腹缝线被柔毛，花柱顶生，短于雄蕊。蓇葖果沿腹缝线被柔毛，萼片直立、宿存。花期 5 ～ 6

月，果期7～8月。

中生灌木。生于森林带和草原带的山地灌丛、林缘、杂木林中，也见于草原带的沙地，一般零星生长，在蒙古栎林下可成为优势层片。产兴安北部及岭东和岭西（额尔古纳市、鄂伦春自治旗、阿荣旗）、兴安南部（扎赉特旗、科尔沁右翼前旗、科尔沁右翼中旗、突泉县、扎鲁特旗、奈曼旗、阿鲁科尔沁旗、巴林左旗、巴林右旗、林西县、克什克腾旗）、辽河平原（科尔沁左翼后旗大青沟）、燕山北部（喀喇沁旗、宁城县、敖汉旗）、锡林郭勒（西乌珠穆沁旗、锡林浩特市、阿巴嘎旗、正蓝旗、太仆寺旗、镶黄旗）、阴山（大青山、蛮汗山、乌拉山）、阴南丘陵（准格尔旗）、东阿拉善（桌子山）。分布于我国吉林东部、辽宁、河北、河南、山东、山西、陕西、宁夏、甘肃、四川中部和东部，朝鲜北部、蒙古国东部、俄罗斯（达乌里地区、远东乌苏里地区）。为东蒙古—华北—满洲分布种。

可栽培供观赏。

S. blumei 的叶片宽卵形或倒卵形，基部宽楔形，先端圆钝，边缘自中部以上具圆钝缺刻状锯齿，雄蕊短于花瓣，萼片直立；而本种的叶片菱状卵形，基部楔形，先端急尖，边缘自中部以上具尖锐缺刻状锯齿，雄蕊与花瓣近等长，萼片常反卷，二者完全不同。我们看到的被鉴定为 *S. blumei* 的产于内蒙古的标本都应为 *S. pubescens*，因此内蒙古不产 *S. blumei*。

12. 疏毛绣线菊

Spiraea hirsuta (Hemsl.) C. K. Schneid. in Bull. Herb. Boiss. Ser. 2, 5:342. 1905; Fl. China 9:60. 2003.——*S. blumei* G. Don var. *hirsuta* Hemsl. in J. Linn. Soc. Bot. 23:224. 1887.

灌木，高100～200cm。枝条圆柱形，稍呈“之”字形弯曲，幼时有短柔毛，老时灰褐色或红褐色；冬芽小，卵形，长1～2mm，具数枚鳞片。叶倒卵形或椭圆形，长1.5～3.5cm，宽1～2cm，先端圆钝，基部楔形，边缘在中部以上或先端有钝或稍锐锯齿，两面都有疏柔毛；叶柄长约5mm，具短柔毛。伞形花序紧密，具花20～40朵，直径3.5～4.5cm，有短柔毛；花梗细，长1～2cm；苞片线形，花径6～8mm；萼筒钟状，内外两面均有短柔毛；萼片三角形，花瓣宽倒卵形；长2.5～3mm，白色；雄蕊18～20，比花瓣短，花盘具10个肥厚的裂片。蓇葖果稍开展，有疏短柔毛；花柱顶生于背部；常有直立萼片。花期5月，果期7～8月。

中生灌木。生于草原带的山地灌丛中。产阴山（和林格尔县蛮汗山南天门）。分布于我国河北北部、山西西北部、河南西部、山东东北部、浙江西北部、福建、江西北部、湖北西南部、湖南、四川东部和南部、陕西南部、甘肃东南部。为东亚分布种。

13. 毛花绣线菊

Spiraea dasyantha Bunge in Mem. Acad. Imp. Sci. St.-Petersb. Div. Sav. 2:97. 1835; Fl. China 9:61. 2003; Key Vascul. Chifeng 85. 2013.

灌木，高 200 ～ 300cm。小枝细瘦，呈明显的“之”字形弯曲，幼时密被茸毛，老时无毛，灰褐色；冬芽形小，卵形，先端急尖，幼时被柔毛，具数枚棕褐色鳞片。叶片菱状卵形，长 2 ～ 4.5cm，宽 1.5 ～ 3cm，先端急尖或圆钝，基部楔形，边缘自基部 1/3 以上有深刻锯齿或裂片，上面深绿色，疏生短柔毛，有皱脉纹，下面密被白色茸毛，羽状脉显著；叶柄长 2 ～ 5mm，密被茸毛。伞形花序具总梗，密被灰白色茸毛，具花 10 ～ 20 朵；花梗密集，长 6 ～ 10mm；苞片线形，有茸毛；花直径 4 ～ 8mm；花萼外面密被白色茸毛；萼筒钟状，内面密生柔毛；萼片三角形或卵状三角形，内面具柔毛；花瓣宽倒卵形至近圆形，先端微凹，长与宽各为 2 ～ 3mm，白色；雄蕊 20 ～ 22，长约花瓣之半；花盘圆环形，具 10 个球形肥厚的裂片；子房具白色茸毛，花柱比雄蕊短。蓇葖果开张，全体被茸毛；花柱倾斜开展，稀近直立；萼片多数直立开张，稀反折。花期 5 ～ 6 月，果期 7 ～ 8 月。

中生灌木。生于森林草原带的干燥石质山坡。产赤峰丘陵（喀喇沁旗锦山镇）。分布于我国辽宁、河北、山西、甘肃、江苏、江西、浙江。为东亚分布种。

可栽培供观赏。

14. 金丝桃叶绣线菊

Spiraea hypericifolia L., Sp. Pl. 1:489. 1753; Fl. China 9:72. 2003.

灌木，高达 150cm。枝条直立而开张，小枝圆柱形，幼时无毛或微被短柔毛，棕褐色，老时灰褐色；冬芽小，卵形，先端急尖，无毛，有数枚棕褐色鳞片。叶片长圆倒卵形或倒卵状披针形，长 1.5 ～ 2cm，宽 0.5 ～ 0.7cm，先端急尖或圆钝，基部楔形，全缘或在不孕枝上叶片先端有 2 ～ 3 钝锯齿，通常两面无毛，稀具短柔毛，基部具不显著的 3 脉或羽状脉；叶柄短或近于无柄，无毛。伞形花序无总梗，具花 5 ～ 11 朵，基部有数枚小型簇生叶片；花梗长 1 ～ 1.5cm，无毛或微被短柔毛；花直径 5 ～ 7mm；萼筒钟状，外面无毛，内面具短柔毛；萼片三角形，先端急尖，外面无毛，内面稍有短

柔毛；花瓣近圆形或倒卵形，先端钝，长 2 ～ 3mm，宽几与长相等，白色；雄蕊 20，与花瓣等长或稍短；花盘有 10 枚裂片，排列成圆环形；子房被短柔毛或近无毛。蓇葖果直立开张，无毛；花柱顶生于背部，倾斜开展；具直立萼片。花期 5 ～ 6 月，果期 6 ～ 9 月。

中生灌木。生于草原带的山地沟谷灌丛、石质阳坡、林缘，是山地灌丛的伴生种。产岭西、兴安南部、阴山、贺兰山。分布于我国河北北部、山西西部、陕西中部和南部、新疆中部和北部、西藏，蒙古国北部和西部、俄罗斯（西西伯利亚地区），中亚，欧洲。为古北极分布种。

15. 海拉尔绣线菊

Spiraea hailarensis Liou in Ill. Fl. Lign. Pl. -N.-E. China 281,563. t.99. f.190. 1955; Fl. Intramongol. ed. 2, 3:57. t.23. f.4-7. 1989.

灌木，高 50 ～ 100cm。幼枝淡褐色，常带紫色，密被短柔毛，老枝褐色，有灰色条状剥落的树皮；冬芽卵形或近球形，先端急尖或钝，有数枚褐色鳞片。叶片椭圆形或倒卵状椭圆形，长 4 ～ 14mm，宽 3 ～ 6mm，先端急尖或圆钝，基部楔形，全缘，不育枝上叶先端具 3 ～ 4 锯齿，上面无毛，下面淡灰绿色，疏被短柔毛；叶柄极短，长约 1mm。伞形花序，通常有总梗，梗长 1 ～ 6mm；花直径 1 ～ 1.5cm，有花 3 ～ 7 朵；花梗长 8 ～ 10mm；萼筒钟状，里面被短柔毛，萼片三角形，先端急尖，外面无毛，里面被短柔毛；花瓣白色，近圆形；雄蕊约 20；子房被短柔毛，花柱紫红色，短于雄蕊；花盘环状，具 10 枚裂片。蓇葖果被短柔毛；花柱顶生于背部，直立或倾斜开展；萼片宿存，反卷或直立。花果期 5 ～ 7 月。

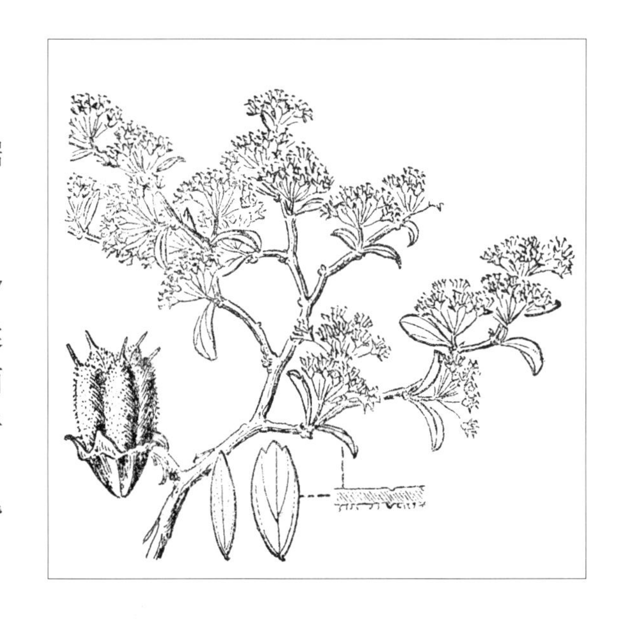

中生灌木。生于草原带的固定沙丘上。产呼伦贝尔（海拉尔区西山）。为呼伦贝尔沙地分布种。

《中国植物志》（36:65. 1974.）的记载黑龙江的分布点实际上就是指现在的内蒙古的海拉尔区，记载的甘肃的分布点系标本鉴定有误。

16. 耧斗叶绣线菊

Spiraea aquilegiifolia Pall. in Reise Russ. Reich. 3:734. t.8. f.3. 1776; Fl. Intramongol. ed. 2, 3:56. t.23. f.1-3. 1989.

灌木，高 50 ～ 60cm。小枝紫褐色、褐色或灰褐色，有条裂或片状剥落；嫩枝有短柔毛，

老时近无毛；芽小，卵形，褐色，有几枚褐色鳞片，被柔毛。花及果枝上的叶通常为倒披针形或狭倒卵形，长 6 ～ 13mm，宽 2 ～ 5mm，全缘或先端 3 浅裂，基部楔形；不孕枝上的叶为扇形或倒卵形，长 7 ～ 15mm，宽 5 ～ 8mm，有时长与宽近相等，先端常 3 ～ 5 裂或全缘，基部楔形，上面绿色，下面灰绿色，两面均被短柔毛；叶柄短或近于无柄。伞形花序无总花梗，有花 2 ～ 6(～ 7) 朵，基部有数枚簇生的小叶，全缘，被短柔毛；花梗长 4 ～ 6mm，无毛，稀被柔毛；花直径 5 ～ 6mm；萼片三角形，里面微被短柔毛；花瓣近圆形，长与宽近相等，约 2mm，白色；雄蕊 20，约与花瓣等长；花盘环状，呈 10 深裂；子房被短柔毛；花柱短于雄蕊。蓇葖果上半部或沿腹缝线有短柔毛，花萼宿存、直立。花期 5 ～ 6 月，果期 6 ～ 8 月。

中生灌木。主要生于草原带的低山丘陵阴坡，可成为建群种，形成团块状的山地灌丛，也零星见于荒漠带的石质山坡、固定沙丘及干草原。产岭西和呼伦贝尔（鄂温克族自治旗、海拉尔区、陈巴尔虎旗、新巴尔虎左旗、新巴尔虎右旗）、兴安南部（科尔沁右翼前旗、阿鲁科尔沁旗、巴林左旗、巴林右旗、克什克腾旗）、科尔沁（翁牛特旗）、锡林郭勒（东乌珠穆沁旗、西乌珠穆沁旗、锡林浩特市、阿巴嘎旗、苏尼特左旗、正蓝旗、丰镇市）、乌兰察布（四子王旗、达尔罕茂明安联合旗）、阴山（大青山、乌拉山）、阴南丘陵（准格尔旗）、鄂尔多斯（达拉特旗）、贺兰山、龙首山。分布于我国河北北部、山西、陕西北部、河南西部、宁夏、甘肃东部、青海东部和东北部，蒙古国东部和北部及东南部、俄罗斯（东西伯利亚地区）。为华北—蒙古高原分布种。

可栽培供观赏，也可做水土保持植物。

17. 珍珠绣线菊

Spiraea thunbergii Sieb. ex Blume in Bijdr. Fl. Ned. Ind. 17:1115. 1826; Fl. China 9:70. 2003.

灌木，高达 150cm。枝条细长开张，呈弧形弯曲，小枝有棱角，幼时被短柔毛、褐色，老时变红褐色、无毛；冬芽甚小，卵形，无毛或微被毛，有数枚鳞片。叶片线状披针形，长 25 ～ 40mm，宽 3 ～ 7mm，先端长渐尖，基部狭楔形，边缘自中部以上有尖锐锯齿，两面无毛，具羽状脉；叶柄极短或近无柄，长 1 ～ 2mm，有短柔毛。伞形花序无总梗，具花 3 ～ 7 朵，

赵一之 / 摄

基部簇生数枚小型叶片；花梗细，长 6 ～ 10mm，无毛；花直径 6 ～ 8mm；萼筒钟状，外面无毛，内面微被短柔毛；萼片三角形或卵状三角形，先端尖，内面有稀疏短柔毛；花瓣倒卵形或近圆形，先端微凹至圆钝，长 2 ～ 4mm，宽 2 ～ 3.5mm，白色；雄蕊 18 ～ 20，长约花瓣 1/3 或更短；花盘圆环形，由 10 枚裂片组成；子房无毛或微被短柔毛，花柱几与雄蕊等长。蓇葖果开张，无毛；花柱近顶生，稍斜展；具直立或反折萼片。花期 4 ～ 5 月，果期 7 月。

中生灌木。呼和浩特市、鄂尔多斯市将其作为园林绿化灌木。原产我国福建、浙江、江苏。为华东分布种。现山东、陕西、辽宁等地有栽培。

18. 石蚕叶绣线菊（曲萼绣线菊）

Spiraea chamaedryfolia L., Sp. Pl. 1:489. 1753; Fl. Intramongol. ed. 2, 3:61. t.24. f.9-10. 1989.——*S. flexuosa* Fisch. ex Cambess. in Ann. Sci. Nat. (Paris) 1:365. t.26. 1824; Fl. Intramongol. ed. 2, 3:60. t.24. f.4-6. 1989. syn. nov.——*S. flexuosa* Fisch. ex Cambess. var. *pubescens* Liou in Ill. Lign. Pl. N. -E. China 288,563. 1955; Fl. China 9:68. 2003. syn. nov.

灌木，植株高 100 ～ 150cm。枝暗紫色，嫩枝褐色，稍有棱角，无毛；老枝灰色，皮片状

剥落；冬芽长卵形，先端渐尖，有 2 枚外露鳞片，密被长柔毛。叶宽卵形或卵状椭圆形，长 2 ～ 4.5cm，宽 1 ～ 3cm，先端急尖，基部圆形或宽楔形，边缘中部以上有细锐锯齿，不育枝上的叶常具重锯齿，下面疏被柔毛，脉腋间簇生柔毛；叶柄长 3 ～ 6mm，疏被柔毛或无毛。伞房花序有总花梗，有花 5 ～ 12 朵；花梗长 4 ～ 8mm，疏毛；花直径 6 ～ 9mm；花萼外面无毛，里面具短柔毛，萼片三角形或卵状三角形，里面疏生柔毛；花瓣白色，宽卵形或近圆形，长 2.5 ～ 3.5mm，宽 2 ～ 3mm；雄蕊 35 ～ 50，长于花瓣；花盘波状圆环形；子房腹面微被短柔毛，花柱短于雄蕊。蓇葖果直立，被伏生短柔毛；花柱直立于蓇葖果顶端；宿存萼片反折。花期 5 ～ 6 月，果期 7 ～ 8 月。

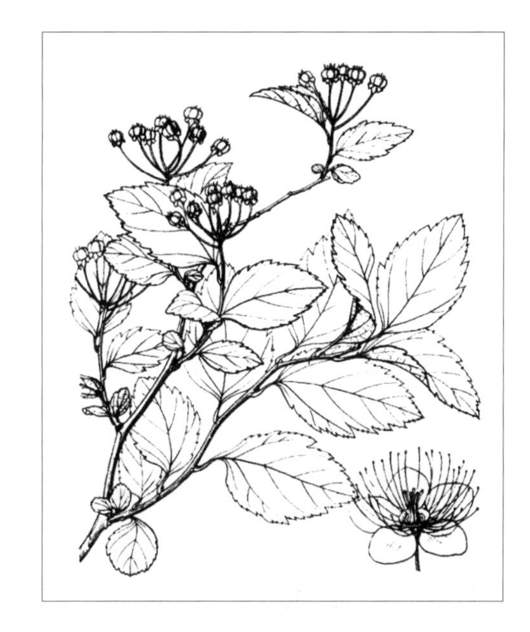

中生灌木。生于森林带和草原带的山地林下、林缘、岩石坡地、河岸及沙丘。产兴安北部（根河市满归）、呼伦贝尔（海拉尔区）、兴安南部（科尔沁右翼前旗、巴林右旗、克什克腾旗）、燕山北部（喀喇沁旗旺业甸林场、敖汉旗）、阴山（大青山）、贺兰山。分布于我国黑龙江、吉林东部、辽宁东部、河北北部、山西南部、陕西南部、新疆北部，日本、朝鲜、蒙古国东部和北部及西部、俄罗斯（西伯利亚地区、远东地区），中亚、欧洲西部。为古北极分布种。

19. 阿拉善绣线菊

Spiraea alaschanica Y. Z. Zhao et T. J. Wang in Bull. Bot. Res. Harbin 20(4):362. 2000.——*S. elegans* auct. non Pojark.:Fl. Ningxia 1:271. 1986.

灌木，高约 100cm。枝褐色或紫褐色，幼时有条棱，无毛，具条状剥落的树皮；冬芽钻形，具 2 枚外露鳞片，无毛。叶倒卵形或矩圆状倒卵形，长 10 ～ 25mm，宽 4 ～ 15mm，先端急尖或钝，基部楔形或狭楔形，常在先端或中部以上有锯齿，稀全缘，两面无毛，下面具白霜；叶柄长 2 ～ 3mm，无毛。伞房花序，具总梗，无毛，有花 15 ～ 20 朵；花梗长 5 ～ 15mm，无毛；萼筒钟状，外面无毛；萼片卵状三角形，先端急尖，里面被疏柔毛，外面无毛；花瓣近圆形，长 3 ～ 4mm，白色；雄蕊 17 ～ 27，比花瓣明显短；花盘圆环形，有 10 枚圆形裂片；子房无毛。蓇葖果未见。花期 5 ～ 6 月。

中生灌木。生于荒漠带的山地林下、林缘。产贺兰山。为贺兰山分布种。

Flora of China (9:64. 2003.) 认为本种与 *S. blumei* G. Don 有关，但本种伞房花序、冬芽具 2

枚鳞片与 *S. blumei* 伞形花序、冬芽具数枚鳞片完全不同，相距甚远，故而本种是一个独立的种。

20. 蒙古绣线菊

Spiraea mongolica Maxim. in Bul. Acad. Imp. Sci. St.-Petersb. 27:467. 1881; Fl. Intramongol. ed. 2, 3:61. t.24. f.7-8. 1989.

灌木，高 100 ～ 200cm。幼枝淡褐色，具棱，无毛；老枝紫褐色或暗灰色，皮条状剥落；冬芽圆锥形，先端渐尖，有 2 枚褐色外露鳞片，无毛。叶片长椭圆形或椭圆状倒披针形，长

5 ～ 15mm，宽 2 ～ 7mm，通常不孕枝上叶较大而花果枝上叶较小，先端圆钝，有时有小尖头，基部楔形，全缘，稀先端 2 ～ 3 裂，两面无毛；叶柄极短，长 1 ～ 2mm。伞房花序有总花梗，具花 10 ～ 17 朵；花梗长 3 ～ 10mm，无毛；花直径 6 ～ 7mm，萼片近三角形，外面无毛，里面密被短柔毛；花瓣近圆形，长与宽近相等，约 3mm，白色；雄蕊 19 ～ 23，约与花瓣等长；花盘环状，呈 10 个大小不等深裂；子房被短柔毛，花柱短于雄蕊。蓇葖果被短柔毛，萼片宿存、直立。花期 6 ～ 7 月，果期 8 ～ 9 月。

旱中生灌木。生于草原带和荒漠带的山地石质山坡灌丛、草地、疏林下及山谷。产阴山（大青山、乌拉山）、贺兰山、龙首山。分布于我国河北西北部、河南西部、山西北部、陕西南部、宁夏、甘肃中东部、青海、四川北部、西藏南部、云南。为华北—横断山脉分布种。

花入蒙药（蒙药名：塔比勒干纳），能治伤、生津，主治金伤、“黄水”病。

21. 回折绣线菊（毛枝蒙古绣线菊、宁夏绣线菊）

Spiraea ningshiaensis T. T. Yü et L. T. Lu in Act. Phytotax. Sin. 13(1):100. t.9. f.3. 1975.——*S. mongolica* Maxim. var. *tomentulosa* T. T. Yü in Act. Phytotax. Sin. 8:216. 1963; Fl. China 9:68. 2003.——*S. tomentulosa* (T. T. Yü) Y. Z. Zhao in Act. Sci. Nat. Univ. Intramongol. 18(2):289. 1987, not Rydb. 1908.——*S. tomentulosa* (T. T. Yü) Hsu in Fl. Sin. Ar. Tan-yang 2:285. 1993.

灌木高达 300cm。幼枝红褐色，营养枝顶端常刺化，强烈迴折状，呈“之”字形曲折，密被短茸毛；老枝暗褐色，疏被茸毛；冬芽长卵形，外被 2 枚鳞片，被短茸毛，较叶柄稍长。

叶片倒卵形至宽椭圆形，长 6 ～ 12mm，宽 4 ～ 9mm，圆钝头具 1 小尖，基部楔形或近圆形，上面绿色，下面灰绿，无毛，全缘；叶柄长约 2mm，被短茸毛。伞形总状花序，生于侧枝顶端，总花序梗无毛；萼筒钟状，裂片三角形，内面被短毛；花瓣近圆形，白色；雄蕊短于花瓣；花盘 10，圆裂呈环状；子房无毛，花柱较雄蕊短。蓇葖果半开张，无毛，易脱落；宿存花柱位于背部靠顶端。花期 6 ～ 7 月，果期 8 ～ 9 月。

旱中生灌木。生于荒漠带海拔 1500 ～ 2100m 的山地灌丛、林缘、石质山坡及山沟。产贺兰山。分布于我国宁夏（中卫市香山）、甘肃（宝积山）。为东阿拉善山地分布种。

S. mongolica Maxim. var. *tomentulosa* T. T. Yü 的枝条呈强烈“之”字形曲折，幼枝被短柔毛，雄蕊短于花瓣，子房和果无毛或仅沿腹缝线疏被毛，这些特点与蒙古绣线菊 *S. mongolica* Maxim. 差异较大，应该独立为一种，但 *S. tomentulosa* 这一学名已在绣线菊属中使用过（*S. tomentulosa* Rydb. in N. Amer. Fl. 22: 251. 1908.），故需要重新拟定学名。我们查阅了 *S. mongolica* Maxim. var. *tomentulosa* T. T. Yü 和 *S. ningshiaensis* T. T. Yü et L. T. Lu 在中科院植物所保存的模式标本，二者确实为同一种，虽然 *S. ningshiaensis* T. T. Yü et L. T. Lu 发表晚于前者，但作为前者提升为种的学名是合法的。

此外，*Flora of China*(9:61. 2003.) 中记载内蒙古有中华绣线菊 *S. chinensis* Maxim. 的分布，但查阅我国各主要标本馆未见标本，有待进一步研究。

3. 鲜卑花属 **Sibiraea** Maxim.

落叶灌木。冬芽有 2 ～ 4 枚互生外露的鳞片。单叶，互生，无托叶。杂性花，雌雄异株，具短柄，呈顶生紧密圆锥花序；萼管钟状，萼片 5，直立；花瓣 5，白色；雄花具雄蕊 20 ～ 25，较花瓣长；雌花有退化的雄蕊，较花瓣短，心皮 5，基部合生。蓇葖果长椭圆形，直立；通常有 2 粒种子，有少量胚乳。

内蒙古有 1 种。

1. 鲜卑花

Sibiraea laevigata (L.) Maxim. in Trudy Imp. St.-Petersb. Bot. Sada 6:215. 1879; Fl. Intramongol. ed. 2, 3:66. t.26. f.1-4. 1989.——*Spiraea laevigata* L., Sp. Pl. 2:244. 1771.

灌木，高 60 ～ 150cm。小枝粗壮，圆柱形，幼时紫褐色，老时黑褐色，光滑无毛；冬芽卵形，先端急尖，外被紫褐色鳞片。单叶，通常互生，在老枝上常丛生，叶狭长椭圆形、条状披针形或狭倒披针形，长 3 ～ 7cm，宽 5 ～ 11mm，先端急尖或渐尖，基部渐狭，边缘全缘，上、下两面近无毛，中脉明显，近无柄。顶生紧密圆锥花序，长 2 ～ 5cm；花梗长

2 ～ 3mm，与总花梗均无毛；苞片披针形或卵状狭披针形，长 2 ～ 5mm；花直径约 4mm；萼筒浅钟状，里面被长柔毛；萼片三角形，全缘，内外均无毛。花瓣白色，倒卵圆形，先端圆形基部宽楔形。雄花具雄蕊 20 ～ 25，生于萼筒边缘；花丝细长，约与花瓣等长或稍长；萼筒中央具 3 ～ 5 退化雌蕊。花盘环状，具 10 裂片；雌花具雌蕊 5，花柱稍偏斜，子房无毛，萼筒边缘着生有退化雄蕊，花丝极短。蓇葖果 5，长 3 ～ 4mm；花萼宿存，直立，稀开展。花期 7 月，果期 8 ～ 9 月。

中生灌木。生于荒漠带的山坡、山地草甸灌丛、山沟溪边草甸。产龙首山（桃花山）。分布于我国甘肃中南部、青海东部、西藏东北部，俄罗斯（西伯利亚地区）、哈萨克斯坦，欧洲东南部。为东古北极分布种。

4. 珍珠梅属 Sorbaria (Ser.) A. Br. ex Asch.

灌木。芽宽卵形，有数枚鳞片。单数羽状复叶，互生，小叶边缘有锯齿，有托叶。花小，白色，多数组成顶生圆锥花序；萼筒杯状；萼片 5，反折；花瓣 5；雄蕊 20 ～ 50；心皮 5，离生，基部连合，与萼片对生。蓇葖果含数粒种子。

内蒙古有 2 种。

分种检索表

1a. 雄蕊 30 ～ 40，均长于花瓣；子房密被毛，花柱顶生……………………………**1. 珍珠梅 S. sorbifolia**

1b. 雄蕊 20 ～ 25，长短不一，与花瓣等长或稍短，也有长于花瓣者；子房无毛，花柱稍侧生………………………………………………………………………………………………**2. 华北珍珠梅 S. kirilowii**

1. 珍珠梅（东北珍珠梅）

Sorbaria sorbifolia (L.) A. Br. in Fl. Brandenb. 1:177. 1860; Fl. Intramongol. ed. 2, 3:68. t.27. f.5-7. 1989.——*Spiraea sorbifolia* L., Sp. Pl. 1:490. 1753.

灌木，高达 200cm。枝条开展，嫩枝绿色，老枝红褐色或黄褐色，无毛；芽宽卵形，有数枚鳞片，先端有毛，紫褐色。单数羽状复叶，小叶 9 ～ 17，叶片卵状披针形或长椭圆状披针形，长 4 ～ 7cm，宽 1 ～ 2cm，先端长渐尖，基部圆形，边缘有重锯齿，两面均无毛，无柄；托叶卵状披针形或倒卵形，边缘有不规则锯齿或全缘，早落。大型圆锥花序，顶生；花梗被短柔毛，有时混生腺毛；苞片卵状披针形至条状披针形，全缘，边缘有柔毛及腺毛；花梗长 2 ～ 5mm；花直径 6 ～ 9mm；萼筒杯状，外面稍被毛，萼片卵形或近三角形；花瓣宽卵形或近圆形，长 3 ～ 3.5mm，宽约 3mm，白色；雄蕊 30 ～ 40，长于花瓣；子房密被柔毛。蓇葖果矩圆形，密被白柔毛；花柱宿存，反折或直立。花期 7 ～ 8 月，果期 8 ～ 9 月。

中生灌木。散生于森林带和森林草原带的山地林缘，有时也可形成群落片段，也少量见于林下、路边、沟边及林缘草甸。产兴安北部及岭东和岭西（额尔古纳市、根河市、牙克石市、鄂伦春自治旗、东乌珠穆沁旗宝格达山）、兴安南部和科尔沁（科尔沁右翼前旗、突泉县）。分布于我国黑龙江、吉林、辽宁，日本、朝鲜、蒙古国（大兴安岭）。为东亚北部（满洲—日本）分布种。

可栽培供观赏。茎皮、枝条和果穗入药，能活血散瘀、消肿止痛，主治骨折、跌打损伤、风湿性关节炎。

2. 华北珍珠梅

Sorbaria kirilowii (Regel et Tiling) Maxim. in Trudy Imp. St.-Petersb. Bot. Sada 6:225. 1879; Fl. Intramongol. ed. 2, 3:68. t.27. f.1-4. 1989.——*Spiraea kirilowii* Regel. et Tiling in Fl. Ajian. 81. 1858.

灌木，高 200 ～ 300cm。枝开展，无毛，嫩枝绿色或淡褐色，老枝暗褐色；芽卵形，红褐色，无毛。单数羽状复叶，小叶 13 ～ 17，叶片披针形或椭圆状披针形，长 4 ～ 6cm，宽 1.5 ～ 2cm，先端长渐尖，或尾尖，基部圆形，少宽楔形，边缘有尖锐重锯齿，两面无毛，无柄；托叶条状披针形，全缘，边缘稍有毛。大型圆锥花序；花梗长 3 ～ 4mm，无毛；苞片条状披针形，边缘有腺毛；花直径 6 ～ 7mm。萼筒杯状，两面无毛；萼片近半圆形，先端圆钝，稀锐尖，无毛。花瓣近圆形或宽卵形，长与宽近相等，2 ～ 3mm；雄蕊 20 ～ 25，花丝长短不等，与花瓣等长或稍短，长者超出花瓣；花盘圆环状，褐黄色；子房无毛。蓇葖果矩圆形；萼片宿存，反折。花期 5 ～ 9 月，果期 8 ～ 9 月。

中生灌木。生于阔叶林带的山坡、杂木林中。产燕山北部（喀喇沁旗），内蒙古一些城市也有栽培。分布于我国河北西北部、河南东部、山东西部、山西、陕西南部、甘肃东部、青海东部。为华北分布种。

可栽培作观赏灌木。茎皮、枝条和果穗入药，功能、主治同珍珠梅。

Ⅱ. 苹果亚科 Maloideae

5. 栒子属 Cotoneaster Medikus

落叶或常绿灌木，稀小乔木。芽小，具数枚鳞片。单叶，互生，全缘；托叶小，早落。花两性，数朵成聚伞花序或单生，生于叶腋或短枝顶端；萼筒倒圆锥形，萼片5；花瓣5，白色或粉红色，直立或展开；雄蕊约20；花柱2～5，离生；心皮背面与萼筒连合，腹面分离，每心皮具2胚珠，子房下位。果实为梨果，红色或黑色，先端有宿存花萼，内有2～5小核。

内蒙古有10种。

分种检索表

1a. 花瓣白色，开花时平铺开展；果红色。
  2a. 叶片下面无毛或疏被柔毛。
    3a. 花梗和萼筒均无毛，叶片下面无毛，花瓣基部有1簇柔毛……………**1. 水栒子 C. multiflorus**
    3b. 花梗和萼筒疏被柔毛，叶片下面被短柔毛，花瓣基部无毛…**2. 毛叶水栒子 C. submultiflorus**
  2b. 叶片下面密被茸毛。
    4a. 萼筒无毛；果倒卵形，无毛，稍被蜡粉……………………………**3. 蒙古栒子 C. mongolicus**
    4b. 萼筒被茸毛；果卵形或椭圆形，疏被柔毛…………………………**4. 准噶尔栒子 C. soongoricus**
1b. 花瓣粉红色，开花时直立。
  5a. 叶片下面密被茸毛，叶先端钝圆；果红色或蓝黑色，无毛。
    6a. 花萼被毛。
      7a. 花序与叶片近等长，花3～13，花萼密被开展柔毛；果红色…**5. 西北栒子 C. zabelii**
      7b. 花序比叶片短约一半，花2～4。
        8a. 果红色，花萼疏被平铺柔毛……………………………………**6. 少花栒子 C. oliganthus**
        8b. 果黑色，花萼密被平铺柔毛……………………………………**7. 细枝栒子 C. tenuipes**
    6b. 花萼无毛。
      9a. 果成熟时红色；花序比叶片短约一半，花2～5………**8. 全缘栒子 C. integerrimus**
      9b. 果成熟时蓝黑色，有蜡粉；花序与叶片近等长，花3～15……………………………………
      ……………………………………………………………………**9. 黑果栒子 C. melanocarpus**
  5b. 叶两面无毛或疏被长柔毛，叶先端锐尖或渐尖；果紫黑色，被疏柔毛…**10. 灰栒子 C. acutifolius**

1. 水栒子（栒子木、多花栒子）

Cotoneaster multiflorus Bunge in Fl. Alt. 2:220. 1830; Fl. Intramongol. ed. 2, 3:71. t.28. f.1-3. 1989.

灌木，高达200cm。枝开展，褐色或暗灰色，无毛；嫩枝紫色或紫褐色，被毛。叶片卵形、菱状卵形或椭圆形，长2～4.5cm，宽1.2～3cm，先端圆钝，有时微凹，或有短尖头，稀锐尖，基部宽楔形或圆形，上面绿色、无毛，下面淡绿色，幼时稍有茸毛，后渐脱落无毛；叶柄紫色或绿色，长3～10mm，幼时被柔毛以后脱落无毛；托叶披针形，紫褐色，被毛，早落。聚伞花序，疏松，

生于叶腋，花 3 ～ 10；花梗长 2 ～ 15mm，无毛；苞片披针形，稍被毛，早落；花直径 8 ～ 10mm；萼片近三角形，仅先端边缘稍被毛；花瓣近圆形，白色，开展，长宽近相等，约 4mm，基部有 1 簇柔毛；雄蕊 20，稍短于花瓣；花柱 2，比雄蕊短，子房顶端有柔毛。果实近球形或宽卵形，直径 8mm，鲜红色，有 1 小核。花期 6 月，果熟 9 月。

中生灌木。零星生于草原带的山地灌丛、林缘、沟谷。产兴安南部（克什克腾旗）、锡林郭勒（锡林郭勒盟东南部）、乌兰察布（达尔罕茂明安联合旗吉穆斯泰山）、阴山（大青山、蛮汗山、乌拉山）、贺兰山。分布于我国黑龙江西部、辽宁西部、河北北部和西部、河南西部、山西、陕西、宁夏、甘肃东部、青海东部和南部、湖北西部、四川西部、云南西北部、西藏东部和南部、新疆北部，俄罗斯（西西伯利亚地区），中亚、西南亚。为东古北极分布种。

2. 毛叶水栒子

Cotoneaster submultiflorus Popov in Bull. Sco. Imp. Nat. Mosc. n.s., 44:126. 1935; Fl. Intramongol. ed. 2, 3:71. t.28. f.4. 1989.

灌木，高 150 ～ 300cm。小枝棕褐色或灰褐色，幼时密被柔毛，后脱落近无毛。叶片卵形、菱状卵形或椭圆形，长 2 ～ 4cm，宽 1 ～ 2cm，先端急尖或圆钝，基部宽楔形或近圆形，全缘，上面无毛或稍被毛，下面浅绿色，被柔毛；叶柄褐色，长 2 ～ 6mm，疏被柔毛；托叶披针形，被柔毛，早落。聚伞花序，花 3 ～ 9；苞片披针形，紫棕色，被毛；花梗长 4 ～ 8mm，被毛；花直径 9 ～ 11mm；萼片三角形，先端急尖，被白色柔毛；花瓣白色，平展，卵形或近圆形，长 4 ～ 5mm，先端圆；雄蕊 15 ～ 20，短于花瓣；花柱 2，比雄蕊短，子房顶端有白色柔毛。果实近圆球形，稍长，红色，无毛，直径 6 ～ 8mm，有 2 小核。花期 5 ～ 6 月，果期 8 ～ 9 月。

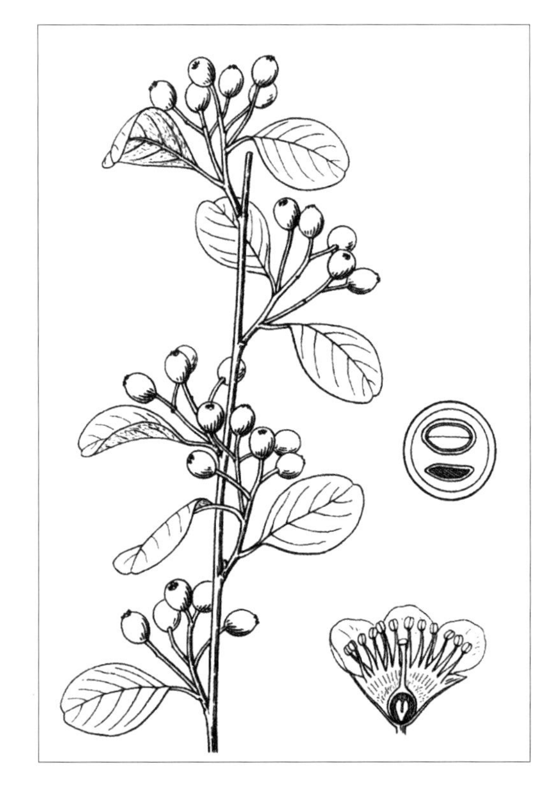

中生灌木。生于草原带的山地林缘、灌丛、沟谷。产阴山（大青山）、贺兰山。分布于我国河北西北部、河南北部、山西、陕西东南部、宁夏、甘肃中东部、青海东部和南部、四川北部、西藏东部和南部、新疆北部，中亚。为东古北极分布种。

3. 蒙古栒子

Cotoneaster mongolicus Pojark. in Bot. Mater. Gerb. Glavn. Bot. Sada RSFSR 17:196. 1955; Fl. Intramongol. ed. 2, 3:71. t.29. f.1-7. 1989.

灌木，高 150 ～ 200cm。小枝紫褐色、棕褐色或暗红色棕色，幼时有白色柔毛，老时脱落无毛。叶片卵形、椭圆形，稀长椭圆形，长 1 ～ 2.5（～ 3）cm，宽 0.8 ～ 1.5cm，先端圆钝或

锐尖，基部圆形或宽楔形，稍偏斜，上面绿色，被微毛或无毛，下面淡绿色，密被灰白色茸毛，老时稍稀疏，沿叶脉稍密；叶柄长 2 ～ 4mm，被柔毛；托叶披针形，紫褐色，被毛。聚伞花序着生于叶腋或短枝上，花 2 ～ 5；花梗长 2 ～ 8mm，密被毛；花直径（6 ～）8 ～ 9（～ 10）mm；萼筒外面无毛；萼片三角形，先端被微毛；花瓣近圆形或椭圆形，白色，开展，长 3 ～ 4mm，宽约 3mm；雄蕊 15 ～ 20，短于花瓣，花丝下面加宽呈披针形；花柱 2，稍短于雄蕊，子房顶端被柔毛。果实倒卵形，长约 7mm，红色或紫红色，无毛，稍被蜡粉或无，有 2 小核。花期 6 ～ 7 月，果期 8 ～ 9 月。

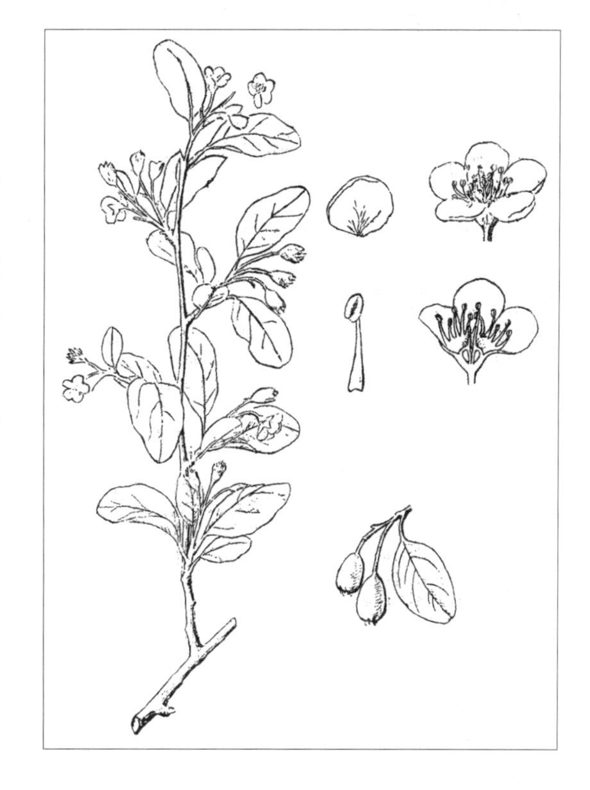

中生灌木。生于草原带的山地与丘陵的石质坡地，也见于沙地。产锡林郭勒（东乌珠穆沁旗、锡林浩特市、阿巴嘎旗、苏尼特左旗）、阴山（大青山）、东阿拉善（桌子山）、贺兰山、西阿拉善（阿拉善右旗北部）、龙首山（桃花山）、额济纳（马鬃山）。分布于蒙古国中东部。为蒙古高原分布种。

4. 准噶尔栒子（准噶尔总花栒子）

Cotoneaster soongoricus (Regel et Herd.) Popov in Bull. Soc. Imp. Nat. Mosc. n.s., 44:128. 1935; Fl. Intramongol. ed. 2, 3:73. t.29. f.8-9. 1989.——*C. nummularia* Fisch. et C. A. Mey. var. *soongoricum* Regel et Herd. in Bull. Soc. Imp. Nat. Mosc. 39(2):59. 1866.

灌木，高 100 ～ 250cm。枝灰褐色，嫩枝紫褐色，被微毛。叶片卵形或椭圆形，长 1.3 ～ 2.5cm，宽 0.8 ～ 2cm，先端圆钝或急尖，常有小尖头，基部宽楔形或圆形，上面被稀疏柔毛或无毛，叶脉常下陷，下面被茸毛；叶柄长 2 ～ 4mm，被毛；托叶披针形，棕褐色，被毛。聚伞花序，

花 3 ～ 5；花梗长 2 ～ 5mm，被毛；花直径 8mm。萼筒外面被茸毛；萼片三角形，外面有茸毛，里面近无毛。花瓣近圆形，开展，白色，先端圆钝，稀微凹，基部有短爪，里面近基部有白色柔毛；雄蕊 18 ～ 20，稍短于花瓣；花柱 2，稍短于雄蕊，子房顶端密被白色柔毛。果实卵形至椭圆形，红色，被稀疏柔毛，有 1 ～ 2 小核。花期 6 ～ 7 月，果期 8 ～ 9 月。

中生灌木。散生于草原带山地的石质山坡。产阴山（乌拉山）、阴南丘陵（准格尔旗阿贵庙）、贺兰山、龙首山。分布于我国山西北部、宁夏西北部、甘肃东部、四川西部、云南西北部、西藏东南部、新疆西北部。为准噶尔—华北—横断山脉分布种。

5. 西北栒子

Cotoneaster zabelii C. K. Schneid. in Ill. Handb. Laubholzk. 1:749. 1906; Fl. China 9:95. 2003.

落叶灌木，高达 200cm。枝条细瘦开张，小枝圆柱形，深红褐色，幼时密被带黄色柔毛，老时无毛。叶片椭圆形至卵形，长 1.2 ～ 3cm，宽 1 ～ 2cm，先端多数圆钝，稀微缺，基部圆形或宽楔形，全缘，上面具稀疏柔毛，下面密被带黄色或带灰色茸毛；叶柄长 1 ～ 3mm，被茸毛；托叶披针形，有毛，果期多数脱落。花 3 ～ 13，呈下垂聚伞花序，总花梗和花梗被柔毛；花梗长 2 ～ 4mm。萼筒钟状，外面被柔毛；萼片三角形，先端稍钝或具短尖头，外面具柔毛，内面几无毛或仅沿边缘有少数柔毛。花瓣直立，倒卵形或近圆形，直径 2 ～ 3mm，先端圆钝，浅红色；雄蕊 18 ～ 20，较花瓣短；花柱 2，离生，短于雄蕊，子房先端具柔毛。果实倒卵形至卵球形，直径 7 ～ 8mm，鲜红色，常具 2 小核。花期 5 ～ 6 月，果期 8 ～ 9 月。

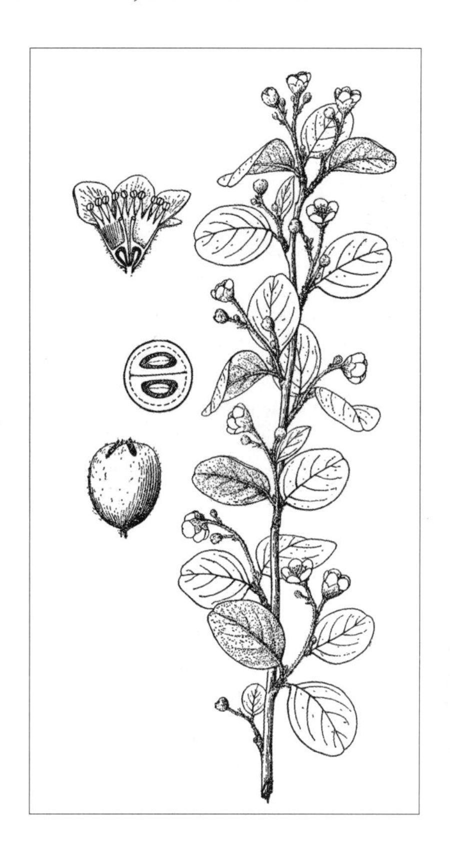

中生灌木。生于山地阴坡、沟谷、灌丛。产燕山北部（兴和县苏木山）、东阿拉善（狼山）、贺兰山。分布于我国河北西部、河南西部和南部、山东西北部、湖北西部、湖南北部、江西、山西、陕西、宁夏、甘肃中东部、青海东部。为华北—华中分布种。

6. 少花栒子

Cotoneaster oliganthus Pojark. in Bot. Mater. Gerb. Glavn. Bot. Sada R.S.F.S.R. 8:141. f.3. 1938; Fl. China 9:97. 2003.

落叶灌木，高 100 ～ 200cm。小枝幼时密被平铺绿灰色茸毛，最后脱落近于无毛，深褐色。叶片椭圆形或卵圆形，先端常圆钝，稀稍急尖，有时微凹，并有短尖，基部宽楔形至圆形，长 8 ～ 25mm，宽 4 ～ 17mm，上面深绿色，有稀疏平铺柔毛或无毛，下面被绿灰色茸毛；叶柄有茸毛，长 2 ～ 4mm。花序比叶片短约一半，花 2 ～ 4 朵呈总状短花束；总花梗长 2 ～ 3mm；花梗有毛，长 2 ～ 5mm；花小，直径 7 ～ 8mm。萼筒外被平铺稀疏柔毛；萼片宽三角形，先端圆钝或稍急尖，有稀疏柔毛或近无毛，边缘带紫色并有茸毛状睫毛。花瓣淡红色，内面基部有曲柔毛；雄蕊 20；花柱 2 或 3，离生。果实近球形至椭圆形，直径 5 ～ 8mm，红色，常具 2 或 3 小核。

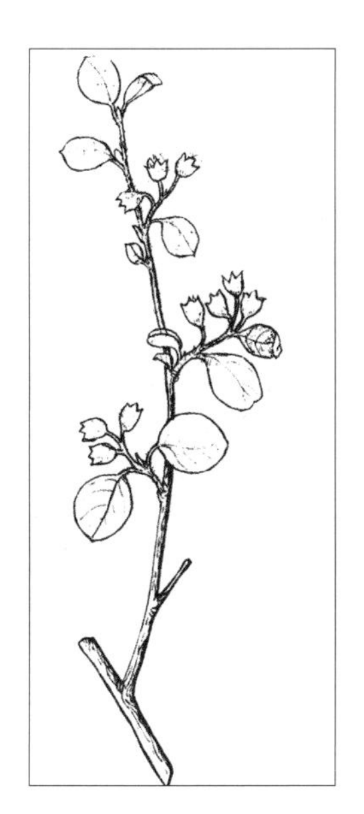

旱中生灌木。生于荒漠带的山地。产阴山（大青山）、龙首山。分布于我国新疆，哈萨克斯坦、吉尔吉斯斯坦。为亚洲中部山地分布种。

7. 细枝栒子

Cotoneaster tenuipes Rehd. et E. H. Wilson in Pl. Wilson. 1:171. 1912; Fl. China 9:95. 2003; Fl. Helan Mount. 241. 2011.

落叶灌木，高100～200cm。小枝细瘦，圆柱形，褐红色，幼时具灰黄色平贴柔毛，不久即脱落，一年生枝无毛。叶片卵形、椭圆卵形至狭椭圆卵形，长1.5～2.5(～3.5)cm，宽1.2～2cm，

先端急尖或稍钝，基部宽楔形，全缘，上面幼时具稀疏柔毛，老时近无毛，叶脉微下陷，下面被灰白色平贴茸毛，叶脉稍凸起；叶柄长3～5mm，具柔毛；托叶披针形，微具柔毛，脱落或部分宿存。花2～4朵组成聚伞花序，总花梗和花梗密生平贴柔毛；苞片线状披针形，微具柔毛；花梗细弱，长1～3mm；花直径约7mm。萼筒钟状，外面密被平贴柔毛，内面无毛；萼片卵状三角形，先端急尖，外面密生柔毛，内面除边缘外均无毛。花瓣直立，卵形或近圆形，长3～4mm，宽约与长相等，先端圆钝，基部有爪，白色有红晕；雄蕊约15，比花瓣短；花柱2，离生，短于雄蕊，子房先端微具柔毛。果实卵形，直径5～6mm，长8～9mm，紫黑色，有1～2小核。花期5月，果期9～10月。

中生灌木。生于荒漠带的山地灌丛。产贺兰山。分布于我国陕西、甘肃、青海、四川、云南、西藏。为横断山脉分布种。

8. 全缘栒子

Cotoneaster integerrimus Medic. in Gesch. Bot. 85. 1793; Fl. Intramongol. ed. 2, 3:73. t.28. f.5. 1989.

灌木，高达150cm。小枝棕褐色、褐色或灰褐色，嫩枝密被灰白色茸毛，以后逐渐脱落，老枝无毛。叶椭圆形或宽卵形，

长1.5～4cm，宽1～3cm，先端锐尖、圆钝或微凹，基部圆形或宽楔形，全缘，上面有稀疏柔毛，下面密被灰白色茸毛；叶柄长1～4mm，被毛；托叶披针形，被茸毛。聚伞花序，花2～4(～5)；苞片披针形，被微毛；花梗长2～5mm，被毛；花直径约8mm；萼片卵状三角形，内外两面无毛；花瓣直立，

近圆形，长与宽近相等，约 3mm，粉红色；雄蕊 15 ～ 20，与花瓣近等长；花柱 2，短于雄蕊，子房顶端有柔毛。果实近圆球形，稀卵形，直径约 6mm，红色，无毛，有 2 ～ 4 小核。花期 6 ～ 7 月，果期 7 ～ 9 月。

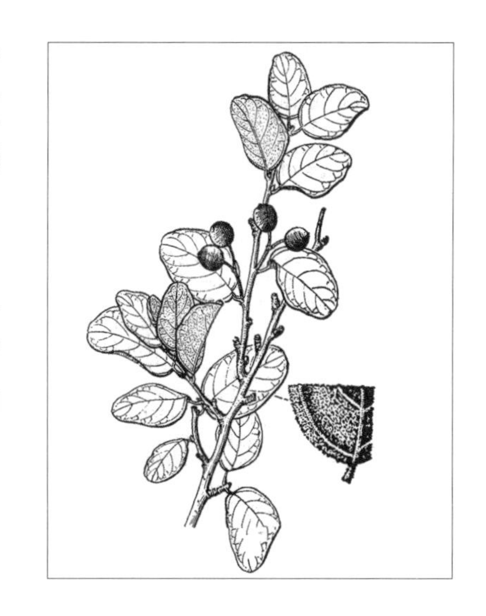

中生灌木。生于草原带的山地桦木林下、灌丛及石质山坡。产岭西（鄂温克族自治旗、新巴尔虎左旗）、兴安南部（科尔沁右翼前旗、巴林右旗、克什克腾旗黄岗梁）、锡林郭勒（西乌珠穆沁旗、锡林浩特市）、阴山（大青山）。分布于我国黑龙江西北部、河北西北部、青海东部、新疆中部和北部，朝鲜，亚洲北部、欧洲。为古北极分布种。

9. 黑果栒子（黑果灰栒子）

Cotoneaster melanocarpus Lodd. in Bot. Cab. 16:t.1531. 1828; Fl. Intramongol. ed. 2, 3:75. t.30. f.1-3. 1989.

灌木，高达 200cm。枝紫褐色、褐色或棕褐色，嫩枝密被柔毛，逐渐脱落至无毛。叶片卵形、宽卵形或椭圆形，长（1.2 ～）1.8 ～ 4cm，宽（1 ～）1.2 ～ 2.8cm，先端锐尖，圆钝，稀微凹，

基部圆形或宽楔形，全缘，上面被稀疏短柔毛，下面密被灰白色茸毛；叶柄长 2 ～ 5mm，密被柔毛；托叶披针形，紫褐色，被毛。聚伞花序，花（2 ～）4 ～ 6；总花梗和花梗有毛，下垂，花梗长 3 ～ 15mm；苞片条状披针形，被毛；花直径 6 ～ 7mm；萼片卵状三角形，无毛或先端边缘稍被毛；花瓣近圆形，直立，粉红色，长与宽近相等，约 3mm；雄蕊约 20，与花瓣近等长或稍短；花柱 2 ～ 3，比雄蕊短，子房顶端被柔毛。果实近球形，直径 7 ～ 9mm，蓝黑色或黑色，被蜡粉，有 2 ～ 3 小核。花期 6 ～ 7 月，果期 8 ～ 9 月。

中生灌木。生于草原带和荒漠带的山地和丘陵坡地上，可成为灌丛的优势植物，也常散生于灌丛和林缘，并可进入疏林中。产兴安北部（额尔古纳市、根河市、牙克石市）、兴安南部（阿鲁科尔沁旗、巴林右旗、

克什克腾旗）、燕山北部（敖汉旗）、锡林郭勒（锡林浩特市、太仆寺旗）、阴山（大青山）、阴南丘陵（准格尔旗）、东阿拉善（桌子山）、贺兰山、龙首山（桃花山）。分布于我国黑龙江西北部、吉林、河北西北部、山西北部、陕西北部、宁夏西北部、甘肃中部、新疆北部，日本、蒙古国东部和北部及西部和东南部、俄罗斯（西伯利亚地区），亚洲西部、欧洲东部。为古北极分布种。

可栽培供观赏。

10. 灰栒子（尖叶栒子）

Cotoneaster acutifolius Turcz. in Bull. Soc. Imp. Nat. Mosc. 5:190. 1832; Fl. Intramongol. ed. 2, 3:75. t.30. f.4-5. 1989.

灌木，高 150 ～ 200cm。枝褐色或紫褐色，老枝灰黑色，嫩枝被长柔毛，以后脱落无毛。叶片卵形，稀椭圆形，长 1.5 ～ 2cm，宽 1.2 ～ 3.7cm，先端锐尖、渐尖，稀钝，基部宽楔形或圆形，上面绿色，被稀疏长柔毛，下面淡绿色，被长柔毛，幼时较密，逐渐脱落变稀疏；叶柄

长 2 ～ 5mm，被柔毛；托叶披针形，紫色，被毛。聚伞花序，有花 2 ～ 5 朵；花梗长 2 ～ 7mm，被柔毛；花直径约 7mm；萼筒外面被柔毛，萼片近三角形，边缘有白色茸毛；花瓣直立，近圆形，粉红色，长 3 ～ 4mm，宽 3 ～ 3.5mm，基部有短爪；雄蕊 18 ～ 20，花丝下部加宽成披针形，与花瓣近等长或稍短；花柱 2（～ 3），比雄蕊短，子房先端密被柔毛。果实倒卵形或椭圆形，暗紫黑色，直径 7 ～ 9mm，被稀疏柔毛，有 2 小核。花期 6 ～ 7 月，果期 8 ～ 9 月。

旱中生灌木。散生于草原带的山地石质坡地及沟谷，常见于林缘及一些杂木林中。产兴安南部及赤峰丘陵（巴林右旗、克什克腾旗大局子林场）、燕山北部（喀喇沁旗、兴和县苏木山林场）、锡林郭勒（锡林浩特市、阿巴嘎旗、正蓝旗、太仆寺旗）、阴山（大青山、蛮汗山、乌拉山）、阴南丘陵（准格尔旗）、东阿拉善（桌子山）、贺兰山。分布于我国河北西部和西北部、河南西部、山西、陕西、湖北西部、湖南西北部、宁夏、甘肃东部、青海东部、四川西部、云南西北部、西藏东部和南部。为华北—横断山脉分布种。

果实入蒙药（蒙药名：牙日钙），能燥“黄水”，主治关节积“黄水”。

6. 山楂属 Crataegus L.

灌木或小乔木。通常有枝刺。单叶，互生，边缘有锯齿或分裂，有托叶。伞房花序，顶生；萼筒钟状或杯状，萼片 5；花瓣 5，白色，稀粉红色；雄蕊 5 ～ 25。心皮 1 ～ 5，大部分与花托（萼筒）合生，仅先端与腹面分离；子房下位，1 ～ 5 室，每室有 2 枚胚珠，仅 1 枚发育。果实为梨果，红色，稀黄色，具宿存的萼片；心皮成熟时变骨质，呈小核状，各含 1 种子。

内蒙古有 4 种。

分种检索表

1a. 花梗和总花梗密被柔毛，未成熟果被毛……………………………………………**1. 毛山楂 C. maximowiczii**

1b. 花梗和总花梗无毛，果无毛。

2a. 叶片羽状深裂，裂片 3 ～ 4 对，侧脉伸到裂片顶端及裂片分裂处。

3a. 果较小，径 1 ～ 1.5cm；叶片小，羽状分裂较深………**2a. 山楂 C. pinnatifida** var. **pinnatifida**

3b. 果较大，径 2cm 以上；叶片大，羽状分裂较浅。栽培……**2b. 山里红 C. pinnatifida** var. **major**

2b. 叶片浅裂或不分裂，侧脉伸到裂片顶端，但裂片分裂处无侧脉。

4a. 叶片上面散生短柔毛，下面沿叶脉生柔毛；果血红色，径 1 ～ 1.5cm；子房顶端有毛………
……………………………………………………………………………**3. 辽宁山楂 C. sanguinea**

4b. 叶片上面无柔毛，下面近无毛；果红色或橘红色，径 6 ～ 8mm；子房顶端无毛…………………
……………………………………………………………………………**4. 光叶山楂 C. dahurica**

1. 毛山楂

Crataegus maximowiczii C. K. Schneid. in Ill. Handb. Laubh. 1:771. f.437.a-b, 438.a-c. 1906; Fl. Intramongol. ed. 2, 3:77. t.31. f.5. 1989.

灌木或小乔木，高达 700cm。枝通常无刺，稀有刺，刺长可达 3.5cm；枝紫褐色或灰褐色，有光泽，散生灰白色皮孔，小枝幼时密被灰白色柔毛；芽卵形，褐色或紫褐色，无毛，有光泽。叶宽卵形或菱状卵形，长 3.5 ～ 8cm，宽 3 ～ 6cm，先端锐尖，基部楔形或宽楔形，边缘有 3 ～ 4 对羽状浅裂，稀深裂，有锯齿或重锯齿，上面疏生柔毛，下面密生白色长柔毛，沿叶脉较密；叶柄长 0.5 ～ 2cm，密被白色柔毛，有时稀疏；托叶半月形或卵状披针形，边缘有腺齿，早落。聚伞花序，多花；总花梗和花梗均被灰白色柔毛，花梗长 3 ～ 8mm；花直径约 1.2cm；萼筒钟状，外被灰白色柔毛；萼片三角状披针形或三角状卵形，外面被柔毛，里面较少；花瓣近圆形，长与宽近相等，约 5mm，白色；雄蕊

20，比花瓣短；花柱（2～）3～5，基部被柔毛。果实球形，直径约8mm，红色，幼时被柔毛，以后脱落无毛；果梗被柔毛；萼片宿存，反折；有小核3～5。花期5～6月，果期8～9月。

中生灌木或小乔木。散生于森林带和森林草原带的山地林缘及沟谷灌丛。产岭东（鄂温克族自治旗）、兴安南部（巴林右旗、克什克腾旗、西乌珠穆沁旗、锡林浩特市）。分布于我国黑龙江、吉林东部、辽宁西北部、山西中部，日本、朝鲜、俄罗斯（东西伯利亚地区、远东地区）。为东西伯利亚—东亚北部分布种。

果可食用，木材可做家具。

2. 山楂（山里红、裂叶山楂）

Crataegus pinnatifida Bunge in Mem. Acad. Imp. Sci. St.-Petersb. Div. Sav. 2:11. 1835; Fl. Intramongol. ed. 2, 3:78. t.31. f.1-2. 1989.

2a. 山楂

Crataegus pinnatifida Bunge var. **pinnatifida**

乔木，高达600cm。树皮暗灰色。小枝淡褐色，枝刺长1～2cm，稀无刺；芽宽卵形，先端圆钝，无毛。叶宽卵形、三角状卵形或菱状卵形，长4～7cm，宽3～6.5cm，先端锐尖或渐尖，基部宽楔形或楔形，边缘有3～4对羽状深裂，裂片披针形、卵状披针形或条状披针形，边缘有不规则的锯齿，上面暗绿色，有光泽，下面淡绿色，沿叶脉疏生长柔毛；叶柄长1～3cm；托叶大，镰状，边缘有锯齿。伞房花序，有多花；花梗及总花梗均被毛，花梗长5～10mm；花直径8～12mm；萼片披针形，先端渐尖，全缘，里面先端有毛；花瓣倒卵形或近圆形，长约6mm，宽5～5.5mm，白色；雄蕊20，短于花瓣，花药粉红色；花柱3～5，子房顶端有毛。果实近球形或宽卵形，直径1～1.5cm，深红色，表面有灰白色斑点，内有3～5小核；果梗被毛。花期6月，果熟期9～10月。

中生落叶阔叶乔木。生于森林带和森林草原带的山地沟谷。产兴安北部（额尔古纳市、根河市）、岭西（海拉尔区）、兴安南部（扎赉特旗、科尔沁右翼前旗、阿鲁科尔沁旗、巴林左旗、巴林右旗、克什克腾旗、东乌珠穆沁旗、西乌珠穆沁旗）、辽河平原（大青沟）、燕山北部（喀喇沁旗、宁城县、敖汉旗）、锡林郭勒（多伦县五道沟）、阴山（大青山、蛮汗山）。分布于我国黑龙江、吉林、辽宁、河北、河南北部、山东西部、山西、陕西南部、江苏，朝鲜。为华北—满洲分布种。

可栽培供观赏。幼苗可做嫁接山里红及苹果等的砧木。果可食或做果酱，也可入药，功能、主治同山里红。

2b. 山里红（大山楂、红果）

Crataegus pinnatifida Bunge var. **major** N. E. Br. in Gard. Chron. n. s., 26:621. f.121. 1886；Fl. Intramongol. ed. 2, 3:80. t.31. f. 3. 1989.

本变种与正种的区别：果实大，其直径可达 2cm 以上，深亮红色；叶片大，羽状分裂较浅，植株比正种高大。

中生落叶阔叶乔木。呼和浩特市、赤峰市、乌兰察布市凉城县有栽培。我国北方地区广为栽培。

果实入药，能消食化滞、散瘀止痛，主治积食、消化不良、小儿疳积、细菌性痢疾、肠炎、产后腹痛、高血压等；叶煎水当茶饮，可降血压；根可治风湿关节痛、痢疾、水肿。

3. 辽宁山楂（红果山楂、面果果）

Crataegus sanguinea Pall. in Fl. Ross. 1(1):25. 1784; Fl. Intramongol. ed. 2, 3:80. t.31. f.4. 1989.

小乔木，高 200 ～ 400cm。枝刺锥形，长 1 ～ 2（～ 3）cm；小枝紫褐色、褐色或灰褐色，有光泽；老枝及树皮灰白色；芽宽卵形，紫褐色，无毛。叶宽卵形、菱状卵形、稀近圆形，长（2 ～）3 ～ 7cm，宽 2 ～ 5.5cm，先端锐尖或渐尖，基部楔形、宽楔形或截形，边缘有 2 ～ 3（～ 4）对羽状浅裂，有时基部一对裂片较浅，稀深裂，有重锯齿或锯齿，裂片卵形，上面绿色，疏生短柔毛，下面淡绿色，沿脉疏生短柔毛，脉腋较密，稀近无毛；托叶卵状披针形或半圆形，褐色，边缘有腺齿；叶柄长 0.5 ～ 3cm，近无毛或稍被毛。伞房花序，有花 4 ～ 13 朵；花梗长 4 ～ 14mm，疏生柔毛或近无毛；苞片条形或倒披针形，有腺齿，褐色，早落；花直径约 9mm；萼片狭三角形，先端渐尖或尾尖，有时 3 裂，里面被毛；花瓣近圆形，长与宽近相等，5 ～ 6mm，白色；雄蕊 20，花丝长短不齐，长者与花瓣近等长；花柱 2 ～ 5，稍短于雄蕊，子房顶端有毛。果实近球形或宽卵形，直径 1 ～ 1.3（～ 1.5）cm，血红色或橘红色；果梗无毛；萼片宿存，反折；有核 3，稀 4 或 5。花期 5 ～ 6 月，果期 7 ～ 9 月，果熟期 9 ～ 10 月。

中生落叶阔叶小乔木。生于森林带和草原带的山地阴坡、半阴坡或河谷，为杂木林的伴生种。产兴安北部及岭东（额尔古纳市、根河市、鄂伦春自治旗、阿尔山市白狼镇和阿尔山）、岭西（海拉尔区）、兴安南部（阿鲁科尔沁旗、巴林右旗、克什克腾旗、东乌珠穆沁旗、西乌珠穆沁旗）、锡林郭勒（锡林浩特市、正蓝旗、多伦县）、阴山（大青山、蛮汗山、乌拉山）。分布于我国

黑龙江、吉林西部、辽宁西北部、河北北部、山西、新疆北部，蒙古国东部和北部、俄罗斯（西伯利亚地区、远东地区）。为东古北极分布种。

本种果实可分为血红色与橘红色（开始为黄色，成熟后才为橘红色）两类，血红色果实较小，其直径1～1.2cm，熟透后稍呈透明状，果肉无酸甜味；橘红色果较大，直径通常为1.2～1.5cm，果皮上有少量的灰白色小斑点，果肉有酸甜味。二者果实显然不同，但其植株形态上的变异和生物学特性有待进一步研究。

4. 光叶山楂（兴安山楂）

Crataegus dahurica Koehne ex C. K. Schneid. in Ill. Handb. Laubh. 1:773. f.437.n-o.,438.g-i. 1906; Fl. Intramongol. ed. 2, 3:81. 1989.

灌木或小乔木，植株高200～600cm。小枝暗紫色或紫褐色，有光泽，无毛，散生灰白色皮孔；多年生枝条暗灰色，具暗紫色的刺，长1～2.5cm或无刺；冬芽近圆形或卵形，暗紫色，无毛，有光泽。叶菱状卵形，稀椭圆卵形或倒卵形，长3～6cm，宽2～4cm，先端渐尖，基部楔形，边缘有细锐重锯齿，基部锯齿少，或近全缘，上半部常有3～4对浅裂片，裂片卵形，先端急尖，上、下两面近无毛；托叶披针形或卵状披针形，长6～8mm，先端渐尖，边缘具腺齿，无毛；叶柄长4～12mm，近无毛。复伞房花序，有花7～20朵；花梗长8～10mm，总花梗和花梗均无毛；苞片条状披针形，长约6mm，边缘具齿，无毛；花直径约1cm；萼筒钟状，无毛；萼片狭三角形，先端渐尖，全缘或有1～2对锯齿，无毛；花瓣近圆形或倒卵形，长4～5mm，宽3～4mm，白色；雄蕊20，花药红色，约与花瓣等长；花柱2～4，子房顶端无毛，柱头头状。果实近球形或长椭圆形，直径6～8mm，红色或橘红色；果核2～4，两面有凹痕。花期6月，果期8月。

中生落叶阔叶灌木或小乔木。生于森林带和森林草原带的河岸林间草甸、灌丛、沙丘坡上。产兴安北部及岭西（额尔古纳市、根河市、牙克石市、鄂温克族自治旗、阿尔山市白狼镇、海拉尔区）。分布于我国黑龙江西北部，蒙古国东部和北部、俄罗斯（东西伯利亚地区）。为东西伯利亚分布种。

可供观赏，果可食用。

7. 花楸属 Sorbus L.

乔木或灌木。芽通常较大，具多数覆瓦状鳞片。叶互生，单叶或复叶，有托叶。花两性，多数组成顶生复伞形花序；萼片和花瓣各 5；雄蕊 15 ～ 25；心皮 2 ～ 5，部分离生或全部合生；子房半下位或下位，2 ～ 5 室，每室具 2 胚珠，花柱离生或基部合生。果实为小型的梨果，子房壁呈软骨质，种子每室 1 ～ 2 粒。

内蒙古有 3 种。

分种检索表

1a. 单叶，边缘具锐重锯齿，不分裂；果长圆形、椭圆形或卵形；萼片完全脱落…**1. 水榆花楸 S. alnifolia**

1b. 奇数羽状复叶，果球形，萼片宿存。

2a. 果红色，芽密被白色茸毛……………………………………………………**2. 花楸树 S. pohuashanensis**

2b. 果白色或黄色，芽无毛或顶端微具柔毛……………………………………**3. 北京花楸 S. discolor**

1. 水榆花楸

Sorbus alnifolia (Seib. et Zucc.) K. Koch. in Ann. Mus. Bot. Lugduno-Batavi 1:249. 1864; Fl. China 9:164. 2003.——*Crataegus alnifolia* Seib. et Zucc. in Abh. Math.-Phys. Cl. Konigl. Bayer. Akad. Wiss. 4(2):130. 1845.

乔木，高达 20m。小枝圆柱形，具灰白色皮孔，幼时微具柔毛，二年生枝暗红褐色，老枝暗灰褐色，无毛；冬芽卵形，先端急尖，外具数枚暗红褐色无毛鳞片。叶片卵形至椭圆卵形，长 5 ～ 10cm，宽 3 ～ 6cm，先端短渐尖，基部宽楔形至圆形，边缘有不整齐的尖锐重锯齿，有时微浅裂，上、下两面无毛，或下面的中脉和侧脉上微具短柔毛，侧脉 6 ～ 10(～ 14) 对，直达叶边齿尖；叶柄长 1.5 ～ 3cm，无毛或微具稀疏柔毛。复伞房花序较疏松，具花 6 ～ 25 朵，总花梗和花梗具稀疏柔毛；花梗长 6 ～ 12mm；花直径 10 ～ 14(～ 18)mm。萼筒钟状，外面无毛，内面近无毛；萼片三角形，先端急尖，外面无毛，内面密被白色茸毛。花瓣卵形或近圆形，长 5 ～ 7mm，宽 3.5 ～ 6mm，先端圆钝，白色；雄蕊 20，短于花瓣；花柱 2，基部或中部以下合生，光滑无毛，短于雄蕊。果实椭圆形或卵形，直径 7 ～ 10mm；长 10 ～ 13mm，红色或黄色，不具斑点或具极少数细小斑点，2 室，萼片脱落后果实先端残留圆斑。花期 5 月，果期 8 ～ 9 月。

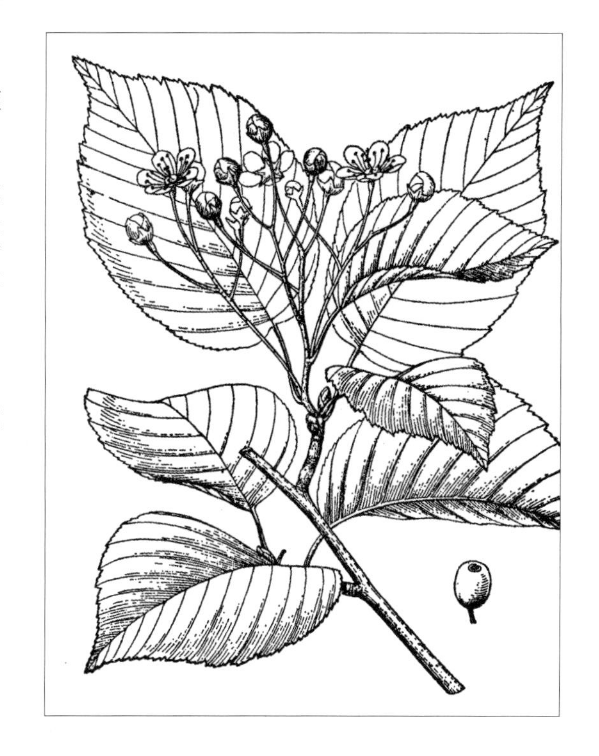

中生落叶阔叶乔木。生于草原带的沙丘林间。产呼伦贝尔（海拉尔区西山）。分布于我国黑龙江南部、吉林东部、辽宁、河北西部、河南、山东、山西、安徽南部、江西北部、江苏、浙江、福建北部、台湾、湖北西部、山西南部、陕西南部、甘肃东部、四川东北部，日本、朝鲜。为东亚分布种。

根据王战 1166 号标本收载。

2. 花楸树（山槐子、百花山花楸、马加木）

Sorbus pohuashanensis (Hance) Hedl. in Kongl. Svenska Vet. Handl. 35:33. 1901; Fl. Intramongol. ed. 2, 3:81. t.32. f.1-2. 1989.——*Pyrus pohuashanensis* Hance in J. Bot. 13:132. 1875.

乔木，高达 8m。小枝紫褐色或灰褐色，有灰白色皮孔，树皮灰色；芽长卵形，有数枚红褐色鳞片，密被灰白色茸毛。单数羽状复叶，小叶通常 9～13，长椭圆形或椭圆状披针形，长 3～8cm，

宽 1～2.6cm，先端锐尖，顶端小叶基部常宽楔形，侧生小叶基部近圆形，稍偏斜，边缘在 1/4～1/3 以上有锯齿，上面深绿色，具稀疏柔毛或近无毛，下面淡绿色，被稀疏柔毛，沿叶脉稍密；小叶近无柄，叶柄有白色茸毛；托叶宽卵形，有不规则锯齿。顶生大型聚伞圆锥花序，呈伞房状，花多密集；花梗长 3～4mm，有毛；花直径 7～8mm；萼筒钟状，稍被毛或无毛，萼片近三角形；花瓣宽卵形或近圆形，长 3～3.5mm，宽 2.5～3mm，白色，里面基部稍被柔毛；雄蕊 20，与花瓣等长或稍超出；花柱通常 4 或 3，稍短于雄蕊，或与雄蕊近等长，子房顶端有柔毛。果实宽卵形或球形，直径 6～8mm，橘红色；萼片宿存。花期 6 月，果熟期 9～10 月。

中生落叶阔叶乔木。生于森林带和草原带的山地阴坡、溪涧或疏林中，喜湿润土壤。产兴安北部（额尔古纳市、

牙克石市）、兴安南部（科尔沁右翼前旗、突泉县、阿鲁科尔沁旗、巴林左旗、巴林右旗、林西县、克什克腾旗、西乌珠穆沁旗）、燕山北部（喀喇沁旗、宁城县）、阴山（大青山、蛮汗山）。分布于我国黑龙江、吉林东部、辽宁东部、河北北部、山东西部、山西中部和北部、陕西南部、甘肃东部。为华北—满洲分布种。

可栽培供观赏。木材可做家具。果实、茎、皮入药，能清热止咳、补脾生津，主治肺结核、哮喘、咳嗽、胃痛等。

3. 北京花楸

Sorbus discolor (Maxim.) Maxim. in Bull. Acad. Imp. Sci. St.-Petersb. Ser. 3, 19:173. 1874; Fl. China 9:149. 2003.——*Pyrus discolor* Maxim. in Mem. Acad. Imp. Sci. St.-Petersb. Div. Sav. 9:103. 1859.

乔木，高达 10m。小枝圆柱形，二年生枝紫褐色，具稀疏皮孔，嫩枝无毛；冬芽长圆卵形，先端渐尖或急尖，外被数枚棕褐色鳞片，无毛或微有短柔毛。奇数羽状复叶，连叶柄长 10 ～ 20cm；小叶片 5 ～ 7 对，间隔 1.2 ～ 3cm，基部一对小叶常稍小，长圆形、长椭圆形至长圆披针形，长 3 ～ 6cm，宽 1 ～ 1.8cm，先端急尖或短渐尖，基部通常圆形，边缘有细锐锯齿（每侧锯齿 12 ～ 18），基部或 1/3 以下部分全缘，上、下两面均无毛，下面色浅，具白霜，侧脉 12 ～ 20 对，在叶边弯曲；叶柄长约 3cm，有时达 6cm；叶轴无毛，上面具浅沟；托叶宿存，草质，有粗锯齿。复伞房花序较疏松，有多数花，总花梗和花梗均无毛，花梗长 2 ～ 3mm；萼筒钟状，内、外两面均无毛；萼片三角形，先端稍钝或急尖，内、外两面无毛；花瓣卵形或长圆卵形，长 3 ～ 5mm，宽 2.5 ～ 3.5mm，先端圆钝，白色，无毛；雄蕊 15 ～ 20，约短于花瓣 1 倍；花柱 3 ～ 4，几与雄蕊等长，基部有稀疏柔毛。果实卵形，直径 6 ～ 8mm，白色或黄色，先端具宿存闭合萼片。花期 5 月，果期 8 ～ 9 月。

中生落叶阔叶乔木。生于阔叶林带的山地林缘或疏林中。产燕山北部（喀喇沁旗）。分布于我国河北、河南西部、山东西部、山西、陕西南部、甘肃中南部、安徽南部。为华北分布种。

Flora of China (9:150. 2003.) 中记载内蒙古有分布，而《中国高等植物》（6:536. 2003.）一书中的分布图将其标记在内蒙古东北部的大兴安岭，似觉有误，有待查实。

8. 梨属 Pyrus L.

乔木或灌木，稀半常绿。有时有枝刺。单叶，互生，叶缘有锯齿或全缘，稀分裂，具叶柄及托叶。花与叶同时开放或先于叶开放；伞房花序；萼片 5，开展或反折；花瓣 5，有短爪，白色，稀粉红色；雄蕊 20 ～ 30，花药常深红色或紫色；花柱 2 ～ 5，离生，子房 2 ～ 5 室，每室有 2 胚珠。梨果，果肉多汁，内含石细胞，子房壁软骨质；种子黑色或褐色。

内蒙古有 1 种，另有 4 栽培种。

分种检索表

1a. 果实上萼片宿存，经熟后变软可食用。

2a. 叶边缘有刺芒的尖锐锯齿；果梗短，长 1 ～ 2cm；果球形，黄色或绿黄色，有褐色斑点…………………………………………………………………………………………**1. 秋子梨 P. ussuriensis**

2b. 叶边缘有浅细圆锯齿，无刺芒；果梗较长，长 2.5 ～ 4.5cm；果长倒卵形或近球形，绿色或黄色。栽培………………………………………………………………**2. 西洋梨 P. communis** var. **sativa**

1b. 果实上萼片多数脱落，稀宿存；不经熟后变软即可食用。栽培。

3a. 叶边缘有刺芒的尖锐锯齿；花柱 5，稀 4；果较大，径 2 ～ 3cm；无枝刺。

4a. 果黄色或棕黄色，有细密斑点；叶片基部宽楔形……………………………**3. 白梨 P. bretschneideri**

4b. 果褐色，有浅色斑点；叶片基部圆形或近心形 ……………………………………**4. 沙梨 P. pyrifolia**

3b. 叶边缘有锯齿，无刺芒；花柱 2 ～ 3；果较小，径 0.5 ～ 1cm；幼枝、花序和叶片下面均被茸毛；常具枝刺………………………………………………………………………**5. 杜梨 P. betulifolia**

1. 秋子梨（花盖梨、山梨、野梨）

Pyrus ussuriensis Maxim. in Bull. Acad. Imp. Sci. St.-Petersb. Ser. 2, 15:132. 1856; Fl.Intramongol. ed. 2, 3:83. t.33. f.5-7. 1989.

乔木，高 10 ～ 15m。树皮粗糙，暗灰色，枝黄灰色或褐色，常有刺，无毛；芽宽卵形，有数枚褐色鳞片，鳞片边缘稍被毛。叶片近圆形、宽卵形或卵形，长 3 ～ 7cm，宽 2.5 ～ 5cm，先端长尾状渐尖，或锐尖，基部圆形或近心形，边缘具刺芒的尖锐锯齿，两面近无毛，或细嫩时稍被毛；叶柄长 2 ～ 5cm，稍被毛；托叶条状披针形，早落。伞房花序，有花 5 ～ 7 朵；花梗长 1 ～ 2cm，近无毛；花直径 2.5 ～ 3.5cm；萼片三角状披针形，外面无毛，里面密被茸毛；花瓣倒卵形，长约 1.8cm，宽 1 ～ 1.2cm，基部有短爪，白色；雄蕊 20，短于花瓣，花药紫色；花柱 5（～ 4），离生，长于雄蕊，近基部有稀疏柔毛。果实近球形，直径 2 ～ 5cm，黄色或绿黄色，有褐色斑点；果肉含多数石细胞，味酸甜，经后熟果肉变软，有香气；果梗粗短，长 1 ～ 2cm；花萼宿存。花期 5 月，果熟期 9 ～ 10 月。

中生落叶阔叶乔木。生于阔叶林带的山地及溪谷杂木林中，喜生于潮湿、肥沃、深厚的土壤中。产岭东（鄂伦春自治旗）、兴安南部（阿鲁科尔沁旗、巴林右旗、克什克腾旗、锡林郭勒盟东南部山地）、辽河平原（大青沟）、燕山北部（喀喇沁旗、宁城县、敖汉旗）、阴山（大青山）。分布于我国黑龙江、吉林南部、辽宁、河北北部、山东北部、山西北部、陕西南部、甘肃东南部，朝鲜、俄罗斯（远东地区）。为华北—满洲分布种。

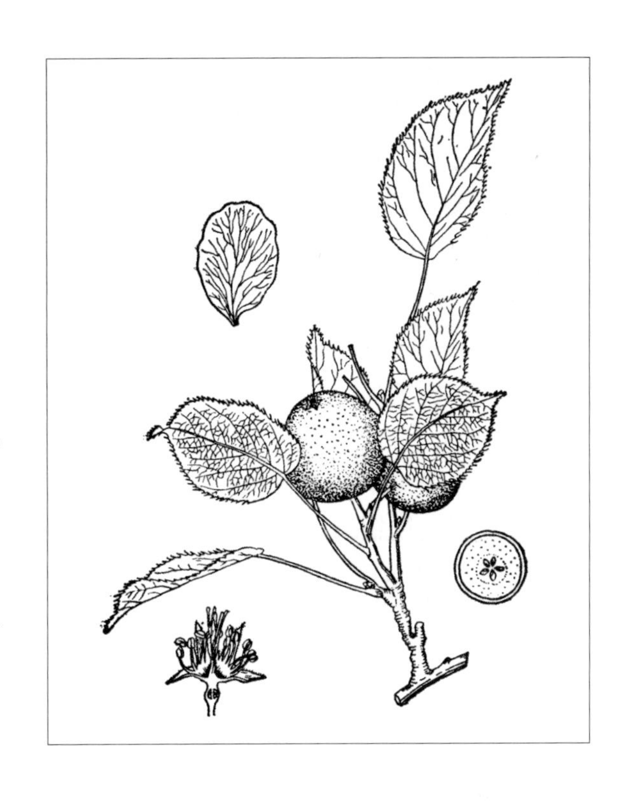

本种抗寒性强，可做嫁接梨树的砧木。木质坚细，可做各种精细的家具。果味酸甜，经后熟作用可食用或酿酒；又可入药，能燥湿健脾、和胃止呕、止泻，主治消化不良、呕吐、热泻等症；制成秋梨膏能化痰止咳。

果实也入蒙药（蒙药名：阿格力格 - 阿力玛），能清“巴达干”热、止泻，主治“巴达干宝日”病、耳病、胃灼热、泛酸。

2. 西洋梨（洋梨）

Pyrus communis L. var. **sativa** (DC.) DC. in Fl. France. 4:430. 1805; Fl. Intramongol. ed. 2, 3:84. t.34. f.6-8. 1989.——*Pyrus sativa* DC. in Fl. France 4:430. 1805. p.p.

乔木，植冠直立，常呈圆锥形，高 10 ～ 15m。小枝无刺，近无毛，灰褐色或褐色。叶卵形、宽卵形或椭圆形，长 5 ～ 10cm，宽 2.5 ～ 6cm，先端短渐尖或锐尖，基部圆形、近心形或宽楔形，边缘具浅细锯齿，稀全缘，上面深绿色，下面浅绿色，幼时有柔毛，后脱落无毛；托叶条状披针形，长约 1cm，早落。伞房花序，有花 6 ～ 9 朵；花梗长 2 ～ 3.5cm，被毛；花直径 2.5 ～ 3cm；萼片三角披针形，里外两面密被毛；花瓣倒卵形或椭圆形，长 1.5 ～ 1.7cm，宽 1 ～ 1.3cm，基部有短爪，白色；雄蕊 20，比花瓣短约一半；花柱 5，基部有柔毛。果实长倒卵形或近球形，长 3 ～ 5cm，宽 1.5 ～ 2cm，绿色或黄色；花萼宿存；果梗粗，长 2.5 ～ 4cm；果实经后熟作用变软才可食用。花期 5 月，果期 9 ～ 10 月。

中生落叶阔叶乔木。正种原产欧洲及亚洲西部。我国东北、华北、西北地区有栽培。品种很多，内蒙古栽培的品种有南果梨、大香水、小香水、小尖把等。

正种与变种的不同点在于，正种枝常有刺，

植株、叶与果实较小。内蒙古有少量栽培，品种有朝鲜洋梨、法兰西梨、三季梨、客发梨、乔玛梨等。

3. 白梨（白罐梨、罐梨、白桂梨）

Pyrus bretschneideri Rehd. in Proc. Amer. Acad. Arts. 50:231. 1915; Fl. Intramongol. ed. 2, 3:87. t.34. f.1-5. 1989.

乔木，高 5 ～ 8m。嫩枝被黄褐色柔毛，后脱落，老枝紫褐色或暗褐色。叶片宽卵形或卵形，长 5 ～ 11cm，宽 3 ～ 6cm，先端渐尖或锐尖，基部宽楔形，稀近圆形，边缘有尖锐锯齿，齿尖有刺芒，微向内合拢，并有柔毛，叶片上面深绿色，下面淡绿色，近无毛，幼时被毛；叶柄长 2.5 ～ 7cm，幼时密被茸毛，后脱落，无毛；托叶条形，被毛，早落。伞房花序，有花 7 ～ 10 朵；花梗长 2 ～ 4cm，被毛；花直径 3 ～ 4cm；萼片三角状披针形，边缘有不规则的细锯齿，外面近无毛，里面密被褐色茸毛；花瓣宽卵形或椭圆形，白色，长 1.4 ～ 1.7cm，宽 1.2 ～ 1.4cm，基部有短爪；雄蕊 20，比花瓣短约一半；花柱 5 或 4，与雄蕊近等长，无毛。果实卵形或近球形，长 2.5 ～ 3cm，直径 2 ～ 2.5cm；萼片脱落；果实成熟后，果皮棕黄色或黄色，有细密斑点；果梗细长 3.5 ～ 4.5cm，下垂；种子倒卵形，褐色。花期 5 月，果期 9 ～ 10 月。

中生落叶阔叶乔木。本种原产河北北部、河南西北部、山西、陕西西南部、甘肃东南部、青海东部。为华北分布种。现我国北方广泛栽培。内蒙古有少量栽培，主要品种有鸭梨、秋白梨。

果实品质好。果肉细而多汁、脆、香、甜。含石细胞较少，不经后熟作用即可食用。

4. 沙梨（糖梨、糖罐梨）

Pyrus pyrifolia (N. L. Burm.) Nakai in Bot. Mag. Tokyo 40:564. 1926; Fl. Intramongol. ed. 2, 3:87. t.35. f.1-3. 1989.——*Ficus pyrifolia* N. L. Burm. in Fl. Ind. 226. 1768.

乔木，高 7 ～ 15m。嫩枝密被黄褐色柔毛及茸毛，不久脱落；二年生枝紫褐色或暗褐色，有

稀疏皮孔。叶片卵状椭圆形或卵形，长 7 ～ 12cm，宽 4 ～ 6cm，先端长渐尖，基部圆形或近心形，稀宽楔形，边缘有刺芒锯齿，幼嫩时边缘有白色茸毛，上面深绿色，无毛，下面淡绿色，沿叶脉稍被毛或无毛；叶柄长 3.5 ～ 5cm，嫩时被茸毛，不久脱落；托叶条状披针形，早落。伞房花序，有花 6 ～ 9 朵；花梗长 3.5 ～ 5cm，微被柔毛；花直径 2.5 ～ 3.5cm；萼片卵状三角形，边缘有不规则的腺齿，外面无毛，里面密被褐色茸毛；花瓣宽卵形或近圆形，白色，长 1.5 ～ 1.7cm，宽 1.2 ～ 1.5cm，基部有短爪；雄蕊 20，比花瓣短约一半；花柱 5（～ 4），离生，无毛，与雄蕊约等长。果实近球形，直径约 3cm；萼片通常脱落；果皮褐色，有浅色斑点；种子卵形，深褐色。花期 5 月，果期 9 ～ 10 月。

中生落叶阔叶乔木。本种原产河北东部、山东东南部、江苏、安徽、浙江、福建、江西北部、湖北、湖南、广东、广西东北部、贵州、云南、四川、陕西、甘肃东南部。为东亚（暖温带—亚热带）分布种。内蒙古有少量栽培，常见的品种有“今村秋”“20 世纪”“明月”等。内蒙古产的苹果梨是秋子梨与沙梨的杂交种，在大青山南麓、鄂尔多斯市南部、巴彦淖尔市、赤峰市均有栽培。

5. 杜梨（棠梨、土梨）

Pyrus betulifolia Bunge in Mem. Acad. Sci. St.-Petersb. Div. Sav. 20:101. 1835; Fl. Intramongol. ed. 2, 3:89. t.33. f.1-4. 1989.

乔木，高达 10m。枝开展，常有刺，幼时密被灰白色茸毛，老枝近无毛，灰褐色或紫褐色；芽卵形，有数鳞片，被灰白色茸毛。叶片宽卵形或长卵形，长 4 ～ 8cm，宽 2 ～ 4cm，先端渐尖稀锐尖或圆钝，基部圆形或宽楔形，边缘有粗锐锯齿，两面密被灰白色茸毛，后渐脱落，老叶上面无毛而有光泽；叶柄长 2 ～ 4cm，被灰白色茸毛，老时变稀少；托叶条状披针形，被茸毛，早落。

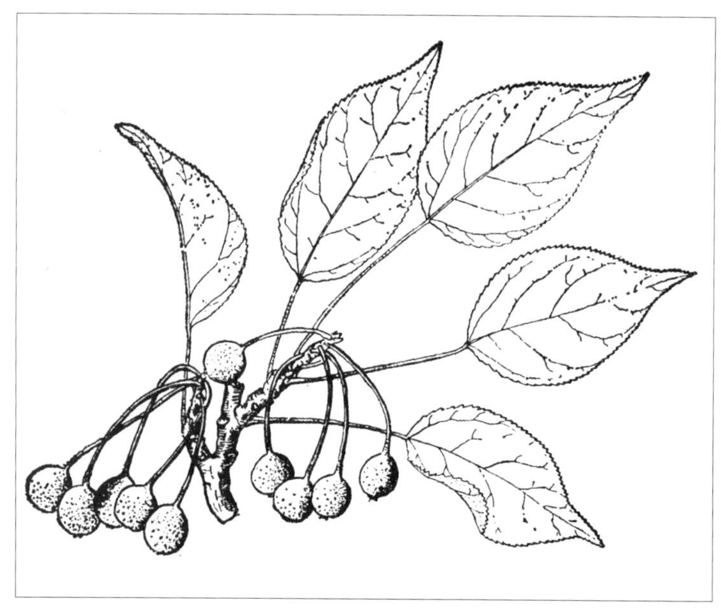

伞房花序，有花6～14朵；花梗长2～2.5cm，密被灰白色茸毛；花直径1.5～2cm。萼筒外面密被灰白色茸毛；萼片三角披针形，边缘有不规则的腺齿，里外两面均被茸毛。花瓣宽卵形，长7～9mm，宽6～7mm，基部有短爪，白色；雄蕊17～18，比花瓣短，花药紫色；花柱（2～）3，与雄蕊近等长。果实近球形，直径5～10mm，褐色，有浅色斑点；萼片脱落；果梗被茸毛；种子宽卵形，褐色。花期5月，果期9～10月。

中生落叶阔叶乔木。本种原产辽宁南部、河北、河南西部、山东、山西南部、陕西北部、甘肃东部、江苏、安徽、浙江、福建、江西北部、湖北西南部、贵州、云南东北部、四川西北部、西藏西南部。为东亚（暖温带—亚热带）分布种。内蒙古有少量栽培。

本种耐涝、耐盐碱、耐寒，是盐碱化土壤上梨树的优良砧木。结果期早，寿命又长，树龄可达200年。木材坚细，可做农具及家具。果实可食用、酿酒、制糖；又可入药，为收敛剂。树皮可做黄色染料，供纸、绢、棉的染色及食品着色用；含有鞣质，又可提取栲胶。

9. 苹果属 **Malus** Mill.

乔木或灌木。通常无刺，芽卵形，有数枚鳞片。单叶互生，边缘有锯齿或分裂，有托叶。伞房花序或伞形花序，常着生于短枝顶端；花两性；萼片 5；花瓣 5，白色、淡红色或鲜红色；雄蕊多数，花药黄色；子房下位，3 ～ 5 室，每室有 2 胚珠，花柱 3 ～ 5，基部合生。果实为梨果，通常无石细胞，子房壁软骨质；萼片宿存或脱落。

内蒙古有 3 种，另有 4 栽培种。

分种检索表

1a. 叶片不分裂。

2a. 果较小，径在 2cm 以下；萼片通常脱落。

3a. 萼筒、花梗、嫩枝无毛或被短柔毛，叶两面无毛，花白色，果径在 1cm 以下。

4a. 叶柄、叶脉、花梗均无毛，果球形……………………………………………**1. 山荆子 M. baccata**

4b. 叶柄、叶脉、花梗被疏柔毛，果椭圆形或倒卵形……………**2. 毛山荆子 M. mandshurica**

3b. 萼筒、花梗、嫩枝无毛、叶片下面被卷曲柔毛或柔毛；花粉红色或花蕾时粉红色；果径 1.5 ～ 2cm；萼片脱落，少数宿存。栽培……………………………**3. 西府海棠 M. micromalus**

2b. 果较大，径在 2cm 以上；萼片宿存。栽培。

5a. 果梗细长；果较小，近球形，径 2 ～ 2.5cm，红色，梗洼较浅；萼洼微凸，有几个不规则凸起；叶下面沿脉有短柔毛或近于无毛，叶缘锯齿锐尖…………………………**4. 楸子 M. prunifolia**

5b. 果梗较短；果较大，径在 2.5cm 以上，梗洼较深；萼洼下陷或微凸；叶下面被柔毛或茸毛。

6a. 果通常扁圆形、圆形、宽卵形或圆锥形；萼洼下陷，通常没有不规则凸起；叶缘锯齿圆钝，叶下面毛较稠密……………………………………………………………………**5. 苹果 M. pumila**

6b. 果通常扁卵形或近球形；萼洼微凸，通常有几个不规则凸起；叶缘锯齿锐尖，叶下面毛较稀疏 ……………………………………………………………………**6. 花红 M. asiatica**

1b. 叶片羽状深裂，裂片 3 ～ 5……………………………………………………**7. 花叶海棠 M. transitoria**

1. 山荆子（山定子、林荆子）

Malus baccata (L.) Borkh. in Theor. Prakt. Handb. Forst. 2:1280. 1803; Fl. Intramongol. ed. 2, 3:90. t.36. f.1-5. 1989.——*Pyrus baccata* L., Mant. Pl. 75. 1767.

乔木，高达 10m。树皮灰褐色。枝红褐色或暗褐色，无毛；芽卵形，鳞片边缘微被毛，红褐色。叶片椭圆形、卵形，少卵状披针形或倒卵形，长 2 ～ 7 （～ 12)cm，宽 1.2 ～ 3.5(～ 5.5)cm，先端渐尖或尾状渐尖，稀锐尖，基部楔形或圆形，边缘有细锯齿，幼时沿叶脉稍被毛或无毛；叶柄长 1 ～ 4.5cm，无毛；托叶披针形，早落。伞形花序或伞房花序，有花 4 ～ 8 朵；花梗长

1.5～4cm，无毛；花直径3～3.5cm；萼片披针形，外面无毛，里面被毛；花瓣卵形、倒卵形或椭圆形，长1.5～2.2cm，宽0.8～1.4cm，基部有短爪，白色；雄蕊15～20，长短不齐，比花瓣短约一半；花柱5(～4)，基部合生，有柔毛，比雄蕊长。果实近球形，直径8～10mm，红色或黄色，花萼早落。花期5月，果期9月。

中生落叶阔叶小乔木或乔木。常生于落叶阔叶林带的河流两岸谷地，为河岸杂木林的优势种；也见于山地林缘及森林草原带的沙地，喜生于潮湿、肥沃的土壤中。产兴安北部(额尔古纳市、牙克石市)、岭东(鄂伦春自治旗、阿荣旗)、呼伦贝尔(海拉尔区、鄂温克族自治旗、陈巴尔虎旗、新巴尔虎左旗)、兴安南部(科尔沁右翼前旗、突泉县、阿鲁科尔沁旗、巴林左旗、巴林右旗、克什克腾旗)、辽河平原(大青沟)、燕山北部(喀喇沁旗、宁城县、敖汉旗)、锡林郭勒(东乌珠穆沁旗、西乌珠穆沁旗、锡林浩特市、阿巴嘎旗、正蓝旗)、阴山(大青山、蛮汗山、乌拉山)、鄂尔多斯(东胜区)。分布于我国黑龙江南部、吉林东部、辽宁、河北北部、山东、山西、陕西、甘肃东部、西藏东部、新疆，朝鲜东部、蒙古国东部和北部、俄罗斯(西伯利亚地区、远东地区)、不丹、印度、尼泊尔，克什米尔地区。为东古北极分布种。

果实可酿酒，出酒率10%。嫩叶可代茶叶用。叶含有鞣质，可提取栲胶。本种抗寒力强，易于繁殖，在东北为优良砧木；但在内蒙古黄化现象严重，不适宜栽培做砧木，通常栽培供观赏。

2. 毛山荆子

Malus mandshurica (Maxim.) Kom. ex Juz. in Fl. U.R.S.S. 9:371. 1939; Fl. China 9:181. 2003.——*Pyrus baccata* L. var. *mandshurica* Maxim. in Bull. Acad. Imp. Sci. St.-Petersb. 19:170. 1874.

乔木，高达15m。小枝细弱，圆柱形，幼嫩时密被短柔毛，老时逐渐脱落，紫褐色或暗褐色；冬芽卵形，先端渐尖，无毛或仅在鳞片边缘微有短柔毛，红褐色。叶片卵形、椭圆形至倒卵形，长5～8cm，宽3～4cm，先端急尖或渐尖，基部楔形或近圆形，边缘有细锯齿，基部锯齿浅钝近于全缘，下面中脉及侧脉上具短柔毛或近于无毛；叶柄长3～4cm，具稀疏短柔毛；托叶草质至膜质，线状披针形，长5～7mm，先端渐尖，边缘有稀疏腺齿，内面有疏生短柔毛，早落。伞形花序，具花3～6朵，无总梗，集生在小枝顶端，花直径6～8cm；花梗长3～5cm，有疏生短柔毛；苞片小，膜质，线状披针形，很早脱落；花直径3～3.5cm。萼筒外面有疏生短柔毛；萼片披针形，先端渐尖，全缘，长5～7mm，内面被茸毛，比萼筒稍长。花瓣倒卵形，长

1.5～2cm，基部有短爪，白色；雄蕊 30，花丝长短不齐，约等于花瓣之半或稍长；花柱 4，稀 5，基部具茸毛，较雄蕊稍长。果实椭圆形或倒卵形，直径 8～12mm，红色；萼片脱落；果梗长 3～5cm。花期 5～6 月，果期 8～9 月。

中生落叶阔叶乔木。生于森林带和草原带的山坡杂木林中，山顶及山沟也有生长。产兴安北部（牙克石市）、科尔沁（通辽市）、燕山北部（喀喇沁旗）、阴山（大青山）。分布于我国黑龙江南部、吉林中部和东部、辽宁中部和南部、河北北部、山西东北部和南部、陕西南部、甘肃东南部，俄罗斯（远东地区）。为华北—满洲分布种。

我国东北、华北各地常栽培做苹果或花红等果树砧木，也可供观赏。

3. 西府海棠（红林檎、黄林檎）

Malus ×micromalus Makino in Bot. Mag. Tokyo 22:69. 1908; Fl. Intramongol. ed. 2, 3:90. t.37. f.3-5. 1989.

小乔木或乔木，植株高 3～10m。嫩枝被短柔毛，老时脱落，枝褐色或暗褐色；芽卵形，鳞片边缘被毛，紫褐色。叶片卵形、长椭圆形或椭圆形，长 3～8cm，宽 2～4cm，先端渐尖或

锐尖，基部楔形或圆形，边缘具细锯齿，嫩叶被柔毛或卷曲柔毛，下面较密，老时两面无毛；叶柄长 1～3(～5)cm，嫩时被毛；托叶披针形，黄褐色，被毛，早落。伞形花序或伞房花序，有花 4～7 朵，生于小枝顶端；花梗长 2.5～4cm，被茸毛；花直径 4～4.5cm。萼筒外密被白色茸毛；萼片条状披针形，里面密被白色茸毛，外面较少或无毛，萼片与萼筒近等长或稍长。花瓣椭圆形、卵形或倒卵形，长 2～2.5cm，宽 1.3～1.8cm，基部有短爪，粉红色；雄蕊约 20，花丝长短不齐，比花瓣短约一半；花柱 5（～4），基部合生，密被毛，与雄蕊近等长。果实近球形或椭圆状球形，直径 1.5～2cm，通常红色，稀黄色；萼常脱落，稀宿存，萼洼和梗洼均

下陷。花期5月，果期9月。

中生落叶阔叶小乔木或灌木。本种原产我国辽宁中南部、河北西北部、山东北部、山西东北部、陕西南部、甘肃东南部、贵州、云南西北部。为华北—横断山脉分布种。内蒙古果园栽培做砧木用。

果味酸甜，可生食或加工用。本区果园栽培做砧木用。

4. 楸子（海棠果、海红）

Malus prunifolia (Willd.) Borkh. in Theor. Prakt. Handb. Forst. 2:1278. 1803; Fl. Intramongol. ed. 2, 3:93. t.37. f.1-2. 1989.——*Pyrus prunifolia* Willd. in Phytigr. 8. 1794.

小乔木，高3～8m。小枝幼时密被短茸毛，老时灰褐色，近无毛；芽卵形，有数枚鳞片，微被柔毛，边缘较密，紫褐色。叶片卵形、椭圆形或长椭圆形，长4～9cm，宽3～5cm，先端渐尖或锐尖，基部宽楔形或近圆形，边缘有细锐锯齿，幼时上、下两面沿叶脉有柔毛，老时渐脱落，下面沿叶脉稍有短柔毛或近无毛；叶柄长1～5cm，幼时密被短柔毛，老时脱落；托叶条形或条状披针形，黄褐色，稍被毛，早落。伞房花序，有花5～8朵；花梗长2～3.5cm，被短柔毛；花直径3～4cm。萼筒外面密被长柔毛；萼片披针形或三角状披针形，两面均被柔毛。花瓣倒卵形或椭圆形，长2.5～3cm，宽约1.5cm，基部有短爪，白色，花蕾时粉红；雄蕊20，花丝长短不齐，长约为花瓣1/3；花柱4(～5)，基部合生，有毛，比雄蕊长。果实卵形或近球形，直径2～3cm，红色或黄色；顶端有冠状宿存花萼，萼洼微凸，稍隆起，有几个不规则凸起，梗洼稍下陷；果梗比果实长。花期5月，果期9～10月。

中生落叶阔叶小乔木。本种原产我国河北西北部、河南西部、山东东部、山西南部和西北部、陕西南部、宁夏南部、甘肃中部、青海东部。为华北分布种。内蒙古有栽培。

果实味甜酸，质脆，除少数改良品种可供鲜食外，还可制果干、果丹皮。因其适应性强，抗寒抗旱也能耐湿，是苹果的优良砧木。

5. 苹果（西洋苹果）

Malus pumila Mill. in Gard. Dict. ed.8, Malus no. 3. 1768; Fl. Intramongol. ed. 2, 3:93. t.38. f.1-3. 1989.

乔木，高可达 15m。幼枝密被茸毛，老枝紫褐色而无毛；芽卵形，密被短柔毛。叶片椭圆形、

卵形或宽椭圆形，长 2 ～ 10cm，宽 1.6 ～ 5.5cm，先端锐尖，基部宽楔形或圆形，边缘有圆钝锯齿或重锯齿，幼时上、下两面密被短柔毛，成长后表面无毛或稍被毛；叶柄长 0.8 ～ 4cm，幼时密被茸毛，后渐稀疏；托叶披针形或卵状倒披针形，密被短柔毛，早落。伞房花序，有花 3 ～ 7 朵；花梗长 1 ～ 2.5cm，密被茸毛；花直径 3 ～ 4cm。萼筒外面密被茸毛；萼片三角状披针形，与萼筒等长或稍长，两面密被灰白色茸毛。花瓣宽侧卵形、宽卵形或椭圆形，长 1.8 ～ 2.2cm，宽

1.4～1.8cm，基部有短爪，白色；雄蕊约20，花丝长短不齐，比花瓣约短一半；花柱5，比雄蕊稍长，基部合生，下部密被灰白色茸毛。果实扁圆形、圆形、宽卵形或圆锥形，形状、颜色、香味、品质常随栽培品种不同而异，直径在2cm以上，萼洼与梗洼均下陷；萼片宿存；果梗粗短。花期5月，果期8～10月。

中生落叶阔叶乔木。本种原产欧洲和中亚地区，为欧洲—中亚分布种。世界温带地区均有栽培。我国内蒙古和辽宁、河北、河南、山东、山西、陕西、甘肃、四川均有栽培。

根据成熟期不同，可分早、中、晚三大类。内蒙古通常栽培的早熟品种有“黄魁”“早生赤”；中熟品种有“人民”“祝”“旭”；晚熟品种有“金冠”“赤阳”“倭锦匀鸡冠”“国光”“元帅”等。还有中、小型苹果，是苹果与其他种的杂交种，如“金红”“黄太平”等。

果实味美可口，为我国主要水果。

6. 花红（沙果）

Malus asiatica Nakai in Icon. Pl. Koisik. 3:19. t.155. 1915; Fl. Intramongol. ed. 2, 3:95. t.38. f.4-5. 1989.

小乔木，高4～6m。嫩枝密被柔毛，老时暗褐色，无毛；芽卵形，幼时密被柔毛，逐渐脱落，暗紫红色。叶片卵形或椭圆形，长5～10cm，宽3～5cm，先端锐尖或渐尖，基部圆形或宽楔形，边缘有细锐锯齿，上面被短柔毛，逐渐脱落，下面密被短柔毛；叶柄长1.5～5cm，被毛；托叶披针形，早落。伞房花序，有花4～7朵；花梗长1.5～2cm，密被柔毛；花直径3.5～4.5cm。萼筒外面密被柔毛；萼片三角状披针形或卵状披针形，与萼筒近等长或稍长，两面密被柔毛。花瓣卵形、倒卵形或椭圆形，长1.5～2.5cm，宽1～1.7(～2.3)cm，基部有短爪，粉红色；雄蕊17～20，花丝长短不齐，比花瓣短一半；花柱4(～5)，比雄蕊稍长，基部合生，密被柔毛。果实宽卵形或近圆形，直径3.5～5cm，黄色或红色；顶端有冠状宿存花萼，萼洼微凸，有几个不规则凸起，梗洼下陷，表面微被白粉；果梗比果径短。花期5月，果期9～10月。

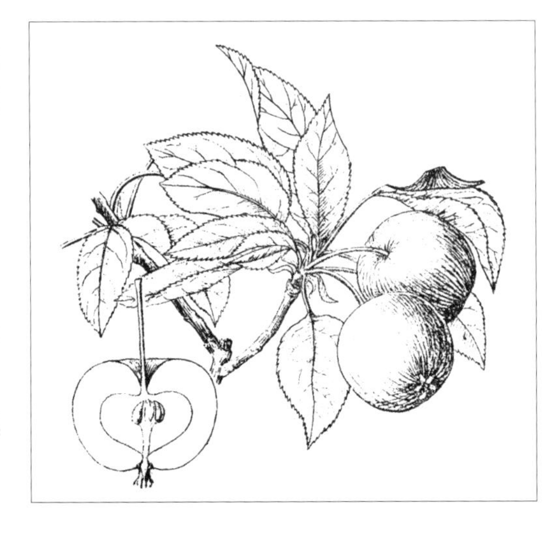

中生落叶阔叶小乔木。本种原产我国华北地区。为华北分布种。现我国各地有栽培；内蒙古赤峰市及阴山山脉以南有栽培。槟果是苹果和花红的杂交种。

果肉软，味甜而酸，可供鲜食用，但不耐储藏及运输；又可供制果干、果丹皮及酿果酒用。

7. 花叶海棠（花叶杜梨、马杜梨、涩枣子）

Malus transitoria (Batal.) C. K. Schneid. in Ill. Handb. Laubh. 1:726. 1906; Fl. Intramongol. ed. 2, 3:95. t.39. f.1-6. 1989.——*Pyrus transitoria* Batal. in Trudy Imp. St.-Petersb. Bot. Sada 13:95. 1893.

灌木或小乔木，高 1 ～ 5m。嫩枝被茸毛，老枝紫褐色或暗紫色，无毛；芽卵形，先端钝，有几个鳞片，被茸毛。叶片卵形或宽卵形，长 2 ～ 5cm，宽 2 ～ 4cm，先端锐尖，有时钝，基

部圆形或宽楔形，边缘有不整齐锯齿，通常 1 ～ 3 深裂，裂片披针状卵形或矩圆状椭圆形，3 ～ 5，上面被茸毛或近无毛，下面密或疏被茸毛；叶柄长 1 ～ 3cm，被茸毛；托叶卵状披针形，先端锐尖，被茸毛。花序近于伞形，有花 3 ～ 6 朵；花梗长 13 ～ 18mm，被茸毛；苞片条状披针形，早落；花直径 1 ～ 1.5cm。花萼密被茸毛，萼筒钟形；萼片三角状卵形，

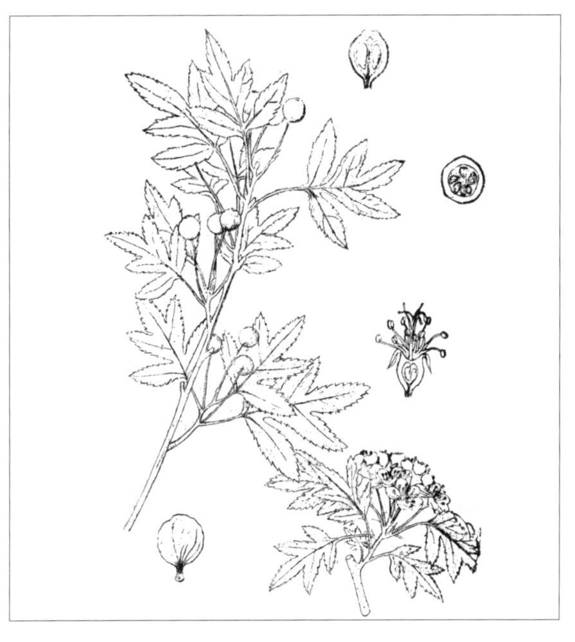

先端钝或稍尖，两面均密被茸毛。花瓣白色，近圆形，长约 8mm，先端圆形，基部有短爪；雄蕊 20 ～ 25，长短不齐，比花瓣短；花柱 3 ～ 5，无毛。梨果近球形或倒卵形，红色，直径 6 ～ 8mm，萼洼下陷，萼片脱落；果梗细长，长 1.5 ～ 2cm，疏被茸毛，果熟后近无毛。花期 6 月，果期 9 月。

中生落叶灌木或小乔木。生于山沟丛林中或黄土丘陵。产阴南丘陵（准格尔旗石窑庙）、贺兰山。分布于我国陕西北部、宁夏、甘肃东部、青海东部、四川北部。为华北西部分布种。

可栽培做观赏树。

Ⅲ. 蔷薇亚科 Rosoideae

10. 仙女木属 Dryas L.

矮小常绿半灌木。茎丛生或稍匍匐地面。单叶互生，边缘外卷，全缘至近羽状浅裂，下面白色；托叶贴生于叶柄，宿存。花茎细，直立，仅生 1 朵两性花，少为杂性花。萼筒短，凹下，有腺毛；萼片 6 ～ 10，宿存。花瓣（6 ～）8（～ 10），白色，有时黄色，倒卵形；雄蕊多数，离生，2 轮；花盘和萼筒结合；心皮多数，离生，花柱顶生，胚珠 1。瘦果多数，顶端有白色羽毛状宿存花柱。

内蒙古有 1 种。

1. 东亚仙女木

Dryas octopetara L. var. **asiatica** (Nakai) Nakai in Fl. Sylv. Kor. 7:47. 1918; Fl. China 9:286. 2003.——*D. octopetara* L. f. *asiatica* Nakai in Bot. Mag. Tokyo 30:233. 1916.

常绿半灌木。根木质。茎丛生，匍匐，高 3 ～ 6cm，基部多分枝。叶亚革质，椭圆形、宽椭圆形或近圆形，长 5 ～ 20mm，宽 3 ～ 12mm，先端圆钝，基部截形或近心形，边缘外卷，有圆钝锯齿，上面疏生柔毛或无毛，下面有白色茸毛，侧脉 7 ～ 10 对，中脉及侧脉在下面隆起，有黄褐色分枝长柔毛；叶柄长 4 ～ 20mm，有密生白色茸毛及黄褐色分枝长柔毛；托叶膜质，条状披针形，长 4 ～ 5mm，大部分贴生于叶柄，先端锐尖，全缘，有长柔毛。花茎长 2 ～ 3cm，果期达 6 ～ 7cm，有密生白色茸毛，分枝长柔毛及多数腺毛；花直径 1.5 ～ 2cm。萼筒连萼片长 7 ～ 9mm，有疏生白色卷毛及多数深紫色分枝柔毛，并杂有深紫色及淡黄色腺毛；萼片卵状披针形，长 5 ～ 6mm，先端近锐尖，外面有深紫色分枝柔毛及疏生白色柔毛，内面先端有长柔毛。花瓣倒卵形，长 8 ～ 10mm，白色，先端圆形，无毛；雄蕊多数，花丝长 4 ～ 5mm，无毛；花柱有绢毛。瘦果矩圆卵形，长 3 ～ 4mm，褐色，有长柔毛；先端具宿存花柱，长 1.5 ～ 2.5cm，有羽状绢毛。花果期 7 ～ 8 月。

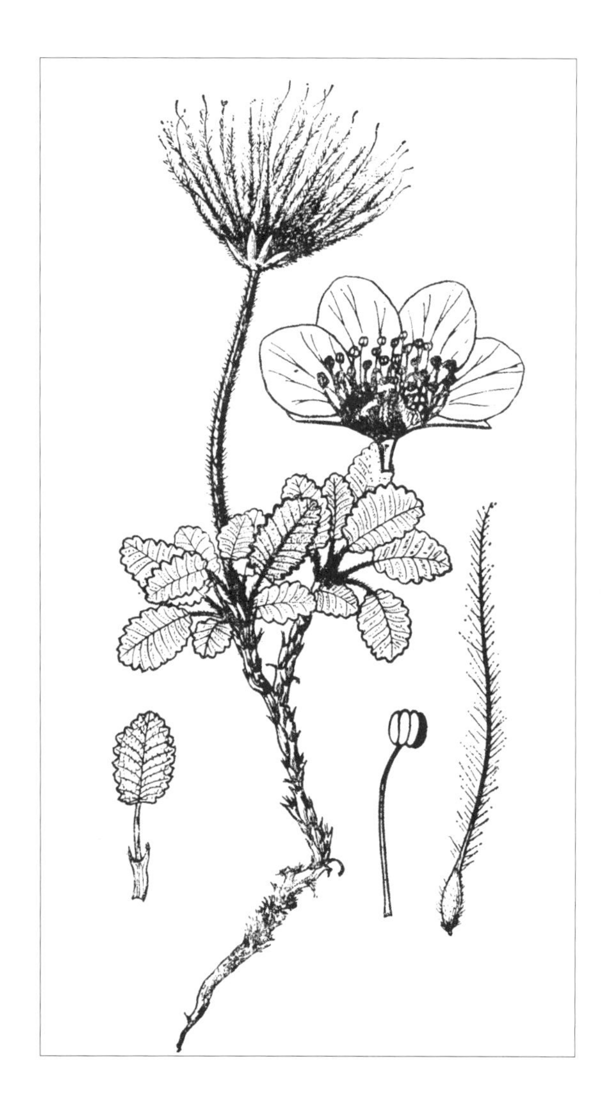

常绿矮小中生灌木。生于森林带的山地草甸。产兴安南部（乌兰浩特市）。分布于我国吉林（长白山、抚松县），日本、朝鲜、俄罗斯（堪察加半岛、萨哈林岛）。为东亚北部（满洲—日本）分布变种。我国新疆产正种。

11. 蔷薇属 Rosa L.

有刺灌木。单数羽状复叶，互生；托叶与叶柄合生。花单生或组成伞房花序，圆锥花序；萼片 5；花瓣 5，有时重瓣；雄蕊多数；心皮多数，生于壶状萼筒（花托）里。成熟时萼筒变为肉质浆果状，称蔷薇果，里面有少数或多数瘦果。

内蒙古有 6 种，另有 2 栽培种。

分种检索表

1a. 小枝被茸毛，皮刺被长柔毛；果无毛；萼片羽状分裂，有腺毛；果成熟时宿存。栽培…**1. 玫瑰 R. rugosa**

1b. 小枝和皮刺均无毛。

2a. 花黄色；蔷薇果和萼片均无毛；萼片成熟时宿存，反折…………………………**2. 黄刺玫 R. xanthina**

2b. 花玫瑰色或淡红色。

3a. 蔷薇果和萼片均有腺状刚毛；果椭圆形，顶部具短颈；萼片宿存；小叶下面被短柔毛；皮刺稀疏，直立………………………………………………………………………**3. 美蔷薇 R. bella**

3b. 蔷薇果无毛。

4a. 常绿或半常绿灌木，羽状复叶通常有小叶 3 ～ 5；萼片羽状分裂，无腺毛；果成熟时脱落…………………………………………………………………………**4. 月季花 R. chinensis**

4b. 落叶灌木；羽状复叶通常有小叶 5 ～ 7；萼片全缘，具腺毛。

5a. 皮刺细弱，伸直或稍弯。

6a. 蔷薇果成熟时萼片宿存；小叶片较大，长 1.5 ～ 5cm。

7a. 蔷薇果近球形，顶部无颈；皮刺稀疏，稍弯 ……………**5. 山刺玫 R. davurica**

7b. 蔷薇果长椭圆形，顶部具明显颈；皮刺稠密，直伸……**6. 刺蔷薇 R. acicularis**

6b. 蔷薇果成熟时萼片脱落；果长矩圆形或长椭圆形，顶部无颈；小叶片较小，长 6 ～ 15mm………………………………………………**7. 龙首山蔷薇 R. longshoushanica**

5b. 皮刺粗壮，宽扁，下弯；蔷薇果卵球形或矩圆形，顶部具短颈；果成熟时萼片脱落……………………………………………………………………………**8. 疏花蔷薇 R. laxa**

1. 玫瑰

Rosa rugosa Thunb. in Syst. Veg. ed. 14, 473. 1784; Fl. Intramongol. ed. 2, 3:98. t.40. f.1-4. 1989.

直立灌木，高 100 ～ 200cm。老枝灰褐色或棕褐色，密生皮刺和刺毛；小枝淡灰棕色，密生茸毛和成对的皮刺，皮刺淡黄色，密生长茸毛。羽状复叶，小叶 5 ～ 9；小叶片椭圆形或椭圆状倒卵形，长 2 ～ 4cm，宽 1 ～ 2cm，先端锐尖，基部近圆形，边缘有锯齿，上面绿色，沿叶脉凹陷，多皱纹，无毛，下面灰绿色，被柔毛和腺毛；托叶下部合生于叶柄上，先端分离成卵状三角形的裂片，边缘有腺锯齿；小叶柄和叶柄密生茸毛，有稀疏小皮刺。花单生或数朵簇生，直径 5 ～ 7cm；

花梗长 1 ～ 2cm，有茸毛和腺毛；萼片近披针形，先端长尾尖，外面有柔毛和腺毛，里面有茸毛；花瓣紫红色，宽倒卵形，单瓣或重瓣，芳香。蔷薇果扁球形，直径 2 ～ 2.5cm，红色，平滑无毛，顶端有宿存萼片。花期6～8月，果期8～9月。

中生灌木。本种原产我国华北，日本、朝鲜。为东亚北部分布种。我国各地有栽培；内蒙古的果园、公园、庭院常做观赏植物栽培。

花瓣可做糖果、糕点的调味品；也可提取芳香油，用于熏茶、酿酒等。花入药，能理气、活血，主治肝胃痛、胸腹胀满、月经不调。花也入蒙药（蒙药名：扎木日－其其格），能清“协日”、镇“赫依”，主治消化不良、胃炎。种子含油约 14%。此外，蔷薇果含丰富的维生素 C。

2. 黄刺玫

Rosa xanthina Lindl. in Ros. Monogr. 132. 1820; Fl. Intramongol. ed. 2, 3:98. 1989.——*R. xanthina* Lindl. f. *normalis* Rehd. et Wils. in Pl. Wilson. 2:342. 1915; Fl. Intramongol. ed. 2, 3:98. 1989.

直立灌木，高 100 ～ 200cm。表皮深褐色，小枝紫褐色，分枝稠密，有多数皮刺；皮刺直伸，坚硬，基部扩大，长 7 ～ 12mm，无毛。单数羽状复叶，小叶 7 ～ 13；小叶片近圆形、椭圆形或倒卵形，长 6 ～ 15mm，宽 4 ～ 12mm，先端圆形，基部圆形或宽楔形，边缘有钝锯齿，上面绿色，无毛，下面淡绿色，沿脉有柔毛，后脱落，主脉明显隆起；小叶柄与叶柄有稀疏小皮刺；托叶小，下部和叶柄合生，先端有披针形裂片，边缘腺毛。花单生，黄色，直径 3 ～ 5cm；萼片矩圆状披针形，先端渐尖，全缘，花后反折；花瓣多数，宽倒卵形，先端微凹。蔷薇果红黄色，近球形，直径约 1cm，先端有宿存反折的萼片。花期 5 ～ 6 月，果期 7 ～ 8 月。

喜暖中生灌木。生于落叶阔叶林区和草原带的山地，是山地灌丛的建群种，也可散生于石质山坡。产燕山北部（喀喇沁旗）、乌兰察布（达尔罕茂明安联合旗吉穆斯泰山和杭盖山）、阴山（大青山、蛮汗山、乌拉山）、阴南丘陵（准格尔旗）、鄂尔多斯（东胜区）、东阿拉善（狼山、桌子山）、贺兰山。

分布于我国河北、山东、山西、陕西、甘肃、青海。为华北分布种。呼和浩特市、包头市等地及我国北方的其他地区有栽培。

可栽培做观赏灌木，内蒙古的公园、学校、庭园有栽培。花、果入药，功能、主治同美蔷薇。

3. 美蔷薇（油瓶瓶）

Rosa bella Rehd. et E. H. Wilson. in Pl. Wilson. 2:341. 1915; Fl. Intramongol. ed. 2, 3:100. t.41. f.1-2. 1989.

灌木，直立，高 100 ～ 300cm。小枝常带紫色，平滑无毛，着生稀疏直伸的皮刺。单数羽状复叶，小叶 7 ～ 9，稀 5，复叶长 5 ～ 10cm；小叶椭圆形或卵形，长 1 ～ 3.5cm，宽 0.8 ～ 2.5cm，先端稍锐尖或稍钝，基部近圆形，边缘有圆齿状锯齿，齿尖有短小尖头，上面绿色，疏被短柔毛，下面淡绿色，被短柔毛或沿主脉被短柔毛；叶柄与小叶柄被短柔毛和疏生小皮刺。花单生或 2 ～ 3 朵簇生，直径 4 ～ 5cm，花梗、萼筒与萼片密被腺毛；萼片披针形，长约 2cm，先端长尾尖，并稍宽大呈叶状，全缘；花瓣粉红色或紫红色，宽倒卵形，长与宽约 2cm，先端微凹，芳香。蔷薇果椭圆形或矩圆形，长约 2cm，鲜红色，先端收缩成颈部；有直立的宿存萼片，密被腺状刚毛。花期 6 ～ 7 月，果期 8 ～ 9 月。

喜暖中生灌木。生于落叶阔叶林区和草原带的山地林缘、沟谷及黄土丘陵，是山地灌丛的建群种。产燕山北部（兴和县苏木山）、阴山（蛮汗山）、贺兰山。分布于我国吉林西南部、河北、河南西部、山西。为华北分布种。

花可提取芳香油，做玫瑰酱和调味品。可栽培做观赏植物。花、果入药，花能理气、活血、调经、健脾，主治消化不良、气滞腹痛、月经不调；果能养血、活血，主治脉管炎、高血压、头晕。

4. 月季花

Rosa chinensis Jacq. in Obs. Bot. 3:7. t.55. 1768; Fl. Intramongol. ed. 2, 3:100. 1989.

常绿或半常绿直立灌木。茎有弯曲的皮刺，少无皮刺。单数羽状复叶，小叶 3 ～ 5，稀 7；小叶片宽卵形、卵状披针形至矩圆形，长 2 ～ 5cm，宽 1 ～ 2.5cm，先端渐尖或锐尖，基部近圆形，边缘有锯齿，上面暗绿色，有光泽，下面淡绿色，两面无毛；叶柄和小叶柄疏生小皮刺和腺毛；托叶大部和叶柄合生，先端裂片披针形或条形，边缘有腺毛。花常数朵簇生，少单生，直径 4 ～ 5cm；花梗长，常被腺毛。萼筒常被稀疏腺毛或近无毛；萼片狭披针形，长达 3cm，先端长尾状并稍宽大，全缘或有时分裂。花瓣紫红色、粉红色或略带白色，宽倒卵形，先端微凹。蔷薇果倒卵形，红色，先端有宿存萼片。花果期 5 ～ 9 月。

喜暖中生灌木。原产我国长江流域各省。为东亚亚热带分布种。我国各地普遍栽培；内蒙古多为盆栽灌木，也有少量室外栽培，品种很多。

花、叶和根入药，能活血调经、散毒消肿，主治月经不调、痛经、痈疮肿毒、淋巴腺结核、跌打损伤。

5. 山刺玫（刺玫果）

Rosa davurica Pall. in Fl. Ross. 1(2):61. 1789; Fl. Intramongol. ed. 2, 3:102. t.41. f.3. 1989.——*R. davurica* Pall. var. *setacea* Liou in Fl. Pl. Wood. Chin. Bor.-Orient. 314. 1955.

落叶灌木，高 100 ～ 200cm。多分枝，枝通常暗紫色，无毛，在叶柄基部有向下弯曲的成对的皮刺。单数羽状复叶，小叶 5 ～ 7(～ 9)；小叶片矩圆形或长椭圆形，长 1 ～ 2.5cm，宽 0.7 ～ 1.5cm，先端锐尖或稍钝，基部近圆形，边缘有细锐锯齿，近基部全缘，上面绿色，近

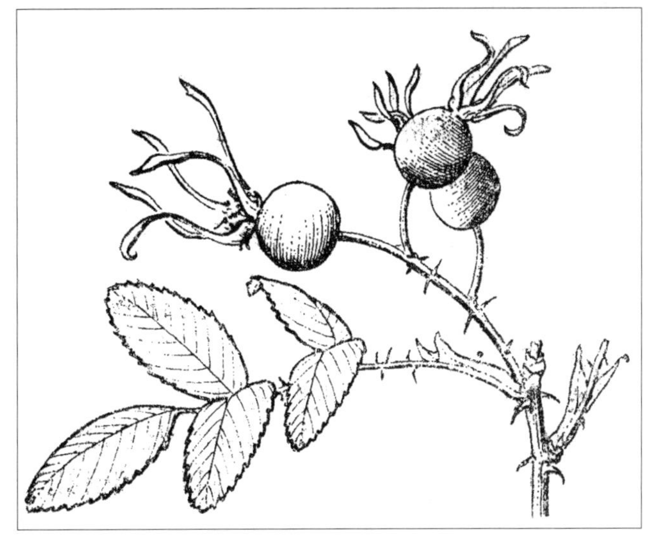

无毛，下面灰绿色，被短柔毛和粒状腺点；叶柄和叶轴被短柔毛、腺点和小皮刺；托叶大部分和叶柄合生，被短柔毛和腺点。花常单生，有时数朵簇生，直径 3 ～ 4cm；萼片披针状条形，长 1.5 ～ 2.5cm，先端长尾尖并稍宽，被短柔毛及腺毛；花瓣紫红色，宽倒卵形，先端微凹。蔷薇果近球形或卵形，直径 1 ～ 1.5cm，红色，平滑无毛，顶端有直立宿存的萼片。花期6～7月，果期8～9月。

中生灌木。生于落叶阔叶林带和草原带的山地林下、林缘、石质山坡，也见于河岸沙质地，为山地灌丛的建群种或优势种，多呈团块状分布。产兴安北部和岭西（额尔古纳市、牙克石市、鄂伦春自治旗、鄂温克族自治旗、新巴尔虎左旗）、兴安南部（科尔沁右翼前旗、科尔沁右翼中旗、扎赉特旗、阿鲁科尔沁旗、巴林左旗、巴林右旗、克什克腾旗）、辽河平原（大青沟）、燕山北部（喀喇沁旗、宁城县、敖汉旗、兴和县苏木山）、锡林郭勒（西乌珠穆沁旗、锡林浩特市、正蓝旗）、阴山（大青山、乌拉山）、东阿拉善（桌子山）、贺兰山。分布于我国黑龙江、吉林、辽宁、河北、山西，日本、朝鲜、蒙古国东部和北部、俄罗斯（东西伯利亚地区、远东地区）。为东西伯利亚—东亚北部分布种。

蔷薇果含多种维生素，可食用，可制果酱与酿酒；花味清香，可制成玫瑰酱，做点心馅或提取香精。根、茎皮和叶含鞣质，可提制栲胶。花、果入药，功能、主治同美蔷薇。根能止咳祛痰、止痢、止血，主治慢性支气管炎、肠炎、细菌性痢疾、功能性子宫出血、跌打损伤。果实入蒙药（蒙药名：吉日乐格－扎木日），能清热、解毒、清“黄水”，主治毒热、热性“黄水”病、肝热、青腿病。

6. 刺蔷薇（大叶蔷薇）

Rosa acicularis Lindl. in Ros. Monogr. 44. 1820; Fl. Intramongol. ed. 2, 3:102. t.41. f.4. 1989.

灌木，高约 100cm。多分枝，枝红褐色，常密生皮刺；皮刺直，水平方向直伸，长 1.5 ～ 4(～ 7)mm。单数羽状复叶，通常有 5 ～ 7 小叶；小叶片椭圆形、矩圆形或卵状椭圆形，长 2 ～ 5cm，宽 1 ～ 3cm，先端锐尖，基部近圆形或稍偏斜，边缘有锯齿，稀重锯齿，近基部常全缘，上面暗绿色，常无毛，下面淡绿色，多少有柔毛或近无毛，稀有腺点，小叶柄极短；叶轴细长，无毛或有柔毛，常有腺毛，稀疏小皮刺；托叶条形，大部与叶柄合生，边缘有腺毛。花单生叶

腋，直径约 4cm；花梗细长；萼片披针形，先端长尾尖，并稍宽大呈叶状，外面常有腺毛和柔毛，里面密被茸毛；花瓣宽倒卵形，玫瑰红色。蔷薇果椭圆形、长椭圆形或梨形，长 1.5 ～ 2cm，红色，有明显颈部，光滑无毛。花期 6 ～ 7 月，果期 8 ～ 9 月。

中生耐寒灌木。生于针叶林带和草原带山地林下、林缘、山地灌丛。兴安北部（额尔古纳市、东乌珠穆沁旗宝格达山）、岭西（海拉尔区谢尔塔拉牧场）、兴安南部（阿鲁科尔沁旗、巴林右旗、克什克腾旗、西乌珠穆沁旗）、阴山（大青山、乌拉山）、贺兰山、龙首山（桃花山）。分布于我国黑龙江、吉林东部、辽宁中东部、河北、山西北部、陕西、甘肃东部、新疆北部和东部，日本、朝鲜、蒙古国东部和北部及西部、俄罗斯、哈萨克斯坦，北欧，北美洲。为泛北极分布种。

可栽培做庭园观赏植物。

7. 龙首山蔷薇

Rosa longshoushanica L. Q. Zhao et Y. Z. Zhao in Ann. Bot. Fennic. 53 (1-2):103. 2016.

灌木，高 50 ～ 250cm。枝条光滑无毛，有成对弯曲的细刺，有时在老枝上有弯曲或直细的刺。叶包括叶柄长 2 ～ 6cm，具小叶 5 ～ 9；小叶片椭圆形、卵形或倒卵形，先端圆钝或钝尖，基部近圆形或宽楔形，两面被柔毛，叶轴、小叶柄被柔毛，有时具皮刺；托叶大部分与叶柄联合，离生部分狭三角形，边缘具带腺锯齿。花单生或 2 ～ 3 朵簇生；苞片披针形，边缘具腺锯齿，先端渐尖；花梗长 0.5 ～ 2cm，被柔毛，有时被具柄硬腺毛；杯状花托倒卵形、狭距圆形或

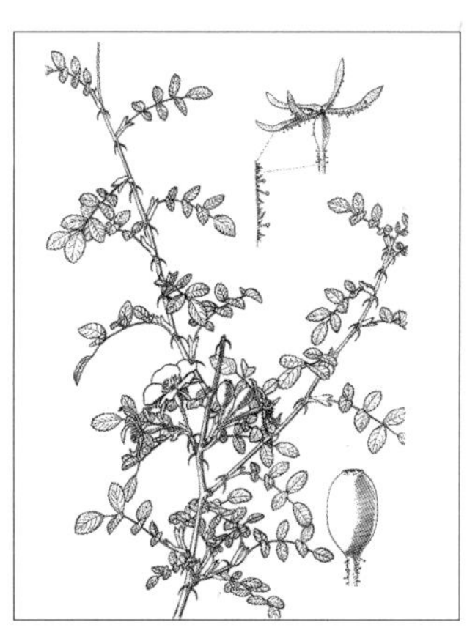

近球形，光滑无毛或极稀疏的被毛，具明显颈部；花直径2～3cm；花萼5，狭三角状披针形，先端延伸成尾状，全缘或具齿，背面密被柔毛，并混生具柄硬腺毛，上面密被柔毛；花瓣粉红色，倒卵形，先端微凹，基部宽楔形或截形；花柱离生，密被柔毛，比雄蕊短很多。果长圆形，红色，具光泽，光滑无毛，颈部与花萼一同脱落。花期6～7月，果期7～10月。

中生灌木。生于荒漠带的山地灌丛。产内蒙古阿拉善右旗桃花山、龙首山。分布于我国甘肃、青海。为唐古特分布种。

本种与小叶蔷薇*R. willmottiae* Hemsl相近，但本种萼片有腺毛（非无腺毛）、花梗无腺毛（非被腺毛）、果长椭圆形（非卵球形），与小叶蔷薇明显不同。

8. 疏花蔷薇

Rosa laxa Retz. in Phytogr. Bl. 39. 1803; Fl. China 9:360. 2003.——*R. beggeriana* Schrenk. var. *lioui* auct. non (T. T. Yü et H. T. Tsai) T. T. Yü et T. C. Ku : Fl. Intramongol. ed. 2, 3:103. t.41. f.5. 1989.

灌木，高100～200cm。小枝圆柱形，直立或稍弯曲，无毛，有成对或散生，镰刀状的浅黄色皮刺。小叶7～9，连叶柄长4.5～10cm；小叶片椭圆形、长圆形或卵形，稀倒卵形，长约1.54cm，宽8～20mm，先端急尖或圆钝，基部近圆形或宽楔形，边缘有单锯齿，稀有重锯齿，两面无毛或下面有柔毛，中脉和侧脉均明显凸起；叶轴上面有散生皮刺、腺毛和短柔毛；托叶大部贴生于叶柄，离生部分耳状，卵形，边缘有腺齿，无毛。花常3～6朵组成伞房状，有时单生；苞片卵形，先端渐尖，有柔毛和腺毛；花梗长1～1.8(～3)cm；萼筒无毛或有腺毛；花直径约3cm；萼片卵状披针形，先端常延长成叶状，全缘，外面有稀疏柔毛和腺毛，内面密被柔毛；花瓣白色（据记载也有粉红色者），倒卵形，先端凹凸不平；花柱离生，密被长柔毛，比雄蕊短很多。果长圆形或卵球形，直径1～1.8cm，顶端有短颈，红色，常有光泽；萼片直立宿存。花期6～8月，果期8～9月。

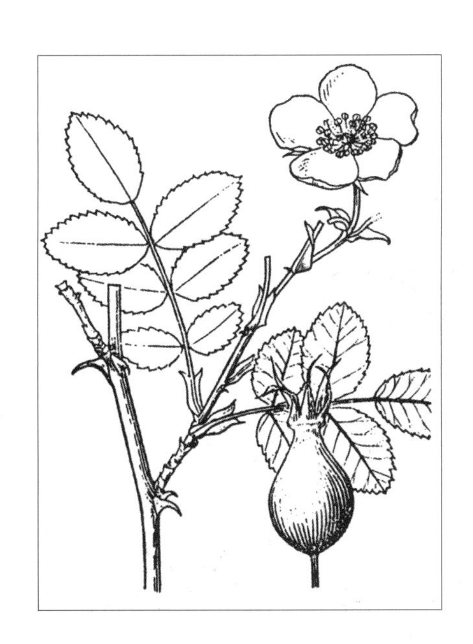

中生灌木。生于荒漠带的山坡、山谷。产额济纳（马鬃山）。分布于我国新疆，蒙古国西部和西南部、俄罗斯（中西伯利亚地区），中亚。为中亚—亚洲中部山地分布种。

查阅产马鬃山的标本，其蔷薇果顶部具短颈，花萼宿存，花序3或单花，应为*R. laxa*；而*R. beggeriana* var. *lioui*蔷薇果顶部无颈，花萼脱落，花序多花，故而二者明显不同。

12. 地榆属 Sanguisorba L.

多年生草本。叶互生，为单数羽状复叶，基生并茎生，有托叶。花两性，多数组成紧密的穗状或头状花序；萼筒喉部缢缩；萼片 4，花瓣状；无花瓣；雄蕊 4；心皮 1，稀 2，花柱顶生，柱头扩大，具乳头状突起。瘦果包藏在宿存的萼筒中。

内蒙古 3 种。

分种检索表

1a. 穗状花序自基部向上逐渐开放，花序通常粗大而下垂，白色或微带粉红色；苞片在花蕾时显著比花萼筒长……………………………………………………………………………………**1. 高山地榆 S. alpina**

1b. 穗状花序自顶端向下逐渐开放。

2a. 花丝丝状，与萼片近等长，稀稍长。

3a. 花丝与萼片近等长。

4a. 基生叶小叶片卵形或长圆状卵形，基部心形或微心形。

5a. 花紫红色、红色或紫色。

6a. 全株光滑无毛………………………………………**2a. 地榆 S. officinalis** var. **officinalis**

6b. 植株或多或少有腺毛和柔毛………………**2b. 腺地榆 S. officinalis** var. **glandulosa**

5b. 花粉色或白色，植株光滑无毛……………………**2c. 粉花地榆 S. officinalis** var. **carnea**

4b. 基生叶小叶片条状矩圆形或条状披针形，基部微心形、圆形或宽楔形………………………………………………………………………………**2d. 长叶地榆 S. officinalis** var. **longifolia**

3b. 花丝比萼片长 0.5 ～ 1 倍，基生叶小叶片条状矩圆形或条状披针形………………………………………………………………………………**2e. 长蕊地榆 S. officinalis** var. **longifila**

2b. 花丝显著扁平扩大，比萼片长 0.5 ～ 2 倍；基生叶小叶片披针形或矩圆状披针形，基部微心形或斜宽楔形。

7a. 花粉红色，花丝比萼片长 0.5 ～ 1 倍………………**3a. 细叶地榆 S. tenuifolia** var. **tenuifolia**

7b. 花白色，花丝比萼片长 1 ～ 2 倍…………………………**3b. 小白花地榆 S. tenuifolia** var. **alba**

1. 高山地榆

Sanguisorba alpina Bunge in Fl. Alt. 1:142. 1829; Fl. Intramongol. ed. 2, 3:107. t.44. f.6-8. 1989.

多年生草本，高 30 ～ 80cm。全株无毛或几无毛。根粗壮，圆柱形。茎常分枝。单数羽状复叶，基生叶和茎下部叶有小叶 9 ～ 15(～ 19)，连叶柄长 10 ～ 25cm；小叶片椭圆形或长椭圆形，稀卵形，长 1.5 ～ 7cm，宽 1 ～ 4cm，先端圆钝或几圆形，基部截形至微心形，边缘有缺刻状尖锐锯齿，两面绿色无毛，小叶柄短；托叶膜质，黄褐色。茎上部叶比基生叶小，小叶数向上逐渐减少，近无柄；

托叶草质，绿色，卵形或弯弓呈半圆形。穗状花序顶生，粗大，下垂，圆柱形或椭圆形，长 1 ～ 5cm，宽 6 ～ 12mm；花由基部向上逐渐开放；每花有苞片 2，卵状披针形或匙状披针形，密被柔毛；萼片白色，或微带淡红色，卵形；雄蕊比萼片长 2 ～ 3 倍，花丝从下部开始微扩大至中部，到顶端渐狭，显著比花药窄；子房近卵形，花柱细长；柱头膨大，具乳头状突起或呈流苏状。瘦果宽卵形，具纵脊棱。花期 7 ～ 8 月，果期 8 ～ 9 月。

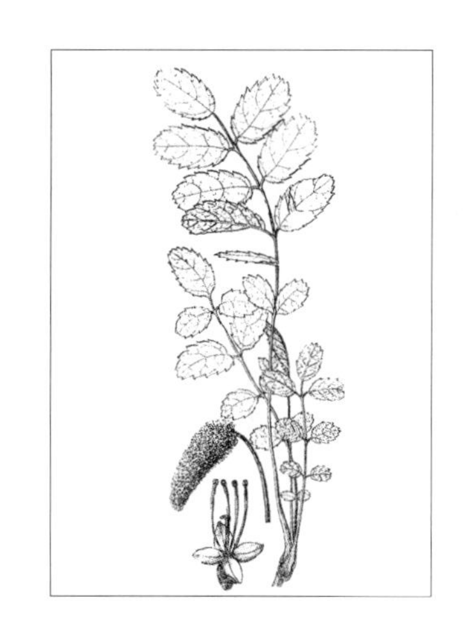

中生草本。生于荒漠带的山坡、沟谷水边、沼地及林缘。产贺兰山。分布于我国宁夏、甘肃中东部、新疆北部，朝鲜、蒙古国西部（蒙古—阿尔泰地区）、俄罗斯。为东古北极分布种。

2. 地榆（蒙古枣、黄瓜香）

Sanguisorba officinalis L., Sp. Pl. 1:116. 1753; Fl. Intramongol. ed. 2, 3:107. t.45. f.1-3. 1989.

2a. 地榆

Sanguisorba officinalis L. var. **officinalis**

多年生草本，高 30 ～ 80cm。全株光滑无毛。根粗壮，圆柱形或纺锤形。茎直立，上部有分枝，有纵细棱和浅沟。单数羽状复叶，基生叶和茎下部叶有小叶 9 ～ 15，连叶柄长 10 ～ 20cm；小叶片卵形、椭圆形、矩圆状卵形或条状披针形，长 1 ～ 3cm，宽 0.7 ～ 2cm，先端圆钝或稍尖，基部心形或截形，边缘具尖圆牙齿，上面绿色，下面淡绿色，两面均无毛，小叶柄长 2 ～ 10（～ 15）mm，基部有时具叶状小托叶 1 对。茎上部叶比基生叶小，有短柄或无柄，小叶数较少；茎生叶的托叶上半部小叶状，下半部与叶柄合生。穗状花序顶生，多花密集，卵形、椭圆形、近球形或圆柱形，长 1 ～ 3cm，径 6 ～ 12mm，花由顶端向下逐渐开放；每花有苞片 2，披针形，长 1 ～ 2mm，被短柔毛。萼筒暗紫色；萼片紫色，椭圆形，长约 2mm，先端有短尖头。雄蕊与萼片近等长，花药黑紫色，花丝红色。子房卵形，被柔毛；花柱细长，紫色，长约 1mm；柱头膨大，具乳头状突起。瘦果宽卵形或椭圆形，长约 3mm，有 4 纵脊棱，被短柔毛，包于宿存的萼筒内。花期 7 ～ 8 月，果期 8 ～ 9 月。

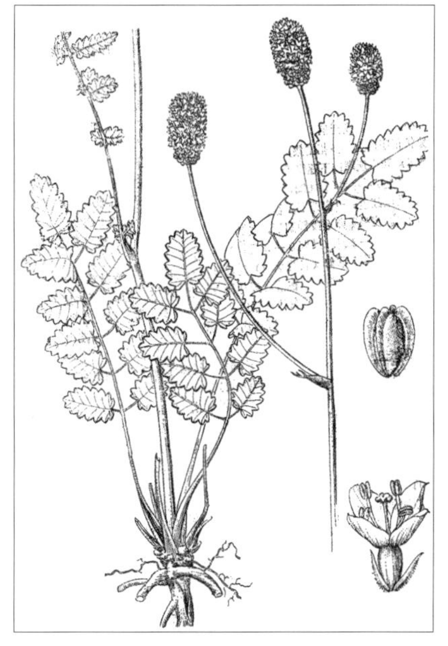

中生草本。为林缘草甸（五

花草塘）的优势种或建群种，是森林草原地带起重要作用的杂类草，生态幅度比较广，在落叶阔叶林中可生于林下，在草原区则见于河滩草甸及草甸草原中，但分布最多的是森林草原地带。产兴安北部、岭东、岭西、兴安南部、燕山北部、辽河平原、科尔沁、呼锡高原、赤峰丘陵、乌兰察布、阴山、阴南丘陵。分布于我国各省区，遍及欧亚大陆及北美洲。为泛北极分布种。

根入药，能凉血止血、消肿止痛，并有降压作用，主治便血、血痢、尿血、崩漏、疮疡肿毒及烫火伤等。全株含鞣质，可提制栲胶。根含淀粉，可供酿酒。种子油可供制肥皂和工业用。此外，全草可做农药，其水浸液对防治蚜虫、红蜘蛛和小麦秆锈病有效。

2b. 腺地榆

Sanguisorba officinalis L. var. **glandulosa** (Kom.) Vorosch. in Fl. Far East U.R.S.S. 265. 1966; Fl. Intramongol. ed. 2, 3:109. t.45. f.4. 1989.——*S. glandulosa* Kom. in Bot. Mater. Gerb. Glavn. Bot. Sada S.S.S.R. 6:10. 1926.

本变种与正种的区别：茎、叶柄及花序梗或多或少有柔毛和腺毛，叶下面散生短柔毛。

中生草本。生于森林带的山谷阴湿林缘处。产兴安北部（额尔古纳市、鄂伦春自治旗）、兴安南部（阿鲁科尔沁旗）、燕山北部（喀喇沁旗旺业甸林场）。分布于我国黑龙江、河北北部、陕西、甘肃，俄罗斯（远东地区）。为华北—满洲分布变种。

2c. 粉花地榆

Sanguisorba officinalis L. var. **carnea** (Fisch. ex Link) Regel ex Maxim. in Melanges Biol. Bull. Phys.-Math. Acd. Imp. Sci. St.-Petersb. 9:154. 1877; Fl. Intramongol. ed. 2, 3:111. 1989.——*S. carnea* Fisch. ex Link in Enum. Hort. Berol. Alt. 1:144. 1821.

本变种与正种的区别：花粉红色或白色。

多年生中生草本。生于草原带的山地阴坡。产赤峰丘陵（松山区、翁牛特旗）。分布于我国黑龙江、吉林、河北北部，朝鲜。为满洲分布变种。

2d. 长叶地榆

Sanguisorba officinalis L. var. **longifolia** (Bertol.) T. T. Yü et C. L. Li in Act. Phytotax. Sin. 17(1):9. t.1. f.1. 1979; Fl. Intramongol. ed. 2, 3:111. t.45. f.5. 1989.——*S. longifolia* Bertol. in Mem. Reale Acad. Sci. Ist. Bologn. 12:234. 1861.

本变种与正种的区别：基生小叶条状矩圆形至条状披针形，基部微心形、圆形至宽楔形；茎生叶与基生叶相似，但更长而狭窄。

中生草本。生于草原带的山坡草地、溪边、灌丛、湿草甸及疏林中。产岭西及呼伦贝尔（额尔古纳市、陈巴尔虎旗）、锡林郭勒、鄂尔多斯（伊金霍洛旗、乌审旗）、东阿拉善（桌子山）。分布于我国黑龙江、辽宁、河北、河南、山东、山西、甘肃、湖北、湖南、安徽、江苏、江西、浙江、台湾、四川、贵州、广西、广东，朝鲜、蒙古国、俄罗斯、印度。为东古北极分布变种。

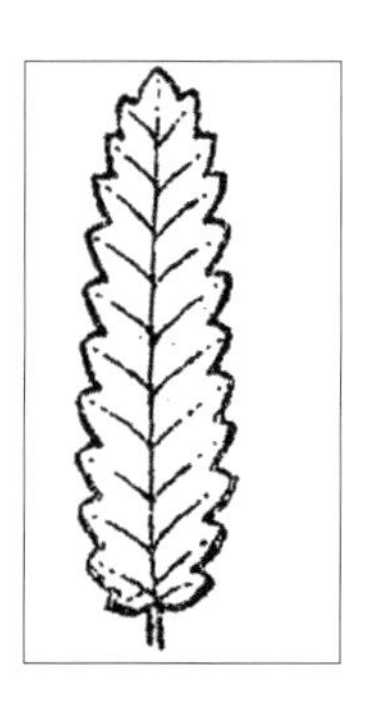

2e. 长蕊地榆

Sanguisorba officinalis L.var. **longifila** (Kitag.) T. T. Yü et C. L. Li in Act. Phytotax. Sin. 17(1):10. 1979; Fl. Intramongol. ed. 2, 3:111. t.45. f.6. 1989.——*S. rectispicata* Kitag. var. *longifila* Kitag. in Bot. Mag. Tokyo 50:136. f.b. 1936.

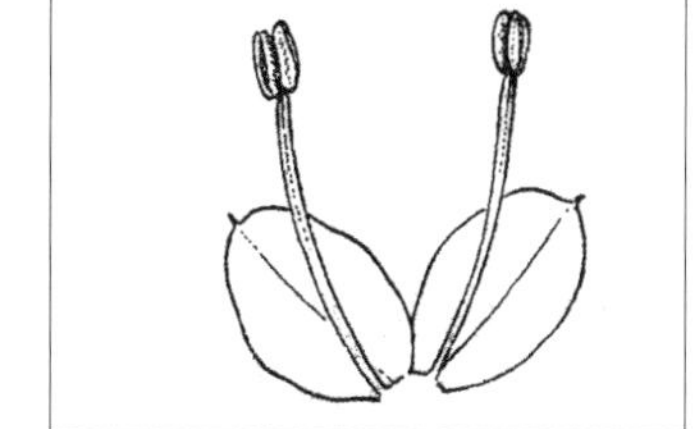

本变种与正种的区别：花丝长 4 ～ 5mm，比萼片长 0.5 ～ 1 倍；基生叶小叶条状矩圆形至条状披针形。

中生草本。生于森林带的沟边、草甸。产兴安北部（牙克石市、鄂伦春自治旗）。分布于我国黑龙江。为满洲分布变种。

3. 细叶地榆

Sanguisorba tenuifolia Fisch. ex Link in Enum. Hort. Berol. Alt. 1:144. 1821; Fl. Intramongol. ed. 2, 3:112. t.44. f.1-5. 1989.

3a. 细叶地榆

Sanguisorba tenuifolia Fisch. ex Link var. **tenuifolia**

多年生草本，高达 120cm。根茎粗壮，黑褐色。茎直立，上部分枝，具棱，光滑。单数羽状复叶，基生叶有小叶 7 ～ 9 对；小叶片披针形或矩圆状披针形，长 4.5 ～ 7.5cm，宽 0.6 ～ 1.6cm，先端急尖至圆钝，基部圆形至斜楔形，边缘有锯齿，两面绿色，无毛；小叶柄较短，基部常有叶

状小托叶；茎生叶比基生叶小，小叶数较少，且较狭窄；茎生叶托叶半月形。穗状花序长圆柱状，通常下垂，长 3 ～ 7cm，径 6 ～ 8mm；花由顶端向下逐渐开放；苞片披针形，外面及边缘密被柔毛，比萼片短；萼片长椭圆形，粉红色，长约 2mm；花丝扁平扩大，顶端与花药近等宽，比萼片长 0.5 ～ 1 倍；花柱长约 2mm，柱头扩大成盘状。瘦果近球形或倒卵圆形，径约 1.5mm。花期 7 ～ 8 月，果期 8 ～ 9 月。

中生草本。生于森林带的山坡草地、草甸及林缘。产兴安北部及岭东和岭西（额尔古纳市、牙克石市、鄂伦春自治旗、鄂温克族自治旗、海拉尔区）、兴安南部（扎鲁特旗）。分布于我国黑龙江北部、吉林东部、辽宁西北部，日本、朝鲜、俄罗斯（远东地区）。为东亚北部（满洲—日本）分布种。

3b. 小白花地榆

Sanguisorba tenuifolia Fisch. ex Link var. **alba** Traut. et C. A. Mey. in Reise Sibir. 1(3):35. 1856; Fl. Intramongol. ed. 2, 3:112. 1989.

本变种与正种的区别：花白色，花丝比萼片长 1 ～ 2 倍。

多年生中生草本。生于森林带的湿地、草甸、林缘及林下。产兴安北部及岭东和岭西（额尔古纳市、牙克石市、鄂伦春自治旗）、呼伦贝尔（海拉尔区、鄂温克族自治旗、新巴尔虎左旗）、辽河平原（大青沟）。分布于我国黑龙江、吉林、辽宁，日本、朝鲜、蒙古国、俄罗斯（西伯利亚地区、远东地区）。为西伯利亚—东亚北部分布变种。

13. 羽衣草属 Alchemilla L.

多年生草本，稀为一年生。有木质根状茎，直立或外倾。单叶互生，掌状浅裂或深裂，极稀掌状复叶，有长叶柄和托叶，基生和茎生；托叶与叶柄连生。花小型，两性，集合成疏散的或密集的伞房花序或聚伞花序；萼筒（花托）壶形，宿存，喉部收缩；萼片 2 轮，各为 4 ～ 5 片，萼片在芽中为镊合状排列；花瓣缺；雄蕊 4 ～ (1) 着生在萼筒喉部，花丝短、离生；花盘边厚围绕在萼筒上方。心皮 1(～ 4) 着生在萼筒基部，有短柄或无柄；花柱基生或腹生，线形，无毛，柱头头状；胚珠 1，着生在子房基部。瘦果 1(～ 4)，全部或部分包在膜质花托内；种子基生，种皮膜质，子叶长倒卵形。

内蒙古有 1 种。

1. 羽衣草

Alchemilla japonica Nakai et Hara in J. Bot. Jap. 13:177. 1937; Fl. China 9:388. 2003.

多年生草本，高 10 ～ 13cm。具肥厚木质根状茎。茎单生或丛生，直立或斜展，密被白色长柔毛。茎生叶心状圆形，长 2 ～ 3cm，宽 3 ～ 7cm，基部深心形，顶端有 7 ～ 9 浅裂片，边缘有细锯齿，两面均被稀疏柔毛，沿叶脉较密；具长柄，叶柄长 3 ～ 10cm，密被开展长柔毛；托叶膜质，棕褐色，外被长柔毛。茎生叶小型，叶柄短或近于无柄；托叶边缘有锯齿，基部合生，外被长柔毛。伞房状聚伞花序较紧密；花直径 3 ～ 4cm，黄绿色；花梗长 2 ～ 3cm，无毛或近于无毛。萼筒外被稀疏柔毛；副萼片长圆披针形，外被稀疏柔毛；萼片三角卵形，长 1 ～ 1.5mm，较副萼片稍长而宽，外被稀疏柔毛。雄蕊长约萼片之半；花柱线形，较雄蕊稍长。瘦果卵形，长约 1.5mm，先端稍尖，无毛，全部包在膜质花托内。

中生草本。生于 2500 ～ 3500m 的高山草甸。产龙首山。分布于我国陕西西南部、甘肃东南部、青海东南部、四川北部，日本。为东亚北部（华北—日本）分布种。

14. 悬钩子属 Rubus L.

灌木或草本。茎攀援、直立或匍匐，常具皮刺。叶互生，羽状或掌状复叶，边缘有锯齿或分裂；具托叶。花两性，伞房状花序，稀单生；萼片 5，结果时宿存；花瓣 5，白色或淡红色；雄蕊多数；雌蕊多数或几个，彼此分离，着生在凸起的花托上。聚合核果，红色。

内蒙古有 8 种。

分种检索表

1a. 草本。

2a. 单叶，3 ～ 5 裂……………………………………………………**1. 葎草叶悬钩子 R. humulifolius**

2b. 复叶。

3a. 茎、叶柄和花梗仅被柔毛，无刺；花紫红色，常 1 ～ 2 朵，雌蕊约 20…**2. 北悬钩子 R. arcticus**

3b. 茎、叶柄和花梗被柔毛和针刺；花白色，数朵成束或成伞房花序，雌蕊 5 ～ 6…………………………………………………………………………………………**3. 石生悬钩子 R. saxatilis**

1b. 灌木。

4a. 单叶。

5a. 叶片 3 ～ 5 掌状分裂，基部通常具掌状五出脉，叶片两面疏被毛；花数朵簇生或组成短总状花序……………………………………………………………………**4. 牛叠肚 R. crataegifolius**

5b. 叶片不分裂或 3 浅裂，基部通常具掌状三出脉，叶片两面被细柔毛；花常单生…………………………………………………………………………………………**5. 山莓 R. corchorifolius**

4b. 复叶。

6a. 果密被毛，花白色。

7a. 枝、叶柄、总花梗和花梗上均有稀疏针刺或近无刺，枝和叶柄上无腺毛，仅在花梗和花萼外有腺毛……………………………………**6. 华北覆盆子 R. idaeus** var. **borealisinensis**

7b. 枝、叶柄、总花梗和花梗上密被针刺和腺毛…………………**7. 库页悬钩子 R. sachalinensis**

6b. 果无毛，花紫红色……………………………………………………**8. 多腺悬钩子 R. phoenicolasius**

1. 葎草叶悬钩子

Rubus humulifolius C. A. Mey. in Beitr. Pfl. Russ. Reich. 57. 1848; Fl. Intramongol. ed. 2, 3:116. t.47. f.10. 1989.

多年生草本，高 10 ～ 30cm。根状茎细长，黑褐色，多分枝。茎直立或斜升，被皮刺状刚毛。叶心形或肾状心形，长 3 ～ 6cm，宽 3.5 ～ 7cm，掌状 3 ～ 5 浅裂至深裂，裂片卵形或近圆形，先端钝或锐尖，边缘有不整齐的重锯齿，上面绿色，无毛，下面淡绿色，沿叶脉有柔毛和少数刚毛；叶柄长 2 ～ 6cm，有疏或密的皮刺状刚毛；托叶细小，不明显，常早落。花单生，顶生；花梗长 1 ～ 2cm，有刚毛；萼片狭披针形，长 7 ～ 9mm，外面被柔毛，先端尾尖；花瓣白色，披针形，较萼片长，先端渐尖。聚合果球形，直径约 1cm，成熟时红色。花果期 6 ～ 8 月。

中生草本。生于寒温性针叶林落叶松林下。产兴安北部（额尔古纳市、牙克石市乌尔其汉镇）。分布于我国黑龙江、吉林，朝鲜、蒙古国北部、俄罗斯（东西伯利亚地区、远东地区）。为东西伯利亚—满洲分布种。

2. 北悬钩子

Rubus arcticus L., Sp. Pl. 1:494. 1753; Fl. Intramongol. ed. 2, 3:116. t.47. f.5. 1989.

多年生草本，高 10 ～ 30cm。根状茎细长，黑褐色，分枝。茎斜升，近四棱形，常单生，被短柔毛。羽状三出复叶，小叶片菱形至菱状倒卵形，长 2 ～ 4cm，宽 1 ～ 3cm，先端锐尖或圆钝，基部楔形，侧生小叶基部偏斜，边缘有不规则的重锯齿，有时浅裂，上面绿色，近无毛，下面淡绿，被短柔毛；叶柄长 2 ～ 5cm，有疏柔毛；托叶离生，卵形或椭圆形，长 5 ～ 8mm，先端钝或锐尖，全缘，被柔毛。花单生，顶生，有 1 ～ 2 朵腋生，直径 1 ～ 1.5cm；花梗长 2 ～ 3cm；花萼陀螺状，外面有柔毛；萼片 5，披针形；花瓣宽倒卵形，紫红色，长 7 ～ 10mm。聚合果暗红色，宿存萼片反折。花果期 7 ～ 9 月。

中生草本。生于森林带海拔 700 ～ 1200m 的白桦林下、灌丛下、草甸。产兴安北部（额尔古纳市、牙克石市、鄂伦春自治旗、阿尔山市）。分布于我国黑龙江、吉林、辽宁，朝鲜、蒙古国北部、俄罗斯，北美洲。为泛北极分布种。

茎枝入蒙药（蒙药名：奥木日阿特音－博格日乐吉根），功能、主治同库页悬钩子。

3. 石生悬钩子（地豆豆）

Rubus saxatilis L., Sp. Pl. 1:494. 1753; Fl. Intramongol. ed. 2, 3:117. t.47. f.6. 1989.

多年生草本，高 15 ～ 30cm。根状茎横走，黑褐色，节上生较细的不齐定根。花枝直立，被长柔毛，有时有皮刺状刚毛；不育枝育鞭状匐枝，长达 200cm，其顶端常形成新植株，被疏

长柔毛与皮刺状刚毛。羽状三出复叶，稀单叶3裂，叶柄长3～10cm，被长柔毛与皮刺状刚毛；小叶片卵状菱形，长2～7cm，宽1.5～6cm，先端锐尖，基部宽楔形或歪宽楔形，边缘有粗重锯齿，侧生小叶有时2裂，两面有柔毛，下面沿叶脉较多，侧生小叶近无柄，顶生小叶有长柄；托叶分离，卵形至披针形，先端渐尖。聚伞花序成伞房状，顶生，花少数；花梗长5～10mm，被卷曲柔毛与少数腺毛；花直径约1cm；花萼外面被短柔毛混生腺毛，萼片披针形或矩圆状披针形，长约4mm，里面被短柔毛，顶端锐尖；花瓣白色，匙形或倒披针形，与萼片等长；雄蕊多数，花丝宽大，直立，顶端钻状；雌蕊4～6，彼此离生。聚合果含小核果2～5，红色；果核矩圆形，具蜂巢状孔穴。花期6～7月，果期8～9月。

中生草本。生于森林带山地林下、林缘灌丛、林缘草甸和森林上限的石质山坡，也见于林区的沼泽灌丛中。产兴安北部（额尔古纳市、牙克石市、鄂伦春自治旗、阿尔山市）、岭西（鄂温克族自治旗）、兴安南部（阿鲁科尔沁旗、巴林右旗、克什克腾旗、西乌珠穆沁旗）、燕山北部（喀喇沁旗、宁城县）、阴山（大青山、乌拉山）。分布于我国黑龙江北部和西北部、吉林东部、辽宁西部、河北中部和北部、山西西北部、新疆北部，蒙古国东部和北部、俄罗斯，欧洲、北美洲。为泛北极分布种。

4. 牛叠肚（托盘）

Rubus crataegifolius Bunge in Mem. Acad. Imp. Sci. St.-Petersb. Div. Sav. 2:98. 1835; Fl. Intramongol. ed. 2, 3:119. t.47. f.9. 1989.

灌木，高100～200cm。小枝红褐色，幼时被细柔毛，有微弯皮刺。单叶，卵形至长卵形，长5～10cm，宽3～8cm，先端锐尖或渐尖，基部心形或近截形，上面近无毛，下面脉上有柔毛和小皮刺，边缘3～5掌状分裂，裂片卵形，有不规则重锯齿；叶柄长1～4cm，疏生柔毛和小皮刺；托叶条形。花2～6朵簇生或组成短总状花序；花梗长5～10mm；苞片条形；花直径1～1.5cm；萼片5，卵状三角形，先端长渐尖；花瓣椭圆形，白色。聚合果近球形，直径约1cm，暗红色；核具皱纹。花果期6～8月。

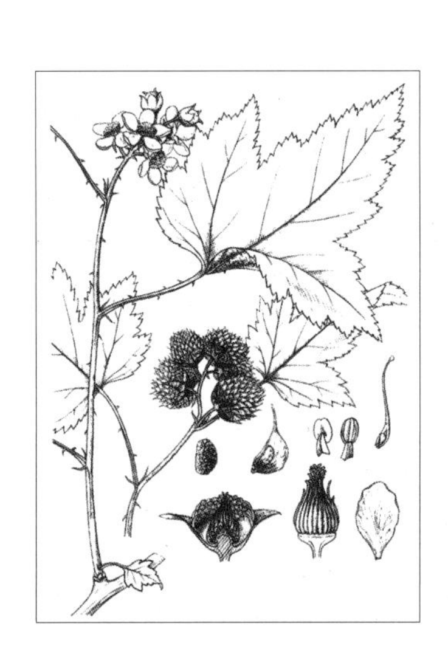

中生灌木。生于阔叶林带的山坡灌丛或林缘。产岭东（扎兰屯市）、燕山北部（喀喇沁旗、宁城

县）。分布于我国黑龙江、吉林东部、辽宁、河北、河南中西部、山东、山西，日本、朝鲜、俄罗斯（远东地区）。为东亚北部分布种。

5. 山莓

Rubus corchorifolius L. f. in Suppl. Pl. 263. 1782; Fl. China 9:234. 2003.

直立灌木，高 100 ～ 300cm。枝具皮刺，幼时被柔毛。单叶，卵形至卵状披针形，长 5 ～ 12cm，宽 2.5 ～ 5cm，顶端渐尖，基部微心形，有时近截形或近圆形，上面色较浅，沿叶脉有细柔毛，下面色稍深，幼时密被细柔毛，逐渐脱落至老时近无毛，沿中脉疏生小皮刺，边缘不分裂或 3 裂，通常不育枝上的叶 3 裂，有不规则锐锯齿或重锯齿，基部具 3 脉；叶柄长 1 ～ 2cm，疏生小皮刺，幼时密生细柔毛；托叶线状披针形，具柔毛。花单生或少数生于短枝上；花梗长 0.6 ～ 2cm，具细柔毛；花直径可达 3cm。花萼外密被细柔毛，无刺；萼片卵形或三角状卵形，长 5 ～ 8mm，顶端急尖至短渐尖。花瓣长圆形或椭圆形，白色，顶端圆钝，长 9 ～ 12mm，宽 6 ～ 8mm，长于萼片；雄蕊多数，花丝宽扁；雌蕊多数，子房有柔毛。果实由很多小核果组成，近球形或卵球形，直径 1 ～ 1.2cm，红色，密被细柔毛；核具皱纹。花期 2 ～ 3 月，果期 4 ～ 6 月。

中生灌木。生于阔叶林带的向阳山坡、灌丛、溪边、山谷。产燕山北部。分布于我国黑龙江、吉林、辽宁、河北北部、河南东南部、山东、山西、陕西南部、宁夏、甘肃、四川、西藏、云南、贵州、广东、广西、海南、湖北、湖南、江苏、江西、安徽、浙江、福建，日本、朝鲜、缅甸、越南。为东亚分布种。

果味甜美，含糖、苹果酸、柠檬酸及维生素 C 等，可供生食、制果酱及酿酒。果、根及叶入药，有活血、解毒、止血之效。根皮、茎皮、叶可提取栲胶。

6. 华北覆盆子

Rubus idaeus L. var. **borealisinensis** T. T. Yü et L. T. Lu in Act. Phytotax. Sin. 20(3):297. 1982; Fl. Intramongol. ed. 2, 3:119. t.47. f.7. 1989.

灌木，高约 100cm。枝紫红色或红褐色，幼时被短柔毛，疏生皮刺。羽状复叶，小叶 3 ～ 5，

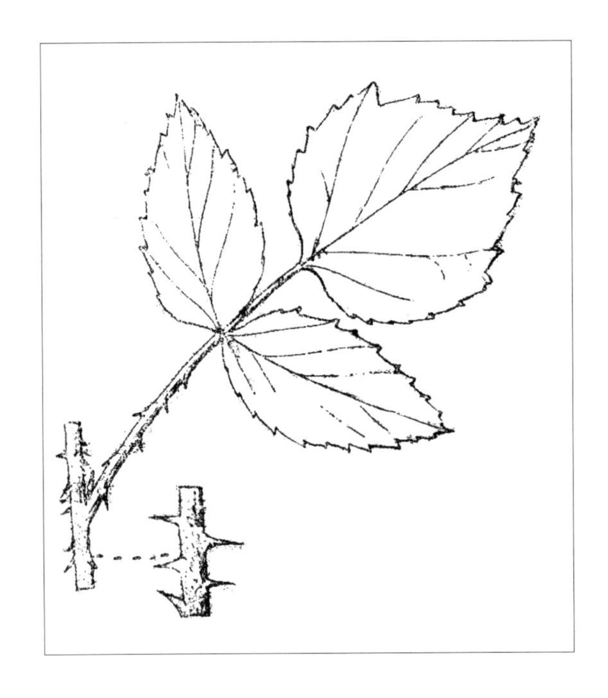

卵形或宽卵形，长2～4cm，宽1～3cm，先端渐尖，基部圆形或近心形，边缘有不规则锯齿或重锯齿，上面无毛或疏生柔毛，下面密被灰白色茸毛，顶生小叶较大，侧生小叶较小，基部偏斜；叶柄长2～4cm，有皮刺；托叶狭条形，被短柔毛。伞房状花序顶生或腋生；总花梗、花梗和花萼均密被茸毛状短柔毛、腺毛和疏密不等的针刺；花白色，直径约1.5cm；萼片卵状披针形，先端尾尖；花瓣匙形，基部具爪。聚合果近球形，多汁液，直径1～1.5cm，红色。花果期7～9月。

中生灌木。生于草原带的山地林缘、灌丛或草甸。产阴山（大青山、蛮汗山）。分布于我国河北、山西。为华北分布变种。

用途同库页悬钩子。

7. 库页悬钩子（沙窝窝）

Rubus sachalinensis Leveille in Report. Spec. Nov. Regni Veg. 6:332. 1909; Fl. Intramongol. ed. 2, 3:119. t.47. f.1-4. 1989.

灌木，高40～100cm。茎直立，被卷曲柔毛和皮刺。羽状三出复叶，互生，长5～15cm；叶柄长2～8cm，被卷曲柔毛与稀疏直刺，有时混生腺毛；顶生小叶较两侧小叶大，小叶片卵形、宽卵形或披针状卵形，长3～10cm，宽1.5～6cm，先端渐尖，基部圆形或近心形，边缘有锯齿，稀重锯齿，齿尖有尖刺，上面绿色，被短柔毛或近无毛，下面被白色毡毛，沿脉常有小刺，顶生小叶具长柄，侧生小叶无柄或柄极短；托叶锥形，长3～5mm，被卷曲柔毛。伞房状花序，顶生或腋生，有花数朵；花梗纤细，长1～3cm，被卷曲柔毛、腺毛和刺；花直径约2cm。花萼外面密被卷曲柔毛、腺毛和刺；萼筒碟状；萼片长三角形，长约5mm，顶端具长芒，里面被绵毛。花瓣白色，倒披针形，长约8mm；雄蕊多数；雌蕊多数，彼此分离，着生在中央球状花托上，花柱近顶生。聚合果有多数红色小核果。花期6～7月，果期8～9月。

中生灌木。生于森林带和草原带的山地林下、林缘灌丛、林间草甸或山谷。产兴安北部及岭东和岭西（额尔古纳市、牙克石市、鄂伦春自治旗、鄂温克族自治旗）、兴安南部（科尔沁右翼前旗、阿鲁科尔沁旗、巴林右旗、克什克腾旗、西乌珠穆沁旗）、燕山北部（喀喇沁旗、宁城县）、阴山（大青山、蛮汗山、乌拉山）、贺兰山。分布于我国黑龙江、吉林东部、河北、甘肃、青海北部、新疆中部和北部，日本、朝鲜、蒙古国北部、

俄罗斯，欧洲。为古北极分布种。

果实甜，可食用，可制果酱。果可代“覆盆子”入药。茎、枝能祛风湿，主治风湿性腰腿病。茎枝入蒙药（蒙药名：博格日乐吉根），能解表、止咳、调元，主治瘟疫、讧热、感冒、肺热咳嗽、气喘。

8. 多腺悬钩子

Rubus phoenicolasius Maxim. in Bull. Acad. Imp. Sci. St.-Petersb. Ser. 3, 17:160. 1872; Fl. China 9:212. 2003.

灌木，高 100 ～ 300cm。枝初直立后蔓生，密生红褐色刺毛、腺毛和稀疏皮刺。小叶 3，稀 5，卵形、宽卵形或菱形，稀椭圆形，长 4 ～ 8(～ 10)cm，宽 2 ～ 5(～ 7)cm，顶端急尖至渐尖，基部圆形至近心形，上面或仅沿叶脉有伏柔毛，下面密被灰白色茸毛，沿叶脉有刺毛、腺毛和稀疏小针刺，边缘具不整齐粗锯齿，常有缺刻，顶生小叶常浅裂；叶柄长 3 ～ 6cm，小叶柄长 2 ～ 3cm，侧生小叶近无柄，均被柔毛、红褐色刺毛、腺毛和稀疏皮刺；托叶线形，具柔毛和腺毛。花较少数，组成短总状花序，顶生或部分腋生；总花梗和花梗密被柔毛、刺毛和腺毛；花梗长 5 ～ 15mm；苞片披针形，具柔毛和腺毛；花直径 6 ～ 10mm。花萼外面密被柔毛、刺毛和腺毛；萼片披针形，顶端尾尖，长 1 ～ 1.5cm，在花果期均直立开展。花瓣直立，倒卵状匙形或近圆形，紫红色，基部具爪并有柔毛；雄蕊稍短于花柱；花柱比雄蕊稍长，子房无毛或微具柔毛。果实半球形，直径约 1cm，红色，无毛；核有明显皱纹与洼穴。花期 5 ～ 6 月，果期 7 ～ 8 月。

耐荫中生灌木。生于荒漠带海拔 2600 ～ 2900m 的山地云杉林下、林缘。产贺兰山。分布于我国山西、山东、河南、陕西、甘肃、青海、四川、湖北，日本、朝鲜。为东亚分布种。欧洲、北美洲有栽培。

果微酸可食。根、叶入药，可解毒及做强壮剂。茎皮可提取栲胶。

15. 水杨梅属 Geum L.

多年生草本。叶互生，不整齐单数羽状复叶，顶生小叶常较大，有托叶。花两性，单生或伞房花序；萼片 5，副萼片 5；花瓣 5，黄色；雄蕊多数。雌蕊多数，着生在凸起的花托上；花柱顶生，纤细，弯曲。瘦果，顶端有钩状喙。

内蒙古有 1 种。

1. 水杨梅（路边青）

Geum aleppicum Jacq. in Icon. Pl. Rar. 1:10. 1781; Fl. Intramongol. ed. 2, 3:120. t.48. f.1-3. 1989.

多年生草本，高 20 ～ 70cm。根状茎粗短，着生多数须根。茎直立，上部分枝，被开展的长硬毛和稀疏的腺毛。基生叶为不整齐的单数羽状复叶，有小叶 7 ～ 13，连叶柄长 10 ～ 25cm；顶生小叶大，长 3 ～ 6cm，宽 2 ～ 4cm，常 3 ～ 5 深裂，裂片菱形、倒卵状菱形或矩圆状菱形，先端圆钝，基部宽楔形，边缘有浅裂片或粗钝锯齿，上面绿色，疏生伏毛，下面淡绿色，密生短毛并疏生伏毛；侧生小叶较小，无柄，与顶生叶裂片相似，小叶间常夹生小裂片；叶柄被开展的长硬毛及腺毛。茎生叶与基生叶相似，叶柄短，有小叶 3 ～ 5。托叶卵形，长 1.5 ～ 3cm，与小叶片相似。花常 3 朵成伞房状排列，直径 1.5 ～ 2cm；花梗长 1 ～ 1.5cm，花萼和花梗被开展的长柔毛、腺毛及茸毛。副萼片条状披针形，长约 3mm；萼片三角状卵形，长约 6mm，花后反折。花瓣黄色，近圆形，长 7 ～ 9mm，先端圆形；雄蕊长约 3mm；子房密生长毛，花柱于顶端弯曲，柱头细长，被短毛。瘦果长椭圆形，稍扁，长约 2mm，被毛长，棕褐色，顶端有由花柱形成的钩状长喙，喙长约 4mm。花期 6 ～ 7 月，果期 8 ～ 9 月。

中生草本。生于森林带和草原带的林缘草甸、河滩沼泽草甸、河边。产兴安北部及岭东和岭西（额尔古纳市、牙克石市、鄂伦春自治旗、东乌珠穆沁旗宝格达山、阿荣旗、鄂温克族自治旗）、兴安南部（科尔沁右翼前旗、扎赉特旗、阿鲁科尔沁旗、巴林左旗、巴林右旗、克什克腾旗、西乌珠穆沁旗、锡林浩特市）、燕山北部（喀喇沁旗、宁城县、敖汉旗）、阴山（大青山、蛮汗山、乌拉山）。分布于我国黑龙江、吉林、河北、河南、山东、山西、甘肃东部、青海东部和南部、四川、西藏东部和南部、云南、贵州、新疆北部，日本、朝鲜、蒙古国东部和北部、俄罗斯，北欧，北美洲。为泛北极分布种。

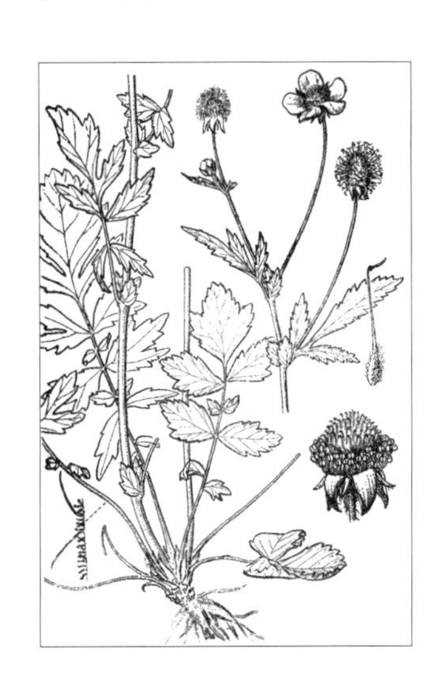

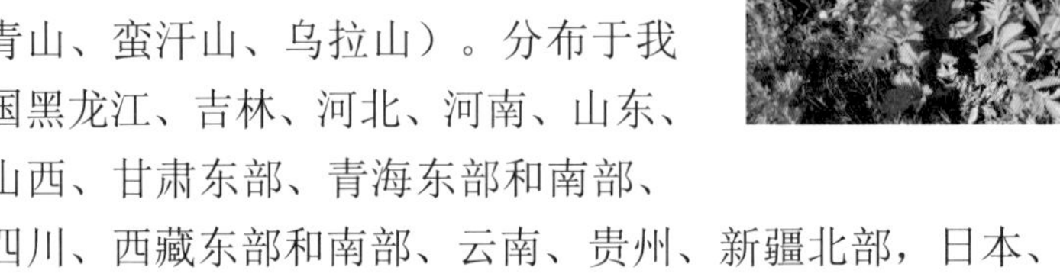

全草入药，能清热解毒、利尿、消肿止痛、解痉，主治跌打损伤、腰腿疼痛、疔疮肿毒、痈疽发背、痢疾、小儿惊风、脚气、水肿等。全株含鞣质，可提取栲胶。种子含干性油，可制肥皂和油漆。

16. 龙牙草属 Agrimonia L.

多年生草本。全株被腺毛和柔毛。单数羽状复叶，互生，小叶大小不等，有托叶。花小，两性，组成穗状的总状花序，有苞片；萼筒倒圆锥形，上部有 1 圈钩状刺，萼片 5；花瓣 5，黄色；雄蕊 5 至多数；雌蕊由 2 合生心皮组成，花柱 2。瘦果包藏在宿存花萼内。

内蒙古有 1 种。

1. 龙牙草（仙鹤草、黄龙尾）

Agrimonia pilosa Ledeb. in Index Sem. Hort. Dorpat. Suppl. 1. 1823; Fl. Intramongol. ed. 2, 3:105. t.43. f.1-3. 1989.

多年生草本，高 30 ～ 60cm。根茎横走地下，粗壮，具节，棕褐色，节上着生多数黑褐色的不定根。茎单生或丛生，直立，不分枝或上部分枝，被开展长柔毛和微小腺点。不整齐单数羽状复叶，具小叶 (3 ～)5 ～ 7 （～ 9)，连叶柄长 5 ～ 15cm，小叶间夹有小裂片；小叶近无柄，菱状倒卵形或倒卵状椭圆形，长 1.5 ～ 5cm，宽 1 ～ 2.5cm，先端锐尖或渐尖，基部楔形，边缘常在 1/3 以上部分有粗圆齿状锯齿或缺刻状锯齿，上面疏生长柔毛与腺点，下面被长柔毛和腺点，顶生小叶常较下部小叶大，叶柄被开展长柔毛和细腺点；托叶卵形或卵状披针形，长 1 ～ 1.5cm，先端渐尖，边缘有粗锯齿或缺刻状齿，两面被开展长柔毛和细腺点。总状花序顶生，长 5 ～ 10cm；花梗长 1 ～ 2mm，被疏柔毛；苞片条状 3 裂，被柔毛，与花梗近等长或较长；花直径 5 ～ 8mm。萼筒倒圆锥形，长约 1.5mm，外面有 10 条纵沟，被柔毛，顶部有钩状刺毛；萼片卵状三角形，与萼筒近等长。花瓣黄色，长椭圆形，长约 3mm；雄蕊约 10，长约 2mm。雌蕊 1，子房椭圆形，包在萼筒内；花柱 2，伸出萼筒。瘦果椭圆形，长约 3.5mm；果皮薄，包在宿存萼筒内，萼筒顶端有 1 圈钩状刺；种子 1，扁球形，径约 2mm。花期 6 ～ 7 月，果期 8 ～ 9 月。

中生草本。散生于森林带和草原带的山地林缘草甸、河边、低湿地草甸、路旁，主要见于落叶阔叶林地区，往南可进入常绿阔叶林北部。产兴安北部及岭东和岭西（额尔古纳市、牙克石市、鄂伦春自治旗、东乌珠穆沁旗宝格达山、鄂温克族自治旗）、兴安南部（科尔沁右翼前旗、扎鲁特旗、阿鲁科尔沁旗、巴林右旗、林西县、克什克腾旗）、燕山北部（喀喇沁旗、宁城县、敖汉旗）、锡林郭勒（西乌珠穆沁旗、锡林浩特市）、辽河平原（大青沟）、阴山（大青山、蛮汗山、乌拉山）。分布于我国各地，亚洲、欧洲普遍分布。为古北极分布种。

全草入药，能收敛止血、益气补虚，主治各种出血证，中气不足、劳伤脱力、肺虚劳嗽等。冬芽与根茎能驱虫，主治绦虫、阴道滴虫。全株含鞣质，可提取栲胶；也可做农药，防治蚜虫、小麦锈病等。

17. 蚊子草属 Filipendula Mill.

多年生草本。叶互生，为单数羽状复叶，基生并茎生；有托叶，顶生小叶大，侧生小叶小，小叶间常夹有小裂片。花两性，多数小花组成大型顶生圆锥花序；萼片 4 或 5，花后宿存反折；花瓣 4 或 5，近圆形；雄蕊多数；雌蕊 5 ～ 15，彼此离生。聚合瘦果。

内蒙古有 4 种。

分种检索表

1a. 顶生小叶裂片较宽，披针形至菱状披针形。

2a. 叶片下面密被白色茸毛……………………………………………………**1. 蚊子草 F. palmata**

2b. 叶片下面绿色，无毛或被短柔毛……………………………………………**2. 绿叶蚊子草 F. nuda**

1b. 顶生小叶裂片较窄，条形至条状披针形。

3a. 叶片下面密被白色茸毛………………………………………………**3. 翻白蚊子草 F. intermedia**

3b. 叶片下面近无毛或无短柔毛…………………………………………**4. 细叶蚊子草 F. angustiloba**

1. 蚊子草（合叶子）

Filipendula palmata (Pall.) Maxim. in Trudy Imp. St.-Petersb. Bot. Sada 6:250. 1879; Fl. Intramongol. ed. 2, 3:113. t.46. f.11-12. 1989.——*Spiraea palmata* Pall. in Reise Russ. Reich. 3:735. 1776.

多年生草本，高约 100cm。根茎横走，粗壮，具多数黑褐色须根。茎直立，具条棱，光滑无毛，基部常包被纤维状残余叶柄。单数羽状复叶，基生叶与茎下部叶有长柄，通常有小叶 5；顶生小叶特大，掌状深裂，肾形，长 6 ～ 11cm，宽 10 ～ 16（～ 18)cm，裂片 5 ～ 9，菱状披针形或披针形，先端渐尖或长渐尖，边缘有不整齐的锐锯齿，上面绿色，被短硬毛，下面被灰白色毡毛；侧生小叶通常 3 深裂；上部茎生叶有小叶 1 ～ 3，掌状深裂，裂片 3 ～ 7；托叶近卵形，边缘有锯齿。多数小花组成大型圆锥花序。萼筒浅碟状；萼片 5，矩圆形至卵形，长 1 ～ 1.5mm，先端圆形，花后反折。花瓣 5，白色，倒卵形，长约 3mm，先端圆形，基部有爪；雄蕊多数，长 2.5 ～ 4mm；心皮 6 ～ 8，彼此分离，花柱常外弯，柱头膨大。瘦果有柄，近镰形，长 3 ～ 5mm，沿背缝线和腹缝线有 1 圈睫毛，花柱宿存。花期 7 月，果期 8 ～ 9 月。

中生草本。生于森林带和草原带的山地河滩沼泽草甸、河岸杨柳林及杂木灌丛，也散生于林缘草甸及针阔混交林下。产兴安北部及岭东和岭西（额尔古纳市、根河市、牙克石市、鄂伦春自治旗、东乌珠穆沁旗宝格达山、鄂温克族自治旗）、兴安南部（科尔沁右翼前旗、阿鲁科尔沁旗、巴林右旗、克什克腾旗、西乌珠穆沁旗）、辽河平原（大青沟）、赤峰丘陵（翁牛特旗）、燕山北部（喀喇沁旗、宁城县）、阴山（大青山、蛮汗山、乌拉山）。分布于我国黑龙江、吉林东部、辽宁东部和西部、河北、山西北部，日本、朝鲜北部、蒙古国北部、俄罗斯（西伯利亚地区、远东地区）。为西伯利亚—东亚北部分布种。

全株含鞣质，可提取栲胶。

2. 绿叶蚊子草（光叶蚊子草）

Filipendula nuda Grub. in Not. Syst. Herb. Inst. Bot. 12:112. 1950; Fl. Intramongol. ed. 2, 3:113. t.46. f.1-6. 1989.——*F. palmata* (Pall.) Maxim. var. *glabra* Ledeb. ex Kom. et Aliss. in Key Pl. Far. East. U.R.S.S. 2:650. 1932; Fl. China 9:193. 2003.——*F. glabra* (Ledeb. ex Kom. et Aliss.) Y. Z. Zhao in Class. Fl. Ecol. Geogr. Distr. Vasc. Pl. Inn. Mongol. 254. 2012, not Nakai ex Kom. et Aliss. 1932.

多年生草本，高 100 ～ 150cm。具横走根茎与多数须根。茎直立，具纵条棱，无毛，基部包被纤维状残余叶柄。单数羽状复叶，基生叶与茎下部叶有小叶 5，稀 7；顶生小叶较大，掌状深裂，裂片 5 ～ 9，菱状披针形、披针形或条状披针形，长 3 ～ 10cm，宽 1 ～ 3cm，先端渐尖，边缘有不整齐的锯齿，上面绿色，被短硬毛，边缘较密，下面淡绿色，沿叶脉被短硬毛并混生短柔毛，或近无毛；侧生小叶较小，裂片 3 ～ 5；上部茎生叶有小叶 1 ～ 3，叶柄较短；托叶卵形或卵状披针形，先端渐尖，边缘有锯齿。顶生大型圆锥花序，着生多数小白花；萼片三角状卵形，先端钝，花后反折；花瓣倒卵状椭圆形，长约 3mm，先端圆形，基部有短爪；雄蕊多数，花丝先弯曲、后直伸，=长 4 ～ 6mm，沿背、腹缝线有睫毛，先端有宿存花柱，基部有短柄。花期 6 ～ 7 月，果期 8 ～ 9 月。

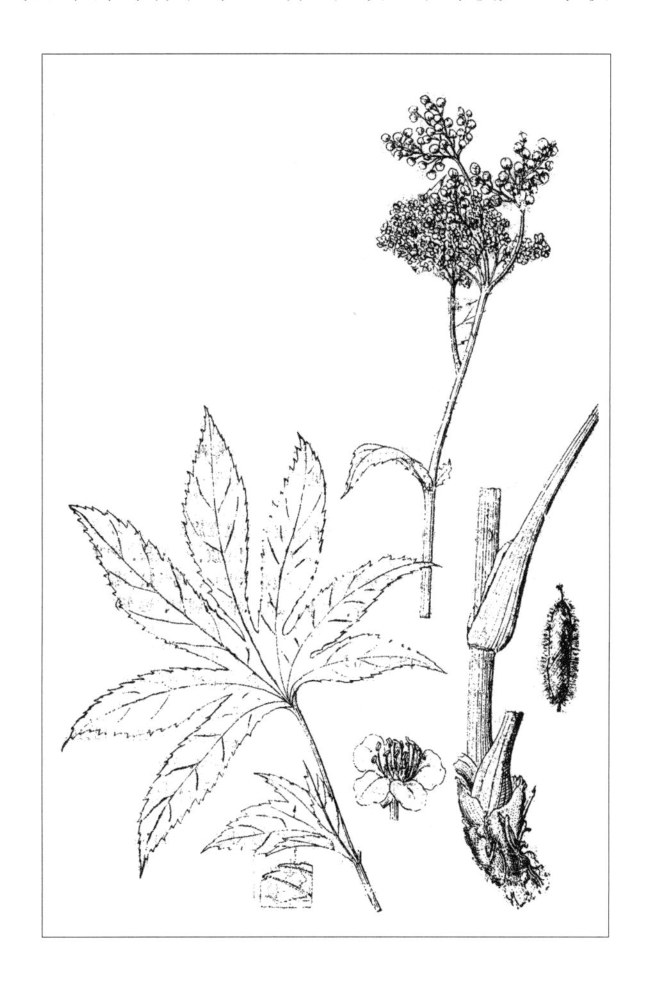

湿中生草本。生于森林带和草原带海拔 800 ～ 1300m 的山谷溪边、灌丛下。产兴安北部（额尔古纳市）、兴安南部（阿鲁科尔沁旗、巴林左旗、巴林右旗、克什克腾旗）、燕山北部（喀喇沁旗、宁城县）、阴山（大青山）。分布于我国吉林、河北、山西，俄罗斯（远东地区）。为华北—满洲分布种。

3. 翻白蚊子草

Filipendula intermedia (Glehn) Juz. in Fl. U.R.S.S. 10:284. 1941; Fl. Intramongol. ed. 2, 3:115. t.46. f.7-8. 1989.——*Spiraea digitata* Willd. var. *intermedia* Glehn in Trudy Imp. St.-Petersb. Bot. Sada 4:38. 1876.

多年生草本，高 80 ～ 100cm。茎直立，具纵条棱，几无毛。单数羽状复叶，有小叶 2 ～ 5 对；顶生小叶较大，掌状深裂，裂片 7 ～ 11，条形或披针状条形，先端渐尖或长渐尖，边缘有锯齿，上面绿色，无毛，下面被白色茸毛；侧生小叶与顶生小叶相似，但向下较小，裂片较少；托叶半心形，抱茎，边缘有锯齿。顶生圆锥花序；花梗常被短柔毛；萼片卵形，外面被短柔毛；花瓣白色，倒卵形，长约 3mm，基部有短爪；雄蕊多数；心皮 6 ～ 8，离生。瘦果椭圆状镰形，长 4 ～ 5mm，沿背、腹缝线有睫毛，先端有宿存花柱，基部有短柄。花果期 6 ～ 9 月。

湿中生草本。生于森林带海拔 300 ～ 800m 的山地草甸、河岸边。产兴安北部及岭东和岭西（额尔古纳市、根河市、牙克石市、鄂伦春自治旗、莫力达瓦达斡尔族自治旗）、辽河平原（科尔沁左翼后旗）。分布于我国黑龙江、吉林西部，俄罗斯（远东地区）。为满洲分布种。

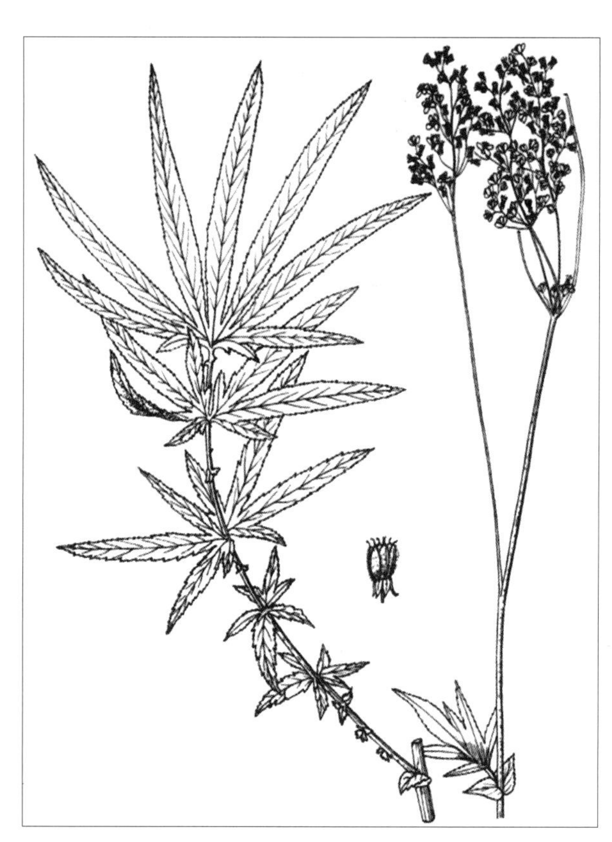

4. 细叶蚊子草

Filipendula angustiloba (Turcz.) Maxim. in Trudy Imp. St.-Petersb. Bot. Sada 6:250. 1879; Fl. Intramongol. ed. 2, 3:115. t.46. f.9-10. 1989.——*Spiraea angustiloba* Turcz. in Index Sem. Hont. Petrop. 8:72. 1842.

多年生草本，高 80 ～ 100cm。茎直立，有纵条棱，无毛。单数羽状复叶，有小叶 2 ～ 5 对；顶生小叶比侧生小叶大，掌状 7 ～ 9 深裂，裂片条形至披针状条形，先端渐尖，边缘有不规则尖锐锯齿，两面均无毛，上面深绿色，下面淡绿色；侧生小叶与顶生小叶相似，但较小且裂片较少；托叶绿色，宽大，半心形，抱茎，边缘有锯齿。圆锥花序顶生；萼片卵形，先端钝，花后反折；

花瓣白色，倒卵形，长约 3mm，先端圆形，基部有短爪。瘦果椭圆状镰形，长 3 ～ 4mm，沿背、腹缝线有睫毛，基部近无柄。花果期 6 ～ 8 月。

中生草本。生于森林带和森林草原带海拔 300 ～ 1200m 的山地林缘、草甸、河边。产兴安北部及岭东、岭西（额尔古纳市、牙克石市、鄂伦春自治旗、陈巴尔虎旗、海拉尔区、新巴尔虎左旗）、兴安南部（科尔沁右翼前旗、扎赉特旗、扎鲁特旗、阿鲁科尔沁旗、巴林右旗）、辽河平原（大青沟）。分布于我国黑龙江，蒙古国（大兴安岭）、俄罗斯（达乌里地区、远东地区）。为达乌里—满洲分布种。

18. 草莓属 Fragaria L.

多年生矮小草本。有细长的匍匐茎。叶基生，为三出复叶，有托叶。花两性，数花组成聚伞花序，稀单生；萼片 5，副萼片 5，比萼片小；花瓣 5，白色或粉红色；雄蕊多数；雌蕊多数，着生在圆锥形的花托上。瘦果多数，着生在肉质膨大的花托上。

内蒙古有 1 种，另有 1 栽培种。

分种检索表

1a. 叶质薄；果较小，径 1 ～ 2cm……………………………………………………**1. 东方草莓 F. orientalis**

1b. 叶质厚，近革质；果较大，径 2 ～ 3cm。栽培……………………………………**2. 草莓 F. × ananassa**

1. 东方草莓（野草莓、高丽果）

Fragaria orientalis Losinsk. in Izv. Glavn. Bot. Sada S.S.S.R. 25:70. f.5. 1926; Fl. Intramongol. ed. 2, 3:122. t.49. f.1-3. 1989.

多年生草本，高 10 ～ 20cm。根状茎横走，黑褐色，具多数须根；匍匐茎细长。掌状三出复叶，基生；叶柄长 5 ～ 15cm，密被开展的长柔毛；小叶近无柄，宽卵形或菱状卵形，长 1.5 ～ 5(～ 7)cm，宽 1 ～ 3(～ 4)cm，先端稍钝，基部宽楔形或歪宽楔形，边缘自 1/4

到 1/2 以上有粗圆齿状锯齿，上面绿色，疏生伏柔毛，下面灰绿色，被绢毛；托叶膜质，条状披针形，被长柔毛。聚伞花序，花少数；花梗长约 1cm，总花梗与花梗均被开展的长柔毛；花白色，直径 1.5 ～ 2cm。花萼被长柔毛；副萼片条状披针形，长约 6mm，先端渐尖；萼片卵状披针形，与副萼片近等长或稍长。花瓣近圆形，长 7 ～ 8mm；雄蕊、雌蕊均多数。瘦果宽卵形，径约 0.5mm，多数聚生于肉质花托上。花期 6 月，果期 8 月。

中生草本。生于森林带和草原带的山地林下，也进入林缘灌丛、林间草甸及河滩草甸，为森林草甸种。产兴安北部及岭东和岭西（额尔古纳市、牙克石市、鄂伦春自治旗、鄂温克族自治旗、东乌珠穆沁旗宝格达山、扎兰屯市）、兴安南部（科尔沁右翼前旗、阿鲁科尔沁旗、巴林右旗、克什克腾旗、西乌珠穆沁旗）、燕山北部（宁城县、敖汉旗）。分布于我国黑龙江、吉林东部、辽宁中东部、河北西部、山西、陕西南部、甘肃东部、青海，朝鲜、蒙古国东部和北部、俄罗斯（西伯利亚地区、远东地区）。为东古北极分布种。

果实可食，也可制酒及果酱。

2. 草莓（凤梨草莓）

Fragaria ×ananassa (Weston) Duch. in Encycl. 2:538. 1788; Fl. China 9:337. 2003; Fl. Intramongol. ed. 2, 3:124. t.49. f.4. 1989.——*F. chiloensis* (L.) Mill. var. *ananassa* Weston in Bot. Univ. 2:329. 1771.

多年生草本，高 10 ～ 30cm。全株有柔毛。茎匍匐地面，被开展长柔毛。掌状三出复叶，于基部丛生，具长柄，柄长 10 ～ 20cm；小叶具短柄，小叶片近革质，倒卵状菱形，长 3 ～ 6cm，宽 2 ～ 5cm，先端圆形，基部宽楔形，边缘有粗大牙齿，上面散生长柔毛，有光泽，下面淡绿色，沿脉被长柔毛。聚伞花序，有花 5 ～ 15 朵，生在一总花梗上；花直径约 2cm，有长梗。副萼片披针形，先端锐尖；萼片卵状披针形，先端渐尖，与副萼片近等长。花瓣白色，椭圆形或近圆形，长约 1cm。聚合果肉质，球形卵形，直径 2 ～ 3cm，红色或淡红色；多数瘦果生于肉质花托上。花期 6 ～ 7 月，果期 7 ～ 8 月。

赵一之 / 摄

中生草本。原产南美洲，为南美种。内蒙古和我国其他地区及世界其他国家有广泛栽培。

用途同东方草莓。

19. 绵刺属 **Potaninia** Maxim.

小灌木。羽状三出复叶，顶生小叶 3 全裂，互生或簇生，叶柄宿存。花两性，3 基数；副萼片、萼片、花瓣、雄蕊各 3；心皮 1，花柱基生，子房上位，含 1 胚珠。瘦果。

单种属。

1. 绵刺（蒙古包大宁）

Potaninia mongolica Maxim. in Bull. Acad. Imp. Sci. St.-Petersb. 27:466. 1882; Fl. Intramongol. ed. 2, 3:103. t.42. f.1-3. 1989.

倾卧地面的小灌木，高 20 ～ 40cm。多分枝，树皮棕褐色，纵向剥裂；小枝苍白色，密生宿存的老叶柄与长柔毛。叶多簇生于短枝上或互生，革质，羽状三出复叶，顶生小叶 3 全裂，

裂片条状披针形或条状倒披针形，长 2.5 ～ 3.5mm，宽约 0.8mm，先端锐尖，全缘，两面有长柔毛，有短柄；侧生小叶全缘，小叶片与顶生小叶裂片同形，但无柄，叶柄宿存，长约 5mm，有长柔毛，顶端有关节；托叶膜质与叶柄合生。花小，径约 4mm，单生于短枝上；花梗纤细，长 3 ～ 4mm。萼筒漏斗状；副萼片 3，矩圆状披针形；萼片 3，卵状或三角状卵形，长约 2mm。花瓣 3，稀 4 或 5，卵形，白色或淡红色，长约 2.5mm，宽约 1.5mm；雄蕊 3，花丝短，花药宽卵形。子房长椭圆形，被长柔毛；花柱侧生，长约 2mm；柱头头状。瘦果，外有宿存萼筒。

强旱生小灌木。生于戈壁和覆沙碎石质平原，也见于山前洪积扇，常形成大面积的荒漠群落，是东阿拉善沙砾质荒漠的重要建群种，为东阿拉善的特有植物。本种不但极耐干旱，而且极耐盐碱，根系常伸入灰棕荒漠土的石膏层中，它的发育十分强烈地依赖于降水，在干旱年代生长很微弱，甚至在“假死”状态下生活，并且停止繁殖活动（不开花、不结实）；如有一定的降水，则可较快的生长，叶子也较大，并可正常地开花、结实。产东阿拉善（乌拉特后旗、狼山西部、磴口县、杭锦旗、鄂托克旗、阿拉善左旗）、西阿拉善（阿拉善右旗）、贺兰山南部。分布于我国甘肃河西走廊（民勤县北山、高台县西北部、张掖市北部），蒙古国南部。为东戈壁—阿拉善分布种。是国家二级重点保护植物。

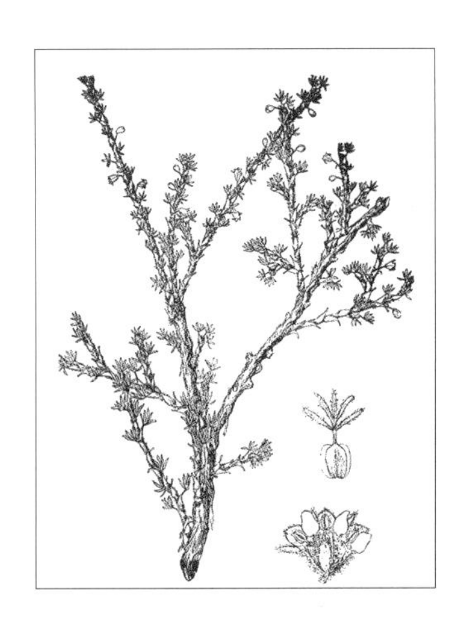

为中等饲用植物。青鲜时骆驼最喜食，羊、马、驴也喜食，叶枯黄时期家畜不食。在荒漠地带，尤其是干旱年份，它有一定的饲用价值。

20. 金露梅属 Pentaphylloides Ducham.

灌木或小灌木。茎直立或短缩，多分枝。羽状复叶，小叶片全缘，与叶柄结合处有关节。花两性，单生或数朵着生于枝顶，组成简单的伞房花序。萼筒半球形；萼片5；副萼5，与萼片互生。花瓣5，黄色或白色；雄蕊通常20，花药2室。雌蕊多数，分离；花柱或近基生，上粗下细，棍棒状，在柱头下缢缩；子房被毛，每心皮具1胚珠。瘦果多数，着生在干燥的花托上，具宿存萼片。

内蒙古有3种。

分种检索表

1a. 花黄色。

2a. 复叶有小叶5，稀3，明显羽状排列，通常矩圆形，长5～20mm……………**1. 金露梅 P. fruticosa**

2b. 复叶有小叶5～7，稀3，下面2对通常靠拢似掌状排列，通常披针形，长5～10mm……………………………………………………………………………………………**2. 小叶金露梅 P. parvifolia**

1b. 花白色。

3a. 小叶两面无毛，或下面疏生柔毛 ……………………………………**3a. 银露梅 P. glabra** var. **glabra**

3b. 小叶上面疏生绢毛，下面密生绢毛或毡毛 ……………**3b. 华西银露梅 P. glabra** var. **mandshurica**

1. 金露梅（金老梅、金蜡梅、老鸹爪）

Pentaphylloides fruticosa (L.) O. Schwarz in Mitt. Thuring Bot. Ges. 1:105. 1949; Fl. Xinjiang. 2(2):305. t.83. f.6-7. 1995.——*Potentilla fruticosa* L., Sp. Pl. 1:495. 1753; Fl. Intramongol. ed. 2, 3:126. t.50. f.1-2. 1989.

灌木，高50～130cm。多分枝。树皮灰褐色，片状剥落；小枝淡红褐色或浅灰褐色，幼枝被绢状长柔毛。单数羽状复叶，小叶5，少3，通常矩圆形，少矩圆状倒卵形或倒披针形，长8～20mm，宽4～8mm，先端微凸，基部楔形，全缘，边缘反卷，上面被密或疏的绢毛，下面沿中脉被绢毛或近无毛；叶柄长约1cm，被柔毛；托叶膜质，卵状披针形，先端渐尖，基部和叶柄合生。花单生叶腋或数朵成伞状花序，直径1.5～2.5cm；花梗与花萼均被绢毛。副萼片条状披针形，几与萼片等长；萼片披针状卵形，先端渐尖，果期萼片增大。花瓣黄色，宽倒卵形至圆形，比萼片长1倍。子房近卵形，长约1mm，密被绢毛；花柱侧生，长约2mm；花托扁球形，密生绢状柔毛。瘦果近卵形，密被绢毛，褐棕色，长约1.5mm。花期6～8月，果期8～10月。

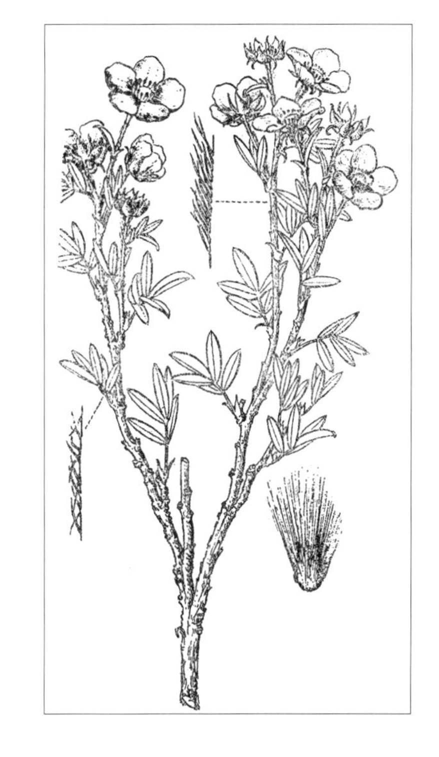

较耐寒的中生灌木。生于森林带和草原带的山地沟谷、灌丛、林下、林缘，常为河谷沼泽灌丛的建群种或伴生种，也散生于落叶松林及云杉林下的灌木丛中。产兴安北部及岭西（额尔古纳市、根河市、牙克石市、新巴尔虎左旗）、兴安南部（科尔沁右翼前旗、阿鲁科尔沁旗、巴林右旗、林西县、克什克腾旗、东乌珠穆沁旗、西乌珠穆沁旗、锡林浩特市）、赤峰丘陵（松山区、翁牛特旗）、燕山北部（喀喇沁旗、宁城县）、

阴山（大青山、蛮汗山、乌拉山）、东阿拉善（桌子山）、贺兰山。分布于我国黑龙江东南部和西北部、吉林东部、辽宁西北部、河北北部、山西、陕西西南部、甘肃东部、青海、四川西半部、云南西北部、西藏东部和南部、新疆中部和北部，亚洲、欧洲、北美洲。为泛北极分布种。

庭园观赏灌木。叶与果含鞣质，可提制栲胶。嫩叶可代茶叶用。花、叶入药，能健脾化湿、清暑、调经，主治消化不良、中暑、月经不调。花入蒙药（蒙药名：乌日阿拉格），能润肺、消食、消肿，主治乳腺炎、消化不良、咳嗽。

为中等饲用植物。春季山羊与骆驼喜欢吃它的嫩枝，绵羊稍差一些。秋季和冬季羊与骆驼乐意吃它的嫩枝，牛和马则不喜吃。

2. 小叶金露梅（小叶金老梅）

Pentaphylloides parvifolia (Fisch. ex Lehm.) Sojak. in Folia Geobot. Phytotax. 4, 2:208. 1969; Fl. Xinjiang. 2(2):306. t.83. f.4-5. 1995.——*Potentilla parvifolia* Fisch. ex Lehm. in Nov. Stirp. Pugill. 3:6. 1831; Fl. Intramongol. ed. 2, 3:128. t.50. f.3. 1989.

灌木，高 20 ～ 80cm。多分枝。树皮灰褐色，条状剥裂；小枝棕褐色，被绢状柔毛。单数

羽状复叶，长 5 ～ 15（～ 20）mm；小叶 5 ～ 7，近革质，下部 2 对常密集似掌状或轮状排列，叶片条状披针形或条形，长 5 ～ 10mm，宽 1 ～ 3mm，先端渐尖，基部楔形，全缘，边缘强烈反卷，两面密被绢毛，银灰绿色，顶生 3 小叶，基部常下延与叶轴汇合；托叶膜质，淡棕色，披针形，长约 5mm，先端尖或钝，基部与叶柄合生并抱茎。花单生叶腋或数朵成伞房状花序，直径 10 ～ 15mm。花萼与花梗均被绢毛；副萼片条状披针形，长约 5mm，先端渐尖；萼片近卵形，比副萼片稍短或等长，先端渐尖。花瓣黄色，宽倒卵形，长与宽各约 1cm。子房近卵形，被绢毛；花柱侧生，棍棒状，向下渐细，长约 2mm；柱头头状。瘦果近卵形，被绢毛，褐棕色。花期 6 ～ 8 月，果期 8 ～ 10 月。

旱中生小灌木。多生于草原带的山地与丘陵砾石质坡地，也见于荒漠带的山地。产兴安南部（巴林右旗、克什克腾旗）、呼伦贝尔（新巴尔虎左旗、新巴尔虎右旗）、锡林郭勒（西乌珠穆沁旗、阿巴嘎旗、太仆寺旗）、乌兰察布（达尔罕茂明安联合旗、固阳县）、阴山（大青山）、东阿拉善（乌拉特中旗、乌拉特后旗、狼山、桌子山）、贺兰山、龙首山。分布于我国甘肃、青海、四川西部、云南西北部、西藏、新疆北部，蒙古国中东部和北部及西部、俄罗斯（西伯利亚地区、远东地区），中亚。为中亚—亚洲中部分布种。

用途同金露梅。

3. 银露梅（银老梅、白花棍儿茶）

Pentaphylloides glabra (Lodd.) Y. Z. Zhao in Class. Fl. Ecol. Geogr. Distr. Vasc. Pl. Inner Mongol. 256. 2012.——*Potentilla glabra* Lodd. in Bot. Cab. 10:t.914. 1824; Fl. Intramongol. ed. 2, 3:128. 1989.——*Potentilla davurica* Nestl. in Monogr. Potentilla 31.1816.——*Dasiphora davurica* (Nestl.) Kom. et Alis. in Key Pl. Far East. Reg. U.S.S.R. 2:641.1932.

3a. 银露梅

Pentaphylloides glabra (Lodd.) Y. Z. Zhao var. **glabra**

灌木，高 30 ～ 100cm。多分枝。树皮纵向条状剥裂。小枝棕褐色，被疏柔毛或无毛。单数羽状复叶，长 8 ～ 20mm；小叶 3 ～ 5，上面一对小叶基部常下延与叶轴汇合，近革质，椭圆形、矩圆形或倒披针形，长 5 ～ 10mm，宽 3 ～ 5mm，先端圆钝，具短尖头，基部楔形或近圆形，全缘，边缘向下反卷，上面绿色，无毛，下面淡绿色，中脉明显隆起，侧脉不明显，无毛或疏生柔毛；托叶膜质，淡黄棕色，披针形，长约 4mm，先端渐尖，基部与叶柄合生，抱茎。花常单生叶腋或数朵成伞房花序状，直径约 2cm；花梗纤细，长 1 ～ 2cm，疏生柔毛。萼筒钟状，外疏生柔毛；副萼片条状披针形，长约 3mm，先端渐尖；萼片卵形，长约 4mm，先端渐尖，外面疏生长柔毛，里面密被短柔毛。花瓣白色，宽倒卵形，全缘，长 7 ～ 8mm；花柱侧生，无毛，柱头头状，子房密被长柔毛。花期 6 ～ 8 月，果期 8 ～ 10 月。

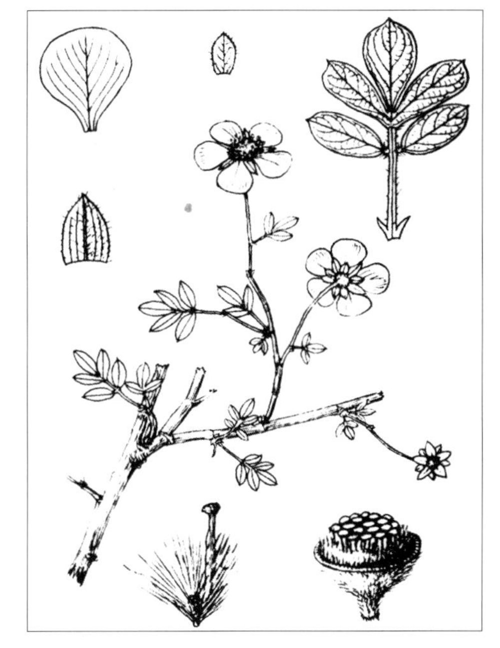

耐寒的中生灌木。生于森林带和草原带的山地灌丛中。产兴安北部（额尔古纳市）、兴安南部（扎赉特旗、科尔沁右翼前旗、阿鲁科尔沁旗、巴林左旗、巴林右旗、克什克腾旗、西乌珠穆沁旗）、燕山北部（宁城县）、阴山（大青山）、贺兰山。分布于我国河北北部、山西北部、陕西南部、甘肃、青海东部和南部、四川、云南西北部、安徽西北部、湖北西部，朝鲜、俄罗斯（远东地区）。为东亚分布种。

花、叶入药，功能、主治同金露梅。花也入蒙药（蒙药名：孟根－乌日阿拉格），功能、主治同金露梅。

3b. 华西银露梅（白毛银露梅、华西银蜡梅）

Pentaphylloides glabra (Lodd.) Y. Z. Zhao var. **mandshurica** (Maxim.) Y. Z. Zhao in Class. Fl. Ecol. Geogr. Distr. Vasc. Pl. Inn. Mongol. 256. 2012.——*Potentilla fruticosa* L. var. *mandshurica* Maxim. in Melang. Biol. Bull. Phys.-Math. Acad. Imp. Sci. St.-Petersb. 9:158. 1877.——*Potentilla glabra* Lodd. var. *mandshurica* (Maxim.) Hand.-Mazz. in Acad. Hort. Gothob. 13:297. 1939; Fl. Intramongol. ed. 2, 3:129. 1989.

本变种与正种的区别：小叶上面疏生绢毛，下面密生绢毛或毡毛，花果期 6～9 月。

耐寒的中生灌木。生于草原带的山地灌丛或荒漠带的高山灌丛。产燕山北部（喀喇沁旗）、阴山（大青山、乌拉山）、贺兰山。分布于我国河北、山西、陕西、甘肃、青海、湖北、四川、云南，朝鲜。为东亚分布变种。

茎纤维可做人造棉及造纸原料。嫩叶炒晒后可代茶叶。花、叶入药，功能、主治同金露梅。为中等饲用植物，山羊和骆驼乐意采食它的嫩枝，绵羊稍食一些，其他家畜不食。

21. 委陵菜属 Potentilla L.

多年生草本，少一年或二年生草本。羽状或掌状复叶，托叶和叶柄合生。花两性，黄色，少白色，单生或伞房状聚伞花序；萼筒（花托）碟状，副萼片 5，萼片 5；花瓣 5，与副萼片对生；雄蕊多数；雌蕊多数着生在具长柔毛的花托上；子房 1 室，有 1 胚珠，花柱顶生、侧生或基生，脱落。瘦果小型，无毛稀有毛，表面常有皱纹，多数着生在干燥的花托上。

内蒙古有 27 种。

分种检索表

1a. 小叶全缘，稀顶端 2 浅裂。

2a. 小叶椭圆形、倒卵状椭圆形、长椭圆形或条形，先端通常 2 浅裂，羽状排列；全株被稀疏或稠密的伏柔毛。

3a. 小叶椭圆形或倒卵状椭圆形，植株较矮小………………**1a. 二裂委陵菜 P. bifurca** var. **bifurca**

3b. 小叶长椭圆形或条形，植株较高大……………………**1b. 高二裂委陵菜 P. bifurca** var. **major**

2b. 小叶狭条形或条形，先端不裂，假轮状排列；全株除小叶上面和花瓣外几乎全部覆盖一层白色毡毛……………………………………………………………………**2. 轮叶委陵菜 P. verticillaris**

1b. 小叶边缘具齿或分裂。

4a. 掌状复叶或三出复叶。

5a. 花单生，花梗细长；有长匍匐茎。

6a. 掌状五出复叶，有时 2 侧生小叶基部稍连合；小叶较狭，菱状披针形……………………………………………………………………………………**3. 匍枝委陵菜 P. flagellaris**

6b. 掌状三出复叶；小叶较宽，倒卵形或椭圆形。

7a. 侧生小叶常 2 深裂，花萼花后增大……**4. 绢毛细蔓委陵菜 P. reptans** var. **sericophylla**

7b. 侧生小叶不深裂，花萼花后不增大。

8a. 花柱基部膨大，向上逐渐变细，呈锥状花柱；小叶具短柄……………………………………………………………………………………**5. 蛇莓委陵菜 P. centigrana**

8b. 花柱基部细，向上逐渐变粗，柱头扩大，呈铁钉状花柱；小叶几无柄……………………………………………………………………………**6. 等齿委陵菜 P. simulatrix**

5b. 花 2 至多朵常呈聚伞花序，花梗较短；无匍匐茎。

9a. 小叶两面有星状毛……………………………………………………**7. 星毛委陵菜 P. acaulis**

9b. 小叶两面无星状毛。

10a. 复叶有 3 小叶。

11a. 小叶下面密被白色茸毛。

12a. 小叶草质，椭圆形或卵形，上面绿色，无光泽……**8. 雪白委陵菜 P. nivea**

12b. 小叶革质，矩圆状披针形、披针形或条状披针形，上面暗绿色，有光泽……………………………………………………………**9. 三出委陵菜 P. betonicifolia**

11b. 小叶下面有疏绢毛，无茸毛…………………………**10. 三叶委陵菜 P. freyniana**

10b. 复叶有 5 小叶，或混生有 3 小叶。

13a. 复叶如有 3 小叶，其两侧小叶分裂为两部分；小叶矩圆状披针形，长 1.5 ～ 5cm，边缘具缺刻状锯齿…………………………………………**11. 密枝委陵菜 P. virgata**

13b. 复叶如有 3 小叶，其两侧小叶不分裂为两部分；小叶宽倒卵形，长 0.5 ～ 2cm，边缘羽状中裂至浅裂……………………………………**12. 丛生钉柱委陵菜 P. saundersiana** var. **caespitosa**

4b. 羽状复叶。

14a. 植株具长匍匐茎，花单生叶腋，叶下面常密被绢毛……………………**13. 鹅绒委陵菜 P. anserina**

14b. 植株无长匍匐茎。

15a. 小叶两面均为绿色或淡绿色。

16a. 花单生叶腋，花瓣与萼片等长或稍短；一或二年生草本……**14. 朝天委陵菜 P. supina**

16b. 聚伞花序顶生，花瓣比萼片长；多年生草本。

17a. 花白色…………………………………………………………**15. 石生委陵菜 P. rupestris**

17b. 花黄色。

18a. 羽状复叶有小叶 5 ～ 9，顶生 3 小叶特别大……**16. 莓叶委陵菜 P. fragarioides**

18b. 羽状复叶有小叶 11 ～ 17，顶生 3 小叶与侧生小叶近等大。

19a. 花序紧凑，花萼和花梗密被腺毛…………**17. 腺毛委陵菜 P. longifolia**

19b. 花序较疏松，花萼和花梗被柔毛………**18. 菊叶委陵菜 P. tanacetifolia**

15b. 小叶上面绿色或淡绿色，下面密被灰白色毡毛。

20a. 小叶边缘具锯齿，基生叶有小叶 2 ～ 3（～ 4）对。

21a. 小叶矩圆形，先端锐尖…………………………………………**19. 翻白草 P. discolor**

21b. 小叶倒卵形或倒卵状椭圆形，先端圆钝，稀锐尖……**20. 华西委陵菜 P. potaninii**

20b. 小叶边缘分裂成小裂片，基生叶有小叶 3 ～ 11 对。

22a. 花茎和叶柄被绢毛、长柔毛、曲柔毛或短柔毛。

23a. 小叶下面毡毛中密生白色绢毛所覆盖…………**21. 绢毛委陵菜 P. sericea**

23b. 小叶下面毡毛中无白色绢毛。

24a. 花较大，径 12 ～ 15mm；萼片花后增大且直立，副萼片长于萼片或与之近等长。

25a. 小叶片分裂较深，几达中脉，裂片条形或条状披针形；花茎被短柔毛或绢状疏柔毛，稀无毛。

26a. 花茎上升，高 12 ～ 40cm。

27a. 单数羽状复叶有小叶 7，排列较稀疏……………………………………**22a. 多裂委陵菜 P. multifida** var. **multifida**

27b. 单数羽状复叶有小叶 5，排列紧密，似掌状复叶…………**22b. 掌叶多裂委陵菜 P. multifid**a var. **ornithopoda**

26b. 花茎接近地面，高 3 ～ 8cm………………………………………………**22c. 矮 生 多 裂 委 陵 菜 P. multifida** var. **nubigena**

25b. 小叶片分裂较浅，裂片三角状披针形或条状矩圆形；花茎密被开展长柔毛和短柔毛……………………**23. 大萼委陵菜 P. conferta**

24b. 花较小，径 8 ～ 12mm；萼片花后不增大，副萼片细小，短于萼片。

28a. 基生叶有小叶 7 ～ 15 对，小叶裂片矩圆状条形；花茎被白色柔毛或短柔毛……………………………**24. 多茎委陵菜 P. multicaulis**

28b. 基生叶有小叶 11 ～ 25 对， 小叶裂片三角状卵形或三角状披

针形；花茎被白色绢状长柔毛和短柔毛……………………………………………**25. 委陵菜 P. chinensis**

22b. 花茎和叶柄被相互交织的白色毡毛，稀脱落。

29a. 小叶近革质，上面绿色，疏生长柔毛或疏曲柔毛。

30a. 小叶羽状深裂，裂片矩圆形或披针形……**26a. 西山委陵菜 P. sischanensis** var. **sischanensis**

30b. 小叶锯齿状羽状浅裂，裂片三角形或三角状卵形………………………………………………………………………………………………**26b. 齿裂西山委陵菜 P. sischanensis** var. **peterae**

29b. 小叶非革质，上面淡灰绿色，被茸毛……………………………………**27. 茸毛委陵菜 P. strigosa**

1. 二裂委陵菜（叉叶委陵菜）

Potentilla bifurca L., Sp. Pl. 1:497. 1753; Fl. Intramongol. ed. 2, 3:137. t.54. f.4-5. 1989.——*P. bifurca* L. var. *humilior* Osten-Saken et Rup. in Sert. Tianshan. 45. 1869; Fl China 9:295. 2003.

1a. 二裂委陵菜

Potentilla bifurca L. var. **bifurca**

多年生草本或亚灌木，高 5 ～ 20cm。全株被稀疏或稠密的伏柔毛。根状茎木质化，棕褐色，多分枝，纵横地下。茎直立或斜升，自基部分枝。单数羽状复叶，有小叶 4 ～ 7 对，最上部 1 ～ 2 对，顶生 3 小叶常基部下延与叶柄汇合，连叶柄长 3 ～ 8cm；小叶片椭圆形或倒卵椭圆形，长 0.5 ～ 1.5cm，宽 4 ～ 8mm，先端钝或锐尖，部分小叶先端 2 裂，顶生小叶常 3 裂，基部楔形，全缘，两面有疏或密的伏柔毛，无柄；托叶膜质或草质，披针形或条形，先端渐尖，基部与叶柄合生。聚伞花序生于茎顶部；花梗纤细，长 1 ～ 3cm；花直径 7 ～ 10mm；花萼被柔毛，副萼片椭圆形，萼片卵圆形，花托有密柔毛；花瓣宽卵形或近圆形。子房近椭圆形，无毛；花柱侧生，棍棒状，向两端渐细；柱头膨大，头状。瘦果近椭圆形，褐色。花果期 5 ～ 8 月。

广幅旱生草本，是草原和草甸草原的常见伴生种，在荒漠草原带的小型凹地、草原化草甸、轻度盐化草甸、山地灌丛、林缘、农田、路边等生境中也常有零星生长。产内蒙古各地。分布于我国黑龙江西南部、吉林、河北、山西、陕西、宁夏、甘肃、青海东部、四川西部、西藏东部和南部、新疆北部，朝鲜、蒙古国、俄罗斯。为东古北极分布种。

在植物体基部有时由幼芽密集簇生而形成红紫色的垫状丛，称“地红花”，可入药，能止血，主治功能性子宫出血、产后出血过多。

为中等饲用植物。青鲜时羊喜食，干枯后一般采食；骆驼四季均食；牛、马采食较少。

1b. 高二裂委陵菜（长叶二裂委陵菜）

Potentilla bifurca L. var. **major** Ledeb. in Fl. Ross. 2:43. 1843; Fl. Intramongol. ed. 2, 3:139. 1989.

本变种与正种的区别：植株较高大；叶柄、花茎下部伏生柔毛或脱落几无毛，小叶片长椭圆形或条形；花较大，直径 12 ～ 15mm；花果期 5 ～ 9 月。

旱中生草本。生于农田、路旁、河滩沙地、山地草甸。产兴安北部（额尔古纳市、牙克石市）、岭西和呼伦贝尔（海拉尔区、鄂温克族自治旗、新巴尔虎左旗）、兴安南部（科尔沁右翼前旗、科尔沁右翼中旗、克什克腾旗）、燕山北部（喀喇沁旗）、锡林郭勒（东乌珠穆沁旗、西乌珠穆沁旗、锡林浩特市、苏尼特左旗、多伦县）、乌兰察布（达尔罕茂明安联合旗南部）、阴山（大青山）、贺兰山、龙首山。分布于我国黑龙江、吉林、河北、山西、陕西、新疆，广布于欧洲和亚洲。为古北极分布变种。

用途同正种。

2. 轮叶委陵菜

Potentilla verticillaris Steph. ex Willd. in Sp. Pl. 2:1096. 1799; Fl. Intramongol. ed. 2, 3:147. t.58. f.5. 1989.——*P. verticillaris* Steph. ex Wild. var. *pedatisecta* Liou et C. Y. Li in F1. P1. Herb. Chin. Bor.-Orient. 5:174. 1976.

多年生草本，高 4 ～ 15cm。全株除叶上面和花瓣外几乎全都覆盖一层厚或薄的白色毡毛。根木质化，圆柱状，粗壮，黑褐色；根状茎木质化，多头，包被多数褐色老叶柄与残余托叶。茎丛生，直立或斜升。单数羽状复叶多基生。基生叶长 7 ～ 15cm，有小叶 9 ～ 13，顶生小叶羽状全裂，侧生小叶常 2 全裂，稀 3 全裂或不裂，侧生小叶成假轮状排列；小叶近革质，条形，长（5 ～）10 ～ 20（～ 25）mm，宽 1 ～ 2.5mm，先端微尖或钝，基部楔形，全缘，边缘向下反卷，上面绿色，疏生长柔毛，少被蛛丝状毛，下面被白色毡毛，沿主脉与边缘有绢毛，无柄；托叶膜质，棕色，大部分与叶柄合生，合生部分长约 15mm，分离部分钻形，长 1 ～ 2mm，被长柔毛。茎生叶 1 ～ 2，无柄，有小叶 3 ～ 5。聚伞花序生茎顶部；花直径 6 ～ 10mm。花萼被白色毡毛；副萼片条形，长约 3mm，先端微尖或稍钝；萼片狭三角状披针形，长约 3.5mm，先端渐尖。花瓣黄色，倒卵形，长约 6mm，先端圆形；花柱顶生。瘦果卵状肾形，长约 1.5mm，表面有皱纹。花果期 5 ～ 9 月。

旱生草本。零星生长于山地草原和灌丛及典型草原群落中，为其常见的伴生种，也偶见于荒漠草原群落中。产岭西（额尔古纳市）、呼伦贝尔（海拉尔区、新巴尔虎左旗莫达木吉）、兴安南部及科尔沁（扎赉特旗、科尔沁右翼前旗、科尔沁右翼中旗、乌兰浩特市、科尔沁右翼后旗、阿鲁科尔沁旗、翁牛特旗、巴林右旗、克什克腾旗）、赤峰丘陵（红山区、松山区）、燕山北部（喀喇沁旗、敖汉旗）、锡林郭勒（西乌珠穆沁旗、锡林浩特市、阿巴嘎旗、集宁区、兴和县、察哈尔右翼中旗）、乌兰察布（四子王旗、达尔罕茂明安联合旗、固阳县）、阴山（大青山、蛮汗山）、阴南丘陵（准格尔旗）。分布于我国黑龙江西南部、吉林西部、河北西北部、山西北部，日本、朝鲜北部、蒙古国、俄罗斯（西伯利亚地区、远东地区）。为东古北极分布种。

3. 匍枝委陵菜（蔓委陵菜）

Potentilla flagellaris Willd. ex Schlecht. in Ges. Naturf. Fr. Berl. Mag. Neuesten Ent. Gesammten Naturk. 7:291. 1816; Fl. Intramongol. ed. 2, 3:129. t.50. f.4-5. 1989.

多年生匍匐草本。根纤细，3 ～ 5，黑褐色。茎匍匐，纤细，长 10 ～ 25cm，基部常包被黑褐色老叶柄残余，被伏柔毛。掌状五出复叶（有时 2 侧生小叶基部稍连合）。基生叶具长柄，叶柄纤细，长 3 ～ 6cm，被伏柔毛；小叶菱状披针形，长 1.5 ～ 3cm，宽 5 ～ 10mm，先端尖，基部楔形，边缘有大小不等的缺刻状锯齿或圆齿状牙齿，两面伏生柔毛，下面沿脉较密；托叶膜质，大部分与叶柄合生，分离部分条形或条状披针形，被伏柔毛。茎生叶与基生叶同形，但叶柄较短，托叶草质，下半部与叶柄合生，分离部分卵状披针形，先端渐尖，全缘或分裂，被伏柔毛。花单生叶腋；花梗纤细，长 2 ～ 4cm，被伏柔毛；花直径约 1cm。花萼伏生柔毛；副萼片条状披针形，长约 3mm；萼片卵状披针形，与副萼片近等长。花瓣黄色，宽倒卵形，先端微凹，稍长于萼片；花柱近顶生，柱头膨大。瘦果矩圆状卵形，褐色，表面微皱。花果期 6 ～ 8 月。

匍匐中生草本。山地林间草甸及河滩草甸的伴生植物，可在局部成为优势种，也可见于落叶松林及桦木林下的草本层中。产兴安北部及岭东和岭西（额尔古纳市、牙克石市、鄂伦春自治旗、陈巴尔虎旗、东乌珠穆沁旗宝格达山、鄂温克族自治旗）、兴安南部（科尔沁右翼前旗、科尔沁右翼中旗、突泉县、扎鲁特旗、阿鲁科尔沁旗、巴林左旗、巴林右旗、西乌珠穆沁旗、锡林浩特市）、辽河平原（大青沟）、燕山北部（喀喇沁旗、宁城县、敖汉旗）。分布于我国黑龙江南部、吉林西部、辽宁中部和东部、河北、山东北部、山西、陕西中东部、宁夏西南部、甘肃东部、青海东部、新疆北部，朝鲜、蒙古国东部和北部、俄罗斯。为东古北极分布种。

4. 绢毛细蔓委陵菜（绢毛匍匐委陵菜、五爪龙）

Potentilla reptans L. var. **sericophylla** Franch. in Pl. David. 1:113. 1883; Fl. Intramongol. ed. 2, 3:130. t.51. f.1-3. 1989.

多年生匍匐草本。常具纺锤状块根。茎匍匐，纤细，丛生，平铺地面，长10～20cm，被柔毛，节部常生不定根，基部包被老叶柄和托叶的残余。掌状三出复叶，叶柄纤细，长2～5cm；侧生小叶常2深裂；顶生小叶较侧生小叶大；小叶椭圆形或倒卵形，长1～3cm，宽5～12mm，先端圆钝，基部楔形，边缘中部以上有大圆齿状锯齿或牙齿，上面疏生绢状伏柔毛，下面被绢状伏柔毛。基生叶的托叶近膜质，条形，被柔毛；茎生叶的托叶草质，卵形或卵状披针形，有不规则分裂或齿，被柔毛，与叶柄离生。花单生叶腋，直径10～15mm；花梗纤细，长1～4cm，被柔毛。花萼各部均被绢毛状伏柔毛；副萼片条状椭圆形，长约5mm，先端锐尖；萼片披针形，或与副萼片近等长，先端渐尖；花托密生短柔毛。花瓣黄色，宽倒卵形，长约7mm，先端微凹；子房椭圆形，无毛，花柱近顶生，柱头头状。花期5～6月。

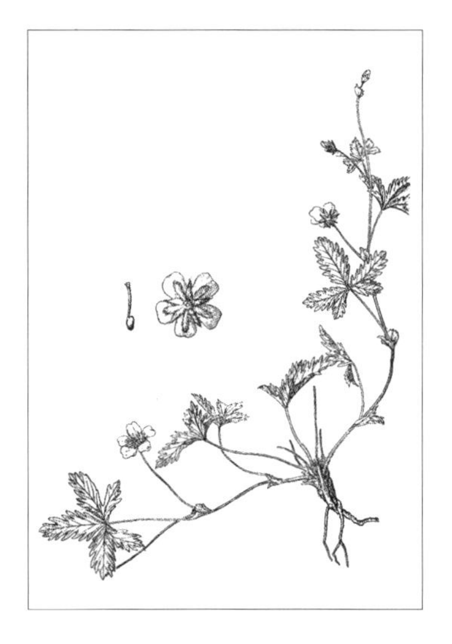

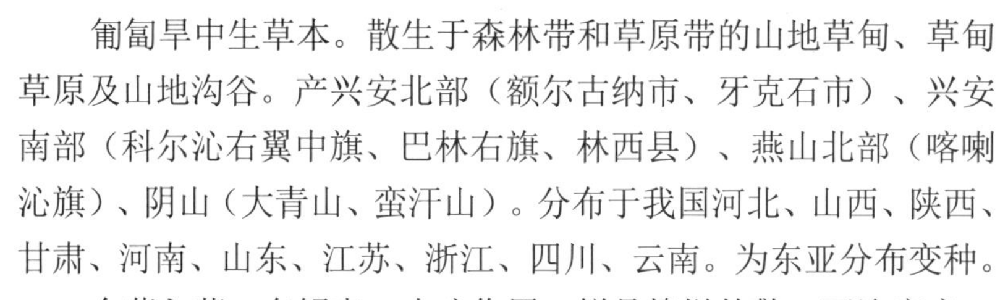

匍匐旱中生草本。散生于森林带和草原带的山地草甸、草甸草原及山地沟谷。产兴安北部（额尔古纳市、牙克石市）、兴安南部（科尔沁右翼中旗、巴林右旗、林西县）、燕山北部（喀喇沁旗）、阴山（大青山、蛮汗山）。分布于我国河北、山西、陕西、甘肃、河南、山东、江苏、浙江、四川、云南。为东亚分布变种。

全草入药，有解表、止咳作用；鲜品捣烂外敷，可治疮疖。

据原文献记载，本变种有纺锤状或萝卜状块根，但内蒙古产者尚未见块根。

5. 蛇莓委陵菜

Potentilla centigrana Maxim. in Bull. Acad. Imp. Sci. St.-Petersb. 18:163. 1874; Fl. China 9:322. 2003.

一、二年生草本。多须根。花茎上升或匍匐，或近于直立，长20～50cm，有时下部节上生不定根，无毛，稀疏柔毛。基生叶具3小叶，开花时常枯死。茎生叶具3小叶，叶柄细长，无毛或被稀疏柔毛；小叶椭圆形或倒卵形，长0.5～1.5cm，宽0.4～1.5cm，顶端圆形，基部楔形至圆形，边缘有缺刻状圆钝或急尖锯齿，两面绿色，无毛或被稀疏

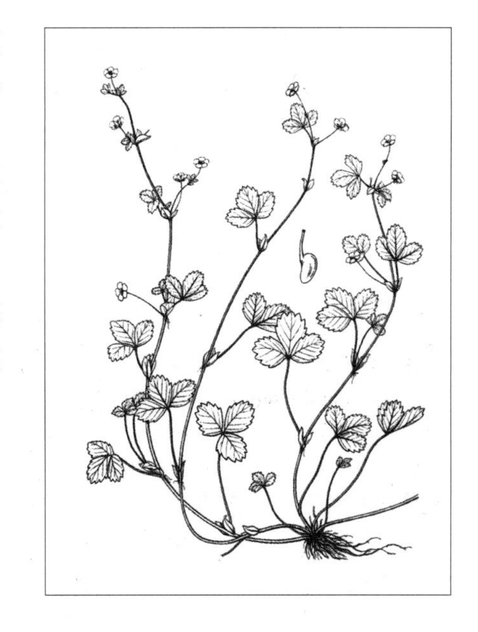

柔毛，具短柄或几无柄。基生叶托叶膜质，褐色，无毛或被稀疏柔毛；茎生叶托叶淡绿色，卵形，边缘常有齿，稀全缘。单花、下部与叶对生，上部生于叶腋中；花梗纤细，长 0.5 ～ 2cm，无毛或几无毛；花直径 0.4 ～ 0.8cm。萼片较宽阔，卵形或卵状披针形，顶端急尖或渐尖；副萼片披针形，顶端渐尖，比萼片短或近等长。花瓣淡黄色，倒卵形，顶端微凹或圆钝，比萼片短；花柱近顶生，基部膨大，柱头不扩大。瘦果倒卵形，长约 1mm，光滑。花果期 4 ～ 8 月。

中生草本。生于草原带的林下、林缘、河岸阶地。产阴山。分布于我国黑龙江南部、吉林东部、辽宁北部、陕西南部、甘肃东南部、四川东部、云南北部，朝鲜、俄罗斯（远东地区）。为东亚（满洲—华北—横断山脉）分布种。

6. 等齿委陵菜

Potentilla simulatrix Th. Wolf. in Bibl. Bot. 16(Heft.71):663. 1908; Fl. Intramongol. ed. 2, 3:132. t.50. f.6. 1989.

多年生匍匐草本。茎匍匐，纤细，平铺地面，长 10 ～ 30cm，被柔毛，节上常生不定根，基部包被褐色老托叶。基生叶为掌状三出复叶，叶柄纤细，长 3 ～ 8cm，被柔毛；小叶倒卵形、椭圆形或近菱形，长 1 ～ 3cm，宽 5 ～ 20mm，先端圆钝，基部宽楔形（侧字小叶歪楔形），边缘有粗圆齿状牙齿或缺刻状牙齿，近基部全缘，上面绿色，疏生绢状伏柔毛，下面淡绿色，被绢状伏柔毛，沿叶脉较密，几无柄；托叶近膜质，棕色，卵状披针形或披针形，先端渐尖或钝，被长柔毛，基部和叶柄合生。茎生叶与基生叶相似，但较小，叶柄较短。花单生叶腋；花梗纤细，长 2 ～ 5cm，被柔毛；花径 7 ～ 9mm。花萼被柔毛，萼筒碟状；副萼片条状披针形，长约 2mm，先端锐尖；萼片披针形，长约 3mm，先端锐尖。花瓣黄色，宽倒卵形，长约 4mm，先端近圆形或微凹；雄蕊多数，不等长。子房椭圆形，无毛；花柱细长，近顶生，向下渐细；花托密被柔毛。瘦果棕褐色。花期 6 ～ 7 月，果期 8 ～ 9 月。

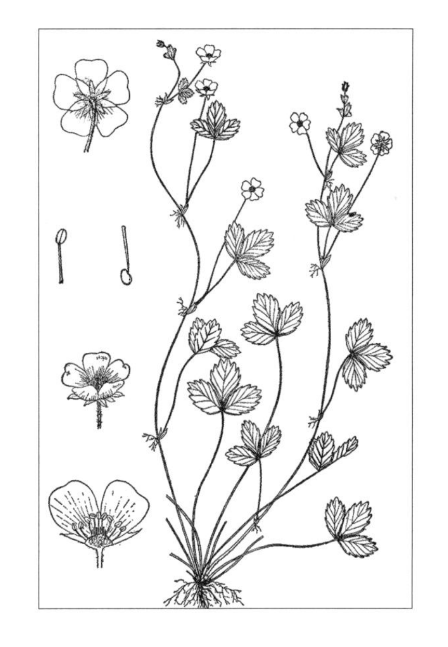

匍匐中生草本。生于森林带和草原带的山地林下及沟谷草甸。产兴安南部（阿鲁科尔沁旗、巴林右旗）、燕山北部（喀喇沁旗、宁城县、敖汉旗、兴和县苏木山）、锡林郭勒（西乌珠穆沁旗、镶黄旗、正镶白旗）、阴山（大青山、蛮汗山、乌拉山）。分布于我国河北、山西、陕西中东部、甘肃东部、青海东部、四川西北部。为华北分布种。

7. 星毛委陵菜（无茎委陵菜）

Potentilla acaulis L., Sp. Pl. 1:500. 1753; Fl. Intramongol. ed. 2, 3:132. t.51. f.4-6. 1989.

多年生草本，高 2 ～ 10cm。全株被白色星状毡毛，呈灰绿色。根状茎木质化，横走，棕褐色，被伏毛，节部常可生出新植株。茎自基部分枝，纤细，斜倚。掌状三出复叶，叶柄纤细，长 5 ～ 15mm；小叶倒卵形，长 6 ～ 12mm，宽 3 ～ 5mm，先端圆形，基部楔形，边缘中部以上有钝齿，

中部以下全缘，两面均密被星状毛与毡毛，灰绿色，近无柄；托叶草质，与叶柄合生，顶端 2 ～ 3 条裂，基部抱茎。聚伞花序，有花 2 ～ 5 朵，稀单花；花直径 1 ～ 1.5cm。花萼外面被星状毛与毡毛；副萼片条形，先端钝，长约 3.5mm；萼片卵状披针形，先端渐尖，长约 4mm；花托密被长柔毛。花瓣黄色，宽倒卵形，长约 6mm，先端圆形或微凹；子房椭圆形，无毛，花柱近顶生。瘦果近椭圆形。花期 5 ～ 6 月，果期 7 ～ 8 月。

旱生草本。生于典型草原带的沙质草原、砾石质草原及放牧退化草原，在针茅草原、矮禾草原及冷蒿草原群落中最为多见，可成为草原优势植物，常形成斑块状小群落，是草原放牧退化的标志植物。产岭西（额尔古纳市）、呼伦贝尔（满洲里市、海拉尔区、新巴尔虎左旗、新巴尔虎右旗）、科尔沁（科尔沁右翼中旗、阿鲁科尔沁旗、巴林右旗、克什克腾旗）、锡林郭勒（西乌珠穆沁旗、锡林浩特市、克什克腾旗达里诺尔湖边、阿巴嘎旗、察哈尔右翼中旗、察哈尔右翼后旗）、乌兰察布（四子王旗、达尔罕茂明安联合旗、固阳县、乌拉特中旗）、阴山（大青山、乌拉山）、阴南丘陵（准格尔旗）、东阿拉善（乌拉特后旗）、贺兰山、龙首山。分布于我国黑龙江西南部、河北西北部、山西西北部、陕西北部、宁夏、甘肃东部、青海东部、新疆北部，蒙古国东部和北部及西部、俄罗斯。为东古北极分布种。

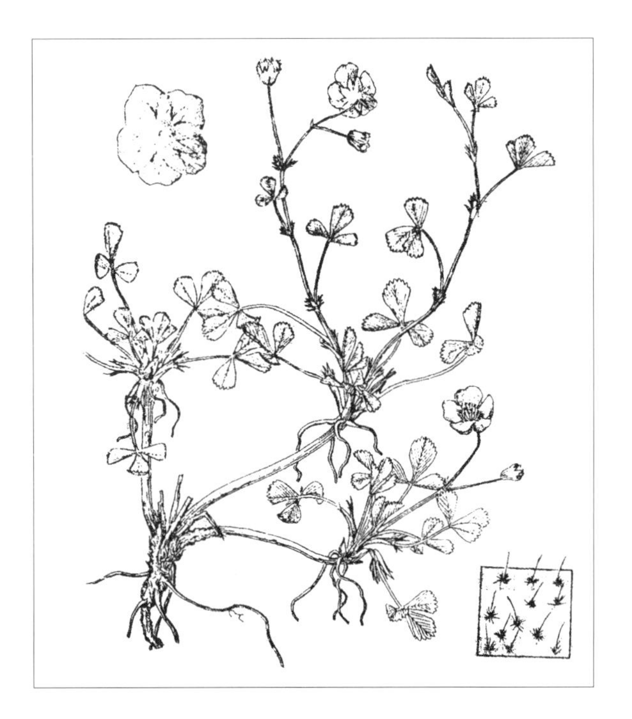

为中等饲用植物。羊在冬季与春季喜食其花与嫩叶，牛、骆驼不食，马仅在缺草情况下少量采食。

8. 雪白委陵菜

Potentilla nivea L., Sp. Pl. 1:499. 1753; Fl. Intramongol. ed. 2, 3:133. t.52. f.1-2. 1989.

多年生草本，高5～20cm。茎基部包被褐色老叶残余。茎斜升或直立，不分枝，带淡红紫色，被蛛丝状毛。掌状三出复叶。基生叶的叶柄长2～7cm，被蛛丝状毛；小叶近无柄，椭圆形或卵形，长10～25（～30）mm，宽8～13（～15）mm，先端圆形，基部宽楔形或歪楔形，边缘有圆钝锯齿，上面绿色，疏生伏柔毛，下面被雪白色毡毛；托叶膜质，披针形，先端渐尖或尾尖，下面被毡毛或长柔毛。茎生叶与基生叶相似，但较小，叶柄较短；托叶草质，卵状披针形或披针形，先端渐尖，下面被毡毛。聚伞花序生于茎顶；花梗长1～2cm；花直径约12mm。花萼被绢毛及短柔毛；副萼片条状披针形，长约3mm；萼片卵状或三角状卵形，长约3.5mm；花托被柔毛。花瓣黄色，倒心形，长约5mm。子房近椭圆形，无毛；花柱顶生，向基部渐粗。花期7～8月，果期8～9月。

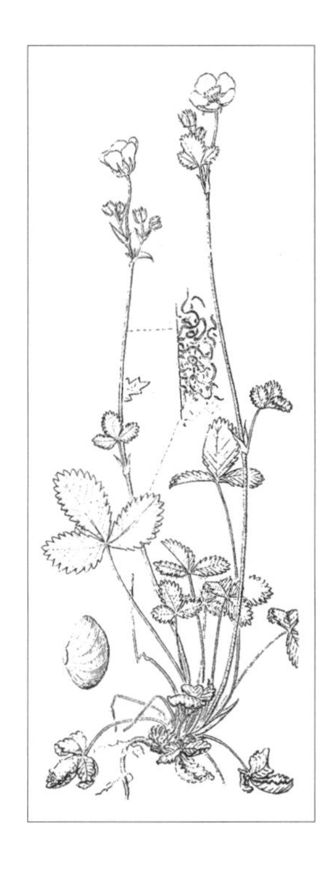

耐寒旱中生草本。生于森林带和草原带的山地草甸、灌丛或林缘。产兴安北部（东乌珠穆沁旗宝格达山）、兴安南部（科尔沁右翼中旗、阿鲁科尔沁旗、巴林右旗、克什克腾旗、西乌珠穆沁旗）、阴山（大青山）、贺兰山。分布于我国吉林东部、河北西北部、山西北部、宁夏西北部、新疆北部，日本、朝鲜、蒙古国北部和西部及南部、俄罗斯，欧洲。为古北极分布种。

9. 三出委陵菜（白萼委陵菜、白叶委陵菜）

Potentilla betonicifolia Poir. in Encycl. 5:601. 1804; Fl. Intramongol. ed. 2, 3:133. t.52. f.3-5. 1989.——*P. leucophylla* Pall. in Reise Russ. Reich. 2(1):194.1773.——*P. leucophylla* Pall. var. *pentaphylla* Liou et C. Y. Li in F1. P1. Herb. Chin. Bor.-Orient. 5:174.1976.

多年生草本。根木质化，圆柱状，直伸。茎短缩，粗大，多头，外包以褐色老托叶残余。花茎直立或斜升，高6～20cm，被蛛丝状毛或近无毛，常带暗紫红色。基生叶为掌状三出复叶，叶柄带暗紫红色，有光泽，如铁丝状，疏生蛛丝状毛，长2～5cm；小叶革质，矩圆状披针形、披针形或条状披针形，长1～5cm，宽5～15mm，先端钝或尖，基部宽楔形或歪楔形，边缘有圆钝或锐尖粗大牙齿，稍反卷，上面暗绿色，有光泽，无毛，下面密被白色毡毛，无柄；托叶披针状条形，棕色，膜质，被长柔毛，宿存。聚伞花序生于花茎顶部，苞片掌状3全裂；花梗长

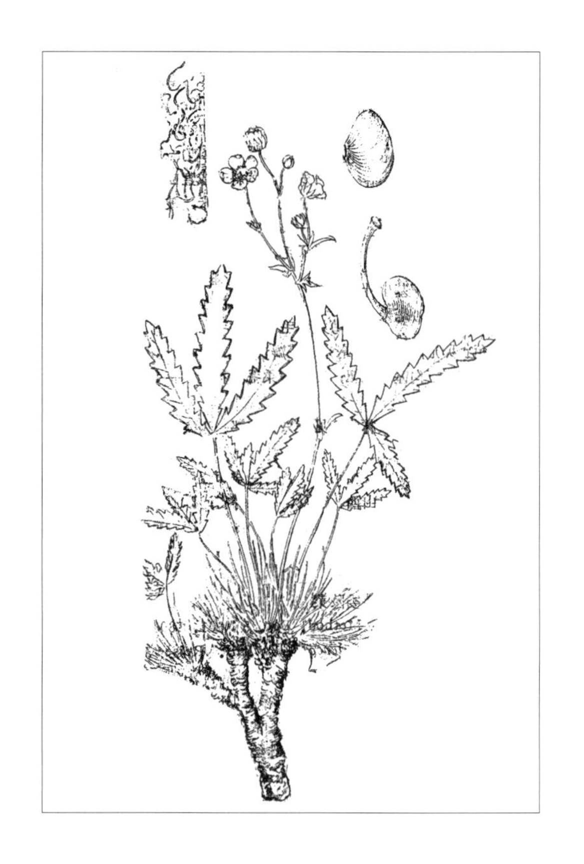

1～3cm，被蛛丝状毛；花直径6～9mm。花萼被蛛丝状毛和长柔毛；副萼片条状披针形，先端钝或稍尖；萼片披针状卵形，先端锐尖或钝，较副萼片稍长多花瓣黄色，长约4mm，先端圆形；花托密生长柔毛。子房椭圆形，无毛，花柱顶生。瘦果椭圆形，稍扁，长约1.5mm，表面有皱纹。花期5～6月，果期6～8月。

砾石生旱生草本。生于草原带和森林草原带的向阳石质山坡、石质丘顶及粗骨质土壤上。产兴安北部（额尔古纳市、牙克石市）、岭东（扎兰屯市）、呼伦贝尔（新巴尔虎左旗、新巴尔虎右旗、鄂温克族自治旗、满洲里市）、兴安南部及科尔沁（扎赉特旗、科尔沁右翼前旗、科尔沁右翼中旗、扎鲁特旗、阿鲁科尔沁旗、巴林右旗、克什克腾旗）、燕山北部、锡林郭勒（西乌珠穆沁旗、锡林浩特市、阿巴嘎旗、镶黄旗、化德县）、乌兰察布（达尔罕茂明安联合旗）、阴山（大青山、蛮汗山、乌拉山）、阴南丘陵（准格尔旗）。分布于我国黑龙江西南部、吉林西北部、辽宁西北部、河北西北部、山西北部，俄罗斯（西伯利亚地区）。为西伯利亚—东亚北部分布种。

地上部分入药，能消肿、利水，主治水肿。

10. 三叶委陵菜

Potentilla freyniana Bornm. in Mitt. Thur. Bot. Ver. 20:12. 1904; Fl. Intramongol. ed. 2, 3:135. t.53. f.4. 1989.

多年生草本，高10～20cm。具根状茎，匍匐枝不明显。茎纤细，直立或斜升，有平铺或开展疏柔毛。基生叶掌状三出复叶，具长叶柄；小叶矩圆形、椭圆形或卵形，长1．5～5(～8)cm，宽1～2（～4)cm，先端锐尖或圆钝，基部楔形或宽楔形，边缘有锯齿或牙齿，两面有疏绢毛，下面沿脉较密；托叶膜质，褐色。茎生叶有短柄或近无柄；托叶草质，绿色，呈缺刻状锐裂，

陈宝瑞 / 摄

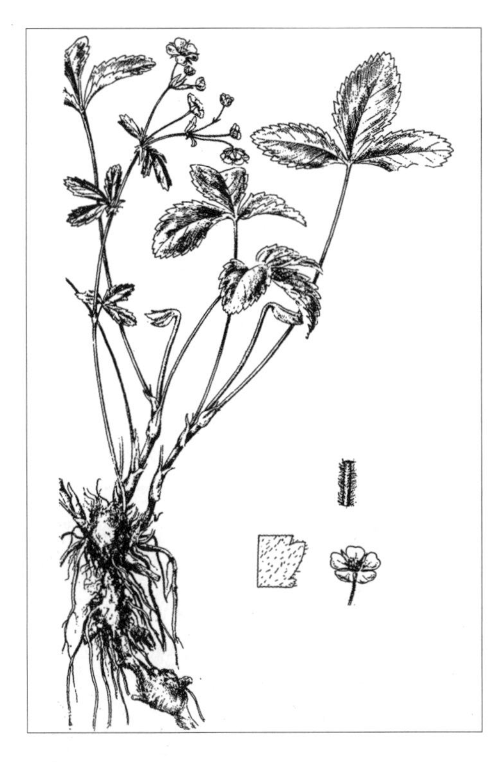

有疏长柔毛。伞房状聚伞花序顶生，多数花，花梗纤细；花直径约1cm，黄色。萼片披针形或卵形披针形，先端锐尖；副萼片条形，先端渐尖。花瓣矩圆状倒卵形，先端微凹或圆钝。瘦果卵球形，直径0.5～1mm，黄色，表面有脉纹。花果期6～8月。

中生草本。生于落叶阔叶林带的溪边、疏林下阴湿处。产辽河平原（大青沟）。分布于我国黑龙江中北部、吉林东部和西南部、辽宁中东部、河北中部和西部、山东西部和东北部、山西、陕西西南部、江苏、江西东北部和西南部、安徽南部和西部、浙江、福建中部、台湾、湖北西南部、湖南西北部、广东北部、广西西北部、贵州、云南西南部、四川东部和南部、甘肃东南部，日本、朝鲜、俄罗斯（西伯利亚地区、远东地区）。为西伯利亚—东亚分布种。

全草入药，能清热解毒、散瘀止血，主治骨结核、口腔炎、瘰疬、跌打损伤、外伤出血。

11. 密枝委陵菜

Potentilla virgata Lehm. in Monogr. Potent. 75. 1820; Fl. Intramongol. ed. 2, 3:135. t.53. f.1-3. 1989.

多年生草本，高20～60cm。根粗壮，圆径形，黑褐色。茎直立或斜升，被伏生长柔毛或绢状柔毛。基生叶掌状五出复叶，小叶片矩圆状披针形，长2～5cm，宽1～2cm，先端锐尖或圆钝，基部楔形，边缘反卷，羽状深裂或中裂，裂片三角状披针形或矩圆形，上面绿色，被疏绢状柔毛或近无毛，下面灰白色，被茸毛；叶柄长4～10cm，被绢状柔毛；托叶膜质，深褐色。茎生叶与基生叶相似，但较小且叶柄较短；托叶草质，绿色，卵状披针形。伞房状聚伞花序，具多花，疏散；花梗纤细，长1～2cm，被绢状长柔毛；花直径约1cm。花萼外面密被绢状长柔毛；萼片三角状卵形，先端渐尖；副萼片披针形或条形，比萼片短。花瓣黄色，倒卵形，比萼片长一倍。瘦果椭圆形，深褐色，表面有皱纹。花果期6～9月。

中生草本。生于荒漠带的山地草甸。产额济纳（马鬃山）。分布于我国甘肃、青海、新疆，蒙古国北部和西部及南部。为亚洲中部山地分布种。

12. 丛生钉柱委陵菜

Potentilla saundersiana Royle var. **caespitosa** (Lehm.) Th. Wolt. in Biblioth. Bot. 16(Heft 71):243. 1908; Fl. China 9:317. 2003.——*P. caespitosa* Lehm. in Del. Sem. Hort. Hamburg. 1849:10. 1849.

多年生草本。根圆柱形，细长。花茎直立或上升，高约 10cm，被白色茸毛及疏茸毛。基生叶通常三出，连叶柄长 2 ～ 5cm，被白色茸毛及疏柔毛；小叶宽倒卵形，长 0.5 ～ 2cm，宽 0.4 ～ 1cm，顶端圆钝或急尖，基部楔形，边缘浅裂至深裂，齿顶端急尖或微钝，上面绿色，伏生稀疏柔毛，下面密被白色茸毛，沿脉伏生疏柔毛，无柄；托叶膜质，褐色，外面被白色长柔

毛或脱落几无毛。茎生叶 1 ～ 2，小叶 3 ～ 5，与基生叶小叶相似；茎生叶托叶草质，绿色，卵形或卵状披针形，通常全缘，顶端渐尖或急尖，下面被白色茸毛及疏柔毛。单花顶生，稀 2 花；花梗长 1 ～ 3cm，外被白色茸毛；花直径 1 ～ 1.4cm。萼片三角卵形或三角披针形；副萼片披针形，顶端尖锐，比萼片短或几等长，外被白色茸毛及柔毛。花瓣黄色，倒卵形，顶端下凹，比萼片略长或长 1 倍；花柱近顶生，基部膨大不明显，柱头略扩大。瘦果光滑。花果期 6 ～ 8 月。

多年生中生草本。生于荒漠带海拔 2700m 左右的高山草甸或灌丛。产贺兰山。分布于我国山西北部、陕西西南部、甘肃中部和东部、青海、四川西北部、云南西北部、西藏、新疆南部。为华北—青藏高原分布变种。

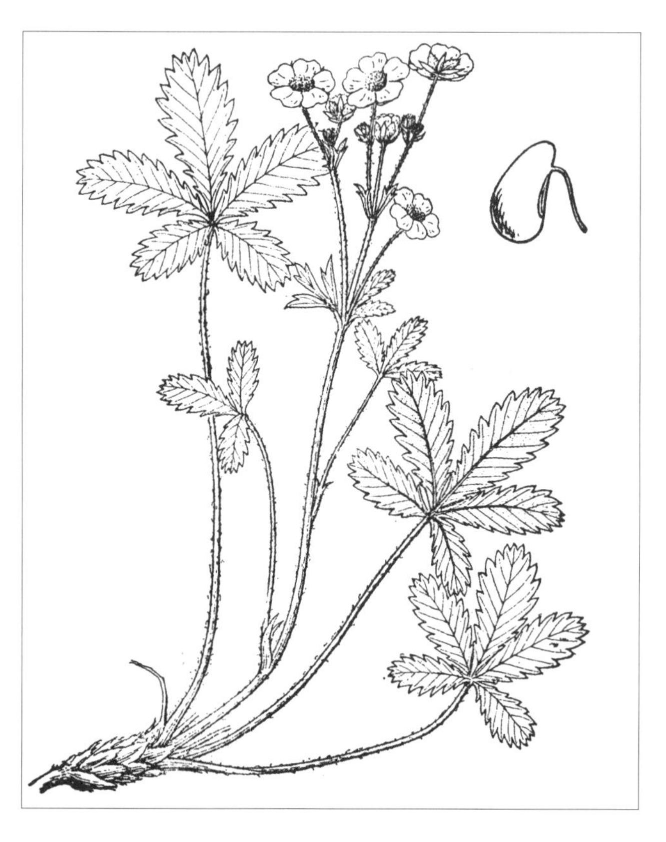

13. 鹅绒委陵菜（河篦梳、蕨麻委陵菜、曲尖委陵菜）

Potentilla anserina L., Sp. Pl. 1:495. 1753; Fl. Intramongol. ed. 2, 3:137. t.54. f.1-3. 1989.

多年生匍匐草本。根木质，圆柱形，黑褐色。根状茎粗短，包被棕褐色托叶。茎匍匐，纤细，有时长达 30cm，节上生不定根、叶与花，节间长 5 ～ 15cm。基生叶多数，为不整齐的单数羽状复叶，长 5 ～ 15cm；小叶间夹有极小的小叶片，有大的小叶 11 ～ 25，小叶矩圆形、椭圆形或倒卵形，长 1 ～ 3cm，宽 5 ～ 10mm，基部宽楔形，边缘有缺刻状锐锯齿，上面无毛或被稀疏柔毛，极少被绢毛状毡毛，下面密被绢毛状毡毛或较稀疏，无柄；极小的小叶片披针形或卵形，长仅 1 ～ 4mm；托叶膜质，黄棕色，矩圆形，先端钝圆，下半部与叶柄合生。花单生于匍匐茎上的叶腋间，直径 1.5 ～ 2cm；花梗纤细，长达 10cm，被长柔毛。花萼被绢状长柔毛；副萼片矩圆形，长 5 ～ 6mm，先端 2 ～ 3 裂或不分裂；萼片卵形，与副萼片等长或较短，先端锐尖；花托内部被柔毛。花瓣黄色，宽倒卵形或近圆形，先端圆形，长约 8mm；花柱侧生，棍棒状，长约 2mm。瘦果近肾形，稍扁，褐色，表面微有皱纹。花果期 5 ～ 9 月。

耐盐湿中生草本。生于低湿地，为河滩和低湿地草甸的优势植物，常见于苔草草甸、矮杂类草草甸、盐化草甸、沼泽化草甸等群落中，在灌溉农田中也可成为农田杂草。产内蒙古各地。分布于我国黑龙江、吉林西北部、辽宁西部、河北、山东、山西、陕西北部、宁夏、甘肃、青海东部和北部、四川西部、西藏东部和南部、云南西北部、新疆，广布于亚洲、欧洲、大洋洲、南美洲、北美洲。为世界分布种。

在青海、甘肃高寒地区，本种的块根肥大，称“蕨麻”，含丰富淀粉，供食用；在内蒙古地区，本种的块根发育不良，不能食用。全株含鞣质，可提制栲胶。根及全草入药，能凉血止血、解毒止痢、祛风湿，主治各种出血、细菌性痢疾、风湿性关节炎等。全草入蒙药（蒙药名：陶来音-汤乃），能止泻，主治痢疾、腹泻。嫩茎叶可作为野菜供人食用，也可做家禽饲料。茎叶可提取黄色染料。该种又为蜜源植物。

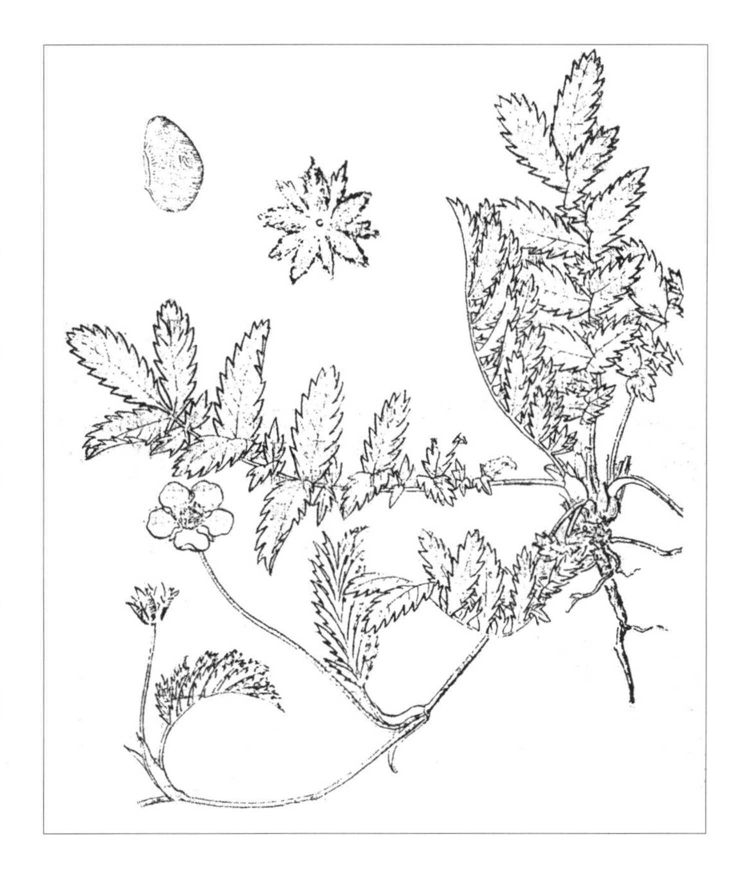

14. 朝天委陵菜（铺地委陵菜、伏委陵菜、背铺委陵菜）

Potentilla supina L., Sp. Pl. 1:497. 1753; Fl. Intramongol. ed. 2, 3:139. t.55. f.1-4. 1989.

一、二年生草本，高 10 ～ 35cm。茎斜倚、平卧或近直立，从基部分枝，茎、叶柄和花梗都被稀疏长柔毛。单数羽状复叶，基生叶和茎下部叶有长柄，连叶柄长达 10cm；小叶 5 ～ 9，无柄，矩圆形、椭圆形或倒卵形，长 5 ～ 15mm，宽 3 ～ 8mm，先端圆钝，基部楔形，边缘具羽状浅裂片或圆齿，两面均绿色，被疏柔毛，顶端 3 小叶片基部常下延与叶柄汇合；托叶膜质，披针形，先端渐尖。上部茎生叶与下部叶相似，但叶柄较短与小叶较少；托叶草质，卵形或披针形，先端渐尖，基部与叶柄合生，全缘或有牙齿，被疏柔毛。花单生于茎顶部的叶腋内，常排列成总状；花柱纤细，长 5 ～ 10mm；花直径 5 ～ 6mm。花萼疏被柔毛；副萼片披针形，先端锐尖，长约 4mm；萼片披针状卵形，先端渐尖，比副萼片稍长或等长；花托有柔毛。花瓣黄色，倒卵形，先端微凹，比萼片稍短或近等长；花柱近顶生。瘦果褐色，扁卵形，表面有皱纹，直径约 0.6mm。花果期 5 ～ 9 月。

轻度耐盐的旱中生植物。生于草原区和荒漠区的低湿地，为草甸和盐化草甸的伴生植物，也常见于农田、路旁。产内蒙古各地。分布于我国黑龙江南部、吉林东部和西部、辽宁西南部河东南部、河北、河南西部、山东西部、山西、陕西东北部、甘肃东部、青海东部、安徽、江苏、江西北部、浙江西北部、湖北东部、湖南西北部、广东、贵州西北部、四川北部、云南北部、西藏东部、新疆中部和北部，亚洲、欧洲、北美洲广布。为泛北极分布种。

15. 石生委陵菜（白花委陵菜）

Potentilla rupestris L., Sp. Pl. 1:496. 1753; Fl. Intramongol. ed. 2, 3:141. t.56. f.4. 1989.

多年生草本，高 25 ～ 40cm。全株被柔毛和腺毛。根状茎粗壮，木质，棕褐色，常多头。茎直立，单一或簇生。单数羽状复叶，基生叶有长叶柄，有小叶 5 ～ 7；茎生叶有短叶柄，常

陈宝瑞 / 摄

有3小叶。小叶椭圆形或卵形，长1～4cm，宽0.5～2.5cm，先锐尖或钝，基部楔形或歪楔形，边缘有粗锯齿，上面绿色，下面淡绿色，两色被腺毛和柔毛，侧生小叶较顶生小叶小或不发达。基生叶托叶，膜色，褐色；茎生叶草质，绿色，卵形。伞房状聚伞花序顶生，多花；花梗直立，长2～3cm；花白色，直径约2cm；萼片披针形，长5～6mm；副萼片条形，长2～3mm；花瓣倒卵形，长8～10mm，先端截形或微凹。瘦果卵形，长0.5～1mm，先端尖，表面有皱纹。花果期6～8月。

旱中生草本。生于森林带的砾石山坡。产兴安北部（额尔古纳市、阿尔山市）。分布于我国黑龙江西南部、新疆西北部，俄罗斯（西伯利亚地区），欧洲。为欧洲—西伯利亚分布种。

16. 莓叶委陵菜

Potentilla fragarioides L., Sp. Pl. 1:496. 1753; Fl. Intramongol. ed. 2, 3:141. t.55. f.5-8. 1989.

多年生草本。全株被直伸的长柔毛。具粗壮、木质化、多头的根状茎，须根多数，根皮黑褐色。花茎直立或斜倚，高5～15cm，茎、叶柄、花梗除被直伸的长柔毛外，还有腺状凸起。单数羽状复叶。基生叶春季开花时长5～10cm，秋季长20～35cm，有长叶柄，小叶5～9，顶生小叶较大；小叶椭圆形、卵形或菱形，春叶长1～3cm、宽0.4～1.3cm，秋叶长3～9cm、宽1.5～4.5cm，先端锐尖，基部宽楔形，边缘有锯齿，两面都有长柔毛，无柄；托叶膜质，披针形，先端渐尖，被长柔毛。上部茎生叶有短柄，有小叶1～3；托叶草质，卵形，先端锐尖。聚伞花序着生多花，花梗长1～2cm。花直径1.2～1.5cm。花萼被长柔毛；副萼片披针形，长约4mm，先端渐尖；萼片披针状卵形，长约5mm，先端锐尖；花托被柔毛。花瓣黄色，宽倒卵形，长5～6mm，先端圆形或微凹；花柱近顶生。花期5～6月，果期6～7月。

中生草本。生于森林带和森林草原带的山地林下、林缘、林间草甸、灌丛，一般为伴生种。产兴安北部及岭东和岭西（额尔古纳市、牙克石市、鄂伦春自治旗、东乌珠穆沁旗宝格达山、扎兰屯市、阿荣旗）、兴安南部（扎赉特旗、科尔沁右翼前旗、阿鲁科尔沁旗、巴林左旗、巴林右旗、西乌珠穆沁旗）、燕山北部（喀喇沁旗、宁城县、敖汉旗）、阴山（大青山、蛮汗山）。分布于我国黑龙江、吉林东部、辽宁、河北、河南、山东、山西、陕西南部、甘肃东南部、安徽、江苏、浙江、福建北部、湖南中部、广西东南部和西北部、四川东部、云南，日本、朝鲜、蒙古国东部和北部、俄罗斯（西伯利亚地区、远东地区）。为东古北极分布种。

17. 腺毛委陵菜（粘委陵菜）

Potentilla longifolia Willd. ex Schlecht. in Ges. Naturf. Freunde Berlin Mag. Neuesten Entdeck. Gesammten Naturk. 7:287. 1816; Fl. Intramongol. ed. 2, 3:143. t.57. f.1-10. 1989.

多年生草本，高 (15 ～) 20 ～ 40 （～ 60)cm。直根木质化，粗壮，黑褐色。根状茎木质化，多头，包被棕褐色老叶柄与残余托叶。茎自基部丛生，直立或斜升；茎、叶柄、总花梗和花梗被长柔毛、短柔毛和短腺毛。单数羽状复叶。基生叶和茎下部叶长 10 ～ 25cm，有小叶 11 ～ 17，顶生小叶最大，侧生小叶向下逐渐变小；小叶狭长椭圆形、椭圆形或倒披针形，长 1 ～ 4cm，宽 5 ～ 15mm，先端钝，基部楔形，有时下延，边缘有缺刻状锯齿，上面绿色，被短柔毛、稀疏长柔毛或脱落无毛，下面淡绿色，密被短柔毛和腺毛，沿脉疏生长柔毛，无柄；托叶膜质，条形，与叶柄合生。茎上部叶的叶柄较短，小叶数较少；托叶草质，卵状披针形，先端尾尖，下半部与叶柄合生。伞房状聚伞花序紧密；花梗长 5 ～ 10mm；花直径 15 ～ 20mm。花萼密被短柔毛和腺毛，花后增大；副萼片披针形，长 6 ～ 7mm，先端渐尖；萼片卵形，比副萼片短；花托被柔毛。花瓣黄色，宽倒卵形，长约 8mm，先端微凹。子房卵形，无毛；花柱顶生。瘦果褐色，卵形，长约 1mm，表面有皱纹。花期 7 ～ 8 月，果期 8 ～ 9 月。

中旱生草本。为典型草原和草甸草原常见的伴生植物。产兴安北部及岭东和岭西（额尔古纳市、牙克石市、海拉尔区、新巴尔虎左旗）、兴安南部（扎赉特旗、科尔沁右翼前旗、科尔沁右翼中旗、扎鲁特旗、阿鲁科尔沁旗、巴林右旗、林西县、克什克腾旗）、辽河平原（大青沟）、燕山北部（喀喇沁旗、宁城县）、锡林郭勒（东乌珠穆沁旗、西乌珠穆沁旗、锡林浩特市）、阴山（大青山、乌拉山）、阴南丘陵（准格尔旗）。分布于我国黑龙江东南部、吉林东部、辽宁北部、河北北部、山东东北部、山西北部、陕西东北部、甘肃东部、青海东部和北部、四川西北部、西藏东部、新疆中部和北部，朝鲜、蒙古国、俄罗斯（西伯利亚地区、远东地区）。为东古北极分布种。

18. 菊叶委陵菜（蒿叶委陵菜、沙地委陵菜）

Potentilla tanacetifolia Willd. ex Schlecht. in Ges. Naturf. Freunde Berlin Mag. Neuesten Entdeck. Gesammten Naturk. 7:286. 1816; Fl. Intramongol. ed. 2, 3:143. t.56. f.1-3. 1989; Fl. China 9:320. 2003.

多年生草本，高 10 ～ 45cm。直根木质化，黑褐色。根状茎短缩，多头，木质，包被老叶柄和托叶残余。茎自基部丛生、斜升、斜倚或直立，茎、叶柄、花梗被长柔毛、短柔毛或曲柔毛，茎上部分枝。单数羽状复叶。基生叶与茎下部叶，长 5 ～ 15cm，有小叶 11 ～ 17，顶生小叶最大，侧生小叶向下逐渐变小，顶生 3 小叶基部常下延与叶柄汇合；小叶狭长椭圆形、椭圆形或倒披针形，长 1 ～ 3cm，宽 4 ～ 10mm，先端钝，基部楔形，边缘有缺刻状锯齿，上面绿色，被短柔毛，下面淡绿色，被短柔毛，沿叶脉被长柔毛；托叶膜质，披针形，被长柔毛。茎上部叶与下部叶同形但较小，小叶数较少，叶柄较短；托叶草质，卵状披针形，全缘或 2 ～ 3 裂。伞房状聚伞花序，花多数；花梗长 1 ～ 2cm；花直径 8 ～ 20mm。花萼被柔毛；副萼片披针形，长 3 ～ 4mm；萼片卵状披针形，比副萼片稍长，先端渐尖；花托被柔毛。花瓣黄色，宽倒卵形，先端微凹，长 5 ～ 7mm；花柱顶生。瘦果褐色，卵形，微皱。花果期 7 ～ 10 月。

中旱生草本。为典型草原和草甸草原常见的伴生植物。产兴安北部及岭东和岭西（额尔古纳市、牙克石市、鄂伦春自治旗、鄂温克族自治旗）、呼伦贝尔（海拉尔区、满洲里市、新巴尔虎左旗、新巴尔虎右旗）、兴安南部（扎赉特旗、科尔沁右翼前旗、科尔沁右翼中旗、巴林右旗、克什克腾旗）、辽河平原（大青沟）、赤峰丘陵、燕山北部、锡林郭勒（西乌珠穆沁旗、锡林浩特市、阿巴嘎旗、苏尼特左旗、正蓝旗、多伦县、察哈尔右翼中旗）、乌兰察布（四子王旗、达尔罕茂明安联合旗、固阳县、乌拉特中旗）、阴山（大青山、乌拉山、蛮汗山）、阴南丘陵（准格尔旗）、鄂尔多斯（伊金霍洛旗、乌审旗、鄂托克旗）。分布于我国黑龙江西南部、吉林西北部、辽宁西南部、河北、山东、山西、陕西北部、甘肃、青海东部，蒙古国北部和东部及东南部、俄罗斯（西伯利亚地区）。为东古北极分布种。

全草入药，能清热解毒、消炎止血，主治肠炎、痢疾、吐血、便血、感冒、肺炎、疮痈肿毒。

为中等饲用植物。牛、马在其青鲜时少量采食，干枯后几乎不食；在其干鲜状态时羊少量采食其叶。

19. 翻白草（翻白委陵菜）

Potentilla discolor Bunge in Mem. Acad. Imp. Sci. St.-Petersb. Ser. 6, Sci. Math. 2:99. 1833; Fl. Intramongol. ed. 2, 3:145. t.58. f.1-2. 1989.

多年生草本，高 10 ～ 35cm。主根粗壮，纺锤形或棒状。茎直立或斜升，被白色绵毛。单数羽状复叶。基生叶具长 4 ～ 15cm 的柄；小叶 7 ～ 9，矩圆形或椭圆状披针形，长 2 ～ 5cm，宽 0.5 ～ 2cm，先端圆钝或锐尖，基部楔形、宽楔形或歪楔形，边缘有粗锯齿，上面暗绿色，被疏绵毛或脱落几无毛，下面密被灰白色毡毛。茎生叶无柄或具短柄，常具 3 小叶；托叶卵形，有缺刻状锯齿。伞房状聚伞花序顶生，具多花；花梗短，花后伸长；花黄色，直径约 1cm；总花梗、花梗和花萼均被白色茸毛；萼片卵形，副萼片条形比萼片短；花瓣倒卵形，长 3 ～ 4mm。瘦果近肾形，宽约 1mm。花果期 6 ～ 9 月。

中生草本。生于阔叶林带的山地草甸、疏林下。产岭东（鄂伦春自治旗大杨树镇、扎兰屯市）、兴安南部（扎赉特旗、科尔沁右翼前旗）、辽河平原（大青沟）、燕山北部（宁城县）。分布于我国黑龙江西南部、辽宁、河北、河南、山东、山西、陕西南部、甘肃东南部、四川、安徽、浙江、福建、台湾北部、广东北部、江西、云南、西藏，日本、朝鲜。为东亚分布种。

根和全草入药，能清热解毒、凉血止血，主治痈疮、疔肿、吐血、便血、妇女血崩、疟疾、阿米巴痢疾、小儿疳积。嫩苗可食用。

20. 华西委陵菜

Potentilla potaninii Th. Wolf in Biblioth. Bot. 16(Heft. 71):166. 1908; Fl. Intramongol. ed. 2, 3:147. t.58. f.3. 1989.

多年生草本，高 10 ～ 30cm。根黑褐色，木质坚硬。茎丛生，直立或斜升，被曲柔毛，基部包被棕褐色残留的叶柄与托叶。单数羽状复叶。基生叶有长叶柄，有小叶 2 ～ 3 对；小叶倒

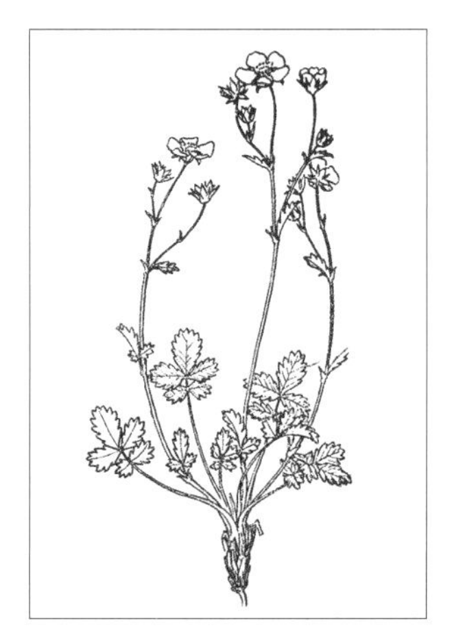

卵形或倒卵状椭圆形，长 5 ～ 20mm，宽 3 ～ 10mm，先端圆钝稀锐尖，基部楔形或歪楔形，边缘有矩圆状锯齿，上面绿色，疏生长柔毛，下面灰白色，密被毡毛，沿脉有长柔毛。茎生叶较小，有短柄，常有 3 小叶；托叶叶状，卵状披针形。聚伞花序顶生，有花数朵；花梗长 1 ～ 2cm，被茸毛；花黄色，直径 10 ～ 13mm；萼片卵状披针形，先端渐尖，副萼片长椭圆形与萼片近等长，花萼外面被茸毛及长柔毛；花瓣宽倒卵形，先端截形或微凹，明显比萼片长。瘦果扁卵球形或肾形。花果期 6 ～ 8 月。

旱中生草本。生于荒漠区的山地林缘、山坡草地。产贺兰山、龙首山。分布于我国甘肃、青海、四川西部、云南西北部、西藏东部，不丹。为泛喜马拉雅（横断山脉—喜马拉雅）分布种。

21. 绢毛委陵菜

Potentilla sericea L., Sp. Pl. 1:495. 1753; Fl. Intramongol. ed. 2, 3:148. t.59. f.1-3. 1989.

多年生草本。根木质化，圆柱形。根状茎粗短，多头，包被褐色残余托叶。茎纤细，自基部弧斜曲升或斜倚，长 5 ～ 25cm，茎、总花梗与叶柄都有短柔毛和开展的长柔毛。单数羽状复叶。基生叶有小叶 7 ～ 13，连叶柄长 4 ～ 8cm；小叶片矩圆形，长 5 ～ 15mm，宽约 5mm，边缘羽状深裂，裂片矩圆状条形，呈篦齿状排列，上面密生短柔毛与长柔毛，下面密被白色毡毛，毡毛上覆盖一层绢毛，边缘向下反卷；托叶棕色，膜质，与叶柄合生，合生部分长约 2cm，先端分离部分披针状条形，长约 3mm，先端渐尖，被绢毛。茎生叶少数，与基生叶同形，但小叶较少，叶柄较短；托叶草质，下半部与叶柄合生，上半部分离，分离部分披针形，长约 6mm。伞房状聚伞花序，花梗纤细，长 5 ～ 8mm；花直径 7 ～ 10mm。花萼被绢状长柔毛；副萼片条状披针形，长约 2.5mm，先端稍钝；萼片披针状卵形，长约 3mm，先端锐尖；花托被长柔毛。花瓣黄色，宽倒卵形，长约 4mm，先端微凹；花柱近顶生。瘦果椭圆状卵形，褐色，表面有皱纹。花果期 6 ～ 8 月。

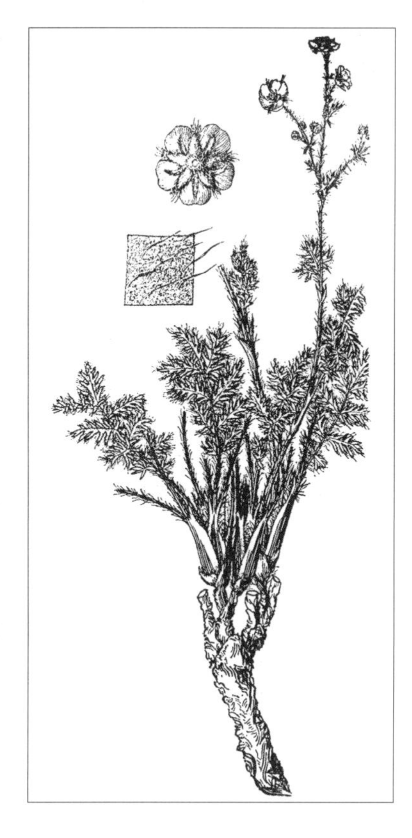

旱生草本。典型草原群落的伴生植物，也稀见于荒漠草原群落中。产呼伦贝尔（新巴尔虎左旗、新巴尔虎右旗、满洲里市）、辽河平原（大青沟）、科尔沁（科尔沁右翼中旗）、锡林郭勒（东乌珠穆沁旗、锡林浩特市、阿巴嘎旗、苏尼特左旗）、乌兰察布（四子王旗南部、达尔罕茂明安联合旗南部）、阴山（大青山、蛮汗山、乌拉山）、鄂尔多斯（伊金霍洛旗、乌审旗）、东阿拉善（狼山）、贺兰山、龙首山。分布于我国黑龙江中北部、吉林西部、宁夏西北部、甘肃、青海东北部和南部、西藏、新疆中部和北部，蒙古国北部、俄罗斯（西伯利亚地区）。为东古北极分布种。

22. 多裂委陵菜（细叶委陵菜）

Potentilla multifida L., Sp. Pl. 1:496. 1753; Fl. Intramongol. ed. 2, 3:148. t.60. f.4. 1989.

22a. 多裂委陵菜

Potentilla multifida L. var. **multifida**

多年生草本，高 20 ～ 40cm。直根圆柱形，木质化。根状茎短，多头，包被棕褐色老叶柄与托叶残余。茎斜升、斜倚或近直立，茎、总花梗与花梗都被长柔毛和短柔毛。单数羽状复叶。基生叶和茎下部叶具长柄，柄有伏生短柔毛，连叶柄长 5 ～ 15cm；通常有小叶 7，小叶间隔 5 ～ 10mm，小叶羽状深裂几达中脉，狭长椭圆形或椭圆形，长 1 ～ 4cm，宽 5 ～ 15mm，裂片条形或条状披针形，先端锐尖，边缘向下反卷，上面伏生短柔毛，下面被白色毡毛，沿主脉被绢毛；托叶膜质，棕色，与叶柄合生部分长达 2cm，先端分离部分条形，长 5 ～ 8mm，先端渐尖，被柔毛或脱落。茎生叶与基生叶同形，但叶柄较短，小叶较少；托叶草质，下半部与叶柄合生，上半部分离，披针形，长 5 ～ 8mm，先端渐尖。伞房状聚伞花序生于茎顶端，花梗长 5 ～ 20mm，花直径 10 ～ 12mm。花萼密被长柔毛与短柔毛；副萼片条状披针形，长 2 ～ 3mm（开花时），先端稍钝；萼片三角状卵形，长约 4mm（开花时），先端渐尖；花萼各部果期增大。花瓣黄色，宽倒卵形，长约 6mm；花柱近顶生，基部明显增粗。瘦果椭圆形，褐色，稍具皱纹。花果期 7 ～ 9 月。

中生草本。生于森林带和草原带的山地草甸、林缘。产兴安北部及岭东和岭西（额尔古纳市、牙克石市、鄂伦春自治旗、扎兰屯市）、呼伦贝尔（海拉尔区、鄂温克族自治旗、新巴尔虎左旗、新巴尔虎右旗）、兴安南部（科尔沁右翼前旗、扎鲁特旗、阿鲁科尔沁旗、巴林左旗、巴林右旗、克什克腾旗）、燕山北部（喀喇沁旗、宁城县、敖汉旗）、锡林郭勒（东乌珠穆沁旗、西乌珠穆沁旗、锡林浩特市、察哈尔右翼中旗）、乌兰察布（达尔罕茂明安联合旗南部）、阴山（大青山）、鄂尔多斯（乌审旗、鄂托克旗）、贺兰山。分布于我国黑龙江南部、吉林、辽宁西部、河北北部、山西北部、陕西北部、甘肃中部、青海、四川西部、云南西北部、

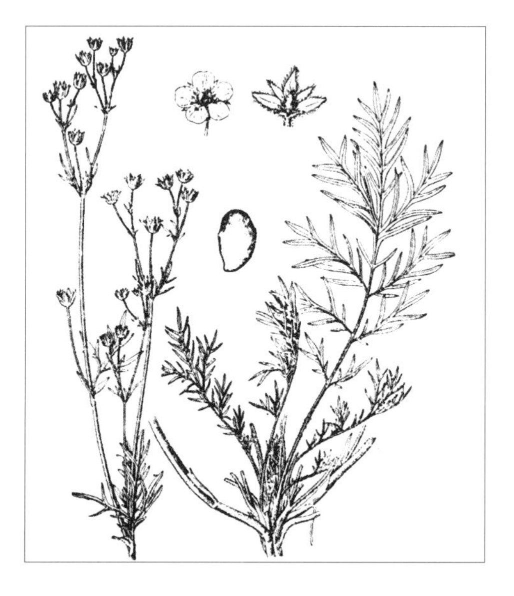

西藏东部和南部、新疆，亚洲、欧洲、北美洲。为泛北极分布种。

全草入药，有止血、杀虫、祛湿热的作用。

22b. 掌叶多裂委陵菜

Potentilla multifida L. var. **ornithopoda** (Tausch) Th. Wolf in Biblioth. Bot. 16(Heft 71):156. 1908; Fl. Intramongol. ed. 2, 3:150. 1989.——*P. ornithopoda* Tausch in Hort. Canal. t.10. 1823.

本变种与正种的区别：单数羽状复叶，有小叶 5，小叶排列紧密，似掌状复叶。

旱生草本。典型草原常见的伴生种，偶见于荒漠草原或草甸草原群落中，为草原群落的杂类草。产呼伦贝尔(鄂温克族自治旗)、科尔沁（巴林右旗）、燕山北部（宁城县）、锡林郭勒（东乌珠穆沁旗、西乌珠穆沁旗、锡林浩特市）、阴山（大青山、蛮汗山）、鄂尔多斯（乌审旗）、东阿拉善（狼山）、贺兰山。分布于我国黑龙江、河北、山西、陕西、甘肃、青海、四川、西藏、新疆，蒙古国、俄罗斯。为东古北极分布变种。

22c. 矮生多裂委陵菜

Potentilla multifida L. var. **nubigena** Th. Wolf in Biblioth. Bot. 16(Helft 71):155. 1908; Fl. Intramongol. ed. 2, 3:150. 1989.

本变种与正种区别：植株极矮小；花茎斜倚接近地面；花较小；基生叶有小叶 5，连叶柄长 3 ～ 4cm，小叶裂片条形；花果期 6 ～ 8 月。

中生草本。生于荒漠带的高山草甸或草原带的山地草甸。产锡林郭勒（太仆寺旗）、贺兰山。分布于河北、陕西、甘肃、青海、西藏、新疆，中亚、西南亚。为古地中海分布变种。

23. 大萼委陵菜（白毛委陵菜、大头委陵菜）

Potentilla conferta Bunge in Fl. Alt. 2:240. 1830; Fl. Intramongol. ed. 2, 3:150. t.60. f.1-3. 1989.

多年生草本，高 10 ～ 45cm。直根圆柱形，木质化，粗壮。根茎短，木质，包被褐色残叶柄与托叶。茎直立、斜升或斜倚，茎、叶柄、总花梗密被开展的白色长柔毛和短柔毛。单数羽状复叶。基生叶和茎下部叶有长柄，连叶柄长 5 ～ 15(～ 20)cm，有小叶 9 ～ 13；小叶长椭圆形或椭圆形，长 1 ～ 5cm，宽 7 ～ 18mm，羽状中裂或深裂，裂片三角状矩圆形、三角状披针形或条状矩圆形，上面绿色，被短柔毛或近无毛，下面被灰白色毡毛，沿脉被绢状长柔毛。茎上部叶与下部者同形，但小叶较少，叶柄较短。基生叶托叶膜质，外面被柔毛，有时脱落；茎生叶托叶草质，边缘常有牙齿状分裂，顶端渐尖。伞房状聚伞花序紧密；花梗长 5 ～ 10mm，密生短柔毛和稀疏长柔毛；花直径 12 ～ 15mm。花萼两面都密生短柔毛和疏生长柔毛；副萼片条状披针形，花期长约 3mm，果期增大，长约 6mm；萼片卵状披针形，与副萼片等长，也一样增大，并直立。花瓣倒卵形，长约 5mm，先端微凹；花柱近顶生。瘦果卵状肾形，长约 1mm，表面有皱纹。花期 6 ～ 7 月，果期 7 ～ 8 月。

旱生草本。生于典型草原和草甸草原，为常见的草原伴生植物。产兴安北部及岭东和岭西（额尔古纳市、牙克石、鄂伦春自治旗、扎兰屯市）、呼伦贝尔（海拉尔区、鄂温克族自治旗、新巴尔虎左旗、新巴尔虎右旗）、兴安南部（科尔沁右翼前旗、科尔沁右翼中旗、阿鲁科尔沁旗、巴林左旗、巴林右旗、克什克腾旗）、燕山北部（喀喇沁旗）、锡林郭勒（东乌珠穆沁旗、锡林浩特市、阿巴嘎旗、太仆寺旗）、乌兰察布（达尔罕茂明安联合旗、乌拉特中旗）、阴山（大青山、蛮汗山）、阴南丘陵（准格尔旗）、贺兰山、龙首山。分布于我国黑龙江南部、河北西北部、山西东北部、甘肃东部、四川西北部、云南西北部、西藏、新疆中部和北部，蒙古国北部和东部及南部、俄罗斯。为东古北极分布种。

根入药，能清热、凉血、止血，主治功能性子宫出血、鼻衄。

24. 多茎委陵菜

Potentilla multicaulis Bunge in Mem. Acad. Imp. Sci. St.-Petersb. Ser. 6, Sci. Math. 2:99. 1833; Fl. Intramongol. ed. 2, 3:151. t.59. f.4-6. 1989.

多年生草本。根木质化，圆柱形。茎多数，丛生，斜倚或斜升，长 10 ～ 25cm，常带暗紫红色，密被短柔毛和长柔毛，基部包被残余的棕褐色叶柄和托叶。单数羽状复叶。基生叶多数，丛生，有小叶 7 ～ 15，连叶柄长 7 ～ 15cm；小叶矩圆形，长 1 ～ 3cm，宽 5 ～ 10mm，基部楔形，边缘羽状深裂，每边有裂片 3 ～ 7，呈篦齿状排列，裂片矩圆状条形，先端锐尖或钝，边缘不反卷，稀稍反卷，上面绿色，被短柔毛，下面密被白色毡毛，沿脉有稀疏长柔毛，无柄；基生叶叶柄常带暗紫红色，密被短柔毛和长柔毛；托叶膜质，大部分和叶柄合生，被长柔毛。茎生叶与基生叶同形，但小叶较少，叶柄较短；托叶草质，下半部与叶柄合生，分离部分卵形或披针形，先端渐尖。伞房状聚伞花序具少数花，疏松；花梗纤细，长约 1cm，被短柔毛；花直径约 1cm。花萼密被短柔毛；副萼片披针形或条状披针形，长约 2.5mm；萼片三角状卵形，长约 3.5mm，先端尖。花瓣黄色，宽倒卵形，长 4 ～ 5mm，先端微凹；花柱近顶生。瘦果椭圆状肾形，长约 1.2mm，表面有皱纹。花果期 6 ～ 8 月。

中旱生草本。草甸草原及干草原的伴生植物，也生于田边、向阳砾石质山坡、滩地。产燕山北部（喀喇沁旗、宁城县、敖汉旗）、锡林郭勒（锡林浩特市、镶黄旗、苏尼特左旗、集宁区）、乌兰察布（四子王旗南部）、阴山（大青山、蛮汗山）、阴南丘陵（准格尔旗）、鄂尔多斯（达拉特旗、伊金霍洛旗、鄂托克旗）、东阿拉善（狼山）、贺兰山、龙首山。分布于我国吉林西南部和南部、辽宁、河北、河南、山西、陕西、宁夏、甘肃、青海、四川西部、云南西北部。为华北—横断山脉分布种。

25. 委陵菜

Potentilla chinensis Ser. in Prodr. 2:581. 1825; Fl. Intramongol. ed. 2, 3:153. t.61. f.1-6. 1989.

多年出草本，高 20 ～ 50cm。根圆柱状，木质化，黑褐色。茎直立或斜升，被短柔毛及开展的绢状长柔毛。单数羽状复叶。基生叶丛生，有小叶 11 ～ 25，连叶柄长达 20cm，顶生小叶最大，两侧小叶逐渐变小；小叶狭长椭圆形或椭圆形，长 1.5 ～ 4cm，宽 5 ～ 10mm，羽状中裂或深裂，每侧有 2 ～ 10 个裂片，裂片三角状卵形或三角状披针形，先端锐尖，边缘向下反卷，

上面绿色，被短柔毛，下面被白色毡毛，沿叶脉被绢状长柔毛。茎生叶较小，叶柄较短或无柄，小叶较少，叶柄被长柔毛。基生叶托叶与叶柄合生，呈鞘状而抱茎，两侧上端呈披针形而分离；茎生叶托叶草质，卵状披针形，先端渐尖，全缘或分裂。伞房状聚伞花序，有多数花，较紧密；花梗长 5 ～ 10mm，与总花梗都有短柔毛和长柔毛；花直径约 1cm。花萼两面均被柔毛；副萼片条状披针形或条形，长约 2mm；萼片卵状披针形，较大，长 3 ～ 4mm；花托被长柔毛。花瓣黄色，宽倒卵形，长约 4mm；花柱近顶生。瘦果肾状卵形，稍有皱纹。花果期 7 ～ 9 月。

中旱生草本。草原、草甸草原的偶见伴生种，也见于山地林缘、灌丛中。产兴安北部及岭东和岭西（额尔古纳市、鄂伦春自治旗、鄂温克族自治旗、阿荣旗、扎兰屯市）、兴安南部（扎赉特旗、科尔沁右翼前旗、科尔沁右翼中旗、阿鲁科尔沁旗、巴林右旗、林西县、克什克腾旗）、辽河平原（大青沟）、赤峰丘陵（松山区、翁牛特旗）、燕山北部（喀喇沁旗、宁城县、敖汉旗）、锡林郭勒（苏尼特左旗、多伦县）、乌兰察布（达尔罕茂明安联合旗南部）、阴山（大青山、蛮汗山）、阴南丘陵（准格尔旗）、鄂尔多斯（伊金霍洛旗、乌审旗）。分布于我国黑龙江、吉林东部、辽宁中部、河北、河南、山东、山西、陕西南部、甘肃东部、青海东部、四川北部、安徽中部、江苏西南部、江西北部、台湾、湖北、湖南、广东北部、广西北部、贵州、云南西北部、西藏东南部，日本、朝鲜、蒙古国东部（大兴安岭、东蒙古地区、蒙古—达乌里地区）、俄罗斯（远东地区）。为东亚分布种。

全草入药，能清热解毒、止血止痢，主治痢疾、肠炎、吐血、便血、百日咳、关节炎、痈疖肿毒等。

26. 西山委陵菜

Potentilla sischanensis Bunge ex Lehm. in Nov. Stirp. Pug. 9:3. 1851; Fl. Intramongol. ed. 2, 3:153. t.62. f.3. 1989.

26a. 西山委陵菜

Potentilla sischanensis Bunge ex Lehm. var. **sischanensis**

多年生草本，高 7 ～ 20cm。全株除叶上面和花瓣外几乎全都覆盖一层厚或薄的白色毡毛。根圆柱状，粗壮，黑褐色。根状茎木质化，多头，包被多数残留的老叶柄。茎丛生，直立或

斜升。单数羽状复叶，多基生。基生叶有长柄，连叶柄长 6 ～ 15（～ 20）cm，有小叶 7 ～ 13；小叶近革质，羽状深裂，顶生 3 小叶较大，有裂片 5 ～ 13，两侧者较小，有裂片 3 ～ 5，稀不裂，裂片矩圆形、披针形或三角状卵形，长 2 ～ 15mm，宽 1 ～ 4mm，先端稍钝，全缘，边缘向下反卷，上面绿色，疏生长柔毛或疏卷曲毛，下面白色，密被毡毛，无柄；托叶膜质，与叶柄基部合生，密被绢毛。茎生叶不发达，无柄，2 ～ 3 片，有小叶 1 ～ 3。聚伞花序，有少数花，排列稀疏；花直径约 1cm。花萼被毡毛；副萼片披针形，长 3 ～ 4mm，先端稍钝；萼片卵状披针形，比副萼片稍长，先端稍钝；花托半球形，密生长柔毛。花瓣黄色，宽倒卵形，长约 5mm，先端微凹；子房肾形，无毛，花柱近顶生。瘦果肾状卵形，多皱纹。花果期 5 ～ 8 月。

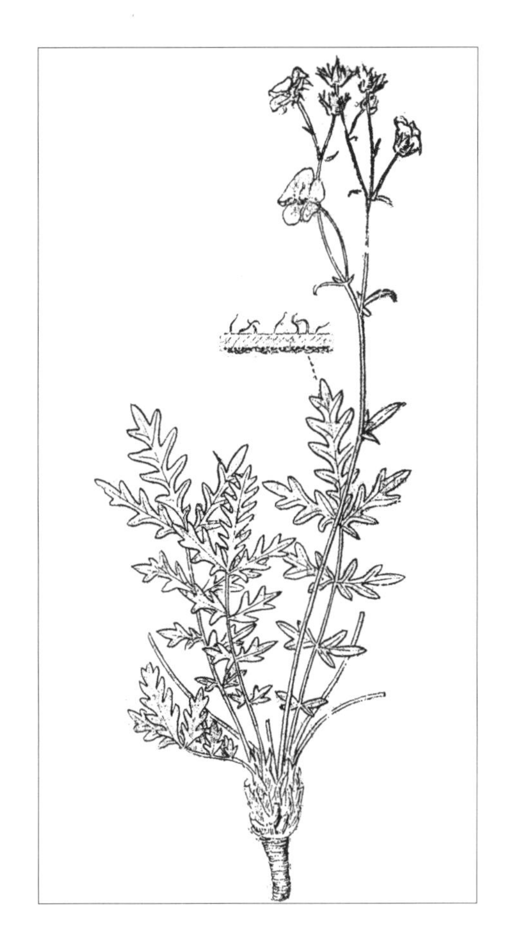

旱中生草本。多生于草原带的山地阳坡或石质丘陵的灌丛和草原。锡林郭勒（东乌珠穆沁旗）、阴山（大青山、乌拉山）、阴南丘陵（准格尔旗阿贵庙）、东阿拉善（桌子山）、贺兰山。分布于我国河北东南部、山西、陕西中部、宁夏、甘肃东部、青海东部、四川北部。为华北分布种。

26b. 齿裂西山委陵菜

Potentilla sischanensis Bunge ex Lehm. var. **peterae** (Hand.-Mazz.) T. T. Yu et C. L. Li in Fl. Reip. Pop. Sin. 37:287. 1985; Fl. Intramongol. ed. 2, 3:155. 1989.——*P. peterae* Hand.-Mazz. in Act. Hort. Gothob. 13:317. 1939.

本变种与正种区别：小叶片边缘呈锯齿状浅裂，裂片三角形或三角状卵形。

旱中生草本。生于荒漠带海拔 1700 ～ 2500m 的山坡草地。产贺兰山。分布于我国山西、陕西、宁夏、甘肃、四川。为华北分布变种。

27. 茸毛委陵菜（灰白委陵菜）

Potentilla strigosa Pall. ex Tratt. in Rosac. Mongor. 4:31.1824.——*P. strigosa* Pall. ex Pursh. in Fl. Amer. Sept. 1:356. 1814, nom. inval ; Fl. Intramongol. ed. 2, 3:155. t.62. f.1-2. 1989.

多年生草本，高 15 ～ 45cm。全株密被短茸毛。直根粗壮。根状茎多头，被残叶柄。茎直立或稍斜升，被茸毛，有时混生长柔毛。单数羽状复叶。基生叶和茎下部叶有长柄，连叶柄长 4 ～ 12cm，有小叶 7 ～ 9；小叶狭矩圆形、矩圆状倒披针形或倒披针形，长 0.5 ～ 3cm，宽 0.5 ～ 1cm，羽状中裂或浅裂，裂片披针形或狭矩圆形，上面淡灰绿色，被茸毛，下面被灰白色毡毛。茎上部叶与基生叶生叶相似，但小叶较少，叶柄较短。基生叶托叶膜质，下半部与叶柄合生，分离部分常条裂；茎生叶托叶草质，边缘常有牙齿状分裂。伞房状聚伞花序紧密，花梗长 5 ～ 10mm，花直径 8 ～ 10mm。花萼被茸毛；副萼片条形或条状披针形，长约 4mm；萼片卵状披针形，长约 5mm，果期增大。花瓣黄色，宽倒卵形或近圆形，长约 5mm；花柱近顶生。瘦果椭圆状肾形，长约 1mm，棕褐色，表面有皱纹。花果期 6 ～ 9 月。

旱生草本。典型草原、草甸草原和山地草原的伴生种，也见于山地草甸、沙丘。产兴安北部（额尔古纳市、牙克石市）、岭西及呼伦贝尔（新巴尔虎左旗、新巴尔虎右旗、鄂温克族自治旗、海拉尔区）、兴安南部（阿鲁科尔沁旗、巴林左旗、克什克腾旗）、锡林郭勒（锡林浩特市）。分布于我国黑龙江中部、新疆北部，蒙古国、俄罗斯（西伯利亚地区）、哈萨克斯坦。为哈萨克斯坦—蒙古分布种。

22. 沼委陵菜属 Comarum L.

多年生草本或半灌木。羽状复叶。花两性，呈聚伞花序；副萼片和萼片各5，宿存；花托在果期半球形，海绵质；花瓣5，紫色、淡红色或白色；雄蕊多数，宿存；心皮多数，花柱侧生。瘦果无毛或有毛。

内蒙古有2种。

分种检索表

1a. 多年生草本；小叶5～7；花瓣紫色，卵状披针形，比萼片短，先端尾尖；瘦果无毛…………………………………………………………………………………………**1. 沼委陵菜 C. palustre**

1b. 半灌木；小叶7～11；花瓣白色或淡红色，卵形，与萼片近等长，先端圆形；瘦果被长柔毛……………………………………………………………………………………**2. 西北沼委陵菜 C. salesovianum**

1. 沼委陵菜

Comarum palustre L., Sp. Pl. 1:502. 1753; Fl. Intramongol. ed. 2, 3:157. t.63. f.1-3. 1989.

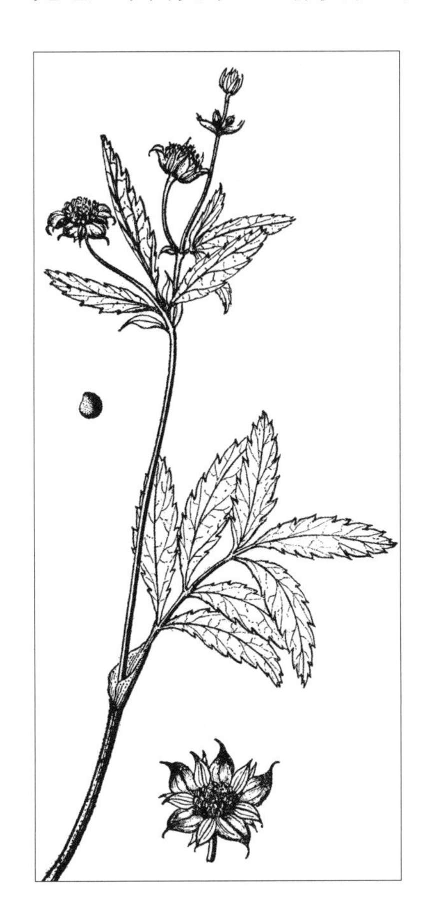

多年生草本，高20～30cm。具长根状茎。茎斜升，稍分枝，下部近无毛，上部密生柔毛和腺毛。单数羽状复叶，连叶柄长5～15cm；小叶5～7，彼此靠近，有时有掌状，椭圆形或矩圆形，长3～5cm，宽8～16mm，先端圆钝，基部楔形，边缘似锐锯齿，上面深绿色，近无毛，下面灰绿色，有伏柔毛；托叶叶状，卵形或披针形，下与叶柄合生，基部耳状抱茎；上部叶具3小叶。聚伞花序，有1至数花；花序梗和花梗有柔毛和腺毛，苞片锥形；花直径1～1.5cm。萼片深紫色，三角状卵形，长6～12mm，先端骤尖；副萼片披针形或条形，长3～8mm。花瓣深紫色，卵状披针形，长5～7mm，先端尾尖；雄蕊紫色，比花瓣短。瘦果多数，卵形，长约1mm，黄褐色，扁平，无毛，着生在膨大半球形的花托上。花期7～8月，果期8～9月。

湿生草本。生于森林带的沼泽、沼泽草甸。产兴安北部及岭东和岭西（额尔古纳市、根河市、牙克石市、鄂伦春自治旗、阿尔山市天池镇、鄂温克族自治旗）、兴安南部（西乌珠穆沁旗迪彦林场）。分布于我国黑龙江、吉林东南部、辽宁西部、河北北部，日本、朝鲜、蒙古国北部和西部、俄罗斯，欧洲、北美洲。为泛北极分布种。

根状茎治疗腹泻，其浸剂治疗胃癌和乳腺癌；叶煎剂外用洗伤口可促进愈合；全草治疗肺结核、血栓性静脉炎、黄疸、神经痛等；含漱剂治牙痛和牙龈松动。

2. 西北沼委陵菜

Comarum salesovianum (Steph.) Asch. et Gr. in Syn. Mitt. Fl. 6:663. 1904; Fl. Intramongol. ed. 2, 3:157. t.63. f.4-5. 1989.

半灌木，高 50 ～ 150cm。幼茎、叶下面、总花梗、花梗及花萼都有粉质蜡层和柔毛。茎直立，有分枝。单数羽状复叶，连叶柄长 4 ～ 9cm；小叶 7 ～ 11，矩圆状披针形或倒披针

形，长 15 ～ 30mm，宽 4 ～ 10mm，先端锐尖，基部宽楔形，边缘有尖锐锯齿，上面绿色，下面银灰色；托叶膜质，大部与叶柄合生，先端长尾尖。聚伞花序顶生或腋生，有花 2 ～ 10 朵；花梗长 1 ～ 2cm；苞片条状披针形，长 6 ～ 15mm，先端长尾尖；花直径 2.5 ～ 3cm。萼片三角状卵形，长 12 ～ 15mm，先端尾尖；副萼片条状披针形，比萼片短。花瓣白色或淡红色，倒卵形，长 10 ～ 15mm，先端圆形，基部有短爪；雄蕊淡黄色，比花瓣短。瘦果多数，矩圆状卵形，长约 2mm，有长柔毛，埋藏在花托的长柔毛内。花期 7 ～ 8 月，果期 8 ～ 9 月。

中生半灌木。生于荒漠带海拔 2100m 左右的山地沟谷、溪岸，常形成密集的小群落。产贺兰山。分布于我国宁夏南部、甘肃（河西走廊）、青海东北部、西藏北部、新疆中部和西北部，蒙古国西部和南部、俄罗斯、印度西北部、巴基斯坦、阿富汗，中亚。为中亚—亚洲中部山地分布种。

23. 山莓草属 Sibbaldia L.

多年生草本。羽状复叶，有小叶 3 ～ 5，全缘或顶端有齿，具托叶。花两性，单生或少数花组成聚伞花序；萼筒碟形或碗形，副萼片 5 或 4，萼片 5 或 4；花瓣 5 或 4，白色或黄色；雄蕊 10 或 8，有时 5 或 4；雌蕊 4 ～ 10，彼此离生，花柱侧生或顶生。瘦果少数，着生在干燥凸起的花托上，花萼宿存。

内蒙古有 2 种。

分种检索表

1a. 仅顶端小叶片先端常有 3 牙齿，其他小叶片全缘，小叶上面疏被绢毛，稀近无毛，下面疏被绢毛；花瓣 5 或 4，白色或黄色，与萼片近等长或较短……………………………………**1. 伏毛山莓草 *S. adpressa***

1b. 全部小叶片全缘，小叶两面密被绢毛；花瓣 4 或 5，白色，比萼片长…………**2. 绢毛山莓草 *S. sericea***

1. 伏毛山莓草

Sibbaldia adpressa Bunge in Fl. Alt. 1:428. 1829; Fl. Intramongol. ed. 2, 3:159. t.64. f.1-3. 1989.

多年生草本。根粗壮，黑褐色，木质化。从根的顶部生出多数地下茎，细长，有分枝，黑褐色，皮稍纵裂，节上生不定根。花茎丛生，纤细，斜倚或斜升，长 2 ～ 10cm，疏被绢毛。基

生叶为单数羽状复叶，有小叶 5 或 3，连叶柄长 2 ～ 4cm，柄疏被绢毛；顶生小叶 3，倒披针形或倒卵状矩圆形，长 5 ～ 15mm，宽 3 ～ 7mm，顶端常有 3 牙齿，基部楔形，全缘，常基部下延与叶柄合生；侧生小叶披针形或矩圆状披针形，长 3 ～ 12mm，宽 2 ～ 5mm，先端锐尖，基部楔形，全缘，边缘稍反卷，上面疏被绢毛，稀近无毛，下面被绢毛；托叶膜质，棕黄色，披针形。茎生叶与基生叶相似；托叶草质，绿色，披针形。聚伞花序具花数朵，或单花；花 5 基数，稀 4 基数，直径 5 ～ 7mm。花萼被绢毛；副萼片披针形，长约 2.5mm，先端锐尖或钝；萼片三角状卵形，具膜质边缘，与副萼片近等长；花托被柔毛。花瓣黄色或白色，宽倒卵形，与萼片近等长或较短；雄蕊 10，长约 1mm；雌蕊约 10，子房卵形，无毛，花柱侧生。瘦果近卵形，表面有脉纹。花果期 5 ～ 7 月。

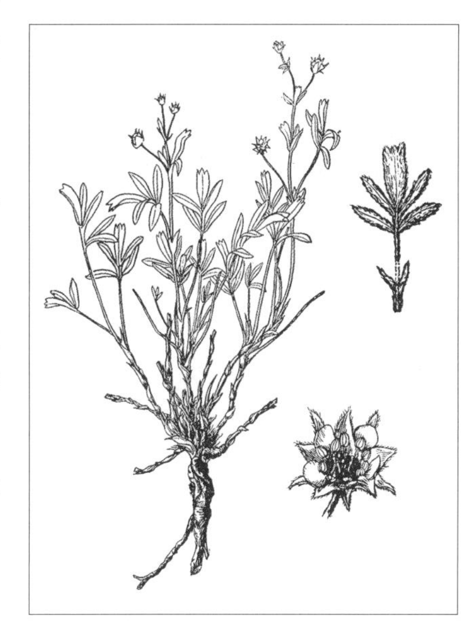

旱生草本。生于沙质土壤及砾石性土壤的干草原或山

地草原群落中。产呼伦贝尔（新巴尔虎左旗新宝力格苏木）、兴安南部（克什克腾旗）、锡林郭勒（西乌珠穆沁旗、锡林浩特市、阿巴嘎旗、苏尼特左旗、正蓝旗）、乌兰察布（达尔罕茂明安联合旗南部）、阴山（大青山）、东阿拉善（狼山）、贺兰山。分布于我国黑龙江、河北西北部、甘肃、青海、西藏、新疆西北部，蒙古国、尼泊尔、俄罗斯。为亚洲中部分布种。

2. 绢毛山莓草

Sibbaldia sericea (Grub.) Sojak in Folia Geobot. Phytotax. 4:79. 1969; Fl. Intramongol. ed. 2, 3:161. t.64. f.4-6. 1989.——*Sibbaldianthe sericea* Grub. in Bot. Mater. Gerb. Bot. Inst. Kom. Akad. Nauk S.S.S.R. 17:16. 1955.

多年生矮小草本。根黑褐色，圆柱形，木质化。从根的顶部生出多数地下茎，细长，有分枝，黑褐色，节部包被托叶残余，节上生不定根。基生叶为单数羽状复叶，有小叶 3 或 5，连叶柄长 1 ～ 4cm，柄密被绢毛；小叶倒披针形或披针形，长 5 ～ 10mm，宽 2 ～ 3mm，先端锐尖或渐尖，基部楔形，全缘，两面灰绿色，密被绢毛；托叶膜质，棕色，披针形，被绢毛或脱落无毛。

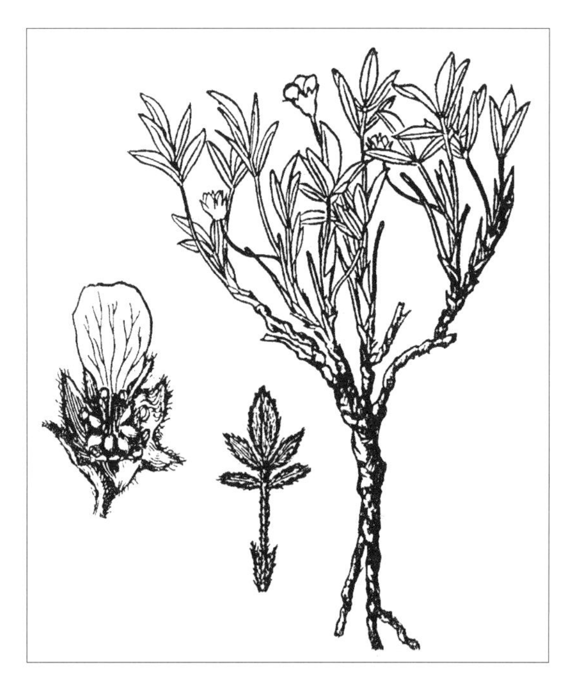

花 1 ～ 2 朵，自基部生出；花梗纤细，长 5 ～ 15mm，被绢毛；花 4 基数，有时 5 基数，直径 4 ～ 5mm。花萼密被绢毛；副萼片披针形，长约 1.5mm，先端尖；萼片披针状卵形，长约 2mm，先端锐尖；花托被长柔毛。花瓣白色，矩圆状椭圆形，先端圆形，比萼片长；雄蕊长约 0.7mm；花柱侧生。花期 5 月。

旱生草本。生于草原带的低山丘陵，为草原群落的伴生种或为退化草场的优势种。产呼伦贝尔（新巴尔虎右旗）、锡林郭勒（阿巴嘎旗、苏尼特左旗、苏尼特右旗）。分布于蒙古国中部和东南部。为蒙古草原分布种。

24. 地蔷薇属 Chamaerhodos Bunge

多年生草本，少一、二年生草本或垫状半灌木。单叶互生，一至多回三出或羽状分裂；托叶不明显，膜质，与叶柄合生。聚伞花序；花两性，小型；萼筒倒圆锥状或钟状，无副萼片，萼片5；花瓣5；白色或淡红色，与萼片等长或稍长；雄蕊5，与花瓣对生，花药椭圆形或近圆形；花盘边缘被长毛；雌蕊5、10或更多，着生在凸起的花托上，花柱基生、脱落。瘦果无毛，数个包藏在宿存花萼内。

内蒙古有5种。

分种检索表

1a. 一、二年生草本；茎通常单一，基部草质；基生叶在结果时枯萎……………………**1. 地蔷薇 C. erecta**

1b. 多年生草本或半灌木；茎多数，丛生，基部木质；基生叶在结果时不枯萎。

2a. 基生叶一回羽状3裂。

3a. 垫状半灌木，高5～6cm；基生叶3深裂，小裂片条形或矩圆状条形，先端钝或钝尖；聚伞花序具3～5花，稀单花………………………………………………**2. 阿尔泰地蔷薇 C. altaica**

3b. 多年生草本，非垫状，高5～18cm；叶的小裂片狭条形，先端细尖；聚伞花序多花…………………………………………………………………………………………**3. 三裂地蔷薇 C. trifida**

2b. 基生叶二至三回羽状3裂。

4a. 叶的小裂片条状倒披针形或条形，先端钝或钝尖；聚伞花序疏松；花梗较长，长3～8mm；萼筒倒圆锥形；花瓣与花萼近等长，倒披针状匙形，先端圆形………**4. 砂生地蔷薇 C. sabulosa**

4b. 叶的小裂片狭条形，先端细尖；聚伞花序紧密；花梗较短，长1～2mm；萼筒钟形；花瓣明显比花萼长，宽倒卵形，先端微凹……………………………………**5. 毛地蔷薇 C. canescens**

1. 地蔷薇（直立地蔷薇）

Chamaerhodos erecta (L.) Bunge in Fl. Alt. 1:430. 1829; Fl. Intramongol. ed. 2, 3:162. t.65. f.1-3. 1989.——*Sibbaldia erecta* L., Sp. Pl. 1:284. 1753.

一、二年生草本，高(8～)15～30(～40)cm。根较细，长圆锥形。茎单生，稀数茎丛生，直立，上部有分枝，密生腺毛和短柔毛，有时混生长柔毛。基生叶三回三出羽状全裂，长1～2.5cm，宽1～8cm；最终小裂片狭条形，长1～3mm，宽约1mm，先端钝，全缘，两面均为绿色，疏生伏柔毛，具长柄，结果时枯萎。茎生叶与基生叶相似，但柄较短，上部者几乎无柄；托叶3至多裂，基部与叶柄合生。聚伞花序着生茎顶，多花，常形成圆锥花序；花梗纤细，长1～6mm，密被短柔毛与长柄腺毛；苞片常3条裂；花小，直径2～3mm，花密被短柔毛与腺毛。萼筒倒圆锥形，长约1.5mm；萼片三角状卵形或长三角形，与萼筒等长，先端渐尖。花瓣粉红色，倒卵状匙形，长2.5～3mm，先端微凹，基部有爪；雄蕊长约1mm，生于花瓣基部；雌蕊约10，离生，

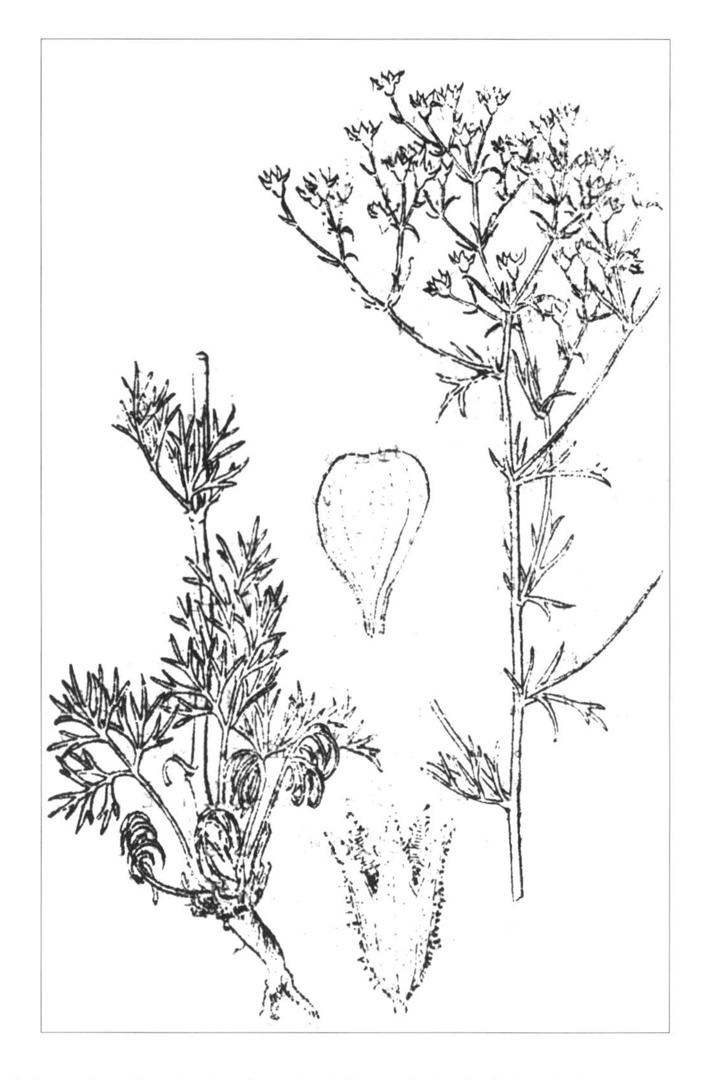

花柱丝状、基生，子房卵形、无毛；花盘边缘和花托被长柔毛。瘦果近卵形，长1～1.5mm，淡褐色。花果期7～9月。

中旱生草本。生于草原带的砾石质丘坡、丘顶及山坡，也可生在沙砾质草原，在石质丘顶可成为优势植物，组成小面积的群落片段。兴安北部及岭东和岭西（额尔古纳市、牙克石市、鄂伦春自治旗、鄂温克族自治旗、扎兰屯市）、呼伦贝尔（海拉尔区、新巴尔虎右旗）、兴安南部（扎赉特旗、科尔沁右翼前旗、科尔沁右翼中旗、扎鲁特旗、阿鲁科尔沁旗、巴林右旗、克什克腾旗）、赤峰丘陵（松山区）、燕山北部（喀喇沁旗、宁城县、敖汉旗）、锡林郭勒（东乌珠穆沁旗、锡林浩特市、阿巴嘎旗、苏尼特左旗、察哈尔右翼中旗）、乌兰察布（武川县、达尔罕茂明安联合旗）、阴山（大青山、蛮汗山、乌拉山）、阴南丘陵（准格尔旗）、鄂尔多斯（毛乌素沙地）、东阿拉善（桌子山、乌拉特中旗）、贺兰山。分布于我国黑龙江西北部、吉林西部和东部、辽宁西部、河北、河南北部、山西、陕西北部、宁夏、甘肃、青海东部、新疆北部，朝鲜、蒙古国、俄罗斯。为东古北极分布种。

全草入药，能祛风湿，主治风湿性关节炎。

2. 阿尔泰地蔷薇

Chamaerhodos altaica (Laxm.) Bunge in Fl. Alt. 1:429. 1829; Fl. Intramongol. ed. 2, 3:164. t.66. f.1-7. 1989.

半灌木，垫状，植丛直径达15cm，高约5cm。茎多数，二叉状分枝，平铺地面或埋于表土中，

皮黑褐色，常包被残叶柄。基生叶多数，丛生，长 5 ～ 15mm，3 全裂，稀 5 裂；裂片条形或条状矩圆形，长 2 ～ 4mm，宽约 1mm；叶片先端钝，全缘，两面灰绿色，被绢毛和极细小腺毛；叶柄长 4 ～ 12mm。聚伞花序具 3 ～ 5 花，稀单花；花葶高 1 ～ 4cm；总花梗纤细，有时弯曲，密被腺毛；苞片卵形，长 2 ～ 3mm，3 深裂或 3 全裂；花直径 4 ～ 5mm。萼筒宽钟状，长 3 ～ 4mm；萼片三角状卵形，长 2 ～ 3mm，外面被长柔毛和短腺毛。花瓣粉红色或淡红色，宽倒卵形，长 3 ～ 4mm；雄蕊长约 1mm，花药椭圆形、长约 0.6mm；花盘边缘密生长柔毛；雌蕊 6 ～ 10，花柱基生。瘦果长卵形，长约 2mm，褐色，无毛。花果期 5 ～ 7 月。

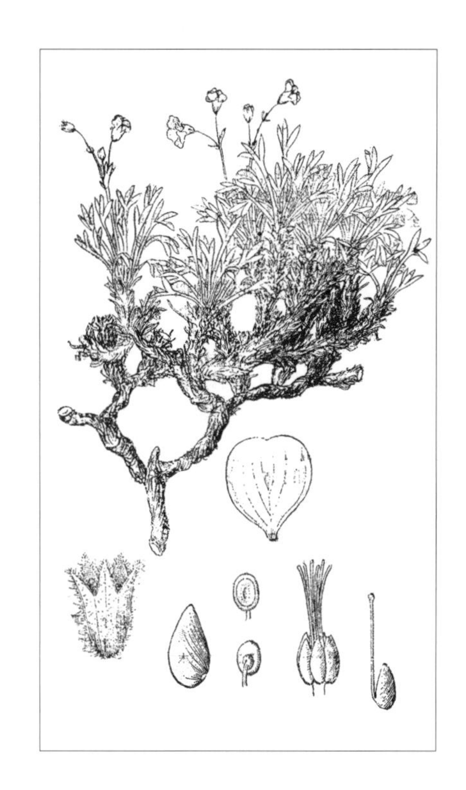

早春开花的耐寒砾石生的多年生旱生草本。生于草原带的山地、丘陵的砾石质坡地与丘顶，可形成占优势的群落片段。产乌兰察布（达尔罕茂明安联合旗黄花滩、固阳县）、阴山（大青山）。分布于我国新疆（阿勒泰地区），蒙古国北部和西部及南部和中部、俄罗斯（西伯利亚地区）、哈萨克斯坦。为哈萨克斯坦—蒙古分布种。

3. 三裂地蔷薇（矮地蔷薇）

Chamaerhodos trifida Ledeb. in Fl. Ross. 2:34. 1843; Fl. Intramongol. ed. 2, 3:166. t.65. f.4-6. 1989.

多年生草本，高 5 ～ 18cm。主根圆柱形，木质化，黑褐色。茎多数，丛生，直立或斜升；基部密被褐色老叶残余，近无毛或被极细小腺毛。基生叶密丛生，长 1 ～ 3(～ 4)cm，羽状 3 全裂；裂片狭条形，长 4 ～ 8mm，宽 0.6 ～ 1mm；叶片先端稍钝或稍尖，全缘，两面灰绿色，被

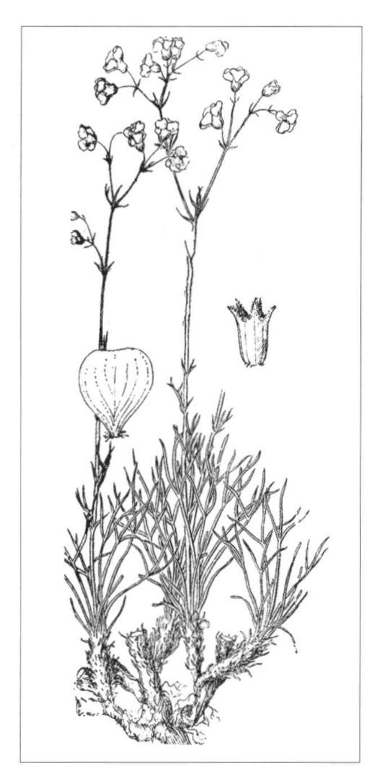

伏生长柔毛。茎生叶与基生叶同形，但较短，3～5全裂，向上逐渐变小，裂片减少。疏松的伞房状聚伞花序；花梗纤细，长3～5mm，被稀疏长柔毛和极细小腺毛；花直径6～8mm。花萼筒钟状，基部有疏柔毛，稍膨大，筒部被极细小腺毛；萼片披针状三角形，长2mm，先端尖，被稀疏长柔毛，密生极细小腺毛与睫毛。花瓣粉红色，宽倒卵形，长与宽各约3mm，先端微凹，基部渐狭；雄蕊长约1mm；花柱基生，长约3.5mm，脱落；花盘着生萼筒基部，其边缘密生稍硬长柔毛。瘦果灰褐色，卵形，终端渐尖，无毛，有细点。花期6～8月，果期8～9月。

旱生草本。生于草原带的山地、丘陵砾石质坡地及沙质土壤上。产呼伦贝尔（新巴尔虎右旗、满洲里市）、锡林郭勒（东乌珠穆沁旗、西乌珠穆沁旗、锡林浩特市、苏尼特左旗、化德县、集宁区、察哈尔右翼中旗）。分布于我国黑龙江西部，蒙古国东部和南部、俄罗斯（西伯利亚地区）。为蒙古高原分布种。

4. 砂生地蔷薇

Chamaerhodos sabulosa Bunge in Fl. Alt. 1:432. 1829; Fl. Intramongol. ed. 2, 3:162. t.66. f.8-10. 1989.

多年生草本，高5～18cm。直根圆锥形，木质化，褐色。茎多数，丛生，纤细，斜升、斜倚或近直立，被腺毛和短柔毛，基部密被老叶柄的残余。基生叶多数，丛生，长1～3cm，二回3深裂；小裂片条状倒披针形、倒披针形或条形，长1～2mm；先端钝，全缘，两面灰绿色，密被绢状长柔毛、腺毛，有时还有短柔毛，在果期不枯萎；叶柄长8～20mm，被绢状长柔毛和腺毛。茎生叶互生，与基生叶同形，但叶柄较短，裂片较少。聚伞花序顶生，疏松；花梗纤细，长3～8mm，被长柔毛和短腺毛。萼筒倒圆锥形，长2mm；萼片三角状卵形，长约2mm，先端锐尖，外面都有长柔毛和短腺毛。花瓣淡红色或白色，倒披针形，长约2mm，宽约0.5mm，先端圆形，基部宽楔形；雄蕊长约0.7mm；雌蕊6～10，离生，子房卵形，花柱基生；花盘边缘位于萼筒中上部，其边缘密生一圈长柔毛。瘦果狭卵形，长1～1.5mm，宽0.5～0.7mm，棕黄色，无毛。花期6～7月，果期8～9月。

旱生草本。生于荒漠草原带的沙质及沙砾质土壤上，也可渗入干草原带。产乌兰察布（苏尼特左旗、达尔罕茂明安联合旗、乌拉特中旗）、贺兰山。分布于我国西藏西部和西南部、新疆北部和东南部，蒙古国、俄罗斯。为东古北极分布种。

5. 毛地蔷薇

Chamaerhodos canescens J. Krause in Repert. Spec. Nov. Regni Veg. Beih. 12:411. 1922; Fl. Intramongol. ed. 2, 3:164. t.65. f.7-10. 1989.

多年生草本，高 7 ～ 20cm。直根圆柱形，木质化，黑褐色。根状茎短缩，多头，包被多数褐色老叶柄残余。茎多数丛生，直立或斜升，密被腺毛和长柔毛。基生叶二回三出羽状全裂，

长 1.5 ～ 4cm，顶生裂片 3 ～ 7 裂，侧生裂片通常 3 裂，裂片狭条形，先端稍尖或稍钝，全缘，两面均绿色，被长伏柔毛；茎生叶互生，与基生叶相似，但较短且裂片较少。伞房状聚伞花序具多数稠密的花；花梗极短，长 1 ～ 2mm，密被腺毛与长柔毛。花萼密被腺毛与长柔毛；萼筒管状钟形，长约 4mm；萼片狭长三角形，长约 2mm，先端尖。花瓣粉红色，倒卵形，长 3 ～ 4mm，先端微凹；雄蕊长约 1mm；雌蕊 4 ～ 6，花柱基生；花盘位于萼管的基部，其边缘密生长柔毛。瘦果披针状卵形，先端渐狭，长约 1.5mm，径约 0.6mm，淡黄褐色，带黑色斑点。花果期 6 ～ 9 月。

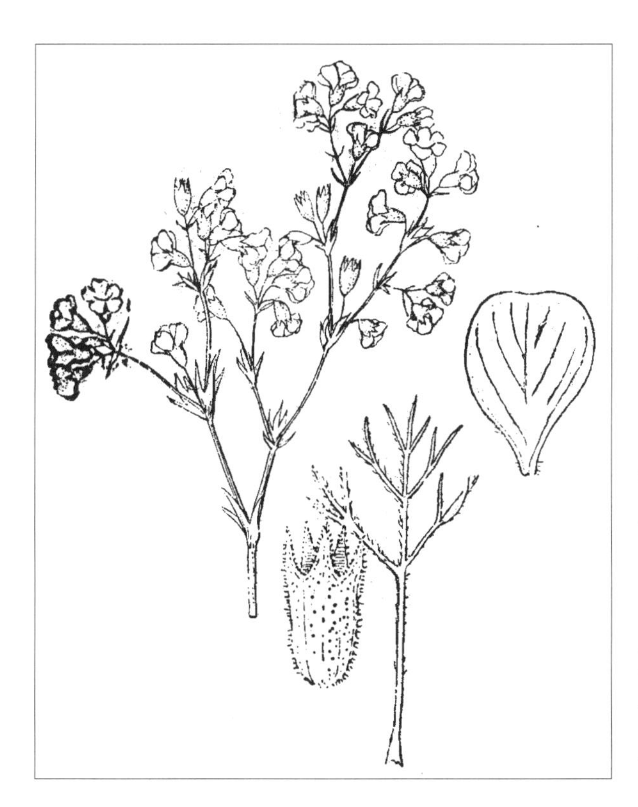

旱生草本。生于森林草原带的砾石质、沙砾质草原及沙地。产岭东（扎兰屯市）、呼伦贝尔（海拉尔区）、兴安南部（科尔沁右翼中旗、扎鲁特旗、阿鲁科尔沁旗、巴林左旗、巴林右旗、林西县、克什克腾旗、西乌珠穆沁旗）、赤峰丘陵（红山区、松山区、翁牛特旗）、燕山北部（喀喇沁旗、宁城县、敖汉旗）、锡林郭勒（锡林浩特市、多伦县）、乌兰察布（达尔罕茂明安联合旗南部）。分布于我国黑龙江西南部、吉林西部和东部、辽宁南部、河北北部、山西北部。为华北—满洲分布种。

Ⅳ . 李亚科 Prunoideae

25. 扁核木属 **Prinsepia** Royle

——蕤核属 *Plagiospermum* Oliv.

灌木。有枝刺。叶互生，有托叶。花 1 ～ 4，簇生或腋生，排成总状花序；萼筒杯状，萼片 5，宽而短；花瓣 5；雄蕊 10 或多数，花丝短；子房 1 室，胚珠 2，花柱侧生。核果。

内蒙古有 2 种。

分种检索表

1a. 花白色，叶条状矩圆形或条状倒披针形……………………………………………………**1. 蕤核 P. uniflora**

1b. 花黄色，叶披针形或卵状披针形…………………………………………………**2. 东北扁核木 P. sinensis**

1. 蕤核（扁核木、马茹）

Prinsepia uniflora Batal. in Trudy Imp. St.-Petersb. Bot. Sada 12:167. 1892; Fl. Intramongol. ed. 2, 3:166. t.67. f.1-4. 1989.——*Plagiospermum uniflorum* (Batal.) Zong Y. Zhu, C. Z. Liang et W. Wang in Act. Sci Nat. Univ. Intramongol. 34(5):505. 2003. syn. nov.

灌木，高约 150cm。当年生枝灰绿色，老枝灰褐色，稍纵向剥裂，有腋生枝刺，刺长 6 ～ 13mm，枝条的髓心呈片状。单叶互生，常簇生于短枝上，叶片条状矩圆形或条状倒披针形，

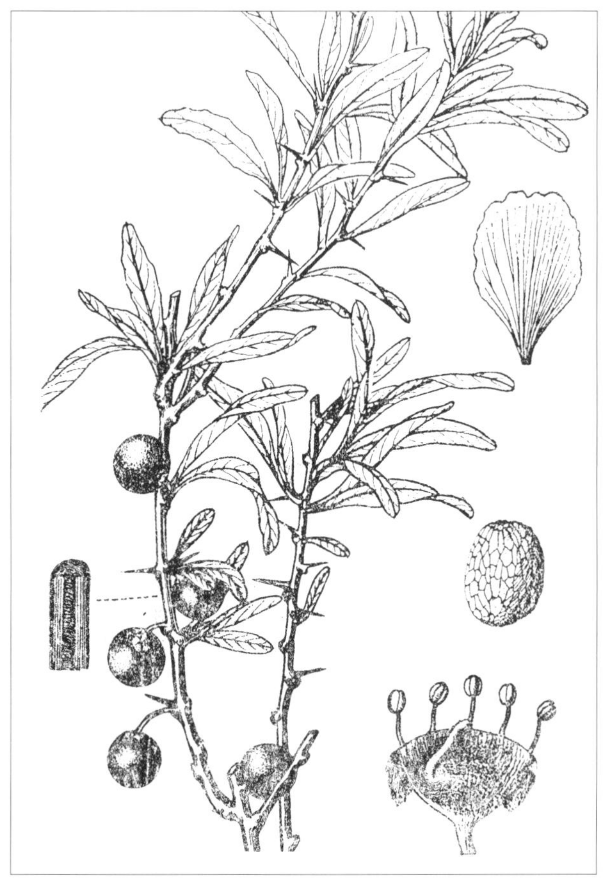

长 2.5 ～ 4.5cm，宽 5 ～ 10mm，先端近圆形，有短尖头，基部渐狭成柄，全缘或有浅细锯齿，上面暗绿色，下面灰绿色，中脉隆起，无毛。花单生或 2 ～ 3 朵簇生，直径 1.2 ～ 1.5cm；花梗长约 6mm。萼筒杯状；萼片 5，近半圆形，反折，长约 2mm，宽约 3mm。花瓣宽倒卵形，长 7mm，宽 5mm，白色；雄蕊 10，花丝长约 6mm；子房椭圆形，花柱侧生。核果球形，径 1 ～ 1.5cm，暗紫红色，有蜡粉；核宽卵形，两侧扁，有网纹。花期 6 月，果期 8 月。

喜暖中生灌木。生于草原带的低山丘陵阳坡或水分条件较好的固定沙地，是沙地中生灌丛的伴生种，过去较多，现已很少见到。产阴南丘陵（准格尔旗阿贵庙）、鄂尔多斯（鄂托克前旗、乌审旗）。分布于我国河南西部、山西西南部、陕西北部、宁夏、甘肃南部、青海东部、四川东南部。为华北分布种。

果实可食用。种仁入药，能清热、明目，主治目赤肿痛、眦烂流泪、翳膜遮睛等。种子含油约 32%。

2. 东北扁核木（东北蕤核、辽宁扁核木）

Prinsepia sinensis (Oliv.) Oliv. ex Bean in Bull. Misc. Inform. Kew 1909:354. 1909; Fl. Intramongol. ed. 2, 3:167. 1989.——*Plagiospermum sinense* Oliv. in Icon. Pl. 16:t.1526. 1886.

灌木，高约 200cm。当年生枝红褐色，老枝紫褐色，稍片状剥裂，腋生枝刺直立或弯曲，刺长 3 ～ 7mm。叶互生或簇生短枝上，叶片披针形、矩圆状披针形或卵状披针形，长 3 ～ 6cm，宽 6 ～ 16mm，先端锐尖或渐尖，基部楔形，全缘或疏锯齿，上面深绿色，下面淡绿色，中脉隆起；叶柄长 5 ～ 10mm。花 1 ～ 4 朵，簇生，直径 10 ～ 18mm；花瓣黄色。核果近球形，红紫色或紫褐色，径 1 ～ 1.5cm。花期 5 月，果期 8 月。

中生灌木。生于阔叶林带的山地杂木林中、林缘或山坡灌丛，为山地中生灌丛的伴生种。产燕山北部（宁城县黑里河林场）。分布于我国黑龙江、吉林东北部、辽宁东部，俄罗斯（远东地区）。为满洲分布种。

果肉肉质，有浆汁及香味，可供食用。

26. 桃属 **Amygdalus** L.

落叶乔木或灌木。枝无刺或有刺。腋芽常 3 个或 2 ～ 3 个并生，两侧为花芽，中间是叶芽。幼叶在芽中呈对折状，后于花开放，稀与花同时开放；叶柄或叶边常具腺体。花单生，稀 2 朵生于 1 芽内，粉红色，罕白色；几无梗或具短梗，稀有较长梗。雄蕊多数；雌蕊 1，子房常具柔毛，1 室，具 2 胚珠。果实为核果，外被毛，极稀无毛，成熟时果肉多汁不开裂，或干燥开裂，腹部有明显的缝合线，果洼较大；核扁圆、圆形至椭圆形，与果肉粘连或分离，表面具深浅不同的纵、横沟纹和孔穴，极稀平滑；种皮厚，种仁味苦或甜。

内蒙古有 3 种，另有 1 栽培种。

分种检索表

1a. 乔木；果成熟时肉质多汁或薄而干燥，不开裂（**1. 桃亚属** Subgen. **Persica** L.）；叶披针形。

  2a. 萼片外面被柔毛；果径 5 ～ 7cm，果肉肥厚多汁，果核顶端有尖头。栽培…………**1 桃 A. persica**

  2b. 萼片外面无毛；果径小于 3cm，果肉薄而干燥，果核顶端圆形……………………**2. 山桃 A. davidiana**

1b. 灌木；果成熟时干燥无汁，开裂（**2. 扁桃亚属** Subgen. **Amygdalis**）；叶椭圆形、倒卵形或近圆形。

  3a. 枝条分枝成直角方向开展，小枝顶端成长刺；叶较小，长 0.5 ～ 1.5cm，两面无毛，边缘有短钝锯齿……………………………………………………………………………**3. 蒙古扁桃 A. mongolica**

  3b. 枝条分枝成锐角方向开展，小枝顶端无枝刺；叶较大，长 1 ～ 3cm，两面被短柔毛，边缘有锐锯齿……………………………………………………………………………**4. 柄扁桃 A. pedunculata**

1. 桃（毛桃、白桃、普通桃）

Amygdalus persica L., Sp. Pl. 1:472. 1753; Fl. China 9:394. 2003.——*Prunus persica* (L.) Batsch in Beytr. Entw. Pragm. Gesch. Nat. 1:30. 1801; Fl. Intramongol. ed. 2, 3:171. t.69. f.4-5. 1989.

乔木，高 400 ～ 800cm。树皮暗褐色，鳞片状剥裂；嫩枝无毛；冬芽卵形，先端圆钝，被柔毛，常 3 个并生，中间的芽是叶芽，两侧的芽是花芽。叶矩圆状披针形或椭圆状披针形，长 8 ～ 12cm，宽 3 ～ 4cm，先端长渐尖，基部宽楔形，边缘有细锯齿，两面无毛或幼嫩时有疏柔毛；叶柄长 1 ～ 2cm，无毛，有腺体；托叶条形或条状披针形，边缘有腺体，早落。花单生，直径 2.5 ～ 3.5cm，先叶开放；花梗极短；萼筒钟状，长约 5mm，外面被短柔毛；花瓣粉红色或白色，宽倒卵形，长 12 ～ 15mm，基部有短爪；雄蕊多数，长短不一，短于花瓣；子房被柔毛，花柱顶生，与雄蕊近等长，基部被柔毛。核果近球形，直径 5 ～ 7cm，或更大，先端尖或钝圆，基部下陷，被短柔毛；果肉肉质，肥厚，多汁；果核椭圆形，长 2.5 ～ 3cm，顶端有尖头，表面有弯曲沟槽。花期 5 月，果期 7 ～ 8 月。

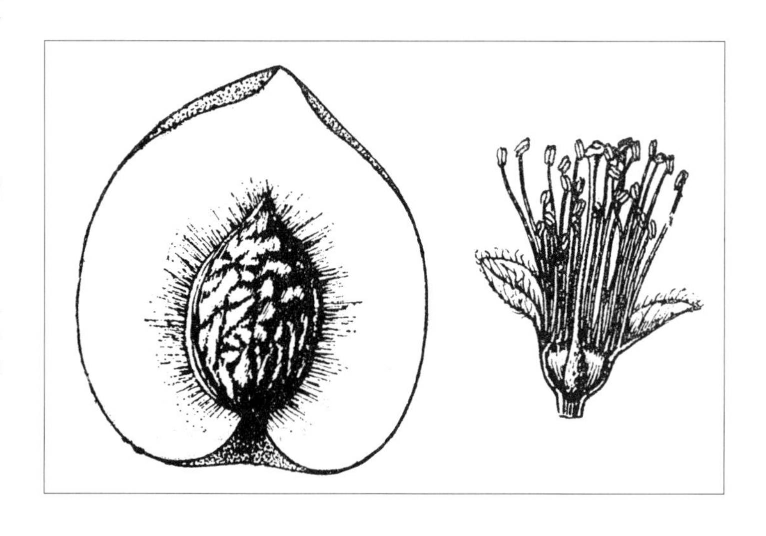

中生乔木。内蒙古中南部地区有栽培。原产我国华北地区。为华北分布种。现世界许多地区有栽培，有许多品种。

引种栽培果树，在小气候条件特别好的地方能露地过冬，大部分地区冬季必须采用埋土防寒措施。内蒙古习见栽培品种有五月鲜桃、大久保桃、岗山白桃、黄金桃等。

果实可食用、酿酒或制果脯。种仁入药，功能、主治同山桃。种仁油可做润滑剂、注射剂、溶剂、擦剂及乳剂等原料，也可用于化妆品、肥皂及润滑油。花供药用，能通便、利尿、消肿。树干分泌的桃胶，可用做黏接剂。

2. 山桃（野桃、山毛桃、普通桃）

Amygdalus davidiana (Carr.) de Vos ex L. Henry in Rev. Hort. 1902:290. 1902; Fl. China 9:394. 2003.——*Persica davidiana* Carr. in Rev. Hort. 1872:74. 1872.——*Prunus davidiana* (Carr.) Franch. in Nour. Arch. Mus. Hist. Nat. Paris Ser. 2, 5:255. 1883; Fl. Intramongol. ed. 2, 3:171. t.69. f.1-3. 1989.

乔木，高 400 ～ 600cm。树皮光滑，暗红紫色，有光泽；嫩枝红紫色，无毛；腋芽 3 个并生。单叶，互生，叶片披针形或椭圆状披针形，长 5 ～ 12cm，宽 1.5 ～ 4cm，先端长渐尖，基部宽楔形，边缘有细锐锯齿，两面平滑无毛；叶柄纤细，长 1 ～ 2cm，无毛，稀具腺；托叶条形，长 3 ～ 5mm，先端渐尖，早落。花单生，直径 2 ～ 3cm，先叶开放；花梗极短，无毛。花萼无毛；萼筒钟形，暗紫红色；萼片矩圆状卵形，长约 5mm，先端钝或稍尖，外面无毛。花瓣淡红色或白色，倒卵形或近圆形，长 12 ～ 14mm，先端圆钝或微凹，基部有短爪；雄蕊多数，长短不等，长者与花瓣近等长；子房密被柔毛，花柱顶生，细长。核果球形，直径 2 ～ 2.5cm，先端有小尖头，密被短柔毛；果肉薄，干燥；果核矩圆状椭圆形，先端圆形，有弯曲沟槽。花期 4 ～ 5 月，果期 7 月。

中生小乔木。生于草原带的向阳山坡。产阴山（乌

拉山）、阴南丘陵（准格尔旗阿贵庙）、鄂尔多斯（伊金霍洛旗）；内蒙古城镇也有栽培。分布于我国黑龙江南部、辽宁中部、河北、河南西北部、山东东部、山西、陕西、宁夏、甘肃东部、青海东部、四川西部、云南西北部。为东亚（满洲—华北—横断山脉）分布种。

山桃仁可榨油，供制肥皂、润滑油，也可掺和桐油做油漆用。种仁入药，能破血行瘀、润燥滑肠，主治跌打损伤、血瘀疼痛、大便燥结等。树干能分泌桃胶，可做黏接剂。

3. 蒙古扁桃（山樱桃）

Amygdalus mongolica (Maxim.) Ricker in Proc. Biol. Soc. Wash. 30:17. 1917; Fl. China 9:393. 2003.——*Prunus mongolica* Maxim. in Bull. Soc. Imp. Nat. Mosc. 54:16. 1879; Fl. Intramongol. ed. 2, 3:180. t.73. f.5-6. 1989.

灌木，高 100 ～ 150cm。多分枝，枝条成近直角方向开展，小枝顶端成长枝刺；树皮暗红紫色或灰褐色，常有光泽；嫩枝常带红色，被短柔毛。单叶，小型，多簇生于短枝上或互生于长枝上；叶片近革质，倒卵形、椭圆形或近圆形，长 5 ～ 1.5mm，宽 4 ～ 9mm，先端圆钝，有时有小尖头，基部近楔形，边缘有浅钝锯齿，两面光滑无毛，下面中脉明显隆起；叶柄长 1 ～ 5mm，无毛；托叶条状披针形，长 1 ～ 1.5mm，无毛，早落。花单生短枝上，花梗极短。萼筒宽钟状，长约 3mm，无毛；萼片矩圆形，与萼筒近等长，先端有小尖头，无毛。花瓣淡红色，倒卵形，长约 6mm；雄蕊多数，长 4 ～ 5mm，长短不一。子房椭圆形，密被短毛；花柱细长，与雄蕊近等

长，被短毛。核果宽卵形，稍扁，长 12 ～ 15mm，直径约 10mm，顶端尖，被毡毛；果肉薄，干燥，离核；果核扁宽卵形，长 8 ～ 12mm，有浅沟；种子（核仁）扁宽卵形，长 5 ～ 8mm，淡褐棕色。花期 5 月，果期 8 月。

旱生灌木。生于荒漠带和荒漠草原带的低山丘陵坡麓、石质坡地及干河床，为这些地区的景观植物。产乌兰察布（达尔罕茂明安联合旗）、阴山（大青山）、鄂尔多斯（毛乌素沙地）、东阿拉善（乌拉特中旗、乌拉特后旗、狼山、乌海市、阿拉善左旗）、西阿拉善（阿拉善右旗）、贺兰山、龙首山。分布于我国宁夏（贺兰山）、陕西东北部、甘肃（河西走廊中部），蒙古国南部和东南部。为阿拉善分布种。是国家三级重点保护植物。

种仁可代“郁李仁”入药。

4. **柄扁桃**（长梗扁桃、山樱桃）

Amygdalus pedunculata Pall. in Nov. Act. Acad. Sci. Imp. Petrop. Hist. Acad. 7:353. 1789; Fl. China 9:393. 2003.——*Prunus pedunculata* (Pall.) Maxim. in Bull. Acad. St.-Petersb. 29:78. 1883; Fl. Intramongol. ed. 2, 3:180. t.73. f.1-4. 1989.

灌木，高 100 ～ 150cm。多分枝，枝开展；树皮灰褐色，稍纵向剥裂；嫩枝浅褐色，常被短柔毛；在短枝上常 3 个芽并生，中间是叶芽，两侧是花芽。单叶互生或簇生于短枝上，叶片倒卵形、椭圆形、近圆形或倒披针形，长 1 ～ 3cm，宽 0.7 ～ 2cm，先端锐尖或圆钝，基部宽楔形，边缘有锯齿，上面绿色，被短柔毛，下面淡绿色，被短柔毛；叶柄长 2 ～ 4mm，被短柔毛；托叶条裂，边缘有腺体，基部与叶柄合生，被短柔毛。花单生于短枝上，直径 1 ～ 1.5cm；花梗长 2 ～ 4mm，被短柔毛。萼筒宽钟状，长约 3mm，外面近无毛，里面被长柔毛；萼片三角状卵形，比萼筒稍短，先端钝，边缘有疏齿，近无毛，花后反折。花瓣粉红色，圆形，长约 8mm，先端圆形，基部有短爪；雄蕊多数，长约 6mm；子房密被长柔毛，花柱细长，与雄蕊近等长。核果近球形，稍扁，直径 10 ～ 13mm，成熟时暗紫红色，顶端有小尖头，被毡毛；果肉薄，干燥、离核；核宽卵形，稍扁，直径 7 ～ 10mm，平滑或稍有皱纹；核仁（种子）近宽卵形，稍扁，棕黄色，直径 4 ～ 6mm。花期 5 月，果期 7 ～ 8 月。

中旱生灌木。主要生于干草原及荒漠草原地带，多见于丘陵向阳石质斜坡及坡麓。产锡林郭勒（锡林浩特市、阿巴嘎旗、苏尼特左旗、苏尼特右旗、镶黄旗、正镶白旗）、乌兰察布（四子王旗、达尔罕茂明安联合旗南部）、阴山（大青山、蛮汗山、乌拉山）、鄂尔多斯（达拉特旗、伊金霍洛旗、乌审旗）、东阿拉善（狼山、桌子山）。分布于我国宁夏北部，蒙古国、俄罗斯（西伯利亚地区）。为蒙古高原分布种。

27. 杏属 Armeniaca Mill.

落叶乔木，极稀灌木。枝无刺，极少有刺；叶芽和花芽并生，2～3个簇生于叶腋。幼叶在芽中席卷状，叶柄常具腺体。花常单生，稀2朵，先于叶开放，近无梗或有短梗；萼5裂；花瓣5，着生于花萼口部；雄蕊15～45。心皮1，花柱顶生；子房具毛，1室，具2胚珠。果实为核果，两侧多少扁平，有明显纵沟，果肉肉质且有汁液，成熟时不开裂，稀干燥而开裂，外被短柔毛，稀无毛，离核或粘核；核两侧扁平，表面光滑、粗糙或呈网状，罕具蜂窝状孔穴；种仁味苦或甜；子叶扁平。

内蒙古有2种，另有1栽培种。

分种检索表

1a. 乔木，高5～8（～12）m；叶片宽卵形或圆卵形，先端急尖或短渐尖；果实多汁，成熟时不开裂。

2a. 花单生，白色或带红色；果白色、黄色至黄红色；果核表面稍粗糙或平滑，腹棱常稍钝。栽培…………………………………………………………………………………………**1. 杏 A. vulgaris**

2b. 花常双生，淡红色；果红色；果核表面粗糙而有网纹，腹棱常锐利……………………**2. 山杏 A. ansu**

1b. 灌木，高2～5（～12）m；叶片卵形或近圆形，先端尾尖至长渐尖；果实干燥，成熟时开裂；花单生；果核表面平滑，腹棱锐利………………………………………………………………**3. 西伯利亚杏 A. sibirica**

1. 杏（普通杏）

Armeniaca vulgaris Lam. in Encycl. 1:2. 1783; Fl. China 9:396. 2003.——*Prunus armeniaca* L., Sp. Pl. 1:474. 1753; Fl. Intramongol. ed. 2, 3:173. t.70. f.6-7. 1989.

乔木，高可达10m。树皮黑褐色，不规则纵裂；小枝红褐色，有光泽，无毛。单叶互生，叶片宽卵形至近圆形，长4～8cm，宽3～7cm，先端短尾状渐尖，基部近圆形或近心形，边缘有细钝锯齿，上面无毛，下面沿脉与脉腋有短柔毛或无毛；叶柄长2～3cm，中部以上有2腺体，无毛；托叶条状披针形，长5～8mm，边缘有腺锯齿，早落。花单生，先叶开放；花梗极短；花直径2.5～3cm。萼筒钟状，长5～6mm，带紫红色，被稀疏短柔毛；萼片椭圆形至卵形，先端圆钝或稍尖，两面常被短柔毛，比萼筒稍短，带紫红色。花瓣白色或淡红色，宽倒卵形至椭

圆形，长 12 ～ 16mm，顶端圆形，基部有短爪；雄蕊多数，比花瓣短；子房被短柔毛，花柱下半部被短柔毛。核果近球形，直径 3 ～ 4cm，黄白色至黄红色，常带红晕，有沟，被短柔毛或近无毛；果肉多汁；果核扁球形，直径 1.5 ～ 2cm，表面平滑，边缘增厚而有锐棱，沿腹缝有纵沟；种子（杏仁）扁球形，顶端尖。花期 5 月，果期 7 月。

中生乔木。原产新疆天山东部和西部，生于海拔 600 ～ 1200m 地带，在伊犁地区成纯林或与新疆野苹果混生，为天山种。在我国的内蒙古及其他地区，世界其他国家均有栽培。

果实供食用或制杏脯或杏干。杏仁入药，能去痰、止咳、定喘、润肠，主治咳嗽、气喘、肠燥、便秘等。杏仁油可掺和干性油用于油漆，也可做肥皂、润滑油的原料，在医药上常用做软膏剂、涂布剂和注射药的溶剂等。树干分泌的胶质，可做黏接剂。

2. 山杏（野杏）

Armeniaca ansu (Maxim.) Kostina in Fl. U.R.S.S. 10:585. 1941.——*Prunus armeniaca* L. var. *ansu* Maxim. in Bull. Acad. Imp. Sci. St.-Petersb. 29:87. 1884.——*P. ansu* (Maxim.) Kom. in Act. Hort. Peterop. 22:541. 1904; Fl. Intramongol. ed. 2, 3:175. t.70. f.4-5. 1989.

小乔木，高 1.5 ～ 5m。树冠开展。树皮暗灰色，纵裂；小枝暗紫红色，被短柔毛或近无毛，有光泽。单叶互生，叶片宽卵形至近圆形，长 3 ～ 6cm，宽 2 ～ 5cm，先端渐尖或短骤尖，基部截形，近心形，稀宽楔形，边缘有钝浅锯齿，上面有短柔毛，或近无毛，下面无毛，脉腋有柔毛；叶柄长 1 ～ 3cm，被短柔毛或近无毛，少有腺体；托叶膜质，极微小，条状披针形，边缘有腺齿，被毛，早落。花单生，近无柄。萼筒钟状；萼片矩圆状椭圆形，先端钝，被短柔毛或近无毛，花瓣粉红色，宽倒卵形；雄蕊多数，长短不一，比花瓣短；子房密被短柔毛，花柱细长，被短柔毛或近无毛。果近球形，直径约 2cm，稍扁，密被柔毛，顶端尖；果肉薄，干燥，离核；果核扁球形，平滑，直径约 1.5cm，厚约 1cm，腹棱与背棱相似，腹棱增厚有纵沟，边缘有 2 平行的锐棱，背棱增厚有锐棱。花期 5 月，果期 7 ～ 8 月。

中生乔木。多散生于草原带的向阳石质山坡。产锡林郭勒南部、乌兰察布南部、阴山（大青山、蛮汗山、乌拉山）、阴南丘陵（准格尔旗）、贺兰山。分布于我国黑龙江、吉林、辽宁、河北、河南、山东、山西、陕西、宁夏、甘肃、青海、四川，日本、朝鲜。为东亚北部分布种。

山杏仁入药，功能、主治同杏。山杏仁的用途同杏。果实不能吃。

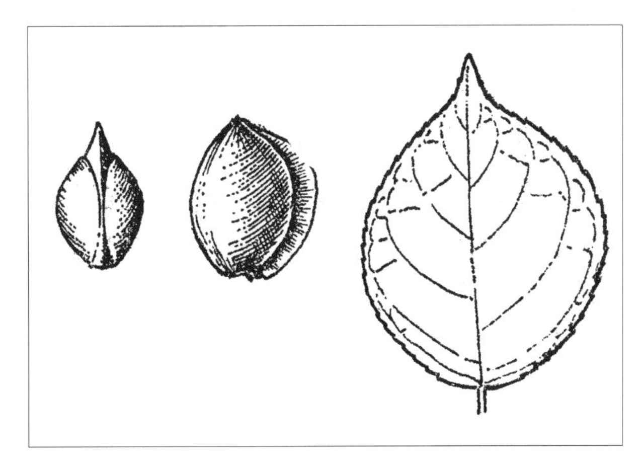

3. 西伯利亚杏（山杏）

Armeniaca sibirica (L.) Lam. in Encycl. 1:3. 1783; Fl. China 9:398. 2003.——*Prunus sibirica* L., Sp. Pl. 1:474. 1753; Fl. Intramongol. ed. 2, 3:173. t.70. f.1-3. 1989.——*Armeniaca sibirica* (L.) Lam. var. *pubescens* Koatina in Trudy Prikl. Bot. Ser. 8. Plodovolye Yagodnye Kul't. 4:28. 1935; Fl. China 9:398. 2003. syn. nov.

小乔木或灌木，高 1 ～ 2(～ 4)m。小枝灰褐色或淡红褐色，无毛或被疏柔毛。单叶互生，叶片宽卵形或近圆形，长 3 ～ 7cm，宽 3 ～ 5cm，先端尾尖，尾部长达 2.5cm，基部圆形或近心形，

边缘有细钝锯齿，两面无毛或下面脉腋间有短柔毛；叶柄长 2 ～ 3cm，有或无小腺体。花单生，近无梗，直径 1.5 ～ 2cm。萼筒钟状；萼片矩圆状椭圆形，先端钝，被短柔毛或无毛，花后反折。花瓣白色或粉红色，宽倒卵形或近圆形，先端圆形，基部有短爪；雄蕊多数，长短不一，比花瓣短。子房椭圆形，被短柔毛；花柱顶生，与雄蕊近等长，下部有时被短柔毛。核果近球形，直径约 2.5cm，两侧稍扁，黄色而带红晕，被短柔毛，果梗极短；果肉较薄而干燥，离核，成熟时开裂；核扁球形，直径约 2cm，厚约 1cm，表面平滑，腹棱增厚有纵沟，沟的边缘形成 2 条平行的锐棱，背棱翅状突出，边缘极锐利如刀刃状。花期 5 月，果期 7 ～ 8 月。

旱中生小乔木或灌木。多见于森林草原地带及其邻近的落叶阔叶林地带边缘，在陡峻的石质向阳山坡常成为建群植物，形成山地灌丛；在大兴安岭南部森林草原地带，为灌丛化草原的优势种和景观植物；也散见于草原地带的沙地。产兴安北部及岭东和岭西（额尔古纳市、牙克石市、鄂温克族自治旗、海拉尔区、新巴尔虎左旗）、兴安南部（科尔沁右翼前旗、科尔沁右翼中旗、阿鲁科尔沁旗、巴林左旗、巴林右旗、林西县、克什克腾旗、东乌珠穆沁旗、西乌珠穆沁旗、锡林浩特市）、燕山北部、阴山（大青山、辉腾梁、蛮汗山）、阴南丘陵（准格尔旗阿贵庙）。分布于我国黑龙江西北部、吉林西部、辽宁、河北、河南、山西东部、宁夏、甘肃，朝鲜、蒙古国东部和北部、俄罗斯（东西伯利亚地区、远东地区）。为东西伯利亚—东亚北部分布种。

用途同山杏。

28. 李属 Prunus L.

落叶小乔木或灌木。分枝较多；顶芽常缺，腋芽单生，卵圆形，有数枚覆瓦状排列鳞片。单叶互生，幼叶在芽中为席卷状或对折状；有叶柄，在叶片基部边缘或叶柄顶端常有 2 小腺体；托叶早落。花单生或 2 ～ 3 朵簇生，具短梗，先叶开放或与叶同时开放；有小苞片，早落；萼片和花瓣均为 5 基数，覆瓦状排列；雄蕊多数（20 ～ 30）；雌蕊 1，周位花，子房上位，心皮无毛，1 室具 2 胚珠。核果，具有 1 粒成熟种子，外面有沟，无毛，常被蜡粉；核两侧扁平，平滑，稀有沟或皱纹；子叶肥厚。

内蒙古有 1 栽培种。

1. 李（李子、中国李）

Prunus salicina Lindl. in Trans. Hort. Soc. London 7:239. 1830; Fl. Intramongol. ed. 2, 3:176. t.71. f.1-3. 1989.

乔木，高达 10m。树皮灰黑色，粗糙，纵裂；小枝幼嫩时带灰绿色，后变红褐色，有光泽，无毛。单叶互生，椭圆状倒卵形、矩圆状倒卵形或倒披针形，长 5 ～ 8cm，宽 2 ～ 3cm，先端渐尖，基部宽楔形或近圆形，边缘有细钝锯齿，上面绿色，有光泽，无毛，下面淡绿色，仅脉腋间有柔毛或无毛；叶柄长 1 ～ 2cm，有几个腺体，无毛；托叶条形，边缘有腺体，早落。花通常 3 朵簇生，直径 10 ～ 15mm，先叶开放；花梗长 10 ～ 15mm，无毛。萼筒杯状，长 2 ～ 3mm，无毛；萼片矩圆状卵形，与萼筒近等长，先端钝圆，两面无毛。花瓣白色，倒卵形或椭圆形，长 6 ～ 7mm，先端圆钝或微凹，基部有短爪；雄蕊多数，长短不一，比花瓣短；花柱与雄蕊等长或稍长，无毛，子房平滑无毛。核果近球形，直径 2 ～ 4cm，有 1 纵沟，黄色、血红色或绿色，有光泽，被蜡粉，顶端稍尖或钝圆，柄洼下陷；核卵球形，表面稍有皱纹，径约 1.3cm。花期 5 月，果期 7 ～ 8 月。

中生乔木。原产我国黑龙江、吉林、辽宁、河北、河南、山东、山西、陕西、宁夏、甘肃、四川、江苏、江西、安徽、浙江、福建、台湾、湖北、湖南、广东、广西、贵州、云南。为东亚分布种。我国和世界其他国家均有栽培。

果实供食用或酿果酒，还可制李干或蜜饯。种仁入药，有活血、祛痰、润肠、利尿等作用。早春开花，可做观赏植物与蜜源植物。

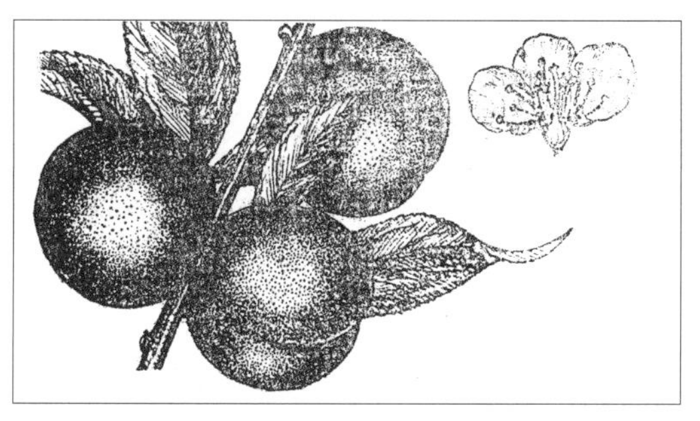

内蒙古还引种栽培美洲李 *Prunus americana* Marsh，美洲李与中国李主要区别：叶较大（长 8 ～ 13cm，宽 5 ～ 8cm）；枝有刺，灰褐色。原产北美。内蒙古呼伦贝尔市、赤峰市、呼和浩特市有栽培。本种抗寒性强，可作为培育寒地李的良好亲本。

29. 樱属 Cerasus Mill.

落叶乔木或灌木。腋芽单生或3个并生，中间为叶芽，两侧为花芽。幼叶在芽中为对折状，后于花开放或与花同时开放；叶有叶柄和脱落的托叶，叶边有锯齿或缺刻状锯齿，叶柄、托叶和锯齿常有腺体。花常数朵着生在伞形、伞房状或短总状花序上，或1～2花生于叶腋内，常有花梗，花序基部有芽鳞宿存或有明显苞片；萼筒钟状或管状，萼片反折或直立开张；花瓣白色或粉红色，先端圆钝、微缺或深裂；雄蕊15～50；雌蕊1，花柱和子房有毛或无毛。核果成熟时肉质多汁，不开裂；核球形或卵球形，核面平滑或稍有皱纹。

内蒙古有2种，另有2栽培种。

分种检索表

1a. 子房和果实被短柔毛，叶片两面被短柔毛，萼片直立。

  2a. 叶先端常3浅裂；果肉薄而少汁，成熟时开裂。栽培 ……………………………**1. 榆叶梅 C. triloba**

  2b. 叶先端不浅裂；果肉厚而多汁，成熟时不开裂………………………………**2. 毛樱桃 C. tomentosa**

1b. 子房和果实无毛，叶片两面无毛或稍有毛，萼片反折。

  3a. 叶片卵形或长圆状卵形，先端渐尖或尾状渐尖，基部圆形；花瓣先端凹或浅裂。栽培……………
  ………………………………………………………………………………**3. 樱桃 C. pseudocerasus**

  3b. 叶片倒卵状披针形或倒卵状长圆形，先端锐尖，基部楔形；花瓣先端圆形……**4. 欧李 C. humilis**

1. 榆叶梅

Cerasus triloba (Lindl.) Bar. et Liou in Ill. Man Woody Pl. N.-E. China 326. t.112. f.241. 1955.——*Prunus triloba* Lindl. in Gard. Chron. 1857:268. 1857; Fl. Intramongol. ed. 2, 3:176. 1989.——*Amygdalus triloba* (Lindl.) Ricker in Proc. Biol. Soc. Wash. 30:18. 1917; Fl. China 9:392. 2003.——*Prunus triloba* Lindl. f. *plena* Dipp. in Hand. Laubh. 3:608. 1893; Fl. Intramongol. ed. 2, 3:178. 1989.

灌木，稀小乔木，高2～5m。枝紫褐色或褐色，幼时无毛或微有细毛。叶片宽椭圆形或倒卵形，长3～6cm，宽1.5～3cm，先端渐尖，常3裂，基部宽楔形，边缘具粗重锯齿，上面被疏柔毛或近无毛，下面被短柔毛；叶柄长5～8mm，被短柔毛。花1～2朵，腋生，直径2～3cm，先于叶开放；花梗短或几无梗。萼筒钟状，无毛或微被毛；萼片卵形或卵状三角形，具细锯齿。花瓣粉红色，宽倒卵形或近圆形；雄蕊约30，短于花瓣；心皮1，稀2，密被短柔毛。核果近球形，直径1～1.5cm，红色，具沟，有毛；果肉薄，成熟时开裂；核具厚硬壳，表面有皱纹。花期5月，

果期6～7月。

中生灌木。原产我国黑龙江南部、吉林中部、辽宁、河北、河南、山东、山西、陕西、甘肃东部、江西北部、浙江等省区。为东亚（满洲—华北—华东）分布种。我国和世界其他国家的公园、庭院均有栽培。

可栽培做观赏植物。

2. 毛樱桃（山樱桃）

Cerasus tomentosa (Thunb.) Wall. ex Yu et C. L. Li in Fl. Reip. Sin. 38(2):86. 1986; Fl. China 9:406. 2003.——*Prunus tomentosa* Thunb. in Syst. Veg. ed. 14, 464. 1784; Fl. Intramongol. ed. 2, 3:178. t.71. f.4-5. 1989.

灌木，高1.5～3m。树皮片状剥裂，嫩枝密被短柔毛；腋芽常3个并生，中间是叶芽，两侧是花芽。单叶互生或簇生于短枝上，叶片倒卵形至椭圆形，长3～5cm，宽1.5～2.5cm，

先端锐尖或渐尖，基部宽楔形，边缘有不整齐锯齿，上面有皱纹，被短柔毛，下面被毡毛；叶柄长2～4mm，被短柔毛；托叶条状披针形，长2～4mm，条状分裂，边缘有腺锯齿。花单生或2朵并生，直径1.5～2cm，与叶同时开放；花梗甚短，被短柔毛；花萼被短柔毛。萼筒钟状管形，长4～5mm；萼片卵状三角形，长2～3mm，边缘有细锯齿。花瓣白色或粉红色，宽倒卵形，长6～8mm，先端圆形或微凹，基部有爪；雄蕊长6～7mm；子房密被短柔毛。核果近球形，直径约1cm，红色，稀白色；核近球形，稍扁，长约7mm，直径约5mm，顶端有小尖头，表面平滑。花期5月，果期7～8月。

中生灌木。生于阔叶林带的山地灌丛间。产赤峰丘陵（红山区）、燕山北部（喀喇沁旗、宁城县、敖汉旗）、锡林郭勒（正镶白旗海里好山）、贺兰山。分布于我国黑龙江南部、吉林东南部、辽宁、河北、河南西部、山东、山西、陕西、宁夏南部、甘肃东部、青海、四川西部、贵州、云南、西藏东部，日本、朝鲜。为东亚分布种。

果实味酸甜，可食用。种仁油可制肥皂与润滑油。种仁可做“郁李仁”入药。

3. 樱桃

Cerasus pseudocerasus (Lindl.) Loudon in Hort. Brit. 200. 1830; Fl. China 9:418. 2003.——*Prunus pseudocerasus* Lindl. in Trans. Hort. Soc. London 6:90. 1826.

乔木，高 2 ～ 6m。树皮灰白色；小枝灰褐色，嫩枝绿色，无毛或被疏柔毛；冬芽卵形，无毛。叶片卵形或长圆状卵形，长 5 ～ 12cm，宽 3 ～ 5cm，先端渐尖或尾状渐尖，基部圆形，边

侯东杰 / 摄

有尖锐重锯齿，齿端有小腺体，上面暗绿色，近无毛，下面淡绿色，沿脉或脉间有稀疏柔毛，侧脉 9 ～ 11 对；叶柄长 0.7 ～ 1.5cm，被疏柔毛，先端有 1 或 2 个大腺体；托叶早落，披针形，有羽裂腺齿。花序伞房状或近伞形，有花 3 ～ 6 朵，先叶开放；总苞倒卵状椭圆形，褐色，长约 5mm，宽约 3mm，边有腺齿；花梗长 0.8 ～ 1.9cm，被疏柔毛。萼筒钟状，长 3 ～ 6mm，宽 2 ～ 3mm，外面被疏柔毛；萼片三角卵圆形或卵状长圆形，先端急尖或钝，边缘全缘，长为萼筒的一半或过半。花瓣白色，卵圆形，先端下凹或二裂；雄蕊 30 ～ 35，栽培者可达 50；花柱与雄蕊近等长，无毛。核果近球形，红色，直径 0.9 ～ 1.3cm。花期 3 ～ 4 月，果期 5 ～ 6 月。

中生乔木。原产辽宁西部、河北中部、河南西部和东南部、山东东北部、陕西南部、甘肃东南部、江苏、浙江、江西北部、四川中东部。为华北—华东分布种。在内蒙古及我国其他省区均有栽培。

本种在我国久经栽培，品种颇多，可供食用，也可酿樱桃酒。枝、叶、根、花也可供药用。

4. 欧李

Cerasus humilis (Bunge) Sok. in Trees et Shrubs U.R.S.S. 3:751. 1954.——*Prunus humilis* Bunge in Mem. Acad. Imp. Sci. St.-Petersb. Div. Sav. 2:97. 1835; Fl. Intramongol. ed. 2, 3:178. t.72. f.1-6. 1989.

小灌木，高 20 ～ 40cm。树皮灰褐色，小枝被短柔毛；腋芽 3 个并生，中间是叶芽，两侧

是花芽。单叶互生，叶片矩圆状披针形至条状椭圆形，长 3 ～ 6cm，宽 1 ～ 2cm，先端锐尖，基部楔形，边缘有细锯齿，两面均光滑无毛，有时下面沿叶脉被短柔毛；叶柄短，长 2 ～ 3mm；托叶条形，边缘有腺齿。花单生或 2 朵簇生，直径约 15mm，与叶同时开放；花梗长 6 ～ 8mm，常被稀疏柔毛；花萼无毛或被疏柔毛。萼筒钟状，长约 3mm；萼片卵形三角形，与萼筒近等长，先端锐尖，花后反折。花瓣白色或粉红色，倒卵形或椭圆形，长约 6mm；雄蕊多数，比花瓣短，长短不一；花柱与子房均无毛。核果近球形，直径 10 ～ 15mm（小果型）或 15 ～ 22mm（大果型），鲜红色，味酸；果核近卵形，长约 10mm，直径约 8mm，顶端有尖头，表面平滑，有 1 ～ 3 条沟纹。花期 5 月，果期 7 ～ 8 月。

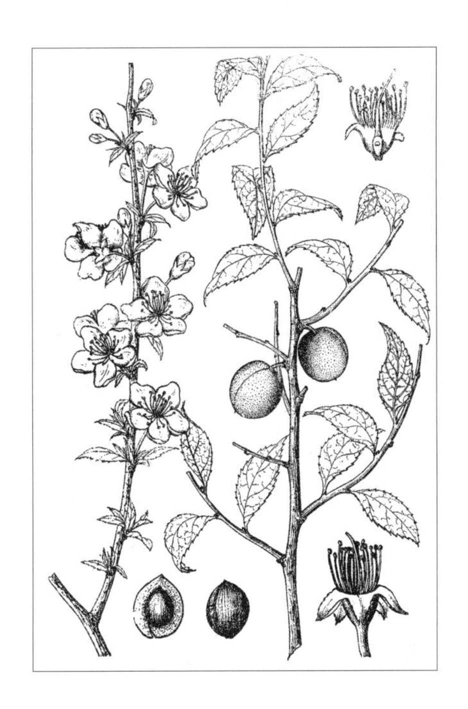

中生小灌木。生于阔叶林带的山地灌丛或林缘坡地，也见于固定沙丘。产兴安南部（科尔沁右翼中旗、阿鲁科尔沁旗、巴林右旗、克什克腾旗）、辽河平原（大青沟）、燕山北部（喀喇沁旗、宁城县、敖汉旗、多伦县南部）、阴山（大青山、蛮汗山）、阴南丘陵区（和林格尔县）。分布于我国黑龙江中部、吉林西部、辽宁、河北、河南北部、山东、山西、江苏、四川。为东亚（满洲—华北—华东）分布种。

果可食用。种仁可做“郁李仁”入药，能润燥滑肠、利尿，主治大便燥结、水肿、脚气等。

30. 稠李属 Padus Mill.

落叶小乔木或灌木。分枝较多；冬芽卵圆形，具有数枚覆瓦状排列鳞片。叶片在芽中呈对折状，单叶互生，具齿，稀全缘；叶柄通常在顶端有 2 个腺体或在叶片基部边缘上具 2 个腺体；托叶早落。花多数，呈总状花序，基部有叶或无叶，生于当年生小枝顶端；苞片早落；萼筒钟状；裂片 5；花瓣 5，白色，先端通常啮蚀状；雄蕊 10 至多数；雌蕊 1，周位花，子房上位，心皮 1，胚珠 2，柱头平。核果卵球形，外面无纵沟，中果皮骨质，成熟时具有 1 粒种子，子叶肥厚。

内蒙古有 1 种。

1. 稠李（臭李子）

Padus avium Mill. in Gard. Dict. ed. 8, Padus no. 1. 1778; Fl. China 9:423. 2003.——*Prunus padus* L., Sp. Pl. 1:473. 1753; Fl. Intramongol. ed. 2, 3:169. t.68. f.1-3. 1989.——*P. avium* Mill. var. *pubescens* (Regel et Tiling)T. C. Ku et B. Barth. in Fl. China 9:423. 2003. syn. nov.——*Prunus padus* L. var. *pubescens* Regel et Tiling in Nouv. Mem. Soc. Imp. Nat. Mosc. 11:79. 1858.——*P. avium* Mill. var. *asiatica* (Kom.) T. C. Ku et Barth. in Fl. China 9:423. 2003. syn. nov.——*P. asiatica* Kom. in Fl. U.R.S.S. 10:578. 141.

小乔木，高 5 ～ 8m。树皮黑褐色，小枝无毛或被稀疏短柔毛；腋芽单生。单叶互生，叶片椭圆形、宽卵形或倒卵形，长 3 ～ 8cm，宽 1.5 ～ 4cm，先端锐尖或渐尖，基部宽楔形或圆形，边缘有尖锐细锯齿，上面绿色，无毛，下面淡绿色，无毛，有时被短柔毛或长柔毛；叶柄长 6 ～ 15mm，无毛或被短柔毛，上端有 2 腺体；托叶条状披针形或条形，长 6 ～ 10mm，边缘有腺齿或细锯齿，早落。总状花序疏松下垂，连总花梗长 8 ～ 12cm；花梗纤细，长 1 ～ 1.5cm，无毛；花直径 1 ～ 1.5cm。萼筒杯状，长约 3mm，外面无毛，里面有短柔毛；萼片近半圆形，长约 2mm，边缘有细齿，两面无毛，花后反折。花瓣白色，宽倒卵形，长约 6mm；雄蕊多数，比花瓣短一半。花柱顶生，无毛；子房椭圆形，无毛。核果近球形，直径 7 ～ 9mm，黑色，无毛；果梗细长；果核宽卵形，长 5 ～ 7mm，表面有弯曲沟槽。花期 5 ～ 6 月，果期 8 ～ 9 月。

中生小乔木。耐阴，喜潮湿，常生于河溪两岸，也见于山麓洪积扇及沙地，为落叶阔叶林地带河岸杂木林的优势种，也是草原带沙地灌丛的常见植物，有时也达优势地位，也零星见于山坡杂木林中。产兴安北部及岭

东（额尔古纳市、牙克石市、鄂伦春自治旗、东乌珠穆沁旗宝格达山）、呼伦贝尔和岭西（海拉尔区、鄂温克族自治旗、新巴尔虎左旗）、兴安南部（科尔沁右翼前旗、阿鲁科尔沁旗、巴林左旗、巴林右旗、克什克腾旗）、辽河平原（大青沟）、燕山北部（喀喇沁旗、宁城县）、锡林郭勒（西乌珠穆沁旗、锡林浩特市、正蓝旗）、阴山（大青山、蛮汗山、乌拉山）。分布

于我国黑龙江、吉林、辽宁、河北、河南、山东、山西、陕西、甘肃、青海、新疆北部，日本、朝鲜、蒙古国东部和北部、俄罗斯（西伯利亚地区、远东地区），欧洲。为古北极分布种。

种子可榨油，油供工业用和制肥皂。果实可生食，有甜味和涩味。木材可做建筑、家具等用材。树皮含鞣质，可提取栲胶，也可做染料。可做园林绿化树种。

植物蒙古文名、中文名、拉丁文名对照名录

说明：植物名称前的数字，第一个为科名代号，第二个为属名代号，第三个为种名及种下等级名代号。

38. 石竹科 **Caryophyllaceae**

38-1 牛漆姑草属 *Spergularia* (Pers.) J. et C. Presl

38-1-1 牛漆姑草 *Spergularia marina* (L.) Bess.

38-1-2 缘翅牛漆姑草 *Spergularia media* (L.) C. Presl ex Griseb.

38-2 裸果木属 *Gymnocarpos* Forsk.

38-2-1 裸果木 *Gymnocarpos przewalskii* Bunge ex Maxim.

38-3 孩儿参属 *Pseudostellaria* Pax

38-3-1 毛孩儿参 *Pseudostellaria japonica* (Korsh.) Pax

38-3-2 贺兰山孩儿参 *Pseudostellaria helanshanensis* W. Z. Di et Y. Ren

38-3-3 石生孩儿参 *Pseudostellaria rupestris* (Turcz.) Pax

38-3-4 蔓孩儿参 *Pseudostellaria davidii* (Franch.) Pax

38-3-5 孩儿参 *Pseudostellaria heterophylla* (Miquel) Pax

38-3-6 异花孩儿参 *Pseudostellaria heterantha* (Maxim.) Pax

38-4 蚤缀属 *Arenaria* L.

38-4-1 卵叶蚤缀 *Arenaria serpyllifolia* L.

38-4-2

灯心草蚤缀 *Arenaria juncea* M. Bieb.

38-4-2a

灯心草蚤缀 *Arenaria juncea* M. Bieb.var. *juncea*

38-4-2b 光轴蚤缀 *Arenaria juncea* M. Bieb. var. *glabra* Regel

38-4-3 点地梅蚤缀 *Arenaria androsacea* Grub.

38-4-4 毛叶蚤缀 *Arenaria capillaris* Poir.

38-4-5 美丽蚤缀 *Arenaria formosa* Fisch. ex Ser.

38-4-6 高山蚤缀 *Arenaria meyeri* Fenzl

38-5 种阜草属 *Moehringia* L.

38-5-1 种阜草 *Moehringia lateriflora* (L.) Fenzl

38-6 繁缕属 *Stellaria* L.

38-6-1 二柱繁缕 *Stellaria bistyla* Y. Z. Zhao

38-6-2 垂梗繁缕 *Stellaria radians* L.

38-6-3 林繁缕 *Stellaria bungeana* Fenzl var. *stubendorfii* (Regel) Y. C. Chu

38-6-4 繁缕 *Stellaria media* (L.) Villars

38-6-5 赛繁缕 *Stellaria neglecta* Weihe

38-6-6 无瓣繁缕 *Stellaria pallida* (Dumort.) Crep.

38-6-7 小伞花繁缕 *Stellaria parviumbellata* Y. Z. Zhao

38-6-8 伞花繁缕 *Stellaria umbellata* Turcz. ex Karelin et Kirilor

38-6-9 内弯繁缕 *Stellaria infracta* Maxim.

38-6-10 雀舌草 *Stellaria alsine* Grimm

38-6-11 钝萼繁缕 *Stellaria amblyosepala* Schrank.

38-6-12 沙地繁缕 *Stellaria gypsophyloides* Fenzl

38-6-13 叉歧繁缕 *Stellaria dichotoma* L.

38-6-14 银柴胡 *Stellaria lanceolata*

38-6-15 兴安繁缕 *Stellaria cherleriae* (Fisch. ex Ser.) F. N. Williams

38-6-16 岩生繁缕 *Stellaria petraea* Bunge

38-6-17 阴山繁缕 *Stellaria yinshanensis* L. Q. Zhaoet Y. Z. Zhao

38-6-18 短瓣繁缕 *Stellaria brachypetala* Bunge

38-6-19 贺兰山繁缕 *Stellaria alaschanica* Y. Z. Zhao

38-6-20 巴彦繁缕 *Stellaria bayanensis* L. Q. Zhao et Y. Z. Zhao

38-6-21 叶苞繁缕 *Stellaria crassifolia* Ehrh.

38-6-22 细叶繁缕 *Stellaria filicaulis* Makino

38-6-23 长叶繁缕 *Stellaria longifolia* Muehl. ex Willd.

38-6-24 鸭绿繁缕 *Stellaria jaluana* Nakai

38-6-25 翻白繁缕 *Stellaria discolor* Turcz.

38-6-26 沼繁缕 *Stellaria palustris* Retzius

38-6-27 禾叶繁缕 *Stellaria graminea* L.

38-7 鹅肠菜属 *Myosoton* Moench

38-7-1 鹅肠菜 *Myosoton aquaticum* (L.) Moench

38-8 卷耳属 *Cerastium* L.

38-14 剪秋罗属 *Lychnis* L.

38-13-1 麦毒草 *Agrostemma githago* L.

38-13 麦毒草属 *Agrostemma* L.

38-12-1 狗筋蔓 *Cucubalus baccifer* L.

38-12 狗筋蔓属 *Cucubalus* L.

38-11-1 高山漆姑草 *Minuartia laricina* (L.) Mattf.

38-11 高山漆姑草属 *Minuartia* L.

Fenzl ex Fisch. et C. A. Mey.

38-10-1 薄蒴草 *Lepyrodiclis holosteoides* (C. A. Mey.)

38-10 薄蒴草属 *Lepyrodiclis* Fenzl

38-9-2 漆姑草 *Sagina japonica* (Sw.) Ohwi

38-9-1 无毛漆姑草 *Sagina saginoides* (L.) H. Karsten

38-9 漆姑草属 *Sagina* L.

38-8-5 卷耳 *Cerastium arvense* L. subsp. *strictum* Gaudin

Fenzl

38-8-4 披针叶卷耳 *Cerastium falcatum* Bunge ex

38-8-3 山卷耳 *Cerastium pusillum* Ser.

subsp. *vulgare* (Hartman) Greuter et Burdet

38-8-2 簇生卷耳 *Cerastium fontanum* Baumg.

38-8-1 六齿卷耳 *Cerastium cerastoides* (L.) Britton

(Turcz. ex Fisch. et C. A. Mey.) Rohrb.var. *apricum*

38-15-4a 女娄菜 *Melandrium apricum*

(Turcz. ex Fisch. et C. A. Mey.) Rohrb.

38-15-4 女娄菜 *Melandrium apricum*

(Sieb. et Zucc.) Rohrb. var. *pubescens* (Makino) Y. Z. Zhao

38-15-3b 毛萼女娄菜 *Melandrium firmum*

(Sieb. et Zucc.) Rohrb. var. *firmum*

38-15-3a 光萼女娄菜 *Melandrium firmum*

(Sieb. et Zucc.) Rohrb.

38-15-3 光萼女娄菜 *Melandrium firmum*

Melandriumverrucoso-alatum Y. Z. Zhao et P. Ma

38-15-2 瘤翅女娄菜

auritipetalum Y. Z. Zhao et P. Ma

38-15-1 耳瓣女娄菜 *Melandrium*

Melandrium Rochl.

38-15 女娄菜属

Sprengel

38-14-3 大花剪秋罗 *Lychnis fulgens* Fisch. ex

38-14-2 浅裂剪秋罗 *Lychnis cognata* Maxim.

38-14-1 狭叶剪秋罗 *Lychnis sibirica* L.

38-15-4b 长冠女娄菜 *Melandrium apricum* (Turcz.ex Fisch. et C. A. Mey.) Rohrb. var. *oldhamianum* (Miq.) Y. C. Chu

38-15-5 龙首山女娄菜 *Melandrium longshoushanicum* L. Q. Zhao et Y. Z. Zhao

38-15-6 内蒙古女娄菜 *Melandrium orientalimongolicum* (Kozhevn.) Y. Z. Zhao

38-15-7 兴安女娄菜 *Melandrium brachypetalum* (Horn.) Fenzl

38-15-8 异株女娄菜 *Melandrium album* (Mill.) Garche

38-15-9 长果女娄菜 *Melandrium longicarpum* Y. Z. Zhao et Z. Y. Chu

38-15-10 贺兰山女娄菜 *Melandrium alaschanicum* (Maxim.) Y. Z. Zhao

38-16 麦瓶草属 *Silene* L.

38-16-1 狗筋麦瓶草 *Silene venosa* (Gilib.) Aschers.

38-16-2

38-16-3 毛萼麦瓶草 *Silene* 石生麦瓶草 *Silene tatarinowii* Regel

38-16-3a 毛萼麦瓶草 *Silene repens* Patr.

38-16-3b 锡林麦瓶草 *Silene repens* Patr. var. *repens* Patr. var. *repens*

38-16-4 宁夏麦瓶草 *Silene ningxiaensis* C. L. Tang *xilingensis* Y. Z. Zhao

38-16-5 旱麦瓶草

38-16-5a 旱麦瓶草 *Silene jenisseensis* Willd.

38-16-5b 宽叶旱麦瓶草 *Silene jenisseensis* *Silene jenisseensis* Willd. var. *jenisseensis*

38-16-6 紫红花麦瓶草 *Silene jiningensis* Y. Z. Zhao Willd. var. *latifolia* (Turcz.) Y. Z. Zhao

38-16-7 禾叶麦瓶草 *Silene graminifolia* Otth et Z. Y. Chu

38-16-8 细麦瓶草 *Silene gracilicaulis* C. L. Tang

38-16-9 叶麦瓶草 *Silene foliosa* Maxim.

38-16-10 狼山麦瓶草 *Silene langshanensis* L. Q. Zhao, Y. Z. Zhao et Z. M. Xin

38-17 丝石竹属 *Gypsophila* L.

Rausch.

38-19-1 王不留行 *Vaccaria hispanica* (Mill.)

38-19 王不留行属 *Vaccaria* Medic.

versicolor (Fisch. ex Link) Y. C. Ma

38-18-4b 兴安石竹 *Dianthus chinensis* L. var.

38-18-4a 石竹 *Dianthus chinensis* L. var. *chinensis*

38-18-4 石竹 *Dianthus chinensis* L.

scabripilosus Y. Z. Zhao

38-18-3b 毛簇茎石竹 *Dianthus repens* Willd. var.

38-18-3a 簇茎石竹 *Dianthus repens* Willd. var. *repens*

38-18-3 簇茎石竹 *Dianthus repens* Willd.

38-18-2 长萼瞿麦 *Dianthus longicalyx* Miq.

38-18-1 瞿麦 *Dianthus superbus* L.

38-18 石竹属 *Dianthus* L.

Fenzl

38-17-4 草原丝石竹 *Gypsophila davurica* Turcz. ex

38-17-3 尖叶丝石竹 *Gypsophila licentiana* Hand.-Mazz.

38-17-2 头花丝石竹 *Gypsophila capituliflora* Rupr.

Gypsophila desertorum (Bunge) Fenzl

38-17-1 荒漠丝石竹

41-1-1 牡丹 *Paeonia suffruticosa* Andr.

41-1 芍药属 *Paeonia* L.

41. 芍药科 Paeoniaceae

Cham. subsp. *kossinskyi* (Kuzeneva-Prochorova) Les

40-1-2 粗糙金鱼 *Ceratophyllummuricatum*

40-1-1 金鱼藻 *Ceratophyllum demersum* L.

40-1 金鱼藻属 *Ceratophyllum* L.

40. 金鱼藻 Ceratophyllaceae

39-3-1 萍蓬草 *Nuphar pumila* (Timm.) DC.

39-3 萍蓬草属 *Nuphar* Smith

39-2-1 睡莲 *Nymphaea tetragona* Georgi

39-2 睡莲属 *Nymphaea* L.

39-1-1 芡实 *Euryale ferox* Salisb.

39-1 芡属 *Euryale* Salisb.

39. 睡莲科 Nymphaeaceae

41-1-2 芍药 *Paeonia lactiflora* Pall.

41-1-3 卵叶芍药 *Paeonia obovata* Maxim.

42. 毛茛科 Ranunculaceae

42-1 驴蹄草属 *Caltha* L.

42-1-1 白花驴蹄草 *Caltha natans* Pall.

42-1-2 驴蹄草 *Caltha palustris* L.

42-1-2a 驴蹄草 *Caltha palustris* L. var. *palustris*

42-1-2b 薄叶驴蹄草 *Caltha palustris* L. var. *membranacea* Turcz.

42-1-2c 三角叶驴蹄草 *Caltha palustris* L. var. *sibirica* Regel

42-2 金莲花属 *Trollius* L.

42-2-1 金莲花 *Trollius chinensis* Bunge

42-2-2 短瓣金莲花 *Trollius ledebourii* Rchb.

42-2-3 阿尔泰金莲花 *Trollius altaicus* C. A. Mey.

42-3 升麻属 *Cimicifuga* L.

42-3-1 兴安升麻 *Cimicifuga dahurica* (Turcz. ex Fisch. et C. A. Mey.) Maxim.

42-3-2 单穗升麻 *Cimicifuga simplex* (DC.) Wormsk. ex Turcz.

42-4 类叶升麻属 *Actaea* L.

42-4-1 类叶升麻 *Actaea asiatica* Hara

42-4-2 红果类叶升麻 *Actaea erythrocarpa* Fisch.

42-5 耧斗菜属 *Aquilegia* L.

42-5-1 小花耧斗菜 *Aquilegia parviflora* Ledeb.

42-5-2 细距耧斗菜 *Aquilegia leptoceras* Fisch. et Mey.

42-5-3 耧斗菜 *Aquilegia viridiflora* Pall.

42-5-3a 耧斗菜 *Aquilegia viridiflora* Pall. var. *viridiflora*

42-5-3b 紫花耧斗菜 *Aquilegia viridiflora* Pall. var. *atropurpurea* (Willd.) Finet et Gagnep.

42-5-4 华北耧斗菜 *Aquilegia yabeana* Kitag.

42-5-5 尖萼耧斗菜 *Aquilegia oxysepala* Trautv. et C. A. Mey.

42-5-6 阿穆尔耧斗菜 *Aquilegia amurensis* Kom.

42-6 拟耧斗菜属 *Paraquilegia* Drumm. et Hutch.

foetidum L.

42-8-7 香唐松草 *Thalictrum*

42-8-6 细唐松草 *Thalictrum tenue* Franch.

var. *supradecompositum* (Nakai) Kitag.

42-8-5b 卷叶唐松草 *Thalictrum petaloideum* L.

petaloideum L. var. *petaloideum*

42-8-5a 瓣蕊唐松草 *Thalictrum*

42-8-5 瓣蕊唐松草 *Thalictrum petaloideum* L.

42-8-4 直梗唐松草 *Thalictrum przewalskii* Maxim.

42-8-3 球果唐松草 *Thalictrum baicalense* Turcz.

L. var. *sibiricum* Regel et Tiling

42-8-2 翼果唐松草 *Thalictrum aquilegiifolium*

42-8-1 高山唐松草 *Thalictrum alpinum* L.

42-8 唐松草属 *Thalictrum* L.

(L.) Reichb.

42-7-1 蓝堇草 *Leptopyrum fumarioides*

Leptopyrum Reichb.

42-7 蓝堇草属

(Willd.) Ulbr.

42-6-1 乳突拟耧斗菜 *Paraquilegia anemonoides*

42-9-2 大花银莲花 *Anemone sylvestris* L.

42-9-1 二歧银莲花 *Anemone dichotoma* L.

42-9 银莲花属 *Anemone* L.

var. *kemese* (Fries) Trelease

42-8-10c 长梗欧亚唐松草 *Thalictrum minus* L.

hypoleucum (Sieb. et Zucc.) Miq.

42-8-10b 东亚唐松草 *Thalictrum minus* L. var.

minus

42-8-10a 欧亚唐松草 *Thalictrum minus* L. var.

42-8-10 欧亚唐松草 *Thalictrum minus* L.

L. var. *brevipes* H. Hara

42-8-9c 短梗箭头唐松草 *Thalictrum simplex*

L. var. *affine* (Ledeb.) Regel

42-8-9b 锐裂箭头唐松草 *Thalictrum simplex*

simplex L. var. *simplex*

42-8-9a 箭头唐松草 *Thalictrum*

simplex L.

42-8-9 箭头唐松草 *Thalictrum*

squarrosum Steph. ex Willd.

42-8-8 展枝唐松草 *Thalictrum*

dahurica (Fisch. ex DC.) Spreng.

42-10-4 兴安白头翁 *Pulsatilla* *Pulsatilla ambigua* (Turcz. ex Hayek) Juzepczuk

42-10-3 蒙古白头翁 subsp. *multifida* (Pritz.) Zamels

42-10-2 掌叶白头翁 *Pulsatilla patens* (L.) Mill.

42-10-1 白头翁 *Pulsatilla chinensis* (Bunge) Regel

Pulsatilla Mill.

42-10 白头翁属 (Schipcz.) Borod.-Grabovsk.

42-9-8 阿拉善银莲花 *Anemone alaschanica*

42-9-7 卵裂银莲花 *Anemone sibirica* L. *crinita* Juz.

42-9-6 长毛银莲花 *Anemone* Hook. et Thoms.

42-9-5 展毛银莲花 *Anemone demissa* J. D. H. Levleille subsp. *ovalifolia* (Bruhl) R. P. Chaudhary

42-9-4 疏齿银莲花 *Anemone geum* (Maxim.) Y. Z. Zhao

42-9-3 小花草玉梅 *Anemone flore-minore*

eradicatum (Laest.) Fries

42-12-2 小水毛茛 *Batrachium* *pekinense* L. Liou

42-12-1 北京水毛茛 *Batrachium* Gray

42-12 水毛茛属 *Batrachium* (DC.)

42-11-2 甘青侧金盏花 *Adonis bobroviana* Sim. Ledeb.

42-11-1 北侧金盏花 *Adonis sibirica* Patr. ex

42-11 侧金盏花属 *Adonis* L. *sukaczevii* Juz.

42-10-9 黄花白头翁 *Pulsatilla* Hayek) Juz.

42-10-8 细裂白头翁 *Pulsatilla tenuiloba* (Turcz. ex (L. Q. Zhao) L. Q. Zhao et Y. Z. Zhao

42-10-7 呼伦白头翁 *Pulsatilla hulunensis* Kryl. et Serg.

42-10-6 细叶白头翁 *Pulsatilla turczaninovii* Bercht. et Presl.

42-10-5 朝鲜白头翁 *Pulsatilla cernua* (Thunb.)

42-14-4 乌足毛茛 *Ranunculus brotherusii* Freyn *alaschanicus* Y. Z. Zhao

42-14-3 贺兰山毛茛 *Ranunculus indivisus* (Maxim.) Hand.-Mazz.

42-14-2 圆叶毛茛 *Ranunculus monophyllus* Ovcz.

42-14-1 单叶毛茛 *Ranunculus*

42-14 毛茛属 *Ranunculus* L.

42-13-2 长叶碱毛茛 *Halerpestes ruthenica* (Jacq.) Ovcz. Kom. et Aliss.

42-13-1 碱毛茛 *Halerpestes sarmentosa* (Adams)

42-13 水葫芦苗属 *Halerpestes* E. L. Greene

Batrachium trichophyllum (Chaix ex Vill.) Bossche

42-12-6 毛柄水毛茛

Liou

42-12-5 水毛茛 *Batrachium bungei* (Steud.) L. *foeniculaceum* (Gilib.) Krecz.

42-12-4 硬叶水毛茛 *Batrachium kauffmanii* (Clerc) V. Krecz.

42-12-3 长叶水毛茛 *Batrachium*

42-14-13 石龙芮 *Ranunculus* (Maxim.) Ovcz.

42-14-12 高原毛茛 *Ranunculus tanguticus*

42-14-11 天山毛茛 *Ranunculus popovii* Ovcz. E. Simth.

42-14-10 裂叶毛茛 *Ranunculus pedatifidus* J. Turcz. ex Ovcz.

42-14-9 掌裂毛茛 *Ranunculus rigescens* T. Wang

42-14-8 叉裂毛茛 *Ranunculus furcatifidus* W. W. T. Wang

42-14-7 栉裂毛茛 *Ranunculus pectinatilobus* Z. Zhao) Y. Z. Zhao

42-14-6 阴山毛茛 *Ranunculus yinshanensis* (Y. A. Mey. var. *longicaulis* Trautv.

42-14-5b 长茎毛茛 *Ranunculus pulchellus* C. A. Mey. var. *pulchellus*

42-14-5a 美丽毛茛 *Ranunculus pulchellus* C. A. Mey.

42-14-5 美丽毛茛 *Ranunculus pulchellus* C.

Thunb. var. *propinquus* (C. A. Mey.) W. T. Wang

42-14-22c 伏毛毛茛 *Ranunculus japonicus*

Thunb. var. *hsinganensis* (Kitag.) W. T. Wang

42-14-22b 银叶毛茛 *Ranunculus japonicus*

japonicus

42-14-22a 毛茛 *Ranunculus japonicus* Thunb. var.

42-14-22 毛茛 *Ranunculus japonicus* Thunb.

42-14-21 兴安毛茛 *Ranunculus smirnovii* Ovcz.

Maxim.

42-14-20 楔叶毛茛 *Ranunculus cuneifolius*

intramongolicus Y. Z. Zhao

42-14-19 内蒙古毛茛 *Ranunculus*

A. Mey.

42-14-18 沼地毛茛 *Ranunculus radicans* C.

Mey.

42-14-17 浮毛茛 *Ranunculus natans* C. A.

42-14-16 小掌叶毛茛 *Ranunculus gmelinii* DC.

42-14-15 松叶毛茛 *Ranunculus reptans* L.

42-14-14 披针毛茛 *Ranunculus amurensis* Kom.

sceleratus L.

42-15-7 辣蓼铁线莲 *Clematis terniflora* DC. var.

42-15-6 大叶铁线莲 *Clematis heracleifolia* DC.

hexapetala Pall.

42-15-5 棉团铁线莲 *Clematis*

42-15-4 准噶尔铁线莲 *Clematis songorica* Bunge

42-15-3 小叶铁线莲 *Clematis nannophylla* Maxim.

W. T. Wang et L. Q. Li

42-15-2 灰叶铁线莲 *Clematis tomentella* (Maxim.)

Turcz. var. *canescens* Turcz.

42-15-1b 毛灌木铁线莲 *Clematis fruticosa*

Clematis fruticosa Turcz. var. *fruticosa*

42-15-1a 灌木铁线莲

Clematis fruticosa Turcz.

42-15-1 灌木铁线莲

42-15 铁线莲属 *Clematis* L.

Franch. et Sav.

42-14-25 长喙毛茛 *Ranunculus tachiroei*

42-14-24 回回蒜 *Ranunculus chinensis* Bunge

Ranunculus repens L.

42-14-23 匍枝毛茛

violacea Maxim.

42-15-11b 紫花铁线莲 *Clematis fusca* Turcz. var.

42-15-11a 褐毛铁线莲 *Clematis fusca* Turcz. var. *fusca*

42-15-11 褐毛铁线莲 *Clematis fusca* Turcz.

Ledeb. var. *albiflora* (Maxim. ex Kuntz.) Hand.-Mazz.

42-15-10c 白花长瓣铁线莲 *Clematis macropetala*

macropetala Ledeb. var. *punicoflora* Y. Z. Zhao

42-15-10b 紫红花长瓣铁线莲 *Clematis*

Ledeb. var. *macropetala*

42-15-10a 长瓣铁线莲 *Clematis macropetala*

Ledeb.

42-15-10 长瓣铁线莲 *Clematis macropetala*

var. *ochotensis* (Pall.) S. H. Li et Y. H. Huang

42-15-9b 半钟铁线莲 *Clematis sibirica* (L.) Mill.

Mill. var. *sibirica*

42-15-9a 西伯利亚铁线莲 *Clematis sibirica* (L.)

42-15-9 西伯利亚铁线莲 *Clematis sibirica* (L.) Mill.

brevicaudata DC.

42-15-8 短尾铁线莲 *Clematis*

mandshurica (Rupr.) Ohwi

Schrad. ex Spreng.

42-16-1 基叶翠雀花 *Delphinium crassifolium*

42-16 翠雀属 *Delphinium* L.

(Maxim.) Veitch.

42-15-16 甘川铁线莲 *Clematis akebioides*

Korsh.

42-15-15 甘青铁线莲 *Clematis tangutica* (Maxim.)

purpurea Y. Z. Zhao

42-15-14b 紫萼铁线莲 *Clematis intricata* Bunge var.

intricata

42-15-14a 黄花铁线莲 *Clematis intricata* Bunge var.

42-15-14 黄花铁线莲 *Clematis intricata* Bunge

orientalis L.

42-15-13 东方铁线莲 *Clematis*

Clematis aethusifolia Turcz. var. *pratensis* Y. Z. Zhao

42-15-12b 宽芹叶铁线莲

Turcz. var. *aethusifolia*

42-15-12a 芹叶铁线莲 *Clematis aethusifolia*

Turcz.

42-15-12 芹叶铁线莲 *Clematis aethusifolia*

42-16-7 毓泉翠雀花 *Delphinium yuchuanii* Y.

cheilanthum Fisch. ex DC. var. *pubescens* Y. Z. Zhao

42-16-6b 展毛唇花翠雀花 *Delphinium*

Fisch. ex DC. var. *cheilanthum*

42-16-6a 唇花翠雀花 *Delphinium cheilanthum*

Fisch. ex DC.

42-16-6 唇花翠雀花 *Delphinium cheilanthum*

Li et Z. F. Fang

42-16-5 兴安翠雀花 *Delphinium hsinganense* S. H.

albocoeruleum Maxim. var. *latilobum* Y. Z. Zhao

42-16-4c 宽裂白蓝翠雀花 *Delphinium*

albocoeruleum Maxim. var. *przewalskii* (Huth) W. T. Wang

42-16-4b 贺兰山翠雀花 *Delphinium*

Maxim. var. *albocoeruleum*

42-16-4a 白蓝翠雀花 *Delphinium albocoeruleum*

Maxim.

42-16-4 白蓝翠雀花 *Delphinium albocoeruleum*

42-16-3 细须翠雀花 *Delphinium siwanense* Franch.

korshinskyanum Nevski

42-16-2 东北高翠雀花 *Delphinium*

Turcz. ex Ledeb.

42-17-3 毛茛叶乌头 *Aconitum ranunculoides*

42-17-2 草地乌头 *Aconitum umbrosum* (Korsh.) Kom.

Patrin ex Pers. var. *puberulum* Ledeb.

42-17-1c 牛扁 *Aconitum barbatum*

Pers. var. *hispidum* (DC.) Seringe

42-17-1b 西伯利亚乌头 *Aconitum barbatum* Patrin ex

ex Pers. var. *barbatum*

42-17-1a 细叶黄乌头 *Aconitum barbatum* Patrin

ex Pers.

42-17-1 细叶黄乌头 *Aconitum barbatum* Patrin

42-17 乌头属 *Aconitum* L.

Wang

42-16-9 软毛翠雀花 *Delphinium mollipilum* W. T.

var. *pilosum* Y. Z. Zhao

42-16-8b 疏毛翠雀花 *Delphinium grandiflorum* L.

grandiflorum

42-16-8a 翠雀花 *Delphinium grandiflorum* L. var.

42-16-8 翠雀花 *Delphinium grandiflorum* L.

Z. Zhao

42-17-4 旺业甸乌头 *Aconitum wangyedianense*
Y. Z. Zhao

42-17-5 紫花高乌头 *Aconitum septentrionale* Koelle

42-17-6 河北白喉乌头 *Aconitum leucostomum*
Voroschilov var. *hopeiense* W. T. Wang

42-17-7 五岔沟乌头 *Aconitum wuchagouense* Y. Z.
Zhao

42-17-8 黄花乌头
Aconitum coreanum (H. Levl.) Rapaics

42-17-9 薄叶乌头 *Aconitum fischeri* Reichb.

42-17-10 草乌头
Aconitum kusnezoffii Rchb.

42-17-10a 草乌头
Aconitum kusnezoffii Rchb. var. *kusnezoffii*

42-17-10b 伏毛草乌头 *Aconitum kusnezoffii*
Rchb. var. *crispulum* W. T. Wang

42-17-10c 疏毛草乌头 *Aconitum kusnezoffii*
Rchb. var. *pilosum* Y. Z. Zhao

42-17-11 雾灵乌头 *Aconitum wulingense* Nakai

42-17-12 兴安乌头 *Aconitum ambiguum* Rchb.

42-17-13 热河乌头 *Aconitum jeholense* Nakai
et Kitag.

42-17-13a 热河乌头 *Aconitum jeholense* Nakai
et Kitag. var. *jehoense*

42-17-13b 华北乌头 *Aconitum jeholense* Nakai et
Kitag. var. *angustium* (W. T. Wang) Y. Z. Zhao

42-17-14 蔓乌头 *Aconitum volubile* Pall. ex Koelle

42-17-14a 蔓乌头 *Aconitum volubile* Pall. ex Koelle
var. *volubile*

42-17-14b 卷毛蔓乌头 *Aconitum volubile* Pall. ex
Koelle var. *pubescens* Regel

42-17-15 大兴安岭乌头 *Aconitum daxinganlinense*
Y. Z. Zhao

42-17-16 白狼乌头 *Aconitum bailangense* Y. Z. Zhao

42-17-17 阴山乌头 *Aconitum yinschanicum* Y. Z. Zhao

42-17-18 白毛乌头 *Aconitum villosum* Rchb.

42-17-19 细叶乌头 *Aconitum macrorhynchum* Turcz.
ex Ledeb.

42-17-20 山西乌头 *Aconitum smithii* Ulber. ex
Hand.-Mazz.

dauricum DC.

44-1-1 蝙蝠葛 *Menispermum*

44-1 蝙蝠葛属 *Menispermum* L.

44. 防己科 Menispermaceae

43-2-1 类叶牡丹 *Caulophyllum robustum* Maxim.

43-2 类叶牡丹属 *Caulophyllum* Michaux

atropurpurea

43-1-6 红叶小檗 *Berberis thunbergii* DC. cv.

43-1-5 置疑小檗 *Berberis dubia* C. K. Schneid.

43-1-4 黄芦木 *Berberis amurensis* Rupr.

Schneid.

43-1-3 细叶小檗 *Berberis poiretii* C. K.

Schneid.

43-1-2 鄂尔多斯小檗 *Berberis caroli* C. K.

43-1-1 刺叶小檗 *Berberis sibirica* Pall.

43-1 小檗属 *Berberis* L.

43. 小檗科 Berberidaceae

D. Hook. et Thoms.

46-3-2 节裂角茴香 *Hypecoum leptocarpum* J.

46-3-1 角茴香 *Hypecoum erectum* L.

46-3 角茴香属 *Hypecoum* L.

aquilegioides Fedde

46-2-1b 光果野罂粟 *Papaver nudicaule* L. var.

var. *nudicaule*

46-2-1a 野罂粟 *Papaver nudicaule* L.

46-2-1 野罂粟 *Papaver nudicaule* L.

46-2 罂粟属 *Papaver* L.

46-1-1 白屈菜 *Chelidonium majus* L.

46-1 白屈菜属 *Chelidonium* L.

46. 罂粟科 Papaveraceae

45-1-1 五味子 *Schisandra chinensis* (Turcz.) Baill.

45-1 五味子属 *Schisandra* Michaux

45. 五味子科 Schisandraceae

47-1-11 [Mongolian] 球果黄堇 *Corydalis speciosa* Maxim.

47-1-10 [Mongolian] 黄堇 *Corydalis pallida* (Thunb.) Pers.

impatiens (Pall.) Fisch.

47-1-9 [Mongolian] 赛北紫堇 *Corydalis*

sibirica (L. f.) Pers.

47-1-8 [Mongolian] 北紫堇 *Corydalis*

raddeana Regel

47-1-7 [Mongolian] 小黄紫堇 *Corydalis*

adunca Maxim.

47-1-6 [Mongolian] 灰绿黄堇 *Corydalis*

47-1-5 [Mongolian] 红花紫堇 *Corydalis livida* Maxim.

47-1-4 [Mongolian] 紫堇 *Corydalis bungeana* Turcz.

(Maxim.) Peschkova

47-1-3 [Mongolian] 贺兰山延胡索 *Corydalis alaschanica*

47-1-2 [Mongolian] 北京延胡索 *Corydalis gamosepala* Maxim.

Bess.

47-1-1 [Mongolian] 齿裂延胡索 *Corydalis turtschaninovii*

47-1 [Mongolian] 紫堇属 *Corydalis* Vent.

47. [Mongolian] 紫堇科 Fumariaceae

V. Botsch.

48-5-1 [Mongolian] 大果翅籽荠 *Galitzkya potaninii* (Maxim.) V.

48-5 [Mongolian] 翅籽荠属 *Galitzkya* V. V. Botsch.

48-4-1 [Mongolian] 团扇荠 *Berteroa incana* (L.) DC.

48-4 [Mongolian] 团扇荠属 *Berteroa* DC.

48-3-2 [Mongolian] 宽翅沙芥 *Pugionium dolabratum* Maxim.

Gaertn.

48-3-1 [Mongolian] 沙芥 *Pugionium cornutum* (L.)

48-3 [Mongolian] 沙芥属 *Pugionium* Gaertn.

48-2-1 [Mongolian] 舟果荠 *Tauscheria lasiocarpa* Fisch. ex DC.

48-2 [Mongolian] 舟果荠属 *Tauscheria* Fisch. ex DC.

48-1-3 [Mongolian] 欧洲菘蓝 *Isatis tinctoria* L.

48-1-2 [Mongolian] 菘蓝 *Isatis indigotica* Fort.

48-1-1 [Mongolian] 三肋菘蓝 *Isatis costata* C. A. Mey.

48-1 [Mongolian] 菘蓝属 *Isatis* L.

48. [Mongolian] 十字花科 Cruciferae

et Thoms.

47-1-12 [Mongolian] 蛇果黄堇 *Corydalis ophiocarpa* J. D. Hook.

48-6 群心菜属 *Cardaria* Desv.

48-6-1 毛果群心菜 *Cardaria pubescens* (C. A. Mey.) Jarm.

48-7 球果荠属 *Neslia* Desv.

48-7-1 球果荠 *Neslia paniculata* (L.) Desv.

48-8 匙荠属 *Bunias* L.

48-8-1 匙荠 *Bunias cochlearioides* Murr.

48-9 双棱荠属 *Microstigma* Trautv.

48-9-1 短果双棱荠 *Microstigma brachycarpum* Botsch.

48-9-2 尤纳托夫双棱荠 *Microstigma junatovii* Grub.

48-10 四棱荠属 *Goldbachia* DC.

48-10-1 四棱荠 *Goldbachia laevigata* (M. Bieb.) DC.

48-11 蔊菜属 *Rorippa* Scop.

48-11-1 山芥叶蔊菜 *Rorippa barbareifolia* (DC.) Kitag.

48-11-2 球果蔊菜 *Rorippa globosa* (Turcz. ex Fisch. et C. A. Mey.) Hayek

48-11-3 风花菜 *Rorippa palustris* (L.) Bess.

48-12 菥蓂属 *Thlaspi* L.

48-12-1 菥蓂 *Thlaspi arvense* L.

48-12-2 山菥蓂 *Thlaspi cochleariforme* DC.

48-13 独行菜属 *Lepidium* L.

48-13-1 抱茎独行菜 *Lepidium perfoliatum* L.

48-13-2 碱独行菜 *Lepidium cartilagineum* (J. May.) Thell.

48-13-3 北方独行菜 *Lepidium cordatum* Willd. ex Stev.

48-13-4 宽叶独行菜 *Lepidium latifolium* L.

48-13-5 钝叶独行菜 *Lepidium obtusum* Basin.

48-13-6 独行菜 *Lepidium apetalum* Willd.

48-13-7 阿拉善独行菜 *Lepidium alashanicum* H. L. Yang.

48-14 阴山荠属 *Yinshania* Y. C. Ma et Y. Z. Zhao

48-14-1 阴山荠 *Yinshania acutangula* (O. E. Schulz) Y. H. Zhang

48-15 荠属 *Capsella* Medik.

48-15-1 荠 *Capsella bursa-pastoris* (L.) Madik.

48-16 亚麻荠属 *Camelina* Crantz.

48-16-1 亚麻荠 *Camelina sativa* (L.) Crantz

48-16-2 小果亚麻荠 *Camelina microcarpa* Andrz.

48-17 庭荠属 *Alyssum* L.

48-17-1 北方庭荠 *Alyssum lenense* Adam.

48-17-2 倒卵叶庭荠 *Alyssum obovatum* (C. A. Mey.) Turcz.

48-18 燥原荠属 *Ptilotrichum* C. A. Mey.

48-18-1 燥原荠 *Ptilotrichum canescens* (DC.) C. A. Mey.

48-18-2 细叶燥原荠 *Ptilotrichum tenuifolium* (Steph. ex Willd.) C. A. Mey.

48-19 葶苈属 *Draba* L.

48-19-1 葶苈 *Draba nemorosa* L.

48-19-2 喜山葶苈 *Draba oreades* Schrenk

48-19-3 苞序葶苈 *Draba ladyginii* Pohle

48-19-4 锥果葶苈 *Draba lanceolata* Royle

48-19-5 蒙古葶苈 *Draba mongolica* Turcz.

48-20 爪花芥属 *Oreoloma* Botsch.

48-20-1 紫爪花芥 *Oreoloma matthioloides* (Franch.) Botsch.

48-20-2 爪花芥 *Oreoloma violaceum* Botsch.

48-21 连蕊芥属 *Synstemon* Botsch.

48-21-1 连蕊芥 *Synstemon petrovii* Botsch.

48-22 花旗杆属 *Dontostemon* Andrz. ex C. A.Mey.

48-22-1 厚叶花旗杆 *Dontostemon crassifolius* (Bunge) Maxim.

48-22-2 扭果花旗杆 *Dontostemon elegans* Maxim.

48-22-3 小花花旗杆 *Dontostemon micranthus* C. A. Mey.

48-22-4 白毛花旗杆 *Dontostemon senilis* Maxim.

48-22-5 全缘叶花旗杆 *Dontostemon integrifolius* (L.) C. A. Mey.

48-22-6 花旗杆 *Dontostemon dentatus* (Bunge) Ledeb.

48-23 异果芥属 *Diptychocarpus* Trautv.

48-23-1 异果芥 *Diptychocarpus strictus* (Fisch. ex M. Bieb.) Trautv.

48-24 离子芥属 *Chorispora* R. Br. ex DC.

48-24-1 离子芥 *Chorispora tenella* (Pall.) DC.

48-25 萝卜属 *Raphanus* L.

48-25-1 萝卜 *Raphanus sativus* L.

48-26 芝麻菜属 *Eruca* Adans.

48-26-1 芝麻菜 *Eruca vesicaria* (L.) Cavan. subsp. *sativa* (Mill.) Thellung

48-27 芸苔属 *Brassica* L.

48-27-1a 甘蓝 *Brassica oleracea* L. var. *capitata* L.

48-27-1b 花椰菜 *Brassica oleracea* L. var. *botrytis* L.

48-27-1c 擘蓝 *Brassica oleracea* L. var. *gongylodes* L.

48-27-2 芜菁甘蓝 *Brassica napus* L. var. *napobrassica* (L.) Reich.

48-27-3 芜菁 *Brassica rapa* L.

48-27-3a 芜菁 *Brassica rapa* L. var. *rapa*

48-27-3b 芸苔 *Brassica rapa* L. var. *oleifera* DC.

48-27-3c 白菜 *Brassica rapa* L. var. *glabra* Regel

48-27-3d 青菜 *Brassica rapa* L. var. *chinensis* (L.) Kitam.

48-27-4 芥菜 *Brassica juncea* (L.) Czern.

48-27-4a 芥菜 *Brassica juncea* (L.) Czern. var. *juncea*

48-27-4b 油芥菜 *Brassica juncea* (L.) Czern. var. *gracilis* Tsen et Lee

48-27-4c 雪里蕻 *Brassica juncea* (L.) Czern. var. *multiceps* Tsen et Lee

48-27-4d 根用芥 *Brassica juncea* (L.) Czern. var. *napiformis* (Pailleux et Bois) Kitam.

48-28 白芥属 *Sinapis* L.

48-28-1 新疆白芥 *Sinapis arvensis* L.

48-29 诸葛菜属 *Orychophragmus* Bunge

48-29-1 诸葛菜 *Orychophragmus violaceus* (L.) O. E. Schulz

48-30 山芥属 *Barbarea* R. Br.

48-30-1 山芥 *Barbarea orthoceras* Ledeb.

48-30-2 欧洲山芥 *Barbarea vulgaris* R. Br.

48-31 大蒜芥属 *Sisymbrium* L.

48-31-1 垂果大蒜芥 *Sisymbrium heteromallum* C. A. Mey.

48-31-2 水蒜芥 *Sisymbrium irio* L.

48-31-3 钻果大蒜芥 *Sisymbrium officinale* (L.) Scop.

48-34-1 针喙芥 *Acirostrum alaschanicum* (Maxim.) Y. Z. Zhao

48-34 针喙芥属 *Acirostrum* Y. Z. Zhao

48-33-2 腺异蕊芥 *Dimorphostemon glandulosus* (Kar. et Kir.) Golubk.

48-33-1 异蕊芥 *Dimorphostemon pinnatifitus* (Willd.) H. L. Yang

48-33 异蕊芥属 *Dimorphostemon* Kitag.

48-32-8 草甸碎米荠 *Cardamine pratensis* L.

48-32-7 大叶碎米荠 *Cardamine macrophylla* Willd.

48-32-6 白花碎米荠 *Cardamine leucantha* (Tausch) O. E. Schulz

48-32-5 浮水碎米荠 *Cardamine prorepens* Fisch.

48-32-4 水田碎米荠 *Cardamine lyrata* Bunge

48-32-3 细叶碎米荠 *Cardamine trifida* (Lam. ex Poir.) B. M. G. Jones

48-32-2 小花碎米荠 *Cardamine parviflora* L.

48-32-1 裸茎碎米荠 *Cardamine scaposa* Franch.

48-32 碎米荠属 *Cardamine* L.

48-31-4 多型大蒜芥 *Sisymbrium polymorphum* (Murr.) Roth

48-40-5 糖芥 *Erysimum amurense* Kitag.

48-40-4 蒙古糖芥 *Erysimum flavum* (Georgi) Bobrov

48-40-3 山柳菊叶糖芥 *Erysimum hieraciifolium* L.

48-40-2 波齿糖芥 *Erysimum macilentum* Bunge

48-40-1 小花糖芥 *Erysimum cheiranthoides* L.

48-40 糖芥属 *Erysimum* L.

48-39-1 播娘蒿 *Descurainia sophia* (L.) Webb ex Prantl

48-39 播娘蒿属 *Descurainia* Webb et Berth.

48-38-1 灰白芹叶芥 *Smelowskia alba* (Pall.) Regel

48-38 芹叶芥属 *Smelowskia* C. A. Mey.

48-37-1 毛萼香芥 *Clausia trichosepala* (Turcz.) Dvorak

48-37 香芥属 *Clausia* Korn.-Tr.

48-36-1 北香花芥 *Hesperis sibirica* L.

48-36 香花芥属 *Hesperis* L.

48-35-1 盐芥 *Thellungiella salsuginea* (Pall.) O. E. Schulz

48-35 盐芥属 *Thellungiella* O. E. Schulz

48-41 念珠芥属 *Neotorularia* Hedge et J. Leonard

48-41-1 蚓果芥 *Neotorularia humilis* (C. A. Mey.) Hedge et J. Leonard

48-41-2 清水河念珠芥 *Neotorularia qingshuiheensis* (Y. C. Ma et Zong Y. Zhu) Al-Shehbaz et al.

48-42 涩芥属 *Malcolmia* R. Br.

48-42-1 涩芥 *Malcolmia africana* (L.) R. Br.

48-42-2 短梗涩芥 *Malcolmia karelinii* Lipsky

48-43 曙南芥属 *Stevenia* Adams et Fisch.

48-43-1 曙南芥 *Stevenia cheiranthoides* DC.

48-44 南芥属 *Arabis* L.

48-44-1 垂果南芥 *Arabis pendula* L.

48-44-2 硬毛南芥 *Arabis hirsuta* (L.) Scop.

49. 茅膏菜科 Droseraceae

49-1 貉藻属 *Aldrovanda* L.

49-1-1 貉藻 *Aldrovanda vesiculosa* L.

50. 景天科 Crassulaceae

50-1 东爪草属 *Tillaea* L.

50-1-1 东爪草 *Tillaea aquatica* L.

50-2 瓦松属 *Orostachys* Fisch.

50-2-1 钝叶瓦松 *Orostachys malacophylla* (Pall.) Fisch.

50-2-2 瓦松 *Orostachys fimbriata* (Turcz.) A. Berger

50-2-3 黄花瓦松 *Orostachys spinosa* (L.) Sweet

50-2-4 狼爪瓦松 *Orostachys cartilaginea* A. Bor.

50-3 八宝属 *Hylotelephium* H. Ohba

50-3-1 华北八宝 *Hylotelephium tatarinowii* (Maxim.) H. Ohba

50-3-2 圆叶八宝 *Hylotelephium ewersii* (Ledeb.) H. Ohba

50-3-3 八宝 *Hylotelephium erythrostictum* (Miq.) H. Ohba

50-3-4 长药八宝 *Hylotelephium spectabile* (Bor.) H. Ohba

50-3-5 白八宝 *Hylotelephium pallescens* (Freyn) H. Ohba

50-3-6 紫八宝 *Hylotelephium triphyllum* (Haworth) Holub

50-4 红景天属 *Rhodiola* L.

50-4-1 小丛红景天 *Rhodiola dumulosa* (Franch.) S. H. Fu

50-4-2 红景天 *Rhodiola rosea* L.

50-4-3 库页红景天 *Rhodiola sachalinensis* A. Bor.

50-4-4 兴安红景天 *Rhodiola stephanii* (Cham.) Trautv. et C. A. Mey.

50-5 景天属 *Sedum* L.

50-5-1 阔叶景天 *Sedum roborowskii* Maxim.

50-5-2 藓状景天 *Sedum polytrichoides* Hemsl.

50-6 费菜属 *Phedimus* Rafin.

50-6-1 费菜 *Phedimus aizoon* (L.) 't Hart.

50-6-1a 费菜 *Phedimus aizoon* (L.) 't Hart. var. *aizoon*

50-6-1b 狭叶费菜 *Phedimus aizoon* (L.) 't Hart. var. *yamatutae* (Kitag.) H. Ohba et al.

50-6-1c 宽叶费菜 *Phedimus aizoon* (L.) 't Hart. var. *latifolius* (Maxim.) H. Ohba et al.

50-6-1d 乳毛费菜 *Phedimus aizoon* (L.) 't Hart. var. *scabrus* (Maxim.) H. Ohba et al.

50-6-1e 兴安费菜 *Phedimus aizoon* (L.) 't Hart. var. *hsinganicus* (Y. C. Chu ex S. H. Fu et Y. H. Huang) Y.Z. Zhao

51. 虎耳草科 Saxifragaceae

51-1 红升麻属 *Astilbe* Buch.-Ham.

51-1-1 红升麻 *Astilbe chinensis* (Maxim.) Franch. et Savat.

51-2 扯根菜属 *Penthorum* L.

51-2-1 扯根菜 *Penthorum chinense* Pursh

51-3 梅花草属 *Parnassia* L.

51-3-1 梅花草 *Parnassia palustris* L.

51-3-2 细叉梅花草 *Parnassia oreophila* Hance

51-4 唢呐草属 *Mitella* L.

51-7-4 欧洲醋栗 *Ribes reclinatum* L.

Turcz. var. *manshuriense* Wang et Li

51-7-3b 东北小叶茶藨 *Ribes pulchellum*

pulchellum

51-7-3a 小叶茶藨 *Ribes pulchellum* Turcz. var.

51-7-3 小叶茶藨 *Ribes pulchellum* Turcz.

51-7-2 楔叶茶藨 *Ribes diacanthum* Pall.

51-7-1 刺梨 *Ribes burejense* Fr. Schmidt

51-7 茶藨子属 *Ribes* L.

51-6-2 毛金腰 *Chrysosplenium pilosum* Maxim.

51-6-1 五台金腰 *Chrysosplenium serreanum* Hand.-Mazz.

51-6 金腰属 *Chrysosplenium* L.

51-5-6 挪威虎耳草 *Saxifraga oppositifolia* L.

51-5-5 斑点虎耳草 *Saxifraga nelsoniana* D. Don

51-5-4 球茎虎耳草 *Saxifraga sibirica* L.

51-5-3 点头虎耳草 *Saxifraga cernua* L.

51-5-2 爪虎耳草 *Saxifraga unguiculata* Engl.

51-5-1 刺虎耳草 *Saxifraga bronchialis* L.

51-5 虎耳草属 *Saxifraga* L.

51-4-1 唢呐草 *Mitella nuda* L.

Philadelphus L.

51-9 山梅花属

51-8-1 东陵八仙花 *Hydrangea bretschneideri* Dipp.

Hydrangea L.

51-8 八仙花属（绣球属）

51-7-11 矮茶藨 *Ribes triste* Pall.

(Jancz.) Pojark.

51-7-10 英吉利茶藨 *Ribes palczewskii*

Hartm.) Hedl.

51-7-9 毛茶藨 *Ribes pubescens* (Swartz. ex

verruculosum (Rehd.) L. T. Lu

51-7-8 瘤糖茶藨 *Ribes himalense* Royle. ex Decne var.

(Maxim.) Kom. var. *villosum* Kom.

51-7-7b 内蒙茶藨 *Ribes mandshuricum*

Ribes mandshuricum (Maxim.) Kom. var. *mandshuricum*

51-7-7a 东北茶藨

Ribes mandshuricum (Maxim.) Kom.

51-7-7 东北茶藨

51-7-6 黑茶藨 *Ribes nigrum* L.

51-7-5 水葡萄茶藨 *Ribes procumbens* Pall.

52-2-7 欧亚绣线菊 *Spiraea media* Schmidt

52-2-6 窄叶绣线菊 *Spiraea dahurica* (Rupr.) Maxim.

52-2-5 美丽绣线菊 *Spiraea elegans* Pojark.

52-2-4 乌拉特绣线菊 *Spiraea uratensis* Franch. Nakai

52-2-3 毛果绣线菊 *Spiraea trichocarpa* Schneid. var. *angulata* (Fritsch ex C. K. Schneid.) Rehd.

52-2-2 大叶华北绣线菊 *Spiraea fritschiana*

52-2-1 柳叶绣线菊 *Spiraea salicifolia* L.

52-2 绣线菊属 *Spiraea* L.

52-1-1 假升麻 *Aruncus sylvester* Kostel. ex Maxim.

52-1 假升麻属 *Aruncus* Adans.

52. 蔷薇科 Rosaceae

51-10-2 大花溲疏 *Deutzia grandiflora* Bunge

51-10-1 小花溲疏 *Deutzia parviflora* Bunge

51-10 溲疏属 *Deutzia* Thunb. ex Maxim.

51-9-1 堇叶山梅花 *Philadelphus tenuifolius* Rupr.

52-2-17 珍珠绣线菊 *Spiraea thunbergii* Sieb. ex Blume

52-2-16 耧斗叶绣线菊 *Spiraea aquilegifolia* Pall.

52-2-15 海拉尔绣线菊 *Spiraea hailarensis* Liou

52-2-14 金丝桃叶绣线菊 *Spiraea hypericifolia* L.

52-2-13 毛花绣线菊 *Spiraea dasyantha* Bunge

52-2-12 疏毛绣线菊 *Spiraea hirsuta* (Hemsl.) C. K. Schneid.

52-2-11 土庄绣线菊 *Spiraea pubescens* Turcz.

52-2-10b 毛叶三裂绣线菊 *Spiraea trilobata* L. var. *pubescens* Yü

52-2-10a 三裂绣线菊 *Spiraea trilobata* L. var. *trilobata*

52-2-10 三裂绣线菊 *Spiraea trilobata* L.

52-2-9 沙地绣线菊 *Spiraea arenaria* Y. Z. Zhao et T. J. Wang

52-2-8 绢毛绣线菊 *Spiraea sericea* Turcz.

52-2-18 石蚕叶绣线菊 *Spiraea chamaedryfolia* L.

52-2-19 阿拉善绣线菊 *Spiraea alaschanica* Y. Z. Zhao et T. J. Wang

52-2-20 蒙古绣线菊 *Spiraea mongolica* Maxim.

52-2-21 回折绣线菊 *Spiraea ningshiaensis* T. T. Yü et L. T. Lu

52-3 鲜卑花属 *Sibiraea* Maxim.

52-3-1 鲜卑花 *Sibiraea laevigata* (L.) Maxim.

52-4 珍珠梅属 *Sorbaria* (Ser.) A. Br. ex Asch.

52-4-1 珍珠梅 *Sorbaria sorbifolia* (L.) A. Br.

52-4-2 华北珍珠梅 *Sorbaria kirilowii* (Regel et Tiling) Maxim.

52-5 栒子属 *Cotoneaster* Medikus

52-5-1 水栒子 *Cotoneaster multiflorus* Bunge

52-5-2 毛叶水栒子 *Cotoneaster submultiflorus* Popov

52-5-3 蒙古栒子 *Cotoneaster mongolicus* Pojark.

52-5-4 准噶尔栒子 *Cotoneaster soongoricus* (Regel et Herd.) Popov

52-5-5 西北栒子 *Cotoneaster zabelii* C. K. Schneid.

52-5-6 少花栒子 *Cotoneaster oliganthus* Pojark.

52-5-7 细枝栒子 *Cotoneaster tenuipes* Rehd. et E.H.Wilson.

52-5-8 全缘栒子 *Cotoneaster integerrimus* Medic.

52-5-9 黑果栒子 *Cotoneaster melanocarpus* Lodd.

52-5-10 灰栒子 *Cotoneaster acutifolius* Turcz.

52-6 山楂属 *Crataegus* L.

52-6-1 毛山楂 *Crataegus maximowiczii* C. K. Schneid.

52-6-2 山楂 *Crataegus pinnatifida* Bunge

52-6-2a 山楂 *Crataegus pinnatifida* Bunge var. *pinnatifida*

52-6-2b 山里红 *Crataegus pinnatifida* Bunge var. *major* N. E. Br.

52-6-3 辽宁山楂 *Crataegus sanguinea* Pall.

52-6-4 光叶山楂 *Crataegus dahurica* Koehne ex C. K. Schneid.

52-7 花楸属 *Sorbus* L.

52-7-1 水榆花楸 *Sorbus alnifolia* (Seib. et Zucc.) K. Koch

52-7-2 花楸树 *Sorbus pohuashanensis* (Hance) Hedl.

52-7-3 北京花楸 *Sorbus discolor* (Maxim.) Maxim.

52-8 梨属 *Pyrus* L.

52-8-1 秋子梨 *Pyrus ussuriensis* Maxim.

52-8-2 西洋梨 *Pyrus communis* L. var. *sativa* (DC.) DC.

52-8-3 白梨 *Pyrus bretschneideri* Rehd.

52-8-4 沙梨 *Pyrus pyrifolia* (N. L. Burm.) Nakai

52-8-5 杜梨 *Pyrus betulifolia* Bunge

52-9 苹果属 *Malus* Mill.

52-9-1 山荆子 *Malus baccata* (L.) Borkh.

52-9-2 毛山荆子 *Malus mandshurica* (Maxim.) Kom. ex Juz.

52-9-3 西府海棠 *Malus* × *micromalus* Makino

52-9-4 楸子 *Malus prunifolia* (Willd.) Borkh.

52-9-5 苹果 *Malus pumila* Mill.

52-9-6 花红 *Malus asiatica* Nakai

52-9-7 花叶海棠 *Malus transitoria* (Batal.) C. K. Schneid.

52-10 仙女木属 *Dryas* L.

52-10-1 东亚仙女木 *Dryas octopetara* L. var. *asiatica* (Nakai) Nakai

52-11 蔷薇属 *Rosa* L.

52-11-1 玫瑰 *Rosa rugosa* Thunb.

52-11-2 黄刺玫 *Rosa xanthina* Lindl.

52-11-3 美蔷薇 *Rosa bella* Rehd. et E. H. Wils.

52-11-4 月季花 *Rosa chinensis* Jacq.

52-11-5 山刺玫 *Rosa davurica* Pall.

52-11-6 刺蔷薇（大叶蔷薇）*Rosa acicularis* Lindl.

52-11-7 龙首山蔷薇 *Rosa longshoushanica* L. Q. Zhao et Y. Z. Zhao

52-11-8 疏花蔷薇 *Rosa laxa* Retzeius

52-12 地榆属 *Sanguisorba* L.

52-12-1 高山地榆 *Sanguisorba alpina* Bunge

52-12-2 地榆 *Sanguisorba officinalis* L.

52-12-2a [illegible] 地榆 *Sanguisorba officinalis* L. var. *officinalis*

52-12-2b [illegible] 腺地榆 *Sanguisorba officinalis* L. var. *glandulosa* (Kom.) Worosch.

52-12-2c [illegible] 粉花地榆 *Sanguisorba officinalis* L. var. *carnea* (Fisch. ex Link) Regel ex Maxim.

52-12-2d [illegible] 长叶地榆 *Sanguisorba officinalis* L. var. *longifolia* (Bertol.) T. T. Yü et C. L. Li

52-12-2e [illegible] 长蕊地榆 *Sanguisorba officinalis* L. var. *longifila* (Kitag.) T. T. Yü et C. L. Li

52-12-3 [illegible] 细叶地榆 *Sanguisorba tenuifolia* Fisch. ex Link

52-12-3a [illegible] 细叶地榆 *Sanguisorba tenuifolia* Fisch. ex Link var. *tenuifolia*

52-12-3b [illegible] 小白花地榆 *Sanguisorba tenuifolia* Fisch. ex Link var. *alba* Traut. et C. A. Mey.

52-13 [illegible] 羽衣草属 *Alchemilla* L.

52-13-1 [illegible] 羽衣草 *Alchemilla japonica* Nakai et Hara

52-14 [illegible] 悬钩子属 *Rubus* L.

52-14-1 [illegible] 葎草叶悬钩子 *Rubus humulifolius* C. A. Mey.

52-14-2 [illegible] 北悬钩子 *Rubus arcticus* L.

52-14-3 [illegible] 石生悬钩子 *Rubus saxatilis* L

52-14-4 [illegible] 牛叠肚 *Rubus crataegifolius* Bunge

52-14-5 [illegible] 山莓 *Rubus corchorifolius* L. f.

52-14-6 [illegible] 华北覆盆子 *Rubus idaeus* L. var. *borealisinensis* T. T. Yü et L. T. Lu

52-14-7 [illegible] 库页悬钩子 *Rubus sachalinensis* H. Leveille

52-14-8 [illegible] 多腺悬钩子 *Rubus phoenicolasius* Maxim.

52-15 [illegible] 水杨梅属 *Geum* L.

52-15-1 [illegible] 水杨梅 *Geum aleppicum* Jacq.

52-16 [illegible] 龙牙草属 *Agrimonia* L.

52-16-1 [illegible] 龙牙草 *Agrimonia pilosa* Ledeb.

52-17 [illegible] 蚊子草属 *Filipendula* Mill.

52-17-1 [illegible] 蚊子草 *Filipendula palmata* (Pall.) Maxim.

52-17-2 [illegible] 绿叶蚊子草 *Filipendula nuda* Grub.

(Lodd.) Y. Z. Zhao var. *mandshurica* (Maxim.) Y. Z. Zhao

52-20-3b 华西银露梅 *Pentaphylloides glabra* Zhao var. *glabra*

52-20-3a 银露梅 *Pentaphylloides glabra* (Lodd.) Y. Z. Zhao

52-20-3 银露梅 *Pentaphylloides glabra* (Lodd.) Y. Z.

parvifolia (Fisch. ex Lehm.) Sojak

52-20-2 小叶金露梅 *Pentaphylloides* Schwarz

52-20-1 金露梅 *Pentaphylloides fruticosa* (L.) O.

52-20 金露梅属 *Pentaphylloides* Ducham.

52-19-1 绵刺 *Potaninia mongolica* Maxim.

52-19 绵刺属 *Potaninia* Maxim.

52-18-2 草莓 *Fragaria* × *ananassa* (Weston) Duch.

52-18-1 东方草莓 *Fragaria orientalis* Losinsk.

52-18 草莓属 *Fragaria* L.

(Turcz.) Maxim.

52-17-4 细叶蚊子草 *Filipendula angustiloba* (Glehn) Juz.

52-17-3 翻白蚊子草 *Filipendula intermedia*

betonicifolia Poir.

52-21-9 三出委陵菜 *Potentilla*

52-21-8 雪白委陵菜 *Potentilla nivea* L.

52-21-7 星毛委陵菜 *Potentilla acaulis* L.

Th. Wolf

52-21-6 等齿委陵菜 *Potentilla simulatrix* *centigrana* Maxim.

52-21-5 蛇莓委陵菜 *Potentilla* L. var. *sericophylla* Franch.

52-21-4 绢毛细蔓委陵菜 *Potentilla reptans* Willd. ex Schlecht.

52-21-3 匍枝委陵菜 *Potentilla flagellaris* Steph. ex Willd.

52-21-2 轮叶委陵菜 *Potentilla verticillaris* L. var. *major* Ledeb.

52-21-1b 高二裂委陵菜 *Potentilla bifurca* *bifurca*

52-21-1a 二裂委陵菜 *Potentilla bifurca* L. var.

52-21-1 二裂委陵菜 *Potentilla bifurca* L.

52-21 委陵菜属 *Potentilla* L.

52-21-10 三叶委陵菜 *Potentilla freyniana* Bornm.

52-21-11 密枝委陵菜 *Potentilla virgata* Lehm.

52-21-12 丛生钉柱委陵菜 *Potentilla saundersiana* Royle var. *caespitosa* (Lehm.) Th. Wolf

52-21-13 鹅绒委陵菜 *Potentilla anserina* L.

52-21-14 朝天委陵菜 *Potentilla supina* L.

52-21-15 石生委陵菜 *Potentilla rupestris* L.

52-21-16 莓叶委陵菜 *Potentilla fragarioides* L.

52-21-17 腺毛委陵菜 *Potentilla longifolia* Willd. ex Schlecht.

52-21-18 菊叶委陵菜 *Potentilla tanacetifolia* Willd. ex Schlecht.

52-21-19 翻白草 *Potentilla discolor* Bunge

52-21-20 华西委陵菜 *Potentilla potaninii* Th. Wolf

52-21-21 绢毛委陵菜 *Potentilla sericea* L.

52-21-22 多裂委陵菜 *Potentilla multifida* L.

52-21-22a 多裂委陵菜 *Potentilla multifida* L. var. *multifida*

52-21-22b 掌叶多裂委陵菜 *Potentilla multifida* L. var. *ornithopoda* (Tausch) Th. Wolf

52-21-22c 矮生多裂委陵菜 *Potentilla multifida* L. var. *nubigena* Th. Wolf

52-21-23 大萼委陵菜 *Potentilla conferta* Bunge

52-21-24 多茎委陵菜 *Potentilla multicaulis* Bunge

52-21-25 委陵菜 *Potentilla chinensis* Ser.

52-21-26 西山委陵菜 *Potentilla sischanensis* Bunge ex Lehm.

52-21-26a 西山委陵菜 *Potentilla sischanensis* Bunge ex Lehm. var. *sischanensis*

52-21-26b 齿裂西山委陵菜 *Potentilla sischanensis* Bunge ex Lehm. var. *peterae* (Hand.-Mazz.) T. T. Yu et C. L. Li

52-21-27 茸毛委陵菜 *Potentilla strigosa* Pall. ex Pursh.

52-22 沼委陵菜属 *Comarum* L.

52-22-1 沼委陵菜 *Comarum palustre* L.

52-22-2 西北沼委陵菜 *Comarum salesovianum*
(Steph.) Asch. et Gr.

52-23 山莓草属 *Sibbaldia* L.

52-23-1 伏毛山莓草 *Sibbaldia adpressa* Bunge

52-23-2 绢毛山莓草 *Sibbaldia sericea* (Grub.) Sojak

52-24 地蔷薇属 *Chamaerhodos* Bunge

52-24-1 地蔷薇 *Chamaerhodos erecta* (L.) Bunge

52-24-2 阿尔泰地蔷薇 *Chamaerhodos altaica*
(Laxm.) Bunge

52-24-3 三裂地蔷薇 *Chamaerhodos trifida* Ledeb.

52-24-4 砂生地蔷薇 *Chamaerhodos sabulosa*
Bunge

52-24-5 毛地蔷薇 *Chamaerhodos canescens* J.
Krause

52-25 扁核木属 *Prinsepia* Royle

52-25-1 蕤核 *Prinsepia uniflora* Batal.

52-25-2 东北扁核木 *Prinsepia sinensis* (Oliv.)
Oliv. ex Bean

52-26 桃属 *Amygdalus* L.

52-26-1 桃 *Amygdalus persica* L.

52-26-2 山桃 *Amygdalus davidiana* (Carr.) de Vos ex L.
Henry

52-26-3 蒙古扁桃 *Amygdalus mongolica* (Maxim.)
Ricker

52-26-4 柄扁桃 *Amygdalus pedunculata* Pall.

52-27 杏属 *Armeniaca* Mill.

52-27-1 杏 *Armeniaca vulgaris* Lam.

52-27-2 山杏 *Armeniaca ansu* (Maxim.) Kostina

52-27-3 西伯利亚杏 *Armeniaca sibirica* (L.) Lam.

52-28 李属 *Prunus* L.

52-28-1 李 *Prunus salicina* Lindl.

52-29 樱属 *Cerasus* Mill.

52-29-1 榆叶梅 *Cerasus triloba* (Lindl.) Bar. et Liou

52-29-2 毛樱桃 *Cerasus tomentosa* (Thunb.) Wall.

52-29-3 樱桃 *Cerasus pseudocerasus* (Lindl.) Loudon

52-29-4 欧李 *Cerasus humilis* (Bunge) Sok.

52-30 稠李属 *Padus* Mill.

52-30-1 稠李 *Padus avium* Mill.

中文名索引

"20 世纪" 421

A

阿布嘎 271

阿查－孟根－地格达 357

阿尔泰地蔷薇 493、494

阿尔泰金莲花 95、97

阿尔泰糖芥 325

阿格力格－阿力玛 419

阿拉善独行菜 265、269

阿拉善南芥 317

阿拉善绣线菊 383、397

阿拉善银莲花 125、131

阿拉坦花－其其格 96

阿穆尔耧斗菜 102、108

阿穆尔小檗 216

矮茶藨 365、374

矮地蔷薇 495

矮生多裂委陵菜 464、483

矮小孩儿参 9

爱日格－额布斯 339

奥木日阿特音－博格日乐吉根 445

奥日牙木格 177

B

八宝 340、342、343

八宝属 335、340

八仙花属 353、375

巴彦繁缕 17、30

白八宝 340、342、343

白菜 296、299

白萼委陵菜 471

白附子 202

白罐梨 420

白桂梨 420

白花棍儿茶 461

白花驴蹄草 92

白花碎米荠 309、312

白花委陵菜 476

白花蝇子草 57

白花长瓣铁线莲 169、180

白芥属 241、243、302

白景天 343

白蓝翠雀花 186、189

白狼乌头 196、209

白梨 418、420

白毛花旗杆 286、289

白毛委陵菜 484

白毛乌头 197、211

白毛银露梅 462

白屈菜 223

白屈菜属 223

白桃 500

白头翁 132、137

白头翁属 92、132

白叶委陵菜 471

白玉草 61

百花山花楸 416

斑点虎耳草 358、361

板蓝根 246

半钟铁线莲 169、178

瓣蕊唐松草 112、116

瓣子艽 197

苞序葶苈 278、280

薄蒴草 43

薄蒴草属 1、43

薄叶驴蹄草 92、94

薄叶山梅花 376

薄叶乌头 195、203

薄叶燥原荠 277

抱茎独行菜 265

北白头翁 134

北侧金盏花 140

北豆根 220
北方独行菜 265、266
北方庭荠 274
北方乌头 198
北京花楸 415、417
北京水毛茛 142
北京延胡索 229、231
北丝石竹 73
北乌头 203
北五味子 221
北香花芥 319
北悬钩子 444、445
北紫堇 229、235
贝加尔唐松草 115
背铺委陵菜 476
奔瓦 204
奔瓦音－拿布其 204
蝙蝠葛 219
蝙蝠葛属 219
扁核木 498
扁核木属 380、498
扁桃亚属 500
变异黄花铁线莲 184
柄扁桃 500、503
波齿糖芥 323、324
波氏小檗 215
播娘蒿 322
播娘蒿属 241、244、322
博格日乐吉根 449
擘蓝 296、297
布留克 298

C

菜花 297
苍耳七 355
草地糖芥 324
草地铁线莲 182
草地乌头 195、198
草甸碎米荠 309、314
草莓 456、457
草莓属 380、456
草芍药 89
草乌 203、204
草乌头 196、203、206、211
草玉梅 125
草原景天 348
草原石头花 72、73
草原丝石竹 70、73
侧金盏花属 92、140
叉繁缕 26
叉裂毛茛 150、153、156
叉歧繁缕 17、26
叉叶委陵菜 465
叉枝唐松草 120
茶藨子属 353、365
查存－其其格 117
查干－得伯和日格纳 11
查干牙芒 182
长白菜 299
长瓣铁线莲 169、178
长柄唐松草 116
长萼瞿麦 74、75
长萼石竹 75
长梗扁桃 503
长梗欧亚唐松草 113、124
长冠女娄菜 50、54
长果女娄菜 51、58
长喙毛茛 151、168
长茎景天 343
长茎毛茛 149、154
长距飞燕草 191
长毛银莲花 125、129
长蕊地榆 438、441
长伞花序组 383
长筒瞿麦 75

长药八宝 340、342、343、344
长药景天 342
长叶地榆 438、440
长叶二裂委陵菜 466
长叶繁缕 17、32
长叶碱毛茛 146、147
长叶毛茛 159
长叶毛茛组 150
长叶水毛茛 142、143
长圆果菘蓝 246
长嘴毛茛 168
朝天委陵菜 464、476
朝鲜白头翁 132、136
朝鲜洋梨 420
扯根菜 354
扯根菜属 353、354
齿瓣延胡索 230
齿裂西山委陵菜 465、488
齿裂延胡索 229、230
赤芍 88
“赤阳”428
齿叶花旗杆 291
翅籽荠属 239、243、253
重瓣白头翁 135
重瓣长毛银莲花 130
稠李 512
稠李属 381、512
臭芥 295
臭李子 512
穿叶独行菜 265
串珠芥 327
垂梗繁缕 16、18
垂果大蒜芥 306
垂果南芥 332
垂果四棱荠 259
垂果蒜芥 306
唇花翠雀花 186、191
刺果茶藨子 366
刺虎耳草 358
刺梨 365、366
刺李 366
刺玫果 434
刺蔷薇 431、435
刺叶小檗 213、215、217
丛生钉柱委陵菜 464、474
粗糙金鱼藻 84、85
粗距翠雀花 192
粗壮女娄菜 52
簇茎石竹 74、75
簇生卷耳 37、38
翠雀花 186、192
翠雀属 92、186

D

大白菜 299
大瓣铁线莲 178
大萼铁线莲 178
大萼委陵菜 464、484
大果翅籽荠 253
大花飞燕草 192
大花剪秋罗 47、48
大花溲疏 377、378
大花银莲花 125、126
大青 246、247
大青叶 247
大山楂 413
大蒜芥属 241、243、306
大头委陵菜 484
大香水 419
大兴安岭乌头 196、209
大叶华北绣线菊 382、384
大叶毛茛 164
大叶蔷薇 435
大叶碎米荠 309、313
大叶铁线莲 169、175

大嘴乌头 211
丹皮 87
单穗升麻 97、99
单叶毛茛 149、151
倒卵叶庭荠 274、275
得伯和日格纳 13
灯心草蚤缀 10、11、13
等齿委陵菜 463、469
低矮华北乌头 206
地丁 232
地丁草 232
地豆豆 445
地红花 465
地蔓菁 298
地蔷薇 493
地蔷薇属 380、493
地榆 438、439
地榆属 379、438
棣棠升麻 381
点地梅蚤缀 10、12
点头虎耳草 358、360
靛青 246
碟花茶藨子 367
东北扁核木 498、499
东北茶藨 365、370
东北繁缕 27
东北高翠雀花 186、187
东北金鱼藻 85
东北蕤核 499
东北小叶茶藨 365、368
东北珍珠梅 401
东方草莓 456、457
东方铁线莲 182
东陵八仙花 375
东陵绣球 375
东亚唐松草 113、124
东亚仙女木 430
东爪草 335
东爪草属 335
独行菜 265、268、322
独行菜属 240、242、265
杜梨 418、421
短瓣繁缕 17、29
短瓣金莲花 95、96
短梗箭头唐松草 113、122
短梗涩芥 329、330
短梗四棱荠 259
短果双棱荠 257
短果小柱芥 257
短伞花序组 382
短尾铁线莲 169、176
断肠草 203
对叶景天 342
钝萼繁缕 16、24
钝叶独行菜 265、268
钝叶瓦松 336
多花栒子 403
多茎委陵菜 464、485
多裂委陵菜 464
多腺悬钩子 444、449
多型大蒜芥 306、308

E

鹅不食草 10
鹅肠菜 36
鹅肠菜属 1、36
鹅莓 368
鹅绒委陵菜 464、475
额乐森－萝邦 250
鄂尔多斯小檗 213、214
遏蓝菜 263、264
遏蓝菜属 263
耳瓣女娄菜 50、51
二包头 299
二黄苗 299

二裂委陵菜 463、465
二歧银莲花 125
二柱繁缕 16、18

F

法兰西梨 420
翻白草 464、480
翻白繁缕 18、34
翻白委陵菜 480
翻白蚊子草 452、453
繁缕 16、20
繁缕属 1、16
防己科 219
费菜 350
费菜属 335、350
粉花翠雀花 194
粉花地榆 438、440
粉花系 382
粉绿垂果南芥 332
风花菜 260、262
凤梨草莓 457
伏毛草乌头 196、205
伏毛毛茛 151、166
伏毛山莓草 491
伏生茶藨 374
伏生毛茛 166
伏水碎米荠 312
伏委陵菜 476
浮毛茛 150、162、163
浮毛茛组 150
浮水碎米荠 309、312
斧翅沙芥 250
斧形沙芥 250
复伞房花序组 382
覆盆子 449

G

嘎布日地劳 201
嘎伦－塔巴格 227
甘川铁线莲 170、185
甘蓝 296、297
甘青侧金盏花 140、141
甘青铁线莲 170、184
干滴落 339
高二裂委陵菜 463、466
高丽果 456
高山地榆 438
高山漆姑草 44
高山漆姑草属 1、44
高山唐松草 112、113
高山铁线莲 178
高山蚤缀 10、14
高要－巴沙嘎 75
高原毛茛 150、158
疙瘩白 297
鸽子花 192
根叶飞燕草 187
根用芥 296、301
狗豆蔓 183
狗筋麦瓶草 60、61
狗筋蔓 45
狗筋蔓属 1、45
狗奶子 216
狗葡萄 370
关白附 202、203
灌木铁线莲 169、170
罐梨 420
光萼女娄菜 50、52
光果葶苈 278
光果野罂粟 225
光叶山楂 411、414
光叶蚊子草 453
光轴蚤缀 10、12
“国光”428
桂竹香糖芥 323

H

哈拉巴干－希日－毛都 215
哈日－敖日秧古 220
哈日牙芒 179
孩儿参 5、6、7、8、9
孩儿参属 1、5
海红 426
海拉尔绣线菊 383、394
海棠果 426
蔊菜属 240、242、260
汉毕勒 269、322
旱麦瓶草 60、64、65、66
旱生紫堇 233
蒿叶委陵菜 479
好如海－其其格 232
禾叶繁缕 18、35
禾叶麦瓶草 60、67
禾叶蝇子草 67
合叶子 452
河北白喉乌头 195、201
河篦梳 475
贺兰山翠雀花 186、190
贺兰山繁缕 17、30
贺兰山孩儿参 5、6
贺兰山毛茛 149、152
贺兰山南芥 317
贺兰山女娄菜 51、59
贺兰山稀花紫堇 231
贺兰山延胡索 229、231
贺兰山蝇子草 59
褐毛铁线莲 170、180
黑茶藨 365、369
黑大艽 197
黑果灰栒子 409
黑果栒子 403、409
恒日格－额布斯 263
红果 413
红果类叶升麻 100、101
红果山楂 413
红花紫堇 229、233
红景天 345、346
红景天属 335、345
红林擒 425
红毛七 218
红升麻 353
红升麻属 353
红叶小檗 213、217
厚叶繁缕 31
厚叶花旗杆 286
呼和－那布其 247
呼伦白头翁 132、138
虎耳草科 353
虎耳草属 353、358
虎麻 353
花盖梨 418
花红 423、428
花旗杆 286、291
花旗杆属 240、242、286、316
花楸属 379、415
花楸树 415、416
花唐松草 116
花椰菜 296、297
花叶杜梨 429
花叶海棠 423、429
华北八宝 340
华北覆盆子 444、447
华北景天 340
华北老牛筋 14
华北耧斗菜 102、106
华北糖芥 324
华北乌头 196、206、207
华北蚤缀 14
华北珍珠梅 401、402
华西委陵菜 464、480

华西银蜡梅 462
华西银露梅 459、462
荒漠连蕊芥 284
荒漠石头花 70
荒漠丝石竹 70
荒漠霞草 70
黄刺玫 431、432
黄戴戴 147
黄瓜香 439
黄花白头翁 132、139
黄花棒果芥 283
黄花铁线莲 170、183
黄花瓦松 336、338
黄花乌头 195、197、202
黄堇 230、236
“黄魁”428
黄连 115
黄林檎 425
黄龙尾 451
黄芦木 213、216
“黄太平”428
黄唐松草 121
灰白芹叶芥 321
灰白委陵菜 488
灰绿黄堇 229、233
灰毛燥原荠 277
灰栒子 403、410
灰叶铁线莲 169、171
回回蒜 151、167、168
回回蒜毛茛 167
回折绣线菊 383、398
活血三七 342

J

鸡肠繁缕 20
基叶翠雀花 186、187
吉日乐格－扎木日 435
冀北翠雀花 188
假繁缕 9
假升麻 381
假升麻属 379、381
尖萼耧斗菜 102、107
尖芽系 383
尖叶丝石竹 70、72
尖叶栒子 410
坚唐松草 120
坚硬女娄菜 52
剪秋罗 48
剪秋罗属 2、47
碱独行菜 265、266
碱毛茛 146
碱毛茛属 146
见血散 350
箭头唐松草 113、121
角茴香 226、228
角茴香属 223、226
节裂角茴香 226、227
结球甘蓝 297
睫伞繁缕 32
芥菜 296、300
芥菜疙瘩 301
芥菜型油菜 301
芥子 300
“今村秋”421
金戴戴 147
“金冠”428
“金红”428
金蜡梅 459
金老梅 459
金莲花 95、97
金莲花属 91、94
金露梅 459、461、462
金露梅属 380、459
金丝桃叶绣线菊 383、393
金腰属 353、363

金鱼藻 84、85
金鱼藻科 84
金鱼藻属 84
堇叶山梅花 376
京白菜 299
景天 342
景天科 335
景天三七 350
景天属 335、348
菊花白 299
菊叶委陵菜 464、479
卷耳 37、39
卷耳属 1、37
卷毛蔓乌头 196、208
卷叶唐松草 112、118
绢毛匍匐委陵菜 468
绢毛山莓草 491、492
绢毛委陵菜 464、481
绢毛细蔓委陵菜 463、468
绢毛绣线菊 382、388
蕨麻委陵菜 475

K

科氏飞燕草 187
客发梨 420
空心柳 383
窟窿牙根 98
苦地丁 232
苦豆根 219
库页红景天 345、347
库页悬钩子 444、445、448
宽翅沙芥 249、250
宽裂白蓝翠雀花 186、190
宽芹叶铁线莲 170、182
宽叶独行菜 265、267
宽叶费菜 350、351
宽叶旱麦瓶草 60、66
宽叶土三七 351
阔叶景天 348

L

辣疙瘩 301
辣辣根 268
辣蓼铁线莲 169、175
辣麻麻 268
莱菔 294
莱菔子 294
蓝堇草 110
蓝堇草属 91、110
狼山麦瓶草 60、69
狼爪瓦松 336、339
老鸹爪 459
老牛筋 11
肋果菘蓝 245
类叶牡丹 218
类叶牡丹属 213、218
类叶升麻 100
类叶升麻属 91、100
离蕊芥 329
离蕊芥属 329
离子芥 293
离子芥属 240、242、293
梨属 379、418
李 507
李属 381、507
李亚科 380、498
李子 507
连蕊芥 284、285
连蕊芥属 240、242、284
辽宁扁核木 499
辽宁山楂 411、413
辽瓦松 339
辽五味子 221
裂叶芥 321
裂叶芥属 321
裂叶毛茛 150、157

裂叶山楂 412
林地铁线莲 176
林繁缕 16、19
林荆子 423
林生银莲花 126
瘤翅女娄菜 50、52
瘤糖茶藨 365、371
柳叶系 382
柳叶绣线菊 382、383
六齿卷耳 37
龙首山女娄菜 50、54
龙首山蔷薇 431、436
龙牙草 451
龙牙草属 380、451
耧斗菜 102、103、104
耧斗菜属 91、101
耧斗叶绣线菊 383、394
陆氏连蕊芥 284
路边青 450
卵裂银莲花 125、130
卵叶芍药 86、89
卵叶蚤缀 10
轮叶委陵菜 463、466
萝帮 294
萝卜 294
萝卜属 241、243、294
萝萝蔓 183
裸果木 4
裸果木属 1、4
裸茎碎米荠 309
洛阳花 74、77
落新妇 353
落新妇属 353
驴蹄草 92、93
驴蹄草属 91、92
绿花繁缕 28
绿叶蚊子草 452、453
葎草叶悬钩子 444

M

马杜梨 429
马加木 416
马茹 498
马尾黄连 116
麦毒草 46
麦毒草属 2、46
麦蓝菜 79
麦瓶草 64
麦瓶草属 2、60
麦氏蚤缀 14
麦仙翁 46
麦仙翁属 46
蔓孩儿参 5、7
蔓假繁缕 7
蔓菁 298
蔓麦瓶草 62
蔓委陵菜 467
蔓乌头 196、208
毛柄水毛茛 142、145
毛茶藨 365、372
毛簇茎石竹 74、76
毛地蔷薇 493、497
毛萼麦瓶草 60、62
毛萼女娄菜 50、53
毛萼香芥 320
毛茛 151、159、164
毛茛科 91
毛茛属 92、149
毛茛叶乌头 195、199
毛茛组 150
毛梗蚤缀 12
毛姑朵花 132、136
毛灌木铁线莲 169、171
毛果群心菜 254

毛果绣线菊 382、385
毛孩儿参 5
毛花绣线菊 383、393
毛假繁缕 5
毛金腰 363、364
毛金腰子 364
毛南芥 333
毛山荆子 423、424
毛山楂 411
毛桃 500
毛叶老牛筋 12
毛叶三裂绣线菊 383、390
毛叶水栒子 403、404
毛叶蚤缀 10、12
毛樱桃 508、509
毛缘剪秋罗 48
毛枝蒙古绣线菊 398
毛轴鹅不食 11
毛轴蚤缀 11
茅膏菜科 334
玫瑰 431
莓叶委陵菜 464、477
梅花草 355、357
梅花草属 353、355
梅华藻 145
美丽茶藨 367
美丽老牛筋 13
美丽毛茛 149、154
美丽毛茛组 149
美丽绣线菊 382、386
美丽蚤缀 10、13
美蔷薇 431、433、435
美洲李 507
蒙古白头翁 132、134
蒙古包大宁 458
蒙古扁桃 500、502
蒙古石竹 77
蒙古唐松草 118
蒙古糖芥 323、325
蒙古葶苈 278、281
蒙古绣线菊 383、398
蒙古栒子 403、405
蒙古枣 439
孟根－地格达 356
孟根－乌日阿拉格 462
米努草属 44
密枝委陵菜 463、473
绵刺 458
绵刺属 380、458
绵羊沙芥 250
棉团铁线莲 169、173
面果果 413
“明月” 421
膜叶驴蹄草 94
貉藻 334
貉藻属 334
牡丹 86

N

南果梨 419
南芥属 242、244、317、332
内蒙茶藨 365、371
内蒙古毛茛 150、163
内蒙古女娄菜 50、56
内弯繁缕 16、23
拟耧斗菜属 109
拟漆姑 2
拟散花唐松草 116
念珠芥 327
念珠芥属 242、244、327
鸟足毛茛 149、153
宁夏麦瓶草 60、64
宁夏绣线菊 398
宁夏蝇子草 64
牛扁 195、197、198

牛扁亚属 195
牛叠肚 444、446
牛漆姑草 2
牛漆姑草属 1、2
扭果花旗杆 286、287
挪威虎耳草 358、362
女娄菜 50、53、59
女娄菜属 2、50

O

欧李 508、510
欧亚唐松草 113、123
欧亚系 382
欧亚绣线菊 382、387
欧洲醋栗 365、368
欧洲山芥 304、305
欧洲菘蓝 245、247

P

泡果荠 254
泡小檗 215
披针毛茛 150、159
披针叶叉繁缕 26
披针叶卷耳 37、39
苤蓝 297
苹果 423、427
苹果梨 421
苹果属 379、423
苹果亚科 379、403
萍蓬草 83
萍蓬草属 80、83
铺地委陵菜 476
铺散繁缕 32
匍生蝇子草 62
匍枝毛茛 151、166
匍枝委陵菜 463、467
普通桃 500、501
普通杏 504

Q

漆姑草 41、42
漆姑草属 1、41
歧序唐松草 120
荠 271
荠菜 271
荠属 240、243、271
浅裂剪秋罗 47、48
芡实 80
芡属 80
蔷薇科 379
蔷薇属 379、431
蔷薇亚科 379、430
乔玛梨 420
芹叶荠属 241、244、321
芹叶铁线莲 170、174、179、181、184
青白口 299
青菜 296、299
青麻叶 299
青新棒果芥 283
清水河念珠芥 327、328
秋白梨 420
秋子梨 418、421
楸子 423、426
球果葶菜 260、261
球果黄堇 230、237
球果荠 255
球果荠属 239、243、255
球果唐松草 112、115
球茎甘蓝 297
球茎虎耳草 358、360
瞿麦 74、75、77
曲萼绣线菊 396
曲尖委陵菜 475
全缘栒子 403、408
全缘叶花旗杆 286、289
雀舌草 16、23

群心菜属 239、242、254

R

热河乌头 196、206、207
“人民” 428
日本漆姑草 42
茸毛委陵菜 465、488
柔毛连蕊芥 284
柔毛绣线菊 391
柔毛云生毛茛 153
乳毛费菜 350、352
乳突拟耧斗菜 109
软毛翠雀花 187、194
蕤核 498
蕤核属 498
锐棱阴山荠 270
锐裂箭头唐松草 113、122

S

萨产－额布斯 338
赛北紫堇 229、235
赛繁缕 16、20
三出委陵菜 463、471
三季梨 420
三角叶驴蹄草 92、93、94
三颗针 216
三肋菘蓝 245、246
三裂地蔷薇 493、495
三裂系 382
三裂绣线菊 382、389
三裂叶绣线菊 389
三桠绣线菊 389
三叶委陵菜 463、472
伞繁缕 32
伞花繁缕 16、22
涩芥 329
涩芥属 242、244、329
涩枣子 429
沙地繁缕 17、25
沙地委陵菜 479
沙地绣线菊 382、389
沙果 428
沙芥 249、251
沙芥属 239、242、249
沙梨 418、420、421
沙窝窝 448
砂生地蔷薇 493、496
山刺玫 431、434
山大烟 224
山定子 423
山豆根 219
山豆秧根 219
山遏蓝菜 264
山花椒秧 221
山槐子 416
山黄檗 216
山黄连 223
山芥 304
山芥属 241、243、304
山芥叶蔊菜 260
山荆子 423
山卷耳 37、38
山梨 418
山里红 411、412、413
山米壳 225
山蓼 173
山柳菊叶糖芥 323、324
山麻子 370
山蚂蚱草 64
山毛桃 501
山莓 444、447
山莓草属 380、491
山梅花属 353、376
山棉花 173
山女娄菜 61
山桃 500、501

山西乌头 197、212
山西异蕊芥 315
山薪蓂 263、264
山杏 504、505、506
山延胡索 231
山羊沙芥 249
山银柴胡 11
山樱桃 502、503、509
山楂 411、412
山楂属 379、411
芍药 86、87、90
芍药科 86
芍药属 86
少花栒子 403、407
蛇果黄堇 230、237
蛇莓委陵菜 463、468
肾叶唐松草 116
升麻 98、99
升麻属 91、97
十字花科 239
石蚌树 385
石棒绣线菊 387
石棒子 387
石蚕叶系 383
石蚕叶绣线菊 383、396
石缝蝇子草 68
石假繁缕 6
石龙芮 150、159
石龙芮组 150
石米努草 44
石生孩儿参 5、6
石生麦瓶草 60、61
石生委陵菜 464、476
石生悬钩子 444、445
石生蝇子草 61
石生长瓣铁线莲 179
石头花 72
石头花属 70
石竹 74、77
石竹科 1
石竹属 2、74
匙荠 256
匙荠属 239、242、256
匙叶小檗 214
寿蒜芥 308
疏齿银莲花 125、128
疏花蔷薇 431、437
疏毛草乌头 196、205
疏毛翠雀花 186、194
疏毛女娄菜 53
疏毛绣线菊 383、392
疏毛圆锥乌头 205
疏心青白口 299
曙南芥 331
曙南芥属 241、244、331
双刺茶藨子 366
双棱荠属 239、244、257
水葫芦苗 146
水葫芦苗属 92、146
水黄连 121、122
水毛茛 142、144
水毛茛属 92、142
水葡萄茶藨 365、368
水蒜芥 306、307
水田芥 311
水田碎米荠 309、311
水栒子 403
水杨梅 450
水杨梅属 380、450
水榆花楸 415
睡莲 81
睡莲科 80
睡莲属 80、81
丝石竹属 2、70

四川苍耳七 356
四棱荠 259
四棱荠属 239、242、259
松叶毛茛 150、160
松藻 84
菘蓝 245、246、247
菘蓝属 239、242、245
溲疏属 353、377
宿萼假耧斗菜 109
酸麻子 367
遂瓣繁缕 18
碎米荠属 241、243、309
唢呐草 357
唢呐草属 353、357

T

塔比勒干纳 393
塔格音－好乐得存－其其格 228
塔苏日海－嘎伦－塔巴格 228
太平花 376
太子参 9
唐松草 114
唐松草属 91、112
棠梨 421
糖罐梨 420
糖芥 323、324、326
糖芥属 241、244、323
糖梨 420
桃 500
陶来音－汤乃 475
陶木－希日－毛都 217
特门－章给拉嘎 26
桃色女娄菜 53
桃属 500
桃亚属 500
腾唐松草 124
天山毛茛 150、158
铁山耧斗菜 105
铁线莲属 92、169
庭荠属 240、244、274
葶苈 278
葶苈属 240、244、278
葶苈子 269、322
头花丝石竹 70、71
头状石头花 71
土黄连 114
土梨 421
土三七 350
土庄花 391
土庄绣线菊 383、391
团扇荠 252
团扇荠属 239、244、252
托盘 446

W

瓦松 336、337、339
瓦松属 335、336
王不留行 79
王不留行属 2、79
旺业甸乌头 195、199
威灵仙 174
委陵菜 465、485
委陵菜属 380、463
蚊子草 452
蚊子草属 380、452
“倭锦匀鸡冠”428
乌拉乐吉甘 222
乌拉特绣线菊 382、386
乌拉音－恒日格－乌布斯 264
乌兰－察那 89
乌兰－高恩淘格 326
乌兰－矛钙－伊得 346
乌日阿拉格 460
乌日格图－希日－毛都 214
乌日乐其－额布斯 105
乌头属 92、195

乌头亚属 195
无瓣繁缕 16、21
无茎委陵菜 470
无毛老牛筋 12
无毛漆姑草 41
无腺花旗杆 289
无心菜 10
无心菜属 10
芜菁 296、298
芜菁甘蓝 296、298
五岔沟乌头 195、201
五刺金鱼草 84
五台金腰 363
五味子 221
五味子科 221
五味子属 221
五爪龙 468
雾灵乌头 196、205
雾灵香花芥 319
X
西北栒子 403、407
西北沼委陵菜 489、490
西伯利亚驴蹄草 94
西伯利亚铁线莲 169、177
西伯利亚乌头 195、197、198
西伯利亚杏 504、506
西伯日－泵阿 198
西伯日－好如海－其其格 235
西府海棠 423、425
西山委陵菜 465、487
西湾翠雀花 188
西洋梨 418、419
西洋苹果 427
希古得日格纳 224
希勒牙芒 184
菥蓂属 240、242、263
锡林麦瓶草 60、64
喜山葶苈 278、279
细叉梅花草 355、356
细果角茴香 227
细距耧斗菜 102、103
细裂白头翁 132、138
细麦瓶草 60、67
细唐松草 112、118
细须翠雀花 186、188
细叶白头翁 132、134、136、139
细叶地榆 438、441
细叶繁缕 17、31、32
细叶黄乌头 195、197
细叶石芥花 310
细叶丝石竹 72
细叶碎米荠 309、310
细叶铁线莲 181
细叶委陵菜 482
细叶蚊子草 452、454
细叶乌头 197、211
细叶小檗 213、215
细叶燥原荠 276、277
细蝇子草 67
细枝栒子 403、408
狭裂瓣蕊唐松草 118
狭裂山西乌头 212
狭裂延胡索 230
狭裂准噶尔乌头 207
狭叶草原丝石竹 73
狭叶草原霞草 73
狭叶费菜 350、351
狭叶剪秋罗 47
狭叶蔓乌头 208
狭叶歧繁缕 26
狭叶土三七 351
霞草状繁缕 25
仙鹤草 451
仙女木属 379、430

鲜卑花 400
鲜卑花属 379、400
藓状景天 348、349
线叶花旗杆 289
腺地榆 438、440
腺茎独行菜 268
腺毛唐松草 119
腺毛委陵菜 464、478
腺毛蚤缀 13
腺异蕊芥 268、315、316
香花草 320
香花草属 319
香花芥属 241、243、319
香芥 320
香芥属 241、243、320
香唐松草 112、119
小白菜 299
小白花地榆 438、442
小檗科 213
小檗属 213
小丛红景天 345
小果亚麻荠 272
小花草玉梅 125、127
小花花旗杆 286、288
小花耧斗菜 102
小花溲疏 377
小花碎米荠 309、310
小花糖芥 323
小黄紫堇 229、234
小尖把 419
小金花 124
小卷耳 38
小青菜 299
小青口 299
小伞花繁缕 16、22
小水毛茛 142
小唐松草 123
小香水 419
小叶茶藨 365、367
小叶金老梅 460
小叶金露梅 459、460
小叶毛茛 161
小叶蔷薇 437
小叶铁线莲 169、172
小油菜 299
小掌叶毛茛 150、161
小柱芥属 257
小柱荠属 257
楔叶茶藨 365、366
楔叶毛茛 150、163
楔叶系 382
心叶独行菜 266
新疆白芥 302
星毛委陵菜 463、470
兴安白头翁 132、135
兴安茶藨 369
兴安翠雀花 186、190
兴安鹅不食 12
兴安繁缕 17、27
兴安费菜 350、352
兴安旱麦瓶草 67
兴安红景天 345、347
兴安景天 352
兴安毛茛 150、164
兴安乃－扎白 99
兴安女娄菜 50、56
兴安山楂 414
兴安升麻 97、98、100
兴安石竹 74、77
兴安乌头 196、206
兴隆连蕊芥 284
杏 504、505
杏属 381、504
绣球属 375

绣线菊 383
绣线菊属 379、382
绣线菊亚科 379、381
须具利 368
“旭”428
悬钩子属 380、444
雪白委陵菜 463、471
雪里红 301
雪里蕻 296、301
血见愁 104
栒子木 403
栒子属 379、403
Y
鸭梨 420
鸭绿繁缕 17、33
牙日钙 410
亚麻荠 272
亚麻荠属 240、244、272
延胡索 230
岩生繁缕 17、28
盐芥 318
盐芥属 241、243、318
羊辣辣 267
洋梨 419
洋蔓菁 298
摇嘴嘴花 192
野草莓 456
野大烟 224
野梨 418
野桑椹 167
野桃 501
野杏 505
野罂粟 224
叶苞繁缕 17、31
叶麦瓶草 60、68
伊日贵 137
依日绘 174
异果芥 292
异果芥属 240、242、292
异花孩儿参 5、9
异蕊芥 315
异蕊芥属 241、243、315
异株女娄菜 51、57
翼果唐松草 112、114
阴山繁缕 17、28
阴山毛茛 149、155
阴山美丽毛茛 155
阴山荠 270
阴山荠属 240、242、270
阴山乌头 197、210
银柴胡 17、25、26、27
银老梅 461
银莲花属 91、125
银露梅 459、461
银条菜 261
银叶毛茛 150、166
蚓果芥 327
英吉利茶藨 365、373
罂粟科 223
罂粟属 223、224
樱属 381、508
樱桃 508、510
硬毛南芥 332、333
硬叶水毛茛 142、143
尤纳托夫双棱荠 257、258
尤纳托夫小柱荠 258
油芥菜 296、301
油瓶瓶 433
榆叶梅 508
羽裂花旗杆 315
羽衣草 443
羽衣草属 379、443
玉头 297
郁李仁 502、509、511

毓泉翠雀花 186、192
圆白菜 297
圆萼繁缕 24
圆酷栗 368
“元帅”428
圆叶八宝 340、341
圆叶碱毛茛 146
圆叶毛茛 149、152
圆锥花序组 382
缘翅牛漆姑草 2、3
月季花 431、434
芸苔 296、299
芸苔属 241、243、296
Z
“早生赤”428
蚤缀 10
蚤缀属 1、10
燥原荠 276
燥原荠属 240、244、276
扎杠 193
扎木日－其其格 432
窄叶绣线菊 382、387
粘委陵菜 478
展毛唇花翠雀花 186、191
展毛银莲花 125、129
展枝唐松草 112、120
掌裂毛茛 150、156、157
掌叶白头翁 132、133
掌叶多裂委陵菜 464、483
爪瓣虎耳草 359
爪虎耳草 358、359
爪花芥 282、283
爪花芥属 240、244、282
沼地毛茛 150、162
沼繁缕 18、34
沼生繁缕 34
沼生蔊菜 262
沼委陵菜 489
沼委陵菜属 380、489
哲日利格－阿木－其其格 225
针喙芥 317
针喙芥属 241、243、317
针雀 215
珍珠梅 401、402
珍珠梅属 379、401
珍珠绣线菊 383、395
“祝”428
芝麻菜 295
芝麻菜属 241、243、295
直梗唐松草 112、116
直立地蔷薇 493
直毛串珠芥 327
栉裂毛茛 150、155、158
栉叶荠 315
置疑小檗 213、217
中国李 507
种阜草 15
种阜草属 1、15
舟果荠 248
舟果荠属 239、242、248
珠果紫堇 236
珠芽虎耳草 360
诸葛菜 303
诸葛菜属 241、243、303
锥果葶苈 278、280
准噶尔铁线莲 169、173
准噶尔栒子 403、406
准噶尔总花栒子 406
准格尔丝石竹 71
紫八宝 340、343、344
紫萼铁线莲 170、184
紫红花麦瓶草 60、66
紫红花长瓣铁线莲 169、179
紫花棒果芥 282

紫花地丁 232
紫花高乌头 195、200
紫花耧斗菜 102、105
紫花铁线莲 170、181
紫堇 229、232、235
紫堇科 229
紫堇属 229
紫景天 344
紫霞耧斗菜 106
紫爪花芥 282
钻果大蒜芥 306、307

拉丁文名索引

A

Acirostrum241、243、317

alaschanicum317

Aconitum92、195

ambiguum196、206

bailangense196、209

barbatum197

var. barbatum195、197

var. hispidum195、197、198

var. puberulum195、198

coreanum195、202

daxinganlinense196、209

delavayi

var. coreanum202

excelsum200

fischeri195、203

flavum

var. galeatum210

hispidum197

jeholense206

var. angustium207

var. angustius196

var. jeholense196、207

kusnezoffii203

var. crispulum196、205

var. kusnezoffii196、203

var. multicarpidium203

var. pilosum196、205

leucostomum

var. hopeiense195、201

lycoctonum

f. umbrosum198

macrorhynchum197、211

f. tenuissimum211

paniculigerum

var. wulingense205

ranunculoides195、199

septentrionale195、200

smithii197、212

var. tenuilobum212

soongaricum

var. angustium207

Subgen. Aconitum195

Subgen. Lycoctonum195

tenuissimum211

umbrosum195、198

villosum197、211

volubile208

var. pubescens196、208

var. volubile196、208

wangyedianense195、199

wuchagouense195、201

wulingense196、205

yinschanicum197、210

Actaea91、100

asiatica100

cimicifuga

var. simplex99

erythrocarpa100、101

Actinospora

dahurica98

Adonis92、140

bobroviana140、141

sibirica140

Agrimonia380、451

pilosa451

Agrostemma2、46

githago46

Alchemilla379、443

japonica443

Aldrovanda334
vesiculosa334
Alsine
media20
Alyssum240、244、274
canescens276
lenense274
var. dasycarpum274
obovatum274、275
tenuifolium277
Amygdalus380、500
davidiana500、501
mongolica500、502
pedunculata500、503
persica500
Subgen. Amygdalis500
Subgen. Persica500
triloba508
Anacampseros
triphyllum344
Andreoskia
crassifolia286
dentata291
eglandulosa289
Anemone91、125
alaschanica125、131
ambigua134
cernua136
chinensis132
crinita125、129
f. plena130
dahurica135
demissa125、129
dichotoma125
flore-minore125、127
geum
subsp. ovalifolia125、128
narcissiflora
var. alaschanica131
obtusiloba
subsp. ovalifolia128
patens
var. multifida133
rivularis
var. flore-minore127
sibirica125、130
sylvestris125、126
tenuiloba138
Aquilegia91、101
amurensis102、108
anemonoides109
atropurpurea105
leptoceras102、103
oxysepala102、107
f. pallidiflora107
var. pallidiflora107
parviflora102
viridiflora104
f. atropurpurea105
var. atropurpurea102、105
var. viridiflora 102、104
yabeana102、106
Arabis242、244、317、332
alaschanica317
glandulosa316
hirsuta333
holanshanica317
pendula332
var. hypoglauca332
Arenaria1、10
androsacea10、12
capillaris10、12
var. glandulifera13
cherleriae27

formosa10、13
grueningiana14
juncea11
var. glabra10、12
var. juncea10、11
media3
meyeri10、14
rubra
var. marina2
serpyllifolia10
subulata
var. glandulifera13
Armeniaca381、504
ansu504、505
sibirica504、506
var. pubescens506
vulgaris504
Aruncus379、381
sylvester381
Astilbe353
chinensis353
Atragene
ochotensis178
sibirica177
B
Barbarea241、243、304
orthoceras304
vulgaris304、305
Batrachium92、142
bungei142、144
eradicatum142
foeniculaceum142、143
kauffmanii142、143
pekinense142
trichophyllum142、145
Berberidaceae213
Berberis213
amurensis213、216
caroli213、214
dubia213、217
poiretii213、215
sibirica213
thunbergii
cv. atropurpurea213、217
vernae214
xinganensis213
Berteroa239、244、252
incana252
potaninii253
Borodiniopsis
alaschanica317
Brassica241、243、296
chinensis299
juncea300
var. gracilis296、301
var. juncea296、300
var. megarrhiza301
var. multiceps296、301
var. napiformis296、301
napobrassica298
napus
var. napobrassica296、298
oleracea
var. botrytis296、297
var. capitata296、297
var. caulorapa297
var. gongylodes296、297
var. napobrassica298
pekinensis299
polymorphum308
rapa298
var. chinensis296、299
var. glabra296、299
var. oleifera296、299

var. rapa296、298

violacea303

Bunias239、242、256

cochlearioides256

cornuta249

C

Caltha91、92

natans92

palustris93

var. membranacea92、94

var. palustris92、93

var. sibirica92、94

Camelina240、244、272

barbareifolia260

microcarpa272

sativa272

Capsella240、244、271

bursa-pastoris271

Cardamine241、243、309

leucantha309、312

lyrata309、311

macrophylla309、313

parviflora309、310

pratensis309、314

prorepens309、312

scaposa309

schulziana310

trifida309、310

Cardaria239、242、254

pubescens254

Caryophyllaceae1

Caulophyllum213、218

robustum218

Cerastium1、37

aquaticum36

arvense

subsp. strictum37、39

var. angustifolium 39

var. glabellum39

cerastoides37

falcatum37、39

fontanum

subsp. vulgale37、38

pusillum37、38

vulgare38

Cerasus381、508

humilis508、510

pseudocerasus508、510

tomentosa508、509

triloba508

Ceratophyllaceae84

Ceratophyllum84

demersum84

kossinskyi85

manschuricum85

muricatum

subsp. kossinskyi84、85

oryzetorum84

submersum

var. manschuricum85

Chamaerhodos380、493

altaica493、494

canescens493、497

erecta493

sabulosa493、496

trifida493、495

Cheiranthus

pinnatifitus315

Chelidonium223

majus223

Chorispora240、243、293

tenella293

Chrysosplenium353、363

pilosum363、364

serreanum363
Cimicifuga91、97
dahurica97、98
simplex97、99
Clausia241、243、320
trichosepala320
Clematis92、169
aethusifolia181
var. aethusifolia170、181
var. latisecta182
var. pratensis170、182
akebioides170、185
alpine
subsp. macropetala178
var. albiflora180
brevicaudata169、176
fruticosa170
var. canescens169、171
var. fruticosa169、170
var. tomentella171
fusca180
var. fusca170、180
var. violacea170、181
heracleifolia169、175
hexapetala169、173
intricata183
var. intricata170、183
var. purpurea170、184
macropetala178
var. albiflora169、180
var. macropetala169、178
var. punicoflora169、179
var. rupestris178、179
mandshurica175
nannophylla169、172
orientalis170、182
var. akebioides185
var. tangutica184
pratensis182
salsuginea171
sibirica177
var. ochotensis169、178
var. sibirica169、177
songorica169、173
tangutica170、184
terniflora
var. mandshurica169、175
tomentella169、171
Cochlearia
acutangula270
Comarum380、489
palustre489
salesovianum489、490
Corydalis229
adunca229、233
alaschanica229、231
bungeana229、232
curviflora
var. giraldii231
gamosepala229、231
impatiens229、235
livida229、233
ochotensis
var. raddeana234
ophiocarpa230、237
pallida230、236
var. speciosa237
pauciflora
var. alaschanica231
punicea233
raddeana229、234
remot
var. lineariloba230
sibirica229、235

var. impatiens235

speciosa230、237

turtschaninovii229、230

Cotoneaster379、403

acutifolius403、410

integerrimus403、408

melanocarpus403、409

mongolicus403、405

multiflorus403

nummularia

var. soongoricum406

oliganthus403、407

soongoricus403、406

submultiflorus403、404

tenuipes403、408

zabelii403、407

Cotyledon

fimbriata337

spinosa338

Crassulaceae335

Crataegus379、411

alnifolia415

dahurica411、414

maximowiczii411

pinnatifida412

var. major411、413

var. pinnatifida411、412

sanguinea411、413

Cruciferae239

Cucubalus1

baccifer45

venosus61

D

Dasiphora

davurica461

Delphinium92、186

albocoeruleum189

var. albocoeruleum186、189

var. latilobum186、190

var. przewalskii186、190

cheilanthum191

var. cheilanthum186、191

var. pubescens186、191

crassifolium186、187

grandiflorum94、192

var. grandiflorum186

var. pilosum186、194

var. gandiflorum192

hsinganense186、190

korshinskyanum186、187

leptopogon188

mollipilum187、194

pachycentrum192

przewalskii190

siwanense186、188

var. leptopogon188

yuchuanii186、192

Dentaria

leucantha312

trifida310

Descurainia241、244、322

sophia322

Deutzia353、377

grandiflora377、378

parviflora377

Dianthus2、74

chinensis77

var. chinensis74、77

var. subulifolius78

var. versicolor74、77

longicalyx74、75

repens75

var. repens74、75

var. scabripilosus74、76

subulifolius78

superbus74

subsp. alpestris74

verscolor77

Dimorphostemon241、243、315

glandulosus 268、316

pinnatifitus315

pinnatus315

Diptychocarpus240、243、292

strictus292

Dontostemon240、242、286、316

crassifolius286

dentatus286、291

eglandulosus289

elegans286、287

integrifolius286、289

var. eglandulosus289

matthioloides282

micranthus286、288

senilis286、289

Draba240、244、278

ladyginii278、280

lanceolata278、280

mongolica278、281

multiceps331

nemorosa278

var. leiocarpa278

oreades278、279

Droseraceae334

Dryas379、430

octopetara

f. asiatica430

var. asiatica430

E

Eruca241、243、295

sativa295

vesicaria

subsp. sativa295

Erysimum241、244、323

altaicum

var. shinganicum325

subsp. bungi326

bungei326

cheiranthoides323

flavum323、325

var. shinganicum325

hieraciifolium323、324

macilentum323、324

officinale307

Euryale80

ferox80

F

Ficus

pyrifolia420

Filipendula380、452

angustiloba452、454

glabra453

intermedia452、453

nuda452、453

palmata452

var. glabra453

Fragaria380、456

×ananassa456、457

chiloensis

var. ananassa457

orientalis456

Fumaria

impatiens235

pallida236

sibirica235

Fumariaceae229

G

Galitzkya239、244、253

potaninii253

Geum380、450

aleppicum450

Goldbachia239、242、259

ikonnikovii259

laevigata259

pendula259

Gouffeia

holosteoides43

Gymnocarpos1、4

przewalskii4

Gypsophila2、70

acutifolia72

capituliflora70、71

davurica70、73

var. angustifolia72、73

desertorum70

licentiana70、72

H

Halerpestes92、146

ruthenica146、147

salsugiosa146

sarmentosa146

Hesperis241、243、319

afiricana329

flava325

oreophila319

pinnata315

sibirica319

trichosepala320

Heterochroa

desertorum70

Hoteia

chinensis353

Hydrangea353、375

bretschneideri375

Hylotelephium335、340

almae340

erythrostictum342

ewersii341

pallescens342、343

purpureum344

spectabile342

tatarinowii340

var. integrifolium340

triphyllum343、344

Hymenophysa

pubescens254

Hypecoum223、226

erectum226

leptocarpum226、227

I

Isatis239、242、245

costata245、246

var. lasiocarpa245

indigotica245、246、247

lasiocarpa245

oblongata246

tinctoria245、247

Isopyrum

fumarioides110

K

Kadsura

chinensis221

Krascheninikovia

davidii7

heterantha9

heterophylla8

japonica5

maximowicziana9

rupestris6

L

Lepidium240、242、265

alashanicum265、269

apetalum265、268

cartilagineum265、266

cordatum265、266

latifolium265、267

obtusum265、268

perfoliatum265

Leptopyrum91、110

fumarioides110

Lepyrodiclis1

holosteoides43

Lychnis 2、47

alba57

alaschannica59

brachypetala56

cognata48

fulgens48

sibirica47

M

Malcolmia242、244、329

africana329

karelinii329、330

Maloideae379、403

Malus379、423

×micromalus425

asiatica423、428

baccata423

mandshurica423、424

micromalus423

prunifolia423、426

pumila423、427

transitoria423、429

Melandrium2、50

alaschanicum51、59

album51、57

apricum53、59

var. apricum50、53

var. oldhamianum50、54

auritipetalum50、51

brachypetalum50、56

firmum52

f. pubescens53

var. firmum50、52

var. pubescens50、53

longicarpum51、58

longshoushanicum50、54

orientalimongolicum50、56

verrucoso-alatum50、52

Menispermaceae219

Menispermum219

dauricum219

qingshuiheense328

Microstigma239、244、257

brachycarpum257

junatovii257、258

Minuartia1

laricina44

Mitella353、357

nuda357

Moehringia1、15

lateriflora15

Myagrum

paniculatum255

sativum272

Myosoton1、36

aquaticum36

N

Nasturtium

globosum261

Neotorularia242、244、327

humilis327

f. angustifolia327

f. glabrata 327

f. grandiflora327

qingshuiheensis327、328

Neslia239、244、255

paniculata 255

Nuphar80

pumila83

Nymphaea80、81

lutea

var. pumila83

tetragona81

Nymphaeaceae80

O

Odontarrhena

obovata275

Oreoloma240、244、282

matthioloides282

sulfureum283

violaceum282、283

Orostachys335、336

cartilaginea336、339

fimbriata336、337

malacophylla336

subsp. lioutchenngoi336

spinosa336、338

Orychophragmus241、243、303

violaceus303

P

Padus381、512

asiatica512

avium512

var. asiatica512

var. pubescens512

Paeonia86

albiflora

var. trichocarpa87

lactiflora86、87

obovata86、89

suffruticosa86

Paeoniaceae86

Papaver223、224

nudicaule224

subsp. amurense225

var. aquilegioides225

var. glabricarpum225

var. nudicaule224

var. saxatile224

Papaveraceae223

Paraquilegia91、109

anemonoides109

Parnassia353、355

oreophila355、356

palustris355

Pentaphylloides380、459

fruticosa459

glabra461

var. glabra459、461

var. mandshurica459、462

parvifolia459、460

Penthorum353、354

chinense354

Persica

davidiana501

Phedimus335、350

aizoon350

var. aizoon350

var. hsinganicus350、352

var. latifolius350、351

var. latifolius352

var. scabrus350、352

var. yamatutae350、351

hsinganicus352

Philadelphus353、376

pekinensis376

tenuifolius376

Plagiospermum498

sinense499

uniflorum498
Potaninia380、458
mongolica458
Potentilla380、463
acaulis463、470
anserina464、475
betonicifolia463、471
bifurca465
var. bifurca463、465
var. humilior465
var. major463、466
caespitosa474
centigrana463、468
chinensis465、485
conferta464、484
davurica461
discolor464、480
flagellaris463、467
fragarioides464、477
freyniana463、472
fruticosa459
var. mandshurica462
glabra461
var. mandshurica462
leucophylla471
var. pentaphylla471
longifolia464、478
multicaulis464、485
multifida483
var. multifida464
var. nubigena464、483
var. ornithopoda464、483
nivea463、471
ornithopoda483
parvifolia460
peterae488
potaninii464、480
reptans
var. sericophylla463、468
rupestris464、476
saundersiana
var. caespitosa464、474
sericea464、481
simulatrix463、469
sischanensis487
var. peterae465、488
var. sischanensis465、487
strigosa465、488
supina464、476
tanacetifolia464、479
verticillaris463、466
var. pedatisecta466
virgata463、473
Prinsepia380、498
sinensis498、499
uniflora498
Prunoideae380、498
Prunus381、507
americana507
ansu505
armeniaca504
var. ansu505
davidiana501
humilis510
mongolica502
padus512
var. pubescens512
pedunculata503
persica500
pseudocerasus510
salicina507
sibirica506
tomentosa509
triloba508

f. plena508

Pseudostellaria1、5

davidii5、7

helanshanensis5、6

heterantha5、9

heterophylla5、8

japonica5

maximowicziana9

rupestris5、6

Ptilotrichum 240、244、276

canescens276

tenuifolium276、277

Pugionium239、242、249

calcaratum250

cornutum249

cristatum250

dolabratum249、250

var. latipterum250

var. platypterum250

Pulsatilla92、132

ambigua132、134

cernua132、136

chinensis132

dahurica132、135

f. pleniflora135

hulunensis132、138

patens

subsp. multifida132、133

var. multifida 133

f. albiflora133

sukaczevii132、139

tenuiloba132、138

turczaninovii132、134、136

f. albiflora136

var. hulunensis138

Pyrus379、418

baccata423

var. mandshurica424

betulifolia418、421

bretschneideri418、420

communis

var. sativa418、419

discolor417

pohuashanensis416

prunifolia426

pyrifolia418、420

sativa419

transitoria429

ussuriensis418

R

Ranunculaceae91

Ranunculus92、149

affinis

var. tanguticus158

alaschanicus149、152、153

amurensis150、159

aquatilis

var. eradicatus142

brotherusii149、153

bungei144

chinensis151、167、168

cuneifolius150、163

foeniculaceus143

furcatifidus150、153、156

gmelinii150、161

hsinganensis166

indivisus149、152

intramongolicus150、163

japonicus164

var. hsinganensis150、166

var. japonicus151、164

var. propinquus151、166

kauffmanii143

membranaceus

var. pubescens152
monophyllus149、151
natans150、162、163
nephelogenes153
var. pubescens152、153
pectinatilobus150、155、158
pedatifidus150、157
popovii150、158
propinquus166
pubscens153
pulchellus154
var. longicaulis149、154
var. pulchellus149、154
var. yinshanensis155
radicans150、162
repens151、166
f. polypetalus166
reptans150、160
rigescens150、156
ruthenicus147
salsugiosus146
sarmentosus146
sceleratus150、159
Sect. Auricomus149
Sect. Flammula150
Sect. Hecatonia150
Sect. Ranunculus150
Sect. Xanthobatrachium150
smirnovii150、164
tachiroei151、168
tanguticus150、158
trichophyllus145
yinshanensis149、155
Raphanus241、243、294
laevigata259
sativus294
tenella293
Rhodiola335、345
dumulosa345
rosea345、346
sachalinensis345、347
stephanii345、347
Ribes353、365
burejense365、366
diacanthum365、366
emodense
var. verruculosum371
grossularia368
himalense
var. verruculosum365、371
mandshuricum370
var. mandshuricum365、370
var. villosum365、371
multiflorum
var. mandshuricum370
nigrum365、369
palczewskii365、373
pauciflorum369
procumbens365、368
pubescens365、372
pulchellum367
var. manshuriense365、368
var. pulchellum365、367
reclinatum365、368
rubrum
var. palczewskii373
var. pubescens372
triste
var. repens374
Rorippa240、242、260
barbareifolia260
globosa260、261
palustris260、262
Rosa379、431

aciculatis435
beggeriana
var. lioui 437
bella431、433
chinensis431、434
davurica431、434
var. setacea434
laxa431、437
longshoushanica431、436
rugosa431
willmottiae437
xanthina431、432
f. normalis432
Rosaceae379
Rosoideae379、430
Rubus380、444
arcticus444、445
corchorifolius444、447
crataegifolius444、446
humulifolius444
idaeus
var. borealisinensis444、447
phoenicolasius444、449
sachalinensis444、448
saxatilis444、445
S
Sagina1、41
japonica41、42
saginoides41
Sanguisorba379、438
alpina438
carnea440
glandulosa440
longifolia440
officinalis439
var. carnea438、440
var. glandulosa438、440
var. longifila438、441
var. longifolia438、440
var. officinalis438、439
rectispicata
var. longifila441
tenuifolia441
var. alba438、442
var. tenuifolia438、441
Saponaria
hispanica79
Saxifraga353、358
bronchialis358
cernua358、360
nelsoniana358、361
oppositifolia358、362
sibirica358、360
unguiculata358、359
Saxifragaceae353
Schisandra221
chinensis221
Schisandraceae221
Sedum335、348
aizoon350
f. angustifolium351
var. latifolium351、352
var. scabrum352
var. yamatutae351
almae340
dumulosum345
erythrostictum342
ewersii341
hsinganicum352
pallescens343
polytrichoides348、349
roborowskii348
selskianum352
spectibile342

stephanii347
tatarinowii340
var. integrifolium340
telephium
var. purpureum344
Sibbaldia380、491
adpressa491
erecta493
sericea491、492
Sibbaldianthe
sericea492
Sibiraea379、400
laevigata400
Silene2、60
aprica53
baccifer45
dasyphylla64
firma52
foliosa60、68
var. mongolica68
gonsperma51
gracilicaulis60、67
var. longipedicellata67
graminifolia60、67
jenissea
var. parvifolia65
var. setifolia65
jenisseensis64、66
f. dasyphylla64
f. latifolia66
f. parvifolia65
f. setifolia65
var. jenisseensis60、65
var. latifolia60、66
var. viscifera67
jiningensis60、66
langshanensis60、69
linnaeana47
ningxiaensis60、64
oldhamiana54
orientalimongolica56
repens62
var. angustifolia62
var. latifolia62
var. repens60、62
var. xilingensis60、64
songarica51、57
tatarinowii60、61
venosa60、61
vulgaris61
Sinapis241、243、302
arvensis302
juncea300
var. napiformis301
pekinensis299
Sisymbrium241、243、306
album321
amphibium
var. palustris262
heteromallum306
humilis327
integrifolium289
irio306、307
islandicum262
officinale306、307
polymorphum306、308
salsugineum318
sophia322
Smelowskia241、244、321
alba321
Sorbaria379、401
kirilowii402
sorbifolia401
Sorbus379、415

alnifolia415
discolor415、417
pohuashanensis415、416
Spergularia1、2
japonica42
laricina44
saginoides41
marina2
media2、3
salina2
Spiraea379、382
alpina
var. dahurica387
alaschanica383、397
angulata384
angustiloba454
aquilegiifolia383、394
arenaria382、389
blumei98、392、397
var. hirsuta392
chamaedryfolia383、396
chinensis399
dahurica382、387
dasyantha383、393
digitata
var. intermedia453
elegans382、386
flexuosa396
var. pubescens396
fritschiana
var. angulata382、384
hailarensis383、389、394
hirsuta383、392
hypericifolia383、393
kirilowii401、402
laevigata400
media382、387
mongolica383、398、399
var. tomentulosa398、399
ningshiaensis383、398、399
palmata452
pubescens383、391、392
salicifolia382、383
var. oligodonta383
Sect. Calospira382
Sect. Chamaedryon383
Sect. Glomerati382
Sect. Spiraea382
Ser. Canenscentes382
Ser. Chamaedryfoliae383
Ser. Gemmatae383
Ser. Japonicae382
Ser. Media382
Ser. Spiraea382
Ser. Trilobatae382
sericea382、388
sorbifolia401
thunbergii383、395
tomentulosa398、399
trichocarpa382、385
trilobata389
var. pubescens383、390
var. trilobata382、389
uratensis382、386
Spiraeoideae379、381
Stellaria1、16
alaschanica17、30
alsine16、23
amblyosepala16、24
bayanensis17、30
bistyla16、18
brachypetala17、29
bungeana
var. stubendorfii16、19

cerastoides37

cherleriae17、27

crassifolia 17、31

var. linearis31

dichotoma17、26

var. lanceolata25、26

var. linealis26

diffusa

f. ciliolata32

discolor18、34

filicaulis17、31、32

graminea18、35

gypsophyloides17、25

infracta16、23

jaluana17、33

lanceolata17、26

longifolia17、32

f. ciliolata32

media16、20

neglecta16、20

nemorum

var. stubendorfii19

pallida16、21

palustris18、34

parviumbellata16、22

petraea17、28

radians16、18

strongylosepala24

uliginosa23

umbellata16、22

yinshanensis17、28

Sterigmostemum

matthioloides282

violaceum283

Stevenia242、244、331

cheiranthoides331

Synstemon240、242、284

deserticolus284

linearifolius289

lulianlianus284

petrovii284、285

var. pilosus284

var. xinglongucus284

T

Tauscheria239、242、248

lasiocarpa248

Thalictrum91、112

affine122

alpinum112、113

aquilegiifolium

var. sibiricum112、114

baicalense112、115

foetidum112、119

hypoleucum124

kemese124

var. stipellatum124

minus123

var. hypoleucum113、124

var. kemese113、124

var. minus113、123

var. stipellatum124

petaloideum117

var. petaloideum112、117

var. supradecompositum112、118

przewalskii112、116

simplex121

var. affine113、122

var. brevipes113、122

var. simplex113、121

squarrosum112、120

supradecompositum118

tenue112、118

Thellungiella241、243、318

salsuginea318

Thlaspi240、242、263

arvense263

bursa-pastoris271

cartilagineum266

cochleariforme263、264

Tillaea335

aquatica335

f. angustifolia327

f. glabrata327

f. grandiflora327

Trollius91、94

altaicus95、97

chinensis95

ledebourii95、96

Turritis

hirsuta333

V

Vaccaria2、79

hispanica79

segetalis79

Y

Yinshania240、242、270

acutangula270